Nr. 50 1961
S. 17817–18200 13. Dezember

# Chemisches Zentralblatt

Vollständiges Repertorium für alle Zweige der reinen und angewandten Chemie

1830 gegründet. 1897—1945 von der Deutschen Chemischen Gesellschaft fortgeführt. Im Auftrage der Deutschen Akademie der Wissenschaften zu Berlin, der Chemischen Gesellschaft in der DDR, der Akademie der Wissenschaften zu Göttingen und der Gesellschaft Deutscher Chemiker (in der BRD)

herausgegeben von Prof. Dr. Heinrich Bertsch und Prof. Dr. Dr. h. c. Wilhelm Klemm

132. Jahrgang

1961

Chefredakteure: Dr. Willi Barz (komm.) und Dr. Fugen Klever

Akademie-Verlag GmbH., Berlin — Verlag Chemie, GmbH., Weinheim/Bergstr.

## Inhalt





Postverlagsort: Berlin

---

# Sprachenbezeichnung in den Referaten des Chemischen Zentralblattes

(Abkürzungen laut DIN-Normblatt 1502 Beiblatt 1)

| | |
|---|---|
| Albanisch | = Alb. |
| Bulgarisch | = Bulg. |
| Chinesisch | = Chin. |
| Dänisch | = Dän. |
| Deutsch | = Dt. |
| Englisch | = Engl. |
| Estnisch | = Estn. |
| Finnisch | = Finn. |
| Flämisch | = Fläm. |
| Französisch | = Franz. |
| Griechisch | = Griech. |
| Holländisch | = Holl. |
| Irisch | = Ir. |
| Italienisch | = Ital. |
| Japanisch | = Jap. |
| Lateinisch | = Lat. |
| Litauisch | = Litau. |
| Norwegisch | = Norw. |
| Persisch | = Pers. |
| Polnisch | = Pol. |
| Portugiesisch | = Port. |
| Rumänisch | = Rum. |
| Russisch | = Russ. |
| Schwedisch | = Schwed. |
| Serbokroatisch | = Serbokroat. |
| Slowakisch | = Slowak. |
| Slowenisch | = Slowen. |
| Spanisch | = Span. |
| Tschechisch | = Tschech. |
| Türkisch | = Türk. |
| Ukrainisch | = Ukrain. |
| Ungarisch | = Ung. |

DEUTSCHE AKADEMIE DER WISSENSCHAFTEN ZU BERLIN
INSTITUT FÜR DOKUMENTATION
BERLIN W 8 . UNTER DEN LINDEN 8

## Dokumentationsdienst für Pflanzenschutz- und Schädlingsbekämpfungsmittel

Vom Institut für Dokumentation der Deutschen Akademie der Wissenschaften zu Berlin, dem Wissenschaftlich-Technischen Zentrum für Pflanzenschutz- und Schädlingsbekämpfungsmittel, Magdeburg, und dem Institut für Phytopathologie der Universität Jena wird der Dokumentationsdienst „Pflanzenschutz- und Schädlingsbekämpfungsmittel" herausgegeben. Dieser Dokumentationsdienst soll möglichst schnell und umfangreich ab Januar 1961 die neuesten Veröffentlichungen auf diesem Gebiet erfassen. Er erscheint monatlich in Karteikartenform (DIN A 6) mit etwa 200 Titeln in folgenden Gruppen, die gemeinsam oder auch einzeln bezogen werden können:

I. Querschnittsfragen des Pflanzenschutzes und der Schädlingsbekämpfung
II. Bekämpfung von tierischen Schädlingen
III. Bekämpfung von Pilzen, Bakterien, Viren
IV. Bekämpfung von Unkräutern
V. Maßnahmen gegen unbelebte Schadensursachen
VI. Praktischer Pflanzenschutz.

Bezugsmöglichkeiten:
als Satz — erforderlich für den Aufbau einer Sachkartei
als Reihe — erforderlich für den Aufbau einer Verfasserkartei

Preis:
pro Karte DM 0,05
beim Bezug einzelner Gruppen DM 0,06

Interessenten aus der DDR richten ihre Bestellung an das

INSTITUT FÜR DOKUMENTATION, Bereich Betriebstechnik der Dokumentationsdienste, Berlin W8, Unter den Linden 8,

Interessenten aus der Deutschen Bundesrepublik an die Firma KUNST UND WISSEN ERICH BIEBER, Stuttgart N, Postfach 46

und Interessenten aus dem Ausland an die Firma DEUTSCHER BUCHEXPORT UND -IMPORT GMBH, Leipzig C1, Leninstraße 16.

INSTITUT FÜR DOKUMENTATION

Im Oktober 1961

(100) Ag 701/61/DDR

# Chemisches Zentralblatt



## Neue Fachzeitschriften

—, Annual review of pharmacology. Vol. 1. Palo Alto (California): Annual Reviews. 1961. (479 S. m. Abb.) $ 7.—.

## Neue Bücher

### A. Allgemeine, physikalische und anorganische Chemie

**Gordon M. Barrow,** Physical chemistry. New York: McGraw-Hill. 1961. (694 S. m. Abb.) $ 8.95.

### $A_1$. Kernphysik und Kernchemie

**Brigitte Czapp,** Messung des Wirkungsquerschnittes und der Energieverteilung der $\alpha$-Strahlen bei der Reaktion $Cu^{63}$ (n, $\alpha$) $Co^{60}$. Wien: Springer. 1960. (11 S.) 8° = Mitteilung des Instituts für Radiumforschung. 542a. Aus: Anzeiger der Österr. Akademie der Wissenschaften. Math.-nat. Kl. Jahrgang 1960, Nr. 2. ö. S. 8,80.

**James R. DeVoe,** Radioactive contamination of materials used in scientific research. Washington: National Academy of Sciences, National Research Council. 1961. (VII + 142 S. m. Abb.) = Nuclear science series, report no. 43. $ 2.—.

**Thorgerd Pötzelberger,** Zum Zerfallsschema des AcB. Wien: Springer. 1959. (16 S.) 8° = Mitteilung des Instituts für Radiumforschung. 540a. Aus: Anzeiger der Österreichischen Akademie der Wissenschaften. Math.-nat. Klasse Jahrgang 1959, Nr. 15. ö.S. 10,60.

**Herbert Vonach,** Bestimmung des Wirkungsquerschnittes der (n, $\alpha$)- und (n, n'$\alpha$)-Reaktionen von $V^{51}$ für 14,1 MeV-Neutronen. Wien: Springer. 1959. (8 S.) 8° = Mitteilung des Instituts für Radiumforschung. 535a. Aus: Anzeiger der Österreichischen Akademie der Wissenschaften. Math.-nat. Klasse Jahrgang 1958, Nr. 13. ö. S. 5,—.

**Herbert Vonach,** Bestimmung des Wirkungsquerschnittes für den (n, 2n)-Prozeß an Sr-86, Y-89, Nb-93 und Cs-133 für 14,1 MeV-Neutronen. Wien: Springer. 1959. (7 S.) 8° = Mitteilung des Instituts für Radiumforschung. 538a. Aus: Anzeiger der Österreichischen Akademie der Wissenschaften. Math.-nat. Klasse Jahrgang 1959, Nr. 6. ö. S. 4,40.

**Herbert Vonach,** Untersuchung der Halbwertszeit der $\beta$-Energie von $Al^{30}$. Wien: Springer. 1959. (1 Bl.) 8° = Mitteilung des Instituts für Radiumforschung. 539a. Aus: Anzeiger der Österreichischen Akademie der Wissenschaften. Math.-nat. Klasse Jahrgang 1959, Nr. 10. ö. S. 1,—.

### $A_2$. Optisches Verhalten der Materie

**Katheryn Emanuel Lawson,** Infrared absorption of inorganic substances. New York: Reinhold Pub. Corp. 1961. (VII + 200 S. m. Abb.) $ 6.75.

**Karl Przibram,** Atmosphärischer Staub als Träger der durch Tempern reversiblen Fluorescenz. Wien: Springer. 1959. (4 S.) 8° = Aus: Anzeiger der Österreichischen Akademie der Wissenschaften. Math.-nat. Klasse Jahrgang 1959, Nr. 4. ö. S. 2,—.

**Karl Przibram,** Über eine weitverbreitete bläuliche Fluorescenz organischen Ursprungs. 1. 2. Wien: Springer. 1959—60. 1: (8 S.) ö. S. 3,70. 2: (4 S.) ö. S. 3,80. Aus: Anzeiger der Österreichischen Akademie der Wissenschaften. Math.-nat. Klasse Jahrgang 1959, Nr. 11 und Jahrgang 1960 Nr. 4.

### $A_4$. Thermodynamik. Thermochemie

**I. I. Nowikow und K. D. Wosskressenski,** Angewandte Thermodynamik und Wärmeübertragung (Serie „Grundlagen der Kernenergetik"). Moskau: Gossatomisdat. 1961. (548 S.) 1 Rbl. 88 Kop. [Russ.]

**A. I. Weinik,** Thermodynamik. Minsk: Verl. des Minist. für höhere Fach-, Berufs- und Hochschulen der BelorussSSR. 1961. (365 S.) 1 Rbl. 38 Kop. [Russ.]

### $A_5$. Kolloidchemie. Grenzschichtforschung

**Aladár Buzágh,** Koloidika, II/1—2. Bratislava: Verl. der Slowakischen Akademie der Wissenschaften. 1961. (752 S. m. 228 Abb.) 8°. Kčs 94.50.

**Arthur Lee Loeb**, The electrical double layer around a spherical colloid particle. Cambridge (Massachusetts): Institute of Technology. 1961. (375 S.) $ 10.—.

## $A_6$. Strukturforschung

**Norman Fordyce McKerron Henry**, The interpretation of X-ray diffraction photographs by N. F. M. Henry, H. Lipson and W. A. Wooster. 2nd edit. New York: St. Martin's Press. 1960. (282 S. m. Abb.) $ 12.—.

**Martin May**, Einfluß elastischer und plastischer Deformation auf die Diffusion von Einlagerungselementen, untersucht am Beispiel Eisen–Kohlenstoff und Eisen–Stickstoff. Berlin: Akademie-Verl. 1960. (74 S. m. 43 Abb.) 8° = Freiberger Forschungshefte. Reihe B, 55. DM 7,—.

## $A_7$. Gleichgewichte. Kinetik

**Werner Helmlin**, Über den Einfluß von Lösungsgenossen bei der Strahlenoxydation von Ferrosulfat in wässeriger Lösung. Winterthur: Keller. 1960. (36 S.) 8°. sfr. 10,—.

**G. M. Pantschenkow** und **W. P. Lebedew**, Chemische Kinetik und Katalyse. Lehrbuch für Universitäten und Hochschulen für chem. Technologie. Moskau: Verl. der Moskauer Univ. 1961. (551 S.) 1 Rbl. 35 Kop. [Russ.]

**Horst Schuberth**, Vorausberechnung von Gleichgewichtsdaten eines speziellen Typs ternärer flüssiger Mischungen. Berlin: Akademie-Verl. 1961. (82 S. m. 51 Abb. u. 20 Tab.) 4° = Abhandlungen der Deutschen Akademie der Wissenschaften zu Berlin, Klasse für Chemie, Geologie und Biologie, Jahrgang 1960, Nr. 3. DM 14,—.

## $A_8$. Präparative anorganische Chemie. Komplexverbindungen Metallorganische Verbindungen

**G. W. Ssamssonow** und **Ju. B. Paderno**. Die Boride der seltenen Erdmetalle. Kiew: Verl. der Akad. der Wiss. der UkrainSSR. 1961. (94 S.; 1 Bl. Abb.) 35 Kop. [Russ.]

**G. W. Ssamssonow** und **L. L. Wereikina**. Die Phosphide. Kiew: Verl. der Akad. der Wiss. der UkrainSSR. 1961. (128 S.) 42 Kop. [Russ.]

## $A_9$. Mineralogische und geologische Chemie

**R. Gay, M. Haïssinsky, J. Hoarau** et **M.-L. Josien**, Nouveau traité de chimie minérale. 13. Oxygène, ozone, oxydes, eau oxygénée, la combustion, soufre, sélénium, tellure, polonium. Paris: Masson et Cie. 1960—1961. (XL + 2147 S. m. Abb.) 310,— NF.

—, Uran- und Thoriumvorkommen. Referate der Berichte aus Bd. 2 d. Proceedings of the 2nd United Nations International Conference on the Peaceful Uses of Atomic Energy, Survey of Raw Material Resources. München: Gersbach; Hannover: Bundesanstalt für Bodenforschung. 1960. (94 S.) 8° = Schriftenreihe des Bundesministers für Atomkernenergie und Wasserwirtschaft. 4. Sonderheft. DM 4,—.

## $E_1$. Allgemeine Biologie und Biochemie

**M. A. Dobrinskaja** und **N. A. Pawlowitsch**, Lehrbuch der biologischen Chemie. Für medizinische Hochschulen. 2. vervollst. u. überarb. Aufl. Leningrad: Medgis. Leningrader Abt. 1961. (231 S.) 41 Kop. [Russ.]

**J. Rodier** et **R. Mallein**, Manuel de biochimie pratique. Paris: Maloine. 1961. (374 S.) 44 NF.

## $E_4$. Pflanzenchemie. Pflanzenphysiologie. Pflanzenpathologie

**M. J. E. Courtois**, Biochimie des glucides. Structure. Spécificité. Paris: C. N. R. S. 1961. (538 S.). 43 NF.

—, Biochemie der Gemüsekulturen. Leningrad-Moskau, Sselchosisdat. 1961. (544 S.) 1 Rbl. 25 Kop. [Russ.]

## $E_5$. Tierchemie. Tierphysiologie. Tierpathologie

**N. A. Judajew**, Chemische Bestimmungsmethoden der Steroidhormone in biologischen Flüssigkeiten. Moskau: Medgis. 1961. (171 S. m. Zeichng.) 65 Kop. [Russ.]

**A. O. Natansson**, Vitamin A und A-Vitaminmangel. Moskau: Medgis. 1961. (278 S.) 1 Rbl. 09 Kop. [Russ.]

## $E_6$. Pharmakologie. Therapie. Toxikologie. Hygiene

**René Fabre et René Truhaut,** Précis de toxicologie. 1. Paris: Société d'édition d'enseignement supérieur. 1960. (315 S. m. Abb.) 8°. 25 NF.

**Andres Goth,** Medical pharmacology; principles and concepts. St. Louis: Mosby. 1961. (551 S. m. Abb.) $ 11.—.

**D. E. Grodsenski,** Radiobiologie. (Die biologische Wirkung der ionisierenden Strahlen). Moskau: Gossatomisdat. 1961. (132 S.) 33 Kop. [Russ.]

**W. N. Kowalenko,** Lehrbuch der Pharmakologie. (Für medizinische Fachschulen) 4. vervollst. u. überarb. Aufl. Leningrad: Medgis. 1961. (327 S.) 55 Kop. [Russ.]

**T. A. Newsorowa,** Das Aminazin in der klinischen und Ambulatoriumspraxis. Moskau: Medgis. 1961. (155 S. m. Abb.) 42 Kop. [Russ.]

## G. Analyse. Laboratorium

**Jaroslav Čihalík,** Potenciometrie. Prag: Verl. der Tschechoslowakischen Akademie der Wissenschaften. 1961. (592 S. m. 203 Abb.) 8°. Kčs 76—.

**Artur Lösche** und **Wilhelm Schütz,** Hrsg., Hochfrequenzspektroskopie. Tagung der Physikalischen Gesellschaft in der DDR vom 31. März—2. April 1960 in Leipzig. Berlin: Akademie-Verl. 1961. (240 S. m. 105 Abb. u. 18 Tab.) 8°. DM 48,—.

**Arnošt Okáč,** Analytické reakce. Prag: Verl. der Tchechoslowakischen Akademie der Wissenschaften. 1961. (324 S. m. 11 Abb.) 8°. Kčs 11.40.

**Vojtěch Rosický** a **Jaroslav Kokta,** Príručka pro určování nerostů. Prag: Verl. der Tschechoslowakischen Akademie der Wissenschaften. 1961. (388 S.) 8°. Kčs 40.50.

**Saidel, Prokofjew** und **Raiski,** Spektraltabellen. Leipzig: Verl. Technik. 1961. (600 S. m. 6 Abb.) 8°. DM 29,—.

**Oswald John Simpson,** Basic chemical calculations for first examinations. London: Edward Arnold. 1961. (VII + 101 S. m. Tab.) 5 s.

**Frederick Pearson Treadwell,** Chimica analitica. 1: Analisi qualitativa. Milano: Vallardi. 1960. (XVI + 558 S. m. Abb.) 8°. sfr. 32,—.

**W. O. Wjasemski, I. I. Lomonossow, A. N. Pissarewski, Ch. W. Protopopow, W. A. Rusin** und **Je. D. Teterin,** Die Szintillationsmethode in der Radiometrie. Moskau: Gossatomisdat. 1961. (432 S.) 1 Rbl. 65 Kop. [Russ.]

## H. I. Allgemeine chemische Technologie

**John Henry Bowen** und **Edward Frederick Osterloh Masters,** Steuerung und Instrumentierung von Reaktoren. Braunschweig: Vieweg. 1961. (VIII + 104 S. m. 25 Abb.) 8° = Kerntechnik in Einzeldarstellungen. Bd. 5. DM 10,80.

**Heinrich Gröber** und **Siegmund Erk,** Die Grundgesetze der Wärmeübertragung. 3. völlig neubearb. Aufl. 2. verb. Neudruck. Berlin, Göttingen, Heidelberg: Springer. 1961. (VIII + 430 S. m. 190 Abb.) 8°. DM 37,50.

**Ju. M. Schechtman,** Filtration niedrig konzentrierter Suspensionen. Moskau: Verl. der Akad. der Wiss. der UdSSR. 1961. (211 S. m. Abb.) 77 Kop. [Russ.]

## V. Anorganische Industrie

**M. Je. Posin,** Technologie der Mineralsalze (Düngemittel, Pesticide, industrielle Salze, Oxyde und Säuren). 2. verb. u. vervollst. Aufl. unter Mitarb. von **L. S. Arssenjewaja** u. a. Leningrad: Gosschimisdat, Leningrader Abt. 1961. (1008 S.) 4 Rbl. 72 Kop. [Russ.]

## VI. Silicatchemie. Baustoffe

—, Durabilité des betons. Rapport préliminaire du Colloque International. Prag: Verl. der Tschechoslowakischen Akademie der Wissenschaften. 1961. (296 S.) 8°. Kčs 36.—.

—, Steine und Erden. Baustoff-Lexikon. Mit Industrie- und Handelsfirmen-Register Bundesrepublik Deutschland und West-Berlin. Herausgeg. in Zusammenarbeit mit den zuständigen Organisationen der Industrien der Steine und Erden, des Baustoffhandels und der Bautenschutzmittel. 5. vollkommen neubearb. Aufl. 1961/62. Wiesbaden: Krausskopf. 1961. (308 S.) 4°. DM 36,—.

## VII. Agrikulturchemie. Schädlingsbekämpfung

**André Gros**, Engrais, guide pratique de la fertilisation. 2 édit. Paris. La Maison rustique. 1960. (407 S. m. Abb.) 8°. 9,90 NF.

**Jacob Kortleven**, De stikstofvoeding van de aardappel door middel van stalmest en van kunstmest. 4. Wageningen: Centrum voor Landbouwpublikaties en Landbouwdocumentatie. 1959. (82 S. m. Abb.) 8° = Verslagen van landbouwkundige onderzoekingen. No. 65, 19. hfl. 4.—.

**Walter Reuther**, ed., Plant analysis and fertilizer problems. Washington: American Institute of Biological Science. 1961. (XV + 454 S. m. Abb.) $ 8.—.

**Edmund Ruffin**, An essay on calcareous manures. Cambridge (Massachusetts): Harvard U. P.; London: Oxford U. P. 1961. (XXXV + 201 S. m. Tab. u. Diagr.) 34 s.

## VIII. Metallurgie. Korrosion

**M. Je. Dritz, S. A. Swiderskaja** und **E. Ss. Kadaner**, Die Autoradiographie in der Metallkunde. Moskau: Metallurgisdat. 1961. (172 S.) 68 Kop. [Russ.]

**M. A. Fischman**, Anreicherung von Buntmetallerzen. Moskau: Gossgortechisdat. 1961. (192 S.) 35 Kop. [Russ.].

**M. A. Fischman** und **D. Ss. Ssobolew**, Praxis der Anreicherung von Bunt- und seltenen Erdmetallerzen. Band 3 (Anreicherung von Nickel- und Kobalterzen). Moskau: Gossgortechisdat. 1961. (158 S.) 80 Kop. [Russ.]

**N. P. Galkin** und **W. B. Tichomirow**, Wichtigste Prozesse und Apparaturen der Technologie des Urans. Moskau: Gossatomisdat. 1961. (219 S.) 1 Rbl. 14 Kop. [Russ.]

**Karl A. Gschneidner**, Rare earth alloys; a critical review of the alloy systems of the rare earth, scandium, and yttrium metals. Princeton (New Jersey): Van Nostrand. 1961. (XIII + 449 S. m. Abb.) $ 12.75.

**M. W. Malzew**, Anwendung der seltenen Erdmetalle in der Metallurgie der Buntmetalle. Moskau: 1961. (144 S. m. Abb.) 3 Rbl. 40 Kop. [Russ.]

**Paul Queneau**, ed., Extractive metallurgy of copper, nickel, and cobalt. New York: Interscience. 1961. (XV + 647 S. m. Abb. u. Diagr.) $ 22.50.

## XVII. Fette. Seifen. Wasch- und Reinigungsmittel. Wachse. Bohnermassen usw.

**Jean-Paul Sisley**, Index des huiles sulfonées et détergents modernes. 3. Paris: Éditions Teintex. 1961. (560 S.) 8°. 75 NF.

## XVIII. a) Holz. Cellulose. Zellstoff. Papier. Papierdruck. Celluloid. Linoleum

**Günter Langendorf**, Handbuch für den Holzschutz. Leipzig: Fachbuchverl. 1961. (330 S. m. 310 Abb.) 8°. DM 22,—.

## Ausgewertete Bibliographie-Fachzeitschriften

| | |
|---|---|
| **Belgien** | Bibliographie de Belgique — Belgische Bibliographie |
| **ČSSR** | Bulletin — Die Neuesten Forschungsergebnisse der Tschechoslowakischen Wissenschaft |
| | Nové Knihy (Neue Bücher) |
| | Novinky (Neuheiten) |
| **Dänemark** | Danske Bogmarked |
| **Deutschland** | Börsenblatt für den Deutschen Buchhandel — Frankfurter Ausgabe |
| | Börsenblatt für den Deutschen Buchhandel — Leipziger Ausgabe |
| | Deutsche Bibliographie. Wöchentliches Verzeichnis. Ausgabe II. [Frankfurt/Main] |
| | Deutsche Nationalbibliographie. Reihe A: Neuerscheinungen des Buchhandels [Leipzig] |
| **England** | British Books (Incorporating the Publishers Circular & Booksellers Record) |
| | British National Bibliography |
| **Frankreich** | Bibliographie de la France |
| **Holland** | Nieuwsblad voor de Boekhandel |
| **Italien** | Bibliografia Nazionale Italiana |
| **Japan** | Nōhon Shūhō (Current Publications) |
| **Österreich** | Österreichische Bibliographie |
| **Schweiz** | Schweizer Buch. Serie A und Serie B |
| **UdSSR** | Bücherverzeichnis des Jahres (Книжная летопись) |
| | Neue Bücher (Новые книги) |
| **USA** | Publishers' Weekly |

# Namenregister

# Patentregister

# Chemisches Zentralblatt

1961 Nr. 50 13. Dezember

## A. Allgemeine, physikalische und anorganische Chemie

**Über Regelmäßigkeiten einiger physikalischer Eigenschaften der Elemente im Periodischen System.** I. Náray-Szabó. (Acta chim. Acad. Sci. hung. **17.** 81—91. 1 Tafel. 1958. Budapest, Ung. Akad. der Wiss., Chem. Zentr.-Forsch.-Inst.) (Dt.)

Der Gang der Atom-Vol., FF. u. Kpp. im Perioden-Syst. u. der Zusammenhang dieser Größen untereinander u. mit der Gitterstruktur der Elemente wird untersucht. Bemerkenswert ist, daß zwischen Lanthaniden u. Actiniden hinsichtlich dieser physikal. Eigg. keine Ähnlichkeit besteht. W. Betcke. 10□

---

**Gordon M. Barrow, Physical chemistry.** New York: McGraw-Hill. 1961. (694 S. m. Abb.) $ 8,95.

### $A_1$. Kernphysik und Kernchemie

**Splitterung interstellarer Materie: Höhenstrahlintensität in der Vergangenheit.** S. N. Milford und S. P. Shen. (Physic. Rev. [2] **122.** 1921—22. 15/6. 1961. Jamaica, N.Y., St. Johns's Univ., Dep. of Phys.; Albany, N.Y., State Univ. of New York.) (Engl.)

Die bei der Splitterung interstellarer Materie erzeugten *Li-*, *Be-* u. *B*-Kerne können als rohe Anhaltspunkte für die mittlere Intensität interstellarer Höhenstrahlen verwendet werden. Die Meth. liefert eine obere Grenze der Größenordnung von 10 $cm^{-2}$ $s^{-1}$ für die Intensität der interstellaren Höhenstrahlen der kinet. Energie > ca. 50 MeV. Gerhard Schmidt. 85□

**Höhenstrahlen von der Sonne.** A. N. Tscharachtschjan, W. F. Tulinow und T. N. Tscharachtschjan. (Журнал Экспериментальной и Теоретической Физики [J. exp. theoret. Physik] **39.** 249—56. Aug. 1960. Physik. Lebedew-Inst. der Akad. der Wiss. der UdSSR.) (Russ.; Auszug: Engl.)

In der Zeit vom 9.—21. Juli 1959 wurden 5 große Höhenstrahlausbrüche (Fackeln) auf 64° N in der Stratosphäre mittels Radiosonden mit Zählern u. Koinzidenzmeßanordnungen beobachtet, die auf Protonen von 100—120 MeV zurückgehen. Ferner traten magnet. Stürme u. Forbush-Intensitätsabnahmen auf. Die Ausbrüche dauerten etwa einen Tag. Es wird angenommen, daß die Protonen von solaren Teilchenströmen mit eingefrorenen Magnetfeldern transportiert werden. M. Wiedemann. 85□

**Solare Höhenstrahlung und weiche Strahlung auf 5000000 Kilometern von der Erde.** R. L. Arnoldy, R. A. Hoffman und J. R. Winckler. (J. geophys. Res. **65.** 3004—07. Sept. 1960. Minneapolis, Minn., Univ. of Minnesota, School of Phys.) (Engl.)

Mittels Pioneer V wurden vom 27/3. bis 6/4. 1960 mit einer integrierenden Ionisationskammer u. Geiger-Zählern auf $5 \cdot 10^6$ km Höhe solare Protonen u. weiche Strahlung, wahrscheinlich Bremsstrahlung, beobachtet. Das Protonenspektrum zeigte Exponenten zwischen 3,5 u. 4, der Überschuß erreichte 35 Teilchen/$cm^2$ s. Die Erscheinungen waren mit starker Sonnenaktivität u. einem geomagnet. Sturm verbunden. M. Wiedemann. 85□

**Beobachtung der geladenen relativistischen Teilchen in der Luminescenzkammer.** B. A. Demidow und Ss. D. Fantschenko. (Журнал Экспериментальной и Теоретической Физики [J. exp. theoret. Physik] **39.** 64—66. Juli 1960.) (Russ.; Auszug: Engl.)

Mittels einer Luminescenzkammer, bestehend aus einem NaJ(Tl)-Kristall von 7 cm⌀ u. 1 cm Dicke, einer Photokathode u. Photomultiplier wurden Aufnahmen von Bahnen der Höhenstrahl-Myonen erhalten. Ihre Ionisationsfähigkeit lag nahe dem Minimalwert. Die Dichte der Bahnen wurde vermessen. M. Wiedemann. 85□

**Impulsspektrum von Myonen.** W. Pak, S. Ozaki, B. P. Roe und K. Greisen. (Physic. Rev. [2] **122.** 1962. 15/6. 1961.) (Engl.)

Nachtrag von Literaturdaten zur C. **1961.** 11596 referierten Arbeit. Herbert Weber. 90□

**Beobachtungen von Stößen von $\mu$-Mesonen in Ionisationskammersystemen.** N. N. Gorjunow und G. T. Satzepin. (Журнал Экспериментальной и Теоретической Физики [J. exp. theoret. Physik] **39.** 271—75. Aug. 1960.) (Russ.; Auszug: Engl.)

Mittels einer Anordnung aus zwei Reihen zu je 64 kub. Ionisationskammern sowie Pb-, Al- u. Graphit-Absorbern wurden durch energiereiche Myonen mit $E \geqslant 10^{11}$ eV, die sich unter einem kleinen Winkel zur horizontalen Oberfläche bewegen, ausgelöste Schauer erfaßt. Eine ähnliche Anordnung sollte gestatten, auch die Winkelverteilungen der Myonen hoher Energie zu ermitteln. M. Wiedemann. 90□

**Myonenmasse und -ladung durch kritische Absorption mesonischer Röntgenstrahlung.** S. Devons, G. Gidal, L. M. Lederman und G. Shapiro. (Physic. Rev. Letters **5.** 330—32. 1/10. 1960. New York, N.Y., Columbia Univ.) (Engl.)

Negative Myonen des Cyclotrons wurden in P eingefangen. Die 88-keV-$\gamma$-Strahlung beim Übergang des Myons vom 3 D- zum 2 P-Zustand wurde in Pb absorbiert u. aus dem Absorptions-Koeff., der in der Nähe der Kante sehr stark energieabhängig ist, der genaue Wert zu $E_\gamma = 88017\ (+15, -10)$ eV bestimmt. Hieraus folgt $m_\mu/m_e = 206{,}78$ $(+0{,}03, -0{,}02)$. Dieses Ergebnis bestätigt die Theorie bzgl. der Strahlungskorrekturen 2. Ordnung am magnet. Moment des Myons. Für die Ladungen ergibt sich $e_\mu/e_e = 1 \pm (5\cdot 10^{-5})$. M. Wiedemann. 90□

**Über das Verhalten des totalen Photoerzeugungsquerschnittes des $\pi$-Mesons bei hohen Energien.** Je. D. Shishin. (Журнал Экспериментальной и Теоретической Физики [J. exp. theoret. Physik] **39.** 219—20. Juli 1960.) (Russ.)

Der Wrkg.-Querschnitt für die Photoerzeugung von Pionen setzt sich aus dem peripheren u. dem nichtperipheren Anteil zusammen. Die Abschätzung ergibt, daß der Querschnitt nicht schneller als $w^{-2}$ fallen kann mit w = Photonenenergie (Labor.-Syst.). M. Wiedemann. 90□

**Photoerzeugung geladener Mesonen aus Deuterium und das $\pi^-/\pi^+$-Verhältnis.** William P. Swanson, Duane C. Gates, Thomas L. Jenkins und Robert W. Kenney. (Phys. Rev. Letters **5.** 336—39. 1/10. 1960 Berkeley, Calif., Univ. of California, Lawrence Radiat. Labor.) (Engl.)

Mittels der 4-in.-$D_2$-Blasenkammer wurden am Elektronensynchrotron die Rkk. $\gamma + d \to \pi^- + 2p$, $\gamma + d \to \pi^+ + 2n$, gefolgt von $\pi^+ \to \mu^+ + \nu$, vom Schwellenwert bis 194 MeV untersucht. Analysiert wurden $1300\pi^-$ u. $450\pi^+$. Das Verhältnis $\sigma^-/\sigma^+$ nahm, wie zu erwarten, mit der Photonenenergie u. dem Pionenwinkel im Schwerpunkts-Syst. zu, der Mittelwert betrug nach der Coulomb-Korrektur $1{,}27 \pm 0{,}11$. M. Wiedemann. 90□

**Gesamtwirkungsquerschnitt für $\gamma + n \to \pi^- + p$ nahe der Schwelle durch Chew-Low-Extrapolation.** William P. Swanson, Duane C. Gates, Thomas L. Jenkins und Robert W. Kenney. (Phys. Rev. Letters **5.** 339—41. 1/10. 1960.) (Engl.) — Vgl. vorst. Referat.

Die Rkk. $\gamma + n \to \pi^- + p$ u. $\gamma + d \to \pi^- + 2p$ werden theoret. behandelt u. nach Chew-Low die Wrkg.-Querschnitte in Abhängigkeit von der Energie extrapoliert. Das Verhältnis $\sigma^-/\sigma^+$ wird ebenfalls extrapoliert. M. Wiedemann. 90□

**Erzeugung von Pionenpaaren — Isospin-Analyse.** P. Carruthers. (Physic. Rev. [2] **122.** 1949—53. 15/6. 1961. Ithaca, N.Y., Cornell Univ., Labor. of Nucl. Studies.) (Engl.)

Die Rkk. $\gamma + N \to 2\pi + N$ u. $\pi + N \to 2\pi + N$ werden bzgl. der entsprechenden Isospinamplituden analysiert. Im Hinblick auf den Nachw. einer Resonanz im $\pi$-$\pi$-Syst. wird ein Experiment zur Messung der Phasendifferenz zwischen geraden u. ungeraden $\pi$-$\pi$-Isospinzuständen vorgeschlagen. Herbert Weber. 90□

**Periphere Wechselwirkung von $\pi$-Mesonen mit Nucleonen bei hohen Energien.** I. M. Dremin. (Журнал Экспериментальной и Теоретической Физики [J. exp. theoret. Physik] **39.** 130—33. Juli 1960. Physik. Lebedew-Inst. der Akad. der Wiss. der UdSSR.) (Russ.; Auszug: Engl.)

Vf. behandelt die unelast. Wechselwrkg. von Pionen mit Nucleonen unter Austausch eines virtuellen Pions u. ermittelt die Wrkg.-Querschnitte für Prozesse, bei denen 2 Pionen neu entstehen: $\pi^- + p \to N + 3\pi$. Das Verhältnis $\sigma_{\pi N}/\sigma_{\pi\pi}$ ergibt sich zu ca. 0,13. Die Wrkg.-Querschnitte werden abgeschätzt. M. Wiedemann. 90□

**Resonanzmodell für die Reaktion $\pi + N \to \pi + \pi + N$ bei Mesonenenergien von 300 bis 450 MeV.** W. W. Anissowitsch. (Журнал Экспериментальной и Теоретической Физики [J. exp. theoret. Physik] **39.** 97—104. Juli 1960. Leningrad, Physikal. Inst. der Akad. der Wiss. der UdSSR.) (Russ.; Auszug: Engl.)

Vf. erhält für den Wrkg.-Querschnitt der Rk. $\pi + N \rightarrow \pi + \pi + \pi + N$ einen Ausdruck mit 6 Parametern. Hierbei wird angenommen, daß die Energieabhängigkeit des Matrixelements nur auf der Nucleon–Meson-Resonanz-Wechselwrkg. beruht u. daß diese Teilchen die meiste Energie fortführen. Für Energien des einfallenden Mesons von 260—430 MeV steigt der berechnete Wrkg.-Querschnitt in Übereinstimmung mit den Meßwerten von nahezu 0 auf ca. 4 mbarn. Die Winkelverteilung der erzeugten Mesonen wurde ermittelt. M. Wiedemann. 90□

**Pionenparameter aus energiereichen unelastischen Wechselwirkungen.** S. D. Drell. (Physic. Rev. Letters **5.** 342—44. 1/10. 1960. Stanford, Calif., Stanford Univ., Dep. of Phys., Inst. of Theor. Phys.) (Engl.)

Der Einpionenbeitrag an der elast. sowie unelast. Nucleon–Nucleon-Streuung wird behandelt, ferner an Rkk. von Pionen mit Nucleonen. Schlüsse auf die Stärke der Wechselwrkg. vom Typ ($\pi\pi\pi\pi$), ($\gamma\pi\pi\pi$) u. ($\pi\pi$KK) werden gezogen.
M. Wiedemann. 90□

**Asymmetrie des $\pi^+ \rightarrow \mu^+ \rightarrow e^+$-Zerfalls im Magnetfeld.** A. O. Waissenberg und W. A. Smirnitski. (Журнал Экспериментальной и Теоретической Физики [J. exp. theoret. Physik] **39.** 242—48. Aug. 1960.) (Russ.; Auszug: Engl.)

Eine Emulsionskammer mit Schichten von 0,4 mm Dicke u. $10 \times 10$ oder $10 \times 15\,cm^2$, wurde dem $\pi^+$-Bündel des Synchrocyclotrons ausgesetzt. Unter $340000\,\pi^+ \rightarrow \mu \rightarrow e$-Zerfällen wurde keiner in 3 Elektronen beobachtet. Der Asymmetrie-Koeff. stieg von $a = -0{,}09 \pm 0{,}01$ ohne Magnetfeld auf $a = -0{,}29 \pm 0{,}01$ bei 17—27 kOe. Die Differenz gegenüber dem für schwache Wechselwrkg. in der V–A-Variante zu erwartenden theoret. Wert von $-1/3$ liegt außerhalb der Versuchsfehler. Die Abhängigkeit vom Magnetfeld kann nicht allein durch den Paschen-Back-Effekt auf das Myon-Atom gedeutet werden, es müssen noch zusätzlich Depolarisation infolge Ladungsaustausch am Ende der $\mu^+$-Reichweite oder Austauschstöße nach der Abbremsung angenommen werden.
M. Wiedemann. 90□

**Das Vorzeichen des K⁻-Kern-Potentials.** P. B. Jones. (Proc. Roy. Soc. [London], Ser. A **257.** 109—14. 13/8. 1960. Oxford, Univ., Clarendon Labor.) (Engl.)

Die elast. Kleinwinkelstreuung von $K^-$-Mesonen an Kernen von photograph. Platten wurde im Energiebereich von 106—144 MeV gemessen. Der experimentelle Rk.-Querschnitt u. der elast. differentielle Querschnitt werden mit den Querschnitten verglichen, die nach dem opt. Modell des Kerns durch exakte numer. Lösung der Klein-Gordon-Gleichung bei 125 MeV erhalten wurden. Wenn der Potentialradius $r_0 = 1{,}07 \cdot A^{1/3} \cdot 10^{-13}$ cm ist, ergibt sich als wahrscheinlichster Wert des Realteils des Potentials $U = -30$ MeV. Für $r_0 = 1{,}20 \cdot A^{1/3} \cdot 10^{-13}$ cm folgt $U = -16$ MeV. Die Aufklärung der Doppeldeutigkeit des Vorzeichens im Realteil der s-Wellen-Streulänge im $K^-$-Nucleon-Syst. durch die experimentellen Werte von U wird diskutiert. Herbert Weber. 90□

**Eigenschaften der axialen Wechselwirkung und der Zerfall $\Sigma \rightarrow \Lambda + e + \nu$.** L. B. Okun. (Журнал Экспериментальной и Теоретической Физики [J. exp. theoret. Physik] **39.** 214—16. Juli 1960.) (Russ.)

Vf. zeigt, daß eine Messung der Wechselwrkg.-Konst. $\Sigma\Lambda\pi$ u. der Wahrscheinlichkeit des Zerfalls $\Sigma^\pm \rightarrow \Lambda^0 + e^\pm \pm \nu$ die bereits postulierte Beziehung für die Divergenz des axialen Stroms, der die Strangeness erhält, liefert. M. Wiedemann. 90□

**Der $\Sigma^0 \rightarrow \Lambda^0 + 2\gamma$-Zerfall und das magnetische Moment des $\Sigma^0$-Hyperons.** L. B. Okun und A. P. Rudik. (Журнал Экспериментальной и Теоретической Физики [J. exp. theoret. Physik] **39.** 378—83. Aug. 1960.) (Russ.; Auszug: Engl.)

Das Verhältnis des Zerfalls $\Sigma^0 \rightarrow \Lambda^0 + 2\gamma$ zum bekannten Zerfall $\Sigma^0 \rightarrow \Lambda^0 + \gamma$ ist sehr klein, von der Größenordnung $10^{-6}$, u. hängt stark von den magnet. Momenten der $\Lambda$ u. $\Sigma$ ab. Die Unters. der beiden Zerfälle bietet eine Möglichkeit, das magnet. Moment des $\Sigma^0$ zu bestimmen. M. Wiedemann. 90□

**Transversaler Impuls der fremdartigen Teilchen, die in den durchdringenden Schauern der Höhenschauer erzeugt werden.** E. L. Andronikaschwili und N. N. Roinischwili. (Журнал Экспериментальной и Теоретической Физики [J. exp. theoret. Physik] **39.** 267—70. Aug. 1960. Inst. für Phys. der Akad. der Wiss. der GrusinSSR.) (Russ.; Auszug: Engl.)

Mittels einer Anordnung aus Wilson-Kammer im Magnetfeld wurde im Elbruss-Labor. der transversale Impuls von 25 $\Lambda^0$, 21 $\Theta^0$ u. 13 $\Sigma^\pm$ gemessen, wobei die Energie der Primärteilchen bei $1-10 \cdot 10^{10}$ eV lag. Es ergab sich unabhängig vom Typ des fremdartigen Teilchens ein Mittelwert von $(0{,}52 \pm 0{,}06)$ GeV/c. M. Wiedemann. 90□

**Veränderung der adiabatischen Invarianz eines Teilchens im Magnetfeld.** 1. Mitt. A. M. Dychne und W. L. Pokrowski. (Журнал Экспериментальной и Теоретической Физики [J. exp. theoret. Physik] **39.** 373—77. Aug. 1960. Inst. für Radiophys. u. Elektronik der Sibir. Abt. der Akad. der Wiss. der UdSSR.) (Russ.; Auszug: Engl.)

Die Änderung der adiabat. Invariante eines Teilchens bei Bewegung in einem axialsymm., inhomogenen Magnetfeld wird ermittelt. Für ein spezielles Modell wird das Problem gelöst. M. Wiedemann. 90☐

**Die durch eine Quadrupolwechselwirkung im Kristallgitter bedingte Hyperfeinstruktur der $\gamma$-Strahlen.** N. N. Deljagin, W. Ss. Schpinel, W. A. Brjuchanow und B. Swenglinski. (Журнал Экспериментальной и Теоретической Физики [J. exp. theoret. Physik] **39.** 220—22. Juli 1960. Moskau, Univ., Inst. für Kernphys.) (Russ.)

Untersucht wurde die Hyperfeinstruktur des angeregten Zustands mit 23,8 keV des Nuclids $^{119}$Sn, die durch Wechselwrkg. des Kernquadrupolmoments mit dem inneren elektr. Feld des Sn-Kristalls hervorgerufen worden ist. Die $^{119m}$Sn-Quelle (metall. Sn) wurde gegenüber dem Absorber bewegt, die Geschw. änderte sich linear mit der Zeit, die Quelle hatte die Temp. des fl. $N_2$. Die Absorber enthielten metall. Sn. u. $SnNb_3$. Die Kurve der Resonanzabsorption des Sn in Abhängigkeit von der Geschw. zeigte 3 Maxima bei 0 u. $\pm$ 1,46 mm/s, des $SnNb_3$ 2 Maxima bei $\pm$ 0,73 mm/s. Hieraus werden Schlüsse auf die Hyperfeinstruktur gezogen, der Abstand der Komponenten beträgt $1{,}15 \cdot 10^{-7}$ eV. M. Wiedemann. 90☐

**Energieverteilung der $\gamma$-Quanten aus einer Punktquelle von $\gamma$-Strahlung in einem unendlichen Sandmedium.** V. V. Matveev, A. D. Sokolov und R. S. Shlyapnikov. (J. nuclear Energy **4.** 465—70. April 1957.) (Engl.) — Vgl. C. **1957.** 13237. Herbert Weber. 90☐

**Über die statistische Untersuchung der Elektronen–Photonen-Kaskaden.** E. Friedländer. (Studii Cercetări Fizică **8.** 153—56. 1957.) (Rum.) — Vgl. C. **1957.** 3.

Man kann die mittlere Zahl der Schauerteilchen aus weichen Kaskaden, die auf eine Reihe von Zählern unter einer bestimmten Dicke des Pb-Absorbers auftreffen, auf Grund der gleichzeitigen Koinzidenzaufzeichnungen bei verschiedenen Pb-Dicken berechnen. Vf. gibt Zahlen für die mathemat. zu erwartenden Werte u. die Standardabweichungen für das Stufenspektrum u. verschiedene Kombinationen von Koinzidenzen (Tabelle). R. K. Müller. 90☐

**Vorläufige Ergebnisse mit einer Quelle monochromatischer Photonen, die durch Vernichtung von Positronen im Flug erzeugt werden.** Jacques Miller, Claude Schuhl, Gabriel Tamas und Christophe Tzara. (C. R. hebd. Séances Acad. Sci. **249.** 2543—45. 9/12. 1959.) (Franz.)

Ausführliche Darst. vgl. C. **1961.** 11206. M. Wiedemann. 90☐

**Neutrinowechselwirkungen.** Frederick Reines. (Annu. Rev. Nuclear Sci. **10.** 1—26. 1960. Cleveland, Ohio, Case Inst. of Technol., Phys. Dep.) (Engl.)

Übersicht über den Nachw. von Neutrinos, Energiespektren von Neutrinos u. Antineutrinos, Wechselwrkg. sowie über Neutrinos in der Höhenstrahlung. — 51 Literaturangaben. P. Golinske. 90☐

**Gesamtwirkungsquerschnitte für p, $\bar{p}$, K$^\pm$- und $\pi^\pm$ an Wasserstoff zwischen 3 und 10 GeV/c.** G. von Dardel, D. H. Frisch, R. Mermod, R. H. Milburn, P. A. Piroué, M. Vivargent, G. Weber und K. Winter. (Physic. Rev. Letters **5.** 333—36. 1/10. 1960. Geneva, CERN.) (Engl.)

Ein Bündel des 25-GeV-Protonen (Synchrotron) fiel auf ein 3,1 m langes fl. $H_2$-Target (20 cm∅). Die Wrkg.-Querschnitte sind gegen den Impuls aufgetragen. Für geladene Nucleonen, Pionen u. K-Mesonen nähern sich die Querschnitte bei hohen Energien einem konst. Wert. Die Wrkg.-Querschnitte der positiven u. negativen Pionen sind nahezu gleich. Falls überhaupt, nähern sich die totalen Querschnitte von Teilchen u. Antiteilchen erst über 10 GeV/c dem gleichen Wert. M. Wiedemann. 90☐

**Raum- und Ladungsparität des Systems Proton–Antiproton und dessen Zweimesonen-Vernichtung.** M. I. Schirokow und E. O. Okonow. (Журнал Экспериментальной и Теоретической Физики [J. exp. theoret. Physik] **39.** 285—92. Aug. 1960. Verein. Inst. für Kernforsch.) (Russ.; Auszug: Engl.)

Werden Proton u. Antiproton durch eine Dirac-Gleichung beschrieben, so hat das Syst. (p, $\bar{p}$) eine bestimmte Raum- u. Ladungsparität. Durch Messung der Wrkg.-Querschnitte, ihrer Energieabhängigkeit, der Winkelverteilung der Pionen bei den Rkk. $p + \bar{p} \rightarrow \pi^+ + \pi^-$ u. $p + \bar{p} \rightarrow 2\pi^0$ sowie durch den Nachw. der Existenz dieser Rkk. ließe sich Aufschluß über die vorliegende Variante der Parität gewinnen. M. Wiedemann. 90☐

**Phasenparameter-Darstellung der Neutron–Proton-Streuung von 13,7 bis 350 MeV.** M. H. Hull jun., K. E. Lassila, H. M. Ruppel, F. A. McDonald und G. Breit. (Physic. Rev. [2] **122.** 1606—19. 1/6. 1961. New Haven, Conn., Yale Univ.) (Engl.)

Die unter Heranziehung verfügbarer Daten (293 „Messungen") mit einer IBM-704 erhaltenen Ergebnisse einer Gradientensuche zur Phasenparameter-Darst. der n-p-Streuung werden mitgeteilt. (Vgl. BREIT u. Mitarbeiter, C. **1961.** 9668.)

HERBERT WEBER. 90□

**Unelastische Stoßquerschnitte verschiedener Elemente für 14,5-MeV-Neutronen.** N. N. Flerov und V. M. Talyzin. (J. nuclear Energy **4.** 529—32. April 1957.) (Engl.) — Vgl. C. **1957.** 9565.

HERBERT WEBER. 90□

**Die Analyse von Neutronenspektrometer-Resonanzdaten.** J. E. Lynn und E. R. Rae. (J. nuclear Energy **4.** 418—44. April 1957. Harwell, A.E.R.E.) (Engl.)

Meth. zur Analyse der mit Spektrometern für langsame Neutronen erhaltenen Daten werden beschrieben. Die Daten werden aus Messungen der Durchlässigkeit (Transmission), der Streuung, des Einfangs u. der Spaltung erhalten. Vff. zeigen, wie Beziehungen zwischen den Resonanzparametern erhalten u. wie durch Kombination dieser Beziehungen Werte der individuellen Parameter abgeleitet werden können. Eine detaillierte mathemat. Behandlung wird wiedergegeben.

HERBERT WEBER. 90□

**Reflexion schneller Neutronen an Wasser.** Martin J. Berger und John W. Cooper. (J. Res. nat. Bur. Standards **63A.** 101—44. Sept./Okt. 1959.) (Engl.)

Vff. wenden die Monte-Carlo-Meth. (I) zur Berechnung der Streuung von Strahlung u. auf das Neutronen-Albedo-Problem an. Die Rückstreuung schneller Neutronen von 0,3, 1, 3, 6, 9 u. 14 MeV an einem teilweise unendlichen Wassermedium wurde nach I berechnet. Die erhaltenen Aussagen schließen die Winkelverteilung u. die spektrale Verteilung der reflektierten Neutronen, die Abhängigkeit des Anzahl-Albedos u. des Energie-Albedos von der Energie u. der Winkelanordnung der Strahlenquelle ein. Die Berechnungen der Spektren wurden bis zu epitherm. Energien (ca. 0,5 eV) durchgeführt. Die elast. Streuung an H u. O, die unelast. Streuung an O u. die Absorption durch n-p- u. n-α-Prozesse wurden in die Betrachtungen einbezogen. Die Berechnungen der Zufallserscheinungen wurden durch analyt. Berechnungen der Einzelstreualbedos ergänzt. Dies erwies sich als nützlich zum Verständnis der nach der I erhaltenen Ergebnisse, da ein beträchtlicher Teil der reflektierten Neutronen nur ein Treffereignis hatte.

H. SCHROEDER. 90□

**Flacher Fluß durch nichtgleichmäßige Moderierung.** Jack M. Ravets und John R. Lamarsh. (Nuclear Sci. Engng. **7.** 496—501. Juni 1960. Ithaca, N.Y., Cornell Univ., Dep. of Engng. Phys.) (Engl.)

Die Erzeugung eines flachen therm. Flusses durch die nichtgleichförmige Verteilung des Moderators (steigende Dichte mit zunehmendem Abstand vom Zentrum des Reaktors) wird im Rahmen der Zweigruppentheorie für Zweibereichsreaktoren diskutiert.

HERBERT WEBER. 90□

**Milne-Problem für eine geschwindigkeitsabhängige mittlere freie Weglänge.** Mark Nelkin. (Nuclear Sci. Engng. **7.** 552—53. Juni 1960. San Diego. Calif., General Dynamics Corp., General Atomic Div., John Jay Hopkins Labor. for Pure and Appl. Sci.) (Engl.)

In der Unters. zur Neutronentransporttheorie wird das Problem der Extrapolationsdistanz für eine energieabhängige mittlere freie Weglänge betrachtet. Die Energieübertragung zwischen Neutronen u. Moderator wird explizit behandelt.

HERBERT WEBER. 90□

**Elastische Streuung von schweren Ionen an verschiedenen Gastargets.** E. Newman, P. G. Roll und F. E. Steigert. (Physic. Rev. [2] **122.** 1842—48. 15/6. 1961. New Haven, Conn., Yale Univ.) (Engl.)

Der abs. differentielle Querschnitt für die elast. Streuung von $^{16}O$ an $^{4}He$, $^{14}N_2$ u. $^{20}Ne$ u. von $^{12}C$ an $^{14}N_2$ wurde von ca. 4—20° im Schwerpunkts-Syst. gemessen. Die Energie der einfallenden schweren Ionen betrug ca. 10 MeV/ME. Das Verhältnis der elast. Querschnitte zum COULOMB-Querschnitt zeigt beugungsähnliche Oscillationen, die sich abdämpfen, wenn $\eta = Z_1Z_2e^2/\hbar v$ von ca. 1 auf ca. 4 anwächst (v = relative Geschw. der zwei Teilchen). Die Ergebnisse werden mit einem einfachen Beugungsmodell, einem Modell des scharfen Cutoff u. einem Modell mit modifiziertem Cutoff verglichen. Letzteres Modell scheint nur für $\eta >$ ca. 2,5 anwendbar zu sein. Der für die $^{16}O$–Ne-Streuung gefundene $r_0$-Wert ist um 25% größer als der für die übrigen Rkk., $[R = r_0 \cdot (A_1^{1/3} + A_2^{1/3})]$.

HERBERT WEBER. 90□

**Effektive Ladung schwerer Ionen in verschiedenen Medien.** P. G. Roll und F. E. Steigert. (Physic. Rev. [2] **120.** 470—73. 15/10. 1960. New Haven, Conn., Yale Univ., Sloane Phys. Labor.) (Engl.)

Daten über die effektive Ladung schwerer Ionen ($^{19}F$, $^{16}O$, $^{14}N$, $^{12}C$, $^{10}B$, $^{11}B$), die aus Reichweite–Energie-Kurven in $O_2$, *Ar*, *Al* u. *Ni* erhalten wurden, werden nach einer

FERMI-THOMAS-Darst. des Atoms analysiert. Das Anwachsen der beobachteten Ladung bei Metall- im Vgl. zu Gasabsorbern scheint damit erklärbar zu sein.
HERBERT WEBER. 90□

**Energieverlust und effektive Reichweite von schweren Ionen in Aluminium.** L. C. Northcliffe. (Physic. Rev. [2] **120.** 1744—57. 1/12. 1960. New Haven, Conn., Yale Univ.) (Engl.)

Mit Bündeln schwerer Ionen von ca. 10 MeV/ME (ME = „amu") wurden *Al*-Absorber bekannter Dicke beschossen. Die hindurchtretenden Ionen werden mittels eines Magnetspektrographen analysiert, um ihre Ladungs- u. Energieverteilungen zu bestimmen. Genaue Messungen der mittleren Energie der durchtretenden Ionen als Funktion der Absorberdicke werden für Bündel von $^4$*He*-, $^{10}$*B*-, $^{11}$*B*-, $^{12}$*C*-, $^{14}$*N*-, $^{16}$*O*-, $^{19}$*F*- u. $^{20}$*Ne*-Ionen mit Austrittsenergien im Bereich $10 > E/m > 1$ MeV/ME mitgeteilt. Die Ergebnisse können als Messungen der Reichweite–Energie-Relation für schwere Ionen interpretiert werden. Während die abs. Genauigkeit der Reichweitemessungen ca. $\pm 1$ mg/cm$^2$ ist, wird die Reichweitedifferenz $R(E^0)-R(E)$ als Funktion von E mit einer typ. Genauigkeit von $\pm 0{,}1$ mg/cm$^2$ gemessen. Bei der Analyse wird die Form der Reichweite–Energie-Kurve der schweren Ionen mit der genau bekannten Form der Reichweite–Energie-Kurve von Protonen [unter Benutzung des Konversionsfaktors $\Delta R = mZ_p^2(m_p \cdot Z^2)^{-1}\Delta R_p$] verglichen. Die Unterschiede in den Formen der Kurven werden Abweichungen der effektiven Ladung des Ions von seiner Kernladung zugeschrieben. Keine nachweisbare Differenz wird zwischen der Form der Reichweite–Energie-Kurven für $^4$He-Ionen u. für Protonen gefunden. Für schwerere Ionen treten Abweichungen in der Kurvenform auf. Eine einfache empir. Formel wird für die effektive Ladung eines Ions als Funktion seiner Geschw. gefunden, die in Einklang mit den Abweichungen der beobachteten Reichweite–Energie-Kurven ist, u. wahrscheinlich zur Voraussage der Reichweite–Energie-Kurven für Ionen benutzt werden kann, die nicht experimentell untersucht wurden. Durch eine unabhängige Analyse der Spektrographendaten wird die Gleichgewichtsverteilung der Ladungszustände im $^{16}$O-Bündel als eine Funktion der Energie des austretenden Bündels bestimmt. Die effektive Ladung, die durch die Ladungszustandsverteilung ermittelt wird, ist in Übereinstimmung mit der effektiven Ladung, die durch die empir. Formel gegeben ist. HERBERT WEBER. 90□

**Messungen des Energieverlustes für schwere Ionen in Mylar und Polyäthylen.** Philip E. Schambra, Andrew M. Rauth und L. C. Northcliffe. (Physic. Rev. [2] **120.** 1758—61. 1/12. 1950. New Haven, Conn., Yale Univ., Dep. of Biophysics and Dep. of Physics.) (Engl.) — Vgl. vorst. Referat.

Der Energieverlust von $^{12}$*C*-, $^{16}$*O*- u. $^{20}$*Ne*-Ionen beim Durchgang durch Folien von Mylar u. Polyäthylen wurde für einfallende Ionen von 10 MeV/ME u. Energien der austretenden Ionen im Bereich von 10 bis 1 MeV/ME untersucht. Die Änderung der Energie der austretenden Ionen mit der Absorberdicke (im wesentlichen die Reichweite–Energie-Beziehung) wird mitgeteilt u. mit ähnlichen Ergebnissen für die gleichen Ionen in Al verglichen. Innerhalb des experimentellen Fehlers unterschieden sich die Kurven für Mylar u. Polyäthylen von denen für Al nur in der Skala der Absorberdicken. Für den gleichen Energieverlust beträgt das Verhältnis der Absorberdicken (in mg/cm$^2$) 0,783 für Mylar zu Al u. 0,692 für Polyäthylen zu Al. HERBERT WEBER. 90□

**Neuere Entwicklungen in der Kernphysik.** A. M. Sona und G. M. Marcazzan. (Energia Nucleare **5.** 701—06. Nov. 1958. Milano, CISE.) (Ital.)

Überblick über Theorien zur Kernstruktur (2. Genfer Konferenz) sowie über Experimente über Kernreaktionen. — 11 Literaturangaben. HERBERT WEBER. 95□

**Reduzierte Breiten individueller Kernenergieniveaus.** A. M. Lane. (Rev. mod. Physics **32.** 519—66. Juli 1960. Harwell, Berks., AERE.) (Engl.)

Überblick mit Behandlung der theoret. Voraussagen von reduzierten Breiten nach dem Schalenmodell u. dem BOHR-MOTTELSON-Modell der starken Kopplung sowie einer Zusammenstellung der beobachteten Breiten von Kernen mit $A < 40$ einschließlich theoret. Diskussion. Abgesehen von einigen Photonenbreiten beziehen sich alle angeführten Werte auf Resonanzniveaus, d. h., die Werte werden aus Resonanz-Rkk. (nicht Stripping-Rkk.) erhalten: Nucleonen-, Deuteronen- u. $\alpha$-Teilchen-Kanäle.
HERBERT WEBER. 95□

**Abstreif-Reaktionen und die Struktur leichter und mittelschwerer Kerne.** M. H. Macfarlane und J. B. French. (Rev. mod. Physics **32.** 567—691. Juli 1960. Rochester, N.Y., Univ. of Rochester; Lemont, Ill., Argonne Nat. Labor.) (Engl.)

Ausführlicher Überblick mit Behandlung der empir. red. Breiten u. ihrer theoret. Analyse, der Stripping- u. Pickup-Rkk. an 1p- u. ds-Schalenkernen sowie an schweren Kernen ($A > 40$). Neben den red. Breiten für (d, p)-, (d, n)-, (p, d)- u. (n, d)-Rkk. werden

die Möglichkeiten zur Best. von reduzierten Nucleonenbreiten aus komplexen Rkk., wie (d, t), (d, $^3$He), ($^3$He, d) oder ($\alpha$, t), untersucht. — Über 200 Literaturangaben.
HERBERT WEBER. 103□

**Wechselwirkung von Neutronen mit $^3$He.** A. R. Sayres, K. W. Jones und C. S. Wu. (Physic. Rev. [2] **122.** 1853—63. 15/6. 1961. New York, N.Y., Columbia Univ.) (Engl.)

Vff. erhalten Spektren der n + $^3$He-Rkk. für monoenerget. Neutronenflüsse unter Verw. eines mit $^3$He gefüllten Proportionalzählers. Die differentiellen Querschnitte für die elast. Streuung der Neutronen an $^3$He werden bei 2,6; 5,0; 8,0 u. 17,5 MeV erhalten. Der Querschnitt der Rk. $^3$He(n, p)$^3$H wird bei 1,0; 2,6; 5,0 u. 8,0 MeV, der Querschnitt der Rk. $^3$He(n, d)D bei 5,0 u. 8,0 MeV gemessen (Schwelle bei $E_n = 4{,}36$ MeV). Die abs. Querschnitte werden durch Normalisierung zu dem bekannten totalen Querschnitt erhalten. Die differentiellen elast. Streuquerschnitte für Neutronen an $^3$He werden über die Beziehung zwischen dem Streuwinkel des Neutrons u. der beobachteten Energie des $^3$He-Rückstoßes in der Zählerfüllung erhalten. Die Winkelverteilungen werden mit früheren theoret. Werten [1956] verglichen. Durch diese Verss. soll unterschieden werden zwischen den angenommenen beiden Spezialfällen für die Potentialwechselwrkg., der symm. Austauschkraft u. der SERBER-Austauschkraft. — Die experimentellen Werte sprechen mehr für die SERBER-Austauschkraft. Die Verss. sollen ebenfalls eine Analyse der stärker komplexen Neutronenspektren durch Informationen über die Querschnitte der n + $^3$He-Rk. ermöglichen.
GERHARD SCHMIDT. 103□

**Photozertrümmerung des $\alpha$-Teilchens.** Tatuya Sasakawa. (Progr. theoret. Physics [Kyoto] **22.** 595—96. Okt. 1959. Kyoto, Kyoto Univ., Dep. of Phys.) (Engl.)

Die von SAKAMOTO u. SAKASAWA [1959] entwickelte Wellenfunktion kann die weite Aufspaltung der p-Phasen von $^5$He u. den elast. Querschnitt energiereicher Streuung von Protonen an $^4$He beschreiben. Die anschließenden Berechnungen ergeben, daß der ($\gamma$, p)-Querschnitt gut wiedergegeben werden kann, wenn das ausgelöste Teilchen dem quadrat. Muldenpotential im Endzustand unterworfen wird. Dieses Potential ist so festgelegt, daß es die p-Wellen-Resonanz des den Kern verlassenden Teilchens beim maximalen Querschnitt erzeugt.
GERHARD SCHMIDT. 103□

**Energiespektrum der Kaskaden-$\alpha$-Teilchen in Sternen der Photoemulsion, die durch Protonen hoher Energie gebildet wurden.** W. I. Osstroumow, N. A. Perfilow und R. A. Filow. (Журнал Экспериментальной и Теоретической Физики [J. exp. theoret. Physik] **39.** 105—07. Juli 1960. Strahlungsinst. der Akad. der Wiss. der UdSSR.) (Russ.; Auszug: Engl.)

Vff. legen ein Modell mit einzelnen elast. Stößen zwischen Kaskadennucleonen u. $\alpha$-Teilchen, die sich vorübergehend im Kern bilden, zugrunde u. ermitteln das Energiespektrum der $\alpha$-Teilchen $>$ 30 MeV, die bei Zertrümmerung der schweren Kerne der photograph. Emulsionen mit Protonen von 140, 200, 360 u. 660 MeV erzeugt werden. Aus dem Vgl. mit den experimentellen Werten ergibt sich eine kinet. Energie der $\alpha$-Teilchen im Kern von 5—10 MeV.
M. WIEDEMANN. 103□

**Untersuchung der durch energiereiche Protonen in schweren und leichten Kernen ausgelösten Zertrümmerung.** Süreyya Barkan. (Istanbul Üniv. Fen Fak. Mecmuasi [Rev. Fac. Sci. Univ. Istanbul], Ser. C **22.** 280—85. Juli 1957. Istanbul, Univ., Nucl. Phys. Dep.) (Engl.)

ILFORD-G 5-Emulsionen (400 $\mu$ dick) wurden den 140-MeV-Protonen des Cyclotrons ausgesetzt. 440 Sterne mit 1—6 Zacken wurden erhalten u. davon 190 aus schweren u. 57 aus leichten Kernen analysiert. Energie u. Winkelverteilung der $\alpha$-Teilchen sowie der schnellen Protonen wurden bestimmt. Danach überwiegt in leichten Kernen die Bldg. von $\alpha$-Teilchen, was auf Wechselwrkg. der einfallenden Protonen mit Unterstrukturen im Kern hinweist.
M. WIEDEMANN. 103□

**Emission von $^8$Li-, $^9$Li- und $^8$B-Fragmenten in Sternen, die durch 4,3-GeV-$\pi^-$-Mesonen in Kernemulsionen erzeugt wurden.** Kuni Imaeda, Mitsuko Kazuno und Nobuo Ito. (J. physic. Soc. Japan **15.** 1753—59. Okt. 2123. Nov. 1960. Kofu, Yamanashi Univ., Dep. of Phys.) (Engl.)

Bei der Unters. von 9300 Sternen mit mehr als fünf Zacken auf $^8$Li-, $^9$Li- u. $^8$B-Fragmente wurden 90 Fälle von Hammerspuren, die durch $^8$Li- oder $^8$B-Fragmente hervorgerufen wurden, 11 Beispiele von Spuren, die durch die Rk. $^9\mathrm{Li} \to {}^9\mathrm{Be} + e^- \to {}^4\mathrm{He} + {}^4\mathrm{He} + n + e^-$ entstanden, u. ein Ereignis, das durch die Rk. $^9\mathrm{Li} \to {}^9\mathrm{Be} + e^- \to {}^5\mathrm{He} + {}^4\mathrm{He} + e^-$ hervorgerufen wurde, gefunden. Die Häufigkeiten der Emission von $^8$Li- u. $^9$Li-Fragmenten wurden zu $(0{,}94 \pm 0{,}11)\cdot 10^{-2}$ bzw. $(0{,}15 \pm 0{,}05)\cdot 10^{-2}$ pro Stern bestimmt, der Wert für $^8$B beträgt $(0{,}1-0{,}3)\cdot 10^{-2}$ pro Stern des schweren Kerns. Das Ergebnis für $^9$Li stimmt mit dem nach der Verdampfungstheorie berechneten Wert überein. Das Verhältnis $N_{(\mathrm{vorwärts})}$/

$N_{(rückwärts)}$ beträgt für die $^8$Li-Fragmente 1,30 ± 0,26 u. für die $^9$Li-Fragmente 2,4 ± 0,9 für Energien oberhalb 30 MeV. H. SCHROEDER. 103☐

**Vergleich der β-α-Winkelkorrelation in $^8$Li und $^8$B.** M. E. Nordberg, F. B. Morinigo und C. A. Barnes. (Physic. Rev. Letters **5.** 321—23. 1/10. 1960. Pasadena, Calif., California Inst. of Technol., Kellogg Radiat. Labor.) (Engl.)

Die β-α-Winkelkorrelationen bei den Zerfällen $^8Li \rightarrow {}^8Be^* \rightarrow (\alpha)\,{}^4He$ u. $^8B \rightarrow {}^8Be^* \rightarrow (\alpha)\,{}^4He$ wurden bestimmt u. die α-Spektren in Koinzidenz mit der β-Strahlung aufgenommen. Verbotene Effekte können Korrelationen der Form $1 + B\cos^2\Theta$ hervorrufen, die Koeff. B wurden bestimmt. Die Ergebnisse sind mit der Theorie der Erhaltung des Vektorstroms verträglich. M. WIEDEMANN. 103☐

**γ-Strahlen aus der Wechselwirkung von 14-MeV-Neutronen mit Beryllium.** J. Benveniste, A. C. Mitchell, C. D. Schrader und J. H. Zenger. (Nuclear Physics [Amsterdam] **19.** 52—61. 3. Sept.-H. 1960. Livermore, Calif., Univ. of California, Lawrence Radiat. Labor.) (Engl.)

Der Querschnitt für die Rk. $^9Be(n, t')^7Li^* \rightarrow {}^7Li + \gamma$ (0,477 MeV) wurde in der Nähe von 14 MeV durch Nachw. der γ-Strahlen bei Streuwinkeln von 30—150° gemessen. Zur Unterscheidung der γ-Strahlen vom Neutronenuntergrund wurde ein Flugzeit-Verf. benutzt. Der Querschnitt fällt von 20 mbarn bei 13,6 MeV auf 10 mbarn bei 14,1 MeV u. steigt dann auf 30 mbarn bei 14,7 MeV. HERBERT WEBER. 103☐

**Der 9,63-MeV-Zustand von $^{12}$C.** F. C. Barker, E. Bradford und L. J. Tassie. (Nuclear Physics [Amsterdam] **19.** 101—09. 3. Sept.-H. 1960. Canberra, Australian Nat. Univ., Res. School of Phys. Sci.) (Engl.)

Eine Analyse der Daten aus verschiedenen Experimenten (Kern-Rkk.), bei denen der 9,63-MeV-Zustand von $^{12}$C auftritt, zeigt, daß dieser Zustand $3^-$ sein kann (u. nicht $1^-$, wie früher vorgeschlagen). Zur Unterscheidung zwischen diesen Möglichkeiten wird eine Unters. der Rk. $^{11}B(p, \gamma)^{12}C(\alpha)^8Be$ vorgeschlagen. HERBERT WEBER. 103☐

***ft*-Wert von $^{14}$O und die universelle Fermi-Wechselwirkung.** R. K. Bardin, C. A. Barnes, W. A. Fowler und P. A. Seeger. (Physic. Rev. Letters **5.** 323—26. 1/10. 1960. Pasadena, Calif., California Inst. of Technol., Kellogg Radiat. Labor.) (Engl.)

Die Massendifferenz von $^{14}$O u. $^{14}N^*$ wurde aus den Rkk. $^{12}C + {}^3He \rightarrow {}^{14}O + n + Q_n$ u. $^{12}C + {}^3He \rightarrow {}^{14}N^* + {}^1H + Q_p$ direkt bestimmt. Die Ausbeute an $^{14}$O wurde in Abhängigkeit von der $^3$He-Energie gemessen. Für die zweite Rk. diente ein doppelfokussierendes Magnetspektrometer zur Messung der Protonenenergie. Für $^{14}$O ergab sich $E_{max}(\beta^+) = 1810{,}6 \pm 1{,}5$ keV u. hieraus $ft = 3069 \pm 13$ s. Dies liefert eine Kopplungs-Konst. für den vektoriellen Kern-β-Zerfall von $G_V = (1{,}416 \pm 0{,}003)\cdot 10^{-49}$ erg·cm$^3$. Falls man die Konst. des Myonenzerfalls dem gleich setzt, müßte die mittlere Lebensdauer 2,250 ± 0,010 μs betragen, d. h. 1,8% größer als der beobachtete Mittelwert.
M. WIEDEMANN. 103☐

**Absolute Querschnitte der Reaktionen $^{23}Na(n, p)^{23}Ne$ und $^{23}Na(n, \alpha)^{20}F$.** Claude F. Williamson. (Physic. Rev. [2] **122.** 1877—82. 15/6. 1961. Austin, Texas, Univ. of Texas, Dep. of Phys.) (Engl.)

Vf. bestimmt die abs. Querschnitte für die konkurrierenden Rkk. $^{23}Na(n, p)^{23}Ne$ u. $^{23}Na(n, \alpha)^{20}F$ über den Energiebereich von 4—19 MeV nach der Aktivierungs-Meth. unter Verw. von Neutronen aus den Rkk. $D(d, n)^3He$, $^{14}N(d, n)^{15}O$, $^{14}C(d, n)^{15}N$, $T(d, n)^4He$. Die Na-Probe wird in Form eines NaJ(Tl)-Scintillationskristalls (1½in. × 1½ in.) aktiviert, der mit einem Photomultiplier gekoppelt ist. Der Kristall dient sowohl als Target als auch als 4π-Zähler. Die erhaltenen Anregungskurven werden mit den theoret. Werten verglichen, die sich auf die statist. Theorie gründen. Für (n, p)-Rkk. wird befriedigende Übereinstimmung erhalten, große Abweichungen treten jedoch zwischen den gemessenen u. berechneten (n, α)-Querschnitten auf. GERHARD SCHMIDT. 103☐

**(d, α)-Reaktionen an einigen leichten Kernen.** Chuin Hu. (J. physic. Soc. Japan **15.** 1741—52. Okt. 1960. Osaka, Univ., Fac. of Sci.) (Engl.)

Vf. untersuchte die Winkelverteilung der bei nachst. Rkk. emittierten α-Teilchen: $^{16}O(d, \alpha_0)^{14}N$ (Grundzustand), $^{14}N(d, \alpha_1)^{12}C$ (4,44-MeV-Zustand), $^{19}F(d, \alpha_0)^{17}O$ (Grundzustand), $^{19}F(d, \alpha_1)^{17}O$ (0,872-MeV-Zustand) u. $^{31}P(d, \alpha_0)^{29}Si$ (Grundzustand). Die Geschoßenergien variierten zwischen 10,3 u. 11,4 MeV. Die im Schwerpunkts-Syst. einen Bereich von 25°—160° überstreichenden Winkelverteilungen zeigen eine Bevorzugung der Vorwärtsrichtung. Der Vgl. zwischen den nach der vereinfachten Vorstellung einer direkten Wechselwrkg. von BUTLER sowie den nach einem Modell, das den Abstreifprozeß schwerer Teilchen berücksichtigt, berechneten Werten u. den gemessenen Werten liefert befriedigende Übereinstimmung. Es wurde die Intensität des Überganges zum angeregten 2,31-MeV-Zustand (T = 1) von $^{14}$N gemessen; hierbei wurden Al-Absorber im Energiebereich von 10,5—11,4 MeV in 100 keV-Schritten verwendet. Die Messung der α-Teilchen erfolgte mit einem CsJ(Tl)-Kristall. H. SCHROEDER. 103☐

**Erhaltung des Isotopenspins und die $\beta$–$\gamma$-Zirkularpolarisationskorrelation in $^{41}$Ar und $^{46}$Sc*.** Stewart D. Bloom, Lloyd G. Mann und John A. Miskel. (Physic. Rev. Letters **5.** 326—29. 1/10. 1960. Livermore, California, Univ. of Calif., Lawrence Radiat. Labor.) (Engl.)

Zur Best. der Korrelation wurde die Differenz der Zählraten bei entgegengesetzten Magnetisierungsrichtungen des Fe-Streuers bestimmt. Zur Eichung dienten $^{22}$Na u. $^{60}$Co. Die Ergebnisse bei $^{46}$Sc u. mit wesentlich geringerer Genauigkeit auch bei $^{41}$Ar sind mit der Erhaltung des Isotopenspins u. daher auch der Theorie der Erhaltung des Vektorstroms verträglich. M. Wiedemann. 103□

**Über die Lage der Riesenresonanz bei der Dipolabsorption der $\gamma$-Quanten durch Atomkerne.** W. G. Neudatschin, W. G. Schewtschenko und N. P. Judin. (Журнал Экспериментальной и Теоретической Физики [J. exp. theoret. Physik] **39.** 108—11. Juli 1960. Moskau, Inst. für Kernphys.) (Russ.; Auszug: Engl.)

Vff. zeigen, daß sich auf der Grundlage des Schalenmodells u. unter Verw. der spektroskop. Daten für die unteren Niveaus die Lage der Riesenresonanz bei Zwischenkernen in Übereinstimmung mit den experimentellen Befunden ermitteln läßt. Als Beispiele sind $^{40}Ca$, $^{51}V$, $^{58}Ni$ u. $^{63,65}Cu$ angeführt. M. Wiedemann. 103□

**Mechanismus der Reaktion $^{64}$Zn(n, p)$^{64}$Cu bei Neutronenbeschußenergien von 8 und 14 MeV.** Alice H. Armstrong und Louis Rosen. (Nuclear Physics [Amsterdam] **19.** 40—51. 3. Sept.-H. 1960. Los Alamos, N. Mex., Univ. of California, Los Alamos Sci. Labor.) (Engl.)

Die Unters. der Rk. $^{64}$Zn(n, p)$^{64}$Cu bei $E_n = 8$ u. 14 MeV zeigt, daß die spektrale u. räumliche Verteilung der meisten Protonen der Compoundkernhypothese (statist. Modell) zu genügen scheinen. Die Verteilungen der energiereichen Protonen sind in scharfem Widerspruch zum statist. Modell u. der Compoundkernhypothese. Für 8-MeV-Neutronen liegt eine ungewöhnlich große Wahrscheinlichkeit dafür vor, daß Protonen mit Energien emittiert werden, die wesentlich niedriger als die der Coulomb-Barriere sind.

Herbert Weber. 103□

**($\alpha$, t)-Reaktionen in der Nähe von Z = 28.** J. L. Yntema. (Physic. Rev. Letters **4.** 297—99. 15/3. 1960. Lemont, Ill., Argonne Nat. Labor.) (Engl.) — Vgl. C. **1959.** 14936.

Die Spektren der Tritonen, die bei den folgenden Rkk. auftreten, wurden nach dem l.c. angegebenen Verf. gemessen: $^{55}$Mn($\alpha$, t)$^{56}$Fe, $^{59}$Co($\alpha$, t)$^{60}$Ni, $^{65}$Cu($\alpha$, t)$^{66}$Zn, $^{103}$Rh($\alpha$, t)$^{104}$Pd u. $^{181}$Ta($\alpha$, t) $^{182}$W. Die Ergebnisse wurden graph. dargestellt. Vf. betrachtet die ($\alpha$, t)-Rk. als einen Stripping-Prozeß, bei dem ein Proton von dem Targetkern eingefangen wird. Die Winkelverteilung der Tritonen soll als Maß für den Drehimpuls des eingefangenen Protons dienen. Die gefundenen Winkelverteilungen sind sehr ähnlich bei $^{51}$V, $^{57}$Fe u. $^{59}$Co. Die Grobstruktur der Tritonenspektren von $^{104}$Pd u. $^{182}$W haben eine starke Ähnlichkeit mit den Spektren, die bei der unelast. Streuung von Deuteronen an $^{103}$Rh u. $^{181}$Ta beobachtet wurden. H. Schroeder. 103□

**Halbwertszeit von $^{12}$B, $^{24m}$Na und $^{75m}$As.** Alois W. Schardt. (Physic. Rev. [2] **122.** 1871—74. 15/6. 1961. Los Alamos, N. Mex., Univ. of California, Los Alamos Sci. Labor.) (Engl.)

Die Quellen werden entweder mit dem Protonen- oder mit dem Deuteronenbündel des elektrostat. Beschleunigers erzeugt. Im Falle von $^{12}$B wird die Aktivität durch 2,3-MeV-Deuteronen nach der Rk. $^{11}$B(d, p) hervorgerufen. Die $\beta$-Aktivität wird mit einem Plastescintillator nachgewiesen. Für die Halbwertszeit von $^{12}$B wird ein Wert von 20,31 ± 0,20 ms erhalten (vgl. neuere Werte von 20,6 ± 0,2 u. 20,4 ± 0,4 ms). $^{24m}$Na wird durch die $^{23}$Na(d, p)-Rk. mit 4,0-MeV-Deuteronen gebildet. Der 472-keV-$\gamma$-Strahl, durch den das Isomer zerfällt, wird mit einem NaJ(Tl)-Kristall von 1½ in. ∅ u. 1 in. Länge nachgewiesen. Die Halbwertszeit ergibt sich zu 19,9 ± 0,3 ms in Übereinstimmung mit einem früher erhaltenen Wert von 20 ± 2 ms. $^{75m}$As wird durch Beschuß von 2,6-MeV-Protonen nach der Rk. $^{74}$Ge(p, $\gamma$) erhalten. Das Ge-Target befindet sich im Mittelpunkt eines NaJ-(Tl)-Kristalls vom Muldentyp (2½ in. ∅, 2⅞ in. Länge). Ein 280-keV-$\gamma$-Strahl folgt prompt dem isomeren 25-keV-Übergang. Für die Halbwertszeit ergibt sich ein gemittelter Wert von 16,8 ± 0,4 ms in Übereinstimmung mit neueren Messungen.

Gerhard Schmidt. 103□

**Der Zerfall von Arsen-80.** R. E. Meads und J. E. G. McIldowie. (Proc. physic. Soc. **74.** 693—99. 1/12. 1959. Oxford, Clarendon Labor.) (Engl.)

$^{80}$As wurde durch die Rk. $^{80}$Se(n, p)$^{80}$As erzeugt, indem natürliches Se oder mit $^{80}$Se angereicherte Proben mit 14-MeV-Neutronen bestrahlt wurden. Der $\beta^-$-Zerfall von $^{80}$Se ($t_{1/2} = 15{,}3$ s) wurde mit Hilfe der Scintillationsspektrometrie unter Verw. von $\beta$–$\gamma$- u. $\gamma$–$\gamma$-Koinzidenz-Meth. untersucht. Die $\gamma$-Spektren werden hinsichtlich der $^{80}$Se-Niveaus bei 0,66, 1,44, 1,52, 1,77, 1,88, 2,30, 2,50 u. 3,01 MeV interpretiert. Die $\beta$-Übergänge zum

Grundzustand u. den ersten Anregungszuständen des $^{80}$Se(log ft-Werte 5,8 bzw. 5,9) sind wahrscheinlich erlaubt u. ergeben den Spin 1 + für den Grundzustand des $^{80}$As.
Gerhard Schulze. 103☐

**Anregungsfunktionen der (p, 2p 6n)- und (p, 3p 5n)-Reaktionen für 60-, 100-, 150- und 240-MeV-Protonen an angereichertem Zirkonium-90.** Envare Ünseren und Edwin O. Wiig. (Physic. Rev. [2] **122.** 1875—76. 15/6. 1961. Rochester, N.Y., Univ. of Rochester.) (Engl.)

In $^{90}$Zr angereichertes $ZrO_2$ wird im inneren Protonenbündel des 130-in.-Synchrocyclotrons mit Energien von 60, 100, 150 u. 240 MeV beschossen. Die isotop. Analyse ergibt $^{90}$Zr 98,66; $^{91}$Zr 0,768; $^{92}$Zr 0,344; $^{94}$Zr 0,183 u. $^{96}$Zr 0,041%. Das Protonenbündel wird durch die Rk. $^{27}$Al(p, 3 pn)$^{24}$Na unter Verw. der bekannten Querschnitte für die $^{24}$Na-Erzeugung geprüft. Die 33-Std.-$^{83}$Sr-Aktivität wird als solche gezählt, während die 3½-Std.-$^{83}$Y-Aktivität nach dem Zerfall zu $^{83}$Sr gemessen wird. Von $^{83}$Y wird hierbei angenommen, daß es völlig zu $^{83}$Sr zerfällt. Die Querschnitte für die Erzeugung von $^{83}$Y u. $^{83}$Sr aus $^{90}$Zr durch Protonenbeschuß sind ebenso wie das Verhältnis der Ausbeute von $^{83}$Sr zu der von $^{83}$Y bei jeder untersuchten Energie tabelliert. Die abs. Querschnitte für die $^{83}$Sr-Erzeugung aus $^{90}$Zr bei 100—240 MeV sind angenähert die gleichen, die für die entsprechenden Rkk. an $^{51}$V (10—20 mbarn), $^{59}$Co (ca. 34 mbarn), $^{75}$As (ca. 25 mbarn), $^{89}$Y (7—40 mbarn), $^{127}$J (4—10 mbarn), $^{133}$Cs (2,4—5,0 mbarn) u. bei 340 MeV an $^{56}$Fe (2,5 mbarn) beobachtet worden sind. Der Querschnitt von 0,032 mbarn für die $^{83}$Sr-Erzeugung bei 60 MeV ist von der gleichen Größenordnung wie der für die entsprechende (p, 3 p 5 n)-Rk. an $^{51}$V (0,08 mbarn) u. $^{133}$Cs (0,05 mbarn). Die Querschnitte von ca. 0,008 mbarn bei 100—240 MeV für die Rk. $^{90}$Zr(p, 2 p 6 n)$^{83}$Y sind beträchtlich kleiner als die Querschnitte für die entsprechenden Rkk. $^{59}$Co(p, 2 p 6 n)$^{52}$Fe u. $^{75}$As(p, 2 p 6 n)$^{68}$Ge (ca. 0,6 mbarn) u. für die Rk. $^{89}$Y(p, 2 p 6 n)$^{82}$Sr (2—11 mbarn). Bei 100—240 MeV ist der Wert des Verhältnisses $\sigma(^{83}Sr)/\sigma(^{83}Y)$ aus $^{90}$Zr 40—1000 mal größer als das Verhältnis, das für die anderen Rkk. dieses Typs gefunden worden ist. Gerhard Schmidt. 103☐

**Zerfallsschema von $^{113}$Sn.** R. C. Greenwood und E. Brannen. (Physic. Rev. [2] **122.** 1849—52. 15/6. 1961. London, Ontario ,Univ. of Western Ontario.) (Engl.)

Eine $^{113}$Sn-Quelle wird durch 3wöchige Neutronenbestrahlung einer bis zu 72% in $^{112}$Sn angereicherten Unterlage im Reaktor erzeugt. Die $\gamma$-Spektren werden mit einem NaJ(Tl)-Scintillationsdetektor untersucht. Die Impulshöhenanalyse erfolgt mit einem 20-Kanal-Impulshöhenanalysator. Der Elektroneneinfangzerfall von $^{113}$Sn verläuft zu den 650- u. 393-keV-Zuständen von $^{113}$*In* mit Verzweigungsverhältnissen von (1,8 ± 0,1)% bzw. (98,2 ± 0,1)%. Der 650-keV-Zustand zerfällt unter Emission eines 255-keV-$\gamma$-Strahls zum 393-keV-Zustand. Die Existenz eines 648-keV-crossover-Überganges wird nicht nachgewiesen. Eine obere Grenze für die Intensität dieses Überganges wird zu 0,1% der Intensität des 255-keV-Überganges angenommen. Das Bahnelektronen-Einfangverhältnis zum 648-keV-Zustand ist $(P_{LMN\ldots}/P_K) < 0,19$. Aus diesem Wert ergibt sich eine Mindestzerfallsenergie zum 648-keV-Zustand von 150 keV. Durch Betrachtung der log *ft*-Werte wird gezeigt, daß Übergänge zum 393-keV-Zustand von $^{113}$In erstverboten sind; dieser Befund ist mit Spin u. Parität von $1/2^+$ oder $3/2^+$ für den Grundzustand von $^{113}$Sn im Einklang. Dem 648-keV-Zustand wird Spin u. Parität von $1/2^-$ oder $3/2^-$ auf der Basis möglicher log *ft*-Werte u. der Abwesenheit des 648-keV-crossover-Überganges zugeordnet.
Gerhard Schmidt. 103☐

**Der Zerfall von $^{132}$J.** R. L. Robinson, E. Eichler und Noah R. Johnson. (Physic. Rev. [2] **122.** 1863—71. 15/6. 1961. Oak Ridge, Tenn., Oak Ridge Nat. Labor.) (Engl.)

Der Zerfall von $^{132}$J, erhalten aus dem Spalt-Prod. $^{132}$*Te*, wird mit NaJ(Tl)-Scintillationsspektrometern untersucht. Die Energien (u. relativen Intensitäten) der beobachteten $\gamma$-Strahlen sind 0,240 (1,3); 0,518 (15); 0,667 (100); 0,72 (5); 0,775 (63); 0,953 (15); 1,14 (1,2); 1,142 (2,7); 1,30 (2,4); 1,392 (6,4); 1,45 (1,1); 1,75 (0,3); 1,91 (0,7); 1,99 (0,8); 2,08 (0,18); 2,18 (0,13) u. 2,39 (0,11) MeV. Die $\gamma$–$\gamma$-Winkelkorrelationsmessungen zeigen an, daß die 1,392-, 0,935- u. 0,518-MeV-Übergänge größtenteils aus Dipolstrahlung bestehen. Der $\gamma$-Strahl-Peak bei 0,667 MeV besteht effektiv aus 4 $\gamma$-Strahlen mit Energien zwischen 0,62 u. 0,68 MeV. Auf der Basis vorliegende Spektral-Unterss. u. $\gamma$–$\gamma$-Winkelkorrelationsmessungen wird ein Energieniveaudiagramm für $^{132}$*Xe* vorgeschlagen. Energien (u. Spins) der Niveaus sind 0,673 (2+); 1,32; 1,448 (4+); 1,81; 1,966 (3); 2,10 (3 oder4); 2,401 (4); 2,59 (3) u. 2,84 (3, 4 oder 5) MeV. Gerhard Schmidt. 103☐

**Anregungsfunktionen der (p, pn)- und (p, 2p)-Reaktionen an $^{142}$Ce bei 60 bis 233 MeV.** William R. Ware und Edwin O. Wiig. (Physic. Rev. [2] **122.** 1837 bis 1841. 15/6. 1961. Rochester, N.Y., Univ. of Rochester, Dep. of Chem.) (Engl.) — Vgl. Fink u. Wiig, C. **1955.** 7602.

Spektroskop. reines $CeO_2$ wird als Targetmaterial benutzt. Das Target enthält ca. 100 mg $CeO_2$ u. wird im inneren Protonenbündel des 130-in.-Synchrocyclotrons beschossen. Die Proben werden mit einem Endfenster-Methandurchfluß-$\beta$-Proportionalzähler ausgezählt. Die Querschnitte der Rkk. $^{142}$Ce (p, pn)$^{141}$Ce u. $^{142}$Ce(p, 2p) $^{141}$*La* werden für Protonen von 60, 120, 180, 200 u. 233 MeV bestimmt (Tabelle). Die beobachteten Ausbeuten werden mit den auf der Basis von Monte-Carlo-Berechnungen der Kaskadenverdampfung bei 83, 238 u. 368 MeV vorhergesagten verglichen. Für Protonen mit Energien zwischen 60 u. 240 MeV ist die Übereinstimmung für die (p, pn)-Rk. gut u. für die (p, 2p)-Rk. befriedigend. Gerhard Schmidt. 103□

**Theorie der E0-Übergänge von sphäroidalen Kernen.** John O. Rasmussen. (Nuclear Physics [Amsterdam] **19.** 85—93. 3. Sept.-H. 1960. Berkeley, Calif., Univ. of California, Lawrence Radiat. Labor. and Dep. of Chem.) (Engl.)

Die mit $\beta$-Schwingungsübergängen von sphäroidalen Kernen assoziierten Kernmatrixelemente für E 0-Übergangswahrscheinlichkeiten werden nach 2 verschiedenen Modellen abgeleitet. Die Theorie wird auf das E 0/E 2-Verhältnis von $^{152}$*Sm* u. $^{238}$*Pu* angewendet. Herbert Weber. 103□

**$\beta$-$\gamma$-Korrelation der $3^-$—$2^+$—$0^+$-Kaskade im Zerfall von $^{152}$Eu.** J. W. Sunier, P. Debrunner und P. Scherrer. (Nuclear Physics [Amsterdam] **19.** 62—67. 3. Sept.-H. 1960. Zürich, Federal Inst. of Technol., Dep. of Phys.) (Engl.)

Die $\beta$-$\gamma$-Richtungskorrelation der $3^-$—$2^+$—$0^+$-Kaskade beim Zerfall von $^{152}$Eu → $^{152}$*Gd* wurde als eine Funktion der Energie der $\beta$-Teilchen gemessen. Der Anisotropiefaktor $\varepsilon(W)$ in der $\beta$-$\gamma$-Richtungskorrelation $N(W, \vartheta) = 1 + \varepsilon(W)P_2(\cos\vartheta)$ ergab sich zu $\varepsilon(3{,}5\ m_0c^2) = -0{,}46 \pm 0{,}02$ nahe dem Maximum der $\beta$-Energie. Die dem beobachteten $\beta$-Übergang betreffenden Kernmatrixelemente wurden aus den gemessenen Werten von $\varepsilon(W)$ u. aus den Formkorrekturfaktoren berechnet. Herbert Weber. 103□

**Der Absorptionsquerschnitt von $^{233}$U für thermische Neutronen.** T. S. Green, V. G. Small und D. E. Glanville. (J. nuclear Energy **4.** 409—17. April 1957. Harwell, A.E.R.E., Reactor Div. and Chem. Div.) (Engl.)

Das Verhältnis der Absorptionsquerschnitte von $^{233}$U u. Au für therm. Neutronen wurde unter Benutzung einer Modifikation des „Clinton-Oscillators" (Änderung des therm. Flusses innerhalb einer B-bedeckten Ionisationskammer durch die Oscillation eines Absorbers) bestimmt. Der Querschnitt von $^{233}$U ergab sich zu 578 ± 17 barn durch Vgl. mit dem für Au (98,6 barn). Herbert Weber. 103□

**Die Verdampfung von Metallen durch Spaltfragmente.** B. V. Ershler und F. S. Lapteva. (J. nuclear Energy **4.** 471—74. April 1957. — C. **1957.** 13241.) (Engl.) Herbert Weber. 103□

**Isotopentrennung in einer Zirkularströmung.** H. J. Mürtz und H. G. Nöller. (Z. Naturforsch. **16a.** 541—49. Juni 1961. Bonn, Univ., Inst. für Phys. Chem.) (Dt.)

Zur Massentrennung von Gasgemischen u. gasförmigen Isotopengemischen werden die in einer Zirkularströmung entstehenden Druckgradienten herangezogen. Durch eine konvergente Düse tritt das Gas mit Schall-Geschw. tangential in ein Rohr ein, so daß eine Strömung ausbildet, die spiralförmig in Richtung der Rohrachse verläuft. Infolge der Zentrifugalkräfte, die in einem rotierenden Gase auftreten u. der damit entstehenden Druckunterschiede reichert sich die leichte Komponente eines bin. Gasgemisches in der Nähe der Rohrachse, die schwere am Rande des Rohres an. Die Abhängigkeit des Trennfaktors von der Masse, dem Trennrohrradius, dem Schälrohr- u. Düsendurchmesser u. der Trennrohrlänge wird diskutiert. Auf Grund der vorliegenden Messungen können qual. Aussagen über die Einstellung des Gleichgewichtes im Trennrohr gemacht werden. Aus den gemessenen Drücken ergeben sich Tangential-Geschw. von $1{,}2 \cdot 10^5$ cm/s für $H_2$ u. $1{,}95 \cdot 10^4$ cm/s für Hg. Für die Gasgemische $H_2$–$CO_2$, $H_2$–HD u. $^{36}$Ar–$^{40}$Ar ergeben sich maximale Trennfaktoren der Größe 2,4, 1,13 bzw. 1,12. Den gemessenen Trennfaktoren werden die nach Cohen u. Murphey berechneten Trennpotentiale gegenübergestellt. Das maximale Trennpotential für Ar errechnet sich zu $5 \cdot 10^{-3}$ ml/min. W. Hein. 104□

**Isotope in der chemischen Grundlagenforschung.** D. R. Stanks. (J. Roy. Inst. Chem. **83.** 678—92. Dez. 1959. Leeds, Univ.) (Engl.)

Überblick über die Anwendung von Isotopen zur Unters. von mol. Wechselwrkg. (Löslichkeit, Dampfdruck, Polymerisation, Diffusion, Isotopenaustausch-Rkk.). — Literaturangaben. Herbert Weber. 106□

**Technische Anwendungen radioaktiver Isotope in Deutschland.** E. Pohland und K. Frenzen. (Atomwirtschaft **4.** 415—26. Okt. 1959. Bad Godesberg.) (Dt.)

Überblick mit Beispielen des prakt. Einsatzes von Radioisotopen (Dicken-, Dichte- u. Füllstandsmessungen; Verpackungs-, Werkstoff- u. Dichtigkeitsprüfungen u. a.). — 14 Literaturangaben. Herbert Weber. 106□

**Kernreaktoren.** A. V. Brancker. (Ind. Chemist **33.** 21–28. Jan. 1957. Adamiya, Bagdad, Coll. of Arts and Sci., Phys. Dep.) (Engl.)

Übersicht über Grundlagen der Kernspaltung u. der Reaktortheorie sowie über einige Reaktortypen. W. Menz. 110□

**Verwertung der Kernbrennstoffe und Kreislauf der Brennstoffe.** M. Silvestri. (Energia Nucleare, Suppl. **3.** 20–25. 15/12. 1956.) (Ital.)

Übersicht. C. Gottfried. 110

**Spezialwerkstoffe für die Kernindustrie.** E. Cerrai. (Energia Nucleare, Suppl. **3.** 82–92. 15/12. 1956.) (Ital.)

Übersicht. C. Gottfried. 110

**Wärmeaustausch beim Fließen von Quecksilber und Wasser im dichtgepackten Stabbündel.** W. I. Ssubbotin, P. A. Uschakow, B. N. Gabrianowitsch und A. W. Shukow. (Атомная Энергия [Atomenergie] **9.** 461–69. Dez. 1960.) (Russ.)

Der Wärmeübertrag auf Hg u. W. wurde in einem Gefäß mit 7 Röhren u. 12 Stäben gemessen. Das Temp.-Feld an der Oberfläche des Austauschers wurde ermittelt. Die Austausch-Koeff. sind tabelliert. M. Wiedemann. 110□

**Ein neuer Kernreaktor in Italien.** G. Coppa-Zuccari. (Ion [Madrid] **20.** 535–39. Sept. 1960. Roma.) (Span.)

Beschreibung des $H_2O$-moderierten u. -gekühlten Forschungsreaktors „Avogadro RSI" der SORIN in Saluggia (Vercelli) mit 1···5 MW (U–Al-Brennelemente, 5 kg $^{235}U$ in 20%ig. Anreicherung). Herbert Weber. 110□

**Das Problem der Sicherheit von Kernenergieanlagen.** A. Persano. (Energia Nucleare **5.** 716–21. Nov. 1958. Milano, Edisonvolta.) (Ital.)

Überblick unter bes. Berücksichtigung von Fragen des Standorts von Kernenergieanlagen an Hand der Berichte der 2. Genfer Konferenz. — 25 Literaturangaben. Herbert Weber. 110□

**Teilchenbeschleuniger für die Industrie.** Karl-Heinz Peter. (Atomwirtschaft **4.** 439–43. Okt. 1959. Köln, Leybold Hochvakuum-Anlagen GmbH.) (Dt.)

Überblick über die Möglichkeiten der Anwendung von Teilchenbeschleunigern (als Alternative zur Verw. von Radioisotopen als Strahlungsquellen) in der Forschung u. Produktion (wirtschaftliche Überlegungen, Auswahl der Strahlungsart, Dosimetrie, spezielle Anwendungen). — 25 Literaturangaben. Herbert Weber. 112□

**Das 10-GeV-Protonensynchrotron der Akademie der Wissenschaften der UdSSR.** V. I. Veksler, D. V. Efremov, A. L. Mints, M. M. Veisbein, F. A. Vodopyanov, M. A. Gashev, A. I. Zeidlits, P. P. Ivanov, A. A. Kolomensky, I. F. Malyshev, N. A. Monoszon, I. Kh. Nevyazhsky, V. A. Petukhov, M. S. Rabinovich, S. M. Rubchinsky, K. D. Sinelnikov und A. M. Stolov. (J. nuclear Energy **4.** 333–39. März 1957. — C. **1957.** 13549.) (Engl.) Herbert Weber. 112□

**Die Hochfrequenz-Ablenkmethode zur Messung kleiner Halbwertszeiten.** 2. Mitt. **Das Elektronen-Koinzidenzspektrometer und die damit verbundenen Anordnungen, die im Zusammenhang mit dem Hochfrequenzablenkungs-Zeitmeßinstrument verwendet werden.** Torsten Alväger. (Ark. Fysik **17.** Nr. 29. 495–515. 1960. Stockholm, Nobel Inst. of Phys.) (Engl.) — 1. vgl. C. **1961.** 16357.

Im Anschluß an l. c. werden das Elektron–Elektron-Koinzidenzspektrometer, die Linienbreite des radialen u. axialen Bildes sowie die Zeitverbreiterung beim Durchlaufen der Magneten diskutiert. Außerdem werden noch andere Anordnungen, wie z. B. ein elektrostat. Syst., behandelt, bei dem die Koinzidenzzählrate um ca. 1 Größenordnung erhöht u. die Zeitverbreiterung verkleinert wird. H. Schirrwitz. 112□

**Geiger-Müller-Zähler mit Graphitkathode.** M. Weiner. (Studii Cercetări Fizică **8.** 383. 1957.) (Rum.)

Der beschriebene Zähler (Abb.) für $\gamma$-Strahlung wird 5–6 Std. bei 400–420° entgast, die Drähte werden einige Min. bei 1–1,2 A. entgast. Als Füllgas dient ein Gemisch von 12 mm Hg Methylalkohol (oder rektifizierter A.) + 75–800 mm Hg spektroskop. reines Ar. Eine Graphitschicht überzieht die Glasinnenwand. Arbeitsspannung ca. 1000 V. R. K. Müller. 112□

**Zähler mit anomaler Entladung als Detektoren der Nucleonenkomponente der Höhenstrahlung.** Sait Akpinar. (Istanbul Üniv. Fen Fak. Mecmuasi [Rev. Fac. Sci. Univ. Istanbul], Ser. C **22.** 243–55. Juli 1957. Istanbul, Univ., Inst. of Exp. Phys.) (Engl.)

Es wurden Zähler vom Typ der „anomalen Entladung" oder des „Riesenimpulses" untersucht, die im Gegensatz zu Geiger-Zählern mit reinem A.-Dampf von 10–25 mm gefüllt sind. Sie sprechen nur auf stark ionisierende Teilchen, nicht auf Elektronenkaskaden an. Zur Messung werden weder Verstärker noch Diskriminator benötigt. Der Nachteil ist die sehr kurze Lebensdauer, ca. $10^4$ Impulse, dieser Zähler. Gemessen wurde die Änderung der Intensität der Nucleonenkomponente von Seehöhe bis auf 1900 m u. die relativen Wrkg.-Querschnitte für Kernwechselwrkg. der Höhenstrahlung mit Cu u. Al. M. WIEDEMANN. 112□

**Nachweis und Korrektur der Nichtlinearität in Röntgenstrahl-Proportionalzählern.** M. A. Short. (Rev. sci. Instruments **31.** 618—20. Juni 1960. University Park, Pa., State Univ., Dep. of Fuel Technol.) (Engl.)

Die Meth. besteht darin, den Absorptionsfaktor einer geeigneten Metallfolie gleichmäßiger Dicke bei verschiedenen Impulsraten zu messen. Formeln für die Korrektur der beobachteten Intensitäten sind angegeben. Messungen mit einem GENERAL ELECTRIC-Zähler 1 SPG unter Verw. einer 0,0007 in. dicken Ni-Folie ergaben Linearität bis zu 4000 Impulsen/s. Aus den Verss. wird geschlossen, daß Proportionalzähler GEIGER-Zählern überlegen sind, bei denen Abweichungen von der Linearität bereits bei ca. 100 Impulsen/s auftreten. C. GOTTFRIED. 112

**Parallel-Platten-Funkenzähler zur Messung kurzer Zeitintervalle.** M. V. Babykin, A. G. Plakhov, Y. F. Skachkov und V. V. Shapkin. (J. nuclear Energy **4.** 345—52. März 1957.) (Engl.)

Die Konstruktion von Parallel-Platten-Funkenzähler u. ihre Charakteristiken bei Füllung mit Ar von 6 atm u. Ae. von 60—400 mm Hg werden beschrieben. Bei einem Teleskop aus zwei solchen Zählern (Abstand 14 mm) konnten durch Aufnahmen mittels elektronenopt. Konverters relative Entladungsverzögerungen in den beiden Zählern von $4 \cdot 10^{-10}$ s festgestellt werden (beim Durchgang des gleichen Höhenstrahlteilchens). In einem Zähler mit unterteilten Elektroden betrug die extreme Zählgeschw. $1{,}6 \cdot 10^5$ Impulse/s, bei einem nichtunterteilten Zähler dagegen $10^4$ Impulse/s. HERBERT WEBER. 112□

**Eine Untersuchung des zeitlichen Auflösungsvermögens von Parallel-Platten-Funkenzählern.** E. K. Zavoisky und G. E. Smolkin. (J. nuclear Energy **4.** 353 bis 357. März 1957.) (Engl.)

Vff. zeigen, daß die Auflösungszeit von Parallel-Platten-Funkenzählern mit kleinem Elektrodenabstand (0,2 mm) u. hohem Füllgasdruck (gesätt. Ae.-Dampf u. Ar bis zu einem Gesamtdruck von 13 atm) bis auf $10^{-10}$ s herabgesetzt werden kann. HERBERT WEBER. 112□

**Eine Luminescenzkammer.** E. K. Zavoisky, M. M. Butslov, A. G. Plakhov und G. E. Smolkin. (J. Nuclear Energy **4.** 340—44. März 1957.) (Engl.) — C. **1958.** 616. HERBERT WEBER. 112□

**Messung der Strahlungsleistung mit Hilfe luminescierender Festkörper.** H. Herrmann, G. Bathow, H. Oeser und J. Broser. (Abh. Fritz-Haber-Inst. Max-Planck-Ges. Berlin-Dahlem **35.** 61—63. 1958.) (Dt.)

Durch Vgl. mit dem calorimetr. Meßverf. wird gezeigt, daß die Luminescenz eines Bleiglaskörpers der Strahlungsleistung proportional u. unabhängig von der Quantenenergie u. deren spektraler Verteilung ist. Bei der beschriebenen Meßanordnung liegt die Nachw.-Grenze bei ca. $10^{-5}$ W/cm². Durch Verw. von Substanzen mit höherer Lichtausbeute, z. B. von Tl-aktiviertem NaJ, sowie durch bessere Ausnutzung des Luminescenzlichts läßt sich die Empfindlichkeit noch beträchtlich steigern. Die Überlegenheit des Geräts gegenüber einem Calorimeter besteht neben einfacherer Bedienbarkeit u. größerer Empfindlichkeit in der geringen Anzeigeträgheit. W. BETCKE. 112□

**Präzisionsspektrometer mit gekrümmtem Kristall für Röntgen- und $\gamma$-Strahlen.** Olof Beckman, Pär Bergvall und Bertil Axelsson. (Ark. Fysik **14.** 419—37. 1959. Uppsala, Inst. of Phys.) (Engl.)

Für Präzisionsmessungen wurde ein Spektrometer mit gekrümmtem Kristall vom DU MOND-Transmissionstyp mit hoher Lichtstärke u. hoher Dispersion konstruiert. Es eignet sich für Energien von 20—350 keV. Die Quelle ist fest, der Detektor, ein NaJ(Tl)-Scintillator, beweglich; der Kristall rotiert u. der BRAGG-Winkel wird gemessen. Zur Eichung dienten die $K_{\alpha_1}$-Linien von Mo, Ag, Sb u. W. Die $U$-$K_{\alpha_1}$-Linie, ferner ein $\gamma$-Übergang in $^{194}$Pt wurden vermessen, dem letzteren kommt $328{,}49 \pm 0{,}05$ keV zu. M. WIEDEMANN. 112□

**Röntgenelement.** Bernhard Hess. (Z. angew. Physik **11.** 449—53. Dez. 1959. Regensburg, Phil.-theol. Hochsch., Physikal. Inst.) (Dt.)

Es wird ein Strahlungsmeß-Verf. beschrieben, das die Messung geringer Dosisleistungen ohne Fremdenergiezufuhr gestattet. Das Verhältnis zwischen Oberfläche u. Vol. des strahlenabsorbierenden Materials wird so groß gemacht, daß die Elektronen aus der Oberfläche austreten, bevor sie viel Energie an die Atome abgegeben haben. Die elektr. Leistung, die aus energiereicher Quantenstrahlung mit Hilfe äußerer Photoelektronen gewonnen werden kann, ist dann zur Messung der Strahlung ausreichend.

Der Aufbau von Röntgenelementen wird diskutiert u. die an einigen einfachen Ausführungen gewonnenen Meßergebnisse werden mitgeteilt. Die Härteabhängigkeit ist nicht größer als die anderer moderner Meßzellen u. läßt sich noch verringern.

W. BETCKE. 112□

---

**Brigitte Czapp,** Messung des Wirkungsquerschnittes und der Energieverteilung der $\alpha$-Strahlen bei der Reaktion $Cu^{63}(n, \alpha) Co^{60}$. Wien: Springer. 1960. (11 S.) 8° = Mitteilung des Instituts für Radiumforschung. 542a. Aus: Anzeiger der Österr. Akademie der Wissenschaften. Math.-nat. Kl. Jahrgang 1960, Nr. 2. ö.S. 8,80.

**James R. DeVoe,** Radioactive contamination of materials used in scientific research. Washington: National Academy of Sciences, National Research Council. 1961. (VII + 142 S. m. Abb.) = Nuclear science series, report no. 43. $ 2.—.

**Thorgerd Pötzelberger,** Zum Zerfallsschema des AcB. Wien: Springer. 1959. (16 S.) 8° = Mitteilung des Instituts für Radiumforschung. 540a. Aus: Anzeiger der Österreichischen Akademie der Wissenschaften. Math.-nat. Klasse Jahrgang 1959, Nr. 15. ö.S. 10,60.

**Herbert Vonach,** Bestimmung des Wirkungsquerschnittes der (n, $\alpha$)- und (n, n'$\alpha$)-Reaktionen von $V^{51}$ für 14,1 MeV-Neutronen. Wien: Springer. 1959. (8 S.) 8° = Mitteilung des Instituts für Radiumforschung. 535a. Aus: Anzeiger der Österreichischen Akademie der Wissenschaften. Math.-nat. Klasse Jahrgang 1958, Nr. 13. ö.S. 5,—.

**Herbert Vonach,** Bestimmung des Wirkungsquerschnittes für den (n, 2n)-Prozeß an Sr-86, Y-89, Nb-93 und Cs-133 für 14,1 MeV-Neutronen. Wien: Springer. 1959. (7 S.) 8° = Mitteilung des Instituts für Radiumforschung. 538a. Aus: Anzeiger der Österreichischen Akademie der Wissenschaften. Math.-nat. Klasse Jahrgang 1959, Nr. 6. ö.S. 4,40.

**Herbert Vonach,** Untersuchung der Halbwertszeit der $\beta$-Energie von $Al^{30}$. Wien: Springer. 1959. (1 Bl.) 8° = Mitteilung des Instituts für Radiumforschung. 539a. Aus: Anzeiger der Österreichischen Akademie der Wissenschaften. Math.-nat. Klasse Jahrgang 1959, Nr. 10. ö.S. 1,—.

## A₂. Optisches Verhalten der Materie

**Resonanzstreuung durch atmosphärisches Natrium.** 7. Mitt. **Messung der vertikalen Verteilung in der Dämmerung.** H. N. Rundle, D. M. Hunten und J. W. Chamberlain. (J. atmospheric terrestr. Physics **17.** 205—19. Febr. 1960. Saskatoon, Saskatchewan, Univ.; Chicago, Ill., Yerkes Observ.) (Engl.) — 6. vgl. BRANDT, J. atmospheric terrestr. Physics **13.** [1958.] 100.

Vff. diskutieren zunächst die mathemat. Schwierigkeiten bei der Best. der Verteilung des Na aus der üblichen Integralgleichung für die Helligkeit der Dämmerung. Es wird eine Meth. zur Messung der Ableitung mit Bezug auf die Schattenhöhe der Dämmerungshelligkeit beschrieben u. über neuere Messungen mit dem von RUNDLE (vgl. Ph. D. Thesis, Univ. of Saskatchewan, 1958) näher beschriebenen App. berichtet.

C. GOTTFRIED. 113

**Resonanzstreuung durch atmosphärisches Natrium.** 8. Mitt. **Eine verbesserte Methode zur Ableitung der vertikalen Verteilung.** D. M. Hunten. (J. atmospheric. terrestr. Physics **17.** 295—301. Febr. 1960. Saskatoon, Univ. of Saskatchewan.) (Engl.) — 7. vgl. vorst. Referat.

In Fortsetzung der l. c. durchgeführten Berechnungen über die vertikale Verteilung des atmosphär. Na aus Zwielichtmessungen der D-Linien beschreibt Vf. eine andere Meth., die an Hand einer Modellverteilung nachgeprüft wurde u. zu befriedigenden Ergebnissen führte. Ist die Na-Häufigkeit groß, dann muß vor der Berechnung die Ableitungskurve für Resonanzabsorption korr. werden. C. GOTTFRIED. 113

**Über das reine Schwingungsspektrum zweiatomiger Moleküle mit homöopolarer Bindung.** N. I. Ionescu-Pallas. (Studii Cercetări Fizică **8.** 107—11. 1957.) (Rum.; Auszug: Franz.)

Nach der W-K-B-Näherungs-Meth. wird das Spektrum von 2atomigen Moll. mit homöopolarer bzw. kovalenter Bindung ohne Rotation untersucht. Die Anwendung eines Potentials vom MORSE-Typ führt hier zum gleichen Ergebnis wie die Integration der SCHRÖDINGER-Gleichung für die Energieniveaus beim $H_2$-Molekül. Die Berechnung der Niveauzahl durch graph. Quantelung für das $H_2$-Mol. mit Atomen im s-Zustand ohne Rotation u. mit HEITLER-LONDON-SUGIURA-Potential ergibt dieselbe Gleichung wie das MORSE-Potential. R. K. MÜLLER. 114□

**Eine neue Bande im Absorptionsspektrum polykristalliner Cadmiumsulfidschichten.** T. Ja. Sera und W. W. Sserdjuk. (Оптика и Спектроскопия [Optik u. Spektroskopie] **9.** 407—09. Sept. 1960.) (Russ.)

Es ist bekannt, daß die Photoempfindlichkeit aufgedampfter halbleitender CdS-Schichten durch therm. Bearbeitung wesentlich erhöht wird. Vff. stellen durch spektrophotometr. Messungen an den auf Glas aufgedampften CdS-Schichten von ca. $10^{-6}$ cm Dicke fest, daß bei therm. Bearbeitung eine zusätzliche Absorptionsbande bei 430 bis 520 m$\mu$ auftritt. Dieselbe Bande ließ sich durch Aufdampfen von CdS-Schichten mit

Cd-Überschuß ohne therm. Bearbeitung erzeugen, so daß sie ihr Entstehen sicher dem teilweisen Verdampfen von S, das mit mkr. gut sichtbarer Riß-Bldg. verbunden ist, verdankt. R. Gerbatsch. 118□

**Interpretation der Absorptionsspektren von $K_3Fe(CN)_6$.** C. S. Naiman. (J. chem. Physics **35.** 323—28. Juli 1961. Cambridge, Mass., MIT, Solid State and Molecular Theory Group.) (Engl.)

Durch Interpretation der Absorptionsspektren von $K_3Fe(CN)_6$ in Lsg. konnte Vf. die Ergebnisse der Druckabhängigkeit der Spektren im festen Zustand, die von Parsons u. Drickamer (vgl. C. **1959.** 6364) erhalten worden waren, erklären. Die starken Absorptionsbanden bei 24000 u. 32900 $cm^{-1}$ wurden als Ladungsübertragungsspektren vom Liganden zum $T_{2g}$-Niveau des Metallions erkannt, während die Absorptionsbande bei 38460 $cm^{-1}$ als gleicher Übergangstyp, jedoch zum $E_g$-Niveau, identifiziert wurde. Zuordnungen der drei schwächeren Maxima (breite, schwache Bande bei 18180 $cm^{-1}$ sowie zwei Seitenbanden des Maximums bei 32900 $cm^{-1}$, die bei 31250 u. 35710 $cm^{-1}$ auftreten) zu Kristallfeldübergängen lieferten für die Kristallfeldparameter die Werte $D_q = 3500$, $B = 720$ u. $C = 3285$ $cm^{-1}$. Vf. gibt eine mögliche Erklärung an, die den $L_1 \rightarrow T_{2g}$-Übergang als symm. verboten, aber durch schwingungselektron. Störungen erlaubt behandelt. Die Behandlung der Störung erfolgt nach der Meth. von Liehr u. Ballhausen (vgl. C. **1957.** 13552) für $d^n \rightarrow d^n$-Kristallfeldübergänge, die ebenfalls symm. verboten sind. Zwei Arten von Verss. zur Prüfung der vorgeschlagenen Erklärungen werden angegeben. Gerhard Schulze. 118□

**Magnetische Rotationsspektren von Stickstoffmonoxyd im nahen Infrarot.** Glen A. Mann und C. D. Hause. (J. chem. Physics **33.** 1117—23. Okt. 1960. East Lansing, Mich., Michigan State Univ., Dep. of Phys. and Astron.) (Engl.)

Die magnet. Rotationsspektren der 3-0-Bande bei 1,8 $\mu$ u. ein Teil der 2-0-Bande bei 2,7 $\mu$ wurden bei NO beobachtet. In einigen Fällen wurden in Feldern von 2400 Gauß Drehungen von mehr als 10 Grad gemessen. Die von den $^2\Pi_{1/2}$-Zuständen ausgehenden P- u. R-Zweige zeigen negative (gegen das einfallende Licht gesehen im Uhrzeigersinne gerechnet), die vom $^2\Pi_{3/2}$-Zustand ausgehenden P- u. R-Zweige dagegen positive Rotation. Der Q-Zweig ist komplexer Natur, u. es wurde sowohl positive wie negative Rotation beobachtet. Das Spektrum der 3-0-Bande zeigt gewisse Anomalien, über die berichtet wird. W. Betcke. 120□

**Infrarotspektren von NaOH oberhalb und unterhalb des Schmelzpunktes.** Jacob Greenberg und L. J. Hallgren. (J. chem. Physics **35.** 180—82. Juli 1961. Hopkins, Minn., Minneapolis-Honeywell Res. Center.) (Engl.) — Vgl. C. **1961.** 3225.

Die Absorptionsspektren von reinem NaOH u. von NaOH im Gemisch mit $NaNO_3$, mit $NaNO_2$ u. mit der eutekt. Mischung von LiCl u. KCl wurden aufgenommen, indem die Unters.-Substanz in den Lücken eines feinmaschigen Pt-Siebes in den Lichtweg gebracht wurde. Das Pt-Sieb wurde elektr. beheizt u. die App. gleichzeitig evakuiert, wobei wasserfreie Schmelzen erhalten wurden (Kontrolle durch Beobachtung der $H_2O$-Bande bei 6,1 $\mu$). Das Spektrum besteht im Bereich von 1—15 $\mu$ hauptsächlich aus dem Maximum der Grundfrequenz der OH-Streckschwingung. Im Bereich der 1. Obertonschwingung wurde kein scharfes Maximum beobachtet. Die Lage der Bande verschiebt sich von 3610 $cm^{-1}$ bei Zimmer-Temp. nach 3547 $cm^{-1}$ bei 340° u. dann nach 3559 $cm^{-1}$ bei 400°. Die Banden liegen bei den Gemischen enger zusammen u. sind weniger intensiv als bei der reinen Substanz. Das Bandenzentrum für NaOH liegt bei 100° für ein Gemisch aus jeweils 15 Mol-% NaOH mit LiCl–KCl bei $355_9$ ($cm^{-1}$), mit $NaNO_3$ bei $361_0$ u. mit $NaNO_2$ ebenfalls bei $361_0$. Die Verschiebung der Lage des Maximums beim LiCl–KCl-Eutektikum nach niedrigeren Energiewerten wird der größeren protonenanziehenden Kraft des $Cl^-$-Ions zugeschrieben. Die beobachtete anfängliche Verschiebung der Bande nach niedrigeren Frequenzen in geschmolzenem NaOH mit Erhöhung der Temp. deutet auf die Bldg. von Bruchstücken mit stärkerer H-Bindung. Die bei weiterer Temp.-Steigerung auftretende Verschiebung zurück zu höheren Frequenzen läßt den Zusammenbruch dieser Gruppen erkennen. Die Tatsache, daß kein „Verdünnungseffekt" (d. h. das Auftreten einer scharfen Bande bei höheren Frequenzen als in der reinen Probe) in $NaNO_3$, $NaNO_2$ u. LiCl-KCl beobachtet wurde, zeigt die Existenz einer Wechselwrkg. zwischen den OH-Gruppen u. dem Lsgm. an. Gerhard Schulze. 120□

**Die Schwingungsspektren der Verbindungen $POCl_3 \cdot AlCl_3$ und $POCl_3 \cdot GaCl_3$.** H. Gerding, J. A. Koningstein und E. R. van der Worm. (Spectrochim. Acta [London] **16.** 881—88. 1960. Amsterdam, Univ., Labor. for Inorg. Chem.) (Engl.)

Vff. nehmen die Raman-Spektren von fl. $POCl_3 \cdot AlCl_3$ bei 210° u. von fl. $POCl_3 \cdot GaCl_3$ bei 130° sowie die IR-Spektren der Verbb. in KCl als Matrix auf. Die Ergebnisse der Raman-Unterss. werden im einzelnen diskutiert. Sie lassen sich am besten durch die

Annahme erklären, daß in beiden bin. Verbb. die Bindung beider Komponenten über das O-Atom des $POCl_3$-Mol. erfolgt u. daß kein Übergang eines $Cl^-$-Ions wie bei den Nitrosyl-Verbb. erfolgt. GERHARD SCHULZE. 120

**Suche nach Perchloratokomplexen. Raman-Spektren von Perchloratlösungen.** Mark M. Jones, Ernest A. Jones, Don F. Harmon und Raphael T. Semmes. (J. Amer. chem. Soc. **83.** 2038—42. 5/5. 1961. Nashville, Tenn., Vanderbilt Univ., Dep. of Chem. and Phys.) (Engl.)

Die RAMAN-Spektren wss., $HClO_4$-haltiger Lsgg. von *$Hg_2(ClO_4)_2$* (**I**), *$Hg(ClO_4)_2$* (**II**), *$Pb(ClO_4)_2$*, *$AgClO_4$*, *$Fe(ClO_4)_3$*, *$La(ClO_4)_3$* (**III**), *$TlClO_4$* (**IV**), *$KClO_4$*, *$Cd(ClO_4)_2$* (**V**), *$Mg(ClO_4)_2$* (**VI**), *$Ca(ClO_4)_2$*, *$Sr(ClO_4)_2$*, *$Ba(ClO_4)_2$*, *$Zn(ClO_4)_2$*, *$Mn(ClO_4)_2$* (**VII**), *$Nd(ClO_4)_3$* u. *$Ce(ClO_4)_3$* wurden aufgenommen u. auf Anhaltspunkte für die Bldg. von Perchloratokomplexen geprüft. Neben den Banden des $ClO_4^-$-Ions wurden zusätzliche, jedoch schwache RAMAN-Linien in den Spektren der Salze **I**, **II**, ... bis **VII** gefunden; die Möglichkeit einer schwachen Komplex-Bldg. ist jedoch nur bei den Perchloraten von $Tl^+$, $La^{3+}$ u. $Mn^{2+}$ nicht ganz auszuschließen. In den anderen Fällen (**I**, **II**, **V**, **VI**) dürfte Ionenpaar-Bldg. die Ursache der zusätzlichen Banden sein. Die übliche Ansicht, daß $ClO_4^-$ der Prototyp eines nicht zur Bldg. von Komplexen befähigten Ions ist, ist damit weiterhin gerechtfertigt. A. BLASCHETTE. 120□

**Über die Raman-Spektren der Cyanocuprat(I)- und Cyanoargentat(I)-Anionen.** Robert Gaufrès. (C. R. hebd. Séances Acad. Sci. **252.** 3227—29. 24/5. 1961. Montpellier, Fac. des Sci., Labor. de Chim.-Physique.) (Franz.)

Die RAMAN-Spektren der Lsgg. einiger Cyanokomplexe von Ag(I) u. Cu(I) wurden aufgenommen u. bes. die CN-Frequenzen zugeordnet (in $cm^{-1}$): *$[Ag(CN)_3]^{2-}$* (**I**), im Gleichgewicht mit $[Ag(CN)_2]^-$ (CN/Ag = 2,5), $\nu_s$ (symm.) 2110, $\nu_e$ (entartet) 2107; *$[Ag(CN)_4]^{3-}$* (**II**), in Ggw. von überschüssigem KCN (CN/Ag = 9), $\nu_1 = 2098$, $\nu_6 = 2094$; *$[Cu(CN)_3]^{2-}$* (**III**), im Gleichgewicht mit $[Cu(CN)_4]^{3-}$ bei verschiedenen Werten von CN/Cu, $\nu_s = 2105$, $\nu_e = 2094$; *$[Cu(CN)_4]^{3-}$* (**IV**), $\nu_1 = 2092$, $\nu_6 = 2077$. Ein Vgl. der Frequenzmittelwerte u. der sich entsprechenden Bandenabstände der homologen Ionen $[Me(CN)_3]^{2-}$ bzw. $[Me(CN)_4]^{3-}$ zeigt, daß $Cu^+$ elektronegativer als $Ag^+$ ist. Die Intensitätsverhältnisse der RAMAN-Banden bestätigen diesen Befund. Das Polarisierbarkeitsverhältnis $e_\perp/e_\parallel$ der Me–C-Gruppe bei der CN-Valenzschwingung, das mit zunehmendem Ionencharakter der Me–C-Bindung höhere Werte annimmt, beträgt für **I** 0,18, für **II** 0,17—0,27, für **III** 0,12, für **IV** 0,10. A. BLASCHETTE. 120□

**Lösungsmittel-Verschiebungen in den Infrarot-Spektren einiger Metallcarbonyle und ihrer Derivate.** C. C. Barraclough, J. Lewis und R. S. Nyholm. (J. chem. Soc. [London] **1961.** 2582—84. Juni. London, Univ. Coll., William Ramsay and Ralph Forster Labor.) (Engl.)

Von nachst. Verbb. wurden die IR-Spektren in Cyclohexan (**I**) u. Chlf. aufgenommen {D = o-Phenylen-bis-[dimethylarsin] (**II**)}: *$Fe(CO)_5$*, *$Mn_2(CO)_{10}$*, *$Co_2(CO)_8$* (**III**), *$CrD(CO)_4$*, *$CrD_2(CO)_2$*, *$MoD(CO)_4$*, *$MoD_2(CO)_2$*, *$WD(CO)_4$*, *$WD_2(CO)_2$*, *$NiD(CO)_2$*, *$Fe(CO)_4J_2$*, *$Fe(CO)_4Br_2$*, *$Mn(CO)_5J$*, *$Ni(CO)_2[P(C_6H_5)_3]_2$* (auch in $CHBr_3$ u. $CHJ_3$). Die Carbonylfrequenzen werden tabellar. mitgeteilt. Die in manchen Fällen auftretenden Verschiebungen (V) der CO-Frequenzen werden diskutiert. Bei den unsubstituierten Carbonylen (außer **III**) werden keine V der Frequenzen endständiger CO-Gruppen beobachtet. Bes. auffallend ist die mit dem Substitutionsgrad zunehmende V zu niedrigeren Frequenzen bei **II**-haltigen Verbb. in Chlf.; der Effekt ist hier sogar ausgeprägter als bei organ. Oxo-Verbb. (*Benzophenon*, *Cyclohexanon* u. *Aceton* in **I** u. Chlf.). Es wird angenommen, daß die CO-Gruppen der Arsin-Derivv. stark polar sind u. mit dem Lsgm. in Dipol–Dipol-Wechselwrkg. treten. Die im Vgl. zu CO schwächeren Elektronenacceptoren As u. P bewirken eine Erhöhung des Bindungsgrades der Metall–C- u. damit eine Erniedrigung des Grades der C–O-Bindung. Die bei den Eisencarbonylhalogeniden auftretende V zu höheren Frequenzen wird einer Erhöhung des partiellen Ionencharakters der Fe-Halogenbindung in polaren Lsgm. oder einer bevorzugten Solvatisierung des Halogenatoms zugeschrieben; beide Vorgänge müssen eine Erhöhung der CO-Valenzfrequenz zur Folge haben. A. BLASCHETTE. 120□

**Eine Analyse des Schwingungsspektrums des Tetracyanoniccolat(II)-Ions in einem Kristallgitter.** R. L. McCullough, L. H. Jones und G. A. Crosby. (Spectrochim. Acta [London] **16.** 929—44. 1960. Decatur, Ala., Chemstrand Corp.; Los Alamos, N.Mex., Univ. of California, Los Alamos Sci. Labor.; Albuquerque, N.Mex., Univ. of New Mexico, Dep. of Chem.) (Engl.)

Die polarisierten IR-Spektren von Einkristallen des triklinen *$Na_2Ni(CN)_4 \cdot 3H_2O$* u. des monoklinen *$BaNi(CN)_4 \cdot 4H_2O$* wurden aufgenommen. Die Faktorgruppenanalyse der beiden Kristall-Syst. führte zu zwei Reihen von Auswahlregeln, die sowohl zu den

Zuordnungen der Frequenzen für $[Ni(CN)_4]^{2-}$ als auch zur Erklärung der unterschiedlichen Bandenstruktur in den beiden Spektrenreihen herangezogen werden. Störende Schwingungsfrequenzen des $H_2O$ werden durch Vgl. mit dem Spektrum von $Na_2Ni(CN)_4 \cdot 3\,D_2O$ eliminiert. Unter Verw. eines vereinfachten quadrat. Valenzkraftfeldes werden die angenäherten Valenzkraft-Konst. für $[Ni(CN)_4]^{2-}$ berechnet.

GERHARD SCHULZE. 120

**Zur Schmelzmittelwirkung bei der Präparation von ZnS-Leuchtstoffen.** G. Wendel. (Z. physik. Chem. **215.** 77—79. 1960. Berlin.) (Dt.)

Zur Prüfung der Schmelzmittel-Wrkg. von *NaCl* auf ZnS wurde die Meth. des Eindiffundierens von Cu in ZnS bei 480° angewendet. ZnS-Proben, deren Cl-Geh. unter $2 \cdot 10^{-6}$ g Cl/g ZnS lag, wurden in wss. NaCl-Lsgg. mit einem Cl-Geh. zwischen $2 \cdot 10^{-6}$ u. $5 \cdot 10^{-4}$ g Cl/g ZnS gebracht u. anschließend 1 Std. bei 1100° geglüht. Nach Entfernung der oberen 2mm-Schicht (grüne Photoluminescenz) wurden sie gewaschen u. ihr Cl-Geh. nephelometr. bestimmt. Er schwankte nur wenig (zwischen $3{,}5 \cdot 10^{-6}$ u. $7 \cdot 10^{-6}$ g Cl/gZnS). Alle Proben zeigten bei UV-Anregung (3650 Å) die blaue Bande des eigenaktivierten ZnS. Die grüne Photoluminescenzbande, die nach dem Nachaktivieren Cu-haltiger Proben zwischen $2 \cdot 10^{-6}$ u. $2 \cdot 10^{-5}$ g Cu/g ZnS auftritt, wird dadurch hervorgerufen, daß freie Kationenplätze (Zn-Leerstellen) durch einwandernde $Cu^+$ besetzt werden u. ist unabhängig von der Schmelzmittelzugabe. Nach Absättigung wurde bei weiterer Steigerung des Cu-Geh. ($< 2 \cdot 10^{-5}$ g Cu/g ZnS) die blaue Cu-Bande aufgebaut. Eine ohne Schmelzmittelzugabe geglühte ZnS-Probe verhielt sich ebenso. — Wie schon aus den Cl-Best. bei den geglühten Proben hervorgeht, bleibt bei der beschriebenen Behandlungsweise die Wrkg. des Schmelzmittels aus.

W. BETCKE. 125□

---

**Katheryn Emanuel Lawson,** Infrared absorption of inorganic substances. New York: Reinhold Pub. Corp. 1961. (VII + 200 S. m. Abb.) $ 6,75.

**Karl Przibram,** Atmosphärischer Staub als Träger der durch Tempern reversiblen Fluoreszenz. Wien: Springer. 1959. (4 S.) 8° = Aus: Anzeiger der Österreichischen Akademie der Wissenschaften. Math.-nat. Klasse Jahrgang 1959, Nr. 4. ö.S. 2,—.

**Karl Przibram,** Über eine weitverbreitete bläuliche Fluoreszenz organischen Ursprungs. 1. 2. Wien: Springer. 1959—60. 1: (8 S.) ö.S. 3,70. 2: (4 S.) ö. S. 3,80. Aus: Anzeiger der Österreichischen Akademie der Wissenschaften. Math.-nat. Klasse Jahrgang 1959, Nr. 11 und Jahrgang 1960 Nr. 4.

## A₃. Elektrizität. Magnetismus. Elektrochemie

**Über Untersuchungen an linearen Stoßentladungen.** W. Frie, H. Maecker, A. Michel, H. Motschmann und H. Schindler. (Z. Naturforsch. **16a.** 121—26. Jan. 1961. Erlangen, Siemens-Schuckertwerke, Forschungslabor.) (Dt.)

Es wurden Stoßentladungen in zylindr. Glasgefäßen mit $H_2$ bzw. $D_2$ als Entladungsgas bei verschiedenen Drucken durchgeführt. Mit einer Stoßstrombatterie von 1030 $\mu$F, 15 kV Ladespannung u. $4 \cdot 10^{-9}$ H Eigeninduktivität konnten Stromanstiegs-Geschw. bis zu $1{,}5 \cdot 10^{12}$ A/s u. Maximalströme von $1{,}2 \cdot 10^{6}$ A erreicht werden. Außerdem wurde eine kleinere Anlage mit 28,6 $\mu$F benutzt. Von den Entladungen wurden zeitaufgelöste Querschnittsaufnahmen u. Spektren hergestellt, mit deren Hilfe der zeitliche Entladungsverlauf beschrieben wird. Unterhalb von $6 \cdot 10^{-2}$ Torr tritt Röntgen- u. Neutronenstrahlung auf, die zeitlich quant. verfolgt wird.

L. ROTH. 131□

**Das Dipolmoment von Lithiumhydrid.** Lennard Wharton, L. Peter Gold und William Klemperer. (J. chem. Physics **33.** 1255. Okt. 1960. Cambridge, Mass., Harvard Univ., Dep. of Chem.) (Engl.)

Das Dipolmoment von LiH wurde nach der Mol.-Strahl-Resonanz-Meth. für $^7$LiH (V = 0) zu $\mu = 5{,}882 \pm 0{,}003$ D; $^7$LiH (V = 1) zu $5{,}990 \pm 0{,}003$ D; $^6$LiH (V = 0) zu $5{,}884 \pm 0{,}003$ D bestimmt.

W. BETCKE. 132□

**Dipolmomente von Bis-[cyclopentadienyl]-titan- und -zirkoniumdichlorid.** S. A. Giddings und R. J. Best. (J. Amer. chem. Soc. **83.** 2393—94. 20/5. 1961. Stanford, Conn., Amer. Cyanamid Co., Central Res. Div., Chem. Res. and Res. Serv. Dep.) (Engl.)

Die Dipolmomente von $(C_5H_5)_2TiCl_2$ u. $(C_5H_5)_2ZrCl_2$ wurden bei 30° in Bzl. zu 6,3 bzw. 5,9 D ermittelt. Die hohen Werte zeigen, daß in den Moll. der beiden Verbb. vier gleiche Valenzwinkel auftreten, entsprechend einer tetraedr. Anordnung der Liganden.

A. BLASCHETTE. 132□

**Zur Theorie und Meßtechnik des Relaxationsbereiches von Dipolmolekülen.** E. Ledinegg, P. Urban und L. Breitenhuber. (Acta physica austriaca **11.** 147—92. Aug. 1957. Graz, TH, Inst. für Theoret. Phys.; Univ.) (Dt.)

Vff. beschreiben eine Meth. zur Messung der komplexen DK von Dipol-Fll. im cm-Wellengebiet, bei der ein Hohlraumresonator verwendet wird, der bei fester Frequenz durch Variation der Fl.-Höhe abgestimmt wird. Die Genauigkeit reicht aus, um Unterss. der Dipolrelaxation in verd. Lsgg. durchzuführen. In zwei Anhängen wird die Debye-Budo-Theorie der Dipolrelaxation starrer asymm. Moll. u. rotationssymm. Moll. mit frei beweglicher Dipolgruppe in übersichtlicher Form dargestellt. W. Maier. 132□

**Die spezifische Leitfähigkeit nichtentwässerter Isolierflüssigkeiten.** R. Guizonnier. (J. electrochem. Soc. **108.** 519—22. Juni 1961. Bordeaux, Fac. of Sci.) (Engl.)

Vf. untersucht die Temp.-Abhängigkeit der spezif. Leitfähigkeit wasserhaltiger Isolier-Fll. (Bzl., $CCl_4$, Transformatorenöl A) im Temp.-Bereich von Raum-Temp. bis 80° u. schließt auf die Temp.-Abhängigkeit der Leitfähigkeit des W. zurück. Es gilt die Beziehung $i_0 = A\,e^{-W/kT}$ ($i_0$ Anfangsstrom sofort nach Anlegen des Potentials; A Konst., abhängig von der Isolier-Fl.; k Boltzmann-Konst.) mit W = 0,41 eV. Für Paraffinöl, Siliconöl (200 cSt.) u. Transformatorenöl B (I) gilt diese Gleichung mit W = 0,41 eV im Temp.-Bereich von 30 oder 40—80°, ebenso für verschiedene Isolierwachse (Bienenwachs, Kolophonium u. andere) für 60—70° bis 90°. Dieser W-Wert wird auch für reines entionisiertes W. (Widerstand ca. 1 MΩ·cm) gefunden. Aus diesen Ergebnissen u. weiteren Unterss. in der Nähe des Ep. des W. u. der Änderungen der Eigg. des W. bei ca. 30—40° (Leitfähigkeitsminima für I) sowie auf Grund der festgestellten Restspannung zwischen 0,9 u. 1,70 V beim Anlegen eines elektr. Feldes, wird bestätigt, daß die Leitfähigkeit der Isolier-Fll. bei Anwendung elektr. Felder $<$ 2 kV/cm durch das enthaltene W. bedingt ist. Die Aktivierungsenergie von 0,41 eV, die Angaben in der Literatur entspricht, wird auf die Struktur des W. zurückgeführt. P. Frenzel. 132□

**Eine eingehende Untersuchung über den Schaltstrom in Bariumtitanat.** M. E. Drougard. (J. appl. Physics **31.** 352—55. Febr. 1960. Poughkeepsie, N.Y., IBM Res. Labor.) (Engl.)

An $BaTiO_3$-Einkristallen wurden durch Wechseln des angelegten Feldes hervorgerufene Schaltströme in ihrer Abhängigkeit von der Feldstärke u. der Polarisation der Probe bei relativ kurzer Schaltzeit (2—100 μs) gemessen. Der Schaltstrom kann durch das Prod. einer Funktion der Polarisation mit einer Exponentialfunktion des elektr. Feldes widergegeben werden. Die Form der Polarisationsfunktion steht im Einklang mit der Anschauung, daß bei einem exponentiellen Ansteigen der Bereichwand-Geschw. eine seitliche Expansion der Bereiche vorherrscht. W. Betcke. 133□

**Anmerkungen zur Arbeit von J. C. Rivière: „Kontaktpotentialdifferenz-Messungen nach der Kelvin-Methode".** H. E. Farnsworth. (Proc. physic. Soc. **71.** [Part. 4.] 703—04. 1/4. 1958. Providence, R.I., Brown Univ.) (Engl.) — Vgl. Rivière, C. **1961.** 6758.

Vf. weist darauf hin, daß *Au*- u. *Ag*-Filme, die im Vakuum durch Kondens. an Flächen von Raum-Temp. hergestellt wurden, andere Werte der Austrittsarbeit liefern als kompaktes Au oder Ag. Letztere Werte werden von den Filmen erst nach Tempern in einem geeigneten Temp.-Bereich angenommen. Die gleiche Erscheinung zeigt eine auf der (1 0 0)-Fläche eines Ag-Einkristalls niedergeschlagene Ag-Schicht. Weiterhin ist die Austrittsarbeit von Metallfilmen von der Art der Unterlage abhängig, so z. B. bei Ag auf Ag, Quarz oder Mo. Dieses Verh. ungetemperter Filme beruht wahrscheinlich auf einer hohen Fehlstellendichte. A. Blaschette. 134□

**Über die Thermoelektronen-Theorie der elektrischen Leitfähigkeit von Dielektrika mit Verunreinigungen und Halbleitern und Veränderung der Aktivierungsenergie der Verunreinigungszentren.** M. Tschetkarow. (Известия на Физическия Институт с АНЕБ, Българска Академия на Науките [Bull. Inst. Physique Rech. atomiques, Acad. bulg. Sci.] **7.** 3—12. 1959.) (Bulg.; Auszug: Dt.)

Die Thermoelektronentheorie von Frenkel (vgl. C. **1953.** 4327) wird durch die Annahme einer gleichmäßigen Verteilung u. Wechselwrkg. der Beimengungszentren (BZ) erweitert. Aus der Konz. N der BZ u. der DK (ε) des Mediums erhält man für die Aktivierungsenergie W der BZ die Beziehung $W = W_0 - (4\,e^2\,N^{1/3}/\varepsilon)$ ($W_0 = m' \cdot e^4/2\,\varepsilon^2\,h^2$, m' = effektive Masse eines Stromträgers. Bei starken elektr. Feldern ist die elektr. Leitfähigkeit der Dielektrika u. Halbleiter gegeben durch $\sigma = A \exp[-(W_0 - 2\sqrt{e^3\,E/\varepsilon})/2\,kT]$ ($A = e\,u\,\sqrt{N}\,p_0/\gamma$, u = mittlere Beweglichkeit des Stromträgers, $p_0$ = Frequenz des Elektrons in dem Potentialloch, γ = Rekombinations-Koeff.). Diese Gleichung entspricht der von Frenkel beschriebenen. R. K. Müller. 135□

**Beweglichkeit der Minoritätsträger in Ionenkristallen.** D. Heitkamp. (Z. physik. Chem. [Frankfurt/M.] [N. F.] **25.** 108—15. Juli 1960. Göttingen, Univ., Inst. für Physik. Chem.) (Dt.)

Es wird gezeigt, daß in bestimmten Fällen allein aus einfachen potentiometr. Messungen ohne Kenntnis des Stromes der Minoritätsträger (Ladungsträger mit dem geringsten Leitfähigkeitsanteil) auf deren Beweglichkeit geschlossen werden kann. Zum Beispiel erhält man im Falle des *AgJ* als Meßsubstanz durch Vorgabe eines bestimmten $J_2$-Partialdruckes ($p_{J_2}$) über dem AgJ über die Gleichgewichte $J_2$ (Gas) $\rightleftharpoons$ 2 J (Kristall) u. J $\rightleftharpoons J^-$ + Defektelektron (⊕) (im Kristall) die Gleichgewichtsbedingung für die chem. Potentiale $\mu_{J_2}$ (Gas) $= \mu_{J_2}^0 + RT \ln p_{J_2} = 2\,\mu_J$ (Kristall) u. $\mu_J = \mu_{J^-} + \mu_{\oplus}$. Es ist also durch Vorgabe von $p_{J_2}$ das chem. Potential der ⊕ als Minoritätsträger ($\mu_{\oplus}$) festgelegt. Sind die $J_2$-Partialdrucke zu beiden Seiten der Probe ungleich, so wird das Gleichgewicht der $\mu$ durch Diffusion der Ladungsträger hergestellt, wobei der Diffusions-Koeff. von den Beweglichkeiten aller beteiligten Ladungsträger abhängt. Ist nun die Konz. u. die Teilleitfähigkeit der Elektronen sehr klein im Vgl. zu diesen Größen bei den Ionen, so wird, wegen der Elektroneutralitätsbedingung, die Diffusions-Geschw. durch die Beweglichkeit der Elektronen bestimmt. Mit Hilfe einer nichtstationären Meßweise (Messung der Zeitabhängigkeit des elektr. Potentials bis zur durch die Diffusion der Ladungsträger erreichten Gleichgewichtslage) gelingt es, das Prod. aus Konz. u. Beweglichkeit aufzuspalten u. die letztere über das 2. FICKsche Gesetz u. verschiedene Randbedingungen zu bestimmen. Die theoret. Ansätze sind ausführlich wiedergegeben. Das Verf. liefert auch die Konz.-Abhängigkeit der Beweglichkeit. W. BETCKE. 135□

**Beitrag zur Untersuchung intermetallischer Verbindungen mit Halbleitereigenschaften vom Typ $A^{II}B^{IV}$.** T. Dulamita, D. Drimer und E. Fokt. (Studii Cercetări Metalurgie **4.** 511—23. 1959.) (Rum.)

An $Mg_2Sn$ u. $Mg_2Pb$ führten Vff. vergleichende Messungen des elektr. Widerstands u. der Änderung der elektr. Leitfähigkeit zwischen 20 u. 400° durch u. bestimmten das Vorzeichen u. den Wert der Thermokraft. Aus den Messungen ergab sich, daß $Mg_2Sn$ ein Halbleiter ist, während $Mg_2Pb$ metall. Eigg. hat. C. GOTTFRIED. 135

**Über den Zersetzungsprozeß bei der Verdampfung des Cadmiumsulfidpulvers.** L. Gombay und M. Zöllei. (Acta Univ. Szegediensis, Acta physica chem. [N.S.] **2.** 28—33. 1956. Szeged, Univ., Inst. für Experimentalphys.) (Dt.)

Bei der Verdampfung in einem Vakuumrohr zersetzt sich *CdS*-Pulver in seine Bestandteile, die sich an Flächen geeigneter Temp. niederschlagen. Die entstandenen Schichten können durch Temp.-Behandlung in lichtempfindliche Halbleiter verwandelt werden. An wärmeren Stellen entstehen Schichten mit S-, an kälteren mit Cd-Überschuß. Die Unters. der photoelektr. Eigg. der an Orten verschiedener Temp. niedergeschlagenen Schichten zeigt, daß es eine experimentell festlegbare Stelle im Rohr gibt, deren Schicht nach Tempern einen Höchstwert der Lichtempfindlichkeit aufweist, während die an anderen Stellen erhaltenen Schichten durch Aufdampfen von S bzw. Cd oder durch geeignetes 2maliges Aufdampfen von CdS in lichtempfindliche Halbleiter verwandelt werden können. Die mikrochem. Analyse der durch einmaliges Aufdampfen erhaltenen Schichten lieferte nachst. Extremwerte: 64,8% Cd u. 34,4% S bzw. 85,8% Cd u. 9,2% S. A. BLASCHETTE. 135□

**Über die lichtelektrischen Eigenschaften der durch Sulfidierung von aufgedampften Cadmiumschichten hergestellten Halbleiter.** L. Gombay und N. Marek. (Acta Univ. Szegediensis, Acta physica chem. [N. S.] **2.** 34—38. 1956.) (Dt.) — Vgl. vorst. Referat.

Die bei der Aufdampfung großflächiger CdS-Schichten auftretenden Schwierigkeiten werden durch Sulfidieren dünn aufgedampfter Cd-Schichten mit $H_2S$ verringert. Eine rechtzeitige Unterbrechung der Sulfidierung bewirkt das Verbleiben des für die photoelektr. Empfindlichkeit notwendigen Cd-Überschusses in der Schicht. Die spektrale Verteilung der Lichtempfindlichkeit dieser Schichten ähnelt derjenigen der nach üblichen Meth. hergestellten Schichten, sowie der von CdS-Einkristallen. Ihre Aktivierungsenergie ist kleiner, die Anzahl ($1{,}9 \cdot 10^{16}$) u. die Tiefe der Haftstellen (1,2 eV) größer als die der Einkristalle. A. BLASCHETTE. 135□

**Über den elektrischen Widerstand und den Hall-Koeffizienten von PbTe-Kristallen.** Kisaburo Shogenji und Susumu Uchiyama. (J. physic. Soc. Japan **12.** 252—58. März 1957. Nagoya, Nagoya Univ., Fac. of Engng., Dep. of Electr. Engng.) (Engl.) — Vgl. C. **1961.** 2187.

Der spezif. elektr. Widerstand u. der HALL-Koeff. von synthet. *PbTe*-Einkristallen vom p-Typ wurden zwischen 450° K u. der Temp. der fl. Luft gemessen. Beide Größen nehmen höhere Werte an, wenn die Kristalle in Luft auf ca. 400° K erhitzt werden. Die Analyse der Temp.-Abhängigkeit des HALL-Koeff. führt zu 0,3 eV für die innere Energielücke u. 2,5 für das Verhältnis $\mu_e/\mu_h$ bei 300—400°K ($\mu_e$ bzw. $\mu_h$ = Elektronen- bzw. Löcherbeweglichkeit). Die Aktivierungsenergie der Acceptorniveaus ist sehr klein. $\mu_h$ ist ungefähr proportional $T^{-5/2}$. A. BLASCHETTE. 135□

**Gekühlte Photoleitfähigkeitsdetektoren unter Verwendung von Indiumantimonid.** D. W. Goodwin. (J. sci. Instruments **34.** 367—68. Sept. 1957. Gt. Malvern, Worcs., Royal Radar Establ.) (Engl.)

Vf. beschreibt Herst. u. Eigg. von InSb-Photoleitfähigkeitszellen mit verbesserter Empfindlichkeit gegenüber solchen, die bei Zimmer-Temp. arbeiten. Abs. Empfindlichkeitsmessungen wurden bei einer Wellenlänge von 2 $\mu$ mit monochromat. Strahlung bei 90, 195, 249 u. 292° K vorgenommen. Bei den gleichen Temp. wurde die Abhängigkeit der Empfindlichkeit von der Wellenlänge im Bereich von 1 bis ca. 7 $\mu$ ermittelt. Obwohl die Wellenlänge der maximalen Empfindlichkeit beim Abkühlen von Zimmer-Temp. auf 90° K um ca. 1 $\mu$ abnimmt, ist die spektrale Ansprechbarkeit gegenüber PbTe-Zellen nach längeren Wellen hin etwas erweitert. Eine beträchtliche Zunahme sowohl des Widerstandes der Zelle als auch ihrer Ansprechbarkeit beim Abkühlen wird festgestellt. Die Zeit-Konst. der Zellen ist $<4\cdot10^{-7}$ s. GERHARD SCHULZE. 135□

**Die Druckabhängigkeit der elektrischen Leitfähigkeit von Alkalihalogeniden.** 1. Mitt. W. Biermann. (Z. physik. Chem. [Frankfurt/M.] [N. F.] **25.** 90—107. Juli 1960. Göttingen, Univ., Inst. für Physik. Chem.) (Dt.) — Vgl. C. **1960. 3452.**

Die Druckabhängigkeit der Leitfähigkeit ($\sigma$) von Ionenkristallen mit SCHOTTKY-Fehlordnung wurde an *NaCl*- u. *KCl*-Einkristallen u. Preßkörpern untersucht. Die mit einer bes. konstruierten Druckbombe ausgerüstete App. gestattete bei Drücken bis zu 500 atm u. Temp. bis 700° die Temp.-Regelung mit einer Genauigkeit von $5\cdot10^{-2}$ Grad. Die an NaCl u. KCl (mit u. ohne Zusatz 2wertiger Kationen) vorgenommenen Messungen zeigen, daß der Anstieg des Widerstands (R bzw. $R/R_0$) mit dem Druck (p) nahezu linear verläuft. Mit $R/R_0(p = 0$ atm$) = 1$ ergab sich für NaCl (bei 642°): $R/R_0$(450 atm) $= 1{,}18$; NaCl + 0,1 Mol-% $CaCl_2$ (bei 658°): $R/R_0$(450 atm) $= 1{,}05$; KCl (649°): $R/R_0$ (487 atm) $= 1{,}27$; KCl + 0,1 Mol-% $SrCl_2$ (613°): $R/R_0$(400 atm) $= 1{,}07$. Die Kompressionskurve deckte sich gut mit der Expansionskurve. Die Einstell-Geschw. des Druck-Koeff. von $\sigma$ wurde untersucht u. gefunden, daß bei 5,7 mm dicken Einkristallen der Endwert nach ca. 2 Min. bis auf 10% erreicht ist. — Die Ergebnisse von Messungen der Temp.-Abhängigkeit von $\sigma$ u. der Temp.-Abhängigkeit des Druck-Koeff. von $\sigma$ zwischen 400 u. 700° an NaCl-Proben verschiedenen Reinheitsgrades u. an NaCl-Proben mit Zusätzen 2wertiger Kationen werden in graph. Darst. wiedergegeben.
W. BETCKE. 135□

**Die Druckabhängigkeit der elektrischen Leitfähigkeit von Alkalihalogeniden.** 2. Mitt. W. Biermann. (Z. physik. Chem. [Frankfurt/M.] [N. F.] **25.** 253—66. Aug. 1960.) (Dt.) — 1.vgl. vorst. Referat.

Die Unterss. über die Druckabhängigkeit der elektr. Leitfähigkeit ($\sigma$) bei Einkristallen u. Preßkörpern werden auf *KCl* u. *KJ* ausgedehnt. Die Temp.-Abhängigkeit der Eigenleitfähigkeit von KCl-Einkristallen u. von $\sigma$ von KCl-Preßkörpern mit Zusätzen von 0,01—0,2 Mol-% $SrCl_2$ zwischen 400 u. 700° wird graph. wiedergegeben. Die Eigenleitung läßt sich durch die Exponentialfunktion $\sigma = 6{,}5\cdot10^6 \exp(-49600/RT)$ darstellen. Ein Zusatz von $Sr^{2+}$ ($SrCl_2$) zu den Preßkörpern erhöht $\sigma$. Bei höheren Sr-Geh. fällt $\sigma$ bei Temp. $<500°$ unverhältnismäßig ab, was auf ein Unterschreiten der Löslichkeitsgrenze des $SrCl_2$ u. die Ausbildung einer neuen, schlecht leitenden Phase zurückgeführt werden kann. Aus den $\sigma$-Werten der Proben mit u. ohne Sr-Zusatz werden die Beweglichkeit ($u^+$) u. die Leerstellen-Konz. in KCl berechnet. Beide nehmen mit steigender Temp. zu. $u^+$ u. der Molenbruch der therm. Leerstellen-Konz. ($x_{th}$) werden durch die Exponentialfunktionen $u^+ = 2{,}8 \exp(-18100/RT)$ bzw. $x_{th} = 290 \exp(-29700/RT)$ wiedergegeben. Die Kurve der Temp.-Abhängigkeit des Druck-Koeff. von $\sigma\,[-(1/\sigma)(\Delta\sigma/\Delta p)]$ zeigt zwischen 550 u. 700° bei den Einkristallen einen geringen Anstieg, der dem Temp.-Gang der Eigenleitung entspricht. Bei den Preßkörpern gibt die (zwischen 500 u. 700° wiedergegebene) Kurve unterhalb 550° die Druckabhängigkeit der Stromleitung wieder, für die die Änderung der Beweglichkeit unter Druck verantwortlich ist. Der Unterschied zwischen der Kurve der Einkristalle u. der der Preßkörper beruht auf dem unterschiedlichen Geh. an Verunreinigungen. Die Temp.-Abhängigkeit des Druck-Koeff. bei KCl-Preßkörpern wird durch Zusatz von $Sr^{2+}$ erniedrigt. Bei 0,1—0,2 Mol-% $SrCl_2$ wird im ganzen Temp.-Bereich von 400—700° die Kurve der Störleitung wiedergegeben. Beim KJ können die $\sigma$/Temp.-Kurven nicht in Eigen- u. Störleitungsast gegliedert werden. Die Meßpunkte verschiedener Proben lagen auch bei den Einkristallen nicht auf einer Kurve. Das Vorliegen von Eigenleitung wird angenommen. Auch die Proben mit Zusätzen 2wertiger Kationen zeigten in ihrem Verh. keine Gesetzmäßigkeit. Die Druck-

Koeff. von $\sigma$ sind bei KJ-Einkristallen größer als bei KJ-Preßkörpern. Zwischen 400 u. ca. 650° zeigen sie kaum einen Temp.-Gang. Auf Zusatz von 1 Mol-% $BaCl_2$ stieg der Druck-Koeff. des $\sigma_{KJ}$ ab 570° stark an. — Eine Diskussion der gemessenen Druck-Koeff. in Hinsicht auf die FRENKEL- bzw. SCHOTTKY-Fehlordnung schließt sich an.

W. BETCKE. 135☐

**Die Einwirkung der Wärmevorbehandlung auf die Photoleitfähigkeit röntgenbestrahlter NaCl-Kristalle.** I. Tarján, R. Voszka und Á. Somló. (Acta physica Acad. Sci. hung. **11.** 59—69. 1960. Kristallographie **5.** 323—24. 1960. Budapest, Ärztl. Physik. Inst.) (Dt.) — Vgl. C. **1961.** 10832.

Es wurde das Prod. von Quantenausbeute u. Schubweg im Einheitsfeld ($\eta$w) an natürlichen u. synthet. röntgenbestrahlten Kristallen bei Zimmer-Temp. u. bei verschiedenen Konzz. der F-Zentren ($N_F$) gemessen. Der Zusammenhang läßt sich durch die Funktion $\eta w = 1/(A + BN_F)$ ausdrücken, wobei A u. B für gleiche Kristalle charakterist. Konst. sind. Ihre Werte sind strukturempfindlich u. zur Charakterisierung der einzelnen Kristallexemplare geeignet. Die Unterss. liefern auch Angaben dafür, wie weit die Wärmevorbehandlung bei verschiedenen Temp. die A- u. B-Werte beeinflußt.

W. BETCKE. 135☐

**Konzentration von Wasserstoff und Halbleitung in ZnO unter Wasserstoffionenbeschuß.** J. J. Lander. (Physics Chem. Solids **3.** 87—94. 1957. Murray Hill, N.J., Bell Telephone Labor., Inc.) (Engl.)

Beim Beschuß durch $H^+$-, $H_2^+$- u. $H_3^+$-Ionen tritt in ZnO-Kristallen eine induzierte Leitfähigkeit $\sigma$ auf, die bis zu einer bestimmten Sättigungs-Konz. der Ionen anwächst. Sie ist von der Stärke des Ionenstroms, der Beschußspannung u. der Temp. abhängig. Das für die Verss. verwendete $H_2$ wurde nach der Diffusion durch ein heißes Ni-Rohr bei $2 \cdot 10^{-3}$ Torr im Massenspektrometer in die Ionenarten zerlegt. Während des Ionenbeschusses steigt in den ZnO-Kristallen $\sigma$ bis zu einem stationären Wert an, der für $H_3^+$ am höchsten u. für $H^+$ am niedrigsten liegt, u. zwar wird bei 250° für alle drei Ionenarten 50%ig. Sättigung nach ca. 50 Min. erreicht. Der Anstieg von $\sigma$ mit der Beschußspannung verläuft bei niedrigerer Temp. steiler als bei höherer, der Sättigungswert wird bei 250° nach weitgehend linearem Anstieg bei ca. 70 V, bei 420° erst bei ca. 300 V erreicht. $\sigma$ steigt mit der Stärke des H-Ionenstroms an u. nimmt mit steigender Temp. ab. Erwärmen des ZnO-Kristalls in $O_2$ bei niedrigem Druck bewirkt eine Verminderung des Sättigungswertes von $\sigma$. Die Kinetik des H-Ionenbeschusses wird an Hand eines einfachen Modells erläutert. Die beim Durchdringen der Oberfläche durch die H-Ionen wirksame Energieschwelle beträgt 0,58 eV, sie ist teils chem., teils elektr. Natur.

W. BETCKE. 135☐

**Leitfähigkeitsänderung dünner Kupferoxydulschichten bei elektrostatischer Aufladung.** A. Deubner und F. Schulz. (Ann. Physik [7] **5.** 113—28. 1960. Berlin, Humboldt-Univ., I. Physik. Inst.) (Dt.)

$Cu_2O$-Schichten von 0,8—9,9 $\mu$ Dicke wurden durch Aufdampfen von Cu auf Quarzplatten u. nachfolgende Oxydation in Luft bei vermindertem Druck erhalten. Die Abhängigkeit der Leitfähigkeit (LF) von der Vorbehandlung u. der umgebenden Atmosphäre u. der Feldeffekt (FE = Änderung der LF bei elektrostat. Aufladung der Schicht) wurden untersucht. Die LF zeigt einen Gang mit dem $O_2$-Druck bei der Temperung u. ist im Vakuum 2—3mal so groß wie in Atmosphärenluft. Sowohl LF als auch FE waren von der Dicke der $Cu_2O$-Schicht unabhängig. Aus der Temp.-Abhängigkeit des Widerstandes (R) wurde die Aktivierungsenergie zu ca. 0,15 eV berechnet. — Bei positiver Aufladung der Schicht sinkt R zunächst momentan u. wächst dann exponentiell mit der Zeit bis zur Erreichung eines konst. Wertes nach 3—5 Min., beim Ausschalten des Feldes steigt R dann momentan u. sinkt anschließend wieder exponentiell auf seinen ursprünglichen Wert zurück. Bei negativer Aufladung zeigt sich das gleiche Verh. mit umgekehrtem Vorzeichen. Der Effekt wurde im Vakuum, in Luft, $N_2$ u. $O_2$ untersucht. Die Leitwertsänderung pro Flächenladung schwankte zwischen $1{,}44 \cdot 10^{-6}$ (Vakuum) u. $2{,}12 \cdot 10^{-6}$ $(A \cdot s)^{-1}$ $cm^2$ ($O_2$), was durch den Einfl. des adsorbierten Gases erklärt wird. — Der FE zeigte sich von der Vorbehandlung der Schicht unabhängig. — Die Temp.-Abhängigkeit der relativen momentanen LF wurde zwischen —56 u. +30° untersucht. Sie weist ein Maximum zwischen 0 u. —28° auf. — Bei tieferen Temp. wurde ein bei negativer Aufladung auftretender „Nachwirkungseffekt" (weiterer Anstieg von R nach der momentanen, durch die Aufladung bedingten Zunahme) beobachtet. — Die Ergebnisse werden im Zusammenhang mit einem Vers. von ZÜCKLER (C. **1950/54.** **7442**), aus der LF-Änderung die Störstellendichte zu berechnen, diskutiert.

W. BETCKE. 135☐

---

**Untersuchung der Temperaturabhängigkeit der Koerzitivkraft dünner, magnetisch weicher Materialien und fein dispergierter ferromagnetischer Pulver.** M. Rosenberg. (Studii Cercetări Fizică **8.** 321—46. 1957.) (Rum.)

Zwischen —195 u. +300° wird die Abhängigkeit der Koerzitivkraft $H_c$ von *Ni, Fe–Ni-Legg.* mit 85, 78 u. 50% Ni u. feingepulverten *Fe–Co-Ferriten* mit Fe:Co = 35:1 u. 11:1 von der Temp. untersucht. Bei Plättchendicken d von 0,005—0,35 mm ändert sich $H_c$ mit d nicht regelmäßig. Bei 20° ist $H_c$ im wesentlichen proportional $\lambda_s/I_s$ ($\lambda_s$ = Sättigungsmagnetostriktions-Konst., $I_s$ = spontane Magnetisierungsstärke); nach Anlassen nimmt bei Abnahme von d von 0,35 auf 0,1 mm $H_c$ nur um 16—25% zu, unter 0,05—0,07 (0,02—0,03) mm steigt bei Ni (Fe–Ni mit 50% Ni) $H_c$ rasch. Die Temp.-Abhängigkeit von $H_c$ ist meist für Proben von verschiedenen d annähernd gleich, nur steigt $H_c$ bei Übergang von 291 auf 77° K bei d = 0,005—0,1 stärker als bei d = 0,2 u. 0,35 mm. Bei Ni gilt für die Abhängigkeit von der Temp. (T) die empir. Beziehung $H_c(T) = 1{,}23\sqrt{K(T)}/I_s(T) + 0{,}83\cdot 10^{-3}\, I_s(T)$ (K = magnetokrist. Anisotropie-Konst.). Bei der Änderung von $H_c$ mit d spielt vermutlich die Abnahme der Dimensionen der Kristallite, also auch der Entmagnetisierungskeime eine Rolle; auch ungenügende Entw. der Kristallite der Oberflächenzone beim Anlassen kann mitwirken. Bei den Fe–Co-Ferritpulvern nimmt bei Fe:Co = 35:1 (11:1) $H_c$ zwischen 290 u. 77° K von 353 auf 4500 (923 auf 7300) Oe zu. Die Temp.-Abhängigkeit von $H_c$ wird durch die Änderung von K mit der Temp. erklärt. Wahrscheinlich bestehen die Ferritpulverteilchen aus einer oder mehreren Domänen spontaner Magnetisierbarkeit u. die Entmagnetisierung erfolgt im Hauptteil der Pulver nur durch Rotation. R. K. MÜLLER. 137 □

**Über den Ferromagnetismus im System Mangan–Aluminium–Eisen.** Ichiro Tsuboya und Makoto Sugihara. (J. physic. Soc. Japan **15.** 1534. Aug. 1960. Musashino-shi, Tokyo, Nippon Telegraph and Telephone Publ. Corp., Electr. Communicat. Labor.) (Engl.)

Vff. bestätigen eine Feststellung HOGGS [1892], daß im Syst. Mn–Al–Fe Ferromagnetismus bei folgenden Gehh. auftritt: 35—42,5 Atom-% Mn, 42,5—47,5 Atom-% Al u. 12,5—17,5 Atom-% Fe. An Pulvern wird gezeigt, daß der Ferromagnetismus einem einfach kub. Gitter (K-Phase) zukommt. Reine K-Phase ergibt einen sehr starken Ferromagnetismus. Ein schwacher Ferromagnetismus wurde bei Legg. gefunden, die röntgenograph. aus der K-Phase u. $\beta$-Mn bestehen. Legg. waren ferner unmagnet., wenn sie die Kristallstruktur von $\beta$-Mn oder der $\eta$-Phase mit hohen Al-Geh. besaßen. Die K-Phase scheint vom CsCl-Typ geordnet zu sein u. besitzt eine Gitter-Konst. von 2,97 Å. Je nach Zus. der ferromagnet. Legg. wurden CURIE-Punkte zwischen 35 u. 90° aus den gemessenen Temp.-Magnetisierung-Kurven ermittelt. Die Sättigungsmagnetisierung bei einem Feld von 15000 Oe u. bei 100° K wurde zu 380—400 Gauß ermittelt. Der Ferromagnetismus dieser Legg. wird der ferromagnet. Austausch-Wechselwrkg. zwischen den Mn-Atomen zugeschrieben. H. FAHLENBRACH. 137 □

**Schwankung der Curie-Punkte von Ni–Cu–Sn-Legierungen.** I. Maxim, D. Ausländer und V. Stan. (Studii Cercetări Fizică **8.** 143—45. 1957.) (Rum.; Auszug: Franz.)

Bei Ni–Cu–Sn-Legg. mit 92—97% Ni u. Cu:Sn = 4:1 u. 1:2 ändert sich die CURIE-Temp. linear mit der Konz. der nichtmagnet. Komponenten Cu u. Sn, wobei die Neigung der Geraden vom Verhältnis der mittleren Valenz dieser Komponenten n = 1,6 bzw. 3 abhängt. R. K. MÜLLER. 137 □

**Das Gesetz der Elektronenkonzentration beim Ferromagnetismus der Nickellegierungen.** I. Maxim. (Studii Cercetări Fizică **8.** 147—51. 1957.) (Rum.; Auszug: Franz.)

Der CURIE-Punkt $\Theta$ von feste Lsgg. bildenden bin. u. tern. Ni-Legg. der Syst. *Ni–Cu–Al, Ni–Cu–Au* u. *Ni–Cu–Sn* nimmt mit der Atom-Konz. $\tau$(%) der nichtmagnet. Komponenten ab nach $\Theta = \Theta_{Ni}[1 - (n/60)\tau]$, wobei n die mittlere Valenz des nichtmagnet. Metalls ist. Das Gebiet des Ferromagnetismus der festen Lsgg. des Ni reicht bis zu einer Konz. von 60 Valenzelektronen der nichtmagnet. Metalle auf 100 Atome der Legierung. R. K. MÜLLER. 137 □

**Änderung der magnetischen Eigenschaften gemischter Cu–Ni-Ferrite in Abhängigkeit vom Verhältnis Kupferferrit/Nickelferrit.** Elena Lăbuşcă und Florica Constantinescu. (Studii Cercetări Fizică **8.** 347—57. 1957. Comun. Acad. Republ. Populare romîne **7.** 413—20. 1957.) (Rum.; Auszug: Franz.) — Vgl. C. **1957.** 10843 u. C. **1958.** 8533.

Ni-Zn-Ferrit (I), $NiFe_2O_4 \cdot ZnFe_2O_4$, zeigt bes. geringe Totalverluste (tg $\delta$), Cu-Zn-Ferrit (II), $CuFe_2O_4 \cdot ZnFe_2O_4$, hohe magnet. Permeabilität ($\mu$). Vff. untersuchen an gemischten I-II-Ferriten die Eigg. ($\mu$, tg $\delta$) in Abhängigkeit vom Verhältnis II:I. Bei

II:I > 1 entsprechen die Eigg. denjenigen von **II**, bei II:I < 1 denjenigen von **I**: Mit zunehmendem II-Geh. nimmt $\mu$ zu, mit zunehmendem I-Geh. nimmt tg $\delta$ ab.

R. K. Müller. 137 □

**Der Einfluß von Oxydation und Reduktion auf den Parasiten-Ferromagnetismus von $\alpha$-$Fe_2O_3$.** Akira Tasaki, Kiiti Siratori und Shuichi Iida. (J. physic. Soc. Japan **15.** 1535. Aug. 1960. Tokyo, Univ., Fac. of Sci., Dep. of Phys.) (Engl.)

An $\alpha$-$Fe_2O_3$-Proben werden mit der magnet. Waage zwischen $-40^0$ u. Raum-Temp. Magnetisierung–Temp.-Kurven bei Feldstärken von 6,65, 11,8 u. 14,3 kOe u. nach 3 oxydierenden Wärmebehandlungen (70 Std., 500$^0$ bei $O_2$-Drucken von 5, 20 u. 100 kg pro cm$^2$) u. nach 2 reduzierenden Wärmebehandlungen bei 1000$^0$ u. 700$^0$ im Vakuum gemessen. Die Kurven werden nach der Beziehung $\sigma = \sigma_0 + \chi H$ ($\sigma$ = Magnetisierung, H = magnet. Feldstärke) ausgewertet, wobei bei n keine systemat. Änderungen mit der Behandlung gefunden wurden. $\sigma_0$ kennzeichnet den Parasitenferromagnetismus, der nach allen Behandlungen unterhalb der Umwandlung in verschiedener Stärke angetroffen wird u. Abweichungen von der Stöchiometrie zugeschrieben wird. Im reduzierten Zustande sollen $Fe^{2+}$-Ionen, im oxydierten Zustande $Fe^{4+}$-Ionen auftreten. Über die Ursache dieses Ferromagnetismus unterhalb $-20^0$ (Umwandlungspunkt) werden einige Diskussionen angestellt, die aber zur Klärung weiterer Messungen bedürfen.

H. Fahlenbrach. 137 □

**Paramagnetische Resonanz von mit Röntgenstrahlen bestrahlten Einkristallen des Rochellesalzes.** Grace C. Moulton und W. G. Moulton. (J. chem. Physics **35.** 208—12. Juli 1961. Alabama, Univ. of Alabama, Dep. of Phys.) (Engl.)

Die Elektronenspinresonanz von Einkristallen des Rochellesalzes u. des deuterierten Rochellesalzes, die mit 40-kV-Röntgenstrahlen bestrahlt worden waren, wurde als Funktion der Orientierung der Kristalle im magnet. Feld untersucht. Die Spektren sind zeitabhängig. Durch Unters. des Abklingens der Spektren wurde gefunden, daß drei Arten von Zentren vorhanden sind. Eines davon ist die Ursache eines starken Dubletts, das schnell abklingt, ein anderes führt zu einem Dublett, das zunimmt u. dann abklingt, während das dritte ein Spektrum aus 8 Linien liefert, das zunimmt u. dann stabil ist. Vff. zeigen, daß das Hydratwasser eine wichtige Rolle bei der Kinetik des Ansteigens u. Abklingens der Zentren spielt. Das stabile Spektrum wurde analysiert. Vff. folgern aus den Unterss., daß zwei der Linien vom Aufbrechen einer der C—H-Bindungen stammen. Dieses Dublett ist schwach anisotrop u. rührt von der Hyperkonjugation des Protons zum benachbarten C sowie von der dipolaren Kopplung mit letzteren u. der hohen Spindichte am C her. Ein zweites Linienpaar geht auf das Aufbrechen der anderen C—H-Bindung zurück. Da die H-Atome einander nicht äquivalent sind, zeigt dieses Linienpaar eine unterschiedliche Aufspaltung. Die anderen beiden Linienpaare ergeben sich aus der Kopplung der H-Atome der OH-Gruppe bzw. des Hydratwassers.

Gerhard Schulze. 137 □

**Verkohlte Dextrose als Standard für die paramagnetische Resonanz.** R. H. Hoskins und R. C. Pastor. (J. appl. Physics **31.** 1506—07. Aug. 1960. Malibu, Calif., Hughes Aircraft Comp., Hughes Res. Labor.) (Engl.)

Gegenüber dem meist benutzten 1.1-Diphenyl-2-pikrylhydrazyl besitzt Dextrose, die bei 560$^0$ verkohlt wird, Vorzüge als Eichsubstanz für Messungen der paramagnet. Resonanzabsorption. Zwischen 1,4 u. 500$^0$ K ist die Spinresonanz der verkohlten Dextrose temperaturunabhängig in bezug auf Linienbreite, g-Wert u. Spindichte. Ebenso wurde auch die therm. Relaxationszeit temperaturunabhängig gefunden. Die verkohlte Dextrose ergibt auch eine zur Feldeichung bestens geeignete scharfe Resonanzlinie. Genaue Angaben über die zweckmäßige Herst. dieser Eichsubstanz werden gemacht.

H. Fahlenbrach. 137 □

ʳ **Über die Relaxation von Gruppen konstant polarer Mikrosysteme in einem starken äußeren Feld.** Mioara Mugur. (Studii Cercetări Fizică **8.** 311—19. 1957.) (Rum.; Auszug: Engl.)

Für die Relaxation einer Summe konst. polarer Mikro-Syst. in einem starken äußeren Feld wird ein neues Modell des Mechanismus entwickelt, das für den Fall gilt, daß die Differenz zwischen der Wahrscheinlichkeit des Überganges eines einzelnen Mikrosyst. in einen Zustand geringerer Energie u. der Wahrscheinlichkeit des umgekehrten Überganges nicht von der Gitter-Temp. abhängt. Das Modell kann neue Arten von Verss. über Kern- u. Mikrostrukturcharakteristiken anregen u. zur Weiterentw. der allg. Theorie nichtumkehrbarer Prozesse beitragen; es führt auch zu einer Gleichung für die Gleichgewichtsverteilung der Mikrosyst. u. die Gleichgewichtsempfindlichkeit des Gesamt-Syst. in Abhängigkeit von den Übergangswahrscheinlichkeiten der einzelnen Mikrosysteme.

R. K. Müller. 137 □

**Theorie der magnetischen Kernresonanz.** Mioara Mugur. (Studii Cercetări Fizică 8. 171—213. 1957.) (Rum.)

Die Theorie der Erscheinungen der magnet. Kernresonanz liefert Korrelationsbeziehungen zwischen experimentell meßbaren Größen u. mkr. Größen, die die einzelnen Kerne, Strukturen oder Strukturensembles charakterisieren sowie die Relaxationsprozesse, die diese Ensembles unter bestimmten Bedingungen erleiden. — 13 Literaturhinweise. R. K. MÜLLER. 137□

**Kernmagnetische Resonanz in einem System von drei Kernen.** A. Corciovei und M. Mugur. (Studii Cercetări Fizică 8. 267—94. 1957.) (Rum.)

In einem Syst. von 3 Kernen (mit $\hbar/2$-Spin) werden die Energieniveaus in einem konst. Magnetfeld u. die Übergangswahrscheinlichkeiten in einem dazu senkrechten schwachen oscillierenden Magnetfeld bestimmt. R. K. MÜLLER. 137□

**Kurve der magnetischen Kernabsorption in einem System von drei ein gleichseitiges Dreieck bildenden Nucleonen.** A. Corciovei. (Studii Cercetări Fizică 8. 295—309. 1957.) (Rum.) — Vgl. vorst. Referat.

In einem Syst. von 3 in Winkeln von je $60^0$ zueinander befindlichen Nucleonen werden die stationären Zustände in einem konst. Magnetfeld untersucht. Die korr. Werte der Niveaus hängen außer von den universellen Konst. u. dem Feld nur von dem Winkel der Senkrechten auf dem Dreieck mit dem Feld u. von dem Abstand zwischen den Nucleonen ab. Analoges gilt für die Übergangswahrscheinlichkeiten.
R. K. MÜLLER. 137□

**Beschreibung eines Gerätes zur Untersuchung der magnetischen Kernresonanz von festen Stoffen.** J. J. Capart, P. Loosen und M. Van Meerssche. (Bull. Soc. chim. belges **69**. 292—302. Mai/Juni 1960. Louvain, Univ., Labor. de Chim. Phys.) (Franz.)

Es wird ein Spektrometer zur Best. der magnet. Kernresonanz fester Stoffe beschrieben. Der Hochfrequenzteil besteht aus einem Sender u. Empfänger, der als Zweig einer Hochfrequenzbrücke, deren einzige Spule die Probe umgibt, ausgebildet ist. Die dazu notwendigen Verstärker werden beschrieben. Das magnet. Gleichfeld wird von einem Elektromagneten Typ Beaudouin geliefert, der von einer Batterie gespeist wird u. bei einem Polabstand von 20 mm ein Feld von 6500 Oe gibt. Die Homogenität des Magnetfeldes ist mit 0,2 Oe für die geplanten Festkörper-Unterss. ausreichend. Die Brauchbarkeit des Gerätes wird durch die Messung der magnet. Kernresonanz von $^{19}F$ in $Na_2SiF_6$ bewiesen. H. FAHLENBRACH. 137□

**Die Beschreibung eines Gerätes zur Messung magnetischer Susceptibilitäten.** M. Van Meerssche, J. J. Capart und J. M. Dereppe. (Bull. Soc. chim. belges **69**. 303—11. Mai/Juni 1960.) (Franz.) — Vgl. vorst. Referat.

Auf der Basis der FARADAYschen Torsionswaage im inhomogenen Magnetfeld wird ein Gerät zur Messung der magnet. Susceptibilitäten schwach magnet. Stoffe beschrieben, das der WEISS-FORRERschen Meth. des beweglichen Wagens ähnelt u. als Null-Meth. in der Weise ausgebildet ist, daß eine Spule die Rückführung in die Nullstellung bei geeignetem Stromdurchgang bewirkt. Die Genauigkeit der Susceptibilitätsmessung diamagnet. Substanzen wird mit unter 1% für eine Substanzmenge von 0,1 g angegeben.
H. FAHLENBRACH. 137□

**Versuchsanordnungen für die Beobachtung der magnetischen Kernresonanz.** A. Valeriu, M. Draghigescu, B. Ianculovici und P. Draghigescu. (Studii Cercetări Fizică 8. 213—34. 1957.) (Rum.)

Übersicht über die verschiedenen App.-Typen (Vorr. mit passivem Stromkreis, Autodyntyp), ihre theoret. Grundlagen u. ihre Ausführungsformen. — 17 Literaturhinweise. R. K. MÜLLER. 137□

**Magnetfeldmesser mit Hilfe der Kernresonanz.** A. Valeriu, I. Pascaru und B. Ianculovici. (Studii Cercetări Fizică 8. 235—39. 1957.) (Rum.)

Das beschriebene Magnetometer beruht auf dem Prinzip der Kernabsorption. In die Spule des Stromkreises eines Oscillators wird ca. 1 ml 0,01 n $Fe(NO_3)_2$-Lsg. eingeführt. Die Spule wird in das zu messende Feld eingeführt (Achse senkrecht zur Feldrichtung), dem Magnetfeld wird ein Wechselfeld niedriger Frequenz (50 Hz) überlagert. Aus den gemessenen, verstärkten u. auf dem Oscilloskopschirm dargestellten Amplituden läßt sich die Feldstärke ermitteln. R. K. MÜLLER. 137□

---

**Der Wien-Effekt und die Ionenassoziation.** Andrew Patterson jun. und Harlow Freitag. (J. electrochem. Soc. **108**. 529—34. Juni 1961. New Haven, Conn., Yale Univ., Sterling Chem. Labor.; Poughkeepsie, N.Y., Internat. Business Machines Co.) (Engl.)

Die elektr. Leitfähigkeit bei hohen Feldstärken ist stark abhängig von der Ionenassoziation. Findet man geeignete theoret. Mittel zur Berechnung dieser Leitfähigkeiten, so können experimentelle Messungen zur Best. der Assoziations-Konst. verwendet werden. Vff. entwickeln die Programmierung der ONSAGER-KIMschen Theorie des WIEN-Effektes für starke Elektrolyte in Verbindung mit der ONSAGERschen Theorie für schwache Elektrolyte zur Berechnung der Leitfähigkeiten assoziierter Elektrolyte bei hohen Feldstärken mit Hilfe eines IBM-Analogrechners 650. Das Berechnungs-Verf. ist genauer u. viel schneller als frühere Verfahren. Weiterhin werden die mittleren Aktivitäts-Koeff. bei der Feldstärke 0 berechnet. Die berechneten Werte für Lsgg. von KCl ($10^{-3}$ bis $10^{-5}$ m), $ZnSO_4$, $MgSO_4$, $CuSO_4$, $LaFe(CN)_6$, $CH_3COOH$, $CdCl_2$ (alle ca. $10^{-4}$ m) u. $NH_3$ (ca. $10^{-3}$ m) werden graph. mitgeteilt u. mit experimentellen Werten verglichen.
P. FRENZEL. 138□

**Physikalisch-chemische Untersuchung von ternären wässerigen Elektrolytlösungen. 3. Mitt. Untersuchung der Leitfähigkeit des Systems $NaCl-HCl-H_2O$.** Endre Berecz, László András und István Geiger. (Magyar Kémiai Folyóirat [Ung. Z. Chem.] **67.** 119—25. März 1961. Budapest, L. Eötvös Univ., Lehrstuhl für physik. Chem. u. Radiol.) (Ung.) — 2. vgl. C. **1961.** 13844.

Es wurde die Leitfähigkeit des Syst. *NaCl–HCl–H₂O* bei 25° im gesamten stabilen gesätt. u. ungesätt. Lsg.-Bereich gemessen. Der Charakter der Änderung der spezif. Leitfähigkeit, hervorgerufen durch Zugabe von NaCl zu dem $HCl-H_2O$-Syst., ändert sich als Funktion der Ausgangskonz. nach einer Maximum-Kurve. Unterhalb 1,5 Mol HCl/Liter steigt die Leitfähigkeit durch die Wrkg. von NaCl, bei Lsgg. größerer Ausgangskonz. vermindert sie sich. Die Leitfähigkeiten der tern. Lsgg. setzen sich additiv im Verhältnis der Mol-Konzz. der gelösten Komponenten aus den entsprechenden Leitfähigkeiten der HCl- u. NaCl-Lsgg. zusammen. Mit Hilfe der gefundenen empir. Gleichung kann aus den Leitfähigkeitswerten der bin. Syst. die Leitfähigkeit einer beliebigen tern. Lsg. mit guter Annäherung berechnet werden. I. NÁRAY-SZABÓ. 138

**Die äußere Überführung von geschmolzenem TlCl und $ZnCl_2$.** W. Fischer und A. Klemm. (Z. Naturforsch. **16 a.** 563—68. Juni 1961. Mainz, MPI für Chem., Otto-Hahn-Inst.) (Dt.)

Vff. bestimmen mit Hilfe einer Steighöhen-Meth. die äußeren Überführungszahlen $t_+$ von TlCl u. $ZnCl_2$ an Korund-Diaphragmen in Abhängigkeit von der im Diaphragma herrschenden Temp. $\vartheta$ u. beschreiben eine geeignete Supremaxglas-Apparatur. Verwendet werden relativ grobkörnige, langgestreckte, ungesinterte Diaphragmen aus $Al_2O_3$-Pulver mit einer Porengröße, die sicher über dem krit. Wert liegt. Die Druckunterschiede (vgl. KLEMM, C. **1960.** 11200) berücksichtigt man durch Beobachtung der Höhendifferenz zwischen den Salzmenisken in den Steigrohren. Die Werte für $t_-$ bzw. $t_+ = 1 - t_-$ werden aus der Messung der Anfangsströmung oder durch Messung des Enddrucks neben der des Strömungswiderstands berechnet (vgl. l. c.), wobei die Konzz. in den Seitenschenkeln der App. verwendet werden. Der Strom wird auf 1% konst. gehalten. Die tabellar. mitgeteilten Meßergebnisse folgen in linearer Näherung den Gleichungen $t_+(TlCl) = 0{,}410 + 2{,}82 \cdot 10^{-4} \cdot (\vartheta - 430)$, $435^0 \leqslant \vartheta \leqslant 667^0$; $t_+(ZnCl_2) = 0{,}716 - 3{,}07 \cdot 10^{-4} \cdot (\vartheta - 318)$, $325 \leqslant \vartheta \leqslant 670^0$. Die $t_+$-Werte hängen bei einem Korndurchmesser zwischen 0,05 u. 0,2 mm nicht von der Korngröße des Diaphragmas ab.
P. FRENZEL. 138□

**Gesetz über die Änderung der Wasserionisation als Funktion der Temperatur.** Georges Brière und Noël Félici. (C. R. hebd. Séances Acad. Sci. **252.** 1011—13. 13/2. 1961. Grenoble, Labor. d'Électrostatique et de Phys. du Métal.) (Franz.)

Für die Freie Enthalpie der Ionisation eines Mol. in einem Dielektrikum gilt die Gleichung $\Delta G = A + B/\varepsilon$, in der A die Energie für die Bldg. der Ionen unabhängig vom Lsgm. bezeichnet. Der Faktor $B/\varepsilon$ entspricht der durch das elektr. Feld der Ionen im Dielektrikum angesammelter Energie. Für Wasser werden aus Literaturdaten die Ionisations-Konst. $K_x$ in Abhängigkeit von der Temp., die molare Neutralisationswärme $\Delta H$ u. der Kehrwert der DK tabelliert. $\Delta G$ gegen $1/\varepsilon$ aufgetragen, ergibt eine Gerade. Die Temp.-Abhängigkeit von $K_x$ wird durch die Gleichung $\ln K_x = (425\, e^{T/219} + 3555)/T$ wiedergegeben (T = Temp. in °K). Die mol. Ionisationsenergie beträgt 1,043 eV (25°), wovon 0,706 eV auf A u. 0,337 eV auf $B/\varepsilon$ entfallen. Aus dem Ausdruck $B/\varepsilon$ lassen sich die Ionenradien von Proton u. Hydroxylradikal abschätzen. Für Methylalkohol erhält man eine Ionisationsenergie von 1,163 eV, wobei $A = 0{,}915$ eV u. $B/\varepsilon = 0{,}248$ eV sind. Als mittlerer Ionenradius berechnet sich ein Wert von 4 Å. $\Delta G^0 = 575\, e^{T/186} + 10956$ cal.
D. HOENE. 139□

**Über die Bestimmung des Dissoziationsgrades von kongruent schmelzenden Verbindungen durch die Methode der isomorphen Kokristallisation.** W. R. Klokman.

(Известия Академии Наук СССР, Отделение Химических Наук [Nachr. Akad. Wiss. UdSSR, Abt. chem. Wiss.] **1959.** 1699—1704. Okt. Chlopin-Radium-Inst. der Akad. der Wiss. der UdSSR.) (Russ.)

Von dem Syst. *$KCaCl_3$–$RbCaCl_3$–$KCl$* u. *$KCaCl_3$–$RbCaCl_3$–$CaCl_2$* wird die Kristallisations-Konst. D bei 623, 640, 685, 713, 728 u. 738° bestimmt (D = K·c/d, K = Verteilungs-Konst., c = Geh. der Mikrokomponente/ml Lsg., d = Spezif. Gewicht der festen Phase). Weiter wird die Abhängigkeit des D u. des Dissoziationsgrades von $KCaCl_3$ von der Temp. untersucht. D ist für beide Syst. bei einer gegebenen Temp. eine von der Menge der abgeschiedenen festen Phase unabhängige Konst., wodurch die Isomorphie zwischen $KCaCl_3$ u. $RbCaCl_3$ bewiesen wird. Durch Extrapolation wird D von $RbCaCl_3$ bei dessen Verteilung zwischen Kristallen in der Schmelze von $KCaCl_3$ bei dessen Schmelz-Temp. zu 2,22 ermittelt. Weiter wird festgestellt, daß der Dissoziationsgrad von $KCaCl_3$ in den Syst. $KCl$–$KCaCl_3$ u. $CaCl_3$–$KCaCl_3$ verschieden ist u. von der Natur der 2. Komponente des Syst. abhängt. Ch. Weiske. 139□

**Chemische Vorgänge auf Elektroden von galvanischen Stromquellen.** (Vortrag.) Hans Bode. (Angew. Chem. **73.** 553—60. 21/8. 1961. Frankfurt/M., Zentrallabor. der Accumulatoren-Fabr. A.-G.) (Dt.)

Es werden Primärzellen (Leclanché-Element) u. Sekundärzellen (Ni-Cd-Akkumulator u. Pb-Akkumulator) beschrieben. Bes. wird auf die rein chem. Vorgänge in diesen Zellen eingegangen. Ausführlich wird die Struktur der Braunsteinmodifikationen, der Ni-Hydroxyde u. der Pb-Oxyde behandelt. Ch. Weiske. 140□

**Versuche über den Entladungsmechanismus der Mangandioxydelektrode.** W. C. Vosburgh und Pao-Soong Lou. (J. electrochem. Soc. **108.** 485—90. Juni 1961. Durham, N.C., Duke Univ., Dep. of Chem.) (Engl.)

Vff. vergleichen die Entladungskurven elektrolyt. hergestellter α- u. γ-$MnO_2$-Elektroden in 1 m $(NH_4)_2SO_4$-Lsg. bei einem pH-Wert von 7,5 bei 25 ± 2°. Die Oxydschicht auf der Elektrode hat am Ende der Entladung die Zus. $MnO_{1,57}$ für γ-$MnO_2$ u. $MnO_{1,66}$ für α-$MnO_2$. Für beide Formen ist im weiteren Verlauf der Entladung die Geschw. der Zunahme der $Mn^{2+}$-Konz. im Elektrolyten dem Strom äquivalent. Zugabe von $Mn^{2+}$ zum Elektrolyten (bei pH 5; 0,1 u. 1 m $MnSO_4$) erniedrigt das Elektrodenpotential (0,027 V im offenen Stromkreis) innerhalb der ersten 60 mA·min. Vff. beschreiben ein Verf. zur Ablösung der Mn-haltigen Elektrodenschichten bei vollständiger oder teilweiser Entladung mit $Na_4P_2O_7$-Lsg. u. eine spektrophotometr. Meth. zur Best. von $Mn^{2+}$ u. $Mn^{3+}$ nebeneinander in den abgelösten Schichten. $Mn^{3+}$ ist auf einer $MnO_2$-Oberfläche u. wahrscheinlich auch innerhalb des Gitters stabiler als $Mn^{2+}$. Die Annahme, daß ein Teil des gebildeten niedrigeren Oxyds in das Innere der $MnO_2$-Schicht diffundiert, wird durch die Vers.-Ergebnisse bestätigt. Vff. nehmen an, daß der größere Teil der elektrolyt. Red. unter der Elektrodenoberfläche vor sich geht. In α-$MnO_2$ erfolgt ein größerer Teil der Rk. an oder in der Nähe der Oberfläche als in γ-$MnO_2$. P. Frenzel. 140□

**Untersuchungen über die Verminderung des Stromverbrauchs der Quecksilber-Chlorzelle.** 3. Mitt. **Gleichgewichtspotential von Natrium und Chlorgas in Natriumchloridlösung.** Toshiyuki Sugino und Kiyoshi Aoki. (J. electrochem. Soc. Japan **27.** E 15—E 18. 1959.) (Engl.) — 2. vgl. C. **1961.** 15153; vgl. auch C. **1960.** 13277.

Vff. untersuchten zuerst das Gleichgewichtspotential von Natriumamalgam u. $Cl_2$ bei Temp. bis zu 80° u. hohen Konzz. der NaCl-Lsg., u. zwar mit dem Zweck, die Elektroden-Rkk. der Hg-Zelle zu untersuchen. Die gemessenen Gleichgewichtspotentiale des Na-Amalgams in NaCl-Lsg. sind tabellar. u. graph. für die verschiedenen Temp. angegeben. — Die Temp.-Koeff. des Na-Potentials bei 40—80° wurden zu +0,000175 bis +0,00025 V/°C bei verschiedenen Konzz. des Na-Amalgams u. der NaCl-Lsg. gefunden; hieraus ergibt sich ein mittlerer Wert der Entropieänderung von —5 cal/Mol °C. Das Gleichgewichtspotential von gasförmigem Chlor wurde mit Hilfe der theoret. Zers.-Spannung des NaCl in dem Hg-Prozeß u. mit dem oben bestimmten Na-Potential berechnet. Es wurde durch Inter- u. Extrapolation gefunden, daß das Standard-Elektrodenpotential des Cl bei 25° +1,364 V beträgt, u. zwar unter der Voraussetzung, daß das gesättigte Kalomelektrodenpotential bei 20° +0,249 V beträgt. C. Gottfried. 14[illegible]

**Darstellung gemischter Hydrate vom δ-FeOOH-Typ durch anodische Oxydation von Legierungen.** Jean-Camille Petit. (C. R. hebd. Séances Acad. Sci. **252.** 3255—57. 24/5. 1961. Strasbourg, Fac. des Sci., Labor. de Chim. gén.) (Franz.) — Vgl. C. **1961.** 6763, 15691.

Hydrate vom δ-FeOOH-Typ entstehen bei Zimmer-Temp. durch anod. Oxydation (Pt-Kathode; 0,025 A/cm²; einige Std.) von Fe oder bin. Fe-Legg. mit 33% Ni bzw

36% Co bzw. 33% Mn in einer 0,01 n NaOH- oder einer 0,1 n NaCl-Lösung. Die mikrokrist. Prodd. werden abfiltriert, gewaschen u. über $P_2O_5$ getrocknet. Sie liefern je vier charakterist. Röntgeninterferenzen, die Hydraten vom hexagonalen δ-FeOOH-Typ u. der Zus. ca. $(Fe_{2/3}Me^{II}_{1/3})OOH$ (I) zuzuordnen sind: *δ-FeOOH*, a $2{,}95_5$, c $4{,}56_5$, c/a $1{,}54_5$; *δ-(Fe,Ni)OOH*, a $2{,}96_5$, c $4{,}59_5$, c/a 1,55; *δ-(Fe, Co)OOH*, a 2,97, c $4{,}56_5$, c/a 1,54; *δ-(Fe,Mn)OOH*, a $2{,}90_5$, c $4{,}55_5$, c/a 1,57. Sie zersetzen sich oberhalb 300° nach I → α-$Fe_2O_3$ + $Me^{II}_xO_y$ (= NiO, $Co_3O_4$ oder $Mn_2O_3$), bei 1200° entstehen Ferrite $Fe_2O_3 \cdot Me^{II}O$. Die Verbb. der δ-FeOOH-Reihe sind ferromagnet. (Susceptibilität ca. $10^{-2}$ cgs-Einheiten). Die thermomagnet. u. thermogravimetr. Kurven entsprechen der therm. Zersetzung. Bei der Temp. des fl. $N_2$ ist die Magnetisierung etwa 25—30% höher als bei Zimmertemperatur. A. BLASCHETTE. 141 □

**Über die anodischen Eigenschaften des Aluminiums.** József Kerti. (Magyar Kémiai Folyóirat [Ung. Z. Chem.] **67.** 97—99. März 1961. Budapest, L. Eötvös Univ., Lehrst. für Phys.-Chem. u. Radiol.) (Ung.)

Das hohe Elektrodenpotential u. geringe Äquivalent-Gew. des Al waren sehr vorteilhaft für seine Verw. als Anode von galvan. Elementen, die Neigung zur Passivität u. starken Selbstentladung sind jedoch hinderlich. Vf. stellte fest, daß für das Potential der Al-Elektrode die Aktivität nur im Konz.-Bereich pK 1—4 bestimmend ist. Der Zusammenhang des Potentials mit dem pH-Wert ist nicht eindeutig u. nicht reproduzierbar. Die Aggressivität der Lsg. spielt eine sehr große Rolle, z. B. ist das Potential des Al in einem Zn–Al-Element (Elektrolyt konz. $HNO_3$) wegen der Passivität um mehr als 1 V positiver als das des Zn. Wird aber in die Lsg. Chlorid-Lsg. getropft, so beginnt die Auflösung des Al, u. sein Potential wird um ca. 1 V negativer als das des Zn. Hg-Ionen wirken auch aktivierend. Die Vorbehandlung des Al ist viel wichtiger, als bei den meisten anderen Metallen. Wird Al im Kontakt mit einem anderen Metall in Elektrolyt-Lsg. getaucht, so nähert sich sein Potential dem des Zn. Das Potential des Al kann sich in einem Intervall von fast anderthalb V bewegen, in Abhängigkeit vom elektrochem. Charakter des Kontaktmetalls. Es wird angenommen, daß die Auflösung des Al in folgenden Stufen vor sich geht: 2 Al → $Al_2O_3$ → $Al_2O_3 \cdot H_2O$ → 2 $Al(OH)_3$ → 2 $Al^{3+}$; nur die bei der Hydrolyse frei werdende Energie kann elektr. nutzbar gemacht werden. Durch anod. Auflösung des Al kann das Kontaktmetall in der Lsg. eines edleren Metalls zementiert werden, bes. dann, wenn die Passivität des Al durch Chlorid zurückgedrängt wird. I. NÁRAY-SZABÓ. 142

**Elektronenleitung und Grobstruktur anodisch gebildeter Aluminiumoxydschichten.** Siegfried Raether. (Z. angew. Physik **11.** 456—60. Dez. 1959. Heidenheim/Br., Siemens & Halske AG., Wernerwerk für Bauelemente.) (Dt.)

Zur Unters. der Leitungsvorgänge in oberflächlich oxydiertem Al wird 99,99%ig. Al-Blech zunächst bei konst. Stromdichte u. wachsender Spannung, nach Erreichen der gewünschten Schichtdicke weiter bei konst. Spannung u. unter Verw. von 2,5%ig. Borsäure als Elektrolyten anodisch oxydiert. Unmittelbar nach der Oxyd-Bldg. wurden Strom–Spannungs-Kurven bei verschiedenen Schichtdicken aufgenommen. Der Verlauf der Kurven ist je nach Schichtdicke sehr unterschiedlich u. wird auch durch Behandlung der Oberfläche mit $Al_2O_3$-lösenden Mitteln verändert. Vf. nimmt an, daß die Struktur der Oxydoberfläche von der Schichtdicke abhängt. Ein Unterschied in der Kristallfeinstruktur bei verschiedenen Schichtdicken der Oxydhaut konnte nicht gefunden werden, doch wurde eine Änderung der Grobstruktur, verbunden mit dem Auftreten mechanischer Spannungen, nachgewiesen. Von dieser sind Größe u. Beginn des Stromanstiegs, der bei Feldverminderung wahrscheinlich an der Grenzfläche Oxydschicht/Elektrolyt bei anod. Schaltung auftritt, abhängig. Die während der Oxyd-Bldg. bei einer bestimmten Schichtdicke auftretende Änderung der Oberflächenstruktur beeinflußt die Größe des Elektronenstroms u. verändert die dielektr. wirksame Schichtdicke. W. BETCKE. 142 □

**Glänzender Cadmiumüberzug aus sauren Bädern.** A. W. Pamfilow, W. Ss. Kusub und L. P. Towmatsch. (Журнал Прикладной Химии [J. angew. Chem.] **33.** 1669—71. Juli 1960. Tschernowitz, Univ., Labor. für physik. Chem.) (Russ.)

Galvanisiert wurden polierte u. entfettete Messing- u. Cu-Muster unter Anwendung von Wechselstrom. Dauer der Anodenperiode ($t_a$) 0,04—15 Sek., der Kathodenperiode ($t_k$) 0,4—13 Sek.; Stromdichteintervall 0,5—4 A/dm²; Schichtdicke 10—20 μ; Bad-Zus. in g/Liter: CdO 19, $KHSO_4$ 45; $(NH_4)_2SO_4$ 10; Anode aus Cd. Den Haupt-Einfl. auf die Struktur des Nd. haben $t_k/t_a$ u. die Schwingungsdauer (T). Helle, feinkristalline Ndd. erhält man bei T — 1,1 Sek., $t_k$ = 1 Sek., $t_a$ = 0,1 Sek. Verschiedenartige einzelne organ. Zusätze (karamelisierter Zucker, Zucker, Pepsin, Chinolin, Gelatine, Isoamylalkohol, Thioharnstoff, Phthalsäure, 2-Methyl-N-äthylbenzthiazolyl-p-toluolsulfonat u.

Gemische) haben keinen Einfl. auf die Beschaffenheit des Überzugs. Bei gleichzeitiger Anwesenheit von $\alpha(\beta)$-Naphthalinmono- oder -2.7-disulfosäure (2 g/Liter) u. Gelatine (1 g/Liter) erhält man bei 18° spiegelblanke Ndd. von Cd. Zusätzliche Zugabe von karamelisiertem Zucker verbreitert die Glanzzone. (Näherung der Abscheidungspotentiale von Cd u. Hg). Der Glanz ist stark abhängig von der Temp., bei Erhöhung verengt sich das Glanzgebiet u. verschiebt sich nach der Seite größerer Stromdichte. Ohne Reversion des Stromes konnten keine glänzenden Abscheidungen erreicht werden.

S. Eckert. 143□

**Anodische Polarisation und Passivität von Ni und Ni–Cu-Legierungen in Schwefelsäure.** J. Osterwald und H. H. Uhlig. (J. electrochem. Soc. **108.** 515—19. Juni 1961. Cambridge, Mass., MIT, Dep. of Metallurgy, Corrosion Labor.) (Engl.)

Vff. untersuchen potentiostat. die anod. Polarisation von Ni bei 25 u. 40° u. von Ni-Cu-Legg. bei 25° in entlüfteter, $N_2$-gesätt. 1 n-$H_2SO_4$-Lösung. Das krit. Passivierungspotential für Ni gehorcht der Gleichung $E_H(25°) = -0,125 + 0,059$ pH, die krit. Stromdichte (mA/cm²) folgt log i (25°) = $-0,76$ pH + log 27. Das krit. Potential ist in 1 n-$H_2SO_4$ bei 25 u. 40° innerhalb der Meßgenauigkeit gleich, die krit. Stromdichte der Passivität oder der Aufrechterhaltung des Passivzustands liegt bei 40° höher. Im transpassiven Bereich gilt unabhängig vom pH-Wert eine Tafel-Beziehung mit einer Neigung von 0,140 V (25°). Die krit. Stromdichte der Passivität u. die untere Stromdichte zur Aufrechterhaltung des Passivzustands beim Zulegieren von Cu ändern sich in Richtung höherer Werte. Oberhalb eines Cu-Geh. von ca. 70% ist keine Passivität festzustellen, die Leg. verhält sich wie reines Cu. Diese krit. Leg.-Zus. steht in Beziehung zu einer Auffüllung des d-Bandes der Elektronenstrukur entsprechend der relativ kurzen Lebensdauer des adsorbierten Passivfilms bei > 70% Cu. Die thermodynam. Eigg. des Passivfilms werden erörtert.

P. Frenzel. 143□

**Verwendung von Polarisationsmethoden bei der Bestimmung der Korrosionsgeschwindigkeit von Aluminiumlegierungen in anaeroben Medien.** S. Evans und E. L. Koehler. (J. electrochem. Soc. **108.** 509—14. Juni 1961. Chicago, Ill., Continental Can Co., Inc., Central. Res. and Engng. Div.) (Engl.)

Vff. untersuchen mit Hilfe der Tafel-Geraden (TG) der kathod. Polarisation die Korrosion von Al-Legg. in entlüfteten sauren Medien u. Nahrungsmitteln. Nach der Meth. von Kaesche u. Hackerman (vgl. J. electrochem. Soc. **105.** [1958.] 191) erhält man Korrosionsströme, die den gemessenen Geschw. der $H_2$-Entw. äquivalent sind. Anod. Polarisationskurven vom Tafel-Typ werden nicht festgestellt. Aus den Werten der kathod. Polarisation in der Nähe des Korrosionspotentials berechnete anod. Polarisationskurven ergeben TG, die ident. mit den kathod. TG sind. Unter Verw. geeigneter Werte für die TG in der Gleichung nach Stern u. Geary (vgl. C. **1959.** 705) ergibt das Polarisationswiderstands-Verf. ebenfalls Korrosionsströme, die mit den bestimmten Geschw. der $H_2$-Entw. gut übereinstimmen.

P. Rrenzel. 143□

**Oberflächenbehandlung im Licht moderner Technik.** J. H. Zaat. (Metalen **14.** 319—20. 31/10. 342—45. 15/11. 354—58. 30/11. 1959. Metallinst. T.N.O.) (Holl.)

Überblick über die modernen Anschauungen über Korrosion u. Korrosionsschutz. — 11 Literaturangaben.

F. Rosendahl. 143□

## $A_4$. Thermodynamik. Thermochemie

**Thermodynamik eines irreversiblen quasistatischen Prozesses.** John S. Thomsen. (Amer. J. Physics **28.** 119—22. Febr. 1960. Baltimore, Md., Johns Hopkins Univ.) (Engl.)

Vf. stellt zunächst fest, daß quasistat. Prozesse nicht reversibel sind, wenn Gleitreibungskräfte auftreten. Es wird ein Modell beschrieben, das aus einem Gas enthaltenden Zylinder besteht, der mit einem Kolben ausgestattet ist u. für den Gleitreibungskräfte von Bedeutung sind. Es wird angenommen, daß die Reibungskraft eine Funktion der Temp., der Verschiebung u. der Bewegungsrichtung ist. Aus Messungen an der Grenzfläche des Syst. ist es dann möglich, die Energie in Abhängigkeit von der Temp. u. dem Vol. zu bestimmen, obwohl Kraft u. Entropie nicht eindeutig bestimmt sind. Im Licht dieser Schlußfolgerungen bespricht Vf. die von Bridgman (vgl. C. **1950.** II. 2041) verallgemeinerte Definition der Entropie.

C. Gottfried. 146

**Temperaturabhängigkeit des Diffusionskoeffizienten binärer Gasgemische.** D. S. Scott und K. E. Cox. (Canad. J. chem. Engng. **38.** 201—05. Dez. 1960. Vancouver, B. C., Univ. of Brit. Columbia, Dep. of Chem. Engng.; Bozeman, Mont., Montana State Coll.) (Engl.)

In einer Diffusionszelle wurde die Temp.-Abhängigkeit des Diffusions-Koeff. bin. Gasgemische ($N_2$–$H_2$ u. $NH_3$–$H_2$) innerhalb eines Temp.-Intervalls von 0—300° gemessen.

App. u. Vers.-Bedingungen waren so gewählt, daß stationäre Strömungsverhältnisse herrschten. Die Porengröße des Membranmaterials betrug 1—3 $\mu$, da bei diesem Wert die optimalen Diffusionsbedingungen liegen. Die Ergebnisse stimmen gut überein mit den von anderen Autoren berechneten, allerdings für den Fall des nahezu idealen Syst. $H_2$–$N_2$ besser als für Gaspaare mit stark polaren Molekülen. — 26 Literaturangaben.
J. MARTINS. 149□

**Formen der atomaren Bewegungen in flüssigem Helium durch unelastische Neutronenstreuung.** D. G. Henshaw und A. D. B. Woods. (Physic. Rev. [2] **121.** 1266—74. 1/3. 1961. Chalk River, Ontario, Atom. Energy of Canada Ltd., Div. of Phys.) (Engl.)

Vff. bestimmten die Wellenlängenverteilung von 4,03₉-Å-Neutronen, die unelast. an fl. He gestreut wurden, im Streubereich 10—140° für 30 verschiedene Winkel u. fanden bei jedem der Winkel ein diskretes Maximum. Aus den berechneten Energie- u. Impulsänderungen, die den Wellenlängenänderungen der gestreuten Neutronen entsprechen, folgt eine Dispersionskurve in der Fl., deren Form mit Ausnahme von Einzelheiten der theoret. Kurve ähnlich ist. Für Impulsänderungen $\hbar Q$ im Bereich 0,26 $Å^{-1} \leqslant Q \leqslant$ 0,6 $Å^{-1}$ liegen die Meßpunkte auf einer Geraden, deren Steigung durch die Schall-Geschw. gegeben ist. Maxima bzw. Minima der Kurven liegen bei 1,10 $Å^{-1}$ u. 13,7° K bzw. bei 1,91 $Å^{-1}$ u. 8,65° K. Jenseits des Minimums steigt die Kurve mit einer Steigung an, die gleich dem oder kleiner als der Phononenzweig ist, u. fällt danach ab, was auf die mögliche Ggw. eines 2. Maximums schließen läßt. Der relative partielle differentielle Querschnitt für die Erzeugung einer einzelnen Phononenanregung ist bei kleinen Impulsen gering, hat ein Maximum bei 2,0 $Å^{-1}$ (2,05 $Å^{-1}$ bzw. 1,91 $Å^{-1}$ sind die Lage des Maximums des totalen differentiellen Querschnitts bzw. das Minimum der Dispersionskurve) u. fällt im Bereich von 2,68 $Å^{-1}$ rasch auf kleine Werte. Ferner wurden Breiten u. Energieänderungen für den Streuwinkel 80° (diese Streuung entspricht der Erzeugung von Anregungen im Minimum der Dispersionskurve) bei 13 Temp. zwischen 1,78 u. 4,21 °K bestimmt u. mit der Theorie verglichen. Während die Energieänderung mit steigender Temp. schnell bis $T_\lambda$ abnimmt, dort einen Knick aufweist u. dann nur noch schwach abnimmt, steigt die Breite bis $T_\lambda$ schnell an u. nimmt dann nach einem Knick nur noch langsam zu. D. JÖRCHEL. 149□

**Grundzustand von flüssigem Helium (Masse 4).** Fa Yueh Wu und Eugene Feenberg. (Physic. Rev. [2] **122.** 739—42. 1/5. 1961. St. Louis, Mo., Washington Univ.) (Engl.)

Vff. entwickeln die von ABE (C. **1959.** 7036) angegebene Berechnungs-Meth. weiter, bestimmen den besten Wert der Funktion u(r) in der den Grundzustand eines Bosonen-Syst. (speziell $^4$He) beschreibenden Näherungswellenfunktion $\Psi = \Pi \exp[u(r_{ij})/2]$ u. errechnen eine kinet. Energie des fl. $^4$He bei 0° K von $2{,}91 \cdot 10^{-15}$ erg/Atom. Unter Verw. der berechneten kinet. Energie u. der gemessenen Gesamtenergie sowie des Virialtheorems werden die Koeff. eines 6-n-LENNARD-JONES-Potentials bestimmt; die Rechnung liefert bei n = 12 einen tieferen Potentialtopf u. einen etwas breiteren abstoßenden Bereich, als sie aus den Eigg. der Gasphase folgen. D. JÖRCHEL. 149□

**Theorie von festem $^4$He.** Louis Goldstein. (Physic. Rev. [2] **122.** 726—38. 1/5. Erratum: 1962. 15/6. 1961. Los Alamos, N.Mex., Univ. of California, Los Alamos Sci. Labor.) (Engl.)

An Hand einer phänomenolog. Näherungstheorie zeigt Vf. zunächst, daß festes $^4$He im Gleichgew. mit fl. $^4$He II längs der Phasentrennungslinie u. bei Drücken etwas oberhalb des Schmelzdrucks innerhalb eines endlichen Temp.-Bereichs oder wenigstens bei isolierten Temp. anomale therm. Eigg. hat, die von einer thermodynam. Korrelation der Festkörper-Eigg. mit den Eigg. der anomalen Fl. herrühren. Die Ggw. dieser Anomalien wird dann durch strenge thermodynam. Betrachtungen u. durch Literaturdaten über fl. u. festes $^4$He bestätigt. Bes. wird bei tiefen Temp., bei denen sowohl die fl. als auch die feste Phase — wie vermutet wird — normale stat. therm. Eigg. aufweisen, eine spezif. Anomalie des Schmelzdrucks in Form eines flachen Temp.-Minimums vorausgesagt. Die Anomalien dürften ähnliche Ursachen wie die bekannten therm. Anomalien des fl. u. festen $^3$He haben. D. JÖRCHEL. 149□

**Berichtigung zu der Arbeit über Verdampfungskinetik.** S. S. Penner. (J. physic. Chem. **65.** 702. April 1961. Pasadena, Calif., California Inst. of Technol., Div. of Engng.) (Engl.)

Berichtigung zu der C. **1953.** 2878 referierten Arbeit. CLAUS FISCHER. 150□

**Verdampfung verschiedener Oxyde von Seltenerdmetallen.** Morton B. Panish. (J. chem. Physics **34.** 1079—80. März 1961. Wilmington, Mass., Avco Corp., Res. and Advanced Dev. Div.) (Engl.)

Durch massenspektrograph. Analyse der aus einer KNUDSEN-Effusionszelle austretenden Dämpfe wurde die Verdampfung von $Pr_2O_3$, $Nd_2O_3$, $Sm_2O_3$ u. $Eu_2O_3$ im Temp.-Bereich von 1950 bis 2350° K untersucht. Während bei $La_2O_3$ u. $Nd_2O_3$ nach Literaturangaben noch der Vorgang $M_2O_{3(s)} \rightarrow 2\ MO_{(g)} + O_{(g)}$ vorherrscht, verschiebt sich die Rk. mit steigender Ordnungszahl in die Richtung $M_2O_{3(s)} \rightarrow 2\ M_{(g)} + 3\ O_{(g)}$.
WOLFGANG WAGNER. 150□

**Thermodynamische Eigenschaften von Lösungen der Chlorderivate des Silans.** M. I. Schachparonow, Ss. L. Leltschuk und K. M. Kortschemskaja. (Доклады Академии Наук СССР [Ber. Akad. Wiss. UdSSR] **133.** 1388—90. 21/8. 1960. Moskau, Lomonossow-Univ.) (Russ.)

Der Dampfdruck u. die Dichte des gesätt. Dampfes folgender Syst. werden untersucht: $CH_3SiHCl_2$-$SiCl_4$; $SiHCl_3$-*Bzl.*; $CH_3SiCl_3$-$SiCl_4$; $(CH_3)_3SiCl$-$CH_3SiHCl_2$; $(CH_3)_3 \cdot SiCl$-$CH_3SiCl_3$ sowie die Lsgg. von $CH_3SiHCl_2$ u. $CH_3SiCl_3$ in dem azeotropen Gemisch aus 45,93 (Mol.-%) $(CH_3)_3SiCl$ u. 54,07 $SiCl_4$. Die erhaltenen Werte werden tabellar. angegeben, Dampfdruck- u. Siedekurven graph. dargestellt. Weiterhin wird das mittlere Molgew. u. die Zus. der gesätt. Dämpfe berechnet. G. ENGELHARDT. 150□

**Dampfdrücke der Neon-Isotope.** Jacob Bigeleisen und Etienne Roth. (J. chem. Physics **35.** 68—77. Juli 1961. Upton, N.Y., Brookhaven Nat. Labor., Chem. Dep.) (Engl.)

Das Verhältnis der Dampfdrücke von $^{20}Ne$ u. $^{22}Ne$ wurde im Temp.-Bereich von 16—30° K gemessen. Für die Logarithmen des Dampfdruckverhältnisses wurde eine Genauigkeit von ca. 1% erreicht. Das Dampfdruckverhältnis wurde an Hand der Dampfdrücke der reinen Isotope an ihren Tripelpunkten in Verbindung mit anderen thermodynam. Daten, von Isotopenverteilungs-Verss. im Gleichgew. Gas–Fl. u. durch Vgl. mit der Entropiedifferenz der kondensierten Phasen aus Wärmekapazitätsmessungen nachgeprüft. Die aus dem Dampfdruckverhältnis abgeleitete DEBYE-Temp. für die feste Phase von 74,6° K stimmt gut mit Werten überein, die aus dem DEBYE-WALLERschen Temp.-Faktor u. nach theoret. Berechnungen von anderen Autoren erhalten wurden. Die Diskrepanz zwischen den charakterist. Temp. aus Messungen der Freien Energie u. denen aus Messungen der Wärmekapazität wird der Rolle der Anharmonizität des Gitters zugeschrieben. Vff. zeigen, daß der Unterschied der thermodynam. Eigg. von festem u. fl. Ne in der Nähe des Tripelpunktes auf die Änderung der Koordinationszahl zurückgeführt werden kann. GERHARD SCHULZE. 150□

**Die Trennungskoeffizienten von Borisotopen bei der Gleichgewichtsverdampfung von $BCl_3$.** N. N. Sevryugova, O. V. Uvarov und N. M. Zhavoronkov. (J. nuclear Energy **4.** 483—89. April 1957.) (Engl.) — Vgl. C. **1958.** 11151.
HERBERT WEBER. 150□

**Dissoziationsenergien gasförmiger Alkalihalogenide.** Leo Brewer und Elizabeth Brackett. (Science [Washington] **131.** 1317—18. 29/4. 1960. Berkeley, Calif., Univ. of California; Rice Inst.) (Engl.)

Vff. verwendeten neuere Daten über die Nichtidealität von Alkalihalogeniddämpfen, aus Tief-Temp.-Wärmekapazitäten berechnete Entropien, Mikrowellen-Best. von Kernabständen u. IR-Schwingungsfrequenzen, um die Dampfdruckdaten aller Alkalihalogenide zu bestimmen. Aus den Sublimations- u. Bildungswärmen wurden die Dissoziationsenergien erhalten. Diese experimentellen Dissoziationsenergien wurden mit denen verglichen, die sich aus dem klass. elektrostat. Modell berechnen. Obwohl eine befriedigende Übereinstimmung für Alkalihalogenide mit großen Ionen gefunden wurde, wenn man die Polarisierbarkeit der Ionen berücksichtigt, treten große Unterschiede bei Alkalihalogeniden mit kleinen Ionen (bes. $Li^+$) auf. C. GOTTFRIED. 156

**Bestimmung der Dissoziationsenergie von Dicyan und damit in Beziehung stehender Größen mit Hilfe der Röntgendensitometrie von Stoßwellen.** Herbert T. Knight und John P. Rink. (J. chem. Physics **35.** 199—208. Juli 1961. Los Alamos, N.Mex., Los Alamos Sci. Labor.) (Engl.)

Dichteverhältnisse quer zu den Stoßwellen wurden in einem Gemisch aus 0,85 Kr + 0,15 $(CN)_2$ bei einem Anfangsdruck von 50 mm Hg u. bei Zimmer-Temp. mit einem Röntgendensitometer als Funktion der Stoßwellen-Geschw. bestimmt. Die zur Dissoziation von $(CN)_2$ in zwei CN-Radikale erforderliche Wärme, $D_{(CN)_2}$, wurde durch Vgl. der experimentellen Werte mit den als Funktion von $D_{(CN)_2}$ berechneten Kurven des Dichteverhältnisses gegen die Stoß-Geschw. zu $145 \pm 6$ kcal/Mol ermittelt. Durch Anwendung des HESSschen Satzes auf die entsprechenden Rkk. wurden für die Dissoziation von CN eine Energie von $D_{CN} = 174 \pm 3$ (kcal/Mol), für die von HCN in H u. CN eine solche von $D_{HCN} = 129 \pm 3$ u. für die Bldg.-Wärme von CN ein Wert von $109 \pm 3$ erhalten, wobei für $D_{(CN)_2}$ der ermittelte Wert, für die Dissoziationsenergie von $N_2$ der Wert 225 kcal/Mo u. für die Sublimationswärme von Graphit der Wert 170 kcal/Mol zugrundegeleg wurden. Der Wert für $D_{HCN}$ konnte durch analoge Dichte–Geschw.-Messungen an Stoßwellen in einem Gemisch aus 0,85 Kr + 0,15 HCN bestätigt werden. Eine Geschw.-Konst. für die Rekombination von CN zu $(CN)_2$ bei 2900° K wurde aus der Änderung der Dichte mit der Zeit hinter der Stoßwelle abgeleitet. Der erhaltene Wert lag in der Größenordnung $1 \cdot 10^9$ (Mol/Liter)$^{-2} \cdot s^{-1}$. GERHARD SCHULZE. 156☐

**Immersionswärmen.** 4. Mitt. **Das System Aluminiumoxyd–Wasser. Änderungen in Abhängigkeit von der Teilchengröße und der Ausheiztemperatur.** W. H. Wade und Norman Hackerman. (J. physic. Chem. **64.** 1196—99. Sept. 1960. Austin, Tex., Univ. of Texas, Dep. of Chem.) (Engl.) — 3. vgl. C. **1961.** 14552.

Die Immersionswärmen $\Delta H_i$ verschiedener α-, γ- u. amorpher Aluminiumoxyde wurde in Abhängigkeit von der Teilchengröße (0,222—221 m²/g) u. der Ausheiz-Temp. t (100—450°) bestimmt. Außerdem wurde der Gewichtsverlust in Abhängigkeit von t bestimmt. Im allg. steigt $\Delta H_i$ mit abnehmender spezif. Oberfläche u. steigender Temperatur. Im Gegensatz zum Syst. $SiO_2$–$H_2O$ treten keine Maxima im Diagramm $\Delta H_i/t$ auf, was auf eine schnelle Zurückbldg. der Al–OH-Struktur an der Oberfläche beruht. Aus den Ergebnissen wird geschlossen, daß aus der Immersionswärme wenig über die Struktur oder die thermodynam. Eigg. des Festkörpers ausgesagt werden kann, wenn nicht alle Parameter der Oberfläche, des Adsorbens u. des Adsorbats bekannt sind. M. LASER. 156☐

**Bildungsmechanismen von Ionen in Flammen.** H. F. Calcote. (Combust. and Flame **1.** 385—403. Dez. 1957. Richmond, Va., Exp., Inc.) (Engl.)

Krit. Diskussion der verschiedenen Anschauungen über die Bldg. von Ionen in Flammen. Die hohe Ionen-Konz. in der Verbrennungszone erklärt sich nicht allein durch die therm. Ionisation von Verunreinigungen, von Moll., die bei der Flammen-Temp. miteinander im Gleichgewicht stehen, oder auch von Moll., die nicht an solchen Gleichgewichten beteiligt sind. Die Ionisation von C-Teilchen könnte die hohe Ionen-Konz. in heißen, an KW-Stoffen reichen Flammen bewirken. Für den Fall armer Gemische ist diese Deutung unzulänglich. Die Ionisation durch Translationsenergie oder eine Verbreiterung der BOLTZMANN-Verteilung im Gebiet hoher Energien sind Prozesse, die zu langsam verlaufen, um eine große Rolle zu spielen. Außer in sehr heißen Flammen, wo die therm. Ionisation tatsächlich überwiegt, sind als wahrscheinlichste Mechanismen der Ionen-Bldg. anzusehen: 1. kumulative Anregungen, etwa nach $CO(^1\Pi) + C_2(^1\Sigma_u^+) \rightarrow CO(^1\Sigma^+) + C_2^+ + e^-$; 2. chem. Ionisationen, z. B. gemäß $C_2(^3\Pi_g) + O_2 \rightarrow CO(^1\Sigma^+) + CO^+ + e^-$. Die Möglichkeit solcher Prozesse wird an Hand des vorliegenden energet. u. kinet. Materials eingehend diskutiert. Der kritischste Punkt bei der experimentellen Unters. ist die einwandfreie Identifizierung der gebildeten Ionen. — 92 Literaturangaben (bis 1957). A. BLASCHETTE. 157☐

**Einfluß aktiver Teilchen der Verbrennungsprodukte auf die Flammenfortpflanzungsgeschwindigkeit im turbulenten Strom.** W. Ja. Bassewitsch, M. I. Dewischew und Ss. M. Kogarko. (Известия Академии Наук СССР, Отделение Технических Наук, Энергетика и Автоматика [Nachr. Akad. Wiss. UdSSR, Abt. techn. Wiss., Energet. Automat.] **1960.** Nr. 3. 138—44. Mai/Juni. Moskau, Inst. für chem. Phys. der Akad. der Wiss. der UdSSR.) (Russ.) — Vgl. C. **1960.** 13607.

Es werden experimentelle Beobachtungen der Flammenfortpflanzungs-Geschw. im turbulenten Strom bei Einführung von Anfangskonzz. akt. Teilchen aus dem Rk.-Prod. in die ursprüngliche Mischung beschrieben. Bei Einführung akt. Teilchen erhöht sich die Intensität der Flammenleuchtkraft durch die gesteigerte Geschw. der Rkk. am Anfang der Zone. — 7 Literaturhinweise. H. TREUMANN. 157☐

**Über die Möglichkeit der Untersuchung der Feinstruktur der turbulenten Flamme mit dem Widerstandsthermometer.** K. P. Wlassow und N. N. Inosemzew. (Известия Академии Наук СССР, Отделение Технических Наук, Энергетика и Автоматика [Nachr. Akad. Wiss. UdSSR, Abt. techn. Wiss., Energet. Automat.] **1960.** Nr. 3. 166—70. Mai/Juni. Moskau.) (Russ.)

Es wird nachgewiesen, daß ein Widerstandsthermometer mit einem Fadendurchmesser von $>3$—$5\,\mu$ für Unterss. des Feingefüges einer turbulenten Flamme nicht verwendbar ist, da das Thermometer die Zone mit einer Zwischentemp., die unter 6—10 mm liegt, nicht anzeigen kann. H. TREUMANN. 157☐

**Über die Existenz eines anomalen Zündbereichs gewisser salpetersäurehaltiger Treibstoffe.** Michel L. J. Bernard. (C. R. hebd. Séances Acad. Sci. **250.** 4361—63. 27/6. 1960. Poitiers, Univ., Fac. des Sci., Labor. de Chim. Thermodynam.) (Franz.)

Bei der Zündung von Treibstoffgemischen aus *$HNO_3$* u. *Äthylendiamin* (**I**), *Diäthylaminoäthanol, Hydrazin, Triäthylamin* oder *asymm.-Dimethylhydrazin* werden (in dieser Reihenfolge abnehmende) anomal hohe Drücke beobachtet, die 100 at erreichen u. zur

Explosion des Zylinderteils der Brennkammer führen können. Bes. bei Verw. von I werden dabei beträchtliche Mengen eines festen Prod. abgeschieden, bei dem es sich nach Modell-Verss. um *Äthylendiammoniumdinitrat* (II), $[H_3NCH_2CH_2NH_3](NO_3)_2$, handelt. II sowie die analogen Derivv. der übrigen Amine sind durch kontrollierte Rk. mit $HNO_3$ in Substanz zugänglich. Sie sind nur wenig schlagempfindlich, lassen sich aber durch Hg-Fulminat initial zünden. Die plötzlichen Druck- u. Temp.-Stöße bei der Zündung der untersuchten Brennstoffe reichen aus, um die Detonation der Nitrate auszulösen. Die Bldg. derartiger brisanter Zwischenprodd. kann durch Zusatz von $H_2SO_4$ zum Gemisch verhindert werden. Die Zündspannen werden dadurch nur wenig beeinflußt, die Zündüberdrücke jedoch wesentlich herabgesetzt, da die gebildeten Sulfate nicht brisant sind. A. BLASCHETTE. 157□

**Die Wärmeübertragungs- und Hochtemperatureigenschaften von flüssigen Alkalimetallen.** I. I. Novikov, A. N. Soloviev, E. M. Khabakhnasheva, V. A. Gruzdev, A. I. Pridantzev und M. Ya. Vasenina. (J. nuclear Energy **4.** 387—408. März 1957.) (Engl.) — Vgl. C. **1957.** 9585. HERBERT WEBER. 158□

**Dichtemessungen in reflektierten Stoßwellen.** W. C. Gardiner jun. und G. B. Kistiakowsky. (J. chem. Physics **34.** 1080—81. März 1961. Cambridge, Mass., Harvard Univ., Gibbs Chem. Labor.) (Engl.)

Zur Prüfung neuerer Ergebnisse, nach denen reflektierte Wellen sogar in einem reinen einatomigen Gas wesentlich schwächer sein können, als den bisherigen theoret. Vorstellungen entspricht, wurden eine Reihe von Verss. nach der Meth. der Absorption weicher Röntgenstrahlung ausgeführt, mit denen die Dichte hinter reflektierten Stoßwellen in reinem Xe bestimmt wurde. Die Ergebnisse zeigen, daß die Dichten unmittelbar hinter reflektierten Stoßwellen in einem einatomigen Gas nicht wesentlich von denen verschieden sind, die aus den einfallenden Stoß-Geschw. berechnet werden.

WOLFGANG WAGNER. 159□

**Ausdehnung der Messungen der thermischen Relaxation in $CO_2$ bis auf 300°.** F. Douglas Shields. (J. acoust. Soc. America **31.** 248—49. Febr. 1959. Murfreesboro, Tenn., Middle Tennessee State Coll.) (Engl.)

In Fortsetzung früherer Schallabsorptions-Unterss. (vgl. C. **1960.** 10491), bei denen Messungen der therm. Relaxation in $CO_2$ bis zu 200° durchgeführt worden waren, berichtet Vf. über Ausdehnung der Messungen bis zu 300°. Die Meßergebnisse sind tabellar. u. graph. wiedergegeben. C. GOTTFRIED. 159

**Ultraschalldämpfung in supraleitendem und normalem Quecksilber.** K. L. Choppa und T. S. Hutchison. (Canad. J. Physics **37.** 1100—04. Okt. 1959. Kingston, Ontario, Canada, Royal Military Coll. of Canada, Dep. of Phys.) (Engl.)

Mit longitudinalen Wellen mit den Frequenzen 20, 34 u. 60 MHz untersuchten Vff. die Ultraschalldämpfung in supraleitendem u. normalem Mg. Die Temp.-Abhängigkeit der Ultraschalldämpfung im supraleitenden Zustand ähnelt der bei anderen Supraleitern. Dagegen ist die Frequenzabhängigkeit des Unterschiedes zwischen der Dämpfung in den normalen u. den supraleitenden Zuständen bei hohen Frequenzen ausgeprägt. Unterhalb 20 MHz wurde nur eine sehr kleine Dämpfungsänderung gemessen. Im normalen Zustand nimmt die Dämpfung mit fallender Temp. sehr schnell zu, u. zwar ist diese Zunahme dieselbe für longitudinale u. transversale magnet. Felder. Ferner ist die Dämpfung bei Feldstärken zwischen dem krit. Wert u. 800 Oe. unabhängig von der Feldstärke. C. GOTTFRIED. 159

**Anordnung zur Messung der Ultraschallgeschwindigkeit und -absorption in Schmelzen bei hohen Temperaturen.** M. W. Bessonow. (Заводская Лаборатория [Betriebs-Lab.] **26.** 103—06. 1960. Moskau, Ordshonikidse Aviations-Inst.) (Russ.)

Beschreibung der Anordnung. Schema. Verw. bis ca. 1000°. CH. WEISKE. 159□

**Ultraschall-Redoxreaktion von Kaliumhexacyanoferrat(II)/-ferrat(III) in wässeriger Lösung.** M. Haïssinsky und R. Julien. (J. Chim. physique Physico-Chim. biol. **57.** 666—72. Juli/Aug. 1960. Paris, Labor. Curie.) (Franz.)

Durch die Einw. von Ultraschall wird $K_4[Fe(CN)_6]$ (I) in wss., saurer oder neutraler Lsg. unter $O_2$, Ar oder Luft zu $K_3[Fe(CN)_6]$ (II) oxydiert. Gleichzeitig bildet sich bei niedrigen Konzz. $H_2O_2$. Dabei zeigt die Änderung der Ausbeute an II mit der Konz. ($5 \cdot 10^{-4}$ bis $7{,}5 \cdot 10^{-2}$ m) einen Verlauf, der dem in der Strahlenchemie auftretenden Verdünnungseffekt analog ist. Bei höheren Konzz. ist die Ausbeute unter $O_2$-Atmosphäre größer als unter Ar, bei großer Verdünnung ist sie in beiden Fällen nahezu gleich. Umgekehrt wird in saurer Lsg. II unter teilweiser Bldg. des Aquopentacyano-Komplexes zersetzt; oberhalb pH 11 wird II zu I red., wobei die Ausbeute unter Ar am höchsten ist. Der pH-Wert sinkt während der Abschallung. Von pH 12 ab wird II prakt. vollständig red., wobei die Ausbeute unter $O_2$, Ar u. Luft gleich ist, während sie bei pH 14 in $10^{-3}$ m Lsg. von II unter Ar doppelt so hoch ist als unter $O_2$. Zur Erklärung der Rkk. gehen Vff. davon aus, daß durch Ultraschall aus W. oxydierend wirkende OH-Radikale, reduzierende H-Atome u. $H_2O_2$ entstehen, wobei dann in Ggw. von $O_2$ die H-Atome $HO_2$-Radikale bilden, die entsprechend den Bedingungen im Medium u. der Natur des Gelösten oxydierend oder reduzierend wirken. Auf dieser Grundlage werden die Vers.-Ergebnisse diskutiert. H. Fries. 159□

**I. I. Nowikow und K. D. Wosskressenski,** Angewandte Thermodynamik und Wärmeübertragung (Serie „Grundlagen der Kernenergetik"). Moskau: Gossatomisdat. 1961. (548 S.) 1 Rbl. 88 Kop. [Russ.]

**A. I. Weinik,** Thermodynamik. Minsk: Verl. des Minist. für höhere Fach-, Berufs- und Hochschulen der BelorussSSR. 1961. (365 S.) 1 Rbl. 38 Kop. [Russ.]

## A$_5$. Kolloidchemie. Grenzschichtforschung

**Über den Einfluß der Abkühlungsgeschwindigkeit auf die Eigenschaften hydratisierter Metalloxyde bei ihrer Einfrierung.** W. L. Solotawin und W. W. Wolchin. (Журнал Прикладной Химии [J. angew. Chem.] **33.** 2141—43. Sept. 1960.) (Russ.)

Es wurde der Einfl. von gelösten Substanzen [$Ca(NO_3)_2$, $(NH_4)_2SO_4$, $NaNO_3$] auf das Vol. des Koagulats (Eisenhydroxyd) bei dessen Einfrierung untersucht. In Anwesenheit gelöster Stoffe in der fl. Phase muß zur Gewährleistung eines größtmöglichen Einfriereffektes die Abkühlung der Koagulate möglichst langsam u. auf eine Temp. unterhalb der eutekt. erfolgen, während bei ihrer Abwesenheit die Abkühlungs-Geschw. nur bei sehr tiefen Temp. einen Einfl. hat. S. Eckert. 163□

**Der Einfluß der Benetzbarkeit auf den spezifischen elektrischen Widerstand von Carbonatgesteinen aus einem Petroleumreservoir.** S. A. Sweeney und H. Y. Jennings jun. (J. physic. Chem. **64.** 551—53. 18/5. 1960. La Habra, Calif., California Res. Corp.) (Engl.)

Der spezif. elektr. Widerstand von porösem Carbonatgestein, das wechselnde Mengen Elektrolyt-Lsg. ($NaCl$, $CaCl_2$, $MgCl_2$) u. aliphat. KW-Stoffe (Kerosin; Kp. 179 bis 252°) enthielt, wurde in einer für diesen Zweck entsprechend modifizierten Wheatstoneschen Brückenschaltung mit goldplatierten oder Monel-Elektroden u. einem 1000 Hz-Strom gemessen. Das poröse Gestein wurde so vorbereitet, daß die Carbonatoberfläche überwiegend von W. u. dann überwiegend von Kerosin benetzt wurde. Die Werte des spezif. elektr. Widerstandes, die an den verschieden benetzten Proben erhalten wurden, zeigten beträchtliche Unterschiede. Der Widerstand ist bei den überwiegend mit Kerosin benetzten Oberflächen mit einer gegebenen teilweisen Wassersättigung größer als bei den mit W. ausschließlich benetzten. Die Ergebnisse werden in Hinblick auf die Auswirkung einer Änderung in der Benetzbarkeit auf die Porosität u. Wassersättigungswerte diskutiert. W. Hein. 166

**Profil und Ausmaß der Grenzflächen bei der Ringmethode nach du Noüy.** F. Van Zeggeren, C. De Courval und E. D. Goddard. (Canad. J. Chem. **37.** 1937—45. Dez. 1959. McMasterville, Quebec, Canada, Canad. Ind. Ltd., Central Res. Labor.) (Engl.)

Zur quant. Best. der Grenzflächenspannung mit der Ring-Meth. muß die Oberflächengestaltung am Ring berücksichtigt werden. Die Profile u. Flächen wurden mit Hilfe eines Digetalrechners aus den theoret. Differentialgleichungen berechnet. Die Flächenkorrekturen betrugen 5—17% der Gesamtfläche, die unter der Annahme eines planaren Kontaktes mit dem Ring berechnet werden kann. Die Meth. erlaubt die genauere Best. der Fläche einer monomol. Schicht. Die Grenzflächen von Bzl.–W. u. Hexan–W. wurden experimentell untersucht. Dabei wurden die Profile durch Abtastung mit einer Elektrode (Gegenelektrode im W.) genauer als durch opt. Meth. erfaßt. Die so bestimmten Profile stimmten sehr gut mit den berechneten überein.

J. Engel. 166□

**Messung der Grenzflächenspannung zwischen zwei Phasen eines Koazervats nach der Bügelmethode.** Lina P. Guastalla und Jean Guastalla. (C. R. hebd. Séances Acad. Sci. **250.** 4304—06. 27/6. 1960.) (Franz.)

Es wird theoret. u. experimentell am Syst. *W.–Gelatine* (**I**)–*Resorcin* (**II**) (3 Vol. einer 10%ig. wss. Lsg. von isoelektr. **I**, 1 Vol. einer 12%ig. wss. Lsg. von **II**) bei 70° gezeigt, daß die Bügel-Meth. (Abreiß-Meth.) zur Messung der Grenzflächenspannung $\sigma$ auch dann geeignet ist, wenn der Bügeldraht nicht bevorzugt von einer der beiden fl. Phasen benetzt wird. Der gemessene $\sigma$-Wert beträgt ca. 0,1 dyn/cm.

A. Blaschette. 166□

**Elektroosmose an Ionenaustauschermembranen.** V. Subrahmanyan und N. Lakshminarayanaiah. (Current Sci. **29.** 307—08. Aug. 1960. Guindy, Univ. of Madras, Dep. of Phys. Chem.) (Engl.)

Vff. untersuchten den Einfl. der äußeren Elektrolyt-Konz. u. der Stromstärke auf den Transport von Fl. durch Elektroosmose durch eine Ionenaustauschermembran (30°). Der Transport von W. durch die Membran im Gleichgewicht mit NaCl-Lsgg. (0,1, 0,5, 1,0 n) ist unabhängig von der Stromstärke; im Gleichgewicht mit 0,01 n NaCl-Lsg. erfolgt eine starke Erhöhung der Transport-Geschw. des W. mit sinkender Stromstärke. H. SCHROEDER. 168□

**Über einen Zusammenhang zwischen Viscosität und Oberflächenspannung von Flüssigkeiten.** Péter Móritz. (Magyar Kémiai Folyóirat [Ung. Z. Chem.] **67.** 169—71. April 1961. Budapest, TU, Lehrstuhl für anorg. Chem.) (Ung.) — C. **1961.** 4987. J. PLANK. 172

**Viscosität und Gießbarkeit binärer metallischer, ionischer und organischer Systeme.** J. C. Armbruster, P. Azou und P. Bastien. (Mém. sci. Rev. Métallurgie **58.** 107—16. Febr. 1961. Paris, École des Arts et Manuf.) (Franz.)

Die Vorstellungen von PORTEVIN u. BASTIEN [1932], die zuletzt von DESCH wieder aufgenommen worden sind, werden durch Unters. bestätigt u. es wird dabei nachgewiesen, daß die Viscosität für die Gießbarkeit ein zu vernachlässigender Faktor ist, während die bestimmenden Einfll. die Art der Erstarrung u. die Enthalpie sind. Die von PORTEVIN u. BASTIEN aufgestellten Regeln der Gießbarkeit werden durch einen physikal. Begriff präzisiert u. auch auf nicht notwendigerweise metall. Syst. bezogen. — 34 Literaturangaben. H. HOCHSTEIN. 172□

**Die Strömung von Luft durch Holzkohlebetten.** W. M. Jones. (Brit. J. appl. Physics **7.** 370—73. Okt. 1956. Aberystwyth, Univ. Coll. of Wales, Phys. Dep.) (Engl.)

Experimentelle Unters. über die Durchströmung eines Gases durch Aufschüttungen von irregulären, porösen Holzkohlegranulaten. Die Strömung entspricht derjenigen durch ein Bett aus festen Kugeln, wenn man die bekannten Beziehungen für die Strömung durch körniges Material zugrunde legt. Zur Best. der spezif. Voll. der Holzkohlekörner (mit Hg) wurden diese mit Paraffinwachs imprägniert. Die spezif. Oberflächen wurden aus Messungen der vorgegebenen Größe u. Gestalt der Körner ermittelt. WOLFGANG WAGNER. 173□

**Thermodynamik der Adsorption in Ionensystemen.** Roger Parsons. (Canad. J. Chem. **37.** 308—14. Jan. 1959. Bristol, Univ., Dep. of Physic. and Inorg. Chem.) (Engl.)

Vf. entwickelt die theoret. Thermodynamik von Phasengrenzflächen, welche geladene Teilchen enthalten, wie z. B. im Syst. Zn–Amalgam/wss. Lsg. von $ZnCl_2$. Die zur Berechnung der Adsorptionsentropie bzw. Adsorptionswärme erforderlichen Gleichungen werden abgeleitet. Der durch eine Änderung der Zus. der Grenzflächen bedingte Einfl. wird berücksichtigt. D. FORST. 176□

**Eine rasche Bestimmung verschiedener Oberflächeneigenschaften von Festkörpern.** H. P. Schreiber und M. H. Waldman. (Canad. J. Chem. **37.** 1782—85. Okt. 1959. McMasterville, Quebec, Canad. Ind. Ltd., Centr. Res. Labor.) (Engl.)

Zur überschlagsmäßigen Best. der spezif. Oberfläche $\overline{A}$ u. der maximalen Adsorptionskapazität $\overline{V}_{max}$ eines festen Adsorptionsmittels gegenüber einem zu adsorbierenden Stoff benutzten Vff. die lineare Abhängigkeit dieser beiden Größen von der integralen Adsorptionswärme $\Delta\overline{H}_\theta$ ($\overline{A} = k \cdot \Delta\overline{H}_\theta$ u. $\overline{V}_{max} = k' \cdot \Delta\overline{H}_\theta$), indem sie durch DTA eine dem Wert von $\Delta\overline{H}_\theta$ proportionale Größe bestimmten u. bei bekanntem k bzw. k′ aus dieser auf die gesuchten Größen schlossen. Die beschriebene Meth. wurde am Beispiel verschiedener Proben von Lampenruß als Adsorptionsmittel u. von W., n-Butan oder Äthylchlorid als Adsorbat erprobt; die Genauigkeit lag bei ca. 15%. D. FORST. 176□

**Hydratation des Kaolinits.** J. J. Fripiat und P. Dondeyne. (J. Chim. physique Physico-Chim. biol. **57.** 543—52. Juli/Aug. 1960. Louvain, Univ., Inst. agronom., Labor. des Coll. des sols tropic., INEAC.) (Franz.)

Mit Hilfe der Adsorptionsisothermen u. direkter calorimetr. Messungen wurde die Adsorption von W. an mit $Na^+$, $Ca^{2+}$ u. $NH_4^+$ gesätt. *Kaolinit* untersucht, wobei diese homoion. Kaolinite vorher bei verschiedenen Temp. zwischen 20 u. 150° im Vakuum dehydratisiert worden waren. Es wurde in guter Übereinstimmung mit den beobachteten Isothermen die zweidimensionale Zustandsgleichung aufgestellt. Auf Grund der calorimetr. Messungen wurden die Entropien der Hydratations-Rk. berechnet. Diese Entropiewerte werden mit jenen verglichen, die man auf Grund theoret. Überlegungen erhält, wenn man ein spezielles Adsorptionsmodell wählt u. das adsorbierte Mol. nacheinander seiner Freiheitsgrade beraubt. Die Ergebnisse wurden graph. u. tabellar. aufgeführt. H. FRIES. 176□

**Untersuchung von Chemisorption durch radiochemische Methoden. 3. Mitt. Die Verdrängung von chemisorbiertem Wasserstoff von teilweise mit Sauerstoff bedeckten Nickelfilmen durch Quecksilber.** K. C. Campbell und S. J. Thomson. (Trans. Faraday Soc. **57.** 279—88. Febr. 1961. Glasgow, Univ., Chem. Dep.) (Engl.) — 2. vgl. C. **1961.** 17500.

Auf aufgedampften Ni-Filmen wurde bei 25° Sauerstoff in verschiedenen Bedeckungsgraden adsorbiert. Nach Chemisorption von tritiumhaltigem Wasserstoff wurden die Filme $^{203}$Hg enthaltendem Hg-Dampf ausgesetzt. In allen untersuchten Fällen konnte nur ein Teil des H durch Hg verdrängt werden. Die Menge des auf den Filmen festgehaltenen H nahm bis zu einem scharfen Maximum bei niedriger O-Bedeckung zu u. fiel dann mit zunehmender O-Bedeckung ab. Die Zurückhaltung des Wasserstoffs auf teilweise oxydierten Filmen wird nach einem Oberflächenmodell gedeutet, in dem der Wasserstoff zwischen Sauerstoffatomen in offenen, regelmäßigen Reihen angenommen wird. Die Geschw. für die Verdrängung des H war Abhängigkeit von der O-Bedeckung.

H. LIEPACK. 176□

**Ionenaustauscher als hochmolekulare Polyelektrolyte.** N. A. Ismailow. (Z. physik. Chem. **215.** 314—39. 1960. Charkow, Staatl. Univ., Chem. Inst.) (Dt.)

Vf. definiert die Ionenaustauscher als hochmol. Polyelektrolyte. Nach einer allg. Betrachtung des Ionenaustausch-Gleichgewichts werden die Grundgleichungen für den Ionenaustausch abgeleitet. Der Einfl. der Lsgm. auf die Ionenaustausch-Konst. von Kationen u. die beim Austausch an den Säure- u. Basenformen der Ionenaustauscher sowie beim Austausch unter Beteiligung organ. Ionen auftretenden Erscheinungen werden eingehend untersucht. Die Diskussion führt zur Feststellung einer Abhängigkeit zwischen der Lage des Ionenaustausch-Gleichgewichts u. den Eigg. des Ionenaustauschers, der ausgetauschten Ionen u. des Mediums. Ähnlich wie die lösl. Elektrolyte können die hochmol. Polyelektrolyte je nach den Eigg. des Lsgm. als Säuren (Kationenaustauscher in der $H^+$-Form mit unbeweglichem hochmol. Anion), als Basen (Anionenaustauscher in der $OH^-$-Form mit unbeweglichem hochmol. Kation) oder als Salze reagieren. Sie können starke u. schwache Elektrolyte sein. Dadurch kann in vielen Fällen durch zweckmäßige Wahl des Lsgm. die erforderliche Selektivität sowohl bei der Adsorption als auch bei der Desorption erreicht werden. Die Besonderheiten der hochmol. Polyelektrolyte bestehen darin, daß sie nur dann dissoziieren können, wenn ein Ion gegen ein anderes ausgetauscht wird, u. daß elektrochem. Erscheinungen von Adsorptionserscheinungen überlagert werden. Dadurch hängt die Dissoziation der einen Form des Ionenaustauschers von seiner Umwandlung in die andere ab, bes. wenn der Bindungscharakter der Ionen in beiden Formen verschieden ist. Außerdem ist die Adsorption organ. Ionen nicht nur durch elektrostat. Wechselwrkg. mit den ionogenen Gruppen bedingt, sondern auch durch die mol. Wechselwrkg.-Kräfte, wenn die unpolaren Radikale der Ionen an der Oberfläche des Austauschers in der Nähe seiner ionogenen Gruppen adsorbiert werden. Beide Ursachen führen dazu, daß die sog. Ionenaustausch-„Konst." in Wirklichkeit nicht konst. sind.

W. HEIN. 177

---

**Aladár Buzágh**, Koloidika, II/1—2. Bratislava: Verl. der Slowakischen Akademie der Wissenschaften. 1961. (752 S. m. 228 Abb.) 8°. Kčs 94.50.

**Arthur Lee Loeb**, The electrical double layer around a spherical colloid particle. Cambridge (Massachusetts): Institute of Technology. 1961. (375 S.) $ 10.—.

## A₆. Strukturforschung

**Eine lichtstarke Planglas-Endmaß-Kammer für Kleinwinkelstreuung.** Gustav E. R. Schulze und J. Henke. (Z. Kristallogr., Kristallgeometrie, Kristallphysik, Kristallchem. **111.** 172—84. Juni 1959. Dresden, TH, Inst. für Röntgenkd. und Metallphys.) (Dt.) — Vgl. C. **1957.** 10945.

Aufbau, Arbeitsweise u. Anwendung einer Kleinwinkelkammer, die nach einem Blendenprinzip arbeitet, das intensitätsmäßig dem eines Doppelblenden-Syst. gleichkommt, wird beschrieben. Eine Schneide des Blenden-Syst. nach der KRATKYschen Anordnung fällt weg. Statt dessen wird die Begrenzung des angewandten Primärstrahlbündels auf dieser Seite durch Feinjustierung des unteren Präparatenrandes durchgeführt u. somit eine Intensitätsverdoppelung erreicht. Diese Anordnung läßt eine Auswertung bis zu einigen Winkel-Min. zu. Die Kammer ist sehr variabel, läßt sich leicht justieren u. in eigener Werkstattarbeit aufbauen. Einzelteile, wie Planglasplatten u. Parallelendmaße, können aus industrieller Fertigung bezogen werden.

H. BIELEN. 181□

**Modifikationen der Standard-Philips-Pulver-Kameras für die Untersuchung von Tonmineralien.** J. L. Martin Vivaldi, F. Girela Vilchez und D. M. C. MacEwan. (Clay Minerals Bull. **4.** 110—12. Dez. 1959. Granada, Spain, Estac. Exp. del Zaidín.) (Engl.)

Es werden Modifikationen der 114,83-mm- u. 57,54-mm-Kameras von PHILIPS beschrieben, die diese zur Messung großer Linienabstände (29 Å) bei der Analyse von Mineralerden geeignet machen. W. BETCKE. 181☐

**Anwendung der Röntgendiffraktion in der chemischen Analyse.** György Menczel. (Magyar Kémikusok Lapja [Z. Ver. ung. Chemiker] **16.** 125—30. März 1961. Budapest, L. Eötvös Univ., 1. Lehrst. Experimentalphys.) (Ung.)

Übersicht über die Grundlagen der DEBYE-SCHERRER-Meth., die Auswertung der Aufnahmen, die Vorteile der Fokussierung u. Monochromatisierung, die Anwendung zur qual. u. quant. Analyse zwei- u. mehrkomponentiger Gemische, die Genauigkeit der photograph. u. diffraktograph. Auswertung. — 40 Literaturangaben.
I. NÁRAY-SZABÓ. 181

**Kernspinerhaltung bei der Orthowasserstoff-Parawasserstoff-Umwandlung.** Doyle Britton und Z. Z. Hugus jun. (J. chem. Physics **33.** 1830—32. Dez. 1960. Minneapolis, Minn., Univ. of Minnesota, Dep. of Chem.) (Engl.)

Vff. untersuchen die Statistik der Kernspinzustände bei der o–p-$H_2$-Umwandlung durch H-Atome ($H + o\text{-}H_2 \rightarrow H + p\text{-}H_2$). Die Umwandlungsrate beträgt 5/6 der Bldg.-Rate des Übergangszustandes, wenn man lineares $H_3$ voraussetzt. Der Faktor ist 8/9, wenn $H_3$ ein gleichseitiges Dreieck bildet. J. WOLFF. 182☐

**Eine Modifikation der Lewis-Langmuirschen Oktettregel.** J. W. Linnett. (J. Amer. chem. Soc. **83.** 2643—53. 20/6. 1961. Berkeley, Calif., Univ. of California, Dep. of Chem.) (Engl.) — Vgl. GREEN u. LINNETT, C. **1961.** 7134.

Vf. schlägt vor, das von LEWIS u. LANGMUIR [1916] in die Theorie der Atombindung eingeführte Elektronenoktett als Doppelquartett aus zweimal vier Elektronen mit jeweils der gleichen Spinquantenzahl (+1/2 bzw. −1/2) anzusehen. Die Elektronen eines jeden Quartetts ordnen sich tetraedr. um den Atomkern, die beiden Elektronentetraeder können auf Grund der elektrostat. Abstoßung u. des PAULI-Prinzips als räumlich getrennt u. voneinander unabhängig behandelt werden. Die Nützlichkeit dieses Modells bei der Diskussion von Bindungsfragen u. Fragen des chem. Verh. von Moll. wird an einer großen Auswahl zwei- u. mehratomiger Moll. u. Ionen erprobt (*NO*, $O_2$, $F_2$, $N_2$, „*FO*" $\rightarrow F_2O_2$, $CN^-$, $NO_2 \rightleftharpoons N_2O_4$, „$CO_2^-$" $\rightarrow C_2O_4^{2-}$, $O_3$, $CO_2$, $N_2O$, $NO_2$, $ClNO_2$, *FNO*, $C_2H_2$, $HF_2^-$, $JCl_2^-$, $J_3^-$, $C_6H_6$, langlebige *organ. Radikale*). Am Beispiel des $O_3$-Mol. wird gezeigt, daß die aus der Doppelquartett-Hypothese abgeleitete Wellenfunktion Glieder vom Typ $p_xp_xp_yp_z$, $p_xp_yp_zp_z$, $p_xp_yp_yp_z$ u. $p_xp_xp_zp_z$ enthält u. damit eine Mittelform zwischen den nach der V.B.- u. der M.O.-Meth. erhaltenen Gleichungen darstellt.
A. BLASCHETTE. 182☐

**σ-Elektronen-Delokalisierung und Elektronenstruktur von Distickstofftetroxyd.** R. D. Brown und R. D. Harcourt. (Proc. chem. Soc. [London] **1961.** 216—18. Juni. Clayton, Victoria, Australia, Monash Univ., Chem. Dep.) (Engl.)

Vff. nehmen an, daß im $N_2O_4$-Mol. 8 Elektronen sich in π-Orbitalen befinden, während die 2p $\bar{\pi}$-Elektronen der einsamen Paare am O-Atom beträchtliche delokalisiert sind u. die antibindenden σ-Orbitale der N—N-Bindung mitbeanspruchen. Eine V.E.S.C.F.-Berechnung für die 10 σ-Elektronen (je zwei 2p $\bar{\pi}$-Elektronen an jedem O-Atom u. die 2 Elektronen der N—N-Bindung) u. die 8π-Elektronen liefert ein Energieniveauschema mit den Eigenwerten des HARTREE-FOCK-Operators für den Grundzustand u. einen Wert von 0,76 (σ-Anteil 0,67, π-Anteil 0,09) für den N—N-Bindungsgrad. Bei diesem Modell existieren keine Triplettzustände in der Nähe des Singulett-Grundzustands, so daß der Diamagnetismus des $N_2O_4$ erklärlich ist. Die σ- u. π-Orbitale lassen sich nicht in zwei individuelle Gruppen einteilen. A. BLASCHETTE. 182☐

**Relative Bindungsstärke in Molekülen mit trigonal-bipyramidalem Bau.** F. A. Cotton. (J. chem. Physics **35.** 228—31. Juli 1961. Cambridge, Mass., MIT, Dep. of Chem.) (Engl.)

Vf. berechnete die relativen Bindungsstärken der axialen u. äquatorialen Bindungen in $PF_5$ u. $PCl_5$ unter Verw. des Kriteriums für die Bindungsstärken von PAULING u. des der Überlappungsintegrale für die SLATER-Orbitals nach dem Vorschlag von MULLIKEN. Alle Berechnungen waren für die $sp^3d$-Hybridisierung über den gesamten Verteilungsbereich von s- u. d-Charakter zwischen den axialen u. äquatorialen Bahnen. Die Überlappungsintegrale sagen streng voraus, daß die axialen Bindungen schwächer als die äquatorialen sind, während aus dem Kriterium von PAULING das Gegenteil für alle angemessenen Hybridisationsbedingungen folgt. GERHARD SCHULZE. 182☐

**Magnetischer Beweis für die Strukturen und strukturellen Veränderungen bei Komplexen von Kobalt(II).** F. A. Cotton und R. H. Holm. (J. Amer. chem. Soc. **82.** 2983—86. 20/6. 1960.) (Engl.) — Vgl. vorst. Referat.

Vff. bestimmten die magnet. Momente $\mu$ von *Bis-[p-toluidin]-kobalt(II)-thiocyanat*(I) in festem Zustand u. in Lsg. sowie die von einigen Isonitrilkomplexen der Form $(RNC)_2CoX_2$ u. diskutieren die auf Grund der magnet. Momente möglichen Strukturen dieser Verbindungen. I hat in festem Zustand ($\mu$ = 4,93 B.M.) wahrscheinlich eine polymere, oktaedr. Struktur mit SCN-Brücken. In Dimethylformamid erfolgt Umlagerung ($\mu$ = 4,88 B.M.) zu solvatisierten, oktaedr. Kationen u. $Co(NCS)_4^{2-}$-Anionen. In Acetonitril liegt I ($\mu$ = 4,62 B.M.) tetraedr. u. in nicht-ionischer Form vor. Für *Bis-[phenylisonitril]-kobalt(II)-bromid* ($\mu$ = 4,53; 293° K) sind 2 Strukturen möglich, zwischen denen auf Grund der magnet. Momente nicht entschieden werden kann: a) ein tetraedr. Mol. $(PhNC)_2CoBr_2$ oder b) 2 tetraedr. Ionen $[(PhNC)_4Co]^{2+}$ u. $[CoBr_4]^{2-}$. Für die übrigen untersuchten Isonitrile des Typs $(RNC)_2CoX_2$ [R = $CH_3$, X = Cl, $\mu$ = 3,26 (293° K); R = $CH_3$, X = Br, $\mu$ = 3,31 (293° K); R = $CH_3$, X = NCS, $\mu$ = 3,02 (293° K); R = $C_2H_5$, X = Cl, $\mu$ = 3,33 (300° K); R = $C_2H_5$, X = Br, $\mu$ = 3,41 (301° K)] nehmen Vff. an, daß sie aus diamagnet. Kationen $[Co(RNC)_4]_n^{2n+}$ (n wahrscheinlich 2) u. $[CoX_4]^{2-}$-Anionen bestehen. P. SCHARNER. 182□

**Die Struktur von Bis-[salicylaldehydato]-nickel(II).** J. R. Miller und A. G. Sharpe. (J. chem. Soc. [London] **1961.** 2594—95. Juni. Cambridge, Univ., Chem. Labor.) (Engl.)

Amorphes $Ni(C_7H_5O_2)_2$ (I) wurde durch 80std. Erhitzen des Dihydrats im Vakuum auf 100° erhalten. Sein magnet. Moment von 3,28 BM schließt eine planquadrat. Konfiguration aus. Das opt. Reflexionsspektrum ist nahezu ident. mit dem des Bis-[acetylacetonato]-nickel(II) in Bzl., aber verschieden von dem einer Lsg. von $NiCl_2$ u. Salicylaldehyd in Dimethylformamid. In Analogie zum Acetylacetonkomplex wird I eine oktaedr. Polymerkoordination zugeschrieben, bei der die O-Atome benachbarter Moll. zu verschiedenen Ni-Atomen gehören. A. BLASCHETTE. 182□

**Kristallwachstum.** Anonym. (Hilger J. **4.** 26—28. Nov. 1957.) (Engl.)

Kurze Beschreibung der bei der Firma HILGER & WATTS LTD. eingerichteten Abt. zur Züchtung von Einkristallen u. der dabei benutzten Methoden. C. GOTTFRIED. 190

**Die Darstellung von großen Calciumwolframat-Kristallen mit paramagnetischen Ionen für Maser-Anwendungen.** K. Nassau und L. G. Van Uitert. (J. appl. Physics **31.** 1508. Aug. 1960. Murray Hill, N.J., Bell Telephone Labor., Inc.) (Engl.)

Mit der CZOCHRALSKI-Meth. werden aus der Schmelze sowohl reine Ca-Wolframat-Einkristalle wie solche mit Geh. an Seltenen Erden (z. B. 0,3% Dy) gezogen. Die Substanz wird in einem rotierenden Rhodiumtiegel bei 1600° geschmolzen. Der Einkristall wird mit einer Geschw. von 76 mm/Std. aus der Schmelze gezogen, wobei er einen ungleichmäßigen Querschnitt wegen der unzureichenden Temp.-Konstanz besitzt. Die Größe der Kristalle wird durch die Tiegelgröße bestimmt. Die Einkristalle mit Geh. an Seltenen Erden (paramagnet. Ionen) dienen Maseranwendungen. H. FAHLENBRACH. 190□

**Riesenkornwachstum in α-Eisen(III)-oxyd.** R. F. G. Gardner und D. W. Tanner. (Nature [London] **190.** 1166—67. 24/6. 1961. Stevenage, Dep. of Sci. and Ind. Res., Warren Spring Labor.) (Engl.)

Vff. stellen bei der Unters. der elektr. Eigg. von halbspektroskop. reinem $\alpha$-$Fe_2O_3$ (I) eine Anomalität bei der Temp.-Abhängigkeit des spezif. Widerstands fest, die einer Inhomogenität der Zus. innerhalb der einzelnen Körner entspricht. Geglühtes Eisenoxydgel [durch Ausfällen aus $Fe(NO_3)_3$-Lsg., 16std. Glühen bei 1180° in Luft] ergibt im gleichen Temp.-Bereich eine Gerade. Für Beseitigung der Inhomogenitäten behandelt man 20 g in 200 ml dest. W. aufgeschlämmtes I mit Ultraschall (Erregung 500 W, 20 kHz) u. glüht nach Trocknen u. binderfreiem Verpressen zu Tabletten (25 t/in.$^2$) in Luft bei 1100—1400°. Die Widerstands-Temp.-Kurve zeigt nach dieser Behandlung eine andere Form. Das ultraschallbehandelte Material weist größere Körner im Innern (bis ca. 500 $\mu$) als auf der Oberfläche (ca. 20 $\mu$) auf, während das unbehandelte Material hexagonale Körner (Durchmesser 10—40 $\mu$) mit geraden Seiten erkennen läßt. Oft wird die Bldg. von Riesenkörnern beobachtet, die auch noch nach 15std. Glühen auf 700° vor dem Tablettieren festzustellen sind. Die Proben zeigen sehr unregelmäßige Korngrenzen u. viele Poren. Bei den großen Körnern wird Riß-Bldg. entlang der Korngrenzen u. quer zu diesen beobachtet, die wahrscheinlich während des Abkühlens erfolgt. Die Temp., bei der das Wachstum der Riesenkörner vor sich geht, schwankt zwischen 1200 u. 1375°. Das allg. Aussehen der Körner weist auf schnelle, unregelmäßige, durch die Poren nicht behinderte

Wanderung der Korngrenzen hin. Vff. erörtern die Ursachen des Riesenwachstums der Körner (Verunreinigungen; erhöhte Orientierung der Kristallite; Reinigung der Kornoberfläche; chem. Veränderung der Oberfläche, wobei die Zahl der Ladungsträger erhöht wird; Größenverteilung der Teilchen) u. nehmen an, daß dieses auf die Trennung u. Dispersion der feineren Teilchen in dem Material zurückzuführen ist. P. FRENZEL. 190□

**Coesit als Einschluß in synthetischen G.E.C.-Diamanten.** H. Judith Milledge. (Nature [London] **190.** 1181. 24/6. 1961. London, Univ. Coll., Dep. of Chem.) (Engl.)

Vf. weist durch Röntgenbeugungsaufnahmen eines synthet. Diamanten eingeschlossenen Coesit nach. Graphit wird nicht festgestellt. Der Nachw. des Coesits als der Hochtemp.-Form des kristallinen $SiO_2$ stützt die Annahme vieler Geologen, daß die Quarzeinschlüsse in natürlichen Diamanten in Wirklichkeit als Intrusionen anzusehen sind. Röntgenaufnahmen natürlicher Diamanten weisen auf die mögliche Ggw. von Coesit hin. Hierdurch wäre, wenn man von Meteorkratern absieht, erstmalig das natürliche Vork. von Coesit gegeben. P. FRENZEL. 190□

**Der Phasenübergang im System $Li_2O$–$Fe_2O_3$.** 1. Mitt. **Thermische und elektrische Eigenschaften von Lithiumferrit $LiFeO_2$.** Eizo Kato. (Bull. chem. Soc. Japan **31.** 108—12. Jan. 1958. Kitaku, Osaka, Osaka City Univ., Inst. of Polytechn.) (Engl.)

Der Übergang von der geordneten (o) zur ungeordneten (uo) Phase des $LiFeO_2$ wird an Hand von DTA- u. elektr. Widerstandsmessungen verfolgt. $LiFeO_2$ wurde durch 24std. Erwärmen von $FeC_2O_4$ mit überschüssigem $LiCO_3$ bei 800° an der Luft gewonnen. Pulveraufnahmen ergaben die Gitter-Konst. a = 4,034 u. c = 8,71 Å für (o) u. a' = 4,145 Å für (uo). Die DTA von (o)-Proben ergab eine endotherme Rk. bei ca. 680°, die auf eine Phasenumwandlung schließen läßt. Durch dilatometr. Messungen im Temp.-Bereich 600—700° konnte der Umwandlungspunkt genauer auf 660 ± 2° (Maximum des Ausdehnungs-Koeff.) festgelegt werden. Messungen der Temp.-Abhängigkeit des elektr. Widerstandes $\varrho$ ergaben, daß log $\varrho$ eine lineare Funktion von 1/T ist. Es liegt elektron. Leitungsmechanismus vor. Für den Fall allerdings, daß die zu untersuchende Probe Gleichstrom längere Zeit durchfloß, fand man infolge teilweiser elektrolyt. Leitung eine Anomalie im log $\varrho$-1/T-Diagramm bei 660—680°. Die Phasenumwandlung verläuft nur träge. W. BETCKE. 190□

**Der Phasenübergang im System $Li_2O$–$Fe_2O_3$.** 2. Mitt. **Thermische und elektrische Eigenschaften von Lithium-Ferrospinell $LiFe_5O_8$.** Eizo Kato. (Bull. chem. Soc. Japan **31.** 113—17. Jan. 1958.) (Engl.) — Vgl. vorst. Referat.

$LiFe_5O_8$ tritt wie $LiFeO_2$ in einer geordneten (o) u. einer ungeordneten (uo) Modifikation auf. Die Umwandlung wird mit Hilfe von DTA, von dilatometr. u. elektr. Widerstandsmessungen verfolgt. (o) kann durch langsames Abkühlen des $LiFe_5O_8$ von 800° auf Raumtemp., (uo) durch Abschrecken der auf 1000° erwärmten Probe erhalten werden. Mit Hilfe von Rückstrahlaufnahmen wurde folgende Gitter-Konst. betimmt: a = 8,3296 ± 0,0005 für (o) u. a = 8,3326 ± 0,0005 Å für (uo). Die DTA ergab für (o) eine endotherme Rk. bei 750°. Bei dilatometr. Messungen von (o) zwischen 500 u. 800° wurde ein schwaches Maximum des Ausdehnungs-Koeff. zwischen 600 u. 650° u. eine scharfe Spitze bei 745° erhalten, während (uo)-Proben ein ausgedehntes Minimum in diesem Temp.-Bereich zeigten. Bei schnellem Temp.-Wechsel (100°/Std.) trat in der Nähe des CURIE-Punktes (ca. 635°) zwischen 625 u. 665° eine ausgeprägte Hysteresisschleife der Dilatation auf. Durch dilatometr. Messungen an Proben verschiedener Zus. zwischen $LiFe_{5,86}O_8$ u. $LiFe_{4,44}O_8$ wurde der Phasenumwandlungspunkt auf 751 ± 1° festgelegt. Die Phasenumwandlung verläuft mit größerer Geschw. als beim $LiFeO_2$. Bei Raumtemp. haben (o)-Proben einen spezif. Widerstand $\varrho$ von 100 M$\Omega$, (uo)-Proben 2—3 k$\Omega$. In der Nähe des Umwandlungspunktes zeigt die Temp.-Abhängigkeit von $\varrho$ anomales Verhalten. W. BETCKE. 190□

**Wirkung von Oxydschichten bei der Diffusion von Phosphor in Silicium.** R. B. Allen, H. Bernstein und A. D. Kurtz. (J. appl. Physics **31.** 334—37. Febr. 1960. Boston, Mass., Minneapolis-Honneywell, Semiconductor Div.) (Engl.)

Die Diffusion von P-Dampf bei 1125—1250° durch 0,1—0,4 $\mu$ dicke, in feuchter $N_2$-Atmosphäre bei 1250° gebildete Oxydschichten auf Si-Einkristallen wird untersucht. Durch Messen der P-Konz. unmittelbar unter der Oxydschicht u. Vgl. mit der Konz., die bei ungeschützten Kristallen erreicht wird, kann die Durchlässigkeit der Oxydschicht in Abhängigkeit von der Oxydationszeit u. -Temp., der Diffusionszeit u. -Temp. u. dem P-Druck bestimmt werden. Ein Zweischichtendiffusionsmodell, das die Berechnung der Diffusions-Konst. erlaubt, wird diskutiert. In Übereinstimmung mit der Theorie nimmt die Oberflächen-Konz. des P mit steigender Diffusions-Temp. zu u. mit wachsender Oxydschichtdicke ab. Bei größeren Schichtdicken ist die Übereinstimmung besser als bei kleineren. Der Wert der berechneten Diffusions-Konst. beträgt bei 1150° $2{,}1 \cdot 10^{-15}$, die Aktivierungsenergie ergibt sich zu 1,4 eV. W. BETCKE. 190□

**Beitrag zur kristallchemischen Untersuchung der Hydrate von Natriumhydroxyd. 2. Mitt. Kristallchemie der Hydrate von Natriumhydroxyd und kristallographische Daten von fünf Hydraten des Natriumhydroxyds.** J. A. Wunderlich. (Bull. Soc. franç. Minéralog. Cristallogr. **82.** 17—30. Jan./März 1959. Paris, Inst. Nat. de Rech. Chim. Appl.) (Franz.) — 1. vgl. C. **1961.** 12372.

Vf. diskutiert die bisher bekannten Strukturen von NaOH-Hydraten. Es wird gezeigt, daß die Na—O-Abstände unabhängig von der Ladung des O-Atoms sind u. vielmehr durch die Abstoßungskräfte zwischen O-Atomen u. durch ihre gegenseitige Beeinflussung festgelegt werden. Die Umgebung der $Na^+$-Ionen ändert sich unregelmäßig von einem Hydrat zum anderen, während die der $OH^-$-Ionen bei allen untersuchten Phasen gleich, aber verschieden von der der $H_2O$-Moll. ist. Die NaOH-Hydrate lassen sich in keine der üblichen Hydratklassifikationen (BERNAL, C. **1954.** 6899; WELLS, C. **1956.** 13047; WADSLEY, C. **1957.** 1117) einordnen. Ausgehend von wasserfreiem NaOH bewirkt der zunehmende Hydratationsgrad eine fortschreitende Auflösung der Struktur, wobei eine log. Folge von Strukturtypen durchlaufen wird. Die NaOH-Hydrate besitzen damit [in der Reihenfolge: Formel, Strukturtyp, Umgebung der $Na^+$-Ionen (Polyederform) gemeinsame Elemente der Polyeder, Umgebung der $OH^-$-Ionen (Polyeder in jedem Fall eine Pyramide mit quadrat. Grundfläche), entwickelte Formel, F.] die nachst. kristallchem. Eigg.: *NaOH*, Blattstruktur, 5 $OH^-$ (Pyramide mit quadrat. Grundfläche), 8 Kanten, 5 $Na^+$, $[Na^+OH^-]_n$, 318,4°; *NaOH · 0,5 $H_2O$* (Blattstruktur), 5 $OH^-$ + 1 $H_2O$ (Oktaeder), (8 Kanten), 5 $Na^+$, ca. 120°; *NaOH·$H_2O$*, Blattstruktur, 3 $OH^-$ + 1 $H_2O$ (Tetraeder), 1 Kante u. 3 Ecken, 3 $Na^+$ + 2 $H_2O$, $[Na(H_2O)(OH)]_n$, 65°; *NaOH · 3,5 $H_2O$*, Spiralkettenstruktur, 6 $H_2O$ (Oktaeder), 1 Fläche u. 1 Kante, 5 $H_2O$, $[Na_2(H_2O)_7]_n^{2n+}$ · $2n[OH]^-$, 17,5°; *NaOH · 4 $H_2O$*, Doppelkettenstruktur, 5 $H_2O$ (trigonale Bipyramide) 1 Kante u. 2 Ecken, 5 $H_2O$, $[Na(H_2O)_3]_n^{n+}$ · $n[OH]^-$ · n $H_2O$, 0°; *NaOH · 7 $H_2O$*, Kettenstruktur, 6 $H_2O$ (Oktaeder), 2 Kanten, 5 $H_2O$, $[Na(H_2O)_4]_n^{n+}$ · $n[OH]^-$ · 3n $H_2O$, —25°; *NaOH · x $H_2O$* (*x = 8, 9, 16, 53*), Käfigstruktur; *Eis*, Käfigstruktur, $[H_2O]_n$, 0°. — Neu untersucht wurde die Kristallstruktur nachst. Hydrate mit 20—55% NaOH: *α-NaOH · 2,5 $H_2O$* (I), F. 11°, große quadrat. Prismen, rhomb. mit a = 12,48 ± 0,02, b = 13,50 ± 0,02, c = 6,27 ± 0,02 Å, V = 1057 ± 6 Å³, $P2_12_12\text{-}D_2^3$, Z = 3 Formeleinheiten von 3 NaOH · 7,5 $H_2O$, D. (berechnet) 1,61, $D.^{-58}$ 1,61; *β-NaOH · 2,5 $H_2O$* (II), rhomb., a = 24,75 ± 0,06, c = 6,30 ± 0,04 Å; *NaOH · 3,1 $H_2O$*, F. 17°, lange Prismen von rautenförmigem Querschnitt, rhomb., a = 50,00 ± 0,15, b = 13,32 ± 0,03, c = 6,25 ± 0,01 Å, V = 4165 ± 30 Å³, Pb2a (Z = vier 10 NaOH · 31 $H_2O$-Einheiten) oder Pbma (Z = acht 5 NaOH · 15,5 $H_2O$-Einheiten), polymorph mit I u. II, D. (berechnet) 1,52, $D.^{-80}$ 1,52; *NaOH · 2,75 $H_2O$*, F. ca. 16,6°, sehr lange, feine Nadeln, a = 23,53 ± 0,06, b = 6,44 ± 0,02, c = 22,18 ± 0,03 Å, β = 114° 12′ ± 9′, V = 3070 ± 20 Å³, Aa (Z = vier 8 NaOH · 22 $H_2O$) oder Aa/2 (Z = acht 4 NaOH · 11 $H_2O$), D. (berechnet) 1,55, $D.^{-103}$ 1,56; *NaOH · 5 $H_2O$*, F. —20°, rechteckige flache Prismen, monoklin, a = 15,78 ± 0,02, b = 25,22 ± 0,04, c = 12,90 ± 0,02 Å, β = 102° 18′ ± 6′, V = 5015 ± 20 Å³, $P2_1/n$ (Z = vier 8 NaOH · 40 $H_2O$), D. (berechnet) 1,38, $D.^{-60}$ 1,38. A. BLASCHETTE. 195□

**Genaue Bestimmung der Parameter der Elementarzelle von Bariumdiborat-Pentahydrat-Kristallen.** Ja. Ozol und A. Ieviņš. (Известия Академии Наук Латвийской ССР [Nachr. Akad. Wiss. LettSSR] **1959.** Nr. 8. 91—93. Chem. Inst. der Akad. der Wiss. der LettSSR.) (Russ.)

Die Gitterparameter (Å) von $BaB_2O_4 \cdot 5\,H_2O$ sind: a = 5,95780 ± 0,00015, b = 8,59743 ± 0,00020, c = 14,8775 ± 0,0003 mit β = 102° 8′ 4″ ± 15″. CH. WEISKE. 195□

**Kristallstruktur von Vanadyl-bis-[acetylacetonat]. Geometrie des Vanadins in fünffacher Koordination.** Richard P. Dodge, David H. Templeton und Allan Zalkin. (J. chem. Physics **35.** 55—67. Juli 1961. Berkeley, Calif., Univ. of California, Dep. of Chem. and Lawrence Rad. Labor.) (Engl.)

Die Struktur von Vanadyl-bis-[acetylacetonat] wurde aus dreidimensionalen Röntgenbeugungsaufnahmen bestimmt. Die Kristalle sind triklin, Raumgruppe $P\bar{1}$ mit a = 7,53 ± 0,02, b = 8,23 ± 0,03, c = 11,24 ± 0,04 Å, α = 73,0°, β = 71,3° u. γ = 66,6°; Z = 2. Sie bestehen aus diskreten $VO(C_5H_7O_2)_2$-Molekülen. Jedes V ist von 5 O umgeben, die sich an den Ecken einer rechteckigen (fast quadrat.) Pyramide befinden, während das V in der Nähe des Schwerpunktes angeordnet ist. Der Abstand V—O beträgt für das O-Atom an der Spitze (Vanadyl-O) 1,56, für die übrigen O-Atome 1,96, 1,96, 1,97 u. 1,98 Å. Die Mittelwerte für die anderen Bindungsabstände betragen: C—O 1,28, C—C (Ring) 1,40 u. C—C (Methylgruppe) 1,52 Å. Als Standardabweichungen ergaben sich 0,01 Å für die V–O-Bindung u. 0,02 Å für die C—O u. C—C-Bindungen. Jedes Acetylacetongerüst ist eben gebaut; diese Ebene bildet einen Winkel von 163° mit der Ebene des anderen Acetylacetongerüstes im gleichen Molekül. GERHARD SCHULZE. 195□

**Eine Untersuchung der Kristallstruktur des Dikupferparaperjodatdihydrats.** Rolf Uggla. (Suomen Kemistilehti **32.** B 244—B 245. 1959. Kyröskoki, Finland.) (Engl.)

Vf. vergleicht eine Pulveraufnahme des Dikupfer(II)-paraperjodatdihydrats (**I**) mit einer WEISSENBERG-Aufnahme der gleichen Substanz. Die Werte der Kristallachsen u. Winkel stimmen mit denen von NÄSÄNEN u. Mitarbeitern (C. **1960.** 5088) überein, jedoch gehört **I** wahrscheinlich zum triklinen System. Aus der vorläufigen Unters. des Monohydrats läßt sich schließen, daß das Kristallwasser von **I** durch eine Parallelverschiebung der Kristallebenen frei wird, wie es bei Schichtgittern allg. der Fall ist.

P. SCHARNER. 195□

**Röntgenographische Untersuchung der Veränderung in dem Uranmineral Wyartit.** Joan R. Clark. (Amer. Mineralogist **45.** 200—08. Jan./Febr. 1960. Washington, D.C., U. S. Geol. Surv.) (Engl.)

Vf. untersuchte röntgenograph. Einkristalle des U-Minerals Wyartit, dessen Formel von GUILLEMIN u. PROTAS (vgl. Bull. Soc. franç. Minéralog. Cristallogr. **82.** [1959.] 80) zu $UO_2 \cdot 6\ UO_3 \cdot 2\ CO_2 \cdot 3\ CaO \cdot 12-14\ H_2O$ ermittelt worden war. Die Aufnahmen an dem gleichen Kristall wurden im Aug. 1956 u. im Jan. 1959 hergestellt. Hierbei zeigte sich, daß sich das Mineral in dieser Zeit verändert hatte. Die beiden Phasen wurden als *Wyartit I* (**I**) u. *Wyartit II* (**II**) bezeichnet; beide erwiesen sich als rhombisch. Für **I** ist $a = 11,25 \pm 0,03$, $b = 7,09_8 \pm 0,03$ u. $c = 20,80 \pm 0,06$ Å; Vol. 1661 Å$^3$; wahre Raumgruppe ist $D_2^4 - P\,2_1 2_1 2_1$; Pseudoraumgruppen $C_{2v}^9 - P\,2_1\,c\,n$ oder $D_{2h}^{16} - P\,m\,c\,n$; für **II** ist $a = 11,25 \pm 0,03$; $b = 7,09_8 \pm 0,03$ u. $c = 16,83 \pm 0,05$ Å; Vol. 1344 Å$^3$; wahre Raumgruppen sind $C_{2v}^9 - P\,2_1\,c\,n$ oder $D_{2h}^{16} - P\,m\,c\,n$; Pseudoraumgruppe $D_{2h}^{14} - P\,b\,c\,n$. Die Daten von **I** entsprechen denen von BIGNAND (vgl. C. **1956.** 8022) für *Janthinit* angegebenen Daten. Von beiden Phasen werden die Daten der Pulverdiagramme angegeben. Die Änderung des Minerals vollzieht sich ohne sichtbare äußere Veränderung. Die wahre Natur dieser Veränderung ist bis jetzt noch nicht bekannt. Als mögliche Ursache wird die Oxydation von $U^{4+}$ zu $U^{6+}$ mit Bldg. von Uranylionen angenommen, die von einer Dehydratation begleitet sein kann.

C. GOTTFRIED. 195

**Auswirkungen der Bestrahlung dünner Nickelschichten mit schnellen Neutronen.** I. Teodorescu und A. Glodeanu. (Physic. Rev. Letters **4.** 231—32. 1/3. 1960. Bukarest, Inst. for Atom. Phys.) (Engl.)

200—800 Å dicke Ni-Schichten wurden im Vakuum auf Glas- bzw. Quarzunterlagen bei verschiedenen Temp. aufgedampft. Die Ni-Schichten wurden bei $T = 59^0$ mit $3,38 \cdot 10^{17}$ nvt (**I**) sowie bei $T = 45^0$ mit $9,45 \cdot 10^{15}$ nvt (**II**) (schnelle Neutronen) bestrahlt. Die Proben waren unter Vakuum oder $O_2$-Atmosphäre eingeschmolzen worden. Die Sättigungsmagnetisierung u. die Koerzitivkraft wurden vor u. nach der Bestrahlung gemessen. Die Schichtstruktur wurde mit Elektronenmikroskop u. Elektronenstreuung untersucht. Ergebnisse: Unter den Bedingungen **I** (Vakuum) erfolgte in der gesamten Schicht eine Kristallgitterveränderung von kub.-flächenzentriertem Gitter ($a = 3,52$ Å) in die hexagonal dichteste Packung mit $a = 2,62$ Å, $c = 4,36$ Å. Unter den Bedingungen **II** (Vakuum) wurde eine Mischung von kub.-flächenzentrierter u. hexagonal dichtester Packung festgestellt. Unter $O_2$-Atmosphäre eingeschlossene Proben waren stark oxydiert. Bei den Proben **I** (Vakuum) fiel die Magnetisierung von 4000 auf $< 6$ Gauß, die Koerzitivkraft von 240 Oe auf 0 Oe; bei den Proben **II** (Vakuum) nahm die Magnetisierung um 30—50% ab, die Koerzitivkraft stieg an. Die unter $O_2$-Atmosphäre bestrahlten Proben zeigten folgendes Phänomen: Proben mit einem anfänglich geringerem Ordnungszustand gingen in einen geordneteren Zustand über, wobei gleichzeitig die Hysteresisschleife rechteckiger wurde, die anfänglich geordneteren Proben zeigten zunehmende Unordnung u. eine mehr gerundete Form der Hysteresisschleife. Es herrscht gute Übereinstimmung der auf Grund der magnet. Messungen, Elektronenstreuungs- u. Elektronenmikroskop-Unterss. erhaltenen Werte.

H. SCHROEDER. 196□

**Einfluß eines dünnen Oxydfilms auf die Reaktion von Jod-Dampf mit Kupfer.** R. A. J. Shelton, S. Blairs und D. Margrave. (Nature [London] **190.** 1183—84. 24/6. 1961. Manchester, Univ. of Manchester, Metallurgy Dep.) (Engl.)

Vff. weisen darauf hin, daß bei Unterss. über die Oxydation von Metallen häufig der Einfl. dünner Oxydfilme nicht berücksichtigt wurde, u. untersuchen daher diese Einfl. auf die Rk. zwischen dampfförmigem $J_2$ u. Cu im Vakuum von $10^{-3}$ mm Hg bei $284 \pm 1^0$. Die mit Aceton entfetteten, 1 Std. lang auf $500^0$ erhitzten Probestreifen aus kaltgewalztem Cu werden verschiedene Zeit (ca. 10 Min., 1, 3 u. 8 Tage) bei Raumtemp. dem Einfl. der Atmosphäre ausgesetzt. Bei längeren Zeiten wird die Bldg. von CuJ verzögert, was wahrscheinlich auf die Verstärkung des Oxydfilmes zurückzuführen ist. Vff. erörtern den Mechanismus, der eine Schutz-Wrkg. des Oxydfilmes erklärt (Verschwinden des ursprünglichen Oxydfilmes bei der Vakuumerhitzung bei $500^0$ zugunsten einer Lsg. von O in Cu mit Oxydausscheidung im Innern beim Überschreiten der Löslichkeitsgrenze; kontinuierliches Wachstum eines neuen Oxydfilmes bei Raum-Temp. unter Einfl. der Atmosphäre; Diffusionsvorgänge mit niedriger Geschw. ohne Beschädigung des neugebildeten Oxydfilmes). Weiterhin wird angenommen, daß hauptsächlich der Transport durch die Oxydschicht geschwindigkeitsbestimmend für die Rk. ist, wobei dieser der charakterist. Diffusionskinetik im wachsenden Jodidfilm überlagert ist. P. FRENZEL. 196☐

**Oxydation von Fe–Cr-Legierungen bei hoher Temperatur unter besonderer Berücksichtigung der Fe–Cr–Y-Legierungen.** Edward J. Felten. (J. electrochem. Soc. **108.** 490–95. Juni 1961. Schenectady, N.Y., Gen. Electr. Co., Res. Labor.) (Engl.)

Vf. bestimmt die Oxydationskinetik u. die Struktur der bei der Oxydation gebildeten Oberflächenschichten von Fe–Cr-Legg. mit 25 u. 37,5% Cr u. geringen Zusätzen von Y (0,5–2%) u. anderen Seltenen Erdmetallen (La, Gd, Dy, Er) im Temp.-Bereich von 700–1200°. Die Oxydation erfolgt in trockenem $O_2$ (Partialdruck 100 mm), sie wird thermogravimetr. verfolgt. Die Oxydfilme untersucht Vf. mkr. u. durch Röntgen- u. Elektronenbeugungsaufnahmen sowie nach Ablösen (mechan. oder mit 10%ig. $Br_2$-Lg. in $CH_3OH$) mit Hilfe von Röntgenfluorescenzspektren. Die Legg. mit 25% Cr werden $<1000°$ langsamer oxydiert als die mit 37,5% Cr. Über 1000° entsteht bei den bin. Legg. eine Oxydschicht nur auf der Oberfläche, während die tern. Legg. außerdem auch im Innern der Probe oxydiert werden. Für alle Legg. gilt ein parabol. Geschw.-Gesetz, was auf einen diffusionsbestimmten Oxydationsmechanismus hinweist. Zwischen den Oxydations-Geschw. der bin. u. tern. Legg. besteht kein großer Unterschied. Durch Y wird jedoch die Zunder-Bldg. bei Temp. $>1000°$ wesentlich verzögert. Die Oxydschicht auf der Oberfläche besteht im wesentlichen aus $Cr_2O_3$. Das im Innern der tern. Legg. bei $>1000°$ gebildete Oxyd besteht bei einer Oxydations-Temp. von 1000° hauptsächlich aus $R_2O_3$ (R = Y oder andere Seltene Erdmetalle), bei 1200° aus $RCrO_3$. Durch Unters. der Mikrostruktur konnte letzteres an den Korngrenzen festgestellt werden. Die Beständigkeit der Legg., die an Stelle von Y eines der anderen Seltenen Erdmetalle enthalten, gegenüber der Oxydation, entspricht der der Legg. mit Y. P. FRENZEL. 196☐

**In Photoemulsionen und Glas beim Kontakt mit Quarz beobachtete Erscheinungen.** (Vorl. Mitt.) B. W. Witowski und L. I. Tatarinowa. (Кристаллография [Kristallographie] **4.** 931–33. Nov./Dez. 1959. Inst. für Kristallogr. der Akad. der Wiss. der UdSSR.) (Russ.)

Wenn auf einer Photoemulsion, in der ein latentes Bild besteht, ein Quarzkristall lange unbewegt liegt, verschwindet das latente Bild allmählich, es tritt eine „Photoregression" ein, die sich auch auf die mit dem Kristall nicht unmittelbar in Berührung stehenden Teile der Emulsion erstreckt. Wird die Platte nur zur Hälfte vorbelichtet, dann ist der Quarzkristall u. eine darauf angebrachte Bleistiftzeichnung nur auf der belichteten Hälfte zu erkennen. Auch auf reinem Glas liegender Quarz hinterläßt in 9 Monaten Liegezeit einen Anflug, dessen Elektronogramm kub. Gitter mit a = 5,68 Å zeigt, also weder Cristobalit, noch SiO oder Si entspricht. Eine Abb. wird auch auf einem Celluloidfilm erhalten. R. K. MÜLLER. 196☐

**Über Oberflächenenergien von Metallkristallen.** Irmtraud Pfeiffer. (Z. angew. Physik **11.** 477–84. Dez. 1959. Hanau/M., Vacuumschmelze AG.) (Dt.)

Die bekanntesten experimentellen Meth. zur Oberflächenenergie-Best. bei Metallkristallen werden beschrieben u. ihre Schwächen aufgezeigt. Als Beispiele werden die Meth. von FRIEDEL u. von SKAPSKI wiedergegeben. Unter Anwendung der dort abgeleiteten Beziehungen wird die Oberflächenenergie der (1 1 0)- u. der (1 0 0)-Fläche Al-haltigen Eisens (kub.-raumzentriert) berechnet. Zwischen der Orientierungsabhängigkeit der berechneten u. gemessenen Oberflächenenergie besteht ein bemerkenswerter Unterschied, der in die Diskussion der Rechenverf. einbezogen wird. W. BETCKE. 197☐

**Diffusion in Metallen.** P. G. Shewmon und F. R. Winslow. (Ind. Engng. Chem. **52.** 343–46. April 1960. Pittsburgh, Pa., Carnegie Inst. of Technol., Metals Res. Labor.) (Engl.) — Vgl. C. **1961.** 11249.

Übersicht. — 105 Literaturangaben. F. VIER. 197☐

**Untersuchung der Gründe für die „Diffusionsaktivität" kristalliner Körper mit Verzerrungen.** 2. Mitt. **Über das Sintern von Metallen galvanischer Herkunft nach Daten von Modellversuchen.** Ja. Je. Gegusin und N. N. Owtscharenko. (Физика Металлов и Металловедение [Physik Metalle Metallkunde] **8.** 714–20. Nov. 1959. Charkow, Gorki-Univ., Forschungs-Inst. für Chem.) (Russ.) — 1. vgl. Физика Металлов и Металловедение [Physik Metalle Metallkunde] **5.** [1957.] Nr. 3.

Es wird die Meth. der Formung von Pulvern mit verzerrtem Kristallgitter zur Ermittlung der Zeit- u. Temp.-Abhängigkeit der Sinter-Geschw. von Drähten galvan.

Herkunft (mit Gitterverzerrung) u. gewöhnlicher Drähte (mit verzerrungsfreiem Gitter) benutzt. Die beobachteten Besonderheiten des Prozesses stimmen mit den Feststellungen über den Diffusionsmechanismus des Hochtemp.-Sinterns überein. A. KUNZE. 197□

**Thermodiffusion von Sauerstoff und Stickstoff in Zirkonium.** G. D. Rieck und H. A. C. M. Bruning. (Nature [London] **190.** 1181—82. 24/6. 1961. Eindhoven, N. V. Philips Gloeilampenfabrieken, Philips Res. Labor.) (Engl.)

Vff. untersuchen den SORET-Effekt der Thermodiffusion von O in Zr, der der Diffusion unter dem Einfl. des elektr. Feldes bei Widerstandserhitzung überlagert ist. Zur Best. des O-Geh. mißt man die Mikrohärte der Proben. Bei der Widerstandserhitzung durch Wechselstrom auf ca. 1200° wird eine bestimmte $O_2$-Menge durch bandförmige Zr-Proben absorbiert. Anschließend erfolgt Homogenisierung durch 4std. Erhitzen im Hochvakuum bei 1350°. Es wird festgestellt, daß das O in Richtung der niedrigeren Temp. diffundiert. Für Zr-Streifen mit 1 u. 2 Atom-% O bei Temp.-Gradienten von 1100—1700° auf 50 mm bzw. mit 4 Atom-% u. 1350—1700° nehmen Vff. an, daß alle Teile der Streifen β-*Zr* sind. Erhitzt man Streifen mit 4 Atom-% oder mehr O mit einem Temp.-Gefälle von 900—1450°, so liegt im höheren Temp.-Bereich die β-Phase, im niedrigeren dagegen die α-Phase vor, so daß die unterschiedliche Löslichkeit von O in den beiden Phasen (α-Zr löst mehr O) die Wanderung des O in Richtung des niedrigeren Temp.-Bereichs erhöht. Bei einigen Verss. wird der O-Geh. des Bereichs höherer Temp. fast bis auf Null herabgesetzt, wobei dieser Teil der Probe genau so duktil wird wie reines Zr, während die anderen Bereiche spröde bleiben. O-freies Zr zeigt unter gleichen Vers.-Bedingungen kaum Härteunterschiede. Vff. nehmen weiterhin an, daß sich N in Zr u. O in Ti ebenso wie O in Zr verhalten. P. FRENZEL. 197□

**Isotopeneffekt bei intermetallischer Diffusion.** James G. Mullen. (Physic. Rev. [2] **121.** 1649—58. 15/3. 1961. Urbana, Ill., Univ. of Illinois, Phys. Dep.) (Engl.)

Der Isotopeneffekt, definiert als $E_B = [1 - D_B/D_A]/[1 - (m_A/m_B)^{1/2}]$, wurde bei der Diffusion von $^{55}$*Fe* u. $^{59}$*Fe* in reinste *Ag*- u. *Cu*-Einkristalle über einen Temp.-Bereich von ca. 300° (unterhalb des F.) bestimmt u. als $^2/_3$ des nach der Rk.-Kinetik berechneten Werts gefunden. Da beide Isotopen unter ident. Bedingungen eindiffundierten, konnten Fehler von Temp. u. Eindringtiefe vernachlässigt werden. Die Diffusionsdauer betrug zwischen 3 Std. u. 6 Wochen, die gemessenen Werte sind: $D_{59} = 4{,}38 \cdot 10^{-9}$ cm²/Sek., $E_{59} = 0{,}742 \pm 0{,}052$ bei 1056,1° (entsprechend $5{,}76 \cdot 10^{-12}$ cm²/Sek. u. $0{,}590 \pm 0{,}053$ bei 716,8°) für Cu u. $D_{59} = 2{,}82 \cdot 10^{-9}$ cm²/Sek., $E_{59} = 0{,}751 \pm 0{,}068$ bei 927,5° (entsprechend $4{,}40 \cdot 10^{-11}$ cm²/Sek. u. $0{,}757 \pm 0{,}078$ bei 725,4°) für Ag. W. SOBIESKI. 197□

**Versetzungsschleifen in neutronenbestrahltem Kupfer.** J. Silcox und P. B. Hirsch. (Philos. Mag. [8] **4.** 1356—74. 12 Tafeln. Dez. 1959. Cambridge, Cavendish Labor., Crystallograph. Labor.) (Engl.)

Die Härtung von Cu durch Neutronenbestrahlung wird elektronenmkr. untersucht. Mit zunehmender Dosis entstehen zunächst kleine Verzerrungsgebiete (Ø ca. 75 Å), z. T. als Versetzungsschleifen („loops“) identifizierbar. Diese wachsen weiter an bis Ø 150 u. 300 Å. Die Stabilität der Schleifen u. ihr Verh. beim Tempern entsprechen der Erwartung. Sie entstehen durch Kondens. von Leerstellen (Zwischenstadium: scheibenförmige Leerstellenaggregate) in den „spikes“ (Stellen hoher lokaler Gitterzerstörung) u. wachsen durch Leerstellendiffusion. J. TELTOW. 197□

**Rekristallisation einer Magnetostriktions-Legierung vom Typ Permendür.** A. A. Goldenberg. (Металловедение и Термическая Обработка Металлов [Metallkunde therm. Metallbearb.] **1960.** Nr. 9. 42—45. Sept. Allunions-Maschinenbau-Inst. für Fernunterricht.) (Russ.)

Die Rekristallisation einer Fe-Leg. mit 43% Co beginnt bei 650°. Die Körner mit einer Abmessung von 1—2 μ werden unter dem Mikroskop nach 6std. Glühen festgestellt. Die intensivste Zunahme der Körner bei der Erwärmung tritt bei 710—730° auf. Bei 750—860° hört das Wachsen der Körner auf. Die Aktivierungsenergie der Rekristallisation einer um 83% verformten Fe–Co-Leg. mit 43% Co beträgt für Temp. über 675° 67 kcal/g-Atom. Bei der Unters. des eigentlichen Rekristallisationsprozesses erweist sich die Meth. der mkr. Unters. als empfindlicher als die röntgenograph. Methode.
H. HOCHSTEIN. 197□

**Untersuchung der plastischen Verformung von Eisen.** B. Jaoul und D. Gonzalez. (Mém. sci. Rev. Métallurgie **58.** 81—96. Febr. 1961. Paris, École des Mines.) (Franz.)

Die Geometrie der Verformung von Fe-Einkristallen wird behandelt u. es werden Angaben über Richtungen u. Oberflächen des beobachteten Gleitens gemacht. Die Heterogenität einer Verformung sowie die Ausbildung der sek. Gleitlinien u. Verformung bei Temp. oberhalb der Raum-Temp. werden erörtert. Die Verfestigungskurven der Kristalle, bes. die Scherkurven, ferner die krit. Scherung, sowie die Kurven der plast. Verfestigung werden behandelt u. es werden Angaben über das Auftreten von Brüchen bei verformten Einkristallen sowie über den Einfl. der Verformungs-Geschw. hierbei gemacht. Der Einfl. der Kornfugen auf den Verformungsvorgang sowie die Bedeutung der elast. Grenze werden behandelt u. es werden Kurven mitgeteilt, die die Änderung der krit. Verformung der Rekristallisation in Abhängigkeit von der Wärmebehandlungs-Temp. angeben. — 29 Literaturangaben. H. HOCHSTEIN. 200□

**Die Berechnung der Härte von Silicaten nach den kristallchemischen Daten.** A. S. Powarennych. (Geologie **9.** 673—90. Sept. 1960. Kriwoj Rog.) (Dt.)

Die MOHSsche Härte der Silicate kann mit einem hohen Grad von Genauigkeit aus kristallchem. Daten berechnet werden. Die Härte der Neso- u. Sorosilicate sowie der Cyclosilicate wird nach dem Prinzip komplizierter homodesm. Verbb. berechnet; die Härte der Tektosilicate wird aus der Bindungsfestigkeit der Atome des Gerüsts ermittelt; die Härte der Ino- u. Phyllosilicate wird aus der Festigkeit der Bindung zwischen den Kationen u. den unendlichen Si—O-Radikalen berechnet. Der Unterschied in der Art der Berechnung der Härte bei verschiedenen Strukturtypen (Unterklassen) der Silicate gibt in vielen Fällen die Möglichkeit, durch Vgl. der experimentellen u. der berechneten Härte (u. bei Heranziehung der anderen Eigg.) strukturell wenig untersuchte Mineralien in bestimmte Unterklassen der Silicate u. Alumosilicate einzustufen. Bei genauer Kenntnis der chem. Zus. u. des Strukturtyps eines Silicats kann man durch die Berechnung der Härte überprüfen, ob die Mittelwerte der Atomabstände, die bei der röntgenstrukturellen Unters. erhalten wurden, richtig sind. Die MOHSsche Härte der Mineralien ist eine wichtige u. konst. Eig., die es gestattet, den Strukturtyp u. die spezif. Züge der Verteilung der chem. Bindung zu beurteilen. P. SCHARNER. 200□

---

**Norman Fordyce McKerron Henry,** The interpretation of X-ray diffraction photographs by N. F. M. Henry, H. Lipson and W. A. Wooster. 2nd edit. New York: St. Martin's Press. 1960. (282 S. m. Abb.) $ 12,—.

**Martin May,** Einfluß elastischer und plastischer Deformation auf die Diffusion von Einlagerungselementen, untersucht am Beispiel Eisen–Kohlenstoff und Eisen–Stickstoff. Berlin: Akademie-Verl. 1960. (74 S. m. 43 Abb.) 8° = Freiberger Forschungshefte. Reihe B, 55. DM 7,—.

## $A_7$. Gleichgewichte. Kinetik

**Molekularassoziation im Natriumcyaniddampf.** Richard F. Porter. (J. chem. Physics **35.** 318—22. Juli 1961. Ithaca, N.Y., Cornell Univ., Dep. of Chem.) (Engl.)

Die Massenspektren des Dampfes von NaCN-Proben lassen erkennen, daß die Verb. bei Temp. um 1000° K als NaCN (g) u. $Na_2(CN)_2$ (g) (g = gasförmig) verdampft. Die Massenspektren gleichen denen, die für Na-Halogenid- u. NaOH-Dämpfe erhalten wurden. Ein Vgl. der durch Elektronenbeschuß von NaCN-Dampf aus KNUDSEN-Zellen vom einfachen u. doppelten Ofentyp erzeugten relativen Ionenströme gibt Auskunft über den Vorgang der Ionenbildung. Für die Rk. $Na_2(CN)_2$ (g) → 2 NaCN (g) erhält Vf. den Wert $\Delta H_{1000^0} = 41{,}0 \pm 3{,}0$ kcal/Mol des Dimeren. Das deutet auf eine Stabilität des Dimeren hin, die mit der von $Na_2J_2$ (g) vergleichbar ist.

GERHARD SCHULZE. 223□

**Analytische Anwendung der Methode der potentiometrischen Oberfläche.** A. Swinarski und J. Wojtczak. (Acta chim. Acad. Sci. hung. **26.** 381—91. 1961. Toruń, Polen, N. Copernicus Univ., Inst. für Anorg. Chem.) (Dt.)

Eine von LEFEBVRE entwickelte Meth. der potentiometr. Fläche ermöglicht die Unters. der Verhältnisse eines Mehrkomponenten-Syst. einer Lsg. mit einfachen Mitteln. Die Anwendung wird an Hand der Best. der $NH_3$-Komplexe des $Cu^{2+}$ dargelegt.

W. HAMPEL. 223□

**Über den Zustand der Elemente des mittleren Teils der 4. Periode in salzsauren Lösungen.** I. K. Zitowitsch. (Доклады Академии Наук СССР [Ber. Akad. Wiss. UdSSR] **128.** 970—72. 11/10. 1959. Kuban, Landwirtsch. Inst.) (Russ.)

Es wurden die Verteilungs-Koeff. $\psi$ [$\psi = M_1 \cdot v/(M - M_1) \cdot m$, $M_1$ = am Ionenaustauscher sorbierte Menge des Elements, M = gesamte Menge des Elements in der Lsg., v = Vol. der Lsg., m = Ionenaustauschermenge] von Ti(IV), Cr(III), Mn(II), Fe(III), Co(II), Ni(II) u. Cu(II) in salzsauren Lsgg. (0,1—10n) an den Ionenaustauschern KU-2, SsBSs, KU-1 (Espatit-1) u. AN-2F untersucht. Daraus folgt, daß in 0,1—0,5n HCl-Lsg. die Ionen $Ti^{4+}$, $Mn^{2+}$, $Fe^{3+}$, $Co^{2+}$, $Cu^{2+}$ u. $Ni^{2+}$ vorliegen. In 6—8n -Lsg. liegen Anionen-Komplexe vom Fe(III), Ti(IV) u. Co(II) vor (Sorption am Anionenaustauscher). Die anderen Ionen werden nicht sorbiert u. wirken neutral. Cr(III) wird aus keiner dieser Lsgg. sorbiert. CH. WEISKE. 223□

**Die Löslichkeit von Calciumnitrat in Salpetersäure.** Je. W. Perow, L. P. Tolmatschewa und N. N. Gordejewa. (Журнал Прикладной Химии [J. angew. Chem.] **33.** 2140—41. Sept. 1960.) (Russ.)

Die Löslichkeiten von $Ca(NO_3)_2$ wurden bei 10, 20 u. 30° in 5—60%ig. $HNO_3$ bestimmt. Die Löslichkeit wächst mit der Temp. u. sinkt mit der $HNO_3$-Konzentration. Die Ergebnisse sind graph. dargestellt. S. Eckert. 224□

**Die Löslichkeiten einiger anorganischer Verbindungen in Äthylencarbonat.** R. F. Kempa und W. H. Lee. (Z. anorg. allg. Chem. **311.** 140—41. 1961. London, Battersea Coll. of Technol.) (Dt.)

Vff. bestimmten die Löslichkeiten folgender Chloride in Äthylencarbonat (I) zu (g/100 g Lsgm.): *LiCl* 0,71; *KCl* 0,02; *RbCl* 0,007; $FeCl_3$ 66,9; $CoCl_2$ 3,22; $NiCl_2$ 0,015; $CuCl_2$ 0,68; $HgCl_2$ 28,76. Sämtliche Lsgg. zeigen erhebliche elektr. Leitfähigkeit. Im Gegensatz zu den Alkalichloriden sind die Alkaliperchlorate verhältnismäßig gut löl., $AgNO_3$, *AgCl* u. $AgClO_4$ lösen sich nicht in **I.** Mit $SnCl_4$ u. $TiCl_4$ bildet **I** Additions-Verbb. der Form $MeCl_4 \cdot 2$ **I**, die sich an der Luft spontan durch Hydrolyse zersetzen. Die Darst. von $SnCl_4 \cdot 2$ **I** (F. 68°) u. $TiCl_4 \cdot 2$ **I** (F. 58°) erfolgt durch Fällung von benzol. oder Cyclohexan-Lsgg. der Rk.-Partner. P. Scharner. 224□

**Verteilungsversuche in geschmolzenen Salzen.** 1. Mitt. **Die Verteilung von Thalliumchlorid zwischen $KNO_3$ und AgCl und zwischen $K_2S_2O_7$ und AgCl.** John H. Kennedy. (J. physic. Chem. **65.** 1030—33. Juni 1961. Wilmington, Del., E. I. du Pont de Nemours & Co., Explosives Dep.) (Engl.)

Die Salzpaare $AgCl/KNO_3$, $AgCl/K_2S_2O_7$, $AgCl/KHSO_4$, $AgCl/KBF_4$–$NaBF_4$ u. $PbCl_2/KBF_4$–$NaBF_4$ sind in der Schmelze nicht mischbar. Die Unterss. werden bei 480° durchgeführt. Die Verteilungs-Koeff. verschiedener Salze in $KNO_3$ bzw. $K_2S_2O_7$ bzw. $KHSO_4$ werden mitgeteilt. Die Verteilung von TlCl in den Syst. $AgCl/KNO_3$ u. $AgCl/K_2S_2O_7$ hängt von 2 Gleichgewichten ab, u. zwar von der wahren Verteilung der TlCl-Moll. zwischen den beiden Phasen u. der Assoziation von Tl- u. Cl-Ionen in der $KNO_3$- (oder $K_2S_2O_7$-)Phase. Die 2 Gleichgewichts-Konst. werden für beide Syst. graph. dadurch ermittelt, daß KCl zugefügt wird; die Verteilung des Tl zwischen AgCl u. $KNO_3$ (bzw. $K_2S_2O_7$) wird als Funktion der $Cl^-$-Konz. in der $KNO_3$- (bzw. $K_2S_2O_7$-) Phase gemessen. Die Verteilungs-Konst. TlCl (in $KNO_3$)/TlCl (in AgCl) beträgt 0,02, die Assoziations-Konst. für TlCl in $KNO_3$ 0,14 kg/Mol. Entsprechende Werte im Falle $K_2S_2O_7$ :0,04; 2,0. $KNO_3$ ist ein stärker ionisierendes Lsgm. als $K_2S_2O_7$. KCl hat in AgCl ebenfalls eine hohe Löslichkeit; Verteilungs-Koeff. im Syst. $K_2S_2O_7/AgCl = 0,4$; im Syst. $KNO_3/AgCl = 1,2$. F. Huber. 224□

**Untersuchung metastabiler Gleichgewichte im System $CaO$–$P_2O_5$–$H_2O$.** M. Je. Posin, B. A. Kopylew und Li-Schen Wan. (Журнал Прикладной Химии [J. angew. Chem.] **33.** 1482—91. Juli 1960. Leningrad, technolog. Lensowjet-Inst.) (Russ.)

Untersucht wurde der Grad der Übersättigung (ÜS) im vorst. Syst. in Abhängigkeit von der Konz. der Lsg. an $P_2O_5$ im Temp.-Bereich von 20—100°. In den im Gleichgewicht mit Mono-Ca-Phosphat stehenden Lsgg. wächst der ÜS-Grad etwa um das 10- bis 20fache bei Senkung der Temp. von 100 auf 25°. Für eine Lsg. mit 55% (35%) $P_2O_5$ wächst unter diesen Bedingungen der ÜS-Grad bei Temp.-Erniedrigung von 7 auf 162% (12—14,5%). Mit Erhöhung der Konz. der Lsgg. (im Gleichgewicht mit $CaHPO_4$) wird der ÜS-Grad zwischen 25 u. 50° um das 3—10fache erhöht. Bei 75° bewirkt eine Änderung der Konz. von 25 auf 55% $P_2O_5$ eine Steigerung des ÜS-Grades von 16 auf 33%, bei 100° beträgt er nur 6—8%. Bei Lsgg., die im Gleichgewicht mit Di-Ca-Phosphat stehen, zeigt der ÜS-Grad ein Maximum u. ein Minimum. Er wächst bei Temp.-Erhöhung stark zwischen 25 u. 40°, fällt zwischen 40 u. 75° u. steigt erneut zwischen 75 u. 100° gering an. Er vergrößert sich mit Senkung des $P_2O_5$-Geh. der Lsg. (Abb. u. Tabellen). S. Eckert. 224□

**Chemisches Ätzen von Silicium.** 2. Mitt. **Das System HF, $HNO_3$, $H_2O$ und $HC_2H_3O_2$.** H. Robbins und B. Schwartz. (J. electrochem. Soc. **107.** 108—11. Febr. 1960. Newport Beach, Calif., Hughes Semiconductors.) (Engl.) — 1. vgl. C. **1960.** 10163.

Die Ätz-Wrkg. von HF–$HNO_3$–$CH_3COOH$-Gemischen verschiedener Zus. auf Si wird untersucht. Die Proben werden in Form dünner, quadrat. Kristallscheibchen der Wrkg. des Säuregemisches unter starkem Rühren ausgesetzt. Die Abnahme ihrer Dicke wird mit dem Mikrometer gemessen u. als Funktion des Mischungsverhältnisses der Säuren dargestellt. Die Kinetik der Rk. wird mit der des l. c. untersuchten Syst. HF–$HNO_3$–$H_2O$ verglichen. Die Essigsäure wirkt in erster Linie nur als Verdünnungsmittel. Das $CH_3OOH$-Syst. verhält sich in qual. Hinsicht wie das $H_2O$-Syst., zeigt aber diesem gegenüber eine größere Toleranz in bezug auf das Verdünnungsmittel, was der geringeren

Dissoziation von $HNO_3$ in Eisessig als in W. zuzuschreiben ist. Spuren $NaNO_2$ katalysieren die Reaktion. Der für das Wasser-Syst. abgeleitete Rk.-Mechanismus läßt sich auch auf das $CH_3COOH$-Syst. anwenden. W. BETCKE. 224□

**Zeit und ihre chemische (dialektische) Superposition auf chemische Systeme: Reaktionsgeschwindigkeit.** Mizuho Odagiri. (Sci. Rep. Soc. Res. theoret. Chem. [Japan] **6.** 1—15. Juli 1960. Kinki Univ., Fac. of Sci. and Technol., Dep. of Chem.) (Engl.)

Theoret. Betrachtungen über die Beziehungen zwischen chem. Rk. u. der Zeit mit einer Behandlung des Problems der Rk.-Geschw. vom Standpunkt der chem. (dialekt.) Überlagerung von Zuständen. HERBERT WEBER. 225□

**Dynamische Stabilität von eingefrorenen Radikalen. 1. Mitt. Beschreibung und Anwendung des Modells.** J. L. Jackson. (J. chem. Physics **31.** 154—57. Juli 1959. Washington, D.C., Nat. Bur. of Stand.) (Engl.)

Vf. nimmt Bezug auf therm. u. magnet. Beobachtungen von FONTANA (vgl. J. chem. Pyhsics **31.** [1959]. 148 u. früher) über bei der Temp. des fl. He aus einer Mikrowellenentladung niedergeschlagenen $N_2$ u. entwickelt an Hand eines vereinfachten Modells eine Theorie, die eine allg. Deutung der experimentellen Beobachtungen gestattet. An Hand des Modells wurde eine krit. Konz. freier Radikale abgeschätzt, derart, daß bei höheren Konzz. spontan Entzündung eintritt. Für N-Atome in einem $N_2$-Mol.-Gitter ist diese krit. Konz. von der Größenordnung von 0,3%. C. GOTTFRIED. 225

**Dynamische Stabilität von eingefrorenen Radikalen. 2. Mitt. Die formale Theorie des Modells.** J. L. Jackson. (J. chem. Physics **31.** 722—29. Sept. 1959.) (Engl.) — 1. vgl. vorst. Referat.

Vf. nimmt Bezug auf das l. c. beschriebene Modell für eingefrorene Radikalketten-Rkk. von N-Atomen in einem $N_2$-Gitter u. entwickelt eine formale Theorie dieser Reaktionen. Vgl. mit Daten aus der Literatur. C. GOTTFRIED. 225

**Der Einfluß von Wasser auf die thermische Zersetzung von α-Bleiazid.** Bruno Reitzner. (J. physic. Chem. **65.** 948—52. Juni 1961. Dover, N.J., Explosives Res. Sect., Pictatinny Arsenal.) (Engl.)

Vf. untersucht die therm. Zers. von $\alpha$-$Pb(N_3)_2$ (**I**) bei 200, 240 u. 250° bei $H_2O$-Dampfdrücken, die sich über verschiedenen Absperr-Fll. einstellen. Die Messungen werden graph. wiedergegeben. Bei 200° ist die Zers. nach 96 Std. geringfügig. Bei 250° wird über konz. $H_2SO_4$ eine Induktionsperiode von 1 Std. 10 Min. beobachtet; danach beschleunigt sich die Rk.-Geschw., bis nach 1 Std. 26 Min. Explosion eintritt. Bei 240° u. $H_2O$-Tension $<$ 8,9 Torr nimmt die Induktionsperiode der autokatalyt. Rk. **I** $\rightarrow$ Pb + 3 $N_2$ mit zunehmender $H_2O$-Tension zu. Oberhalb 8,9 Torr wird die autokatalyt. Rk. vollständig unterdrückt, dafür entsteht durch hydrolyt. Rk. ein bas. Pb-Azid u. $HN_3$. $HN_3$ zersetzt sich z. T. zu $N_2$ u. $NH_3$, welches mit unzersetzter $HN_3$ $[NH_4]N_3$ bildet. Das bas. Pb-Azid ist weniger zersetzlich als **I**. An Hand dieser Ergebnisse werden frühere Arbeiten anderer Autoren diskutiert. Die Verlängerung der Induktionsperiode u. die Unterdrückung der autokatalyt. Rk. werden als Katalysatorgift-Wrkg. von Wasserdampf auf die Pb-Keime der Autokatalyse erklärt. Es wird versucht, die langen Induktionsperioden bei der therm. Zers. von Alkali- u. Erdalkaliaziden zu deuten. F. HUBER. 225□

**Radiochemische Untersuchung von Fällungsaustauschreaktionen. 1. Mitt. Chloridaustausch mit Silberjodat.** L. Erdey, E. Bányai und F. Szabadváry. (Acta chim. Acad. Sci. hung. **26.** 211—18. 1961. Budapest, TU, Inst. für Allg. Chem.) (Dt.)

Zur Kontrolle experimentell ermittelter Gleichgewichts-Konzz. wird die Fällungsaustausch-Rk. $AgJO_3 + Cl^- \rightleftharpoons AgCl + JO_3^-$ mittels einer markierten $Cl^-$-Lsg. u. radioakt. Ag enthaltenden $AgJO_3$-Lsg. untersucht. Die gefundenen Werte stimmen mit den bekannten gut überein. W. HAMPEL. 225□

**Radiochemische Untersuchung von Fällungsaustauschreaktionen. 2. Mitt. Chloridaustausch mit Silberchromat.** L. Erdey, I. Porubszky und D. Hegedüs. (Acta chim. Acad. Sci. hung. **26.** 219—27. 1961.) (Dt.) — 1. vgl. vorst. Referat.

Es wird die Fällungsaustausch-Rk. $Ag_2CrO_4 + 2\,Cl^- \rightleftharpoons 2\,AgCl + CrO_4^{2-}$ mit $^{36}Cl$ enthaltenden $Cl^-$- u. $^{110}Ag$ enthaltenden $Ag_2CrO_4$-Lsgg. untersucht. Die experimentell erhaltenen Werte stimmen mit den theoret. berechneten Umwandlungs-Koeff. gut überein. W. HAMPEL. 225□

**Kinetik der Oxydation von Cer(III) durch konzentrierte Salpetersäure.** R. W. Johnson und D. S. Martin jun. (J. inorg. Nuclear Chem. **10.** 94—102. April 1959. Ames, Iowa, Iowa State Coll., Inst. for Atom. Res., Dep. of Chem.) (Engl.)

Die Rk. $Ce^{3+} + H_3O^+ + HNO_3 \rightarrow Ce^{4+} + NO_2 + 2\,H_2O$ (1) ist unter gewissen Umständen reversibel. Dabei kann die Red. des $Ce^{4+}$ noch durch spontane Zers. der Säure nach $4\,HNO_3 \rightarrow 4\,NO_2 + 2\,H_2O + O_2$ begünstigt werden. Die Kinetik der Rk. (1)

konnte durch schnelle Entfernung des $NO_2$ in einem raschen $N_2$-Strom quant. verfolgt werden. Bei 90—110° u. in 12—16n $HNO_3$ entspricht das Zeitgesetz einem Elektronenübergang zwischen $Ce^{3+}$ u. $NO_2^+$ unter Bldg. von $Ce_4^+$ u. $NO_2$; die Rk. ist erster Ordnung bzgl. $Ce^{3+}$ u. $NO_2^+$. Für die Gesamt-Rk. ergibt sich eine Aktivierungsenergie von ca. 8 kcal. Dieser Wert stellt zugleich eine obere Grenze für die Bldg.-Wärme des $NO_2^+$-Ions in wss. $HNO_3$ dar. A. BLASCHETTE. 225□

**Die Oxydation des Thiocyanations durch Wasserstoffperoxyd.** 2. Mitt. **Die säurekatalysierte Reaktion.** I. R. Wilson und G. M. Harris. (J. Amer. chem. Soc. **83.** 286—89. 20/1. 1961. Univ. of Queensland, Australia, Dep. of Chem.; Buffalo, N.Y., Univ. of Buffalo, Dep. of Chem.) (Engl.) — 1. vgl. C. **1961**. 3256.

Stöchiometrie u. Kinetik der $H^+$-katalysierten Rk. zwischen $H_2O_2$ u. $SCN^-$-Ionen wurden in 0,05—1,3m $HClO_4$ nach klass. Meth. u. mit Hilfe $^{14}C$- u. $^{18}O$-markierter Verbb. untersucht. Die Hauptprodd. sind $HSO_4^-$ u. HCN, daneben entsteht $S(CN)_2$. Die Ergebnisse deuten auf nachst. Mechanismus für die katalysierte sowohl als auch für die nichtkatalysierte Rk.: (1) $SCN^- + H_2O_2 \rightarrow HOSCN + OH^-$ (pH $>$4); (2) $H_3O^+ + SCN^- + H_2O_2 \rightarrow HOSCN + 2\,H_2O$ (pH $<$2; $k_2$); (3) $HOSCN + H_2O_2 \rightarrow HOOSCN + H_2O$ ($k_3$); (4) $HOSCN + HCN \rightarrow S(CN)_2 + H_2O$ ($k_4$); (5) $HOOSCN + H_2O_2 \rightarrow H_2SO_3 + HOCN$ (pH $>$4); (6) $HOOSCN + H_3O^+ \rightarrow H_2SO_3 + HCN + H^+$ (pH $<$2); (7) $HOCN + 2\,H_2O \rightarrow HCO_3^- + NH_4^+$; (8) $H_2SO_3 + H_2O_2 \rightarrow H_2SO_4 + H_2O$. Die nichtkatalysierte Rk. wird durch die Schritte 1, 3, 5, 7 u. 8 beschrieben, wobei 1 geschwindigkeitsbestimmend ist; die säurekatalysierte Rk. entspricht der Folge 2, 3, 4, 6 u. 8, wobei 6 u. 8 viel schneller ablaufen als 2, 3 u. 4. Dieser Mechanismus erklärt die jodometr. verfolgte Kinetik der katalysierten Gesamt-Rk., die durch das Zeitgesetz $R = {}^1/_3(dx/dt) = k_2[H_3O^+][SCN^-][H_2O_2]^2/([H_2O_2] + k_4/k_3[HCN])$ beschrieben wird; x ist die jodometr. ermittelte Summe $[H_2O_2] + [S(CN)_2]$. Die Geschw.-Konst. dritter Ordnung der prim. Rk. (2) ist bei 20—50° $k_2 = 1{,}75 \cdot 10^8 \exp(-11000/RT)$ $Liter^2 \cdot Mol^{-2} \cdot min^{-1}$. A. BLASCHETTE. 225□

**Die Schwingung und Zersetzung des Wasserstoffperoxydmoleküls.** E. K. Gill und K. J. Laidler. (Proc. Roy. Soc. [London], Ser. A **251.** 66—75. 12/5. 1959. Univ. of Ottawa, Canada, Dep. of Chem.) (Engl.)

Mit Hilfe der FG-Matrix-Meth. von HOWARD u. WILSON u. unter Verw. von Symmetriekoordinaten wird an Hand der Spektraldaten von GIGUÈRE u. BAIN (C. **1952.** 7607) eine vollständige Schwingungsanalyse für das $H_2O_2$-Mol. durchgeführt. Die den sechs Normalschwingungen entsprechenden Amplitudenfaktoren werden berechnet. Mit verschiedenen krit. Rk.-Koordinaten (O—O-Abstand bzw. O—H-Abstand) wird anschließend die Geschw.-Konst. des therm. Zerfalls des $H_2O_2$ in der Gasphase mit Hilfe der von SLATER für monomol. Rkk. ohne Energieaustausch zwischen Normalschwingungen vorgeschlagenen Gleichung berechnet. Die erhaltenen Werte sind um den Faktor $10^{-5}$ bzw. $10^{-2}$ kleiner als die experimentellen Konst., was auf einen Energieaustausch zwischen mindestens 5 der 6 Normalschwingungen zurückgeführt wird, entsprechend den Ansätzen von HINSHELWOOD [1927], KASSEL [1928/32] sowie RICE u. RAMSPERGER [1927/28]. A. BLASCHETTE. 225□

**Induzierter Sauerstoffaustausch zwischen Wasserstoffperoxyd und Wasser.** M. Anbar. (J. Amer. chem. Soc. **83.** 2031—35. 5/5. 1961. Rehovoth, Israel, Weizman Inst. of Sci., Isotope Dep.) (Engl.)

Die spezif. Isotopenaustausch-Geschw. zwischen $H^{16}O^{16}OH$ (**I**) u. $H_2{}^{18}O$ (**II**; 92% $^{18}O$) ist bei 25° in 1n $HClO_4$ $k < 7 \cdot 10^{-9}\,min^{-1}$, in 1n NaOH $k = 1{,}1 \cdot 10^{-7}\,min^{-1}$. Die Halbwertszeit des spontanen O-Austauschs zwischen $H_2O_2$ u. $H_2O$ beträgt damit über 200 Jahre. Ein rascher Austausch zwischen **I** u. **II** wird durch eine Reihe von Stoffen induziert, die $H_2O_2$ durch Oxydation oder Katalyse unter $O_2$-Entw. zersetzen. So bewirkt $ClO^-$ in 0,2n $OH^-$-Lsg. eine Anreicherung von $^{16,18}O_2$ im entwickelten Gas u. von $H^{16}O^{18}OH$ (**III**) im unzersetzten $H_2O_2$. $Cl^-$-Ionen sind ohne Einfl. auf die Rk., durch $Br^-$ u. $NO_2^-$ wird sie gehemmt. Bei Verw. von $Cl^{18}O^-$ u. $H_2{}^{16}O$ tritt kein $^{18}O$ in $O_2$ u. $H_2O_2$ auf. Bei der Rk. von $H_2O_2$ mit $Cl^{16}O^-$ oder $Cl^{18}O^-$ in $H_2{}^{16}O$ wird keine unterschiedliche Isotopenverteilung gefunden. Hieraus folgt, daß es sich bei dem im Syst. **I–II** auftretenden Austausch um einen durch $ClO^-$ induzierten Austausch zwischen **I** u. **II** handelt. Eine ähnliche Induktion des Austauschs zwischen **I** u. **II** wird von $Fe^{2+}$ u. $Fe^{3+}$ in saurer, $Ce^{4+}$ in stark saurer, $MnO_4^-$ in saurer, $JO_4^-$ in neutraler, $BrO^-$ in alkal., $NO_2$ in neutraler u. saurer, $NO_2^-$ in saurer Lsg. hervorgerufen. Ohne Einfl. auf diesen Austausch sind dagegen Pt-Mohr, $PbO_2$, $Ag_2O$, $MnO_2$, $[Fe(CN)_6]^{3-}$ in alkal., $Cr_2O_7^{2-}$ in saurer Lsg., $Br_2/Br^-$ bei pH 4, $J_3^-$ bei pH 4, $AuCl_4^-$, $JO_4^-$ in saurer Lsg.; diese Stoffe bewirken auch keinen Austausch zwischen **I** u. $H^{18}O^{18}OH$ (**IV**). Von den Substanzen, die zwar den Austausch zwischen **I** u. **II** induzieren, sind $MnO_4^-$, $Fe^{2+}$,

$Fe^{3+}$, $Ce^{4+}$, $JO_4^-$ u. $NO_2^-$ ebenfalls ohne Einfl. auf den Austausch zwischen **I** u. **IV** (d. h., es erfolgt in ihrer Ggw. keine Bldg. von **III**). Es wird angenommen, daß der Austausch zwischen **I** u. **II** durch Peroxokomplexe vom Typ XOOH bewirkt wird: $XOH + HOOH \rightleftharpoons XOOH + H_2O$; $XOOH + H_2O^* \rightleftharpoons HOO^*H + XOH$, wobei XOOH = ClOOH, $O_2JOOH$, $O_2NOOH^-$, $FeOOH^{2+}$, $FeOOH^+$ oder $CeOOH^{3+}$ sein kann. — **IV** wurde durch Rk. von Na mit $^{18,18}O_2$ u. Zers. des gebildeten Peroxyds mit 1n $H_2SO_4$ hergestellt. A. BLASCHETTE. 225□

**Der Sauerstoffaustausch zwischen Wasserstoffperoxyd und Wasser in Salpetersäurelösungen.** M. Anbar und S. Guttmann. (J. Amer. chem. Soc. **83.** 2036. 5/5. 1961.) (Engl.) — Vgl. vorst. Referat.

Der Isotopenaustausch zwischen $H_2O_2$ u. $H_2{}^{18}O$ wurde bei 60° in 0,1—4,0m $HClO_4$, 4,0—11,2m $H_2SO_4$ u. 1,0—10,0m $HNO_3$ untersucht. $HClO_4$ katalysiert den Austausch nicht, die Geschw.-Konst. wurde zu $k = 2{,}2\cdot10^{-8}$ bis $2{,}8\cdot10^{-8}\,min^{-1}$ gefunden. Die Halbwertszeit des Austauschs in 11,6m $H_2SO_4$ beträgt über 10 Jahre. k ist dabei proportional der $H_2SO_4$-Konz. ($4{,}5\cdot10^{-8}$ bis $1{,}1\cdot10^{-7}$ im untersuchten Konz.-Bereich) oder, unter Berücksichtigung des spontanen Austauschs, proportional $[H_2SO_4]^2$. Der wahrscheinliche Mechanismus ist $HO^*O^*H$ (**I**) $+ H_2SO_4 \rightarrow HO_3SO^*O^*H$ (**II**) $+ H_2O$, **II** $+ H_2O \rightarrow HO_3SO^*H + HO^*OH$ (**III**). In $HNO_3$ ist die Rk.-Geschw. bedeutend höher, k nimmt im untersuchten Bereich Werte von $1{,}0\cdot10^{-7}$ bis $2{,}9\cdot10^{-3}$ an u. entspricht dem Gesetz $R = k[H_2O_2].[HNO_3]^2$, wobei $[HNO_3]$ die Konz. der undissoziierten Säure ist. Als Mechanismus wird vorgeschlagen: (1) $H_3O^+ + NO_3^- \rightleftharpoons HNO_3 + H_2O$; (2) $HNO_3 + HNO_3 \rightleftharpoons N_2O_5 + H_2O$; (3) $N_2O_5 +$ **I** $\rightleftharpoons HNO_3 + O_2NO^*O^*H$ (**IV**); (4) **IV** $+ H_2O \rightleftharpoons O_2NO^*H +$ **III**; (5) **IV** $+ H_2O \rightleftharpoons O_2NO^*OH$ (**V**) $+ H_2O^*$; (6) **V** $+ H_2O \rightleftharpoons O_2NOH +$ **III**. Rk. 4 oder 5 ist geschwindigkeitsbestimmend. Zusatz von $NaNO_3$ oder $HClO_4$ bewirkt eine Verschiebung des Gleichgewichts 1 u. damit eine Erhöhung von k. Ein zusätzlich beobachteter Austausch zwischen $H_2O_2$ u. $HNO_3$ spricht für Rk. 4.
A. BLASCHETTE. 225□

**Photolyse von Wasserstoffperoxyd bei hohen Lichtintensitäten in wässerigen, an $^{18}O$ angereicherten Lösungen.** M. Anbar. (Trans. Faraday Soc. **57.** 971—82. Juni 1961.) (Engl.) — Vgl. vorst. Referate.

Bei der Photolyse von $H^{16}O^{16}OH$ (**I**) in $H_2{}^{18}O$ (92—94% $^{18}O$) mit hohen Lichtintensitäten ($10^{-2}$ Einstein·Liter$^{-1}$·min$^{-1}$) bei 25° entstehen $H^{16}O^{18}OH$ (**II**), $^{16,16}O_2$ (**III**) u. $^{16,18}O_2$ (**IV**). $H_2O_2$, $Br^-$ u. $NO_2^-$ verringern die Ausbeute an **II**, $Cu^{2+}$ fördert die Bldg. von **II** u. **IV**. Bei Verss. mit $H_2{}^{16}O$-Lsgg., die gleichzeitig **I** u. $H^{18}O^{18}OH$ enthalten, tritt erheblicher Austausch („scrambling“) unter Bldg. von **IV** auf. Photochem. induzierter Austausch zwischen $^{18,18}O_2$ u. **I** in $H_2{}^{16}O$ wird bei $pH \leq 11{,}5$ nicht beobachtet. Die Ergebnisse werden mit den bekannten Austauscherscheinungen bei der Radiolyse analoger Syst. mit Röntgenstrahlung verglichen. Es zeigt sich, daß Photolyse u. Radiolyse unterschiedlichen Mechanismen folgen. Für die Photolyse wird als prim. Schritt die Bldg. von O-Radikalen im ersten angeregten ($^1D$)-Zustand gemäß $H_2O_2 \rightleftharpoons H_2O + O$ u. von **III** nach $O + H_2O_2 \rightarrow O_2 + H_2O$ vorgeschlagen. In einer zweiten Rk. werden $^{18}OH$-Radikale gebildet ($^{16}O + H_2{}^{18}O \rightarrow {}^{16}OH + {}^{18}OH$), die mit $^{16}O$ oder **I** zu $^{16,18}O_2H$ u. endlich zu **IV** weiterreagieren. Die untergeordnete Bldg. von OH-Radikalen aus $H_2O_2$ u. vielleicht von O-Atomen im $^3P$-Zustand vermag die Unterschiede zwischen der Quantenausbeute der Gesamtphotolyse der Ausbeute an Austausch-Prodd. zu erklären.
A. BLASCHETTE. 226□

**Der Austausch zwischen Wasserstoff und Deuterium in Gegenwart von Elektronen und ultravioletter Strahlung.** O. A. Schaeffer und S. O. Thompson. (Radiation Res. **10.** 671—79. Juni 1959. Upton, N. Y., Brookhaven Nat. Labor., Chem. Dep.) (Engl.) — Vgl. C. **1958.** 5897.

Bei der Bestrahlung von $H_2$–$D_2$-Gemischen mit 200 MeV-Elektronen (620—630 Sek., 500 μCb) bzw. UV-Strahlung (konst. Dosis) wurden nachst. Austauschgrade (= prozentuale Umwandlung des Gemisches in HD) gefunden: Elektronen $21{,}6 \pm 1{,}2$; Elektronen + Hg $14{,}1 \pm 1{,}8$; Elektronen + Hg + UV $10{,}4 \pm 1{,}7$; Hg + UV $6{,}4 \pm 0{,}1$; Elektronen + Hg + UV + Xe $6{,}1 \pm 0{,}1$. Der Mechanismus des Austauschs in Ggw. von Edelgasen wird an Hand energet. u. kinet. Daten von Ion-Mol.-Einzel-Rkk. diskutiert. Träger der Ionen-Ketten-Rk. ist nach $H_2 \rightarrow H_2^+ + e^-$ u. $H_2^+ + H_2 \rightarrow H_3^+ + H$ gebildetes $H_3^+$. Der Austausch erfolgt nach $H_3^+ + D_2 \rightarrow H_2 + HD_2^+$, die Hemmung des Kettenstarts durch Edelgase nach $H_2^+ + R \rightarrow RH^+ + H$ (1), der Kettenabbruch nach $H_3^+ + R \rightarrow RH^+ + H_2$ (2). Rk. (1) erfolgt mit allen Edelgasen, (2) nur mit Kr u. Xe. Kleine Mengen von He, Ne oder Ar können unter gewissen Bedingungen den Austausch begünstigen, da bei ihnen die Rkk. $R^+ + H_2 \rightarrow RH^+ + H$ u. $RH^+ + H_2 \rightarrow R + H_3^+$ energet. möglich sind. Der normale Kettenabbruch geschieht nach $H_3^+ +$

$M^- \rightarrow H_2 + H + M$ oder $H_3^+ \cdot M + e^- \rightarrow H_2 + H + M$. Die Unterss. bei gleichzeitiger Einw. von Elektronen- u. UV-Strahlung zeigen, daß die Ionen-Ketten-Rk. durch H-Atome gehemmt wird; wahrscheinlich bilden sich Addukte (Cluster) vom Typ $H \cdot H_3^+$, die bes. leicht durch freie Elektronen neutralisiert werden. A. BLASCHETTE. 226□

**Die Rolle von $C_3O_2$ bei der Radiolyse von $CO_2$.** J. Sutton, M. Faraggi und M. Schmidt. (J. Chim. physique Physico-Chim. biol. **57.** 643—46. Juli/Aug. 1960. Comm. à l'Énergie Atom., Serv. de Chim. Phys.) (Franz.)

Wird reines $CO_2$ in einem einfachen Entladungsrohr dem Beschuß langsamer Elektronen ausgesetzt, so entstehen als Rk.-Prodd. CO, $O_2$ u. $O_3$. Vff. untersuchten den Einfl. von geringen Konzz. an $C_3O_2$ (ca. 1%) im $CO_2$-Strom, die vor oder nach dem Passieren des Entladungsgefäßes zugesetzt wurden, auf die ablaufenden Reaktionen. Dabei wurden zwei schnell verlaufende Rkk. ($C_3O_2 + O \rightarrow C_2O + CO_2$, $C_2O + O \rightarrow 2\,CO$) u. zwei langsam verlaufende festgestellt ($C_3O_2 + O_3 \rightarrow CO_2 + O_2 + C_2O$, $C_2O + O_3 \rightarrow 2\,CO + O_2$). Die Wrkg. dieser Rkk. auf den Gesamtmechanismus der Radiolyse von $CO_2$ u. der Photolyse von CO wird diskutiert. Bei den Verss. betrugen jeweils der Gasdurchsatz 275 ml/min, die Temp. 25° u. die Entladungsenergie $5 \cdot 10^{-19}$ eV/ml.

H. FRIES. 226□

**Die Zersetzung von Kohlendioxyd durch elektrische Entladung.** M. Faraggi. (J. Chim. physique Physico-Chim. biol. **57.** 647—48. Juli/Aug. 1960. Gif-sur-Yvette, Seine-et-Oise, Comm. à l'Énergie Atom., Serv. de Chim.-Phys.) (Franz.) — Vgl. vorst. Referat.

Es wurde die Zers. von $CO_2$, sowie von $CO_2$ im Gemisch mit $O_2$, $NO_2$ oder CO durch stille elektr. Entladung bei Normal-Temp. u. Normaldruck untersucht. Der Gasdurchsatz wurde zwischen 1000 u. 15 ml/min u. die Entladungsenergie zwischen $2 \cdot 10^{-16}$ u. $2 \cdot 10^{-19}$ eV/ml variiert. Als Zers.-Prodd. traten CO, $O_2$ u. $O_3$ auf, wobei die gefundene Konz. an CO zwischen $5 \cdot 10^{-4}$ u. 0,4% wechselte, während das Verhältnis $[O_3]/[CO]$ unabhängig vom Durchsatz u. der Entladungsenergie einen konst. Wert von $9{,}4 \pm 0{,}5\%$ hatte. Den unterschiedlichen Verweilzeiten zwischen 188 u. 2,8 Sek. entsprechend, lag die CO-Ausbeute $G_{(CO)}$ (Zahl der Mole CO/100 eV) bei der Zers. von reinem $CO_2$ zwischen 0,5 u. 2,7. Vf. formuliert einen Rk.-Mechanismus, der über eine stufenweise Anregung der $CO_2$-Mol. durch die Elektronen zu einer Ketten-Rk. führt. H. FRIES. 226□

**Einwirkung der radioaktiven Strahlung der Festkörper auf einige heterogene Prozesse.** V. I. Spitzin. (Österr. Chemiker-Ztg. **60.** 130—37. Mai 1959. Moskau, Akad. der Wiss. der UdSSR.) (Dt.) — Vgl. C. **1961.** 12763.

Übersicht über die von Vf. u. Mitarbeitern durchgeführten Unterss. über den Einfl. der radioakt. Strahlung von Festkörpern auf deren physikal.-chem. Eigg.: Geschw. des $^{35}S$-Austauschs bei hoher Temp. im Syst. $K_2{}^{35}SO_4$–$SO_3$ u. des O-Austauschs im Syst. $Na_2{}^{35}SO_4$–$O_2$ in Abhängigkeit von der spezif. Aktivität (Vf. u. MICHAILENKO, Доклады Академии Наук СССР [Ber. Akad. Wiss. UdSSR] **121.** [1958.] 319; Vf. u. FINIKOW, C. **1957.** 6381); Einfl. der spezif. Aktivität von $Ba^{35}SO_4$ auf dessen Absorptionsvermögen für organ. Farbstoffe in wss. Lsg. (Vf. u. GROMOW, Доклады Академии Наук СССР [Ber. Akad. Wiss. UdSSR] **123.** [1958.] 722); katalyt. Aktivität von $MgSO_4$–$Na_2{}^{35}SO_4$ bei der Dehydratation von Cyclohexanol zu Cyclohexen (BALANDIN u. Mitarbeiter, C. **1959.** 8074). A. BLASCHETTE. 226□

**Primärprozesse bei der photochemischen Zersetzung von Molekülen vom Typ $AH_N$.** Jiro Higuchi. (Bull. chem. Soc. Japan **30.** 382—91. Juni 1957. Tokyo, Meguro-ku, Ookayama, Tokyo Inst. of Technol., Labor. of Physic. Chem.) (Engl.)

Die Primärprozesse der photochem. Zers. von $AH_N$-Moll. ($N = 2, 3, 4$) werden vom Standpunkt der MO-Theorie behandelt. Die unbesetzten Orbitale werden in zwei Gruppen eingeteilt: a) nahezu nichtbindende vom Typ $(n + 1)s$, b) streng nichtbindende. Diese Anschauungsweise genügt jedoch nicht in jedem Falle, es muß vielmehr die Versetzung der $(n + 1)s$- u. höheren Orbitale, d. h. der Einfl. der Konfigurations-Wechselwrkg. mit in Betracht gezogen werden. In diesem Falle braucht das gegenseitige Überschneiden der Potentialenergiekurven mit gleicher Symmetrie u. Spinzähligkeit nicht berücksichtigt zu werden, u. es sind befriedigende Ergebnisse zu erwarten.

CLAUS FISCHER. 226□

**Die durch Silber katalysierte Oxydation von Mangan(II)-Ionen durch Peroxodisulfat.** Y. K. Gupta und S. Ghosh. (J. inorg. Nuclear Chem. **9.** 178—83. Febr. 1959. Allahabad, Univ., Chem. Labor.) (Engl.)

Die langsame Oxydation von $Mn^{2+}$ durch $S_2O_8{}^{2-}$ wird durch $Ag^+$ sehr beschleunigt. Das Prod. der Rk. ist $Mn^{3+}$, das sofort in $Mn^{2+}$ u. $MnO_2$ disproportioniert. Die Kinetik wurde durch Einfließenlassen des Rk.-Gemisches in überschüssige, HCl-haltige Oxalsäure u. Best. der unverbrauchten Oxalsäure mit $KMnO_4$ ermittelt. Die $Cl^-$-Ionen verhindern die Rk. zwischen Oxalat u. $S_2O_8^{2-}$. Die untersuchte Rk. ist 1. Ordnung bzgl. $S_2O_8^{2-}$ u. nullter Ordnung bzgl. $Mn^{2+}$. Zwischen der Rk.-Geschw. u. der $Ag^+$-Konz. besteht ein linearer Zusammenhang. Die Rk. zeigt einen negativen, exponentiellen Salzeffekt in Ggw. von $K_2SO_4$, $(NH_4)_2SO_4$, $MgSO_4$, $KNO_3$ u. $CH_3COONa$. $CH_3COOH$ u. $H_2SO_4$ in geringer Konz. sind ohne Einfl., bei $H_2SO_4$-Konzz. $>3,6$ n oder in Ggw. von KF verlangsamt sich die Rk. unter gleichzeitiger Rotfärbung der Lsg. infolge Stabilisierung von $Mn^{3+}$. Im Temp.-Bereich 35—50° beträgt die Aktivierungsenergie der Rk. 15,02 cal, der Häufigkeitsexponent $3,74 \cdot 10^8$ $s^{-1}$, die Aktivierungsentropie —20,2 Entropieeinheiten. Der wahrscheinlichste Rk.-Mechanismus ist $S_2O_8^{2-} \rightleftharpoons 2\ SO_4^-$, $2\ SO_4^- + Ag^+ \rightarrow Ag^{3+} + 2\ SO_4^{2-}$ (geschwindigkeitsbestimmend, $k = 4,52 \cdot 10^7$ Liter/Mol·min), $Ag^{3+} + 2\ Mn^{2+} \rightarrow Ag^+ + 2\ Mn^{3+}$, $2\ Mn^{3+} \rightarrow Mn_4^+ + Mn^{2+}$. A. BLASCHETTE. 227 □

**Natur der katalysierenden Phase bei der Oxydation von Schwefelwasserstoff an Nickel-Kontaktmasse.** Denise Delafosse, Pierre Barret, Michel Abon und Aleth Lavier. (C. R. hebd. Séances Acad. Sci. **252.** 3250—52. 24/5. 1961. Dijon, Fac. des Sci., Labor. de Chim. M.P.C.) (Franz.) — Vgl. C. **1961.** 10871.

Die katalyt. Aktivität einer Reihe von Ni-Verbb. bei der Oxydation von $H_2S$ durch Luft-$O_2$ zu $H_2O$ u. $SO_2$ wurde bei 200° im Fließbett untersucht u. mit dem Verh. von $NiS_2$ verglichen. Die Veränderung der Kontaktmassen wurde chem. u. röntgenograph. verfolgt. *$NiS_2$*, *$Ni_3S_2$* u. *NiS* besitzen die gleiche Wirksamkeit. Das rhomboedr. $Ni_3S_2$ ($a = 4,042$ Å; $\alpha = 90,3°$) wandelt sich dabei allmählich in rhomboedr. NiS ($a = 5,64$; $\alpha = 116,37°$) u. nach 10 Std. quant. über $Ni_3S_4$ in kub. $NiS_2$ ($a = 5,687$) um. NiS beginnt nach 6 Std. in $NiS_2$ überzugehen. Aus diesem entsteht endlich wasserhaltiges $NiSO_4$, dessen Bldg. durch Kristallkeime in der Kontaktmasse (von der Darst. aus $NiSO_4$ u. $H_2S$ stammend) begünstigt wird. Metall. *Ni* u. *$NiCl_2$* erreichen ihre volle katalyt. Wrkg. erst nach einer längeren Anlaufzeit, *$NiSO_4$* u. *NiO* werden nicht voll aktiv. Dieses Verh. ist eine Folge der in Geschw. u. Ausmaß unterschiedlichen Sulfidierung der verschiedenen Stoffe. Als Katalysatoren wirken demnach nur Ni-Sulfide, wahrscheinlich auf Grund ihrer Halbleiternatur. A. BLASCHETTE. 227 □

**Über den Aufbau eines Nickel–Zinkoxyd-Mischkatalysators.** Georg-Maria Schwab, Konrad Gossner und Hubert Polle. (Chem. Ber. **94.** 1470—76. 1/6. 1961. München, Univ., Physik.-Chem. Inst.) (Dt.)

Durch Elektronen- u. Röntgenbeugung (EB bzw. RB) wurden Ni–ZnO-Mischkatalysatoren sowie verschiedenerweise hergestellte bzw. vorbehandelte NiO–ZnO-Gemische strukturell untersucht. Der Ni–ZnO-Kontakt lieferte ein RB-Diagramm, das erwartungsgemäß vorwiegend die Reflexe von ZnO zeigte; bei den EB-Unterss. dagegen waren fast nur die Reflexe des in viel geringerem Anteil vorhandenen NiO zu finden. Die EB-Diagramme der Oxydgemische zeigten eine Gitteraufweitung des NiO (z. B. a 4,202 Å), die bereits bei der therm. Zers. der gemeinsam eingedampften Nitrate vorlag u. nicht erst nach der Sinterung bei 800°, der Red. mit $H_2$ oder der Verw. als Katalysator der $C_2H_4$-Hydrierung auftrat. Für die Gitter-Konst. des reinen NiO oder des NiO in einem mechan. Gemisch mit ZnO wurde der Literaturwert (4,172) gefunden. Die Gitteraufweitung ging bei längerer Lagerung der Präpp. anscheinend etwas zurück (4,191). In keiner Probe des red. Kontakts (Ni–ZnO) konnte, selbst nach nur sehr kurzer Berührung mit Luft, noch metall. Ni nachgewiesen werden. Die Gemische bestehen hiernach aus kleinen NiO-Teilchen u. größeren, nur teilweise durchstrahlbaren ZnO-Körnern. Die Oberfläche des ZnO ist weitgehend mit NiO bedeckt. Durch therm. Zers. der Carbonate hergestellte Oxyde enthielten beide Komponenten in Form sehr kleiner Teilchen (BET-Oberfläche 68 $m^2/g$, Teilchengröße $10^{-6}$ cm); das erklärt das Auftreten eines gut sichtbaren ZnO-Diagramms bei der EB dieser Proben. Die Gitteraufweitung des NiO wird durch eine NiO–ZnO-Mischkristall-Bldg. erklärt. In den Ni–ZnO-Mischkontakten sind gröbere ZnO-Körner von feineren, mit ZnO gesätt. NiO-Teilchen bedeckt. Im red. Kontakt liegt vielleicht die α-Phase einer Ni-Zn-Leg. vor. A. BLASCHETTE. 227 □

**Quantitative Überlegungen zur Katalyse an einer Halbleiter-Oberfläche.** C. G. B. Garrett. (J. chem. Physics **33.** 966—79. Okt. 1960. Murray Hill, N.J., Bell Telephone Labor., Inc.) (Engl.)

Es wird versucht, der Theorie der Katalyse an einer Halbleiteroberfläche (WAGNER u. HAUFFE, Z. Elektrochem. angew. physik. Chem. **44.** [1938.] 172) eine quant. Form zu geben. Ein Ausdruck wird abgeleitet, der die Rk.-Geschw. als Funktion der Dichten der Elektronen u. der Löcher unter der Katalysatoroberfläche u. der Konz. der Rk.-Partner wiedergibt. Ferner werden Beziehungen zwischen der Dichte der neutralen Atome an der Oberfläche zu Druck u. Anzahl der verfügbaren Plätze („akt.“ Gitterpunkte) abgeleitet. Die für die verschiedenen in der Theorie auftretenden Parameter prakt. gültigen Werte werden durch Verss. mit dem Halbleiter allein u. in Verbindung mit den reagierenden Substanzen ermittelt. W. BETCKE. 227 □

---

**Werner Helmlin,** Über den Einfluß von Lösungsgenossen bei der Strahlenoxydation von Ferrosulfat in wässeriger Lösung. Winterthur: Keller. 1960. (36 S.) 8°. sfr 10.—.

**G. M. Pantschenkow** und **W. P. Lebedew,** Chemische Kinetik und Katalyse. Lehrbuch für Universitäten und Hochschulen für chem. Technologie. Moskau: Verl. der Moskauer Univ. 1961. (551 S.) 1 Rbl. 35 Kop. [Russ.]

**Horst Schuberth,** Vorausberechnung von Gleichgewichtsdaten eines speziellen Typs ternärer flüssiger Mischungen. Berlin: Akademie-Verl. 1961. (82 S. m. 51 Abb. u. 20 Tab.) 4° = Abhandlungen der Deutschen Akademie der Wissenschaften zu Berlin, Klasse für Chemie, Geologie und Biologie, Jahrgang 1960, Nr. 3. DM 14,—.

## $A_8$. Präparative anorganische Chemie. Komplexverbindungen. Metallorganische Verbindungen

**Schwefel-Stickstoff-Fluor-Verbindungen.** 12. Mitt. **Darstellung und Eigenschaften von Thiotrithiazylfluorid.** Oskar Glemser und Ernst Wyszomirski. (Chem. Ber. **94.** 1443—46. 1/6. 1961. Göttingen, Univ., Anorg.-chem. Inst.) (Dt.) — 11. vgl. C. **1961.** 13827.

Beim Überleiten von wasserfreiem HF über $[S_4N_3]Cl$ (I) bei 80—100° in einem Polyäthylenrohr löst sich **I** unter HCl-Entw. auf u. es hinterbleiben nach Eindampfen der Lsg. im Vakuum gelbbraune Kristalle des *Thiotrithiazylfluorids* (**II**) mit Kristallfluorwasserstoff, das sich durch Erhitzen nur unter gleichzeitiger Zers. von **II** — u. a. zu $(SN)_x$ — entfernen läßt: **I** + 2,5 HF → $[S_4N_3]F \cdot 1{,}5$ HF + HCl. **II** ist wesentlich feuchtigkeitsempfindlicher als **I**, es wird durch Spuren von W. grünschwarz gefärbt, wahrscheinlich unter Umsetzung zu $[S_4N_3]OH$ oder $[S_6N_4](OH)_2$. Die IR-Spektren von **I** u. **II** sind ähnlich, mit SN-Banden für **II** bei 8,56; 9,85; 14,0; 14,9 u. 17,5 μ. Die ebullioskop. Molgew.-Best. von **II** in sd. HF entspricht einer Dissoziation in $[S_4N_3]^+$ u. $F^-$. Die mittlere Oxydationszahl des S wurde mit HJ in HCOOH zu +2,5 bestimmt. Das Debyeogramm von **II** wird mitgeteilt. U. WANNAGAT. 253 □

**Das Hexachlorodiboratanion $B_2Cl_6^{2-}$.** A. K. Holliday, M. E. Peach und T. C. Waddington. (Proc. chem. Soc. [London] **1961.** 220. Juni. Liverpool, Univ.; Cambridge, Univ., Chem. Labor.) (Engl.)

$[(CH_3)_4N]Cl$ u. $PCl_5$ wurden konduktometr. mit $B_2Cl_4$ in fl. wasserfreiem HCl titriert. In beiden Fällen wurde nur beim Verhältnis $B_2Cl_4$: Solvobase = 0,55 ein Knick in der Titrationskurve beobachtet. $B_2Cl_4$ gab mit $PCl_5$ bei höheren Verhältnissen eine Fällung. Vff. schließen auf die Bldg. von $B_2Cl_6^{2-}$; der Wert 0,55 anstatt 0,50 wird auf Verunreinigungen des $B_2Cl_4$ mit $BCl_3$ zurückgeführt. Für die Bldg. von $B_2Cl_5^-$ ergaben sich keine Hinweise. Nach dem Verdampfen von Lsgm. u. $B_2Cl_4$-Überschuß hinterblieben weiße Festkörper, die sich beide beim Lagern als etwas instabil erwiesen, was bes. für das Prod. der Rk. mit $PCl_5$ gilt; letzteres scheint bei —80° flüchtig zu sein; die gleiche Beobachtung wurde bei $[PCl_4]BCl_4$ gemacht. Das Prod. der Rk. mit $[(CH_3)_4N]Cl$ hat die Zus. $[(CH_3)_4N]_2Cl_6$; starke Banden im IR-Spektrum bei 694, 665 u. 600 $cm^{-1}$ werden dem $B_2Cl_6^{2-}$ zugeschrieben. F. HUBER. 258 □

**Die Isolierung des Kohlensäureätherats.** Andreas G. Galinos und Arrigo A. Carotti. (J. Amer. chem. Soc. **83.** 752. 5/2. 1961. New York, N.Y., New York Univ., Dep. of Chem. and Chem. Engng.) (Engl.)

Fügt man zu fein dispergiertem $NaHCO_3$ in Ae. äther. HCl bei —30° unter Rühren im Unterschuß zu, dekantiert die Lsg. von $NaHCO_3$ u. NaCl ab u. kühlt auf —78°, so fallen langsam schneeflockenähnliche Kristalle von $H_2CO_3 \cdot O(C_2H_5)_2$ (I), die sich bei —10° rasch zu Ae., $CO_2$ u. Eis zersetzen. Beim Einleiten von $NH_3$ in die Lsg. von I bei —30° entsteht reines $(NH_4)_2CO_3$, mit starken Basen bilden sich Carbonate u. Hydrogencarbonate. U. WANNAGAT. 260 □

**Glasartige Galliumsilicate und ihre Eigenschaften.** Ss. K. Dubrowo und I. Ss. Lilejew. (Журнал Прикладной Химии [J. angew. Chem.] **33.** 1471—76. Juli 1960.) (Russ.)

Hergestellt wurden Gläser mit den 3 Komponenten $Na_2O$-$Ga_2O_3$-$SiO_2$, $Li_2O$-$Ga_2O_3$-$SiO_2$ u. $CaO$-$Ga_2O_3$-$SiO_2$ in den verschiedensten Verhältnissen (Tabelle) u. einige Gläser der Zus. $Na_2O:R_2O_3:SiO_2 = 1:1:4$ $[R_2O_3 = Ga_2O_3 + Al_2O_3$ $(B_2O_3,\ La_2O_3)]$ durch Schmelzen von Kieselsäure mit den entsprechenden Komponenten, wie $Li_2CO_3$, $CaCO_3$, $Na_2CO_3$ u. $Ga_2O_3$ im Pt-Tiegel auf 1460—1500° u. Tempern je nach Zus. bei 500—650°. Die physikochem. Eigg. wurden mit denen von Al-Silicatgläsern gleicher Mol.-Zus. verglichen (Tabellen). Die Galliumsilicatgläser zeigen geringere Neigung zur Kristallisation, haben höhere Dichte, höheren Brechungsindex (n) u. geringere Mikrohärte (MH). Mit Erhöhung des Geh. an $Ga_2O_3$ wachsen die Dichte, n, MH u. die mittlere Dispersion.

Ein Zusatz von $Ga_2O_3$ zu Na-Silicatgläsern bewirkt Verringerung ihrer therm. Ausdehnungskoeffizienten. S. ECKERT. 261□

**Quantitative Bestimmung der Zusammensetzung von Graham-Salz.** Antoni Swinarski und Maria Piotrowska. (Chem. analit. [Warszawa] 5. 435—43. 1960. Toruń, Uniw. M. Kopernika, Kat. Chem. nieorgan.) (Pol.)

In Anlehnung an die Meth. von JONES (Ind. Engng. Chem., analyt. Edit. **14.** [1942.] 536) werden die Bestandteile des GRAHAM-Salzes analysiert: In der frisch hergestellten wss. Lsg. des Salzes werden zunächst die Polyphosphate bei pH 3 als Ba-Salze gefällt u. nach Kochen mit $HNO_3$ als Orthophosphat bestimmt. Im Filtrat der Ba-Polyphosphate werden bei pH 8 Ortho- u. Diphosphat als Ba-Salze gefällt. Das Filtrat wird mit $HNO_3$ eingedampft u. das aus Trimetaphosphat entstandene Orthophosphat bestimmt. Orthophosphat selbst wird gesondert nach Abtrennung der Polyphosphate aus der Lsg. als $NH_4$-Molybdatophosphat gefällt u. alkalimetr. bestimmt. Pyrophosphat wird ebenso nach Abtrennung der Polyphosphate als Ba-Salze als $Mn_2P_2O_7$ bei pH 4,1 unter Zusatz von Aceton gefällt. Die Ergebnisse von 2 Analysen des GRAHAM-Salzes sind: Gesamt-$P_2O_5$ 69,40, 68,90 [$\pm$0,08(%)]; höhere Polyphosphate (als $P_2O_5$) 61,24, 60,58; Trimetaphosphat (als $P_2O_5$) 3,44, 5,36 ($\pm$0,65); Diphosphat (als $P_2O_5$) 0,58, 0,39 ($\pm$0,30); Orthophosphat (als $P_2O_5$) 4,08, 2,55 ($\pm$0,65). F. URBAN. 264□

**Anwendung der papierchromatographischen Methode zur Identifizierung der Produkte der pyrolytischen Zersetzung von Natriumhypophosphit $NaH_2PO_2$.** Kazimierz Wieczffiński und Remigiusz Rudnicki. (Chem. analit. [Warszawa] **5.** 445—55. 1960. Warszawa, Politechn., Kat. Chem. nieorgan.; Wojsk. Akad. techn., Kat. Chem.) (Pol.)

Die festen Rk.-Prodd. der therm. Zers. von reinem $NaH_2PO_2$ in $N_2$ wurden in wss. Lsg. papierchromatograph. getrennt u. identifiziert. Als Lsgm. wurde einmal Isopropanol–W.–20%ig. Trichloressigsäure (70:10:20) zur Abtrennung der Polyphosphate, das andere Mal Isobutanol- 96%ig. A.-W. (150:180:225) oder Isopropanol–Isobutanol–W.–25%ig. Ammoniak (40:20:39:1) zur Identifizierung von Pyrophosphat u. Cyclophosphaten verwendet. Nach den Unterss. werden bei 3std. Erhitzen von $NaH_2PO_2$ auf 130° *$NaPO_2$* u. *$H_2$*, auf 200° *$Na_2HPO_3$*, *$NaH_2PO_3$* u. *$PH_3$* gebildet. Bei noch höheren Temp. tritt Disproportionierung, Kondens. u. Dehydratation ein. Es bilden sich bei 225° *Diphosphit* u. *Diphosphat*, bei 250° *Trimetaphosphat*, $(NaPO_3)_3$, u. bei 400° als End-Prod. *Triphosphat*. F. URBAN. 264□

**Chemie der Difluoroarsenate. 1. Mitt. Difluoroarsensäure und Difluoroarsenate von Alkalimetallen.** Asim Bikash Ray und Grihapati Mitra. (J. Indian chem. Soc. **36.** 559—62. Aug. 1959. Calcutta, City Coll., Dep. of Chem.) (Engl.)

Vff. stellten Difluoroarsensäure (I), $HAsO_2F_2$, durch Rk. von $As_2O_5$ mit der berechneten Menge HF auf dem Wasserbad her. I greift Filterpapier u. Glas an u. zersetzt sich, selbst bei vermindertem Druck, unterhalb des Siedepunktes. Die Darst. der *$NH_4$-*, *Li-*, *Na-*, *K-* u. *Rb*-Salze von I wird beschrieben. Silberdifluoroarsenat konnte nur verunreinigt mit Silberarsenat dargestellt werden. Die Difluoroarsenate zeigen einige Ähnlichkeit mit den entsprechenden Difluorophosphaten, sind aber nicht mit diesen isomorph. $NH_4$-, Li u. Na-Difluoroarsenat lösen sich leicht, K- u. Rb-Difluoroarsenat nur wenig in Wasser.

Versuche: *$HAsO_2F_2$* (I), durch Oxydation von $As_2O_3$ mit konz. $HNO_3$ zu $As_2O_5$, Verdampfen des überschüssigen $HNO_3$, Zugabe eines geringen Überschusses an HF, 1½ std. Erwärmen auf dem Wasserbad; viscose Flüssigkeit. — *$NH_4AsO_2F_2$*, durch Zugabe von $As_2O_5$ zu einer auf dem Wasserbad erwärmten gesätt. Lsg. von $NH_4HF_2$, tropfenweise Zugabe von 0,51 ml $HNO_3$, 1std. Erwärmen auf dem Wasserbad, Abkühlen, Filtrieren u. Auskristallisieren im Vakuumexsiccator ($H_2SO_4$); farblose Kristalle. — *$LiAsO_2F_2 \cdot 3H_2O$*, analog vorst. Verb. aus LiF, $As_2O_5$ u. HF. — *$NaAsO_2F_2 \cdot H_2O$*, analog vorst. Verb., farblose Kristalle. — *$KAsO_2F_2$*, a) aus $KHF_2$ u. $As_2O_5$; b) aus $KNO_3$ u. I; c) durch Erwärmen (15 Min.) einer Mischung der konz. Lsgg. von $KNO_3$ u. $NH_4AsO_2F_2$ auf dem Wasserbad, Abkühlen auf Zimmer-Temp. u. Umkristallisieren des entstehenden gelartigen Nd. aus heißem $H_2O$. — *$RbAsO_2F_2$*, analog vorst. Verb. (Meth. c) aus RbCl u. $NH_4AsO_2F_2$; farblose, krist. Substanz. W. BIRNKRAUT. 265□

**Chelatkomplexe mit einer olefinhaltigen tertiären Arsingruppe.** H. W. Kouwenhoven, J. Lewis und R. S. Nyholm. (Proc. chem. Soc. [London] **1961.** 220—21. Juni. London, Univ. Coll., William Ramsay and Ralph Forster Labor.) (Engl.)

Es wird über Darst. u. Eigg. eines neuen Chelatbildners berichtet, bei dem ein tert. As-Atom u. eine C=C-Bindung 2 Donatorzentren bilden: *Dimethylpenten-(4)-ylarsin* (= pas), $As(CH_3)_2[(CH_2)_3CH{=}CH_2]$ (I). I liefert mit $PtX_2$ (X = Halogen) monomere Verbb. $PtX_2$(pas), in denen die Koordinationszahl 4 des Pt(II) erreicht wird. IR-Spektren stützen diese Ansicht. Die C=C-Bande bei 1637 $cm^{-1}$ wird nach ca. 1505 verschoben. In den Rk.-Prodd. von I mit $Br_2$ bzw. mit $CH_3J$ [$C_7H_{15}AsBr_2$ bzw. ($C_7H_{15}\cdot AsCH_3$)J] ist die C=C-Valenzschwingung im wesentlichen unverändert (1639 bzw. 1640). In [$PtBr_2$(pas)($C_6H_5$)$_2AsCH_3$] wurde das C=C-Donatorzentrum verdrängt; die C=C-Valenzschwingung liegt erwartungsgemäß bei 1640 $cm^{-1}$. Im Gegensatz zu Pt-Salzen sind die Rk.-Prodd. von Hg-Salzen mit I dimer; nach den IR-Spektren besteht keine Koordination zwischen C=C u. Hg; die Prodd. werden als Dimere mit tetraedr. Hg(II) u. Halogenidbrücken formuliert.

Versuche: *Dimethylpenten-(4)-ylarsin* (I), aus Tetrahydro-2-hydroxymethylfuran wird die Chlormethyl-Verb. dargestellt; mit Na u. dann mit W. entsteht Penten-(4)-ol-(1); daraus wird das 1-Brom-Deriv. hergestellt; dessen GRIGNARD-Verb. gibt mit $(CH_3)_2AsJ$ I; farblose Fl.; $Kp._{760}$ 154°; wird an Luft rasch oxydiert. — $C_7H_{15}AsBr_2$, aus I u. $Br_2$; farblos; F. 65°; Zers. 75°. — $(C_7H_{15}AsCH_3)J$, aus I u. $CH_3J$; farblos; F. 153° (Zers.). — $PtCl_2\cdot AsC_7H_{15}$, I u. $PtCl_4^{2-}$ geben in angesäuertem wss. A. in $CO_2$-Atmosphäre einen gelben Nd., der sich bald auflöst; nach ca. 10 Std. scheidet sich $PtCl_2$ (pas) ab; farblos; F. 196° (Zers.). — $PtBr_2\cdot AsC_7H_{15}$, aus I u. $Li_2[PtBr_4]$ wie vorst.; blaßgelb; F. 196° (Zers.). — $PtJ_2\cdot AsC_7H_{15}$, analog; gelb; F. 137° (Zers.). — $PtBr_2\cdot AsC_7H_{15}\cdot(C_6H_5)_2\cdot AsCH_3$, aus $PtBr_2$(pas) u. $(C_6H_5)_2AsCH_3$; gelb; F. 132—134°. — $(HgBr_2\cdot AsC_7H_{15})_2$, aus I u. $HgBr_2$; farblos; F. 95°; $\mu$(C=C): 1645 $cm^{-1}$. — $(HgJ_2\cdot AsC_7H_{15})_2$, aus I u. $HgJ_2$; blaßgelbgrün; F. 93°; 1639 $cm^{-1}$. F. HUBER. 265□

**Über Chloroantimon(V)-äthoxyverbindungen.** Lothar Kolditz und Henry Preiss. (Z. anorg. allg. Chem. **311.** 121—26. 1961. Jena, Friedrich-Schiller-Univ., Inst. für anorg. Chem.; Berlin, Humboldt-Univ., 1. Chem. Inst.) (Dt.)

In unpolaren Lsgm., wie $CCl_4$, sind Chloroantimon(V)-äthoxy-Verbb. der Form $SbCl_n(OC_2H_5)_{5-n}$ (n = 1, 2, 3, 4) bei niedriger Konz. in mol. Form gelöst, bei höherer Konz. aggregieren sie. In polaren Lsgm. erfolgt eine Umwandlung in 4fach koordinierte Kationen u. 6fach koordinierte Anionen. Durch Überführungsmessungen in Acetonitril (I) wurde bestätigt, daß bei diesen Rkk. $Cl^-$-Ionen von einem Mol. auf das andere übergehen: $2\,SbCl_n(OC_2H_5)_{5-n} \rightleftarrows [SbCl_{n-1}(OC_2H_5)_{5-n}]^+ + [SbCl_{n+1}(OC_2H_5)_{5-n}]^-$. $SbCl_5$ ist in I als $[SbCl_4]^+$ u. $[SbCl_6]^-$ gelöst. Bei der Umsetzung von $SbCl_5$ mit festem Na-Äthylat in I entsteht die Verb. $SbCl_{4,5}(OC_2H_5)_{0,5}$, deren Äthoxygruppe nicht wie früher angenommen, im Anion, sondern im Kation gebunden ist. Die Werte der Äquivalentleitfähigkeiten $\Lambda_0$ [$\Omega^{-1}\,cm^2\cdot mol^{-1}$] u. der Dissoziations-Konst. $K_c$ in I von $SbCl_5$ ($\Lambda_0$ =) 367; ($K_c$ =) $1{,}69\cdot10^{-3}$; $SbCl_{4,5}(OC_2H_5)_{0,5}$ 265; $2{,}46\cdot10^{-2}$; $SbCl_4(OC_2H_5)$ 215; $1{,}00\cdot10^{-2}$; $SbCl_{2,5}(OC_2H_5)_{2,5}$ 116; $0{,}49\cdot10^{-2}$ nehmen mit steigendem $(OC_2H_5)$-Geh. ab; $Sb(OC_2H_5)_5$ zeigt in I keine elektrolyt. Leitfähigkeit mehr. $AsCl_3$ mit einer niedrigeren DK als I tauscht $Cl^-$ gegen $C_2H_5O^-$ aus, wobei die Rk. meist bis zur Stufe $C_2H_5OAsCl_2$ verläuft. Die Tendenz zur Umsetzung der Äthoxy-Verbb. steigt mit dem Geh. an $C_2H_5O$-Gruppen. Die Verb. $SbCl(OC_2H_5)_4$ reagiert mit $AsCl_3$; es stellen sich jedoch bei der Rk. zwischen $AsCl_3$ u. den Antimonäthoxy-Verbb. komplizierte Gleichgewichte ein. P. SCHARNER. 266□

**Über das Pyridiniumtetrafluoromercurat(II), $(C_5H_5N\cdot H)_2HgF_4$.** Richard Dötzer und Alwin Meuwsen. (Z. anorg. allg. Chem. **308.** 79—90. März 1961. Erlangen, Univ., Inst. für Anorg. Chem.) (Dt.)

Vff. unternehmen Verss. zur Darst. von noch unbekannten $HgF_4^{2-}$-Komplexen, um aus ihnen wasserfreies $HgF_2$ gewinnen zu können. Beim Lösen von $HgF_2\cdot2\,H_2O$, das noch überschüssiges HF enthält, in Pyridin oder bei der Umsetzung von gelbem HgO mit $PyH\cdot HF_2$ wird nach starkem Kühlen krist. $(C_5H_5N\cdot H)_2HgF_4\cdot2\,H_2O$ erhalten, das bei Kristallisation aus abs. $CH_3OH$ $(C_5H_5N\cdot H)_2HgF_4$ (I) liefert. Bequemer wird es aus einer methanol. Lsg. von $PyH\cdot HF_2$ mit gelbem HgO erzeugt. Die Verbb. sind nicht lichtempfindlich, kaum hygroskop. u. leicht in W. lösl.; nicht lösl. in Aceton, Ae., Dioxan, Tetrahydrofuran, Acetonitril u. Pyridin. An der Luft färben sie sich unter geringer Pyridinabgabe braun. I läßt sich als Fluorierungsmittel benutzen. $C_6H_5COCl$, $C_6H_5SO_2Cl$ u. $ClCH_2COCl$ werden mit guter Ausbeute in die Säurefluoride übergeführt. Mit $NH_3$ liefert I $(NH_4)_2HgF_4\cdot2\,NH_3$ (II), lösl. in 2n HCl, heißer konz. $NH_4F$-Lsg. u. Formamid bei 90°, wobei $NH_3$ entweicht; kaltes W. hydrolysiert zu $Hg_2NF\cdot2\,H_2O$. Unter vermindertem Druck (3 Torr) u. 100° entsteht aus II nach 5 Std. quant. $Hg_2NF$, in dessen Hohlräumen sich noch 1 $NH_4F$ befindet. Weiterhin wurden die Verbb. (*α-Picolin, H*)$_2HgF_4\cdot HF\cdot H_2O$; (*α-Picolin, H*)$_2HgF_4$; (*2.6-Lutidin, H*)$_2HgF_4$ u. (*Chinolin,H*)$_2\cdot HgF_4\cdot HF\cdot H_2O$ isoliert, die in ihren Eigg. mit I übereinstimmen. Neben $(PyH)[BF_4]$ u. einigen Pyridinaten $Hg(Py)_{2-4}[BF_4]_2$ wird aus Fluorokieselsäure, Pyridin u. HgO das in organ. Lsgm. schwerlösl. $Hg(Py)_2[SiF_6]\cdot2\,H_2O$ gewonnen.

Versuche: $HgF_2\cdot2\,H_2O$ (III), durch Zugabe von 20 ml 40%ig. HF zu 21,7 g gelbem HgO, 15—60 Min. langes Schütteln bis zur Bldg. einer weißen Paste, Zugabe von 5 ml

Ae., weiteres 15 Min. langes Schütteln, Zentrifugieren; 97% (Ausbeute). — *FHgOH*, durch Eintragen von 10,8 g gelbem HgO bei Zimmer-Temp. unter mechan. Rühren in 26 ml 40% ig. HF, Lösen des nach 1 Std. noch vorhandenen Bodenkörpers in wenig W., langsames Einengen (70—80°); gelbe, 5 mm lange Kristalle; 94%. — $(PyH)_2HgF_4 \cdot 2\,H_2O$ (IV), a) durch Zugabe von 16 g Pyridin zur oben dargestellten Paste von III nach guter Kühlung mit Eis/Kochsalz, 15 Min. langes Schütteln; b) durch vorsichtiges Eingießen von 90 ml Pyridin in 100 ml gekühltes (Eis/Kochsalz) 40% ig. HF, anteilweise Zugabe von 108 g gelbem HgO außerhalb des Kühlbades, 30 Min. langes Schütteln, 20std. Abkühlen auf —20°; farblose Kristalle; Versetzen der übrig bleibenden Mutterlauge mit dem doppelten Vol. von Aceton u. Dioxan (3:2), 30 Min. langes Schütteln, Kühlen auf —20° (20 Std.); 77% (Gesamtausbeute). — $(PyH)_2HgF_4$ (I), a) durch Lösen von 95 g IV bei 50° unter Rühren in 150 ml $CH_3OH$ u. 2 ml Pyridin, Abkühlen auf Zimmer-Temp. u. später 5 Std. lang auf —20°; Kristalle; 51%; b) durch tropfenweise Zugabe von 12 ml Pyridin unter Rühren zu 15 ml 40% ig. methanol. HF-Lsg., Zugabe dieser gekühlten Lsg. zu 10,8 g mit $CH_3OH$ verriebenem HgO, Abfiltrieren bei Zimmer-Temp., Trocknen über $P_2O_5$, farblose, filzige Nadeln; 50% (nach Kühlen des Filtrats auf —20° u. Zusatz von 80 ml Aceton 89%); c) durch portionsweise Zugabe von 10,8 g HgO zu 35 ml $CH_3OH$ u. 15 ml $PyH \cdot HF_2$ im Dreihalsgefäß unter Rühren, Erwärmen auf 70°, Abkühlen der abgegossensn Rk.-Lsg. auf —20°; seidig glänzende Nadeln; nach Aufarbeitung des Filtrats 86,5%. — $(\alpha\text{-}Picolin \cdot H)_2 \cdot HgF_4 \cdot HF \cdot H_2O$, a) durch Zugabe unter Kühlung von 19,6 ml α-Picolin u. 21,7 g HgO zu 20 ml 40% ig. HF, 3std. Schütteln, Zugabe von 40 ml 40% ig. äther. HF-Lsg. u. 10 ml α-Picolin, 2std. Schütteln, Stehenlassen über Nacht bei —20°; farblose Kristalle; 34%; b) durch Zutropfen von 12 ml α-Picolin zu 20 g 40% ig. äther. HF-Lsg. unter Kühlung, Versetzen mit 25 ml $CH_3OH$ u. 10,8 g HgO unter Schütteln, 24std. Stehenlassen bei —20°; farblose Kristalle; 15,6 g. — $(\alpha\text{-}Picolin \cdot H)_2HgF_4$, durch Lösen von 10 g vorst. Verb. in 15 ml $CH_3OH$ bei 60°, Filtrieren u. Zurühren von 60 ml Ae.; farblose Kristalle; 70%. — $(2.6\text{-}Lutidin \cdot H)_2HgF_4$, a) durch Versetzen eines mit Eis/Kochsalz gekühlten 50 mMol-Ansatzes von III mit 10 ml 40% ig. HF, unter Umschwenken anteilweise Zugabe von 23 ml 2.6-Lutidin, 1std. Schütteln, Verrühren der abfiltrierten Lsg. mit ca. 150 ml Essigester–Aceton (1:1), Abfiltrieren der farblosen Kristallpaste, Umkristallisieren in $CH_3OH$; farblose Schuppen 20%; b) durch Lösen von ca. 5 g HgO in einem Gemisch von 12 ml 40% ig. HF-Lsg. in $CH_3OH$ u. 18 ml 2.6-Lutidin durch 2tägiges Schütteln, Kühlen mit Aceton/Trockeneis; farblose Kristalle; ca. 40%. — $(Chinolin \cdot H)_2HgF_4 \cdot HF \cdot H_2O$, durch Zutropfen eines Gemisches von 15 ml Chinolin u. 50 ml $CH_3OH$ zu 20 g einer 40% ig. Lsg. von HF in Ae. im Dreihalsgefäß unter Rühren u. Kühlung, Einrühren von 10,8 g HgO bei 40°, Abgießen der heißgesätt. Lsg. u. Kühlen auf —20°; farblose Kristalle; Aufarbeitung des Filtrats; 76%. — $(NH_4)_2HgF_4 \cdot 2\,NH_3$ (II), durch Zutropfen (15 Min.) von 8,75 g I, gelöst in 40 ml $CH_3OH$, zu einer kräftig gerührten, mit $NH_3$ durchperlten, gesätt. Lsg. von $NH_3$ in 300 ml Ae. im Dreihalsgefäß, Filtrieren nach 1 Std., Trocknen über Silicagel; weißes, lockeres Pulver; $>$90%. — $Hg_2NF \cdot NH_4F$, durch 5—7std. Erwärmen (100—110°) von II im Nickelschiffchen bei 3 Torr bis zur Gewichtskonstanz; farbloses, lockeres Pulver; fast 100%. — $C_6H_5COF$, durch tropfenweise Zugabe von 23 ml $C_6H_5COCl$ zu 21,8 g trocknem I bei Zimmer-Temp., Dest. (55—56°/17 Torr) über eine VIGREUX-Kolonne, Waschen des Rohdestillats mit heißem W., Trocknen mit $CaCl_2$, Rektifizieren unter Normaldruck; bei 155—157° farblose Fl.; 83,1%; daneben $(PyH)_2HgCl_4$, F. 123 bis 124°, durch Lösen des Rückstands in $CH_3OH$ u. Zufügen von Ae.; glitzernde Kristallplättchen. — $C_6H_5SO_2F$, Kp. 210—211°, durch Zutropfen von 51,2 ml $C_6H_5SO_2Cl$ zu 43,7 g I, Eingießen des Rk.-Gemisches in 400 ml heißes W., Schütteln u. Abtrennen des öligen Prod., Trocknen über $CaCl_2$ u. Dest.; farblose Fl.; 86,4%. — $ClCH_2COF$, durch tropfenweise Zugabe von 15,2 ml $ClCH_2COCl$ zu 21,8 g I u. Dest. über VIGREUX-Kolonne (74—76°, Normaldruck); 75,2%. — $(PyH)[BF_4]$ (V), durch anteilweise Zugabe von 240 ml 30% ig. $HBF_4$ zu 83 g Pyridin bei 0°, einige Std. langes Stehenlassen bei —5 bis —10°, Abtrennen der Kristalle, Einengen des Filtrats im Vakuum bei 60°, Abkühlen auf —5°, Umkristallisieren aus 200 ml heißem $CH_3OH$ u. 5 ml Pyridin; ca. 70%. — $Hg(Py)_2[BF_4]_2$ (VI), a) durch Zugabe von 8,5 ml Pyridin zu 29 ml 30% ig. $HBF_4$ im Dreihalsgefäß, Erwärmen auf 60°, Eintragen von 10,8 g HgO unter Rühren, Abkühlen auf 0 bis —5°; farblose Nadeln; 75%; b) durch Lösen von 17,5 g V in 100 ml $CH_3OH$ bei 60°, unter Rühren Auflösen von 10,8 g HgO in dieser Lsg., Abkühlen über Nacht auf —20°; 97%. — $Hg(Py)_3[BF_4]_2$, durch Lösen von 7 g VI in 22 ml Acetonitril bei 80°, Abkühlen der filtrierten Lsg. auf —20°; 97%. — $Hg(Py)_4[BF_4]_2$, a) durch Lösen von 10,8 g HgO in einem Gemisch von 29 ml 30% ig. $HBF_4$ u. 17 ml Pyridin unter Rühren bei 60°, Filtrieren, Abkühlen in Eiswasser, Nadeln (21 g), Lösen von 14 g des Salzes in 60 ml Pyridin/$CH_3OH$ (3 : 7), Abgießen der heißen Lsg., Abkühlen auf Zimmer-Temp., Aufarbeitung der Mutterlauge; farblose Nädelchen; ca. 37%; b) durch Lösen von 27 g **VI** in 30 ml 80° heißem 70% ig. Pyridin, Filtrieren, Abkühlen auf $-20^0$; 35%. — *$(PyH)_2[SiF_6]\cdot 2\,H_2O$*, a) durch Zugabe von 8,3 g Pyridin zu 20 ml 40% ig. HF/Ae. im Dreihalsgefäß unter Rühren u. Kühlung, Eintragen von 3 g $SiO_2$, 15 Min. langes Rühren, Abfiltrieren u. Waschen mit Ae.; 62%; b) durch Versetzen von 34% ig. $H_2[SiF_6]$ mit einigen ml 40% ig. HF, Zugabe von etwas mehr Pyridin, als der $H_2[SiF_6]$-Menge äquivalent ist, Einengen bis zur Nebel-Bldg. u. Abkühlen. — *$(PyH)_2[SiF_6]$*, durch Lösen von 7 g vorst. Verb. mit ca. 1 ml 40% ig. HF/Ae. in 20 ml $CH_3OH$, Filtrieren, Abkühlen auf $-20^0$, Kristalle; 90%. — *$Hg(Py)_2[SiF_6]\cdot 2\,H_2O$*, a) durch Eintragen von 10,8 g HgO in 20 ml $H_2[SiF_6]$ unter Rühren (Bldg. einer Suspension von citronengelbem *$Hg[SiF_6]\cdot HgO\cdot 3\,H_2O$*), 10 Min. langes Rühren, Zutropfen von 8,5 ml Pyridin; farblose Nadeln; 88%; b) durch Lösen von 9,2 g **I** in 100 ml $CH_3OH$, Zutropfen von 6,5 ml 34% ig. $H_2[SiF_6]$ unter Rühren; verfilzte, glänzende Nadeln; 93%. U. SKURNIA. 290□

**Neue Darstellungsmethode organischer Quecksilber-Verbindungen.** Z. Eckstein, W. Dahlig, B. Hetnarski und S. Pasynkiewicz. (Bull. Acad. polon. Sci., Sér. Sci. chim., géol., géogr. **8.** 161—64. 1960. Warszawa, Inst. Chem. Org. PAN; Kat. Technol. Org. Ii II, Politechn.) (Dt.)

*Alkylquecksilbersalze* (I) können aus Quecksilbersalzen u. Alkylaluminium-Derivv. dargestellt werden. Der bei der Herst. des Katalysators für die Äthylenniederdruckpolymerisation als Abfall-Prod. anfallende *Kochsalzkomplex von Äthylaluminiumchlorid* reagiert mit $HgCl_2$ u. gibt *Äthylquecksilberchlorid*. Die Rk. verläuft in nichtpolaren Lsgm. mit guter Ausbeute. Der verwendete Komplex ist nicht selbstentzündlich u. löst sich in verschiedenen organ. Lösungsmitteln. *Aluminiumtrialkyle* reagieren mit $Hg(OCOCH_3)_2$ zu *Alkylquecksilberacetaten* (II). Die Verbb. **II** kann man durch Rk. mit Metallsalzen in die entsprechenden Verbb. **I** überführen. Die dargestellten **I** geben mit dem Natrium-Deriv. von p-Toluolsulfonanilid *N-[Alkylquecksilber]-p-toluolsulfonanilide.*

Versuche: *Methylquecksilberchlorid*, F. 169—170°, a) aus Trimethylaluminium (96% Ausbeute), Dimethylaluminiumchlorid (79,8%) oder Methylaluminiumdichlorid (79,2%) u. $HgCl_2$; b) aus Methylquecksilberacetat u. NaCl (71,4%). — *Äthylquecksilberchlorid*, F. 192—193°, a) aus Triäthylaluminium (79,7%), Diäthylaluminiumchlorid (82,5%), oder aus dem Kochsalzkomplex von Äthylaluminiumdichlorid (91,0%) u. $HgCl_2$; b) aus Äthylquecksilberacetat (**III**) u. NaCl (61,2%). — *Äthylquecksilberbromid*, F. 187—188°, aus **III** u. NaBr (78,6%). — *Bis-[äthylquecksilber]-sulfat*, F. 195—196°, aus **III** u. $H_2SO_4$ (58,7%). — *N-[Äthylquecksilber]-p-toluolsulfonanilid*, F. 152—154°, besitzt fungicide Wirkung. — *N-[Methylquecksilber]-p-toluolsulfonanilid*, F. 154—156°; fungicid. H. DAHLIG. 290□

**Darstellungsmethode organischer Quecksilbersalze und aluminiumorganischer Verbindungen.** Zygmunt Eckstein, Włodzimierz Dahlig, Bogumił Hetnarski und Stanisław Pasynkiewicz. (Przemysł chem. **39.** 225—28. April 1960.) (Pol.)

Im wesentlichen ident. mit der vorst. referierten Arbeit. H. DAHLIG. 290□

**Eine Untersuchung über den reduzierenden Spinell. Eine neue Formel, AlN–$Al_2O_3$, an Stelle der früher angenommenen $Al_3O_4$.** Goro Yamaguchi und Hiroaki Yanagida. (Bull. chem. Soc. Japan **32.** 1264—65. Nov. 1959. Hongo, Tokyo, Univ., Fac. of Engng., Dep. of Appl. Chem.) (Engl.)

Oberhalb 1650° bildet sich in Ggw. eines Red.-Mittels in $N_2$-haltiger Atmosphäre aus $Al_2O_3$ ein reduzierender Spinell, dem auf Grund seines chem. Verh. die Zus. AlN–$Al_2O_3$ zuzuschreiben ist. Für seine reduzierende Eig. ist die Nitridkomponente verantwortlich zu machen. Das früher angenommene Vorliegen von $Al^{2+}$ muß verneint werden.

Versuche: Eine Mischung aus 0,2 g Graphit als Red.-Mittel u. 5 g $\gamma$-$Al_2O_3$ wird in einem TAMMANN-Ofen bei geringem Luftzutritt 2 Std. auf 1700° erhitzt. Die Verb. wird durch Säuren oder Alkali bei Zimmer-Temp. nicht zersetzt; bei der Einw. eines Pb–B-Glasflusses bei 800° tritt aber Zers. in Metall u. $N_2$ in nahezu stöchiometr. Menge ein. — Magnet. Susceptibilität: $\chi = -0{,}34\cdot 10^{-6}$/g; DK 23,8; n 1,80 (berechnet); D. 3,78 g/cm³. W. BETCKE. 294□

**Alkoxyaluminiumchloride.** R. K. Mehrotra und R. C. Mehrotra. (Z. anorg. allg. Chem. **311.** 198—202. 1961. Gorakhpur, India, Univ. of Gorakhpur, Chem. Labor.) (Engl.)

Vff. untersuchten die Rkk. zwischen $AlCl_3$ u. A. bzw. Isopropanol (I) in Bzl. u. die umgekehrte Rk. zwischen Al-Äthylat (II) bzw. -Isopropylat (III) u. gasförmigem HCl in Benzol. Die Rk. von $AlCl_3$ mit A. ist exotherm. Beim Schütteln von $AlCl_3$ in Bzl. mit A. u. 4—5std. Erhitzen entsteht ein Prod. der Zus. *$[Al_3Cl_7(OC_2H_5)_2\cdot 7\,C_2H_5OH]$*. Beim Erwärmen dieser Verb. auf 50° unter vermindertem Druck reagiert sie weiter zu

[$Al_3Cl_5(OC_2H_5)_4 \cdot 3\ C_2H_5OH$]; oberhalb 50° tritt Zers. ein. Prodd. ähnlicher Zus. entstehen bei 2std. Durchleiten von HCl durch eine Lsg. von **II** in Bzl. u. bei Erwärmung auf 50°. Die Rk. von $AlCl_3$ mit **I** bzw. die von **III** mit HCl in Bzl. führt zu Verbb. ähnlicher Zusammensetzung. P. SCHARNER. 294□

**Über eine Reihe von Verbindungen der allgemeinen Formel $A^{II}B_4{}^{III}S_7$ und von gleichem Kristalltyp.** Jean Flahaut, Louis Domange und Madeleine Patrie. (C. R. hebd. Séances Acad. Sci. **252.** 3266—67. 24/5. 1961.) (Franz.) — Vgl. C. **1961.** 6076.

In den Syst. von $Y_2S_3$ mit MgS, CdS, MnS, FeS u. CrS werden durch Pressen bei 250 at, Erhitzen der Preßlinge auf 800—1350° u. plötzliches Abschrecken Verbb. der Zus. $MeS \cdot 2\ Y_2S_3$ erhalten, die im $Y_5S_7$-Typ kristallisieren (Parameter in Å; D. = berechnete, $D._4{}^0$ = gemessene Dichte; in allen Fällen Z = 2): $MgY_4S_7$, a = 12,67, b = 3,80, c = 11,47, $\beta$ = 105,5°, D. 3,65, $D._4{}^0$ 3,61; $MnY_4S_7$, a = 12,63, b = 3,79, c = 11,43, $\beta$ = 105,5°, D. 4,00, $D._4{}^0$ 3,80; $CrY_4S_7$, a = 12,61, b = 3,80, c = 11,41, $\beta$ = 106°, D. 3,99, $D._4{}^0$ 3,91; $FeY_4S_7$, a = 12,54, b = 3,79, c = 11,36, $\beta$ = 106°, D. 4,07, $D._4{}^0$ 4,01; $CdY_4S_7$, a = 12,70, b = 3,83, c = 11,49, $\beta$ = 106°, D. 4,28, $D._4{}^0$ 4,15 (zum Vgl.: $Y_5S_7$, a = 12,76, b = 3,81, c = 11,59, $\beta$ = 105°, D. 4,10, $D._4{}^0$ 4,10). Wahrscheinliche Symmetriegruppe ist C 2/m. Die in $Y_5S_7$ eingebauten 2wertigen Ionen (außer Zn) besitzen ähnliche Radien wie $Y^{2+}$ (0,92 Å). Die größeren $Ca^{2+}$- u. $Sr^{2+}$-Ionen liefern nur Verbb. vom Typ $MeS \cdot Y_2S_3$. A. BLASCHETTE. 300□

**Untersuchung der Bedingungen zur silicothermischen Darstellung von Lanthansilicid und einiger seiner Eigenschaften.** W. Ss. Neschpor und G. W. Ssamssonow. (Журнал Прикладной Химии [J. angew. Chem.] **33.** 993—1001. Mai 1960.) (Russ.)

Die Bldg. von $LaSi_2$ aus Si u. $La_2O_3$ im Vakuum geht in 2 Stadien vor sich. Bei niedriger Temp. (ca. 1251°) überwiegt die Bldg. von Monosilicid (**I**), bei höherer Temp. wird $La_2O_3$ direkt bis zum Disilicid (**II**) reduziert. Als reine Phase erhält man **II** bei 1500—1580° u. $10^{-3}$ Torr in ca. 30 Minuten. Die Bldg.-Wärmen betragen für **I** 64 kcal/Mol, für **II** 52 kcal/Mol. Die Mikrohärte von **II** beträgt 324 kg/mm², sie ist erheblich größer als die der Silicide der Übergangsmetalle der III. u. IV. Gruppe des PSE. Zwischen 20 u. 500° ist **II** ein Leiter vom n-Typ, oberhalb 500° ein Halbleiter vom p-Typ. G. ENGELHARDT. 301□

**Die thermische Zersetzung der Hydrate der schweren Seltenen Erdmetallchloride.** W. W. Wendlandt. (J. inorg. Nuclear Chem. **9.** 136—39. Febr. 1959. Lubbock, Tex., Texas Technol. Coll., Dep. of Chem. and Chem. Engng.) (Engl.)

Die therm. Zers. der Hexahydrate der Chloride von *Eu, Tb, Dy, Ho, Er, Tm, Yb* u. *Lu* wurde mit Hilfe der Thermowaage untersucht. Die Thermolysekurven sind angegeben. Die Hexahydrate beginnen das Hydratationswasser im Temp.-Bereich von 65—95° zu verlieren. Wegen der abnehmenden Basizität der Metallionen wurden keine horizontal verlaufenden Kurvenabschnitte, die den wasserfreien Metallchloriden entsprechen würden, gefunden. Auch die Bldg. wasserärmerer stabiler Hydrate ließ sich nicht nachweisen. Dagegen konnte aus den Zers.-Kurven im Temp.-Bereich zwischen 200 u. 265° auf die Bldg. von Verbb. mit einer Zus., die zwischen dem Metallchlorid u. dem Oxydchlorid liegt u. der allg. Formel $MeOCl \cdot 2\ MeCl_3$ entspricht, geschlossen werden. Diese Verbb. zersetzen sich bei weiterer Temp.-Steigerung zwischen 360 u. 425° zu den Metalloxydchloriden, die dann in die Metalloxyde übergehen. Auf Grund der apparativen Begrenzung konnte nur der Beginn dieser letzten Zers. festgestellt, nicht aber die zu den Metalloxyden gehörenden horizontalen Kurvenabschnitte beobachtet werden. GERHARD SCHULZE. 303□

**Die Reduktion von Samarium(III)-trifluoracetat mit Kalium in flüssigem Ammoniak.** George W. Watt und M. L. Muga. (J. inorg. Nuclear Chem. **9.** 166—70. Febr. 1959. Austin, Tex., Univ. of Texas, Dep. of Chem.) (Engl.)

Zum Nachw. niedrigerer Oxydationsstufen der Lanthaniden untersuchten Vff. die Red. von Sm(III)-Trifluoracetat (**I**) mit K in fl. $NH_3$. Stabile niedrigere Oxydationsstufen des Sm konnten jedoch nicht nachgewiesen werden, nur in instabilen braunen Prodd. schien $Sm^{2+}$ vorübergehend aufzutreten. Es bildet sich auch kein metall. Sm durch Red. oder Disproportionierung. **I** reagiert nacheinander mit 1, 2 u. 3 Äquivalenten K. Als Rk.-Prod. wurde K-Trifluoracetat nachgewiesen, so daß die Bldg. von ammonobas. Trifluoracetaten des Sm wahrscheinlich war. Mit einer solchen Erklärung ist aber der N-Geh. der Rk.-Prodd. unvereinbar. Die weißen, in $NH_3$ unlösl. Prodd. weisen reproduzierbare Zus. auf, scheinen aber aus Gemischen zu bestehen, die sich nicht trennen ließen. Ein möglicher Rk.-Mechanismus wird erörtert.

Versuche: *Samarium(III)-trifluoracetat* (**I**), $Sm(C_2F_3O_2)_3$, aus 1,61 g $Sm_2O_3$, 10 ml $CF_3COOH$ u. 2,5 ml Trifluoressigsäureanhydrid im verschlossenen Pyrexrohr in 6 Std. bei Raum-Temp. u. 24 Std. bei 100° u. 8std. Trocknen des weißen Nd. bei 100° im

Vakuum. — *Samarium(III)-trifluoracetat-2-Ammoniak*, $Sm(C_2F_3O_2)_3 \cdot 2\,NH_3$, durch Lösen vorst. Verb. in fl. $NH_3$ bei $-33,5^0$, Filtrieren, Verdampfen des Lsgm. u. 2std. Trocknen bei Raum-Temp.; Kristalle. GERHARD SCHULZE. 308 □

**Eine ternäre Verbindung des dreiwertigen Titans: Der Spinell $MgTi_2O_4$.** André Lecerf. (C. R. hebd. Séances Acad. Sci. **252.** 3253—54. 24/5. 1961. Rennes, Fac. des Sci., Labor. de Chim. min. A.) (Franz.) — Vgl. C. **1961.** 10852.

Schwarzes *$MgTi_2O_4$* (I) wird durch Red. eines Gemisches von $MgTi_2O_5$ (II) u. $Mg \cdot TiO_3$ (III) mit Mg/Ti = 0,7 durch Kohlenstoff (Acetylenruß) bei $1400^0$ im Ar-Strom (Graphitschiffchen in einem $Al_2O_3$-Sinterrohr) erhalten. Daneben entstehen MgO (mit Mg/Ti zunehmend) u. $Ti_2O_3$ (mit Mg/Ti abnehmend). Bei der analogen Red. von reinem II bilden sich MgO, $Ti_2O_3$ u. eine nichtidentifizierte kub.-flächenzentrierte Phase (IV), bei der Red. von reinem III ebenfalls MgO u. IV. II u. III werden aus $MgCO_3$ u. Rutil bei $1300^0$ erhalten. I, unter Luftausschluß mit 4n HCl von MgO befreit, besitzt Spinellstruktur (Symmetrie F d 3 m) mit a = 8,474 ± 0,002 Å, D. (gemessen) 4,05 ± 0,05, Z = 8. Aus Intensitätsbetrachtungen folgt, daß es sich um einen normalen Spinell mit $Ti^{3+}$ an den Oktaeder-, $Mn^{2+}$ an den Tetraederplätzen des Sauerstoffgitters handelt. Damit scheint $Ti^{3+}$ in seinen Sauerstoff-Verbb. die Koordinationszahl 6 zu bevorzugen.

A. BLASCHETTE. 321 □

**Untersuchung von Systemen geschmolzener Salze auf der Grundlage von Thoriumfluorid. 1. Mitt. Untersuchung des Systems $ThF_4$–NaCl–KCl.** V. S. Emelyanov und A. I. Evstyukhin. (J. nuclear Energy **4.** 475—82. April 1957. (Engl.) — C. **1958.** 11174.)

HERBERT WEBER. 324 □

**Reindarstellung und Eigenschaften von Trimethylchlorgerman, $(CH_3)_3GeCl$.** Max Schmidt und Ingeborg Ruidisch. (Z. anorg. allg. Chem. **311.** 331—44. 1961. München, Univ., Inst. für Anorg. Chem.) (Dt.)

*$(CH_3)_3GeCl$* (I) läßt sich nicht aus $GeCl_4$ u. $CH_3MgCl$ oder $GeCl_4$ u. $Ge(CH_3)_4$ gewinnen, entsteht aber aus $(CH_3)_2GeCl_2$ (II) u. $CH_3MgCl$ oder $LiCH_3$ in Diäthyläther. Hieraus läßt sich I als Azeotrop mit 3—6% Ae. isolieren. Dest. über $AlCl_3$ oder Gaschromatographie liefern reines I; klare farblose Fl., bei Feuchtigkeitsausschluß stabil u. unbegrenzt haltbar, lösl. in allen protoneninakt. Lsgm. (Bzl., Cyclohexan, Ae., $CH_2Cl_2$). Die neu bestimmten physikal. Konst. sind: $Kp._{730}$ 96,5—97°, F. —14°, $D.^{21,5}$ 1,2382, $n^{29}$ 1,4283. Das IR-Spektrum wird tabellar. mitgeteilt. Hydrolyse von I liefert eine wss. Lsg. von *Trimethylgermanol*, die auch beim Schütteln von Hexamethyldigermoxan mit W. entsteht. Ausäthern der wss. Lsg. liefert nur *Hexamethyldigermoxan*, farblose Fl., $Kp._{730}$ 137°, F. —61,5°, $D.^{21,5}$ 1,2086, $n^{21,5}$ 1,4308.

Versuche: *$(CH_3)_2GeCl_2$* (II): Feingepulvertes Ge wurde mit 20 Gew.-% Cu-Pulver auf Glaswolle im schräg gestellten Jenaer Glasrohr bei 360° mit Methylchlorid (7—8 g/h) behandelt, die Rk.-Prodd. durch einen senkrechten Kühler in eine eisgekühlte Vorlage u. eine auf —78° gekühlte Falle abgeleitet. Nach Ende der Rk. wurde das Kondensat auf Raum-Temp. erwärmt, wobei überschüssiges $CH_3Cl$ entwich, dann fraktioniert dest., $Kp._{735}$ 119°; 50—55% (Ausbeute bzgl. Ge); farblose, leicht bewegliche Fl., $D.^{20}$ 1,4926, $n^{20}$ 1,4555. — *$(CH_3)_3GeCl$* (I): a) aus II in äther. Lsg. durch Zutropfen einer äquivalenten Menge $CH_3MgCl$ unter Rühren u. Feuchtigkeitsabschluß; das ausfallende, sehr voluminöse $MgCl_2$ erfordert nochmalige Ae.-Zugabe; nach Abzentrifugieren des Nd. wurde die Lsg. über eine WIDMER-Kolonne dest. (Ae.-Extraktion des abzentrifugierten $MgCl_2$ verbessert die Ausbeute). Fraktionierte Dest. des Rückstands liefert das Azeotrop aus 94% I u. 6% Ae., $Kp._{730}$ 95—98°. b) Aus II u. $LiCH_3$ durch Zutropfen der äquivalenten Menge $LiCH_3$ in Ae. zur äther. Lsg. unter Rühren u. Feuchtigkeitsausschluß in $N_2$-Atmosphäre bei 0°. Nach beendetem Zutropfen 4 Std. unter Rückfluß kochen, krist. Nd. von LiCl abfiltrieren, den Salzrückstand mit Ae. waschen, Ae. über eine WIDMER-Kolonne abdest.; Dest. des Rückstands mit einer Drehbandkolonne liefert verschiedene Fraktion: 1. $Kp._{730}$ 96,5°, Azeotrop aus 94% I u. 6% Ae.; 2. $Kp._{730}$ 119,5°, nichtumgesetztes II. Dest. von Fraktion 1 über $AlCl_3$ oder Gaschromatographie liefert reines I; Ausbeute 33,7%. P. SARTORI. 326 □

**Über metallorganische Verbindungen des Germaniums.** Karl-Heinz Birr und Dieter Kräft. (Z. anorg. allg. Chem. **311.** 235—40. 1961. Braunschweig, TH, Inst. für anorg. Chem.) (Dt.)

*Tetra-β-styrylgerman* (I) läßt sich aus β-Bromstyrol (II) u. $GeCl_4$ mit Na als Kondens.-Mittel in Bzl. darstellen. Als Nebenprodd. entstehen dabei *Hexa-β-styryldigerman* u. wenig *Tetraphenyläthinylgerman* (III). III erhält man ferner durch Umsetzung von Li-Phenylacetylen (IV) mit $GeCl_4$ in Ae./Benzol. Alle 3 Verbb. sind gegen chem. Agentien sehr stabil, wss. Laugen führen erst nach längerem Erhitzen zur Spaltung. III ist bedeutend stabiler als die entsprechende Sn-Verbindung. Das IR-Spektrum von

I hat neben der allen organ. Ge-Verbb. eigenen Bande bei 830 $cm^{-1}$ eine charakterist. Bande bei 990 $cm^{-1}$. Die Verbrennung von **I** in $O_2$ unter Druck ist eine einheitliche Rk.; die Verbrennungswärme wurde zu 4293,1 ± 2,9 kcal/Mol bestimmt. Die Bldg.-Wärme ergibt sich zu −181,9 kcal/Mol.

Versuche: *Tetra-β-styrylgerman* (I), F. 198—200° (Bzl./PAe.), durch 18std. Erhitzen unter Rühren von 46,5 g **II**, 11,5 g Na, 13,5 g dest. $GeCl_4$ (Kp. 83—84°) in 150 g Bzl., Abfiltrieren, Abziehen des Lsgm., Digerieren mit Bzl., Umkristallisieren des Rückstandes mit Bzl./PAe.; Nadeln; 17,5% (Ausbeute). — *Hexa-β-styryldigerman*, F. 230 bis 232°, durch Benzolextraktion des anorgan. Rückstandes vorst. Rk.; 0,5%. — *Tetraphenyläthinylgerman* (III), F. 187—188° (Bzl./PAe.), a) in geringer Menge neben **I**, Abtrennung durch Umkristallisation; b) durch Zutropfen von 6 g $GeCl_4$ in 75 g abs. Bzl. zu 10,8 g **IV** in 150 ml abs. Ae. unter $N_2$ nach 1std. leichtem Erwärmen, Filtration, Zersetzen mit 200 ml gesätt. wss. $NH_4Cl$-Lsg., Trocknen mit $Na_2SO_4$ u. Abziehen des Lsgm.; Nadeln; 60%. P. SCHARNER. 326□

**Löslichkeitsprodukt, Fällung und thermische Zersetzung von Bleihydroxydjodid, Pb(OH)J.** Reino Näsänen, Paavo Meriläinen und Rolf Uggla. (Suomen Kemistilehti **32.** B 249—51. 1959. Helsinki, Univ. of Helsinki, Dep. of Chem.) (Engl.)

Vff. untersuchten die Bedingungen zur Fällung von $PbJ_2$ u. Pb(OH)J u. das Gleichgewicht zwischen beiden Verbb. in wss. Lsg. in Ggw. überschüssigen KJ bzw. $Pb(NO_3)_2$. Die Gleichgewichts-Konst. der Rk. $PbJ_2 + OH^- \rightleftharpoons Pb(OH)J + J^-$ hat den Wert pK 7,13 bei 25°. Das Löslichkeits-Prod. von Pb(OH)J wurde zu $pK_S$ ca. 15,2 bei 25° berechnet. In Ggw. von überschüssigem KJ ist Pb(OH)J über einen weiten pH-Bereich stabil. Auf Grund der erhaltenen Ergebnisse lassen sich die in der Literatur angegebenen Meth. zur Darst. von Pb(OH)J erklären. Beim therm. Abbau von Pb(OH)J an der Luft entstehen Bleioxydjodide der vermutlichen Zus. $PbO \cdot PbJ_2$; $2\,PbO \cdot PbJ_2$; $7\,PbO \cdot PbJ_2$ u. PbO. P. SCHARNER. 328□

**Ein Komplex von Wismuttrichlorid mit Diäthylamin.** Kundan Lal, Inder Pal Bhatia und Roshan Lal Kaushik. (Current Sci. **29.** 272—73. Juli 1960. Hoshiarpur, Panjab Univ., Dep. of Chem.) (Engl.)

Ein neuer Komplex der Formel $BiCl_2N(C_2H_5)_2$, F. 204° (Zers.), wurde durch tropfenweise Zugabe unter Rühren von Diäthylamin zu einer konz. Lsg. von $BiCl_3$ in trockenem Aceton dargestellt. Der entstehende Nd. wurde mit Aceton gewaschen u. eine Woche lang über $H_2SO_4$ getrocknet. Die neue Verb. ist in W., A., Ae., $CCl_4$ u. Benzoylchlorid nicht, in Mineralsäuren unter $Bi^{3+}$-Bldg. leicht löslich. Die Struktur des Komplexes wird erörtert. H. FRIES. 334□

**Chromphosphate.** 2. Mitt. **Phasendiagramm bei 70° und weitere Ionenaustauschuntersuchungen am System Chrom(III)-Phosphorsäure.** J. P. Redfern und J. E. Salmon. (J. chem. Soc. [London] **1961.** 291—97. Jan. London, Battersea Coll. of Technol.) (Engl.) — 1. vgl. C. **1955.** 9980.

Vff. untersuchen das Phasendiagramm des Syst. $Cr_2O_3$–$P_2O_5$–$H_2O$ bei 70°. Im Bereich 1—20% $P_2O_5$ existiert nicht nur eine feste Phase. Die festen Phasen zeigen die Fähigkeit, Kationen auszutauschen. Ionenaustauschexperimente mit bei 70° gealterten Lsgg. deuten auf das Vorhandensein polynuclearer, kation. Komplexe. Aus chromatograph. Trennungen ergibt sich die Ggw. polynuclearer Ionen, die wahrscheinlich die Struktur $[H_2PO_4\text{–}(Cr\text{–}HPO_4)_n\text{–}Cr\text{–}H_2PO_4]^+$ (n = 0; 1; 2; 3 oder 6) besitzen. P. SCHARNER. 335□

**Über die Redoxgleichgewichte der Wolframoxyde.** Christiane Choain und Fernand Marion. (C. R. hebd. Séances Acad. Sci. **252.** 3258—60. 24/5. 1961. Lille, Fac. des Sci., Labor. de Métallurgie.) (Franz.)

Die vier bekannten, nichtstöchiometr. W-Oxyde der mittleren Zus. $WO_{3,0}$ (α-), $WO_{2,90}$ (β-), $WO_{2,70}$ (γ-) u. $WO_{2,0}$ (δ-Phase) treten mit einem $H_2$–$H_2O$-Gasgemisch in vier Gleichgewichts-Rkk.: $\alpha \rightleftharpoons \beta$ ($K_1$), $\beta \rightleftharpoons \gamma$ ($K_2$), $\gamma \rightleftharpoons \delta$ ($K_3$), $\delta \rightleftharpoons W$ ($K_4$), mit $K_i = p(H_2O)/p(H_2)$. Die Kurven $K_i = f(T)$ begrenzen im CHAUDRON-Diagramm (C. R. hebd. Séances Acad. Sci. **170.** [1920.] 1056) vier Stabilitätsbereiche. In jedem Bereich ist die Zus. der betreffenden Phase eine Funktion von Temp. u. $K_i$. Vff. haben die einzelnen Bereiche im CHAUDRON-Diagramm (T-% $H_2O$) u. im W–O-Diagramm durch chem. Analyse festgelegt. Die verschiedenen Oxyde $WO_{2+x}$ reagieren in NaOH bei pH 13 mit AgSCN·n KSCN nach $W^{4+}_{1-x}W^{6+}_{x}O^{2-}_{2+x} + 2(1-x)\,Ag^+ \rightarrow W^{6+} + (2+x)\,O^{2-} + 2(1-x)\,Ag$; die Menge des ausgeschiedenen Ag-Metalls ist ein direktes Maß für x. Im Bereich 600—1100° ist $\log K_1 = -4000/T + 5{,}29$; $\log K_2 = -2130/T + 2{,}92$; $\log K_3 = -860/T + 0{,}858$; $\log K_4 = -2250/T + 1{,}39$. Die verschiedenen Phasen besitzen nachst. Grenzen: α: $WO_3$ (gelb) u. $W_{2,98}$ (grünlich); β: $WO_{2,90}$ (blau) u. $WO_{2,83}$ (blau); γ: $WO_{2,72}$ (violett) u. $WO_{2,66}$ (violett); δ (keine merkliche Phasenbreite): $WO_2$ (kastanienfarben). A. BLASCHETTE. 337□

**Über die thermo- und röntgenanalytische Untersuchung der Reaktion von Wolframtrioxyd und Kohlenoxyd.** A. J. Hegedüs, K. Sasvári und J. Neugebauer. (Acta chim. Acad. Sci. hung. **26.** 113—27. 1961. Újpest-Budapest, Tungsram Glühlampenfabr., Forsch.-Inst. für die nachrichtentechn. Ind.) (Dt.)

Bei der Red. von $WO_3$ durch CO bildet sich bei 500—650° zuerst blaues $WO_{2,9}$ ($\beta$-W-Oxyd) u. dann atomares W, das sich mit dem gleichzeitig katalyt. ausscheidenden atomaren C unmittelbar zu röntgenamorphem, später zu schwer kristallisierendem WC vereinigt. Bei 550° setzt die Red. erst nach einer langen Inkubationszeit mit einer langen Inkubationsperiode ein. Bei höheren Temp. (650—900°) konnte auch die Bldg. von violettem $\gamma$-W-Oxyd ($WO_{2,72}$), von braunem $\delta$-$WO_2$, von $\alpha$-W u. $\alpha$-$W_2C$ nachgewiesen werden. $\beta$-W u. „Oxydcarbide" konnten nicht festgestellt werden. Die Rk. von CO mit $\alpha$- bzw. $\beta$-W führt, beim letzten mit größerer Geschw., stets über $\alpha$-$W_2C$ zum WC.
W. HAMPEL. 337☐

**Mangan(I)-pentacarbonyläthylen-Kation.** E. O. Fischer und K. Öfele. (Angew. Chem. **73.** 581. 21/8. 1961. München, Univ., Inst. für Anorg. Chem.) (Dt.)

Aus $Mn(CO)_5Cl$ u. $AlCl_3$ in Cyclohexan entsteht bei 45° u. 140 at $C_2H_4$-Druck farbloses, diamagnet. *Pentacarbonyläthylenmangan(I)-tetrachloroaluminat* (I), $[Mn(CO)_5C_2H_4]\cdot[AlCl_4]$, das sich in W. unter Gelbfärbung zersetzt. Das IR-Spektrum von I zeigt drei $\gamma_{CO}$-Schwingungen bei 2165, 2083 u. 2062 u. eine $\nu_{C=C}$-Schwingung bei 1510 $cm^{-1}$, die auf eine schwächere $\pi$-Bindung des Olefins an das Metall hinweist. CH. WEISKE. 350☐

**Über Technetiumcarbonyl.** W. Hieber und C. Herget. (Angew. Chem. **73.** 579—80. 21/8. 1961. München, TH, Anorg.-chem. Labor.) (Dt.)

*Techneticumcarbonyl* (I), $Tc_2(CO)_2$, entsteht nach Fällen von $Tc_2S_7$ aus einer Lsg. von 350 mg $KTcO_4$ in 3n $H_2SO_4$, Trocknen des $Tc_2S_7$ bei 200° im $N_2$-Strom, Oxydieren des Sulfids bei 400° im $O_2$-Strom zu $Tc_2O_7$, 12 std. Erhitzen des Oxyds im Cu-verkleideten Autoklaven auf 275° (250 at CO-Anfangsdruck bei 20°). Der Autoklaveninhalt wird mit PAe. eluiert, die Lsg. eingedampft u. der Rückstand bei 0,1 Torr u. 60—80° sublimiert; 134 mg Ausbeute. Das IR-Spektrum (in $CCl_4$) des diamagnet. I ($\chi_{Mol}^{291°K} = -198\cdot10^{-6}$ $cm^3\cdot Mol^{-1} \pm 10\%$) zeigt 3 $\nu_{CO}$-Schwingungen endständiger CO-Gruppen bei 2065, 2018 u. 1982 $cm^{-1}$. Daraus wird auf eine Struktur der Punktgruppe $D_{4h}$ bzw. $D_{4d}$ mit Metall-Metall-Bindung analog der Mn- u. Re-Carbonyle geschlossen. Die Verss. wurden mit $^{99}Tc$ durchgeführt. CH. WEISKE. 351☐

**Über kationische Kohlenoxyd-Komplexe.** W. Hieber und Th. Kruck. (Angew. Chem. **73.** 580. 21/8. 1961.) (Dt.) — Vgl. vorst. Referat.

Re-Tetracarbonylchlorid reagiert mit $AlCl_3$ bei 85—95° u. 300—350 at CO-Druck zu farblosem, gutkrist. *Hexacarbonylrhenium(I)-tetrachloroaluminat* (I), $[Re(CO)_6][AlCl_4]$, das sich in W. gut u. ohne Zers. löst u. mit den entsprechenden Kationen schwerlösl. Salze der Zus. $[Re(CO)_6][Cr(SCN)_4(NH_3)_2]$, $[Re(CO)_6][B(C_6H_5)_4]$ u. $[Re(CO)_6]ClO_4$ bildet. Auch bei Einw. von Carbonylmetallaten von Re, Co u. Fe entstehen Salze. Aus dem IR-Spektrum von I, das nur eine scharfe CO-Bande bei 2083 $cm^{-1}$ zeigt, ergibt sich, daß die CO-Liganden das Re(I)-Ion oktaedr. umgeben. I zersetzt sich $>205°$ unter Metallabscheidung. Bei Umsetzung von $[Fe(CO)_4]Br_2$ bzw. $[Os(CO)_4]Cl_2$ mit $AlBr_3$ bzw. $AlCl_3$ bei 80—100° u. 300—400 at CO-Druck bilden sich Salze mit den Kationen $[Fe\cdot(CO)_6]^{2+}$ u. $[Os(CO)_6]^{2+}$ (Vorl. Mitt.). CH. WEISKE. 352☐

**Untersuchung der Reaktion der durch Reduktion von Eisen(III)-oxyden hergestellten Eisenpulver mit Wasser.** Jacques Hui. (C. R. hebd. Séances Acad. Sci. **252.** 3051—53. 15/5. 1961. Paris, École des Mines, Labor. de Chim.) (Franz.) — Vgl. C. **1961.** 12007.

Die Anfangsperiode der Rk. zwischen W. u. Fe-Pulver, das durch Red. (1 atm $H_2$; 400°; 9 Std.) von aus Fe(III)-Nitrat, -Sulfat oder -Chlorid gewonnenen Fe(III)-Oxyden hergestellt wurde, wird bei 80° bis zur Erreichung eines $H_2$-Drucks von 40 Torr/g Fe untersucht. Die Rk. verläuft bei einem bestimmten optimalen pH-Wert mit maximaler Geschw. u. unter Bldg. von $Fe_3O_4$. Bei saurer Rk. des Mediums tritt $Fe(OH)_2$ als Zwischenprod. auf; die sich einstellenden niedrigen pH-Werte können auf der Ggw. von $Cl^-$- oder $SO_4^{2-}$-Ionen beruhen, die bei der Darst. in den Fe-Präpp. verblieben sind. Es wird ein Rk.-Mechanismus diskutiert: In Abwesenheit von $O_2$ beginnt die Rk. in allen Fällen mit dem bes. in schwach saurer Lsg. schnellen Teilschritt $Fe \rightarrow Fe^{2+} + 2e$ (1); daneben läuft die Rk. $Fe^{2+} \rightarrow Fe^{3+} + e$ (2) ab. Da die Bldg. von $Fe_3O_4$ gemäß $Fe^{2+} + 2 Fe^{3+} + 8 OH^- \rightarrow Fe_3O_4 + 4 H_2O$ (3) hingegen im alkal. Gebiet bevorzugt ist, erklärt sich die Existenz eines optimalen pH-Wertes. Der Rk.-Anfang im sauren Gebiet (1) führt zu einem hohen Angebot an $Fe^{2+}$, das nur langsam nach (2) oder (3) verbraucht wird, d. h. das Löslichkeits-Prod. von $Fe(OH)_2$ wird überschritten. Im bas. Gebiet ist die Rk.-Geschw. von (1) gering, $Fe(OH)_2$ fällt nicht aus, da die gebildeten $Fe^{2+}$-Ionen sofort nach (2) oder (3) weiterreagieren. A. BLASCHETTE. 354☐

**Mechanismus und sterischer Verlauf der oktaedrischen Aquotisierung.** 2. Mitt. **Aquotisierung von Chloro- und Bromoisothiocyanato-bis-[äthylendiamin]-kobalt(III)-Salzen.** M. E. Baldwin und M. L. Tobe. (J. chem. Soc. [London] **1960.** 4275—82. Nov. London, Univ. Coll., William Ramsay and Ralph Forster Labor.) (Engl.) — 1. vgl. C. **1960.** 7454.

Die Aquotisierungs-Geschw. von *cis*-$[CoCl(NCS)\,en_2]^+$ u. *cis*-$[CoBr(NCS)\,en_2]^+$ (en = Äthylendiamin) werden titrimetr., konduktometr. u. spektrophotometr. bei verschiedenen Temp. bestimmt u. die zugehörigen ARRHENIUS-Parameter ermittelt. Bei 25° betragen die Geschw.-Konst. 1. Ordnung $k_1 = B \cdot \exp(-E/RT) = 1{,}1 \cdot 10^{-5}$ bzw. $2{,}3-10^{-5}\,s^{-1}$; E = 20,8 bzw. 23,1 kcal/Mol; log B = 10,3 bzw. 12,3. In beiden Fällen wird ausschließlich *cis*-$[Co(NCS)(H_2O)\,en_2]^{2+}$ (I) gebildet. Für *trans*-$[CoCl(NCS) \cdot en_2]^+$ u. *trans*-$[CoBr(NCS)\,en_2]^+$ sind die entsprechenden Befunde: $k_1 = 5 \cdot 10^{-8}$ bzw. $5 \cdot 10^{-7}$; E = 30,4 bzw. 30,1; log B = 14,9 bzw. 15,3; 50—70% bzw. 45% I als Rk.-Produkt. Bei der Rk. von *l-cis*-$[CoCl(NCS)\,en_2]^+$ mit $OH^-$-Ionen in wss. Lsg. bei 0° werden 56% *d-cis*-, 24% *l-cis*- u. 20% *trans*-$[Co(OH)(NCS)\,en_2]^+$ gebildet. Die Ursachen für den Unterschied im kinet. u. ster. Verh. der cis- u. trans-Isomeren werden diskutiert.

Versuche: *cis-Chloroisothiocyanato-bis-[äthylendiamin]-kobalt(III)-perchlorat*, $C_5 \cdot H_{16}Cl_2CoN_5O_4S$, durch Digerieren von cis-Chloroisothiocyanato-bis-[äthylendiamin]-kobalt(III)-chlorid (**II**; WERNER, Liebigs Ann. Chem. **386.** [1912.] 139) mit 60%ig. $HClO_4$, Versetzen mit Methanol, Abfiltrieren, Umkristallisieren aus warmem verd. $HClO_4$ u. Trocknen des erhaltenen *Monohydrats* über $CaCl_2$ im Vakuum. — *l-cis-Chloroisothiocyanato-bis-[äthylendiamin]-kobalt(III)-perchlorat*, $C_5H_{16}Cl_2CoN_5O_4S$, durch 1std. Stehenlassen einer konz. wss. Lsg. des Racemats **II** mit der berechneten Menge Ammonium(+)-α-bromcampher-π-sulfonat (**III**), Abfiltrieren des rosafarbenen Nd., Digerieren mit 60%ig. $HClO_4$, Lösen des Nd. in möglichst wenig W., erneutes Fällen mit **III** u. Umwandeln in Perchlorat (3mal wiederholen). — *cis-Bromoisothiocyanato-bis-[äthylendiamin]-kobalt(III)-bromid-0,5 Wasser*, aus 10 g cis-Isothiocyanatoaquo-bis-[äthylendiamin]-kobalt(III)-dithionat (WERNER, Liebigs Ann. Chem. **386.** [1912.] 150) in 30 ml W. durch Versetzen mit 5 ml konz., $Br_2$-freiem HBr, Erhitzen bis zur Purpurfärbung, Kühlen, Filtrieren, Waschen mit A. u. Ae., Trocknen in einem Luftstrom, Lösen des Prod. (3 g) in 5 ml 72%ig. $HClO_4$, Fällen durch Zusatz von 1 ml W., 100 ml A. u. 100 ml Ae., Lösen des abfiltrierten Nd. in möglichst wenig W. bei 40°, Kühlen u. Fällen mit 50%ig. HBr; purpurrote Kristalle; 1,4 g. A. BLASCHETTE. 355□

**Spektrophotometrische und magnetische Untersuchungen an Nickel(II)- und Kupfer(II)-Chelaten des Histamins.** Teuvo Nortia. (Suomen Kemistilehti **32.** B 245—48. 1959. Helsinki, Inst. of Technol., Dep. of Chem.) (Engl.)

Vf. bestimmte die Absorptionsspektren von Histamin (A) (A bei pH 11,7, $AH^+$ bei pH 7,7 u. $AH_2^{2+}$ bei pH 1,0), *Tris-[histamin]-nickel(II)*- (**I**), *Bis-[histamin]-diaquokupfer(II)*- u. *Histamintetraquokupfer(II)*-Ionen in wss. Lsg. im Bereich von 220—960 mμ bei Raum-Temp., sowie die Reflexionsspektren u. magnet. Momente von $[Ni(A)_3]Cl_2$ (**II**) u. $[Cu \cdot (A)_2(ClO_4)_2]$ (**III**). Das Spektrum von **I** gleicht sehr dem des Ni-Chelats des Äthylendiamins (**IV**), während sich die Spektren der Cu-Verbb. mehr von den entsprechenden von **IV** unterscheiden. Das magnet. Moment von **II** ist 3,06 B.M. bei 21°, von **III** 1,9 B.M. bei 25°. Bei **II** handelt es sich um eine typ. spinfreie Verb. mit oktaedr. um das Ni-Ion angeordneten Liganden. Bei **III** liegen die A-Gruppen quadrat. in einer Ebene um das Cu-Ion, die $ClO_4$-Gruppen stehen vertikal zu dieser Ebene in trans-Stellung.

Versuche: *Tris-[histamin]-nickel(II)-chloridpentahydrat*, $[Ni(A)_3]Cl_2 \cdot 5\,H_2O$, durch Fällen aus einer Lsg. von $NiCl_2$ u. Histamindihydrochlorid mit NaOH bei pH 10,5; violette Kristalle; *Monohydrat*, durch Trocknen im Vakuum über $P_2O_5$. — *Tris-[histamin]-nickel(II)-chlorid*, $[Ni(A)_3]Cl_2$ (**II**), aus vorst. Verb. durch Trocknen bei 110°, violette Kristalle. — *Diperchlorato-bis-[histamin]-kupfer(II)*, $[Cu(A)_2(ClO_4)_2]$ (**III**), durch Fällen aus einer Lsg. von A u. $Cu(ClO_4)_2$ bei pH 8,0; violettblaue Kristalle.

P. SCHARNER. 358□

---

G. W. Ssamssonow und Ju. B. Paderno. Die Boride der Seltenen Erdmetalle. Kiew: Verl. der Akad. der Wiss. der UkrainSSR. 1961. (94 S.; 1 Bl. Abb.) 35 Kop. [Russ.]

G. W. Ssamssonow und L. L. Werelkina. Die Phosphide. Kiew: Verl. der Akad. der Wiss. der UkrainSSR. 1961. (128 S.) 42 Kop. [Russ.]

## A₉. Mineralogische und geologische Chemie

**Gegenwärtiger Kohlenstoff-14. Die p-Cymol-Methode.** F. N. Hayes, Elizabeth Hansbury und V. N. Kerr. (Analytic. Chem. **32.** 617—20. Mai 1960. Los Alamos, N.Mex., Univ. of California, Los Alamos Sci. Labor.) (Engl.) — Vgl. C. **1961.** 3605.

Vff. untersuchen mit Hilfe der Cymol-Meth., die näher beschrieben wird, die Veränderung des $^{14}C$-Geh. in der Natur während der letzten Jahre in Cuba, Israel, Mexiko, Alabama, Florida, Georgia, Mississippi, Texas, Indien, Kalifornien, Formosa u. Japan. U. SKURNIA. 378□

**Altersbestimmung einer Intrusion in basischem Eruptivgestein durch die Kalium-Argon-Methode.** Ian McDougall. (Nature [London] **190.** 1184—86. 24/6. 1961. Berkeley, Calif., Univ. of California, Dep. of Geol.) (Engl.)

Vf. bestimmt das Alter von Fayalit-Granophyr (I) u. Dolerit (II) aus Red Hill Dyke, Südtasmanien. I besteht aus 48 (Vol.-%) Plagioklas (Anorthit), 8 Pyroxen (Ferroaugit), 4 Fayalit, 16 K-Feldspat (Senidin), 19 Quarz u. 2 Eisenerz, II aus Plagioklas, Ortho- u. Klinopyroxenen. Nach Aufarbeitung wird K flammenphotometr., Ar massenspektrometr. bestimmt. Die Ergebnisse werden tabellar. mitgeteilt. Das berechnete Alter liegt im Bereich von $143-168 \cdot 10^6$ Jahren, für die Plagioklase u. Pyroxene bei 159 bis $168 \cdot 10^6$ Jahren. Aus den Ergebnissen wird angenommen, daß die Tasman-Dolerite vor ca. 167 Millionen Jahren etwa an der Grenze zwischen unterem u. mittlerem Jura als Intrusionen entstanden sind. P. FRENZEL. 378□

**Mineralogisch-petrographische Untersuchungen an einigen in der Antike als Baumaterial verwendeten Gesteinen.** Hans-Joachim Bautsch und Helmut Kelch. (Geologie **9.** 691—700. Sept. 1960. Berlin.) (Dt.)

Vff. versuchten, an Proben von 3 versunkenen, antiken Gesteinsladungen die für die Archäologie wichtige Frage der Herkunft des Materials zu klären. Die Unterss. ergaben, daß die Meth., die Herkunft von antiken Baumaterialien durch makroskop. Vgl. zu bestimmen, nicht genügt, sondern daß hierzu exakt messende Verf., wie z. B. eine quant. mineralog.-petrograph. Analyse nötig sind. P. SCHARNER. 378□

**Nucleare Methoden für die Prospektierung unter der Oberfläche.** J. G. Beckerley. (Annu. Rev. Nuclear Sci. **10.** 425—60. 1960. Vienna, Austria, Internat. Atomic Energy Agency.) (Engl.)

Übersicht über Verff. zur Messung der Eigg. von unter der Oberfläche liegenden geolog. Formationen durch Bestrahlung mit Neutronen u./oder $\gamma$-Strahlen bzw. durch Beobachtung der natürlichen oder spontanen Emission von $\gamma$-Strahlen u./oder Neutronen. — 86 Literaturangaben P. GOLINSKE. 378□

**Bestimmung von Wechselschichtung in Glaukoniten durch den Brechungsindex.** L. G. Toler und John Hower. (Amer. Mineralogist **44.** 1314—18. Nov./Dez. 1959. Missoula, Mont., Montana State Univ.) (Engl.)

Vff. untersuchten 17 Glaukonitproben verschiedener Herkunft u. stellten fest, daß der Brechungsindex $n_z$ von Glaukonit annähernd um 0,001/% quellbarer Schichten ab- u. um annähernd 0,002/% $Fe_2O_3$ zunimmt. Diese beiden Faktoren steigern einander u. ergeben eine lineare Abhängigkeit. J.-E. HILLER. 380□

**Uranmineralien.** V. I. Gerasimovsky. (J. nuclear Energy **4.** 490—503. April 1957. — C. **1957.** 13599.) (Engl.) HERBERT WEBER. 380□

**Vulkanische Energiequellen.** R. L. Macklin. (Nuclear Sci. Engng. **7.** 553—54. Juni 1960. Oak Ridge, Tenn., Oak Ridge Nat. Labor., Phys. Div.) (Engl.)

Eine Schätzung der jährlich ausgestoßenen Lavamenge auf 0,8 km³, einer Emissions-Temp. von 2000° F, einer Dichte von 3 u. eines mittleren Atom-Gew. von 25 ergibt Energiewerte, die der Spaltung von 42 t U oder Th pro Jahr entsprechen. Vf. bemerkt, daß vulkan. Energiequellen eine Alternative zur Entw. von Spaltungsreaktoren in Ländern wie Italien, Japan, Mexico, Alaska u. Hawai sein könnten. HERBERT WEBER. 386□

**Die Bestimmung des Kaliums in Meteoriten durch Isotopenverdünnung und die Ermittlung ihres Alters nach der K/Ar-Methode.** Daniel Krummenacher. (Helv. chim. Acta **44.** 1054—57. 15/6. 1961. Genève, Univ., Labor. de Minéral.) (Franz.)

An zwei Meteoritproben wird gezeigt, daß K-Geh. von 0,01—0,1% durch Isotopenverdünnung (Zugabe von $^{41}K$) u. anschließende Massenspektrometrie ermittelt werden können. Dabei ist es notwendig, den K-Geh. der Reagentien auf ein Minimum zu reduzieren u. ggf. durch Blindproben in Rechnung zu setzen. Der K-Geh. im RICHARDTON- bzw. MURRAY-Meteorit wurde zu 0,068 bzw. 0,03115% bestimmt. Hieraus folgt mit Hilfe bekannter Ar-Werte ein Alter von $4{,}59 \cdot 10^9$ bzw. $2{,}51 \cdot 10^9$ Jahren (mit $k_K = 0{,}585 \cdot 10^{-10}$, $k_\beta = 4{,}715 \cdot 10^{-10}\ a^{-1}$, $^{40}K/K = 1{,}19 \cdot 10^{-4}$). A. BLASCHETTE. 388□

**Isotopenzusammensetzung von Silber in einem Eisenmeteoriten.** V. Rama Murthy. (Phys. Rev. Letters **5.** 539—41. 15/12. 1960. La Jolla, Calif., Univ. of California, School of Sci. and Engng.) (Engl.)

$^{107}$Ag ist das Prod. des radioakt. Zerfalls von $^{107}$Pd. Während der Differentiation von Meteoritenmasse in eine Metall- u. eine Silicatphase wird Pd vorwiegend in die Metallphase aufgenommen. Messungen an Proben des Toluca-Troilits ergaben für das Verhältnis $^{107}$Ag/$^{109}$Ag einen Mittelwert von 1,097 ± 0,002. Die Werte für analyt. reines $AgNO_3$ (BAKER, ADAMS) betragen 1,076 bzw. 1,072 ± 0,002. Der $^{107}$Ag-Überschuß in der untersuchten Probe wird durch eine selektive Anreicherung des leichten Isotops in der Troilitphase während einer langen Abkühlungsperiode der Eisemasse oder durch Kernprozesse im letzten Stadium der Kern-Synth. im Sonnen-Syst. erklärt.
H. MOENKE. 388□

**Untersuchung der Adsorption einiger Uranzerfallsprodukte an Humuspräparaten.** Sándor Szalay und Mária Szilágyi. (Magyar tudományos Akad., matematikai fizikai Osztályának Közleményei [Ung. Akad. Wiss., Ber. math. physik. Abt.] **11.** 47—55. 1961. Debrecen, Atomkern-Forsch.-Inst.) (Ung.)

Bei der Unters. der Adsorption von $^{90}$Sr, $^{90}$Y, $^{131}$J, $^{137}$Cs, $^{140}$Ba u. $^{140}$La an Humus-Präpp. zeigt sich, daß Huminsäuren Kationen um so stärker adsorbieren, je höher die Wertigkeit bzw. Ordnungszahl ist. $J^-$ wird nicht adsorbiert. Es kann angenommen werden, daß humushaltiger Boden die von Atombomben stammenden Zerfalls-Prodd., welche mit dem Regen auf die Erdoberfläche gelangen, adsorbiert u. eine Verunreinigung des Trinkwassers verhindert. J. PLANK. 393

**R. Gay, M. Haïssinsky, J. Hoarau et M.-L. Josien,** Nouveau traité de chimie minérale. 13. Oxygène, ozone, oxydes, eau oxygénée, la combustion, soufre, sélénium, tellure polonium. Paris: Masson et Cie. 1960—1961. (XL + 2147 S. m. Abb.) 310 NF.

**—,** Uran- und Thoriumvorkommen. Referate der Berichte aus Bd. 2 d. Proceedings of the 2nd United Nations International Conference on the Peaceful Uses of Atomic Energy, Survey of Raw Material Resources. München: Gersbach; Hannover: Bundesanstalt für Bodenforschung. 1960. (94 S.) 8° = Schriftenreihe des Bundesministers für Atomkernenergie und Wasserwirtschaft. 4. Sonderheft. DM 4,—.

# B. Allgemeine und theoretische organische Chemie

**Theoretische Untersuchungen über Sauerstoffverbindungen. 1. Mitt. Die Energieniveaus der π-Elektronen von Formaldehyd.** Michèle Sender und Gaston Berthier. (J. Chim. physique Physico-Chim. biol. **55.** 384—92. Mai 1958. Paris, Fac. des Sci., Labor. de Chim. theor.) (Franz.)

Vff. berechneten nach der Mol.-Bahn-Meth. die Energieniveaus des Syst. mit 4 Elektronen, das aus den 2π-Elektronen der C=O-Bindung u. dem freien Dublett 2p-π des O-Atoms von *Formaldehyd* gebildet wird. C. GOTTFRIED. B 10

**Untersuchungen über die Elektronenstruktur fundamentaler Zellbausteine und bei der chemotherapeutischen Krebsheilung aktiver Verbindungen. 3. Mitt. Die Antimetaboliten der Purinbasen.** Bernard Pullman und Alberte Pullman. (Bull. Soc. chim. France **1958.** 973—80. Juli. Paris, Fac. des Sci., Labor. de Chim. Theor.) (Franz.) — 1. u. 2. vgl. C. **1959.** 1389 bzw. C. **1960.** 12286.

Vff. berechnen die Verteilung der elektr. Ladungen u. die π-Elektronenindices von *6-Mercaptopurin, Thiaguanin, 2.6-Diaminopurin, 8-Azaguanin, 6-Methylpurin, 2-Azaadenin, Purin, 8-Aza-6-mercaptopurin, 8-Azapurin, 8-Azaadenin, 8-Azaxanthin, 6-Carboxypurin* u. *6-Cyanpurin.* Es scheint eine gewisse Beziehung zwischen der Antitumoraktivität der vorst. Verbb. u. der Ladung des jeweils in der 9-Stellung befindlichen N-Atoms zu existieren. Einige weitere Beziehungen zwischen der Struktur der untersuchten Verbb. u. deren therapeut. Aktivität bei der Behandlung von Tumoren werden diskutiert. K. FRENKLER. B 10□

**Die Absorptionsspektren einiger aromatischer Verbindungen, berechnet mit Hilfe der Elektronengasmethode.** M. I. Bán. (Acta Univ. Szegediensis, Acta physica chem. [N. S.] **3.** 49—55. 1957. Szeged, Univ., Inst. of General and Phys. Chem.) (Engl.)

Vf. berechnet das Absorptionsspektrum (AS) von *Benzalanilin* aus den Energiezuständen von Stilben (vgl. Acta chim. Acad. Sci. hung. **14.** [1958.] 299) durch Annahme eines Störungsenergiebetrags. Die Elektronenzustände u. das AS von *Azobenzol* werden unter Annahme einer Potentialstufe an der Stelle der —N=N-Bindung nach dem Elektronengasmodell, die Daten für *Phenanthren* nach dem verzweigten Elektronengasmodell unter Annahme eines Stilben-Syst. mit Bindung zwischen den o- u. o'-C-Atomen berechnet. Die gemessenen Wellenlängen werden den jeweils berechneten gegenübergestellt. Vff. weisen darauf hin, daß analog die Elektronenzustände von Phenanthridin u. Diphenazon berechnet werden können. H. WAGNER. B 114□

**Physikalische Untersuchungen an organischen Aziden.** Eugene Lieber, C. N. Ramachandra Rao, Tai Siang Chao und Werner H. Wahl. (J. sci. ind. Res. [New Delhi], Sect. B **16.** 95—97. Febr. 1957. Chicago, Ill., De Paul Univ., Dep. of Chem.; Lafayette, Ind., Purdue Univ.) (Engl.)

An einer Reihe von n-Alkyl- u. Cycloalkylaziden ($RN_3$ mit R = $CH_3$ bis $C_8H_{17}$ sowie $C_5H_9$ u. $C_6H_{11}$) werden die Kpp. bei verschiedenen Drucken gemessen u. daraus die normalen Kpp. (d. h. nicht unter Standardbedingungen; sie betragen in obiger Reihenfolge: 20—21°; 49°; 79°; 110°; 132°; 156°; 178°; 198°; 135°; 158°) berechnet, wonach die n-Alkylazide in die Gruppe 5 des Dampfdruck-Temp.-Nomogramms der NOMO-CHART-COMP. einzuordnen sind. Die Kpp. der n-Alkylazide liegen zwischen denen der entsprechenden Alkylbromide u. -jodide, die der Cycloalkylazide etwas höher als die der entsprechenden n-Alkylazide. — Die Brechungsindices (bei 20°) der Alkylazide steigen mit zunehmender Kettenlänge, die der Cycloalkylazide sind wesentlich größer als die der n-Alkylazide. Die Mol.-Refr. der $N_3$-Gruppe wird zu 9,4 im Alkylazid, zu10,2 in den Phenyl-Derivv. berechnet (Resonanzstruktur der Azidogruppe). — Die UV-Absorptionsspektren wurden an alkohol. Lsgg. aufgenommen u. $\lambda_{max}$ sowie der Extinktions-Koeff. für $RN_3$ mit R = $C_2H_5$, n-$C_4H_9$, n-$C_6H_{13}$, n-$C_{10}H_{21}$, Cyclopentyl, $C_6H_5$, 4-$CH_3C_6H_4$, 4-$ClC_6H_4$, 4-$BrC_6H_4$, 4-$NO_2C_6H_4$, 3-$NO_2C_6H_4$, 3-$CH_3C_6H_4$, 3-$ClC_6H_4$, 2-$NO_2C_6H_4$ bestimmt. Alle Azide zeigen eine charakterist. Bande zwischen 282 u. 288 mμ, deren Intensität bei aliphat. Aziden schwach u. unabhängig von der Kettenlänge ist. Bei Phenyl- u. substituierten Phenylaziden ist die Intensität dieser Bande immer noch schwächer als die der entsprechenden Benzolbande bei 203,5 mμ. Die Phenylazidbande bei 248 mμ wird durch p-Substituenten, wie Cl, Br, $CH_3$, nicht wesentlich verschoben, wohl aber durch p-$NO_2$ infolge starker Wechsel-Wrkg. der $NO_2$-Gruppe. In den meisten p-substituierten Phenylaziden ist die beobachtete Verschiebung der prim. Bande gegenüber der Benzolbande bei 203,5 mμ gleich der Summe der Verschiebungseffekte der beiden Substituenten; dabei beträgt die Verschiebung durch die $N_3$-Gruppe in p-substituierten Phenylaziden 45, in Phenylazid selbst 44,5 mμ. M. SCHENK. B 118 □

**Spektrophotometrische Untersuchungen von einigen 2.4-Dinitrophenylhydrazonen. 3. Mitt. Taft- und Hammett-Beziehung.** Louis A. Jones und C. Kinney Hancock. (J. org. Chemistry **25.** 226—31. Febr. 1960. Texas, A. and M. Coll. of Texas; Texas Engng. Exp. Stat., Dep. of Chem.) (Engl.) — 2. vgl. J. Amer. chem. Soc. **82.** [1960.] 105.

Es wurden die Spektren im UV- u. sichtbaren Bereich von 21 m- u. p-substituierten aromat. 2.4-Dinitrophenylhydrazonen (DNP) u. 23 DNP von α-substituierten Acetaldehyd- u. Aceton-Derivv. in Chlf. u. alkohol. NaOH bestimmt. Die Differenzen der Absorptionsfrequenzen dieser beiden Lsgg., $\Delta\nu = \nu_{max}^{CHCl_3} - \nu_{max}^{NaOH}$, wurden für die aromat. DNP in Beziehung zu den HAMMETTschen Substituenten-Konst., entsprechend $\Delta\nu = 4835\ cm^{-1} + 2233 \cdot \sigma$ mit r = 0,977 u. s = 274, für die aliphat. DNP in Beziehung zu TAFTS $\sigma^*$-Werten, entsprechend $\Delta\nu = 4474\ cm^{-1} + 843{,}9\,\sigma^*$, mit r = 0,951 u. s = 203, gebracht. In der aromat. Reihe wurden neue Werte errechnet für p-$(CH_3)_2N$- (—1,154), p-OH → p-$O^-$ (—0,013 u. —0,267) u. m-OH → m-$O^-$-Gruppe (—0,014), u. in der aliphat. Reihe neue Konst. für $F_3C$- (+2,595 ± 0,160), $(C_2H_5)_2NCH_2$- (—0,066) u. cyclo-$C_3H_5$-Gruppe (—0,475). Es werden die Beziehungen zwischen $\Delta\nu$ u. $\Delta F$ diskutiert. Gemessen wurden die Spektren folgender Verbb.: 2.4-Dinitrophenylhydrazone von *p-Nitroacetophenon* (F. 257—258°), *p-Nitrobenzaldehyd* (F. 319—320°), *m-Nitroacetophenon* (F. 227—228°), *m-Nitrobenzaldehyd* (F. 285—286° [Zers.]), *p-Chloracetophenon* (F. 235—236°), *p-Chlorbenzaldehyd* (F. 264—265°), *m-Methoxybenzaldehyd* (F. 218—219°), *Acetophenon* (F. 247 bis 248°), *Benzaldehyd* (F. 238—239°), *p-Hydroxybenzaldehyd* (F. 271—272° [Zers.]), *m-Hydroxybenzaldehyd* (F. 256—257°), *p-Acetamidobenzaldehyd*, *m-Aminoacetophenon* (F. 265—266°), *m-Aminobenzaldehyd* (F. 270—271° [Zers.]), *p-Methylacetophenon* (F. 257 bis 258° [Zers.]), *3.4-Dimethylacetophenon* (F. 251—252°), *p-Hydroxyacetophenon* (F. 258 bis 259° [Zers.]), *p-Methoxyacetophenon* (F. 227—228°), *p-Methoxybenzaldehyd* (F. 251 bis 252°), *p-Aminoacetophenon* (F. 258—259° [Zers.]), *p-Dimethylaminobenzaldehyd* (F. 233 bis 234°). Die p-substituierten DNP absorbieren in Chlf. bei längeren Wellen als die DNP von Benzaldehyd u. Acetophenon. Die Extinktions-Koeff. fallen in demselben Maße wie die Substituentenkonstanten. Die m-substituierten Derivv. absorbieren im selben Bereich wie die unsubstituierten. — Ferner wurden die DNP von Verbb. des Typs $R_1COR_2$ untersucht mit $R_1$ u. $R_2$ = $F_3C$, $H$ (F. 149—150°); $F_3C$, $CH_3$ (F. 135 bis 136°); $C_2H_5O_2C$, $H$ (F. 126—127°); $ClCH_2$, $H$ (F. 156—157°); $C_6H_5OCH_2$, $H$ (F. 129 bis 130°); $ClCH_2$, $CH_3$ (F. 125—126°); $H$, $H$ (F. 164—165°); $C_6H_5CH_2$, $H$ (F. 121—122°); $C_6H_5(CH_2)_2$, $H$ (F. 154—155°); $CH_3$, $H$ (F. 146—147°); $CH_3CH_2$, $H$; $CH_3(CH_2)_2$, $H$; $(CH_3)_2CH$, $H$; $C_6H_5CH_2$, $CH_3$ (F. 154—155°); $C_6H_5(CH_2)_2$, $CH_3$ (F. 129—130°); $CH_3$, $CH_3$ (F. 125—126°); $(C_2H_5)_2NCH_2$, $CH_3$ (F. 85,0—85,5°); $CH_3CH_2$, $CH_3$; $(CH_3)_2CH$,

*$CH_3$; $CH_3CH_2$, $CH_3CH_2$; cyclo-$C_6H_{11}$, cyclo-$C_6H_{11}$* (F. 151,0—151,5°); *$(CH_3)_2CH$, $(CH_3)_2 \cdot CH$* (F. 87—88°); *cyclo-$C_3H_5$, $CH_3$* (F. 155—156°). H. G. HENKEL. B 118□

**Makroringe.** 20. Mitt. **Transanulareffekte in π-π-Komplexen.** Donald J. Cram und Ralph H. Bauer. (J. Amer. chem. Soc. **81.** 5971—77. 20/11. 1959. Los Angeles, Calif., Univ. of California, Dep. of Chem.) (Engl.) — 19. vgl. C. **1961.** **17921.**

Die Paracyclophane (P.) bilden als π-Basen mit Tetracyanäthylen (I) 1 : 1-Ladungsübertragungskomplexe (K.). Die UV-Spektren in $CH_2Cl_2$ von 21 K. wurden untersucht, die außer bei [2.2]-, [2.3]- u. [2.4]-Paracyclophan 2 Maxima zeigen. Die Abnahme der π-Basenstärke der P. entspricht etwa der Abnahme der langwelligen $\lambda_{max}$-Werte der K., die in der Reihenfolge *[3.3]*- (599 mμ) > *[3.4]*- > *[1.7]*- > *[2.2]*- > *[3.6]*- > *[1.8]*- > *[2.3]*- > *[1.9]*- > *[1.10]*- > *[1.11]*- > *[4.6]*- ~ *[9]*- > *[12]*- > *[6.6]*- > *[1.12]*- > *[10]*- > *[5.6]*- ~ *[5.5]*- ~ *[4.5]*- > *[2.4]*- > *[4.4]-Paracyclophan* (476 mμ) fallen. Die Maxima der K. strukturähnlicher offenkettiger Verbb. (s. unten) liegen zwischen 470 u. 460 mμ. Die Farbe der P.-K.-Lsgg. reicht von Gelborange bis Blau. Der Wert der langwelligen $\lambda_{max}$ des [3.4]-P.-K. sinkt von 540 mμ in Chlf. in der Reihenfolge der Lsgm. $CH_2Cl_2$, $CCl_4$, Bzl., Cyclohexan, n-Pentan, Essigsäure, Ae., n-Propanol Äthylacetat, Methanol, Acetonitril bis auf 450 mμ in tert.-Butanol, weil sich das Solvatationsvermögen u. die Säure–Basen-Eig. des Lsgm. verändern. 5 feste I-P.-K. werden isoliert. Die Unterschiede der Spektren zwischen den verschiedenen K. u. denselben K. in verschiedenen Lsgm. werden durch die unterschiedliche Fähigkeit des nicht komplexbildenden Rings in den Verbb., die positive Ladung der π-Base im Grund- bzw. angeregten Zustand zu delokalisieren, erklärt. Das IR-Spektrum des [3.4]-P.-K. ist in wichtigen Punkten von dem jeder Komponente verschieden. Verglichen werden die UV-Maxima u. Übergangsenergien der K. von I mit den P. u. den Verbb. *p-Xylol, 1.4-Bis-[n-pentyl]-benzol, Bis-[4-n-propylphenyl]-methan, 1.2-Bis-[4-äthylphenyl]-äthan, 1.3-Bis-[4-äthylphenyl]-propan, 1.4-Bis-[4-äthylphenyl]-butan, 1.6-Bis-[4-n-propylphenyl]-hexan, Cyclohexen* u. anderen der Literatur entnommenen I-Komplexen.

Versuche: Komplexe der x-Paracyclophane mit I: aus 0,1 g P. a) u. 0,02 g I in ca. 5 cm³ Chlf. u. Fällen mit Pentan; Nadeln; b) u. 0,5 g I in wenig Essigester, Eindunsten in 2 Tagen u. Wiederholung. x = *[3.4]*- (1 : 1-K.), $C_{25}H_{22}N_4$, F. 163—170°, nach a); purpurschwarz; enthält etwas (2 : 1-K.). (*2* : *1*), $C_{44}H_{44}N_4$, F. 160—169°, nach b). — x = *[4.4]*- (*1* : *1*), $C_{26}H_{24}N_4$, F. 170—187°, nach a); orangefarben. (*2* : *1*), $C_{46}H_{48}N_4$, F. 170—185°. — x = *[6.6]*- (*1* : *1*), $C_{30}H_{32}N_4$, F. 125—145°, nach a) oder b), F. 120—150°. K. LEHMSTEDT. B 118□

**Phosphorescenzspektren und Analysen von einigen Indolderivaten.** Simon Freed und William Salmre. (Science [Washington] **128.** 1341. 28/11. 1958. Upton, N.Y., Brookhaven Nat. Labor., Chem. Dep.) (Engl.)

Die Phosphorescenzspektren von *Indol, Tryptophan, Tryptamin, 5-Hydroxytryptamin* (*Serotonin*; als Kreatininsulfat), *Reserpin* u. *Indolylessigsäure* werden im festen Lsgm.-Gemisch Methanol–A. (9 : 1) bei 77° K gemessen. Die Phosphorescenzspektren sind charakteristischer als die entsprechenden Fluorescenzspektren u. deshalb für analyt. Unterss. dieser Indol-Derivv. geeigneter. RUDOLF ALBRECHT. B 118

**Der Einfluß von Fremdgasen auf die Intensität der Elektronenabsorption von Dämpfen des 3-Dimethylamino-6-aminophthalimids.** Ss. O. Mirumjanz und B. Ss. Neporent. (Оптика и Спектроскопия [Optik u. Spektroskopie] **9.** 7—15. Juli 1960.) (Russ.)

Die in einer Reihe von Arbeiten der Vff. beschriebene Schwächung der Elektronenabsorptionsspektren aromat. Verbb. in Ggw. von Fremdgasen wurde für das *3-Dimethylamino-6-aminophthalimid* (I) eingehend untersucht. Die Fluorescenz (F)-Intensität wurde mit einem photoelektr. Gerät, das aus einer Hg-Höchstdrucklampe zur F-Anregung, einem Monochromator sowie einem Registrierteil mit Photovervielfacher u. Verstärker besteht, gemessen. Die Proportionalität der Intensitäten von Absorption u. F wurde durch spezielle Verss. bestätigt, die letztere läßt sich genauer messen. Alle Messungen wurden bei 528°K u. einem Dampfdruck des I von $5{,}4 \cdot 10^{-3}$mm Hg unter Zusatz verschiedener Mengen von He, Ne, Ar, Kr, X, $H_2$, $D_2$, $N_2$, $O_2$, CO, NO, $H_2O$, $D_2O$, $NH_3$, $C_2H_4$, $C_3H_6$, $C_3H_8$, $C_4H_{10}$ u. iso-$C_5H_{12}$ durchgeführt. Bei Zusatz von He wurde außerdem die I-Konz. variiert. Die beobachtete F-Schwächung bei verschiedener Konz. (umgerechnet in Stoßzahl pro Sek.) der einzelnen Gase ist in Diagrammform dargestellt. Es zeigte sich, daß leichte u. wenigatomige Gas-Moll. den größten Effekt hervorrufen, was mit Abschwächung des „Stoßcharakters“ durch VAN-DER-WAALsche Kräfte erklärt wird. Die erhaltenen Ergebnisse bestätigen die schon früher (vgl. z. B. NEPORENT, C. **1961.** 16785) entwickelte kinet. Theorie, wonach die aromat. Moll. durch Stöße mit Gas-Moll. in einen angeregten, nicht absorbierenden Zustand versetzt werden. Die für die effektiven

Stoßquerschnitte des Übergangs charakterist. kinet. Konst. sind tabellar. angeführt. Im Gegensatz zum direkten Übergang ist die Wahrscheinlichkeit des umgekehrten Übergangs in den Grundzustand durch Stoß von der Art des Stoßpartners weitgehend unabhängig. R. GERBATSCH. B 118□

**Infrarot-Entdeckung von Wasserstoffbindungen in Gasgemischen: der Ursprung der breiten Banden.** J. Arnold, J. E. Bertie und D. J. Millen. (Proc. chem. Soc. [London] **1961.** 121—22. März. London, Univ. Coll.) (Engl.)

In den IR-Spektren von gasförmigen Komplexen (*HCl* oder *HF* [schwächer: *HBr*] mit verschiedenen Äthern, *Dimethyl-* [auch die deuterierte Verb.], *Äthylmethyl-*, *Methyl-n-propyl-* u. *Methylisopropyläther*, schwächer: HCl mit *Aceton*, HF mit *Acetonitril*) treten breite starke Banden auf, die auf Wasserstoffbindungen zurückgeführt werden.
J. ROTHE. B 120□

**Über das Formylchlorid.** Clément Duval und Jean Lecomte. (Mikrochim. Acta [Wien] **1959.** 249—50. Juli. Paris, École. nat. et sup. et Labor. de Rech. phys.) (Franz.)

Die der Carbonylgruppe im hypothet. CHOCl zugehörige IR-Absorptionsbanden bei ca. 1800 $cm^{-1}$ ließ sich bei Aufnahme des Spektrums gleicher Vol. CO + HCl durch tropfenweise Zugabe von Chlorsulfonsäure in Ameisensäure in der Kälte nicht nachweisen. A. KUMM. B 120□

**Über die Infrarotspektren aliphatischer Trimethylbetaine. 1. Mitt. Die Infrarotspektren des Glykokollbetains und einiger Derivate.** Eberhard Steger und Irmgard Lorenz. (J. prakt. Chem. [4] **13 (285).** 272—84. 1961. Dresden, TH, Inst. für anorgan. u. anorgan.-techn. Chem.; Leipzig, Karl-Marx-Univ., Physiolog.-chem. Inst.) (Dt.)

Vff. untersuchten die IR-Spektren des *Glykokollbetains* (*Dimethylaminoessigsäuremethylbetain*) u. seines *Chlorids* sowie diejenigen der Salze des *Methylesters, Amids* u. *Nitrils* u. ordneten die Absorptionen weitgehend den Schwingungen der $(CH_3)_3N^{\oplus}$-Einheit u. der anderen funktionellen Gruppen zu.

Versuche (FF. korr.; KOFLER-Block): *Glykokollbetainmonohydrat*, $C_5H_{13}NO_3$, F. 300 bis 305° (Zers.; A.), aus dem Hydrochlorid mittels Ionenaustauscher. *Hydrochlorid*, $C_5H_{12}ClNO_2$, F. 235° (wss. A.). — *Glykokollbetainmethylesterperchlorat*, $C_6H_{14}ClNO_6$, F. 121 bis 122° ($CH_3OH$). — *Glykokollbetainamidchlorid*, $C_5H_{13}ClN_2O$, F. 199°, aus $ClCH_2CONH_2$ u. $(CH_3)_3N$ (1 std. Erhitzen in A.). — *Glykokollbetainnitrilchlorid*, $C_5H_{11}ClN_2$, F. 186—189° (zugeschmolzene Capillare; A.), aus $ClCH_2CN$ u. $(CH_3)_3N$ in A. (exotherm, dann 30 Min. langes Kochen). *Perchlorat*, $C_5H_{11}ClN_2O_4$, F. 335—338° (Zers.; wss. A.).
J. ROTHE. B 120□

**Über die Lage der Valenzfrequenz der N=N-Doppelbindung in Derivaten der Azodicarbonsäure.** A. Simon und H. Wagner. (Naturwissenschaften **47.** 540. 1. Dez.-H. 1960. Dresden, TH, Inst. für anorg. u. anorg.-techn. Chem.) (Dt.)

Im RAMAN-Spektrum des *Azodicarbonsäurediäthylesters* wird neben anderen, nicht näher erläuterten Frequenzen eine starke RAMAN-Linie bei 1555 $cm^{-1}$ beobachtet, die im Spektrum des festen *Di-K-azodicarboxylats* (**I**) bei 1562 $cm^{-1}$ auftritt u. der im IR-Spektrum inakt. N=N-Valenzschwingung zugeordnet wird. Das IR-Spektrum von **I** deutet auf eine trans-Struktur des Azodicarboxylat-Ions hin. H. WAGNER. B 120□

**Beitrag zur Raman-Spektrometrie. 3. Mitt. Untersuchung der Schwingungsfrequenzen der Raman-Linie der Carbonylgruppe.** Gilbert Michel. (Bull. Soc. chim. belges **68.** 643—66. Nov./Dez. 1959. Liège.) (Franz.) — 2. vgl. C. **1959.** 10840.

Die CO-Schwingungsfrequenz wird hauptsächlich durch elektron. Effekte benachbarter Gruppen beeinflußt. An *Estern, Aldehyden* u. *Ketonen* werden die induktiven u. mesomeren Effekte der Nachbargruppen zu erklären versucht. Die CO-Frequenz scheint eine komplexe Funktion beider Effekte zu sein, während die Intensität der CO-Bande nur von der Mesomerie abzuhängen scheint. Die Aufspaltung der CO-Bande bei α-substituierten Verbb. kann leicht durch Annahme von Rotationsisomerie erklärt werden, die zu einem unterschiedlichen Einfl. von normalen induktiven u. Feld-Effekten führt. — Im einzelnen wurden untersucht: *Acetophenon* u. folgende Acetophenone: *α-Chlor-, α-Brom-, α-Chlor-2.4-dimethyl-, α.p-Dibrom-, p-Methyl-, p-Chlor-, p-Brom-, o-Methoxy-, p-Methoxy-, p-Hydroxy-, p-Amino-, p-Phenyl-, o-Nitro-, p-Nitro-, 3.4-Dimethyl-, 2.5-Dimethyl-* u. *2.5-Dichlor-*; ferner *Methylstyrylketon, Benzophenon, Benzaldehyd* u. folgende Benzaldehyde: *o-, m-, p-Chlor-, o-, m-, p-Methoxy-, o-, p-Hydroxy-, Zimtaldehyd, Benzoesäureäthyl-, -phenyl-, -benzylester*, folgende Benzoesäuremethylester: *o-, m-, p-Methyl-, o-Chlor-, o-, m-, p-Brom-, o-, p-Jod-, o-, p-Methoxy-, o-, m-Nitro-, p-Amino-*; folgende Benzoesäureäthylester: *m-, p-Chlor-, p-Fluor-, o-, p-Hydroxy-, p-Nitro-*; *m-Methoxy-, Phthalsäure-, Terephthalsäure-* u. *Zimtsäureäthylester*; *Benzoylchlorid, -bromid, -cyanid*; *Vinylacetat, Trichloressigsäurevinyl-* u. *-äthylester, Phenylacetat, Diaceton-*

*alkohol, Pentanon-(2), Butyraldehyd, Buttersäureäthylester, α-Chloraceton, Chloressigsäureäthylester* sowie die *Äthylester* von *Acrylsäure, Methacrylsäure* u. *Crotonsäure.*
E. HAHN. B 120□

**Substitutionsbandenschema monosubstituierter Benzolderivate.** W. Gerrard, E. F. Mooney und H. A. Willis. (J. chem. Soc. [London] **1961.** 3153—55. Juli. London, Northern Polytechnic.) (Engl.)

Vff. untersuchten die IR-Spektren folgender Verbb. im Bereich 800—625 $cm^{-1}$ in Nujol (bzw. *$CS_2$): *Benzoesäuremethyl-, -äthyl-, -n-propyl-, -isopropyl-, -n-butyl-, -isobutyl-, -isoamyl-, -cyclohexyl-, -citronellyl-, -phenyl-, -benzyl-, -β-phenyläthyl-, -styryl-, -o-toyl-, -p-tolylester, Polyäthylenglykolbenzoat, Benzoesäure, Benzoesäureanhydrid, Na-* u. *$NH_4$-Benzoat, Benzophenon, Acetophenon* (**I**), *Benzaldehyd* (**II**), **Tris-[B-chlor]-tris-[N-phenyl]-borazol* (**III**), **Tris-[B-phenyl]-borazol* u. **Phenylboronsäureanhydrid* $(C_6H_5 \cdot BO)_3$. Alle Verbb. außer **I** u. **II** zeigen eine sehr starke breite Bande bei ca. 710 ± 12 $cm^{-1}$, während die zu erwartende Bande bei 751 ± 15 $cm^{-1}$ fehlt oder schwach ist (sofern keine zusätzliche $C_6H_5$-Gruppe im Mol. vorhanden ist): **I** u. **II** zeigen „normale" Substitutionsbandenschemata („substitution patterns"). Vff. führen die beobachtete Veränderung der Spektren auf elektron. Wechsel-Wrkg. mit der C=O-Gruppe zurück; obenst. kanon. Strukturen sind bes. zu berücksichtigen.

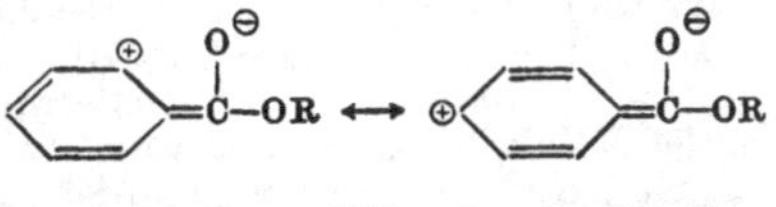

**III** zeigt in $CS_2$-Lsg. die „normalen" Substitutionsbandenschemata, vermutlich infolge Komplex-Bldg. mit dem Lösungsmittel.
J. ROTHE. B 120□

**Die Infrarotabsorption von normalem und $^{18}O$-markiertem N-Methylbenzamid.** S. Pinchas, David Samuel und Marta Weiss-Broday. (J. chem. Soc. [London] **1961.** 2666—70. Juli. Rehovoth, Israel, Weizmann Inst. of Sci.) (Engl.)

Vff. untersuchten die IR-Spektren von *N-Methylbenzamid* u. 89 atom-%ig. *$^{18}O$-N-Methylbenzamid* [F. 77—79° (Dioxan–PAe.), aus $^{18}O$-Benzoylchlorid u. $CH_3NH_2$ in Dioxan] in $CCl_4$, Chlf., $CHBr_3$ u. Nujol zwischen 3700 u. 670 $cm^{-1}$. Die Banden wurden den Mol.-Schwingungen zugeordnet, für die Amid-II- u. -III-Banden wurden die Zuordnungen von MIYAZAWA u. Mitarbeitern (C. **1960.** 8467) bestätigt. Die C=$^{18}O$-Valenzbande war ca. 20% stärker als die C=$^{16}O$-Valenzbande (in $CCl_4$). J. ROTHE. B 120□

**Die Infrarotabsorption von normalem und $^{18}O$-markiertem N.N-Dimethylbenzamid.** S. Pinchas, David Samuel und Marta Weiss-Broday. (J. chem. Soc. [London] **1961.** 3063—66. Juli.) (Engl.) — Vgl. vorst. Referat.

Vff. untersuchten die IR-Spektren von *N.N-Dimethylbenzamid* (**I**) u. 69 atom-%ig. *$^{18}O$-N.N-Dimethylbenzamid* [**II**; F. 39—41° (PAe.), aus $^{18}O$-Benzoylchlorid u. $(CH_3)_2NH$ in Ae.; 90% Ausbeute] in $CCl_4$ u. Nujol. Der Ursprung der Banden wird diskutiert in Beziehung zu den durch die Markierung verursachten Verschiebungen. Die C=O-Bande wird beispielsweise um 24 $cm^{-1}$ verschoben, was den entsprechenden Verschiebungen in Benzamid u. N-Methylbenzamid entspricht. Daraus folgt, daß die „Amid-I-Bande" sogar in prim. Amiden eine wirkliche C=O-Bande ist. Der mol. Extinktions-Koeff. u. die relative integrierte Absorptionsintensität der C=$^{18}O$-Bande waren ca. 25% höher als die entsprechenden Werte für die C=$^{16}O$-Bande (in $CCl_4$ u. Chlf.). — Das UV-Spektr. von **I** in Isopropanol zeigt ein einfaches Maximum bei 2260 [Å] (log ε 3,83), das von **II** dagegen ein Dublett bei 2210 (3,81) u. 2280 (3,71). J. ROTHE. B 120□

**Intramolekulare H-Bindungen. 1. Mitt. Eine spektroskopische Untersuchung der Wasserstoffbindung zwischen Hydroxylgruppe und Stickstoff.** Harold H. Freedman. (J. Amer. chem. Soc. **83.** 2900—05. 5/7. 1961. Framingham, Mass., Dow Chem. Co., Eastern Res. Labor.) (Engl.)

Eine Übersicht einfacher Verbb. mit ähnlichen intramol. OH···O- u. OH···N-Bindungen zeigt auf Grund der IR-Spektren, daß das OH···N-Syst. die stärkeren Wasserstoffbindungen bildet (im Gegensatz zur herrschenden Meinung!). Eine IR-spektroskop. Unters. an phenol. Azomethinen mit 5- u. 6gliedrigen inneren Chelatringen stützt diese Annahme. Wenn die OH···N=C-Bindung in ein π-Elektronen-Syst. eingebaut ist, entspricht die Stärke der Bindung denjenigen von Carbonsäuredimeren u. enolisierten β-Diketonen. Die C=N-Valenzfrequenzen werden durch die OH···N=C-Brücken herabgesetzt, jedoch nicht so stark wie analoge C=O-Frequenzen. — Die Spektren folgender Verbb. wurden untersucht (in Chlf. bzw. $CCl_4$): *Salicylaldehyd, o-Hydroxybenzylalkohol, α.α'-Äthylendiamino-bis-o-kresol* (*1.2-Bis-[o-hydroxybenzylamino]-äthan*), *N-[2-Hydroxybenzyl]-anilin, Benzyliden-o-* u. *-p-aminophenol, Benzyliden-o-hydroxybenzylamin, N.N'-Disalicylidenäthylendiamin, Benzylidenanilin, o-* u. *p-Hydroxybenzylidenanilin, Salicyliden-o-aminophenol, Salicyliden-o-hydroxybenzylamin, N.N'-Dibenzylidenäthylendiamin.*
J. ROTHE. B 120□

**Breite und Form von Infrarotabsorptionsbanden.** G. G. Petrasch (unter Mitarbeit von W. Ja. Balachanow). (Оптика и Спектроскопия [Optik u. Spektroskopie] **9.** 121—23. Juli 1960.) (Russ.)

Mit Hilfe eines Zweistrahlgitterspektrometers mit engem Spalt u. geringer Registrier-Geschw. wurden maximale Extinktion, Form u. Halbwertsbreite ($\gamma_D$) einiger Banden von *Naphthalin*, *Pyridin* (**I**), *Cyclohexan* (**II**), *Benzol* u. *Acetonitril* vermessen. Nur 2 der untersuchten Banden (**II** $\nu$ = 903 cm$^{-1}$, $\gamma_D$ = 4,5 cm$^{-1}$; **I** $\nu$ = 1147 cm$^{-1}$, $\gamma_D$ = 6,9 cm$^{-1}$) weisen eine vollständig der Dispersionsfunktion entsprechende Form auf u. sind daher für die genaue Best. der App.-Funktion von Spektrometern geeignet.

R. GERBATSCH. B 120□

**Die asymmetrische Synthese von Sulfoxyden.** Adolfo Mayr, Fernando Montanari und Maurilio Tramontini. (Ricerca sci. **30.** 746—48. Mai 1960. Bologna, Univ., Ist. di Chim. ind.) (Ital.)

Die asymm. Darst. von Phenylalkyl- (**A**) u. Benzylalkylsulfoxyden (**B**) erfolgt durch Oxydation der entsprechenden Sulfide mit opt. akt. d-Percamphersäure in Chlf. bei —10° mit einer Ausbeute von 70—90%. Die Messungen der opt. Aktivität wurden in Chlf. u. A. ausgeführt. Die wiedergegebenen Werte (Tabelle) zeigen, daß die **A** rechts- u. die **B** linksdrehend sind, wenn als Alkyl eine n-Alkyl- bzw. eine in $\beta$-Stellung substituierte Alkylgruppe vorhanden ist (*$C_2$-, $C_3$, $C_4$, Benzyl*), daß andererseits die **A** bei der $Na_D$-Linie keine Drehung zeigten u. die **B** rechtsdrehend sind, im Falle von *iso-$C_3H_7$* oder *sek.-$C_4H_9$* als Alkylgruppen, u. daß die Doppelsubstitution in $\alpha$-Stellung Inversion verursacht u. (*tert.-$C_4H_9$* als Alkyl): **A** links- u. **B** rechtsdrehend. Die Konfiguration wird mit der ster. Wrkg. der Substituenten erklärt. Als andere Meth. zur asymm. Synth. von Sulfoxyden wurde die Oxydation des 1-Menthylesters der o-Methylmercaptobenzoesäure ($[M]_D^{20}$ —307°) mit Perbenzoesäure u. anschließende Verseifung zu *o-Methylsulfinylbenzoesäure*, $[M]_D^{20}$ —7,2°, ausgeführt.

G. PLATZER. B 123□

**Über das Acylieren mit der Methansulfonyl (Mesyl)-Gruppe.** 2. Mitt. **Räumlich hemmende Wirkung der Mesyloxygruppe. Darstellung von Dinitrophloroglucin.** J. Ladik und J. Schawartz. (Acta chim. Acad. Sci. hung. **5.** 299—312. 1955. Budapest, Techn. Univ., Inst. für phys. Chem. u. Inst. für organ. Chem.) (Dt.) — 1. vgl. C. **1956.** 3812.

Vff. untersuchen den räumlichen Aufbau von *Mono-* (**I**), *Di-* (**II**) u. *Trinitrotrimesylphloroglucin* (**III**) sowohl unter Zugrundelegen der von PAULING als auch der von BRIEGLEB angegebenen Wrkg.-Radien. Schon im *Dimesylresorcin* ist eine ungehinderte Drehbarkeit der beiden Mesyloxygruppen nicht mehr möglich. **I** läßt sich ohne Überlappungen nur aufbauen, wenn die Nitrogruppe um 90° u. eine Mesyloxygruppe um 70° aus der Ebene des Benzolrings herausgedreht werden u. wenn der C—C—N- u. beide C—C—O-Valenzwinkel je um 6° deformiert werden. **II** kann aufgebaut werden, wenn bei sonst gleicher Anordnung die Valenzwinkeldeformationen der 2. Nitrogruppe u. der zwischen den beiden Nitrogruppen stehenden Mesyloxygruppe zu je 3° angenommen werden. **III** kann in derselben Art aufgebaut gedacht werden. — **II** ist durch energ. Nitrierung von **I** erhältlich. **III** wird dabei nicht gebildet, was sowohl auf die ster. Hinderung als auch auf die Desaktivierung durch die Substituenten zurückzuführen sein dürfte. Alkal. Hydrolyse von **II** gibt *Dinitrophloroglucin* (**IV**). Die UV-Spektren von *Mono-*, *Di-* u. *Trinitrophloroglucin* sind angegeben. Der Extinktions-Koeff. von **IV** ändert sich mit der Verdünnung.

Versuche: *Dinitrotrimesylphloroglucin* (**II**), $C_9H_{10}N_2O_{13}S_3$, F. 120°, aus Trimesylphloroglucin durch Zugabe eines Gemisches von $HNO_3$ (1,51) u. Oleum (20%) (0°, 10 Min.), dann 40 Min. bei 40° halten; 83,5% (Ausbeute), schwach gelbliche Kristalle aus W.-Aceton. *Dinitrophloroglucin* (**IV**), $C_6H_4N_2O_7$, F. 207°, aus **II** u. 2,5n wss. NaOH in Aceton, 10 Std. am Rückfluß; 79%, aus W. grünlichgelbe Kristalle.

F. SCHAUDER. B 123

**Die sterischen Verhältnisse bei verschiedenen Enolisierungs- und Ketonisierungsmechanismen.** Charpentier, Rivière, Skrobek und Tchoubar. (Bull. Soc. chim. France **1960.** 1444—49. Juli.) (Franz.)

Vortrag mit Diskussion. Die Enolisierung von *[1-Cyclohexylcyclohexyl]-methylketon* (**I**) wird diskutiert. Im Übergangszustand (ÜZ) der basenkatalysierten Enolisierung liegen die Base u. das von ihr abgelöste Proton in einer Ebene senkrecht zu der, die durch Carbonylgruppe u. die $\alpha$-C-Atome bestimmt wird; im behandelten Beispiel ist dieser ÜZ ster. behindert, so daß sowohl die alkal. Bromierung der Methylgruppe als auch die Enolisierung mit $NaNH_2$ ungewöhnlich langsam verlaufen. Da die saure Enolisierung normale Rk.-Geschw. zeigt, wird angenommen, daß die Ablösung des Methylprotons im geschwindigkeitsbestimmenden Schritt der Rk. hier nicht vom Säurerest als Base übernommen wird, sondern daß im ÜZ das abzulösende Proton einen $\pi$-Komplex mit der Enoldoppelbindung eingeht. Behandlung von I mit RMgBr führt nicht zur Addition an die Carbonylgruppe, sondern unter 1.4-Angriff zur RH-Ablösung u. Enolat-Bldg. mit $MgBr^+$ als Kation; diese Rk. verläuft schnell, da das abgelöste Proton im cycl. ÜZ der Rk. in der Carbonyl-$\alpha$-C-Atom-Ebene liegt u. seine Ablösung daher ster. nicht behindert wird. — Die Ketonisierung des aus *2-Phenylcyclohexylphenylketon* (II) gebildeten Enols wird diskutiert. Die alkal. u. saure Verseifung des MgBr-Enolats liefert zwischen 72 u. 85% desjenigen Stereosiomeren von II, bei dem die sperrigen Liganden an den C-Atomen 1 u. 2 des Cyclohexangerüsts cis-ständig sind, obwohl die trans-Form aus ster. Gründen günstiger ist. Die Best. der Stereoisomeren im Verseifungs-Prod. gelang dabei durch therm. Analyse. Das aus II mit $NaC_6H_5$ gewonnene Enolat gibt bei der Hydrolyse bevorzugt die trans-Form von II. Verschiedene Ursachen der Stereoselektivität der Verseifung des MgBr- u. des Na-Enolats von II werden erörtert. Das aus cis-II mit $NaNH_2$ gebildete Enolat gibt bei der Hydrolyse ein Gemisch von cis- u. trans-II, dessen Geh. an trans-II gesteigert werden kann, wenn man das Enolat längere Zeit stehenläßt oder wenn man $NH_4J$ zusetzt. P. PAETZOLD. B 123□

**Über die Fluorescenz des Pyrens in festen Kohlenwasserstoffen.** A. Schmillen. (Z. Naturforsch. **16a.** 5—10. Jan. 1961. Gießen, Univ., Phys. Inst.) (Dt.)

Der Fluorescenzumschlag von *Pyren* (I) bei der Assoziation wird zur Unters. beim Einbau der Substanz in passende Wirtsgitter [Naphthalin (II), Fluoren (III), Durol, Diphenyl] verwendet, um damit die Auswrkg. des Fremdmolekül-Einfl. auf die Luminescenzvorgänge zu bestimmen. Die spektralen Veränderungen in Abhängigkeit von der I-Konz. sind durch eine Abnahme der Grundgitterfluorescenz mit zunehmendem I-Geh. u. durch eine Zunahme der violetten (entsprechend der monomol. Form) I-Fluorescenz bis zur Konz. $10^{-2}$ (bei III) bzw. $10^{-4}$ (bei II) gekennzeichnet. Oberhalb davon nimmt die violette zugunsten der blauen (entsprechend einer assoziierten Form) Fluorescenz ab. Die Abklingzeiten $\tau$ werden am Syst. III–I untersucht. Hierbei ändert sich $\tau$ von III (39,2 m$\mu\cdot$s) nur wenig mit zunehmender I-Konzentration. Relativ kurz ist $\tau$ von monomol. verteiltem I (8,9—9,9 m$\mu\cdot$s je nach Konz.); der Wert für assoziiertes I beträgt 89 m$\mu\cdot$s bei direkter Anregung durch UV-Strahlung. Bei Anregung über das Wirtsgitter wird eine Addition der mit dem Fluorometer gemessenen Phasenwinkel von Wirts- u. Gastfluorescenz beobachtet. Das spricht für eine Energieübertragung durch Absorption der Wirtsfluorescenz. F. MADER. B 125□

**Über die sensibilisierte Fluorescenz in Lösungen.** B. Ja. Sweschnikow, P. I. Kudrjaschow und L. A. Limarewa. (Оптика и Спектроскопия [Optik u. Spektroskopie] **9.** Nr. 2. 203—08. Aug. 1960.) (Russ.)

Vff. untersuchten die noch wenig erforschte Erscheinung der sensibilisierten Fluorescenz (Fu.) in Lsgg. am Syst. *Trypaflavin* (I) als Donator u. *Rhodamin B* (II) als Acceptor in Methanol. Die beiden Farbstoffe sind bes. geeignet, da die zur Fu.-Anregung verwendete Hg-Linie bei 436 m$\mu$ von I stark u. von II sehr schwach absorbiert wird. Durch spezielle Unterss. wurde festgestellt, daß die Absorptions- u. Fu.-Spektren der Lsg. von I u. II durch einfache Summierung der Spektren der reinen Komponenten erhalten werden können, wenn die Absorption des I-Fu.-Lichtes durch II berücksichtigt wird. Die Bldg. von Mischdimeren kann daher ausgeschlossen werden. Die Fu.-Spektren von I u. II in ihrem Gemisch sind leicht zu trennen. Die Best. der Fu.-Leuchtdauer in Abhängigkeit von der Konz. ergab für die Fu. von I im Gemisch von I + II bei einer Konz. beider Komponenten über $7\cdot10^{-4}$m einen weit unter dem des reinen I liegenden Wert (z. B. bei $3\cdot10^{-2}$m in I + II $0{,}22\cdot10^{-9}$ s, in reinem I $2{,}95\cdot10^{-9}$ s), was auf eine direkte Übertragung der Anregungsenergie auf die II-Moll. hinweist. Unterss. der Lichtausbeute zeigen, daß im genannten Konz.-Gebiet ein starkes Absinken der Ausbeute für I bei gleichzeitigem Anstieg der Ausbeute für II auftritt, die nicht durch Absorption, sondern nur durch direkte Energieübertragung bedingt sein kann. Eine Abschätzung ergab für diese Übertragung eine Quantenausbeute von 0,7. R. GERBATSCH. B 125□

**Molekülbewegung in flüssigem n-Octylbromid durch protonenmagnetische Resonanz.** J. G. Powles und A. Hartland. (Proc. physic. Soc. **75.** 617—20. 1/4. 1960. London, Univ., Queen Mary College, Phys. Dep.) (Engl.)

Bei einer Frequenz von 21,5 MHz u. in dem Temp.-Bereich von —77 bis +127° maßen Vff. die Protonenspin-Gitterrelaxationszeit $T_1$ mit Hilfe der von CARR u. PURCELL (vgl. C. **1955.** 4282) beschriebenen Meth. an fl. *n-Octylylbromid*. Die Meßergebnisse sind graph. wiedergegeben. Aus den gemessenen $T_1$-Werten wurde eine Korrelationsfrequenz $\nu_c$ für die Kernbewegung hergeleitet. Verglichen wurden die erhaltenen Werte von $\nu_C$ mit der dielektr. Korrelationsfrequenz $\nu_D$, wobei $\nu_D$ die Frequenz ist, bei der ein Maximum des dielektr. Verlustes als Funktion der Frequenz bei konst. Temp. auftritt. Außerdem wurde $T_1$ mit der makroskop. Viscosität verglichen, für die allerdings nur Werte für den Temp.-Bereich von 1—55° aus der Literatur verfügbar waren. C. GOTTFRIED. B 137

**Kernmagnetische Resonanz der Protonen einiger monosubstituierter Benzolderivate.** M. Charton-Koechlin und M. A. Leroy. (J. Chim. physique Physico-Chim. biol. **56.** 850—57. Okt. 1959. Paris, Sorbonne, Labor. de spectroscopie hertz.) (Franz.)

Von *Toluol, Äthylbenzol, Chlor-, Brom-, Jod-* u. *Nitrobenzol, Anilin* u. *Benzaldehyd* werden an den reinen Verbb. u. an Lsgg. in Bzl. die kernmagnet. Resonanzspektren im homogenen Feld eines Permanentmagneten (6 kOe) bei 25 MHz untersucht. Die chem. Verschiebungen lassen sich mit Hilfe von Polarisationseffekten der Substituenten (Induktions- u. Mesomerieeffekte) deuten. In Abhängigkeit von den Substituenten u. der Konz. der Benzol-Lsgg. stellen die chem. Verschiebungen Geraden dar, da sie sich auf Grund des „$\pi$-Effektes" von Bzl. linear mit der Konz. ändern müssen.

HERBERT MÜLLER. B 137□

**Eine kernmagnetische Resonanz-Untersuchung der Tautomerie und von Substituenteneffekten in einigen Pyrimidinen und verwandten Nucleosiden.** J. P. Kokko, J. H. Goldstein und Leon Mandell. (J. Amer. chem. Soc. **83.** 2909—11. 5/7. 1961. Atlanta, Ga., Emory Univ., Dep. of Chem.) (Engl.)

Die Kernresonanzspektren von *Uracil* (I), *Thymin, Cytosin* (II), II-*Hydrochlorid, 5-Bromuracil, Uridin, Thymidin, Cytidin, Guanosin* u. *Adenosin* in $(CD_3)_2SO$ wurden untersucht. Das Spektrum von II läßt auf Tautomerie zwischen der Enol- u. der Zwitterionform schließen; die anderen Basen scheinen in der Diketoform vorzuliegen. Auch die Spektren der Nucleoside boten keine Anzeichen für das Vorliegen tautomerer Strukturen. Br- oder $CH_3$-Substitution in 5-Stellung in I beeinflußt die Resonanzen der an den N-Atomen befindlichen Protonen in verschiedenem Umfang. J. ROTHE. B 137□

**Moderne Vorstellungen über Acidität und beweglichen Wasserstoff; ihre Bedeutung für die organische Chemie.** J. A. Gautier. (Bull. Soc. chim. France **1960.** 1263—69. Juli. Paris, Fac. de Pharmacie.) (Franz.)

Vortrag. M. SCHENK. B 139□

**Die Wechselwirkung zwischen Chlorwasserstoffgas und Äthanol in flüssiger Phase unter dem Einfluß von Wechselstromfeldern.** 2. Mitt. Prakash Chandra Gupta. (Mh. Chem. **91.** 152—54. 29/2. 1960. Varanasi, Hindu Univ., Banaras, Coll. of Sci., Dep. of Chem.) (Dt.) — 1. vgl. C. **1959.** 16585.

Während *A./HCl*-Mischung im SIEMENS-Ozonisator auch nach 6std. Behandlung mit Wechselstrom von 50 bzw. 500 Hz u. 12—15 kV prakt. unverändert bleibt, bilden sich bei Einw. von Wechselstrom auf A./HCl-Gemische in U-förmigen oder zylindr. Elektrolysenzellen chlorierte u. nichtchlorierte Oxydations-Prodd. von A. (Acetaldehyd, Chloracetaldehyd) in Abhängigkeit vom Elektrodenmaterial (Pt u. Kohle). — Diskussion über die Abhängigkeit der Rk.-Prodd. vom Elektrodenmaterial. H. GOEBEL. B 141□

**Anodische Reduktionen.** 7. Mitt. **Reduktion von Nitrosobenzol, Azoxybenzol und Azobenzol durch anodisch gebildetes niedrigwertiges Aluminium.** Tsu Tzu Tsai, William E. McEwen und Jacob Kleinberg. (J. org. Chemistry **25.** 1186—89. Juli 1960. Lawrence, Kans., Univ. of Kansas, Chem. Labor.) (Engl.) — 6. vgl. C. **1961.** 11658.

Bei Elektrolyse gesätt. LiCl–Pyridin-Lsgg. zwischen Al-Elektroden nach der in l. c. angegebenen Meth. wurde folgendes beobachtet: In Ggw. von *Nitrosobenzol* beträgt die aus Gewichtsverlust der Anode u. Stromausbeute ermittelte anfängliche Valenzzahl V von Al 1,26. Der Anolyt enthält kein anorgan. Oxyd u. korrodiert Al nur sehr langsam. Aus seinem Hydrolysat wurde *Azobenzol* (I) in einer Ausbeute erhalten, die der Oxydation des gelösten Al zu $Al^{3+}$ entspricht. — In Ggw. von *Azoxybenzol* beträgt V 2,61 bis 2,68. Der Anolyt enthält kein anorgan. Oxyd u. greift Al nicht an. Das Hydrolysat enthält die theoret. Ausbeute an **I**. — In Ggw. von **I** wurden verschiedene, nichtreproduzierbare V-Werte u. teils Hydrazobenzol, teils Dipyridyl-(4.4'), das vom Katolyten herrührt, erhalten. — Vf. vergleichen die Ergebnisse mit entsprechend an Mg-Elektroden erzielten u. nehmen an, daß sämtliche Zweielektronen-Redd. hauptsächlich durch prim. gebildetes $Al^+$ verursacht werden. R. JUNGE. B 141□

**Untersuchungen auf dem Gebiet der konjugierten Systeme.** 110. Mitt. **Polarographische Untersuchung von Vinylacetylenkohlenwasserstoffen.** 33. Mitt. **Über Eninverbindungen.** A. A. Petrow und W. P. Petrow. (Журнал Общей Химии [J. allg. Chem.] **29** (**91**). 3987—92. Dez. 1959. Leningrad, Technol. Lensowjet-Inst.) (Russ.) — 109. bzw. 32. vgl. C. **1961.** 15722.

Vff. untersuchen an Hand der Halbstufenpotentiale die polarograph. Red. von *Vinylacetylen* (I), *1-Methyl-, 1-Äthyl-, 1-Butyl-, 1-Hexyl-, 3-Methyl-, 3-tert.-Butyl-, 1.3-Dimethyl-, 1-Methyl-3-tert.-butyl-, 1-Äthyl-3-tert.-butyl-, 4-Methyl-* u. *3.4-Dimethyl-*

*butin-(1)-en-(3)*. Der Ersatz von H durch Alkyl in I bewirkt eine Erhöhung des Red.-Potentials; bei in 1.3-Stellung disubstituierten I-Derivv. ist diese Erhöhung bes. stark. Auf der polarograph. Kurve vorst. Verbb. wird nur eine Stufe beobachtet, obgleich an der Red. mindestens 4 Elektronen teilnehmen. E. Breither. B 142□

**Polarographische Reduktion der Benzylhalogenide.** Leland W. Marple, Leif E. I. Hummelstedt und L. B. Rogers. (J. electrochem. Soc. **107**. 437—41. Mai 1960. Cambridge, Mass., Massachusetts Inst. of Technol., Dep. of Chem.; Labor. for Nucl. Sci.) (Engl.)

*Benzylchlorid* wird in einer pH-unabhängigen Stufe (—1,066 V gegen gesätt. Kalomelelektrode) in 1 m LiCl-Grund-Lsg. mit 51% Methanol reduziert. Der Diffusionsstrom sinkt vom Ende der Stufe bis zum beginnenden Endanstieg auf etwa die Hälfte des Anfangswerts. Zusatz des oberflächenakt. Tetramethylammoniumchlorids verhindert das Absinken, welches auf die mit Zunahme des negativen Elektrodenpotentials ansteigende Abstoßung eines relativ langlebigen, negativ geladenen Intermediär-Prod., $[C_6H_5CH_2Cl]^-$, durch die Elektrode zurückgeführt wird. Ähnliche Erscheinungen zeigten die Verbb. (nach abnehmendem Absinken des Diffusionsstroms geordnet) *α-Chlor-p-xylol* (—1,071 V), *α.p-Dichlortoluol* (—1,011 V), *α.o-Dichlortoluol* (—0,923 V), *1-Chlormethylnaphthalin* (—0,953 V), *α.3.4-Trichlortoluol* (—0,908 V) u. *α.2.4-Trichlortoluol* (0,898 V). Die Polarogramme von *Benzylbromid* (**I**) u. *Benzyljodid* (**II**) ähneln sich weitgehend. Es treten zwei Stufen auf, die bei Konzz. $<10^{-4}$m gleiche Höhen besitzen, während bei höheren Konzz. die zweite Stufe erheblich stärker anwächst. Die erste Stufe führt zur Bldg. von Dibenzyl, welches auch massenspektrometr. als Red.-Prod. bei Elektrolyse an einer großflächigen, ruhenden Hg-Kathode nachgewiesen werden konnte. Ein Absinken des Diffusionsstroms von **I** u. **II** wurde nicht beobachtet, was gleichfalls für die Bldg. eines neutralen Primärprod. der Red. spricht. E. Moisar. B 142□

**Die elektrolytische Darstellung von p-Methoxyphenylacetonitril.** S. Wawzonek und J. D. Fredrickson. (J. electrochem. Soc. **106**. 325—27. April 1959. Iowa City, Iowa, State Univ., Dep. of Chem.) (Engl.)

Vff. untersuchten polarograph. die günstigsten Bedingungen zur elektrolyt. Darst. von p-Methoxyphenylacetonitril aus *α-Hydroxy-p-methoxyphenylacetonitril* (**II**) u. seinen Estern. Zu diesem Zweck wurden die Halbstufenpotentiale u. Diffusionsstrom-Konst. der folgenden Verbb. bei 25° bestimmt: *α-Benzoxy-* (**VI**), *α-Äthoxycarbonyloxyphenylacetonitril* (**I**), **II**, *α-Acetoxy-* (**III**), *α-Benzoxy-* (**IV**) u. *α-Äthoxycarbonyloxy-p-methoxyphenylacetonitril* (**V**). Die verwendeten Lsgg. waren für **IV** u. **VI** 0,175m $(C_4H_9)_4NJ$ u. 0,0048% Methylrot in 75%ig. Dioxan, für **II**, **III** u. **V** 0,175m $(C_4H_9)_4NJ$ in 75%ig. Dioxan, für **IV** auch 0,0972m $(CH_3)_4NJ$ in 47%ig. Dioxan u. für **I** 0,1312m $(CH_3)_4NJ$ in 50%ig. Dioxan. Aus den erhaltenen Meßergebnissen folgte, daß sich **IV** als Ausgangs-Verb. am besten zur Darst. von p-Methoxyphenylacetonitril im großen Maßstab in 0,1m $(CH_3)_4NJ$ in 50%ig. Dioxan eignet, wobei Ausbeuten von ca. 65% erhalten wurden. **IV** gibt in Ggw. von $NH_4Cl$ oder LiCl keine Red.-Stufe.

C. Gottfried. B 142

**Scheinbare Molvolumina und Aggregation von Barbituraten.** V. R. Krishnan. (Current Sci. **27**. 132—33. April 1958. Tirupati, Sri Venkatsewara Univ., Chem. Dep.) (Engl.)

Die Dichten wss. Lsgg. von 5.5-disubstituierten Barbituraten [Na-Salze; *Diäthyl-* (**I**), *Äthylisopropyl-* (**II**), *Äthyl-[1-methylbutyl]-* (**III**), *Äthylisoamyl-* (**IV**), *Allyl-[1-methylbutyl]-* (**V**)] wurden nach der Meth. von Parker u. Parker [1925] bei 25° für Konzz. von 0,05—0,8m gemessen; die Dichten können durch die Gleichung $d_m = d_0 + am + bm^2 + cm^3$ wiedergegeben werden, wobei $d_m$ die Dichte bei der Molalität m, $d_0$ die Dichte von W. bei 25° ist; die Konst. a, b u. c betragen für **I**: 0,07641, —0,01708, 0,00503; **II**: 0,07599, —0,01413, 0,00222; **III**: 0,07224, —0,01865, 0,00535; **IV**: 0,06894, —0,01664, 0,00503; **V**: 0,07332, —0,01380, —0,00012. Das scheinbare Mol-Vol. ist für alle 5 Verbb. bis zu c = 0,5m proportional $c^{1/2}$; bei höheren Konzz. steigen die Mol-Vol. für **I** u. **II** langsamer, die für **III**, **IV** u. **V** wesentlich rascher an, als obiger Gleichung entspricht. Vf. schließt daraus auf eine Aggregation der **III**-, **IV**- u. **V**-Ionen in diesem Konz.-Bereich. M. Schenk. B 148□

**Die Selektivität von flüssigem Ammoniak als Lösungsmittel für reine Kohlenwasserstoffe. Verbindungslinienwerte und Vergleich mit der Selektivität anderer Lösungsmittel.** Kiyoharu Ishida. (Bull. chem. Soc. Japan **30**. 612—18. Sept. 1957. Sendai, Tohoku Univ., Chem. Res. Inst. of Non-Aqueous Solutions.) (Engl.) — Vgl. C. **1959**. **2404**.

Die Gleichgewichte der tern. fl. Syst. *n-Hexan—Bzl.* (Kp. 80,0—80,1°, F. 5,53°; $D._4^{20}$ 0,8784; $n_D^{20}$ 1,5011)-fl. *$NH_3$* (20°); *Cyclohexan*—Bzl.-fl. $NH_3$ (0 u. 20°) u. *Äthylbenzol* (Kp. 136,0°; $D._4^{20}$ 0,8670; $n_D^{20}$ 1,4959)-*Styrol* (Kp.$_{24,1}$ 48°; $D._4^{20}$ 0,9059; $n_D^{20}$

1,5468)-fl. $NH_3$ (0 u. −15,5°) wurden bei den angegebenen Temp. bestimmt. Es wurde gezeigt, daß die Eignung von Lsgm. am besten verglichen werden kann durch das Prod. aus dem Maximalwert der Selektivität u. der Maximalkonz. des Gelösten im Extrakt, d. h. den maximalen Trennfaktor. Selektivität u. Lösungsvermögen einiger Lsgm. wurden auf Grund dieser Definition verglichen u. gefunden, daß fl. $NH_3$ als Lsgm. zur Trennung gesätt. KW-Stoffe u. Aromaten bzw. Olefinen ebenso gut geeignet ist wie Diäthylenglykol u. besser geeignet ist als fl. $SO_2$. M. SCHENK. B 150□

**Ternäre Flüssigkeitsgleichgewichte.** G. Jaya Rama Rao und C. Venkata Rao. (J. sci. ind. Res. [New Delhi], Sect. B **16.** 102—04. März 1957. Waltair, Andhra Univ., Dep. of Chem. Technol.) (Engl.) — Vgl. C. **1957.** 7606.

Es werden die Gleichgewichtsdaten bei 30° für die tern. fl. Syst. *Äthylbenzoat* (**I**)–*W.*-Fettsäure (*Ameisensäure* bis *Buttersäure*) bestimmt u. die Verbindungslinienwerte nach den Meth. von HAND [1930] sowie OTHMER u. TOBIAS (Ind. Engng. Chem. **34.** [1942.] 690) berechnet. In dem untersuchten Syst. bevorzugt die gelöste Substanz (Fettsäure) mit steigendem Molgew. in steigendem Maß die Lsgm.-Phase **I**; dabei nimmt der Heterogenitätsbereich mehr u. mehr ab, je näher der Verteilungs-Koeff. $x_{cs}/x_{cw} = 1$ wird. M. SCHENK. B 150□

**Untersuchung der Verbrennungsfackel eines homogenen Benzol–Luft-Gemisches im turbulenten Strom.** N. W. Kokuschkin. (Известия Академии Наук СССР, Отделение Технических Наук, Энергетика и Автоматика [Nachr. Akad. Wiss. UdSSR, Abt. techn. Wiss., Energet. Automat.] **1959.** Nr. 5. 177—82. Sept./Okt.) (Russ.)

Mittels Widerstandsthermometer wurden die Temp.-Verhältnisse in der Verbrennungszone eines turbulent strömenden homogenen Bzl.–Luft-Gemisches oscillograph. registriert. Vers.-Bedingungen: Rohrdurchmesser $\varnothing_1 = 200$ mm, Stabilisator kon. $\varnothing_2 = 60$ mm, Temp. des Gemisches 200°, Strömungs-Geschw. $w = 90—110$ m/s, Luftüberschuß $\alpha = 1{,}8—1{,}6$, Turbulenz $\varepsilon \sim 5\%$, Meßabstand vom Stabilisator $\geqslant 400$ mm. Die Struktur der Verbrennungszone entspricht bei $\varnothing_1 = 200—400$ mm, $w = 20$ bis 110 m/s, $\alpha = 1{,}0—2{,}0$ u. $\varepsilon \sim 5\%$ dem Oberflächenverbrennungsmodell (vgl. Известия Академии Наук СССР, Отделение Технических Наук Энергетика и Автоматика [Nachr. Akad. Wiss. UdSSR, Abt. techn. Wiss., Energet. Automat.] **1958.** Nr. 8. 3). Die statist. Unters. der Fackel mit mehreren Widerstandsthermometern weist auf eine homogene Oberfläche der Verbrennungszone hin. Die Ausbreitungs-Geschw. der Flamme im frischen Gemisch beträgt 0,55 m/s (±40%) u. entspricht der normalen Geschw. in einem Gemisch mit gleicher Temp. u. Zusammensetzung. H. JÄGER. B 157□

**Messung von Adsorptionsisothermen an Katalysatoren bei hohen Temperaturen mit Hilfe der Gas–Festkörper-Eluierungschromatographie.** Erika Cremer und Hans Huber. (Angew. Chem. **73.** 461—65. 7/7. 1961. Innsbruck, Univ., Physikal.-chem. Inst.) (Dt.)

Die Hochtemp.-Gaschromatographie an Festkörpern wird zur Messung von Adsorptionsisothermen für *Bzl.* u. *Hexan* an *Silicagel, Tonerdegel* u. einem $SiO_2$-$Al_2O_3$-*Crackkatalysator* im Temp.-Bereich von 300—550° herangezogen. Aus den Adsorptionsisosteren werden die Adsorptionswärmen berechnet. Es wird gezeigt, daß die Eluierungsgaschromatographie ein auch bei hohen Temp. brauchbares Hilfsmittel zur Unters. der Adsorption an Katalysatoren ist. Die obere Temp.-Grenze wird allein durch die therm. Beständigkeit des Adsorbenten bestimmt. W. HEIN. B 176□

**Die physikalisch-chemischen Konstanten reiner organischer Verbindungen.** J. Timmermans. (Bull. Soc. chim. France **1958.** 135—42. Jan.) (Franz.)

Es wird ein histor. Überblick über die Begriffs-Best. definierter organ. Verbb. u. eine Zusammenfassung über Meth. zur Reinigung organ. Substanzen gegeben. Es werden ferner die Meth. zur Best. der physikal. Konst. einer krit. Betrachtung unterzogen sowie Betrachtungen über Nützlichkeit u. Perspektiven einer exakten Stöchiometrie angestellt. H. G. HENKEL. B 182□

**Metallierungsreaktionen mit Dihalogen- und Tetrahalogen-Benzolen. Ein Beitrag zum Dehydrobenzol-Problem.** Georg Wittig und Horst Härle. (Liebigs Ann. Chem. **623.** 17—34. 20/5. 1959. Tübingen, Univ., Chem. Inst.; Heidelberg, Univ., Chem. Inst.) (Dt.)

Um eine Entscheidung über den Zustand des *Dehydrobenzols* (**I**) zu treffen, werden Derivv. desselben, deren „Dreifachbindung" von o-ständigen Substituenten flankiert ist, untersucht. So liefert *5-Fluor-6-brompseudocumol* (**II**) mit Mg in Tetrahydrofuran (**III**) als Hauptprod. *6-Fluor-2.3.5.2'.4'.5'-hexamethyldiphenyl* (**IV**) u. in geringerer Menge eine *Verb.* $C_{54}H_{61}F$ (**V**), die aus 6 in o-Stellung verknüpften Pseudocumolresten mit einem F-Atom im ersten Glied aufgebaut ist. Die Substituentenhäufung an den Verknüpfungsstellen der Benzolkerne bedingt, wahrscheinlich infolge einer Atropisomerie, die unscharfen FF. beider Verbindungen. Demgegenüber liefert *o-Fluorbrombenzol* (**VI**; C. **1958.** 10925) unter den gleichen Bedingungen nur Triphenylen mit ebener Anordnung der Benzolringe. Die o-ständigen Methylgruppen von **II** lassen diese Rk. nicht zu, so daß nur die kettenförmige Anordnung der Pseudocumolringe mit einem endständigen F-Atom möglich ist. Die o-Metallierung von **II** mit Li-Amalgam in Ae. liefert den *KW-Stoff* $C_{18}H_{20}$ (**VII**, *1.2.4.5.6.8-* oder *1.3.4.5.6.8-Hexamethylbiphenylen*) in 16%ig. Ausbeute, dessen UV-Spektrum im Kurventyp ganz dem der Stamm-Verb. entspricht, wobei die Rotverschiebung eine intensive Gelbfärbung des **VII** verursacht. Außerdem aber entsteht *1.2.4-Trimethylphenylen-Hg*, vermutlich als Hexameres. Auch die alleinige Bldg. von **VII** aus **II** u. Li-Amalgam ohne zusätzliche Bldg. eines Triphenylen-Deriv., wie es bei der entsprechenden Rk. von **VI** der Fall ist, läßt sich aus den ster. Bedingungen erklären. Es wird als wahrscheinlicher angesehen, daß die Bldg. von **VII** über die Stufe des **I**-Analogen, also über *Dehydropseudocumol* (**VIII**), nicht aber durch eine nucleophile, aromat. Substitution über *6-Fluor-2.4.5.2'.4'.5'-hexamethyldiphenylyl-(6')-Li* erfolgt. Ob **VIII** frei in Lsg. auftritt oder bei der Metallierung an die Amalgamoberfläche gebunden ist, läßt sich noch nicht entscheiden. Immerhin beweist das dienophile Verh. des **VIII**, daß es auch unabhängig von Metalloberflächen wirken kann. So liefert die GRIGNARD-Rk. von **II** in **III** bei gleichzeitiger Ggw. von Furan (**IX**) (im Gegensatz zu der in Abwesenheit von **IX** erfolgenden Bldg. von **IV** u. **V**) *1.2.4-Trimethyl-5.8-oxido-5.8-dihydronaphthalin* (**X**; 48%), während **II** in **IX** mit äther. Butyl-Li bei $-70^{0}$ **X** sogar mit 81% Ausbeute liefert. Der Einfl. der flankierenden Methylgruppen bedingt hierbei eine verlängerte Lebensdauer von **VIII** im Vgl. zu **I**, da die Ausbeuten bei der entsprechenden Rk. von **VI** (38 bzw. 60%) erheblich niedriger sind. Der Strukturbeweis von **X** ergibt sich aus dessen Hydrierung zu *1.2.4-Trimethyl-5.8-oxido-5.6.7.8-tetrahydronaphthalin* (**XI**), das, mit Methanol–HCl gekocht, *1.2.4-Trimethylnaphthalin* liefert. Isomerisiert man dagegen **X** unmittelbar mit alkohol. HCl, so entsteht ein Gemisch der 2 möglichen *Trimethyl-α-naphthole* $C_{13}H_{14}O$ u. zu 3% die *Verb.* $C_{22}H_{24}O$. — Sodann wurde *2.6-Difluor-3.5-dibrom-p-xylol* (**XII**) untersucht, da die stabilisierende Wrkg. benachbarter Methylgruppen auch ein *Bis-*[*dehydro*]*-p-xylol* (**XIII**) als Intermediärprod. erwarten ließ. **XII** gibt mit Mg + **III** + **X** oder mit Butyl-Li in Ae. + **IX** die Verbb. *2-Fluor-3-brom-5.8-oxido-1.4-dimethyl-5.8-dihydronaphthalin* (**XIV**) u. *9.10-Dimethyl-1.4;5.8-dioxido-1.4.5.8-tetrahydroanthracen* (**XV**), deren Konstit. durch Hydrierung u. durch Dehydratisierung der hydrierten Verbb. mit $H_3PO_4$ zu *1.4-Dimethyl-2-fluor-3-bromnaphthalin* bzw. zu *9.10-Dimethylanthracen* bewiesen wird. Die gleichzeitige Bldg. von **XIV** u. **XV** läßt schließen, daß **XV** aus **XIV** u. dessen Dehydrozustand gebildet u. somit die hyperenergiereiche Stufe von **XIII** umgangen wird. Zum Vgl. wurde auch *1.4-Difluor-2.5-dibrombenzol* (**XVI**) untersucht. Doch gelang die Bldg. zweier Endooxyde in **III** u. **IX** mit Butyl-Li in Ae. nur bei $-70^{0}$ u. dann durch langsames Erwärmen auf Raum-Temp. u. Hydrolyse erst nach 15 Std.: *5.8-Difluor-1.4-oxido-1.4-dihydronaphthalin* (**XVII**) u. *9.10-Difluor-1.4;5.8-dioxido-1.4.5.8-tetrahydroanthracen* (**XVIII**), die entsprechend den Rkk. von **XIV** u. **XV** in *1.4-Difluornaphthalin* bzw. *9.10-Difluoranthracen* überführbar sind. Der Rk.-Verlauf, bei dem das Butyl-Li sowohl über einen Br–Li-Austausch wie über einen H–Li-Austausch reagieren muß, kann verschieden gedeutet werden, beruht aber unabhängig hiervon auf der Tatsache, daß das Li-Atom, das am Benzolkern zwischen F u. Br sitzt, nicht mit dem F-Anion, sondern mit dem Br-Anion eliminiert wird. Die Ergebnisse schließen mit Sicherheit aus, daß ein in Lsg. frei existierendes **XIII** an den Vorgängen teil hat.

Versuche: *6-Brompseudocumidin* (**XIX**), F. 68—69° (51% Ausbeute), durch Bromierung von Pseudocumidin in Dioxan + NaOH. — *5-Fluor-6-brompseudocumol* (**II**), $C_9H_{10}BrF$, Kp. 226—228° (73%), nach der SCHIEMANN-Rk. aus dem Diazoniumfluoborat des **XIX**. — *6-Fluor-2.3.5.2'.4'.5'-hexamethyldiphenyl* (**IV**), $C_{18}H_{21}F$, F. 138 bis 143° (A.) (12%), aus **II** mit Mg in **III** über die GRIGNARD-Verb. durch Zers. mit HCl, chromatograph. Reinigung der Lsg. in Cyclohexan, Kristallisation aus Aceton u. fraktionierte Sublimation als erster Anteil. — *Verb.* $C_{54}H_{61}F$ (**V**), F. 220—224° (Chlf. + Aceton), wie vorst. als 2. Fraktion. — *KW-Stoff* $C_{18}H_{20}$ (**VII**), F. 177,5—178°, strohgelbe Kristalle (Aceton, 16%), aus **II** in Ae. mit Li-Amalgam, Pikratfällung aus der äther. Lsg., Abtrennung der Pikrinsäure mit $NH_3$ u. Kristallisation aus Aceton. — *1.2.4-Trimethyl-o-phenylenquecksilber*, $(C_9H_{10}Hg)_n$ (43%), Zers. bei $\geqq 320^{0}$, verfilzte Nädelchen (Tetralin), aus dem ätherunlösl. Anteil der vorst. Rk. durch Lösen in Tetralin u. Kristallisation. — *1.2.4-Trimethyl-5.8-oxido-5.8-dihydronaphthalin* (**X**), a) F. 109—110° (PAe., 53,5%), aus **II** in **III** + **IX** mit Mg; b) F. 108—108,5° (81%), durch Zutropfen einer auf $-70^{0}$ gekühlten Lsg. von **II** in Ae. zu **IX** + äther. Butyl-Li-Lsg., langsames Erwärmen u. Reinigung durch Sublimation. — *Verb.* $C_{22}H_{24}O$, F. 212—214° (Aceton) durch Kochen von **X** mit methanol. HCl; 3%. — *Trimethyl-α-naphtholgemisch*, $C_{13}H_{14}O$,

F. 100—110° (PAe., 95%), aus dem methanol. Filtrat der vorst. Rk., gelbes Öl, das aus PAe. kristallisiert. — *1.2.4-Trimethyl-5.8-oxido-5.6.7.8-tetrahydronaphthalin* (**XI**), $C_{13}H_{16}O$, F. 55—56° (Methanol, 78%), durch Hydrierung von **X** in Methanol an Pd-Tierkohle. — *1.2.4-Trimethylnaphthalin*, $C_{13}H_{14}$, F. 52,5—53° (Methanol, 93%), durch Kochen von methanol. **XI**-Lsg. mit wenig konz. HCl, Kristallisation, Sublimation u. Kristallisation. — *2-Fluor-6-nitro-p-xylol* (**XX**), F. 40—41° (Methanol, 54%), nach der SCHIEMANN-Rk. des Diazoniumfluoborats von 2-Amino-6-nitro-p-xylol. — *2-Fluor-6-amino-p-xylol* (90%), durch Hydrieren von **XX** in A. an RANEY-Ni, Verjagen des A., in äther. Lsg. als *Hydrochlorid* (**XXI**) gefällt. — Daraus: *2-Fluor-6-acetamido-p-xylol*, $C_{10}H_{12}FNO$, F. 133—133,5° (Ligroin). — *2.6-Difluor-p-xylol* (**XXII**), $Kp._{750}$ 141—142°; $n_D^{20}$ 1,4590 (75%, bezogen auf das Diazoniumsalz), durch Diazotierung von **XXI**, Fällung mit $HBF_4$ u. Zers. nach SCHIEMANN. — *2.6-Difluor-3.5-dibrom-p-xylol* (**XII**), $C_8H_6Br_2F_2$, F. 97,5—98° (Methanol, ca. 100%), durch Zutropfen von $Br_2$ zu **XXII** + $FeBr_3$ + Fe, Wasserdampf-Dest., Sublimation u. Umkristallisation. — *9.10-Dimethyl-1.4;5.8-dioxido-1.4.5.8-tetrahydroanthracen* (**XV**), $C_{16}H_{14}O_2$, Zers. bei 300° (Bzl.), a) (15%), durch Zutropfen von **XII** in **III** bei —65° zu einer Mischung von Butyl-Li in Ae. + **IX** + **III**, langsames Erwärmen, Hydrolyse, Abziehen der Lsgm., Aufnehmen des Rückstands in Bzl., Filtrieren durch bas. $Al_2O_3$, Einengen u. Kristallisieren aus Bzl. + Tierkohle; b) (5%), durch Behandeln von **XII** in **IX** + **III** mit Mg-Spänen, Zers. mit HCl, Aufnehmen des Ae.-Extraktrückstands in Bzl. u. Weiterbehandlung wie bei a). — *2-Fluor-3-brom-5.8-oxido-1.4-dimethyl-5.8-dihydronaphthalin* (**XIV**), $C_{12}H_{10}BrFO$, F. 94 bis 95° (PAe. + Sublimation, 34%), nach vorst. Rk. durch Sublimation des krist. Rückstands der Mutterlauge. — *9.10-Dimethyl-1.4;5.8-dioxido-1.2.3.4.5.6.7.8-oktahydroanthracen* (**XXIII**), $C_{16}H_{18}O_2$, F. 217—217,5°, durch Hydrieren von **XV** in Dioxan an Pd-Kohle u. Reinigen durch Vakuumsublimation. — *9.10-Dimethylanthracen*, F. 180 bis 181°, hellgelbe Blättchen (Methanol), durch Wasserabspaltung mit konz. $H_3PO_4$ oder durch Vakuumsublimation aus **XV** in Ggw. von Siedesteinchen. — *1.4-Dimethyl-2-fluor-3-bromnaphthalin*, $C_{12}H_{10}BrF$, F. 86,5—87° (Methanol), durch katalyt. Hydrierung von **XIV** u. Verreiben des Rk.-Prod. mit konz. $H_3PO_4$. — *5.8-Difluor-1.4-oxido-1.4-dihydronaphthalin* (**XVII**), $C_{10}H_6F_2O$, F. 69—70°, stark riechende Kristalle (PAe., 45%), durch Zugabe von **XVI** (F. 62,5°) in abs. **III** zur —70° kalten Mischung von äther. Butyl-Li-Lsg. + abs. **III** + abs. **IX** (Mischtemp. $<-60°$), langsames Erwärmen auf Raum-Temp., Hydrolyse, Entfernung der Lsgm., Aufnehmen des Rückstands in Bzl., Chromatographie über bas. $Al_2O_3$ als 1. Fraktion, die durch Sublimieren, Kristallisieren aus PAe. u. Wiedersublimieren gereinigt wird. — *9.10-Difluor-1.4;5.8-dioxido-1.4.5.8-tetrahydroanthracen* (**XVIII**), $C_{14}H_8F_2O_2$, Zers. $\geqq 265°$, geruchlose Blättchen (Bzl., 5%), aus der 2. Fraktion der vorst. Rk., durch doppelte Kristallisation aus Bzl. + Aktivkohle. — *1.4-Difluor-α-naphthol*, $C_{10}H_6F_2O$, F. 106—107° (PAe., ca. 100%), durch Kochen von **XVII** in Methanol mit konz. HCl, Umkristallisieren aus PAe. + Aktivkohle. — *5.8-Difluor-1.4-oxido-1.2.3.4-tetrahydronaphthalin* (**XXIV**), $C_{10}H_8F_2O$, sublimiert bei 32,5—33°, von campherartigem Geruch, durch Hydrieren von **XVII** in Methanol an Pd-Tierkohle u. Reinigen durch Sublimieren, Umkristallisieren aus PAe. u. Sublimieren. — *5.8-Difluor-1.4-dichlor-1.2.3.4-tetrahydronaphthalin*, $C_{10}H_8Cl_2F_2$, F. 120—121° (Methanol, 85%), durch Kochen von **XXIV** mit konz. HCl u. Verdünnen mit Wasser. — *1.4-Difluornaphthalin*, $C_{10}H_6F_2$, F. 30,5—31° (68%), durch Verreiben von **XXIV** mit konz. $H_3PO_4$, Abpressen auf Ton u. Sublimieren. — *9.10-Difluor-1.4;5.8-dioxido-1.2.3.4.5.6.7.8-oktahydroanthracen* (**XXV**), $C_{14}H_{12}F_2O_2$, F. 239—240°, durch Hydrieren von **XVIII** in Dioxan über Pd-Tierkohle, Entfernen des Dioxans u. Sublimieren des Rückstands. — *9.10-Difluoranthracen*, $C_{14}H_8F_2$, F. 175—176°, gelbe Nadeln, durch Verreiben von **XXV** mit konz. $H_3PO_4$ u. Sublimieren unter 2 Torr, fluoresciert in benzol. Lsg. im Tageslicht stark blau u. ist nicht haltbar; gibt mit $CrO_3$ in Eisessig u. Kochen Anthrachinon.

W. METZENER. B 182□

**Hohle Kristalle aus gepufferten Lösungen von Natriumdiäthylbarbiturat.** W. F. Seip und F. W. Barnes jun. (Science [Washington] **131.** 161. 15/1. 1960. Baltimore, Md., Johns Hopkins Med. Inst., Dep. of Med. and Physiol. Chem.; Hosp. for the Women of Maryland, Dep. of Med.) (Engl.)

Aus einer Lsg., die in 4 Liter W. 16 g NaOH u. 88,4 g *5.5-Diäthylbarbitursäure* (**I**) enthielt u. die versehentlich bei 4—8° offen stehengeblieben war, waren nach 7 Wochen eine große Anzahl röhrenförmiger Kristalle auskrist., die rosettenartig angeordnet waren. Die aus der Mutterlauge entfernten u. kurz gereinigten Kristalle erwiesen sich als monomere **I**.

C. GOTTFRIED. B 190

**Struktur von Naphthazarin, $C_{10}H_4O_2(OH)_2$.** P. Srivastava. (Indian J. Physics Proc. Indian Assoc. Cultivat. Sci. **34 (43).** 290—92. Juni 1960. Calcutta, Indian Assoc. for the Cultivat. of Sci.) (Engl.)

In Erweiterung seiner vorläufigen röntgenograph. Unterss. an der Modifikation II von *Naphthazarin* (vgl. C. **1959.** 17012; vgl. auch C. **1960.** 4789) berichtet Vf. über eine zweidimensionale $F_0$-Synth. parallel [0 1 0], aus der vorläufige x- u. z-Parameter erhalten wurden. Die Parameter sind tabellar. zusammengestellt. C. Gottfried. B 195

**Tetrahydroalstonin.** Harry A. Rose. (Analytic. Chem. **32.** 1371—72. Sept. 1960. Indianapolis, Ind., Eli Lilly and Co.) (Engl.)

Darst. aus *Alstonin* durch Red. mit $H_2$ über Pt-Kontakten nach Elderfield u. Gray (C. **1952.** 1495). Kristallograph. Daten: Orthorhomb., a : b : c = 0,2399 : 1 : 0,1997, Spaltbarkeit parallel zu 0 0 1, Elementarzelle a = 8,18, b = 34,10, c = 6,81 Å, 4 Formeleinheiten in der Zelle. Molgew. 352,4, (aus Röntgendaten) 1,244 $gcm^{-3}$, D. 1,245 $gcm^{-3}$, Refraktionsindex (5893 Å, 25°) $\alpha$ = 1,586, $\beta$ = 1,608, $\gamma$ = 1,64. K. Ross. B 195□

**Säure-Basen-Effekte auf die Ring-Ketten-Tautomerie von α-[β-Hydroxyäthylamino]-desoxybenzoinen.** Robert E. Lutz und Claibourne E. Griffin. (J. org. Chemistry **25.** 928—31. Juni 1960. Charlottesville, Va., Univ. of Virginia, Cobb Chem. Labor.) (Engl.)

Für *α-[1-Hydroxy-n-butyl-(2)-amino]-desoxybenzoin* (**I**), *-p.p'-dichlordesoxybenzoin* (**II**) u. *-p.p'-dimethoxydesoxybenzoin* (**III**) konnte durch Unters. der UV-Absorption von $5 \cdot 10^{-5}$m Lsgg. in 95%ig. A. gezeigt werden, daß das Ring-Ketten-Gleichgewicht durch Säuren in Richtung auf das cycl. Hemiketal verschoben wird. Die IR-Spektren der festen Hydrochloride zeigen, daß in diesem Zustand alle drei Verbb. völlig in der cycl. Form vorliegen. Vff. führen die Begünstigung der Cyclisierung durch Protonisierung auf den ster. Effekt des 2. H-Atoms am N u. auf die positive Ladung am N zurück. Die geringe Acidität, die den hemiketal. OH-Gruppen der cycl. Verbb. in 95%ig. A. zukommt, wurde durch konduktometr. Titration nachgewiesen (untersucht an: **I, II, III,** der nachst. Verb. **IV**, *α-[β-Hydroxyäthylamino]-desoxybenzoin*, u. zum Vgl. an *Benzylalkohol* u. dem Hydrochlorid von *1.2-Diphenyl-1-hydroxy-2-[1-hydroxy-n-butyl-(2)-amino]-äthan* u. *1.2-Diphenyl-1-hydroxy-2-[N-äthyl-N-(β-hydroxyäthyl)-amino]-äthan.* Es ergaben sich relative $pK_a'$-Werte von 9,5—10,4 für die Hemiketalhydroxydgruppe. Durch Na-Isopropylat wurden folgende Verbb., die durch Al-Isopropylat nicht red. wurden, zu den entsprechenden Dialkoholen red.: *α-[N-Äthyl-N-(β-hydroxyäthyl)-amino]-desoxybenzoin* (**IV**; 51% Ausbeute), *α-[N-Benzyl-N-(β-hydroxyäthyl)-amino]-desoxybenzoin* (43%), *α-[N-Äthyl-N-(β-hydroxyäthyl)-amino]-acetophenon* (61%), *α-[N-Äthyl-N-(β-hydroxyäthyl)-amino]-p.p'-dichlordesoxybenzoin* (58%), **II** (64%), *α-[3-Phenyl-1-hydroxypropyl-(2)-amino]-desoxybenzoin* (49%). Bedingungen der Red.: 0,03 Mol Aminoketon mit 0,1 Mol Na-Isopropylat in 100 ml Toluol 10 Std. unter $N_2$ gekocht. Gerhard Schulz. B 221□

**Niedrige Grade der Assoziation in Lösungen von Salzen langkettiger aliphatischer Dicarbonsäuren.** Ingvar Danielsson. (Acta Acad. Aboensis, Math. Physica **21.** Nr. 19. 1—18. 1960.) (Engl.)

Die Dampfdruckkurven von $H_2O$ über Lsg. der Dikaliumsalze von *Hexandicarbonsäure-(1.6)* (**I**), *Heptandicarbonsäure-(1.7)* (**II**) u. *Undecandicarbonsäure-(1.11)* (**III**) wurden bei 25° aufgenommen, die osmot. Koeff. u. die Aktivitäts-Koeff. berechnet u. mit den Werten für K-Acetat u. Na-Caprylat verglichen. An Hand dieser Werte wird die Bldg. von Assoziaten im Bereich unterhalb der krit. Micell-Konz. diskutiert. Das Di-K-Salz von **I** assoziiert sich nicht im Bereich unter 2,3 Mol/Liter, das Di-K-Salz von **II** verhält sich im Bereich unter 1,2 Mol/Liter wie ein normaler Elektrolyt, darüber zeigt sich eine Anomalie in der Dampfdruckkurve, die als erstes Anzeichen einer Tendenz zur Assoziation gedeutet werden kann. Die Dampfdruckkurve des Na-Salzes von **III** zeigt, daß oberhalb von 0,45 Mol/Liter eine Assoziation zu kleinen Aggregaten erfolgt. Gerhard Schulz. B 223□

**Molekülverbindungen: Einfluß der Chlorsubstitution auf die Assoziationskonstante der Komplexe zwischen symm.-Trinitrobenzol mit aromatischen Aminen.** Giorgio Favini und Ignazio Renato Bellobonok. (Atti Accad. naz. Lincei, Rend., Cl. Sci. fisiche, mat. natur. [8] **27.** 218—23. Nov. 1959. Milano, Univ., Ist. per la laurea in Chim. ind., Labor. di Chim. fis.) (Ital.)

Spektroskop. (420—480 mμ) wurden die Mol.-Komplexe von Chloranilinen u. einigen Chlornaphthylaminen mit *symm.-Trinitrobenzol* (F. 121°, Eisessig) untersucht u. die Assoziations-Konst. K der Komplex-Bldg. bei 17—23,5° für den Vgl. mit $pK_a$ bestimmt. Aniline: *o-Chlor-*, [K =] 0,621 (Liter/Mol); *m-Chlor-*, 1,406 u. *p-Chlor-* (F. 71—72°, $CH_3OH$) 0,352. Naphthylamine: *α-* (F. 49,5°, PAe.) 31,305; *β-* (F. 110°, $CH_3OH$) 5,006; *1-Chlor-2-* 4,284; *2-Chlor-1-* 11,596; *3-Chlor-1-* 1,015 u. *4-Chlor-1-* 2,129.
G. Platzer. B 223□

**Die Solubilisierung von fettlöslichen Vitaminen mit Saccharosemonofettsäureestern.** Hiroyuki Mima. (Chem. pharmac. Bull. [Tokyo] **5.** 496—97. Okt. 1957 Osaka, Takeda Pharm. Ind. Ltd., Res. Labor.) (Engl.)

Zur Solubilisierung von *Vitamin-A-palmitat, -acetat, -alkohol, Vitamin-$D_2$-* u. *-E-acetat* werden Saccharosemonoester von Caprinsäure, Caprylsäure, Laurinsäure, Myristinsäure, Palmitinsäure u. Linolensäure vorgeschlagen. Die Ester zeichnen sich durch große Verträglichbkeit u. geringe tox. Wrkg. aus. W. Hampel. B 224□

**Reaktionsverlauf und Mesomechanismen.** Charles Prévost. (Bull. Soc. chim. France **1960.** 1261—62. Juli. Paris, Fac. des Sci.) (Franz.)

Vortrag. M. Schenk. B 225□

**Theoretische Untersuchung der chemischen Reaktionsfähigkeit aromatischer Bindungen. Anwendungen auf das Problem der krebserzeugenden Aktivität von Kohlenwasserstoffen.** Gaston Berthier, Hélène Berthod und Alberte Pullman. (J. Chim. physique Physico-Chim. biol. **53.** 506—11. Juni 1956. Paris, Fac. des Sci., Labor. de Chim. theoretique.) (Franz.)

Die im Rahmen der LCAO-MO-Meth. als Maß für die chem. Reaktivität aromat. Bindungen abgeleiteten Bindungsindices u. Orthopolarisationsenergien geben die experimentellen Befunde bei substituierten KW-Stoff-Derivv. nur unbefriedigend wieder. Nach einer Diskussion der Gründe für die beobachteten Diskrepanzen schlagen Vff. eine neue Meth. zur Unters. der Rk.-Fähigkeit aromat. Bindungen vor, die zur Darst. der mol. Wellenfunktionen der $\pi$-Elektronen Kombinationen der Bindungszustände verwendet. Mit Hilfe dieser Meth. lassen sich die Rk.-Fähigkeiten der Stamm-KW-Stoffe sowie deren substituierter Derivv. in Übereinstimmung mit den experimentellen Ergebnissen beschreiben. Für die Methylderivv. des Benzanthracens wird gezeigt, daß die Ergebnisse die Theorie von A. u. B. Pullman über die Beziehung zwischen der Reaktivität im Bereich K u. den krebserzeugenden Eigg. dieser Verbb. bestätigen.

K. Frenkler. B 225□

**Umlagerung von N-Chlor-2.6-disubstituierten Acetaniliden.** C. Beard und W. J. Hickinbottom. (Chem. and Ind. **1957.** 1421. 26/10. London, Queen Mary Coll., Dep. of Chem.) (Engl.)

Vorl. Mitt. der C. **1960.** 772 referierten Arbeit. W. Hampel. B 225□

**Einwirkung von Basen auf Anthracenphotooxyde. Mechanismus.** Charles Dufraisse, Guy Rio und W. Alan Burris. (C. R. hebd. Séances Acad. Sci. **244.** 2674 bis 2678. 27/5. 1957.) (Franz.)

Die bei der Belichtung von Anthracen-Derivv. mit UV gebildeten Photooxyde sind nur dann gegen Basen ($CH_3OK$, Piperidin) empfindlich, wenn sie wenigstens ein H-Atom in meso-Stellung besitzen. In diesem Fall wird die O—O-Bindung des Photooxyds aufgespalten unter Umlagerung zum entsprechenden Hydroxanthron. Eine ähnliche Umlagerung findet am *Photooxyd* des *10-Phenylanthracencarbonsäure-(9)-methylesters* trotz Fehlens eines meso-H-Atoms statt, jedoch unter Decarboxylierung. — Diskussion des Rk.-Mechanismus. M. Schenk. B 225□

**Oxydation von Propylen in der Gasphase.** J. D. Mullen und G. Skirrow. (Proc. Roy. Soc. [London], Ser. A **244.** 312—30. 25/3. 1958. Liverpool, Univ., Dep. of Inorg. and Phys. Chem., Donnan Labor.) (Engl.)

Die sigmaförmigen Druck-Zeit-Kurven der Rk. einer Mischung von *Propylen* (**I**) u. $O_2$ bei 340 u. 398° in einem Pyrexzylinder bei verschiedenen Anfangsdrucken wurden aufgenommen, wobei bei höheren Konzz. an I nach Erreichen eines Maximums wieder Abfall der Druckänderungs-Geschw. = Rk.-Geschw. auftrat. Die Rk. führte nicht zum völligen $O_2$-Verbrauch. Die anfängliche Induktionsperiode wurde durch $N_2$, $H_2$, $CO_2$ u. $CH_2O$-Zusatz verkürzt u. durch Acetaldehyd (II)-Zusatz beseitigt. Der verbrauchte $O_2$ gibt zu je $^1/_3$ CO u. Wasser. Das Verhältnis $CO:CO_2$ ist 4:1, das von $CH_2O$: Gesamtaldehyd ist $<$0,5, das von Acrolein (III):II 0,1. Am Ende der Rk. lagen Säuren zu $^1/_{10}$ der $CO_2$-Menge vor, $H_2$ u. $CH_4$ in geringen Mengen. Die auftretenden Peroxyde sind bei 340° stabil, die Aldehydmenge nimmt gegen Rk.-Ende wieder ab. Ein Teil von I wird ohne $O_2$-Verbrauch di- oder polymerisiert. Die CO- u. $CO_2$-Bldg. strebt bei Erhöhung des $O_2$-Anfangsdruckes einem Grenzwert zu. Vff. nehmen zuerst eine Hydroperoxyd-Bldg. am $\alpha$-CH zur Doppelbindung an, unter Auftreten von II erfolgt dann Zerfall unter Kettenverzweigung. Die Inhibierung durch I beruht auf Bldg. von Allylradikalen, die sich dimerisieren. Das Auftreten von III wird durch Bldg. eines Allylhydroperoxyds erklärt. W. Schreiber. B 225□

**Oxydation von Isopropylalkohol in der Gasphase.** 1. Mitt. **Der Einfluß von Temperatur, Druck und Mischungszusammensetzung auf die Bildung von Wasserstoffperoxyd und von anderen Produkten.** A. R. Burgess, C. F. Cullis und E. J. Newitt. (J. chem. Soc. [London] **1961.** 1884—93. Mai. London, Imperial Coll., Chem. Dep.) (Engl.)

Die Oxydation von *Isopropylalkohol* in der Gasphase kann zu hohen Ausbeuten an Aceton (I) u. $H_2O_2$ führen. Die günstigste Temp. für diese Umwandlung ist ca. 420°. Die Ausbeuten der beiden Hauptprodd. werden durch den Druck nicht wesentlich beeinflußt. Ein Überschuß an $O_2$ hat nur geringen Einfl. auf die Ausbeute an Peroxyden, er steigert jedoch die Geschw. des Verbrauchs an I (zum Vgl. wurde auch die Geschw. der Oxydation von I untersucht u. beide Rkk. verglichen). Zugefügter Acetaldehyd (II) beschleunigt die Rk. merkbar, im Gegensatz zu anderen Rk.-Produkten. Im frühen Stadium der Oxydation läuft als einziger Prozeß eine lineare Ketten-Rk. ab, die I u. $H_2O_2$ liefert. Ein geringer Teil des Alkohols wird jedoch umgewandelt in II, dessen weitere Rk. verantwortlich ist für die einsetzende Autokatalyse. In diesem Stadium beginnen die Ausbeuten der Hauptprodd. abzunehmen u. beträchtliche Mengen Methylalkohol, Formaldehyd, Glyoxal u. CO werden gebildet. Gerhard Schulz. B 225□

**Hydriergeschwindigkeit und Redoxpotential bei Chinonen.** Hans Musso, Karl Figge und Dieter Joachim Becker. (Chem. Ber. **94.** 1107—15. 21/4. 1961. Göttingen, Univ., Org.-Chem. Inst.) (Dt.)

Die Geschw. der katalyt. Hydrierung von Chinonen über $Pd/BaSO_4$ steigt, gemessen am Logarithmus der reziproken Halbwertszeit, in verschiedenen Lsgm. linear mit dem Redoxpotential an. Durch tert.-Butylgruppen substituierte Chinone werden langsamer hydriert, als es nach ihrem Potential zu erwarten ist. Es wurden die Hydrier-Geschw. gemessen von: 1. *Benzochinon-(1.4)* (I), *Methyl-*, *2.6-Dimethyl-*, *2.5-Dimethyl* (IV), *Trimethyl-*, *Tetramethyl-*, *2.6-Di-tert.-butyl-* u. *2.5-Di-tert.-butylbenzochinon-(1.4)* in Acetanhydrid unter Zusatz konst. Mengen Thioharnstoff (III) als Katalysatorgift u. auch in Dioxan mit einem bereits vorher vergifteten Katalysator. 2. *Naphthochinon-(1.4)* (II), *5-Hydroxy-*, *2-Hydroxy-*, *2-Methyl-5.8-dihydroxy-*, *2.3-Dihydroxy-* u. *2.5.8-Trihydroxynaphthochinon-(1.4)* in Eisessig. 3. *Diphenochinon-(4.4′)*, *3.5.3′.5′-Tetramethyl-*, *3.5.3′.5′-Tetraisopropyl-*, *3.5.3′.5′-Tetra-sek.-butyl-* u. *3.5.3′.5′-Tetra-tert.-butyldiphenochinon-(4.4′)* in Eisessig. 4. I, II u. *Anthrachinon-(9.10)* in Dioxan. Auch bei den Gruppen 2, 3 u. 4 wird in Ggw. von Katalysatorgift (III, Phenylsenföl) hydriert, um in einen Bereich meßbarer Hydriergeschw. zu kommen. Vers. mit II zeigten, daß die Hydrier-Geschw. mit steigender Giftmenge exponentiell abfällt. Beide Zusätze vergiften den Katalysator gleich stark. Für die Vergiftung ist somit die Menge des gebildeten $H_2S$ verantwortlich. Hydrierungen von IV u. *2-Methylnaphthochinon-(1.4)* in den genannten Lsgm. u. in Cyclohexan, Bzl., Essigester, Butanol, A., Methanol, Triäthylamin u. 0,2n methanol. HCl zeigten, daß die Hydrier-Geschw. mit steigender DK bzw. Verdampfungswärme des Lsgm. steigt, was für einen polaren Übergangszustand u. einen polaren Mechanismus der katalyt. Chinonhydrierung spricht. Dipolmoment oder Zähigkeit der Lsgm. haben keinen Einfluß. Gerhard Schulz. B 225□

**Untersuchungen über die Bildung und Umwandlung von Estern.** 18. Mitt. **Über die Phosphorylierung tertiärer Alkohole und über die Hydrolysengeschwindigkeit von Phosphorsäuremonoestern tertiärer Alkohole.** Emile Cherbuliez, Cl. Gandillon, A. de Picciotto und J. Rabinowitz. (Helv. chim. Acta 42. 2277—84. 15/10. 1959. Genève, Univ., Labor. de Chimie org. et pharmac.) (Franz.) — 17. vgl. C. **1960.** 11620.

Vff. berichten über die Phosphorylierung von α-Hydroxyisobuttersäurenitril (I) u. α-Hydroxyisobuttersäureäthylester (II) mit Polyphosphorsäure (n = 3). Während bei einfachen tert. Alkoholen nach Einw. von Polyphosphorsäure keine Phosphorsäureester zu fassen sind — Triphenylcarbinol bildet Phenylfluoren, Trimethylcarbinol gibt Isobutylen—, scheint bei Alkoholen, die am tert. C-Atom eine COOH-, CN-, $CONH_2$- oder COOR-Gruppe tragen, die Wasserabspaltung erschwert. So erhält man aus I unter gleichzeitiger Anlagerung von $H_2O$ an die CN-Gruppe *[2-Carbamoylpropyl-(2)]-phosphorsäure* (III), aus II *[2-Carbäthoxypropyl-(2)]-phosphorsäure* (IV). Nach weiterer Einw. von Polyphosphorsäure u. Alkali entsteht durch Verseifung der $—CONH_2$- bzw. —COOR-Gruppe *[2-Carboxypropyl-(2)]-phosphorsäure* (V). Der Verlauf der Hydrolyse der Ester III, IV u. V wird mit der Verseifungs-Geschw. von Phosphorsäureestern prim. (*Monoäthylphosphorsäure*, *β-Aminoäthylphosphorsäure*) u. sek. Alkohole (*1-Aminopropyl-(2)-phosphorsäure*), eines Enols (*Phosphoenolbrenztraubensäure*) u. eines Phenols (*p-Carboxyphenylphosphorsäure*) bei pH 0; 4,5; 14 verglichen. Gegen starkes Alkali sind alle angeführten Ester stabil. Dagegen gleicht die rasche Hydrolyse der Ester tert. Alkohole unterhalb pH 7 mehr dem Verh. der Enol- u. Phenol-Derivv. als dem von Estern prim. u. sek. Alkohole, letztere werden wesentlich langsamer verseift.

Versuche: *[2-Carbamoylpropyl-(2)]-phosphorsäure* (III), *Ca-Salz*, $C_4H_8CaNO_5P \cdot 2\,H_2O$, aus I u. Polyphosphorsäure (n = 3), 24 Std. langes Rühren bei 55°; 13% (Ausbeute). — *[2-Carbäthoxypropyl-(2)]-phosphorsäure* (IV), *Ba-Salz*, $C_6H_{11}BaO_6P \cdot H_2O$, aus II u. Polyphosphorsäure (n = 3), 6 Std. lang bei 90°; 13%. — *[2-Carboxypropyl-(2)]-phosphorsäure* (V), *Ba-Salz*, aus III u. IV durch Verseifung mit $Ba(OH)_2$, fast quantitativ

V kann auch direkt aus I durch 20std. Erhitzen auf 50°, Neutralisation mit $BaCO_3$ u. $Ba(OH)_2$ u. 3std. Kochen gewonnen werden. F. MADER. B 225 □

**Die Einwirkung von salpetriger Säure auf aliphatische Amine.** A. T. Austin. (Nature [London] **188.** 1086–88. 24/12. 1960. Leeds, Univ., Org. Chem. Dep.) (Engl.)

Vf. stellte wegen der Instabilität der freien $HNO_2$ diese her, indem er in eine Lsg. von Methylaminhydrochlorid u. $NaNO_2$ langsam $H_2SO_4$ unter der Oberfläche einführte. Hierbei entstand $CH_3OH$, $CH_3ONO$, $CH_3Cl$, Nitromethan, Methylnitrolsäure u. ein Gemisch von $N_2$ u. $CO_2$. Der Rk.-Verlauf wird vom Vf. mit Hilfe der Annahme des Methylkations erklärt, das mit den Rk.-Partnern die verschiedenen End-Prodd. liefert. G. MEINHARDT. B 225 □

**Die Wirkung der Bildung von Ionenpaaren auf die Reaktivität anionischer Nucleophile. 1. Mitt. Die Austauschreaktion von p-Nitrobenzylbromid mit Bromid-Ionen in Lösung von flüssigem Schwefeldioxyd.** Norman N. Lichtin und K. Narayana Rao. (J. Amer. chem. Soc. **83.** 2417–24. 5/6. 1961. Boston, Mass., Boston Univ.; Upton N.Y., Brookhaven Nat. Labor., Chem. Dep.) (Engl.)

Die Kinetik des Austausches von *p-Nitrobenzylbromid* (I) mit $^{82}Br$, zugefügt in Form von LiBr, KBr, $(CH_3)_4NBr$ u. $(C_2H_5)_4NBr$, wurde über einen weiten Konz.-Bereich des Ionophors bei 0°, mit KBr auch bei −10,2° u. +10,75° in $SO_2$ untersucht. Weder die Gleichung $R_e = k_2(RBr)(MBr)_s$, in der (RBr) u. $(MBr)_s$ die stöchiometr. Konzz. von I u. des Ionophors, $R_e$ die Geschw. der Rkk. von I u. Ionophor bedeuten, noch die Gleichung $R_e = k_1(RBr)$ stimmen mit den gefundenen Werten befriedigend überein; $k_2$ nimmt mit zunehmendem $(MBr)_s$ ab, während $k_1$ in viel stärkerem Grade zunimmt. Aus den Werten geht hervor, daß die Änderung von $k_2$ mit $(MBr)_s$ nicht auf einen Salzeffekt zurückgeht. Die Rk.-Geschw.-Daten wurden analysiert mit Hilfe der thermodynam. Dissoziations-Konst. $K_D$ (Tabelle) der Ionophoren, die abgeleitet wurden aus den Leitfähigkeitsdaten (bestimmt in $SO_2$) u. den Aktivitäts-Koeff., berechnet nach der DEBYE-HÜCKEL-Gleichung. Die Rk.-Geschw.-Daten sind in Übereinstimmung mit der Gleichung $R_e = k_f(RBr)(Br^-) + k_p(RBr)\overbrace{(M^+Br^-)}$, die den freien u. den gepaarten Ionen verschiedene Reaktivität zuschreibt. Die Größe von $k_p$, jedoch nicht von $k_f$, hängt in einem wesentlichen Maße ab von dem Wert, der $a_{DH}$ zukommt, dem DEBYE-HÜCKELsche „Abstand der größten Annäherung". Berechnungen zeigen, daß kein Wert im Bereich von 0–30 Å für den DEBYE-HÜCKEL a-Parameter eine vorzügliche Übereinstimmung mit den Ergebnissen liefert. Die Richtigkeit der Analyse wird bestätigt durch die Tatsache, daß $k_f$ unabhängig von der Natur des Kations ist. Dagegen ändert sich $k_p$ mit der Art des Kations, u. zwar im selben Sinne, wie dies $K_D$ tut: fester gebundene Ionenpaare sind weniger reaktiv. Diese Ergebnisse unterstützen die Ansicht, daß die Unterscheidung zwischen freien u. gepaarten Ionen, wie sie durch Leitfähigkeitsmessungen getroffen wird, dazu dient, Formen zu identifizieren, die sich in ihrer kinet. Reaktivität unterscheiden, man erhält jedoch keine Informationen über die genaue Natur der gepaarten Ionen. Die Daten sind gleicherweise in Übereinstimmung mit dem FUOSS-Modell der „Ionen in Kontakt" als auch mit BJERRUMs ursprünglichem statist. Modell. Die Werte zeigen, daß eine Beteiligung von $S_N$1-Vorgängen an der Rk. vernachlässigbar oder höchstens gering ist. Die Werte erlauben es nicht, zwischen einer Analyse in Ausdrücken von $k_f$ u. $k_p$ u. einer Behandlung basierend auf einer Katalyse durch freie Kationen zu unterscheiden. GERHARD SCHULZ. B 225 □

**Aktivierungsparameter für die $S_N$1-Solvolyse in 50% wässerigem Aceton.** E. F. Brittain, G. Kohnstam, A. Queen und B. Shillaker. (J. chem. Soc. [London] **1961.** 2045–49. Mai. Durham, Univ., Sci. Labor.) (Engl.) — Vgl. J. chem. Soc. [London] **1960.** 2066 u. früher.

Die Kinetik der Hydrolyse von *tert.-Butylchlorid* ($n_D^{18}$ 1,3865; untersucht im Temp.-Bereich 0–40°), *p-Nitrodiphenylmethylchlorid* (I; 20–60°) u. *p-Methylbenzalchlorid* [F. 47,5° (PAe.); aus p-Tolualdehyd u. $PCl_5$; 0–40°] wurde in 50% wss. Aceton untersucht. Vgl. mit früheren Ergebnissen mit Benzalchlorid u. Benzotrichlorid im gleichen Lsgm. zeigen, daß in den Grenzen der experimentellen Fehler das Verhältnis der Aktivierungswärmekapazität $\Delta C^{\pm} = (dE/dT) - R$ zur Aktivierungsentropie unabhängig von der Natur des Substrates bei $S_N$1-Reaktionen ist. Die für die $S_N$1-Solvolyse in 50%ig. Aceton bei 50° berechneten Aktivierungsparameter betragen für die Verbb. in obiger Reihenfolge: E 19,971 ± 0,063 [kcal], $\Delta S^{\pm}$ 10,28 ± 0,09 [cal/Grad], $-\Delta C^{\pm}$ 27,0 ± 2,1; 21,072 ± 0,032, 10,81 ± 0,21, 33,5 ± 2,4; 20,140 ± 0,105, 11,97 ± 0,35, 39,1 ± 3,5. — I, F. 43,5–44,5° (PAe.), wurde dargestellt über *p-Nitrodiphenylmethan* (durch FRIEDEL-CRAFTS-Rk. von p-Nitrobenzylchlorid u. Bzl.), Bromierung zu *p-Nitrodiphenylmethylbromid* mit N-Bromsuccinimid in $CCl_4$ in Ggw. von Benzoylperoxyd, Hydrolyse des Bromids zum *Alkohol* (F. 73—74° aus PAe.) in wss. Aceton u. dessen Chlorierung durch 8 std. Einleiten von HCl in Bzl.-Ae. (8)-Lsg. in Ggw. von wasserfreiem $ZnCl_2$.

Gerhard Schulz. B 225□

**Aktivierungsentropien und Aktivierungswärmekapazitäten der Solvolyse nach dem $S_N$-Mechanismus.** G. R. Cowie, J. R. Fox, M. J. H. Fitches, K. A. Hooton, D. M. Hunt, G. Kohnstam und B. Shillaker. (Proc. chem. Soc. [London] **1961.** 222—23. Juni.) (Engl.) — Vgl. vorst. Referat.

Die Solvolyse einer Reihe von organ. Chloriden u. Bromiden in wss. Aceton bestätigt die Annahme, daß das Verhältnis von Aktivierungswärmekapazität zu Aktivierungsentropie für Solvolyse nach $S_N1$ unabhängig von der Natur der solvolysierten Verb. ist. Unter den gleichen experimentellen Bedingungen hat das Verhältnis bei Solvolyse nach $S_N2$ einen niedrigeren Wert. Die Anwendung dieses Tests auf die Solvolyse von p-R-Benzylchloriden (R = $NO_2$, *H*, $CH_3$, *p*-$CH_3O \cdot C_6H_4$, $C_6H_5O$, $CH_3O$) in wss. Aceton zeigt, daß die Solvolyse nur bei Verbb. mit stark elektronenabgebenden Substituenten wie Methoxy- u. Phenoxygruppe völlig nach $S_N1$ verläuft. Den höchsten Wert hat das Verhältnis $\Delta C^{\pm}/\Delta S^{\pm}$ für die Solvolyse nach $S_N1$ in 70% Aceton. $\Delta C^{\pm}/\Delta S^{\pm}$-Werte sind außer für die Benzylchloride angegeben für die Solvolysen von: *n-Butyl-, -Propyl-, Benzylbromid, Benzotrichlorid, tert.-Butylchlorid, -bromid, p-Nitrobenzhydrylbromid, Benzhydrylchlorid,* p-X-$C_6H_4CH(C_6H_5)Cl$ (X = *H*, $C_6H_5$, *tert.*-$C_4H_9$, $CH_3$) u. *p*-$NO_2 \cdot C_6H_4 \cdot CHCl \cdot C_6H_4 \cdot O \cdot C_6H_5(p)$ in 50—85%ig. wss. Aceton bei 50°.

Gerhard Schulz. B 225□

**Nitrierung aromatischer Verbindungen mit Stickstoffpentoxyd nach dem Radikalmechanismus.** A. N. Baryschnikowa und A. I. Titow. (Доклады Академии Наук СССР [Ber. Akad. Wiss. UdSSR] **114.** 777—80. 1/6. 1957.) )Russ.)

Die Nitrierung von Aromaten (Bzl., Chlorbenzol, Nitrobenzol, Toluol) mit $N_2O_5$ verläuft nach einem Radikalmechanismus, wenn bei erhöhter Temp. (um 100°) in inertem Lsgm. gearbeitet wird; durch diese Bedingungen wird die Dissoziation des $N_2O_5$ in Radikale gefördert u. die Bldg. des Nitroniumions hintangehalten. Trotz eines großen Überschusses an aromat. Verb. entstehen anomale Rk.-Prodd. (Polynitro-Verbb. u. Nitrophenole): Aus 200 g Bzl., das bei 70° in 40 Min. mit 5 g $N_2O_5$ in 50 ml $CCl_4$ versetzt wird, werden erhalten: 0,9 g *Nitrophenole* (vor allem *2.4-Dinitrophenol,* dann 0,1 g *o-Nitrophenol*), 1,25 g *Nitrobenzol* u. 1,21 g *Dinitrobenzole* (vor allem *p-* u. *m-Dinitrobenzol*). Bei Ausführung der Rk. bei 0—20° werden erhalten: 7,5 g *Nitrobenzol,* 0,5 g *Dinitrobenzole,* Spuren *Nitrophenole.* — 200 g Chlorbenzol geben bei 100° 1,4 g fl. *Nitrochlorphenole,* aus denen bei 100° mit $HNO_3$ (D. 1,4) leicht *Trinitro-m-chlorphenol,* F. 106—107°, erhalten wird, u. 1,2 g *Nitrochlorbenzole.* Die Nitrierung von Nitrobenzol ergibt analoge Resultate. Toluol liefert bei erhöhter Temp. hauptsächlich *Phenylnitromethan, Benzylnitrat, Benzaldehyd* u. *Mononitrotoluole* neben wenig *Dinitrotoluolen.* Bei normaler oder tiefer Temp. entstehen ausschließlich *Mono-* u. *Dinitrotoluole.* — Als prim. Schritt nehmen Vff. eine Anlagerung eines $NO_3$-Radikals an die $\pi$-Bindung unter Bldg. eines Arylnitratradikals nach $Ar + NO_3\cdot \rightarrow [Ar—O—NO_2]\cdot$ an, das mit $NO_2$ weiterreagiert unter Abspaltung von $HNO_2$ bzw. $HNO_3$, wobei sich Phenol (im weiteren Nitrophenole) bzw. Nitroaromaten bilden. Speziell für Bzl. werden Rk.-Schemata angegeben.

Helmut Schäfer. B 225

**Sauerstoff-Isotopenaustausch substituierter Benzoesäuren mit $H_2^{18}O$.** I. P. Gragerow und M. P. Ponomartschuk. (Журнал Обшей Химии [J. allg. Chem.] **29 (91).** 3895—97. Dez. 1959. Pissarshewski-Inst. für physikal. Chem. u. Akad. der Wiss. der UkrainSSR.) (Russ.)

Es wird der $^{18}O$-Austausch zwischen W. u. Benzoesäuren untersucht, die in o-, m- u. p-Stellung durch $—NO_2$, —Cl, —OH, —SH u. $—NH_2$ substituiert sind. Die Benzoesäuren werden in verd. A. in Abwesenheit u. in Anwesenheit von 0,4n HCl in Ampullen auf 170° erhitzt u. anschließend der $^{18}O$-Geh. festgestellt. — Es wird kein eindeutiger Zusammenhang zwischen Art u. Stellung der Substituenten u. dem $^{18}O$-Austausch festgestellt. HCl beschleunigt den Austausch stark. o- u. p-Aminobenzoesäure tauschen nicht aus. Es werden die Geschw.-Konst. für die Austausch-Rk. in Abwesenheit u. Anwesenheit von HCl berechnet u. angegeben. In Ggw. von HCl nimmt die Austausch-Geschw. in der folgenden Reihe ab: *m-Hydroxy-* > *p-Hydroxybenzoesäure, Benzoesäure* > *m-Chlor-* > *p-Nitro-* > *o-Chlor-* > *o-Hydroxy-* > *p-Chlor-* > *o-Mercapto;* > *o-Nitro-* > *m-Amino-* ≫ *p-Aminobenzoesäure.*

Helmut Schäfer. B 225□

**Die Kinetik der alkalischen Hydrolyse und n-Butylaminolyse von p-Nitrobenzoesäure- und p-Nitrothiolbenzoesäureäthylester.** Kenneth A. Connors und Myron L. Bender. (J. org. Chemistry **26.** 2498—2504. Juli 1961. Chicago, Ill., Illinois Inst. of Technol., Dep. of Chem.) (Engl.)

Vff. untersuchten die Kinetik der alkal. Hydrolyse von *p-Nitrobenzoesäureäthylester* [I; F. 56,5—57° (95%ig. A.)] u. *p-Nitrothiolbenzoesäureäthylester* [II; F. 69,5—70° (angesäuerter wss. A.); durch Erwärmen von p-Nitrobenzoylchlorid (III) u. $C_2H_5SH$ in Pyridin] durch spektrophotometr. Analyse bei 300 mμ. Die Rk. ist 1. Ordnung in $[OH^-]$ bei pH 8—12 für I, bei pH 9—12 für II. Die konkurrierende alkal. Hydrolyse u. n-Butylaminolyse wurde mittels der Gleichung $v = k_1 [E][OH^-] + k_2[E][RNH_2] + k_3 [E][RNH_2]^2 + k_4[E][RNH_2][OH^-] + k_5[E][RNH_2][RNH_3^+] + k_6[E][RNH_3^+]$ interpretiert (v = Rk.-Geschw., E = Konz. von I bzw. II). Bei 25,6° u. der Ionenstärke 0,50 wurde in einer wss. Puffer-Lsg. mit 1,7 Vol.-% Acetonitril-Geh. keine Aminolyse von I festgestellt; hierfür gilt $k_1 = 0,63$ Liter·Mol$^{-1}$·s$^{-1}$. Unter den gleichen Bedingungen entstand aus II hauptsächlich *N-n-Butyl-p-nitrobenzamid* [Vgl.-Präp. F. 104—104,5° (Xylol), aus III u. n-Butylamin (Kp. 77,2—77,4°) in Bzl. (15 Min. langes Kochen)]; die Geschw.-Konst. für diese Aminolyse von II sind $k_1 = 0,52$ Liter·Mol$^{-1}$·s$^{-1}$, $k_2 = 0,015$ Liter·Mol$^{-1}$·s$^{-1}$, $k_3 = 0,27$ Liter$^2$·Mol$^{-2}$·s$^{-1}$, $k_4 = 13,6$ Liter$^2$·Mol$^{-2}$·s$^{-1}$, $k_5 = k_6 = 0$. Die allg. Basenkatalyse, die durch $k_3$ u. $k_4$ angezeigt wird, verläuft vermutlich über eine Protonenabspaltung aus dem tetraedr. Additionszwischenprodukt. — *p-Nitrobenzoesäure*, F. 243,5—244,5° (Bzl.).

J. ROTHE. B 225□

**Kinetische Untersuchung der Reaktion einer „mesoionischen" Verbindung (Dehydrodithizon) mit Halogenacetaten.** J. Ogilvie, V. K. Miyamoto und Thomas C. Bruice. (J. Amer. chem. Soc. **83.** 2493—95. 5/6. 1961. Baltimore, Md., Johns Hopkins Univ., School of Med., Dep. of Physiol. Chem.) (Engl.)

Die Rk. von *Dehydrodithizon* (I) mit *Chlor-* (II), *Brom-, Jodessigsäure, α-Bromacetamid* u. *p-Nitrophenylacetat* (III) wurde in wss. Lsg. (mit 2 Vol.-% A.) bei 30° u. einer Ionenstärke μ 0,05—0,125 m spektrophotometr. bei 250 mμ verfolgt. Die Rk.-Geschw. bei der Umsetzung von I mit II ist in den angegebenen Grenzen unabhängig von der Ionenstärke. In Ggw. eines Überschusses der Halogenessigsäuren u. bei konst. pH folgt die Abnahme von I einem Gesetz erster Ordnung. Bei 30° erfolgt zwischen I u. III in W. keine merkliche Reaktion. Diese Ergebnisse sind in Übereinstimmung mit der Annahme, daß „mesoionische" Verbb., die sehr niedrige $pK'_a$-Werte, aber eine sehr hohe Polarisierbarkeit besitzen, gegenüber $sp^3$-C-Atomen stark nucleophil wirksam sind, aber gegenüber den $sp^2$-C-Atomen von Estern nur sehr schwach. — I reagiert mit den Halogen-Verbb. am nucleophilen S-Atom unter Bldg. der am S substituierten Tetrazoliumsalze.

GERHARD SCHULZ. B 225□

**Kinetische Untersuchungen in der Fluorenreihe. 1. Mitt. Die säurekatalysierte Solvolyse des 9-Diazofluorens.** Keith D. Warren. (J. chem. Soc. [London] **1961.** 2561—66. Juni. Glasgow, Univ.) (Engl.)

Die Kinetik der Solvolyse von *9-Diazofluoren* wurde bei 25, 35 u. 45° in A. u. A.-$H_2O$-Gemischen untersucht. HCl, $HClO_4$ u. Pikrinsäure wurden als Katalysatoren benutzt u. der Einfl. von zugefügtem LiCl u. $LiClO_4$ bestimmt. Unterss. mit Pikrinsäure-Li-Pikrat-Puffern u. mit teilweise deuteriertem Lsgm. (Isotopeneffekt) zeigen, daß allg. Säurekatalyse vorliegt. Es wird ein Rk.-Mechanismus diskutiert, bei dem der Angriff des solvatisierten Protons auf das Substrat den geschwindigkeitsbestimmenden Schritt bildet u. das Fluorenylcarboniumion als akt. Zwischenprod. entsteht. Als Prodd. bei Rk. in 93,8 (Gew.)-% A./W. in Ggw. von $HClO_4$ wurde 9-Hydroxyfluoren (F. 156—157°, korr., aus PAe.) u. 9-Äthoxyfluoren (F. 53°, korr., aus wss. A.), in Ggw. von HCl daneben auch 9-Chlorfluoren isoliert.

GERHARD SCHULZ B 225□

**Kinetik der Reaktion zwischen Formaldehyd und Ammoniak.** Sameer Bose. (J. Indian chem. Soc. **34.** 663—67. Sept. 1957. Jabalpur, M.M.V., Chem. Dep.) (Engl.)

Die Bldg. von Hexamethylentetramin wurde in wss. Lsgg. bei 15 u. 20° durch Mischen stöchiometr. Mengen *$CH_2O$* u. *$NH_4OH$* durch Best. von $-d[CH_2O]/dt$ untersucht. Die Rk. verläuft nach 3. Ordnung über einen rasch unter Bldg. äquimol. Mengen $CH_2O$ u. $NH_4OH$ hydrolysierbaren Intermediärkomplex (A). Für den Rk.-Verlauf nimmt Vf. folgende Schritte an: 1. $HCHO + NH_3 \rightleftharpoons H_2C{=}NH$ [A] + $H_2O$ (schnell); 2. 2 $H_2C{=}NH + CH_2O \rightarrow H_2C{=}N{\cdot}CH_2{-}N{=}CH_2$ [B] + $H_2O$ (langsam; MANNICH-Rk.-Typ); 3. 2 B $\rightarrow (CH_2)_6N_4$.

M. SCHENK. B 225□

**Die Essigsäure-Katalyse der Diazotierung von Anilin.** F. Seel und W. Hufnagel. (Z. physik. Chem. [Frankfurt/M.] [N.F.] **26.** 269—83. Nov. 1960. Stuttgart, TH, Labor. für anorg. Chemie.) (Dt.) — Vgl. EDWARDS u. Mitarbeiter, C. **1959.** 16965.

Der zeitliche Ablauf der Diazotierung von *Anilin* in $CH_3COOH$-Acetat-Puffer-Lsg. (untersucht durch spektrophotometr. Best. des gebildeten Diazoniumsalzes nach Kupplung mit R-Salz) läßt sich mit der Annahme erklären, daß die Umsetzung unter diesen Bedingungen als gegabelte Rk. über $NO^+$ u. $N_2O_3$ bzw. über Acetylnitrit (I) u. $N_2O_3$ verläuft. Geschwindigkeitsbestimmend sind je nach den Konz.- u. Aciditätsverhältnissen die Bldg.-Geschw. des $NO^+$-Ions u. des Anhydrids der $HNO_2$ oder von I u. die acetatkatalysierte Bldg. von $N_2O_3$ aus $HNO_2$. Die zugehörigen Geschw.-Konst. wurden für 0° bestimmt. Verss. bei höheren Temp. ergeben, daß die Aktivierungsenthalpie der Bldg. von I aus $HNO_2$ u. $CH_3COOH$ bei ca. 12 kcal/Mol liegt u. die Aktivierungsentropie negativ ist. CLAUS FISCHER. B 225□

**Arylierung von Pyridin-N-oxyd mit Diazoniumsalzen.** Martino Colonna. (Atti Accad. naz. Lincei, Rend., Cl. Sci. fisiche, mat. natur. [8] **26.** 39—42. Jan. 1959. Bologna, Univ., Ist. di Chim. degli Intermedi.) (Ital.)

Vf. diskutiert an Hand der Literatur die Struktur u. den Rk.-Mechanismus von symm. ungesätt., einfachen u. konjugierten Verbb. mit Doppelpolarisation, die zur „Radikal-Bldg." neigen. Die Rk. von Pyridin-N-oxyd mit Phenyl- u. p-Chlorphenyldiazoniumchlorid nach MEERWEIN liefert die entsprechenden Arylpyridin-N-oxyde in geringer Ausbeute. Dabei konnten nur die 2-Arylpyridin-Derivv. (**A**) isoliert werden, deren Struktur durch Vgl. der Misch-FF. u. UV-Absorptionsspektren mit den durch Oxydation der entsprechenden **A** mit Peressigsäure erhaltenen Prodd. bestimmt wurde. — 41 Literaturangaben, keine experimentellen Einzelheiten. G. PLATZER. B 225□

**Kinetik und Mechanismus der alkalischen Spaltung von 2.6-Dihalogenbenzaldehyden.** J. F. Bunnett, J. H. Miles und K. V. Nahabedian. (J. Amer. chem. Soc. **83.** 2512—16. 5/6. 1961. Providence, R.I., Brown Univ., Metcalf Chem. Labor.) (Engl.)

Die Kinetik der alkal. Spaltung von *2.6-Dichlorbenzaldehyd* [F. 69—71° (PAe.), aus 25 g 2.6-Dichlorbenzalchlorid durch 3std. Erhitzen in 12 m $H_2SO_4$ am Rücfkluß, 4,8 g (Ausbeute)], *2-Brom-6-chlorbenzaldehyd* [$C_7H_4BrClO$, F. 79,5—81°, nach Sintern bei 70° (A.), durch Zugabe von 35 g 2-Brom-6-chlortoluol ($Kp._{15}$ 101—103°) zu 77 g $CrO_2Cl_2$ in $CS_2$ u. 6 Tage langes Stehen bei Raum-Temp.; 2,5 g], *2-Chlor-6-fluorbenzaldehyd* (I; F. 35—37°; über 2-Chlor-6-fluortoluol vom Kp. 151—154°) u. *2.6-Difluorbenzaldehyd* ($Kp._7$ 65—66°) zu den entsprechenden m-Dihalogenbenzolen u. Formiationen wurde untersucht. Die Abhängigkeit der Geschw.-Konst. der pseudo-ersten Ordnung, $k_\psi$, von der OH-Ionen-Konz. bei konst. Ionenstärke wird beschrieben durch die Gleichung $k_\psi = k_a K_1[OH^-]^2/(1 + K_1[OH^{-1}])$, in der $K_1$ (Tabelle) die Gleichgewichts-Konst. für die Addition des OH-Ions an die Carbonylgruppe ist. In $D_2O$ verläuft die Rk. 2 mal so schnell wie in $H_2O$. Vff. diskutieren an Hand dieser Ergebnisse den Mechanismus der Rk., in deren Verlauf als Zwischenprod. ein 2.6-Dihalogenphenylanion gebildet werden soll. Wenn eines oder beide Halogenatome Fluor sind, erfolgt eine Neben-Rk., der direkte Ersatz eines F-Atoms durch OH unter Bldg. von 6-Halogensalicylaldehyd. In sehr schwach bas. Lsg. wird dies die Hauptreaktion. Die Geschw. der Spaltungs-Rk. ist verhältnismäßig wenig abhängig von der Art der Halogenatome in ortho-Stellung zur Aldehydgruppe. Die UV-Maxima der untersuchten Verbb. u. von 6-Chlorsalicylaldehyd u. m-Chlorfluorbenzol in saurer Lsg. sind angegeben. Die Darst. von 6-Fluorsalicylaldehyd in genügender Reinheit gelang nicht.

Versuche: *6-Chlorsalicylaldehyd*, $C_7H_5ClO_2$, F. 50—52° (PAe.; Sublimation bei 12 mm); 1 g I in 100 ml 0,3 m NaOH 20 Std. auf dem Dampfbad erwärmt, angesäuert u. gekühlt: 0,5 g. GERHARD SCHULZ. B 225□

**Spaltung von Tetrahydrofuran bei Reduktionen mit Lithiumaluminiumhydrid.** William J. Bailey und Fritz Marktscheffel. (J. org. Chemistry **25.** 1797—1800. Okt. 1960. College Park, Md., Univ. of Maryland, Dep. of Chem.) (Engl.)

Eine Mischung von $AlCl_3$ u. $LiAlH_4$ (Variation von 1:0,68—1:3) spaltet Tetrahydrofuran (**II**) in *n-Butylalkohol* (**I**). Es scheint eine direkte Beziehung zu bestehen zwischen der maximal durch längeres Sieden (9—25½ Std. oder 3—71 Std. bei 30°, 1—26 Std. 105—110°, 17½—145 Std. bei 80°, 24—144 Std. bei 100°) gebildeten **I**-Menge u. der theoret. Menge an vorhandenem $AlH_3$. Die **I**-Menge hängt nicht ab von der Reihenfolge, in der **II**, $AlCl_3$ u. $LiAlH_4$ zugesetzt werden. Die **I**-Menge steigt mit steigender Temp. u. mit der Rk.-Dauer u. erreicht einen maximalen Wert nach 10—20 Std. langem Sieden. Obwohl die Red. der meisten Verbb., z. B. Aceton, mit $LiAlH_4$ in **II** keine Spaltung hervorruft, führt die in 2 Stufen verlaufende Red. von Alkylhalogeniden, z. B. Benzylchlorid (**VI**), u. die komplex verlaufende Red. von Benzylphosphoniumhalogeniden unter diesen Bedingungen zu **I** u. KW-Stoff in etwa gleichen Mengen. — Die Spaltung verläuft möglicherweise über einen 1:1-Komplex von $AlH_3$ u. **II**. Dioxan (**III**), 1.2-Diäthoxyäthan (**IV**) u. Di-n-butyläther (**V**) werden langsamer durch $AlCl_3$–$LiAlH_4$ gespalten als **II**. **III** u. **IV** wurden bei 105—110° in 8% bzw. 19% *2-Äthoxyäthanol* übergeführt, während **V** 5% **I** lieferte. Die Ausbeute an Spaltungs-Prodd. scheint mit der Stabilität des π-Komplexes mit $AlH_3$ zu steigen. Die Spaltungs-Prodd. wurden mittels Dampfphasenchromatographie bestimmt. G. MARQUARD. B 225

**Untersuchung des Abbaus der Dehydroascorbinsäure in wässeriger Lösung.** Claude Nofre, André Cier und Barthélémy Drevon (unter Mitarbeit von Anne Lefier). (Bull. Soc. chim. France **1960.** 245—49. Febr. Lyon, S.T.R.E.S.S.A., Labor. de Chim.; Fac. Mixte de Méd. et Pharmacie, Labor. de Pharmacochim.) (Franz.)

Der Abbau von *Dehydroascorbinsäure* (I), erhalten durch Ascorbinsäureoxydation mit $J_2$ in Ggw. von Na-Acetat, zu *2.3-Didehydrogulonsäure* (II; Rk. 1. Ordnung) erfolgt ohne Ketoenol-Bldg. u. beginnt mit der Lactonringöffnung. Bei pH 3,2 erleidet II eine Decarboxylierung unter Bldg. von *L-Xyloson* an. II kann im Gleichgewicht mit der tautomeren *3-Enolform* (III) stehen, dieses Gleichgewicht wird in Ggw. eines Elektronenacceptors, wie $J_2$, unter Bldg. von *L-Threoson* (IV), CO u. $CO_2$ gestört. Bei pH 7,2 in Phosphatpuffer u. $O_2$-Ausschluß zersetzt sich I teilweise zu Oxalsäure (V), wobei die Phosphationen unentbehrlich sind. In Ggw. von $J_2$ entstehen 3 Verbb. mit Enolcharakter (III, IV, *Redukton*) unter gleichzeitigem Rückgang der V-Ausbeute u. Bldg. von HCOOH. K. Maier. B 225□

**Substituenteneffekte auf die Radikalaustauschreaktion zwischen Benzyljodid und Jod.** Irwin J. Gardner und Richard M. Noyes. (J. Amer. chem. Soc. **83.** 2409—17. 5/6. 1961. New York, N.Y., Columbia Univ., Dep. of Chem.; Eugene, Oreg., Univ. of Oregon.) (Engl.)

*p-Nitro-* (I), *p-Methyl-* (II) u. *p-Methoxybenzyljodid* (III) wurden dargestellt. III zers. sich rasch in Ggw. von $J_2$, die Darst. von p-Aminobenzyljodid gelang nicht. Die Kinetik des Austausches von elementarem $J_2$ mit *Benzyljodid* ($C_7H_7J$, F. 24,00°; Kp.$_5$ 80,25°; $n_D^{25}$ 1,6315), I u. II in Äthylendichlorid wurde photometr untersucht (Bestrahlung mit Licht der Wellenlänge 5461 Å, spektrophotometr. Analyse; Quantenausbeuten der Dissoziation u. Austausch-Geschw. angegeben). Der Mechanismus des Austausches verläuft vollständig über freie Radikale. An ihm beteiligen sich anscheinend in vergleichbarem Maße eine direkte Substitution durch Jodatome u. die Bldg. von Benzylradikalen durch Abspaltung von Jod. Die direkte Substitution konnte nicht mit Sicherheit bewiesen werden. Elektronenabziehende Substituenten beschleunigen die radikal. Abspaltung von Jod, aber sie verlangsamen die Abspaltung von benzyl. Wasserstoff. Anscheinend erleichtert Elektronenabzug die radikal. Abspaltung einer Gruppe, die die Neigung hat, sich als negative Einheit zu ionisieren, u. unterdrückt die radikal. Abspaltung einer Gruppe, die bestrebt ist, als positive Einheit zu ionisieren. In luftgesätt. Äthylendichlorid bei 30° reagiert der Sauerstoff etwa genau so wirksam wie eine $1,4 \cdot 10^{-4}$ m Jod-Lsg. mit den Benzylradikalen.

Versuche: *p-Nitrobenzyljodid* (I), $C_7H_6JNO_2$, F. 127,18—127,69° (A.), aus dem Chlorid durch kurzes Kochen mit NaJ in wss. Aceton. — *p-Methylbenzyljodid* (II), $C_8H_9J$, F. 49,00—49,40° (Ae.), aus dem Bromid durch Einw. von NaJ in Ae.-Aceton. — *p-Methoxybenzyljodid* (III), $C_8H_9JO$; F. 32,5—32,8° (Ae.), aus dem Chlorid analog II.

Gerhard Schulz. B 226□

**Photoisomerisierungsgleichgewichte in der Reihe der substituierten Zimtsäuren.** Sven Lindenfors. (Ark. Kemi **14.** Nr. 20. 227—35. 18/9. 1959. Uppsala, Univ. of Uppsala, Chem. Inst., Labor. of Org. Chem.) (Engl.) — Vgl. C. **1961.** 1523.

Die UV-Maxima (in 95% ig. A.) der trans-Formen von *Zimtsäure* (I; *trans-*, F. 132,5 bis 133,5°), *2-* (II), *3-* (*trans-*, F. 163,5—164,5°; *cis-*, F. 65,0—66,5°), *4-Chlor-* (*trans-*, F. 248,0—250,0°; *cis-*, F. 113,8—116,2°), *2.3-* (*trans-*, F. 230,5—232,0°; *cis-*, F. 139,5 bis 141,0°), *2.4-* (III; *trans-*, F. 233,0—234,5°; *cis-*, F. 131,5—133,9°), *2.5-*, *2.6-* (IV), *3.4-*, *3.5-Dichlorzimtsäure* (*trans-*, F. 174,5—175,5°; cis-, F. 113,2—115,0°), *α-Methyl-2.4-* u. *α-Chlor-2.4-dichlorzimtsäure* liegen bei ca. 265—275 mμ, die der cis-Formen bei ca. 252 bis 265 mμ (Tabelle), wobei der Wert von trans-IV (261 mμ) jedoch im Bereich der Werte der cis-Reihe liegt. Im IR-Spektrum der cis-Reihe erscheint eine starke Bande bei 8 μ, die in der trans-Reihe nur wenig ausgeprägt ist. Die Gleichgewichts-Konzz. wurden durch Best. der Extinktion von Lsgg. konst. Konz. ($4,22 \cdot 10^{-3}$ m) der oben genannten Säuren nach verschiedener Bestrahlungszeit ermittelt. Die Rk.-Geschw.-Konst. $k_1$ ($min^{-1}$; in 95% ig. A.) der trans–cis-Isomerisierung sind für die I-Derivv.: α-Chlor-2.4-dichlor- 0,020; 3.5-Dichlor- 0,025; 0,030; 3.4-Dichlor- 0,033; 2.5-Dichlor- 0,033; III 0,034; 4-Chlor- 0,035; 3-Chlor- 0,036; IV 0,036; II 0,040.

Versuche (FF. korr.): *cis-Zimtsäure* (*cis-*I), aus trans-I durch Bestrahlung in $4,23 \cdot 10^{-3}$ m Lsg. in 95% ig. A., Isolierung als *Anilinsalz*, F. 66,7—68,2° (PAe.). — *2-Chlor-trans-zimtsäure* (II), F. 210,5—211,8° (95% ig. A.), aus 2-Chlorbenzaldehyd u. Malonsäure durch 2std. Erhitzen mit Pyridin bei Ggw. von Piperidin auf dem Wasserbad, dann ½std. Erhitzen auf 160°, Eingießen in Eiswasser u. Ansäuern mit konz. HCl; 77% (Rohausbeute). *cis-Form*, F. 128,5—130,0° (W.), analog cis-I. — *2.5-Dichlor-trans-zimtsäure*, F. 190,5—192,5°

(95% ig. A.), aus 2.5-Dichlorbenzaldehyd analog **II**; 85%. *cis-Form*, $C_9H_6Cl_2O_2$, F. 127 bis 128,5° (W.), analog cis-**I**, chromatograph. Reinigung. — *2.6-Dichlor-trans-zimtsäure* (**IV**), F. 193,5—195,2° (95% ig. A.), aus 2.6-Dichlorbenzaldehyd analog **II** (½ std. Erhitzen bei 175°); 78%. *cis-Form*, analog **I**, unrein. — *3.4-Dichlor-trans-zimtsäure*, F. 218,0 bis 219,0° (95% ig. A.), aus 3.4-Dichlorbenzaldehyd durch 8std. Erhitzen mit Na-Acetat u. Acetanhydrid auf 180—200°, Aufnehmen in $Na_2CO_3$-Lsg. u. Wasserdampf-Dest., Kochen mit Kohle u. Ansäuern; 74%. *cis-Form*, $C_9H_6Cl_2O_2$, F. 132,5—134,0° (W.). — *α-Methyl-2.4-dichlor-trans-zimtsäure*, $C_{10}H_8Cl_2O_2$, F. 143,0—145,4° (60% ig. A.), aus 2.4-Dichlorbenzaldehyd durch 30std. Erhitzen mit Na-Propionat u. Propionsäureanhydrid auf 160—165°, Neutralisieren mit $Na_2CO_3$-Lsg., Ausschütteln mit Ae. u. Ansäuern der wss. Phase mit HCl; 66%. — *α-Chlor-2.4-dichlor-trans-zimtsäure*, $C_9H_5Cl_3O_2$, F. 208,5—209,5° (85% ig. HCOOH), aus 6 g trans-**III** in $CS_2$ durch 1½ std. Einleiten von $Cl_2$, Entfernen des $CS_2$ u. Aufnehmen in 1 m KOH bei 0°, 96std. Stehen bei +5°, Zersetzen des Nd. (A) mit verd. HCl u. Aufnehmen in konz. $NH_3$-Lsg., Versetzen mit $BaCl_2$-Lsg. u. Zersetzen des Nd. mit verd. HCl; 3,4 g. *cis-Form*, $C_9H_5Cl_3O_2$, F. 170,9—172,1° (85% ig. HCOOH), aus der Mutterlauge des vorst. Nd. A durch Ansäuern mit verd. HCl, Aufnehmen des Nd. in konz. $NH_3$-Lsg., weiter wie bei der trans-Verb., Reinigung über das Anilinsalz; 1,6 g. B.-G. BRODDA. B 226□

**Einwirkung von ultraviolettem Licht auf an Aluminiumoxyd adsorbierte Polybenzolkohlenwasserstoffe. Anthracen. Absorptions- und Reflexionsspektren.** Emmanuel Voyatzakis, Demetre Jannakoudakis, Thomas Dorfmüller und Constantin Sipitanos. (C. R. hebd. Séances Acad. Sci. **250.** 112—14. 4/1. 1960.) (Franz.)

In Fortsetzung früherer Unterss. von VOYATZAKIS u. Mitarbeitern (vgl. C. **1960.** 11963; vgl. auch C. **1961.** 11672) untersuchten Vff. erneut die Einw. von UV-Licht auf an $Al_2O_3$ verschiedener Herkunft u. an einem Gemisch von $Al_2O_3$ + $SiO_2$ adsorbiertes *Anthracen* (I). Das Gemisch $Al_2O_3$ + $SiO_2$ wurde nach der Meth. von TRAMBOUZE u. Mitarbeitern (vgl. C. **1950/54.** 7764 S) dargestellt. Die dem UV-Licht ausgesetzten Oxyde nahmen je nach der Natur der Oxyde eine gelbe bis ziegelrote Farbe an. Das photochem. Rk.-Prod. wurde nach der l. c. beschriebenen Meth. behandelt u. das gebildete Alizarin (II) mit Hilfe der Absorptionsspektren identifiziert. Zur quant. Verfolgung der Rk. wurde das an $Al_2O_3$ adsorbierte I mit Licht der Wellenlänge 470 mμ bestrahlt u. die zunehmende Bldg. von II an Hand der Reflexionsspektren festgelegt. Die Ergebnisse sind graph. wiedergegeben. Die Rk. findet in $CO_2$-Atmosphäre nicht statt; eine geringe Rk. wurde im $N_2$-Strom, im Vakuum u. beim Erhitzen auf 400° beobachtet. In einem $O_2$-Strom wird die photochem. Rk. beschleunigt. C. GOTTFRIED. B 226

**Kinetik einiger strahlungsinduzierter Reaktionen.** R. L. McCarthy und A. Mac Lachlan. (Trans. Faraday Soc. **57.** 1107—16. Juli 1961. Wilmington, Del., E. I. du Pont de Nemours & Co., Radiation Phys. Labor.) (Engl.)

Stoßweise Bestrahlung mit Elektronen hoher Energie (6 MeV) wurde angewandt, um chem. Rk. in Lsg. zu starten. Die Übergangskinetik der gebildeten freien Radikale wurde durch Absorptionsspektroskopie direkt gemessen. Es wurden folgende Lsg. bei 25° untersucht: reines *Cyclohexanol* [I; Prodd. Cyclohexanon (II), vic.-Diol], I u. $O_2$ (II, Peroxyd, Säure), I u. *Isobutylen* (II, Diol), I u. $SO_2$ (II, 1-Hydroxycyclohexansulfonsäure), *Cyclohexan* (III) u. $O_2$ [I, II, Cyclohexen (IV), Dicyclohexyl (V), Peroxyd, Säure], III u. Isobutylen (IV, V, Isobutylcyclohexan), *Octen-(1)* u. $O_2$ (Dimeres). Die Halbwertzeiten der gebildeten freien Radikale variieren von 10 μsec bis 1 msec. Aus der Messung der Abnahme der freien Radikale u. der Analyse der Endprodd. wurden die abs. Geschw.-Konst. berechnet. Die Werte liegen zwischen $3\cdot10^8$ Liter·Mol$^{-1}$·s$^{-1}$ für Cyclohexanolradikale bei einer Viscosität von 50 cP u. $3\cdot10^6$ Liter·Mol$^{-1}$·s$^{-1}$ für Cyclohexylperoxydradikale bei einer Viscosität von 1 cP. Vff. vergleichen die gemessenen Werte mit Werten, die unter der Annahme berechnet wurden, daß es sich um diffusionskontrollierte bimol. Radikal-Rkk. handle, u. berechnen aus den Differenzen Werte für die Aktivierungsenergie bzw. für den Wahrscheinlichkeitsfaktor der Reaktionen. GERHARD SCHULZ. B 226

**Reaktion von Äthan mit einem reinen Rhodiumfilm.** Richard W. Roberts. (Nature [London] **191.** 170. 8/7. 1961. Schenectady, N.Y., General Electr. Res. Labor.) (Engl.)

Vf. untersucht die Zers.-Rk. von $C_2H_6$ im Kontakt mit einem Rh-Film, der auf 27° gehalten wird, bei niedrigem Druck ($1,2\cdot10^{-2}$ Torr), wobei $CH_4$ u. ein adsorbierter Rückstand der Zus. $CH_{1,5}$ entstehen. Der Rk.-Film mit einer mittleren Schichtdicke von ca. 30 Å wird durch pulsierende Verdampfung im Ultrahochvakuum hergestellt. Die Rk. verfolgt man durch Best. des Restdruckes nach Ausfrieren des $C_2H_6$ mit fl. $N_2$. Erreicht dieser einen konst. Wert, so wird die Rk. als beendet angesehen. Nach massenspektrometr. Best. besteht das Restgas in allen Fällen nur aus $CH_4$. Gleiche Verss. führt man bei einer Film-Temp. von 100° durch. Die Anzahl der C- u. H-Atome nach der Zeit t berechnet man aus der Anfangsmenge des $C_2H_6$ u. der Menge von $C_2H_6$ u. $CH_4$ zur Zeit t. Trägt man den Logarithmus des $C_2H_6$-Druckes gegen t auf, so erhält man eine Gerade. Der $C_2H_6$-Verbrauch folgt daher einem Geschw.-Gesetz erster Ordnung $dn_{C_2H_6}/dt = -k \cdot n_{C_2H_6}$ mit einer anfänglichen Geschw.-Konst. von $2,13 \cdot 10^{-3}$/min. Die Geschw. des $C_2H_6$-Verbrauchs ist bei 100° ebenfalls erster Ordnung mit einer Geschw.-Konst. von ca. 0,5/min. Aus der Temp.-Abhängigkeit der anfänglichen Geschw.-Konst. erhält man eine ARRHENIUSsche Aktivierungsenergie von 16 ± 1 kcal/Mol. Das Verhältnis H/C auf der Oberfläche beträgt für beide Temp. am Ende der Rk. ca. 1,5. Bei Zugabe von $D_2$ besteht der vom Rk.-Film desorbierte Rückstand aus deuteriertem $CH_4$, was auf die alleinige Ggw. von monokohlenstoffhaltigen Bruchstücken hinweist. Setzt man $O_2$ bei 100° zu, so sinkt die Rk.-Geschw. um den Faktor 10 gegenüber einem reinen Film bei 100°. Damit ist gezeigt, daß $C_2H_6$ bereits bei Raum-Temp. an einer reinen Rk.-Oberfläche zersetzt wird. Oberflächen-Temp. u. -reinheit haben einen großen Einfl. auf die Rk.-Geschwindigkeit. P. FRENZEL. B 227 □

**Die durch Anilinderivate katalysierte Zersetzung von Nitramid in Nitrobenzol.** D. D. Callander, W. D. Ferguson, G. C. Fettis und A. F. Trotman-Dickenson. (J. chem. Soc. [London] **1960.** 3834—36. Okt. Edinburgh, Univ.) (Engl.) — Vgl. CARNIE u. Mitarbeiter, C. **1960.** 9512.

Auf manometr. Wege untersuchten Vff. die Kinetik der Zers. von *Nitramid* in Nitrobenzol zwischen ca. 10 u. 55,4° in Ggw. folgender Anilin-Derivv., für welche die Katalysen-Koeff. $k_c$ bestimmt wurden: *N.N-Diäthyl-* [log A] 10,7, [E in kcal/Mol] 13,8 u. *N.N-Dimethyl-p-toluidin* 11,0, 14,9, *Dimethyl-* 10,3, 14,9 (vgl. CALDIN u. PEACOCK, C. **1957.** 359) u. *Monomethylanilin* 10,3, 15,7, *Anilin* 9,6, 15,3 sowie *m-Chloranilin* 6,4, 13,3. In Ggw. von *3.4-Dichloranilin* verläuft die Rk. bei niedrigeren Temp. sehr langsam, vermutlich wegen dessen geringer Löslichkeit; bei 55,4° betrug $k_c$ 0,00217 [kg/Mol·Min.]. Die $k_c$-Werte (für 25°) gehorchen der BRØNSTEDTschen Gleichung, beim Auftragen der log $k_c$-Werte gegen die Logarithmen der Dissoziations-Konst. $K_a$ der Anilin-Derivv. wurde eine Gerade gemäß der Beziehung $k_c$ (in kg/Mol·Min.) = $0,000145\, K_a^{-0,67}$ erhalten. Vff. vergleichen die $k_c$-Werte sowie die BRØNSTEDTschen Koeff. α (—0,67 in Nitrobenzol bei 25°) u. G ($2,9 \cdot 10^{-6}$ Liter/Mol·Sek.) mit den entsprechenden Daten für die Rk. in anderen Lsgm.; hierbei ergibt sich keine Beziehung zwischen diesen Größen u. den $k_c$-Werten sowie den DK der Lösungsmittel. Ferner besteht auch keine einfache Beziehung zwischen den log $k_c$-Werten u. den log A-Werten (bei 25°). Beim Auflösen der stärkeren Basen im Medium traten deutliche Farbänderungen auf u. die Farbe der Nitramid-Lsgg. veränderte sich ständig mit fortschreitender Zersetzung. B. GNAUCK. B 227 □

# C. Präparative organische Chemie. Naturstoffe

**Das Arbeiten mit Tritium in der organischen Chemie und Biochemie.** H. Simon. (Angew. Chem. **73.** 481—87. 21/7. 1961. München, TH, Organ.-Chem. Inst.) (Dt.)

Übersicht über Gewinnung u. Analyse tritiummarkierter Verbindungen. — 98 Literaturangaben. P. GOLINSKE. 480 □

**Synthese radioaktiv markierter Verbindungen. 1. Mitt. Über die Darstellung von $^{14}C_{(2)}$-Benzimidazol.** Horst Robert Schütte und Hans Werner Liebisch. (Chem. Techn. **12.** 547. Sept. 1960. Halle, Dt. Akad. der Wiss., Inst. für Biochem. der Pflanzen.) (Dt.)

Die Darst. von *$^{14}C_{(2)}$-Benzimidazol* analog der Synth. von $^{14}C_{(8)}$-Purinen nach WEYGAND u. Mitarbeitern (C. **1950/54.** 5435 S) wird beschrieben.

Versuche: $^{14}C_{(2)}$-*Benzimidazol*, F. 174°, durch 5std. Erhitzen von $^{14}$C-Na-Formiat u. o-Phenylendiamin mit 5nHCl im Bombenrohr auf 250°, Kochen, Fällen durch Neutralisieren u. Sublimieren bei 160°/15 Torr; 80—84% Ausbeute. W. HAMPEL. 480 □

**Eine neue Synthese von α.ω-Dinitroalkanen.** Henry Feuer und Roy Scott Anderson. (J. Amer. chem. Soc. **83.** 2960—61. 5/7. 1961. Lafayette, Ind., Purdue Univ., Dep. of Chem.) (Engl.)

Eine neue Ringöffnungs-Rk. der Mono-K-Salze von α.α'-Dinitrocyclanonen bildet einen sehr bequemen Weg für die Darst. von *α.ω-Dinitroalkanen.* Nitrierung der Cyclanone in alkal. Medium führt zu den Di-K-Salzen der α.α'-Dinitrocyclanone, aus denen mit $CH_3COOH$ die Mono-K-Salze erhalten werden; durch saure oder (vom Sechsring aufwärts auch) alkal. Hydrolyse entstehen die α.ω-Dinitroalkane. — *α.α'-Dinitrocyclopentanon, Mono-K-Salz* (I), aus Cyclopentanon (II); 88% (Ausbeute). — *1.4-Dinitrobutan,*

F. 33—34° (95% ig. A.), aus I durch Ansäuern mit verd. $H_2SO_4$; 72% (bezogen auf II); Behandeln von I mit Base gab das Di-K-Salz u. nur geringe Spaltungsreaktion. — *1.5-Dinitropentan*, aus dem Mono-K-Salz von 2.6-Dinitrocyclohexanon durch Lösen in W. u. Zugabe von 85% ig. KOH bei Raum-Temp. (78%) oder mit Säure wie oben. — *1.6-Dinitrohexan*, F. 37—39°, aus dem Mono-K-Salz von 2.7-Dinitrocycloheptanon analog; 75%.
J. ROTHE. 510□

**Reaktionen der Fluorolefine.** 11. Mitt. **Reaktion von Verbindungen der Perfluorisobutylen-Reihe mit Aminen und Ammoniak.** I. L. Knunjanz, L. Ss. German und B. L. Djatkin. (Известия Академии Наук СССР, Отделение Химических Наук [Nachr. Akad. Wiss. UdSSR, Abt. chem. Wiss.] **1960.** 221—30. Febr. Inst. für Metallorg. Verbb. der Akad. der Wiss. der UdSSR) (Russ.). — 8. vgl. C. **1960.** 13335.

Perfluorisobutylen (I) wird durch GRIGNARD-Rk. in *1-Phenyl-* (II), *1-n-Butyl-* (III), *1-Styryl-*, *1-Äthyl-* u. *1-Isoamyl-2-trifluormethylperfluorpropylen* übergeführt. Aus Perfluorpropylen (IV) wird nach GRIGNARD *1-Phenylperfluorpropylen* (V) erhalten. II liefert bei der Hydrolyse *β.β.β.β'.β'.β'-Hexafluorisobutyrophenon*, bei der Oxydation *Hexafluoraceton* u. *Benzoesäure*. V geht bei der Hydrolyse in *α.β.β.β-Tetrafluorpropiophenon*, bei der Bromierung in *1-Phenyl-1.2-dibrom-1.2.3.3.3-pentafluorpropan* über. — Während V nicht mit Aminen oder $NH_3$ reagiert, erfolgt bei der Rk. von II, III, 1-Äthyl- u. 1-Isoamyl-2-trifluormethylperfluorpropylen sowie 1-Äthoxy-2-trifluormethylperfluorpropylen (VI) mit $NH_3$, Äthylamin (VII), Diäthylamin (VIII) u. Piperidin (IX) je nach dem Amin u. dem Isobutylen-Deriv. Substitution am $C_{(1)}$ der Vinylgruppierung oder am C-Atom einer Trifluormethylgruppe. Es werden die entsprechenden Amine u. deren Hydrolyse-Prodd. beschrieben. Die Hydrolyse der Aminofluorisobutylene ist mitunter von Isomerisierungsvorgängen begleitet. Rk.-Schemata werden angegeben.

Versuche: *1-Phenyl-2-trifluormethylperfluorpropylen* (II), $C_{10}H_5F_7$, Kp.$_{45}$ 75,5 bis 76,5°, man gibt zu 0,2 Mol Phenyl-MgBr in 300 ml Ae. bei 0° in 1 Std. 0,15 Mol I u. läßt über Nacht stehen; $D._4^{20}$ 1,3966; $n_D^{20}$ 1,4275; 77% (Ausbeute). — *β.β.β.β'.β'.β'-Hexafluorisobutyrophenon*, $C_{10}H_6F_6O$, F. 35,5—36° (Octan), durch 6std. Erhitzen von 6,6 g II, 10 ml konz. $H_2SO_4$ u. 0,5 g Silicagel auf 80—100°; 42%. — *Hexafluoraceton, Hydrat*, Kp.$_{80}$ 49—50°, man tropft 10 g II bei 35—40° in 1 Std. zu 30 g $KMnO_4$ in 100 ml W. u. rührt 12 Std.; $n_D^{20}$ 1,3160; 68%. Daneben *Benzoesäure*, F. 119°; 99%. — *1-Phenylperfluorpropylen* (V), $C_9H_5F_5$, Kp.$_{65}$ 77—78°, aus 0,3 Mol Phenyl-MgBr u. 0,2 Mol IV; $D._4^{20}$ 1,3210; $n_D^{20}$ 1,4482; 42%. — *α.β.β.β-Tetrafluorpropiophenon*, $C_9H_6F_4O$, Kp.$_{20}$ 88—90°, F. 41—42° (Hexan), durch 3½ std. Erhitzen von 10 g V, 10 ml konz. $H_2SO_4$ u. 5 g Silicagel auf 125—135°; 84%. *2.4-Dinitrophenylhydrazon*, $C_{15}H_{10}F_4N_4O_4$, F. 172,5 bis 173,5° (A.). — *1-Phenyl-1.2-dibromperfluorpropan*, $C_9H_5Br_2F_5$, Kp.$_{22}$ 106—107°, man behandelt 5,9 g V bei 40° mit überschüssigem $Br_2$ in Methylenchlorid; $D._4^{20}$ 1,9168; $n_D^{20}$ 1,4993; 74%. — *1-n-Butyl-2-trifluormethylperfluorpropylen* (III), $C_8H_9F_7$, Kp.$_{750}$ 113—114°, F. —70°, man gibt zu 0,2 Mol n-Butyl-MgBr in 30 ml Ae. bei 0° 0,1 Mol I u. läßt 4 Tage stehen; $D._4^{20}$ 1,2769; $n_D^{20}$ 1,3390; 70%. — *1-Styryl-2-trifluormethylperfluorpropylen*, $C_{12}H_7F_7$, Kp.$_{12}$ 87—87,5°, man leitet in die Lsg. von 0,1 Mol Styryl-MgBr in 300 ml Ae. bei 0° überschüssiges I ein u. läßt 3 Tage stehen; $D._4^{20}$ 1,3734; $n_D^{20}$ 1,4852; 32%. — *1-Äthyl-2-trifluormethylperfluorpropylen*, $C_6H_5F_7$, Kp.$_{752}$ 73,5—74°, man gibt zu 0,13 Mol Äthyl-MgBr in 150 ml Dibutyläther bei 0° überschüssiges I u. läßt 2 Tage stehen; $D._4^{20}$ 1,3548; $n_D^{20}$ 1,3122; 56%. — *1-Isoamyl-2-trifluormethylperfluorpropylen*, $C_9H_{11}F_7$, Kp.$_{58}$ 57°, aus 0,2 Mol Isoamyl-MgBr u. 0,2 Mol I in 150 ml Ae.; $D._4^{20}$ 1,2017; $n_D^{20}$ 1,3500; 55%. — *β.β.β.β'.β'.β'-Hexafluorisobutyrophenonimin* (X), $C_{10}H_7F_6N$, Kp.$_3$ 74—75°, man leitet in 14,1 g II in 200 ml abs. Ae. 1 Std. lang bei 0° trockenes $NH_3$ ein u. läßt 1 Tag stehen; $n_D^{20}$ 1,4600; gelbliche Fl.; 72%. Gibt bei Hydrolyse mit konz. HCl *β.β.β.β'.β'.β'-Hexafluorisobutyrophenon* [Kp.$_{11}$ 75—85°, F. 35—36,5° (Octan); 80%]. — *Benzoylmalodinitrilimin*, $C_{10}H_7N_3$, F. 180—181° (Xylol), a) durch 6std. Schütteln von II mit überschüssigem $NH_4OH$; 98%; b) aus X mit $NH_4OH$. — Rk. von II mit VIII: Man gibt zu 13 g II in 30 ml Ae. in 20 Min. 17 g VIII in 100 ml Ae. u. läßt über Nacht stehen. Durch Dest. erhält man eine Fraktion Kp.$_4$ 115—120° als zähe, leicht gefärbte Fl. ($n_D^{20}$ 1,4790; 14,2 g); 7,6 g davon erhitzt man mit 15 ml konz. HCl auf dem Wasserbad u. erhält 3,2 g *β.β.β-Trifluorpropiophenon* [$C_9H_7F_3O$, Kp.$_5$ 95—100°, F. 37—37,5° (n-Octan); *2.4-Dinitrophenylhydrazon*, $C_{15}H_{11}F_3N_4O_4$, F. 190—191° (A.)] u. 0,8 g *α-Hydro-β-phenylperfluorisobuttersäurediäthylamid* [$C_{14}H_{16}F_5NO$, F. 95,5—96° (Octan). — *1-Phenyl-3-piperidino-2-trifluormethylperfluorpropylen*, $C_{15}H_{15}F_6N$, F. 79—81° (Octan), man gibt zu 15 g IX in 50 ml Ae. allmählich unter Kühlung 17,3 g II u. läßt 1 Tag stehen; 80%. Liefert beim Erhitzen in konz. HCl unter $CO_2$-Abspaltung *β.β.β-Trifluorpropiophenon*, F. 36,5°; 58%. — Rk. von II mit VII: Man leitet in 12 g II in 150 ml Ae. bei 0° in ½ Std. 5,75 g VII ein, läßt über Nacht stehen u. erhält durch Dest. 11 g einer

Fraktion vom Kp.$_{10}$ 59—84°, die bei der Hydrolyse mit konz. HCl *β.β.β.β'.β'.β'-Hexafluorisobutyrophenon* (F. 35—36°; 35%) u. *β.β.β-Trifluorpropiophenon* (*2.4-Dinitrophenylhydrazon*, F. 190—191°) liefert. — *Butyl-[β.β.β.β'.β'.β'-hexafluorisopropyl]-ketonimin*, $C_8H_{11}F_6N$, Kp.$_{11}$ 64°, man leitet in 16,7 g III in 140 ml abs. Ae. 1 Std. lang bei 0° $NH_3$ ein u. läßt über Nacht stehen; $D._4^{20}$ 1,2770; $n_D^{20}$ 1,3840; 10 g. *Benzoyl-Deriv.*, $C_{15}H_{15}F_6NO$, F. 106—107° (wss. A.). — *Butyl-[β.β.β.β'.β'.β'-hexafluorisopropyl]-keton*, $C_8H_{10}F_6O$, Kp.$_{52}$ 64—65°, durch 3std. Erhitzen von 4,1 g vorst. Imins mit 7 ml konz. HCl auf 80°; $D._4^{20}$ 1,2569; $n_D^{20}$ 1,3465; 72%. — *Valeroylmalodinitrilimin*, $C_8H_{11}N_3$, F. 110 bis 110,5° (Bzl.), durch 24std. Schütteln von III mit überschüssigem $NH_4OH$; 75%. — Analog aus 1-Äthyl- u. 1-Isoamyl-2-trifluormethylperfluorpropylen: *Propionylmalodinitrilimin* [$C_6H_7N_3$, F. 164—165° (Xylol); 32%] u. *Isocaproylmalodinitrilimin* [$C_9H_{13}N_3$, F. 100—101° (Xylol)]. — *1-n-Butyl-3-diäthylamino-2-trifluormethylperfluorpropylen*, $C_{12}H_{19}F_6N$, Kp.$_{6,5}$ 100—101°, man gibt zu 19,3 g III in 175 ml Ae. 22 g VIII in 50 ml Ae. u. läßt 2 Tage stehen; $n_D^{20}$ 1,4294; 68%. — *1-Trifluormethyl-2-fluorhexen-(1)-carbonsäure-(1), Diäthylamid*, $C_{12}H_{19}F_4NO$, Kp.$_4$ 110°, man läßt 2,6 g vorst. Verb. mit 10 ml verd. HCl 3 Tage bei 20° stehen; $D._4^{20}$ 1,1298; $n_D^{20}$ 1,4261; 57%. *Piperidid*, $C_{13}H_{19}F_4NO$, F. 64,5—65° (W.-A.), aus III u. IX in Ae.; 75%. — Analog: *1-Trifluormethyl-2-fluorbuten-(1)-carbonsäure-(1)-piperidid*, $C_{11}H_{15}F_4NO$, F. 88—88,5° (verd. A.); 64%. — *1-Trifluormethyl-2-fluor-5-methylhexen-(1)-carbonsäure-(1)-piperidid*, $C_{14}H_{21}F_4NO$, F. 75 bis 76° (verd. A.); 69%. — *β.β.β.β'.β'.β'-Hexafluorisopropyl-n-butylketonäthylimin*, $C_{10}H_{15}F_6N$, Kp.$_9$ 49—50°, man gibt zu 11,5 g VII in 150 ml Ae. in ½ Std. bei 0° 12,1 g III u. läßt 3 Tage stehen; $D._4^{20}$ 1,1626; $n_D^{20}$ 1,3715; 26%. Daneben *α-Valeroyl-β.β.β-trifluorpropionsäureäthylamid*, $C_{10}H_{16}F_3NO_2$, F. 95—97° (n-Octan); 1,2 g. — *β.β.β.β'.β'.β'-Hexafluorisopropyl-n-butylketon*, Kp.$_{52}$ 62—64°, man erhitzt 4 g vorst. Imins mit 5 ml konz. HCl ½ Std. auf 60°; $n_D^{20}$ 1,3470; 67%. — *α-Hydrohexafluorisobuttersäure* (**XI**), *Iminoäthyläther*, $C_6H_7F_6NO$, Kp.$_{111}$ 48°, man leitet in 24,6 g VI in 200 ml Ae. bei 0° 1 Std. lang $NH_3$ ein u. läßt 1 Std. stehen; $D._4^{20}$ 1,3383; $n_D^{20}$ 1,3348; 55%. *Amid*, F. 155 bis 156° (verd. A.), durch Einw. von konz. HCl auf **XI**-Iminoäthyläther. — *Dicyanacetiminoäthyläther*, $C_6H_7N_3O$, F. 217—220° (Zers.; W.), a) aus **XI**-Iminoäthyläther u. $NH_4OH$; 100%; b) aus **VI** mit $NH_4OH$. HELMUT SCHÄFER. 520□

**Reaktionen der Fluorolefine.** 12. Mitt. **Reaktion von Polyfluorchlorbutenen mit Alkoholen.** I. L. Knunjanz, B. L. Djatkin, L. Ss. German und Je. P. Motschalina. (Известия Академии Наук СССР, Отделение Химических Наук [Nachr. Akad. Wiss. UdSSR, Abt. chem. Wiss.] **1960**. 231—36. Febr.) (Russ.) — 11. vgl. vorst. Referat.

1.2.3.4-Tetrafluor-1.3.4.4-tetrachlorbuten-(1) (I) liefert mit Na-Methylat oder -Äthylat unter Isomerisierung *1.1.1-Trimethoxy-* (**II**) bzw. *1.1.1-Triäthoxy-2.3.4-trifluor-4.4-dichlorbuten-(2)* (**III**). Beim Behandeln mit $H_2SO_4$ geht **II** in *γ.γ-Dichlor-α.β.γ-trifluorcrotonsäure* (**IV**)-*methylester*, **III** in **IV**-*Äthylester* über, mit $NH_3$ gibt **II IV**-*Amid*. 1.4-Dichlorperfluorbuten-(2) (**V**; dimeres Trifluorchloräthylen) reagiert mit Na-Methylat oder -Äthylat unter Bldg. von *3-Methoxy-* (**VI**) bzw. *3-Äthoxy-4-chlorperfluorbuten-(1)* (**VII**). Mit $Br_2$ wird aus **VI** *3-Methoxy-*, aus **VII** *3-Äthoxy-4-chlor-1.2-dibromperfluorbutan* (**VIII**) erhalten. **VII** wird durch $H_2SO_4$ zu *1-Chlor-1.1.3-trifluorpropanon-(2)*, **VIII** zu *1-Chlor-3.4-dibromperfluorbutanon-(2)* (**IX**) hydrolysiert. Bei der $KMnO_4$-Oxydation von **III** u. **IV**-Äthylester wird *Fluordichloressigsäure* (**X**) erhalten. *Difluorchloressigsäure* (**XI**)-*Amid* und **XI**-*Anilid* entstehen beim Behandeln von **IX** mit $NH_3$ bzw. Anilin.

Versuche: *1.1.1-Trimethoxy-2.3.4-trifluor-4.4-dichlorbuten-(2)* (**II**), $C_7H_9Cl_2F_3O_3$, Kp.$_{3,5}$ 56°, Kp.$_8$ 69,5—72,5°, man löst 7 g Na in 75 ml abs. Methanol, tropft unter Eiskühlung 26,6 g I in 1½ Std. zu u. erhitzt ½ Std. auf dem Wasserbad; $D._4^{20}$ 1,4117; $n_D^{20}$ 1,4182; 77% (Ausbeute). — *1.1.1-Triäthoxy-2.3.4-trifluor-4.4-dichlorbuten-(2)* (**III**), $C_{10}H_{15}Cl_2F_3O_3$, Kp.$_2$ 67,5°, Kp.$_3$ 73—75°, aus 26,6 g I u. 7 g Na in 120 ml abs. A.; $D._4^{20}$ 1,2607; $n_D^{20}$ 1,4230; 78,6%. — *γ.γ-Dichlor-α.β.γ-trifluorcrotonsäure* (**IV**), *Methylester*, $C_5H_3Cl_2F_3O_2$, Kp.$_7$ 49,5—50,5°, man läßt 10,5 g II u. 4 ml konz. $H_2SO_4$ über Nacht stehen; $D._4^{20}$ 1,5233; $n_D^{20}$ 1,4273; 76%. *Äthylester*, $C_6H_5Cl_2F_3O_2$, Kp.$_3$ 47,5°, man gibt zu 6,5 g III 4 g $P_2O_5$ u. dest. im Vakuum; $D._4^{20}$ 1,4421; $n_D^{20}$ 1,4299; 85%. *Amid*, $C_4H_2Cl_2F_3NO$, F. 102—103° (W.), aus II mit wss.-alkohol. $NH_3$; 76%. — *3-Methoxy-4-chlorperfluorbuten-(1)* (**VI**), $C_5H_3ClF_6O$, Kp.$_{148}$ 47—48°, Kp.$_{739}$ 90—95°, man tropft zu 37 g **V** unter Eiskühlung in 6½ Std. die Lsg. von 1,85 g Na in 25 ml Methanol u. rührt 1½ Std.; $D._4^{20}$ 1,5114; $n_D^{20}$ 1,3434; 51,4%. — *3-Äthoxy-4-chlorperfluorbuten-(1)* (**VII**), $C_6H_5ClF_6O$, Kp.$_{148}$ 60—61°, aus 29 g V u. 1,73 g Na in 30 ml abs. A.; $D._4^{20}$ 1,4252; $n_D^{20}$ 1,3462; 54%. — *3-Methoxy-4-chlor-1.2-dibromperfluorbutan*, $C_5H_3Br_2ClF_6O$, Kp.$_{19}$ 73—74°, man gibt zu **VI** überschüssiges $Br_2$ u. läßt 1 Tag stehen; $D._4^{20}$ 1,0983; $n_D^{20}$ 1,4240; 74,5%. — *3-Äthoxy-4-chlor-1.2-dibromperfluorbutan* (**VIII**), $C_6H_5Br_2ClF_6O$, Kp.$_{15}$ 74—76°, aus **VII**

u. $Br_2$; $D._4^{20}$ 1,9656; $n_D^{20}$ 1,4195; 70,4%. — *1-Chlor-3.4-dibromperfluorbutanon-(2)* (**IX**), $C_4Br_2ClF_5O$, $Kp._{45}$ 56,5—57°, durch 6std. Erhitzen von 15 g **VIII** mit 5 ml konz. $H_2SO_4$ auf 110—115°; $D._4^{20}$ 2,1120; $n_D^{20}$ 1,4150; 56,7%. — *1-Chlor-1.1.3-trifluorpropanon-(2)*, $C_3H_2ClF_3O$, $Kp._{165}$ 41,5—43°, man läßt 17 g **VII** u. 5 ml konz. $H_2SO_4$ über Nacht stehen; $D._4^{20}$ 1,4988; $n_D^{20}$ 1,3510; 8 g. *2.4-Dinitrophenylhydrazon*, $C_9H_6ClF_3 \cdot N_4O_4$, F. 128—129,5° (Methanol). — *Fluordichloressigsäure* (**X**), $Kp._{11}$ 50—55°, a) man tropft zu 50 g $KMnO_4$ in 100 ml W. bei 20° 7 g **III** zu, rührt einige Std. bei 20° u. 1 Std. bei 50°; 1,2 g; b) analog aus 13 g **IV**-Äthylester; 3 g. *Amid*, $C_2H_2Cl_2FNO$, F. 127,5 bis 128,5° (Octan). — *Difluorchloressigsäure* (**XI**), *Amid*, F. 80—81° (Octan), man löst **IX** in Ae. u. leitet $NH_3$ ein. *Anilid*, $C_8H_6ClF_2NO$, F. 72—73° (Octan), aus **IX** in Ae. u. Anilin.

HELMUT SCHÄFER. 520□

**Untersuchungen auf dem Gebiet der konjugierten Systeme.** 111. Mitt. **Über die Anlagerung tertiärer Alkylhalogenide an Vinylacetylen.** 34. Mitt. **über Eninverbindungen.** I. A. Maretina, A. A. Petrow und T. W. Jakowlewa. (Журнал Общей Химии [J. allg. Chem.] **29** (**91**). 3992—99. Dez. 1959. Leningrad, Technol. Lensowjet-Inst.) (Russ.) — 110. bzw. 33. vgl. C. **1961. 17884**; 22. vgl. C. **1960. 3487**.

Es wird die Anlagerung von tert. Alkylhalogeniden (Halogen = Cl, Br u. J) an Vinylacetylen (I) in Ggw. von Zn-Halogeniden (II) beschrieben. Die Alkylbromide u. -jodide lagern sich ausschließlich an die Acetylenbindung (der Alkylrest in 1- und das Halogen in 2-Stellung) an, die Alkylchloride dagegen auch in geringem Maße in 1.4-Stellung. Durch Hydrierung der Anlagerungs-Verbb. in Ggw. von $Pd/CaCO_3$ werden die entsprechenden Paraffin–KW-Stoffe erhalten. Das IR-Spektrum der dargestellten Verbb. zeigt die charakterist. Bande des 1.3-Dien-Syst. u. des entsprechenden tert. Alkylrestes.

Versuche: *3-Chlor-5.5-dimethylhexadien-(1.3)* (**III**), $Kp._{10}$ 43—44°, durch 9tägiges Schütteln von 0,4 Mol **I**, 0,6 Mol tert.-Butylchlorid u. 1,4 g **II**, Zugabe der entsprechenden Menge Diäthylamin oder Pyridin zum Rk.-Gemisch zur Bindung des Katalysators, Filtrieren u. Vakuum-Dest.; $D._4^{20}$ 0,9077; $n_D^{20}$ 1,4755; 42% (Ausbeute). — *3-Chlor-5.5-dimethylheptadien-(1.3)*, $Kp._{10}$ 61,5—62°, analog vorst. Verb. aus 0,6 Mol **I**, 0,7 Mol tert.-Amylchlorid u. 3,5 g **II** (5 Tage); $D._4^{20}$ 0,9230; $n_D^{20}$ 1,4834; 33%. — *3-Chlor-5-methyl-5-äthylheptadien-(1.3)*, $Kp._{10}$ 80—80,5°, aus 0,3 Mol **I**, 0,3 Mol 3-Chlor-3-methylpentan u. 1,5 g **II** (7 Tage); $D._4^{20}$ 0,9261; $n_D^{20}$ 1,4870; 30%. — *3-Chlor-5.5-diäthylheptadien-(1.3)*, $Kp._{10}$ 91—92°, aus 0,14 Mol **I**, 0,14 Mol Triäthylmethylchlorid u. 1,5 g **II** (7 Tage); $D._4^{20}$ 0,9349; $n_D^{20}$ 1,4938; 42%. — *3-Brom-5.5-dimethylhexadien-(1.3)* (**IV**), $Kp._{10}$ 57—58°, aus 0,52 Mol **I**, 0,57 Mol tert.-Butylbromid u. 2 g **II** (4 Tage); $D._4^{20}$ 1,1686; $n_D^{20}$ 1,5012; 45%. — *3-Brom-5.5-dimethylheptadien-(1.3)*, $Kp._{10}$ 72—72,5°, aus 0,2 g **I**, 0,2 g tert.-Amylbromid u. 1,5 g **II** (5 Tage); $D._4^{20}$ 1,1667; $n_4^{20}$ 1,5070; 38%. — *3-Brom-5-methyl-5-äthylheptadien-(1.3)*, $Kp._{10}$ 88—88,5°, aus 0,26 Mol **I**, 0,26 Mol 3-Brom-3-methylpentan u. 3 g **II** (4 Tage); $D._4^{20}$ 1,1485; $n_4^{20}$ 1,5090; 60%. — *3-Brom-5.5-diäthylheptadien-(1.3)*, $Kp._{10}$ 103—104°, aus 0,1 Mol **I**, 0,1 Mol Triäthylmethylbromid u. 1,5 g **II** (4 Tage); $D._4^{20}$ 1,1405; $n_D^{20}$ 1,5122; 51%. — *3-Jod-5.5-dimethylhexadien-(1.3)*, $Kp._{10}$ 73,5—74,5°, aus 0,14 Mol **I**, 0,14 Mol tert.-Butyljodid u. 0,8 g **II**; (5 Tage); $D._4^{20}$ 1,4185; $n_D^{20}$ 1,5419; 65%. — *3-Jod-5.5-dimethylheptadien-(1.3)*, $Kp._4$ 63,5—64°, aus 0,1 Mol **I**, 0,1 Mol tert.-Amyljodid u. 1 g **II** (4 Tage); $D._4^{20}$ 1,3963; $n_D^{20}$ 1,5446; 50%. — *2.2-Dimethylhexan*, $Kp._{765,6}$ 106—107°, a) durch Hydrierung von 10,49 g **III** in 40 ml Methanol in Ggw. von 15 g $Pd/CaCO_3$ (0,6% Pd) anschließende Wasserdampf-Dest. u. Aussalzen des KW-Stoffs mit gesätt. $CaCl_2$-Lsg.; 50%; b) analog durch Hydrieren von **IV**; 52%.

E. BREITHER. 520□

**Untersuchungen auf dem Gebiet der konjugierten Systeme.** 112. Mitt. **Über die Richtung der Hydratisierung von Hexen-(1)-in-(4).** 35. Mitt. **über Eninverbindungen.** B. Ss. Kupin und A. A. Petrow. (Журнал Общей Химии [J. allg. Chem.] **29** (**91**). 3999—4002. Dez. 1959.) (Russ.) — 111. bzw. 34. vgl. vorst. Referat.

Bei der Anlagerung von W. an Hexen-(1)-in-(4) (I) in Ggw. von HgO entsteht hauptsächlich *Hexen-(1)-on-(5)* (**II**). An Hand des IR-Spektrums des hydrierten **II** wird auch die Anwesenheit von *Äthylpropylketon* (ca. 15%) festgestellt. Die Anlagerung von Methanol an I in Ggw. von KOH erfolgt unter bevorzugter Bldg. von *2-Methoxyhexadien-(2.5)* (**III**).

Versuche: *Hexen-(1)-on-(5)* (**II**) (mit ca. 15% *Äthylpropylketon*), $C_6H_{10}O$, $Kp._{760}$ 128—130°, $Kp._{100}$ 66—68°, 17 g **I** werden mit 6 g HgO in 350 ml 12%ig. $H_2SO_4$ 10 Std. lang gerührt; die obere Schicht des Rk.-Gemisches besteht aus **II** u. **I**, aus der unteren wss. Schicht wird **II** durch Aussalzen mit $(NH_4)_2SO_4$ abgeschieden; $D._4^{20}$ 0,8444; $n_D^{20}$ 1,4220; 51% (Ausbeute). *2.4-Dinitrophenylhydrazon*, F. 105° (A.). — *2-Methoxyhexadien-(2.5)* (**III**) (verunreinigt mit anderen Methylhexadienyläthern), $C_7H_{12}O$, $Kp._{100}$

77—78°, durch 7std. Erhitzen von 4,8 g I, 4,8 g Methanol u. 2,8 g KOH auf 150° im zugeschmolzenen Rohr, anschließende Wasserdampf-Dest. u. Fraktionierung; $D._4^{20}$ 0,8431; $n_D^{20}$ 1,4714; 2 g. — *Methylbutylketon*, $Kp._{760}$ 125—126°, a) durch Hydrieren von 4 g II in 15 ml Methanol in Ggw. von Pd/$CaCO_3$; $D._4^{20}$ 0,8047; $n_D^{20}$ 1,4022; 2,3 g; b) durch 1std. Schütteln von 0,5 g III mit 10 ml 7%ig. $H_2SO_4$, Sättigen des Rk.-Gemisches mit $(NH_4)_2SO_4$, Abtrennen des Ketons (0,3 g) u. Hydrieren desselben analog a); *2.4-Dinitrophenylhydrazon*, F. 107—108°. E. BREITHER. 520□

**Untersuchungen an Acetylenverbindungen. 63. Mitt. Die Darstellung und einige Syntheseverwendungen von Pentatrien-(1.2.4) und Pentadien-(1.2)-in-(4).** E. R. H. Jones, H. H. Lee und M. C. Whiting. (J. chem. Soc. [London] **1960**. 341—46. Jan. Oxford, Univ., Dyson Perrins Labor.) (Engl.) — 61. vgl. C. **1960**. 14666; 62. vgl. BELL, J. chem. Soc. [London] **1958**. 3195.

*Pentatrien-(1.2.4)* (I) u. *Pentadien-(1.2)-in-(4)* (II), die ersten einfachen Äthen- u. Äthin-Derivv. werden auf gewöhnlichem Wege dargestellt. Einige ihrer Rkk., besonders DIELS-ALDER-Rkk. von I werden untersucht. Die Maxima der UV-Spektren werden angegeben.

Versuche (FF. korr.): *3-Chlorpentadiin-(1.4)*, $C_5H_3Cl$, $Kp._{90}$ 43—44°, durch Einw. von $SOCl_2$ auf Pentadiin-(1.4)-ol-(3) in Pyridin bei 25—30°, 1std. Erwärmen auf 45—50° u. Verdünnen mit Eis/W.; $n_D^{19}$ 1,4640; 41% (Ausbeute). — *Pentadien-(1.2)-in-(4)* (II), $C_5H_4$, Kp. 57° (Zers.), a) durch 5std. Rühren vorst. Verb. in Butanol mit Zn/Cu bei 5—10°; $n_D^{21}$ 1,4790; 61%; daneben 4% I; b) durch Zugabe vorst. Verb. in Butanol zu Zn/Cu bei 25—35° u. 3std. Erwärmen auf 35—50°; 41%; daneben I. — *Pentatrien-(1.2.4)* (I), $C_5H_6$, Kp. 47,5—48° (Zers.), a) durch 2½std. Erwärmen von trans-5-Chlorpenten-(3)-in-(1) in Butanol mit Zn/Cu auf 35—40°; $n_D^{19}$ 1,4710—1,4715; 72%; b) durch 1½std. Erwärmen auf 35—40° analog a) u. 2std. Kühlen mit Eis; $n_D^{17}$ 1,4750; 73%. — *Decatetraen-(1.2.8.9)-diin-(4.6)*, $C_{10}H_6$, F. 35—36°, durch 4½std. Schütteln von II mit CuCl, $NH_4Cl$ u. $O_2$ in W.; aus Bzn. Nadeln; 21%. — *Decatetrain-(1.4.6.8)*, Zers.-Punkt 85°, durch 10std. Stehen von 270 mg I mit methanol. KOH in Methanol bei —8° im Dunkeln; aus Bzn. hellgelbe Nadeln; 131 mg. — *3-Methylencyclohexen-(4)-dicarbonsäure-(1.2)-[p-phenylazophenyl]-imid*, $C_{21}H_{17}N_3O_2$, F. 155—157°, durch 26std. Stehen von I u. Maleinsäure-[p-phenylazophenyl]-imid in Dimethylformamid, Verdünnen mit W., Extrahieren mit Ae., Chromatographie an $Al_2O_3$ u. Eluieren mit Bzl./Bzn.; aus Bzn. orangerote Nadeln; 58%. — *4.4.5.5-Tetracyan-3-methylencyclohexen*, $C_{11}H_6N_4$, F. 131—132° (Bzl./Bzn.), durch 3std. Stehen von I u. Tetracyanäthen in Acetonitril bei 0°; 88%. — *3-Methylphthalsäuredimethylester*, F. 40—41°, durch 3std. Erwärmen von 1,2 g I u. Äthindicarbonsäuredimethylester auf 90—100°, Dest. bei $Kp._{0,03}$ 105 bis 115° [viscoses Öl; 750 mg], Hydrolyse von 250 mg mit 10%ig. methanol. KOH [hellgelbes amorphes Pulver; Sublimation bei 120—150°/12 Torr ergibt *3-Methylphthalsäureanhydrid*, F. 118—119°; aus Bzn. Nadeln; 86 mg], Hydrolyse zu *3-Methylphthalsäure* [F. 154—156° (Zers.); aus Bzn./Äthylacetat Nadeln] u. Zugabe von Diazomethan; aus verd. Methanol Ruten. — *1-Methylen-9.10-dioxo-1.4.11.12-tetrahydroanthracen*, $C_{15}H_{12}O_2$, F. 77—78° (Methanol), durch 5std. Kochen von 1 g I u. Naphthochinon-(1.4) in A.; 1,6 g. — *1-Methylanthrachinon*, F. 172—173°, durch 10 Min. langes Kochen vorst. Verb. mit Norite in A.; aus Methanol gelbe Nadeln; 64%. — *5-Methylen-1.4-dioxo-1.4.5.8.9.10-hexahydronaphthalin* (III), $C_{11}H_{10}O_2$, F. 33—34°, durch 3tägiges Stehen von I u. p-Benzochinon in A. im Dunkeln bei 20°; aus Ae./Bzn. gelbe Nadeln; 68%. — *5-Methyl-1.4-naphthochinon*, $C_{11}H_8O_2$, F. 121—123°, durch 5 Min. lange Einw. von 0,1n NaOH auf III in Methanol unter $N_2$, Zugabe von Essigsäure, Einengen im Vakuum, Zugabe von gesätt. $K_2Cr_2O_7$-Lsg. u. wenig konz. $H_2SO_4$, ¼std. Stehen bei Raum-Temp., Verdünnen mit W., Extrahieren mit Ae., Chromatographie an $Al_2O_3$ u. Eluieren mit Bzl./Bzn. (1:5); aus Bzn. gelbe Nadeln; 58%. — *1.5-Dimethylen-9.10-dioxo-1.4.5.8.-9.10.11.12.13.14-dekahydroanthracen*, $C_{16}H_{16}O_2$, F. 153—157° (Zers.), durch 10std. Kochen von III u. I in A.; aus Methanol Ruten; 60%. — *1.5-Dimethylanthrachinon*, F. 191—193°, durch Einw. von 0,1n NaOH auf vorst. Verb. in Methanol; gelbe Nadeln; 80%. — *Anthrachinondicarbonsäure-(1.5)*, F. >340°, durch 6std. Erhitzen vorst. Verb. mit verd. $HNO_3$ im Bombenrohr auf 160—180°; 93%. *Dimethylester*, F. 238—239°, aus dem Disäurechlorid mit Methanol; hellgelbe Blättchen. W. HAMPEL. 530□

**Eine Methode zur kontinuierlichen Darstellung von 1.4-Dichlorbutan und 4.4′-Dichlordibutyläther aus Tetrahydrofuran und Phosgen.** W. I. Lutkowa und N. I. Kutzenko. (Журнал Прикладной Химии [J. angew. Chem.] 32. 1635—37. Juli 1959.) (Russ.) — Vgl. C. **1961**. 10132.

Durch Rk. von Tetrahydrofuran (I) mit Phosgen (II) in Ggw. von $ZnCl_2$ bei 100° werden *1.4-Dichlorbutan* (III) u. *4.4′-Dichlordibutyläther* (IV) erhalten. Je nach der Katalysatormenge können Ausbeuten von 85% III u. 6,3% IV oder 32% III u. 60% IV erhalten werden. Die App. zur kontinuierlichen Darst. von III u. IV wird beschrieben.

Versuche: Man leitet I mit 10—15% $ZnCl_2$ durch ein auf 100° gehaltenes Rk.-Gefäß u. gibt im Gleichstrom II zu. Bei dem kontinuierlich gestalteten Prozeß werden *1.4-Dichlorbutan* [III; Kp. 48—50°; $C_4H_8Cl_2$; $D._4^{20}$ 1,1288; $n_D^{20}$ 1,4520; 85% (Ausbeute)] u. *4.4'-Dichlordibutyläther* [IV; Kp. 126—128°; $C_8H_{16}Cl_2O$; $D._4^{20}$ 1,0747; $n_D^{20}$ 1,4568; 6,3%] erhalten. Erniedrigt man die $ZnCl_2$-Menge in I auf 2,5%, so betragen die Ausbeuten 32% III u. 60% IV. HELMUT SCHÄFER. 560□

**Umsetzung von $ClNO_3$ mit Olefinen.** Walter Fink. (Angew. Chem. **73.** 466—67. 7/7. 1961. Zürich, Monsanto Res. S.A.) (Dt.)

Reines $ClNO_3$ (aus $Cl_2O$ u. $N_2O_5$) reagiert mit Olefinen in indifferenten Lsgm. ($CCl_3F$) bei niedrigen Temp. (—78 bis —10°) in hohen Ausbeuten u. großer Reinheit zu *2-Chloralkyl-1-nitraten.* Aldehyd-, Nitril- oder Ketogruppen werden unter den Vers.-Bedingungen nicht angegriffen.

Versuche: *1.3-Dichlorbutyl-2.4-dinitrat,* $Kp._{0,25}$ 91°, aus Butadien u. $ClNO_3$; $n_D^{20}$ 1,4901; 81% (Ausbeute). — *2-Chlor-2-formyläthyl-1-nitrat,* $Kp._{0,25}$ 59°, aus Acrolein; $n_D^{20}$ 1,4708; 93,1%. — *2-Chlor-2-cyanäthyl-1-nitrat,* $Kp._{0,25}$ 75°, aus Acrylnitril; $n_D^{20}$ 1,4775; 98%. — *2-Chlor-2-carbäthoxyäthyl-1-nitrat,* $Kp._{0,25}$ 99°, aus Acrylsäureäthylester; $n_D^{20}$ 1,4470; 92%. — *2-Chlor-1-phenyläthyl-1-nitrat,* $Kp._{0,02}$ 76°, aus Styrol; $n_D^{20}$ 1,5358; 87,7%. — *2-Chlor-3-oxobutyl-1-nitrat,* $Kp._{0,05}$ 38°; $n_D^{20}$ 1,4655°; 73,5%. — *2-Chlor-1.1-dimethyläthyl-1-nitrat,* $Kp._{11}$ 21°, aus Isobutylen; $n_D^{20}$ 1,4114; 50%. — *1.2-Dichloräthyl-1-nitrat,* $Kp._{16}$ 47°, aus Vinylchlorid; $n_D^{20}$ 1,4600; 92,6%; gibt mit $SnCl_2$ unter Abspaltung von $NO_2Cl$ quant. *Chloracetaldehyd.* — *1.2-Dichlorpropyl-1-nitrat,* $Kp._{20}$ 63 bis 65°, aus Propenylchlorid; $n_D^{20}$ 1,4565; 75—91%. — *1-Brom-2-chloräthyl-1-nitrat,* $Kp._{0,05}$ 19° (Zers.), aus Vinylbromid; $n_D^{20}$ 1,4985; 83—85%. — Olefine mit 2-Halogenatomen am gleichen C reagieren mit $ClNO_3$ unter Bldg. von *1.1-Dihalogen-2-chloralkyl-1-nitraten,* die sich leicht zu *2-Chlorcarbonsäurehalogeniden* zersetzen.

P. GOLINSKE. 590□

**Aktivierung der Pyrophosphatbindung mit Trichloracetonitril.** F. Cramer und H.-J. Baldauf. (Angew. Chem. **72.** 627—28. 7/9. 1960. Darmstadt, TH, Inst. für Organ. Chem.) (Dt.)

Salze symm. Pyrophosphorsäurediester (P) mit organ. Basen sind in Ggw. von Trichloracetonitril (I) gute Phosphorylierungsmittel. Mit Alkoholen wurden in 16 Fällen bei 50° Phosphorsäurediester (**A**) gebildet, z. B. *Phosphorsäurephenylmethylester* ($R_F$ 0,60), *-phenylisopropylester* ($R_F$ 0,71) u. *-phenyl-[α-phenyläthyl]-ester* ($R_F$ 0,76). Der entsprechende **A** ist im Chromatogramm das einzige phosphorhaltige Rk.-Produkt. Unter sonst gleichen Rk.-Bedingungen sind Tri-n-octylammoniumsalze von P wesentlich reaktionsfähiger als die Pyridiniumsalze. Der Rk.-Mechanismus wird durch reversible Addition der I an P, Protonenaustausch unter Bldg. des entsprechenden *Pyrophosphorsäuredialkyl(diaryl)-[trichloracetimidoyl]-estermonosalzes* u. dessen Alkoholyse unter Bldg. von **A**-*Monosalz* (II) u. *Phosphorsäurealkyl(aryl)-[trichloracetimidoyl]-estermonosalz* (III) gedeutet. III wirkt unter Abspaltung von *Trichloracetamid* u. Bldg. von II ebenfalls veresternd. L. LAMZA. 590□

**Vinylsulfide.** 1. Mitt. **Eine einstufige Synthese aus Halogeniden.** H. J. Schneider, J. J. Bagnell und G. C. Murdoch. (J. org. Chemistry **26.** 1980—82. Juni 1961. Philadelphia, Pa., Rohm & Haas Co.) (Engl.)

*Vinylsulfide* konnten ohne Isolierung der Zwischenprodd. durch Überführung von Alkylhalogeniden in Isothiuroniumsalze, alkal. Hydrolyse u. alkal. katalysierte Vinylierung mit Acetylen dargestellt werden. Hydrolyse u. Vinylierung wurden durch Erhitzen einer wss. Isothiuroniumsalz-Lsg. mit NaOH u. Acetylen unter Druck erreicht; die beiden Rkk. sind außerordentlich schnell u. exotherm. Allyl- u. Methallylchlorid ergaben leicht die entsprechenden Isothiuroniumsalze; deren Behandlung mit Alkali u. Acetylen lieferte aber nur Polymere. Alle Verss., Allylmercaptan zu vinylieren, schlugen fehl. Bei der Darst. von *Cyclohexylisothiuroniumbromid* in sd. Butanol trat teilweise HBr-Abspaltung u. Rk. von Butanol, HBr u. Thioharnstoff zu *n-Butylisothiuroniumbromid* ein, so daß in der Folge neben *Cyclohexylvinylsulfid* (III) 15% *n-Butylvinylsulfid* entstanden. Phenoxyäthylisothiuroniumbromid ergab durch Hydrolyse u. Vinylierung nur wenig *Phenoxyäthylvinylsulfid*; als Nebenprod. entstand in 25%ig. Ausbeute *Phenol.* Nach obiger Meth. konnten auch *α.ω-Bis-[vinylmercapto]-alkane* dargestellt werden. Aus 1.4-Dihalogenbutan entstand in guter Ausbeute *1.4-Bis-[vinylmercapto]-butan,* während die Rk. des 1.2-Isomeren nur Harze ergab. Die Hydrolyse u. Vinylierung von Isothiuroniumsalzen erfordert neben der zur Neutralisation der frei werdenden Säure notwendigen Base nur katalyt. Mengen Alkali. Verss., das Alkalihydroxyd durch $Na_2CO_3$ oder Amine zu ersetzen, schlugen fehl.

Versuche: *Phenylisothiuroniumchlorid* (I), $C_7H_9ClN_2S$, durch 4—6std. Kochen des Halogenids mit Thioharnstoff in W. oder A.; 61% (Ausbeute). — Vinylsulfide: *Methyl-* (II), $C_3H_6S$, Kp. 68°, durch Herstellen einer Lsg. des Isothiuroniumsalzes analog I, Zugabe von 2 Mol NaOH, Zugabe von W. bis zu einer Menge von 250 cm³/Mol Isothiuroniumsalz, Erhitzen auf 95—100° im Autoklaven, Aufpressen von 400—450 lbs./sq.in. Acetylen bis zur Beendigung der Aufnahme nach 8—30 Min., Kühlen u. Destillieren der organ. Phase; $n_D^{25}$ 1,4826, $D._{25}^{25}$ 0,9002; 89%. — *Äthyl-*, $C_4H_8S$, Kp. 92°, analog II; $n_D^{25}$ 1,4735, $D._{25}^{25}$ 0,8749. — *n-Butyl-*, $C_6H_{12}S$, $Kp._{60}$ 70°, a) analog II; $n_D^{25}$ 1,4738, $D._{25}^{25}$ 0,8728; 90%; b) neben III; 15%. — *sek.-Butyl-*, $Kp._{115}$ 74°, analog II; $n_D^{25}$ 1,4687, $D._{25}^{25}$ 0,8581; 75%. — *2-Äthylhexyl-*, $C_{10}H_{20}S$, $Kp._{10}$ 89°, analog; $n_D^{25}$ 1,4602, $D._{25}^{25}$ 0,8655; 80%. — *n-Tetradecyl-*, $C_{16}H_{32}S$, $Kp._{0,15}$ 105°, analog; 91%. — *Cyclohexyl-* (III), $C_8H_{14}S$, $Kp._9$ 71°, durch 30std. Kochen von Cyclohexylbromid mit Thioharnstoff in Butanol, Ersatz des Butanols durch W. u. Hydrolyse u. Vinylierung analog II; $n_D^{25}$ 1,5097, $D._{25}^{25}$ 0,9492; 30%. — *Benzyl-*, $C_9H_{10}S$, $Kp._{10}$ 98°, a) analog II; $n_D^{25}$ 1,5773, $D._{25}^{25}$ 1,0378; 86%; b) analog II mit 1,1 Mol NaOH; 87,3%; c) mit 1,05 Mol NaOH; 83,9%; d) mit 1,0 Mol NaOH; 39,3%. — *β-Phenäthyl-*, $C_{10}H_{12}S$, $Kp._{10}$ 98°, analog II; $n_D^{35}$ 1,5612, $D._{25}^{25}$ 1,0070; 73%. — *β-Phenoxyäthyl-*, $C_{10}H_{12}OS$, $Kp._{0,65}$ 89°, analog II, Extraktion der organ. Phase mit Ae. u. Dest.; 12%; daneben 25% *Phenol*. — *1.4-Bis-[vinylmercapto]-butan*, $C_8H_{14}S_2$, $Kp._{0,6}$ 80°, analog II; $n_D^{25}$ 1,5443, $D._{25}^{25}$ 1,0116; 68%. — *Tetrahydrofurfurylvinylsulfid*, $C_7H_{12}OS$, $Kp._{10,5}$ 84°, analog II; $n_D^{25}$ 1,5097, $D._{25}^{25}$ 1,0393; 25%. — *Phenylvinylsulfid*, $C_8H_8S$, $Kp._3$ 78°, analog II; $n_D^{25}$ 1,5972, $D._{25}^{25}$ 1,1868; 55%. H. Bertsch. 600□

**Vinylsulfide.** 2. Mitt. **Aminoalkylvinylsulfide.** H. J. Schneider, J. J. Bagnell und G. C. Murdoch. (J. org. Chemistry **26.** 1982—84. Juni 1961.) (Engl.) — 1. vgl. vorst. Referat.

Durch Hydrolyse von Dialkylaminoalkylisothiuroniumhalogeniden u. gleichzeitige Vinylierung der entstandenen Mercaptane wurden in guter Ausbeute *Dialkylaminoalkylvinylsulfide* erhalten. Die analoge Synth. von *Alkylamino-* u. *Aminoalkylvinylsulfiden* verlief unter teilweiser Cyclisierung der freien Isothioharnstoffe. Diese Cyclisierung konnte durch Variation der Rk.-Bedingungen, Lsgm., Mol-Verhältnisse usw. nicht unterdrückt werden; auch die Verw. von Äthylenthioharnstoff blieb ohne Erfolg. Das Ausmaß der Cyclisierung nimmt mit steigender Entfernung von N u. S ab. Neben den Dialkylaminoalkylvinylsulfiden entstanden Dialkylaminoalkylmercaptoalkylvinylsulfide.

Versuche: *N-Methylaminoäthylchloridhydrochlorid*, aus N-Methylaminoäthanol u. $SOCl_2$; 81% (Ausbeute). — *3-Aminopropylchloridhydrochlorid*, analog; 51%. — *Dimethylaminoäthylvinylsulfid* (I), $C_6H_{13}NS$, $Kp._{17}$ 68°, durch 6std. Kochen von 1 Mol Dimethylaminoäthylchloridhydrochlorid u. 1,1 Mol Thioharnstoff in W., Zugabe von 3 Mol wss. NaOH, Erhitzen auf 120° im Autoklaven innerhalb 16 Min. mit Acetylen, 1std. Erhitzen auf 120—132° unter 480 lbs./sq.in. Acetylendruck, Kühlen u. Destillieren der organ. Phase; $n_D^{20}$ 1,4906, $n_D^{25}$ 1,4882, $D._{20}^{20}$ 0,9139, $D._{25}^{25}$ 0,9114; 67%; daneben *Dimethylaminoäthylmercaptoäthylvinylsulfid*, $C_8H_{17}NS_2$, $Kp._{0,3}$ 83°, $n_D^{20}$ 1,5305, $n_D^{25}$ 1,5205, $D._{20}^{20}$ 1,0092, $D._{25}^{25}$ 1,0069; 16,2%. — *2-Vinylmercaptoäthylbenzyldimethylammoniumchlorid*, $C_{13}H_{20}ClNS$, F. 126—129,5° (Bzl.), durch Zugabe von Benzylchlorid zu I in abs. A., Stehen über Nacht u. Eindampfen; 96%. — *2-Vinylmercaptoäthyltrimethylammoniumjodid*, $C_7H_{16}JNS$, F. 227—228° (Zers.; 75%ig. A.), durch Zutropfen von $CH_3J$ zu I in 75%ig. A. innerhalb 1 Std. bei 35—37° u. Stehen über Nacht. — *N-Methylaminoäthylvinylsulfid*, $C_5H_{11}NS$, $Kp._{24}$ 71°, durch Erhitzen von Dimethoxyäthan u. wss. NaOH auf 105° im Autoklaven, Aufpressen von 465 lbs./sq.in. Acetylen, Zupumpen von wss. N-Methylaminoäthylisothiuroniumchloridhydrochlorid-Lsg. innerhalb 20 Min., Erhitzen auf 127° innerhalb 25 Min., Kühlen, Sättigen mit KOH u. Destillieren der organ. Phase; $n_D^{20}$ 1,5046, $n_D^{25}$ 1,5022, $D._{20}^{20}$ 0,9544, $D._{25}^{25}$ 0,9514; 27%. — *2-Imino-3-methylthiazolidin*, $C_4H_8N_2S$, $Kp._{0,4}$ 57—58°, neben vorst. Verbindung. *Pikrat*, $C_{10}H_{11}N_5O_7S$, F. 204—205° (gelbe Platten aus A.). — *Diäthylaminoäthylvinylsulfid*, $C_8H_{17}NS$, $Kp._{20}$ 92°, analog I; $n_D^{20}$ 1,4853, $n_D^{25}$ 1,4833, $D._{20}^{20}$ 0,9027, $D._{25}^{25}$ 0,8996; 78%. — *β-Aminoäthylvinylsulfid*, $C_4H_9NS$, $Kp._{20}$ 67°, analog; $n_D^{25}$ 1,5196, $D._{25}^{25}$ 0,9984; 14%. — *γ-Aminopropylvinylsulfid*, $C_5H_{11}NS$, $Kp._7$ 68°, analog; $n_D^{20}$ 1,5179, $n_D^{25}$ 1,5155, $D._{20}^{20}$ 0,9795, $D._{25}^{25}$ 0,9765; 30%. — *2-[Dimethylamino]-propylvinylsulfid*, $C_7H_{15}NS$, $Kp._{16}$ 76°, analog; $n_D^{20}$ 1,4925, $n_D^{25}$ 1,4904, $D._{20}^{20}$ 0,9194, $D._{25}^{25}$ 0,9188; 39%. — *γ-[Dimethylamino]-propylvinylsulfid*, $C_7H_{15}NS$, $Kp._{18}$ 79°, analog; $n_D^{20}$ 1,4860, $n_D^{25}$ 1,4839, $D._{20}^{20}$ 0,9048, $D._{25}^{25}$ 0,9017; 75%. H. Bertsch. 600□

**Vinylsulfide.** 3. Mitt. **α-Mercaptostyrole.** H. J. Schneider und J. J. Bagnell. (J. org. Chemistry **26.** 1984—86. Juni 1961.) (Engl.) — 2. vgl. vorst. Referat.

Phenylacetylen reagiert mit Mercaptoäthanol in Ggw. von wenig Na unter Bldg. von *β-Styryl-2-hydroxyäthylsulfid* (I), das durch Hydrolyse u. folgende Rk. mit 2.4-Dinitrophenylhydrazin zu *Phenylacetaldehyd-2.4-dinitrophenylhydrazon* identifiziert wurde. Durch Rk. von Phenylacetylen mit Äthylisothiuroniumbromidhydrobromid entstand ebenfalls I. Die Darst. von *α-[Alkylmercapto]-styrolen* gelang durch bas. katalysierte Eliminierung eines Mercaptans aus 1-Phenyl-1.2-bis-[alkylmercapto]-äthanen in Ggw. von Acetylen. Als Lsgm. wurde tert.-Butanol verwendet. Durch Erhöhen der Rk.-Temp. von 100 auf 150° nimmt die Ausbeute ab. Es wird angenommen, daß zuerst bas. katalysierte Eliminierung u. dann bas. katalysierte Vinylierung des abgespaltenen Mol.-Teiles erfolgt. In Abwesenheit von Acetylen unter Abdestillieren des abgespaltenen Äthylmercaptans ergab 1-Phenyl-1.2-bis-[äthylmercapto]-äthan (III) nur 31% *α-[Äthylmercapto]-styrol* (II) gegenüber 89% in Ggw. von Acetylen. Durch Erhitzen von III mit K-tert.-Butylat in tert.-Butanol unter Druck wurden 9% II erhalten. *1-Phenyl-1.2-bis-[alkylmercapto]-äthane* wurden durch Rk. von Styrol mit Disulfiden in Ggw. von $J_2$ dargestellt. Mit Di-tert.-butyldisulfid bildete sich kein stabiles Produkt.

Versuche: *β-Styryl-2-hydroxyäthylsulfid* (I), $C_{10}H_{12}OS$, $Kp._{0,6}$ 124—126°, durch Zutropfen von 0,5 Mol Phenylacetylen zu 0,05 Val Na in 0,5 Mol Mercaptoäthanol unter Rühren, 45 Min. langes Rühren bei 125—140° unter $N_2$ u. Dest.; $n_D^{25}$ 1,6260 bis 1,6278; 59% (Ausbeute). — *Phenylacetaldehyd-2.4-dinitrophenylhydrazon*, F. 118 bis 118,4° (gelbe Kristalle), durch Rk. vorst. Verb. mit saurer 2.4-Dinitrophenylhydrazinlösung. — *β-[Äthylmercapto]-styrol*, $C_{10}H_{12}S$, $Kp._{0,2}$ 70—75°, durch $4^3/_4$std. Kochen von Äthylbromid mit Thioharnstoff in A., Zugabe von Phenylacetylen, Erhitzen auf 120° unter 100 lbs./sq.in. $N_2$-Druck, Zugabe von wss. NaOH innerhalb 12 Min., 1std. weiteres Erhitzen, Ae.-Extraktion u. Dest.; $n_D^{25}$ 1,6097; 79%. — *1-Phenyl-1.2-bis-[äthylmercapto]-äthan* (III), $C_{12}H_{18}S_2$, $Kp._{0,2}$ 109°, durch 5tägiges Rühren von 1,04 Mol Styrol mit 1,0 Mol Diäthyldisulfid u. 2 g $J_2$, Waschen mit 1n wss. NaOH u. Dest.; $n_D^{25}$ 1,5641, $D._{25}^{25}$ 1,0463; 86%. — *1-Phenyl-1.2-bis-[methylmercapto]-äthan*, $C_{10}H_{14}S_2$, $Kp._{0,14}$ 85°, analog III; $n_D^{25}$ 1,5855, $D._{25}^{25}$ 1,0938; 86%. — *1-Phenyl-1.2-bis-[phenylmercapto]-äthan*, $C_{20}H_{18}S_2$, F. 56—57°, analog III; 87%. — *α-[Äthylmercapto]-styrol* (II), $C_{10}H_{12}S$, $Kp._{1,5}$ 69°, a) durch Erhitzen von 0,41 Mol III mit K-tert.-Butylat in tert.-Butanol im Autoklaven auf 100°, Einpressen von 0,423 Mol Acetylen innerhalb 35 Min., Abdestillieren der niedrigsd. Anteile, Zugabe von W., Ae.-Extraktion u. Dest.; $n_D^{25}$ 1,5742, $D._{25}^{25}$ 1,0187; 89%; b) durch Erhitzen von III mit K in Octanol-(1) bis 217° Sumpf-Temp. unter Abdestillieren von Äthylmercaptan u. Vakuum-Dest.; 31,5%. — *α-[Methylmercapto]-styrol*, $C_9H_{10}S$, $Kp._{1,6}$ 98°, analog II nach a); $n_D^{25}$ 1,5910, $D._{25}^{25}$ 1,048; 60%. — *α-[2-Hydroxyäthylmercapto]-styrol*, $Kp._{0,07}$ 90—91°, durch Zugabe von $J_2$ zu Dithiodiglykol ($n_D^{25,2}$ 1,5632) u. 2,06 Mol Styrol, 7tägiges Rühren, Zugabe von $J_2$ nach 5 u. 13½ Std., 12tägiges Stehen, Filtrieren, 2std. Rühren mit 0,089 Mol KOH, Filtrieren, Zugabe zu 7,8 g K in tert.-Butanol, 5std. Rk. mit Acetylen im Autoklaven bei 330—450 lbs./sq.in. bis zur Aufnahme von 1,61 Mol, u. Dest.; $n_D^{25}$ 1,5908; 32%; daneben *2-Hydroxyäthylvinylsulfid*; 32%. H. BERTSCH. 600□

**Zur Kenntnis der säurekatalysierten Kondensation von Aldolen. Über eine Zwischenstufe bei der Kondensation des dimeren Formisobutyraldols zum tricyclischen Tetraldan.** Sigurd Olsen und Arne Henriksen. (Liebigs Ann. Chem. 634. 79—84. 11/8. 1960. Oslo, Univ., Chem. Inst.) (Dt.)

Beim Behandeln des dimeren Formisobutyraldols mit gasförmigem HCl entsteht ein *Dichlorid* $C_{20}H_{36}Cl_2O_5$, das als „*Dichloraldan des Formisobutyraldols*“ (I) bezeichnet wird, das als eine bisher unbekannte Zwischenstufe auf dem Kondens.-Weg vom dimeren monocycl. Aldol zum tricycl. *Tetraldan des Formisobutyraldols* (II) anzusehen ist. Der Bldg.-Mechanismus von I wird diskutiert. Unter gleichen Bedingungen soll sich mit HBr ein „Dibromid“ bilden, das aber wegen der leichten Zersetzlichkeit nicht isoliert werden konnte. Die MANNICH-Base α.α-Dimethyl-β-piperidinopropionaldehyd wird durch Erwärmen in Eisessig/$H_2SO_4$ in das Monoacetat des dimeren Formisobutyraldols übergeführt.

Versuche (FF. korr.): *Dichloraldan des Formisobutyraldols* (I), $C_{20}H_{36}Cl_2O_5$, F. 163 bis 165° (PAe.), durch 1std. Einleiten von HCl in eine Suspension von 10 g dimeren Formisobutyraldols in abs. Ae., 2std. Stehen u. Eindampfen im Vakuum; 4 g (Ausbeute). — *Tetraldan des Formisobutyraldols* (II), F. 187—189° (PAe.), a) durch 1½std. Kochen von 1 g I in W.; 0,5 g; b) durch Einleiten von $NH_3$ in eine Lsg. von 4 g I in Ae. bis zur Sättigung; 2,6 g; c) durch 1std. Einleiten von $CH_3NH_2$ in 4 g I in Ae. u. mehrstd. Stehen, 3 g; d) durch Einleiten von HBr in eine äther. Lsg. des dimeren Formisobutyraldols analog I. — *Dimeres Formisobutyraldolmonoacetat*, F. 67—69° (PAe.), $Kp._{20}$ 50 bis 84°, durch 8std. Kochen von 6 g α.α-Dimethyl-β-piperidinopropionaldehyd mit

Eisessig u. konz. $H_2SO_4$. *α.α-Dimethyl-β-acetoxypropionaldehyd-2.4-dinitrophenylhydrazon*, durch Umsetzen mit 2.4-Dinitrophenylhydrazinhydrochlorid. W. Hampel. 690□

**Die Reaktion von Oxalylchlorid mit Aminhydrochloriden.** Richard N. McDonald. (J. org. Chemistry **24.** 1580—81. Okt. 1959. Wilmington, Del., E. I. du Pont de Nemours and Co., Textile Fibers Dep., Pioneering Res. Div.) (Engl.)

*Diphenylmethan-4.4'-bis-[oxamidsäurechlorid]* wird durch 12std. Kochen von 4.4'-Diaminodiphenylmethandihydrochlorid mit überschüssigem Oxalylchlorid (I) in guter Ausbeute gebildet. Mit A. reagiert es glatt zum entsprechenden *Diäthylester*. Die Dihydrochloride von m-Phenylendiamin, Piperazin u. trans-2.5-Dimethylpiperazin reagieren nicht mit I. $C_2H_5NH_2 \cdot HCl$ gibt bei 50std. Kochen mit einem großen I-Überschuß *N-Äthyloximidsäuredichlorid* [$C_2H_5N(COCOCl)_2$].

Versuche: *4.4'-Diaminodiphenylmethandihydrochlorid*, F. 282° (Zers.), durch 5std. Einleiten von HCl-Gas in eine Lsg. von 4.4'-Diaminodiphenylmethan (II) in abs. Ae.; 96% (Ausbeute). — *Diphenylmethan-4.4'-bis-[oxamidsäure]*, *Dichlorid*, $C_{17}H_{12} \cdot Cl_2N_2O_4$, F. 165—167° (Zers.), durch Einrühren von 0,037 Mol vorst. Verb. in 0,78 Mol I, 12std. Kochen unter Rühren u. Feuchtigkeitsausschluß, Abdestillieren des I unter leichtem Erwärmen u. vermindertem Druck, Lösen des Rückstandes in Chlf. u. Einengen der filtrierten Lsg. bei 100° (Bad-Temp.); gelbe Nadeln; 71% (Ausbeute). *Diäthylester*, $C_{21}H_{22}N_2O_6$, F. 153—153,5°, durch a) Einrühren von II in die molare Menge Oxalsäurediäthylester bei ca. 30° u. 1½std. Kochen; aus A. oder n-Hexan (Hx)/Chlf. Nadeln; 88%; b) Umkristallisieren des Dichlorids aus Chlf., das A. enthält; 91%. — *N-Äthyloximidsäure*, *Dichlorid*, $C_6H_5Cl_2NO_4$, F. ca. 85—90°, durch Einrühren von 0,061 Mol $C_2H_5NH_2 \cdot HCl$ in 1,25 Mol I unter Feuchtigkeitsausschluß, 50std. Kochen, Abdestillieren des I unter vermindertem Druck, Lösen des Rückstandes in Chlf./Hx, Abdestillieren des Chlf., Abfiltrieren des entstehenden *N.N'-Diäthyltetraketopiperazins* (F. >220°; lohfarbene Kristalle; 100 mg) u. Einengen der filtrierten Lsg.; aus Hx lohfarbene Nadeln; 77%. *Bis-[N-methylanilid]*, $C_{20}H_{21}N_3O_4$, F. 132—133° (wss. A.), durch Zugabe von überschüssigem N-Methylanilin zum Dichlorid in $CHCl_3$.

G. Reisner. 820□

**Claisen-Kondensation von β-Methyllävulinsäureestern.** R. P. Jewstignejewa, W. A. Glybina, Je. W. Okart und N. A. Preobrashenski. (Журнал Общей Химии [J. allg. Chem.] **30 (92).** 2261—63. Juli 1960. Moskau, Inst. für chem. Feintechnol.) (Russ.)

Durch Verseifung u. Decarboxylierung von α-Carbäthoxy-β-methyllävulinsäureäthylester (I) wird *β-Methyllävulinsäureäthylester* (II) erhalten, aus dem durch Claisen-Kondens. *3.8-Dimethyl-4.6.9-triketodecansäureäthylester* gebildet wird.

Versuche: *β-Methyllävulinsäureäthylester* (II), Kp.$_{14}$ 99—100°, 40 g I läßt man mit der Lsg. von 4 g Na in 100 ml A. u. 3 ml W. über Nacht stehen, erhitzt noch 1 Std., dest. den A. im Vakuum ab, löst den Rückstand in 100 ml W., äthert aus, säuert die wss. Lsg. an (Kongo), extrahiert mit Ae. u. fraktioniert; 10,1 g (Ausbeute). Daneben 4,9 g *β-Methyllävulinsäure*, Kp.$_3$ 115—116°. — *3.8-Dimethyl-4.6.9-triketodecansäure*, durch 24std. Kochen von 1 g nachst. Äthylesters mit 2,5 ml Methanol u. 20 ml verd. HCl (1:2); dicke ölige Fl.; 50%. *Monosemicarbazon*, $C_{13}H_{21}N_3O_5$, F. 180—181° (Methanol). *Äthylester*, $C_{14}H_{22}O_5$, Kp.$_{0,35}$ 160—162°, durch Ester-Kondens. von II mit Na in Ae.; $D_4^{20}$ 1,1180; $n_D^{20}$ 1,4870; 34% Enol-Geh.; 30,6%. *Methylester*, $C_{13}H_{20}O_5$, Kp.$_{0,5}$ 174 bis 176°; a) analog dem Äthylester aus β-Methyllävulinsäuremethylester (III); 37,5%; b) analog aus II u. III (1:1); 30,4%.

Renate Richter. 870□

**Über die optischen Isomeren von α-[Bis-(β-chloräthyl)-amino]-propionamid.** Isao Aiko und Tsuneo Gono. (Chem. pharmac. Bull. [Tokyo] **5.** 487—88. Okt. 1957. Yoshitomi Pharm. Ind.) (Engl.)

Das Racemat von α-[Bis-(β-chloräthyl)-amino]-propionamid (I) wird in die opt. Isomeren aufgespalten. Die Isomeren ergeben keinen Unterschied in ihrer Toxität bzw. krebserregenden Aktivität gegenüber *Yoshida sarcoma*.

Versuche: *l-α-[Bis-(β-chloräthyl)-amino]-propionamid-d-campher-β-sulfonat* (II), $C_{17}H_{30}Cl_2N_2O_5S$, F. 150—151° (Zers.), durch mehrstd. Stehen von 39 g I u. d-Campher-β-sulfonsäure in Methanol/Aceton im Eisschrank; aus Methanol–Aceton Platten; $[\alpha]_D^{21}$ +3,3° (c = 3,0; 1,0; W.); 47 g (Ausbeute). — *l-α-[Bis-(β-chloräthyl)-amino]-propionamid*, $C_7H_{14}Cl_2N_2O$, F. 70—72°, durch Zugabe von Pottasche zu vorst. Verb.; $[\alpha]_D^{16}$ —57° (c = 3,0; A.); 3,4 g. *Hydrochlorid*, $C_{17}H_{15}Cl_3N_2O$, F. 189—191° (Zers., Methanol), durch Einw. von HCl auf 3 g vorst. Verb.; $[\alpha]_D^{15}$ —17° (c = 3,0; W.); 3 g; — *d-α-[Bis-(β-chloräthyl)-amino]-propionamid*, F. 71—73°, durch Einengen des Filtrates von II (F. 151 bis 152° (Zers., A.); 7 g, u. Zers. mit konz. KOH; $[\alpha]_D^{21}$ —40,5° (c = 3,0; A.). — *dl-N.N-Bis-[β-chloräthyl]-alanin-α-chlor-d-campher-π-sulfonat*, $C_{17}H_{28}Cl_3NO_6S$, F. 172—175° (W.,

Aceton–Ae., verd. Aceton), durch Lösen von dl-N.N-Bis-[β-chloräthyl]-alaninhydrochlorid u. α-Chlor-d-campher-π-ammoniumsulfonat in warmem W. u. mehrstd. Stehen im Eisschrank; $[\alpha]_D^8$ +33,3° (c = 3,0; W.). — *l-N.N-Bis-[β-chloräthyl]-alaninhydrochlorid*, $C_7H_{14}Cl_3NO_2$, F. 90° (Aceton), durch 1 std. Erwärmen von 5,2 g vorst. Verb. mit konz. HCl auf 80°, Eindampfen im Vakuum u. Extrahieren mit Aceton; $[\alpha]_D^{25}$ −22° (c = 3,0; W.), $[\alpha]_D^{25}$ −30° (c = 1,5; W. +1 n-HCl); 3,4 g. W. HAMPEL. 950□

**Reaktion von Stickstoffwasserstoffsäure mit Dialkylmalonsäuren.** Kyozo Hayashi. (Chem. pharmac. Bull. [Tokyo] **6**. 578. Okt. 1958. Kyoto, Univ., Med. Fac., Pharm. Inst.) (Engl.)

*DL-2-Aminobuttersäure* [$C_4H_9NO_2$, $R_F$ 0,37; 0,07 g (Ausbeute)] u. *2-Äthyl-2-aminobuttersäure* ($C_6H_{13}NO_2$, $R_F$ 0,63; 0,05 g] werden durch Erwärmen von 1,6 g Diäthylmalonsäure u. 6,5%ig. $HN_3$ in Chlf. in Ggw. von konz. $H_2SO_4$ auf 50—60°, Verdünnen mit W., Fällen mit $Ba(OH)_2$ (pH 5), Chromatographie des Filtrats an Amberlite IR-120, Eluieren mit 0,15—0,5 n-$NH_4OH$ u. Papierchromatographie mit Butanol–Eisessig–W. (4:1:1) als Lsgm. erhalten. Verss. mit Äthylisobutylmalonsäure ergeben im Chromatogramm drei Flecke. W. HAMPEL. 950□

**Reaktionen von Aminen mit Pentaboran.** A. F. Shigatsch, Je. B. Kasakowa und I. Ss. Antonow. (Журнал Общей Химии [J. allg. Chem.] **27** (**89**). 1655—63. Juni 1957.) (Russ.)

Pentaboran (I) reagiert mit Diäthyl-(II), Triäthyl- (III), Dimethyl- (IV) u. Trimethylamin (V) bei < 0° unter starker Wärme-Entw. u. Volumkontraktion u. bildet *Komplexe* der Zus. $B_5H_9 \cdot n\,NHR_2$ mit n = 2—5 bzw. $B_5H_9 \cdot 2\,NR_3$. Bei Temp.-Erhöhung zerfallen die ersteren unter Bldg. von $H_2$ u. *Dialkylamino-Derivv.* des *Diborans* u. *Borins*, wobei teilweise Verharzung eintritt, u. die zweiten unter Bldg. von *Komplexen* aus *Borin* u. *Trialkylamin*, wobei ebenfalls Polymere erhalten werden. Diäthylaminodiboran (VI) lagert 1 Mol II an; das Anlagerungs-Prod. zers. sich therm. fast quantitativ unter $H_2$-Entw. in *dimeres Diäthylaminoborin* (VII).

Versuche: *Pentaboran* (I), $B_5H_9$, Ep. −46,5°, Kp. 60,0—60,2°; $D._4^{20}$ 0,626. — *Komplexe* $B_5H_9 \cdot n\,NH(C_2H_5)_2$: mit n = 2: zu überschüssigem I wird bei −15° allmählich II zugetropft u. der Überschuß an I im Vakuum abdestilliert; mit n = 3 u. 4: es werden die entsprechenden äquimol. Mengen I u. II umgesetzt; für n = 5: es wird II im Überschuß angewendet u. nach der Rk. im Vakuum entfernt. Analog erfolgt die Darst. der Komplexe aus I u. IV. Die Komplexe $B_5H_9$. 2 $NR_3$ werden aus I u. überschüssigem III bzw. V erhalten u. der Aminüberschuß nach der Rk. abdestilliert. Die Ausbeuten sind prakt. quantitativ. Die Komplexe mit den sek. Aminen sind scharf riechende Fll. u. erstarren bei −55 bis −60° glasartig, die mit den tert. Aminen sind fest. In feinster Verteilung sind sie selbstentzündlich. Durch W. werden sie energ. zersetzt. Die therm. Zers. erfolgt durch allmähliches Erwärmen auf 100—120° in 1½—2 Std., wonach die Rk.-Prodd. abdestilliert werden. — *Pentaborankomplexe*: $B_5H_9 \cdot 2\,NH(C_2H_5)_2$, $C_8H_{31}B_5N_2$, $D._4^0$ 0,804. — $B_5H_9 \cdot 3\,NH(C_2H_5)_2$, $C_{12}H_{42}B_5N_3$, $D._4^{20}$ 0,810. — $B_5H_9 \cdot 4\,NH(C_2H_5)_2$, $C_{16}H_{53}B_5N_4$, $D._4^0$ 0,804. — $B_5H_9 \cdot 5\,NH(C_2H_5)_2$, $C_{20}H_{64}B_5N_5$, $D._4^0$ 0,785. — $B_5H_9 \cdot 2\,N(C_2H_5)_3$, $C_{12}H_{39}B_5N_2$. — $B_5H_9 \cdot 2\,NH(CH_3)_2$, $C_4H_{23}B_5N_2$, $D._4^0$ 0,777. — $B_5H_9 \cdot 3\,NH(CH_3)_2$, $C_6H_{30}B_5N_3$, $D._4^0$ 0,792. — $B_5H_9 \cdot 4\,NH(CH_3)_2$, $C_8H_{37}B_5N_4$, $D._4^0$ 0,787. — $B_5H_9 \cdot 5\,NH(CH_3)_2$, $C_{10}H_{44}B_5N_5$, $D._4^0$ 0,773. — $B_5H_9 \cdot 2\,N(CH_3)_3$, $C_6H_{27}B_5N_2$. — *Dimeres Diäthylaminoborin* (VII), $C_8H_{24}B_2N_2$, F. 47° sublimiert leicht u. bildet lange, rote Kristalle; verändert sich nicht an der Luft u. hydrolysiert erst beim Kochen in HCl. — *Diäthylaminodiboran* (VI), $C_4H_{15}B_2N$, Ep. −64°, Kp. 105,8°; $D._4^{20}$ 0,703; leichtbewegliche Fl., die durch W. nur langsam hydrolysiert wird. — *$BH_3$-Triäthylaminkomplex*, $C_6H_{18}BN$, Ep. −4°, $Kp._7$ 86°, $D._4^{20}$ 0,785; leichtbewegliche Fl. von tannennadelartigem Geruch, die bei Zimmer-Temp. durch W. prakt. nicht hydrolysiert wird. — *Dimeres Dimethylaminoborin*, $C_4H_{16}B_2N_2$, F. 74°. — *Dimethylaminodiboran*, $C_2H_{11}B_2N$, Ep. −54°, Kp. 51°. — *$BH_3$-Trimethylamin-Komplex*, $C_3H_{12}BN$, F. 94°. — *Diäthylaminodiboran* (VI)-*Diäthylamin-Komplex*, $C_8H_{24}B_2N_2$, aus VI u. II bei −20°; liefert bei therm. Zers. 93% **VII**.

HELMUT SCHÄFER. 980

**Cyclische Alkyldiborane.** R. Köster. (Angew. Chem. **72**. 626—27. 7/9. 1960. Mülheim/Ruhr, MPI für Kohlenforschung.) (Dt.)

Durch Umsetzung von BH-Verbb., z. B. Diboran (I) bei Raum-Temp. oder N-Trialkylborazanen > 100° mit Diolefinen wurden *Bis-boracyclane* (**A**), z. B. *Bis-boracyclopentan, -boracyclohexan* u. *-[bora-3-methylcyclopentan]* ($Kp._{12}$ 95°) erhalten. Die **A** bilden sich neben *Bortrialkylen* auch aus B-Alkylboracyclanen oder B.B-Bis-[boracyclyl]-alkanen (**B**) mit offenkettigen Alkyldiboranen oder I bei Raum-Temp. bzw. durch Erwärmen von monocycl. Alkyldiboranen auf ca. 100°. Ferner werden die **A** neben *Trialkylaminen* durch Rk. der **B** mit Trialkylborazanen erhalten. Bei längeren cycl. KW-

Stoffresten können auch sieben- u. höhergliedrige Ring-Syst. entstehen. Sie lagern sich therm. in 6 gliedrige Bor-Heterocyclen um, wobei die B-Atome dann an sek. C-Atome gebunden sind. Derartige Verbb., z. B. Tetraisopropyldiboran (**II**), unterscheiden sich von Alkyldiboranen mit prim. C-Atomen am Bor. Die Hydrolyse ihrer BH-Bindungen verläuft zwar wie z. B. beim Tetra-[n-propyl]-diboran (**III**) bei Raum-Temp. quant., doch ihre Zers.-Geschw. ist infolge ster. Einflüsse wesentlich kleiner. Die IR-Absorptionsbande für die -$BH_2B$-Gruppierung von **II** liegt bei 1520 $cm^{-1}$ u. verschiebt sich für die entsprechenden **A** bis 1567 $cm^{-1}$. Aus der Gleichgewichtsmischung von **III** u. B-Propylcyclooctylen-(1.5)-bor ($Kp._{14}$ 94—95°) kristallisiert *Bis-[cyclooctylen-(1.5)]-diboran* (F. 142°) sublimierbaren Prismen aus. — Während die Alkoholyse der BH-Bindungen in monocycl. Alkyldiboranen bei ca. 70—80° unter $H_2$-Abspaltung quant. ist, werden die beschriebenen **A** infolge Rk.-Hemmung durch Assoziation erst > 100° angegriffen. Auch mit Alkenen oder Alkinen reagieren sämtliche BH-Bindungen dieser Stoffe erst oberhalb 70 bzw. 100°. L. LAMZA. 980□

**Chemie der aliphatischen Dithiophosphorsäureester.** 5. Mitt. **Darstellung von Mercaptanen durch Verseifung von O.O.S-Trialkyldithiophosphaten.** W. E. Bacon, N. A. Meinhardt und W. M. LeSuer. (J. org. Chemistry **25.** 1993—96. Nov. 1960. Cleveland, Ohio, Lubrizol Corp., Chem. Res. Labors.) (Engl.) — 4. vgl. C. **1961.** 2586.

Es wird über die wss.-alkohol. u. glykol. Verseifung von O.O.S-Trialkyldithiophosphaten (O.O.S-Trialkyl-DTP; **A**) berichtet. Diese erfolgte in 30% ig. wss. NaOH durch 10std. Kochen zu 10—89% in Abhängigkeit von den Alkylresten zu *Mercaptanen* (**B**) neben den entsprechenden *Sulfiden* nach der Gleichung $2(RO)_2PSSR' + 3NaOH \rightarrow R'SH + (RO)_2PSONa + R'SR + ROP(S)(ONa)_2 + H_2O$. Die O.O-Diäthyl-S-alkyl-DTP (**C**) lieferten im wss. Syst. die entsprechenden *Äthylsulfide* (bis zu 60%). Mit zunehmender Länge der normalen Alkylgruppen nahm das Verhältnis der erhaltenen **B**/*Sulfide* zu. Die alkohol. u. glykol. Verseifung der **A**, die im wss. Syst. nicht hydrolysiert werden konnten, erfolgte in 21%ig. wss.-alkohol. KOH oder in 34%ig. glykol. KOH. Die hierbei erzielten Ergebnisse entsprechen denen im wss. System. Aus den O.O-Diisopropyl-S-alkyl-DTP wurden 57—64% der **B** neben 0—9% der entsprechenden *Isopropylsulfide* erhalten. Das Verhältnis der aus den **C** dargestellten **B** zwischen entsprechenden Äthylsulfiden war größer als im wss. System. Die Verseifung von O.O.S-Triäthyl-DTP in Äthylenglykol lieferte ausschließlich *Diäthylsulfid*. Zufriedenstellende Ausbeuten an **B** wurden aus den **A** mit ster. gehinderten O-Substituenten erzielt. Zur Darst der **A** diente die dem Peroxydeffekt (vgl. 3. Mitt., C. **1956.** 4976) unterliegende Addition von O.O-Dialkylhydrogen-DTP (**D**) an Olefine. Die Anlagerung gereinigter **D** an Octen-(1) oder Styrol lieferte, auf Grund der in den Olefinen vorhandenen geringen Mengen an Peroxyd, *O.O-Dialkyl-S-n-octyl-* bzw. *O.O-Dialkyl-S-[β-phenäthyl]-DTP*, während bei Verw. roher, reduzierende Agentien enthaltender **D** *O.O-Dialkyl-S-[octyl-(2)]-* bzw. *O.O-Dialkyl-S-[α-phenäthyl]-DTP* erhalten wurden, deren Konstit. durch die vorst. beschriebenen Verseifungen bestätigt wurde.

Versuche: O.O-Diisopropyl-S-alkyl-DTP: [*α-Phenäthyl*]- (**I**), aus dem entsprechenden rohen **D** u. Styrol; $n_D^{20}$ 1,5374; 89% (Ausbeute). — [*β-Phenäthyl*]- (**II**), aus dem entsprechenden gereinigtem **D** u. Styrol; $n_D^{20}$ 1,5400; 89%. — [*Octyl-(2)*]-, analog **I**; $n_D^{20}$ 1,4834; 78%. — *n-Octyl-*, analog **II**; $n_D^{20}$ 1,4823; 68%. — O.O-Di-n-butyl-S-alkyl-DTP: [*α-Phenäthyl*]-, analog **I**; $n_D^{20}$ 1,5341; 90%. — [*β-Phenäthyl*]-, analog **II**; $n_D^{20}$ 1,5348; 94%. — *n-Octyl-*, analog **II**; $n_D^{20}$ 1,4915; 91%. — O.O-Di-n-hexyl-S-alkyl-DTP: [*Octyl-(2)*]-, analog **I**; $n_D^{20}$ 1,4841; 70%. — *n-Octyl-*, analog **II**; $n_D^{20}$ 1,4859; 82%. — [*α-Phenäthyl*]-, analog **I**; $n_D^{20}$ 1,5208; 82%. — [*β-Phenäthyl*]-, analog **II**; $n_D^{20}$ 1,5222; 79%. — O.O-Dialkylhydrogen-DTP (**D**): *Diäthyl-*, $C_4H_{11}O_2PS_2$, $Kp._{0,6}$ 66,1°, nach MASTIN u. Mitarbeitern (J. Amer. chem. Soc. **67.** [1945.] 1662). — *Diisopropyl-*, $C_6H_{15}O_2PS_2$, $Kp._2$ 75—80°. — *Di-n-butyl-*, $C_8H_{19}O_2PS_2$, $Kp_{1,5}$ 115°. — *Di-n-hexyl-*, $C_{12}H_{27}O_2PS_2$, $Kp._{0,5}$ 100°. — Alkylmercaptane (**B**): *n-Octyl-* (**III**), a) durch 10std. Kochen von O.O-Di-n-butyl-S-n-octyl-DTP mit 30%ig. wss. NaOH u. Aufarbeitung; 37%; daneben *n-Octyl-n-butylsulfid* (35%); b) aus O.O-Diisopropyl-S-n-octyl-DTP u. KOH in 70%ig. A. durch 5std. Kochen; 57%; daneben *Isopropyl-n-octylsulfid*; (6%); c) aus O.O-Di-n-hexyl-S-n-octyl-DTP analog b); 53%; daneben *n-Hexyl-n-octylsulfid* (3%). — *Octyl-(2)-*, a) aus O.O-Diäthyl-S-[octyl-(2)]-DTP, analog **III** nach a); 14%; daneben *Äthyloctyl-(2)-sulfid* (49%); b) aus O.O-Di-n-butyl-S-[octyl-(2)]-DTP analog **III** nach a); 46%; daneben *n-Butyloctyl-(2)-sulfid* (21%); c) aus O.O-Di-n-hexyl-S-[octyl-(2)]-DTP analog **III** nach a); 30%; daneben *n-Hexyloctyl-(2)-sulfid* (18%); d) aus O.O-Bis-[2-äthylhexyl]-S-[octyl-(2)]-DTP analog **III** nach a); 60%; daneben [*2-Äthylhexyl*]-*octyl-(2)-sulfid*; (5%); e) aus O.O-Diisopropyl-S-[octyl-(2)]-DTP analog **III** nach b); 53%; daneben *Isopropyloctyl-(2)-sulfid* (9%). — *β-Phenäthyl-*,

a) aus O.O-Diäthyl-S-[β-phenäthyl]-DTP (**IV**) analog **III** nach a); 48%; daneben *Äthyl-β-phenäthylsulfid* (**V**, 19%); b) aus O.O-Di-n-butyl-S-[β-phenäthyl]-DTP analog **III** nach a), 43%; daneben *n-Butyl-β-phenäthylsulfid* (28%); c) aus O.O-Di-n-hexyl-S-[β-phenäthyl]-DTP analog **III** nach a); 40%; daneben *n-Hexyl-β-phenäthylsulfid* (17%); d) aus **II** analog **III** nach b); 65%; e) aus **IV** analog **III** nach b); 57%; daneben **V** (24%). — *α-Phenäthyl-*, a) aus **I** analog **III** nach a); 65%; daneben *Isopropyl-α-phenäthylsulfid* (6%); b) aus O.O-Di-n-butyl-S-[α-phenäthyl]-DTP analog **III** nach a); 51%; daneben *n-Butyl-α-phenäthylsulfid* (20%); c) aus O.O-Di-n-hexyl-S-[α-phenäthyl]-DTP analog **III** nach a); 51%; daneben *n-Hexyl-α-phenäthylsulfid* (8%); d) aus O.O-Bis-[2-äthylhexyl]-S-[α-phenäthyl]-DTP analog **III** nach a); 65%; e) aus O.O-Diäthyl-S-[α-phenäthyl]-DTP analog **III** nach b); 44%; daneben *Äthyl-α-phenäthylsulfid* (20%). — *Cyclohexyl-*, aus O.O-Diisopropyl-S-cyclohexyl-DTP, analog **III** nach b); 41%; daneben *Äthylcyclohexylsulfid* (31%). — *Isopropyl-*, aus O.O-Diäthyl-S-isopropyl-DTP durch 1std. Erhitzen mit 34%ig. KOH in Äthylenglykol auf 140—160°; 28%; daneben *Äthylisopropylsulfid* (29%). — *tert.-Butyl-*, aus O.O-Diäthyl-S-tert.-butyl-DTP analog vorst. Verb.; 13%; daneben *Äthyl-tert.-butylsulfid* (24%). — *Diäthylsulfid*, aus O.O.S-Triäthyl-DTP analog vorvorst. Verb.; 42%. — *Äthyl-n-octylsulfid*, aus O.O-Diäthyl-n-octyl-DTP analog **III** nach a); 48%. — *Äthyl-[α-phenäthyl]-sulfid*, aus O.O-Diäthyl-[α-phenäthyl]-DTP analog **III** nach a); 60%. — O.O.S-Trialkyl-DTP (**A**), durch Rk. der entsprechenden rohen (Meth. **a**) bzw. gereinigten (Meth. **b**). O.O-Dialkylhydrogen-DTP mit Olefinen: *O.O-Diisopropyl-S-[α-phenäthyl]-* (**I**), nach a); $n_D^{20}$ 1,5374; 89%. — *O.O-Diisopropyl-S-[β-phenäthyl]-* (**II**), nach **b**); $n_D^{20}$ 1,5400; 89%. — *O.O-Diisopropyl-S-[octyl-(2)]-*, nach **a**); $n_D^{20}$ 1,4834; 78%. — *O.O-Diisopropyl-S-n-octyl-*, nach **a**); $n_D^{20}$ 1,4823; 68%. — *O.O-Di-n-butyl-S-[α-phenäthyl]-*, nach **a**); $n_D^{20}$ 1,5341; 90%. — *O.O-Di-n-butyl-S-[β-phenäthyl]-*, nach **b**); $n_D^{20}$ 1,5348; 94%. — *O.O-Di-n-butyl-S-[n-octyl]-*, nach **b**); $n_D^{20}$ 1,4915; 91%. — *O.O-Di-n-hexyl-S-[octyl-(2)]-*, nach **a**); $n_D^{20}$ 1,4841; 70%. — *O.O-Di-n-hexyl-S-n-octyl-*, nach **b**); $n_D^{20}$ 1,4859; 87%. — *O.O-Di-n-hexyl-S-[α-phenäthyl]-*, nach **a**); $n_D^{20}$ 1,5208; 82%. — *O.O-Di-n-hexyl-S-[β-phenäthyl]-*, nach **b**); $n_D^{20}$ 1,5222; 79%. D. KIRSTEIN. 980□

**Chemie der aliphatischen Dithiophosphorsäureester.** 6. Mitt. **Eine neue Methode zur Darstellung von O.O-Dialkylthiochlorphosphaten.** N. A. Meinhardt, Samuel Z. Cardon und P. W. Vogel. (J. org. Chemistry **25.** 1991—92. Nov. 1960.) (Engl.) — 5. vgl. vorst. Referat.

Durch Rk. von O.O-Dialkylhydrogendithiophosphaten u. HCl in sd. Ae. in Ggw. von Acetonitril, Benzonitril, Äthyl-, Phenyl- u. Benzylthiocyanat als $H_2S$-Acceptoren wurden eine Reihe von *O.O-Dialkylthiochlorphosphaten* nach der Gleichung $(RO)_2 \cdot PSSH + R'CN + HCl \rightarrow (RO_2)PSCl + R'CSNH_2$ bzw. $(RO)_2PSSH + RSCN + HCl \rightarrow (RO)_2PSCl + R'{-}SCSNH_2$ dargestellt. Daneben entstanden die *Additions-Verbb.* aus $H_2S$ u. dem entsprechenden Acceptor. Äthylisothiocyanat (**I**) reagierte in Ae. nicht als Sulfidacceptor, dagegen wurden in Dioxan bei 100° aus O.O-Diäthylhydrogendithiophosphat (**III**), HCl u. **I** neben 39% *O.O-Diäthylthiochlorphosphat* (**II**) 83% *Äthylaminhydrochlorid* erhalten. Phenylisothiocyanat, KCN u. Octen-(1) dienten bei vorst. Rk. nicht als Acceptoren. Ferner wurden *O.O-Di-n-propyl-*, *O.O-Diisopropyl-*, *O.O-Di-n-butyl-* u. *O.O-Di-sek.-butylthiochlorphosphat* synthetisiert.

Versuche: O.O-Dialkylthiochlorphosphate: *O.O-Diäthyl-* (**II**), $C_4H_{10}ClO_2 \cdot PS$, Kp.$_{0,5}$ 34—35°, a) aus **III** u. Acetonitril in Ae. durch 2std. Kochen unter Einleiten von HCl; $n_D^{25}$ 1,4688; 74% (Ausbeute); daneben *Thioacetamid* [F. 113—116° (Isopropyläther); 51%]; b) aus **III** u. Benzonitril analog a); 74%; daneben *Thiobenzamid*, [F. 114 bis 116° (Ae.-PAe.); 77%]; c) aus **III** u. Äthylthiocyanat; 73%; daneben *Äthyldithiocarbamat* [$C_3H_7NS_2$; F. 41,5—43° (PAe.); 91%]; d) aus **III** u. Phenylthiocyanat; 88%; daneben *Phenyldithiocarbamat* [$C_7H_7NS_2$, F. 109—110,5° (Chlf.); 94%]; e) aus **III** u. Benzylthiocyanat; 85%; daneben *Benzyldithiocarbamat* [$C_8H_9NS_2$, F. 87—88° (Chlf.); 90%. — *O.O-Di-n-propyl-*, Kp.$_2$ 72°, aus **III** u. Benzylthiocyanat; $n_D^{25}$ 1,4701; 75,5%. — Analog: *O.O-Diisopropyl-*, Kp.$_3$ 61°, $n_D^{25}$ 1,4612; 81%. — *O.O-Di-n-butyl-*, Kp.$_{0,5}$ 76°; $n_D^{25}$ 1,4697; 81%. — *O.O-Di-sek.-butyl-*, Kp.$_{0,1}$ 54°; $n_D^{25}$ 1,4692; 86%.

D. KIRSTEIN. 980□

**Silylierung von Aminosäurehydrochloriden.** 4. Mitt. **über die Si—N-Bindung.** Klaus Rühlmann und Günter Michael. (Z. Naturforsch. **15 b.** 811. Dez. 1960. Halle-Wittenberg, Martin-Luther-Univ., Justus-von-Liebig-Inst., Inst. für Organ. Chem.) (Dt.) — 3. vgl. C. **1960.** 9183.

1 Mol Glycin-, Alanin- u. Isoleucinhydrochlorid wird durch Rk. mit 2,3 Mol Trimethylchlorsilan u. 3,3 Mol Triäthylamin oder mit 2,3 Mol Trimethylsilyldiäthylamin in 65—87%ig. Ausbeute zu *N-Trimethylsilylaminosäuretrimethylsilylestern* umgesetzt.

E. SCHRÖDER. 980□

**Jodierung aromatischer Verbindungen mit Jod und Jodsäure.** I. Mitt. Hermann O. Wirth, Otto Königstein und Werner Kern. (Liebigs Ann. Chem. **634.** 84—104. 11/8. 1960. Mainz, Univ., Org.-Chem. Inst.) (Dt.)

Bei den Verss. zur direkten Jodierung aromat. Verbb. mit $J_2$ werden Oxydationsmittel, wie $Na_2S_2O_8$ oder $HJO_3$ zugegeben, um den entstehenden HJ abzufangen. ELBS u. JAROSLAWZEW [1913] berichten über die direkte Jodierung von Toluol in sd. Eisessig in Ggw. von $Na_2S_2O_8$, doch konnten die Verss. nicht in der angegebenen Weise reproduziert werden. Erst in Ggw. von 10—20% W., so daß ein Teil des $Na_2S_2O_8$ gelöst wird, setzt die Rk. in gewünschter Weise ein. Wird das $Na_2S_2O_8$ in stöchiometr. Verhältnis eingesetzt, so wird in Ggw. von W. das $J_2$ quant. im gewünschten Sinne umgesetzt. Bei Verw. von $HJO_3$ als Oxydationsmittel verläuft die Rk. nur in Ggw. von Mineralsäuren gleich gut ab. Bei der Rk. mit $Na_2S_2O_8$ übernimmt das gebildete $NaHSO_4$ die Rolle des Mineralsäurekatalysators. Als Lsgm. ist Eisessig am besten geeignet, da er bis 80° gegen $HJO_3$ hinreichend indifferent ist. Bei darin schwerlösl. Verbb. ist häufig ein Zusatz von Nitrobenzol brauchbar. Durch die Wahl der Konz.-Verhältnisse kann Mono- oder Di- u. Trisubstitution erzielt werden. Bei Verw. hoher Konzz. an Ausgangs-Prodd. scheidet sich die jodierte Verb. als schwerer lösl. aus u. bildet eine eigene Phase, die somit der weiteren Jodierung entzogen ist. Um die Rk.-Geschw. gegen Ende der Rk. nicht abfallen zu lassen, wird ein 10—15%ig. Überschuß an $HJO_3$ zugesetzt. Als Säurekatalysator sind am besten $H_2SO_4$ u. Benzolsulfonsäure geeignet, während $H_3PO_4$ nicht wirksam genug ist u. HCl Nebenrkk. ergibt. Man setzt etwa 10 Vol-% $H_2SO_4$ dem Rk.-Gemisch zu. Die Rk.-Zeit hängt von der Reaktivität der Ausgangs-Verb. ab, die obere Temp.-Grenze ist 100°. Es werden Beispiele für die Jodierung von Alkylbenzolen angegeben u. durch IR-spektroskop. Unterss. das Verhältnis der beim Toluol gebildeten p- u. o-Verb. zu 57:43 bestimmt. Beim Diphenylmethan bildet sich zu 75% die p-Verbindung. Es werden ferner die Jodierungen von p-Oligophenylenen, von Bzl. u. seinen Halogen-Derivv., von aromat. Äthern u. Thiophen sowie von Naphthalin u. seinen Derivv. beschrieben. Es wird außerdem über die Bromierung von Biphenyl-Derivv. mit $Br_2$ u. $MnO_2$ berichtet. Die Reinigung der Verbb. erfolgt durch Adsorptionschromatographie an bas. oder unbehandeltem $Al_2O_3$; als Lsgm. werden dabei unpolare Verbb., wie PAe., Bzl. oder Cyclohexan, verwendet. —

Versuche: *p-Jodtoluol* (I), $Kp._{18}$ 96—99°, a) durch 2std. Erwärmen von Toluol in Eisessig/W. mit $J_2$, $Na_2S_2O_8$ u. $CCl_4$ auf 80°, Zugabe von 1,2 g $Na_2S_2O_8$, 3std. Stehen u. Versetzen mit W. u. Chlf.; 74% (Ausbeute); daneben *o-Jodtoluol*; b) durch 4std. Erwärmen von Toluol in Eisessig/W. mit konz. $H_2SO_4$, $J_2$ u. $HJO_3$ auf 80° u. Aufnehmen in Chlf.; 81%; daneben die o-Verbindung. — *4-Jod-3.3'-dimethylbiphenyl* (VIII), $Kp._{0,005}$ 143—148°, a) analog I nach a) aus 18,2 g 3.3'-Dimethylbiphenyl, $J_2$ u. $Na_2S_2O_8$ in verd. Essigsäure bei 80°; 65%; daneben 3,8 g *4.4'-Dijod-3.3'-dimethylbiphenyl* (II; F. 107°); b) durch 2½std. Rühren von 3.3'-Dimethylbiphenyl, $J_2$ u. $HJO_3$ in verd. Essigsäure bei 80° analog I nach b; 62%; daneben 7,8% II. — *4-Jodbiphenyl*, F. 112°, $Kp._{0,05}$ 118 bis 125°, a) aus Biphenyl mit $J_2$ u. $Na_2S_2O_8$ in verd. Eisessig analog I nach a bei 80°; 62%; b) aus Biphenyl mit $J_2$ u. $HJO_3$ in verd. Eisessig bei 80° analog I nach b; 68%; daneben 8,4% *4.4'-Dijodbiphenyl*, F. 205° (Methanol). — *Monojodäthylbenzol*, $Kp._{13}$ 108°, aus Äthylbenzol bei 85°; 90%. — *2-Jod-p-xylol*, $Kp._{18}$ 120—123°, aus p-Xylol analog I nach b bei 80°; 85%. — *p-Jodcumol*, $Kp._{13}$ 112—113°, aus Cumol bei 85°; 75%. — *Monojodmesitylen*, F. 30,5°, $Kp._{13}$ 123°, durch 1½std. Erwärmen von Mesitylen auf 85°; 83%. — *4-Joddiphenylmethan*, $Kp._{0,05}$ 113—129°, durch 2std. Erwärmen von 16,8 g Diphenylmethan auf 85°; 58%; daneben 7,4 g III. — *4.4'-Dijoddiphenylmethan* (III), F. 93—94°, durch Jodieren vorst. Verb. analog I nach b; 55%. — *2-Jod-1.1-diphenyläthylen*, F. 44°, $Kp._{0,03}$ 110—117°, durch 2std. Erwärmen von 1.1-Diphenyläthylen auf 80° analog I nach b; 68%. — *1.1.4.4-Tetraphenylbutadien*, F. 202° (Butylacetat), durch 2std. Erhitzen vorst. Verb. mit Cu-Pulver auf 220—230° unter $N_2$; 69%. — *4-Brom-4'-jodbiphenyl*, $C_{12}H_8BrJ$, F. 174° (Chlf.), durch 4std. Erwärmen von p-Brombiphenyl auf 80° analog I nach b; 73%. — *Jodbenzol* (V), durch 1std. Erwärmen von Bzl. in Eisessig/halbkonz. $H_2SO_4$ mit $J_2$ u. $HJO_3$ auf 90° u. 2std. Erhitzen auf 95°; 83%. — *p-Jodfluorbenzol*, $Kp._{18}$ 69—72°, aus Fluorbenzol analog V; 91%; daneben *o-Jodfluorbenzol*. — *1-Jod-4-chlorbenzol*, F. 55—55,5° (verd. Methanol), aus Chlorbenzol analog V; 53%. — *1-Jod-4-brombenzol*, F. 90,5—91° (Essigester/Methanol), aus Brombenzol analog V; 65%. — *p-Dijodbenzol*, F. 126° (Essigester/Methanol), aus Jodbenzol analog V; 56%. — *p-Jodanisol*, F. 52° (Methanol), durch 3std. Erwärmen von Anisol auf 40° analog I nach b; 73%. — *2.4-Dijodanisol*, F. 67° (Methanol), durch 2std. Erwärmen von Anisol in Eisessig/W. mit konz. $H_2SO_4$, $CCl_4$, $J_2$ u. $HJO_3$ auf 40°, 2std. Erwärmen auf 60° u. bis zum Verbrauch des $J_2$ auf 75°; 72%. — *4-Jodveratrol*, F. 34—35° (PAe.), $Kp._{0,05}$ 83—88°, durch 3½std. Erwärmen von Veratrol auf 40° analog I nach b; 88%. — *4-Jod-1.2.3-trimethoxybenzol*, F. 42° (n-Hexan), durch 2std. Erwärmen von 1.2.3-Trimethoxybenzol auf 40° u. 1½ std. Erwärmen auf 50° analog I nach b; 81%. — *4-Joddiphenyläther*, Kp.$_{0,01}$ 105—115°, durch Jodieren von 10,7 g Diphenyläther (VI) in 3 Std. bei 60° analog I nach b; 78%; daneben 2,5 g VII. — *4.4'-Dijoddiphenyläther* (VII), F. 141—142° (Methanol), durch Jodieren von VI mit $J_2$ u. $HJO_3$ bei 60° in 4 Std. analog I nach b; 71%. — *2-Jodthiophen*, Kp.$_{18}$ 73—78°, durch 1½ std. Erwärmen von 10,5 g Thiophen auf 40° analog I nach b; 75%; daneben 2,1 g *2.5-Dijodthiophen*, F. 42° (verd. Methanol). — *1-Jodnaphthalin*, Kp.$_{0,3}$ 82—86°, durch 15std. Erwärmen von Naphthalin auf 50° analog I nach b; 40%. — *1-Jod-2.7-dimethylnaphthalin*, F. 61° (Methanol), Kp.$_{0,2}$ 148—152°, durch 3std. Erwärmen von 2.7-Dimethylnaphthalin auf 90° analog I nach b; 90%. — *4-Jod-1-methoxynaphthalin*, $C_{11}H_9JO$, F. 53° (Ae./Methanol), durch 2½ std. Erwärmen von 1-Methoxynaphthalin auf 50°; 80%. — *1-Jod-2-methoxynaphthalin*, F. 88,5—89° (Methanol), durch ½ std. Erwärmen von 2-Methoxynaphthalin auf 50°; 76%. — *4-Brom-3.3'-dimethylbiphenyl* (IV), $C_{14}H_{13}Br$ Kp.$_{0,03}$ 120—125°, durch Eintropfen von $Br_2$ auf ein Gemisch von 36,5 g m-Bitolyl, Eisessig, W., 86%ig. $MnO_2$ u. konz. $H_2SO_4$ in Ggw. von $J_2$ innerhalb 1 Std., nochmalige Zugabe von $J_2$ u. 4std. Rühren bei 30°; 57%; daneben 3,8 g *4.4'-Dibrom-3.3'-dimethylbiphenyl*, $C_{14}H_{12}Br_2$, F. 73,5° (n-Hexan). — *4-Brom-4'-jod-3.3'-dimethylbiphenyl*, $C_{14}H_{12}BrJ$, F. 87—87,5°, a) durch Jodieren von IV analog I nach b; 71%; b) durch Bromieren von VIII analog IV, 4 std. Erwärmen auf 35°; 75%. W. HAMPEL. 990□

**Die Struktur von Chamenol.** Tetsuo Nozoe, Yoshio Kitahara und Tomio Arai. (Bull. chem. Soc. Japan **28.** 594—96. Okt. 1955. Sendai, Tohoku Univ., Fac. of Sci., Chem. Inst.) (Engl.)

Die Struktur von *Chamenol*, einer phenol. Substanz aus der Säurefraktion des äther. Öles von *Chamaecyparis Taiwanensis Masamune et Suzuki*, wird durch IR- u. UV-Absorptionsspektrum sowie durch Darst. von Derivv. eines synthet. Vgl.-Prod. als *2-Methoxy-5-isopropylphenol* identifiziert.

Versuche: *2-Brom-4-isopropylphenol*, Kp.$_{15}$ 119—120°, aus 4-Isopropylphenol in Chlf. durch Zugabe von $Br_2$ unter Eiskühlung; 83% (Ausbeute). *p-Nitrobenzoyl-Deriv.*, $C_{16}H_{14}BrNO_4$, F. 83—84°; aus A. Prismen. — *2-Brom-4-isopropylanisol*, $C_{10}H_{13}BrO$, Kp.$_4$ 113—116°, aus 16,5 g vorst. Verb. u. 6 g NaOH in 30 ml W. durch tropfenweise Zugabe von 10,5 g Dimethylsulfat u. 5std. Erhitzen auf 60—70°; 68%. — *5-Isopropylguajacol* (*Chamenol*), $C_{10}H_{14}O_2$, F. 41—42°, Kp.$_{15}$ 119—120°, a) aus dem äther. Öl; aus PAe. Schuppen; b) aus 4 g vorst. Verb., 3,2 g Isopropylbromid u. 1 g aktiviertem Mg durch 4std. Einleiten von $O_2$, 15 std. Stehen u. 1 std. Kochen mit verd. $H_2SO_4$; 38%. *p-Nitrobenzoyl-Deriv.*, $C_{17}H_{17}NO_5$, F. 86—87°, aus A. blaßgelbe Prismen. *Benzoyl-Deriv.*, $C_{17}H_{18}O_3$, F. 64—65°; aus A. Schuppen. S. PREISS. 1060□

**Kaliumbleistyphnat.** Surjit Singh und Kartar Singh. (Chem. and Ind. **1957.** 1297—98. 28/9. Kirkee, Poona, India, Inst. of Armanent Studies.) (Engl.)

Durch Rühren von $KHCO_3$ u. Styphninsäure in W., Erwärmen mit $KNO_3$ auf 75° u. Zugabe von 12,5%ig. Pb-Acetat-Lsg. wird in 58%ig. Ausbeute *$K_2$Pb-Styphnatpentahydrat* $[C_{12}H_2K_2N_6O_{16}Pb \cdot 5\,H_2O]$ in Form scharlachroter Kristalle erhalten. Die explosive Wrkg. wird untersucht. W. HAMPEL. 1060□

**Öffnung des Heteroringes einiger N-alkylierter Phenthiazine durch Lithium und Alkohol in flüssigem Ammoniak.** 3. Mitt. Michel Suquet und Josef Schmitt. (Bull. Soc. chim. France **1960.** 2113—16. Nov./Dez. Paris, Etabl. Clin-Byla, Centre de Rech.) (Franz.)

Durch Rk. von 10-[2-Dimethylaminopropyl]-phenthiazin (I; Nomenklatur nach BEILSTEIN) mit Li in fl. $NH_3$ u. Zugeben von abs. A. wird statt des erwarteten Dihydro-Deriv. unter Öffnung des Heteroringes *2-[N-Phenyl-2-dimethylaminopropylamino]-thiophenol* (II) erhalten, dessen Konstit. durch das IR-Spektrum sowie durch Darst. verschiedener Derivv. bewiesen wird. Analog I reagieren auch andere 10-Alkylphenthiazine mit Li u. A. in fl. $NH_3$ unter Öffnung des Heteroringes.

Versuche: *2-[N-Phenyl-2-dimethylaminopropylamino]-thiophenol* (II), $C_{17}H_{22}N_2S$, F. 147° (Äthylacetat), Kp.$_{0,5}$ 180—210°, durch Zugeben von Li zu 56,8 g I in abs. Ae. u. fl. $NH_3$, Zutropfen von abs. A., 2std. Rühren, Abdampfen des $NH_3$ u. Zers. mit W.; 34,5 g (Ausbeute). *Hydrochlorid*, $C_{17}H_{22}N_2S \cdot HCl$, F. 195—196° (10%ig. HCl). *Pikrat*, $C_{17}H_{22}N_2S \cdot C_6H_3N_3O_7$, F. 167°, aus Äthylacetat gelbe Kristalle. *S-Methyl-Deriv.*, *Hydrochlorid*, $C_{18}H_{24}N_2S \cdot HCl$, F. 172—173° (20%ig. HCl), aus 5,6 g II u. Methyl-p-tosylat bei 150—170° (15 Min.), kurzes Kochen mit wss.-alkohol. NaOH, Dest. u. Rk. des Destillats (Kp.$_{0,5}$ 180—205°) mit 10 n HCl; Blättchen. *S-Acetyl-Deriv.* (III), Kp.$_{0,4}$ 200°, aus 5,7 g II u. Acetanhydrid in sd. Pyridin (¼ Std.) [Saures *Maleat*, $C_{19}H_{24}N_2OS \cdot C_4H_4O_4$, F. 113—114° (Äthylacetat), aus 5,2 g III u. Maleinsäure in Isopropanol; 6,7 g. *Pikrat*, $C_{19}H_{24}N_2OS \cdot C_6H_3N_3O_7$, F. 101°, aus III u. Pikrinsäure in A.; aus abs. A. gelbe Kristalle].

*S-[2-Cyanäthyl]-Deriv.*, $Kp._{0,3}$ 210—220°, aus 2,9 g **II** u. Acrylonitril in sd. A. (2 Std.); blaßgelbes Öl; 3,1 g [*Hydrochlorid*, $C_{20}H_{25}N_3S \cdot HCl$, F. 159° (Methyläthylketon)]. *S-[2-Carbäthoxyäthyl]-Deriv.*, $Kp_{0,2}$ 215—225°, aus 5,8 g **II** u. Äthylacrylat in sd. A. (3 Std.); 7,5 g [*Hydrochlorid*, $C_{22}H_{30}N_2O_2S \cdot HCl$, F. 151° (Methylisobutylketon)]. — *2-[N-Phenyl-3-dimethylaminopropylamino]-thiophenol* (**IV**), $Kp._{0,4}$ 180—220°, wie **II** aus 28,4 g 10-[3-Dimethylaminopropyl]-phenthiazin; Öl; 22,7 g. *Hydrochlorid*, $C_{17}H_{22}N_2S \cdot HCl$, F. 111 bis 112° (W.). *S-[1.2-Dicarboxyäthyl]-Deriv.*, $C_{21}H_{26}N_2O_4S$, F. 220—222° (70%ig. A.), aus 5,7 g **IV** u. Maleinsäure in Äthylacetat; 7,4 g. — *2-[N-Phenyl-3-dimethylaminopropylamino]-4-äthylthiophenol* (**V**), $Kp._{0,3}$ 180—210°, wie **II** aus 20 g 10-[3-Dimethylaminopropyl]-3-äthylphenthiazin; Öl; 16,4 g. *S-[2-Carbäthoxyäthyl]-Deriv.*, *Hydrochlorid*, $C_{24} \cdot H_{34}N_2O_2S \cdot HCl$, F. 127—130° (Methylisobutylketon), aus 3,1 g **V** u. Äthylacrylat in sd. A. (2 Std.), Dest. u. Rk. des Destillats ($Kp._{0,2}$ 230°) mit HCl-Gas in abs. Ae.; 1,7 g. *S-[1.2-Dicarboxyäthyl]-Deriv.*, $C_{23}H_{30}N_2O_4S$, F. 206—208° (Zers.; A.), aus 3,1 g **V** u. Maleinsäure in sd. A.; 3,3 g. — *2-[N-Phenyläthylamino]-thiophenol*, $C_{14}H_{15}NS$, $Kp._{0,5}$ 142—145°, wie **II** aus 22,5 g 10-Äthylphenthiazin; gelbes Öl; 13 g. F. HELLER. 1060□

**Spaltung der C—S-Bindung während der Oxydation von Thiol.** E. R. Cole. (Chem. and Ind. **1957**. 1511. 16/11. Welwyn Garden City, Herts., Brit. Rubber Producer's Res. Ass.) (Engl.)

Die Einw. von $O_2$ auf eine alkal. Lsg. von p-Nitrothiophenol führt zur Bldg. eines Gemisches von 2 Mol *Bis-[p-nitrophenyl]-thioäther* u. 1 Mol *Bis-[p-nitrophenyl]-disulfid* [$2(C_{12}H_8N_2O_4S) + C_{12}H_8N_2O_4S_2$, F. 135—137°], das durch Oxydation mit $CrO_3$ in *Bis-[p-nitrophenyl]-sulfon* [$C_{12}H_8N_2O_6S$] übergeführt wird. W. HAMPEL. 1090□

**Homogene Wolffsche Umlagerung.** P. Yates und J. Fugger. (Chem. and Ind. **1957**. 1511. 16/11. Cambridge, Mass., Harvard Univ., Dep. of Chem.) (Engl.)

α-Diazoacetophenon wird durch eine homogene WOLFFsche Umlagerung in CuJ/Acetonitril/Methanol bei Raum-Temp. in *Phenylessigsäuremethylester* (75—85%ig. Ausbeute) u. wenig *Phenacyljodid* übergeführt. Die Reinigung erfolgt durch Chromatographie an Cellulose/Cellit. W. HAMPEL. 1210□

**Über die Reaktion von 2.4-Toluylendiisocyanat mit Wasser.** I. L. Chmelnitzkaja, L. A. Epelzweig und T. A. Michailowa. (Журнал Общей Химии [J. allg. Chem.] **30** (92). 581—83. Febr. 1960. Woroschilow-Forschungsinst. für organ. Zwischenprodd. u. Farbstoffe.) (Russ.)

Bei der Rk. von 2.4-Toluylendiisocyanat (**I**) in Äthylacetat mit W. entsteht *4.4'-Dimethylcarbanilid-3.3'-diisocyanat* (**II**). Die Isolierung von **II** gelingt durch Abtrennung des in den ersten 2—3 Std. nach Zugabe des W. abgeschiedenen Niederschlages. Bei Verlängerung der Einw.-Dauer des W. (bis zu 18 Std. u. mehr) werden Ndd. gebildet, die in Abhängigkeit von der Rk.-Dauer zwischen 165° u. 218° schmelzen u. die aus schwer zu trennenden Substanzgemischen bestehen. Durch Kochen mit Methanol wird **II** in *4.4'-Dimethylcarbanilid-3.3'-bis-[carbaminsäuremethylester]* (**III**) übergeführt. Die Konstit. von **II** u. **III** wird bewiesen durch die Synth. von **III** aus 3.3'-Diamino-4.4'-dimethylcarbanilid (**IV**) u. Chlorkohlensäuremethylester. **IV** wird durch katalyt. Hydrierung von 3.3'-Dinitro-4.4'-dimethylcarbanilid (**V**) in Ggw. von RANEY-Ni erhalten.

Versuche: *4.4'-Dimethylcarbanilid-3.3'-diisocyanat* (**II**), F. 175—176°, aus **I** in abs. Äthylacetat durch Zugabe von W. unter Kühlung auf $< 26$—28°, 2std. Rühren u. Abfiltrieren. — *3.3'-Diamino-4.4'-dimethylcarbanilid* (**IV**), $C_{15}H_{18}N_4O$, F. 230° (80%ig. wss. Pyridin), aus 10 g **V** in 300 g A. durch Hydrierung bei 50 at u. 100° in Ggw. von 3 g RANEY-Ni innerhalb von 6 Std.; kleine Nadeln; 7,5 g (Ausbeute). — *4.4'-Dimethylcarbanilid-3.3'-bis-[carbaminsäuremethylester]* (**III**), $C_{19}H_{22}N_4O_5$, a) F. 220—220,5° (A.), aus 1,1 g **II** durch 3std. Kochen in 25 ml Methanol; 0,71 g; b) F. 220—222° (A. oder 80%ig. Essigsäure), aus einer Suspension von 10 g **IV** in 30 ml Pyridin durch Zutropfen von 4 g Chlorkohlensäuremethylester, Verdünnen mit 50 ml Methanol, Gießen in 30 ml 1 n HCl, Abfiltrieren eines hellbraunen Nd. [F. 198—199° (Zers.); 3 g], Verdünnen des Filtrates mit W. u. Abfiltrieren einer weiteren Menge Roh-Prod. [F. 182° (Zers.); 4,42 g]; 7,42 g (Rohausbeute). CH. BÖHME. 1280□

**Synthesen von Phosphinsäuren.** P. Biddle, J. Kennedy und J. L. Willans. (Chem. and Ind. **1957**. 1481—82. 9/11. Harwell, Berks., England, Atomic Energy Res. Establ.) (Engl.)

Der Phenyldichlorphosphin–$AlCl_3$-Komplex (**I**), dargestellt nach KOSOLAPOFF u. HUBER (J. Amer. chem. Soc. **69**. [1947.] 2020), reagiert mit $CCl_4$ zu *Trichlormethylphenylphosphinylchlorid* [**II**; $C_7H_5Cl_4OP$, F. 87°; 50% (Ausbeute)]. Durch Hydrolyse von **II** mit 10%ig. NaOH wird *Phenylphosphonsäure* gebildet, während mit verd. $HNO_3$ *Phenyl-*

*trichlormethylphosphinsäure* ($C_7H_6Cl_3O_2P$, F. 164,5°) erhalten wird. II ist beständig gegen A. u. kann aus W. umkrist. werden. Durch Rk. von I mit n-Propylchlorid u. Methylchlorid in Methylenchlorid u. anschließende Hydrolyse entstehen *n-Propylphenylphosphinsäure* ($C_9H_{13}O_2P$, F. 87,5—88,5°; 40%) bzw. *Methylphenylphosphinsäure* ($C_7H_9O_2P$, F. 136—136,5°; 65%). Die Rk.-Mechanismen werden diskutiert. W. Hampel. 1380□

**Reaktion von Diazocyclopentadien mit Triphenylphosphin.** Fausto Ramirez und Stephen Levy. (J. org. Chemistry 23. 2036—37. Dez. 1958. New York, N.Y., Columbia Univ., Dep. of Chem.) (Engl.)

Triphenylphosphin in abs. Ae. reagiert mit Diazocyclopentadien ($Kp._{45-48}$ 47—49°) in PAe. unter Bldg. von orangefarbenem *Triphenylphosphonioazocyclopentadienylid* [I, $C_{23}H_{19}N_2P$, F. 122—124°; Absorptionsmaxima 345, 300, 262, 268, 275 u. 220 mμ (A.); 295, 278, 270, 268 u. 225 mμ (A./HCl). Verss., aus I durch therm. Spaltung Triphenylphosphoniocyclopentadienylid zu erhalten, schlugen fehl. F. Mader. 1380□

**Zur Chemie des Benzolglykols. 7. Mitt. Synthese der Desoxyinosite und Bromdesoxyinosite.** Minoru Nakajima und Norio Kurihara. (Chem. Ber. 94. 515—23. 1961. Kyoto, Univ., Agrikulturchem. Inst.) (Dt.) — 6. vgl. C. **1961.** 3398.

Von 5 stereoisomeren Konduriten (A, B, C, E u. F) ausgehend, werden über deren Epoxyde 7 stereoisomere *Bromdesoxyinosite* synthetisiert, deren Druckhydrierung 5 stereoisomere *Desoxyinosite* liefert, die als *Pentaacetyl-Derivv.* identifiziert werden. 4 davon sind neue Stereoisomere, deren Konfigurationen aus dem Rk.-Verlauf diskutiert werden.

Versuche: *5-Brom-5-desoxy-rac.-inosit* (I), $C_6H_{11}BrO_5$, F. 190—191,5° [Zers.; A./W. (1:1)], durch 2std. Erhitzen von Kondurit-A-epoxyd (F. 110°) in HBr auf 100° u. Eindampfen im Vakuum; 95,5% (Ausbeute). *Pentaacetyl-Deriv.* (**Ia**), $C_{16}H_{21}BrO_{10}$, F. 158—159°, durch $1^1/_2$std. Erhitzen von I mit Pyridin/Acetanhydrid auf 100° u. Eindampfen im Vakuum; aus A. Prismen; 73%. — *Pentaacetyl-2-brom-2-desoxy-rac.-inosit*, $C_{16}H_{21}BrO_{10}$, F. 106,5—107,5°, analog I aus Kondurit-B-epoxyd (F. 154—155°) u. Überführen in die Pentaacetyl-Verb.; aus A. Prismen; 77,5%. — *2-Brom-2-desoxy-rac.-inosit* (**VI**), F. 150° [A./Bzl. (1:1)], durch 1std. Erhitzen vorst. Verb. in A. mit konz. HCl auf 100° u. Eindampfen im Vakuum; 60%. — *Kondurit-C-epoxyd* (**III**; *1.2-Anhydroneo-* u. *1.2-Anhydroepiinosit*), F. 125—140° (A.), durch 3tägiges Stehen von Kondurit-C in Eisessig u. Perbenzoesäure in Chlf. bei Raum-Temp., Eindampfen u. Waschen mit Ae.; 57,3%. — *1.2-Anhydroneoinosit* (**II**), $C_6H_{10}O_5$, F. 134—146°, durch Umkristallisieren von 900 mg **III** aus A.; 374 mg. *Tetraacetyl-Deriv.*, $C_{14}H_{18}O_9$, F. 114—115° [A./W. (1:1)], durch 2tägiges Stehen mit Pyridin/Acetanhydrid u. Eindampfen im Vakuum; 59%. — *Tetraacetyl-1.2-anhydroepiinosit* (**IV**), $C_{14}H_{18}O_9$, F. 115,5—116,5°, durch Acetylieren der Kristalle, die aus der Mutterlauge von **II** gewonnen wurden; aus A. Prismen; 57,5%. — *Pentaacetyl-5-brom-5-desoxymyoinosit*, $C_{16}H_{21}BrO_{10}$, F. 209—210°, analog I aus **II** durch Acetylierung, Chromatographie an Cellulosepulver u. Eluieren mit Aceton/W. (4:1); 6,7%; daneben *Pentaacetyl-1-brom-1-desoxyalloinosit* (**VII**), $C_{16}H_{21}BrO_{10}$, F. 139—140°; Nadeln; 47,7%. — *Pentaacetyl-5-brom-5-desoxyalloinosit* (**VIII**), $C_{16}H_{21}$·$BrO_{10}$, F. 148—149°, durch Behandeln von **III** analog I, Chromatographie an Cellulosepulver u. Eluieren mit Aceton/W. (4:1); Prismen; 40,6%; liefert durch 3std. Erhitzen in A. auf 100° mit 20%ig. HBr, Lösen in 0,065n NaOH, 6std. Stehen bei Raum-Temp., Eindampfen im Vakuum, Acetylieren u. Umkristallisieren aus A./W. 32% **IV**. — *1-Brom-1-desoxyneoinosit* (**V**), $C_6H_{11}BrO_5$, F. 214° (Zers.), analog I aus Kondurit-E-epoxyd; aus A. Nadeln; 18,7%; daneben 47,2% I. — *Pentaacetyl-3-brom-3-desoxy-mucoinosit* (**IX**), $C_{16}H_{21}BrO_{10}$, F. 178—179°, analog I aus Kondurit-F-epoxyd u. Acetylieren; aus A. Nadeln; 60,5%. — *Tetraacetylkondurit-E*, F. 138—145°, durch 7std. Rühren von **Ia** in Eisessig mit Zn-Staub bei 100°, Filtrieren u. Eindampfen im Vakuum; Tafeln; 44,3%. — *Pentaacetyl-2-desoxyalloinosit*, $C_{16}H_{22}O_{10}$, F. 90—92°, durch $1^1/_2$std. Rühren von I, Amberlite IR-4B u. Raney-Ni in W. bei 15 at $H_2$, Filtrieren, Eindampfen u. Acetylieren; aus A./W. Prismen; 54,1%. — *Pentaacetyl-1-desoxyalloinosit*, $C_{16}H_{22}O_{10}$, F. 169—170°, analog vorst. Verb. aus **V**; aus A. Nadeln; 70,2%. — *1-Desoxyalloinosit*, F. 225° (Zers.), durch 1std. Erhitzen vorst. Verb. in A. mit konz. HCl u. Eindampfen im Vakuum; Nadeln; 79%. — *Pentaacetyl-1-desoxymyoinosit*, $C_{16}H_{22}O_{10}$, F. 112—113°, analog vorvorst. Verb. aus **VI**; aus A. Nadeln; 59%. — *1-Desoxymyoinosit*, $C_6H_{12}O_5$, F. 158—159°, aus vorst. Verb. mit HCl-haltigem verd. A.; aus verd. A. Prismen; 77%. — *Pentaacetyl-1-desoxyalloinosit*, $C_{16}H_{22}O_{10}$, F. 169,5—171,5°, durch Hydrolysieren von **VII** mit HBr, Eindampfen, Behandeln analog vorsvorst. Verb. u. Acetylieren; aus A. Nadeln; 54,5%. — *Pentaacetyl-1-desoxyepiinosit*, $C_{16}H_{22}O_{10}$, F. 88—91,5°, analog vorst. Verb. aus **VIII**; aus W. Prismen; 56,5%. — *Pentaacetyl-3-desoxyepiinosit*, $C_{16}H_{22}O_{10}$, F. 167—168°, analog vorst. Verb. aus **IX**; aus A. Stäbchen; 60%. P. Golinske. 1860□

**Synthese von Cyclohexadienonen.** D. Y. Curtin und R. R. Fraser. (Chem. and Ind. **1957.** 1358. 12/10. Urbana, Ill., Univ., Noyes Chem. Labor.) (Engl.) — Vgl. C. **1959.** 14386.

Li-2.6-Dimethylphenolat (I) u. $CH_3J$ reagieren in Ggw. von 2.6-Dimethylphenol (II) als Katalysator durch 24 std. Erwärmen auf 150° im Rohr unter Bldg. von 16% *2.6.6-Trimethylyclohexadien-(3.5)-on* (III; $C_9H_{12}O$, Kp.$_{25}$ 95°), 6% des *Dimeren* von III (F. 110 bis 110,5°) u. 39% *2.6-Dimethylanisol* (Kp.$_{21}$ 80°; $n_D^{25}$ 1,500). Durch Extraktion des Rk.-Gemisches mit CLAISENs Alkali werden noch 1% *Mesitol* u. 8% II gewonnen. Durch Kochen von I mit Methyltosylat in Toluol entsteht der *Methyläther* von II; Dienone werden noch nicht erhalten. W. HAMPEL. 1960 □

**Darstellung und säurekatalysierte Solvolyse von 6-Tosyloxyisophoron.** Arthur W. Fort. (J. org. Chemistry **26.** 332—34. Febr. 1961. Lexington, Ky., Univ. of Kentucky, Dep. of Chem.) (Engl.)

6-Tosyloxyisophoron (I) liefert beim Verseifen in Dioxan/HCl *p-Toluolsulfonsäure* u. *3.4.5-Trimethylphenol.* In methanol. HCl liefert I *Trimethylanisol.* Der Rk.-Mechanismus wird diskutiert.

Versuche (FF. korr.): *Isophoron,* Kp.$_{21}$ 105—106°, durch fraktionierte Dest. einer käuflichen Probe; $n_D^{24}$ 1,4764—1,4767. *2.4-Dinitrophenylhydrazon,* $C_{15}H_{18}N_4O_4$, FF. 147—148°/155° (abs. A.). — *6-Acetoxyisophoron,* $C_{11}H_{16}O_3$, F. 77—77,5° (Ligroin), durch Zugabe von Mennige zu vorst. Verb. in Eisessig/Acetanhydrid bei 75—80° (4 Std.), 4 std. Rühren bei ca. 72°, Entfernen des Lsgsm., Extrahieren des Rückstandes mit Ae., Eindampfen, Aufnehmen in Ligroin u. Stehen im Eisschrank; 30% (Ausbeute). — *6-Hydroxyisophoron* (II), $C_9H_{14}O_2$, F. 45—46° (Hexan), durch 5 std. Rühren vorst. Verb. mit 6n HCl bei Raum-Temp., Neutralisieren mit $NaHCO_3$, Ausäthern, Eindampfen, Versetzen mit Hexan u. Kühlen; gibt positive Rkk. mit FEHLINGs Reagens u. $Bi_2O_3$; 72%. *Oxim,* $C_9H_{15}NO_2$, F. 144—145° (Methanol/W.). *2.4-Dinitrophenylhydrazon,* $C_{15}H_{18}\cdot N_4O_5$, F. 182—183° (A.). *2.4-Dinitrophenylosazon,* $C_{21}H_{20}N_8O_8$, F. 258—259° Zers.; A./Essigester), durch 4 std. Erhitzen mit der entsprechenden Menge 2.4-Dinitrophenylhydrazin in Methanol/konz. HCl auf 100°. — *1-Hydroxy-2.2.4-trimethylcyclopentancarbonsäure-(1),* F. 89—90° (Hexan), durch 2½ std. Kochen von II mit KOH in abs. A., Einengen auf die Hälfte, Ansäuern, Extrahieren mit Hexan, Einengen, Kühlen u. Sublimieren der hellbraunen Kristalle; 33%. — *2.2.4-Trimethylcyclopentanon, 2.4-Dinitrophenylhydrazon,* F. 164—165°, durch Spaltung vorst. Verb. mit $(CH_3COO)_4Pb$ u. Überführen in das Hydrazon. — *6-Tosyloxyisophoron* (I), $C_{16}H_{20}O_4S$, F. 133° (Zers.; Aceton), durch Versetzen von II in Pyridin mit p-Toluolsulfonylchlorid in Pyridin u. 3 tägiges Stehen im Eisschrank; 54%. — *3.4.5-Trimethylphenol,* F. 108,5° (Hexan), durch ½ std. Kochen von I in Dioxan/6n HCl (1 : 1), Kühlen, Alkalisieren mit NaOH, Filtrieren, Ansäuern u. Sublimieren; 45%. *Dibromderiv.,* F. 144° (A./W.). — *3.4.5-Trimethylanisol,* F. 26—27°, Kp.$_{16}$ 107—108°, a) aus vorst. Verb. mit NaOH u. $CH_3J$ in Methanol; b) durch 1 std. Kochen von I mit methanol. HCl, Neutralisieren, Eindampfen, Extrahieren mit Hexan u. Dest.; 60%. *Bromderiv.,* $C_{10}H_{13}BrO$, F. 80—80,5° (A./W. u. Hexan). — *2.3.5-Trimethylanisol,* Kp.$_{10}$ 92—93°, aus 2.3.5-Trimethylphenol analog vorst. Verb. nach a). *Brom-Deriv.,* $C_{10}H_{13}BrO$, F. 51° (Methanol/W.). P. GOLINSKE. 1960 □

**Eine eindeutige Synthese der Dihydrosterculsäure.** Klaus Hofmann und Clayton W. Yoho. (J. Amer. chem. Soc. **81.** 3356—58. 5/7. 1959. Pittsburgh, Pa., Univ. of Pittsburgh, School of Med., Biochem. Dep.) (Engl.)

Zur Beweisführung, daß die aus *Sterculia foetida* isolierte *Dihydrosterculsäure* mit *DL-cis-9.10-Methylenoctadecansäure* (I) ident. ist, wurde Cyclopropan-cis-1.2-diessigsäure (II) in den *Monomethylester* u. dieser in das *Säurechlorid* übergeführt, das durch Rk. mit n-Hexyl-Cd *DL-6-Keto-cis-3.4-methylendodecansäuremethylester* liefert. Durch Verseifung des Esters u. WOLFF-KISHNER-Red. wurde *DL-cis-3.4-Methylendodecansäure* (IV) erhalten, die nach STÄLLBERG-STENHAGEN (Archiv Kemi Mineral. Geol., A 22. [1946.] Nr. 19. 1) in *DL-7-Keto-cis-9.10-methylenoctadecansäure* übergeführt wurde. WOLFF-KISHNER-Red. dieser Ketosäure lieferte I.

Versuche: *Cyclopropan-cis-1.2-diessigsäuredimethylester,* aus II u. Diazomethan. — *DL-Cyclopropan-cis-1.2-diessigsäuremonomethylester,* $C_8H_{12}O_4$, Kp.$_3$ 141—142°, durch Kochen von 6,7 g vorst. Esters, 11,5 g II u. 1,9 ml konz. HCl bis zur Homogenität, Zugeben von Methanol, 2 std. Kochen, Dest. u. Isolieren der Mittelfraktion; 8,1 g (Ausbeute). — *DL-6-Keto-cis-3.4-methylendodecansäure* (III), durch Zugeben des Säurechlorids vorst. Verb. zur sd. Lsg. von n-Hexyl-Cd in Bzl., 2 std. Kochen, mehrstd. Stehen bei Raum-Temp., Gießen auf Eis, Ansäuern mit $H_2SO_4$ (1 : 1), Extrahieren der organ. Phase mit wss. 5%ig. $NaHCO_3$-Lsg. u. W., Vakuumeinengen, Dest. des Rückstands u. 4 std. Verseifen des Esters (Kp.$_3$ 143—144°) mit methanol.-wss. KOH. *Semicarbazon,* $C_{14}H_{25}\cdot$

$N_3O_3$, F. 126,6—127,6° (wss. Methanol). — *DL-cis-3.4-Methylendodecansäure* (**IV**), $C_{13}H_{24}O_2$, Kp.$_3$ 153—154°, durch 2std. Kochen von 19,0 g **III**, 11,2 ml Hydrazinhydrat, 15,7 g KOH u. 11,2 ml Äthylenglykol, Erhitzen auf 195°, 4std. Kochen, Zugeben von W., Ansäuern mit $H_2SO_4$ (1 : 1), Extrahieren mit Ae., Verdampfen des Ae. u. Fraktionieren. *S-Benzylthiuroniumsalz*, $C_{21}H_{34}N_2O_2S$, F. 134—135° (Dioxan). — *DL-3-Keto-cis-5.6-methylentetradecansäuremethylester*, Kp.$_3$ 130—150°, durch Zugeben des Säurechlorids von **IV** in Bzl. bei 0° zu einer Na-Acetessigestersuspension in Bzl., 10 Min. langes Kochen, Gießen auf Eis, Ansäuern mit $H_2SO_4$ (1 : 1), Extrahieren der organ. Phase mit Bzl., Vakuumeindampfen, Lösen des Öls in methanol. $NaOCH_3$, 8std. Stehen bei Raum-Temp., Ansäuern mit $H_2SO_4$, Sättigen mit NaCl, Extrahieren mit Ae., Eindampfen, Lösen des Öls in Methanol, Zugeben von wss. Cu-Acetat-Lsg., Lösen des Cu-Chelats in Ae., Eindampfen u. Dest.; 72%. — *DL-7-Keto-cis-9.10-methylenoctadecansäure*, $C_{19}H_{34}O_3$, F. 30,6—32,0°, durch Lösen vorst. Verb. in Methyl-n-propylketon, Zugeben von 5-Jodvaleriansäuremethylester u. wasserfreiem $K_2CO_3$, 16 std. Kochen, Filtrieren, Vakuumeindampfen u. Lösen in methanol.-wss. KOH; aus Aceton bei —20° cremefarbene Plättchen; 4,6 g. — *DL-cis-9.10-Methylenoctadecansäure* (*Dihydrosterculsäure*) (**I**), $C_{19}H_{36}O_2$, F. 37,4—38,6°, durch Red. vorst. Verb. in Äthylenglykol, KOH u. Hydrazinhydrat analog **IV**; 3,9 g. *Amid*, $C_{19}H_{37}NO$, F. 86,4—87,6° (Methanol). H. SMALLA. 2010

**Ringerweiterung durch Reduktion von Nitrocycloalkanen mit Lithiumaluminiumhydrid.** H. J. Barber und E. Lunt. (J. chem. Soc. [London] **1960.** 1187—94. März. Dadenham, Essex, May & Baker Ltd., Res. Labor.) (Engl.)

Zur Unters. der Ringerweiterung werden 1-Methyl-1-nitrocyclopentan (**I**), -1-nitrocyclohexan (**II**) u. -1-nitrocycloheptan (**III**) mit $LiAlH_4$ reduziert. Durch Red. von **I** entstehen neben wenig *1-Methylcyclopentanol-(1)* (**IV**) 10% *1-Methylcyclopentylamin* (**VII**) u. 40% *2-Methylpiperidin* (**VI**) u. von **II** 15% *1-Methylcyclohexylamin* (**VIII**), *N-[1-Methylcyclohexyl-(1)]-hydroxylamin* (**IX**) u. 20% eines Gemisches, das gaschromatograph. in *2-Methylhexamethylenimin* u. *N-Methylcyclohexylamin* getrennt wurde. **IX** ergab durch Red. mit $LiAlH_4$ das gleiche Basengemisch wie **II** neben *1.1'-Dimethylazoxycyclohexan*. Die Red. von **III** ergab neben *1-Methylcycloheptylamin* u. *1.1'-Dimethylazoxycycloheptan* *2-Methylheptamethylenimin*. Es wird angenommen, daß sich bei der Imin-Bldg. ein Proton an das zunächst entstandene 1-Methylcycloalkylhydroxylamin anlagert, dann W. abgespalten wird u. nach Ringspaltung Ringerweiterung eintritt. Sek. Nitrocycloalkane zeigen bei der Red. mit $LiAlH_4$ eine geringere Tendenz zur Ringerweiterung, Nitrocyclopentan gibt neben *Cyclopentylamin* nur wenig *Piperidin*, Nitrocyclohexan nur Spuren von *Hexamethylenimin* u. 9-aci-Nitrofluoren keine Phenanthridin-Verb., sondern neben *9-Aminofluoren Fluorenon*, das wahrscheinlich durch Hydrolyse von Fluorenonoxim entstanden ist.

Versuche: *1-Methylcyclopentanol* (**IV**), F. 32—33°, Kp.$_{26}$ 57—60°, a) aus Cyclopentanon u. $CH_3MgJ$ in Ae. nach BROWN u. BORKOWSKI (C. **1953.** 4021); b) durch 1std. Kochen von 20 g **I**, $LiAlH_4$ u. Ae., mehrstd. Rühren bei Raum-Temp., Abkühlen auf 0°, Zers. mit W. u. mit 15%ig. wss. NaOH, Extrahieren des Filtrats mit 2n HCl u. Eindampfen der Ae.-Lösung. — *2-Methylpiperidin* (**VI**), Kp.$_{760}$ 118—120°, durch Alkalisieren des Säureextrakts von **IV** nach b) mit wss. NaOH, Extrahieren mit Bzl., Kochen der Benzol-Lsg. mit Benzaldehyd unter Verw. eines Wasserseperators, Extrahieren mit 2n Essigsäure u. mit W. bei 0°, Alkalisieren u. Extrahieren mit Ae.; 37,5% (Ausbeute). *Pikrat*, F. 132—133° (aus W. Nadeln). *N-[p-Chlorphenylthiocarbamoyl]-Deriv.*, $C_{13}H_{17}ClN_2S$, F. 162 bis 163° (Bzl.). *N-[3.5-Dinitrobenzoyl]-Deriv.*, $C_{13}H_{15}N_3O_5$, F. 148—149° (A.). — *1-Methylcyclopentylamin* (**VII**), Kp.$_{757}$ 114—117°, a) durch 1std. Kochen der neben **VI** erhaltenen rohen *Benzyliden-Verb.* mit 2n HCl, Wasserdampf-Dest., Alkalisieren u. Ae.-Extraktion; 11%; b) durch mehrstd. Stehen von **IV**, 96%ig. NaCN u. $H_2SO_4$ bei Raum-Temp., Zugeben von W. u. wss. NaOH, 4 std. Kochen, Dampf-Dest., Ansäuern, Ausäthern, Alkalisieren der wss. Lsg. u. Ausäthern; $n_D^{20}$ 1,4454; 49%; c) durch Hydrieren von **I** in A. in Ggw. von RANEY-Ni bei 26°. *Hydrochlorid*, F. 270—271° (Zers.), aus A./Ae. Nadeln. *N-[p-Chlorphenylthiocarbamoyl]-Deriv.*, $C_{13}H_{17}ClN_2S$, F. 164—165° (A.). — *1-Methyl-1-nitrocyclopentan* (**I**), Kp.$_{37}$ 89—92°, a) aus Methylcyclopentan u. $Al(NO_3)_3 \cdot 9\,H_2O$ nach HAMLIN u. FREIFELDER (C. **1954.** 2616); b) durch 24 std. Oxydation von **VII** mit $KMnO_4$ in W. bei 20—25° nach KORNBLUM u. CLUTTER (C. **1950/54.** 6706 S), Zugeben von 50%ig. wss. NaOH, Wasserdampf-Dest., Ansäuern des Destillats mit 2n HCl u. Extrahieren mit Ae.; $n_D^{22}$ 1,4490; 25,5%; c) durch analoge Oxydation von N-Benzyliden-1-methylcyclopentylamin mit $KMnO_4$; 47%. — *1-Methylcyclohexanol* (**V**), Kp.$_{20}$ 64—68°, analog **IV** nach a) u. b); $n_D^{31}$ 1,4558. *3.5-Dinitrobenzoyl-Deriv.*, F. 132—133°. — *1-Methylcyclohexylamin* (**VIII**), Kp.$_{759}$ 142—146°, analog **VII** nach a) (14%) u. nach b); $n_D^{22}$ 1,4522. *Hydrochlorid*, F. 290—291°. *Pikrat*, $C_{13}H_{18}N_4O_7$, F. 150—151° (W.). — *N-[1-Methyl-*

*cyclohexyl-(1)]-hydroxylamin* (**IX**), F. 71—73°, Kp.$_{47}$ 136—141°, neben **VIII** nach a); 12%; b) durch Red. von **II** mit Zn-Staub u. wss. $NH_4Cl$ bei 70%; 78%. *Oxalat*, 2 $C_7H_{15}NO \cdot C_2H_2O_4$, F. 184—185°. — *1.1'-Dimethylazoxycyclohexan*, $C_{14}H_{26}N_2O$, Kp.$_{17}$ 159—162°, durch langsame Zers. von **IX** an der Luft; orangefarbene Fl.; $n_D^{23}$ 1,4912; 77%. — *Isomere sek. Basen*, $C_7H_{15}N$, neben **V** aus der nichtbas. Fraktion. *Pikratgemisch*, $C_7H_{15}N \cdot C_6H_3N_3O_7$ (F. 127—143°). — *2-Methylhexamethylenimin*, neben **V** durch Chromatographie der tiefersd. bas. Fraktion an Glycerin-1.3-di-m-tolyläther-Celite; 2,5%. *Pikrat*, F. 130—131°. *Hydrochlorid*, F. 199—200°. *N-[p-Chlorphenylthiocarbamoyl]-Deriv.*, $C_{14}H_{19}ClN_2S$, F. 159—160°. — *N-Methylcyclohexylamin*, a) neben vorst. Verb.; 2,5%. *Pikrat*, F. 170—171°. *Hydrochlorid*, F. 180—181°. *N-[p-Chlorphenylthiocarbamoyl]-Deriv.* $C_{14}H_{19}ClN_2S$, F. 149—150°; b) nach BLICKE u. LU (C. **1955.** 9305). — *1-Methylcycloheptylamin*, analog **VII** nach a); 11%. *Pikrat*, F. 167—168°. *N-[p-Chlorphenylthiocarbamoyl]-Deriv.*, F. 155—156°. — *1.1'-Dimethylazoxycycloheptan*, $C_{16}H_{30}N_2O$, Kp.$_{14}$ 180 bis 181°, neben vorst. Verb., $n_D^{22}$ 1,4973; 10%. — *9-aci-Nitrofluoren*, F. 141—142°, aus dem K-Salz u. $H_2SO_4$ bei 0°. — *9-Bromfluoren*, F. 102—103°, a) aus 9-Fluorenol nach HURD u. MOLD (J. org. Chemistry **13.** [1948.] 339); 100%; b) durch Bromierung von Fluoren mit N-Bromsuccinimid oder mit 2.4-Dibrom-5.5-dimethylhydantoin. — *9-[O-Fluorenyl-aci-nitro]-fluoren*, $C_{26}H_{17}NO_2$, F. 209—210° (Zers.; Essigsäure), durch 4std. Kochen vorst. u. vorvorst. Verb. in trockenem Aceton u. Zugeben zu W. bei 0°; 67%. — *2-Methyl-8-oxoheptamethylenimin*, Kp.$_{0,05}$ 94—98°, aus 2-Methylsuberon nach GODCHOT u. CAUQUIL [1929]. — *2-Methylheptamethylenimin*, Kp.$_{15}$ 62—64°, a) durch Red. vorst. Verb. u. Reinigung durch Gaschromatographie; 18,5%; b) analog **VII** nach a) u. Gaschromatographie; 6%. *Pikrat*, F. 156—157°. *Hydrochlorid*, $C_8H_{17}N \cdot HCl$, F. 165—166°. *N-[p-Chlorphenylthiocarbamoyl]-Deriv.*, $C_{15}H_{21}ClN_2S$, F. 130—131°. — *Piperidin*, F. 106°. *N-[p-Chlorphenylthiocarbamoyl]-Deriv.*, $C_{12}H_{15}ClN_2S$, F. 150—151°. — *Cyclopentylamin*, durch reduktive Aminierung nach CORRIGAN u. Mitarbeitern, C. **1954.** 9269. *Hydrochlorid*, $C_5H_{11}N \cdot HCl$, F. 206—207°. *N-[p-Chlorphenylthiocarbamoyl]-Deriv.*, $C_{12}H_{15}ClN_2S$, F. 179—180° (A.). *Pikrat*, $C_{11}H_{14}N_4O_7$, F. 136—137° (verd. Essigsäure). — *Cyclohexylamin*, *N-[p-Chlorphenylthiocarbamoyl]-Deriv.*, $C_{13}H_{17}ClN_2S$, F. 176—177°. — *1-Methylcyclohexyl-3.5-dinitrobenzoat*, $C_{14}H_{16}N_2O_6$, F. 132—133°, aus A. schwachgelbe Plättchen. — *N-[1-Methylcyclopentyl]-hydroxylamin*, durch Red. von **I** mit Zn-Staub u. wss. $NH_4Cl$ bei 70°. *Hydrochlorid*, $C_6H_{13}NO \cdot HCl$, F. 148—149°. — *N-[Fluorenyl-(9)]-hydroxylamin*, $C_{13}H_{11}NO$, F. 124° (Cyclohexan), aus 9-Bromfluoren nach EXNER (C. **1957.** 3794).

H. SMALLA. 2100

**Analgeticasynthese.** 7. Mitt. **Über Aminocyclohexanderivate.** 4. Mitt. Torizō Takahashi, Mikio Hori und Hajime Tsuruha. (J. pharmac. Soc. Japan [Yakugakuzasshi] **75.** 1380—82. 25/11. 1955. Kyōto Univ., Med. Fak., Pharmakol. Inst.) (Jap.; Auszug: Engl.) — 6. vgl. C. **1961. 17949**; 3. vgl. J. pharmac. Soc. Japan [Yakugakuzasshi] **74.** [1954.] 1141.

Durch Einw. von Benzoyl- (**VI**), p-Chlorbenzoyl- (**IV**) u. m-Brombenzoylchlorid (**V**) auf 1-Äthyl- (**I**), 1-Phenyl- (**II**) u. 1-[p-Chlorphenyl]-2-dimethylaminomethylcyclohexanol (**VII**) entstehen die entsprechenden *Benzoesäureester*. Behandeln von **I** u. **II** mit $SOCl_2$ gibt *1-Chlorderivate*. o-Chlorjodbenzol (**XIV**), p-Methyl-m-chlorjodbenzol (**XI**), p-Chlorjodbenzol (**X**), m-Dibrombenzol (**XII**) u. p-Dibrombenzol (**XIII**) werden in die GRIGNARD-*Verbb.* übergeführt u. diese mit 2-Dimethylaminomethylcyclohexanon (**III**) zu den entsprechenden *1-Halogenphenyl-2-dimethylaminomethylcyclohexanolen* umgesetzt. Durch Rk. von **I** mit m-Nitrobenzoylchlorid (**VIII**) erhaltener *m-Nitrobenzoesäure-1-äthyl-2-dimethylaminomethylcyclohexylester* wird zur entsprechenden *Amino-Verb.* red. u. diese mit Chlorkohlensäureäthylester (**IX**) zum *m-Äthoxycarbonylamino-Deriv.* umgesetzt.

Versuche: 2-Dimethylaminomethylcyclohexane: *1-Äthyl-1-[p-chlorbenzoyloxy]-*, *Hydrochlorid*, $C_{18}H_{26}ClNO_2 \cdot HCl$, F. 201° (Essigester), aus 1 g **I** in 3 cm³ Bzl. u. 1,3 g **IV** in 15 cm³ Bzl. durch 6std. Kochen; 1,3 g (Ausbeute). — *1-Äthyl-1-[m-brombenzoyloxy]-*, *Hydrochlorid*, $C_{18}H_{26}BrNO_2 \cdot HCl$, F. 184° (Essigester/$CH_3OH$), durch 1std. Kochen von 1 g **I** u. 1,56 g **V** in Bzl.; 1,7 g. — *1-Benzoyloxy-1-phenyl-*, $C_{22}H_{27}NO_2$, F. 115,5° (A.), aus 25 g **II** in 30 cm³ Aceton u. 3,3 g **VI** in 10 cm³ Aceton durch 6std. Kochen u. Ae.-Extraktion; 2,6 g. — *1-Benzoyloxy-1-[p-chlorphenyl]-*, *Hydrochlorid*, $C_{22}H_{26}ClNO_2 \cdot HCl$, F. 203° (Essigester), aus 2 g **VII** u. 1,2 g **VI** wie vorst.; 2 g neben **VII**-*Hydrochlorid* [F. 260° (Zers.)]. — *1-Chlor-1-äthyl-*, $C_{11}H_{22}ClN$, Kp.$_7$ 74°, aus 11,5 g **I** in Chlf. u. 14,7 g $SOCl_2$ durch 4std. Kochen u. Ausäthern; 3,5 g. — *1-Chlor-1-phenyl-*, $C_{15}H_{22}ClN$, Kp.$_{0,4}$ 118°, aus 10 g **II** u. 11 g $SOCl_2$ analog; 5,5 g. — *1-Äthyl-1-[m-nitrobenzoyloxy]-*, $C_{18}H_{26}N_2O_4$, F. 213,5° (Zers.; Essigester/$CH_3OH$), aus 3,4 g **VIII** in 30 cm³ Bzl. u. 3 g **I** in Bzl. durch 1std. Erhitzen auf 100—110°; 5,7 g. — *1-Äthyl-1-[m-aminobenzoyloxy]-*, aus 3 g des Hydrochlorids der vorst. Verb. in 30 cm³ $CH_3OH$ durch katalyt.

Hydrieren an 1 g 5%ig. Pd-Kohle; Öl; 5,2 g. — *1-Äthyl-1-[m-äthoxycarbonylamino-benzoyloxy]-, Hydrochlorid,* $C_{21}H_{32}N_2O_4 \cdot HCl$, F. 197° (Zers.; Essigsäuremethylester/$CH_3OH$), aus 0,8 g vorst. Verb. in 15 cm³ Bzl. u. 1,2 g **IX** in 100 cm³ Bzl. durch 10 Min. langes Stehen u. Zutropfen von 25 cm³ konz. $NaHCO_3$; 0,5 g. — 2-Dimethylamino-methylcyclohexanole: *1-[p-Chlorphenyl]-* (**VII**), $C_{15}H_{22}ClNO$, Kp.$_{0,04}$ 151°, aus 2,35 g Mg, 23 g **X** u. 10 g **III** in Ae. durch 7std. Erhitzen, Abkühlen, Zusatz von 10%ig. HCl oder 15%ig. Essigsäure, konz. $NaHCO_3$ u. Ae.-Extraktion; 6,8 g. *Hydrochlorid,* $C_{15}H_{22}$·$ClNO \cdot HCl$, F. 260° (Zers.; Essigester/$CH_3OH$). — *1-[o-Chlorphenyl]-*, $C_{15}H_{22}ClNO$, Kp.$_{0,04}$ 153°, aus 2,4 g Mg, 24 g **XIV** u. 13 g **III**; 3,6 g. *Hydrochlorid,* F. 195°. — *1-[m-Chlor-p-tolyl]-*, $C_{16}H_{24}ClNO$, Kp.$_{0,04}$ 156°, aus 1 g Mg, 9,5 g **XI** u. 5 g **III**; 2,2 g. *Hydrochlorid,* F. 206°. — *1-[m-Bromphenyl]-*, $C_{15}H_{22}BrNO$, Kp.$_{0,5}$ 143°, aus 3 g Mg, 30 g **XII** u. 20 g **III**; 12,8 g. — *1-[p-Bromphenyl]-*, $C_{15}H_{22}BrNO$, Kp.$_{0,04}$ 142°, aus 2,3 g Mg, 23,5 g **XIII** u. 11 g **III**; 2 g. *Hydrochlorid,* F. 253° (Zers.). F. Mossner. 2120

**2.4′-Diphenylbiphenyl (o.p′-Quaterphenyl).** D. H. Hey, M. J. Perkins und Gareth H. Williams. (J. chem. Soc. [London] **1961.** 748—50. Febr. London, Univ., King's Coll.) (Engl.)

o-Terphenyl wurde zur *4-Nitro-Verb.* nitriert, die zur *Amino-Verb.* red. wurde. Diese lieferte durch Acetylierung u. Nitrosierung *4-[Acetylnitrosoamino]-o-terphenyl,* das in Bzl. zu *2.4′-Diphenylbiphenyl* (**I**) zersetzt wurde. Ferner wurde **I** durch Wasserabspaltung u. Dehydrierung aus dem aus 2-Phenylcyclohexanon u. Biphenylyl-(4)-MgBr erhaltenen *1-[Biphenylyl-(4)]-2-phenylcyclohexanol-(1)* dargestellt. **I** stimmte in seinen Eigg. mit dem von Dale (vgl. C. **1959.** 2396, 3754), nicht jedoch mit den von Wiley u. Wakefield (vgl. C. **1960.** 10560) als **I** beschriebenen Prod. überein.

Versuche (FF. korr.): *4-Acetamido-o-terphenyl,* $C_{20}H_{17}NO$, F. 157,5—160,5° (wss. Methanol), aus der 4-Nitro-Verb. durch Red. mit Sn u. HCl zu *4-Amino-o-terphenyl* [F. 117,5—118,5°; *Benzoyl-Deriv.,* $C_{25}H_{19}NO$, F. 187—188° (wss. Methanol)] u. nachfolgende Einw. von Acetylchlorid in Pyridin auf 4,05 g; 4,34 g (Ausbeute). *N-Nitroso-Deriv.,* durch Zugabe von NOCl in Acetanhydrid zur Lsg. von 4 g Acetyl-Deriv. u. Na-Acetat in Eisessig-Acetanhydrid in Ggw. von $P_2O_5$ bei 0°, 15 Min. langes Rühren, dann Zugabe zu Eiswasser u. weiteres 1std. Rühren; zersetzt sich bei ca. 90°. — *2.4′-Diphenylbiphenyl* (**I**), $C_{24}H_{18}$, F. 120—120,5° (PAe.), a) aus vorst. N-Nitroso-Deriv. durch 48std. Rühren in Bzl. mit $MgSO_4$ bei 20°, dann 10 Min. langes Kochen, Aufarbeitung u. Chromatographie an $Al_2O_3$; 1,53 g; b) aus 5 g 1-[Biphenylyl-(4)]-2-phenylcyclohexen durch 16std. Kochen mit Chloranil in Xylol; 2,4 g. — *2-Phenylcyclohexanon,* $C_{12}H_{14}O$, F. 60—61° (PAe.), nach Newman u. Farbman (J. Amer. chem. Soc. **66.** [1944.] 1550). — *1-[Biphenylyl-(4)]-2-phenylcyclohexen,* $C_{24}H_{22}$, *Isomeres vom F. 135—136°* (A.), aus 9 g 4-Brombiphenyl u. Mg durch ½ std. Kochen in Tetrahydrofuran unter $N_2$, nach Zugabe vorst. Verb. 3std. Kochen unter $N_2$, dann Einw. von 1 n HCl u. Bzl.-Extraktion u. anschließendes 5std. Kochen des erhaltenen Öls mit 85%ig. Ameisensäure; daneben *Isomeres vom F. 101,5—102,5°*; 7 g (Gesamtausbeute). D. Kirstein. 2210□

**Optische Untersuchungen von 2.2′-Di-tert.-butylbiphenylcarbonsäuren und 2′-tert.-Butylbiphenylcarbonsäure-(2).** Mary S. Lesslie und Ursula J. H. Mayer. (J. chem. Soc. [London] **1961.** 611—18. Febr. London, Univ., Bedford Coll.) (Engl.)

Das Strychnin- u. das Brucinsalz der 2′-tert.-Butylbiphenylcarbonsäure-(2) (**I**) erfahren in A. eine asymm. Transformation 2. Ordnung im Gegensatz zu den entsprechenden Salzen der 6.6′-Di-tert.-butylbiphenyldicarbonsäure-(3.3′) (**II**) u. 2′.6-Di-tert.-butylbiphenylcarbonsäure-(3) (**III**), deren opt. Antipoden hohe opt. Stabilität zeigen. Der Methylester von **I** wurde durch Erhitzen von o-Jodbenzoesäuremethylester u. o-Jod-tert.-butylbenzol (**IV**) in Ggw. von Cu-Bronze dargestellt. Als Nebenprodd. wurden *2.2′-Di-tert.-butylbiphenyl* (**VII**) u. *Diphensäuredimethylester* erhalten. **IV** wurde ausgehend von 2.4-Dinitro-tert.-butylbenzol durch $Na_2S$-Red. zum entsprechenden *Nitroamin,* dessen Desaminierung über das *Diazoniumfluoroborat* oder mit $H_3PO_2$, Red., Diazotierung von *o-Amino-tert.-butylbenzol* bei —35° u. Zugabe der Rk.-Mischung zu wss. NaJ bei —13° dargestellt (vgl. Shoesmith u. Mackie [1928]). **II** wurde durch Erhitzen von 3-Jod-4-tert.-butylbenzoesäuremethylester (**V**) mit Cu-Bronze erhalten. **V** wurde aus dem Hydrochlorid des 3-Amino-4-tert.-butylbenzoesäuremethylesters über die *Diazonium-Verb.* dargestellt, wobei **V** als Mol.-Verb. mit dem *Methylester* der *3-Hydroxy-4-tert.-butylbenzoesäure* (**VI**) im Verhältnis 1:1 erhalten wurde, die durch Behandlung mit wss. NaOH zu **V** u. **VI** zersetzt wurde u. durch Erhitzen mit Cu-Bronze *5.5′-Dimethoxycarbonyl-2.2′-di-tert.-butylbiphenyläther* lieferte. Der Methylester von **III** entstand aus äquimol. Mengen **V** u. **IV** neben **VII**.

Versuche: *2.4-Dinitro-tert.-butylbenzol,* F. 63—64° (A.; Prismen), aus tert.-Butylbenzol durch Zugabe zu $HNO_3$ (D. 1,51) bei 0° innerhalb 1 Std. u. ¼std. Erwärmen auf 60—65°; 85% (Ausbeute). — *3-Nitro-4-tert.-butylanilin,* F. 55—56° (PAe.), aus vorst.

Verb. u. $Na_2S$ durch 1 std. Kochen in W.; 75%. — *o-Nitro-tert.-butylbenzol*, Kp.$_6$ 102 bis 104°, a) aus vorst. Verb. durch Diazotierung in wss. HCl, nach 1 Std. bei 0—10° Zugabe von $HBF_4$ u. Zers. des erhaltenen *Diazoniumfluoroborats* durch Zugabe zu sd. alkohol. $H_2SO_4$; 72%; b) analog a) durch Zugabe der Diazoniumsalz-Lsg. zu $H_3PO_2$ bei 0°; 75%. — *o-tert.-Butylanilin*, Kp.$_5$ 93°, aus vorst. Verb. mit Fe-Spänen in verd. Essigsäure; 88%. — *o-Jod-tert.-butylbenzol* (**IV**), Kp.$_3$ 94—96°, aus vorst. Verb. in verd. $H_2SO_4$ durch Zugabe von wss. $NaNO_2$ bei —35°, dann Erwärmen auf —13° innerhalb 2 Std. u. anschließende Zugabe der Suspension zu wss. NaJ u. Wasserdampf-Dest.; 68—78%. — *2.2'-Di-tert.-butylbiphenyl* (**VII**), $C_{20}H_{26}$, F. 63—64° (A.; Tafeln), aus **IV** durch Erhitzen mit Cu-Bronze auf 225° in ½ Std. u. Dest. bei 140°/2 mm. — *2'-tert.-Butylbiphenylcarbonsäure-(2)* (**I**), (±)-*Form*, $C_{17}H_{18}O_2$, F. 182—183° (wss. A.; Nadeln), aus **IV** u. o-Jodbenzoesäuremethylester durch ½ std. Erhitzen mit Cu-Bronze auf 210°, Chlorbenzolextraktion u. Dest. bei 160—180°/5 mm, dann Einw. von alkohol. KOH auf das erhaltene Prod. u. fraktionierte Kristallisation aus Eisessig. (—)-**I**, F. 185—187°, aus dem Strychninsalz; $[\alpha]_{5791}$ —24,3°, $[\alpha]_{5461}$ —29,8°, racemisiert sich durch Erwärmen in A. vollständig. *Strychninsalz*, $C_{17}H_{18}O_2 \cdot C_{21}H_{22}N_2O_2$, F. 208—212° (Methanol; Prismen), $[\alpha]_{5791}$ —49,9°, $[\alpha]_{5461}$ —58,6° (Chlf.), nach ¼ std. Kochen in Chlf. $[\alpha]_{5791}$ —38,2°, $[\alpha]_{5461}$ —44,8°. (+)-**I**, aus dem Brucinsalz; $[\alpha]_{5791}$ +7,7°. *Brucinsalz*, aus (±)-**I** u. Brucin in sd. A.; $[\alpha]_{5791}$ —23,9°, $[\alpha]_{5461}$ —29,7°.— *3-Nitro-4-tert.-butylbenzoesäure*, F. 162—163° (verd. Essigsäure; Prismen), aus p-tert.-Butylbenzoesäure u. $HNO_3$ (D. 1,51) in 15 Min. bei 60°; 65%; liefert durch Decarboxylierung u. anschließende Nitrierung *2.4-Dinitro-tert.-butylbenzol*. *Methylester*, $C_{12}H_{15}NO_4$, Kp.$_6$ 162°, F. 45—46° (Methanol; Tafeln). *Äthylester*, $C_{13}H_{17}NO_4$, Kp.$_5$ 162—165°, F. 22 bis 24°. — *3-Amino-4-tert.-butylbenzoesäure*, *Methylester*, *Hydrochlorid*, $C_{12}H_{18}ClNO_2$, F. 198—200° (A.; Tafeln), aus vorst. Methylester u. Fe-Spänen in verd. Essigsäure bei 100°, Extraktion mit heißem Methanol u. Zugabe des Prod. zu konz. HCl bei 0°; 80%. *Äthylester*, $C_{13}H_{19}NO_2$, Kp.$_4$ 160°. *Hydrochlorid*, $C_{11}H_{20}ClNO_2$, F. 238—239° (Prismen), durch Red. vorst. Äthylesters. — *3-Jod-4-tert.-butylbenzoesäure*, $C_{11}H_{13}JO_2$, F. 202 bis 203° (A.; Nadeln), aus 44 g vorst. Methylesterhydrochlorids in konz. HCl durch Zugabe von wss. $NaNO_2$ bei —25° u. 1½ std. Stehen bei —15° u. —5°, dann Zugabe zu wss. NaJ, nach Aufarbeitung Dest. bei 164—168°/10 mm, anschließendes Rühren der erhaltenen *Mol.-Verb.* von **V** u. **VI**-Methylester [$C_{12}H_{15}JO_2 \cdot C_{12}H_{16}O_3$, F. 58—59° (PAe.; haarähnliche Nadeln); 25,5 g] mit 30%ig. wss. NaOH u. nachfolgende Hydrolyse des erhaltenen **V** mit alkohol. K-Äthylat. *Methylester* (**V**), $C_{12}H_{15}JO_2$, Kp.$_4$ 156—158°, F. ca. 12°. *Äthylester*, $C_{13}H_{17}JO_2$, F. 58—59° (A.; Würfel). — *3-Hydroxy-4-tert.-butylbenzoesäure* (**VI**), *Methylester*, $C_{12}H_{16}O_3$, F. 108—109° (PAe.; Nadeln), aus 12 g des Methylesterhydrochlorids vorvorst. Verb. durch Diazotierung bei —15 u. +10°; 4,8 g. **VI**, $C_{11}H_{14}O_3$, F. 187—188° (wss. A.; Nadeln), durch Rühren des Methylesters mit kalter 10%ig. wss. NaOH. — *5.5'-Dimethoxycarbonyl-2.2'-di-tert.-butylbiphenyläther*, $C_{24}H_{30}O_5$, F. 173—174° (Methanol; Rhomboeder), aus 45 g der Mol.-Verb. von **V** u. **VI**-Methylester durch Erhitzen mit Cu-Bronze auf 240°; 4,2 g. — *6.6'-Di-tert.-butylbiphenyldicarbonsäure-(3.3')* (**II**), (±)-Form, $C_{22}H_{26}O_4$, F. 345° (Essigsäure; Prismen), aus **V** mit Cu-Bronze bei 235° u. nachfolgende Hydrolyse des entstandenen Methylesters mit alkohol. K-Äthylat. *Methylester*, $C_{24}H_{30}O_4$, F. 201—202° (Methanol; Nadeln); 62%. *Äthylester*, $C_{26}H_{34}O_4$, F. 144—145° (A.; Nadeln), aus 3-Jod-4-tert.-butylbenzoesäureäthylester u. Cu-Bronze bei 245°. (+)-*Form*, $C_{22}H_{26}O_4$, F. 345°, aus dem *Brucinsalz* [$C_{22}H_{26}O_4 \cdot 2\,C_{23}H_{26}N_2O_4 \cdot 6\,H_2O$, F. 210° (A.; Tafeln), $[\alpha]_{5791}$ —37,8°, $[\alpha]_{5461}$ —43,9° (Aceton; c = 0,5)] durch mehrstd. Erhitzen des Monohydrats im Vakuum auf 130°; $[\alpha]_{5791}$ +18,6°, $[\alpha]_{5461}$ +24,1°. *Monohydrat*, $[\alpha]_{5791}$ +18,1°, $[\alpha]_{5461}$ +23,6° (c = 0,5; Aceton). (—)-*Form*, $C_{22}H_{26}O_4 \cdot C_2H_4O_2$, F. 345° (Eisessig), $[\alpha]_{5791}$ —17,7°, $[\alpha]_{5461}$ —22,8° (Aceton; c = 0,5); liefert durch mehrstd. Erhitzen im Vakuum auf 130° die unsolvatisierte Säure; $[\alpha]_{5791}$ —18,9°, $[\alpha]_{5461}$ —24,2°. — *2'.6-Di-tert.-butylbiphenylcarbonsäure-(3)* (**III**), (±)-*Form*, $C_{21}H_{26}O_2$, F. 233° (Methanol; Prismen), aus 32 g **V** u. **IV** durch Erhitzen mit Cu-Bronze auf 220°, Dest. bei 156—180°/2 mm (7 g) u. nachfolgende Einw. von K-Äthylat in A.; daneben **VII**. (+)-**III**, F. 181—185° (Methanol; Nadeln), aus dem *Strychninsalz* [$C_{21}H_{26}O_2 \cdot C_{21}H_{22}N_2O_2 \cdot 2\,H_2O$, F. 160—161° (A.; Nadeln), $[\alpha]_{5791}$ —9,5°, $[\alpha]_{5461}$ —12,6° (c = 1; Chlf.)] durch Zers. mit Ameisensäure; $[\alpha]_{5791}$ —25,5°, $[\alpha]_{5461}$ —28,4° (c = 1; Chlf.), $[\alpha]_{5791}$ +45,4°, $[\alpha]_{5461}$ +51,8° (Toluol). (—)-**III**, F. 181—185° (Methanol), F. 192—193° (Sublimation bei 130°/1 mm), neben (+)-**III** aus dem öligen Strychninsalz; $[\alpha]_{5791}$ — 25,8°, $[\alpha]_{5461}$ —28,3° (Chlf.), $[\alpha]_{5791}$ —65,5°, $[\alpha]_{5461}$ —72,4° (sublimiertes Prod. in Toluol).

D. KIRSTEIN. 2410□

**Über Pseudoaromaten aus Indanonen-(2).** 6. Mitt. **Verfahren zur Darstellung $C_1$-substituierter Indanone-(2).** W. Treibs, W. Schroth und P. Lohmann. (Z. Chem. **1.** 24—25. 1961. Leipzig, Karl-Marx-Univ., Inst. für Organ. Chem.) (Dt.) — 5. vgl. C. **1961.** 15387.

Durch Rk. von 2-Methoxyindanon-(1) mit GRIGNARD- oder Li-organ. Verbb. werden 1-substituierte 2-Methoxyindanole-(1) (**A**; *1-Methyl-*, Kp.$_{0,4}$ 91—95°; *1-Äthyl-*, Kp.$_{0,75}$ 97—101°; *1-n-Butyl-*, Kp.$_4$ 125°; *1-Benzyl-*, Kp.$_{0,55}$ 142—145° u. a.) dargestellt, die sich analog dem 2-Methoxyindanol-(1) durch Einw. wss. Mineralsäuren, vermutlich über die Stufe des *1-Alkyl-2-methoxy-3 H-indens*, in *1-Alkylindanone-(2)* (**B**) überführen lassen. **A** werden als Isomerengemische verarbeitet; für die Ausbeute an **B** ist wahrscheinlich der Anteil des **A**-Isomeren mit cis-Lage beider O-Funktionen verantwortlich. **B** neigen nicht oder nur wenig zur Selbstkondensation. Rk. von **B** mit Salicylaldehyd führt zu tiefrot krist. 7-substituierten 2.3;5.6-Dibenzoxalenen (*7-Methyl-*, F. 92—93°; *7-Äthyl-*, F. 58—59°; *7-n-Butyl-*, F. 89—90°; *7-Benzyl-*, F. 146—147° u. a.)

G. REISNER. 2650□

**Synthesen von N¹-Acyl-4-acetylaminonaphthalinsulfonamid-(1).** 2. Mitt. Kiyoshi Tsutsui, Kiyoshi Kawahara und Akio Fujita. (J. pharmac. Soc. Japan [Yakugakuzasshi] **75.** 1419—21. 25/11. 1955. Ōsaka, Dainippon A.G. für pharm. Präpp.) (Jap.; Auszug: Engl.) — 1. vgl. C. **1961.** 17187.

*N¹-Acyl-4-acetylaminonaphthalinsulfonamide-(1)* werden durch SCHOTTEN-BAUMANN-Rk. von 4-Acetylaminonaphthalinsulfonamid-(1) (**I**) mit Säureanhydrid oder -chlorid in alkal. Lsg. dargestellt.

Versuche: 4-Acetylaminonaphthalinsulfonamide-(1): *N¹-Acetyl-*, $C_{14}H_{14}N_2O_4S$, F. 258—259° (A.), aus 24,5 g **I** in 40 g 10%ig. KOH u. 10 g Essigsäureanhydrid in 12 g 40%ig. KOH; 20 g (Ausbeute). — *N¹-Benzoyl-*, $C_{19}H_{16}N_2O_4S$, F. 227—228° (A.), aus a) 5,8 g **I** in 14 g 10%ig. NaOH u. 7,1 g Benzoesäureanhydrid, 10 cm³ Ae. u. 1,5 g 50%ig. NaOH; 7,2 g; b) 6,6 g **I** in 15 g 10%ig. NaOH u. 7 g Benzoylchlorid u. 1 g NaOH in 2 cm³ W.; 7,6 g. — *N¹-Lauroyl-*, $C_{24}H_{34}N_2O_4S$, F. 191—192° (A.), aus 6,6 g **I** u. 14 g 10%ig. NaOH in 10 cm³ W. u. 6 g Lauroylchlorid u. 0,6 g NaOH in 3 cm³ W.; 7,5 g. — *N¹-Phenacetyl-*, F. 233—234° (A.), aus 6,6 g **I** in 15 g 10%ig. NaOH u. 5,75 g Phenacetylchlorid u. 1 g NaOH in 2,5 cm³ W.; 7 g.

F. MOSSNER. 2700

**Mit Podophyllotoxin verwandte Verbindungen.** 11. Mitt. **Eine ungewöhnliche Stobbe-Kondensation.** Walter J. Gensler, Francis Johnson und William F. Sullivan. (J. Amer. chem. Soc. **82.** 6070—74. 5/12. 1960. Boston, Mass., Boston Univ., Chem. Dep.) (Engl.) — 10. vgl. C. **1961.** 4356.

STOBBE-Kondens. von 2-[3'.4'.5'-Trimethoxybenzoyl]-4.5-methylendioxybenzoesäuremethylester mit Bernsteinsäuredimethylester gibt nicht, wie früher von GENSLER u. Mitarbeitern (10. Mitt., l. c.) angenommen, 1-[3'.4'.5'-Trimethoxyphenyl]-4-hydroxy-6.7-methylendioxynaphthoesäure-(2)-methylester (**I**) (vgl. REEVE u. MYERS, C. **1954.** 6718), sondern *1-Hydroxy-4-[3'.4'.5'-trimethoxyphenyl]-6.7-methylendioxynaphthoesäure-(2)-methylester* (**II**). Die Struktur von **II** folgt u. a. aus der IR-Absorption u. dem Widerstand gegenüber der Methylierung mit $CH_2N_2$. 1-[3'.4'.5'-Trimethoxyphenyl]-4-oxo-6.7-methylendioxy-1.2.3.4-tetrahydronaphthoesäuremethylester (**III**) gibt beim Dehydrieren mit S **I**, das in das *Acetyl-Deriv.* (**IV**) übergeführt wird. **III** reagiert mit Essigsäureisopropenylester (**V**) in Ggw. von Säurespuren zu *1-[3'.4'.5'-Trimethoxyphenyl]-4-acetoxy-6.7-methylendioxy-1.2-dihydronaphthoesäure-(2)-methylester*, der mit S ebenfalls zu **IV** aromatisiert wird. Ein Rk.-Schema für die Bldg. von **II** wird vorgeschlagen.

Versuche: 6.7-Methylendioxynaphthoesäuren-(2): *1-[3'.4'.5'-Trimethoxyphenyl]-4-hydroxy-*, *Methylester* (**I**), $C_{22}H_{20}O_8$, F. 239—239,5°, durch 1½std. Kochen von 0,0012 Mol **III** u. 0,0036 g-Atom S in 5 g Diphenyl (Di), Abkühlen, Lösen in Bzl., Chromatographie (Chr.) an $Al_2O_3$, Eluieren mit Bzl. u. Bzl./Ae. u. Sublimieren bei 215—245°/ $2 \cdot 10^{-4}$ Torr; aus Chlf./$CH_3OH$ u. $CH_3OH$ schwachgelbe Kristalle; 0,16 g (Ausbeute). *Äthylester*, $C_{23}H_{22}O_8$, F. 202,5—203°, durch 2std. Erhitzen von 0,0015 Mol 1-[3'.4'.5'-Trimethoxyphenyl]-4-oxo-6.7-methylendioxy-1.2.3.4-tetrahydronaphthoesäure-(2)-äthylester u. 0,0046 g-Atom S auf 250°; aus $CH_3OH$ gelbe Kristalle; 0,12 g. — *1-[3'.4'.5'-Trimethoxyphenyl]-4-acetoxy-1.2-dihydro-*, *Methylester*, $C_{24}H_{24}O_9$, F. 151—152°, durch 6std. Kochen von 12 ml **V**, der 0,3 g **III** (F. 176°) enthält, mit 0,15 g p-Toluolsulfonsäure (Ts) u. Einengen im Vakuum; aus $CH_3OH$ gelbe Nadeln; 0,27 g. — *1-[3'.4'.5'-Trimethoxyphenyl]-4-acetoxy-*, *Methylester* (**IV**), $C_{24}H_{22}O_9$, F. 197,5—198°, durch a) 1std. Erhitzen von 70 mg **I** u. 1 ml Acetanhydrid (Aa) in Pyridin auf 100° (Badtemp.), 2tägiges Stehen bei Raumtemp., Hydrolyse mit W. u. Eis u. Einengen des Ae.-Extraktes; aus $CH_3OH$/$CH_2Cl_2$ u. $CH_3OH$ blaßgelbe Kristalle; 70 mg; b) 1std. Kochen von 110 mg vorst. Verb. u. 50 mg S in Di, Digerieren mit PAe., Lösen des Unlöslichen in Bzl., Chr. an $Al_2O_3$, Eluieren mit Bzl. u. Bzl./Ae., Einengen der Eluate, Lösen des Rückstandes in $CH_3OH$ u. Einengen; 18 mg. — *1-Acetoxy-4-[3'.4'.5'-trimethoxyphenyl]-*, *Methylester*, $C_{24}H_{22}O_9$, F. 176,5—177,5° ($CH_3OH$), durch 2std. Kochen von 100,7 mg **II** ($C_{22}H_{20}O_8$, F. 204°; aus $CH_3OH$/$CH_2Cl_2$ Nadeln) u. 10 mg Ts in Aa, Entfernen der flüchtigen Bestandteile durch

Dest. bei 100° (Badtemp.) im Vakuum, Chr. in Bzl./PAe. an $Al_2O_3$ u. Eluieren mit Bzl./PAe.; 43 mg. — *1-Hydroxy-4-[3'.4'.5'-trimethoxyphenyl]-*, $C_{21}H_{18}O_8$, F. 251—252° ($CH_3OH/CH_2Cl_2$; sintert bei 248°), durch 3std. Kochen von 150 mg **II** u. KOH in methanol. KOH, Abdest. des $CH_3OH$, Verdünnen mit W., Behandeln mit verd. HCl, Einengen des $CH_2Cl_2$-Auszuges im Vakuum, Lösen des Rückstandes in $CH_2Cl_2/CH_3OH$ u. Konz.; 36 mg; gibt beim Behandeln mit überschüssigem $CH_2N_2$ in Ae. oder $CH_2Cl_2$ **II**.

G. Reisner. 2700□

**Einige isomere Amido- und Aminoderivate von 9-Methyl- und 9.10-Dimethylanthracen.** A. H. Beckett und R. G. Lingard. (J. chem. Soc. [London] **1961**. 588—94. Febr. London, Chelsea Coll. of Sci. and Technol., School of Pharm.) (Engl.)

Aus Anthrachinon u. Methyl–MgJ wurde *9.10-Dihydro-9.10-dihydroxy-9.10-dimethylanthracen* (**I**) dargestellt, dessen *cis-Form* von dem *trans-Isomeren* auf Grund der Ae.-Löslichkeiten getrennt wurde. cis- u. trans-**I** lieferten bei der Behandlung mit mineralsaurem Methanol–Bzl. den gleichen *Dimethyläther*, der bei der Einw. von Na u. nachfolgender Carboxylierung *cis-9.10-Dihydro-9.10-dimethylanthracen-9.10-dicarbonsäure* (**II**) ergab, deren Anhydrid in das entsprechende *Monomorpholid* durch Kochen mit Morpholin übergeführt wurde. Der daraus dargestellte *Morpholidmethylester* wurde mit $LiAlH_4$ zu *cis-9.10-Dihydro-9-hydroxymethyl-9.10-dimethylanthracen* (**III**) reduziert. Analog entstand aus dem Methylester-Dimethylamid von **II** (**V**) hauptsächlich **III** neben wenig *cis-10-Dimethylaminomethyl-9.10-dihydro-9-hydroxymethyl-9.10-dimethylanthracen* (**IV**) u. vermutlich *9.10-Endomethylenoxy-9.10-dihydro-9.10-dimethylanthracen.* Zum Vgl. wurde aus dem Anhydrid von **II** mit $NH_4OH$ u. durch nachfolgende Veresterung der *Amidester* von **II** (**VIII**) dargestellt, der mit $LiAlH_4$ zu *cis-9-Aminomethyl-9.10-dihydro-10-hydroxymethyl-9.10-dimethylanthracen* red. wurde, welches anschließend mit Formaldehyd-Ameisensäure zu **IV** methyliert wurde. **IV** blieb unter den Bedingungen der Hydrogenolyse von **V** unverändert. Die unmittelbare Acidifizierung des in sd. 10%ig. NaOH gelösten 9.10-Dihydro-9-methylanthracen-cis-9.10-dicarbonsäureanhydrids lieferte die *cis-Form* der entsprechenden *Dicarbonsäure* (**VI**), während 3std. Kochen der alkal. Lsg. u. nachfolgendes Ansäuern zur reinen *trans*-**VI** führte. cis-**VI**-Anhydrid reagierte mit kaltem wss. Morpholin zu *cis-9.10-Dihydro-9-methyl-10-morpholinocarbonylanthracen-9-carbonsäure*, deren Methylester (**VII**) mit $LiAlH_4$ zu *cis-9.10-Dihydro-9-hydroxymethyl-9-methyl-10-morpholinomethylanthracen* red. wurde. Die Behandlung des cis-**VI**-Anhydrids mit saurem Methanol führte analog zum entsprechenden *10-Methylester*, dessen Chlorid in den mit **VII** isomeren *cis-9.10-Dihydro-9-methyl-9-morpholinocarbonylanthracen-10-carbonsäuremethylester* übergeführt wurde. Die nachfolgende $LiAlH_4$-Red. lieferte die *rohe Base*, aus der reines *cis-9.10-Dihydro-10-hydroxymethyl-9-methyl-9-morpholinomethylanthracen* nur in ziemlich geringer Ausbeute isoliert werden konnte.

Versuche: *9.10-Dihydro-9.10-dihydroxy-9.10-dimethylanthracen* (**I**), *trans-Form*, $C_{16}H_{16}O_2 \cdot H_2O$, F. 192—193° (Bzl., Tafeln), $C_{16}H_{16}O_2 \cdot 1/2\, CH_3OH$, F. 188° (Methanol–Bzl.), aus 50 g Anthrachinon u. Methyl–MgJ durch 1std. Kochen in Ae. u. Zugabe zu Eis–$NH_4Cl$. *cis-Form*, $C_{16}H_{16}O_2$, F. 189° ($CH_3OH$–Bzl.), neben trans-**I**; 20,8 g (Ausbeute). — 9.10-Dihydro-9.10-dimethylanthracene: *9.10-Dimethoxy-*, F. 198—199° (Methanol–Bzl., Tafeln), a) aus 0,2 g trans-**I** durch ½std. Einw. von konz. HCl in Methanol–Bzl. (1:1); 0,106 g; b) aus 0,2 g cis-**I** analog a); 0,172 g. — *cis-9.10-Dicarboxy-* (**II**), F. 310 bis 312° (Dimethylformamid), aus vorst. Verb. durch 1wöchiges Schütteln mit Na in Ae., dann Zugabe zu festem $CO_2$ in Ae. u. anschließendes Stehen über Nacht; 86%. *Anhydrid*, F. 220—221°, durch Erhitzen von **II** in Acetanhydrid in 10 Min.; 49%. *Monomorpholid*, F. 290—291°, aus dem Anhydrid u. Morpholin; 95%; *Methylester*, F. 155—157°, mit $CH_2N_2$; 100%. *Dimethylamid*, $C_{20}H_{21}NO_3$, F. 288—289° (Dibutyläther, Würfel), aus 2,7 g des Anhydrids durch Lösen in 20%ig. wss. Dimethylamin u. langsame Zugabe von konz. HCl; 2,9 g; *Methylester* (**V**), $C_{21}H_{23}NO_3$, F. 222—223° (A., Rhomben). *Monoamid*, $C_{18}H_{17}NO_3$, F. 268—269° (2-Methoxyäthanol), aus 1,8 g des Anhydrids u. 10%ig. $NH_4OH$; 1,9 g; *Methylester* (**VIII**), $C_{19}H_{19}NO_3$, F. 240—241° (A., Nadeln). — *cis-9-Hydroxymethyl-* (**III**), $C_{17}H_{18}O$, F. 101—101,5° (Bzl.–PAe., Rhomben), aus **II**-Methylester–Morpholid durch 6std. Kochen mit $LiAlH_4$ in Ae.; 63%. *Acetat*, $C_{19}H_{20}O_2$, F. 105—106° (PAe., Nadeln), durch Schütteln von **III** mit Acetanhydrid–Pyridin über Nacht. — *cis-10-Dimethylaminomethyl-9-hydroxymethyl-* (**IV**), $C_{20}H_{25}NO$, F. 119° (PAe., Tafeln), a) aus 2,4 g **V** durch 6std. Kochen mit $LiAlH_4$ in Ae.; 0,13 g; daneben **III** u. *9.10-Endomethylenoxy-9.10-dihydro-9.10-dimethylanthracen* [$C_{17}H_{16}O$, F. 128—129° (PAe., Tafeln)]; b) aus nachst. Verb. durch 20std. Erhitzen mit 90%ig. Ameisensäure u. 40%ig. Formaldehyd; 83%. *O-Acetyl-Deriv.*, $C_{22}H_{27}NO_2$, F. 62—63° (Hexan, Nadeln). — *cis-9-Aminomethyl-10-hydroxymethyl-*, $C_{18}H_{21}NO$, F. 221° (Bzl., Rosetten), aus 1,2 g **VIII** durch 6std. Kochen mit $LiAlH_4$ in Ae.; 0,83 g. — *cis-9.10-Dihydro-10-morpholinocarbonylanthracen-9-carbon-*

*säure*, $C_{20}H_{19}NO_4$, F. 261°, aus 9.10-Dihydroanthracen-9.10-dicarbonsäure durch Lösen in 10%ig. wss. Morpholin u. sofortiges anschließendes Ansäuern mit konz. HCl; 96%. — 9.10-Dihydro-9-methylanthracene: *9.10-Dicarboxy-* (**VI**), *trans-Form*, $C_{17}H_{14}O_4$, F. 308—309° (Essigsäure), durch 3std. Erhitzen von 0,5 g des Anhydrids mit 10%ig. NaOH u. Ansäuern; 0,51 g. *Dimethylester*, $C_{19}H_{18}O_4$, F. 163—165° (Ae., Blättchen). *cis-Form*, F. 262° (Eisessig, Rhomben), aus 1 g Anhydrid durch Lösen in sd. 10%ig. NaOH u. sofortiges Ansäuern mit konz. HCl; 1 g. *Dimethylester*, F. 160° (Ae.-Methanol, Tafeln). *10-Monomorpholid*, $C_{21}H_{21}NO_4$, F. 250—251° (Essigsäure, Nadeln), aus 5,0 g des Anhydrids u. 10%ig. wss. Morpholin; 6,35 g; *Methylester* (**VII**), $C_{22}H_{23}NO_4$, F. 148—149° (Ae., Würfel). *10-Monomethylester*, $C_{18}H_{16}O_4$, F. 150—152° (Bzl., Tafeln), aus dem Anhydrid in sd. Methanol in Ggw. von konz. HCl; 59%; *Morpholid*, $C_{22}H_{23}NO_4$, F. 120—121° (PAe., Prismen), aus dem Monoester durch Erhitzen mit $SOCl_2$ u. nachfolgende Einw. des entstandenen Prod. auf Morpholin in Ae.; 79%. — *cis-10-Hydroxymethyl-9-morpholinomethyl-*, $C_{21}H_{25}NO_2$, F. 128—128,5° (Bzl., Stäbchen), durch $LiAlH_4$-Red. vorst. 9-Morpholids in Ae.; 30%. *Acetat*, $C_{23}H_{27}NO_3$, F. 92—93° (Bzl.-PAe., Plättchen); 71%. — *cis-9-Hydroxymethyl-10-morpholinomethyl-*, *Hydrobromid*, $C_{21}H_{26}BrNO_2$, durch $LiAlH_4$-Red. von **VII** u. nachfolgende Einw. von sd. methanol. HBr auf das erhaltene Öl; aus Butanol-Ae. Nadeln, die sich beim Erhitzen zersetzen; 52%. D. KIRSTEIN. 2800□

**Eine neue Synthese von α-Diazoketonen.** M. P. Cava und R. L. Litle. (Chem. and Ind. **1957.** 367. 23/3. Columbus, Ohio, Ohio State Univ., Dep. of Chem.) (Engl.) — Vorl. Mitt. der C. **1959.** 7105 referierten Arbeit. H. HENSE. 2950□

**Die Pyrolyse des Fluorens.** Karl Friedrich Lang, Herbert Buffleb und Josef Kalowy. (Chem. Ber. **94.** 523—26. 24/2. 1961. Castrop-Rauxel, Rütgerswerke AG, Zentrallabor.) (Dt.)

Vff. pyrolysierten Fluoren in einem mit Tonscherben gefüllten Rohr bei 700—750°. Durch Chromatographie wurde neben *1.2;7.8-Dibenzochrysen* (**I**) *1.10;8.9-Bis-[o-phenylen]-phenanthren* (**II**) isoliert, das vermutlich durch Ringschluß des intermediär entstehenden, jedoch nicht nachzuweisenden *Difluorenylidens* entstand. Ferner wurde *Rubicen* (**III**) erhalten. Als Primär-Rk. wird die Bldg. eines *Fluorenylradikals* angenommen. Die UV-Spektren von **I**, **II** u. **III** werden angegeben u. diskutiert.

Versuche: *1.2;7.8-Dibenzochrysen* (**I**), F. 214—215° (Xylol, Nadeln), durch Pyrolyse von 4250 g Fluoren bei 700—750° u. Chromatographie des nach Dest. in Xylol gelösten Rückstandes an $Al_2O_3$; 128 g (Ausbeute). Daneben *1.10;8.9-Bis-[o-phenylen]-phenanthren* [**II**; $C_{26}H_{14}$, F. 288—289° (Xylol, Nadeln); 48 g], *Rubicen* [**III**; F. 304—305° (Xylol, rote Nadeln); 26 g] u. ein *KW-Stoff vom F. 437—445°* (blaßgelbe Nadeln). D. KIRSTEIN. 2950□

**Makroringe.** 19. Mitt. **Olefinische Paracyclophane.** Donald J. Cram und Kenneth C. Dewhirst. (J. Amer. chem. Soc. **81.** 5963—71. 20/11. 1959. Los Angeles, Calif., Univ., Dep. of Chem.) — 18. vgl. C. **1959.** **4775.**

[4.4]-Paracyclophan (**I**) wird über sein *1-Brom-Deriv.* in *1.2-Dehydro-* u. *1-Hydroxy-[4.4]-paracyclophan* (**II**) übergeführt, das zum *1-Keton* (**III**) oxydiert wird. 2.3-Dihydroxyperhydro-[4.4]-paracyclophan gibt bei 300° mit Pd *1.4-Bis-[p-tolyl]-butan* u. mit Aceton das *Acetonid*, das in *2.3-Dihydroxy-*, *2-Keto-* u. *1.2.3.4-Didehydro-[4.4]-paracyclophan* übergeführt wird. Das *1.4.11.14-Tetrabrom-Deriv.* von **I** wird zu *1.2.3.4.11.12.13.14-Tetradehydro-[4.4]-paracyclophan* dehydrobromiert. Diese Verb. sollte in Spiegelbildformen existieren, in denen beide Benzolkerne fast parallel, aber nicht in einer Ebene liegen, während eine der —CH=CH—CH=CH-Brücken fast senkrecht zu ihnen steht. Zum spektralen Vgl. mit dem 2-Keton von **I** wird *1-[4-Methylphenyl]-4-[4-acetonylphenyl]-butan* synthetisiert. Aus [2.2.2]-Paracyclophan (**V**) wird über sein *1.2.9.10.17.18-Hexabrom-Deriv.* sein *1.2.9.10.17.18-Tridehydro-Deriv.* gewonnen, in dem seine 3 Benzolkerne in p-Stellung durch —CH=CH-Brücken verbunden sind. Es ließ sich nicht zu Coronen dehydrieren. Aus **III** wird durch Rk. mit $HN_3$ u. dann $LiAlH_4$ *1-Aza-[4.5]-paracyclophan* aufgebaut. Die UV-Spektren der Verbb. werden erörtert.

Versuche (Kpp. u. FF. korr., chromatograph. Reinigung der Paracyclophane an $Al_2O_3$): [4.4]-Paracyclophane: *1-Hydroxy-* (**II**), $C_{20}H_{24}O$, F. 154,6—156,6° (Bzl.-Hexan), durch 3std. Kochen von **I** u. N-Bromsuccinimid in $CCl_4$ u. Chromatographie an $Al_2O_3$; 29% (Ausbeute). Gibt mit $BF_3$-Ae. in Eisessig in 3 Std. bei Raumtemp. einen *KW-Stoff* $C_{20}H_{22}$, F. 228—230° (Bzl.-Hexan); 30%. — *1-Keto-* (**III**), F. 111—113°, aus **II** u. $MnO_2$ in Chlf. (4 Tage bei 40°); 67%. — *1-Brom-*, F. 113—114° (Bzl.-Hexan), aus **II**, $PBr_3$ u. sd. Ae. in 5 Std. u. über Nacht bei Raumtemp.; 100%. — *1-tert.-Butoxy-*, $C_{24}H_{32}O$, F. 108,2—108,6° (wss. A.), aus vorst. Verb. u. 1m K-tert.-Butylat in sd. tert.-Butanol in 1 Std. unter $N_2$; 21%. — *1.2-Dehydro-*, $C_{20}H_{22}$, F. 75,8—77,5° (verd. Methanol), aus vorvorst. Verb. u. $(CH_3)_2NH$ in Ggw. von Bzl. im Rohr bei 110° in 24 Std.;

25%; ist $KMnO_4$- u. luftempfindlich. — *2.3-Dihydroxyperhydro-*, $C_{20}H_{36}O_2$, F. 176,8 bis 179° (Bzl.–Hexan), aus 2-Keto-3-hydroxyperhydro-[4.4]-paracyclophan u. $LiAlH_4$ in sd. Ae. (1 Std.); 96%; bei 1 Vers. entstanden 85% eines reinen *Diastereomeren* (F. 181 bis 182°). Gibt in 2 Std. mit Pd-Kohle bei 300° 56% *1.4-Bis-[p-tolyl]-butan*, F. 74,4—75,2° (wss. A.). — *2.3-Diacetoxyperhydro-*, $C_{24}H_{40}O_4$, aus vorst. Verb., Acetanhydrid u. sd. Pyridin in 5 Min.; glasartig; 94%. Gibt mit Pd-Kohle bis 320° 78% *[4.4]-Paracyclophan* (I), F. 146,4—147,2° (A.). — *2.3-Isopropylidendioxyperhydro-*, $C_{23}H_{40}O_2$, F. 126 bis 127,8° (Aceton), aus vorvorst. Verb., Aceton–HCl (pH 1) u. etwas $Na_2SO_4$ bei Raum-Temp. in 28 Std. u. Zugabe von $NH_3$-Gas; 93%. — *2.3-Dihydroxy-*, $C_{20}H_{24}O_2$, F. 194,2 bis 195° (Bzl.–Hexan), aus dem Acetonid mit wss. Dioxan–HCl (1 Std. bei 100°); 80%. *Acetonid*, $C_{23}H_{28}O_2$, F. 162,8—163,5° (Aceton), aus vorst. Perhydro-Verb. u. Pd-Kohle bei 300° in 4½ Std. u. Chromatographie in Bzl.; 38%. — *2-Keto-*, $C_{20}H_{22}O$, F. 154,4 bis 155,4° (Bzl.–Hexan), neben vorst. Acetonid; 25%; gibt durch Wolff-Kishner-Red. 76% **I**. *2.4-Dinitrophenylhydrazon*, $C_{26}H_{26}N_4O_4$, F. 235—237°. — *2-Hydroxy-*, $C_{20}H_{24}O$, F. 164,2—164,6° (Bzl.–Pentan), aus vorst. Verb. u. $LiAlH_4$ in sd. Ae. in 1 Std.; 88%. — *2-Tosyloxy-*, $C_{27}H_{30}O_3S$, F. 119° (Zers.; Ae.–Pentan), aus vorst. Verb. u. Tosylchlorid bei 0° in Pyridin über Nacht u. 1 Std. bei Raumtemp.; 58%. — *trans-2.3-Dehydro-*, $C_{20}H_{22}$, F. 121,8—122,5° (verd. A.), durch 1std. Kochen vorst. Verb. u. K-tert.-Butylat in tert.-Butanol unter $N_2$; 55%; gibt durch Hydrierung in A. in Ggw. von $PtO_2$ 80% **I**. — *2.3-Diacetoxy-*, $C_{24}H_{28}O_4$, F. 152,3—153,4° (Bzl.–Pentan), aus dem Diol, Acetanhydrid u. sd. Pyridin (4 Min.); 96%. — *1.2.3.4-Didehydro-*, $C_{20}H_{20}$, F. 115,8—116,5° (verd. A.), aus vorst. Verb. in 25 Sek. bei 500°; 13%; gibt durch Hydrierung in A. an $PtO_2$ **I**. — *1.4.11-Tribrom-* (**IV**), $C_{20}H_{21}Br_3$, F. 217—219° (Bzl.–Hexan), aus **I** u. N-Bromsuccinimid in Ggw. von Benzoylperoxyd in sd. $CCl_4$ in 2 Std.; 29%. Gibt mit $(CH_3)_2NH$ u. Bzl. im Rohr (2 Tage, 110°) wenig *Monobromid*, $C_{20}H_{19}Br$ (?), F. 150,4—152° (wss. A.). — *1.4.11.-14-Tetrabrom-*, aus **I** analog **IV**; unlösl. in Lsgm.; 98%. — *1.2.3.4.11.12.13.14-Tetradehydro-*, $C_{20}H_{16}$, F. 136—136,8° (wss. A.), aus vorst. Verb., Bzl. u. $(CH_3)_2NH$ bei 140° im Autoklaven (24 Std.); 3,6%. Gibt in Ggw. von $PtO_2$ mit $H_2$ in A. **I** (77%). — *1-Aza-2-keto-[4.5]-paracyclophan*, $C_{20}H_{23}NO$, F. 204—206,4° (wss. A.), aus **III**, Trichloressigsäure, $H_2SO_4$ u. $NaN_3$ bei 60° (10 Min.); 67%. — *1-Aza-[4.5]-paracyclophan*, $C_{20}H_{25}N$, F. 146 bis 146,8° (wss. A.), aus vorst. Verb. u. $LiAlH_4$ in Ae. durch 24std. Kochen; 52%. — *1-[4-Methylphenyl]-4-phenylbutanon-(1)*, $C_{17}H_{18}O$, F. 38,6—39,2° (Bzl.–Pentan), $Kp._2$ 179 bis 181°, durch 6std. Kochen von γ-Phenylpropyl-MgBr in Ae. mit p-Tolunitril u. Zers. mit verd. HCl; 65%. — *1-[4-Methylphenyl]-4-phenylbutan*, $C_{17}H_{20}$, $Kp._{20}$ 195—196°, aus vorst. Verb. durch Wolff-Kishner-Red. in Diäthylenglykol; $n_D^{25}$ 1,5460; 90%. — *1-[4-Methylphenyl]-4-[4-acetylphenyl]-butan*, $C_{19}H_{22}O$, F. 56,6—57,2° (Bzl.–Pentan), $Kp._{1,5}$ 200—210°, aus vorst. Verb. u. Acetanhydrid in Tetrachloräthan in Ggw. von $AlCl_3$ bei —5° in 4 Std. u. Zers. mit Eis–HCl; 55%. — *1-[4-Methylphenyl]-4-[4-carboxymethylphenyl]-butan*, $C_{19}H_{22}O_2$, F. 119,4—120° (verd. A.), aus vorst. Verb., S u. Morpholin durch Kochen über Nacht u. Kochen des erhaltenen *Thiomorpholids* [$C_{23}H_{29}NOS$, F. 110,2 bis 111,2° (verd. A.); 81%] mit KOH in A. über Nacht; 92%. — *1-[4-Methylphenyl]-4-[4-acetonylphenyl]-butan*, $C_{20}H_{24}O$, F. 66—66,6° (Bzl.–Pentan), durch 2std. Kochen von $CH_3J$ u. Li in Ae., ½std. Kochen mit vorst. Verb. u. Zers. mit W. u. verd. HCl; 43%. — *1.2.9.10.17.18-Hexabrom-[2.2.2]-paracyclophan*, $C_{24}H_{18}Br_6$, F. 303° (Zers.; Bzl.–Hexan), aus **V** analog **IV**; 91%. — *1.2.9.10.17.18-Tridehydro-[2.2.2]-paracyclophan*, $C_{24}H_{18}$, F. 136 bis 136,8° (verd. A.), aus vorst. Verb., mit $NH_4Cl$ aktiviertem Zn u. sd. A. über Nacht unter $N_2$; 47%. Gibt durch Hydrierung an $PtO_2$ u. A. 71% *[2.2.2]-Paracyclophan* (**V**), F. 165—166,6° (verd. A.). — *Perhydro-[2.2.2]-paracyclophan*, $C_{24}H_{42}$, F. 175,2—176° (A.), aus **V** durch Hydrierung an $PtO_2$ in Eisessig; 71%. Gibt mit Pd-Kohle bei 310° 78% **V**.

K. Lehmstedt. 2950□

**Makroringe. 21. Mitt. Mono- und polysubstituierte [2.2]-Paracyclophane.** Donald J. Cram, Ralph H. Bauer, Norman L. Allinger, Richard A. Reeves, William J. Wechter und E. Heilbronner. (J. Amer. chem. Soc. **81.** 5977—83. 20/11. 1959. Los Angeles, Calif., Univ., Dep. of Chem.; Zürich, ETH, Organ.-Chem. Labor.) — 20. vgl. C. **1961.** 17879; 19. vgl. vorst. Referat.

Die Nitrierung von [2.2]-Paracyclophan (I) führt außer zu 4-Nitro- (vgl. C. **1957.** 7621), noch zu *5-Hydroxy-4-nitro-*, *4.12-*, *4.16-Dinitro-*, *5-Hydroxy-4.12-* u. *5-Hydroxy-4.16-dinitro-[2.2]-paracyclophan.* Die Nitrierung von 4-Acetamido-[2.2]-paracyclophan gibt das *5-Nitro-Deriv.* u. ein im anderen Benzolkern *nitriertes Produkt.* Die Konstit. dieser Verbb. wird aus ihren UV-Spektren abgeleitet. Eine weitere $-CH_2-CH_2$-Brücke ließ sich aus 4-Acetyl-[2.2]-paracyclophan über die analoge *4-Carboxymethyl-Verb.* nicht in I einführen. Die $pK_\alpha$-Werte u. UV-Maxima von Paracyclophancarbonsäuren u. der entsprechenden Amine werden mitgeteilt u. erörtert.

Versuche: [2.2]-Paracyclophane: *4.12-Dinitro-*, $C_{16}H_{14}N_2O_4$, F. 191,5—192° (Ae.), aus der Lsg. von 1 g I in Acetanhydrid u. rauchender $HNO_3$ (30 Sek.) durch Gießen auf Eis u. $Al_2O_3$-Chromatographie des Ae.-Extrakts; gelb; 0,05 g (Ausbeute). — *4.16-Dinitro-*, $C_{16}H_{14}N_2O_4$, F. 246—247,5° (Ae.), neben vorst. Verb.; gelb; 0,03 g. — *5-Hydroxy-4.12-dinitro-*, $C_{16}H_{14}N_2O_5$, F. 166—166,5° (Ae.), neben vorst. Verb.; orangegelb, tieforangefarben lösl. in NaOH–$C_2H_5OH$; 0,015 g. — *5-Hydroxy-4.16-dinitro-*, $C_{16}H_{14}N_2O_5$, F. 226—228° (Ae.), als Neben-Prod. der Darst. von 4-Nitro-[2.2]-paracyclophan (vgl. l. c.) durch Chromatographie an Celite–$SiO_2$; orangefarbene Kristalle, in NaOH–A. tieforangefarben; 0,01 g. — *5-Hydroxy-4-nitro-*, $C_{16}H_{15}NO_3$, Kp.$_{10^{-4}}$ 170°, F. 125—126°, neben vorst. Verb.; aus Ae. orangegelb in NaOH–A. tieforangefarben; 0,015 g. — *4-Nitro-5-acetamido-*, $C_{18}H_{18}N_2O_3$, F. 186—188° (wss. $CH_3OH$), aus 0,46 g 4-Acetamido-[2.2]-paracyclophan, Eisessig u. rauchender $HNO_3$ bei Raumtemp. in 10 Sek.; 0,04 g. — *Nitro-4-acetamido-*, $C_{18}H_{18}N_2O_3$, F. 237—238° (Methanol), neben vorst. Verb.; 0,01 g. — *4-Carboxymethyl-*, $C_{18}H_{18}O_2$, Kp.$_{10^{-4}}$ 170°, F. 210—210,2°, durch 15std. Kochen von 1 g 4-Acetyl-[2.2]-paracyclophan, S u. Morpholin u. 3std. Kochen des erhaltenen *Thiomorpholids* in 4n NaOH-Äthylenglykol; 0,1 g. *Morpholid*, $C_{22}H_{25}NO_2$, F. 194—200° (A.), durch 15std. Kochen des Thiomorpholids in 4n alkohol. NaOH u. Rühren mit RANEY-Ni; 0,1 g. *Äthylester*, $C_{20}H_{22}O_2$, F. 79—79,8° (abs. A.), aus 0,085 g der Säure über das *Chlorid* mit $AlCl_3$ in Tetrachloräthan bei 0° u. Behandlung mit abs. A.; 0,02 g.

K. LEHMSTEDT. 2950□

**Makroringe. 22. Mitt. Substituierte Stilbene aus dem Versuch der Synthese von Dehydro-[2.2]-paracyclophan.** Donald J. Cram und Ralph H. Bauer. (J. Amer. chem. Soc. **81.** 5983—87. 20/11. 1959.) — 21. vgl. vorst. Referat.

Bei Verss. zur Synth. von Dehydro-[2.2]-paracyclophan aus *1.2-Bis-[4-trimethylammoniomethylphenyl]-äthandibromid* (I) durch Rk. mit Basen werden *Stilben-Derivv.* gebildet. So werden mit wss. NaOH *p-Methyl-p'-trimethylammoniomethylstilbenbromid*, mit KOH in Diäthylenglykol *p-Methyl-p'-dimethylaminomethyl-* u. *p.p'-Bis-[hydroxymethyl]-stilben* erhalten. Beim Umsatz von I mit K-tert.-Butylat in Dimethylsulfoxyd entstehen *p.p'-Dimethylstilben* u. *1.2-Bis-[4'-methylstilbenyl-(4)]-äthylen* (**II**), dessen Konstit. durch $O_3$-Abbau zu *Terephthal-* (**III**) u. *p-Toluylsäure* (**IV**) sowie durch Rk. mit Na in Xylol zu *1.2-Bis-[α.β-dihydro-4'-methylstilbenyl-(4)]-äthan* bewiesen wird. **II** liefert bei der Bromierung ein *Hexa-* u. ein *Dibromhexabromid.* UV- u. IR-Maxima der Stilbene sind angegeben. Ihr Bldg.-Mechanismus aus I wird erörtert.

Versuche: *1.2-Bis-[4-trimethylammoniomethylphenyl]-äthandibromid* (I) aus Butanon-(2), W., 1.2-Bis-[4-brommethylphenyl]-äthan u. Trimethylamin bei —10° in 1½ Std.; 79% (Rohausbeute). — *p-Methyl-p'-trimethylammoniomethyl-trans-stilbenbromid*, $C_{19}H_{24}$·BrN, F. 239—241°, durch 3std. Kochen von I mit konz. NaOH u. 12std. Ausziehen des seifigen Nd. mit abs. A.; aus Bzl.–$CH_3OH$ fluorescierende Kristalle. — *p.p'-Bis-[hydroxymethyl]-trans-stilben*, $C_{16}H_{16}O_2$, F. 158—159,5°, aus I durch 1std. Kochen mit wss. KOH, Zugabe von Diäthylenglykol, 3std. Erhitzen auf 260° (Bad) u. Chromatographie an $Al_2O_3$; aus A. fluorescierende Kristalle. — *p-Methyl-p'-dimethylaminomethyl-trans-stilben*, $C_{18}H_{21}N$, F. 102—102,5° (A.), neben vorst. Verbindung. *Hydrochlorid*, F. 267—268°. — *1.2-Bis-[4'-methylstilbenyl-(4)]-äthylen* (II), $C_{32}H_{28}$, F. 358—360°, aus 14,1 g I in Dimethylsulfoxyd mit K-tert.-Butylat in tert.-Butanol (6 Std. bei 110°, 14 Std. bei 125° u. 5std. Kochen mit W.); gelb; 2,5 g; gibt mit $CrO_3$ in Eisessig bei 100° 69% *Terephthalsäure* (**III**), die auch durch Ozonisierung neben *p-Toluylsäure* (**IV**, F. 179—180°) entsteht. *Hexabromid*, $C_{32}H_{28}Br_6$, Zers. bei 300—450°, aus 0,1 g **II** u. $Br_2$ in Chlf. (4 Std.); 0,15 g. *Dibromhexabromid*, $C_{32}H_{26}Br_8$, wie vorst. durch 12 std. Kochen. — *Verb.* $C_{32}H_{24}$, F. 276—278° (Zers.), aus 0,25 g **II**-Hexabromid, Na-Methylat u. Diäthylenglykol in 1 Std. bei 260°; grüngelb; 0,008 g. — *p.p'-Dimethyl-trans-stilben*, $C_{16}H_{16}$, F. 179—181° (Bzl.), neben **II**; 0,5 g. Gibt mit $CrO_3$ 67% **III** u. durch Ozonolyse 30% **IV**. — *p.p'-Dimethylbibenzyl*, F. 79—81°, durch Hydrieren vorst. Verb. an Pt in Methanol; 79%. — *1.2-Bis-[α.β-dihydro-4'-methylstilbenyl-(4)]-äthan*, $C_{32}H_{34}$, F. 179—180°, durch 3std. Kochen von **II** mit Na in Xylol u. Waschen der Xylolphase mit W.; 73%.

K. LEHMSTEDT. 2950□

**Einige 2.3-disubstituierte Glycidamide und verwandte Verbindungen.** Keith W. Wheeler, M. G. Van Campen jun. und R. S. Shelton. (J. org. Chemistry **25.** 1021—23. Juni 1960. Cincinnati, Ohio, Wm. S. Merrell Co., Sci. Div., Dep. of Organ. Res.) (Engl.)

Vff. stellten eine Reihe von *2.3-disubstituierten Glycidsäureamiden*, zwei *alicycl. Epoxyamide* u. *2-Äthyl-3-propylglycidsäureureid* durch Einw. von Monoperphthalsäure auf ungesätt. Amide in wasserfreiem Medium dar. *2-Carbamyl-3.3-diäthylglycidsäureamid* wird durch Rk. von 2-Cyan-3-äthylpenten-(2)-säureamid mit alkal. $H_2O_2$ in Aceton in einer Stufe erhalten. *2-Äthyl-3-propylglycidsäureamid* (I) ist gegen saure Hydrolyse widerstandsfähig u. liefert durch 48std. Kochen in saurer wss. Lsg. neben 20% unverändertem Amid 50% *2.3-Dihydroxy-2-äthylhexansäureamid.* Der Vgl. der IR-Spektren zeigt, daß I mit Chloral ohne Mitwrkg. der Epoxygruppe zum *N-[β.β.β-Trichlor-α-hydroxyäthyl]-Deriv.* reagiert. Pharmakolog. Teste wurden an Kaninchen (i. v.) u. Ratten (intraperitoneal) durchgeführt u. zeigten sedative oder hypnot. Eigg. ohne wesentliche Toxizität für die dialkylsubstituierten Glycidsäureamide. Die übrigen Verbb. zeigten wenig oder keine Wirkung.

Versuche *2-n-Propylhexen-(2)-säure,* $C_9H_{16}O_2$, Kp.$_{15}$ 135—140°, durch REFORMATSKI-Rk. von n-Butyraldehyd u. 2-Bromvaleriansäureäthylester u. Rk. des erhaltenen *2-n-Propyl-3-hydroxycapronsäureäthylesters* (Kp.$_{18}$ 115—140°; 48% Ausbeute) mit $SOCl_2$ u. dann alkohol. KOH; 25%. — Dialkylacrylsäureamide, a) durch Einw. von $SOCl_2$ auf die entsprechenden ungesätt. Säuren u. Rk. mit $NH_3$; b) durch mehrstd. Erhitzen der entsprechenden α-Bromcarbonsäureamide mit einem Überschuß an N.N-Dimethylanilin auf 130—140°; c) durch Hydrolyse der entsprechenden α,β-ungesätt. Nitrile: *α.β-Diäthyl-, cis–trans-Isomerengemisch,* $C_7H_{13}NO$, F. 75—90°. — *α-Äthyl-β-propyl-,* $C_8H_{15}NO$, F. 67—68°. — *α-Propyl-β-äthyl-, Isomerengemisch,* $C_8H_{15}NO$, F. 72—86°. — *α.β-Dipropyl-,* $C_9H_{17}NO$, F. 55—65°. — *α-Butyl-β-propyl-,* $C_{10}H_{19}NO$, F. 92—94° (PAe.). Daneben ein *Isomeres vom F. 76—77°,* $C_{10}H_{19}NO$. — *α-Äthyl-β-phenyl-,* $C_{11}H_{13}NO$, F. 126,5 bis 127°. — *Cyclohexen-(1)-carbonsäureamid,* $C_7H_{11}NO$, F. 128—130°. — *4-Methylcyclohexen-(1)-carbonsäureamid,* $C_8H_{13}NO$, F. 139,5—141°, über *1-Cyan-4-methylcyclohexen-(1)* (Kp.$_{34}$ 97—103°). — 2.3-Dialkylglycidsäureamide, aus vorst. Amiden in äther. Lsg. durch Stehen mit einem dreifachen Überschuß an Monoperphthalsäure u. unter Zugabe von wasserfreiem $MgSO_4$ bei 5° bis zum Verbrauch der berechneten Menge Persäure (6—38 Tage): *2.3-Diäthyl-,* $C_7H_{13}NO_2$, F. 91—93°; 6,5%. — *2-Äthyl-3-propyl-* (I), $C_8H_{15}NO_2$, F. 90—91°; 69%. — *2-Propyl-3-äthyl-,* $C_8H_{15}NO_2$, F. 99—100°; 43%. — *2.3-Dipropyl-,* $C_9H_{17}NO_2$, F. 103,5—105°; 15%. — *2-Butyl-3-propyl-,* $C_{10}H_{19}NO_2$, F. 93 bis 95°; 30%. *Isomeres vom F. 107—109°,* $C_{10}H_{19}NO_2$; 38%. — *2-Äthyl-3-phenyl-,* $C_{11}H_{13}NO_2$, F. 144—150°. — *1.2-Epoxycyclohexancarbonsäure-(1)-amid,* $C_7H_{11}NO_2$, F. 107,5 bis 108°; 50%. — *4-Methyl-1.2-epoxycyclohexancarbonsäure-(1)-amid,* $C_8H_{13}NO_2$, F. 141,5 bis 142°; 60%. — *2-Äthylhexen-(2)-säureureid,* $C_9H_{16}N_2O_2$, F. 151—153° (PAe.–abs. A.) aus 2-Äthylhexen-(2)-oylchlorid (Kp.$_{22}$ 89—92°) durch 6std. Erhitzen mit überschüssigem Harnstoff auf 130—160°; 27%. — *2-Äthyl-3-n-propylglycidsäureureid,* $C_9H_{16}N_2O_3$, F. 146 bis 150° (PAe.), durch 21tägiges Stehen vorst. Verb. mit Monoperphthalsäure in abs. A. u. Dioxan bei 5°; 48%. — *2-Cyan-3-äthylpenten-(2)-säureamid,* $C_8H_{12}N_2O$, Kp.$_{0,8}$ 115 bis 116°, F. 34—36°, aus Diäthylketon u. Cyanacetamid; 45%. — *2-Carbamyl-3.3-diäthylglycidsäureamid,* $C_8H_{14}N_2O_3$, F. 240—240,5° (Isopropanol), aus vorst. Verb. mit 15%ig. $H_2O_2$ in Aceton durch langsame Zugabe von 10%ig. Soda-Lsg. unter Eiskühlung u. Stehen über Nacht bei Raum-Temp.; 91%. — *2.3-Dihydroxy-2-äthylhexansäureamid,* $C_8H_{17}NO_3$, F. 110—112° (Nadeln; PAe./abs. A.), durch 48std. Erhitzen von 20 g I in verd. $H_2SO_4$; 11,2 g. — *2-Äthyl-3-n-propyl-N-[1-hydroxy-2.2.2-trichloräthyl]-glycidsäureamid,* $C_{10}H_{16}O_3NCl_3$, F. 84,5—85,5° (PAe.; Nadeln), durch 4std. Erhitzen von I u. Chloral auf dem Dampfbad; 19%. Gibt bei mäßigem Erwärmen bei 0,2 mm I u. *Chloral.*

M. WOLFF. 3030□

**Zur Darstellung der Chalkonoxyde.** H. J. Roth und M. Schwarz. (Arch. Pharmaz. Ber. dtsch. pharmaz. Ges. **294/66.** 478—83. Aug. 1961. Würzburg, Univ., Inst. für Pharmazie u. Lebensmittelchem.) (Dt.)

Vff. untersuchten die DARZENS-Kondens. von ω-Halogenacetophenonen mit aromat. u. quasi-aromat. Aldehyden, die zu *Chalkonoxyden* $C_6H_5COCH\overset{O}{—}CH—R$ führt. Als bestes Kondens.-Mittel erwies sich 20%ig. $CH_3ONa$-Lsg. (I), mit Äthylat wurden etwas geringere Ausbeuten erhalten, $NaNH_2$ u. K-tert.-Butylat führten zu Verfärbung u. Verharzung. ω-Bromacetophenon gab die gleichen Ausbeuten wie ω-Chloracetophenon (II). Folgende Aldehyde ließen sich nicht zu Chalkonoxyden kondensieren: 2- (→ *2-Benzoylcumaron*) u. 4-Hydroxybenz-, 4-Aminobenz-, 4-Dimethylaminobenz- u. Cuminaldehyd.

Versuche: 1-Benzoyläthylenoxyde: *2-Phenyl-,* F. 89—90° (aus A. Tafeln), durch Zugabe von I zu einer methanol. Lsg. von Benzaldehyd u. II bei Raum-Temp. (15 Min.); 98% (Ausbeute). — *2-[o-Nitrophenyl]-,* F. 113—114°, gelbliche Kristalle, aus 2-Nitrobenzaldehyd; 97%. — *2-[m-Nitrophenyl]-,* F. 118—119°, gelbliche Nadeln, aus 3-Nitrobenzaldehyd; 96%. — *2-[p-Nitrophenyl]-,* F. 151—152°, gelbliche Kristalle, aus 4-Nitrobenzaldehyd; 98%. — *2-[o-Chlorphenyl]-,* F. 77°, aus 2-Chlorbenzaldehyd; 78%. — *2-[p-Chlorphenyl]-,* F. 78—79°, aus 4-Chlorbenzaldehyd; 95%. — *2-[α-Pyridyl]-,* F. 93—94° (A.), aus Picolinaldehyd; 97%. — *2-[β-Pyridyl]-,* F. 83—84°, dunkelrote Kristalle (A.) bzw. orangegelbe Kristalle (Ae.–Tetrahydrofuran), aus Nicotinaldehyd bei 50—60°; 71%. — *2-[γ-Pyridyl]-,* $C_{14}H_{11}NO_2$, F. 115—116°, dunkelrote (A.) bzw. gelbliche Kristalle (Ae.-Tetrahydrofuran), aus Isonicotinaldehyd bei 50—60°; 82%. — *2-[ω-Styryl]-*, $C_{17}H_{14}O_2$, F. 88—89°, Nadeln, aus Zimtaldehyd bei Raum-Temp.; 56%; gibt mit $H_2SO_4$ tiefrote Färbung. — *2-Furyl-*, F. 64—65° (KOFLER-Mikroskop; $CH_3OH$/PAe.), aus Furfurol <5°; 75%. J. ROTHE. 3030□

**Über das intermediäre Auftreten von 2.3-Dehydrothiophen.** G. Wittig und V. Wahl. (Angew. Chem. **73**. 492. 21/7. 1961. Heidelberg, Univ., Inst. für Organ. Chem.) (Dt.)

Bis-[3-jodthienyl-(2)]-quecksilber liefert beim Erhitzen mit Tetracyclon 50% $HgJ_2$ u. 9% *4.5.6.7-Tetraphenylthionaphthen* [I; F. 206° (korr.)]. Die Struktur von **I** folgt aus Analyse, Molgew.-Best. u. aus der Ähnlichkeit mit 1.2.3.4-Tetraphenylnaphthalin (F., IR- u. UV-Spektrum). Intermediär tritt wahrscheinlich 2.3-Dehydrothiophen auf. P. GOLINSKE. 3071□

**Untersuchungen über Azofarbstoffe.** 1. Mitt. Paresh Chandra Dutta, Achintya Kumar Sen Gupta, Bhabani Prasad Bose und Sunil Kumar Roy. (J. Indian chem. Soc. **37**. 50—52. Jan. 1960. Calcutta, Maharaja Manindra Nandi; Muzaffer Pur Coll., L. S. Coll.; Patna, Sci. Coll., Chem. Labor.) (Engl.)

Azofarbstoffe, die sich vom Thioindoxyl (**II**), 5-Phenylthioindoxyl (**III**) u. 4.5-Benzothioindoxyl (**IV**) ableiten, wurden dargestellt u. hinsichtlich der Beziehungen zwischen Farbe u. chem. Konstit. untersucht.

Versuche: 2-Arylazo-3-hydroxythionaphthene: *-p-Nitrobenzol-* (I), $C_{14}H_9 \cdot N_3O_3S$, F. >290°, durch Versetzen von p-Nitranilin (**V**) in 2n HCl mit wss. $NaNO_2$ unter Rühren bei 0—5°, Zugabe der filtrierten Diazoniumsalz-Lsg. zu **II** in 2n wss. NaOH, ½std. Rühren, Filtrieren, Waschen mit W. in verd. HCl u. Umkristallisieren aus verd. A. oder Essigsäure; braunrote Kristalle; in $H_2SO_4$ violett. — *-p-Brombenzol-*, $C_{14}H_9BrN_2OS$, F. 164°, analog **I** aus p-Bromanilin (**VI**); rote Kristalle; in $H_2SO_4$ tiefrot. — *-p-Sulfobenzol-*, $C_{14}H_{10}N_2O_4S_2$, F. >290°, analog **I** aus Sulfanilsäure (**VII**); orangefarbene Kristalle; in $H_2SO_4$ blutrot. — *-o-Carboxybenzol-*, $C_{15}H_{10}N_2O_3S$, F. 228°, analog **I** aus Anthranilsäure (**IX**); braune Kristalle; in $H_2SO_4$ braun. — *-β-Naphthalin-*, $C_{18}H_{12} \cdot N_2OS$, F. 224°, analog **I** aus β-Aminonaphthalin (**X**), rote Nadeln; in $H_2SO_4$ violett. — *-4-Sulfo-α-naphthalin-*, $C_{18}H_{12}N_2O_4S_2$, F. 159°, analog **I** aus 1-Aminonaphthalin-4-sulfonsäure; violette Kristalle; in $H_2SO_4$ violett. — 2-Arylazo-3-hydroxy-4.5-benzothionaphthene: *-p-Nitrobenzol-*, $C_{18}H_{11}N_3O_3S$, F. 253—256°, analog **I** aus **IV** u. **V**; tiefrote Kristalle; in $H_2SO_4$ purpurfarben. — *-p-Brombenzol-*, $C_{18}H_{11}BrN_2OS$, F. 131 bis 132°, aus **IV** u. **VI**; rote Kristalle; in $H_2SO_4$ purpurfarben. — *-Benzol-*, $C_{18}H_{12}N_2OS$, F. 105° (sintert ab 92°), aus **IV** u. Anilin (**VIII**); rote Kristalle; in $H_2SO_4$ purpurfarben. — *-β-Naphthalin-*, $C_{22}H_{14}N_2OS$, F. 145—150°, aus **IV** u. **X**; braune Kristalle; in $H_2SO_4$ violett. — *-p-Toluol-*, $C_{19}H_{14}N_2OS$, F. 114—120°, aus **IV** u. p-Toluidin; rote Kristalle; in $H_2SO_4$ purpurfarben. — 2-Arylazo-5-phenyl-3-hydroxythionaphthene: *-Benzol-*, $C_{20}H_{14}N_2OS$, F. 158°, analog **I** aus **III** u. **VIII**; schokoladenbraune Kristalle; in $H_2SO_4$ tiefrot. — *-p-Nitrobenzol-*, $C_{20}H_{13}N_3O_3S$, F. 181°, aus **III** u. **V**; orangerote Kristalle; in $H_2SO_4$ rot. — *-p-Sulfobenzol-*, $C_{20}H_{14}N_2O_4S_2$, F. >290°, aus **III** u. **VII**; scharlachrote Kristalle; in $H_2SO_4$ rot. — *-o-Carboxybenzol-*, $C_{21}H_{14}N_2O_3S$, F. 269°, aus **III** u. **IX**; orangerote Kristalle; in $H_2SO_4$ rosa. — *-β-Naphthalin-*, $C_{24}H_{16}N_2OS$, F. 195°, aus **III** u. **X**; tiefschokoladenbraune Kristalle; in $H_2SO_4$ violett. P. GOLINSKE. 3071□

**Neue Synthese von Woolleys Benzylantiserotonin-Verbindung (BAS).** M. Sletzinger, W. A. Gaines und W. V. Ruyle. (Chem. and Ind. **1957**. 1215. 7/9. Rahway, N.J., Merck Sharp & Dohme, Res. Labor., Div. of Merck & Co., Inc.) (Engl.)

Zwei neue Darst.-Meth. für *1-Benzyl-2-methyl-5-methoxytryptaminhydrochlorid* werden beschrieben.

Versuche: *5-Phthalimidopentanon-(2)*, $C_{13}H_{13}NO_3$, F. 75—77°, durch Kondens. von Phthalimid mit 5-Chlorpentanon-(2) in Dimethylformamid in Ggw. von $K_2CO_3$ bei 95—97°; 50% (Ausbeute). — *1-Benzyl-2-methyl-3-[β-phthalimidoäthyl]-5-methoxyindol*, $C_{27}H_{24}N_2O_3$, F. 156—157°, durch Kondens. vorst. Verb. mit N-Benzyl-N-[p-methoxyphenyl]-hydrazinhydrochlorid (I) in Eisessig bei 100°; 80%. — *1-Benzyl-2-methyl-5-methoxytryptaminhydrochlorid*, $C_{19}H_{23}ClN_2O$, F. 243—244° (A.), a) durch 3std. Kochen vorst. Verb. mit 85%ig. Hydrazinhydrat in Methanol, Extrahieren mit Ae. u. Fällen mit äthanol. HCl; 87—90%; b) durch 5tägiges Stehen von **II** mit äthanol. $NH_3$ bei 25°; 60—65%. — *1-Benzyl-2-methyl-3-[β-chloräthyl]-5-methoxyindol* (**II**), $C_{19}H_{20}ClNO$, F. 83 bis 86°, durch Kondens. von **I** mit 5-Chlorpentanon-(2) in A.; 70%. W. HAMPEL. 3081□

**Darstellung und Reduktion von Indolyl-(3)-aminomethylketonen.** K. Bodendorf und A. Walk. (Arch. Pharmaz. Ber. dtsch. pharmaz. Ges. **294** (**66**). 484—87. Aug. 1961. Karlsruhe, TH, Pharmaz.-chem. Inst.) (Dt.)

Indolyl-(3)-carbinole scheinen nur beständig zu sein, wenn das benachbarte C-Atom quart. ist. So ist *Indolyl-(3)-tert.-butylcarbinol* durch Umsetzung von Indolaldehyd-(3) (**I**) mit tert.-Butyl-MgCl (II) oder von Indolyl-MgBr (III) mit Trimethylacetaldehyd (IV) zugänglich. Bromierung von Indolyl-(3)-methylketon (V) u. anschließende Rk. mit Aminen gab *Indolyl-(3)-aminomethylketone*. Diese konnten katalyt. nicht hydriert werden; mit $LiAlH_4$ wurden die entsprechenden *Tryptaminhomologen* erhalten. *Indolyl-(3)-aminomethylketon* wurde als *Hydrochlorid* aus dem entsprechenden Bromketon (VI) nach DELÉPINE dargestellt; Tryptamin konnte daraus durch Red. nicht erhalten werden.

Versuche: *Indolyl-(3)-tert.-butylcarbinol*, F. 119—120°, Nadeln (W.), a) aus I u. II in sd. Tetrahydrofuran [1 Std. lang; 66,5% (Ausbeute)]; b) aus III u. IV; 25%. — Indolyl-(3)-ketone: *Methyl-* (V), a) aus III u. $CH_3COCl$; b) aus Indol u. Dimethylacetamid/$POCl_3$. — *Brommethyl-* (VI), F. 230°, ziegelrote Kristalle ($CH_3OH$), aus V u. $Br_2$ in $CH_3OH$ (Kühlen, dann 1—2std. Erwärmen); 74,8%. — *Dimethylaminomethyl-* (VII), $C_{12}H_{14}N_2O$, F. 208—209° (A.), aus VI u. wss. $(CH_3)_2NH$-Lsg. in Isopropanol (1std. Kochen, Einengen); 84,2%. *Hydrochlorid*, F. 229°. *Pikrat*, F. 181—183°. — *Diäthylaminomethyl-*, $C_{14}H_{18}N_2O$, F. 136—137° (A.), aus VI u. $(C_2H_5)_2NH$; 85,3%. *Hydrochlorid*, F. 211°. — *Piperidinomethyl-*, $C_{15}H_{18}N_2O$, F. 169—170° (50%ig. A.), aus VI u. Piperidin; 75,2%. *Hydrochlorid*, F. 214°. — *Morpholinomethyl-*, $C_{14}H_{16}N_2O_2$, F. 167° (A.), aus VI u. Morpholin; 89,4%. *Hydrochlorid*, F. 218°. — *Methylaminomethyl-* (VIII), $C_{11}H_{12}N_2O$, F. 197—198° (A.), aus VI u. 33%ig. $CH_3NH_2$-Lsg.; 58,5%. *Hydrochlorid*, F. 235—237°. — *Aminomethyl-*, *Hydrochlorid*, $C_{10}H_{11}ClN_2O$, F. 268—270°, aus VI u. Hexamethylentetramin in Aceton–Chlf. (Stehen über Nacht), Behandeln des entstandenen *Addukts* [F. 230—232° (Zers.); 100%] mit wss.-alkohol. HCl (3 Tage Stehen) u. Reinigen durch Schütteln mit AgCl in W.; 73,9%. — *1-[Indolyl-(3)]-2-dimethylaminoäthan*, F. 48—49° (Essigester–PAe.), aus VII u. $LiAlH_4$ in Tetrahydrofuran (30 Min. lang Rühren, dann 2 Std. lang Kochen); 73,7%. *Pikrat*, F. 170°. — *1-[Indolyl-(3)]-2-methylaminoäthan*, F. 89° (Essigester–PAe.), analog aus VIII; 68,9%. *Hydrochlorid*, F.175°.

J. ROTHE. 3081 □

**Die Synthese von Indolo-[2'.3':1.2]-carbazol.** G. V. Bhide, N. L. Tikotkar und B. D. Tilak. (Chem. and Ind. **1957**. 363. 23/3. Bombay, India, Univ. of Bombay, Dep. of Chem. Technol.) (Engl.)

*Indolo-[2'.3':1.2]-carbazol* wird aus 1-Keto-1.2.3.4-tetrahydrocarbazol (II) sowie aus Cyclohexandion-(1.2)-monophenylhydrazon (III) dargestellt.

Versuche: *Indolo-[2'.3':1.2]-carbazol*, $C_{18}H_{12}N_2$, F. 371°, a) aus 1 Mol II u. 2 Mol Phenylhydrazin (I) in Eisessig durch 5std. Kochen, Behandeln mit konz. HCl, 3 Min. langes Kochen u. Verdünnen mit heißem W.; aus $CH_3OH$ blaßgraue Nadeln; 51% (Ausbeute); b) aus 1 Mol III u. 2 Mol I in Eisessig durch 6std. Kochen, Zugabe von konz. HCl u. 5 Min. langes Kochen; 45%. *Dipikrat*, $C_{30}H_{18}N_8O_{14}$, F. 202°, aus A. rotbraune Nadeln. — *4-Keto-N-methyl-1.2.3.4-tetrahydrocarbazolphenylhydrazon*, $C_{19}H_{19}N_3$, F. 187°, aus 1 Mol nachst. Verb., 2 Mol I in A., 5n HCl u. $CH_3COONa$; aus A. orangefarbene Nadeln; 85%. — *4-Keto-N-methyl-1.2.3.4-tetrahydrocarbazol*, $C_{13}H_{13}NO$, F. 195°, weiße Nadeln aus A.; aus 4-Keto-1.2.3.4-tetrahydrocarbazol, Dimethylsulfat u. $K_2CO_3$ in Aceton.

H. HENZE. 3081 □

**$\Delta^3$-Imidazoline.** 3. Mitt. **Über intramolekulare Oxydoreduktionen.** Gerhard Kirchner. (Liebigs Ann. Chem. **628.** 92—95. Dez. 1959, ausgeg. 14/1. 1960. Magdeburg, VEB Fahlberg-List, Forschungsabt.) (Dt.) — 2. vgl. C. **1960.** 16088.

Das durch Umsetzung von (—)-Phenylacetylcarbinol (I) mit Cyclohexanon (II) u. $NH_4OH$ erhaltene (—)-*4-Methyl-2.2-pentamethylen-5-phenyl-$\Delta^3$-oxazolin* läßt sich in abs. Propanol mit HCl entsprechend der Umlagerung von VOIGT u. AMADORI zur $\Delta^4$-Oxazolinium-Verb. isomerisieren, die mit W. zu *α-Aminopropiophenon* (*Norephedron*)-*hydrochlorid* hydrolysiert wird. Beim Erhitzen von I mit Anilin (IV) erfolgt Umlagerung zu *α-Anilinopropiophenon* (III) ohne Mitwrkg. von HCl. III entsteht auch aus α-Methylaminopropiophenon (V; Ephedron) u. IV unter Abspaltung von $CH_3NH_2$. 4-Methyl-5-phenyl- u. 5-Methyl-4-phenyl-2.2-pentamethylen-$\Delta^3$-thiazolin zeigten unter diesen Bedingungen keine Umlagerungstendenz.

Versuche: (—)-*4-Methyl-2.2-pentamethylen-5-phenyl-$\Delta^3$-oxazolin*, $C_{15}H_{19}NO$, $Kp._{0,3}$ 120°, durch 5std. Rühren von 15 g I mit II u. konz. $NH_4OH$ u. Ausäthern; $n_D^{20}$ 1,5370, $[\alpha]_D^{20}$ —192,7° (in 96%ig. A.); 10—11 g (Ausbeute). — *α-Aminopropiophenon* (*Norephedron*)-*hydrochlorid*, F. 182° (Propanol), durch $^1/_4$std. Kochen von 5 g vorst. Verb. mit HCl-gesätt. Isopropylalkohol u. Kochen mit W.; 3,7 g. — *α-Anilinopropiophenon* (III), F. 100—102° (n-Propanol), a) durch mehrstd. Erhitzen von 15 g I u. IV in n-Propanol; 19 g; b) durch 2std. Erhitzen von V mit IV u. $ZnCl_2$ im $N_2$-Strom auf 160° u. Versetzen mit $CH_3OH$; hellgelbe Kristalle. *Hydrochlorid*, F. 200°. — *α-Mercaptopropiophenon*, a) durch 5std. Zutropfen von 71 g α-Brompropiophenon (VI) in Ae.–$CH_3OH$ zu einer tiefgekühlten Lsg. von $H_2S$ u. Na in $CH_3OH$; Öl; 53 g; b) durch 4std. Rühren von 42,6 g **VI** in A. mit $Na_2S_2O_3$ in W. bei 80°, Einengen u. 1std. Kochen mit 25%ig. HCl. — *5-Methyl-2.2-pentamethylen-4-phenyl-Δ³-thiazolin*, $C_{15}H_{19}NS$, Kp.$_{0,3}$ 150—153°, durch 2std. Einleiten von $NH_3$ in ein Gemisch von 26 g vorst. Verb. u. **II** unter Kühlung; 13,5 g. *Hydrochlorid*, F. 129—130° (Zers.). — *4-Methyl-2.2-pentamethylen-5-phenyl-Δ³-thiazolinhydrochlorid*, F. 170—178°. R. PASEDAG. 3100□

**Thiazolidinthion-(2)-derivate.** Makoto Unoki. (J. pharmac. Soc. Japan [Yakugakuzasshi] **75.** 1421—23. 25/11. 1955. Tōkyō, Sankyō A.G., Kameari-Fabrik, Labor.) (Jap.; Auszug: Engl.)

*3-[2-Methyl-4-aminopyrimidyl-(5)-methyl]-4-hydroxy-4-methyl-5-[β-chloräthyl]-thiazolidinthion-(2)* (**I**) wird durch Behandeln von γ-Acetyl-γ-chlorpropylchlorid u. 2-Methyl-4-amino-5-aminomethylpyrimidin (**II**) mit $CS_2$ in Ggw. von $NH_3$ dargestellt u. durch Behandeln mit Alkali oder über das in W. kaum lösl. *Hydrochlorid* gereinigt. Die Eigg. von **I** werden untersucht.

Versuche: *γ-Acetyl-γ-chlorpropylchlorid*, Kp.$_{9,5}$ 70°, aus 24 g α-Acetyl-α-chlor-γ-butyrolacton, 23 cm³ 35%ig. HCl u. 20 cm³ W. durch 20 Min. langes Erhitzen; 18 g (Ausbeute). — *3-[2-Methyl-4-aminopyrimidyl-(5)-methyl]-4-hydroxy-4-methyl-5-[β-chloräthyl]-thiazolidinthion-(2)* (**I**), $C_{12}H_{17}ClN_4OS_2$, F. ca. 140°, aus vorst. Verb. u. **II** in Ggw. von $NH_3$ durch Behandeln mit $CS_2$. *Hydrochlorid*, $C_{12}H_{18}Cl_2N_4OS_2$, F. 187° (Zers.), aus 4 g **I**, 1 cm³ 38%ig. HCl u. 50 cm³ W.; 3,2 g. — *3-[2-Methyl-4-aminopyrimidyl-(5)-methyl]-3α-methylhexahydrofuro-[2.3:d]-thiazolidinthion-(2)*, F. 172—173° (Methanol), aus a) 0,5 g **I** u. 10 cm³ 60%ig. A. durch 3std. Kochen; b) 1 g **I**-Hydrochlorid in 20 cm³ $CH_3OH$ u. 0,12 g NaOH. — *3-[2-Methyl-4-aminopyrimidyl-(5)-methyl]-4-methyl-5-[β-chloräthyl]-thiazolinthion-(2)*, $C_{12}H_{15}ClN_4S_2$, F. 177° (A.), aus 0,5 g **I** oder **I**-Hydrochlorid, 1 cm³ 38%ig. HCl u. 3 cm³ W. durch 20 Min. langes Erhitzen. — *7-Methyl-2-thioketo-1.2.3.4-tetrahydro-1.3.6.8-tetraazanaphthalin*, F. 277° (Zers.; A.), durch Schmelzen von 1 g **I** bei 160° u. Zusatz von W. u. $Na_2CO_3$. F. MOSSNER. 3142□

**Die Synthese einiger dem Tetrahydrocannabinol verwandter Modellverbindungen.** Edward C. Taylor und E. J. Strojny. (J. Amer. chem. Soc. **82.** 5198—5202. 5/10. 1960. Princeton, N.J., Univ., Frick Chem. Labor.; Urbana, Ill., Univ., Noyes Labor. of Chem.) (Engl.)

Es wird über die DIELS-ALDER-Rk. von Isopren (**I**) mit in 3-Stellung substituierten Cumarinen berichtet. Aus 3-Cyan- u. 3-Carbäthoxycumarin wurden mit **I** *6a-Cyan-* (**II**) bzw. *6a-Carbäthoxy-9-methyl-6a.7.10.10a-tetrahydrodibenzopyron-(6)* (**III**) erhalten. **II** u. **III** lieferten bei der Dehydrierung an Pd–Kohle *9-Methyldibenzopyron-(6)* (**VII**), das mit $LiAlH_4$ u. anschließend katalyt. über *5-Methyl-2-hydroxymethyl-2′-hydroxybiphenyl* zu *2.5-Dimethyl-2′-hydroxybiphenyl* (**IV**) red. wurde. Ferner wurde **IV** ausgehend von o-Nitrobenzoldiazoniumchlorid, durch Umsetzung mit Xylol zu *2.5-Dimethyl-2′-nitrobiphenyl* u. dessen Red., Diazotierung u. Hydrolyse neben *3-Methylfluoren* dargestellt. Die Behandlung von **II** mit überschüssigem Methyl-MgJ führte zu *1-Methyl-4-cyan-4-[α-hydroxy-α-methyläthyl]-5-[o-hydroxyphenyl]-cyclohexen-(1)*, das mit Ameisensäure oder $SOCl_2$ *6a-Cyan-6.6.9-trimethyl-6a.7.10.10a-tetrahydrodibenzopyran* (**V**) lieferte. Verss. zur Eliminierung der Cyangruppe aus **V** durch Einw. von $H_2SO_4$ u. Essigsäure bei 100°, 50%ig. $H_2SO_4$ bei 140°, heißer Polyphosphorsäure oder alkal. $H_2O_2$ führten ausschließlich zu einem isomeren Produkt. Durch direkte Hydrolyse von **II** entstand *4-Methyl-6-[o-hydroxyphenyl]-Δ³-tetrahydrobenzoesäure*, deren Stereochemie nicht sichergestellt wurde. Die vorsichtige Hydrolyse von **III** u. anschließendes Kochen der erhaltenen *4-Methyl-6-[o-hydroxyphenyl]-Δ³-cyclohexendicarbonsäure-(1.1)* führte zu *cis-* (**VIa**) u. *trans-9-Methyl-6a.7.10.10a-tetrahydrodibenzopyron-(6)* (**VIb**). In Übereinstimmung mit ster. Betrachtungen isomerisiert sich **VIa** zu **VIb** durch Erhitzen in Ggw. von $NH_4$-Acetat, ferner wird an **VIa** HBr zu einem einheitlichen Addukt angelagert, während **VIb** ein Gemisch lieferte. Methyl-MgJ reagierte mit **VIa** u. **VIb** zu *cis-* bzw. *trans-1-Methyl-4-[α-hydroxy-α-methyläthyl]-5-[o-hydroxyphenyl]-cyclohexen-(1)*, aus denen durch Kochen in Xylol in Ggw. von p-Toluolsulfonsäure *cis-* bzw. *trans-6.6.9-Trimethyl-6a.7.10.10a-tetrahydrodibenzopyran* entstanden, während bei Verw. von $SOCl_2$ *chlorhaltige Prodd.* gebildet wurden.

Versuche (FF. korr.): *3-Cyancumarin*, nach BAKER u. HOWES (C. **1954.** 1702); 87% (Ausbeute). — *6a-Cyan-9-methyl-6a.7.10.10a-tetrahydrodibenzopyron-(6)* (**II**), $C_{15}H_{13}NO_2$, F. 93—95° ($CCl_4$), aus vorst. Verb. durch 7std. Erhitzen mit **I** in Xylol im Stahlautoklaven auf 180—186° in Ggw. von Hydrochinon; 42%. — *6a-Carboäthoxy-9-methyl-6a.7.10.10a-tetrahydrodibenzopyron-(6)* (**III**), $C_{17}H_{18}O_4$, F. 107—108°, aus 3-Carbäthoxycumarin analog **II** in 8 Std. bei 220°; 39%. — *9-Methyldibenzopyron-(6)* (**VII**), $C_{14}H_{10}O_2$, F. 101—103°, a) aus **II** durch ½std. Erhitzen mit Pd-Kohle auf 210°; sublimiert bei 210°/110 mm; 35%; b) aus **III** analog a); 41%. —*2.5-Dimethyl-2′-nitrobiphenyl*,

$C_{14}H_{13}NO_2$, Kp.$_{0,05}$ 90°, aus o-Nitrobenzoldiazoniumchlorid (aus 104 g o-Nitranilin) u. p-Xylol durch Zugabe von wss. Na-Acetat unter Eiskühlung u. 1std. Rühren, dann 36std. Rühren bei 10—15° u. Raum-Temp., Aufarbeitung u. Wasserdampf-Dest.; 6,5 g. — *2.5-Dimethyl-2'-hydroxybiphenyl* (**IV**), $C_{14}H_{14}O$, Kp.$_{0,05}$ 90°, a) aus vorst. Verb. durch Hydrierung an RANEY-Ni bei Raum-Temp. in A. in 1 Std., dann Einw. von wss. $NaNO_2$ auf die erhaltene *Amino-Verb.* in 10%ig. $H_2SO_4$ bei 0° u. anschließendes $^3/_4$std. Kochen der Lsg. nach Zugabe von konz. $H_2SO_4$; daneben *3-Methylfluoren* ($C_{14}H_{12}$, F. 91 bis 92°, sublimiert bei 80°/0,05 mm); b) aus **VII** durch 2std. Rühren mit $LiAlH_4$ in Ae. bei Raum-Temp. u. nachfolgende Hydrierung des erhaltenen Prod. bei 3 at in 12 Std. an $PdCl_2$/Kohle. — *1-Methyl-4-cyan-4-[α-hydroxy-α-methyläthyl]-5-[o-hydroxyphenyl]-cyclohexen-(1)*, $C_{17}H_{21}NO_2$, F. 162—164° (Ae.), aus **II** durch langsame Zugabe von Methyl-MgJ in Ae. innerhalb 1 Std. u. 6std. Rühren bei Raum-Temp.; sublimiert bei 150°/0,05 mm; 70%. — *6a-Cyan-6.6.9-trimethyl-6a.7.10.10a-tetrahydrodibenzopyran* (**V**), $C_{17}H_{19}NO$, Kp.$_{0,5}$ 155—160°, aus vorst. Verb. durch 2std. Kochen mit $SOCl_2$. — *4-Methyl-6-[o-hydroxyphenyl]-$\Delta^3$-tetrahydrobenzoesäure*, $C_{14}H_{16}O_3$, F. 193—195°, aus **II** durch 14std. Erhitzen mit 50%ig. $H_2SO_4$ u. Essigsäure auf 100°; sublimiert bei 150°/0,1 mm. — *9-Methyl-6a.7.10.10a-tetrahydrodibenzopyron-(6)*, $C_{14}H_{14}O_2$, *cis-Form* (**VIa**), F. 95,5 bis 97° (A.), aus **III** durch 18std. Kochen mit wss. alkohol. NaOH, dann 12std. Kochen des nach dem Ansäuern erhaltenen Prod. in Xylol; 20%. *trans-Form* (**VIb**), F. 143—144° (A.), a) neben **VIa**; 25%; b) aus 0,42 g **VIa** durch ½std. Erhitzen mit $NH_4$-Acetat auf 250°; 0,1 g. — *Verb. $C_{14}H_{15}BrO_2$*, F. 138—140° (Hexan, Nadeln), aus **VIa** in PAe. u. HBr bei —5° in 39 Min.; 81%. — *Verb. $C_{14}H_{15}BrO_2$*, F. 138—139° (Hexan), aus **VIb** analog vorst. Verb.; 96,5%; gibt mit vorst. Verb. F.-Depression. — *1-Methyl-4-[α-hydroxy-α-methyläthyl]-5-[o-hydroxyphenyl]-cyclohexen-(1)*, *cis-Form*, $C_{16}H_{22}O_2$, F. 139 bis 140,5°, aus **VIa** durch 8std. Rühren mit Methyl-MgJ in Ae. bei Raum-Temp.; sublimiert bei 120°/0,05 mm; 78%. *trans-Form*, F. 137,5—138°, analog der cis-Form aus **VIb**; 81%. — *6.6.9-Trimethyl-6a.7.10.10a-tetrahydrodibenzopyran*, *cis-Form*, $C_{16}H_{20}O$, Kp.$_{0,5}$ 175°, aus der cis-Form vorst. Verb. in Xylol durch 2½std. Kochen mit p-Toluolsulfonsäure; 60%. *trans-Form* F. 63,3—64,3° (Methanol), aus der trans-Form vorst. Verb. analog der cis-Form; 75%. D. KIRSTEIN. 3211□

**Alkylaminopyridine und Alkylpyridinäther. (Zusammenhänge zwischen chemischer Konstitution und Geruch.)** Hans Fürst und Günter Feustel. (Chem. Techn. **10**. 693—99. Dez. 1958. Dresden, TH, Inst. für org.-techn. Chem.) (Dt.)

Durch Alkylierung mit aliphat. sowie aromat. Substituenten am Stickstoff sowie an der Seitenkette von Aminopyridinen wird der Einfl. von Stellung, Länge u. Art des Substituenten auf den Geruch untersucht. Neben zahlreichen bekannten wird eine Reihe neuer Verbb. dargestellt.

Versuche: Pyridine: *2-Amino-* (**II**), Kp.$_{1,5}$ 100°, nach LEFFLER (Org. Reactions [1942]); 72% (Ausbeute). — *2-Isobutylamino-*, $C_9H_{14}N_2$, Kp.$_2$ 69°; $n_D^{20}$ 1,5328. — *2-n-Hexylamino-*, $C_{11}H_{18}N_2$, F. 37°, Kp.$_2$ 111°. — *2-Phenyläthylamino-*, $C_{13}H_{14}N_2$, F. 62°, Kp.$_3$ 158°. — *2-Äthyl-n-butylamino-*, $C_{11}H_{18}N_2$, Kp.$_2$ 125°; $n_D^{20}$ 1,5251. — *2-Äthyl-n-decylamino-*, $C_{17}H_{30}N_2$, Kp.$_2$ 132°; $n_D^{20}$ 1,5085. — *2-Äthylbenzylamino-*, $C_{14}H_{16}N_2$, Kp.$_2$ 112°; $n_D^{20}$ 1,5947. — 2-Methylpyridine: *6-Amino-* (**I**), F. 40°, Kp.$_{10}$ 110°, durch Zugabe von 2-Methylpyridin zu $NaNH_2$ in Xylol bei 125°, 4std. Erwärmen auf 125—130°, 4std. Erwärmen auf 130—135° u. 4std. Kochen; 72%. — *6-n-Butylamino-*, $C_{10}H_{16}N_2$, Kp.$_2$ 82°; $n_D^{20}$ 1,5329. — *6-Isoamylamino-*, $C_{11}H_{18}N_2$, Kp.$_2$ 91°; $n_D^{20}$ 1,5170. — *6-n-Hexylamino-*, $C_{12}H_{20}N_2$, Kp.$_2$ 108°; $n_D^{20}$ 1,5205. — *6-Äthyl-n-butylamino-*, $C_{12}H_{20}N_2$, Kp.$_1$ 85°; $n_D^{20}$ 1,5195. — *6-n-Propyl-n-butylamino-*, $C_{13}H_{22}N_2$, Kp.$_1$ 90°; $n_D^{20}$ 1,5153. — *6-n-Hexyl-n-butylamino-*, $C_{16}H_{28}N_2$, Kp.$_1$ 112°; $n_D^{20}$ 1,5063. — *2-n-Propyl-6-n-propyl-n-butylaminopyridin*, $C_{15}H_{26}N_2$, Kp.$_1$ 90°; $n_D^{20}$ 1,5142. — *2-n-Butyl-6-n-propyl-n-butylaminopyridin*, $C_{16}H_{28}N_2$, Kp.$_1$ 104°; $n_D^{20}$ 1,5138. — 3-Methylpyridine: *6-Amino-*, F. 25°, Kp.$_{13}$ 110°, analog **I** aus einem Gemisch von 3-Methyl- u. 4-Methylpyridin; 35%; daneben *4-Methyl-6-aminopyridin*, F. 102°, Kp.$_{10}$ 105—120°; krist. aus dem Gemisch; Blättchen; 32%. — *6-n-Butylamino-*, $C_{10}H_{16}N_2$, Kp.$_2$ 74°; $n_D^{20}$ 1,5351. — *6-n-Hexylamino-*, $C_{12}H_{20}N_2$, Kp.$_2$ 98°; $n_D^{20}$ 1,5250. — *6-Benzylamino-*, $C_{13}H_{14}N_2$, F. 76°, Kp.$_2$ 122°. — *6-Äthyl-n-butylamino-*, $C_{12}H_{20}N_2$, Kp.$_1$ 72°; $n_D^{20}$ 1,5129. — 4-Methylpyridine: *6-n-Butylamino-*, $C_{10}H_{16}N_2$, F. 41°, Kp.$_2$ 82°. — *6-n-Isobutylamino-*, $C_{10}H_{16}N_2$, Kp.$_2$ 75°; $n_D^{20}$ 1,5348. — *6-Benzylamino-*, $C_{13}H_{14}N_2$, F. 76°. — *6-Äthyl-n-butylamino-*, $C_{12}H_{20}N_2$, Kp.$_1$ 82°; $n_D^{20}$ 1,5197. — *2-Brompyridin* (**III**), Kp.$_{25}$ 92—93°, durch Zugabe von $Br_2$ zu **II** in 45%ig. HBr bei —5°, Zugabe von konz. HCl, Diazotieren bei —2°, Zugabe von 40%ig. NaOH u. Wasserdampf-Dest.; 76%. — *2-Methyl-6-brompyridin* (**IV**), Kp.$_{20}$ 90°, analog vorst. Verb. aus **I**; 80%. — *Pyridyl-(2)-n-hexyläther*, $C_{11}H_{17}NO$, Kp.$_2$ 73°, durch Erwärmen von Na u. n-Hexylalkohol auf 140—150° u. Zugabe von **III**; $n_D^{20}$

1,4878; ca. 60%. — *Pyridyl-(2)-n-heptyläther*, $C_{12}H_{19}NO$, Kp.$_2$ 83°; $n_D^{20}$ 1,4850. — *Pyridyl-(2)-isooctyläther*, $C_{13}H_{21}NO$, Kp.$_2$ 85°; $n_D^{20}$ 1,4825. — *Pyridyl-(2)-cyclohexyläther*, $C_{11}H_{15}NO$, Kp.$_2$ 65°; $n_D^{20}$ 1,5242. — *2-Methylpyridyl-(6)-n-amyläther*, $C_{11}H_{17}NO$, Kp.$_2$ 69°, analog vorst. Verbb. aus **IV** u. Amylalkohol; $n_D^{20}$ 1,4869; ca. 60%. — *2-Methylpyridyl-(6)-n-hexyläther*, $C_{12}H_{19}NO$, Kp.$_2$ 79°; $n_D^{20}$ 1,4867. — *2-Methylpyridyl-(6)-n-heptyläther*, $C_{13}H_{21}NO$, Kp.$_2$ 89°; $n_D^{20}$ 1,4854. — *2-Methylpyridyl-(6)-cyclohexyläther*, $C_{12}H_{17}$·NO, Kp.$_2$ 75°; $n_D^{20}$ 1,5185. — *2-Methylpyridyl-(6)-benzyläther*, $C_{13}H_{13}NO$, Kp.$_2$ 94°; $n_D^{20}$ 1,5644. — *2-n-Butylpyridyl-(6)-n-hexyläther*, $C_{15}H_{25}NO$, Kp.$_{0,5}$ 72°; $n_D^{20}$ 1,5186. — *2-n-Amylpyridyl-(6)-n-heptyläther*, $C_{17}H_{29}NO$, Kp.$_{0,5}$ 85°; $n_D^{20}$ 1,5123. — *2-Isohexylpyridyl-(6)-n-amyläther*, $C_{16}H_{27}NO$, Kp.$_{0,5}$ 98°; $n_D^{20}$ 1,4900. — *2-n-Nonylpyridyl-(6)-n-amyläther*, $C_{19}H_{33}NO$, Kp.$_{0,5}$ 130°; $n_D^{20}$ 1,4859. — 2-Methylpyridine: *6-Isohexyl-*, $C_{12}H_{19}N$, Kp.$_2$ 52°; $n_D^{20}$ 1,4858. — *6-n-Heptyl-*, $C_{13}H_{21}N$, Kp.$_2$ 65°; $n_D^{20}$ 1,4820. — *6-n-Nonyl-*, $C_{15}H_{25}N$, Kp.$_2$ 85°; $n_D^{20}$ 1,4826. — *6-Phenyläthyl-*, $C_{14}H_{15}N$, Kp.$_2$ 91°; $n^{20}$ 1,5679. V. HAMPEL. 3231 □

**Die Polymerisation von 4-Chlorpyridin.** J. P. Wibaut und F. W. Broekman. (Recueil Trav. chim. Pays-Bas **78**. 593—603. Aug. 1959. Amsterdam, Univ., Labor. of Organ. Chem.; Wageningen, Agric. Univ., Labor. of Physical. and Colloid Chem.) (Engl.)

Reines, trocknes 4-Chlorpyridin (I) polymerisiert sich bei 2—3tägigem Erwärmen auf 30° im Rohr zu einer krist., orangebraunen Masse, deren wss. Lsg. sich wie *N-[Pyridyl-(4)]-4-chlorpyridiniumchlorid* verhält. Das beim Einengen der Lsg. des Polymerisats in HCl unter Hydrolyse erhältliche Prod. wurde als Gemisch aus *N-[Pyridyl-(4)]-pyridon-(4)-dihydrochlorid* u. *4-Hydroxypyridinhydrochlorid* (vgl. HAITINGER u. LIEBEN [1885]) erkannt. Die entsprechenden Basen wurden als *Pikrate* isoliert. Außerdem isolierten Vff. aus den wss. Lsgg. des Polymerisats bei pH 5 ein *Dipikrat* $C_{27}H_{21}N_9O_{17}$, sowie ein *Dipikrat* $C_{37}H_{27}N_{11}O_{17}$. Die UV-Spektren der Hydrolyse-Prodd. des Polymerisats einschließlich ihrer Pikrate zeigen ebenfalls die Anwesenheit von Verbb. mit mehr als zwei Pyridinringen an. Im Gegensatz zu seinem Polymerisat verändert sich die verd. wss. Lsg. des 4-Chlorpyridins selbst bei mehrwöchigem Stehen nicht.

Versuche: *4-Chlorpyridin* (I)-*Polymerisat*, durch 2—3tägiges Erwärmen von **I** im Rohr unter Feuchtigkeitsausschluß auf 30°; orangebraune, krist. Masse. — *N-[Pyridyl-(4)]-pyridon-(4)-dipikrat*, F. 193—198°, durch Erwärmen des **I**-Polymerisats in W. auf 70° u. Zugabe von sd. wss. Pikrinsäure. Daneben *4-Hydroxypyridinpikrat*, F. 236 bis 238°. — *Dipikrat* $C_{27}H_{21}N_9O_{17}$, F. 163,5—165°, durch Eintrocknen einer wss. Lsg. von 318 mg des **I**-Polymerisats bei pH 5—5,5 u. 30°, Chlf.-Extraktion u. Behandlung mit wss. Pikrinsäure; 12 mg (Ausbeute). — *Dipikrat* $C_{37}H_{27}N_{11}O_{17}$, F. 208—213° (Zers.), durch 5tägiges Stehen einer wss. Lsg. von 0,864 g des **I**-Polymerisats bei Raum-Temp., Eintrocknen bei pH 6,3, Waschen mit W. u. Behandlung des Rückstands mit wss. Pikrinsäure; 25 mg. G. PLÖTNER. 3231

**Katalytische Reduktion von heterocyclischen aromatischen Amin-N-oxyden mit Raney-Nickel. 4. Mitt. Reduktion von 4.4'-Azopyridin-1.1'-dioxyd, 4.4'-Azoxypyridin-1.1'-dioxyd und 2-Styrylpyridin-1-oxyd.** Eisaku Hayashi, Hiroshi Yamanaka, Chihoko Iijima und Shizuo Matsushita. (Pharmac. Bull. [Tokyo] **8**. 649—52. Juli 1960. Oshika, Shizuoka Coll. of Pharm.) (Engl.) — 3. vgl. C. **1960**. 14699.

4.4'-Azopyridin-1.1'-dioxyd (I) wird in $CH_3OH$ in Ggw. von RANEY-Ni bei Raum-Temp. u. normalem Druck über *4.4'-Azopyridin* (II) zu *4.4'-Hydrazopyridin* (III) hydriert, während in Ggw. von Pd-Kohle *4.4'-Hydrazopyridin-1.1'-dioxyd* (IV) gebildet wird. Die analoge Red. von 4.4'-Azoxypyridin-1.1'-dioxyd (V) verläuft in Ggw. von RANEY-Ni über **I** → **II** → **III**, in Ggw. von Pd-Kohle über **I** → **IV**. Die Red. von *2-Styrylpyridin-1-oxyd* (VI) führt in Ggw. von RANEY-Ni über *2-Styrylpyridin* (VII), in Ggw. von Pd-Kohle über *2-[β-Phenyläthyl]-pyridin-1-oxyd* zu *2-[β-Phenyläthyl]-pyridin.*

Versuche: Pyridine: *4.4'-Hydrazo-* (III), $C_{10}H_{10}N_4$, F. 240° (Zers.; $CH_3OH$), aus 1 g **I** oder **V** durch Hydrierung in $CH_3OH$ in Ggw. von RANEY-Ni; Nadeln; 0,8 bzw. 0,75 g (Ausbeute). — *4.4'-Azo-* (II), $C_{10}H_8N_4$, F. 107° (Bzn.), durch Hydrieren von 1 g **I** oder **V** analog **III** mit 1 Mol $H_2$; orangefarbene Nadeln; 0,15 bzw. 0,7 g. Daneben **III**. — *2-[β-Phenyläthyl]-*, aus 1,35 g **VI** in $CH_3OH$ durch Umsetzung mit 2 Mol $H_2$ in Ggw. von RANEY-Ni; Fl.; 0,9 g. *Pikrat*, F. 125—127° ($CH_3OH$), gelbe Nadeln. — *2-Styryl-* (VII), F. 90—91°, aus **VI** analog **II**. — *4.4'-Hydrazopyridin-1.1'-dioxyd* (IV), F. 200—200,5° (Zers.; A.), aus 0,3 g **I** oder aus **V** durch Red. in $CH_3OH$ in Ggw. von Pd-Kohle bei Raum-Temp. u. normalem Druck; Mikronadeln; 0,25 g. *Monopikrat*, $C_{10}H_{10}N_4O_2 \cdot C_6H_3N_3O_7$, F. 216° (Zers.; $CH_3OH$), gelbe Nadeln. — *2-Styrylpyridin-1-oxyd* (VI), F. 162—162,5° (Bzl.), aus 18 g **VII** durch 18std. Erhitzen mit $H_2O_2$ in Eisessig auf 65—75°; gelbe Plättchen; 14,9 g. EBERHARD RIEDEL. 3231 □

**Untersuchungen über neue Anwendungsmöglichkeiten von α-Acetyl-γ-butyrolacton. 1. Mitt. Eine neue Synthese von Chinolinderivaten.** 1. Mitt. Tatsuo Ozawa und Satoshi Nagaoka. (J. pharmac. Soc. Japan [Yakugakuzasshi] **75.** 1405—07. 25/11. 1955. Nagasaki, Univ., Pharmakolog. Inst.) (Jap.; Auszug: Engl.) — 2. vgl. nachst. Referat.

α-Acetyl-γ-butyrolacton (**IV**) reagiert glatt mit Anilin (**V**) in A. unter Bldg. von *α-[1-Phenyliminoäthyl]-γ-butyrolacton* (**III**). Beim Erhitzen von **III** mit $POCl_3$ im geschlossenen Rohr tritt Spaltung des Lactonrings unter Bldg. einer β-Chloräthyl- u. einer COOH-Gruppe ein. Unter Abspaltung von W. reagiert letztere mit dem aromat. Ring in o-Stellung zu *3-[β-Chloräthyl]-4-oxo-3.4-dihydrochinaldin*, das sofort enolisiert u. zu *3-[β-Chloräthyl]-4-chlorchinaldin* (**I**) umgesetzt wird. Aus **I** wird *3-Vinylchinaldin* u. *3-Äthylchinaldin* dargestellt.

Versuche: *α-[1-Phenyliminoäthyl]-γ-butyrolacton* (III), $C_{12}H_{13}NO_2$, F. 87—88° (A.), aus 13 g **IV**, 9 g **V** u. 10 cm³ A. durch 5std. Erhitzen; 90% (Ausbeute). — Chinaldine: *3-[β-Chloräthyl]-4-chlor-* (I), $C_{12}H_{11}Cl_2N$, F. 64° (A.), aus 10 g III u. 15 cm³ $POCl_3$ durch 5std. Erhitzen auf 150° im geschlossenen Rohr; 63%. *Hydrochlorid*, F. 215—217° (A.). — *3-[β-Chloräthyl]-* (II), $C_{12}H_{12}ClN$, F. 61,5—62° (PAe.), aus 2 g I in Eisessig durch 3std. Hydrieren an Pd/Kohle über das *Hydrochlorid* [$C_{12}H_{12}ClN \cdot HCl$, F. 219,5—220° (A.)]; 3,5 g. — *3-Vinyl-*, $C_{12}H_{11}N$, F. 62,5—63°, aus 1 g II u. 20 cm³ 50%ig. alkohol. NaOH durch 3std. Erhitzen u. Benzolextraktion. *Hydrochlorid*, F. 189—189,5° (A.). — *3-Äthyl-*, $C_{12}H_{13}N$, F. 74—74,5° (PAe.), durch Hydrieren der vorst. oder nachst. Verb. an Pd/Kohle über das *Hydrochlorid* [$C_{12}H_{13}N \cdot HCl$, F. 233—234° (A.)]. — *3-Vinyl-4-chlor-, Hydrochlorid*, $C_{12}H_{10}ClN \cdot HCl$, F. 233—234° (Zers.; A.), aus I durch Behandeln mit NaOH. — *3-[β-Hydroxyäthyl]-, Hydrochlorid*, $C_{12}H_{13}NO \cdot HCl$, F. 203—205° (A.), aus 1 g II u. 100 cm³ W. durch 4std. Erhitzen auf 150—160° im geschlossenen Rohr, Benzolzusatz u. Einleiten von HCl. — *3-[β-Aminoäthyl]-*, $C_{12}H_{14}N_2$, F. 188—190° (W.), aus 1 g II in 3 cm³ 7%ig. alkohol. $NH_3$ durch 5std. Erhitzen auf 120° im geschlossenen Rohr. — *α.α'-Benzyliden-bis-[α-(1-phenyliminoäthyl)-γ-butyrolacton]*, $C_{31}H_{30}N_2O_4$, F. 110° (A.), aus a) 13 g **IV**, 8 g **V** u. 10 g Benzaldehyd (**VI**) in 100 cm³ A. durch 4std. Erhitzen; 25 g; b) 10 g **III** u. 3 g **VI** in 60 cm³ A. analog a). F. Mossner. 3231

**Untersuchungen über neue Anwendungsmöglichkeiten von α-Acetyl-γ-butyrolacton. 2. Mitt. Eine neue Synthese von Chinolinderivaten.** 2. Mitt. Tatsuo Ozawa, Satoshi Nagaoka, Kyoko Mitsuno und Toshiko Tsukiyama. (J. pharmac. Soc. Japan [Yakugakuzasshi] **75.** 1407—10. 25/11. 1955.) (Jap.; Auszug: Engl.) — 1. vgl. vorst. Referat.

Die Kondens. von α-Acetyl-γ-butyrolacton (**III**) mit 16 verschiedenen aromat. Aminen wird untersucht; nur mit p-Nitroanilin findet keine Rk. statt. Die Verw. von Anilin, das durch Halogen, $CH_3$-, $CH_3O$- oder HO-Gruppen substituiert ist, führt zu *α-[1-(substituierten Phenylimino)-äthyl]-γ-butyrolactonen*, aus denen *3-[β-Chloräthyl]-4-chlorchinaldine* mit Substituenten in 5-, 6-, 7- oder 8-Stellung erhalten werden können.

Versuche: γ-Butyrolactone: *α-[1-(2-Methylphenylimino)-äthyl]-* (**IV**), $C_{13}H_{15}NO_2$, F. 75,5—76° (A.), aus o-Toluidin analog der Darst. von α-[1-Phenyliminoäthyl]-γ-butyrolacton (vgl. vorst. Ref.); 68% (Ausbeute). — *α-[1-(4-Methylphenylimino)-äthyl]-*, $C_{13}H_{15}NO_2$, F. 87—89° (A.), aus 5,4 g p-Toluidin u. 6,4 g **III**; 68%. — *α-[1-(2-Hydroxyphenylimino)-äthyl]-*, $C_{12}H_{13}NO_3$, F. 167—168° (A.), aus 5 g o-Aminophenol u. 6 g **III**; 61,8%. — *α-[1-(2-Methoxyphenylimino)-äthyl]-*, $C_{13}H_{15}NO_3$, F. 123—123,5° (A.), aus 21 g o-Anisidin u. 19,5 g **III**; 84,7%. — *α-[1-(3-Hydroxyphenylimino)-äthyl]-* (**I**), $C_{12}H_{13}NO_3$, F. 134,5—135,5° (A. oder Bzl.), aus 8,5 g m-Aminophenol u. 10 g **III**; 17 g. — *α-[1-(4-Chlorphenylimino)-äthyl]-*, $C_{12}H_{12}ClNO_2$, F. 108° (A.); analog **I**; 82%. — *α-[1-(2.5-Dichlorphenylimino)-äthyl]-*, $C_{12}H_{11}Cl_2NO_2$, F. 125—126° (A.); 76%. — *α-[1-(4-Bromphenylimino)-äthyl]-*, $C_{12}H_{12}BrNO_2$, F. 120° (A.); 62,4%. — *α-[1-(2.4-Dibromphenylimino)-äthyl]-*, $C_{12}H_{11}Br_2NO_2$, F. 169—170° (A.); 59,4%. — *α-[1-(3-Nitrophenylimino)-äthyl]-*, $C_{12}H_{12}N_2O_4$, F. 130—131° (A.), aus m-Nitroanilin u. **III** durch 3std. Erhitzen auf 120°; 86%. — *α-[1-(3-Hydroxy-4-carboxyphenylimino)-äthyl]-*, F. 240° (Zers.; A.), aus p-Aminosalicylsäure in A. u. **III** durch 3std. Erhitzen auf 85°; 10% neben 80% **I**. — *α-[1-(4-Acetamidosulfonylphenylimino)-äthyl]-*, $C_{14}H_{16}N_2O_5S$, F. 247—249° (Zers.), aus N-[p-Aminobenzolsulfonyl]-acetamid u. **III** in Alkohol. — *α-[1-(α-Naphthylimino)-äthyl]-*, $C_{16}H_{15}NO_2$, F. 128—129° (A.); 92,4%. — *α-[1-(β-Naphthylimino)-äthyl]-* (**II**), $C_{16}H_{15}NO_2$, F. 159—159,5° (A.); 88,7%. — *2-Styryl-3-[β-chloräthyl]-4-chlorchinolin*, $C_{19}H_{15}Cl_2N$, F. >290° (A.), aus 2,4 g 3-Chloräthyl-4-chlorchinaldin in 10 cm³ A. u. 1 cm³ Benzaldehyd durch 4std. Erhitzen; 1,2 g (Ausbeute). *Hydrochlorid*, F. 208—210°. — 3-[β-Chloräthyl]-4-chlorchinaldine, aus vorst. Verbb. durch Erhitzen mit $POCl_3$ im Bombenrohr: *8-Methyl-*, $C_{13}H_{13}Cl_2N$, F. 75—76° (A.), aus **IV**; 70%. — *6-Methyl-*,

$C_{13}H_{13}Cl_2N$, F. 95—96° (A.), analog vorst. Verb.; 82%. — *8-Hydroxy-* (V), $C_{12}H_{11}Cl_2NO$, F. 97—98° (A.). *Hydrochlorid*, $C_{12}H_{11}Cl_2NO \cdot HCl$, F. 200—202° (A.); 62%. — *8-Methoxy-*, $C_{13}H_{13}Cl_2NO$, F. 150—150,5° (A.); 94,8%. — *5-Hydroxy-*, $C_{12}H_{11}Cl_2NO$, F. 206—207° (A.), aus 3,8 g I u. 10 cm³ $POCl_3$ durch 6std. Erhitzen auf 150° im Bombenrohr; 0,2 g; daneben 2,5 g V. — *6-Chlor-*, $C_{12}H_{10}Cl_3N$, F. 117° (A.); 68%. *Hydrochlorid*, $C_{12}H_{10} \cdot Cl_3N \cdot HCl$, F. 187° (Zers.; A.). — *5.8-Dichlor-*, $C_{12}H_9Cl_4N$, F. 115—115,5° (A.); 75%. — *6-Brom-*, $C_{12}H_{10}BrCl_2N$, F. 92—93° (A.). *Hydrochlorid*, F. 114—115° (A.); 72,2%. — *6.8-Dibrom-, Hydrochlorid*, $C_{12}H_9Br_2Cl_2N \cdot HCl$, F. 161—161,5° (A.); 72,2%. — *7.8-Benzo-*, $C_{16}H_{13}Cl_2N$, F. 102—102,5° (A.); 97%. *Hydrochlorid*, F. 203,5—205°. — *5.6-Benzo-*, $C_{16}H_{13}Cl_2N$, F. 130—130,5° (A.), aus 5 g II u. 10 cm³ $POCl_3$ durch 5std. Erhitzen auf 150° im Bombenrohr; 70,3%. — *6.7-Benzo-*, F. 163—165°, durch Einengen der Mutterlauge der vorst. Verbindung. — *5-* oder *7-Nitro-*, $C_{12}H_{10}Cl_2N_2O_2$, F. 113,5—114°; 70%. *Hydrochlorid*, F. 158—159° (A.). F. MOSSNER. 3231

**Eine Darstellung von 7.8-Dihydroxychinolin.** Tatsuo Ohta, Yo Mori und Kentaro Koike. (Chem. and Ind. **1957.** 1271. 21/9. Tokyo, Coll. of Pharm.) (Engl.)

Durch 2std. Erwärmen von 25 g Oxin (8-Hydroxychinolin), 125 g KOH u. 9 ml W. auf 240—250°, Lösen in W., Ansäuern mit 20%ig. $H_2SO_4$ auf pH 6 u. Umkristallisieren aus A. werden 5,5 g *7.8-Dihydroxychinolin* (I; $C_9H_7NO_2$, F. 287—288°) in Nadeln erhalten. Mit $FeCl_3$-Lsg. in A. ergibt I eine dunkelgrün/dunkelbraune Färbung, die GIBBS-Rk. ist stark positiv. Durch Acetylieren mit Acetanhydrid in Pyridin wird das *Diacetyl-Deriv.* (F. 247,5—248,5°) erhalten. W. HAMPEL. 3231 □

**Gewinnung und Veredlung von Chinolinbasen.** 1. Mitt. Elmar Profft und Gerhard Buchmann. (Chem. Techn. **8.** 30—35. Jan. 1956. Magdeburg, VEB Fahlberg-List, Wiss. Abt.) (Dt.)

Eine Teerbasenfraktion wird in den Grenzen Kp. 235—280° feindest. u. die einzelnen Prodd. identifiziert. Beim Chinolin u. seinen Homologen wird mit $CuCl_2$ getränktes Chromatographierpapier zur Best. angewendet. Es wird die Verwertbarkeit von Chinolin untersucht, wobei bes. 8-Hydroxychinolin (I) wegen seiner bakteriostat. Wrkg. als Ausgangsstoff dient. Durch Verätherung mit Alkylhalogeniden werden aus I in guten Ausbeuten *8-Alkoxychinoline* gewonnen, die durch Bromierung neuartige, auch am Stickstoff bromierte Verbb. ergeben. Die gewonnenen Prodd. werden z. T. als gute Fungicide erkannt, einige quatern. Verbb. ergeben im Tier-Vers. eine dem Pyramidon vergleichbare Wirkung.

Versuche: *Chinolin*, $Kp._{9,2}$ 104,8°; $n_D^{20}$ 1,6268, $D._4^{20}$ 1,0955. *Sulfat* (II), F. 108°; 92% (Ausbeute). — *Chinolinsulfonsäure-(8)*, F. 354° (W.), durch Erwärmen von II u. 40%ig. Oleum auf 160—170°; 65%. — *8-Hydroxychinolin* (I), F. 75°, durch Erwärmen vorst. Verb. mit KOH/NaOH/W. auf 235°; 86%. — *5.7-Bis-[hydroxymethyl]-8-hydroxychinolin*, F. 133—134°, durch Chlormethylierung von I bei gleichzeitiger Verseifung; 50%. — *5.7-Bis-[hydroxymethyl]-8-hydroxychinolinsulfonsäure-(6)*, F. 285° (Zers.), durch Sulfonierung vorst. Verb. mit 5%ig. Oleum; 72%. — Chinoline: *8-Äthoxy-*, $Kp._{22}$ 200—203°, durch Kochen von I u. Äthylbromid in alkohol. KOH; 58,8%. *Sulfat*, F. 90—110°; 100%. — *8-n-Propoxy-*, $Kp._9$ 161—162°; $n_D^{20}$ 1,6161; 56,2%. *Sulfat*, F. 123—124°; 100%. — *8-Allyloxy-*, $Kp._{10}$ 167—170°; $n_D^{20}$ 1,6199; 53,5%. *Sulfat*, Öl; ca. 100%. — *N-Allyl-8-n-propoxychinoliniumbromid*, F. 195°; 59,8%. — *N-Allyl-8-äthoxychinoliniumbromid*, F. 225°; 67,8%. — *N-Benzyl-8-äthoxychinoliniumchlorid*, F. ca. 70° (Zers.); 66,7%. — *N-[o-Toluolsulfonyl]-8-äthoxychinoliniumchlorid*, F. ca. 50°; 90,4%. — *N-[p-Toluolsulfonyl]-8-äthoxychinoliniumchlorid*, F. 103°; 79,3%. — *1.1.5-Tribrom-8-äthoxychinolin*, F. 136—137°, durch Bromieren des entsprechenden 8-Alkoxychinolins; 61,6%. — *5-Brom-8-äthoxychinolin*, F. 55°; 63,4%. *Sulfat*, F. 224°; 63,2%. — *N-Allyl-5-brom-8-äthoxychinoliniumbromid*, F. 230°; 50,7%. — *5-Brom-8-äthoxychinolin-6.7-disulfonsäure*, F. 255°; 38,4%. — *1.1.1.5-Tetrabrom-8-n-propoxychinolin*, F. 147°; 86,2%. — *5-Brom-8-n-propoxychinolinsulfat*, F. 240°; 57,7%. — *5-Brom-8-n-propoxychinolinhydrochlorid*, F. 105—107°; 78,8%. — *N-Allyl-5-brom-8-n-propoxychinoliniumbromid*, F. 210°; 38,5%. — *5-Brom-8-n-propoxychinolin-6.7-disulfonsäure*, F. >360°; 42,7%. — *8-[1'.2'-Dibrom-n-propoxy]-5-bromchinolin*, F. 135°; 36,5%.

W. HAMPEL. 3231 □

**Untersuchungen in der Reihe des Benzodioxans. 14. Mitt. Benzo-1.4-dioxanyl-(2)-methylmalonsäuren und α-substituierte 3-[Benzo-1.4-dioxanyl-(2)]-propionsäuren.** G. B. Marini-Bettòlo, Rodolfo Landi-Vittory und Paulo Carvalho Ferreira. (Gazz. chim. ital. **89.** 2280—90. Okt./Nov. 1959. Roma, Ist. Superiore di Sanità, Labor. di Chim. terapeut.) (Ital.) — 13. vgl. Rend. Ist. super. Sanità **22.** [1959.] 225; 9. vgl. C. **1959.** 15678; 15. vgl. C. **1961.** 5437.

Durch Rk. von 2-Brommethylbenzo-1.4-dioxan (**I**) mit verschieden substituierten Na-Malonestern wurden *Benzo-1.4-dioxanyl-(2)-methylalkylmalonester* u. daraus durch Verseifung u. Decarboxylierung die entsprechenden *Malonsäuren* u. *2-Alkyl-3-[benzo-1.4-dioxanyl-(2)]-propionsäuren* dargestellt. IR-Spektren vgl. Original.

Versuche: Alkyl-[benzo-1.4-dioxanyl-(2)-methyl]-malonsäuren: *Unsubstituiert* (**II**), $C_{12}H_{12}O_6$, F. 150° (W.), durch Verseifen von **III** mit sd. wss.-alkohol. NaOH (4 Std.) u. Ansäuern mit verd. HCl. *Diäthylester* (**III**), $C_{16}H_{20}O_6$, Kp.$_{0,1}$ 140—150°, durch Zutropfen von Na-Malonsäurediäthylester in Dioxan zu **I** in sd. Dioxan unter $N_2$ (20 Std.); $n_D^{20}$ 1,5035. — *Methyl-*, $C_{13}H_{14}O_6$, F. 164° (W.), wie **II** aus dem entsprechenden Ester. *Diäthylester*, $C_{17}H_{22}O_6$, Kp.$_{0,001}$ 114—115°, wie **III**; $n_D^{22}$ 1,4952. — *Äthyl-*, $C_{14}H_{16}O_6$, F. 187° (A.). *Diäthylester*, $C_{18}H_{24}O_6$, Kp.$_{0,1}$ 140—150°, wie **III**; $n_D^{23}$ 1,4050. — *n-Propyl-*, *Diäthylester*, $C_{19}H_{26}O_6$, Kp.$_{0,03}$ 135—140°, wie **III**; $n_D^{22}$ 1,4921. — *Isopropyl-*, *Diäthylester*, $C_{19}H_{26}O_6$, Kp.$_{0,12}$ 148—156°, wie **III**; $n_D^{26}$ 1,4969. — *n-Butyl-*, $C_{16}H_{20}O_6$, F. 160° (Bzl.). *Diäthylester*, $C_{20}H_{28}O_6$, Kp.$_{0,1}$ 150—155°, wie **III**. — *Phenyl-*, *Diäthylester* (**IV**), $C_{22}H_{24}O_6$, F. 65—67°, Kp.$_{0,2}$ 178—180°, wie **III**. — *Benzyl-*, $C_{19}H_{18}O_6$, F. 168° (Bzl.–Aceton). *Diäthylester*, $C_{23}H_{26}O_6$, Kp.$_{0,02}$ 170—185°, wie **III**; $n_D^{22}$ 1,5299. — 2-Alkyl-3-[benzo-1.4-dioxanyl-(2)]-propionsäuren: *2-Methyl-*, $C_{12}H_{14}O_4$, F. 125° ($CH_3OH$), aus **III** u. sd. Eisessig/W./$H_2SO_4$ (6:1:3; 10—12 Std.). Analog: *2-Äthyl-*, $C_{13}H_{16}O_4$, Kp.$_{0,6}$ 155 bis 162°. — *2-n-Butyl-*, $C_{15}H_{20}O_4$, Kp.$_{0,03}$ 130—140°. — *2-Benzyl-*, $C_{18}H_{18}O_4$, Kp.$_{0,03}$ 160 bis 165°. — *2-Phenyl-*, $C_{17}H_{16}O_4$, F. 146° ($CH_3OH$); oder durch Verseifen von **IV** mit wss.-alkohol. NaOH u. Ansäuern; daneben entsteht eine diastereoisomere *Verb. vom F. 100°* (W.), die mit sd. W. die Form vom F. 146° liefert. F. HELLER. 3252□

**Über die N-Methyl-5.5-diäthyl-2-thiobarbitursäure.** Vorl. Mitt. K. Dolze, H. Goldhahn und H. Fürst. (Arch. Pharmaz. Ber. dtsch. pharmaz. Ges. **294/66.** Nr. 3. Mitt. dtsch. pharmaz. Ges. **31.** 190—93. März 1961. Radebeul, VEB Chem. Werke, Forschungsabt.) (Dt.)

*N-Methyl-5.5-diäthyl-2-thiobarbitursäure* (**II**; F. 79,5—80°) wird durch Kondens. von a) Diäthylcyanessigsäureäthylester u. Methylthioharnstoff (**I**) u. Verseifung der 4-Imino-Verb., b) Diäthylmalonsäuredichlorid u. **I** u. c) Diäthylmalonsäurediäthylester u. **I** gebildet. **II** liefert beim Kochen mit Mineralsäuren ($H_2SO_4$, HBr), bei der Behandlung mit $H_2O_2$ oder wss. $CuSO_4$-Lsg. *N-Methyl-5.5-diäthylbarbitursäure* ($C_9H_{14}N_2O_3$, F. 154 bis 154,5°). P. GOLINSKE. 3272□

**Systematischer Abbau von Peptiden durch Reduktion ihrer N-2-Nitro-4-methansulfonylphenylderivate.** 3. Mitt. Pedro de la Llosa, Marian Jutisz und Ernesto Scoffone. (Bull. Soc. chim. France **1960.** 1621—25. Aug./Sept. Paris, Coll. de France, Labor. de Morphologie Expérim. et Endocrinologie; Padova, Italie, Univ., Ist. di Chim. Organ.) (Franz.) — 1. u. 2. vgl. C. **1956.** 5030 bzw. C. **1959.** 12572.

N-[2-Nitro-4-methansulfonylphenyl]-(NMSP)-aminosäuren (**A**) liefern durch katalyt. Red. in 0,5%ig. $NaHCO_3$ in Ggw. von Pt/Al *2-Hydroxy-3-alkyl-3.4-dihydro-7-methansulfonylchinoxaline* (**B**). An NMSP-peptiden werden systemat. Unterss. der Red.-Bedingungen zur Best. der aminoendständigen Aminosäuren durchgeführt. So werden NMSP-glycylglycin, -leucylglycin, -leucylglycylglycin sowie -alanylglycylglycin in 6 Std. bei 50° zu den entsprechenden **B** u. jeweils *Glycin* abgebaut. Von den **B** wurden die $R_F$-Werte bestimmt. Die Absorptionsspektren der **B** im Sichtbaren sind angegeben.

Versuche: 3-Alkyl-2-hydroxy-3.4-dihydro-7-methansulfonylchinoxaline, durch katalyt. Red. der **A** in 0,5%ig. $NaHCO_3$ in Ggw. von 5%ig. Pt/Al, Ansäuern mit 6n HCl (pH 4) u. 5std. Stehen: *3-Methyl-*, F. 259—260° (Methanol), aus NMSP-DL-alanin; 82% (Ausbeute). — *3-Carboxymethyl-*, F. 247—248° (Methanol/W.), aus NMSP-L-asparaginsäure; 83%. — *3-Aminocarbonylmethyl-(?)*, F. 289—290° (Methanol), aus NMSP-L-asparagin; 97%. — *3-Isobutyl-*, F. 244—245° (Methanol), aus NMSP-L-leucin; 82%. — *3-[2-Methylmercaptoäthyl]-*, F. 204—205° (Methanol), aus NMSP-DL-methionin; 70%. — *3-Benzyl-*, F. 229—230° (Methanol), aus NMSP-DL-phenylalanin; 81%. — *3-Hydroxymethyl-*, F. 273—274° (Methanol/W.), aus NMSP-DL-serin; 97%. — *3-Isopropyl-*, F. 197—198° (Methanol), aus NMSP-DL-valin; 98%. — *2-Hydroxy-3.4-dihydro-7-methansulfonylchinoxalin*, F. 277—279° (Methanol), aus NMSP-glycin; 98%. — *2-Hydroxy-3.4-trimethylen-3.4-dihydro-7-methansulfonylchinoxalin*, F. 286 bis 288° (Methanol/W.), aus NMSP-L-prolin; 96%. E. SCHRÖDER. 3272□

**Potentielle Purinantagonisten.** 24. Mitt. **Darstellung und Reaktionen einiger 8-Diazopurine.** Jesse W. Jones und Roland K. Robins. (J. Amer. chem. Soc. **82.** 3773—79. 20/7. 1960. Tempe, Ariz., State Univ., Dep. of Chem.) (Engl.) — 23. vgl. C. **1961.** 17570.

Die Diazotierung von 8-Aminoxanthin bzw. von dem durch Red. von 8-Nitrotheophyllin (**II**) mit $Na_2S_2O_4$ erhaltenen *8-Aminotheophyllin* (**XIII**) führt zu *8-Diazo-*

*xanthin* (III) bzw. *8-Diazotheophyllin* (I). Die 8-Diazo-Verbb. besitzen eine Zwitterionenstruktur mit der negativen Ladung am Imidazolring. I liefert mit $NaNO_2$ **II**, mit Cyanessigsäureäthylester (**XVIII**) *8-[Carbäthoxycyanmethylazo]-theophyllin*, mit Di-n-butylamin (**V**) *8-[Di-n-butyltriazeno]-theophyllin*. **III** gibt mit $NaNO_2$ *8-Nitroxanthin* (**VI**). Die Diazotierung von 2.8-Diamino-6-hydroxypurin (**IV**) in Ggw. von $HBF_4$ mit $NaNO_2$ bzw. in HCl mit 2 Mol $NaNO_2$ führt zu **III**. Beim Ansäuern einer Lsg. von **IV** u. 1 Mol $NaNO_2$ in KOH entsteht aber *2-Amino-8-diazo-6-hydroxypurin* (**XV**; *8-Diazoguanin*), das mit sd. verd. HCl *2-Amino-6.8-dihydroxypurin*, mit sd. KHS *2-Amino-6-hydroxypurinthiol-(8)*, mit **V** *8-[Di-n-butyltriazeno]-guanin* bzw. mit $NaNO_2$ *2-Amino-6-hydroxy-8-nitropurin* (**XIV**; *8-Nitroguanin*) liefert. **XIV** gibt mit $HNO_2$ **VI**. 8-Amino-6-hydroxypurin (**VII**) läßt sich zu dem instabilen *8-Diazo-6-hydroxypurin* (**XVII**; *8-Diazohypoxanthin*) diazotieren, das in *6.8-Dihydroxypurin*, *6-Hydroxypurinthiol-(8)*, *8-[Di-n-butyltriazeno]-hypoxanthin* u. *6-Hydroxy-8-nitropurin* übergeführt werden konnte. Dieses wird mit $Na_2S_2O_4$ zu **VII** reduziert. 6.8-Diaminopurin (**XII**) wird zu *6-Amino-8-diazopurin* (**XVI**)-*Hydrochlorid* diazotiert u. dieses zum Konstit.-Beweis in *6-Amino-8-chlorpurin* übergeführt. 6-Amino-2.8-dihydroxypurin konnte nicht diazotiert werden. Bei der von BILTZ u. SAUER [1931] beschriebenen Darst. von 2.6-Dihydroxy-9-methyl-8-nitrosopurin durch Behandlung von 2.6-Dihydroxy-9-methylpurinthiol-(8) (**X**) mit $NaNO_2/HNO_3$ entsteht nicht dieses, sondern ein Gemisch von *9-Methyl-* (**VIII**) u. *9-Methyl-8-nitroxanthin* (**IX**). **IX** entsteht auch durch Nitrierung von **VIII** mit sd. verd. $HNO_3$. **IX** läßt sich mit $Na_2S_2O_4$ zu *8-Amino-2.6-dihydroxy-9-methylpurin* reduzieren. Aus **X** wird mit sd. $HCl/NaNO_2$ **VIII** erhalten. Das aus 4.5-Diamino-6-hydroxy-2-methylaminopyrimidin (**XX**) u. Formamid (**XXI**) synthetisierte *6-Hydroxy-2-methylaminopurin* (**XIX**) wird mit p-Chlorbenzoldiazoniumchlorid gekuppelt u. das Kupplungs-Prod. mit $Na_2S_2O_4$ zu *8-Amino-6-hydroxy-2-methylaminopurin* (**XI**) red., das mit 1 Mol $NaNO_2$ *8-Diazo-6-hydroxy-2-methylaminopurin* gibt. **IV** liefert mit $P_2S_5$/Pyridin *2.8-Diaminopurinthiol-(6)*. Dieses konnte nicht diazotiert, aber zur *6-Methylmercapto-Verb.* methyliert werden. **XI** wurde mit $P_2S_5$/Pyridin in *8-Amino-2-methylaminopurinthiol-(6)* übergeführt. Die UV-Spektren der Purine sind tabellar. angegeben. Die Absorption der Diazo- u. Nitrogruppe in 8-Stellung liegt im Bereich 340—370 mμ.

Versuche: *8-Amino-2.6-dihydroxypurinhemihydrat*, durch Diazotieren von 92 g p-Chloranilin in konz. HCl bei 0—5° (70 Min.), Einrühren in eine Lsg. von 100 g Xanthin in 8,5%ig. KOH bei 0—10°, 2½ std. Rühren, Kochen des Nd. in 5%ig. KOH mit $Na_2 \cdot S_2O_4$, Heißfiltration, Ansäuern u. Umfällen aus KOH-Essigsäure; 98 g (Ausbeute). — *2.6-Dihydroxy-9-methyl-8-nitropurin* (**IX**), $C_6H_5N_5O_4$, a) durch Kochen (20 Min.) von **X** mit verd. $HNO_3$, Alkalisieren mit $NH_4OH$ u. Umfällen; gelbe Nadeln; b) analog aus **VIII**. — *8-Amino-2.6-dihydroxy-9-methylpurinhydrochlorid*, durch Erwärmen von **IX** mit $Na_2S_2O_4$ in 10%ig. KOH auf 60—70° u. Umfällen aus verd. KOH-konz. HCl. — *8-Diazoadenin* (**XVI**)-*Hydrochlorid*, $C_5H_3N_7 \cdot HCl$, durch 1std. Rühren von 1 g **XII**-Hydrochlorid in 5%ig. HCl mit $NaNO_2$ u. 10std. Stehen bei 5—10°; 1 g. — *8-Diazo-6-hydroxy-2-methylaminopurinhydrochlorid*, $C_6H_5N_7O \cdot HCl$, durch Zutropfen einer Lsg. von 2 g **XI** u. $NaNO_2$ in 5%ig. KOH zu konz. HCl bei 10° u. 1std. Rühren; 1,5 g. — *8-Diazotheophyllin* (I), $C_7H_6N_6O_2$, aus **XIII** in 5%ig. HCl mit $NaNO_2$ bei 5—10°; gelb; 85%. — *8-Diazohypoxanthin* (**XVII**)-$^1/_4$-*Hydrat*, $C_5H_2N_6O \cdot {}^1/_4 H_2O$, aus **VII**-Sulfat. — *8-Diazoxanthin* (**III**), $C_5H_2N_6O_2$, a) durch Zutropfen einer Lsg. von 8-Amino-2.6-dihydroxypurin u. $NaNO_2$ in KOH zu konz. HCl; gelb; 87%; b) durch ½std. Rühren von **IV** in 48—50%ig. $HBF_4$ mit $NaNO_2$ bei 0—5° u. 12std. Stehen bei 5°. — *8-Aminotheophyllin* (**XIII**)-*Hydrochloridhydrat*, $C_7H_9N_5O_2 \cdot HCl \cdot H_2O$, aus 50 g **II** mit $Na_2S_2O_4$ in W. bei 80—90°, Lösen in verd. KOH u. Einstellen auf pH 1 mit konz. HCl; 44 g. — *8-Diazoguanin*-(**XV**)-*Hydrochloridhydrat*, $C_5H_3N_7O \cdot HCl \cdot H_2O$, aus **IV** u. $NaNO_2$ in KOH; gelb. — *8-Nitroxanthin* (**VI**), $C_5H_3N_5O_4$, a) durch 2std. Rühren von 9 g **III** mit $NaNO_2$ in wss. $CH_3OH$ bei 30°, Kochen u. Umfällen aus KOH—HCl; gelb; 3,5 g; b) aus **XIV** in 5%ig. HCl bei 80—90° mit $NaNO_2$. — *8-Nitroguanin* (**XIV**), $C_5H_4N_6O_3$, durch 12std. Rühren von 7 g **XV** mit $NaHCO_3$ u. $NaNO_2$ in W. bei Raum-Temp., Heißfiltration u. Umfällen aus NaOH—Eisessig; orangegelb; 3 g. — *8-Nitrohypoxanthin*, *Na-Salzsesquihydrat*, $C_5H_2N_5NaO_3 \cdot 1½ H_2O$, gelb; 2 g aus 3 g. — *8-[Di-n-butyltriazeno]-xanthin*, $C_{13}H_{21}N_7O_2$, durch 2std. Rühren von 1 g **III** mit **V** in abs. A. bei Raum-Temp.; gelb; 1,2 g. — *2.6-Dihydroxypurinthiol-(8)*, durch $^3/_4$std. Rühren von 1,5 g **III** mit Thioharnstoff in W. bei Raum-Temp., $^1/_4$std. Erhitzen mit NaOH auf 90—95° u. Einstellen mit konz. HCl auf pH 1; 1 g. — *6-Amino-8-chlorpurin*, durch $^1/_4$std. Kochen von **XVI** mit 10%ig. HCl. — *6.8-Dihydroxypurin*, durch Erhitzen (20 Min.) von **XVII** mit 48—50%ig. $HBF_4$ auf dem Wasserbad. — *6-Hydroxypurinthiol-(8)*, durch Kochen (20 Min.) von **XVII** mit 2n KHS u. Ansäuern mit konz. HCl. — *2-Amino-6.8-dihydroxypurin*, durch 3std.

Kochen von **XV** mit 5% ig. HCl u. Neutralisieren mit 5% ig. KOH. — *8-[Carbäthoxy-cyanmethylazo]-theophyllinmonohydrat*, $C_{12}H_{13}N_7O_4 \cdot H_2O$, F. 209—211° (Aceton), durch 3std. Rühren von 2 g **I** mit **XVIII** in Pyridin bei Raum-Temp.; gelb; 3 g. — *8-[Di-n-butyltriazeno]-theophyllin*, $C_{15}H_{25}N_7O_2$, F. 189—190° (Aceton), durch ½std. Rühren von 1 g **I** mit **V** in Aceton u. 12std. Stehen bei 5°; gelb; 1 g. — *Harnsäure*, durch 1std. Erhitzen von **III** mit $HBF_4$ auf dem Wasserbad. — *2.8-Diaminopurinthiol-(6)*, $C_5H_6N_6S$, durch 10std. Kochen von 20 g **IV** mit $P_2S_5$ in abs. Pyridin, Einengen, ½std. Erwärmen mit W. auf dem Wasserbad u. Umfällen aus KOH–Essigsäure; 16 g. — *2.8-Diamino-6-methylmercaptopurin*, $C_6H_8N_6S$, F. 306—308° (W.), aus 6 g vorst. Verb. mit $CH_3J$ in 2n KOH über das *Hemihydrat* ($C_6H_8N_6S \cdot ½ H_2O$; 3,5 g). — *8-Amino-6-hydroxy-2-methylaminopurin* (**XI**)-*Hydrochloriddihydrat*, $C_6H_8N_6O \cdot HCl \cdot 2 H_2O$, durch Zugeben von diazotiertem p-Chloranilin zu 12 g **XIX** in 3,3n KOH bei 0—10°, 2½std. Rühren, Red. des Nd. mit $Na_2S_2O_4$ in 5% ig. KOH bei 80—90°, Heißfiltration, Ansäuern mit Essigsäure u. Umfällen; 7,5 g. — *8-[Di-n-butyltriazeno]-hypoxanthin*, $C_{13}H_{21}N_7O$, durch 1std. Rühren von **XVII** mit **V** in Aceton bei 40—50°. — *8-[Di-n-butyltriazeno]-guaninhydrochlorid*, $C_{13}H_{22}N_8O \cdot HCl$, aus **XV** u. **V** in Aceton in 1½ Std. bei Raum-Temp.; gelb. — *8-Amino-2-methylaminopurinthiol-(6)-¹/₄-Hydrat*, $C_6H_8N_6S \cdot ½ H_2O$, durch 10std. Kochen von **XI** mit $P_2S_5$ in Pyridin u. 15std. Stehen bei Raumtemperatur. — *6-Hydroxy-2-methylaminopurin* (**XIX**), $C_6H_7N_5O$, durch Kochen (20 Min.) von 12 g **XX** mit **XXI**; 11,5 g. R. Pasedag. 3272□

**Potentielle Purinantagonisten.** 25. Mitt. **Einige Purinsulfonsäurederivate und eine neue Darstellung von 2.6.8-Trichlorpurin.** Roland K. Robins. (J. org. Chemistry **26.** 447—51. Febr. 1961) (Engl.) — 24. vgl. vorst. Referat.

Die Rk. von Purintrithiol-(2.6.8) (**VII**) mit $Cl_2$ in abs. $CH_3OH$ bei 10—15° führt zu *6-Chlor-8-hydroxypurin-2-sulfonsäure* (**II**), ohne daß 6.8-Dichlorpurin-2-sulfonsäure als wahrscheinliches Zwischenprod. isoliert werden konnte. Bei Verw. von gesätt. methanol. HCl als Rk.-Medium entsteht mit $Cl_2$ quant. *2.6.8-Trichlorpurin* (**I**). Wenn die Rk.-Temp. 35° übersteigt, wird *2.6-Dichlor-8-hydroxypurin* als Hydrolysen-Prod. von **I** erhalten. Analog liefert 6-Hydroxypurindithiol-(2.8) (**III**) mit $Cl_2$ nur in methanol. HCl *2.8-Dichlor-6-hydroxypurin* (**VI**) u. 6-Hydroxypurinthiol-(8) (**IX**) *8-Chlor-6-hydroxypurin*. Die Konstit. von **II** wurde durch Überführung in die bekannte *8-Hydroxy-6-mercaptopurin-2-sulfonsäure* (**IV**) mit Thioharnstoff (**VIII**) gesichert. 2.8-Dihydroxypurinthiol-(6) wird mit $Cl_2$ in $CH_3OH/HCl$ in *6-Chlor-2.8-dihydroxypurin* übergeführt, das nicht durch saure Hydrolyse von **II** erhalten werden konnte. **III** gibt mit $Cl_2$ in abs. $CH_3OH$ das *Diammoniumsalz* der *8-Hydroxypurin-2.6-disulfonsäure* (**V**), wobei die $NH_4$-Ionen aus dem oxydativen Abbau des Purinkerns stammen. **IV** u. **V** sind gegenüber sd. 2n NaOH stabil. Weder **II** noch **IV** lassen sich in 6-Stellung mit nucleophilen Reagentien umsetzen. Die kontrollierte saure Hydrolyse von **VI** führt zu *2-Chlor-6.8-dihydroxypurin*. Die UV-Spektren der Purine sind tabellar. angegeben.

Versuche: *8-Hydroxypurin-2.6-disulfonsäure* (**V**), *Diammoniumsalzmonohydrat*, $C_5H_{10}N_6O_7S_2 \cdot H_2O$, durch 1³/₄std. Einleiten von $Cl_2$ in einer Lsg. von 20 g **III** in abs. $CH_3OH < 15°$, Konz., 10 Min. langes Kochen mit $CH_3OH$, Heißfiltration u. Umkristallisation aus wss. $CH_3OH$; 10,2 g (Ausbeute). *Mono-Na-Salzsesquihydrat*, $C_5H_3N_4NaO_7S_2 \cdot 1½ H_2O$, durch Kochen (20 Min.) des $NH_4$-Salzes mit 2n NaOH. — *6-Chlor-8-hydroxypurin-2-sulfonsäure* (**II**), $C_5H_3ClN_4O_4S$, durch 3std. Einleiten von $Cl_2$ in eine Lsg. von 32 g **VII** in abs. $CH_3OH < 15°$, Konz. u. Kochen des Nd. mit Aceton über das *Dihydrat* ($C_5H_3ClN_4O_4S \cdot 2 H_2O$; 30,8 g). *Methylammoniumsalz*, $C_6H_8ClN_5O_4S$, mit 40% ig. wss. $CH_3NH_2$. *Mono-Na-Salzmonohydrat*, $C_5H_2ClN_4NaO_4S \cdot H_2O$. — *2.6.8-Trichlorpurin* (**I**), $C_5HCl_3N_4$, F. 188—189° (Bzl. oder $CH_3OH$), durch 6std. Einleiten von $Cl_2$ in eine Lsg. von 100 g **VII** in gesätt. methanol. HCl bei 15—20°, Gießen in konz. $NH_4OH$/Eis u. Ansäuern von 20 g des *$NH_4$-Salzdihydrats* ($C_5H_4Cl_3N_5 \cdot 2 H_2O$; 95 g) mit HCl (pH 1); Platten oder Nadeln; 17,5 g. — *2.8-Dichlor-6-hydroxypurin* (**VI**), $C_5H_2Cl_2N_4O$, durch 2½std. Einleiten von $Cl_2$ in eine Lsg. von 25 g **III** in konz. methanol. HCl bei 10°, Gießen auf Eis, Neutralisieren mit $NH_4OH$ bei 0° u. Einstellen mit verd. HCl auf pH 1; 15,5 g. — *8-Hydroxy-6-mercaptopurin-2-sulfonsäure* (**IV**), *Na-Salztrihydrat*, $C_5H_3N_4NaO_4S_2 \cdot 3 H_2O$, durch 1½std. Kochen von **II** mit **VIII** in abs. $CH_3OH$, Kochen (5 Min.) mit wss. NaOH u. Einstellen auf pH 3 mit verd. HCl. — *2.8-Dihydroxypurinthiol-(6)-monhydrat*, $C_5H_4N_4O_2S \cdot H_2O$, durch 4std. Kochen von Na-**IV** in wss. HCl; 11,2 g. — *6-Chlor-2.8-dihydroxypurinmonohydrat*, $C_5H_3ClN_4O_2 \cdot H_2O$, durch Einleiten von $Cl_2$ (5 Min.) in eine Lsg. von 2 g vorst. Verb. in konz. methanol. HCl $< 5°$ über das *$NH_4$-Salz*; 1,1 g. — *8-Chlor-6-hydroxypurin*, aus 14,5 g **IX**-Hydrat bei 10° (40 Min.); 8,1 g. — *2-Chlor-6.8-dihydroxypurin*, $C_5H_3ClN_4O_2$, durch 2std. Erwärmen von 2 g **VI** mit konz. HCl auf dem Wasserbad, Kochen mit verd. KOH (5 Min.), Heißfiltration u. Ansäuern mit HCl; 1,1 g. R. Pasedag. 3272□

**Potentielle Purinantagonisten.** 26. Mitt. **Darstellung einiger 8-Triazenopurin-Stickstoff-Loste.** Gerhard A. Usbeck, Jesse W. Jones und Roland K. Robins. (J. Amer. chem. Soc. 83. 1113—17. 5/3. 1961) (Engl.) — 25. vgl. vorst. Referat.

Die Kupplung von 8-Diazoadenin (**IV**), -guanin (**III**), -hypoxanthin (**V**), -xanthin (**I**) bzw. -theophyllin (**II**) mit Diäthanolamin (**VI**) führt zu den entsprechenden *8-[Bis-(2-hydroxyäthyl)-triazeno]-purinen,* die mit $SOCl_2$ in die relativ stabilen *8-[Bis-(2-chloräthyl)-triazeno]-purine* übergeführt werden. Diese können mitunter auch durch direkte Kupplung der 8-Diazopurine mit Bis-[2-chloräthyl]-aminhydrochlorid (**VII**) erhalten werden u. zeigen z. T. gute Antitumor-Aktivität. Auch sek.-Alkylamine mit einer β-Hydroxyäthylgruppe sind der Rk. zugänglich. **I** gibt mit 2.2′-[Phenylimino]-diäthanol (**VIII**) *8-[p-Diäthanolaminophenylazo]-xanthin.* **II**, **III**, **IV** u. **V** werden mit 2-Mercaptoäthanol (**X**) zu den *8-[2-Hydroxyäthylmercaptoazo]-purinen* gekuppelt, die mit $SOCl_2$ nicht in die S-Loste übergeführt werden konnten. Zur Synth. von **IV** wird 6-Aminopurinthiol-(8) (**IX**) mit $Cl_2$ in methanol. HCl in *6-Amino-8-chlorpurin* u. dieses mit wss. $NH_4OH$ bei 150—170° in *6.8-Diaminopurin* übergeführt. *8-[(2-Hydroxyäthyl)-äthyltriazeno]-guanin* liefert beim Vers. der Umkristallisation aus sd. methanol. HCl unter Hydrolyse der Triazenogruppe *2-Amino-6.8-dihydroxypurin.* Die UV-Spektren der Purine sind tabellar. angegeben.

Versuche: *8-[Bis-(2-hydroxyäthyl)-triazeno]-theophyllin,* $C_{11}H_{17}N_7O_4$, F. 187—190° ($CH_3OH$-Dimethylformamid), durch 6std. Rühren von **II** mit **VI** in Aceton bei Raum-Temp.; 96% (Ausbeute). — *8-[Bis-(2-chloräthyl)-triazeno]-theophyllin,* $C_{11}H_{15}Cl_2N_7O_2$, Zers. >220° ($CH_3OH$-PAe.), a) durch Kochen (5 Min.) von 5 g vorst. Verb. mit $SOCl_2$, 24std. Stehen bei Raum-Temp. u. Zugeben von Bzl.; orangefarbene Nadeln; 5 g; b) durch 1std. Rühren von 18 g **II** mit **VII** in $CH_3OH$ bei 50—55°, 5 Min. langes Rühren mit Celite, Filtrieren, Einengen u. Zugeben von Dimethoxyäthern; 12 g. — *8-[Bis-(2-hydroxyäthyl)-triazeno]-hypoxanthinhydrochlorid,* $C_9H_{13}N_7O_3 \cdot HCl$, Zers. bei 185—190° (äthanol. HCl), aus **V** (aus 10 g 8-Amino-6-hydroxypurin) u. **VI** in $CH_3OH$ in 4 Std.; 9,5 g. — *8-[Bis-(2-chloräthyl)-triazeno]-hypoxanthin,* $C_9H_{11}Cl_2N_7O$, F. >300° ($CH_3OH$–Aceton), mit $SOCl_2$ in 70 Min.; orangefarbene Nadeln; 53%. — *8-[Bis-(2-hydroxyäthyl)-triazeno]-xanthin,* $C_9H_{13}N_7O_4$, aus **I** u. **VI** in Dimethylacetamid in 6 Std.; 96%. — *8-[Bis-(2-chloräthyl)-triazeno]-xanthin,* $C_9H_{11}Cl_2N_7O_2$, mit $SOCl_2$ in 30 Min.; 2,5 g aus 5,4 g. — *8-[p-Diäthanolaminophenylazo]-xanthinmonohydrat,* $C_{15}H_{17}N_7O_4 \cdot H_2O$, durch 8std. Rühren von 5 g **I** mit **VIII** in $CH_3OH$ bei Raum-Temp.; 10 g. — *8-[p-Bis-(2-chloräthyl)-aminophenylazo]-xanthinhydrochloriddihydrat,* $C_{15}H_{15}Cl_2N_7O_2 \cdot HCl \cdot 2\,H_2O$. — *8-[Bis-(2-chloräthyl)-triazeno]-guaninhydrochlorid,* $C_9H_{12}Cl_2N_8O \cdot HCl$, aus 11,5 g **III** u. **VI** in Dimethylacetamid (8 Std. bei Raum-Temp.) u. $SOCl_2$ (1 Std.); gelb aus $CH_3OH$–Aceton; 7,87 g. — *8-[(2-Hydroxyäthyl)-äthyltriazeno]-hypoxanthin,* F. 195—200° (Zers.; methanol. HCl–Aceton); 98%. — *8-[(2-Chloräthyl)-äthyltriazeno]-hypoxanthin,* F. >300° (A.-PAe.); 42%. — *8-[(2-Hydroxyäthyl)-isopropyltriazeno]-hypoxanthin,* F. >300° (methanol. HCl-Aceton); 61%. — *8-[(2-Chloräthyl)-isopropyltriazeno]-hypoxanthinhydrochlorid,* F. >300° ($CH_3OH$–Bzl.); 58%. — *8-[(2-Chloräthyl)-methyltriazeno]-xanthin,* F. >250° ($CH_3OH$–Aceton); 49%. — *8-[(2-Hydroxyäthyl)-methyltriazeno]-guaninhydrochlorid,* F. 218° (Zers.; methanol. HCl–Aceton); 68%. — *8-[(2-Chloräthyl)-methyltriazeno]-guaninhydrochlorid,* Zers. >250° ($CH_3OH$); 47%. — *8-[(2-Chloräthyl)-äthyltriazeno]-guaninhydrochlorid,* Zers. >250° ($CH_3OH$–Aceton); 81%. — *8-[(2-Chloräthyl)-isopropyltriazeno]-guaninhydrochlorid,* Zers. >210° ($CH_3OH$–Aceton); 66%. — *8-[Bis-(2-hydroxyäthyl)-triazeno]-adenindihydrochlorid,* Zers. bei 185° (methanol. HCl); 82%. — *8-[(2-Hydroxyäthyl)-äthyltriazeno]-adenin,* Zers. bei 215° ($CH_3OH$); 73%. — *8-[(2-Hydroxyäthyl)-methyltriazeno]-adenin,* Zers. >240° (A.); 85%. — *8-[(2-Hydroxyäthyl)-isopropyltriazeno]-adenin,* Zers. bei 220° (W.); 87%. — *8-[(2-Chloräthyl)-methyltriazeno]-adeninhydrochloridsesquihydrat,* $C_8H_{11}ClN_8 \cdot HCl \cdot 1\frac{1}{2}\,H_2O$, Zers. >170° ($CH_3OH$–Bzl.); 54%. — *8-[(2-Hydroxyäthyl)-methyltriazeno]-theophyllin,* F. 198—200° ($CH_3OH$); 83%. — *8-[(2-Hydroxyäthyl)-äthyltriazeno]-theophyllin,* F. 193—195° (Essigester–$CH_3OH$); 80%. — *8-[(2-Chloräthyl)-äthyltriazeno]-theophyllin,* F. 218—220° (Zers.; A.–PAe.); 89%. — *8-[(2-Hydroxyäthyl)-isopropyltriazeno]-theophyllin,* F. 195° (Zers.; Bzl.–$CH_3OH$); 88%. — *8-[(2-Chloräthyl)-isopropyltriazeno]-theophyllin,* F. 227—230° (A.–PAe.); 89%. — *6-Amino-8-chlorpurin,* durch 3std. Einleiten von $Cl_2$ in eine Lsg. von **IX** in $CH_3OH$/konz. HCl bei —5 bis 0°; 97%. — *6.8-Diaminopurinmonohydrochlorid,* durch 8std. Erhitzen vorst. Verb. mit konz. $NH_4OH$ auf 150—170° unter Druck, $^1/_4$std. Kochen mit KOH u. Einstellen auf pH 2—3 mit HCl; Prismen; 53%. — *8-[Bis-(2-chloräthyl)-triazeno]-adeninhydrochloridhemihydrat,* $C_9H_{12}Cl_2N_8 \cdot HCl \cdot \frac{1}{2}\,H_2O$, durch 1½std. Rühren von 9 g vorst.

Verb. in 5%ig. HCl mit wss. $NaNO_2$ bei 5—10°, 4std. Rühren des Nd. mit **VII** in wss.-methanol. HCl bei Raum-Temp., Filtrieren u. Verdünnen mit Aceton; hellgelb; 6 g. — *8-[2-Hydroxyäthylmercaptoazo]-hypoxanthin*, F. >300° (KOH–Essigsäure), durch 6std. Rühren von **V** u. **X** in $CH_3OH$ bei Raum-Temp.; gelbgrün; 61%. — *8-[2-Hydroxyäthylmercaptoazo]-adenin*, F. 310° (Zers.); 96%. — *8-[2-Hydroxyäthylmercaptoazo]-guanin*, Zers. >250°; 32%. — *8-[2-Hydroxyäthylmercaptoazo]-theophyllin*, F. 158° (Zers.); 83%. — *3-[6-Hydroxypurinyl-(8)-azomercapto]-propionsäure*, aus **V** u. 3-Mercaptopropionsäure in $CH_3OH$ (6 Std.). — *3-[Theophyllinyl-(8)-azomercapto]-propionsäure*, $C_{10}H_{12}N_6 \cdot O_4S$, F. 162° (Zers.; $NaHCO_3$-Lsg.-verd. HCl), in 3 Std.; 6,7 g aus 5 g.

R. Pasedag. 3272□

**Pteridine. 22. Mitt. 5.8-Dihydropteridine durch Natriumborhydridreduktion.** Wolfgang Pfleiderer und Edward C. Taylor. (J. Amer. chem. Soc. **82.** 3765—72. 20/7. 1960. Princeton, N.J., Univ., Frick Chem. Labor.) (Engl.) — 21. vgl. C. **1960.** **4522.**

Die Kondens. von 2.4-Bis-[äthylamino]-5-aminopyrimidin (**I**) mit Alloxan (**II**) in bas. Lsg. oder mit Di-Na-Mesoxalat (**III**) führt zu *2-Äthylamino-8-äthyl-8H-pteridinon-(7)-carbonsäure-(6)* (**IV**), die durch Decarboxylierung zu *2-Äthylamino-8-äthyl-8H-pteridinon-(7)* (**V**) identifiziert wird. **V** wird unabhängig aus **I** durch Kondens. mit Glyoxylsäureäthylesterhemiäthylacetal (**VI**) synthetisiert. **IV** liefert mit $NaBH_4$ in alkal. Lsg. *2-Äthylamino-7-hydroxy-8-äthyl-5.8-dihydropteridincarbonsäure-(6)* (**VII**), die mit $KMnO_4$ zu **IV** zurück oxydiert werden kann. Veresterung von **IV** mit Diazomethan (**VIII**) u. Red. mit $NaBH_4$ gibt den auch durch Veresterung von **VII** mit **VIII** erhältlichen *VII-Methylester*. *IV-Äthylester* wird durch Veresterung von **IV** oder durch Kondens. von **I** mit Mesoxalsäurediäthylester (**IX**) hergestellt u. mit $NaBH_4$ zu *VII-Äthylester* reduziert. In 1n HCl wird **VII** decarboxyliert unter Bldg. von *2-Äthylamino-8-äthyl-5.6-dihydro-8H-pteridinon-(7)*, das leicht zu **V** oxydiert wird. Analoge Pteridin-Derivv. werden ausgehend von *2.4-Bis-[äthylamino]-5-amino-6-methylpyrimidin* (**X**) u. von *2-Dimethylamino-4-äthylamino-5-aminopyrimidin* (**XI**) hergestellt. **VII** u. seine Homologen zeichnen sich gegenüber **IV** u. seinen Homologen durch eine intensive bathochrome Verschiebung des UV-Absorptionsmaximums aus, die durch Ausbildung einer chinonähnlichen Enolstruktur (**A**) erklärt wird. Eine indirekte Bestätigung bildet eine hypsochrome Verschiebung im UV-Absorptionsspektrum bei dem durch $NaBH_4$-Red. der bereits in **A** analoger Struktur vorliegenden *2-Äthylamino-7-hydroxypteridincarbonsäure-(6)* (**XII**) gewonnenen *5.6-Dihydro*-Deriv. von **XII**. Die UV-Absorptionsspektren der synthetisierten Pteridine werden tabellar. wiedergegeben.

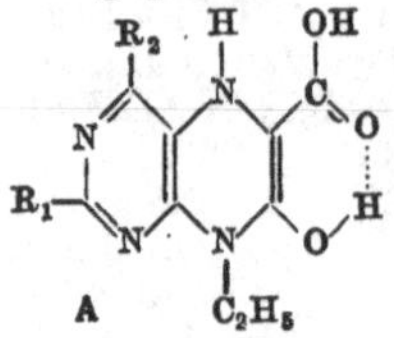

A

Versuche: Pyrimidine: *2.4-Bis-[äthylamino]-5-nitro-*, $C_8H_{13}N_5O_2$, F. 175° (A.), aus 2.4-Dichlor-5-nitropyrimidin durch 2std. Umsetzung mit 30%ig. wss. Äthylamin-Lsg. in Ae.; gelbe Kristalle. — *2.4-Bis-[äthylamino]-5-amino-* (**I**), *Sulfat*, $C_8H_{15}N_5 \cdot H_2SO_4$, F. 217° (Zers.; wss. A.), aus 10 g vorst. Verb. durch Hydrierung in A. in Ggw. von Raney-Ni bei 50° u. 60 lbs./sq.in.; Flocken; 12 g (Ausbeute). — *2.4-Bis-[äthylamino]-5-nitro-6-methyl-*, $C_9H_{15}N_5O_2$, F. 128° (wss. A.), aus 2.4-Dichlor-5-nitro-6-methylpyrimidin (aus 80 g 5-Nitro-6-methyluracil) analog vorvorst. Verb.; 14 g. — *2.4-Bis-[äthylamino]-5-amino-6-methyl-* (**X**), *Sulfat*, $C_9H_{17}N_5 \cdot H_2SO_4$, F. 185° (W.), aus 10 g vorst. Verb. analog **I**; 11,5 g. *Freie Base*, $C_9H_{17}N_5$, F. 126° (W.), aus dem Sulfat in 1n NaOH; Plättchen. — *2-Dimethylamino-4-chlor-5-nitro-*, F. 140°, aus 71 g 2-Dimethylamino-4-hydroxy-5-nitropyrimidin u. $POCl_3$ durch 2std. Kochen u. Stehen über Nacht; 61 g. — *2-Dimethylamino-4-äthylamino-5-nitro-*, $C_8H_{13}N_5O_2$, F. 98° (A.), aus 17 g vorst. Verb. durch 5 Min. langes Kochen mit wss. Äthylamin-Lsg.; 16 g. — *2-Dimethylamino-4-äthylamino-5-amino-* (**XI**), *Sulfat*, $C_8H_{15}N_5 \cdot H_2SO_4$, F. 195—198° (A.), aus 16 g vorst. Verb. analog **I**; 16 g. — *2-Äthylamino-4-amino-5-nitro-*, $C_6H_9N_5O_2$, F. 179° (W.), aus 15 g 2-Chlor-4-amino-5-nitropyrimidin durch 4std. Erhitzen mit 50%ig. wss. Äthylamin-Lsg. in einer verschlossenen Flasche auf dem sd. Wasserbad; gelbe Kristalle; 15 g. — *2-Äthylamino-4.5-diamino-* (**XIII**), F. 178°, aus 15 g vorst. Verb. analog **I**; 9,5 g. — 8-Äthyl-8H-pteridinon-(7)-carbonsäuren-(6): *2-Äthylamino-* (**IV**), $C_{11}H_{13}N_5O_3$, F. 217° (Zers.; W.), a) aus 2,0 g **I**-Sulfat in 1n NaOH durch 17std. Kochen mit 1,6 g **II**-Monohydrat u. Ansäuern mit verd. HCl auf pH 1; gelb; 1,15 g; b) aus 2,7 g **I**-Sulfat u. 3,1 g **III** durch 1std. Kochen in W.; 1,4 g; c) aus 12 g **I**-Sulfat u. 12 g **III** durch 1std. Kochen in 0,5n NaOH u. Ansäuern; 8 g; d) aus 0,2 g Äthylester durch 10 Min. langes Kochen in 1n $NaHCO_3$-Lsg. u. Ansäuern mit HCl auf pH 1; 0,13 g; e) aus 0,26 g **VII** durch Oxydation mit wss. $KMnO_4$-Lsg.; 0,15 g. *Äthylester*, $C_{13}H_{17}N_5O_3$, F. 144° (wss. A.), a) aus 1 g **IV** durch 5std. Kochen in A. in Ggw. von konz. $H_2SO_4$; 0,9 g; b) aus 1,8 g **I**-Sulfat u. 2,0 g **IX** in W. durch ½std. Erhitzen auf dem Dampfbad; gelbe Nadeln; 0,5 g. *Methylester*, $C_{12}H_{15}N_5O_3$, F. 170° (W.), a) aus 1 g **IV** durch 5std.

Kochen in $CH_3OH$ in Ggw. von konz. $H_2SO_4$; 0,85 g; b) aus 1 g **IV** in $CH_3OH$ durch Umsetzung mit **VIII** in Ae. u. Stehen über Nacht; gelbe Nadeln; 0,4 g. — *2-Äthylamino-4-methyl-* (**XIV**), $C_{12}H_{15}N_5O_3$, F. 219° (Zers.; W.), aus 3 g **X**-Sulfat u. 3 g **III** analog **IV**; gelbe Kristalle; 1,5 g. *Äthylester*, $C_{14}H_{19}N_5O_3$, F. 127° (wss. A.), aus 2 g **X** u. 2,5 g **IX** in W. durch $^1/_4$std. Kochen; gelbe Nadeln; 2 g. — *2-Dimethylamino-* (**XV**), $C_{11}H_{13}N_5O_3$, F. 192° (Zers., W.), aus 2,8 g **XI**-Sulfat u. 2,5 g **III** durch 1std. Kochen in 1n $NaHCO_3$-Lsg.; gelbe Nadeln; 1,1 g. *Äthylester*, $C_{13}H_{17}N_5O_3$, F. 110° (wss. $CH_3OH$), aus 2,8 g **XI**-Sulfat u. 2,2 g **IX**; gelbe Kristalle; 1 g. — 8-Äthyl-8 H-pteridinone-(7): *2-Äthylamino-* (**V**), $C_{10}H_{13}N_5O$, F. 155° (W.), a) aus 2,6 g **I**-Sulfat in wss. $NaHCO_3$-Lsg. (pH 6) durch ½std. Kochen mit 2 g **VI**; 0,7 g; b) aus 2 g **IV** durch 48std. Erhitzen auf 200°; 0,8 g, c) aus 0,2 g nachst. Verb. in W. durch Kochen mit $Fe(NO_3)_3$; gelbe Kristalle; 0,12 g. — *2-Äthylamino-5.6-dihydro-*, $C_{10}H_{15}N_5O$, F. 121—122° (W.), aus 0,5 g **VII** u. 50 g $NaHSO_3$ durch 10 Min. langes Kochen in 1n HCl; gelbe Kristalle; 0,25 g. — *2-Äthylamino-4-methyl-*, $C_{11}H_{15}N_5O$, F. 155° (W.), a) aus 1 g **XIV** durch 24std. Erhitzen auf 200°; 0,4 g; b) aus 1 g **X** u. 1,5 g **VI** durch 1std. Kochen in W.; Nadeln; 0,75 g. — *2-Dimethylamino-*, $C_{10}H_{13}N_5O$, F. 118° (wss. A.), aus 2,8 g **XI** u. 2 ml **VI** analog **V**; gelbe Nadeln; 0,7 g. — 7-Hydroxy-8-äthyl-5.8-dihydropteridincarbonsäuren-(6): *2-Äthylamino-* (**VII**), $C_{11}H_{15}N_5O_3$, F. 227° (Zers.; A.), aus 5 g **IV** in 0,2n NaOH u. 10 g $NaBH_4$ in W. durch Rk. über Nacht bei Raum-Temp.; gelbe Kristalle; 3,3 g. *Na-Salz*, $C_{11}H_{14}N_5O_3Na \cdot 0,5\,H_2O$, F. 222—223° (Zers.; W.), gelbe Kristalle. *Äthylester*, $C_{13}H_{19}N_5O_3$, F. 282° (Zers.; Dimethylformamid), aus **IV**-Äthylester u. $NaBH_4$ in A.; gelbe Kristalle; 0,3 g. *Methylester*, $C_{12}H_{17}N_5O_3$, F. 268—270° (Zers.; Dimethylformamid), a) aus **IV**-Methylester u. $NaBH_4$; 0,38 g; b) aus 1 g **VII** u. **VIII** in $CH_3OH$; gelbe Kristalle; 1 g. — *2-Äthylamino-4-methyl-*, $C_{12}H_{17}N_5O_3$, F. 240—242° (Zers.; A.), aus 1 g **XIV** analog **VII**; gelbe Kristalle; 0,25 g. *Äthylester*, $C_{14}H_{21}N_5O_3$, F. 274—276° (Zers.; Dimethylformamid), aus 1,5 g **XIV**-Äthylester analog **VII**; gelbe Kristalle; 0,8 g. — *2-Dimethylamino-*, $C_{11}H_{15}N_5O_3$, F. 245° (Zers.; A.), aus 4 g **XV** analog **VII**; gelbe Kristalle; 2,6 g. *Äthylester*, $C_{13}H_{19}N_5O_3$, F. 235—236° (A.), aus 1 g **XV**-Äthylester u. $NaBH_4$ in A.; gelbe Kristalle; 0,5 g. — 2-Äthylamino-7-hydroxypteridincarbonsäuren-(6): *unsubstituiert* (**XII**), $C_9H_9N_5O_3$, F. 348° (Zers.; W.), a) aus 1,5 g **XIII** u. 2 g **III** analog **IV**; 1,8 g; b) aus 1 g Äthylester durch $^1/_4$std. Kochen in 1n $NaHCO_3$-Lsg.; gelbe Kristalle; 0,5 g. *Äthylester*, $C_{11}H_{13}N_5O_3$, F. 290° (Dimethylformamid), aus 1,5 g **XIII** u. 2 g **IX** in W. durch $^1/_4$std. Erhitzen auf dem Dampfbad; hellgelbe Mikrokristalle; 2,0 g. — *5.6-Dihydro-*, $C_9H_{11}N_5O_3$, F. 281° (Zers.; wss. Essigsäure), aus 1 g **XII** u. $NaBH_4$ analog **VII**; gelbe Kristalle; 0,45 g. EBERHARD RIEDEL. 3272□

**Pteridine. 23. Mitt. Eine einfache Pyrimidinringspaltung.** Edward C. Taylor, Robert J. Knopf, J. A. Gogliano, J. W. Barton und Wolfgang Pfleiderer. (J. Amer. chem. Soc. **82.** 6058—64. 5/12. 1960. **Berichtigung: 83. 2786. 1961.**) (Engl.) — 22. vgl. vorst. Referat.

4-Mercapto-6.7-diphenylpteridin (**I**) reagiert mit Chloressigsäure (**II**) in Ggw. von $NaHCO_3$ unter Aufspaltung des Pyrimidinringes zu *2-Amino-3-cyan-5.6-diphenylpyrazin* (**III**) u. *Thioglykolsäure* (**IV**). **III** wird durch Hydrolyse in alkal. $H_2O_2$ zu *2-Amino-5.6-diphenylpyrazinthiocarbonsäure-(3)-amid* identifiziert. Analog erfolgt Ringspaltung bei 4-Mercaptopteridin (**V**) → *2-Amino-3-cyanpyrazin* (**VI**), daneben entstehen *2-Aminopyrazincarbonsäure-(3)* (**VII**), ihr *Amid* (**VIII**) u. *4-Hydroxypteridin* (**IX**), bei 4-Mercaptopyrimido-[4.5:d]-pyridin (**X**) → *4-Amino-5-cyanpyrimidin* (**XI**), bei 4-Mercaptopyrido-[2.3:d]-pyrimidin (**XII**) → *2-Aminonicotinsäurenitril*, bei 4-Mercaptopyrido-[4.3:d]-pyrimidin (**XIII**) → *4-Aminonicotinsäurenitril*. In einer entsprechenden Spaltung gibt **X** bei Behandlung mit $CH_3J$ in Ggw. von $Na_2CO_3$ über *4-Methylmercaptopyrimido-[4.5:d]-pyrimidin* **XI**. 4-Methylmercaptopteridin (**XIV**) liefert beim Erhitzen in verd. Alkali **VI** neben **VII**, **VIII** u. **IX**, während bei essigsaurer Hydrolyse nur **IX** entsteht. 4-Mercaptopyrido-[3.4:d]-pyrimidin (**XV**) u. 9-Methyl-6-mercaptopurin (**XVI**) werden bei der Umsetzung mit **II** in Ggw. von $NaHCO_3$ ohne nachfolgende Aufspaltung in die entsprechenden *4-* bzw. *6-Carboxymethylmercapto-Derivv.* übergeführt. 6-Nitro- (**XVII**) u. 8-Nitro-4-mercaptochinazolin (**XVIII**) werden durch **II** in Ggw. von $NaHCO_3$ zu *5-Nitro-* (**XIX**) bzw. *3-Nitroanthranilsäurenitril* aufgespalten. 4-Mercapto-7-nitrochinazolin gibt diese Rk. nicht. 4-Methylmercapto-5-nitrochinazolin wird durch verd. Alkali nicht angegriffen, 4-Methylmercapto-6-nitrochinazolin (**XX**) dagegen zu **XIX** aufgespalten. Vff. postulieren die alkal. Aufspaltung von in 4-Stellung substituierten innerhalb heterocycl. Systeme anellierten Pyrimidinringen zu o-Aminonitrilen, wenn die intermediär gebildete Pyrimidin-$C_2$-Base stabilisiert ist u. der $C_4$-Substituent mit seinem Bindungs-Elektronenpaar irreversibel abgespalten werden kann.

Versuche: Pyrazine: *2-Amino-3-cyan-5.6-diphenyl-* (**III**), $C_{17}H_{12}N_4$, F. 160—163°, aus **I** u. **II** durch ½std. Kochen mit 1n $NaHCO_3$-Lsg. u. Filtrieren in der Hitze; gelb;

70% (Ausbeute). Aus den Filtraten wird mit $AgNO_3$ das Ag-Salz von **IV** isoliert. — *2-Amino-5.6-diphenyl-*, *-Carbonsäure-(3)-amid*, F. 202—205°, aus **III** in NaOH durch 3std. Erhitzen mit 30%ig. $H_2O_2$ in 40%ig. wss. A.; gelbe Nadeln; 70%. *-thiocarbonsäure-(3)-amid*, F. 158—160°, aus **III** durch Behandeln mit $H_2S$ in 95%ig. A. in Ggw. von Triäthanolamin bei 50—55°; gelbe Nadeln; 83%. — *2-Amino-3-cyan-* (**VI**), F. 192°, a) aus **V** analog **III**; b) aus **XIV** analog **III** neben **VII** (F. 235°, Nadeln) u. **IX**; c) aus **XIV** durch Erhitzen mit 1n wss. $NaHCO_3$-Lsg. neben **VII, VIII** u. **IX**. — *4-Hydroxypteridin* (**IX**), a) aus **XIV** analog **VI**; b) aus **XIV** durch 1std. Kochen in 1n Essigsäure. — Pyrimido-[4.5:d]-pyrimidine: *4-Mercapto-* (**X**), $C_6H_4N_4S$, F. >300°, aus 4-Hydroxypyrimido-[4.5:d]-pyrimidin u. $P_2S_5$ durch ³/₄std. Kochen in Pyridin, Gießen in Eiswasser u. Sublimieren bei 230°/0,1 mm; gelb; 49%. — *4-Methylmercapto-*, $C_7H_6N_4S$, F. 159—160°, aus **X** durch Umsetzung mit $CH_3J$ in 1%ig. NaOH; 56%. — *4-Amino-5-cyanpyrimidin* (**XI**), F. 250—252° (W.), a) aus **X** u. NaOH in W. durch 2std. Rühren mit $CH_3J$; b) aus vorst. Verb. durch Rühren in verd. NaOH-Lsg. bei Raum-Temp.; Nadeln; 49 bzw. 82%. — Pyrido-[3.4:d]-pyrimidine: *4-Mercapto-* (**XV**), $C_7H_5N_3S$, F. 325° (Zers.; A.), aus 4-Hydroxypyrido-[3.4:d]-pyrimidin (**XXI**) analog **X**; 81%. — *4-Methylmercapto-*, $C_8H_7N_3S$, F. 132° (W.), aus **XV** in 1n NaOH durch Schütteln mit Dimethylsulfat; Nadeln; 69%. — *4-Carboxymethylmercapto-*, $C_9H_7N_3O_2S$, F. 221° (Zers.; W.), aus **XV** analog **III**; Nadeln; daneben etwas **XXI**. — Pyrido[4.3:d]-pyrimidine: *4-Hydroxy-* (**XXII**), $C_7H_5N_3O_3$, F. 293° (W.), aus 4-Aminonicotinsäureäthylester durch 1std. Erhitzen mit Formamid auf 160° u. 3 Std. auf 200—210°; 61%. — *4-Mercapto-* (**XIII**), $C_7H_5N_3S$, F. 323—325° (Zers.; A.), aus **XXII** analog **X**; gelbe Kristalle. — Nicotinsäurenitrile: *2-Amino-*, F. 131°, aus **XII** analog **III**; daneben das *Amid* (F. 199°) u. *4-Hydroxypyrido-[2.3:d]-pyrimidin*. — *4-Amino-*, $C_6H_5N_3$, F. 173°, aus **XIII** analog **III**; daneben **XXII**. — *6-Carboxymethylmercapto-9-methylpurin*, $C_8H_8 \cdot N_4O_2S$, F. 225—226° (30%ig. A.), aus **XVI** analog **III**; 93%. — Chinazoline: *4-Mercapto-6-nitro-* (**XVII**), $C_8H_5N_3O_2S$, F. 261—263° (Zers.; wss. Pyridin), aus 6-Nitrochinazolon-(4) u. $P_2S_5$ durch ½std. Kochen in Pyridin u. 2std. Rühren; gelbe Nadeln; 69%. — *4-Mercapto-7-nitro-*, $C_8H_5N_3O_2S$, F. 270—271° (Zers.; wss. Pyridin), aus 7-Nitrochinazolon-(4) analog **XVII**; gelbe Nadeln; 67%. — *4-Mercapto-8-nitro-* (**XVIII**), $C_8H_5N_3O_2S$, F. 266—267° (Zers.; wss. Pyridin), aus 8-Nitrochinazolon-(4) analog **XVII**; gelbe Nadeln; 46%. — *4-Chlor-5-nitro-*, $C_8H_4ClN_3O_2$, F. 146—147°, aus 5-Nitrochinazolon-(4) u. $PCl_5$ durch 3std. Erhitzen auf 150°, Versetzen mit PAe. u. 1std. Stehen bei 0°; Nadeln; 71%. — *4-Methylmercapto-5-nitro-*, $C_9H_7N_3O_2S$, F. 146—147° (PAe.), aus vorst. Verb. in Dioxan durch 1std. Umsetzung mit einer $H_2S$-gesätt. Lsg. von KOH in $CH_3OH$ u. Versetzen mit Ae.; gelbe Flocken; 52%. — *4-Methylmercapto-6-nitro-* (**XX**), $C_9H_7N_3O_2S$, F. 162° (A.), aus **XVII** durch 4std. Rk. mit KOH u. $CH_3J$ in W. bei Raum-Temp.; 92%. — Anthranilsäurenitrile: *5-Nitro-* (**XIX**), F. 210—211°, a) aus **XVII** durch Erhitzen mit KOH u. **II** in W.; 55%; b) aus **XX** durch 2std. Rühren mit KOH u. W. in Dioxan bei Raum-Temp.; 9%. — *3-Nitro-*, $C_7H_5N_3O_2$, F. 137—138°, aus **XVIII** analog **XIX** nach a); gelbe Nadeln; 11%. EBERHARD RIEDEL. 3272□

**Beitrag zur chemischen Synthese basisch substituierter Phenthiazin-Derivate.** Ludwig-Wilhelm Masch und Rudolf Petersen. (Arzneimittel-Forsch. **9.** 715—17. Nov. 1959. Hamburg, Promonta GmbH., Chem. Fabrik.) (Dt.)

Am Beispiel von N-Alkylpyrrolidin-3-carbinolen wird die Synth. 3-substituierter Pyrrolidine beschrieben. Die 2-Stellung wird dabei durch Verw. von Pyrrolidonen-(2) gegen eine Substitution geschützt. Nach der C—C-Verknüpfung durch Ester-Kondens. wird die CO- zur $CH_2$-Gruppe reduziert. Weiter werden 2 Verff. zur Darst. von *2.8-Dimethoxyphenthiazin* über *3.3'-Dimethoxydiphenylamin* beschrieben. Die Darst. des Diphenylamins erfolgt mit Hilfe reaktionsfähiger Komponenten in einem hochsd. Lösungsmittel. Die beschriebenen Substanzen sind Zwischenprodd. für die Synth. pharmakolog. wichtiger Phenthiazin-Derivate.

Versuche: *N-Methylpyrrolidon-(2)-yl-(3)-glyoxylsäureäthylester*, F. 44—45°, $Kp._{0,45}$ 135—137°, durch Zugabe eines Gemisches von Oxalsäurediäthylester/N-Methylpyrrolidon-(2) zu Na-Äthanolat in Xylol bei 20°, 3tägiges Stehen bei Raum-Temp., 2std. Erhitzen auf 100°, Kühlen, Versetzen mit 2 Mol Essigsäure, Zugabe von W., Abtrennen der Xylolschicht, Alkalisieren mit $K_2CO_3$, Ausäthern u. Dest. der vereinigten Ae./Xylol-Phasen; gelbliche Kristalle; 24% (Ausbeute). *Freie Säure*, F. 170—172°, durch 1std. Kochen des Esters mit 2n NaOH u. Ansäuern mit 20%ig. HCl; 85%. — *N-Methylpyrrolidon-(2)-yl-(3)-glykolsäureäthylester*, $Kp._1$ 149—151°, durch Hydrieren vorst. Verb. in A. von RANEY-Ni bei 100°/150 at, Filtrieren u. Dest.; viscoses Öl; 86%. — *N-Methylpyrrolidinyl-(3)-äthylenglykol*, $Kp._{2,5}$ 150—152°, durch ¹/₂std. Zutropfen vorst. Verb. in Ae. zu $LiAlH_4$ in Ae. bei 30°, 7std. Kochen, mehrstd. Stehen, Versetzen mit W. u.

halbkonz. HCl, Abtrennen des Ae., Eingen der HCl-Extrakte im Vakuum, Alkalisieren mit 50%ig. KOH, Ausschütteln mit A./Ae. (1 : 1) u. Dest.; 58,5%. — *N-Methyl-3-hydroxymethylpyrrolidin*, $Kp._{13}$ 93—95°, durch Lösen vorst. Verb. in verd. $H_2SO_4$, 50 Min. langes Versetzen mit $NaJO_4$ in W. bei 18—24°, 3std. Stehen bei Raum-Temp., Einstellen auf pH 6 mit $Ba(OH)_2$, Filtrieren, 3std. Hydrieren des Filtrats an RANEY-Ni bei 120°/125 at, Filtrieren, Einstellen auf pH 2 mit verd. $H_2SO_4$, Eindampfen im Vakuum, Ausäthern nach Zugabe von etwas W., Sättigen der wss. Lsg. mit $K_2CO_3$, Ausschütteln mit Ae./A. (2 : 1) u. Dest.; 27,5%. — *N-Methyl-3-chlormethylpyrrolidin*, $Kp._{15}$ 56—57°, durch Chlorieren vorst. Verb.mit $SOCl_2$. — *10-[1-Methylpyrrolidinyl-(3)-methyl]-phenthiazin*, $Kp._{0,2}$ 174—176°, durch Kondens. vorst. Verb. mit Phenthiazin. *Oxalat*, $C_{20}H_{22}$·$N_2O_4S$, F. 214—215°. *Pikrat*, F. 98—100°. *Hydrochlorid*, $C_{18}H_{21}ClN_2S$. — *3.3'-Dimethoxydiphenylamin*, $Kp._{0,12}$ 153—156°, $Kp._{0,05}$ 140—148°, a) durch 24std. Erhitzen von Acetyl-m-anisidin u. m-Bromanisol in Ggw. von wasserfreiem $K_2CO_3$, Cu-Pulver u. etwas $J_2$ in β-Methylnaphthalin auf 180—210°, Eindampfen im Vakuum, Aufnehmen in Ae., Filtrieren, Eindampfen, Auskochen des Rückstands mit A. u. konz. HCl, Eindampfen der Extrakte zur Trockne, Lösen in W., Einstellen auf pH 6 mit 50%ig. KOH, Ausäthern u. Dest.; 38,5%; b) durch 24std. Erhitzen von 2-Chlor-6-methoxybenzoesäure u. m-Anisidin in β-Methylnaphthalin in Ggw. von $K_2CO_3$, Cu-Pulver u. $J_2$ auf 240° u. Aufarbeiten analog a). — *2.8-Dimethoxyphenthiazin*, $C_{14}H_{13}NO_2S$, F. 171—172°, durch 3std. Erhitzen vorst. Verb. mit S in Ggw. von etwas $J_2$ auf 140—150° u. Sublimieren bei 160—170°/0,2 Torr; aus Bzl./PAe. blaßgelbe Nadeln. P. GOLINSKE. 3292□

**Vergleichende Untersuchung der Reduktion von 3-Acyl-10-dialkylaminoalkylphenthiazinen nach den Methoden von Wolff-Kishner und Clemmensen.** Joseph Schmitt, Jean Boitard, André Hallot, Pierre Comoy, Michel Suquet und Jacques-J. Panouse. (Bull. Soc. chim. France **1961.** 340—49. Febr. Paris, Établ. Clin.-Byla, Centre de Rech.) (Franz.)

3-Acyl-10-dialkylaminopropylphenthiazine geben bei der Red. nach WOLFF-KISHNER in der Ausführung nach HUANG-MINLON die entsprechenden *3-Alkyl-10-dialkylaminopropylphenthiazine*, die auch durch Rk. von 3-Alkylphenthiazinen mit Dialkylaminopropylchloriden sowie durch Decarboxylierung der 3-Alkylphenthiazinyl-(10)-carbonsäuredialkylaminopropylester erhalten werden. Bei der Red. von 3-Propionyl- u. 3-Butyryl-10-dialkylaminopropylphenthiazinen nach CLEMMENSEN werden überwiegend die trans-Formen der *3-Propenyl-* bzw. *3-Buten-(1)-ylphenthiazin-Derivv.* gebildet, deren Konstit. durch Hydrierung zu den gesätt. Verbb. sowie durch unabhängige Synth. bewiesen wird. 3-Acetyl-10-dialkylaminopropylphenthiazine geben nach CLEMMENSEN ebenso wie Phenthiazine, die in 10-Stellung keine Aminoalkylgruppe enthalten, nach beiden Meth. gesätt. *3-Alkylphenthiazine*. Die Bldg. ungesätt. Verbb. bei der CLEMMENSEN-Red. wird besprochen u. ein neuer Rk.-Mechanismus vorgeschlagen. UV- u. IR-Spektren vgl. Original.

Versuche: 3-Alkylphenthiazine: *3-Äthyl-* (I), $C_{14}H_{13}NS$, F. 134—135°, aus 3-Acetylphenthiazin nach WOLFF-KISHNER-HUANG-MINLON; aus $CH_3OH$ Blättchen; 68% (Ausbeute). — *3-Propyl-* (II), $C_{15}H_{15}NS$, F. 145—146°, $Kp._{0,3}$ 215—225°, a) aus 3-Propionylphenthiazin nach WOLFF-KISHNER-HUANG-MINLON; 78%; b) nach CLEMMENSEN in 20%ig. HCl/Toluol; aus A. gelbe Blättchen. — *3-Butyl-* (III), $C_{16}H_{17}NS$, F. 135°, a) aus 3-Butyrylphenthiazin nach WOLFF-KISHNER-HUANG-MINLON; 69%; b) nach CLEMMENSEN in 20%ig. HCl/Toluol; aus $CH_3OH$ gelbe Blättchen. — *3-Propenyl-* (IV), $C_{15}H_{13}NS$, F. 180—181°, $Kp._{0,4}$ 220—260°, aus 3-Propionylphenthiazin u. Al-Isopropylat in sd. Xylol (2 Std.); aus Äthylacetat orangefarbene Prismen; 10%. — 3-Alkylphenthiazinyl-(10)-carbonsäure-[3-dimethylaminopropylester], Hydrochloride: *3-Äthyl-* (V), F. 178—179°, wie **VI** aus **I**; 42%. — *3-Propyl-* (VI), F. 110—112°, aus **II** u. $COCl_2$ in Toluol im Autoklaven bei 105—110° (1½ Std.), Einengen im Vakuum u. 3std. Kochen mit 3-Dimethylaminopropanol in Aceton; aus abs. A./abs. Ae. gelbliche Kristalle; 75%. — *3-Butyl-* (VII), wie **VI** aus **III**; Öl. — 3-Alkyl-10-[3-dimethylaminopropyl]-phenthiazine: *3-Äthyl-* (VIII), $Kp._{0,1}$ 190—210°, $Kp._{0,4}$ 230—245°, aus 3-Acetyl-10-[3-dimethylaminopropyl]-phenthiazin a) nach WOLFF-KISHNER im Hochdruckautoklaven (Enddruck bis 300 at!); 90%; b) nach WOLFF-KISHNER-HUANG-MINLON; 66%; c) nach CLEMMENSEN in sd. 20%ig. Essigsäure unter $N_2$; 47%; d) durch Zutropfen von 3-Dimethylaminopropylchlorid in Dimethylformamid zu **I** u. $NaNH_2$ in Dimethylformamid bei 0°, 1std. Erhitzen auf 90°, Einengen im Vakuum u. Zugeben von W.; 91%; e) durch Zerlegen von **V** u. Erhitzen der freien Base im Vakuum auf 200°; 91%. *Phosphat*, $C_{19}H_{27}N_2O_4PS$, F. 160—161° (abs. A.). *Oxalat*, $C_{21}H_{26}N_2O_4S$, F. 156 bis 157°, aus A. gelbe Kristalle. — *3-Propyl-*, $Kp._{0,1}$ 200—210°, $Kp._{0,4}$ 220—240°, aus 3-Propionyl-10-[3-dimethylaminopropyl]-phenthiazin (**IX**) wie **VIII** nach a), b) u. aus **VI** nach e); 94, 50 bzw. 75%; oder durch Hydrieren nachst. Verb. an Pd-Kohle in A. bei Raum-Temp. u. Normaldruck. *Oxalat*, $C_{22}H_{28}N_2O_4S$, F. 144—145° (abs. A.).*Maleat*, $C_{24}H_{30}N_2O_4S$, F. 117—118° (Isopropanol). — *3-Propenyl-*, Kp.$_{0,05}$ 210—230°, a) aus **X** wie **VIII** nach c); 66%; b) aus **IV** wie **VIII** nach d); c) durch Erhitzen von 20,4 g **IX** u. Al-Isopropylat auf 250° (Bad-Temp.); 10,9 g. *Maleat*, $C_{24}H_{28}N_2O_4S$, F. 157—158° (abs. A.). — *3-Butyl-*, Kp.$_{0,1}$ 215—225°, aus 3-Butyryl-10-[3-dimethylaminopropyl]-phenthiazin [**X**; *Azin*, $C_{42}H_{52}N_6S_2$, F. 141—142° (abs. A.)] wie **VIII** nach a) sowie nach b) u. aus **VII** nach e); 60 bzw. 69%; oder durch Hydrieren von 3 g nachst. Verb.; 2,8 g. *Oxalat*, $C_{23}H_{30}N_2O_4S$, F. 156—157° (abs. A.). — *3-[$\Delta^1$-Butenyl]-*, Kp.$_{0,1}$ 225—235°, aus **X** wie **VIII** nach c); 70%. *Oxalat*, $C_{23}H_{28}N_2O_4S$, F. 192—194° (Zers.; abs. A.). — 3-Alkyl-10-[2-dimethylaminopropyl]-phenthiazine: *3-Äthyl-*, Kp.$_{0,1}$ 195—205°, aus 3-Acetyl-10-[2-dimethylaminopropyl]-phenthiazin wie **VIII** nach b); 90%. *Maleat*, $C_{23}H_{28}N_2O_4S$, F. 131—132° (Isopropanol). — *3-Propyl-*, Kp.$_{0,1}$ 200—210°, aus 3-Propionyl-10-[2-dimethylaminopropyl]-phenthiazin [**XI**; *Azin*, $C_{40}H_{48}N_6S_2$, F. 214—215° (Dioxan)] wie **VIII** nach b); 67%. *Maleat*, $C_{24}H_{30}N_2O_4S$, F. 154° (Isopropanol). — *3-Propenyl-*, Kp.$_{0,1}$ 210—220°, aus **XI** wie **VIII** nach c); 60%. *Maleat*, $C_{24}H_{28}N_2O_4S$, F. 159—160° (Isopropanol). F. HELLER. 3292□

**Die Metallierung von 7 H-Benzo-[c]-phenothiazin mit n-Butyllithium.** David A. Shirley und W. Earl Tatum. (J. org. Chemistry **25.** 2238—40. Dez. 1960. Knoxville, Tenn., Univ. of Tennessee, Dep. of Chem.) (Engl.) — Vgl. C. **1961.** 5085.

Die Einw. von ca. 2,5 Äquivalenten n-Butyl-Li (I) auf 1 Äquivalent 7H-Benzo-[c]-phenothiazin (II) u. nachfolgendes Behandeln mit festem $CO_2$ führt in 41%ig. Ausbeute zu *7H-Benzo-[c]-phenothiazin-6-carbonsäure*, die mit RANEY-Ni (RNi) zu *N-Phenyl-3-aminonaphthoesäure-(2)* entschwefelt wird. Letztere wird auch aus Anilin u. 3-Aminonaphthoesäure-(2) nach SCHÖPFF [1892] dargestellt u. geht durch Ringschluß mit Polyphosphorsäure (PPS) in *Benzo-[b]-acridon* über.

Versuche: *7H-Benzo-[c]-phenothiazin-6-carbonsäure*, $C_{17}H_{11}NO_2S$, F. 300—301° (Zers.), durch Behandeln von 0,1 Mol **II** in Ae. mit 0,24 Mol **I** in Ae., 24 std. Kochen unter Rühren, Abkühlen im Trockeneis/Aceton (Ac)-Bad, Hydrolyse mit W. bei Raum-Temp., Ausschütteln der Ae.-Schicht mit 5%ig. wss. NaOH, Vereinigen des Auszugs mit der wss. Schicht u. Ansäuern; aus Tetrahydrofuran, Bzl./Ligroin (Lg) u. Ac/Lg orangerote Nadeln; 41% (Ausbeute). *Methylester*, $C_{18}H_{13}NO_2S$, F. 150—151°, durch Behandeln der Säure in Ae. mit überschüssigem $CH_2N_2$ in Ae. u. mehrstd. Stehen; aus PAe. u. $CH_3OH$ orangerote Kristalle; 92%. — *N-Phenyl-3-aminonaphthoesäure-(2)*, F. 235—237°, durch 2std. Kochen vorst. Säure in 95%ig. A. mit RNi in abs. A., Einengen der filtrierten Lsg. u. Zugabe von wenig 5%ig. wss. HCl; aus Bzl. gelbe Kristalle; 25%. — *Benzo-[b]-acridon*, F. 304—305°, durch 10 Min. langes Rühren vorst. Verb. in PPS bei 85—90° u. Zugabe von überschüssigem W.; aus 95%ig. A. orangegelbe Blättchen; 90%. G. REISNER. 3292□

**Synthese eines Phosphoranheterocyclus.** James B. Hendrickson. (J. Amer. chem. Soc. **83.** 2018—19. 20/4. 1961. Los Angeles, Calif., Univ. of California, Dep. of Chem.) (Engl.)

Durch 10 Min. langes Kochen von 1-Triphenylphosphonio-2-phenyläthylenhydroxylat-(2) u. Acetylendicarbonsäuredimethylester in Methanol u. mehrstd. Stehen entsteht in 35%ig. Ausbeute *2.3-Dicarbomethoxy-4.4.4.6-tetraphenyl-1.4-oxaphosphorin* (**I**; $C_{32}H_{27}O_5P$, F. 175—179°; gelbe Kristalle). Die Struktur von **I** wird durch UV- u. IR-Spektren bestätigt. Durch Vakuumpyrolyse von **I** entstehen *Triphenylphosphinoxyd* (F. 153 bis 155°) u. *1.2-Dicarbomethoxy-4-phenylbuten-(1)-in-(3)* (**II**; $C_{14}H_{12}O_4$, F. 83,5—85°; Nadeln). **II** läßt sich durch Hydrieren an Pt in A. u. Verseifung in *β-Phenyläthylbernsteinsäure* (F. 134—136°) u. weiter in das entsprechende *Anhydrid* (F. 55—57°) überführen. Dadurch u. durch IR- u. NMR-Spektren wird die Struktur von **II** bestätigt. Der Mechanismus, der zur Bldg. von **II** führt, sowie die Spektren werden diskutiert. P. GOLINSKE. 3292□

**Chloracetylierungen von Melamin.** Hans Nestler und Hans Fürst. (Chem. Techn. **12.** 546—47. Sept. 1960. Dresden, TH, Inst. für Org.-techn. Chem.) (Dt.)

Die Darst. von *2.4.6-Tris-[chloracetylamino]-symm.-triazinen* durch Chloracetylierung von Melamin (I) mit Chloressigsäureanhydrid, bzw. Chloressigsäurechlorid in Dioxan wird beschrieben. Die fungiciden u. herbiciden Eigg. der dargestellten Verbb. sind angegeben.

Versuche: symm.-Triazine: *2.4.6-Tris-[chloracetylamino]-*, Zers. bei >200°, durch 10 Min. langes Erwärmen von I Chloressigsäureanhydrid auf 130°, Kühlen auf 30° u. Zers. mit W.; gelbes Pulver; 88% (Ausbeute). — *2.4.6-Tris-[dichloracetylamino]-*, *Toluolat*, F. 185—187° (Toluol), durch 8std. Kochen von I u. Dichloracetylchlorid in

Dioxan, Absaugen u. Fällen mit PAe.; 77%. — *2.4.6-Tris-[trichloracetylamino]-*, F. 292 bis 295°, durch 6std. Kochen von I, Trichloracetylchlorid u. Trichloressigsäure in abs. Dioxan; 80%. W. HAMPEL. 3313□

**Die Synthese von 1-Methyl-2.3; 6.7-dibenzo-1.4.5-triazacycloheptadien-(2.6).** N. L. Allinger und G. A. Youngdale. (Tetrahedron Letters [London] **1959.** Nr. 9. 10—12. Aug. Detroit, Mich., Wayne State Univ., Dep. of Chem.) (Engl.)

Vff. synthetisieren einige „aromat." Verbb. mit (4n + 2)-$\pi$-Elektronen.

Versuche: *1-Methyl-2.3; 6.7-dibenzo-1.4.5-triazacycloheptatrien-(2.4.6)* (I), durch Red. von N-Methyl-2.2'-dinitrodiphenylamin mit $LiAlH_4$ in Tetrahydrofuran; rote Nadeln; 21% (Ausbeute). — *1-Methyl-2.3; 6.7-dibenzo-1.4.5-triazacycloheptadien-(2.6)* (II), F. 93,5 bis 95°, durch Red. von I an RANEY-Ni u. Hydrochinon; Kristalle; 91%. — I u. II gehen durch katalyt. Hydrierung in *N-Methyl-2.2'-diaminodiphenylamin* (F. 88°) über. Durch Oxydation mit HgO wird II in I zurückverwandelt. Gegen verd. Säure ist II empfindlich, so daß eine pK-Messung nicht möglich ist. — Analog: *2.3; 6.7-Dibenzo-4.5-diaza-, -1-thia-4.5-diaza-* u. *-1-oxa-4.5-diazacycloheptadien-(2.6)*.

GERHARD MÜLLER/Bitterfeld. 3370□

**Schwefelhaltige Großringverbindungen. Darstellung von 4.7.13.16-Tetraoxa-1.10-dithiacyclooctadecan und verwandten Verbindungen.** J. R. Dann, P. P. Chiesa und J. W. Gates jun. (J. org. Chemistry **26.** 1991—95. Juni 1961. Rochester, N.Y., Kodak Res. Labors.) (Engl.)

Durch Rk. von $Na_2S$ mit 1.2-Bis-[2-chloräthoxy]-äthan (I) in wss. A. wurde *4.7.13.16-Tetraoxa-1.10-dithiacyclooctadecan* (II) neben einem Polykondens.-Prod. (III) mit einem Molgew. 5000 u. niedermol. Polymer-Prodd. erhalten. Die IR-Spektren von II u. III sind angegeben. Die Oxydation von II mit $H_2O_2$ in Essigsäure lieferte *4.7.13.16-Tetraoxa-1.10-dithiacyclooctadecan-1.1.10.10-tetroxyd* (IV); durch Rk. von II mit p-Toluolsulfonsäuremethylester entstanden das *1.10-Bis-[metho-p-toluolsulfonat]*, durch Rk. mit $C_2H_5J$ das *1.10-Diäthojodid.* II wurde auch durch Rk. von I mit 1.2-Bis-[2-mercaptoäthoxy]-äthan dargestellt. Die Ausbeute an II stieg durch Anwendung der Verdünnungsmethode. Durch vorsichtige Oxydation von II konnte das *Disulfoxyd* (V) dargestellt u. in 2 verschieden schm. Formen isoliert werden; die Bldg. eines Monosulfonsulfids konnte nicht ausgeschlossen werden; gegen eine Dimorphie von V spricht die Depression des Misch-F. unter den F. der niedrigerschm. Form. Beide Formen von V konnten zu IV oxydiert werden. Durch Rk. von II mit Chloramin T wurde *1.10-Bis-[p-toluolsulfonylimino]-4.7-13.16-tetraoxa-1.10-dithiacyclooctadecan* (VI) erhalten, das ebenfalls in 2 Formen isoliert werden konnte. Die F.-Depression spricht wie oben gegen eine Dimorphie. Die IR-Spektren der beiden Formen von V u. VI in fester Form deuten auf eine cis–trans-Isomerie, die Spektren der Lsgg. lassen nur geringe Unterschiede erkennen. Die Spektren von V entsprechen denen eines Disulfoxyds. Durch Rk. von *Bis-2-[2-bromäthoxy]-äthyläther* (VII) mit $Na_2S$ nach der Verdünnungs-Meth. in wss. A. wurde *4.7.10-Trioxa-1-thiacyclododecan* (IX) dargestellt; VII konnte mit Bis-2-[2-mercaptoäthoxy]-äthyläther (VIII) analog zu *4.7.10.16.19.22-Hexaoxa-1.13-dithiacyclotetrakosan* (X) umgesetzt werden. IX u. X konnten nicht in krist. Sulfone oder Metho-p-toluolsulfonate übergeführt werden. Die Rk. von Bis-[2-bromäthyl]-äther mit Bis-[2-mercaptoäthyl]-äther in wss. A. lieferte *4.10-Dioxa-1.7-dithiacyclododecan.*

Versuche: *4.7.13.16-Tetraoxa-1.10-dithiacyclooctadecan* (II), $C_{12}H_{24}O_4S_2$, F. 90 bis 91°, a) durch 16 std. Kochen von 0,5 Mol I u. 0,5 Mol $Na_2S \cdot 9\ H_2O$, in 1000 cm³ 50%ig. A., Kühlen, Lösen der abgeschiedenen Fl. in heißem Äthylacetat, Zugabe von A., Kühlen auf 7°, Filtrieren, Einengen u. Stehen sowie Eindunsten der ursprünglichen Mutterlauge; 4,8—5,4% (Ausbeute); b) analog a) mit 0,125 Mol der Rk.-Partner in 1 Liter 50% ig. A.; 8,8%; c) analog a) mit 0,02 Mol/Liter in 40 bzw. 88 Std.; 14,2 bzw. 19,2%; d) analog a) mit 0,01 Mol/Liter in 88 Std.; 22,6%; e) durch 64 std. Kochen von 0,025 Mol I, 0,025 Mol 1.2-Bis-[2-mercaptoäthoxy]-äthan u. 0,025 Mol $Na_2CO_3$ in 1 Liter 50% ig. A., Eindampfen im Vakuum, Extraktion mit sd. Äthylacetat, Zugabe von A. zum Extrakt u. Eindunsten; 34%; f) durch Zutropfen eines Gemisches von 0,125 Mol I u. 0,125 Mol 1.2-Bis-[2-mercaptoäthoxy]-äthan zu 0,125 Mol $Na_2CO_3$ in 4 Liter sd. 50% ig. A. innerhalb 1 Std. unter Rühren, 48std. Kochen u. Aufarbeitung nach e); 58,5%. — III, wachsartig, neben II nach a) bis d) als Nd. bei 7°. — *1.2-Bis-[2-mercaptoäthoxy]-äthan*, $C_6H_{14}O_2S_2$ $Kp._5$ 125—131°, aus Thioharnstoff u. I nach SPEZIALE (C. **1954.** 1220). — *4.7.13.16-Tetraoxa-1.10-dithiacyclooctadecan-1.1.10.10-tetroxyd* (IV), $C_{12}H_{24}O_8S_2$, F. 237—238°, a) durch 1std. Erwärmen von 0,3 g II mit 30% ig. $H_2O_2$ in Eisessig auf dem Wasserbad u. Stehen über Nacht; 0,308 g; b) durch Zugabe von **V a** oder **V b** zu Eisessig, 30 Min. langes Erwärmen mit 30% ig. $H_2O_2$ auf dem Wasserbad u. Stehen über Nacht; 82 bzw. 94%. — II-*1.10-Bis-[metho-p-toluolsulfonat]*, $C_{28}H_{44}O_{10}S_4$, F. 146,5—147,5° (Äthylacetat–A.), durch

16std. Erwärmen von 0,3 g **II** mit p-Toluolsulfonsäuremethylester auf dem Wasserbad, Kühlen u. Waschen mit Ae.; 0,3155 g. **II**-*1.10-Diäthojodid*, $C_{16}H_{34}J_2O_4S_2$, F. 158—160° (hellgelb), durch 48std. Erwärmen von **II** mit $C_2H_5J$ auf dem Wasserbad, Eindampfen im Vakuum, Waschen mit Äthylacetat, Aufnehmen in sd. abs. A. u. Kühlen. — *4.7.13.16-Tetraoxa-1.10-dithiacyclooctadecan-1.10-dioxyd* (**V**), $C_{12}H_{24}O_6S_2$, **a**) F. 153—154°, **b**) F. 170 bis 171°, durch Zugabe von 30%ig. $H_2O_2$ zu 0,01 Mol **II** in Aceton u. 14tägiges Stehen; 1,05 bzw. 0,4 g. — *1.10-Bis-[p-toluolsulfonylimino]-4.7.13.16-tetraoxa-1.10-dithiacyclooctadecan* (**VI**), $C_{26}H_{38}N_2O_8S_4$, **a**) F. 175—177° (A.), **b**) F. 143—144° (A.), durch Zugabe von Chloramin T in W. zu **II** in Aceton, 24std. Stehen, Kühlen, Filtrieren u. Trennung in den wasserunlösl. u. wasserlösl. Anteil; 0,8 bzw. 0,7 g. — *Bis-[2-(2-bromäthoxy)-äthyl]-äther* (**VII**), $C_8H_{16}Br_2O_3$, Kp.$_7$ 161—165°, durch Zutropfen von 2,2 Mol $PBr_3$ zu 3,0 Mol Tetraäthylenglykol u. Pyridin unter Rühren bei —5 bis +5°, Rühren unter Erwärmen auf Raum-Temp., Stehen über Nacht, Gießen in W., Ae.-Extraktion, Waschen mit 10%ig. $NaHCO_3$-Lsg. u. $H_2SO_4$ u. Dest.; 413 g. — *Bis-[2-(2-mercaptoäthoxy)-äthyl]-äther* (**VIII**), $C_8H_{18}O_3S_2$, Kp.$_7$ 168—169°, aus **VII** u. Thioharnstoff wie oben. — *4.7.10-Trioxa-1-thiacyclododecan* (**IX**), $C_8H_{16}O_3S$, Kp.$_1$ 90—95°, durch 41std. Kochen von 0,1 Mol **VII** in A. mit 0,1 Mol $Na_2S \cdot 9\,H_2O$ in W., Eindampfen im Vakuum, Extraktion mit Äthylacetat u. Dest.; 7,7 g. — *4.7.10.16.19.22-Hexaoxa-1.13-dithiacyclotetrakosan* (**X**), $C_{16}H_{32} \cdot O_6S_2$, Fl., durch 72std. Kochen von 0,222 Mol **VII**, 0,222 Mol **VIII** u. 0,222 Mol $Na_2CO_3$ in 10 Liter 50%ig. A., Eindampfen im Vakuum, Extraktion mit Äthylacetat, Eindampfen u. Molekular-Dest. mit Baumwollsaatöl als Trägeröl bei 200 u. 220°; 14 u. 3,3 g. — *4.10-Dioxa-1.7-dithiacyclododecan*, $C_8H_{16}O_2S_2$, Kp.$_{0,17}$ 133—142°, a) durch Zutropfen von 0,2 Mol Bis-[2-bromäthyl]-äther u. 0,2 Mol Bis-[2-mercaptoäthyl]-äther in 1,3 Liter 60%ig. A. zu 0,2 Mol $Na_2CO_3 \cdot H_2O$ in 8 Liter sd. 50%ig. A. innerhalb 24 Std., 72std. Kochen, Einengen im Vakuum, Stehen, Extraktion mit Äthylacetat u. Dest.; F. 22,5 bis 23°; 16,0 g; b) analog a) aus 0,2 Mol Bis-[isothiuronioäthyl]-ätherdibromid, 0,2 Mol Bis-[2-bromäthyl]-äther u. 1,6 Mol KOH; 14,4 g. *1.1.7.7-Tetroxyd*, $C_8H_{16}O_6S_2$, F. 241,5 bis 243°, analog **IV**; 1,25 g aus 1,3 g. *1.7-Bis-[metho-p-toluolsulfonat]*, $C_{24}H_{36}O_8S_4$, F. 155 bis 156,5° (A.); 1,8 g aus 1,2 g. H. BERTSCH. 3390□

**Die Oxydation von Glykosiden.** 8. Mitt. **Der Abbau von Methyl-α-D-3-ketoglucopyranosid, Methyl-β-D-3-ketoglucopyranosid und Methyl-β-D-2-ketoglucopyranosid durch Kalkwasser.** Olof Theander. (Acta chem. scand. **12.** 1887—96. 1958. Stockholm, Träkemiska avdelningen, Svenska Träforskningsinst.) (Engl.) — 5. vgl. C. **1959.** 12551; 7. vgl. Svensk Papperstidn. **61.** [1958.] 581.

Zum Studium der Alkaliempfindlichkeit oxydierter Cellulose untersucht Vf. unter papierchromatograph. u. polarimetr. Kontrolle den alkal. Abbau von Methyl-α-D-3-ketoglucopyranosid, Methyl-β-D-3-ketoglucopyranosid (**I**) u. Methyl-β-D-2-ketoglucopyranosid mittels $Ca(OH)_2$, der vorwiegend unter Abspaltung der glykosid. Methoxygruppe über das gemeinsame Zwischenprod. *1.5-Anhydro-2.3-diketo-D-glucit* (**II**) rasch zu einem nicht näher untersuchten Säuregemisch erfolgt. Weiter erhält man in geringen Mengen *Methyl-β-D-4-ketoglucopyranosid*, was auf eine Epimerisierung an C-4 hindeutet, u. 2 Verbb. mit höheren $R_F$-Werten als **II**. **II** stellt den ersten Fall einer Isolierung u. Identifizierung eines Diketo-Zwischenprod. bei dem alkal. Abbau von Kohlenhydraten dar. Seine Konstit. ergibt sich aus der Red. mit RANEY-Ni oder Boronat, wobei je nach Red.-Mittel in verschiedenen Mengen *1.5-Anhydro-D-altrit*, *1.5-Anhydro-D-glucit*, *1.5-Anhydro-D-mannit* u. der bisher nicht bekannte *1.5-Anhydro-D-allit* entstehen, nicht aber 1.5-Anhydro-D-galaktit. — UV-Spektrum von **II** bei verschiedenen pH vgl. Original.

Versuche (FF. korr.): *1.5-Anhydro-2.3-diketo-D-glucit* (**II**), F. 53—55° (W./Aceton, n-Propanol oder Methyläthylketon/Essigsäure), aus **I** u. $O_2$-freiem 0,02n $Ca(OH)_2$ (pH 12,1) bei 25° unter polarimetr. Kontrolle, nach Erreichen maximaler Rotation Ansäuern durch Schütteln mit einem Überschuß an Amberlite IR-120 ($H^+$) u. Fraktionieren an Papier; $[\alpha]_D^{22}$ +155° (W.; pH 5); ca. 39% (Ausbeute); daneben wenig *Methyl-β-D-4-ketoglucopyranosid*, Säuren (**A**) (ca. 25%; vorwiegend Gluconsäure) u. neutrale Prodd., von denen eines mit F. 157—159° (wss. A.) methoxylfrei ist. Die **A** entstehen auch aus **II** u. $Ca(OH)_2$ durch 30 Min. langes Stehen. — *1.5-Anhydro-D-glucit*, F. 141—142° (wss. A.), aus **II** u. RANEY-Ni in 70%ig. A. (pH 5) durch 3std. Kochen oder durch 6std. Stehen bei Raum-Temp. in Ggw. von Boranat (pH 9,5), Fraktionierung an Papier u. Elektrophorese; $[\alpha]_D^{22}$ +43° (c = 0,5; W.); daneben *1.5-Anhydro-D-mannit* [F. 156—157° (wss. A.); $[\alpha]_D^{22}$ —54° (c = 0,5; W.)], *1.5-Anhydro-D-altrit* [amorph; $[\alpha]_D^{22}$ +25° (c = 0,5; W.). *2.3.4.6-Tetra-O-acetyl-Deriv.*, F. 102—103°] u. *1.5-Anhydro-D-allit* [$C_6H_{12}O_5$, F. 147—148° (wss. A.); $[\alpha]_D^{22}$ +26° (c = 0,5; W.)]. G. ZUMACH. 3400□

**Die Oxydation von Glykosiden.** 9. Mitt. **Der saure und alkalische Abbau von Methyl-β-D-2-ketoglucopyranosid und Methyl-β-D-3-ketoglucopyranosid.** Olof Theander. (Acta chem. scand. **12.** 1897—1905. 1958. Stockholm, Träkemiska avdelningen, Svenska Träforskningsinst.) (Engl.) — 8. vgl. vorst. Ref.; 10. vgl. C. **1960.** 138.

Methyl-β-D-2-ketoglucopyranosid (**I**) u. Methyl-β-D-3-ketoglucopyranosid (**II**) ergeben bei der sauren Hydrolyse *Reduktinsäure* (**III**), neben geringen Mengen an *Furfurol*, *Oxydations-Prodd.* von **III** u. einem nicht identifizierten Öl, während aus **I** noch *Glucoson* u. aus **II** *D-Ribulose* (**IV**) entstehen. Der Abbau von **I** u. **II** in wss. Lsg. bei pH 4 u. pH 7 bei 100° erfolgt wie der alkal. Abbau rasch unter Abspaltung der Methoxylgruppe u. Bldg. von *1.5-Anhydro-2.3-diketo-D-glucit* (**V**). Die Rk.-Prodd. von **I** enthalten noch **II** u. **IV**, während die von **II** nur Spuren **I** aufweisen. Ebenso liefern **I** u. Amberlite IR-4B ($OH^-$) **II**, **II** aber nur Spuren **I**. Beim alkal. Abbau von **II** mittels $Ca(OH)_2$ oder NaOH lassen sich hinsichtlich der Rk.-Prodd. keine wesentlichen Unterschiede erkennen, lediglich bei Verw. von NaOH eine geringere Rk.-Geschw. von **V**.

Versuche (FF. korr.): *Reduktinsäure* (**III**), F. 211—212° ($CH_3OH$/Methyläthylketon), aus 1 g **II** in 0,5n $H_2SO_4$ durch 3std. Stehen bei 100°, Verdünnen mit W., Einengen unter Normaldruck u. 4 Tage langes kontinuierliches Extrahieren mit Ae. u. Fraktionieren der wss. Phase an Papier; 175 mg (Ausbeute); daneben geringe Mengen an Oxydations-Prodd. von **III** aus der Ae.-Phase u. 45 mg eines nicht identifizierten Öls (**VI**; $Kp._{0,06}$ 85—90°) aus der wss. Phase oder aus 200 mg **I** analog **III** (20 mg) u. 30 mg amorphes *Glucoson* (*Phenylosazon*, F. 205—207°). — *Furfurol*, aus 1 g **II** analog **III** im Destillat; 15 mg. *2.4-Dinitrophenylhydrazon*, F. 228°. — *D-Ribulose* (**IV**), a) aus **II** in 0,5n-$H_2SO_4$ durch 30 Min. langes Erhitzen auf 100° u. Fraktionieren an Papier; 1,5%; daneben **III** u. **VI**; b) aus 250 mg **I** in 0,2n Phosphatpuffer durch 10 Min. langes Erhitzen auf 100°, Entionisieren u. Fraktionieren an Celite; 15 mg; daneben 70 mg **II** u. eine *amorphe Verb.* in geringen Mengen; $[\alpha]_D^{24}$ ca. —15° (c = 0,5; W.). *o-Nitrophenylhydrazon*, F. 167 bis 168°. — *1.5-Anhydro-2.3-diketo-D-glucit* (**V**), a) aus 500 mg **II** in 0,2n Phosphatpuffer durch 30 Min. langes Erhitzen auf 100°, Entionisieren, Ansäuern auf pH 5, Einengen u. Fraktionieren an Papier; 65 mg; daneben 5 mg einer schon beim alkal. Abbau von **II** auftretenden, nicht identifizierten, *neutralen Verb.* (**VII**) mit F. 156—158° u. Spuren von **I**; b) aus 250 mg **II** in 0,2n Acetatpuffer durch 45 Min. langes Stehen bei 100°, Entionisieren u. Fraktionieren an Papier; 15 mg; daneben etwas **VII**. G. ZUMACH. 3400□

**C-substituierte Kohlenhydrate mit heterocyclischen Agluconen. 2. Mitt. Reaktion von 1.2-Naphthylendiamin mit Aldonsäuren.** G. N. Dorofejenko und Ju. A. Shdanow. (Журнал Общей Химии [J. allg. Chem.] **30** (92). 3451—54. Okt. 1960. Luga, Landwirtschafts-Inst.; Rostow/Don, Univ.) (Russ.) — 1. vgl. C. **1960.** 13014.

1.2-Naphthylendiamin (**I**) reagiert in wss.-alkohol. $HCl/H_3PO_4$ oder in 2n HCl mit Ca-Salzen von Aldonsäuren (L-Arabon-, D-Xylon- u. D-Galaktonsäure) zu *2'-[Aldohydroxyalkyl]-naphtho-[1.2:4'.5']-imidazolen.* Bei der Oxydation vorst. Verbb. mit alkal. $H_2O_2$ erhält man *Naphtho-[1.2:4'.5']-imidazol-2'-carbonsäure*, die beim Erhitzen auf 200—210° zu *Naphtho-[1.2:4'.5']-imidazol* decarboxyliert wird.

Versuche: *2-[L-Arabotetrahydroxybutyl]-naphtho-[1.2:4'.5]'-imidazol* (**II**), $C_{15}H_{16}N_2O_4$, F. 244—245° (Zers.), aus **I** u. Ca-Arabonat·5 $H_2O$ in wss.-alkohol. $HCl/H_3PO_4$ durch 1½std. Erhitzen auf 135—140° u. anschließendes Fällen mit 10%ig. $NH_4OH$; 62% (Ausbeute). Oder durch 5std. Kochen der Ausgangsstoffe in 2n HCl; 69%. *Pikrat*, F. 211° (Zers.). *Tetraacetat*, $C_{23}H_{24}N_2O_8$, F. 178—179°; 70%. — *Naphtho-[1.2:4'.5']-imidazol-2'-carbonsäure*, $C_{12}H_8N_2O_2$, F. 163°, durch Oxydation von **II** mit alkal. $H_2O_2$ bei 70—75°; gelbe Kristalle aus verd. HCl; 40%. — *Naphtho-[1.2:4'5']-imidazol*, F. 176 bis 177°, aus vorst. Verb. durch Erhitzen auf 200—210°; gelbe Kristalle. — *2'-[D-Galaktopentahydroxyamyl]-naphtho-[1.2:4'.5']-imidazol*, $C_{16}H_{18}N_2O_5$, F. 238—239° (Zers.), aus der wss. Lsg. nachst. Hydrochlorids u. $NH_3$. *Hydrochlorid*, $C_{16}H_{19}ClN_2O_5$, F. 228° (Zers.), aus **I** u. Ca-Galaktonat·$H_2O$ durch 5std. Kochen in 2n HCl; 50%. — *2-[D-Xylotetrahydroxybutyl]-naphtho-[1.2:4'.5']-imidazol*, $C_{15}H_{16}N_2O_4$, Zers. >360°, aus **I** u. Ca-Xylonat·$H_2O$ analog **II** nach a); gelbes Pulver aus Methanol; 8,6%. M. HÄNSSGEN. 3400□

**Untersuchungen über die Bestandteile der Borke von Engelhardtia formosana Hay. 4. Mitt. Über die Glykoside A und B.** 1. Mitt. Toshio Tominaga. (J. pharmac. Soc. Japan [Yakugakuzasshi] **75.** 1399—1404. 25/11. 1955. Tottori, Univ., Med. Fak., Klin. Apotheke.) (Jap.; Auszug: Engl.) — 3. vgl. J. pharmac. Soc. Japan [Yakugakuzasshi] **73.** [1953.] 1179; vgl. C. **1960.** 11659.

*Glykosid A* (**I**), $C_{21}H_{20}O_{10}\cdot 2\,H_2O$, erweist sich als ein Gemisch von *Kämpferol-3-L-rhamnosid* (**II**) u. *3.5.7.4'-Tetrahydroxyflavanon-3-L-rhamnosid* (**III**; *Engelitin*). Durch Methylieren von **I** mit wenig $CH_2N_2$ unter milden Bedingungen u. anschließende Hydrolyse entsteht *3.5-Dihydroxy-7.4'-dimethoxyflavon* (F. 179—180°; gelbe Nadeln) u. *3.5-Dihydroxy-7.4' dimethoxyflavanon* (F. 189—190°; Nadeln). Beim Methylieren mit $CH_2N_2$ im Überschuß entsteht *3-Hydroxy-5.7.4'-trimethoxyflavon* (F. 145—146°; blaßgelbe Nadeln) u. *3-Hydroxy-5.7.4'-trimethoxyflavanon* (**V**; F. 60°. **II** wird von **III** durch Absorption an Kohle in 70%ig. alkohol. Lsg. von **I** abgetrennt. Glykosid B (**IV**) ist wahrscheinlich *3.5.7.4'-Tetrahydroxyflavanon-3-L-rhamnosid* (*Isoengelitin*). Hydrolyse von **IV** ($C_{21} \cdot H_{22}O_{10}$) führt zu L-Rhamnose u. *rac.-3.5.7.4'-Tetrahydroxyflavanon* (F. 231—232°). Die Rk. mit überschüssigem $CH_2N_2$ u. anschließende Hydrolyse gibt **V**. **III** u. **IV** sind vermutlich Stereoisomere. F. MOSSNER. 3450

**Untersuchungen über Digitalisglykoside. Acetylgitoxin α aus Gitoxin.** Daisuke Satoh, Yohko Oyama und Hiroshi Ishii. (Chem. pharmac. Bull. [Tokyo] **5.** 493. Okt. 1957. Imafuku, Shionogi and Co. Ltd., Res. Labor.) (Engl.)

Die Darst. von *Acetylgitoxin* α durch partielle Acetylierung wird beschrieben. — *Acetylgitoxin α, Hydrat*, $C_{43}H_{66}O_{15} \cdot H_2O$, FF. 190—202°/246—249°, durch Acetylieren von Gitoxin mit Acetanhydrid in Pyridin bei Raum-Temp., Chromatographie an Silicagel u. Eluieren mit Chlf./Methanol (25 : 1); $[\alpha]_D$ +17,5° (Pyridin). W. HAMPEL. 3450□

**Die Stereochemie von Jacobin.** Satoru Masamune. (J. Amer. chem. Soc. **82.** 5253—55. 5/10. 1960. Madison, Wis., Univ., Dep. of Chem.) (Engl.)

Die BAEYER-VILLINGER-Rk. des Methylesters der β-Methyllävulinsäure (**II**), die neben β-Methyl-γ-carboxy-γ-valerolacton (**III**) aus Jaconecsäure (**I**) erhalten wurde (vgl. C. **1960.** 13373), mit Perbenzoesäure u. nachfolgende Einw. von $Ba(OH)_2$, Diazomethan u. Hydrazin führten zu (—)-*β-Hydroxybuttersäurehydrazid* [F. 127°, $[\alpha]_D^{25}$ —25,1° (A.); 43% (Ausbeute)], so daß die abs. Konfiguration des $C_{(2)}$-Zentrums von **I** sichergestellt ist. Zur Ermittlung der Konfiguration von $C_{(1)}$ in **I** wurde *trans*-**III** [F. 151—152°; *p-Bromphenacylester*, F. 86—88°] neben *cis*-**III** [F. 65,5—67°; *p-Bromphenacylester*, F. 105 bis 106°] durch saure Hydrolyse des β-Methyllävulinsäurecyanhydrinmethylesters dargestellt. Die Einw. von 3 Mol Phenyl-MgBr auf trans-**III** u. nachfolgende saure Behandlung lieferten *2.3-Dimethyl-5.5-diphenyl-2-hydroxypenten-(4)-säure* (F. 129—130°), die zu *α.β-Dimethyläpfelsäure* (**IV**; F. 150—151°) ozonisiert wurde. Der Dimethylester von **IV** wurde mit $LiAlH_4$ zu *2.3-Dimethylbutantriol-(1.2.4)* (**Va**; *Bis-p-nitrobenzoat*, F. 156 bis 157,5°) reduziert. Die Konfiguration von **Va** wurde durch Synth. seines *Diastereomeren* (**Vb**; *Bis-p-nitrobenzoat*, F. 162—163,5°) bestimmt. Hierzu wurde Dimethyläpfelsäureanhydrid in das entsprechende *Triol* (Kp.$_{0,05}$ 81°) u. dessen *Diacetat* (Kp.$_{15}$ 132—132,5° mit $LiAlH_4$ übergeführt. Die anschließende Perbenzoesäurebehandlung lieferte das

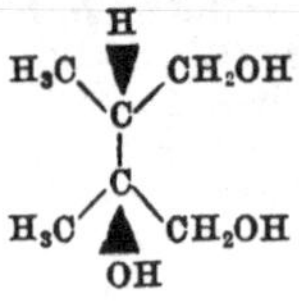

**Va**

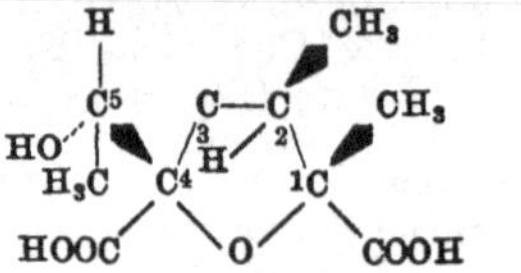

**I**

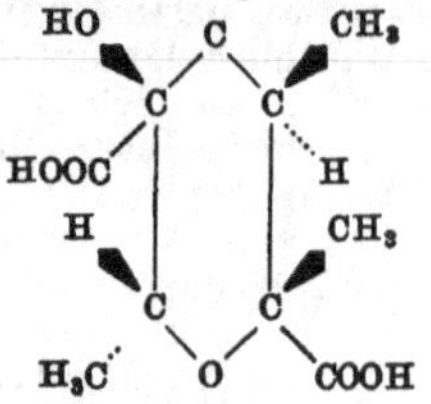

**B**

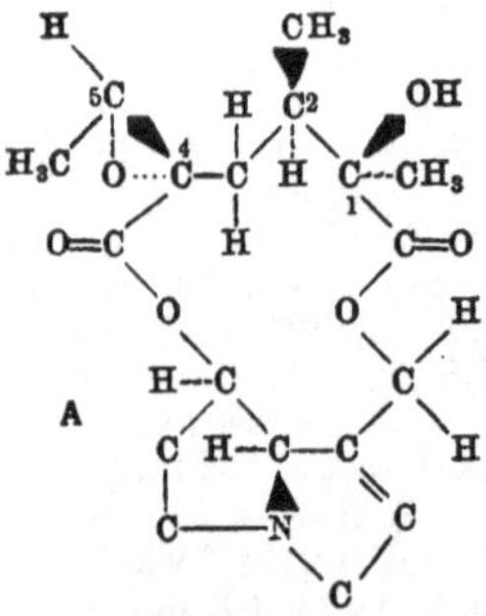

**A**

*Epoxyd* (Kp.$_{0,6}$ 95—97°), das mit $LiAlH_4$ gespalten wurde, so, daß die trans-Konfiguration der Methylgruppen in **Va** bestätigt wurde. Das aus **II** erhaltene Valerolacton wurde als ein opt.-akt. Isomeres von cis-**III** identifiziert. Die cis-Stellung der COOH-Gruppen in **I** ergibt sich durch deren Überführung in *Acetyljaconecsäureanhydrid* (vgl. l. c.). Die Einw. von Methyl-MgJ auf O-Phenylglyoxyloyljaconecsäuredimethylester u. nachfolgende Hydrolyse lieferten opt.-akt. *Atrolactinsäure* [$[\alpha]_D^{23}$ +4,31° (A.); 60%] womit die abs. Konfiguration des $C_{(5)}$ in **I** bestätigt wurde. Aus den vorst. Unterss. ergibt sich für **I** die angegebene Konfiguration, während für *Jacobin* u. *Isojaconecsäure* die Konfiguration **A** bzw. **B** auf Grund der für *Retronecin* sichergestellten angegeben wurden. D. KIRSTEIN. 3500□

**dl-10-Fluordeserpidin.** L. Novák und M. Protiva. (Naturwissenschaften **46.** 579—80. 2. Okt.-H. 1959. Prag, Forschungsinst. für Pharmaz. u. Biochem.) (Engl.)

Durch Umsetzung von 5-Fluortryptamin mit dl-2-Carbomethoxy-3-methoxy-4-acetoxy-6-formylcyclohexylessigsäuremethylester, nachfolgende $NaBH_4$-Red. u. Cyclisierung wurde *dl-Methyl-O-acetyl-3-oxo-10-fluor-2.3-secodeserpidat* ($C_{24}H_{29}FN_2O_6$, F. 202°) gewonnen. Es wurde durch Methanolyse desacetyliert u. das entstandene *dl-Methyl-3-oxo-10-fluor-2.3-secodeserpidat* ($C_{22}H_{27}FN_2O_5$, F. 193°) mit 3.4.5-Trimethoxybenzoylchlorid in Bzl./Pyridin zum entsprechenden *O-[3.4.5-Trimethoxybenzoyl]-Deriv.* ($C_{32}H_{37}FN_2O_9$, F. 208°) verestert. Bei Cyclisierung dieses Esters durch Einw. von $POCl_3$ u. nachfolgende Umsetzung mit $HClO_4$ resultierte das intensiv gelbe *dl-10-Fluor-3,4-dehydrodeserpidin-*

*perchlorat* (F. 165°), das mit Zn in Ggw. von $HClO_4$ red. wurde. Das entstandene *Perchlorat* ($C_{32}H_{38}ClFN_2O_{12}$, F. 275°) wurde durch Umkristallisieren aus Methanol von der stereoisomeren 3-Iso-Verb. befreit u. durch Alkalisieren mit $NH_4OH$ in *dl-10-Fluordeserpidin* ($C_{32}H_{37}FN_2O_8$, F. 230°) übergeführt. P. Golinske. 3500□

**Die Struktur des Pseudomorphins.** K. W. Bentley und S. F. Dyke. (Chem. and Ind. **1957.** 398. 30/3. Aberdeen, Univ., Chem. Dep.) (Engl.)

Vorl. Mitt. der C. **1961.** 15393 referierten Arbeit. R. Sowada. 3500□

**Hydroxylierte Kodeinderivate.** Lewis J. Sargent, Louis H. Schwartzman und Lyndon F. Small. (J. org. Chemistry **23.** 1247—51. Sept. 1958. Bethesda, Md., Nat. Inst. of Arthritis and Metabolic Diseases, Nat. Inst. of Health, Publ. Health Serv., Dep. of Health, Education and Welfare.) (Engl.)

Zur Darst. weiterer Kodein-Derivv. mit analget. Wrkg. werden aus Desoxykodein C, Kodeinmethyläther, Acetylkodein, Acetylisokodein u. Acetylneopin (**I**) nach der früher aufgefundenen Meth. der $OsO_4$-Oxydation (vgl. C. **1952.** 1654.) die nachfolgenden Derivv. hergestellt [in ( ) die analget. $ED_{50}$-Werte an der Maus in mg/kg]: *10-Hydroxykodein* (50,5), *14-Hydroxykodein* (**V**; 17,2), *10-Hydroxydihydrokodein* (22,5), *14-Hydroxymorphinon* (42,2), *14-Hydroxydihydromorphinon* (0,17), *14-Hydroxydihydromorphin* (1,05), *14-Hydroxydihydrokodeinon* (**IV**; 1,4), *8-Hydroxydihydrokodeinon* (>150), *14-Hydroxykodeinon* (6,1), *8.14-Dihydroxydihydromorphinon* (6,3), *8.14-Dihydroxydihydrokodeinon* (**II**; 16,7), *7-Hydroxydihydrokodein* (sehr tox.), *7.8-Dihydroxydihydrokodein* (>400), *7.8-Dihydroxydihydrokodeinmethyläther* (>100), *8.14-Dihydroxydihydrokodein* (**III**; >200). Wie ersichtlich, sind lediglich die Derivv. mit einer 14-OH-Gruppe analget. von Interesse. Die Red. von **II** mit $LiAlH_4$ oder (weniger gut) mit $NaBH_4$ ergibt ein Gemisch epimerer **III**-Derivv., von denen eines mit dem Oxydations-Prod. von **I**, bei dem nur eine cis-8.14-Dihydroxykonfiguration vorliegen kann, ident. ist. Demnach hat das andere Epimere wahrscheinlich eine Isokonfiguration am $C_{(6)}$. Die normale (cis)-Konfiguration der 14-OH-Gruppe in **II** folgt aus der Rotation des Phenylhydrazons ($[\alpha]_D^{20}$ —604,8°). Die Phenylhydrazone von 14-Hydroxykodeinon u. **IV** zeigen demgegenüber $[\alpha]_D^{20}$ von —1416° bzw. —649°. Da **V** am $C_{(6)}$ eine Kodeinkonfiguration besitzt u. die katalyt. Red. **V** *B* liefert, muß dieses die gleiche Konfiguration aufweisen. Da ferner 14-Hydroxydihydrokodein B u. C am $C_{(6)}$ epimer sind, muß bei dem C-Isomeren dieses Zentrum eine Isokodeinkonfiguration haben.

Versuche: *7-Hydroxydihydrokodein*, $C_{18}H_{23}NO_4$, F. 230—232°, durch 5std. Stehen eines bei 0° vereinigten Gemisches aus $OsO_4$ in Pyridin/Ae. u. Desoxykodein C in abs. Ae., Isolieren des gebildeten braunen Adduktes [85% (Ausbeute)], 3½std. Erhitzen mit $Na_2 \cdot SO_3$ in verd. A., Abzentrifugieren u. Einengen; aus $CH_3OH$ Platten; 55%. — *7.8-Dihydroxydihydrokodein-6-methyläther*, $C_{19}H_{25}NO_5$, F. 216—218° (verd. A.), durch 6std. Stehen eines Gemisches aus Kodeinmethyläther u. $OsO_4$ in Ae. bei 0°, dann 72std. Stehen bei 20°, Vakuumabdampfen u. 3½std. Erhitzen des isolierten braunen Rückstandes mit $Na_2SO_3$ wie oben; 60%. *Diacetyl-Deriv.*, $C_{23}H_{29}NO_7$, F. 133—135° (nach Sublimation). — *7.8-Dihydroxydihydrokodein*, $C_{18}H_{23}NO_5$, F. 207—208° (A.), aus Acetylkodein u. $OsO_4$ in Ae. in 72 Std.; 60%. *Triacetyl-Deriv.*, $C_{24}H_{29}NO_8$, F. 198—199° (Ae.). — *Acetylneopin* (**I**), $C_{20}H_{23}NO_4$, F. 117°, $Kp._{0,3}$ 125—130°, aus 5 g Neopin u. Acetanhydrid in Pyridin in 48 Std. bei 25°; $[\alpha]_D^{20}$ +15,2° (c = 0,972; A.); 4,9 g. — *8.14-Dihydroxydihydrokodein* (**III**) $C_{18}H_{23}NO_5$, F. 186—186,5° (nach Sublimation), aus **I** u. $OsO_4$ in Ae. in 48 Std.; $[\alpha]_D^{20}$ —147° (c = 1,07; A.); 50%. — *Acetylisokodein*, $C_{20}H_{23}NO_4$, F. 88—89° aus 10 g Isokodein; aus A. Prismen; $[\alpha]_D^{20}$ —270° (c = 1,02; A.); 8 g. — *7.8-Dihydroxydihydroisokodein*, $C_{18}H_{23}NO_5 \cdot ½ H_2O$, F. 241—242° (A.), aus vorst. Verb. u. $OsO_4$ in 24 Std.; 42%. — *8.14-Dihydroxydihydrokodeinon* (**II**), $C_{18}H_{21}NO_5$, F. 159—170°, durch Hydroxylierung von 40 g Thebain mit Mn-Acetat; aus Ae. Prismen; $[\alpha]_D^{20}$ —191° (c = 1,00; A.); 5,7 g. *Phenylhydrazon*, $C_{24}H_{27}N_3O_4$, F. 162—164° (Erweichen bei 112°; $CH_3OH$). — *14-Hydroxykodeinonphenylhydrazon*, $C_{24}H_{25}N_3O_3$, F. 193—194° (abs. A.); $[\alpha]_D^{20}$ —1416° (c = 0,998; Chlf.). — *14-Hydroxydihydrokodeinon* (**IV**), *Phenylhydrazon*, F. 176° (Gas-Entw.); $[\alpha]_D^{20}$ —649° (c = 1,00; Chlf.). — *1. Epimere* von *cis*-**III**, F. 177 bis 179°, a) durch 1¾std. Zufügen einer Lsg. von 1 g **II** in Ae. zu $LiAlH_4$ in Ae. unter Rühren, 7std. Kochen, 15std. Rühren bei 25°, Zers. mit HCl, Alkalisieren der wss. Phase, Aussalzen mit NaCl, Ausziehen mit Chlf., Einengen u. Kristallisation aus Äthylacetat; $[\alpha]_D^{20}$ —144° (c = 1,0; A.); 0,36; b) durch ¼std. Zutropfen von 1,7 g **II** in abs. $CH_3OH$ zu $NaBH_4$ in $CH_3OH$, 2½std. Rühren, Ansäuern mit 2nHCl, 10 Min. langes Erhitzen, Vakuumeindampfen, Alkalisieren der wss. Phase mit $K_2CO_3$, Ausziehen mit Chlf., Eindampfen, Ausziehen mit sd. Ae., Eindampfen u. Extraktion mit Ae. im Soxhlet, dann fraktionierte Kristallisation aus Äthylacetat; 0,58 g. *2. Epimere* von *cis*-**III**, F. 174—176° (Ae.), neben dem Epimeren nach a) u. b) durch Eindampfen der Äthylacetatmutterlaugen u. Anreiben mit Ae.; Prismen; $[\alpha]_D^{20}$ —133° (c = 1,00; A.); 0,19 bzw. 0,17 g. — *cis-14-Hy-*

*droxykodein* (**V**), $C_{18}H_{21}NO_4$, F. 156—157° (verd. A.), durch 2std. Rühren von 5 g 14-Hydroxykodeinon in abs. $CH_3OH$ mit $NaBH_4$, Einengen, kurzes Aufkochen mit 10%ig. NaOH u. Vakuumeindampfen; $[\alpha]_D^{20}$ −81,1° (c = 1,1; Essigsäure). — *14-Hydroxydihydrokodein B*, F. 145—146°, durch ½std. Hydrieren von 1 g **V** in A. an $PtO_2$; 0,84 g. *Acetyl-Deriv.*, F. 181°. — *14-Hydroxykodeindiacetat*, $C_{22}H_{25}NO_6$, F. 199°, durch 24std. Stehen von 1,4 g **V** in Acetanhydrid/Pyridin bei 25° u. Gießen auf Eis/$NH_4OH$; $[\alpha]_D^{20}$ −46,2° (c = 1,02; 10%ig. Essigsäure); 1,2 g. H. LEHWALD. 3500□

**Mikrobiologische Umwandlung von Rauwolfia-Alkaloiden.** S. C. Pan und Frank L. Weisenborn. (J. Amer. chem. Soc. **80.** 4749. 5/9. 1958. New Brunswick, N.J., Squibb Inst. for Med. Res.) (Engl.)

*Streptomyces aureofaciens* u. *Str. rimosus* bewirken, wenn man sie 14 Tage lang auf einem Medium in Ggw. von 1,5% Sojamehl, 2,5% Glucose, 0,25% $CaCO_3$ u. 0,5 mg ml Yohimbin (**I**)·HCl bzw. α-Yohimbin (α-**I**) wachsen läßt, eine 18α-Hydroxylierung von **I** bzw. α-**I**. Der Nachw. der Umwandlungs-Prodd. gelingt durch Extraktion des Mediums bei pH 9—10 mit Chlf. u. Papierchromatographie in Isoamylalkohol/$CCl_4$/Propionsäure (75:60:2), wobei nach Besprühen mit $Fe[Fe(CN)_6]$ im UV ein fluorescierender Fleck mit einem $R_F$ von 0,15 sichtbar wird. Nach Elution dieses Fleckes mit $CH_3OH$ u. Kristallisation aus Äthylacetat/Aceton kann im Falle von **I** *18α-Hydroxyyohimbin* [$C_{21}H_{26}N_2O_4$, F. 252—252,5°, kub. Kristalle, $[\alpha]_D$ +37° ($CH_3OH$)] isoliert werden. Mit Acetanhydrid/Pyridin bildet sich hieraus das *Diacetat* [F. 307—307,5° $[\alpha]_D$ −39° (Chlf.)], mit Aceton/$HClO_4$ das *Acetonid* (F. 258—259°), ferner durch Oxydation mit $HJO_4$ das *17.18-Diketon*, von dem das *Bis-2.4-dinitrophenylhydrazon* hergestellt werden kann. Analog entsteht in Ggw. von α-**I** *18α-Hydroxy-α-yohimbin*: *Hydrochlorid*, $C_{21}H_{26}N_2O_4 \cdot HCl \cdot 0{,}5\,H_2O$, F. 288 bis 289° (aus methanol. HCl Nadeln). *Diacetat*, F. 278—279°, $[\alpha]_D$ −14,5° (Chlf.). *Acetonid*, F. 144—146°. Analog kann auch durch $HJO_4$-Oxydation das *Bis-2.4-dinitrophenylhydrazon* hergestellt werden. H. LEHWALD. 3500□

**Die Struktur des Delphinins.** K. Wiesner, F. Bickelhaupt, D. R. Babin und M. Götz. (Tetrahedron [London] **9.** 254—70. Juni 1960. Fredericton, N.B., Canada, Univ., Organ. Chem. Labor.) (Engl.)

Das von JACOBS u. PELLETIER (vgl. C. **1960.** 7524) beschriebene Isomerisierungs-Prod. von Dihydro-α-oxoisopyrodelphonon ist ein Acyloin der Teilformel **V** u. gibt unter Einw. von Perjodsäure u. Abspaltung von Methanol eine krist. *ungesätt. Ketosäure* **VIa**. Die durch Oxydation mit Chromsäure aus Dihydro-α-oxoisopyrodelphonin von JACOBS u. PELLETIER (vgl. C. **1959.** 17166) erhaltene Secoketosäure hat die Konstit. **VIIa** u. gibt durch Sublimation im Vakuum das Diketon **VIII**, das durch verd. Alkali quant. zu **VIa** umgebildet wird. **VIa** wird auch aus **VIIa**-Methylester mit Na-Methylat gewonnen. Bei der Rk. von **VIa** mit Na-Amalgam u. folgender Rk. mit $CH_2N_2$ entstehen der *ölige Ester* **IXa** u. der *krist. Hydroxyester* **IXb**. Analog **V** wird auch das durch Isomerisierung von Dihydro-α-oxopyrodelphonon (vgl. JACOBS u. PELLETIER, l. c.) gewonnene Keton **XIIa** bzw. die aus α-Oxodelphonon dargestellte Verb. **XIIb** mit Perjodsäure zur stabilen *Ketosäure* **XIII** bzw. **VIb** gespalten; **VIb** läßt sich durch Red. u. Veresterung in **IXa** u. **IXb** überführen. Aus diesen Unterss. werden die Strukturen für α-Oxoisopyro- (**Ia**), α-Oxopyro- (**X**; $C_{31}H_{39}NO_8$) u. α-Oxodelphinin (**XIV**; $C_{33}H_{43}NO_{10}$) abgeleitet. **X** wird in $^{14}CH_3OH$ unter Einbau von

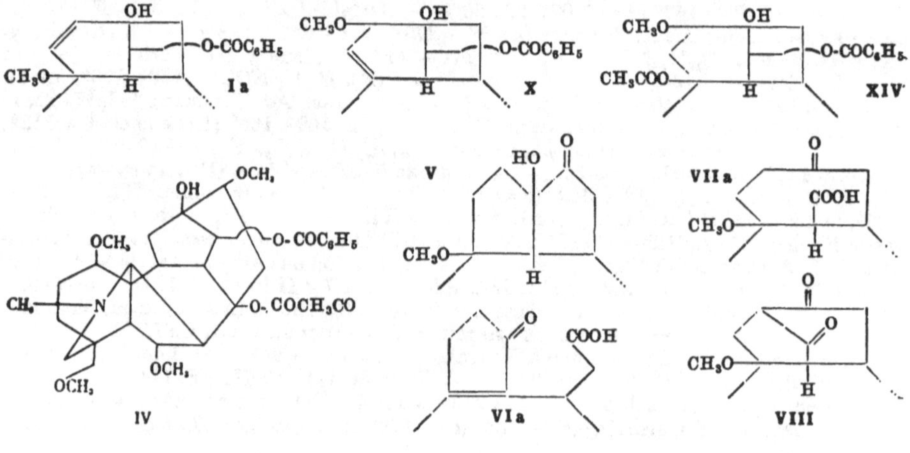


Ia X XIV IV V VIIa VIa VIII

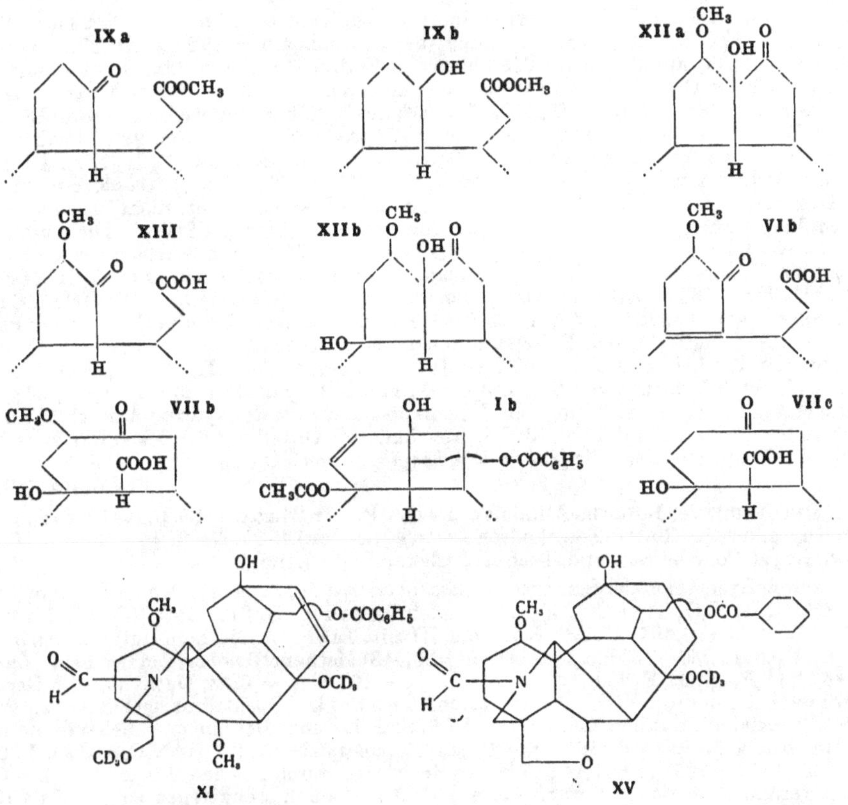


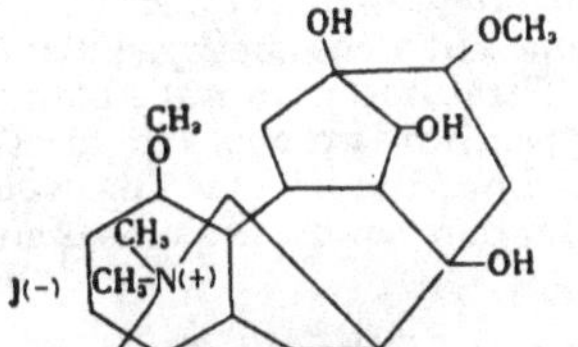
III

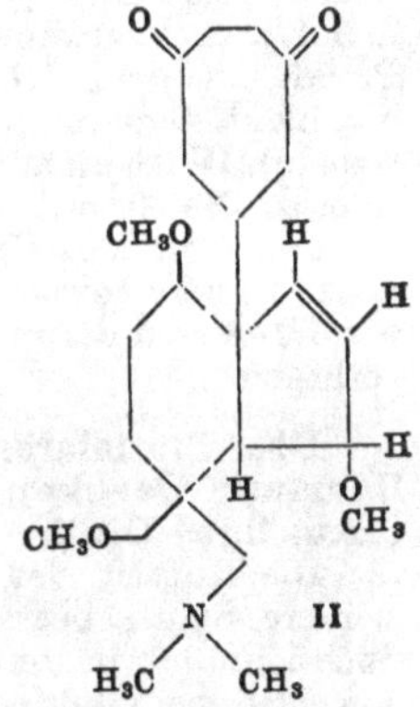
II

1 Mol $^{14}CH_3OH$ zu **I a** isomerisiert. **X** wird außerdem mit p-Toluolsulfonsäure in Eisessig behandelt. Es entsteht das *Acetyl-Deriv.* **I b**, dessen Hydrierung, Verseifung zum *Triol* u. Oxydation mit $CrO_3$ die Secosäure **VII c** ergibt. Diese wird in **VI a** übergeführt. Diese Rk.-Folge beweist, daß die Pyro-Verb. sich zur Isopyro-Verb. umlagert. **I a** u. **X** liefern mit HCl unter Verlust zweier Methoxylgruppen die gleiche *Dichlor-Verb.*, die mit $CD_3OH$ in *Hexadeutero-α-oxoisopyrodelphinin* (**XI**) übergeht. Das Oktahydro-Deriv. von **IX** wird durch $ZnCl_2$ zur *Verb.* **XV** cyclisiert. Beim HOFMANN-Abbau von Delphoninmethojodid (**III**) wird die *Verb.* **II** gewonnen, die als *Bis-[2.4-dinitrophenylhydrazon]* u. durch das kernmagnet. Resonanzspektrum charakterisiert wird. Aus diesen Unterss. u. Analogien zum Neolin wird die Konstit. **IV** für Delphinin abgeleitet.

Versuche: *Secosäure* **VI a**, $C_{23}H_{31}NO_7 \cdot H_2O$, F. 138° (Bzl.-Ae.), a) durch 5std. Behandeln von 104 mg **V** mit Perjodsäure; 23 mg (Ausbeute); b) aus 117 mg **VII a**-Methylester in abs. Methanol durch 2std. Kochen mit Na-Methylat in abs. Methanol; 90 mg; c) aus 31 mg **VIII** durch ½std. Stehen der äthanol. Lsg. mit 0,01 mNaOH; 36 mg. — *Ester* **IX a** durch 12std. Red. von **VI a** (50 mg) mit 8%ig. Na-Amalgam, Veresterung der entstehenden Säuren mit Diazomethan u. $Al_2O_3$-Chromatographie; 19 mg. Daneben der *Hydroxyester* **IX b**, $C_{24}H_{37}NO_7$, F. 197° (Bzl.-PAe.). — *Secosäure* **XIII**, aus 20 mg **XII a** durch 2std. Behandeln mit Perjodsäure; glasige Masse; 14 mg. — *Secosäure* **VIb**, $C_{24}H_{33}NO_8 \cdot \frac{1}{2} C_2H_5OH$, F. 187°, a) durch 19std. Behandeln von 70 mg **XIIb** mit Perjodsäure; 57 mg; b) aus der Säure **VIIb** über den Methylester durch 2std. Kochen mit Na-Methylat in Methanol. Gibt mit Na-Amalgam **IXa** u. **IXb**. — *Desmethoxyacetoxyisopyro-α-oxodelphinin* (**Ib**), $C_{32}H_{39}NO_9$, F. 305°, aus **X** mit p-Toluolsulfonsäure in Eisessig in 30 Min. auf 60—70°. *Oktahydro-Deriv.*, $C_{32}H_{47}NO_9$, F. 229°, durch 9std. Hydrierung von **Ib** mit vorhydriertem $PtO_2$. — *Desmethoxy-α-oxodelphonin*, $C_{23}H_{35}NO_7$, F. 239°, durch 2std. Erhitzen vorst. Oktahydro-Verb. mit wss. NaOH. — *Secosäure* **VIIc**, aus 504 mg vorst. Verb. durch 20std. Stehen mit $CrO_3$–Eisessig; krist. nicht; 108 mg. Gibt nach Veresterung durch 2std. Erhitzen mit Na in Methanol **VIa**. — *Didesmethoxy-dichlor-α-oxoisopyrodelphinin*, $C_{30}H_{37}Cl_2NO_6$, Zers. bei 270°, durch Sättigen der methanol. Lsg. von **Ia** mit HCl bei 0°. — *Hexadeutero-α-oxoisopyrodelphinin* (**XI**), $C_{31}H_{33}D_6NO_8$, F. 285°, durch 18std. Erhitzen von 756 mg vorst. Verb. mit $AgNO_3$ u. $CD_3OH$; 500 mg. *Oktahydro-Deriv.*, F. 204—209°, durch 9std. Hydrierung von **XI** mit vorhydriertem $PtO_2$. — *Verb.* **XV**, $C_{29}H_{38}D_3NO_7$, F. 266°, durch 90 Min. langes Erhitzen vorst. Oktahydro-Deriv. mit $ZnCl_2$-Lsg. auf 40—60°. — *Delphoninmethojodid* (**III**), $C_{25}H_{42}JNO_7$, F. 208 bis 211°, durch Erhitzen von 30 g Delphonin mit n-Butyläther u. Methyljodid; 36 g. — *Base* **II**, $C_{23}H_{37}NO_5$, F. 153°, aus dem **III** entsprechenden Methohydroxyd durch 2—4std. Erhitzen wss. NaOH auf 130—190° u. fraktionierter Verteilung des Rk.-Prod. zwischen Chlf. u. Phosphatpuffer. *Bis-[2.4-dinitrophenylhydrazon]*, $C_{35}H_{45}N_9O_{11}$, F. 157°.

B. GÖBER. 3500□

**Die Chemie der Lunaria-Alkaloide.** 1. Mitt. Peter Bladon, Raphael Ikan, F. S. Spring und A. D. Tait. (Tetrahedron Letters [London] **1959.** Nr. 9. 18—23. Aug. Glasgow, Royal Coll. of Sci. and Technol., Chem. Dep.) (Engl.)

Durch Extraktion der Samen von *Lunaria biennis* MOENCH erhält man *Lunarin* (**III**)-*hydrat*, $C_{25}H_{31}N_3O_4 \cdot H_2O$, F. 230—235°, nach Erstarren, F. 270—275° (Zers.); Nadeln; $[\alpha]_D$ +304° (c = 0,467; Chlf.). Red. von **III** mit $LiBH_4$ in Methanol gibt *Lunarinol I* [$C_{25}H_{33}N_3O_4$, F. 250—253°, $[\alpha]_D$ +194° (c = 0,443; Methanol)] neben dem isomeren *Lunarinol II*, $C_{25}H_{33}N_3O_4$, F. 260—270° (Zers.), $[\alpha]_D$ +166,5° (c = 0,52; Methanol). Im Gegensatz zu **III** zeigen diese Verbb. keine Verschiebung des UV-Spektrums nach längeren Wellen (charakterist. Maxima vgl. Original) in alkal. Lösung. Bei längerer Behandlung mit p-Toluolsulfochlorid in Pyridin gibt **III** ein *Monotosyl-Deriv.* [$C_{32}H_{37}N_3O_6S \cdot H_2O$, F. 230 bis 233°, $[\alpha]_D$ +285° (c = 0,43; Chlf.)], welches sich durch Kochen mit methanol. KOH nicht verändert u. noch schwach saure u. schwach alkal. Funktionen zeigt. Mit $CH_3J$ bildet **III** ein *Hydrojodid* ($C_{25}H_{31}N_3O_4 \cdot HJ \cdot H_2O$), welches sich mit verd. $NH_4OH$ wieder in **III** zurückverwandeln läßt. Pyrolyse von **III** gibt ein kompliziertes Gemisch von Prodd., aus dem $NH_3$ identifiziert wurde. Hydrolyse von **III** mit HCl gibt quant. das opt. inakt. *Diamindihydrochlorid* $C_5H_{14}N_2 \cdot 2\ HCl$ (**IV**), F. 250—253° (*Pikrat*, F. 211—212° Nadeln). **IV** ist nicht ident. mit Pentamethylendiamin- oder Diaminoneopentandihydrochlorid. Die Gestalt der Titrationskurve mit Alkali weist auf eine geringe Wechselwrkg. zwischen den $NH_2$-Gruppen hin, woraus Vff. für **IV** die Struktur des *1.3-Diaminoisopentandihydrochlorids* ableiten. Die leichte Bldg. von **IV** u. $NH_3$ sowie das IR-Spektrum von **III** deuten darauf hin, daß bei diesem eine Amidbindung u. eine freie $NH_2$-Gruppe vorliegen.

GERHARD MÜLLER/Bitterfeld. 3500□

**Über Orceinfarbstoffe.** 12. Mitt. **Synthesen des α-Oxyorceins.** Hans Musso und Hermann Beecken. (Chem. Ber. **94.** 585—600. 21/3. 1961. Göttingen, Univ., Org.-Chem. Inst.) (Dt.) — 11. vgl. C. **1961.** 6491.

Die Konstit. des *α-Oxyorceins*, das in 2 tautomeren Formen vorliegt, wird durch mehrere Synth. bestätigt. Die Isolierung des isomeren *Pseudo-α-oxyorceins* (**VI**) gibt einen Einblick in den Mechanismus bei der Kondens. des 2-Methyl-3-[2'.4'-dihydroxy-6'-methylphenyl]-6-hydroxychinons-(1.4) (**I**) mit 2-Methyl-4.6-dihydroxyanilin (**II**). Die Trennung der Kondens.-Prodd. erfolgt durch Chromatographie an Kieselgel, Cellulosepulver u. $Al_2O_3$. Die UV- u. IR-Spektren werden angegeben.

Versuche (FF. korr.): *6-Hydroxy-3-[3.5-dihydroxytolyl-(2)]-toluchinonmonoxim-(1)* (**IV**), $C_{14}H_{13}NO_5$, F. 290° (Zers.), durch Lösen von 3.5.3'.5'-Tetrahydroxybitolyl-(2.2') (**III**) in alkohol. KOH, Zugabe von Amylnitrit, 24std. Stehen, Eindampfen im Vakuum, Lösen in W., Ansäuern mit 2n $H_2SO_4$ u. Extrahieren mit Ae.; 17% (Ausbeute). — *7-Hydroxy-4.5-dimethyl-3- bzw. -6-[3.5-dihydroxytolyl-(2)]-phenoxazon-(2)*, (*α-Oxyorcein*) (**VII**), a) durch 42std. Kochen von **III** u. Toluchinonchlorimid in A., Eindampfen im Vakuum u. Chromatographie an Cellulosepulver in n-Butanol/0,2 m Phosphatpuffer (**A**) bei pH 12,5 bzw. in Di-n-butyläther/Butanol/Eisessig/Aceton/W. (5:2:2:9:5); b) durch 45 Min. langes Erwärmen von **III** u. 6-Hydroxytoluchinonmonoxim in 75% ig. $H_2SO_4$ auf 80°, Gießen auf Eis/

Butanol, Eindampfen der butanol. Lsg. im Vakuum u. Chromatographie in **A** bei pH 12,8; 0,8% [*Acetyl-Derivv.*, F. 208—211°, aus 10 mg **VII** nach MUSSO u. KRÄMER (C. **1960.** 13698); aus Bzl./Cyclohexan orangefarbene Stäbchen; 1,1 mg; c) analog b) aus **IV** u. Orcin; 1,2%; d) durch 22std. Erwärmen von **I** u. dem Hydrochlorid von **II** in Eisessig in Ggw. von Na-Acetat in Eisessig auf 80°, Eindampfen im Vakuum, Chromatographie in **A** bei pH 12,75; aus Methanol dunkelbraune Nadeln; 13,2%; daneben *7-Hydroxy-4.5-dimethylphenoxazon-(2)* (33% *Acetyl-Deriv.*, F. 210—211°; aus Bzl./Cyclohexan orangefarbene Nadeln) u. *6-Hydroxy-4.8-dimethyl-7-[3.5-dihydroxytolyl-(2)]-phenoxazon-(2)*, (*Pseudo-α-oxyorcein*), [**VI**; $C_{21}H_{17}NO_5$; aus Methanol kupferglänzende Stäbchen; 38%; *Acetyl-Deriv.* (**XII**), $C_{27}H_{23}NO_8$, F. 172—174°, aus **VI** mit Acetanhydrid in Pyridin, Chromatographie an Kieselgel u. Eluieren mit Chlf.; aus Bzl./Cyclohexan tieforangefarbene Stäbchen; 58%]; e) durch 1/4std. Erwärmen vom 50 mg **V** (s. unten) mit Pyridiniumchlorid auf 160° unter Luftabschluß u. Chromatographie an Cellulosepulver; 12,5 mg. — *2-Nitro-3-hydroxy-5-methoxytoluol* (**VIII**), F. 103—104°, durch 3std. Schütteln von 2-Nitro-3.5-dihydroxytoluol mit Dimethylsulfat in 10%ig. NaOH u. Wasserdampf-Dest.; 29%; daneben 21% *2-Nitro-3-methoxy-5-hydroxytoluol* u. 25% *2-Nitro-3.5-dimethoxytoluol*. — *2-Aminoorcin-5-methyläther* (**IX**), $C_8H_{11}NO_2$, F. 150—151° (Zers.), durch Hydrieren von 2,5 g **VIII** in Methanol in Ggw. von RANEY-Ni; aus Bzl. bräunliche Nadeln; durch Sublimation bei 100° im Hochvakuum farblose Kristalle; 48%. — *2-Acetamido-3-acetoxy-5-methoxytoluol*, $C_{12}H_{15}NO_4$, F 122—124°, durch 3std. Stehen von **IX** in Acetanhydrid/Pyridin; aus Bzl./Cyclohexan Nadeln; Sublimation im Hochvakuum bei 100°; 62%. — *3-Amino-7-methoxy-4.5-dimethylphenoxazon-(2)* (**X**), $C_{15}H_{14}N_2O_3$, F. 254 bis 256° (Zers.), durch 1tägiges Stehen der benzol. Mutterlauge von **IX** an der Luft u. Chromatographie an Kieselgel; aus Bzl. rote Nadeln; 44 mg. — *3-Acetamido-7-methoxy-4.5-dimethylphenoxazon-(2)*, $C_{17}H_{16}N_2O_4$, F. 285—286° (Zers.), durch 1/4 Min. langes Kochen von **X** mit Acetanhydrid u. Chromatographie an Kieselgel; aus Bzl. orangefarbene Nadeln; 59%. — *3.10-Dimethoxy-1.6.8-trimethyltriphendioxazin*, $C_{23}H_{20}N_2O_4$,, a) Zers.-Punkt 315 bis 320°, durch 7std. Erwärmen von 262 mg **I** u. 309,4 mg **IX** in Eisessig auf 75° unter $N_2$, Chromatographie an $Al_2O_3$ u. Eluieren mit Chlf./Essigester (19:1); aus Bzl./Cyclohexan dunkelviolette Stäbchen; 1%; daneben 2% **X** [F. 253—256° (Zers.)], *9-Hydroxy-3-methoxy-1.6.11-trimethyl-10-[3.5-dihydroxytolyl-(2)]-triphendioxazin* (**XI**; $C_{29}H_{24}N_2O_6$, F. 350°, durch Chromatographie an $Al_2O_3$ u. Eluieren mit Methanol; aus Methanol braunviolette Nadeln; 26%), *7-Methoxy-4.5-dimethyl-3-[3.5-dihydroxytolyl-(2)]-phenoxazon-(2)* (*α-Oxyorcein-7-methyläther*; **V**; durch Chromatographie an Cellulosepulver in **A** bei pH 12,25; 9%), 6% **XII** u. eine *Verb.* $C_{28}H_{27}NO_9$ (F. 65—74°; 80 mg); b) Zers.-Punkt 310—320°, durch Kochen von **I** u. 2.5-Dihydroxytoluchinon-(3.6) in Eisessig, Chromatographie an $Al_2O_3$ u. Eluieren mit Bzl./Chlf. (1:1); aus Bzl. violette Kristalle; 8,2%; daneben *3-Hydroxy-7-methoxy-1.5-dimethylphenoxazon-(2)* [$C_{15}H_{13}NO_4$, F. 254—259° (Zers.), durch Auswaschen des $Al_2O_3$ mit n-Butanol/$NH_4OH$; aus Bzl. dunkelrotbraune Kristalle; 18,7%]. KURT MÜLLER/Berlin. 3550□

**Analgeticasynthese. 6. Mitt. Über Camphanderivate.** Torizō Takahashi, Mikio Hori und Yasushi Suzuki. (J. pharmac. Soc. Japan [Yakugakuzasshi] **75.** 1377 bis 1379. 25/11. 1955. Kyōto Univ., Med. Fak., Pharmakol. Inst.) (Jap.; Auszug: Engl.). — 5. vgl. J. pharmac. Soc. Japan [Yakugakuzasshi] **75.** [1955.] 714; 7. vgl. C. **1961.** 17916.

Durch Rk. von α-Halogenacylhalogeniden mit 3-Aminocampher (**I**) bzw. d-Borneol (**VIII**) werden *3-[α-Halogenacylamino]-campher* bzw. *α-Halogencarbonsäure-d-bornylester* dargestellt. Kondens. dieser Verbb. mit $(CH_3)_2NH$ bzw. $(C_2H_5)_2NH$ gibt die entsprechenden *3-[α-Dialkylaminoacylamino]-campher* bzw. *α-Dialkylaminocarbonsäure-d-bornylester*. Durch Einw. von β-Diäthylaminoäthylchlorid (**IX**) auf **I** wird *3-[β-Diäthylaminoäthylamino]-campher* erhalten. Die Rk. von **IX** bzw. β-Dimethylaminoäthylchlorid (**X**) mit Na-d-Borneolat (**XIV**) führt zu *β-Diäthylaminoäthyl-* bzw. *β-Dimethylaminoäthyl-d-bornyläther*.

Versuche: Campher: *3-Chloracetylamino-* (**II**), $C_{12}H_{18}ClNO_2$, F. 51° ($CH_3OH$/W. oder A.) aus 2 g **I** u. 1,7 g Chloracetylchlorid (**XI**) durch 3std. Rk.; 1,9 g (Ausbeute). — *3-[α-Brompropionylamino]-* (**III**), $C_{13}H_{20}BrNO_2$, F. 126° $CH_3OH$/W. oder A.), aus 2 g **I** u. 3,1 g α-Brompropionylbromid (**XII**) durch 3std. Rk.; 2,5 g. — *3-[α-Brombutyrylamino]-* (**IV**), $C_{14}H_{22}BrNO_2$, F. 137° ($CH_3OH$/W. oder A.), aus 2 g **I** u. 3,3 g α-Brombutyrylbromid (**XIII**) durch 3std. Rk.; 2,6 g. — *3-Dimethylaminoacetylamino-*, $C_{14}H_{24}N_2O_2$, Kp.$_{0,03}$ 128°, durch 6std. Erhitzen von 2,5 g **II** u. 1,3 g $(CH_3)_2NH$ auf 100° im Bombenrohr; 1 g. *Pikrat*, $C_{20}H_{27}N_5O_9$, F. 154°. — *3-Diäthylaminoacetylamino-*, $C_{16}H_{28}N_2O_2$, Kp.$_{0,03}$ 126°, durch 6std. Erhitzen von 4,2 g **II** u. 2,8 g $(C_2H_5)_2NH$ auf 100° im Bombenrohr; 2,5 g. — *3-[α-Dimethylaminopropionylamino]-*, $C_{15}H_{26}N_2O_2$, Kp.$_{0,04}$ 128°, durch 4std. Erhitzen von 3 g **III** u. 1,3 g $(CH_3)_2NH$ auf 100° im Bombenrohr; 1,2 g. — *3-[α-Diäthylaminopropionylamino]-*, $C_{17}H_{30}N_2O_2$, Kp.$_{0,035}$ 146°, durch 3std. Erhitzen von 3 g **III** u. 2,4 g $(C_2H_5)_2NH$

auf 100°; 1,8 g. — *3-[α-Dimethylaminobutyrylamino]-*, $C_{16}H_{28}N_2O_2$, F. 88°, Kp.$_{0,03}$ 140°, durch 3std. Rk. von 3 g **IV** u. 1,3 g $(CH_3)_2NH$; 1,1 g. — *3-[α-Diäthylaminobutyrylamino]-*, $C_{18}H_{32}N_2O_2$, Kp.$_{0,03}$ 145°, durch 3std. Erhitzen von 3 g **IV** u. 1,6 g $(C_2H_5)_2NH$ auf 100° im Bombenrohr; 1 g. — *3-[β-Diäthylaminoäthylamino]-*, $C_{16}H_{30}N_2O$, Kp.$_{0,03}$ 120°, durch 5std. Erhitzen von 4 g **I** u. 4 g **IX** auf 150°; 4 g. — d-Bornylester: *Chloressigsäure-* (**V**), $C_{12}H_{19}ClO_2$, Kp.$_{19}$ 137°, durch 6std. Rk. von 10 g **VIII** u. 8,1 g **XI**; 6,5. — *α-Brompropionsäure-* (**VI**), $C_{13}H_{21}BrO_2$, Kp.$_{18}$ 148°, analog **V** mit 15,5 g **XII**; 8,5 g. — *α-Brombuttersäure-* (**VII**), $C_{14}H_{23}BrO_2$, Kp.$_{0,3}$ 104°, analog **V** aus 16,6 g **XIII**; 9,5 g. — *Dimethylaminoessigsäure-*, $C_{14}H_{25}NO_2$, Kp.$_{0,6}$ 104°, durch 6std. Rk. von 3 g **V** u. 1,6 g $(CH_3)_2NH$; 1,7 g. — *Diäthylaminoessigsäure-*, $C_{16}H_{29}\cdot NO_2$, Kp.$_{0,5}$ 122°, durch 3std. Rk. von 3 g **V** u. 2,9 g $(C_2H_5)_2NH$; 2,1 g. — *α-Dimethylaminopropionsäure-*, $C_{15}H_{27}NO_2$, Kp.$_{0,03}$ 80°, durch 3std. Rk. von 3 g **VI** u. 1,3 g $(CH_3)_2NH$; 1,8 g. — *α-Diäthylaminopropionsäure-*, $C_{17}H_{31}NO_2$, Kp.$_{0,03}$ 92°, durch 3std. Rk. von 2 g **VI** u. 2,5 g $(C_2H_5)_2NH$; 0,5 g. — *α-Dimethylaminobuttersäure-*, $C_{16}H_{29}NO_2$, Kp.$_{0,025}$ 99,5°, durch 3std. Rk. von 4 g **VII** u. 1,8 g $(CH_3)_2NH$; 2,5 g. — *α-Diäthylaminobuttersäure-*, $C_{18}H_{33}NO_2$, Kp.$_{0,03}$ 104°, durch 3std. Rk. von 4 g **VII** u. 3,2 g $(C_2H_5)_2NH$; 0,3 g. — *β-Dimethylaminoäthyl-d-bornyläther*, $C_{14}H_{27}NO$, Kp.$_{0,5}$ 81°, durch 6std. Rk. von 4,6 g **XIV** u. 3,1 g **X**; 1,1 g. — *β-Diäthylaminoäthyl-d-bornyläther*, $C_{16}H_{31}NO$, Kp.$_{0,9}$ 125°, analog vorst. Verb. aus 3 g **IX**; 0,2 g.

F. MOSSNER. 3600□

**Struktur, Stereochemie und absolute Konfiguration von Agarol, einem neuen Sesquiterpenalkohol aus Agarwood-Öl.** T. C. Jain und S. C. Bhattacharyya. (Tetrahedron Letters [London] **1959.** Nr. 9. 13—17. Aug. Poona, Nat. Chem. Labor.) (Engl.)

Aus dem mit Lsgm. extrahierten Öl von *Aquilaria agallocha* ROXB. wurde *Agarol* (**I**) in reiner Form isoliert u. seine Struktur, Stereochemie u. abs. Konfiguration ermittelt. *Agarol* (**I**), $C_{15}H_{26}O$, Kp.$_{0,9}$ 117° (Innentemp.), $[\alpha]_D^{23}$ —21,8° (c = 7,23; Chlf.), $n_D^{29}$ 1,5052, $D._4^{30}$ 0,9785. *Acetat*, $C_{17}H_{28}O_2$, Kp.$_{0,3}$ 132° (Bad-Temp.), $[\alpha]_D^{23}$ —10° (c = 1,4; Chlf.). Gibt positiven Xanthattest. — *Agaral*, $C_{15}H_{24}O$, durch Oxydation von **I** mit $CrO_3$ in Eisessig oder $MnO_2$ in Chloroform. — Bei der Dehydrierung von **I** mit Se u. Pd-Kohle entsteht *Eudalin* (*Pikrat*, F. 90°), dessen Grundskelett bekannt ist. **I** gibt bei der Ozonolyse neben *$CH_2O$* u. *Hydroxyaceton* das *Ketol $C_{14}H_{24}O_2$* [Kp.$_{0,5}$ 170° (Bad-Temp.). *Semicarbazon*, $C_{15}H_{27}N_3O_2$, F. 229°] u. das *Keton $C_{12}H_{20}O$* [Kp.$_{0,6}$ 125° (Bad-Temp.); $n_D^{23}$ 1,4989, $[\alpha]_D^{24}$ +22° (c = 0,3; Essigsäure). *Semicarbazon*, $C_{13}H_{23}N_3O$, F. 221°], welches auch aus Eudesmol erhalten wird u. dessen abs. Konfiguration bekannt ist.

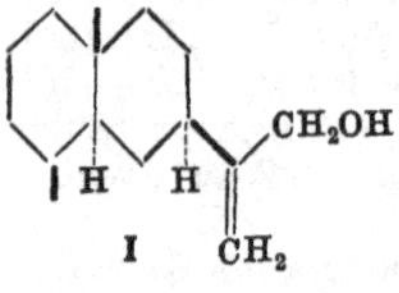

I

Seine Konfiguration wird durch Oxydation des Ketons mit $KMnO_4$ zu *cis-1.3-Dimethylcyclohexan-trans-1.2-diessigsäure* [*Dimethylester*, $C_{14}H_{24}O_4$, Kp.$_{0,024}$ 160° (Bad-Temp.), $[\alpha]_D^{23}$ + 5,9° (c = 1,86; Aceton)] bestätigt. — *Dihydroagarol*, $C_{15}H_{28}O$, Kp.$_{0,5}$ 110—115° (Bad-Temp.), $[\alpha]_D^{25}$ + 16,6° (c = 2,7; A.), ist ident. mit Tetrahydrocostol u. geht durch Red. seines *Bromids* mit LiH/$LiAlH_4$ in Tetrahydrofuran in *Selinan* ($C_{15}H_{28}$, Kp.$_{10}$ 152°, $n_D^{23}$ 1,4946) über. **I** u. Costol geben durch Red. mit Metallaminen *Dihydroselinen*, ($C_{15}H_{26}$) u. *Selinen* [$C_{15}H_{24}$, Kp.$_7$ 130° (Bad-Temp., $n_D^{25}$ 1,4983; $[\alpha]_D^{26}$ + 22,04° (c = 2,54)]. Die charakterist. Banden der UV- u. IR-Spektren u. ihre Deutung sind angegeben.

GERHARD MÜLLER/Bitterfeld. 3600□

**Die Konstitution von Oryzanol.** 1. Mitt. **Verseifungsprodukte.** Tomotaro Tsuchiya, Akio Kato und Takuji Endo. (Rep. Government chem. ind. Res. Inst., Tokyo **51.** 359—63. Okt. 1956.) (Jap.; Auszug: Engl. S. 37.)

*Oryzanol* (**I**, aus Reiskleieöl), F. 138—140°, ist ein Gemisch mehrerer Ester der Ferulasäure mit den Triterpenalkoholen $C_{30}H_{49}OH$ u. $C_{31}H_{51}OH$. Es zeigt Absorptionsmaxima bei 231, 291 u. 315 mμ in n-Heptan u. wirkt bei Tieren als accessor. Nährstoff.

Versuche: *Ferulasäure*, durch Verseifen von 17 g **I** mit KOH-Lsg., Schütteln mit Ae. u. Ansäuern der wss. Lsg.; 5 g (Ausbeute). — *Ungesätt. Triterpenalkohole*, vermutlich $C_{30}H_{50}O$, aus der Ae.-Lsg. durch Abdampfen des Lsgm. als Unverseifbares; 12,3 g; davon werden 2 Alkohole, F. 155,8—156,7° (*α-Oryzaylalkohol*) u. F. 110—110,7° (*β-Oryzaylalkohol*) isoliert.

L. SCHULER. 3600□

**Steroidsapogenine. Die Isomerisierung von normalen zu Isosapogeninen.** R. K. Callow und P. N. Massy-Beresford. (J. chem. Soc. [London] **1958.** 2645—53. Aug. London, Nat. Inst. for Med. Res.) (Engl.)

Es wird gezeigt, daß die Isomerisierung der normalen zu den *Isosapogeninen* mit Säuren durch Addition eines Protons an das O-Atom im Ring F u. einen Konfigurationswechsel an $C_{(25)}$ erfolgt u. reversibel ist. Die Verss. mit $D^+$-Ionen zeigen, daß außerdem infolge ster. Effekte ein D-H-Austausch in Stellung 20 stattfindet. Neotigogeninacetat (**I**) wird mit DCl in Dioxan zu *$D_{0,98}$-Tigogenin* ($D_{1,0}$-**II**) umgesetzt. **II**-Acetat liefert mit DCl $D_{1,56}$-**II**, das sich in *$D_{2,6}$-Pseudotigogenin* ($D_{0,6}$-**III**) überführen läßt. $D_{0,6}$-**III** wird mit HCl zu $D_{0,48}$-**II** cyclisiert, das in 20-Stellung frei von D ist. Beim versuchten Abbau liefert III-Diacetat mit $CrO_3$/Essigsäure *3β-Acetoxy-16β-[δ-acetoxy-γ-methylvaleroyloxy]-5α-pregnan-20-on*, das mit methanol. HCl ein γ-Lacton u. *δ-Hydroxy-γ-methylvaleriansäuremethylester* gibt. Aus dem Gemisch kann mit Diphenylmethylamin (VIII) *N-Diphenylmethyl-δ-hydroxy-γ-methylvaleramid* isoliert werden. Beim gleichen Abbau mit $D_{0,93}$-II entsteht nur der $D_{0,13}$-Ester, u. das Amid krist. nicht. In einem 2. Abbau wird II in Ggw. von $HClO_4$ zu *Dihydrotigogenin* (IV) hydriert u. IV-*Bis-[p-toluolsulfonat]* mit NaJ in Äthylmethylketon in *16.22-Epoxy 3ξ.26-dijodcholestan* (V) übergeführt. V liegt in Form von 2 Isomeren vor u. liefert mit 10%ig. KOH in sd. Ae.-$CH_3OH$ *16.22-Epoxy-3ξ-jod-$\Delta^{25}$-cholesten* (VI) u. *16.22-Epoxy-3ξ-jod-26-methoxycholestan* (VII) im Verhältnis 4:1. Beim gleichen Abbau von $D_{1,0}$-II entstehen $D_{0,8}$-IV, $D_{0,8}$-IV-*Bis-[p-toluolsulfonat]*, $D_{0,95}$-V, $D_{0,46}$-VI u. $D_{0,98}$-VII. Aus $D_{0,48}$-II werden analog $D_{0,47}$-V, D-freies VI u. $D_{0,55}$-VII erhalten. Die Ergebnisse werden durch die IR-Spektren bestätigt.

Versuche (FF. korr.; $[\alpha]_D$ in Chlf. mit c = 1%): *Pseudotigogenin* (III), durch 2std. Kochen von 10 g II mit Caprylsäure unter $N_2$, Zugeben von Ae. u. Extrahieren mit 0,5nNaOH; 7,6 g (Ausbeute). $D_{0,6}$-III, aus $D_{1,56}$-II. III-*Diacetat*, gummiartig. — *3β-Acetoxy-16β-[δ-acetoxy-γ-methylvaleroyloxy]-5α-pregnan-20-on*, durch 1½ std. Rühren von III-Diacetat in Eisessig mit $CrO_3$ in 80%ig. Essigsäure. — *N-Diphenylmethyl-δ-hydroxy-γ-methylvaleramid*, $C_{19}H_{23}NO_2$, F. 118—119° (Bzl.), durch 3std. Kochen von 7,85 g vorst. Verb. mit methanol. 1nHCl, Stehen über Nacht bei Raum-Temp., Einstellen auf pH 6 mit verd. KOH, Einengen, Lösen in Ae., Vakuum-Dest. bei 130° u. 18std. Kochen mit VIII in abs. Bzl.; Nadeln, [α] +8°. — *Dihydrotigogenin* (IV), $C_{27}H_{46}O_3$, F. 167—171° (Aceton), durch 18std. Hydrieren von II-Acetat in Eisessig in Ggw. von $HClO_4$ u. $PtO_2$ bei Raum-Temp. u. 32 lbs./sq.in.; $[\alpha]_D$ —4°; 90%. $D_{0,8}$-IV, F. 165—170° (Aceton), aus $D_{0,98}$-II; $[\alpha]_D$ —5° (c = 1,2; Chlf.). $D_{0,49}$-IV, F. 169—171°, aus $D_{0,42}$-II; $[\alpha]_D$ —4° (c = 0,76; Chlf.). IV-*Bis-[p-toluolsulfonat]*; 96%. — *16.22-Epoxy-3ξ.26-dijodcholestan* (V), $C_{27}H_{44}J_2O$, *3β(?)-Isomeres*, F. 140—146° (Ae.-$CH_3OH$), durch 17std. Kochen von IV-Bis-[p-toluolsulfonat] mit NaJ in Äthylmethylketon; Platten, [α] +6°; 52%. *Isomeres vom F. 146 bis 151°*, aus den Mutterlaugen; Nadeln, [α] +6°. $D_{0,95}$-V, F. 142—146° (Ae.-$CH_3OH$), aus $D_{0,8}$-IV-Bis-[p-toluolsulfonat]; [α]+6°. $D_{0,47}$-V, F. 141—146°, aus $D_{0,49}$-IV-Bis-[p-toluolsulfonat]; $[\alpha]_D$ +4,5° (c = 0,73; Chlf.). — *16.22-Epoxy-3ξ-jod-$\Delta^{25}$-cholesten* (VI), $C_{27}H_{43}JO$, F. 92—95° (A.), a) durch 6std. Kochen von V in Ae. mit methanol. KOH u. Chromatographie an $Al_2O_3$; Nadeln, $[\alpha]_D$ +7° (c = 0,62; Chlf.); 81%; b) aus $D_{0,47}$-V. $D_{0,46}$-VI, F. 93—96° (A.), aus $D_{0,95}$-V; $[\alpha]_D$ +7° (c = 0,74; Chlf.). — *16.22-Epoxy-3ξ-jod-26-methoxycholestan* (VII), $C_{28}H_{47}JO_2$, F. 124—131° (Aceton), neben VI auch a); Platten, $[\alpha]_D$ +6° (c = 0,7; Chlf.); 13,4%. $D_{0,98}$-VII, F. 125—130° (Aceton), neben $D_{0,46}$-VI; $[\alpha]_D$ +6° (c = 0,39; Chlf.). $D_{0,55}$-VII, F. 124—129°, neben VI nach b); $[\alpha]_D$ +7° (c = 0,54; Chlf.). — *$D_{0,98}$-Tigogenin* ($D_{0,98}$-II), $C_{27}H_{43}DO_3$, F. 195—199° ($CH_3OH$), durch 60std. Erwärmen von 2,0 g I mit DCl in Dioxan auf dem Wasserbad im Rohr, Gießen in $Na_2CO_3$-Lsg., ½ std. Kochen mit methanol. HCl, Gießen in W. u. 1std. Kochen mit 2%ig. methanol. KOH, [α] —71°; 1,93 g. $D_{1,56}$-II, F. 189—195°, aus II-Acetat mit DCl; $[\alpha]_D$ —64° (c = 0,69; Chlf.). $D_{0,48}$-II, F. 200—203° ($CH_3OH$), durch ¾ std. Kochen von $D_{0,6}$-III mit methanol. HCl; $[\alpha]_D$ —63° (c = 0,75; Chlf.).

R. PASEDAG. 3650□

**Selektive Halogenierungen mit Phenyltrimethylammoniumperhalogeniden.** A. Marquet und J. Jacques. (Tetrahedron Letters [London] **1959**. Nr. 9. 24—26. Aug. Paris, Coll. de France, Labor. de Chim. Organ. des Hormones.) (Franz.)

Phenyltrimethylammoniumperbromid (I) in Tetrahydrofuran erlaubt α-Bromierungen von Ketonen oder cycl. Ketalen, selbst wenn das Mol. Doppelbindungen oder aktivierte Benzolkerne besitzt. Phenyltrimethylammoniumdichlorbromid (II) gestattet die selektive Addition von BrCl an Doppelbindungen auch dann, wenn das Mol. Keton- oder Dioxolanfunktionen besitzt (Cholesterylacetat → *3β-Acetoxy-5α-brom-6β-chlorcholestan*; Zimtsäure → *β-Chlor-α-brom-β-phenylpropionsäure*; 3β.17-Diacetoxy-5α-$\Delta^{16}$-androsten → *3β-Acetoxy-16α-brom-17-oxo-5α-androstan*).

Versuche: *3β-Acetoxy-20-oxo-21-brom-$\Delta^{5.16}$-pregnadien*, $C_{23}H_{31}BrO_3$, F. 171—172°, aus 3β-Acetoxy-20-äthylendioxy-*$\Delta^{5.16}$-pregnadien*, u. I; $[\alpha]_D$ —41°. — *3β.21-Diacetoxy-20-oxo-$\Delta^{5.16}$-pregnadien*, $C_{25}H_{34}O_5$, F. 153—155°, aus vorst. Verb.; $[\alpha]_D$ —16°. Geht durch Hydrierung in *3β.21-Diacetoxy-20-oxo-$\Delta^5$-pregnen* über. — *6-Methoxy-2-bromacetylnaphthalin*, F. 110—111°, aus 6-Methoxy-2-acetylnaphthalin u. I; 80% (Ausbeute). *Pyridiniumsalz*, $C_{18}H_{16}BrNO_2$, F. 241°. — *p-Methoxyphenyl-[1-bromcyclohexyl]-keton*, $C_{14}H_{17}BrO_2$, F. 55—56°, aus p-Methoxyphenylcyclohexylketon u. I; >80%. — *3β-Acetoxy-20-oxo-5α-brom-6β-chlorpregnan*, $C_{23}H_{34}BrClO_3$, F. 195°, aus 3β-Acetoxy-20-oxo-$\Delta^5$-pregnen u. II; $[\alpha]_D$ —7°; 70%. GERHARD MÜLLER/Bitterfeld. 3700□

**Untersuchungen über Polypeptide. 19. Mitt. Verbesserte Synthesewege zu Histidylphenylalanylarginyltryptophylglycin, einer Schlüsselsubstanz bei der Synthese von**

**ACTH-Peptiden.** Klaus Hofmann und Saul Lande. (J. Amer. chem. Soc. **83.** 2286—89. 20/5. 1961. Pittsburgh, Pa., Univ., School of Med., Biochem. Dep.) (Engl.) — 18. vgl. C. **1961.** 11730.

Das aus Carbobenzoxy (Cbo)-L-histidyl-L-phenylalanylnitro-L-arginin u. L-Tryptophylglycinbenzylester nach der Carbodiimid-Meth. u. durch anschließende Hydrogenolyse synthetisierte *L-Histidyl-L-phenylalanyl-L-arginyl L-tryptophylglycin* (I, vgl. 10. C. **1958.** 14023) ist, wie sich durch enzymat. Abbau mit Leucinaminopeptidase ergab, am Arginin partiell racemisiert. I wird daher auf 2 neuen unabhängigen Wegen synthetisiert: Rk. von Cbo-phenylalanylnitro-L-arginin (II) mit L-Tryptophylglycinmethylesterhydrochloridhemihydrat in Ggw. von Chlorkohlensäureisobutylester (III), Verseifung des Cbo-tetrapeptidesters zu *Cbo-L-phenylalanylnitro L-arginyl L tryptophylglycin* (IV), anschließende katalyt. Hydrierung, Kupplung mit Cbo-L-histidinazid (V) u. erneute katalyt. Hydrierung. Auf dem zweiten Wege wird IV mit HBr/Eisessig decarbobenzoxyliert, *L-Phenylalanylnitro-L-arginyl-L-tryptophylglycindihydrobromidhydrat* (VII) mit V kondensiert u. *Cbo-L-histidyl-L-phenylalanylnitro-L-arginyl-L-tryptophylglycin* (VI) katalyt. zu I hydriert.

Versuche: *L-Tryptophylglycinmethylesterhydrochloridhemihydrat*, $C_{14}H_{18}ClN_3O_3 \cdot 0,5\,H_2O$, durch katalyt. Hydrierung der Cbo-Verb. in wss. Methanol in Ggw. von Pd u. Essigsäure, Einengen, Lösen in 1nHCl u. Gefriertrocknung; $[\alpha]_D^{38}$ +48,6° (c = 1,1; 1nHCl); 91% (Ausbeute). *Diketopiperazin-Deriv.*, $C_{13}H_{13}N_3O_2$, F. 292—303°, aus dem Dipeptidmethylesteracetat unter Ae.; $[\alpha]_D^{28}$ +38,2° [c = 0,5; Dimethylformamid (DMF)]. — *Cbo-L-phenylalanylnitro-L-arginyl-L-tryptophylglycinmethylestermonohydrat*, $C_{37}H_{43}N_9O_8 \cdot H_2O$, F. 145—148°, durch ¼std. Rk. von II in Tetrahydrofuran (THF) bei —10° mit III u. Triäthylamin, 10 Min. lange Rk. mit vorst. Verb. in THF/Triäthylamin bei —10°, 1std. Rühren bei Raum-Temp., Einengen u. Lösen in Essigester; $[\alpha]_D^{25}$ —18,8° (c = 1; DMF); 67%. — *Cbo-L-phenylalanylnitro-L-arginyl-L-tryptophylglycin* (IV), *Dihydrat*, $C_{36}H_{41}N_9O_8 \cdot 2\,H_2O$, F. 190—193°, durch 1std. Rk. vorst. Esters mit 2n NaOH in Methanol, Ansäuern u. Digerieren des Nd. mit kaltem Methanol u. W.; $[\alpha]_D^{25}$ —18,0° (c = 1,2; DMF) 80%. — *L-Phenylalanylnitro-L-arginyl-L-tryptophylglycindihydrobromidhydrat* (VII), $C_{28}H_{37}Br_2N_9O_7 \cdot H_2O$, durch 1std. Rk. von IV mit HBr/Eisessig bei Raum-Tamp. unter $N_2$ u. Zugeben von Ae.; hygroskop., amorph. 97%. *Freie Base, Monohydrat*, $C_{28}H_{35}N_9O_7 \cdot H_2O$, aus **VII** mit Amberlite IR-4 B in 50% ig. Methanol u. Ge-Gegenstromverteilung in Butanol-10% ig. Essigsäure; $[\alpha]_{D28}$ —18,6° (c = 1, DMF); 60%. — *L-Phenylalanyl-L-arginyl-L-tryptophylglycinacetatmonohydrat* (VIII), $C_{30}H_{40} \cdot N_8O_7 \cdot H_2O$, durch katalyt. Hydrierung von IV in wss. Methanol in Ggw. von Essigsäure u. Pd; $[\alpha]_D^{28}$ —4,1° (c = 1; 1nHCl); 90%. — *$N^\alpha$-Cbo-L-histidyl-L-phenylalanylnitro-L-arginyl-L-tryptophylglycin* (VI), $C_{42}H_{48}N_{12}O_{10} \cdot 1,5\,H_2O$, F. 246—249° (DMF/W. 1:3), durch 48std. Stehen von V mit VII in DMF/Triäthylamin bei 4°, erneute Zugabe von V, 48std. Stehen u. Zugeben von W.; $[\alpha]_D^{26}$ —29,2° (c = 1,2; DMF); 73%. — *$N^\alpha$-Cbo-L-histidyl-L-phenylalanyl-L-arginyl-L-tryptophylglycin, Dihydrat*, $C_{42}H_{49}N_{11}O_8 \cdot 2\,H_2O$, F. 212 bis 217° (Zers.), durch 48std. Stehen von V mit VIII in DMF/Triäthylamin bei 4°, erneute Zugabe von V, 48std. Stehen, Zugeben von W. u. Digerieren des Nd. mit Essigester; $[\alpha]_D^{24}$ —17,2° (c = 1,0; DMF); 62%. *Dihydrochloric dihydrat*, $C_{42}H_{51}Cl_2N_{11}O_8 \cdot 2\,H_2O$, aus der Base in Methanol mit 1nHCl u. Zugeben von Ae.; $[\alpha]_D^{28}$ —22,8° (c = 1; DMF). — *L-Histidyl-L-phenylalanyl-L-arginyl-L-tryptophylglycin* (I), *Monoacetatdihydrat*, $C_{36}H_{47} \cdot N_{11}O_8 \cdot 2\,H_2O$, a) durch katalyt. Hydrierung vorst. Verb. in 90% ig. Essigsäure in Ggw. von Pd; $[\alpha]_D^{28}$ —12,0° (c = 1; 1nHCl); 82%; b) analog a) aus **VI**; $[\alpha]_D^{26}$ —11,8 (c= 0,9; 1nHCl); 77%. E. SCHRÖDER. 3750□

**Untersuchungen über Polypeptide. 20. Mitt. Synthese und corticotrope Aktivität eines der N-endständigen Tridekapeptidsequenz der Corticotropine entsprechenden Peptidamids.** Klaus Hofmann und Haruaki Yajima. (J. Amer. chem. Soc. **83.** 2289—93. 20/5. 1961.) (Engl.) — 19. vgl. vorst. Referat.

Die Einw. von Na/fl. $NH_3$ auf Carbobenzoxy (Cbo)-L-seryl-L-tyrosyl-L-seryl-L-methionyl-L-glutaminyl-L-histidyl-L-phenylalanyl-L-arginyl-L-tryptophylglycyl-$N^\varepsilon$-tosyl-L-lysyl-L-prolyl-L-valinamid führt zu einer bemerkenswerten Zerstörung der Peptidkette. Selbst Gegenstromverteilung führt nur zu einer heterogenen Hauptkomponente, die nach Säurehydrolyse u. quant. Aminosäure-Best. einen verminderten Geh. an Lysin, Prolin u. Valin aufweist. Eine systemat. Unters. über die Stabilität von α-MSH, substituiertem α-MSH u. substituierten α-MSH-Teilsequenzen gegenüber 0,5n HCl bei 100° ergab nachst. Ergebnisse: a) Die Peptidkette des α-MSH wird partiell hydrolysiert; b) N-Acetyl-L-seryl-L-tyrosyl-L-seryl-L-methionyl-L-glutamin (II) wird in *L-Seryl-L-tyrosyl-L-seryl-L-methionyl-L-glutaminsäure* umgewandelt; c) aus L-Histidyl-L-phenylalanyl-L-arginyl-L-tryptophylglycyl-$N^\varepsilon$-formyl-L-lysyl-L-prolyl-L-valinamiddiacetat (I) entsteht *L-Histidyl-L-phenylalanyl-L-arginyl-L-tryptophylglycyl-L-lysyl-L-prolyl-L-valinamidacetat*; d) N-Acetyl-L-seryl-L-tyrosyl-L-seryl-L-methionyl-L-glutaminyl-L-histidyl-L-phenylalanyl-L-arginyl-L-tryptophylglycin wird in das stereochem. einheitliche *L-Seryl-L-tyrosyl-L-seryl-L-methionyl-L-glutamyl-L-histidyl-L-phenylalanyl-L-arginyl-L-tryptophylglycin* umgewandelt; e) aus N-Acetyl-L-seryl-L-tyrosyl-L-seryl-L-methionyl-L-glutaminyl-L-histidyl-L-phenylalanyl-L-arginyl-L-tryptophylglycyl-$N^{\varepsilon}$-formyl-L-lysyl-L-prolyl-L-valinamid (IV) entsteht *L-Seryl-L-tyrosyl-L-seryl-L-methionyl-L-glutamyl-L-histidyl-L-phenylalanyl-L-arginyl-L-tryptophylglycyl-L-lysyl-L-prolyl-L-valinamid* (V) mit einer MSH-Aktivität von $1{,}9 \cdot 10^9$ Einheiten/g. **V**, das als Hauptprod. neben 4 ninhydrinpositiven Komponenten entsteht, wird durch Chromatographie an Carboxymethylcellulose stereochem. einheitlich isoliert. **V** zeigt in vivo eine Corticotropinaktivität von $<0{,}1$ I.E./g, **IV** ist inaktiv.

Versuche: *L-Histidyl-L-phenylalanyl-L-arginyl-L-tryptophylglycyl-L-lysyl-L-prolyl-L-valinamidacetat*, durch 1std. Erwärmen von I in 0,5n HCl auf 100° unter $N_2$, Zugeben von $NH_4OH$ (pH 7), Gefriertrocknung, Elektrophorese in Pyridinacetat (pH 3,8) bei 5°, 200stufige Gegenstromverteilung in 0,5%ig. Trichloressigsäure–Butanol-(2), Behandeln mit Amberlite IRA-400 (Acetatform) u. Gefriertrocknung; $[\alpha]_D^{24}$ −37,0° (c = 0,8; 10%ig. Essigsäure), $8{,}0 \cdot 10^6$ MSH-Einheiten/g. — *L-Seryl-L-tyrosyl-L-seryl-L-methionyl-L-glutaminsäure*, F. 221—223° (W./A.), durch 1std. Erhitzen von 0,1 g **II** in 0,5n HCl auf 100° unter $N_2$, Zugeben von 1n NaOH (pH 7), Gefriertrocknung, präparative Papierchromatographie an WHATMAN Nr. 1 u. Eluieren mit W.; $[\alpha]_D^{24}$ −22,7° (c = 0,7; 2n HCl); 59 mg. — *N-Acetyl-L-seryl-L-tyrosyl-L-seryl-L-methionyl-L-glutaminyl-L-histidyl-L-phenylalanyl-L-arginyl-L-tryptophylglycindiacetattetrahydrat*, $C_{65}H_{89}N_{17}O_{20}S \cdot 4\,H_2O$, durch 48std. Rk. von 0,136 g N-Acetyl-L-seryl-L-tyrosyl-L-seryl-L-methionyl-L-glutaminazid (III) mit L-Histidyl-L-phenylalanyl-L-arginyl-L-tryptophylglycin in Dimethylformamid/Triäthylamin bei 0°, erneute Zugabe von **III**, 48std. Stehen bei 0°, Einengen, Lösen in 0,001m Ammoniumacetat (pH 5,5), Chromatographie an Carboxymethylcellulose u. Gefriertrocknung; $[\alpha]_D^{27}$ −30,6° (c = 0,5; 10%ig. Essigsäure); $3{,}6 \cdot 10_6$ MSH-Einheiten/g; 118 mg. — *L-Seryl-L-tyrosyl-L-seryl-L-methionyl-L-glutamyl-L-histidyl-L-phenylalanyl-L-arginyl-L-tryptophylglycin*, durch 10 Min. langes Erhitzen von 50 mg vorst. Verb. in 0,5n HCl auf 100°, Behandeln mit Amberlite IRA-400, Gefriertrocknung, Chromatographie an Carboxymethylcellulose mit Ammoniumacetatpuffern u. Gefriertrocknung; $[\alpha]_D^{27}$ −29,2° (c = 0,4; 5%ig. Essigsäure), $2{,}9 \cdot 10^6$ MSH-Einheiten/g; 21 mg. — *L-Seryl-L-tyrosyl-L-seryl-L-methionyl-L-glutamyl-L-histidyl-L-phenylalanyl-L-arginyl-L-tryptophylglycyl-L-lysyl-L-prolyl-L-valinamid* (V)-*Acetat*, durch 80 Min. langes Erwärmen von 50 mg **IV** in 0,5n HCl unter $N_2$ auf 100°, Behandeln mit Amberlite IRA-400 (Acetatform), Chromatographie an Carboxymethylcellulose mit Ammoniumacetatpuffern u. Gefriertrocknung; $[\alpha]_D^{24}$ −42,3° (c = 0,34; 5%ig. Essigsäure). E. SCHRÖDER. 3750□

**Untersuchungen über Polypeptide.** 21. Mitt. **Synthese eines den Positionen 11 bis 23 der Corticotropinsequenz entsprechenden partiell geschützten Tridekapeptidamids.** Klaus Hofmann, Teh-Yung Liu, Haruaki Yajima, Noboru Yanaihara und Saul Lande. (J. Amer. chem. Soc. **83.** 2294—99. 20/5. 1961.) (Engl.) — 20. vgl. vorst. Referat.

Durch Rk. von $N^{\alpha}$-Carbobenzoxy (Cbo)-$N^{\varepsilon}$-formyl-L-lysyl-L-prolyl-L-valylglycyl-$N^{\varepsilon}$-formyl-L-lysyl-$N^{\varepsilon}$-formyl-L-lysinazid (I) mit L-Arginyl-L-arginyl-L-prolyl-L-valyl-$N^{\varepsilon}$-formyl-L-lysyl-L-valyl-L-tyrosinamid (II) in wss. Tetrahydrofuran (THF)/Dimethylformamid (DMF) u. anschließende katalyt. Hydrierung des substituierten Tridekapeptidamids entsteht *$N^{\varepsilon}$-Formyl-L-lysyl-L-prolyl-L-valylglycyl-$N^{\varepsilon}$-formyl-L-lysyl-$N^{\varepsilon}$-formyl-L-lysyl-L-arginyl-L-arginyl-L-prolyl-L-valyl-$N^{\varepsilon}$-formyl-L-lysyl-L-valyl-L-tyrosinamidtriacetathexahydrat* (III). Die stereochem. Einheitlichkeit von **III** wird bewiesen. Die Darst. von I gelingt durch Kondens. von $N^{\alpha}$-Cbo-$N^{\varepsilon}$-formyl-L-lysyl-L-prolyl-L-valylglycin (IV) mit $N^{\varepsilon}$-Formyl-L-lysyl-$N^{\varepsilon}$-formyl-L-lysinmethylesterhydrochlorid in Ggw. von N.N'-Carbonyldiimidazol (V) zu *$N^{\alpha}$-Cbo-$N^{\varepsilon}$-formyl-L-lysyl-L-prolyl-L-valylglycyl-$N^{\varepsilon}$-formyl-L-lysyl-$N^{\varepsilon}$-formyl-L-lysinmethylester* u. Umwandlung in das entsprechende *Hydrazid* (VI). Zur Synth. von **II** wird das aus $N^{\alpha}$-Cbo-$N^{\varepsilon}$-formyl-L-lysin (VII) u. L-Valyl-L-tyrosinamidacetattrihydrat nach der Meth. der gemischten Anhydride erhaltene *$N^{\alpha}$-Cbo-$N^{\varepsilon}$-formyl-L-lysyl-L-valyl-L-tyrosinamid* katalyt. hydriert u. das Rk.-Prod. mit Cbo-L-valin (VIII) kondensiert. Erneute Hydrierung u. Umsetzung mit Cbo-L-prolin (IX) liefert *Cbo-L-prolyl-L-valyl-$N^{\varepsilon}$-formyl-L-lysyl-L-valyl-L-tyrosinamid*. Katalyt. Decarbobenzoxylierung u. schrittweise Ankondens. von Cbo-nitro-L-arginin führt schließlich zu **II**, das durch Gegenstromverteilung oder Chromatographie an Carboxymethylcellulose gereinigt wird.

Versuche: *Cbo-L-valyl-L-tyrosinamidhydrat*, $C_{22}H_{27}N_3O_5 \cdot H_2O$, F. 199—200° (Methanol/W.), durch 48std. Stehen des entsprechenden Methylesters in mit $NH_3$ gesätt.

Methanol; $[\alpha]_D^{27}$ −19,3° (c = 0,23; DMF); 73% (Ausbeute). — *L-Valyl-L-tyrosinamidacetattrihydrat*, $C_{16}H_{25}N_3O_5 \cdot 3\,H_2O$, F. 239—241° (A./W.), durch katalyt. Hydrierung vorst. Verb. in Methanol in Ggw. von Pd u. wss. Essigsäure; $[\alpha]_D^{29}$ +23,6° (c = 0,22; Methanol); 81%. — *N^α-Cbo-N^ε-formyl-L-lysyl-L-valyl-L-tyrosinamid*, $C_{29}H_{39}N_5O_7$, F. 249 bis 251°, durch Rk. von **VII** in Dioxan bei 5° mit Chlorkohlensäureäthylester (**X**) in Ggw. von Tri-n-butylamin (**XI**), Zugeben vorst. Verb. in DMF/Triäthylamin, 2std. Rühren bei Raum-Temp., Zugeben von Ae. u. Digerieren des Nd. mit 1%ig. Essigsäure, 1%ig. $NH_4OH$ u. W.; $[\alpha]_D^{25}$ −10,9° (c = 0,6; DMF); 69%. — *N^ε-Formyl-L-lysyl-L-valyl-L-tyrosinamidacetat*, $C_{23}H_{37}N_5O_7$, F. 168—169° (A./W.), durch katalyt. Hydrierung vorst. Verb. in Methanol in Ggw. von Pd u. wss. Essigsäure; $[\alpha]_D^{29}$ −8,9° (c = 0,1; Methanol); 82%. — *Cbo-L-valyl-N^ε-formyl-L-lysyl-L-valyl-L-tyrosinamid*, $C_{34}H_{48}N_6O_8$, F. 251—253°, aus **VIII** u. vorst. Verb. in Ggw. von **X** u. **XI** in Dioxan/DMF; $[\alpha]_D^{26}$ −19,6° (c = 0,56; DMF); 80%. — *L-Valyl-N^ε-formyl-L-lysyl-L-valyl-L-tyrosinamidacetatsesquihydrat*, $C_{28}H_{46}N_6O_8 \cdot 1{,}5\,H_2O$, durch katalyt. Hydrierung vorst. Verb. u. Kristallisation aus W./A.; $[\alpha]_D^{29}$ −30,2° (c = 0,52; 10%ig. Essigsäure); 86%. — *Cbo-L-prolyl-L-valyl-N^ε-formyl-L-lysyl-L-valyl-L-tyrosinamidsemihydrat*, $C_{39}H_{55}N_7O_9 \cdot 0{,}5\,H_2O$, F. 258—264°, aus **IX** u. vorst. Verb. in Ggw. von **X** u. **XI** in Dioxan/DMF; $[\alpha]_D^{27}$ −33,1° (c = 2,74; DMF); 88%. — *L-Prolyl-L-valyl-N^ε-formyl-L-lysyl-L-valyl-L-tyrosinamidacetathydrat*, $C_{33}H_{53}N_7O_9 \cdot H_2O$, durch katalyt. Hydrierung vorst. Verb. in Methanol in Ggw. von Pd u. wss. Essigsäure, Einengen, Lösen in 10%ig. Essigsäure, Extrahieren mit Butanol, Einengen der wss. Lsg. u. Gefriertrocknung; $[\alpha]_D^{30}$ −68,8° (c = 0,37; 10%ig. Essigsäure); 81%. — *Cbo-nitro-L-arginyl-L-prolyl-L-valyl-N^ε-formyl-L-lysyl-L-valyl-L-tyrosinamid*, $C_{45}H_{66}N_{12}O_{12}$, F. 220—224°, aus Cbo-nitro-L-arginin u. vorst. Verb. in Ggw. von **X** u. **XI** in THF/wss. DMF; $[\alpha]_D^{27}$ −37,6° (c = 0,37; DMF); 67%. — *L-Arginyl-L-prolyl-L-valyl-N^ε-formyl-L-lysyl-L-valyl-L-tyrosinamiddiacetathydrat*, $C_{41}H_{69}N_{11}O_{12} \cdot H_2O$, F. 250 bis 255°, durch katalyt. Hydrierung vorst. Verb., Einengen, Lösen in W., Extrahieren mit Essigester, Gefriertrocknung, 450stufige Gegenstromverteilung in Butanol–5%ig. Essigsäure u. Gefriertrocknung; $[\alpha]_D^{29}$ −76,4° (c = 0,51; 10%ig. Essigsäure); 71%; Reinigung auch durch Chromatographie an Carboxymethylcellulose mit Ammoniumacetatpuffern; $[\alpha]_D^{27}$ −77,5° (c = 0,17; 10%ig. Essigsäure); 79%. — *Cbo-nitro-L-arginyl-L-arginyl-L-prolyl-L-valyl-N^ε-formyl-L-lysyl-L-valyl-L-tyrosinamidacetattrihydrat*, $C_{53}H_{82}N_{16}O_{15} \cdot 3\,H_2O$, F. 204—207°, durch Rk. von Cbo-nitro-L-arginin mit vorst. Verb. in Ggw. von **X** u. **XI** in wss. THF, Fällen mit Ae., Lösen in 20%ig. Essigsäure, Extrahieren mit Essigester u. Gefriertrocknung; $[\alpha]_D^{28}$ −72,8° (c = 0,38; 10%ig. Essigsäure); 85%. — *L-Arginyl-L-arginyl-L-prolyl-L-valyl-N^ε-formyl-L-lysyl-L-valyl-L-tyrosinamid* (**II**), *Triacetatoktahydrat*, $C_{49}H_{85}N_{15}O_{15} \cdot 8\,H_2O$, durch katalyt. Hydrierung vorst. Verb. u. Chromatographie an Carboxymethylcellulose mit Ammoniumacetatpuffern; $[\alpha]_D^{29}$ −73,6° (c = 0,26; 10%ig. Essigsäure); 80%. — *N^ε-Formyl-L-lysyl-N^ε-formyl-L-lysinmethylesterhydrochlorid*, durch Hydrierung der entsprechenden Cbo-Verb.; hygroskop.; 95%. — *N^α-Cbo-N^ε-formyl-L-lysyl-L-prolyl-L-valylglycyl-N^ε-formyl-L-lysyl-N^ε-formyl-L-lysinmethylesterhydrat*, $C_{42}H_{65}N_9O_{12} \cdot H_2O$, F. 127—130°, durch Rk. von **IV** u. vorst. Verb. in kaltem DMF mit **V**, 4std. Stehen bei Raum-Temp., Einengen, Lösen in Butanol u. Umfällen aus A./Essigester; amorph; $[\alpha]_D^{28}$ −64,0° (c = 1,33; Methanol); 70%. *Freie Säure*, $C_{41}H_{63}N_9O_{12} \cdot H_2O$, F. 118—124° (A./Essigester), durch 3std. Rk. des Methylesters mit 1n NaOH in Methanol, Einengen, Ansäuern u. Extrahieren mit Butanol; $[\alpha]_D^{28}$ −56,5° (c = 1,47; Methanol); 82%. *Hydrazid* (**VI**), $C_{41}H_{65}N_{11}O_{11}$, F. 151—154° (Methanol), durch 3tägiges Stehen des Methylesters mit $N_2H_4 \cdot H_2O$ in Methanol bei 5° u. Zugeben von Ae.; 70%. — *N^ε-Formyl-L-lysyl-L-prolyl-L-valylglycyl-N^ε-formyl-L-lysyl-N^ε-formyl-L-lysintrihydrat*, $C_{33}H_{57}N_9O_{10} \cdot 3\,H_2O$, durch Hydrierung vorst. Säure; hygroskop. Pulver; $[\alpha]_D^{28}$ −41,1° (c = 0,69; Methanol); 73%. — *N^α-Cbo-N^ε-formyl-L-lysyl-L-prolyl-L-valylglycyl-N^ε-formyl-L-lysyl-N^ε-formyl-L-lysyl-L-arginyl-L-arginyl-L-prolyl-L-valyl-N^ε-formyl-L-lysyl-L-valyl-L-tyrosinamiddiacetattetrahydrat*, $C_{88}H_{142}N_{24}O_{24} \cdot 4\,H_2O$, durch Rk. von **VI** in 90%ig. THF/1n HCl mit $NaNO_2$ in W., Neutralisieren mit Triäthylamin, 24std. Stehen mit **II** in DMF/Triäthylamin bei 5°, Zugabe einer **I**-Lsg., 48std. Stehen, Einengen u. Chromatographie an Carboxymethylcellulose mit Ammoniumacetatpuffern; $[\alpha]_D^{23}$ −87,1° (c = 0,25; 10%ig. Essigsäure); 73%. — *N^ε-Formyl-L-lysyl-L-prolyl-L-valylglycyl-N^ε-formyl-L-lysyl-N^ε-formyl-L-lysyl-L-arginyl-L-arginyl-L-prolyl-L-valyl-N^ε-formyl-L-lysyl-L-valyl-L-tyrosinamidtriacetathexahydrat* (**III**), $C_{82}H_{140}N_{24}O_{24} \cdot 6\,H_2O$, durch katalyt. Hydrierung vorst. Verb. in 1%ig. Essigsäure, Gefriertrocknung u. Reinigung an Carboxymethylcellulose mit Ammoniumacetat; $[\alpha]_D^{28}$ −90,0° (c = 0,3; 10%ig. Essigsäure); 74%.

E. SCHRÖDER. 3750 □

**Untersuchungen über verwandte Verbindungen von Vitamin $B_1$.** 18. Mitt. **Einwirkung von Alkylhalogeniden auf N-substituierte Thiazolidinthion-(2)-derivate.** Shigeru Yoshida und Motoji Asai. (J. pharmac. Soc. Japan. [Yakugakuzasshi]

75. 1389–91. 25/11. 1955. Tōkyō, Sankyō A.G., Takamine-Labor.) (Jap.; Auszug: Engl.) – 17. vgl. Pharmac. Bull. [Tokyo] 2. [1954.] 249; 19. vgl. nachst. Referat.

Die Einw. von $C_2H_5J$ auf 3-[2-Methyl-4-aminopyrimidyl-(5)-methyl]-3a-methyltetrahydrofuro-[2.3:d]-thiazolinthion-(2) (I), 3-[2-Methyl-4-aminopyrimidyl-(5)-methyl]-4-hydroxy-4-methyl-5-[β-hydroxyäthyl]-thiazolidinthion-(2) (II) bzw. 3-[2-Methyl-4-aminopyrimidyl-(5)-methyl]-4-hydroxy-4-methyl-5-[β-benzoxyäthyl]-thiazolidinthion-(2) (III) führt entsprechend der Menge an $C_2H_5J$ u. den Rk.-Bedingungen zu *2.7-Dimethyl-8-[β-hydroxyäthyl]-thiachrominmonohydrojodid* ($C_{12}H_{14}N_4OS \cdot HJ$) oder *-dihydrojodid* ($C_{12}H_{14} \cdot N_4OS \cdot 2HJ$) bzw. *2.7-Dimethyl-8-[β-benzoxyäthyl]-thiachrominmonohydrojodid* ($C_{19}H_{18} \cdot N_4O_2S \cdot HJ$) oder *-dihydrojodid* ($C_{19}H_{18}N_4O_2S \cdot 2HJ$). Die Rk.-Prodd. werden papierchromatograph. nachgewiesen. Sie entstehen aus I über *2.6a-Dimethyl-6a.8.9.9a-tetrahydrofuro-[2.3:h]-thiachromin*, aus II über *2.7-Dimethyl-7-hydroxy-8-[β-hydroxyäthyl]-7.8-dihydrothiachromin* u. aus III über *2.7-Dimethyl-8-[β-benzoxyäthyl]-7.8-dihydrothiachromin* als Zwischenprodukte. F. MOSSNER. 3800

**Untersuchungen über verwandte Verbindungen von Vitamin $B_1$.** 19. Mitt. **Untersuchungen über N-substituierte Thiazolidinthion-(2)-derivate.** Wataru Ishizuka. (J. pharmac. Soc. Japan [Yakugakuzasshi] 75. 1392–95. 25/11. 1955.) (Jap.; Auszug: Engl.) – 18. vgl. vorst. Ref.; 20. vgl. C. **1959. 4487.**

*N-Benzyl-4-methyl-4-hydroxy-5-benzylidenthiazolidinthion-(2)* (I) wird durch Kondens. von Benzylamin (II), $CS_2$ u. α-Brom-α-benzalaceton (III) dargestellt. Durch Abspaltung von W. wird I in *N-Benzyl-4-methylen-5-benzylidenthiazolidinthion-(2)* übergeführt, das mit Maleinsäureanhydrid (IV) ein *Maleinsäureaddukt* liefert. N-Benzyl-4-methyl-5-vinylthiazolinthion-(2) u. 3-[2-Methyl-4-aminopyrimidyl-(5)-methyl]-4-methyl-5-vinylthiazolinthion-(2) geben kein solches Addukt. N-Benzyl-4-hydroxy-4-phenyl-5-benzylidenthiazolidinthion-(2) wird in das *Benzoyl-Deriv.* übergeführt.

Versuche: *N-Benzyl-4-methyl-4-hydroxy-5-benzylidenthiazolidinthion-(2)* (I), $C_{18} \cdot H_{17}NOS_2$, F. 127° (A.), aus 5 g II in 50 cm³ A., 3 g $CS_2$ u. 5 g III; 3,5 g (Ausbeute). – *N-Benzyl-4-methylen-5-benzylidenthiazolidinthion-(2)*, $C_{18}H_{15}NS_2$, F. 140° (A.), aus 1 g I in 5 cm³ A. u. 50 cm³ 10%ig. alkohol. HCl durch 5 Min. langes Erhitzen; 0,5 g. – *N-Benzyl-7-phenyl-4.5.6.7-tetrahydrobenzothiazolinthion-(2)-5.6-dicarbonsäureanhydrid*, $C_{22}H_{17}NO_3S_2$, F. 216–217° (Bzl.), aus 0,5 g vorst. Verb. in 5 cm³ Bzl. u. 0,2 g IV durch 4std. Erhitzen; 0,5 g. – *N-Benzyl-4-methyl-5-[β-chloräthyl]-thiazolinthion-(2)*, $C_{13}H_{14} \cdot ClNS_2$, F. 81° (A.), aus 5 g II in 50 cm³ A., 3 g $CS_2$ u. 10 g Dichlorpentanon-(4) durch ½std. Stehen u. 10 Min. langes Kochen mit 20 cm³ 10%ig. HCl; 3 g. – *N-Benzyl-4-methyl-5-vinylthiazolinthion-(2)*, $C_{13}H_{13}NS_2$, F. 95° (A.), aus 1 g vorst. Verb. in 5 cm³ A. u. 2 cm³ 10%ig. NaOH; 0,5 g. – *N-Benzyl-4-hydroxy-4-phenyl-5-benzylidenthiazolidinthion-(2)*, $C_{23}H_{19}NOS_2$, F. 155°, aus α-Brombenzalacetophenon analog I. – *N-Benzyl-4-benzoxy-4-phenyl-5-benzylidenthiazolidinthion-(2)*, $C_{30}H_{23}NO_2S_2$, F. 60° (A.), aus 1 g vorst. Verb. in 10 cm³ Pyridin u. 0,3 g Benzoylchlorid durch 6std. Stehen u. Ae.-Extraktion. F. MOSSNER. 3800

**Halbsynthetische Penicilline.** H. R. Ing. (Proc. chem. Soc. [London] **1961.** 6–8. Jan. Oxford, Univ., Pharmacol. Dep.) (Engl.)

Kurze Übersicht über halbsynthet. Penicilline aus 6-Aminopenicillansäure. – 10 Literaturangaben. K. MAIER. 3900 □

**Konstitution von Vicanicin aus der Flechte Teloschistes flavicans.** S. Neelakantan, T. R. Seshadri und S. S. Subramanian. (Tetrahedron Letters [London] **1959.** Nr. 9. 1–4. Aug. Delhi, Univ., Dep. of Chem.) (Engl.)

*Vicanicin* (I, $C_{17}H_{14}Cl_2O_5$, F. 248–250°, derbe Nadeln aus Bzl.) enthält 1 $OCH_3$-Gruppe u. 3 $CCH_3$-Gruppen, bildet ein *Monoacetat* ($C_{19}H_{16}Cl_2O_6$, F. 213–214°), ein *Monobenzoat* ($C_{24}H_{18}Cl_2O_6$, F. 190–191°), einen *Monomethyläther* (II; $C_{18}H_{16}Cl_2O_5$, F. 193–194°) u. einen *Monoäthyläther* ($C_{19}H_{18}Cl_2O_5$, F. 185–186°), welche das Vorliegen einer phenol. OH-Gruppe beweisen. Die Ggw. eines Lactonringes wird durch die Bldg. von *O-Methylvicanicsäure* [$C_{18}H_{18}Cl_2O_6$, F. 217–218°. *Methylester* (III), $C_{19}H_{20}Cl_2O_6$, F. 155–156°] aus II u. 2n NaOH in Dioxan angezeigt. Durch Weitermethylierung von III entsteht die neutrale *Verb. $C_{20}H_{22}Cl_2O_6$*, F. 97–98°. Das 5. O-Atom liegt als Diphenylätherbrücke vor. Aus diesem Verh., der Ähnlichkeit der UV- u. IR-Spektren von I mit denen von Diploicin, Nidulin u. Nornidulin u. der Spaltung von III durch Oxydation mit konz. $HNO_3$/Eisessig zu *3.5-Dichloreverninsäuremethylester* (F. 78°) u. *2-Hydroxy-3.6-dimethyl-p-benzochinon* schließen Vff. auf die Struktur I, die in Übereinstimmung steht mit seiner möglichen Bldg. aus je einer Orsellinsäure- u. C-Methylorsellinsäureeinheit. GERHARD MÜLLER/Bitterfeld. 3950 □

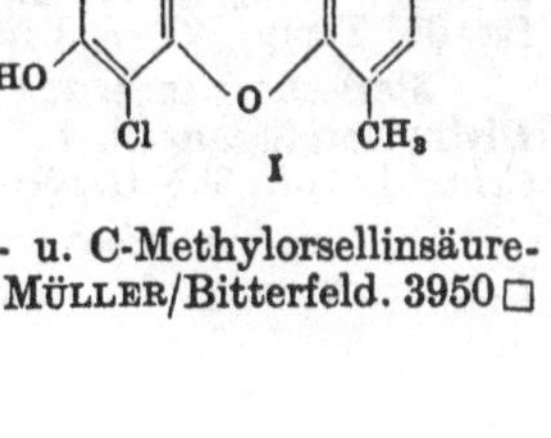

I

# D. Makromolekulare Chemie

**Zur Berechnung des Reibungsgesetzes plastischer Substanzen.** W. Heinz und A. Fincke. (Kolloid-Z. **154.** 167—68. Okt. 1957. Düsseldorf, Gebr. Haake K.-G. Berlin, Labor.; Köln, Fachverband der Süßwarenind., Labor.)

Ausgehend von der bekannten Integralgleichung für das Rotationsviscosimeter u. mit dem Ziel, das Rechenverf. von PAWLOWSKI (C. **1953.** 9403) auch auf plast. Stoffe anzuwenden u. das Iterations-Verf. von SCHULTZ-GRUNOW u. WEYMANN (C. **1954.** 3407) so auszuweiten, daß damit an beliebigen Punkten das Schergefälle berechnet werden kann, wurde versucht, ein Rechenverf. in Anwendung zu bringen, mit dem das eigentliche Reibungsgesetz f (t) in möglichst einfacher Weise aus den an plast. (Schokolade-) Massen gefundenen Fließkurven abgeleitet werden sollte. Einige Folgerungen werden erörtert. R. SCHÄFF. 4000□

**Anmerkungen zur Torsionsschwingungsmethode zur Bestimmung der rheologischen Eigenschaften von Feinfolien und Anstrichfilmen aus Polymeren.** Yukihiko Inoue und Yonosuke Kobatake. (Kolloid-Z. **160.** 44—48. Sept. 1958. Meguro, Tokyo, Tokyo Inst. of Technol.) (Engl.) — Vgl. C. **1961.** 4019.

Unter Berücksichtigung des Einfl. der Zugspannung auf den Torsionswiderstand einer freiliegenden Folie u. eines auf ein Substrat aufgetragenen Films (beidseitig bestrichener Metallstreifen) wurden theoret. Gleichungen für den Torsionswiderstand u. das logarithm. Dekrement einer Schwingung abgeleitet, wobei von der Voraussetzung ausgegangen wurde, daß die Viscositäts-Koeff. linear mit der Schwingungsperiode variiert. Die Gültigkeit dieser Gleichungen konnte durch experimentelle Prüfungen bestätigt werden. H. SONTAG. 4000□

**Einige Bemerkungen über die Intensitätsverteilung entlang den Röntgeninterferenzkreisen für einige einfache Orientierungstypen in polykristallinen Proben.** P.-H. Lindgren. (Ark. Kemi **12.** Nr. 1. 9—32. 1958. Uppsala, Univ., Inst. of Phys. Chem.) (Engl.)

Theoret. diskutiert Vf. die Orientierung in einer Probe u. die Intensitätsverteilung entlang den Interferenzringen von faserorientierten u. schraubenförmig orientierten Stoffen in Verbindung mit den Frequenzfunktionen, die sich auf die Verteilung der Kristallitlagen innerhalb der orientierten Probe beziehen. Ferner wurde eine Meth. diskutiert, um aus den experimentell bestimmten Intensitätsverteilungen die Frequenzfunktionen herzuleiten. C. GOTTFRIED. 4000

**Elektronenmikroskopische Beobachtungen bei mehreren gefriergetrockneten makromolekularen Systemen.** J. A. Kittrick. (J. Polymer Sci. **28.** 247—50. Febr. 1958. Pullman, Wash., Washington State Coll., Agronomy Dep.) (Engl.)

Vf. beschreibt die Anwendung einer Meth. der Gefriertrocknung (zwecks Erhaltung der Gestalt wss. Objekte) auf wss. Syst. von Makromolekülen. Die Proben wurden auf die mit Formvar überzogenen Objektträger des Elektronenmikroskops, die sich auf mit Trockeneis gekühlten kleinen Kupferblöcken befanden, aufgesprüht u. dann bei $-40^{0}$ u. 0,05 Torr innerhalb 3 Std. gefriergetrocknet. Später wurden sie mit Uran beschattet. Ein Vgl. der elektronenmkr. Bilder der Proben von *Bentonit, Gelatine* u. *Agar-Agar* ohne u. mit Gefriertrocknung zeigt, daß im ersteren Fall Verformungen u. Verzerrungen infolge der Oberflächenspannung auftreten. S. NEUE. 4000□

**Bemerkung über die Reaktion zwischen Titantrichlorid und Trimethylaluminium.** L. Rodriguez, J. Gabant und B. Hargitay. (Tetrahedron Letters [London] Nr. **17.** 7—12. Nov. 1959. Bruxelles, Belgique, European Res. Assoc.) (Franz.)

Für Polymerisationen liefert die Rk. zwischen $TiCl_3$ u. Trialkylaluminium einen akt. u. sogar stereospezif. Katalysator. Die Rk. ergibt zunächst direkt, dann nach therm. Zers. flüchtige Prodd., die abgesaugt werden; der Rückstand stellt den Katalysator dar. Die flüchtigen Prodd. bestehen vorwiegend aus $CH_4$ u. Spuren von $C_2H_6$. Die Alkoholyse oder Hydrolyse des nichtflüchtigen Teils liefert ebenfalls $CH_4$. Aus quant. Best. wird folgendes Rk.-Schema abgeleitet: $TiCl_3 + Al_2(CH_3)_6 \rightarrow \frac{1}{2}\,[AlCl\cdot(CH_3)_2]_2 + [Ti^+Cl_2\cdot Al^-(CH_3)_4]$. Letzteres Prod. zersetzt sich gemäß $[TiCl_2\cdot Al(CH_3)_4 \rightarrow 4x\,CH_4 + [TiCl_2\cdot Al\cdot C_{4(1-x)}H_{4(3-4x)}]$, wobei x mit der Zeit zunimmt. — Die Ergebnisse gelten für die Temp. 65—85° u. in Abwesenheit eines Lösungsmittels. S. NEUE. 4000□

**Sterische Hinderung und Ringbildung bei der Copolymerisation von Vinyl- und Divinylverbindungen.** L. Minnema. (Chem. Weekbl. **56.** 189—94. 26/3. 1960. Delft, Centr. Labor., T.N.O.) (Holl.)

Die Copolymerisation von *Vinyl-* u. *Divinyl-Verbb.* führt infolge der Bldg. von Brückenbindungen zu einem dreidimensionalen Gitter, das sich durch plötzliche Gel-

Bldg. der polymerisierenden Lsgg. widerspiegelt. Die Gel-Bldg. tritt bei höherem Umsatz, als theoret. zu erwarten ist, auf, weil die Brückenbindung durch 2 Umstände verzögert wird. Eine Brückenbindung entsteht durch Rk. eines wachsenden Radikals mit einer an einer Polymerkette hängenden Vinylgruppe. Diese Vinylgruppen sind infolge des Knäuelcharakters der Polymer-Moll. abgeschirmt. Ein Teil dieser anhängenden Vinylgruppen wird durch Ring-Bldg. verbraucht. W. WESLY. 4010□

**Über die Wirkung von metallischem Gold auf die katalytische Zersetzung der aliphatischen Diazokohlenwasserstoffe.** G. Saini, G. Ostacoli und S. Parodi. (Chim. e Ind. [Milano] **40.** 467—69. Juni 1958. Torino, Univ., Ist. Chim.) (Ital.)

Die von SAINI (vgl. C. **1959.** 6757) sowie von BAWN u. LEDWITH (C. **1961.** 18336) untersuchte katalyt. Wrkg. von $AuCl_3$ auf die Zers. von Diazoalkanen ist im wesentlichen dem durch Red. gebildeten koll. Metall zuzuschreiben. Aus Diazomethan gebildetes *Polymethylen* (I) ist in Ae. unlösl. u. wegen des eingeschlossenen Goldes rot gefärbt. Der aus Diazoäthan (II) gebildete blaue Nd. ist weniger gegen Aggregation geschützt, weshalb sich nur eine geringe Menge unlösl. *Polyäthyliden* (III) bildet. Beide in einem Diazo-KW-Stoff gelösten Polymeren zersetzen auf Grund des eingeschlossenen koll. Goldes die Diazo-Verb. unter Bldg. des Polymeren. Auch dünne, durch Verdampfen im Vakuum erhaltene Goldschichten zersetzen **II** unter Bldg. von **III**, sowohl in lösl. als auch in unlösl. kristalliner Form (blauer Nd.) in Ae. in der Kälte.

Versuche: Zur äther. Lsg. von Diazomethan wird eine äther. Lsg. von $AuCl_3$ zugefügt; nach 1 Min. werden einige Tropfen der Fl. abgezogen, auf einen Objektträger gebracht u. verdunstet. Im Elektronenmikroskop unterscheiden sich deutlich die isolierten Goldteilchen (mittlerer Ø 130 Å) von solchen mit kugelförmiger I-Umhüllung. In Fl.-Tropfen, die erst nach 7 Min. entnommen wurden, sind keine isolierten Goldteilchen mehr zu erkennen. Ähnliche Ergebnisse lassen sich mit koll. Gold nach TURKEVICH (vgl. C. **1953.** 1767; $AuCl_3$ u. Na-Citrat) erhalten. Metall. Gold in Pulverform ist wegen seiner begrenzten Oberfläche wenig wirksam, dagegen zeigen dünne Schichten vieler Metalle, wie W u. Fe, ebenfalls katalyt. Wrkg. auf **II** unter Bldg. von lösl. **III**. Andere, wie Pd, zersetzen die Diazo-Verb. ohne Bldg. von Polymeren. Von allen unter den Vers.-Bedingungen angewandten Metallen liefert Gold allein unlösl. **III**.

J. MALPRICHT. 4010□

**Untersuchungen über die Niederdruckpolymerisation von Äthylen. Die Wechselwirkung zwischen $Al(C_2H_5)_2Cl$ und $TiCl_4$. Polymerisation von Äthylen bei niedriger Temperatur; Bildung bifunktioneller Produkte.** R. van Helden, A. F. Bickel und E. C. Kooyman. (Tetrahedron Letters [London] Nr. **12.** 18—23. Sept. 1959. Amsterdam, Koninkl./Shell-Labor., Shell Internat. Res. Maatschappij N.V.) (Engl.)

Der Ausgangspunkt der vorliegenden Arbeit ist die Wechselwrkg. der beiden bei der ZIEGLER-Polymerisation von *Äthylen* (I) meist gebrauchten Katalysatorkomponenten *$(C_2H_5)_2AlCl$* u. *$TiCl_4$*. Nach ebullioskop. Best. des Molgew. in Bzl. liegt ersteres als Dimeres $[Al(C_2H_5)_2Cl]_2$ vor. Die Einw. beider Katalysatoren aufeinander in Bzl.-Lsg. bei 25° unter $N_2$ liefert einen braunen Nd. u. gasförmige Prodd. (30—58% $C_2H_6$, 1—3% $H_2$, $C_4H_{10}$, $C_4H_8$). Der Nd. besteht vorwiegend aus *$TiCl_3$* u. wenig *Polyäthylen.* $LiC_2H_5$ u. $TiCl_4$ ergaben außer LiCl u. $TiCl_3$ (52%) $C_2H_6$ (43,8%), I (1,6%) u. $C_4H_{10}$ (0,5%). Die Polymerisation von I bei —10° mit $[Al(C_2H_5)_2Cl]_2$ u. $TiCl_4$ als Katalysatoren liefert vorwiegend lösl. Polymere mit niedrigem Molgew. (ca. 400). — Die Bldg. von $C_2H_6$ wird auf eine intramol. Rk. zurückgeführt. Es wird die Bldg. eines $>Al(CH_2–CH_2)$-Radikals angenommen, das durch Bindung an dreiwertige Al- u./oder dreiwertige Ti-Verbb. stabilisiert wird. Die Erklärung der stereospezif. Wrkg. durch eine Vierzentrenaddition wird diskutiert. Die Freisetzung mehrerer Moll. Alkylen je Mol. $TiCl_4$ läßt auf einen Übertragungsmechanismus schließen. S. NEUE. 4010□

**Ein neues Katalysatorsystem für die Niederdruckpolymerisation von Äthylen.** R. van Helden, H. P. Braendlin, A. F. Bikkel und E. C. Kooyman. (Tetrahedron Letters [London] Nr. **12.** 24—27. Sept. 1959. Amsterdam, Koninkl./Shell-Labor., Shell Internat. Res. Maatschappij N.V.) (Engl.)

Die in vorst. Ref. vermuteten Radikale konnten auch durch partielle Red. von $AlCl_3$ mit Alkalimetall in Ggw. von *Äthylen* (I) u. nachfolgende Oxydation mit $TiCl_4$ erzeugt werden. In Heptan suspendiertes K u. $AlCl_3$ reagieren in Ggw. von I unter Bldg. eines schwarzgrauen festen Prod.; Zusatz von $TiCl_4$ führt bei 65° u. 1 at zu schneller Polymerisation von I. Zers. des schwarzgrauen Prod. mit W. liefert $C_2H_6$ u. $H_2$. Durch Extrahieren des unzersetzten Prod. mit Ae. erhält man eine weiße Verb. (F. 74,6—75,2°) der Zus. $Al_2Cl_4 \cdot C_2H_4 \cdot 2(C_2H_5)_2O$, die mit $TiCl_4$ ohne $AlCl_3$ keine Polymerisation von I auslöst. Eine Erklärung dieser Ergebnisse wird diskutiert. S. NEUE. 4010□

**Herstellung von Polypropylen mittels Ziegler-Katalysatoren.** J. F. Gillespie und J.W. L. Fordham. (Ind. Engng. Chem., int. Edit. **51.** 1365—68. Nov. 1959. Painesville, Ohio, Diamond Alkali Co.)

Cr-Salze als Komponente in Katalysator-Syst. vom Ziegler-Typ wurden bei der *Propylen*-Polymerisation untersucht. Von den beiden Chromchloriden ist nur $CrCl_3$ in Kombination mit Triäthyl- oder Triisobutyl-Al wirksam. Die Polymerisations-Geschw. u. das Molgew. variieren mit den Vers.-Bedingungen. Die mit $CrCl_3$/Triäthyl-Al katalysierte Polymerisation stimmt zwar qual. mit der bei Verw. des analogen $TiCl_3$-Syst. überein, ist aber weniger aktiv. Die geringe Aktivität kann aber in speziellen Fällen in Verbindung mit Gesichtspunkten einfacherer Handhabung u. größerer Wirtschaftlichkeit von Interesse sein. R. Schäff. 4010□

**Untersuchung isotaktischer Polymerer mit Hilfe der Infrarotspektroskopie.** Je. I. Pokrowski und M. W. Wolkenstein. (Известия Академии Наук СССР, Серия Физическая [Nachr. Akad. Wiss. UdSSR, physik. Ser.] **23.** 1208—09. Okt. 1959.) (Russ.)

Es wurden die IR-Spektren von isotakt. *Polypropylen* (I) u. *Polystyrol* (II) im Bereich zwischen 400 u. 3000 $cm^{-1}$ bei Tempp. zwischen Zimmer-Temp. bis oberhalb der Schmelz-Temp. der Polymeren untersucht. Die Spektren von kristallinem u. geschmolzenem isotakt. sowie atakt. I unterscheiden sich bes. im Bereich von 800—900 $cm^{-1}$ voneinander. Mit Hilfe der Bande bei 992 $cm^{-1}$ von kristallinem I wurde die Kristallinität der Proben ermittelt. Dabei wurde als „inneres Etalon" die Bande bei 696 $cm^{-1}$ benutzt, deren Intensität nicht vom Kristallinitätsgrad von I abhängt. Im Spektr. des kristallinen II werden Banden bei 775, 840, 916, 1315 u. 1360 $cm^{-1}$ beobachtet, die beim Schmelzen von II verschwinden oder deren Intensität abnimmt. Die Best. der Kristallinität läßt sich auf der Basis der Bande bei 775 $cm^{-1}$ durchführen, indem als inneres Etalon die Absorptionsbanden bei 700 oder 760 $cm^{-1}$ dienen können. Im langwelligen Gebiet des Spektr. von atakt. II werden zwei Banden bei 560 u. 540 $cm^{-1}$ gefunden. Mit zunehmender Isotaktizität nimmt die Intensität der Bande bei 540 $cm^{-1}$ ab. Es wird vermutet, daß diese Bande der Absorption von syndyotakt. II zuzuordnen ist. H. Wergin. 4010□

**Polymerisation von Äthylen über metallischem Caesium und Rubidium.** G. Lemetre, V. Martello und G. Nobile-Orazio. (Chim. e Ind. [Milano] **40.** 470—75. Juni 1958. Colleferro (Roma), Centro Studi Chim. Bombrini Parodi-Delfino.) (Ital.)

In halbtechn. Polymerisations-Verss. nach Clusius und Mollet (vgl. C. **1957.** 55) wurde die Möglichkeit geprüft, andere Träger für das Alkalimetall als Stahlwolle (Clusius) zu verwenden. Als höchst wirksam in diesem Sinne erwies sich reduziertes Sinterkupfer und Al-Wolle. Der analoge Einsatz von Rubidium auf Stahlwolle erfordert die Anwendung höherer Temp. (135—140°) gegenüber Caesium (60—80°). Die Polymerisationen von *Äthylen* wurden in Ggw. von Cs bzw. Rb auf den genannten Trägern im Autoklaven bei 60° u. einem Maximaldruck von 75 kg/cm² durchgeführt u. die Polymerisate destilliert. Die Hauptfraktion des Polymerisations-Prod. vom Kp. 110—110,5° besteht aus *3-Methyl-3-äthylpenten-(1)* u. kleinen Mengen *5-Methylhepten-(1)*. In keinem Fall wurden Polymerisate erhalten, deren Polymerisationsgrad höher als 7 war. Aus diesem Ergebnis wird geschlossen, daß eine übermäßige Verzweigung der Polymerisations-Prodd. zum Abbruch der Reaktion führt. Sie enthalten jedenfalls kaum mehr als 6 $-\underset{|}{C}H-\underset{|}{C}H-$ Gruppen. J. Malpricht. 4010□

**Anwendung der Infrarotspektroskopie zur Untersuchung der thermischen Alterung von Polyvinylchlorid.** L. N. Piroshnaja und G. Ss. Popowa. (Известия Академии Наук СССР, Серия Физическая [Nachr. Akad. Wiss. UdSSR, physik. Ser.] **23.** 1202—04. Okt. 1959.) (Russ.)

Bei therm. gealtertem *Polyvinylchlorid* (I) erscheinen 2 Banden mit Maxima bei 1610 u. 1720 $cm^{-1}$, die auf die Bldg. konjugierter Doppelbindungen zwischen C=C- u. C=O-Bindungen hindeuten. Die Absorption im Bereich von 700—900 $cm^{-1}$ wird auf die Anwesenheit mehrkerniger aromat. Verbb. im gealterten I zurückgeführt. Bei zunehmender Alterungszeit (17—50 Std.) bei konst. Temp. (185°) werden eine Zunahme der Absorption bei 1610 $cm^{-1}$ u. geringe Veränderungen der 1720 $cm^{-1}$-Bande beobachtet. Mit steigender Temp. (150—300°) nimmt die Absorption bei 1610 $cm^{-1}$ ebenfalls zu, die Absorption der C=O-Gruppe verschiebt sich nach kleineren Frequenzen (von 1724 nach 1703 $cm^{-1}$). Dies wird dadurch erklärt, daß mit steigender Temp. der relative Geh. an Aldehyden u. Ketonen im abgebauten I abnimmt, während andererseits der relative Geh. an Carbonsäuren u. C=O-Gruppen, die mit C=C-Bindungen konjugiert sind, zunimmt. Die Zunahme der Intensität der Bande bei 1610 $cm^{-1}$ ist sowohl auf die

Zunahme der Doppelbindungen als auch auf die Zunahme des Absorptions-Koeff. infolge Anwesenheit polarer C=O—Bindungen zurückzuführen. Im IR-Spektr. des abgebauten I wird ferner eine Bande bei 1765 $cm^{-1}$ beobachtet, die sek. Oxydations-Prodd. zugeschrieben wird. H. WERGIN. 4010□

**Vergleichende Untersuchung der Photo- und thermischen Alterung von Acetalen des Polyvinylalkohols mit der Methode der Infrarotspektroskopie.** G. Ss. Popowa und Je. W. Schuwalowa. (Известия Академии Наук СССР, Серия Физическая [Nachr. Akad. Wiss. UdSSR, physik. Ser.] **23.** 1205—07. Okt. 1959. Forsch.-Inst. für Plaste.) (Russ.)

Durch Unters. der IR-Spektren wurde die Photo- u. Thermoalterung von *Polyvinylbutyral* (I) untersucht. In beiden Fällen wurde eine Abnahme des Geh. an OH, CH- u. C-O-Gruppen u. eine Zunahme des Geh. an C=O-Gruppen beobachtet; dies wird aus der Verminderung der Intensitäten der Banden in den Bereichen 3300—3600, 2800—3000, 1300—1500 u. 1100—1200 $cm^{-1}$ u. aus dem Anstieg der Intensität der Bande bei 1730 $cm^{-1}$ geschlossen. Die Zunahme der Intensität der Bande bei 1190 $cm^{-1}$ wird auf die Bldg. von Butyraten zurückgeführt. Die beiden Typen der Alterung unterscheiden sich in der Kinetik der Bldg. u. des Zerfalls der funktionellen Gruppen sowie im Verh. der Intensitäten der OH-Banden. Der Zers.-Prozeß von I ist durch 2 aufeinanderfolgende Perioden gekennzeichnet. Die erste Stufe der Alterung ist für beide Typen qual. gleich; bei der zweiten Stufe wird im Falle der Thermoalterung eine Stabilisierung der Zers.- u. Bldg.-Prozesse beobachtet, während bei der Photoalterung eine Fortsetzung der Zers.-Prozesse vor sich geht, indem nicht nur der Geh. der ursprünglichen Gruppen absinkt, sondern auch der in der 1. Stufe gebildeten. Ferner wird bei der Thermoalterung eine Verschiebung des Maximums der OH-Bande nach höheren Frequenzen hin beobachtet. Dies wird auf eine Veränderung der Intensitäten von zwei verschiedenen Arten von Wasserstoffbrückenbindungen zurückgeführt. H. WERGIN. 4010□

**Neuer Weg zu flammfesten Polymeren. Synthese und Polymerisation von 3.3.3-Trichlorpropen-(1).** W. A. Skinner, Ernest Bishop, Dale Tieszen und J. D. Johnston. (Ind. Engng. Chem. **51.** 1359—60. Nov. 1959. Menlo Park, Calif., Stanford Res. Inst., Dep. of Chem.; Baton Rouge, La., Ethyl Corp.)

Die HBr-Abspaltung aus 1.1.1-Trichlor-3-brompropan (am zweckmäßigsten mit $NaOCH_3$ in Methanol oder Ae.; 57% Ausbeute) führt zu *3.3.3-Trichlorpropen-(1)* (I), $Kp._{108}$ 46—48, $n_D^{20}$ 1,4678, dessen Polymerisation (u. Copolymerisation z. B. mit Äthylen) zu flammfesten Prodd. untersucht wurde. Herst.- u. Polymerisations-Meth. von I werden kurz erörtert. R. SCHÄFF. 4010□

**Polymerisationsreaktionen mit metallischem Natrium.** 1. Mitt. **Polymerisation von Styrol.** Gisuke Meshitsuka und Yoichi Okada. (Chem. High Polymers [Tokyo] **14.** 33—37. 1957. Osaka, Univ.) (Jap.; Auszug: Engl.)

Die Polymerisations-Geschw. von fl. u. dampfförmigem *Styrol* an der Oberfläche von metall. Na wird dilatometr. bestimmt. Inhibitoren wie Hydrochinon oder Brenzcatechin verhindern oder verzögern die Polymerisation nicht, weshalb keine Radikalpolymerisation vorliegt. L. SCHULER. 4010

**Polymerisationsreaktionen mit metallischem Natrium.** 2. Mitt. **Reaktionsmechanismen von metallischem Natrium.** Gisuke Meshitsuka und Yoichi Okada. (Chem. High Polymers [Tokyo] **14.** 37—40. 1957.) (Jap.; Auszug: Engl.) — 1. vgl. vorst. Referat.

Metall Na reagiert mit monomerem *Styrol* unter Bldg. einer Additions-Verb., die rotbraun oder violett, sehr reaktiv u. ein guter Initiator für die Polymerisation ist. Ihre Struktur wird aus dem Ergebnis der massenspektroskop. Unters. der Prodd. erschlossen, die bei der Zers. der Additions-Verb. mit Wasserdampf entstehen. L. SCHULER. 4010

**Polymerisationsreaktionen mit metallischem Natrium.** 3. Mitt. **Polymerisationsmechanismus von Styrol.** Gisuke Meshitsuka und Yoichi Okada. (Chem. High Polymers [Tokyo] **14.** 123—26. 1957.) (Jap.; Auszug: Engl.) — 2. vgl. vorst. Referat.

Der Polymerisationsmechanismus von *Styroldampf* auf der Oberfläche von Na besteht in einer Stufen-Rk., wobei das Polymeren-Gew. u. das Molgew. parallel miteinander ansteigen. Bei einer Rk.-Zeit von ca. 30 Std. wird ein *Polystyrol* vom Molgew. $4 \cdot 10^6$ erhalten. Die Molgew.-Verteilung wird nach dem Verf. von SPENCER untersucht. L. SCHULER. 4010

**Untersuchungen über Freie Radikal-Polymerisationen durch Messung der Lebensdauer kinetischer Ketten.** 1. Mitt. **Einfluß von Tetrachlorkohlenstoff auf die Styrolpolymerisation.** Saburo Fujii und Satohiro Tanaka. (Chem. High Polymers [Tokyo] **14.** 107—16. 1957. Tokyo, Ind. Unters. Labor.) (Jap.; Auszug: Engl.)

Um die den Kettenabbruch beherrschenden Faktoren zu finden, wird die mittlere Lebensdauer kinet. Ketten bei der Photopolymerisation von *Styrol* mit u. ohne $CCl_4$ bei verschiedenen Umsätzen bestimmt. Unter den angewandten Vers.-Bedingungen ergibt sich, daß die Geschw. der Photopolymerisation von $CCl_4$ sensibilisiert wird. Die niedrigen Umsätze zeigen einen Unterschied des $k_p/k_t$-Verhältnisses ($k_p$ = Geschw.-Konst. des Kettenwachstums, $k_t$ die des Abbruchs) zwischen dem sensibilisierten u. unsensibilisierten System. Bei höheren Umsätzen steigt sowohl die Geschw. als auch die Lebensdauer für das unsensibilierte Syst. bemerkenswert an, während diese Zunahmen in Ggw. von $CCl_4$ bedeutend verringert werden. Die Erörterung der Daten deutet auf einen ausgesprochenen Einfl. der Viscosität auf die Abbruch-Rk. u. läßt vermuten, daß der Wert von $k_t$ bei gegebener hoher Viscosität von der Wahrscheinlichkeit der Kettenübertragung der Polystyrolradikale abhängt. L. SCHULER. 4010

**Elektronenspinresonanzspektren von bestrahlten Polymeren.** H. Fischer, K.-H. Hellwege und U. Johnsen. (Kolloid-Z. **170.** 61—62. Mai 1960. Darmstadt, Dt. Kunststoff-Inst.) (Dt.)

Die Elektronenspinresonanzspektren (ESR) der bei der Einw. von Röntgenstrahlen ($5 \cdot 10^5$ bis $10^7$ rad) auf Proben von *Polystyrol* (I) u. *Poly-α-methylstyrol* (II) bei Raum-Temp. gebildeten langlebigen Radikale wurden bei 9,5 GHz aufgenommen. Es wird angenommen, daß diese Radikale resonanzstabilisiert sind, daß also das unpaarige Elektron mit den π-Elektronen des Ringes in Austauschwechselwrkg. treten kann. Die Symmetrie der Spektren schließt das Vorliegen jeweils mehrerer Radikale aus. Bei I wird ein Radikal der Zus. $\cdots CH_2 \cdot CH(C_6H_5) \cdot CH_2 \cdot \dot{C}(C_6H_5) \cdot CH_2 \cdot CH(C_6H_5) - \cdots$, bei II ein solches der Zus. $\cdots CH_2 \cdot C(CH_3)(C_6H_5)\ CH_2 \cdot \dot{C}(CH_3)(C_6H_5)$ angenommen. Das ESR von bestrahltem II unterscheidet sich in Form u. g-Faktor von dem von bestrahltem I. E. ÜHLEIN. 4010□

**Eine Untersuchung von Pfropfcopolymeren.** 2. Mitt. **Viscositäts- und Lichtstreuungsmessungen.** J. A. Manson und L. H. Cragg. (J. Polymer Sci. **33.** 193—205. Dez. 1958. Hamilton, Ontario, Canada, McMaster Univ., Hamilton Coll., Dep. of Chem.) (Engl.) — 1. vgl. C. **1961.** 4727.

Es wurden Viscositäts- u. Lichtstreuungsmessungen an Fraktionen von Polymeren durchgeführt, die durch Redoxpolymerisation von *Styrol* (I) in Ggw. von *oxydiertem Poylstyrol* (II) oder *I/4-Vinylcyclohexen-(1)-Copolymeren* erhalten wurden. Der Vgl. mit Messungen an Fraktionen von linearem *Polystyrol* (II) zeigt, daß Verzweigung durch Pfropfpolymerisation eingetreten ist. Die für die Pfropfpolymeren bestimmten Werte der Grundviscosität, der Mol.-Größe u. des 2. Virial-Koeff. sind im allg. niedriger als die für die linearen II-Fraktionen mit gleichem Molgewicht. Die Pfropfpolymeren ließen sich nicht nach dem Molgew., sondern nach der Mol.-Größe fraktionieren; die höchstverzweigten Fraktionen sind am besten löslich. Sie enthalten mindestens 6 Verzweigungen je Molekül. Die für die HUGGINS-Konst. k' berechneten Werte in Bzl. oder Butanon ergeben keinen wesentlichen Unterschied gegenüber dem k'-Wert für lineares II ($0{,}30 < k' < 0{,}40$). Es wird gefolgert, daß die Ggw. einiger linearer Zweige im Mol. den k'-Wert nicht beeinflußt. S. NEUE. 4010□

**Über die Anwendung der Wurtz-Reaktion zur Synthese von Polymeren des Polyxylylentyps.** 1. Mitt. **Reaktion von metallischem Natrium mit Bis-chlormethylderivaten aromatischer Kohlenwasserstoffe.** Je. P. Melnikowa, A. A. Wanscheidt, M. G. Krakowjak und L. W. Kucharewa. (Высокомолекулярные Соединения [Hochmolekulare Verbind.] 2. 1383—90. Sept. 1960. Inst. für hochmol. Verbb. der Akad. der Wiss. der UdSSR.) (Russ.; Auszug: Engl.)

Durch Chlormethylierung der entsprechenden Aromaten werden *1.4-Bis-[chlormethyl]-benzol* (I), *2.5-Bis-[chlormethyl]-1.4-dimethylbenzol* (II), *4.6-Bis-[chlormethyl]-1.3-dimethylbenzol* (III), *4.4'-Bis-[chlormethyl]-diphenylmethan* (IV), *4.4'-Bis-[chlormethyl]-diphenyl* (V) u. *1.4—1.5-Bis-[chlormethyl]-naphthalin-Gemisch* (VI) dargestellt. I—VI werden durch Rk. mit Na in Dioxan bei 20—25° in *Polydimethylenaromaten* der allg. Struktur $(-CH_2-Ar-CH_2-)_n$ übergeführt. Die aus den Verbb. mit m-ständigen Chlormethylgruppen erhaltenen Polymeren zeichnen sich durch leichte Löslichkeit in Chlf. u. relativ geringes Molgew. (1800—1400) aus. Die Polymeren, die aus Verbb. mit p-ständigen Chlormethylgruppen erhalten wurden, lösen sich nur in hochsd. Lösungsmitteln. Die aus VI erhaltenen Polymeren sind in org. Lsgm. unlösl. u. besitzen wahrscheinlich eine räumliche Struktur.

Versuche: *1.4-Bis-[chlormethyl]-benzol* (I), F. 99—100°. — *2.5-Bis-[chlormethyl]-1.4-dimethylbenzol* (II), F. 132—133°. — *4.6-Bis-[chlormethyl]-1.3-dimethylbenzol* (III), F. 98—99°. — *4.4'-Bis-[chlormethyl]-diphenylmethan* (IV), F. 109—110°. — *4.4'-Bis-[chlormethyl]-diphenyl* (V), F. 144—145°. — *1.4—1.5-Bis-[chlormethyl]-naphthalin-Ge-*

*misch* (VI), F. 126—129°. — Polykondens. von I—VI mit Na: Man pulvert 4—8 g Na unter 25—50 ml Dioxan, gibt bei 20—25° I—VI in Dioxan (1 Mol je 1 g-Atom Na) zu, rührt einige Std. bei 20° u. gießt in Methanol; anschließend extrahiert man mit heißem W. bis zur negativen Rk. auf $Cl^-$ u. $OH^-$, dann entfernt man mit sd. Aceton noch vorhandene Monomere u. leichtlösl. Verunreinigungen. *Poly-1.4-xylylen*, $(C_8H_8)_n$, aus 17,5 g I, 11,5 g Na u. 150 ml Dioxan in 2,2 Std.; 82% (Ausbeute). — *Poly-1.4-dimethyl-2.5-xylylen* $(C_{10}H_{12})_n$, aus 13,4 g II, 7,6 g Na u. 100 ml Dioxan in 3 Std.; 61%. Enthält ca. 0,3% Cl. — *Poly-1.3-dimethyl-4.6-xylylen*, $(C_{10}H_{12})_n$, aus 13,4 g III u. 7,6 g Na in 100 ml Dioxan in 4 Std.; 50%. — *Poly-4.4'-methylendibenzylen*, $(C_{15}H_{14})_n$, aus 8,75 g IV, 3,8 g Na u. 50 ml Dioxan in 3,5 Std.; 80%. — *Poly-[p.p'-ditolylen]*, $(C_{14}H_{12})_n$, aus 8,3 g V, 3,8 g Na u. 50 ml Dioxan; 68%. Enthält ca. 2,8% Cl. — *Poly-[1.4(1.5)-dimethylennaphthalin]*, $(C_{12}H_{10})_n$, aus 15,0 g VI, 7,6 g Na u. 100 ml Dioxan in 6 Std.; 84%. Enthält ca. 2,7 g Cl. HELMUT SCHÄFER. 4010□

**Synthese von Kohlenwasserstoffderivaten durch die Wittig-Reaktion.** 3. Mitt. **Die Wittig-Reaktion als eine Polymerisationsmethode.** Richard N. McDonald und Tod W. Campbell. (J. Amer. chem. Soc. **82**. 4669—71. 5/9. 1960. Wilmington, Del., E. I. Du Pont de Nemours & Co., Pioneering Res. Div., Textile Fibers Dep.) (Engl.) — 2. vgl. C. **1960.** 11977.

Vff. berichten über die Anwendung der WITTIG-Rk. zur Synth. von *Polyxylylidenen*. Die Behandlung der alkohol. Lsg. von p-Xylylen-bis-[triphenylphosphoniumchlorid] u. Terephthaldialdehyd mit Li-Äthylat liefert gelbes, unlösl. *Poly-p-xylyliden* (I) vom mittleren Molgew. 1200 mit endständigen Aldehydgruppen. Es addiert $Br_2$ zum gesätt. Dibromanalogon. Zur Darst. von *Poly-p-methoxy-m-xylyliden* (II) wurde Anisaldehyd zu *2-Methoxy-5-formyl-α-chlortoluol* chlormethyliert, das mit Triphenylphosphin (III) in *[2-Methoxy-5-formylbenzyl]-triphenylphosphoniumchlorid* (IV) übergeführt wurde. Die

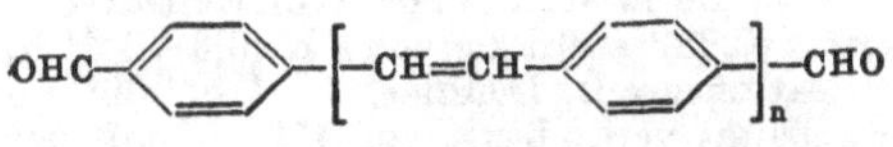

I (n = 9)

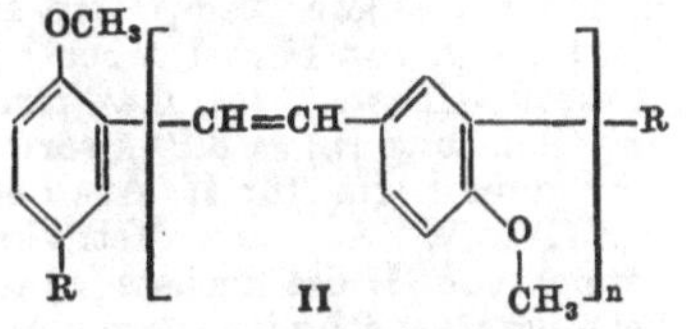

II

Behandlung von IV mit Li-Äthylat in A. oder mit Na-Methylat in Dimethylsulfoxyd lieferte *Poly-p-methoxy-m-xylyliden* (II). Aus p-Bromphenol u. III wurde durch 4std. Erhitzen auf 200° unter $N_2$-*[p-Hydroxyphenyl]-triphenylphosphoniumbromid* als *Anisolsolvat* dargestellt, aus dem durch längeres Erhitzen im Vakuum das Lsgm.-freie Prod. erhalten wurde. Diese Verb. reagiert mit Li-Äthylat in A. nicht.

Versuche: *Poly-p-xylyliden* (I), $(C_8H_6)_n$, F. > 400°, aus p-Xylylen-bis-[triphenylphosphoniumchlorid] u. Terephthaldialdehyd in A. unter Zugabe von Li in Ae. in 1 Std.; 100% (Ausbeute); liefert mit $Br_2$ in $CCl_4$ das farblose *Polymere* $C_{80}H_{60}Br_{18}O_2$. Daneben 77% *Triphenylphosphinoxyd*, F. 158—159°. — *2-Methoxy-5-formyl-α-chlortoluol*, aus Anisaldehyd nach QUELET u. ALLARD (C. R. hebd. Séances Acad. Sci. **205.** [1937.] 238); 65%. — *[2-Methoxy-5-formylbenzyl]-triphenylphosphoniumchlorid* (IV), $C_{27}H_{24}ClO_2P$, F. 208—210° (aus Dimethylformamid Nadeln), durch 20std. Kochen vorst. Verb. u. III in Xylol; 97%; liefert mit Li in A. *Poly-p-methoxy-m-xylyliden* (II), $(C_9H_8O)_n$, F. ca. 180°; 81%. — *[4-Hydroxyphenyl]-triphenylphosphoniumbromid*, $C_{24}H_{20}BrOP$, durch Schmelzen von III u. p-Bromphenol unter $N_2$, nachfolgendes 4std. Erhitzen auf 200° u. Behandlung mit Cyclohexan–Anisol; 44% (als Solvat). D. KIRSTEIN. 4010□

**Mikrospektroskopische Röntgenstrahlen- und Infrarotmessungen an einer doppeltorientierten Probe von Polyvinylalkohol.** Hiroyuki Tadokoro, Syuzo Seki, Isamu Nitta und Reizô Yamadera. (J. Polymer Sci. **28.** 245—47. Febr. 1958. Nakanoshima, Osaka, Japan, Osaka Univ., Fac. of Sci., Dep. of Chem.; Sotojimachô, Moriguchi, Osaka, Japan, Tôyô Spinning Co. Ltd., Chem. Res. Inst.) (Engl.) — Vgl. C. **1958.** 6559 u. 7776.

Ein 1,8 mm dicker Faden von *Polyvinylalkohol* (PVA) wurde gedehnt u. in der gleichen Richtung heiß gewalzt. Es entstand ein Querschnitt von 0,08 mm × 5,5 mm. Aus dem Röntgenstrahlenbeugungsbild ist zu entnehmen, daß ein hoher Grad von Doppelorientierung vorliegt u. die Kristallite eine lamellare Struktur parallel den (101)-Flächen (u. zur Walzebene) besitzen. — Von dem in Poly-n-butylmethacrylat eingebetteten Faden wurde ein Mikrotomschnitt angefertigt u. das IR-Spektrum bestimmt (bei Durchstrahlung parallel zur Walzebene). Die opt. Dichte der Absorptionsbanden wird in Abhängigkeit von dem Winkel θ zwischen der Walzebene u. dem elektr. Vektor des polarisierten Strahls dargestellt. Die breite Bande bei ca. 845 $cm^{-1}$ wurde zum erstenmal deutlich in 2 Banden, 849 u. 835 $cm^{-1}$, aufgeteilt. S. NEUE. 4010□

**Phasengleichgewicht von partiell acetylierten Polyvinylalkoholen.** Ichiro Sakurada, Yasuyoshi Sakaguchi und Yorio Ito. (Chem. High Polymers [Tokyo] **14.** 41—48. 1957. Kyoto, Univ.) (Jap.; Auszug: Engl.)

*Polyvinylalkohol* (I) vom mittleren Polymerisationsgrad (PG) 1000 wird fraktioniert, u. 5 Fraktionen vom PG 1620, 1430, 890, 790 u, 340 werden acetyliert, wobei sich 3 Reihen von Proben mit dem Acetylierungsgrad 22, 25 u. 32 Mol-% ergaben. An den wss. Lsgg. der partiell acetylierten I wird experimentell der Zusammenhang zwischen der Temp. der Phasentrennung u. der Konz. der Lsg. ermittelt. Stets zeigt die Lsg. eine krit. Temp., unterhalb welcher keine Phasentrennung auftritt. Die beobachtete krit. Konz. ist etwas höher als die nach FLORYS Theorie berechnete. Dies wird auf die Abhängigkeit der thermodynam. Konst. von der Konz. der Lsg. zurückgeführt. Diese Konst. werden aus der Beziehung zwischen der krit. Temp. u. dem Molgew. des Polymeren berechnet. L. SCHULER. 4010

**Untersuchungen über Polyvinylcyanäthyläther. 5. Mitt. Viscosität von Polyvinylalkohol und Polyvinylcyanäthyläther in verdünnter Dimethylsulfoxyd-Lösung.** Michiharu Negishi, Setsuo Yanagibori, Kanji Yoshida und Michio Shiraishi. (Chem. High Polymers [Tokyo] **14.** 239—46. 1957. Kiriu, Gumma Univ.) (Jap.; Auszug: Engl.) — 4. vgl. J. Soc. Textile Cellulose Ind., Japan [Sen-i Gakkaishi] **13.** [1957.] 310; 3. vgl. C. **1961.** 15037.

Dimethylsulfoxyd (I) erweist sich als gemeinsames Lsgm. für *Polyvinylalkohol* (II) u. *Polyvinylcyanäthyläther* (III). Durch Best. der Grenzviscosität [$\eta$] u. durch chem. Analyse der verd. Lsgg. ergibt sich: die krit. Temp. für stabile Lsgg. liegt zwischen 50 u. 60°; bei höherer Temp. tritt zunehmend rasche Abspaltung der Cyanäthylgruppe ein. Verd. Lsgg. von II in I geben höhere [$\eta$]-Werte als die in W. bei 30° u. eine niedrigere HUGGINS-Konst. k' (ca. 0,4), ferner ein größeres $\alpha$ (0,82) u. ein kleineres K ($6{,}3 \cdot 10^{-4}$) in der Gleichung $[\eta] = KP^{\alpha}$ (worin P = Polymerisationsgrad). Demnach ist I bei 30° ein sehr gutes Lsgm. für II. Aus dem Vgl. der Viscosität verd. Lsgg. von III in I mit der von III in W., Aceton u. Methylcellosolve ergibt sich, daß I im ganzen Cyanäthylierungsbereich von III die höchste [$\eta$] u. das niedrigste k' (ca. 0,4) zeigt; ferner hat [$\eta$] von III bei einer Cyanäthylierung von ca. 30 Mol-% ein deutliches Maximum. Demnach scheint I auch ein gutes Lsgm. für III bei 30° zu sein. L. SCHULER. 4010□

**Copolymerisation von Vinylacetat mit Vinyl-n-butyläther.** Jerome R. Tichy. (J. Polymer Sci. **33.** 353—59. Dez. 1958. Storrs, Conn., Univ. of Connecticut, Chem. Labor.) (Engl.)

Während *Vinylacetat* (VA) u. *Vinyl-n-butyläther* (VBÄ) in Ggw. von 1% Katalysator in 8 Std. bei 60° 2,5%, in Ggw. von 2% Katalysator 3,5% *Copolymerisat* ergeben, steigt die Ausbeute bei 170° stark an. Im Gegensatz zu niedrigen Temp. ist keine Induktionsperiode festzustellen. Bereits nach 1 Std. ist die Copolymerisation fast beendet; die Ausbeuten betragen mit steigendem VA-Geh. des Monomeren 10% (bei 20% VA-Geh.) bis 45% (bei 80% VA-Geh.). Es wird angenommen, daß bei der hohen Temp. ein Abbau des Polymeren eintritt, da nach 2 Std. die Viscosität des Copolymerisats ein Maximum erreicht, dann aber wieder abnimmt. Die Copolymeren sind leicht lösl. in Aceton, Methyläthylketon u. Äthanol. Die Zus. des Copolymeren in Abhängigkeit von der Zus. des Monomerengemisches ist für eine 1std. Rk.-Dauer in einer Kurve dargestellt. S. NEUE. 4010□

**Assoziationsreaktionen zwischen Polyalkylenoxyden und Polycarbonsäuren.** K. L. Smith, A. E. Winslow und D. E. Petersen. (Ind. Engng. Chem., int. Edit. **51.** 1361—64. Nov. 1959. South Charleston, W.Va., Union Carbide Chem. Co.) (Engl.)

Vff. beschreiben eine Meth. zur Herst. zäher kautschukartiger wasserunlösl. Harze durch Mischen wss. Lsgg. von 2 Polymeren, wie *Polyäthylenoxyd* oder *Polyäthylenglykol* mit *Polyacrylsäure* bei Raumtemperatur. Dieser überraschende Effekt wird auf Ausbldg. von H-Brücken zwischen Äther- u. Carboxylgruppen zurückgeführt. Die Eig.-Änderungen infolge der Bldg. der Assoziate aus 2 verschiedenen Polymeren entspricht etwa der, die durch die bekannte Meth. der Copolymerisation erreicht wird. Die Beweise für die Assoziation werden mitgeteilt u. die Natur der Assoziationskräfte erörtert. R. SCHÄFF. 4010□

**Darstellung und Polymerisation von p-Vinylphenol.** Richard C. Sovish. (J. org. Chemistry **24.** 1345—47. Sept. 1959. Midland, Mich., Dow Chem. Comp., Plastics Basic Res. Labor.) (Engl.)

*p-Vinylphenol* (I; F. 72—73,5°) läßt sich in einer Ausbeute von 40% durch Decarboxylierung von p-Hydroxyzimtsäure gewinnen, wenn man nach dem Decarboxylierungs-Verf. von WILEY u. HOBSON [1949] die Zimtsäure in Chinolin tropfenweise in ein evakuiertes erwärmtes Gefäß, das den Katalysator enthält, zugibt u. das Prod. sofort herausdestilliert. Wegen der starken Polymerisationsneigung ist die Abtrennung von I aus dem Destillat u. seine Reinigung sehr schwierig. Sie gelingt am besten, wenn das Destillat in der Kälte in Ggw. eines Extraktionsmittels vorsichtig angesäuert wird. — I polymerisiert beim Stehen schon bei 0° oder in Ggw. freier Radikale oder kation. Initiatoren. Viscositätsmessungen in Bzl. zeigten ein niedriges Molgew. an. Zugabe von I zu einem Gemisch aus $H_2SO_4$ u. Essigsäure liefert ein quellbares, aber unlösl. vernetztes Polymeres (vermutlich infolge von Alkylierung). Radikalinitiierung gibt ein polymeres I als weißes Pulver vom F. 229° (Sinterung bei 207—215°). Ion. Initiierung ergibt niedriger schmelzende Polymere (F. 175—220°). Mit *Styrol* wurde ein *Copolymeres* erhalten. — Als Initiatoren wurden verwendet: Azo-bis-isobutyronitril (16 Std. bei 60°), Dibenzoylperoxyd (24 Std. bei 60°), $BF_3$-Ätherat u. $AlCl_3$ in Hexan bzw. Tetrachloräthan (sofortiges Ausfällen unter Blaufärbung) sowie katalyt. Mengen $H_2SO_4$ (Lsgm. Hexan; Polymerisation beim Stehen). Die Polymeren mit Ausnahme des vernetzten sind lösl. in A. u. werden durch W. wieder ausgefällt. S. NEUE. 4010□

**Krsitallstruktur des isotaktischen Polyacetaldehyds.** Giulio Natta, Paolo Corradini und Ivano Walter Bassi. (Atti Accad. naz. Lincei, Rend., Cl. Sci. fisiche, mat. natur. **28.** 284—92. März 1960. Milano, Politecnico, Ist. di chim. Ind.) (Ital.)

Faseraufnahmen von isotakt. *Polyacetaldehyd* ergaben tetragonale Symmetrie u. die Zellendimersionen a = 14,63 ± 0,10 Å; c = 4,79 ± 0,05 Å; Raumgruppe ist I $4_1$/a. In der Zelle sind 16 monomere Einheiten enthalten. Es werden errechnete, mögliche Parameter angegeben. C. GOTTFRIED. 4010

**Lineare isotaktische Hochpolymere von Acetaldehyd.** Giulio Natta, Giorgio Mazzanti, Paolo Corradini, Paolo Chini und Ivano Walter Bassi. (Atti Accad. naz. Lincei, Rend., Cl. Sci. fisiche, mat. natur. **28.** 8—17. Januar 1960. Milano, Politecn., Ist. di Chim. ind.) (Ital.)

Die *Polyacetaldehyde* (I) mit linearer isotakt. Struktur sind kristallin; sie werden durch Polymerisation von Acetaldehyd (II) bei tiefer Temp. (ca. —70°) unter Verw. von Alkyl-Li, -Mg, -Zn u. -Al als Katalysatoren erhalten. Man gibt zu einer Lsg. von 20 ml II u. 20 ml Ae. unter $N_2$ bei —78° 1 ml einer 10%ig. Lsg. von $Al(C_2H_5)_3$ in Heptan, wobei sofort die Polymerisation beginnt, zerstört den Katalysator mit 1 ml Butanol u. 50 ml Aceton nach 8 Std., verjagt den Ae. im Vakuum, fällt mit W., filtriert den Nd. von I u. trocknet bei 50—60°/0,2 mm Hg; 7,1 g (Ausbeute). Durch Extraktion mit sd. Aceton erhält man eine Fraktion mit ca. 25% amorphem I, einer in Methyläthylketon bei 27° gemessenen Intrinsicviscosität von 1,60 u. eine in den meisten üblichen Lsgm. unlösl. Fraktion (I a), die bei Raum-Temp. in Abwesenheit von Alkalien u. Säuren beständig ist, aber beim Erhitzen auf > 100° rasch depolymerisiert. Die mit dem GEIGER-Zähler registrierten Röntgenpulveraufnahmen (Cu, $K_\alpha$) der orientierten Fasern von I a mit einer tetragonalen Elementarzelle aus 16 Monomereinheiten ergeben die Raumgruppe I $4_1$/a mit den Dimensionen a = 14,63 ± 0,05 u. c = 4,79 Å. Die Kette hat Schraubenform u. isotakt. Struktur. Die wiedergegebenen Röntgenspektren u. der Polymerisationsmechanismus werden erörtert. G. PLATZER. 4010□

**Lineare isotaktische Hochpolymere von höheren Aldehyden als Acetaldehyd.** Giulio Natta, Giorgio Mazzanti, Paolo Corradini, Alberto Valvassori und Ivano Walter Bassi. (Atti Accad. naz. Lincei, Rend., Cl. Sci. fisiche, mat. natur. **28.** 18—26. Januar 1960.) (Ital.) — Vgl. vorst. Referat.

Unter analogen Bedingungen erfolgt die Darst. von *Polypropion-* (I), *Polybutyr-* (II), *Polyisobutyr-* (III) u. *Polyvaleraldehyd* (IV) durch stereospezif. Polymerisation. Alle Polymeren (A) haben isotakt. Struktur u. werden beim Erhitzen auf > 100° zersetzt. Die Unterss. zeigen, daß kristallines I, II, III u. IV nicht nur mit den l. c. genannten Katalysatoren, sondern auch mit $AlBr_3$, $AlCl_2(C_2H_5)$ oder $BF_3$-Ätherat erhalten werden. Die Verw. letzterer führt im Falle von Acetaldehyd zur Bldg. von amorphen oder fast vollkommen amorphen A. Die kristallinen A werden von den amorphen durch Extraktion unter $N_2$ getrennt: die (öligen) Fraktionen von niedrigem Molgew. mit sd. Aceton u. die festen Fraktionen (ca. 20%) von geringer Kristallinität mit sd. Bzl. oder Diisopropyläther. Die mit dem GEIGER-Zähler registrierten Röntgenspektren (Cu, $K_\alpha$) der unlösl. Fraktionen zeigen hohe Kristallinität von bes. großer ster. Reinheit. I ist tetragonal mit a = 17,52 (Å), c = 4,78 u. der Raumgruppe (RG) I $4_1$/a; II ist tetragonal mit a = 20,01, c = 4,78 u. RG I $4_1$/a; III ist wahrscheinlich tetragonal u. IV tetragonal mit a = 20,6 u. c = 5,2. Die Ketten aller A zeigen schraubenförmige Struktur. G. PLATZER. 4010□

**Untersuchungen über Textilausrüstungsmittel.** 1. Mitt. **Über die Emulsionspolymerisation von Acrylonitril mit Polyvinylalkohol (PVA).** Hiroyoshi Kamogawa. (Chem. High Polymers [Tokyo] **14.** 14—19. 1957. Yokohama, Faserforsch. Inst.) (Jap.; Auszug: Engl.)

Die Geschw. der Emulsionspolymerisation von *Acrylonitril* (I) in Ggw. von $(NH_4)_2 \cdot S_2O_8$ (II) als Initiator u. Polyvinylalkohol (PVA) als Stabilisator läßt sich näherungsweise durch $-d[M]/dt = K\,[M][I_0][PVA]^{1/4}$ ausdrücken, worin [M] die Mol-Konz. des Monomeren u. $[I_0]$ die Anfangs-Konz. von II bedeuten. Der mittlere Polymerisationsgrad von *Polyacrylonitril* ist höher bei höherer I-Konz., bei niedrigerer Polymerisations-Temp. u. bei geringerer II-Menge. Die Kettenübertragung von I auf PVA darf nicht vernachlässigt werden, auch wenn man die Proportionalität der Polymerisations-Geschw. mit $[I_0]$ u. das anfängliche Absinken des mittleren PG mit zunehmender [PVA] in Betracht zieht.

L. Schuler. 4010

**Untersuchungen an synthetischen Acrylfasern.** 26. Mitt. **Erörterung über die Redoxpolymerisation.** Masamichi Katayama. (Chem. High Polymers [Tokyo] **14.** 49—53. 1957. Koriyama, Nitto Spinn A.G.) (Jap.; Auszug: Engl.) — 25. vgl. C. **1959.** 5959.

Es wird gefunden, daß die Red. u. Oxydation von S-haltigen Säuren mit reduzierenden Eigg., wie $Na_2SO_3$, $NaHSO_3$, $Na_2S_2O_3$, $Na_2S_2O_4$ u. $SO_2$, u. $Fe^{III}$-Salzen (oder $Cu^{II}$-Salzen) für die Start-Rkk. $S_2O_3^{2-} + Fe^{3+} \rightarrow S_2O_3^{-}\cdot + Fe^{2+}$ u. $HSO_3^{-} + Fe^{3+} \rightarrow HSO_3\cdot + Fe^{2+}$ maßgebend sind. Untersucht wird auch der Einfl. der Temp. sowie der Monomeren- u. Katalysatorkonzentration. L. Schuler. 4010

**Scharen wellenförmiger Bruchlinien bei Polymethacrylsäuremethylester.** J. Leeuwerik. (Kolloid-Z. **170.** 60—61. Mai 1960. Delft, T.N.O., Centraal Labor.) (Dt.)

Auf Biegebruchflächen (nicht dagegen auf Zugbruchflächen) von *Polymethacrylsäuremethylester* wurden neuartige Bruchfiguren gefunden: Im Übergangsgebiet zwischen glatter u. rauher Bruchzone treten mehrere Scharen feiner paralleler, wellig profilierter Streifen auf, die period. in Scharen dicht nebeneinander geordnet sind. Die Wellenbreite beträgt ca. 10 $\mu$. Die beiden Richtungen der Scharen weichen ca. 65° von der Bruchausbreitungsrichtung ab. Da der Verlauf der Geraden nicht von Bruchhyperbeln gestört wird, lassen sich diese nicht mit den bekannten Wallner-Linien identifizieren.

E. Uhlein. 4010□

**Räumliche Orientierung und dielektrisches Verhalten von Polymethylmethacrylaten.** Herbert A. Pohl, Robert Bacskai und William P. Purcell. (J. physic. Chem. **64.** 1701—05. Nov. 1960. Princeton, N.Y., Univ. Plastics Labor.) (Engl.)

Die Auswrkg. der räumlichen Orientierung entlang der *Polymethylmethacrylat* (I)-Ketten auf Molpolarisation (P), IR-Spektr. u. Röntgenstrahlenanalyse (RA) werden untersucht. Die Ergebnisse stimmen mit bekannten Daten für andere Diastereomere überein. Es zeigte sich, daß *isotakt.* I die höchste P (Dipolmoment $\mu$ pro Monomereinheit 1,43 D), die kürzeste Haupt-Relaxationszeit (t), die geringste Streuung der t, die wenigsten IR-Banden u., der RA zufolge, die größte Kristallisationsneigung aufweist. *Syndyotakt.* I zeigt die niedrigste P ($\mu$ 1,265 D), die längste t, die größte Streuung der t, die meisten IR-Banden u. eine mittlere Neigung zur Kristallisation. *Atakt.* I krist. am schwierigsten u. liegt mit seinen anderen Eigg. zwischen vorst. Produkten. Bezüglich der Struktur der verschiedenen Formen von I werden 18 Konformationen diskutiert.

Heinz Nestler. 4010□

**Polymerisation von Methylmethacrylat in Substanz.** 1. Mitt. **Einfluß der Katalysatorkonzentration auf das Molekulargewicht und die Molekulargewichtsverteilung des mit Benzoylperoxyd katalysierten Polymeren.** Nitai Charan Samajdar und P. K. Choudhury. (Indian J. appl. Chem. **21.** 203—07. 1958. Calcutta, Calcutta Univ., Dep. of Appl. Chem.) (Engl.)

*Methylmethacrylat* wurde bei 60° mit wechselnden Mengen Dibenzoylperoxyd als Katalysator polymerisiert u. der Verlauf der Polymerisation durch Best. des Brechungsindex, der Viscosität u. der umgesetzten Menge verfolgt. Die Molgew.-Verteilung des erhaltenen *Polymethylmethacrylats* (I) wurde durch fraktionierte Fällung von I mit A. aus 1—2%ig. Lsg. in Chlf. bestimmt. Mit wachsender Katalysator-Konz. nimmt die Polymerisationsdauer sowie das Molgew. von I ab; jedoch verschlechtern sich die Eigg. von I. Die Abnahme der Löslichkeit bei steigendem Molgew. ist sehr gering. Die Fraktionierung eines I mit einem durchschnittlichen Molgew. von 436000 ergab 7 Fraktionen mit einem Molgew. von 182000—1000000. S. Neue. 4010□

**Untersuchungen über die Radikalkettenreaktion des Abbaus.** 5. Mitt. **Thermischer Abbau von Polymethylmethacrylat bei höherer Temperatur.** Ryōzō Inoue, Shigeo Ouchi und Susumu Yasuhira. (Chem. High Polymers [Tokyo] **14.** 54—61. 1957. Osaka, TH.) (Jap.; Auszug: Engl.) — 4. vgl. C. **1961.** 13937.

Unter 300° verläuft der therm. Abbau von *Polymethylmethacrylat* (I) nur durch eine am Kettenende erfolgende Start-Rk. (Geschw.-Konst. $k_1$), über 300° aber tritt eine regellose Start-Rk. (Geschw.-Konst. $k_2$) hinzu. Die anfängliche Verflüchtigungs-Geschw. wird aus statist. Überlegungen vom Kettenmechanismus abgeleitet u. auf die Vers.-Ergebnisse angewendet. Die Aktivierungsenergie für $k_2$ wird zu 51 kcal/Mol berechnet, die Wahrscheinlichkeit des Kettenabbruchs („Depropagation") zu 0,9994. Vergleicht man den Abbau von I mit dem von *Polystyrol* (mit gleicher Start-Rk.), so hat ersterer einen kleineren $k_2$-Wert, erfolgt aber auf einer breiteren Basis längs der Kette, was auf Grund der mol. Struktur verständlich erscheint. L. Schuler. 4010

**Untersuchungen über die Radikalkettenreaktion des Abbaus.** 6. Mitt. **Thermischer Abbau des Styrol–Methylmethacrylat-Copolymeren.** Ryōzō Inoue, Shigeo Ouchi und Susumu Yasuhira. (Chem. High Polymers [Tokyo] **14.** 61—70. 1957.) (Jap.; Auszug: Engl.) — 5. vgl. vorst. Referat.

Bei geringerem Molanteil $m_1$ an *Styrol* im *Styrol–Methylmethacrylat-Copolymeren* fällt die Geschw. der Monomeren-Bldg. beim therm. Abbau mit zunehmendem $m_1$ scharf ab, bei größerem $m_1$ aber nur wenig. Das auf Grund des C-Geh. der abgebauten Copolymeren errechnete mol. Verhältnis der verflüchtigten Monomeren bleibt während aller Abbauvorgänge konst., wird also von der ursprünglichen Zus. des Copolymeren bestimmt. Unter der Annahme einer regellosen Start-Rk. wird die statist. Gleichung der 3. Mitt. (vgl. C. **1961.** 13937) auf die Vers.-Ergebnisse angewandt. Die mittleren Geschw.-Konst. der Start-Rk. verändern sich fast linear mit $m_1$, aber die mittleren kinet. Kettenlängen nehmen mit kleinerem $m_1$ in weitem Maße ab. L. Schuler. 4010

**Untersuchungen über die Radikalkettenreaktion des Abbaus.** 7. Mitt. **Über die Kettenreaktion des Abbaus von Copolymeren.** Ryōzō Inoue, Shigeo Ouchi und Susumu Yasuhira. (Chem. High Polymers [Tokyo] **14.** 162—70. 1957.) (Jap.; Auszug: Engl.) — 6. vgl. vorst. Referat.

Mathemat. Analyse über den therm. Abbau von Copolymeren, der unter Bldg. ihrer Monomeren nach einem pyrolyt. Kettenmechanismus verläuft, unter gleichzeitiger Berücksichtigung der Theorie der Copolymerisation. Es werden theoret. Gleichungen für die durchschnittliche Geschw.-Konst. der Start-Rk., der mittleren kinet. Kettenlänge u. des mol. Verhältnisses der flüchtigen Monomeren abgeleitet. Die theoret. Werte stimmen mit den experimentellen befriedigend überein. L. Schuler. 4010

**Untersuchungen über die Polyesterbildung von zweibasigen Säuren und Glykolen.** 1. Mitt. **Mechanismus der H-Ionenkatalyse bei der Polyesterbildung.** Au-Chin Tang, Kuo-Sui Yao, Te-Hou Lin, Yu-Wei Li und Shih-Wei Li. (Sci. Rec. [Peking] **1.** Nr. **4.** 243—48. Aug. 1957. Northeastern People's Univ., Acad. Sinica, Inst. of Appl. Chem.) (Engl.)

Es werden Daten für die Polyester-Bldg. von *Bernsteinsäure* bzw. *Adipinsäure* mit *Äthylenglykol* bei verschiedenen Mol-Verhältnissen u. Temp. (130—160°) angeführt. Die Polyester-Bldg. wird durch den Mechanismus einer H-Ionen-Katalyse bestimmt. Die Ester-Bldg. bei äquimol. Verhältnis der zweibasigen Säure u. Glykol ist in Ggw. einer fremden Säure (1 m $H_2SO_4$; 3 m $H_3PO_4$) 2. Ordnung, in deren Abwesenheit 2½. Ordnung. Der Rk.-Mechanismus wird eingehend erörtert. Claus Fischer. 4010□

**Untersuchungen über den Sphärolith von Polyäthylenadipat.** 1. Mitt. **Über den Wachstumsvorgang der Sphärolithe und die Rißbildung in ihnen.** Kazuoki Masuzawa. (Chem. High Polymers [Tokyo] **14.** 1—6. 1957. Osaka, Sumitomo El. A.G.) (Jap.; Auszug: Engl.)

Auf einem Objektträger läßt man geschmolzenes *Polyäthylenadipat* bei 27° langsam abkühlen u. beobachtet im Polarisationsmikroskop bei gekreuzten Nicols das Wachstum der Sphärolithe. Zuerst erscheinen kleine, lineare Mol.-Bündel, welche dann in dreierlei Weise wachsen: 1. einige wachsen u. bleiben linear; 2. andere spreizen beim Wachsen die beiden Bündelenden aus; 3. die übrigen wachsen wie nach 2., bis die Umrisse der Fächer zusammenwachsen. Darauf folgen erneut gerichtete Ausstrahlungen bei allen 3 Typen von Mol.-Bündeln u. bilden so Sphärolithe aus diesen Sphärolithkernen, deren Typenunterschied nicht wesentlich ist. Große Sphärolithe bis zu ½ Zoll lassen sich durch extrem langsames Abkühlen der Schmelze züchten. Gelegentliche Riß-Bldg. erfolgt den Radien entlang, ausnahmsweise auch zirkular. L. Schuler. 4010

**Über die chemische Konstitution der Melanine.** Maurice Rangier. (C. R. hebd. Séances Acad. Sci. **249.** 1954—55. 9/11. 1959.) (Franz.)

Vf. untersucht die Melanin-Bldg. aus Adrenochrom (I), das in wss. Lsg. ein Gleichgewicht zwischen der roten 6.7-Chinonform u. der gelben 6.7-Peroxidoform (II) bildet. Je niedriger der pH-Wert u. je höher die Temp., um so rascher entstehen über eine gelbe Lsg. die schwarzen Flocken von Melanin (III). Vf. nimmt an, daß durch Wasseranlagerung an II u. anschließende intermol. Wasserabspaltung der gebildeten HOC(OH)—(HO)COH-Gruppen sich mehrere I-Moll. zu einer Kette mit Ätherbindungen zusammenlagern. Die an den Kettenenden gebundenen o-ständigen OH-Gruppen geben durch Luftoxydation je zwei HOO-Gruppen, die in Anhydride übergehen können. Die von einem aus I erhaltenen III ermittelten analyt. Werte stimmen mit den berechneten (57,75% C) eines aus 8 Moll. I aufgebauten anhydrisierten III überein. Vf. nimmt an, daß auch natürliches III, dessen N-Geh. von ca. 7,3% gleich dem des aus I hergestellten ist, eher aus einer adrenalinähnlichen Substanz als aus 3.4-Dihydroxyphenylalanin gebildet wird. W. Kirschenlohr. 4010□

**Bildung dünner, polymerer Schichten bei Elektronenbeschuß.** Robert W. Christy. (J. appl. Physcics **31.** 1680—83. Sept. 1960. Los Angeles, Calif., Space Technol. Labor., Inc.) (Engl.)

Die Bldg. fester Filme aus einem Siliconöldampf (DC 704) unter Einfl. eines Elektronenstrahls von geringer Energie wird beschrieben. Diese Filme haben isolierende Eigg. u. sind zwischen 100 u. wenigen 1000 Å dick. Die Ablagerungs-Geschw. dieser Schichten hängt von der Temp. des Substrats, der Elektronenstromdichte u. vom Öldampfdruck ab. Für die Ablagerungs-Geschw. wird ein theoret. Ausdruck aufgestellt. Die guten isolierenden Eigg. der erzeugten dünnen Schichten werden hervorgehoben. H. Schibilla. 4010□

**Über die Polykondensation von Bis-[β-hydroxyäthoxymethyl]-tetramethyldisiloxan mit Dicarbonsäuren.** K. A. Andrianow, L. I. Makarowa und N. M. Sharkowa. (Высокомолекулярные Соединения [Hochmolekulare Verbind.] **2.** 1378—82. Sept. 1960. Inst. für Metallorg. Verbb. der Akad. der Wiss. der UdSSR.) (Russ.; Auszug: Engl.)

Durch Polykondens. von 1.3-Bis-[β-hydroxyäthoxymethyl]-tetramethyldisiloxan (I) mit 1.3-Bis-[o-carboxybenzoylbenzyl]-tetramethyldisiloxan (**II**), α.ω-Bis-[o-carboxybenzoylbenzyl]-dekamethylpentasiloxan (**III**) bzw. -eikosamethyldekasiloxan (**IV**) werden *Polyester* erhalten, wobei im Gegensatz zur Kondens. von **I** mit Äthylenglykol keine Umgruppierung der Siloxanbindungen beobachtet wird. **I** u. Adipinsäure (**V**) liefern ebenfalls *Polyesterharze*, wobei die Si–C-Bindungen des Disiloxans nicht verändert werden. Die erhaltenen Polyester reagieren mit Hexamethylendiisocyanat (**VI**) unter Bldg. von *kautschukartigen Prodd.*, die in Kresol lösl. sind. — Die Polykondens. von **I** mit **II**, **III** bzw. **IV** wird ausgeführt, indem das äquimol. Gemisch der Komponenten unter $N_2$ auf 220° erhitzt u. das gebildete W. laufend abdest. wird. Nach 7—10 Std. ist die Kondens. beendet u. die SZ. verändert sich nicht mehr (graph. Darst.). Die Rk. der Polyester mit **VI** wird ausgeführt, indem man 8,28 g des Polyesters zuerst mit 0,4 g **I** 12 Std. auf 220°, dann mit 0,238 g **VI** 16 Std. auf 190° erhitzt. Es wird ein dunkler, kautschukartiger Stoff erhalten. Bei der Kondens. von 28,2 g **I** mit 14,6 g **V** unter $N_2$ bei 190—200° erhält man eine braune, zähe Fl. der Zus. $C_{16}H_{42}O_8S_2$. Helmut Schäfer. 4010□

**Über den Einfluß der CHO-Gruppen im Cellulosemolekül auf die Stabilität der Acetalbindung im sauren Medium an Hand von Modellverbindungen.** S. I. Kusnetzowa und W. I. Iwanow. (Известия Академии Наук СССР, Отделение Химических Наук [Nachr. Akad. Wiss. UdSSR, Abt. chem. Wiss.] **1960.** 2044—45. Nov. Zelinsky-Inst. für org. Chem. der Akad. der Wiss. der UdSSR.) (Russ.)

Die Hydrolyse von *D-Methoxy-D-hydroxymethyldiglykolaldehyd* als Modell für *oxydierte Cellulose* (I) u. von *α-Methylglucosid* als Modell für nicht oxydierte **I** durch n-HCl ergab, daß die 1. Modell-Verb. bei 60° 14mal schneller hydrolysiert wird, als die 2., während die Rk. bei 80° 8mal schneller verläuft. Somit schwächt die CHO-Gruppe in α-Stellung zur Acetalbindung deren Widerstandsfähigkeit gegenüber Säureeinwirkung. Auf **I** bezogen heißt das, daß aus dem $C_{(2)}$- u. $C_{(3)}$-Atom gebildete CHO-Gruppen des oxydierten Kettenglieds eines **I**-Mol. eine Schwächung ihrer Acetalbindung im sauren Medium bedingen. M. Ulmann. 4050□

**Über die Benetzungswärmen von Celluloseestern mit Wasser.** D. W. Sharkowski. (Доклады Академии Наук БССР [Ber. Akad. Wiss. BelorussSSR] **3.** 492—95. Dez. 1959.) (Russ.)

Bei Substitution des H von OH-Gruppen der *Cellulose* (**I**) ändert sich die Wärmetönung der Benetzung mit W.; sie beträgt bei nativer Baumwolle 10,4 cal/g (1684,8 cal/Mol $C_6H_{10}O_5$), bei *Nitrocellulose* mit 7% N 5,0 (810,0), mit 13,2% N 0,8 (129,5), bei mercerisierter Baumwolle 15,5 (2511,0), bei *Methylcellulose* mit 29,9% $OCH_3$ 12,7 (2054,4), mit 32,75% 12,3 (1922,6), mit 37,5% 11,6 (1872,2). Aus den Ergebnissen wird geschlossen, daß die verschiedene Aktivität bzw. Zugänglichkeit der OH-Gruppen der **I** für Reagentien nicht auf verschiedener Festigkeit der H-Bindungen beruht, sondern darauf, daß diese sich in verschiedenen Strukturmodifikationen der I befinden, u. daß für die Benetzungswärme mit W. die Größe der Substituenten der OH-Gruppe eine Rolle spielt ($NO_2 > CH_3$), indem sie die Bewegung der Ketten beeinflußt.

R. K. Müller. 4050□

**Die Bestimmung des Substitutionsgrades von Hydroxyäthylcellulosen.** Jean Quinchon. (C. R. hebd. Séances Acad. Sci. **250.** 1258—60. 15/2. 1960.) (Franz.)

Vf. berichtet über einige Verbesserungen der Best.-Meth. des Substitutionsgrades von *β-Hydroxyäthylcellulose* (I). Die Genauigkeit beträgt nun ca. 5%. I wird mit konz. HJ erhitzt, wobei Aufspaltung in Äthyljodid, Äthylen u. $J_2$ eintritt. Äthyljodid wird in alkohol. $AgNO_3$-Lsg., Äthylen in essigsaurer $Br_2$-Lsg. absorbiert. Das überschüssige $AgNO_3$ wird mit K-Thiocyanat u. $Br_2$ jodometr. bestimmt. F. Lang. 4050□

**Chromatographie von Polyelektrolyten.** 5. Mitt. **Aminoäthylcellulose und Guanidinoäthylcellulose.** G. Semenza. (Helv. chim. Acta **43.** 1057—68. 15/6. 1960. Zürich, Univ., Biochem. Inst.) (Dt.)

Zwei neue Anionenaustauscher für die Proteinchromatographie wurden aus Cellulose hergestellt: *Aminoäthyl-* (II) u. *Guanidinoäthylcellulose.* II wurde nach einer modifizierten Meth. von Guthrie aus 2-Aminoäthylschwefelsäure (III), NaOH u. Cellulosepulver dargestellt. Die Meth. ermöglicht reproduzierbare Substituierungsquoten (SQ). So wird durch einmalige Behandlung der Cellulose mit III eine konst. SQ von 0,19—0,21 mVal/g erzielt. Nach einer zweiten Behandlung beträgt sie 0,40—0,44, nach einer dritten 0,70—0,75 mVal/g. Die Kapazität von II wurde für verschiedene Proteine bestimmt. Sie beträgt z. B. bei einer SQ von 0,73 für Ovalbumin 178 (mg fixiertes Protein/g II). Außerdem wurde eine mit *Äthylendibromid vernetzte Cellulose* (I) hergestellt. — *Vernetzte Cellulose* (I), durch 1 std. Erhitzen von NaOH, Cellulosepulver u. Äthylendibromid auf 100°. — *Aminoäthylcellulose* (II), durch 1 std. Erhitzen von NaOH, Cellulosepulver oder I u. krist. III im Autoklaven auf 120°. — *Guanidinoäthylcellulose,* aus II u. o-Methylisoharnstoff bei pH 10. Gottfried Schreiber. 4050□

**Das amorphe Röntgenstrahlen-Diffraktogramm von Hyaluronsäure.** Torvard C. Laurent. (Ark. Kemi **11.** Nr. 57. 513—18. 6/12. 1957. Stockholm, Karolinska Inst., Dep. of Chem. I and Dep. of Med. Physics.) (Engl.)

Eine eindimensionale Fourier-Analyse des amorphen Röntgenstrahlen-Diffraktogramms von *Hyaluronsäure* (I) zeigt Hauptmaxima bei 1,3—1,5 Å entsprechend den C—C- und C—O-Abständen, 2,5 Å entsprechend dem Abstand von der Nachbargruppe (C—C—C; C—O—C; C—C—O), 5 Å u. 10 Å. Na-I u. *Chondroitinschwefelsäure* geben ähnliche radiale Verteilungen wie I. G. Bratfisch. 4050□

**Über Proteine und deren Abbauprodukte.** 19. Mitt. **Sterische und induktive Effekte bei der Hydrolyse von Polypeptiden.** Kurt Heyns und Hans Friedrich Grützmacher. (Liebigs Ann. Chem. **642.** 174—86. April 1961. Hamburg, Chem. Staatsinst., Inst. für Organ. Chem.) (Dt.) — 18. vgl. C. **1961.** 10990.

Bei der Hydrolyse von *Poly-DL-p-methoxyphenylalanin, Poly-DL-phenylalanin* (I) u. *Poly-DL-p-nitrophenylalanin* in einem Gemisch (**M**) aus Dichloressigsäure u. wss. HCl (37°) wird weder die Spaltung einer Endbindung noch diejenige einer inneren Bindung der Peptidkette durch induktive Effekte der Aminosäureseitenkette beeinflußt. *Dialanyl-$^{15}$N-alanin* wird in wss. HCl an der C-endständigen Bindung hydrolysiert, in **M** an der N-endständigen. Die Aktivierungsenergien u. Aktivierungsentropien der sauren Hydrolyse von *Poly-DL-alanin, Poly-DL-α-aminobuttersäure, Poly-DL-norleucin,* I, *Poly-DL-leucin* u. *Poly-DL-isoleucin* wurden ermittelt. Die Befunde sind durch ster. Einfl. der Aminosäureseitenketten ausreichend deutbar.

Versuche: *4-[p-Methoxybenzyl]-DL-oxazolidindion-(2.5)*, F. 146—148°, aus DL-p-Methoxyphenylalanin u. $COCl_2$ in Dioxan bei ca. 45°; 6eckige oder rhomb. Blättchen (Chlf.); 95% (Ausbeute). — *Poly-DL-p-methoxyphenylalanin,* durch Erhitzen vorst. Verb. in Dioxan nach Wasserzusatz auf dem Wasserbad (ca. 30 Min.); mittlerer Polymerisationsgrad 19,9; 93%. — *4-[p-Nitrobenzyl]-DL-oxazolidindion-(2.5)*, F. 182°, aus DL-p-Nitrophenylalanin wie oben; gelbliche derbe Nadeln (Dioxan–PAe.); 83%. — *Poly-DL-p-nitrophenylalanin,* durch 5 Std. langes Kochen vorst. Verb. in Dioxan + 3% W.; ockergelbes, alkaliempfindliches Pulver; 43%. — *Carbobenzoxydialanyl-$^{15}$N-alaninbenzylester,* aus Carbobenzoxyalanylalaninazid u. $^{15}$N-Alaninbenzylester in Ae. (über Nacht); 61%. — *Dialanyl-$^{15}$N-alanin,* durch katalyt. Hydrierung von 5,5 g vorst. Verb. in $CH_3OH$-Eisessig an Pd; 2,8 g. K. Maier. 4070□

**Partielle spezifische Volumina und Inkremente des Brechungsindex in Vielkomponentensystemen.** Edward F. Casassa und Henryk Eisenberg. (J. physic. Chem.

**65.** 427—33. März 1961. Pittsburgh, Pa., Mellon Inst.) (Engl.) — Vgl. J. physic. Chem. **64.** [1960.] 753.

Vff. untersuchten theoret. die partiellen spezif. Vol. u. spezif. Inkremente der Brechungsindices von *Proteinen* u. *Polyelektrolyten* in wss. Lsgg. mit einem einfachen Salz unter dem Gesichtspunkt möglicher Definitionen von unabhängigen thermodynam. Komponenten. Entsprechend der l. c. entwickelten Vorstellungen ist es oftmals nützlich, die Komponenten durch Angleichung der inneren u. äußeren Salz-Konzz. in einer Dialyseanordnung festzulegen u. jeden Überschuß oder Mangel an Salzionen in der Dreikomponentenphase als Teil der makromol. Komponente anzugeben. Da Protein-Lsgg. gegen das reine Lsgm. dialysiert werden können, kann man oftmals die Änderungen des Vol. u. des Brechungsindex auf eine Weise messen, die direkt zu einer solchen Definition der Komponenten führt. Eine Betrachtung verfügbarer Daten zeigt, daß in einigen Dreikomponenten-Syst. die thermodynam. Wechselwrkg. zwischen dem Salz u. den makromol. Teilchen groß genug ist, um die Änderungen von Vol. u. Brechungsindex merklich zu beeinflussen. Es ist daher wichtig, daß beide bei einer Auswertung der durch Ultrazentrifugen- oder Lichtstreuungsmessungen ermittelten Daten in übereinstimmender Form definiert u. gedeutet werden. Am Beispiel eines Sedimentationsgleichgewichtes (Rinderserumalbumin) wird gezeigt, wie man dann aus Gleichgewichtsmessungen auch ohne explizite Berechnung der Wechselwrkg. mit dem Elektrolyten zu eindeutigen Werten für das Molgew. der Polymerteilchen gelangen kann.

Wolfgang Wagner. 4070□

**Die Eigenschaften von Thyreoglobulin.** 3. Mitt. **Die Titration von Thyreoglobulin in Natriumdodecylsulfat.** H. Edelhoch. (J. physic. Chem. **64.** 1771—73. Nov. 1960. Bethesda, Md., National Inst. of Arthritis and Metabol. Diseases.) (Engl.) — 2. vgl. C. **1961.** 8006.

Der pH-Wert von *Thyreoglobulin* (**I**)-Lsgg. wird durch Zusatz von *Na-Dodecylsulfat* (**II**) erhöht. Vf. untersucht diese Erscheinung u. deren Auswirkung auf die Titration von **I**. Die Titrationskurven, die bei **I** für Hin- u. Rücktitration im Bereich von pH 2,9—7,0 zunehmend auseinanderlaufen, decken sich in Ggw. von **II** zwischen pH 2,7 u. 5,2. Auf der alkal. Seite ist der Unterschied zwischen beiden Kurven sehr klein. Weiter werden in einer 0,015 m **II**-Lsg. beim pH 4,0 mehr als 90% der Carboxylgruppen erfaßt, während es bei der Titration von **I** allein weniger als 50% sind. Günstig wirkt sich weiterhin aus, daß **I**, das im pH-Bereich von ca. 4,6—3,6 unlösl. ist, durch **II** in Lsg. gehalten wird. Ein Vgl. zeigt, daß die Fähigkeit zur $H^+$-Bindung in der Reihe der Na-Salze von Octyl-, Decyl-, Dodecyl- u. Tetradecylsulfat zunimmt.

Heinz Nestler. 4070□

**Strukturchemie von Kollagen und Keratin.** Olle Dahl. (Svensk kem. Tidskr. **71.** 33—46. 1959. Malmö, Scans Centrallabor.) (Schwed.)

Für die Struktur von *Kollagen* (**I**) u. *Keratin* (**II**) u. ihre Bldg. spielt ihre Aminosäure-Zus. eine Rolle. Die aus Röntgenstruktur-Unterss. abgeleiteten Modelle werden besprochen: Faltblattmodell für $\beta$-**II**, $\alpha$-Schrauben- u. $AB_6$-Kabelmodell für $\alpha$-**II** u. Dreifachschraubenmodell für **I**. Noch nicht geklärt sind die Verknüpfungen zwischen den Mol.-Einheiten u. die Folgen der Aminosäuren in den Peptidketten. — 13 Literaturhinweise.

R. K. Müller. 4070□

**Die Wechselwirkung von Polymyxin B mit zweiwertigen Kationen in wässeriger Lösung.** H. Brintzinger. (Helv. chim. Acta **44.** 744—53. 2/5. 1961. Basel, Univ., Inst. für Anorg. Chem.) (Dt.)

*Polymyxin B* (**I**), ein cycl. Dekapeptid mit bakteriostat. Wrkg., besitzt 5 freie Aminogruppen an den $\alpha.\gamma$-Diaminobuttersäurebausteinen u. ist wegen der zusätzlichen Möglichkeit zur Chelat-Bldg. an den Peptidgruppen ein starker Komplexbildner. Die Komplex-Bldg. mit Metallionen wurde potentiometr. u. spektrophotometr. untersucht. $Mg^{2+}$ bildet keinen Komplex. Bei der Titration einer $5 \cdot 10^{-3}$ m **I**-Lsg. mit 0,1 Mol KCl/Liter in Ggw. von $2 \cdot 10^{-3}$ Mol $CoSO_4$/Liter gegen 0,1 n NaOH tritt (nach nur geringer Abweichung der Titrationskurve von der von **I** allein) bei pH 8,2 die Bldg. eines Nd. ein, der offenbar aus bas. Co-Salzen besteht. An der Luft löst sich der Nd., offenbar unter Bldg. eines stabilen Co(III)-Komplexes. *$Cu^{2+}$* u. *$Ni^{2+}$* bilden stabile *1:1-Komplexe* mit **I**, daneben tritt auch ein *2:1-Cu–*__I__*-Komplex* auf. Stabilitäts-Konst. u. Spektren dieser Komplexe wurden bestimmt. Unter Zugrundelegung der **I**-Struktur bilden $Cu^{2+}$ u. $Ni^{2+}$ tetragonal-planare Komplexe mit zwei Amid- u. zwei Aminohaftstellen, die neben normalen 5- u. 6-Ringen einen makrocycl. Koordinationsring ausbilden. — *Adenosintriphosphat* bildet einen ziemlich schwachen Komplex mit dem **I**-Kation.

E. Dehmlow. 4070□

# E. Biologische Chemie. Physiologie. Medizin

## $E_1$. Allgemeine Biologie und Biochemie

**Grenzen der Übertragbarkeit der Regelungslehre auf biologische Probleme.** W. D. Keidel. (Naturwissenschaften **48.** 264–76. 2. April-H. 1961. Erlangen, Univ., Physiol. Inst.) (Dt.)

Vortrag. Die Denkweise der Regelungslehre hat ihr Hauptanwendungsgebiet im Vegetativen u. im Primitiv-Motorischen u. im Tierreich beim primitiven Lebewesen vom Einzeller bis etwa zum Insekt. Für höhere Funktionen des Zentralnerven-Syst. erlaubt die Regelungslehre (Feedback-Syst.) noch keine Deutung der menschlich typ. Verh.-Weisen nicht automatenhaften oder statist., sondern individuellen Charakters (Gewissen, schöpfer. Leistung). — 20 Literaturangaben. K. MAIER. 4100□

**$CO_2$-Drucke über Bicarbonat–Carbonat-Gemischen.** Otto Warburg, A. W. Geissler und S. Lorenz. (Z. Naturforsch. **16 b.** 283. April 1961. Berlin-Dahlem; Max-Planck-Inst. für Zellphysiol.) (Dt.)

Die bisherigen Angaben über $CO_2$-Drucke in geschlossenen Gefäßen über $HCO_3^-$–$CO_3^{2-}$-Gemischen waren fehlerhaft. Sie wurden nach einer noch zu veröffentlichenden Meth. neu bestimmt u. sind in Abhängigkeit von den Mischungsverhältnissen 3 m $KHCO_3$- u. $K_2CO_3$-Lsgg. tabellar. angegeben. S. DITTMANN-MITZSCHERLICH. 4100□

**Leben ohne Atmung.** Inderjit Singh. (Arch. int. Pharmacodynam. Thérap. **129.** 239–43. 1/12. 1960. Agra, India, Dep. of Physiol. Med. Coll.) (Engl.)

An Hunden in Pentobarbitalnarkose konnte gezeigt werden, daß nach Herabsetzung der Körper-Temp. auf 20–22° die unter normalem Atmosphärendruck noch notwendige Sauerstoffmenge allein durch i.v. $O_2$-Zufuhr erfolgen kann. Unter diesen Bedingungen ist die Zirkulation sehr langsam u. von 10 Tieren starben 6 während der i.v. $O_2$-Zufuhr. K. BÖHM. 4102□

**Die biologische Wirkung der verschiedenen Strahlungen.** E. S. Schepoteva. (J. nuclear Energy **4.** 511–19. April 1957.) (Engl.) — Vgl. C. **1957.** 13070. HERBERT WEBER. 4102□

**Einfluß von $CO_2$ auf Chromosomenabweichungen in Tradescantia, die durch Bestrahlungen verschiedener Ionendichten hervorgerufen worden waren.** L. E. LaChance und D. M. Steffensen. (Exp. Cell. Res. **20.** 519–28. Sept. 1960. Upton, L.I., N.Y., Brookhaven Nat. Labor., Biol. Dep.) (Engl.)

Es wurde der Einfl. von $CO_2$ auf Chromosomenabweichungen untersucht, die durch $\gamma$-Strahlen, Röntgenstrahlen, Neutronen von 14,1 MeV u. Spaltungsneutronen bei *Tradescantia paludosa* hervorgerufen werden. Zugabe von $CO_2$ zu Luft erhöht die durch Röntgen- u. $\gamma$-Strahlen ausgelösten Chromosomenveränderungen, hat bei Einw. von Neutronen von 14,1 MeV einen geringeren Einfl., bei Einw. von Spaltungsneutronen mit mittlerer Energie von 0,5–2 MeV jedoch keinen Einfluß. Die Effekte werden auch beobachtet, wenn $CO_2$ nicht während der Bestrahlung anwesend ist, sondern vor der Bestrahlung in Luft einwirkte. Es wird angenommen, daß $CO_2$ die Viscosität der Zellen verringert, dadurch die Chromosomenbewegung fördert, dadurch die Wiedervereinigung von Chromosomen fördert u. so die Zahl der Chromosomenveränderungen erhöht. — 30 Literaturangaben. S. DITTMANN-MITZSCHERLICH. 4130□

**Bakteriengenetik, Methoden und Ergebnisse.** F. Kaudewitz. (Naturwissenschaften **48.** 276–83. 2. April-H. 1961. Berlin-Dahlem, Max-Planck-Inst. für Vergleichende Erbbiol. u. Erbpathol.) (Dt.)

Vortrag. Vererbung als Informationsübermittlung, Desoxyribonucleinsäure (I) als stoffliches Äquivalent der genet. Information, Ein-Gen-ein-Enzym-Hypothese, Mangelmutanten, zur Mutation führende strukturelle I-Änderungen, genet. Wrkg. der Architektur des gesamten Chromosoms (Erbstruktur), Induktor-Gen, Operator-Gen, Repressor (koordinierte regulative Steuerung). — 14 Literaturangaben. K. MAIER. 4130□

**Molekulare Grundlagen der Vererbung.** Alfred Gierer. (Naturwissenschaften **48.** 283–89. 2. April-H. 1961. Tübingen, Max-Planck-Inst. für Virusforschung.) (Dt.)

Vortrag. Nucleinsäuren (I) als genet. Material; lineare Folgen von Nucleotiden als Basis der Erbanlagen; mutationsauslösende Wrkg. der chem. Veränderung einzelner I-Nucleotide; Desoxyribonucleinsäurevermehrung durch einen mol. Abdruckprozeß; Aminosäuresequenzen bestimmende Nucleotidsequenzen; Vererbung u. Information. — 25 Literaturangaben. K. MAIER. 4130□

**Der moderne Genbegriff in der Humangenetik.** Friedrich Vogel. (Naturwissenschaften **48.** 289–98. 2. April-H. 1961. Berlin-Dahlem, Max-Planck-Inst. für vergleichende Erbbiol. u. Erbpathol.) (Dt.)

Vortrag. Rh-locus als Modell der Feinstrukturanalyse eines Genlocus; Genetik der x-chromosomalen Farbsehstörungen u. der x-chromosomalen Hämophilieformen; spontane Mutabilität menschlicher Gene; erbliche Hämoglobinvarianten des Menschen u. prim. Gen-Wrkg.; eine Genwirkkette beim Menschen (genet. Blocks im Phenylalanin- u. Tyrosinstoffwechsel); genet. Grundlagen häufiger Dispositionen für Anomalien; der moderne Genbegriff in der Humangenetik u. die Sonderstellung des Menschen. — 41 Literaturangaben. K. MAIER. 4130□

**Fadenbildung und Resistenz gegen 1-Methyl-3-nitro-1-nitrosoguanidin und andere radiomimetische Verbindungen bei Escherichia coli.** W. W. Kilgore und Joseph Greenberg. (J. Bacteriol. **81.** 258—66. Febr. 1961. Menlo Park, Calif., Stanford Res. Inst., Dep. of Biolog. Sci.) (Engl.)

Ein Vgl. der Wrkg. von *1-Methyl-3-nitro-1-nitrosoguanidin* (I) mit anderen radiomimet. Verbb. auf Wachstum u. Zellteilung von *E. coli* Stamm S ergab, daß außer *6-Diazo-5-oxo-L-norleucin* u. Alkylierungsmitteln mit Benzimidazol als Träger alle geprüften Verbb. in fl. Kulturen Faden-Bldg. erzeugten. Die gegen I resistenten Mutanten von Stamm S waren gegen alle geprüften Nitrosoguanidine resistent, nicht aber gegen die übrigen radiomimet. Verbb., z. B. Mitomycin C u. Stickstofflost, obwohl auch hier, wie bei den Nitrosoguanidinen, die Faden-Bldg. ausblieb. W. KNÖBEL. 4130□

**Die Reaktion von Escherichia coli auf Ferroionen.** 3. Mitt. **Anwendung einer Zellteilungsbestimmungsmethode auf die Untersuchung der Wiederherstellung und der Mutation.** B. Wesley Catlin. (J. Bacteriol. **71.** 406—16. April 1956. Milwaukee, Wis., Marquette Univ., School of Med., Dep. of Microbiol. and Immunol.) (Engl.) — 2. vgl. C. **1954.** 7434.

Beim Ausplatten eines *Streptomycin* (I)-abhängigen *Escherichia coli*-Stammes (Sd-4) nach kurzer Einw. einer $5 \cdot 10^{-5}$ m $FeSO_4$-Lsg. bei 1° trat eine 90%ig. Verminderung der lebensfähigen Zellen ein. Durch Temp.-Steigerung auf 37° in Abwesenheit von $O_2$ (in Ggw. von $Fe^{2+}$) wurde der Rückgang der Lebensfähigkeit vermindert. Derart behandelte Zellen wiesen allg. eine Verbesserung der Wachstumsfähigkeit auf (Verminderung der Generationszeit in Nähr-Lsg. u. der bis zum Teilungsbeginn auf Agar erforderlichen Zeit). Die Zunahme der Häufigkeit des Übergangs von I-Abhängigkeit zu I-Unabhängigkeit bei $Fe^{2+}$-Einw. beruht nicht auf einer Zunahme des Restwachstums von Sd-4 auf I-freiem Agar. K. MAIER. 4130□

**Eine histochemische Methode zur Differentialfärbung von sauren Gewebekomponenten (besonders Grundsubstanz-Polysacchariden).** M. Wolman. (Bull. Res. Council Israel, Sect. E **6E.** 27—35. Juli 1956. Jerusalem, Hebrew Univ., Hadassah Med. School, Dep. of Pathol.) (Engl.)

Die neu vorgeschlagene Bi-Col-Färbe-Meth. zur Differenzierung stark saurer von schwach sauren Gruppierungen in Gewebeschnitten basiert auf einer Behandlung der Schnitte mit *koll. Fe*-Lsg. von ca. pH 2 u. anschließende Behandlung mit *koll. Au*-Lsg. bei pH 5. Es ließen sich damit z. B. Differenzierungen zwischen Hyaluronsäure u. Chondroitinschwefelsäure in Haut, Nabelschnur, Auge u. Synovia durchführen, ferner die Ggw. von schwach sauren Komponenten in jungem Knorpel, in Myelin, in Magenperietalzellen u. das Vork. von intercellulärem Material im Gehirngewebe nachweisen. U. TAUSENDFREUND. 4150□

**Über die Brauchbarkeit einer einfachen, halbquantitativen histophotometrischen Meßmethode.** H. Simon, G. Beneke und W. Meier. (Acta histochem. [Jena] **10.** 271—75. 30/12. 1960. Berlin, Humboldt-Univ., Pathol. Inst. [Rudolf-Virchow-Haus der Charité].) (Dt.)

Die Erfahrung mit der von MEIER u. SIMON (Acta histochem. [Jena] angegebenen histophotometr. Meth. (lichtopt. registrierendes Photometer) zeigt, daß die auftretenden Verfälschungen zugunsten der Einfachheit diese halbquant. Verff. vernachlässigt werden können; die Empfindlichkeit der Meß-Meth. entspricht derjenigen gleichsinniger biochem. Reaktionen. U. TAUSENDFREUND. 4150□

**Eine einfache Methode zur Färbung histologischen autoradiographischen Materials.** F. T. Mérei und F. Gallyas. (J. Histochem. Cytochem. **8.** 444—45. Nov. 1960. Pécs, Univ. of Pécs, Med. School, Dep. of Neurol. and Psych.) (Engl.)

Angaben über die Herrichtung von autoradiograph. zu untersuchenden Gewebeschnitten, damit Färbung ohne Beeinträchtigung der Filmemulsion vor sich gehen kann (Verw. von Acrylrähmchen u. Membranen). U. TAUSENDFREUND. 4150□

**Zur Eiweißfärbung mit Amidoschwarz 10 B.** Günther Geyer. (Acta histochem. [Jena] **10.** 286—92. 30/12. 1960. Jena, Friedrich-Schiller-Univ., Anatom. Inst.) (Dt.)

Die Prüfung der Spezifität der von SEITELBERGER u. Mitarbeiter (Arch. Psych. Neurol. **196.** [1957/58.] 154) angegebenen Färbung mit *Amidoschwarz 10 B* für Proteine mit Hilfe von Blockierungs- u. Extraktions-Verff. läßt die Anwendung dieses Farbstoffes in gepufferter Lsg. empfehlenswert erscheinen. U. TAUSENDFREUND. 4150□

**Die chemische Spezifität der Mitochondrienfärbung mit gepuffertem Amidoschwarz 10 B beim Gefriertrocknen und Substitutionsgefrieren.** Karel Beneš. (Acta histochem. [Jena] **10.** 255—64. 30/12. 1960. Praha, Czechoslovak. Acad. of Sci., Inst. of Biol., Dep. of Plant Physiol.) (Engl.)

*Amidoschwarz 10 B* (0,1%ig. Lsg. von pH 3,6, 30 Min.) färbt Mitochondrien der Rattenleber u. Zwiebelwurzelspitze sowohl nach Gefriertrocknung als auch nach Substitutionsgefrieren. Bzgl. der Bindung dieses u. anderer saurer Farbstoffe wurden unter den gegebenen Bedingungen keine Unterschiede festgestellt.
U. TAUSENDFREUND. 4150□

**Über die Bildung der Silberkörnchen bei der histochemischen Vitamin-C-Reaktion.** Hk. Ohnacker. (Acta histochem. [Jena] **10.** 229—47. 30/12. 1960. Gießen, Justus-Liebig-Univ., Pathol. Inst.) (Dt.)

Die *Vitamin-C*-Rk. gibt den intravitalen Standort des Vitamins im Gewebe an. Die ausgefällten *Ag*-Granula bilden sich im Zellplasma genau so wie bei der Red. von $AgNO_3$ durch *Ascorbinsäure* (I) in rein wss. Umgebung. Bes. Keime scheinen nicht erforderlich. Die in einer Nebennierenrinde-Einzelzelle vorhandene I-Menge ist in ihrer Konz. ausreichend, um bei der Vitamin-Rk. mkr. faßbare Ag-Granula im Zellplasma entstehen zu lassen. U. TAUSENDFREUND. 4150□

**Der histochemische Vitamin-C-Nachweis unter besonderer Berücksichtigung der Leydig-Zellen des Meerschweinchenhodens.** Hk. Ohnacker. (Acta histochem. [Jena] **10.** 173—97. 30/12. 1960. Gießen, Justus-Liebig-Univ., Pathol. Inst.) (Dt.) — Vgl. auch vorst. Referat.

Es wurde versucht, den histochem. nachweisbaren Geh. der LEYDIG-Zellen an *Vitamin C* (I) bei verschiedenen Meerschweinchenhoden vergleichend miteinander in Beziehung zu setzen. Der histochem. I-Nachw. beruht auf dem Ausfall von Silbergranula im Gewebe; daneben werden aber auch morpholog. sehr ähnliche Granula beobachtet, die nicht aus Ag bestehen; man kann beide Granulaformen chem. u. morpholog. auseinanderhalten. Die I-Rk. der LEYDIG-Zellen wird im Schnitt immer nur herdweise positiv, ein quant. Vgl. von Hodenschnitten ist daher nur unter Anwendung bes. Zähl-Meth. möglich. U. TAUSENDFREUND. 4150□

**Untersuchungen über die Eigenschaften für das Wachstum von Säugetierzellen in synthetischem Medium benötigter Oberflächen. 1. Mitt. Die HeLa-Zelle.** Catherine Rappaport, J. P. Poole und H. P. Rappaport. (Exp. Cell Res. **20.** 465—79. Sept. 1960. New Haven, Conn., Yale Univ., School of Med., Dep. of Pharmacol.; Brockway, Pa., Brockway Glass Co., Res. Div.) (Engl.)

Das Festwachsen von *HeLa*-Zellen, Stamm S-3Y, in einem proteinfreien synthet. Medium wurde in Abhängigkeit von der Oberfläche verschiedener Glassorten untersucht. Eine Meth. wurde entwickelt u. wird beschrieben, die es ermöglicht, eine Weichglasoberfläche so zu behandeln, daß sie für Zellwachstum optimale Eigg. erhält.
S. DITTMANN-MITZSCHERLICH. 4150□

**Sauerstoffaufnahme und Kohlendioxydabgabe in Beziehung zum Mitoserhythmus bei der Teilung der Eier von Dendraster excentricus und Urechis caupo.** Ove Frydenberg und Erik Zeuthen. (C. R. Trav. Lab. Carlsberg **31.** 423—55. 1960. Copenhagen, Univ., Inst. of Genetics, and Carlsberg Found., Biol. Inst.) (Engl.)

Bei den in Teilung befindlichen *Dendraster excentricus*-Eiern zeigt die $O_2$-Aufnahme während der Teilungen 4—10 eine Periode, während eine entsprechende Periode der $CO_2$-Abgabe-Geschw. nur für Teilungscyclus 9 u. 10 nachweisbar ist. Es wird angenommen, daß die $CO_2$-Abgabe während der Spaltung der gleichen Mitoseperiode, wie bei der $O_2$-Aufnahme zu beobachten ist, folgt. Die sich teilenden Eier werden während der Mitose stärker sauer, während der Interphase stärker alkalisch. Frühere Befunde einer mitot. Periode (Teilung 1—4) in der Geschw. der $O_2$-Aufnahme des *Urechis*-Eis wurden bestätigt. — 30 Literaturangaben. K. MAIER. 4150□

**Die Wirkung von Kohlendioxyd auf die Respiration von Spitzen abgeschnittener Zwiebelwurzeln in sauerstoffreicher Atmosphäre.** W. E. Norris jun., John D. Wiegand und Lamar Johanson. (Soil Sci. **88.** 144—49. Sept. 1959. Southwest Texas, State Teachers Coll.) (Engl.)

Im WARBURG-App. wurde mit Hilfe der indirekten Meth. die Respiration an 100-g-Proben 5 mm langer 2 Tage alter Wurzeln von Zwiebeln gemessen. Als Vers.-Atmosphäre dienten Gasgemische von $O_2$ u. $CO_2$ im Verhältnis 50:50, 75:25, 80:20 u. 90:10 u. 100% $O_2$. Gegenüber den Kontrollwerten in reiner $O_2$-Atmosphäre verursachten 10% $CO_2$ im Gasgemisch bereits eine Hemmung des Gasaustausches, die bei größer werdendem

$CO_2$-Anteil verstärkt wurde. Durch Auswechseln der $CO_2-O_2$-Atmosphäre (10:90) gegen reinen $O_2$ konnte die Hemmung selbst nach 2 Std. noch nicht aufgehoben werden. Dagegen hatte im Parallel-Vers. die Anwesenheit eines leicht oxydierbaren Substrates (Glucose) eine günstige Wrkg. auf die Verminderung der zunächst eingetretenen Respirationshemmung durch $CO_2$. Der Effekt der $CO_2$-Einw. auf Wurzeln wird in Zusammenhang mit respirationsabhängigen Vorgängen, wie Mineral- u. Wasseraufnahme, diskutiert u. die Auswirkung kurzfristig hoher Wasser-Geh. im Boden wird abgehandelt.

WILFRIED WERNER. 4150□

**Diphosphopyridinnucleotid und die Respiration von Rattenleberzellen-Suspensionen.** J. L. Gibbons und K. G. Rienits. (Biochim. biophysica Acta [Amsterdam] 47. 395—97. 18/2. 1961. Randwick, N.S.W., Australia, Prince of Wales Hosp., N.S.W. State Cancer Council, Special Unit.) (Engl.)

Zellsuspensionen (Z.s.) von Rattenleber zeigen, unabhängig davon, welches Medium bei Herst. verwendet wurde, nur eine geringe Restatmung u. sind nicht fähig, andere Substrate als *Bernsteinsäure* zu oxydieren. Aus Atmungs-Verss. mit Z.s. u. Mitochondrien-Präpp. geht hervor, daß die schwache Atmung mit *Glutaminsäure* als Substrat durch Zusatz von Nicotinamidadenindinucleotid (NAD) + Cytochrom c erheblich gesteigert wird. — Best. des Geh. der Z.s. u. Mitochondrien-Präpp. zeigen, daß dies auf den Verlust von NAD u. NADH, der bei der Herst. auftritt, zurückzuführen ist.

G. BRATFISCH. 4150□

**Hemmung der Mitose durch Sauerstoffmangel oder Cyanid.** J. E. Amoore. (Proc. Roy. Soc. [London], Ser. B **154.** 95—108. 18/4. 1961. Edinburgh, Univ., Dep. of Botany.) (Engl.)

In einer Atmosphäre von $O_2$-freiem $N_2$ kommt es zu einem Stillstand der Mitose, hervorgerufen durch Anaerobiose. Die Wrkg. von $O_2$-Mangel kann auch durch $10^{-2}$ m *NaCN* hervorgerufen werden. Die Hemmung dauert nur ca. 4 Std., wenn $N_2$ mit 0,05% $O_2$ oder $10^{-3}$ m NaCN verwendet wird. Die Verss. wurden mit Wurzeln von Erbse, Bohne, Gerste u. Zwiebel durchgeführt.

U. MOTHES. 4150□

**Abhängigkeit der Mitose und Atmung in Wurzeln von der Sauerstoff-Spannung.** J. E. Amoore. (Proc. Roy. Soc. [London], Ser. B **154.** 109—29. 18/4. 1961. Edinburgh, Univ., Dep. of Botany.) (Engl.) — **Vgl. vorst. Referat.**

Erbsenwurzelspitzen wurden 4 Std. in Gasgemische mit einem $O_2$-Geh. von 0,00001 bis 100% gebracht. Unter 0,0005% wird die Mitose völlig gehemmt. Zwischen 0,001 u. 0,02% beenden die in der Mitose befindlichen Zellen die Teilung, aber es werden keine neuen Mitosen begonnen. Zwischen 0,05 u. 0,2% beginnen die Zellen, die sich in der Interphase befinden, die Teilung, beenden sie aber nicht. Über 0,5% $O_2$ beenden alle Zellen die Teilung innerhalb von 4 Stunden. Nach 4std. Behandlung mit 0,05% $O_2$ befand sich eine bes. große Menge von Zellen in der Prophase, nach 0,1% in der Metaphase, nach 0,2% in der Telophase. Die $O_2$-Aufnahme steigt mit wachsender $O_2$-Spannung immer langsamer an u. bleibt ab ca. 50% konstant. Es ist anzunehmen, daß die Atmung durch die Diffusions-Geschw. des $O_2$ im Gewebe begrenzt wird.

U. MOTHES. 4150□

**Die Toxizität des Cysteamins und Cystamins für die in heterologem Serum suspendierten Thymocyten.** E. H. Betz, G. Booz und P. Lelièvre. (C. R. Séances Soc. Biol. Filiales **152.** 201—03. 25/8. 1958.) (Franz.)

*Cysteamin-* u. *Cystamin*-Lsgg. in Menschenserum sind wesentlich weniger tox. für Thymuszellen der Ratte als entsprechende Lsgg. in KREBS-Lösung. Die Ursachen werden erörtert.

E. FISCHOEDER. 4150□

**Die Wirkung von 3.3-Dimethyl-1-phenyltriazol auf die Geschwindigkeit der Teilung von Arbacia bei verschiedenen pH-Werten.** C. D. Stevens und M. E. Turner. (Exp. Cell Res. **20.** 647—50. Sept. 1960. Cincinnati, Ohio, Univ. of Cincinnati, Coll. of Med., Kettering Labor.; Beaufort, N.C., Duke Univ., Marine Labor.; Richmond, Va., Med. Coll. of Virginia, Dep. of Biophysics and Biometry.) (Engl.)

Eier u. Samen von *Arbacia* wurden unmittelbar vor der Befruchtung durch elektr. Schock entnommen. Die Einfl. von Seewasser-pH (5,2—8,1), Lebensdauer der sich entwickelnden Eier (70—145 Min.), Konz. von zugesetztem *3.3-Dimethyl-1-phenyltriazol* ($1{,}34 \cdot 10^{-4}$ bzw. $2{,}68 \cdot 10^{-4}$ bzw. 0 Mol pro Liter) u. Temp. (24,5—28,8°) auf die Geschw. der Zellteilungen wurden ermittelt, indem zu den angegebenen Zeiten Proben entnommen, histolog. fixiert, die Zahl der Zellteilungen bestimmt u. mathemat. analysiert wurde.

S. DITTMANN-MITZSCHERLICH. 4150□

**Die radiomimetische Wirkung von N-Nitroso-N-methylurethan bei Vicia faba.** B. A. Kihlman. (Exp. Cell Res. **20.** 657—59. Sept. 1960. Uppsala, Univ., Inst. of Physiol. Botany.) (Engl.)

Wurzeln von *Vicia faba* wurden mit *N-Nitroso-N-methylurethan* (I) behandelt, 26 Std. später fixiert, u. 100 Metaphasen untersucht. 30 Min. lange Einw. von 0,2 mm I hat die gleiche radiomimet. Wrkg. wie 2std. Einw. von 0,05 mm I. Die radiomimet. Wrkg. ist unter aeroben u. anaeroben Verhältnissen gleich, hängt jedoch von der Temp. ab. Es wird vermutet, daß I durch Freisetzung von alkylierend wirkendem *Diazomethan* wirkt. Allerdings ist *N-Nitroso-N-methylharnstoff* radiomimet. inaktiv. Ebenfalls inakt. ist *Diazoessigester*. S. DITTMANN-MITZSCHERLICH. 4150□

**Die cytostatische in vitro-Aktivität von 3.4-Dichlorphenoxyacethydroxamsäure auf pathogene Pilze.** Zygmunt Eckstein, Halina Halweg, Paweł Krakówka und Tadeusz Urbański. (Med. doświadczalna Mikrobiol. **10.** 487—92. 1958. Warszawie, Politechniki, II Kat. Technol. Org., i Inst. Gruźl., Pracowni Mykolog.) (Pol.; Auszug: Engl.)

Von 8 im Zylindertest geprüften *Hydroxamsäuren* (I) zeigten *2.4-Dichlorphenoxyacethydroxamsäure, 2.5-Dichlorphenoxy-, 3.4-Dichlorphenoxy-* (II), *1-* u. *2-Naphthoxy-, 5-Nitro 2.4-dichlorphenoxy-* u. *2-Methyl-4-chlorphenoxy-* wachstumshemmende Wrkg. gegenüber pathogenen Pilzen, darunter Hefen, Actinomyceten u. Trichophytonarten. I hemmten auch das Wachstum verschiedener Bakterien. Das breiteste Wrkg.-Spektrum besaß II. *2.4.6-Trichlorphenoxyacethydroxamsäure* war unwirksam. K. MAIER. 4150□

**Untersuchung einiger Purin-Antagonisten. 2. Mitt. Antimitotische Wirksamkeit im Allium cepa-Test und Toxizität verschiedener Mercaptopurine.** F. Craveri und L. Dormia. (Arch. Scienze biol. **44.** 464—72. Okt./Dez. 1960. Milano, Ist. Medicamenta S.A., Labor. Ric. sci.) (Ital.) — Vgl. vorl. Mitt. Boll. Soc. ital. Biol. sperim. **34.** [1958.] 1630.

Bei der Maus betrug die $DL_{50}$ nach intraperitonealer Injektion von *6-Mercaptopurin* 230 (mg/kg), *2-Methyl-6-mercaptopurin* 400, *8-Methyl-6-mercaptopurin* (I) 275, *6-Methylmercaptopurin* (II) 230, *2.8-Dimethyl-6-mercaptopurin* 270 u. *8.6-Dimethylmercaptopurin* (III) 280. Alle Verbb. hemmten das Wurzelwachstum von *Allium cepa*, am stärksten II u. III, am schwächsten I. K. ZINGRAF. 4150□

**Der Einbau von Thymidin durch verletztes Linsenepithel.** C. V. Harding, A. Donn und B. Dobli Srinivasan. (Exp. Cell Res. **18.** 582—85. Nov. 1959. New York, N.Y., Columbia Univ., Coll. of Physicians and Surgeons, Dep. of Ophthalmol. and Physiol.) (Engl.)

Einbau-Verss. mit $^3H$*-markiertem Thymidin* (I), das in die Vorderkammer von Kaninchenaugen mit durchstochener Cornea injiziert wurde, zeigten, daß viele der die Wunde umgebenden Epithelzellen, maximal 1—2 Tage nach der Verletzung, I einbauen (Zusammenhang zwischen I-Aufnahme u. Zellteilung, Wrkg. einer „Verletzungssubstanz"). K. MAIER. 4150□

**Untersuchungen von Zellwachstum und Zellteilung. 1. Mitt. Ein temperaturkontrolliertes System zur Induktion synchroner Zellteilung.** Kwan-Hua Lee. (J. Amer. pharmac. Assoc., sci. Edit. **48.** 468. Aug. 1959. San Francisco, Calif., Univ. of California. Med. Center, School of Pharmacy.) (Engl.)

Ein temperaturkontrolliertes Syst. zur Induktion von Zellwachstum u. synchroner Zellteilung in *Tetrahymena pyriformis* wird beschrieben. Unter Benutzung der beschriebenen Technik ist es möglich, Zellwachstum u. Zellteilung als 2 Vorgänge voneinander zu trennen. S. DITTMANN-MITZSCHERLICH. 4150□

**Untersuchungen von Zellwachstum und Zellteilung. 2. Mitt. Besondere Wirksamkeit von Chloramphenicol und Azaserin gegenüber Zellwachstum und Zellteilung.** Kwan-Hua Lee, Yoko Okano Yuzuriha und John J. Eiler. (J. Amer. pharmac. Assoc., sci. Edit. **48.** 470. Aug. 1959.) (Engl.) — 1. vgl. vorst. Referat.

Es wird eine einfache Meth. zur Messung von Zellwachstum u. Zellteilung bei *Tetrahymena pyriformis GL* beschrieben. *Chloramphenicol* (I; bis zu 2 mm) u. *Azaserin* (II; bis zu 0,05 mm) wurden zur Einw. gebracht. I hemmt die Protein-Synth., jedoch nicht die Zellteilung. Umgekehrt hat eine II-Konz., die die Zellteilung fast völlig hemmt, nur sehr geringen Einfl. auf das Wachstum der Zellen.
S. DITTMANN-MITZSCHERLICH. 4150□

**Das Verhalten von Nucleinsäuren in sich gleichzeitig teilenden Kulturen von Saccharomyces cerevisiae.** D. H. Williamson und A. W. Scopes. (Exp. Cell Res. **20.** 338—49. Aug. 1960. Nutfield, Surrey, England, Brewing Ind. Res. Found.) (Engl.)

Wenn Zellen von *Saccharomyces cerevisiae*, die vorher wiederholt abwechselnd in zwei verschiedenen Medien suspendiert wurden, in ein synthet. Medium inokuliert wurden, teilten sie sich mit einem bemerkenswerten Grad von Gleichzeitigkeit. Die ersten Keime erschienen nach einer Verzögerungsperiode von ungefähr 60 Min., während der keine Nucleinsäuren synthetisiert wurden. Das Keimen wurde durch den Anfang der Ribonucleinsäure (RNS)-Synth. begleitet, u. es folgte gleich eine plötzliche Verdopplung des Zell-Geh. an Desoxyribonucleinsäure (DNS). Als die Keime wuchsen, blieb der DNS-Geh. konst., während die RNS-Synth. in gleichmäßigem Verhältnis weiterging u. nur bei oder gerade vor der Spaltung der Mutter- u. Tochterzellen aufhörte. Keime wurden meist unverzüglich nach der Spaltung gebildet u. ihr Erscheinen war gleich von einer weiteren Verdopplung der DNS gefolgt. Die RNS-Synth. jedoch begann erst wieder ungefähr 80 Min. nach der Spaltung, aber einmal begonnen, wurde sie stetig durch den Rest des Cyclus fortgeführt. Die Bedeutung dieser Beobachtungen wird diskutiert. K. GOLDNER. 4150□

**Ein Methylcytidin aus der Ribonucleinsäure von Anacystis nidulans.** B. B. Biswas und J. Myers. (Nature [London] **186.** 238—39. 16/4. 1960. Austin, Tex., Univ. of Texas, Labor. of Algal Physiol.) (Engl.)

In der *Ribonucleinsäure* (*RNS*) der blaugrünen Alge *Anacystis nidulans* wurde eine neue *Cytidin*-Verb. mit *$C_{(2)}$-O-Methylribose* als Zuckerkomponente gefunden. Die RNS wurde aus den Algen nach der Meth. von OGUR u. ROSEN extrahiert, durch Schütteln mit Octanol/Chlf. von *Proteinen* u. mit 2-Methoxyäthanol von *Polysacchariden* befreit. Die RNS wurde mit HCl (1 Std., 100°) hydrolysiert u. die Basen bzw. Nucleotide papierchromatograph. u. elektrophoret. getrennt. *Cytidylsäure* wurde in 0,2 m Tris-[hydroxymethyl]-aminomethan bei pH 9,0 mit alkal. Phosphatase inkubiert (4 Std.). Das so erhaltene *Cytidin* konnte elektrophoret. in Boratpuffer pH 9 in 2 Komponenten aufgetrennt werden. Nach Hydrolyse des unbekannten Cytidins mit 0,05n $H_4SO_4$ ließ sich als Zuckerkomponente $C_{(2)}$-O-Methylribose elektrophoret. nachweisen. Die Spektren des neuen Nucleotids bei verschiedenen pH-Werten werden angegeben. Vff. vermuten, daß es bei der Protein-Synth. eine spezif. Rolle spielen könnte. L. LASCHET. 4150□

**Der Mechanismus der Verarmung der mitochondrialen Pyridinnucleotide.** Bernard T. Kaufman und Nathan O. Kaplan. (Biochim. biophysica Acta [Amsterdam] **39.** 332—42. 8/4. 1960. Waltham, Mass., Brandeis Univ., Graduate Dep. of Biochem.) (Engl.)

Die Wrkg. aerober Inkubation auf den Gesamt-Geh. *oxydierter Pyridinnucleotide* (I) in Rattenlebermitochondrien wurde bei 0 u. 30° untersucht. Nach anfänglichem steilen Anstieg sinkt der I-Geh. nach 10 Min., etwa gleichseitig setzt Schwellung der Mitochondrien ein. In phosphatfreier Lsg. sinkt die I-Konz. nicht, u. die Schwellung ist verzögert. Der Anstieg der I-Konz. beruht hauptsächlich auf Oxydation von *red. Triphosphopyridinnucleotid.* Inkubation in Ggw. von *Thyroxin*, *$Ca^{2+}$* oder *$Zn^{2+}$* wirkt ähnlich wie in Ggw. von $PO_4^{3-}$. Ausschluß von $O_2$ oder Zugabe von *Äthylendiamintetraacetat* (II), *$Mg^{2+}$* oder *$Mn^{2+}$* hindern die Verarmung der I. II u. *$Mg^{2+}$* hemmen die Oxydation der I auch in Ggw. von $PO_4^{3-}$. *Anserin*, *Carnosin* u. *Glycylglycin* schützen auch die I vor $PO_4^{3-}$-Wrkg., *Tris-[hydroxymethyl]-aminomethan* wirkt nur schwach. *Nicotinamid* hemmt den Zerfall der I, unterdrückt jedoch nicht deren rasche Oxydation u. die Mitochondrienschwellung. — Mit $PO_4^{3-}$ vorinkubierte Mitochondrien erlangen nur nach Zugabe von *Diphosphopyridinnucleotid* maximale Fähigkeit zur oxydativen Phosphorylierung. — Taubenlebermitochondrien, die fast frei sind von *Diphosphopyridinnucleotidase* (III), werden bei Inkubation nicht oxydiert, liegen also wohl in oxydierter Form vor, u. werden auch nicht abgebaut. Bei Zugabe von III aus *Neurospora* tritt in Abwesenheit von II beträchtlicher Zerfall ein. — Vor Einw. der III müssen die I aus den Mitochondrien austreten. Der Austritt wird vor Erreichen der maximalen Schwellung der Mitochondrien vollendet, er wird durch $PO_4^{3-}$ stimuliert, durch II völlig unterdrückt, nach Aufbewahrung bei 0° allerdings nicht. Durch wiederholtes Zentrifugieren wird ein Teil der III aus Rattenlebermitochondrien entfernt u. damit der I-Schwund bei Inkubation mit $PO_4^{3-}$ verringert. — Da die Abgabe der I mit ihrem Redoxzustand zusammenhängt, wird sie durch 20 mm *Succinat* (IV), *Isocitrat* u. *Glutarat*, 10 mm *$CN^-$* u. 4 mm *Amytal* gehemmt. 20 mm *β-Hydroxybutyrat* hemmt nur in Ggw. von 2 mm *$CN^-$* bzw. *Amytal*. Die Hemm-Wrkg. von IV auf I-Freisetzung u. Schwellung wird durch *Malonat* (V) geschwächt, obwohl V allein unwirksam ist.

S. DITTMANN-MITZSCHERLICH. 4150□

**Herstellung und einige Eigenschaften einer Ribonucleinsäure mit niedrigem Molekulargewicht aus Bäckerhefe.** R. Monier, M. L. Stephenson und P. C. Zamecnik. (Biochim. biophysica Acta [Amsterdam] **43.** 1—8. 9/9. 1960. Boston, Mass., Harvard Univ., Massachusetts General Hosp., Huntington Memorial Hosp., John Collins Warren Labors.) (Engl.)

Es wird beschrieben, wie durch Phenol (I)-Extraktion ganzer Zellen von Bäckerhefe eine niedrigmol. *Ribonucleinsäure* (*RNS*) erhalten u. weiter gereinigt wurde. Diese RNS wurde mit lösl. RNS verglichen, die durch I-Extraktion aufgebrochener Hefezellen gewonnen worden war. Untersucht wurden: die Sedimentations-Konst., das chromatograph. Verh. beider Arten RNS an Säulen von Diäthylaminoäthylcellulose, die

Bldg. von 2.4-Dinitrophenylhydrazonen, die Geh. *Adenylsäure, Guanylsäure, Cytidylsäure, Uridylsäure, Uracil-5-ribosephosphat, Thyminribotid* u. *6-Methylaminopurinribotid* sowie die Fähigkeit der beiden verschieden erhaltenen RNS, in Ggw. der notwendigen Enzyme $^{14}C$ aus *$^{14}C$-Valin* u. *$^{14}C$-Adenosintriphosphat* einzubauen. In allen diesen Eigg. ähneln die beiden Arten RNS einander sehr stark. Sie unterscheiden sich — außer in ihrer Löslichkeit in 1 m wss. NaCl-Lsg. u. in 65%ig. gesätt. wss. $(NH_4)_2SO_4$-Lsg. — nur wenig im Verh. bei Oxydation mit Perjodat. — Dagegen unterscheiden sie sich stark von einer RNS, die aus Heferibosomen durch I-Extraktion gewonnen wurde.
S. DITTMANN-MITZSCHERLICH. 4150□

**Vergleich der Vorteile der neuen Hydrolysemethode für Nucleinsäuren durch $P_2O_5$ mit denen der Standardmethode mit Perchlorsäure.** M. V. Narurkar und M. B. Sahasrabudhe. (Biochim. biophysica Acta [Amsterdam] **23.** 367—71. Febr. 1957. Pavel, Bombay, Indian Cancer Res. Center.) (Engl.) — Vgl. C. **1959.** 4177.

Vff. hydrolysieren gereinigte käufliche *Ribonucleinsäuren* (RNS) u. *Desoxyribonucleinsäuren* (DNS) sowie aus Milz u. Kalbsthymus isolierte DNS durch Mischen des trockenen Pulvers mit $P_2O_5$ u. 2std. Erhitzen des Gemisches auf 150°. Nach dem Abkühlen wird die Masse mit n/10 HCl behandelt u. filtriert. Zugleich werden Parallelproben nach der Standard-Meth. durch 72%ig. $HClO_4$ hydrolysiert. Die auf diesem Wege gewonnenen Purin- u. Pyrimidinbasen werden durch Papierchromatographie in 5 verschiedenen Lsgm.-Syst. u. durch ihre UV-Spektren auf Reinheit geprüft u. miteinander verglichen. Durch Eluierung der Chromatogramme u. quantitative Auswertung des UV-Spektrums bei 265 mμ wird die Ausbeute beider Meth. miteinander verglichen. Beide Meth. liefern *Adenin, Guanin, Cytosin, Uracil* u. *Thymin* ohne chromatograph. nachweisbare Zers.-Prodd., die Ausbeute beider Meth. an Basen unterscheiden sich maximal um 4%, auch die N-Gehh. der Proben zeigen gute Übereinstimmung. A. GUDE. 4150□

**Ribonucleinsäure aus Escherichia coli: Elektronenmikroskopische Untersuchung.** U. Z. Littauer, D. Danon und Y. Marikovsky. (Biochim. biophysica Acta [Amsterdam] **42.** 435—41. 26/8. 1960. Rehovoth, Israel, Weizmann Inst. of Sci.) (Engl.)

Die Dimensionen der *Ribonucleinsäure* (RNS) mit hohem Molgew. aus *Escherichia coli* wurden mit elektronenmikroskop. Meth. gemessen. Fäserchen von 10—13 Å Durchmesser u. 2000—4000 Å Länge, konnten in Zubereitungen beobachtet werden, die aus salzfreien wss. Lsgg. der RNS erhalten wurden. Wenn Ammonacetat-Lsgg. verwendet werden, werden die Einzelfasern gering u. Körnchen u. verschiedene Aggregatformen überwiegen im Bild. H. GOLDNER. 4150□

**Nucleinsäuresynthesen in der neoplastischen Zelle und Einfluß von nuclearen Veränderungen auf die Biochemie von Tumorgewebe: ein Rückblick.** Saul Kit. (Cancer Res. **20.** Nr. 8 [Part I] 1121—48. Sept. 1960. Houston, Tex., Univ. of Texas, M. D. Anderson Hosp.; Tumor Inst.) (Engl.) — Vgl. C. **1960.** 163 u. C. **1961.** 11358.

Übersicht: Störungen des Nucleinsäurestoffwechsels u. Carcinogenese, Struktur von *Desoxyribonucleinsäure* (DNS) u. *Ribonucleinsäure*; DNS-Synth.; DNS von Tumorgeweben; genet. Kontrolle; Kontrolle durch das Enzyme-bildende Syst.; Kontrolle durch Enzyme; Synth. u. Eigg. des Enzym-bildenden Systems. — 253 Literaturangaben.
S. DITTMANN-MITZSCHERLICH. 4160□

**Der Stoffwechsel des neoplastischen Gewebes.** 15. Mitt. **Oxydation exogener Fettsäuren in Lettré-Ehrlich-Ascitestumorzellen.** Grace Medes, Alice J. Thomas und Sidney Weinhouse. (J. nat. Cancer Inst. **24.** 1—12. Jan. 1960. Philadelphia, Pa., Inst. for Cancer Res.) (Engl.) — 13. vgl. C. **1960.** 8894; 11. vgl. C. **1960.** 13055.

LETTRÉ-EHRLICH-Ascitestumorzellen wurden in vitro in Phosphat-NaCl-Medium mit $^{14}C_{(1)}$-*Palmitat* (I) 2 Std. bei 37,6° inkubiert u. dessen Oxydation durch Messung der $^{14}C$-Aufnahme in das Atmungs-$CO_2$ bestimmt. Unabhängig von der angewendeten Form (Plasmalipid, freies I, Serumproteinkomplex) verlief die Fettsäure-Oxydation leicht mit etwas geringerer als linearer Geschw. in Zeiträumen bis zu 4 Stunden. *Glucose* (II) verminderte die Oxydation der 3 Formen erheblich, Galaktose weniger; Lactat u. Acetat setzten sie nur geringfügig herab. Nach diesen Befunden sind Fettsäuren wesentliche Substrate der Tumoratmung, wobei II eine einsparende Wrkg. ausübt.
K. MAIER. 4160□

**Neue Gesichtspunkte in der Betrachtung der Proteinurie beim Plasmocytom.** 1. Mitt. H. Weicker und K. Huhnstock. (Klin. Wschr. **39.** 471—77. 1/5. 1961. Heidelberg, Univ., Med. Poliklinik) (Dt.)

Im Harn von 2 Fällen mit Plasmocytom ohne paraproteinäm. Serumveränderungen konnte neben dem BENCE-JONESschen Eiweißkörper ein bis jetzt noch nicht beschriebenes Uroprotein nachgewiesen werden, das in hoher Konz. gelöst im Resturin vorliegt. Die Konz. dieses Eiweißkörpers entspricht etwa der des BENCE-JONESschen Eiweißkörpers, er ist jedoch wasserlösl. u. zeigt als homogene Fraktion in der elektrophoret. Unters. bei pH 8,6 eine geringere anod. Wandergeschw.; er enthält 3mal soviel Kohlenhydrate, Hexosamin, Neuraminsäure wie der BENCE-JONESsche Körper; der Gesamtlipoid-Geh. ist höher, der prozentuale Eiweiß-Geh. niedriger; im Aminosäurenchromatogramm fehlt Asparaginsäure; als Aminozucker ist Galaktosamin u. Neuraminsäure in meßbarer Konz. nachweisbar; die Zuckerkomponenten sind chromatograph. als Glucose u. Fucose zu identifizieren. Es ist anzunehmen, daß dieses bis jetzt noch nicht beschriebene Uroprotein bei dem Plasmocytom ebenfalls Paraproteincharakter hat u. in der Betrachtung der Proteinurie des Plasmocytoms neben dem BENCE-JONESschen Eiweißkörper bedeutungsvoll ist. U. TAUSENDFREUND. 4160□

**Chromatographische Analyse kationischer Kernproteine einer Anzahl neoplastischer Gewebe.** Joseph R. Davis und Harris Busch. (Cancer Res. **20.** Nr. 8. [Part I] 1208—13. Sept. 1960. Chicago, Ill.; Univ of Illinois, Coll. of Med., Dep. of Pharmacol.) (Engl.)

Tumortragende Tiere erhielten intraperitoneale oder i.v. Injektionen von $^{14}$*C-L-Lysin* (I), in anderen Verss. wurden Tumorzellen bzw. -gewebe in vitro mit I inkubiert. Die $^{14}$C-haltigen säurelösl. Kernproteine (Histone) einer Anzahl von Tumoren sowie von regenerierender Rattenleber u. embryonalem Gewebe wurden chromatographiert (Carboxymethylcellulose) u. durch Elution mit Ameisensäure fraktioniert. Bei allen Tumoren — JENSEN-Sarkom, FLEXNER-JOBLING-Carcinom, EHRLICH-Ascites-Tumor u. *Sarkom 180* — sowie einem malignen Melanom des Menschen wurden 33—45% der $^{14}$C-Aktivität des I in den säurelösl. Kernproteinen in einer Fraktion gefunden, die als RP 2-L bezeichnet wird. In regenerierender Rattenleber u. auch in embryonalem Rattengewebe wurde dagegen die Fraktion RP 2-L nicht gefunden, hier ist also qual. Unterschied zwischen den Kernproteinen von Tumor- u. Normalgeweben.
S. DITTMANN-MITZSCHERLICH. 4160□

**Chromatographische Verteilungen von Protein und Enzymen in Extrakten von Rhabdomyosarkom und Muskel in Mäusen.** P. U. Angeletti, V. Suntzeff und B. W. Moore. (Cancer Res. **20.** Nr. 8. [Part I] 1229—34. Sept. 1960. St. Louis, Mo., Washington Univ., Med. School, Wernse Cancer Res. Labor.) (Engl.)

Lösl. Proteine von Rhabdomyosarkom u. normalem Muskel wurden chromatographiert u. durch Eluierung mit zunehmender Lsgm.-Konz. in eine Anzahl verschiedener Maxima aufgeteilt. Die Extrakte der beiden Gewebe besitzen verschiedene Verteilungsmuster. Folgende Enzymaktivitäten wurden in den Fraktionen bestimmt u. in den Chromatogrammen von Muskel u. Rhabdomyosarkom lokalisiert: *Glucose-6-phosphatdehydrogenase* (mit Glucose-6-phosphat in 2-Amino-2-methyl-1.3-propandiol, pH 9,5), *6-Phosphogluconatdehydrogenase* (mit 6-Phosphogluconat in „Tris", pH 8,2), *Isocitratdehydrogenase* (mit Isocitrat in „Tris", pH 8,1), *Glutamat-Pyruvat-Transaminase* (mit L-Alanin + α-Ketoglutarat (I) in Phosphatpuffer, pH 7,4), *Glutamat-Oxalacetat-Transaminase* (mit L-Asparaginat + I in Phosphatpuffer, pH 7,4), *β-Glucuronidase* (mit Phenolphthalein-β-Glucuronid in Acetatpuffer, pH 5,0), *Äpfelsäuredehydrogenase* (mit L-Malat in Pyrophosphatpuffer, pH 9,3), *Milchsäuredehydrogenase* (mit Pyruvat in „Tris", pH 7,5), *Glycerin-1-phosphatdehydrogenase* (mit Dihydroxyacetonphosphat in Triäthanolaminpuffer, pH 7,5), *alkal. Phosphatase* (mit p-Nitrophenylphosphat [II] in Glycinpuffer, pH 10,5), *saure Phosphatase* (mit II in Citratpuffer, pH 4,8). Die Ergebnisse sind in Kurvenform angegeben. Einige der untersuchten Enzyme haben mehrere Maxima u. besitzen in Tumor- u. Muskelgewebe verschiedene Verteilungsmuster.
S. DITTMANN-MITZSCHERLICH. 4160□

**Vergleichende Enzymologie und Zellursprung von Rattenhepatomen.** 1. Mitt. **Desoxycytidylatdesaminase und Thyminabbau.** Van R. Potter, Henry C. Pitot, Tetsuo Ono und Harold P. Morris. (Cancer Res. **20.** Nr. 8. [Part I] 1255—61. Sept. 1960. Madison, Wis., Univ. of Wis., Med. School, McArdle Mem. Labor.; Bethesda, Md., Nat. Cancer Inst.) (Engl.)

Best. der Aktivitäten von *Desoxycytidylatdesaminase* (I; Bldg. von Desoxyuridylsäure) u. des *Thymin* (II)-Abbaus wurden an 10 Rattenhepatomen durchgeführt: NOVIKOFF-, DUNNING-L-C 18, MCCOY-MDAB [durch Verfütterung von *3'-Methyl-4-dimethylaminoazobenzol* (III) entstanden], MORRIS 3683 (mit *N-Fluorenyl-(2)-diacetamid* [IV] gebildet), MORRIS 3924 A (auch mit IV, jedoch bei ♀ Kastraten eines anderen Stammes), MORRIS 5123 (mit *N-[Fluorenyl-(2)]-phthalamidsäure* gebildet) sowie die prim. Hepatome, die durch Verfütterung von *Äthionin* oder III entstanden u. Hepatome, die aus den *Äthionin*-Primärtumoren entstanden sind. Normale Leber, DUNNING L-C 18 u. MORRIS 5123 besitzen fast keine I-Aktivität, NOVIKOFF-Hepatom besitzt sehr hohe I-Aktivität, die Aktivitäten der anderen Hepatome liegen dazwischen. *Glucose-6-phos-*

*phatdehydrogenase*-Aktivität u. Bldg. von $^{14}CO_2$ aus $^{14}C_{(2)}$-II, $^{14}C_{(2)}$-*Uracil* u. $^{14}C_{(2)}$-*Thymidin* wurden ebenfalls in den Hepatomen u. in normalen Geweben untersucht (Herz, Niere, Hoden, Gehirn, Thymus, Milz, Skelettmuskel). Lediglich MORRIS 5123 besitzt „II-*Reduktase*"-Aktivität u. erreicht fast die Aktivität normaler Leber. Alle anderen Hepatome sind nicht in der Lage, das $C_{(2)}$ von **II** in $CO_2$ umzuwandeln. Auf Grund vorhandener bzw. nicht vorhandener **I**-Aktivität u. **II**-Reduktaseaktivität werden die untersuchten Hepatome in 3 Gruppen eingeteilt. S. DITTMANN-MITZSCHERLICH. 4160□

**Vergleichende Enzymologie und Zellursprung von Rattenhepatomen.** 2. Mitt. **Glutamatdehydrogenase, Cholinoxydase und Glucose-6-phosphatase.** Henry C. Pitot. (Cancer Res. **20.** Nr. 8. [Part I] 1262—68. Sept. 1960.) (Engl.) — 1. vgl. vorst. Referat.

In den gleichen Hepatomen wie in vorst. Ref. beschrieben wurden die Aktivitäten von *Glucose-6-phosphatase* (I), *Glutamatdehydrogenase* (II) u. *Cholinoxydase* (III) bestimmt: **I**-Aktivität besitzen nur MORRIS 5123, prim. u. transplantierte, durch *Äthionin* (**IV**) hervorgerufene Hepatome u. einer der durch *3'-Methyl-4-dimethylaminoazobenzol* (**V**) entstandenen Tumoren. Diese Tumoren u. auch DUNNING L-C 18 besitzen auch **II**-Aktivität. Außer dem — nicht geprüften — prim. durch **V** hervorgerufenen Hepatom haben auch nur diejenigen Tumoren **III**-Aktivität, die zugleich **I**-Aktivität haben. Von den untersuchten Neoplasmen besitzen nur MORRIS 5123, das prim. durch **IV** hervorgerufene Hepatom u. einige der DUNNING L-C 18-Hepatome *Tryptophan-Peroxydase*-Aktivität. Im Gegensatz zu den meisten hier beschriebenen Enzymaktivitäten war die *Threonin-Dehydrase*-Aktivität von MORRIS 5123 ca. 40mal so hoch wie in der Leber der gleichen Tiere. S. DITTMANN-MITZSCHERLICH. 4160□

**Verringerung der cellulären Adhäsion nach Berührung mit einem Carcinogen.** Dale Rex Coman. (Cancer Res. **20.** Nr. 8. [Part I] 1202—04. Sept. 1960. Philadelphia, Pa.; Univ. of Pennsylvania, School of Med., Dep. of Pathol.) (Engl.)

Die inneren Teile der Ohrmuschel von Kaninchen wurden 1 Std. mit 1%ig. Lsg. von *7.12-Dimethylbenzanthracen* (I) in *Aceton* (II) behandelt, die selben Stellen anderer Kaninchen nur mit **II**. Durch mechan. Schüttlung u. Zellzählung von Stücken dieser Haut wurde das relative Adhäsionsvermögen der epidermalen Zellen bestimmt. Gegenüber den nur mit **II** behandelten Geweben hat die Adhäsion unter **I**-Einw. abgenommen. S. DITTMANN-MITZSCHERLICH. 4160□

**Über Tracheal- und Bronchialcarcinome bei Goldhamstern nach Behandlung mit Diäthylnitrosamin.** W. Dontenwill und U. Mohr. (Klin. Wschr. **39.** 493. 1/5. 1961. München, Univ., Pathol. Inst.) (Dt.)

Bericht über das Auftreten von Bronchialcarcinomen bei Sondenfütterung eines bisher als lebertox. beschriebenen Carcinoms. Goldhamster erhielten 2mal wöchentlich 0,4 ml einer wss. Lsg. von *Diäthylnitrosamin* (1 ml in 250 ml W.); es kam zwar zu Leberdystrophie, nicht jedoch zu Lebercarcinom; dagegen trat nach 1 Monat Metaplasie des Respirationsepithels vom Kehlkopf bis zu feinen Bronchialverzweigungen auf. Nach 2—4½ monatiger Behandlung fanden sich auch Carcinome der Trachea u. der Bronchien. U. TAUSENDFREUND. 4160□

**Der sexuelle Unterschied in der Entstehung von Lebertumoren unter Zusatz von N-Fluorenyl-(2)-acetamid ernährter Ratten.** Herschel Sidransky, Billie P. Wagner und Harold P. Morris. (J. nat. Cancer Inst. **26.** 151—67. Jan. 1961. Lab. of Pathol. and Biochem., Nat. Cancer Inst. Bethesda, Md.) (Engl.)

Bei einer Diät mit 0,03% *N-Fluorenyl-(2)-acetamid* (2-FAA) traten bei ♂-Ratten Lebertumore in höherer Zahl (in 12 von 12 Fällen) auf als bei ♀ (in 5 von 14 Fällen); die letzteren wiesen auch bei Dosen von 0,06% weniger Inzidenzfälle (6 von 15) auf. Wurden aber bei ♀ Ratten Brusttumore chirurg. entfernt, dann traten bei Dosen von 0,03% 2-FAA Lebertumore gehäuft (7 von 9 Fällen) auf. Histolog. wies die Leber ♂ Ratten frühere u. unterschiedliche Veränderungen auf, bes. bei Testerongaben. L. MACHER. 4160□

**Einige Charakteristica des transplantierbaren Rattenhepatoms Nr. 5123, das durch Einnahme von N-[Fluorenyl-(2)]-phthalamidsäure hervorgerufen wurde.** Harold P. Morris, Herschel Sidransky, Billie P. Wagner und Helen M. Dyer. (Cancer Res. **20.** Nr. 8. [Part I] 1252—54. Sept. 1960. Bethesda, Md., Nat. Cancer Inst.) (Engl.) — Vgl. vorst. Referat.

Es wird ein transplantables Lebercarcinom beschrieben, das durch Eingabe von *N-[Fluorenyl-(2)]-phthalamidsäure* (I) bei einem Inzuchtrattenstamm hervorgerufen wurde. Nach 9,9 Monate langer **I**-Verfütterung wurden Lebertumoren gefunden. Die Tumorzellen sehen wie hepatit. parenchymale Zellen aus. Der Primärtumor metastasiert zu der Lunge. Über 14 Transplantationen hinweg behielt der Tumor viele der morpholog. Charakteristica des Primärtumors. Einige biochem. Aktivitäten des Tumors ähneln denen von normaler Leber u. sind denen der meisten transplantablen Lebertumoren unähnlich. Bei vorläufigen Unterss. mit colorimetr. Meth. zeigte sich, daß nach Eingabe einer einzelnen Dosis I die Stoffwechsel-Prodd. im Harn, die aus I gebildet wurden, denen von *N-Fluorenyl-(2)-acetamid* im chem. Verh. u. in der Ausscheidungs-Geschw. ähneln. S. DITTMANN-MITZSCHERLICH. 4160□

**Gefahren für die Gesundheit bei der Hydrierung von Kohle.** 2. Mitt. **Cancerogene Wirkung von Materialien auf der Haut von Mäusen.** Carrol S. Weil und Naomi I. Condra. (A. M. A. Arch. environmental Health **1.** 187—93. Sept. 1960. Pittsburgh) (Engl.) — 1. vgl. A. M. A. Arch. environmental Health **1.** [1960.] 181.

An ♂ Mäusen wurden verschiedene Prodd. der Kohlehydrierung auf ihre cancerogene Wrkg. im Vgl. zu 0,2% *Methylcholanthren* in Bzl. oder verschiedener Proben von unverd. Kohle-in-Öl-Paste untersucht. Die Beobachtungszeit erstreckte sich bis zum Tode der Tiere oder bis zu ihrem 450. Lebenstag. Die Leichtöl- u. Schweröl-Prodd. waren mäßig cancerogen, Leichtöl mit F. unter 260° u. ihre Derivv. besaßen keine tumorerzeugende Aktivität. Öle, die bei höheren Tempp. sieden, Mittelöle, Leichtölrückstände, Kohle-in-Öl-Paste u. Pech-Prodd. waren alle hoch cancerogen. Der Grad der tumorerzeugenden Aktivität steigt an u. die Länge der mittleren latenten Perioden fällt ab in dem Grad, wie der Kp. ansteigt. Verdünnen der Kohle-in-Öl-Pasten, Applikation von Schutzcremes vor dem Auftragen der Kohle-in-Öl-Pasten oder Anwendung verschiedener Waschmeth. nach dem Ölanstrich auf der Haut können die Tumorinduktionsperiode nicht wesentlich aufschieben. Waschen mit Seife u. W. scheint ebenso wirksam zu sein wie irgendeine andere Behandlung. Die Folgerungen aus diesen Befunden für die Prophylaxe u. Überwachung der Arbeiter in Kohlehydrieranlagen werden erörtert. K. BÖHM. 4160□

**Ein Vergleich der anregenden und fördernden Wirkungen von 9.10-Dimethyl-1.2-benzanthracen und 1.2.5.6-Dibenzanthracen auf die Tumorenerzeugung in der Haut.** Michael Klein. (Cancer Res. **20.** Nr. 8. [Part I] 1179—83. Sept. 1960. Memphis, Tenn., Univ. of Tennessee, Med. Units, Div. of Anatomy, Gainesville, Fla., Univ. of Florida, Cancer Res. Labor.) (Engl.)

Die Haut von Mäusen wurde einmal mit 0,16 μg *9.10-Dimethyl-1.2-benzanthracen* (I) oder *1.2;5.6-Dibenzanthracen* (**II**) u. anschließend laufend mit *Crotonöl* bepinselt. Gegenüber den mit Aceton bepinselten Kontrolltieren wurde durch beide Carcinogene die Tumor-Bldg. gefördert, wobei allerdings **II** stärker wirksam ist als **I**. Mäuse eines anderen Stammes erhielten eine Pinselung mit **I**, nach 1 Monat in monatlichen Abständen 0,15% **I** oder 0,3% **II**. 50% der mit **I** monatlich behandelten Tiere entwickelten nach 226 Tagen sichtbare Tumoren der Haut, bei **II** betrug die Latenzzeit trotz der hier höheren Dosis 339 Tage. S. DITTMANN-MITZSCHERLICH. 4160□

**Fehlende Wirkung von Wachstumshormon des Menschen und Eier-Prolactin gegenüber Krebs des Menschen.** Mortimer B. Lipsett und Delbert M. Bergenstal. (Cancer Res. **20.** Nr. 8. [Part I] 1172—78. Sept. 1960. Bethesda, Md., Nat. Cancer Inst., Endocrinol. Branch) (Engl.)

*Wachstumshormon* (**I**) aus Hypophyse des Menschen vermehrt die *$Ca^{2+}$*-Ausscheidung im Urin von Personen ohne Krebskrankheit um 64mg $Ca^{2+}$ pro 24 Std. (im Mittel). Dadurch wird die Auswertung von Verss. erschwert, bei denen die $Ca^{2+}$-Ausscheidung von Patienten mit metastat. Krebs nach **I**-Eingabe erhöht ist. Klin. Fälle werden beschrieben, u. es wird gefolgert, daß weder **I** noch *Eier-Prolactin* noch eine Kombination beider bei kurzen Behandlungsperioden die Wachstums-Geschw. von metastat. Krebs der Brust oder der Prostata erhöhen. S. DITTMANN-MITZSCHERLICH. 4160□

**Die tumorhemmenden Wirkungen von 3-Methylcholanthren auf transplantable und durch 3-Methylcholanthren hervorgerufene Tumoren in C 3 H-Mäusen.** John S. Thompson, Clifford W. Gurney und Werner H. Kirsten. (Cancer Res. **20.** Nr. 8. [Part I] 1214—19. Sept. 1960. Chicago, Ill., Univ. of Chicago, Dep. of Med. and Pathol., Argonne Cancer Res. Hosp.) (Engl.)

Wenn 3 Tage nach Transplantation des Myeloms X 5563 in C 3 H-Mäuse mit einer *3-Methylcholanthren*-(**I**)-Behandlung begonnen wird, wird das Wachstum des Transplantats verzögert oder völlig unterdrückt. Die **I**-behandelten Myelome wurden histolog. untersucht, die Befunde werden beschrieben. Als Kontrolle u. Lsgm. wurde bei allen Verss. Sesamöl verwendet. Gibt man gleichzeitig mit **I** *Dihydrotestosteron*, so wird das Körpergewicht der Mäuse erhöht, das Wachstum der Myelome wird jedoch nicht stärker unterdrückt als durch **I** allein. Wird die **I**-Behandlung bei dem gleichen Mäusestamm bis zu 30 Tagen nach Transplantation des Myeloms aufgeschoben, so tritt noch gelegentlich Rückgang des Tumors ein, u. die Überlebenszeit der Tiere wird allg. verlängert. Tumorwachstumshemmung u. Verlängerung der Überlebensdauer wurden auch durch I-Therapie bei Mäusen erreicht, deren sarkomatöse bzw. carcinomatöse Tumoren durch I selbst hervorgerufen worden waren.

S. DITTMANN-MITZSCHERLICH. 4160□

**m-[Bis-(2-chloräthyl)-amino]-DL-phenylalanin bei der Behandlung von Mäusetumoren.** Mary O. Greene, B. R. Baker und Joseph Greenberg. (Cancer Res. **20**. Nr. 8. [Part I] 1160—65. Sept. 1960. Menlo Park, Calif., Stanford Res. Inst., Dep. of Biol. Sciences.) (Engl.)

*m-[Bis-(2-chloräthyl)-amino]-DL-phenylalanin* (I) u. *p-[Bis-(2-chloräthyl)-amino]-DL-phenylalanin* (II) wurden Mäusen mit verschiedenen Tumoren in verschiedenen Dosen eingegeben: Sarkom 180 (A), Mamma-Carcinom 755 (B), Leukämie 1210 (C) u. Sarkom 91 (D). Kriterien der Wirksamkeit: Bei A, B u. D Verringerung der Tumorgröße, bei C Verlängerung der Lebensdauer. Gegen A, D u. B ist I anscheinend wirksamer als II, gegen C dagegen etwas weniger wirksam als II. Obwohl die Mäuse von II etwa die doppelte Dosis wie von I vertragen, war I bei geringeren Dosen wirksam.

S. DITTMANN-MITZSCHERLICH. 4160□

**Die Wirkung von Cyclophosphamid (Cytoxan) gegen beständige, transplantierte Nagetier-Tumoren.** Montague Lane. (Cancer Res. **20**. Nr. 8. [Part I] 1269—73. Sept. 1960. Bethesda, Md., National Cancer Inst., General Med. Branch) (Engl.)

Durch kleine, intraperitoneal injizierte Dosen *Cyclophosphamid* (*Cytoxan*) wurden die Überlebenszeiten von Mäusen u. Ratten mit transplantiertem Carcinom eines beständigen Stammes, Leukämie u. einem Lymphosarkom merklich verlängert. Bei 4 Arten von Tumoren wurden vollständige Tumorregressionen erreicht. Die Wrkg. von Cytoxan ist stärker als diejenigen von *Uracil-Lost* u. *Stickstoff-Lost* u. wird auch in einem breiteren Dosisintervall erhalten. S. DITTMANN-MITZSCHERLICH. 4160□

**Cytologische Analyse der Wirkungen von Maleursäure auf Ehrlich-Ascites-Tumorzellen.** Tadashi A. Okada und Eugene Roberts. (Cancer Res. **20**. Nr. 8. [Part I] 1154—59. Sept. 1960. Duarte, Calif., City of Hope Med. Center, Med. Res. Inst., Dep. of Biochem.) (Engl.)

*Maleursäure* (*N-Carbamylmaleinsäuremonoamid*, I) wurde ab 5. Tag nach Transplantation von Tumorzellen Mäusen mit EHRLICHschem Ascitestumor subkutan u. auch intraperitoneal in verschiedenen Dosen injiziert. Der Ablauf der Zellteilungen wird dadurch gestört (Effekte beschrieben). Der Einbau von $^{3}H$ aus *$^{3}H$-Thymidin* in *Desoxyribonucleinsäure* wird durch I gehemmt. Intraperitoneale Injektion von I ist wirksamer als subkutane Injektion. Die Wrkg. verschiedener subkutan gegebener Dosen häuft sich an. *Pyrimidinvorläufer*, *Asparaginsäure*, *Carbamylasparaginsäure*, *Orotsäure*, alle *Riboside* u. *Desoxyriboside* der *Pyrimidine* u. *Purine* beeinflussen die Wrkg. von I nicht. Injiziert man dagegen I gemeinsam mit äquimol. Menge *red. Glutathion* (II) intraperitoneal oder injiziert man einen Überschuß von II 5 Min. nach I, so beobachtet man keine Wrkg. der I-Injektion. Wenn II 1 Std. nach I injiziert wird, sind die Wrkg. von I auf die Tumorzellen noch verringert. S. DITTMANN-MITZSCHERLICH. 4160□

**Antileukämische Wirkung von zwei Thiadiazolderivaten.** Margaret M. Ciotti, Stewart R. Humphreys, John M. Venditti, Nathan O. Kaplan und Abraham Goldin. (Cancer Res. **20**. Nr. 8. [Part I] 1195—1201. Sept. 1960. Waltham, Mass., Brandeis Univ., Graduate Dep. of Biochem.; Bethesda, Md., Nat. Cancer Inst.) (Engl.)

*2-Amino-1.3.4-thiadiazol* (I) u. *2-Äthylamino-1.3.4-thiadiazol* (II) verzögern das Wachstum der Leukämie L 1210 u. verlängern die Überlebensdauer von Mäusen mit dieser Leukämie. I u. II wirken etwa so stark wie der Folsäureantagonist *Aminopterin*. *Amethopterin* verlängert dagegen die Überlebensdauer von leukäm. Mäusen stärker als I u. II. Durch Eingabe von *Nicotinsäureamid* (III) werden die antileukäm. Wrkg. von I u. II aufgehoben. In vitro war es möglich, *Thiadiazol* (IV) gegen das III von *Diphosphopyridinnucleotid* (DPN) auszutauschen, wobei also das IV-Analoge von DPN entsteht. $^{14}C$-Einbau aus $^{14}C_{(5)}$-II in Niere, Leber, Milz, Muskel, Tumor u. Gehirn leukäm. Mäuse wurde nachgewiesen. In-vivo-Bldg. des IV-Analogen von DPN konnte noch nicht eindeutig nachgewiesen werden. S. DITTMANN-MITZSCHERLICH. 4160□

---

**M. A. Dobrinskaja** und **N. A. Pawlowitsch**, Lehrbuch der biologischen Chemie. Für medizinische Hochschulen. 2. vervollst. u. überarb. Aufl. Leningrad: Medgis. Leningrader Abt. 1961. (231 S.) 41 Kop. [Russ.]

**J. Rodier** et **R. Mallein**, Manuel de biochimie pratique. Paris: Maloine. 1961. (374 S.) 44 NF.

## $E_2$. Enzymologie. Gärung

**Über den Einfluß der Ultraviolett-Bestrahlung auf käsereitechnisch wichtige Mikroorganismen. 2. Mitt. Die Dehydrasensysteme von Penicillium camemberti, var. candidum und ihr Verhalten gegenüber Ultraviolettstrahlen.** J. Schormüller und H. Mahler. (Z. Lebensmittel-Unters. u. -Forsch. **110.** 183—96. 12/8. 1959. Berlin, Techn. Univ., Inst. für Lebensmittelchem. u. Lebensmitteltechnol.) (Dt.) — 1. vgl. C. **1958.** 9640.

Die *Dehydrasen* (I)-Syst. von *P. camemberti* var. *candidum* (P.) wurden mittels WARBURG- u. Tetrazoliummethodik untersucht. P. ist betont hitzeempfindlich (vollständige I-Inaktivierung durch 15 Min. Erwärmen auf 45°). Thiolinhibitoren (Jodosobenzoesäure, Jodacetat, Jodacetamid, p-Bromacetophenon, Phenylmercuriacetat, -borat, „*Cialit*") hemmen außerordentlich stark. Mo, Fe, Cu, Mn u. Co hemmen in höheren Konzz. ebenfalls durch SH-Blockierung. In niedrigen Konzz. aktivieren Mo, Mn u. Co. Zn aktiviert die Formazanbildung. Komplexbildner hemmen auffallend stark. Die Blockierung durch Tetracyclinantibiotica beruht auf Chelatbildung. Fluoracetat u. Malonsäure sind ohne Wrkg.; Kobratoxin hemmt zu 80%. Diphosphopyridinnucleotid u. Flavinmononucleotid wirken aktivierend. Vitamin $B_1$, $B_6$-Phosphat, Pantothensäure u. $B_{12}$ zeigen bei bestimmten I Effektorwirkung. Organ. Lsgm., oberflächenakt. Substanzen u. UV-Bestrahlung verringern in hohen Dosen die I-Aktivität u. erhöhen diese in kleinen. Ist die UV-Dosis so niedrig, daß einerseits geringe I-Schädigung, andererseits gesteigerte Zellwandpermeabilität eintritt, dann gelingt eine Aktivierung aller am Citronensäurecyclus beteiligten Enzyme, wodurch die Gültigkeit dieses Cyclus für den Acetatstoffwechsel von P. erwiesen ist. Folgerungen für prakt. Probleme enzymat. reifenden Materials werden besprochen. K. MAIER. 4210□

**p-Hydroxyphenylbrenztraubensäureoxydase in Fischen und Vögeln.** H. Michałek. (Bull. Acad. polon. Sci., Sér. Sci. biol. **9.** 105—07. 1961. Warsaw, School of Med., Dep. of Physiol. Chem.) (Engl.)

Die Existenz eines *Enzyms*, welches die Oxydation von *p-Phenylbrenztraubensäure* zu *Homogentisinsäure* (I) bewirkt, wurde bei Barsch, Frosch u. Taube (Aceton-getrocknete, pulverisierte Lebern) untersucht. Die Verss. wurden im WARBURG-App. durchgeführt. Die gebildete I wurde chromatograph. nachgewiesen. Bei Barsch u. Taube wurde eine hohe Enzymaktivität festgestellt. Wurde inaktiviertes Enzym-Präp. verwendet, wurde keine I gefunden. Die Verss. beim Frosch blieben negativ, evtl. wegen biolog. Passivität im Herbst. U. MOTHES. 4210□

**Beobachtungen über den Mechanismus der L-Aminosäureoxydase-Reaktion.** Abraham Marcus und John Feeley. (Biochim. biophysica Acta [Amsterdam] **46.** 600—03. 29/1. 1961. Beltsville, Md., U. S. Dep. of Agriculture, Field Crops and Animal Prod. Branch., Agricult. Marketing Service.) (Engl.)

Erhöhung des $O_2$-Druckes, z. B. beim Ersatz von Luft durch $O_2$, beschleunigte im *L-Aminosäureoxydase*-Rk.-Syst. die Wiederoxydation von reduziertem *Flavoprotein* (I) u. damit die Geschw. der Gesamt-Rk. u. verminderte die kompetitive Substrathemmung durch Zusatz von *2.5-Dichlorbenzolsulfonsäure.* Hohe Substrat-Konzz. bewirkten Beschleunigung der Red.-Geschw. bis zur Anhäufung von Flavin in Semichinonform u. dessen Red. durch unverändertes Flavin zur Dihydroform. Für eine bestimmte Aminosäure hing die maximal erreichbare Hemmung bei optimaler Substrat-Konz. vom Maximum der Red. von I ab. Wenn die Geschw. der Reoxydation von reduziertem I die Red.-Geschw. nicht überschritt, trat deutliche Substrathemmung ein. In $O_2$ wurde mit *Isoleucin* keine, mit *Histidin* mäßige u. mit *Leucin* starke Substrathemmung erzielt. H. CARLS. 4210□

**Aufhebung der Adrenalin-inaktivierenden Eigenschaften von Leber durch Monoaminoxydase-Inhibitoren.** E. C. Griesemer und J. A. Wells. (J. Pharmacol. exp. Therapeut. **116.** 282—86. März 1956. Chicago, Ill., Northwestern Univ., Med. School, Dep. of Pharmacol.) (Engl.)

Die *Monoaminoxydaseinhibitoren* (I) *1-Isonicotinyl-2-isopropylhydrazin* (*Iproniazid*) u. *Cholin-p-tolyläther* hemmen vollständig die Fähigkeit von Lebergewebe zur *Adrenalin* (II)-Inaktivierung. Die II-zerstörende Wrkg. der Leber beruht ausschließlich auf *Monoaminoxydase.* Ein I-unempfindlicher II-Inaktivierungsmechanismus war nicht nachweisbar. K. MAIER. 4210□

**Nachweis für das Freisetzen von Gehirnaminen durch Reserpin in Gegenwart von Inhibitoren der Monoaminoxydase: Teilnahme von Monoaminoxydase am Norepinephrinstoffwechsel im Gehirn.** Sydney Spector, Ronald Kuntzman, Parkhurst A. Shore und Bernard B. Brodie. (J. Pharmacol. exp. Therapeut. **130.** 256—61. Nov. 1960. Bethesda, Md., Nat. Inst. of Health, Nat. Heart Inst.) (Engl.)

Kaninchen, die mit Inhibitoren der *Monoaminoxydase* (I) vorbehandelt waren, zeigen bei Anwendung von *Reserpin* (II) eher eine Erregung als eine Beruhigung; auch wird dann die sonst beobachtete rasche Abnahme von *Norepinephrin* (III) u. *Serotonin* (IV) im Gehirn nicht gefunden. Vff. zeigen jetzt, daß die I-Inhibitoren nicht etwa II am Freisetzen von III u. IV verhindern, sondern daß sie die Inaktivierung der freigesetzten Amine verhindern. Daraus wird geschlossen, daß I das hauptsächlich für den III-Stoffwechsel im Gehirn verantwortliche Enzym ist. A. HESSE. 4210□

**ω-Hydroxyfettsäuredehydrogenase.** M. A. Mitz und R. L. Heinrikson. (Biochim. biophysica Acta [Amsterdam] **46.** 45—50. 1/1. 1961. Chicago, Ill., Armour and Co.) (Engl.)

Durch Extraktion von 100 g Schweineleber (bzw. anderen Organen) mit 0,5m KCl-Lsg. bei 0° u. Fraktionierung mit A., Bentonit u. Diäthylaminoäthylcellulose wurden 54 g 200fach gereinigte *Dehydrogenase* (I) gewonnen, die die Oxydation von $C_9$—$C_{11}$-ω-Fettsäurealkoholen bei gleichzeitiger Red. von Diphosphonucleotid (DPN) spezif. katalysierte. Diese Rk. wurde durch Zugabe des Oxydations-Prod. ω-Oxofettsäure reversibel. I wirkte nicht auf nieder ($C_1$—$C_4$-) oder hochmolekulare ($C_{18}$-) ω-Hydroxysäuren oder auf Derivv. prim. Alkohole mit oder ohne funktionelle Gruppen, wie Amino-, Carboxy- oder sek. OH-Gruppen, oder sek. Fettsäurealkohole. In bezug auf Schweineleber-I (= 100) wurden aus anderen Schweineorganen u. aus der Leber anderer Tiere I-Präpp. mit folgenden spezif. Aktivitäten isoliert: Pferdeleber 200, Schafsleber 80, Schweineniere 60, Rattenleber 50, Schweineherz 25. Hierbei wurde I durch spektrophotometr. Beobachtung der Red.-Geschw. von 3 μm DPN in 100 μm Glycinpuffer-Lsg., pH 9,5, mit 0,33 μm 10-Hydroxydecansäure, Na-Salz, bei einem End-Vol. von 3 ml bei 340 mμ u. 37° als spezif. Aktivität von E. I/mg Protein bestimmt. H. CARLS. 4210□

**Der Cytochrom-c-Gehalt des Herzens und Skelettmuskels von Ratten mit Eisenmangel.** H. A. Salmon. (J. Physiology **154.** 58 P—59 P. Dez. 1960. Sheffield, Univ., Dep. of Physiol.) (Engl.)

Vf. untersuchte den *Cytochrom-c* (I)-Geh. tier. Organe an ♂ Albinoratten (Gew. 45 bis 50 g, (a)], die neben Kontrolltieren (b) mit *Fe*-Mangeldiät ernährt wurden. Hämoglobin wurde als Cyanmethämoglobin, I nach Meth. ROSENTHAL u. DRABBIN (1943) bestimmt. Das durchschnittliche Herz-Gew. von a (0,781 g) war markant größer als das von b (0,525 g). Histolog. Unterss. zeigten keinen Überschuß an Herzfett bei a. Die Gesamtherz-I-Konz. war in a (288 μg) deutlich höher als die in b (192 μg); die durchschnittlichen I-Konzz. der Herzen waren dagegen in beiden Gruppen nicht sehr verschieden voneinander. Im Skeletalmuskel war die I-Konz. in a (30 μg/g) deutlich geringer als in b (75 μg/g). Die I-Konzz. in der Niere u. Leber waren bei den a-Tieren nicht deutlich herabgesetzt. Der Grund des proportionalen Anstiegs im I-Geh. zum Herz-Gew. bei den a-Tieren liegt nach Ansicht von Vf. in einer nützlichen Adaption zum Fe-Mangel.
S. BRATFISCH. 4210□

**Untersuchungen über den Einbau von Thymidin in Desoxyribonucleinsäure durch Rattenleberhomogenate in vitro.** J. H. Schneider, R. Cassir und F. Chordikian. (Biochim. biophysica Acta [Amsterdam] **42.** 225—29. 12/8. 1960. Beirut, Lebanon, American Univ. of Beirut, Dep. of Biol. Chem.) (Engl.)

Durch Homogenate aus normaler Leber u. aus Leber, die seit 24 Std. regeneriert, wird $^3$*H-Thymidin* (I) in *Desoxyribonucleinsäure* (DNS) eingebaut. Die Wrkg. der Homogenate aus regenerierender Leber ist etwas stärker. (Bei den Inkubationen werden Glutamat, Succinat, Pyruvat, Adenosintriphosphat, Fructose, $MgCl_2$, Phosphatpuffer u. Saccharose zur Einstellung des osmot. Druckes zugegeben.) *Äthionin* (II), *p-Fluorphenylalanin* u. *β-Thienyl-(2)-alanin* hemmen den I-Einbau nicht. 0,38—6,21 mm *Chloramphenicol* hemmt den I-Einbau durch Homogenate um 19—91%. Wird II 8—14 Std. vor Entfernung der Leber injiziert, so hemmt es deutlich die Fähigkeit der Homogenate aus normaler u. regenerierender Leber, I in DNS einzubauen. Daraus wird gefolgert, daß II in injizierter Form die Synth. eines Enzyms verhindert, das zum I-Einbau notwendig ist, oder dessen Aktivität hemmt. Die Geh. von *Desoxycytosin-*, *Desoxyadenin-* u. *Desoxyguaninnucleotiden* in den Geweben werden durch II-Injektion nicht erniedrigt.
S. DITTMANN-MITZSCHERLICH. 4210□

**Die Synthese von 5-Methyluridin-5'-phosphat in Rattenembryoextrakten.** Frank Maley. (Proc. nat. Acad. Sci. USA **46.** 632—36. 15/5. 1960. Albany, N.Y., New York State Dep., Div. of Labor. and Res.) (Engl.)

Es wird eine Meth. zur Best. der Methylierung von *Uridin-5'-phosphat* (I) u. *d*-I in Gewebeextrakten angegeben u. mittels dieser nachgewiesen, daß I u. *d*-I in Rattenembryonenextrakten durch $^{14}C$–$CH_2O$ in *5-Methyl*-I umgewandelt werden. Die Rk.

benötigt Tetrahydrofolsäure u. $CH_2O$ u. ist, wie radioautograph. nachgewiesen wurde, von der Bldg. von Neben- u. Zwischen-Prodd., darunter Hydroxymethyl-Derivv. von I begleitet. K. MAIER. 4210□

**Hemmwirkung von Bicarbonat und Adenosintriphosphat-Spiegel und Cholesterin-Biosynthese in Leberhomogenaten.** Lemuel D. Wright, Esther Englert, Lan-Fun Li und Roberta Trager. (Proc. Soc. exp. Biol. Med. **105.** 383—87. Nov. 1960. Ithaca, N.Y., Cornell Univ., Graduate School of Nutrition.) (Engl.)

*$NaHCO_3$* kann als starker Hemmstoff eines Syst. gelten, welches für die Erhaltung der *Adenosintriphosphat* (*ATP*)-Spiegel in Leberhomogenaten notwendig ist; ATP wiederum ist für die Umwandlung von *Mevalonsäure* zu nichtverseifbarem Material (vorwiegend *Cholesterin*) erforderlich. Diese Hemmung, die sich über eine nur geringe Konz.-Breite (über 0,05m $NaHCO_3$) erstreckt, kann durch *Trypsin-behandeltes Protamin*, *Arginin*, *Ornithin*, *Citrullin* oder *Canavanine* aufgehoben werden.

U. TAUSENDFREUND. 4210□

**Gewinnung von $^{32}$P-Adenosintriphosphorsäure mit hoher spezifischer Radioaktivität.** Gerhard Pfleiderer. (Biochim. biophysica Acta [Amsterdam] **47.** 389—90. 18/2. 1961. Frankfurt/M., Univ., Inst. für organ. Chem., Biochem. Abt.) (Dt.)

Vf. berichtet über ein einfaches enzymat. Verf., mit dem reine $^{32}P_{(\gamma)}$-*Adenosintriphosphorsäure* (*ATP*) von extrem hoher spezif. Radioaktivität dargestellt werden kann. Anorgan. Phosphat wird in Ggw. von 3-Phosphoglycerinaldehyd (I), Diphosphopyridinnucleotid (DPN) u. 3-Phosphoglycerinaldehyddehydrogenase (II) in das energiereiche Phosphorsäureanhydrid, die 1.3-Diphosphoglycerinsäure (III) übergeführt. Durch die katalyt. Funktion der Phosphoglyceratkinase (IV) wird III in Ggw. von $Mg^{2+}$ auf Adenosindiphosphorsäure (ADP) übertragen. Das Gleichgewicht dieser Rk. liegt ganz auf der Seite der ATP-Bildung. Da die Affinität des Phosphats zur II sehr groß ist, kann im Inkubationsansatz trägerfreies anorgan. $^{32}$P-Phosphat (1 mc/$\mu$g P) eingesetzt werden. Die Güte des erhaltenen markierten ATP-Präp. bewies Vf. durch Umsetzung des $^{32}$P–ATP-Präp. mit $Mg^{2+}$, Hexokinase aus Hefe u. Glucose. Der nach anschließender Papierchromatographie erhaltene ADP-Fleck war frei von Radioaktivität, dagegen das enzymat. gebildete Glucose-6-phosphat hoch radioakt., ein Zeichen dafür, daß nur der endständige Phosphatrest im ATP radioakt. markiert war. 3,5 ml des Inkubationsansatzes enthalten in 0,1 m Trispuffer (pH 7,4) gelöst $5 \cdot 10^{-5}$ (Mol) $Mg^{2+}$, $1 \cdot 10^{-6}$ DPN, $1 \cdot 10^{-6}$ ADP, $3 \cdot 10^{-6}$ I oder einen Überschuß an Fructose-1.6-diphosphat, 3 mc trägerfreies $^{32}$P-Phosphat, 100 $\mu$g **II** u. 10 $\mu$g **IV**. Nach 20 Min. Stehen bei Zimmer-Temp. Enteiweißung durch 3 Min. Erhitzen auf dem sd. Wasserbad; Verdünnen des Filtrates mit dest. W. auf 20 ml u. Adsorption an 1 g säuregewaschene Holzkohle, Absaugen u. Waschen zur Entfernung des nicht umgesetzten $^{32}$P-Phosphats. Erhitzen des $^{32}$P–ATP nach 20 Min. Digerieren mit 20 ml einer Lsg. aus konz. $NH_3$, A. u. W. (10:25:65), Eindampfen im Vakuum. Wenn notwendig Abtrennen des $^{32}$P–ATP von nicht umgesetzten, nicht radioakt. ADP u. DPN durch Hochspannungselektrophorese oder Ionenaustauscherchromatographie.

G. BRATFISCH. 4210□

**Desoxyribokinase bei Salmonella schottmuelleri.** Charles G. Smith. (J. Bacteriol. **81.** 328—29. Febr. 1961. Kalamazoo, Mich., Upjohn Comp., Res. Labor.) (Engl.)

Von 17 getesteten Organismen wuchs nur ein *Salmonella schottmuelleri*-Stamm Ss auf freier *Desoxyribose* (I) als einziger C-Quelle; Ggw. von *Desoxyribokinase* (II) wird vermutet, die bei *Lactobacillus plantarum* u. *Escherichia coli* vorkommt. Die größte Wachstums-Geschw. u. II-Synth. wurde in einer Nähr-Lsg. mit einem Maltose–I-Gemisch als C-Quelle erhalten. Eigg. der dargestellten II von Stamm Ss: Hitzelabil; bei 55° in 30 Min. völlig inakt.; Aktivität zu 60% durch Fällen des Proteins bei 0° mit A. u. zu 100% durch Fällen mit Aceton zerstört, durch Fällen mit $(NH_4)_2SO_4$ (50% Sättigung) kein Aktivitätsverlust; durch Zusatz von 0,28m $(NH_4)_2SO_4$ zum II-Rk.-Gemisch kein Anstieg in der Erzeugung von I-5-P (Gegensatz zur II von E. coli); Verlust der gesamten Aktivität bei Dialyse gegen 0,002m Phosphatpuffer, pH 7,4 (Gegensatz zu II von L. plantarum).

W. KNÖBEL. 4210□

**Phosphatase-Bestimmung im Serum mit p-Nitrophenylphosphat als Substrat.** B. Laurent und B. Norberg. (Scand. J. clin. Lab. Invest. **12.** 154—57. 1960. Stockholm, Sweden, Sabbatsberg Hosp., Chem. Central Labor.) (Engl.)

Vff. beschreiben eine einfache Meth. zur Best. von saurer u. alkal. *Serum-Phosphatase* mit p-Nitrophenylphosphat (I) als Substrat. In 118 Serumbeispielen vergleichen Vff. die Ergebnisse dieser Meth. mit denen der von BUCH u. BUCH (BB-Meth.; Acta med. Scand. **101.** [1939.] 211). Die BB-Meth. verwendet Phenylphosphat (II) als Substrat. Die Ergebnisse zeigen, daß die Werte beider Meth. mit I u. II annähernd miteinander vergleichbar waren. Die Regressionsanalyse von 1 $\mu$Mol Nitrophenol/Min./100 ml

Serum (y) für die Werte der BB-Meth. ergab die Gleichung y = 15,90 + 0,573 (x—29,30). Die von Vff. ursprünglich gewählte Einheit für I war 1 Mol/Min./100 ml Serum. Als Näherungsgleichung ergab sich die Regressionsgleichung y = 0,573 x, wobei x die BB-Einheit darstellt. G. BRATFISCH. 4210□

**Phosphatester der Säugetierhaut nach Behandlung mit Glucose und verschiedenen Desoxyglucosen.** Sheila A. Brooks, J. C. Lawrence und C. R. Ricketts. (Biochem. J. 73. 566—72. Dez. 1959. Birmingham, Accident Hosp., Burns Res. Unit and Med. Res. Council Industrial Injuries.) (Engl.)

Schnitte von Haut aus dem Ohr des Meerschweinchens werden in KREBS-RINGER-Phosphat-Lsg. in Ggw. von *Streptomycinsulfat* mit *Glucose* (I), *Galaktose* (II), *Mannose* (III), *N-Acetylglucosamin* (IV), *2-Desoxy-D-glucose* (V), *3-Desoxy-D-glucose* (VI), *1.5-Anhydro-D-mannit* (VII), *Glucosan* (VIII) oder *Glucosamin* (IX) inkubiert u. die Geweberespiration manometr. bestimmt bzw. nach Inkubation in Ggw. von $^{32}PO_4^{3-}$ die gebildeten Phosphatester papierchromatograph. untersucht. Die Geweberespiration, die ohne Substrat in 24 Std. um 65% des ursprünglichen Wertes absinkt, wird durch I auf 85% des normalen Wertes erhalten. II u. III haben eine ähnliche Wrkg. wie I, mit IX wird die Respiration auf 56%, mit VII u. VIII auf 50% des Anfangswertes erhalten. VII u. VIII erhöhen die Atmung in den ersten 3 Std. um 15%. IV, V u. VI haben keine Wrkg. auf die Atmung. II, VII, VIII u. IX hemmen im Gemisch mit I den normalen I-Stoffwechsel. Nach 24std. Inkubation der Hautschnitte mit I u. $^{32}PO_4^{3-}$ werden papierchromatograph. insgesamt 22 radioakt. Phosphate gefunden, von denen *Fructose-6-phosphat, 3-Phospho-D-glycerinsäure, Uridindiphosphoglucose, Uridindiphosphat, Adenosinmono-, -di-* u. *-triphosphat, Mannose-6-phosphat, Glucose-6-phosphat, Guanosindiphosphat, Phosphoenolbrenztraubensäure, Fructose-1.6-diphosphat, Glucose-1-phosphat* u. *Pyrophosphat* identifiziert werden. Gelegentlich wurden noch 6 weitere Phosphate beobachtet. Die in Haut normalerweise auch vorhandenen Phosphate *2-Desoxyglucose-6-phosphat, Glucoson-6-phosphat, 1.5-Anhydro-D-mannit-6-phosphat* u. *Glucosamin-6-phosphat* werden aus den entsprechenden Substraten gebildet, mit IV u. V werden keine neuen Phosphate gebildet.

H.-J. KOCH/Berlin. 4210□

**Anreicherung und Charakterisierung einer Triosekinase aus Leber. Zur Biochemie des Fructosestoffwechsels. 3. Mitt.** Fritz Heinz und Walther Lamprecht. (Hoppe-Seyler's Z. physiol. Chem. 324. 88—100. 30/5. 1961. München, TH, Org.-Chem. Inst.) (Dt.) — 2. vgl. C. 1960. 4874.

*Triosekinase* (I) wurde aus Rinderleber durch $(NH_4)_2SO_4$-Fällungen u. Adsorption an $Ca_3(PO_4)_2$-Gel ca. 50fach angereichert. I phosphoryliert in Ggw. von Adenosintriphosphat D-Glycerinaldehyd (II) zu 3-Phospho-D-glycerinaldehyd u. Dihydroxyaceton (III) zu III-Phosphat, während L-II nicht als Substrat verwertet wird; MICHAELIS-Konst. für D-II $1,25 \cdot 10^{-4}$ m, für III $2 \cdot 10^{-5}$m; Aktivitätsmaximum bei pH 7,0. Glycerin, Glucose, Fructose, D-Glycerinsäure u. Glykolaldehyd werden von I nicht phosphoryliert. I ist mit der von HERS u. KUSAKA (C. 1954. 10737) beschriebenen „Triosekinase" identisch.

K. MAIER. 4210□

**Weg der Ribose-5-phosphat-Verwendung bei Microbacterium lacticum.** M. I. Krichevsky und W. A. Wood. (J. Bacteriol. 81. 246—57. Febr. 1961. Urbana, Ill., Univ. of Illinois, Dep. of Dairy Sci., Labor. of Bacteriol.) (Engl.)

Extrakte von *Microbacterium lacticum* wandeln 1 Mol *Ribose-5-phosphat* (I) in annähernd 1,5 Mol *Pyruvat* (II), 0,2 Mol *Alanin* u. Spuren anderer Verbb. unter Verbrauch von 0,75—1,0 Mol $O_2$ um. Die II-Ausbeute ist von der Extrakt-Konz. abhängig. Bei suboptimalen Extrakt-Konzz. führt Zusatz von *Mg*-Ionen u. *Adenosindiphosphat* ebenfalls zu optimalen II-Ausbeuten. Dissimilation von $^{14}C_{(1)}$-I ergibt II mit folgenden spezif. Aktivitäten (Substrat = 100): Carboxylgruppe 16, Carbonyl 3 u. Methyl 37. Aus den Vers.-Ergebnissen wird geschlossen, daß M. lacticum Pentosephosphate zu II durch eine Reihe von Rkk. abbaut, die katalysiert werden durch die Enzyme Transketolase, Transaldolase, Phosphofructokinase u. die Enzyme des Glykolyseweges nach dem EMBDEN-MEYERHOF-Schema. W. KNÖBEL. 4210□

**Diskussion der Spezifitätsverhältnisse von α-Glucosidasen.** Birgitte Bohn Jørgensen. (Kem. Maandesbl. nord. Handelsbl. kem. Ind. 42. 27—30. 1961. København, Danmarks tekn. Højskole, Afd. for tekn. Biokemi.) (Dän.)

Übersicht über Einteilung der *Glucosidasen*, Theorien über Enzymspezifität, Spezifitätsverhältnisse der α-Glucosidasen, Spezifitäts-Unterss. u. Kritik der Definitionen von BALDWIN. K. ZINGRAF. 4210□

**Über die Aktivität von Glykolysefermenten während der frühembryonalen Entwicklung von Molchkeimen.** Heinz Tiedemann und Hildegard Tiedemann.

(Hoppe-Seyler's Z. physiol. Chem. **318.** 229—33. 31/5. 1960. Heiligenberg, Baden, Heiligenberg-Inst.) (Dt.)

Die Aktivität der Glykolyseenzyme *Aldolase* (I) u. *Milchsäuredehydrogenase* (II) steigt während der frühembryonalen Entw. (erste Furchungsstadien, Blastula, Gastrula, Neurula, Embryonen mit Schwanzknospe, gerade gestreckte Embryonen) von *Triton alpestris* wenig an. Die II-Aktivität ist in animalen u. vegetativen Gastrulahälften (Alpenmolch, Axolotl) sehr ähnlich. I der Molchkeime wird wie Säugermuskel-I durch Komplexbildner, wie α.α'-Dipyridyl u. *Äthylendiamintetraacetat*, nicht gehemmt.

K. MAIER. 4210□

**Ein Verfahren zur Ermittlung der Überträger der Galaktosämie.** R. K. Brettauer, R. G. Hansen, Georg Donnell und W. R. Bergren. (Proc. nat. Acad. Sci. USA **45.** 328—31. 15/3. 1959. East Lansing, Mich., Michigan State Univ., Dep. of Agric. Chem.; Los Angeles, Calif., Children Hosp.) (Engl.)

Vff. beschreiben ausführlich eine modifizierte *Transferase*-Best. in Erythrocyten (Er.) von *Galaktosämie*-Kranken, ihrer Familien u. normalen Individuen. 3 typ. Familien wurden auf ihren *Galaktose-1-phosphat-Uridyltransferase*-Spiegel untersucht. Der Verbrauch von *Uridindiphosphatglucose* pro Std. pro ml Er. in μMol beträgt für Erkrankte 0, für Eltern oder Überträger 2,9—3,7 u. für Normale 4,8—8,1. P. TEICHGRÄBER. 4210□

**Weitere Versuche zur Inhibierung von Aconitase mit enzymatisch dargestellter Fluorcitronensäure.** R. A. Peters. (Biochem. J. **79.** 261—68. 1961. Babraham, A.R.C. Inst. of Animal Physiol., Biochem. Dep.; Cambridge, Dep. of Biochem.) (Engl.)

Vf. beschreibt eine neue Meth. zur Best. der Wrkg. von *Fluorcitrat* (I) auf *Aconitase* (II), wobei ein nur teilweise fraktioniertes II-Präp. verwandt wird, das keine Reaktivierung mit $Fe^{2+}$ u. Cystein benötigt. In 2-Amino-2-hydroxymethylpropandiol-(1.3)-Puffer (pH 7,4) wird eine 50%ig. Hemmung von II durch 6,5 μmMol enzymat. dargestelltes I beobachtet. I wirkt sowohl auf suspendierte (mitochondr.) als auch auf lösl. II. In Ggw. von Phosphat oder nach Behandlung mit 5 mMol *DL-Isocitrat* (DL-III) ist die Hemmung durch I stark vermindert. Obwohl L(+)-III doppelt so rasch wie DL-III durch II zu *DL-Aconitsäure* umgesetzt wird, ist die I-Wrkg. in Ggw. der beiden Isomeren ungefähr gleich. NaCl erhöht die II-Aktivität, KCl bewirkt nur eine anfängliche Erhöhung. Eine Mischung beider Salze vermindert die I-Wrkg. stark. Innerhalb ± 4° variiert die I-Wrkg. mit ca. 4% pro Grad. Die I-Wrkg. nimmt mit steigendem pH ab.

G. KIRSTEN. 4210□

**Untersuchungen über die enzymatische Dehydrierung von deuteriertem Succinat.** John F. Thompson und Florence J. Klipfel. (Biochim. biophysica Acta [Amsterdam] **44.** 72—77. 21/10. 1960. Lemont, Ill., Argonne Nat. Labor., Div. of Biol. and Med. Res.) (Engl.)

Zunehmender Geh. an $D_2$ in *Bernsteinsäure* (I) vermindert die Geschw. der Dehydrierung durch *Succinoxydase*: in zellfreien Präpp. aus Leber wurde vollständig deuterierte I nur mit $^1/_6$ der bei normaler I beobachteten Geschw. dehydriert. — In reinem $D_2O$ bzw. in 30%ig. $D_2O$ betrug die Red. von normalem I 35 bzw. 5%. — Dieselben Erscheinungen wurden auch mit Leberschnitten erhalten; dabei war nur der Isotopeneffekt etwas niedriger. A. HESSE. 4210□

**Glutaminsäure–Oxalessigsäure-Transaminase im Serum und Harn bei Normalpersonen, Coronarthrombose und Leberkrankheiten.** G. C. Sepaha, C. R. Bhandari und R. Vijayvargiya. (Indian J. med. Res. **49.** 68—72. Jan. 1961. Indore, M. P., M. G. M. Med. Coll., Dep. of Cardiol. u. M. Y. Hosp.) (Engl.)

Gefunden wurden folgende Mittelwerte für den Geh. von *Glutaminsäure–Oxalessigsäure-Transaminase* im Serum (S.) u. Harn (H.): bei Normalpersonen: S. 21,4 E./$cm^3$, H. 6 E./$cm^3$; bei Coronarthrombose: S. 103 E./$cm^3$, H. 32 E./$cm^3$; bei infektiöser Hepatitis: S. 346,1 E./$cm^3$, H. 2,72 E./$cm^3$; bei Lebercirrhose S. 79,7 E./$cm^3$, H. 2,0 E./$cm^3$.

K. ZINGRAF. 4210□

**Serum–Glutamat–Oxalacetat-Transaminase bei lokaler Gewebeschädigung.** K. Mörsdorf. (Naunyn-Schmiedebergs Arch. exp. Pathol. Pharmakol. **238.** 125—27. 1960. Bonn.) (Dt.)

Die Unters. des Verh. der Serum-*Glutamat-Oxalacetat-Transaminase* (I) bei Ratten nach örtlicher Gewebeschädigung durch Injektion von *Formalin* (II), *Dextran* (III), *Eiereiweiß* (IV) oder *Kaolin* (V) ergab bei subplantarer Injektion von 3%ig. II (Hinterpfote) Zunahme des I-Geh. nach mehreren Std. Latenzzeit (Freisetzung aus den Zellen!). 6%ig. III-Lsg. u. V-Suspension bewirkten keine Veränderung von Serum-I. Die Befunde nach IV-Zufuhr waren unklar. Vorbehandlung der Tiere mit *Phenylbutanon* (Butazolidin; GEIGY) beeinflußte die Steigerung von Serum-I nach II-Schädigung nicht. — Diskussion.

K. MAIER. 4210□

**Die Aktivität der Glutaminsäuredecarboxylase im Nervengewebe von Insekten.** N. Frontali. (Nature [London] **191.** 178—79. 8/7. 1961. Rome, Ist. Superiore di Sanità.) (Engl.)

Die von Vf. angewendete u. eingehend beschriebene Meth. zur Best. der Aktivität von *Glutaminsäuredecarboxylase* (I) im Nervengewebe von Bienen beruht auf der Verw. von *$^{14}$C-Glutaminsäure* u. der Messung der Radioaktivität der gebildeten *γ-Aminobuttersäure* (II). Die Ergebnisse dieser Meth. stimmen mit den nach der manometr. Technik erhaltenen Werten überein. 1. Die optimale Konz. des *Pyridoxalphosphats* liegt zwischen $4 \cdot 10^{-4}$ u. $10^{-3}$m, 2. die Zeit/Aktivitätskurve ist während der ersten 20 Min. fast linear u. 3. die Abhängigkeit der Aktivität vom pH zeigt zwei Maxima bei pH 7,2 u. 8 für die Bldg. von II. Die Ausbildung des Maximums bei pH 8 wird als ein nicht von I bewirkter Vorgang angesehen. S. VIERKÖTTER. 4210□

**Die Carbamylphosphat-Asparagat-Transcarbamylase-Aktivität regenerierender Rattenleber.** Edmund Calva und Philip P. Cohen. (Cancer Res. **19.** 679—82. Juli 1959. Madison, Wis., Univ. of Wisconsin, Dep. of Physiol. Chem.) (Engl.)

Nach partieller Hepatektomie bei Ratten nimmt die *Carbamylphosphat* (I)-*Asparagat-Transcarbamylase*-Aktivität der Leber bald zu, erreicht nach dem 2. Tag ein Maximum (ca. 2facher Wert) u. sinkt bis zum 15. Tag auf den Kontrollwert ab. Die mögliche Funktion des Enzyms als Teil eines Steuerungsmechanismus des Zellwachstums wird besprochen. K. MAIER. 4210□

**Steuerung der Bildung von Ornithin-Transcarbamylase bei Escherichia coli durch endogen synthetisiertes Arginin.** Richard P. Novick und Werner K. Maas. (J. Bacteriol. **81.** 236—40. Febr. 1961. New York, N.Y., New York Univ., Coll. of Med., Dep. of Microbiol.) (Engl.)

Gesteigerte Geschw. der *Ornithin-Transcarbamylase* (I)-Synth. bei *E. coli* ist das Ergebnis eines relativen intracellulären *Arginin* (II)-Mangels. Das zeigte sich bei ungenügender Zufuhr von endogen gebildetem II infolge höheren Verbrauchs durch Wachstum eines Wildtyp-Stammes W von E. coli in einem angereicherten II-freien Medium, in dem I 6mal schneller gebildet wurde als bei Wachstum im Minimalmedium. 25mal schneller als von dem Stamm W wurde I von Mutanten von E. coli mit verminderter II-Synth.-Fähigkeit gebildet. W. KNÖBEL. 4210□

**Aktivierung der Aminosäuren durch Mikrosomen und das pH 5-Enzym der Reticulocyten des Kaninchens.** Jacques Kruh und Jean-Claude Dreyfus. (Biochim. biophysica Acta [Amsterdam] **44.** 55—63. 21/10. 1960. Paris, Hôpital des Enfants malades, Labor. de Recherches de Biochim. med.) (Franz.; Auszug: Engl.)

Die Mikrosomen der Reticulocyten sind zur Aktivierung von *Aminosäuren* (I) (zwecks Aufnahme in Proteine) befähigt, wie sich aus der Zunahme des von I abhängigen Austausches zwischen Adenosintriphosphat u. $^{32}$P-Pyrophosphat ergibt. Die aktivierenden Eigg. der Mikrosomen sind denjenigen des „*pH 5-Enzyms*" (ZAMECNIK u. Mitarbeiter, C. **1950/54.** 321 S. u. HOAGLAND u. Mitarbeiter, C. **1957.** 7070) ähnlich; es besteht aber keine Identität u. keine Additivität. A. HESSE. 4210□

**Saure Peptide der Linse.** 6. Mitt. **Der Stoffwechsel von γ-Glutamylpeptiden in subcellulären Fraktionen von Kaninchenleber.** E. E. Cliffe und S. G. Waley. (Biochem. J. **79.** 118—28. April 1961. Oxford, Univ., Nuffield Labor. of Ophthalmol.) (Engl.) — 5. vgl. C. **1959.** 10653.

Die Unters. der intracellulären Verteilung der Enzyme, die Synth. u. Abbau von *Glutathion* (I) u. der analogen Verb. *Ophthalmsäure* (II) in Kaninchenleber katalysieren, ergab, daß die Synth. von I u. II gleichartig verläuft u. auf Grund von Konkurrenz-Verss. hierbei die gleichen Enzyme beteiligt sind. Letzte finden sich im Überstand u. prakt. nicht in den übrigen Fraktionen. Die Kernfraktion katalysiert die I-Hydrolyse (die übrigen Fraktionen sind kaum wirksam) u. Transpeptidierungs-Rkk., wobei in beiden Fällen wahrscheinlich ein Enzym, *γ-Glutamyltranspeptidase* (III), wirksam ist. II wird von der Kern- wie Überstandfraktion abgebaut, durch erstere zu den Aminosäuren Glutaminsäure (IV), α-Amino-n-buttersäure u. Glycin. III der Kernfraktion katalysiert Hydrolyse u. Transpeptisierung. Der II-Abbau durch Überstand führt eher zu *5-Oxopyrrolidincarbonsäure-(2)* als zu IV u. wird durch *γ-Glutamyllactamase* katalysiert (Nachw. der Lokalisierung mit γ-Glutamylglycin als Substrat). Bei der subcellularen Fraktionierung von Kälberlinsen findet sich fast alles Protein im Überstand. K. MAIER. 4210□

**Fehlen von Sialsäure und anderen Kohlenhydraten in kristallinem Papain.** Chris Nolan und Emil L. Smith. (Proc. Soc. exp. Biol. Med. **105.** 287—89. Nov. 1960. Salt Lake City, Utah, Univ. of Utah, Coll. of Med., Labor. for Study of Hered. and Metabol. Disorders, Dep. of Biol. Chem., Dep. of Med.) (Engl.)

Unterss. an *kristall. Papain* zeigten, daß dieses Protein keinerlei *Kohlenhydrat* enthält, bes. konnten Berichte über die Ggw. von *Sialsäure* mit spezif. Unters.-Meth. nicht bestätigt werden. U. TAUSENDFREUND. 4210□

**Untersuchungen über Denitrifikation. 4. Mitt. Beteiligung von Cytochromen an der Denitrifikation.** Hidekazu Iwasaki. (J. Biochemistry [Tokyo] **47.** 174—84. Febr. 1960. Nagoya, Nagoya Univ., Fac. of Sci., Biol. Inst.) (Engl.) — 3. vgl. C. **1960.** 17154.

Mit Hilfe von Dimethyl-p-phenylendiamin (**I**)-Nitrit (**II**) wurden bakterielle (*Pseudomonas denitrificans*) denitrifizierende Enzyme gereinigt. Zellfreie Extrakte (20000·*g*) lieferten bei Fraktionierung mit $(NH_4)_2SO_4$ u. Kationenaustauschharz 2 Cytochrome, $C_1^{552}$ (**III**) u. *Kryptocytochrom c* (**IV**). **III** ist eine Art von Cytochrom c, aber nicht mit Herzmuskel-*Cytochromoxydase* (**V**) gekoppelt ($E_0'$ ca. +300 mV, pH 7,0). **IV** besitzt im red. Zustand keine deutliche α- u. β-Bande, eine breite Bande von 560—540 mμ u. im oxydierten Zustand eine scharfe bei 423 u. 394 mμ. HCl–Aceton spaltet den Häminanteil nicht ab. Nach der Behandlung treten bei Neutralisation u. Red. scharfe, an Cytochrom c erinnernde Banden auf. **IV** ist ebenfalls nicht mit **V** gekoppelt. Die **IV**-haltige Fraktion bildet aus $NH_2OH$ u. **II** $N_2O$. Die Gas-Entw. wird von $O_2$ nicht gehemmt. **III** denitrifizierender Bakterien ist anscheinend ein Elektronüberträger im **I**—**II**-Syst. u. durch **III** von *Acetobacter suboxydans* u. **III** salztolerierender Bakterien (Stamm Nr. 203, Sb-Typ) ersetzbar. **II** oder NO ändern das Absorptionsspektrum von $\mathbf{IV}_{red}$, $NH_2OH$ beeinflußt das der oxydierten Form etwas. Gleichzeitiger Zusatz von **II** u. $NH_2OH$ ruft eine deutliche Absorptionsänderung hervor. Möglicherweise ist **IV** mit dem denitrifizierenden Enzym identisch. Ein Denitrifizierungsschema wird diskutiert. K. MAIER. 4210□

**Die enzymatische Synthese von Inositmonophosphatid.** Henry Paulus und Eugene P. Kennedy. (J. biol. Chemistry **235.** 1303—11. Mai 1960. Chicago, Ill., Univ. of Chicago, Dep. of Biochem.) (Engl.)

Eine Anzahl von Befunden deutet auf nachstehende Rk.-Folge bei der Synth. von *Inositmonophosphatid* (**I**) in Hühnerlebermikrosomen-Präpp. (25000·*g*-Sediment) hin: 1. *L-α-Glycerophosphat* + 2 RCO—S—CoA → *Phosphatidsäure* (**II**) 2. **II** + *Cytidintriphosphat* ⇌ *Cytidindiphosphatdiglycerid* (**III**) + *anorgan. Pyrophosphat*; 3. **III** + *Inosit* (**IV**) ⇌ **I** + *Cytidinmonophosphat*. Die synthet. hergestellten Cytidindiphosphatdiglyceride Cytidindiphosphatdipalmitin u. -dilaurin wirkten in dieser Rk.-Folge als Zwischenprodukte. $Mn^{2+}$ ist ein Cofaktor der Rk. 3. Inositkinase war nicht nachweisbar. Verss. mit $^3H$-**IV** ergaben, daß **II** größtenteils oder völlig als solche in **I** eingebaut wird. Cytidindiphosphatcholin ist keine Zwischenstufe der **III**-Bildung. Das Enzym, das die **II**-Übertragung von **III** auf **IV** katalysiert, wird *Phosphatidsäure–Inosit-Transferase* bezeichnet. Die Beziehung zwischen **I**-Biosynth. u. derjenigen anderer komplexen Lipide wird besprochen.

Versuche: *$^{32}P$-L-α-Glycerophosphat*, aus $AT^{32}P$ u. Glycerin mittels Glycerokinase. — *$^{32}P$-Dipalmitoyl-L-α-glycerophosphat*, aus $^{32}P$-Orthophosphat durch Erhitzen mit $H_3PO_4$ auf 110° über Nacht, Rk. bei Raumtemp. mit $PCl_5$ (30 Min.), Zusatz von trockenem Dimethylformamid u. anschließend von 500 μMol D-α.β-Dipalmitin in trockenem Pyridin (3 Std., Raumtemp.), Ae.-Extraktion, Chromatographie an $LiO_2$; 100 μMol (Ausbeute). — *Cytidindiphosphatdipalmitin, Ba-Salz*, $C_{44}H_{79}BaN_3O_{15}P_2$, aus Dipalmitoyl-DL-α-glycerophosphorsäure u. Cytidinmonophosphat (freie Säure) in wss. Pyridin durch 2 Tage Rühren mit N.N'-Dicyclohexylcarbodiimid bei 40—45°; 6% (Reinheit ≧93%). — *Cytidindiphosphatdilaurin*, analog aus *Dilauroyl-DL-α-glycerophosphorsäure*.

K. MAIER. 4210□

**Über den Verlauf der Lipolyse in gelagerten Rizinussamen.** Gisbert Kunert. (Pharmaz. Zentralhalle Deutschland **99.** 61—63. Febr. 1960. Berlin, Humboldt-Univ., Inst. für Botanik.) (Dt.)

Das Fortschreiten der Fett-Zers. wurde an zahlreichen Samen verschiedenen Alters (bis zu 7 Jahre) in der Weise beobachtet, daß das *Endosperm* (**I**) durch Längs- u. Querschnitte in Segmente zerlegt u. die Querschnitte oder deren Quetsch-Präpp. mit 1%ig. wss. Nilblausulfat-Lsg. angefärbt wurden. Dabei zeigte sich, daß die Lipolyse in dem um die Spitzen der Keimblätter liegenden **I** ihren Anfang nahm. In dem an die Keimblätter grenzenden Gewebe lief sie abwärts bis zum Hypokotyl u. zum Würzelchen u. dann in Querrichtung von den Kotyledonen zu den äußeren Randgebieten des **I**. Der Verlauf der Fettspaltung wird nicht durch äußere Faktoren (Luft, Feuchtigkeit, Temp.) ausgelöst, sondern vermutlich fermentativ gesteuert. Sie breitet sich dabei, vom Embryo ausgehend, allmählich über das ganz **I** aus. K. GRADE. 4210□

**Untersuchungen über racemische-Milchsäure-bildende Milchsäurebakterien. 1. Mitt. Der Bedarf an organischen Basen und Nicotinsäure und die Bildung von Racemase.**

Akira Ōbayashi und Kakuo Kitahara. (J. agric. chem. Soc. Japan [Nippon Nōgei-Kagaku Kaishi] **33.** 623—26. 15/7. 1959. Tōkyō Daigaku, Ōyō Biseibutsu-Kenkyūsho.) (Jap.)

Damit *Lactobacillus* (*L.*) *plantarum* 11 u. 26, *L. arabinosus, L. japonicus, L. brevis* u. *Pediococcus hennebergii* unter Mitwrkg. von *Racemase* DL-*Milchsäure* bilden können, brauchen sie in ihrem Nährmedium 0,15 $\gamma$ *Nicotinsäure*/$cm^3$. Die Ggw. organ. Basen (*Adenin, Guanin, Xanthin, Uracil*) ist hierbei nicht notwendig. F. Mossner. 4210

**Untersuchungen über racemische-Milchsäure-bildende Milchsäurebakterien. 2. Mitt. Der Wachstumsfaktor von Lactobacillus saké und seine Racemasebildung.** Akira Ōbayashi und Kakuo Kitahara. (J. agric. chem. Soc. Japan [Nippon Nōgei-Kagaku Kaishi] **33.** 832—35. 15/10. 1959. Tōkyō Daigaku, Ōyō Biseibutsu-Kenkyūsho.) (Jap.) — 1. vgl. vorst. Referat.

Zur Unters. der Verteilung des *Wachstumsfaktors* (**I**) von 4 Stämmen von *Lactobacillus saké* wurden einem halbsynthet. Nährboden *Casein-abbauendes Ferment* (**II**), *Pepton* (**III**) u. pulverisierter Hefeextrakt (**IV**), je 2 mg/2 $cm^3$, zugesetzt. Die Verteilung verläuft in der Reihe **II** > **III** > **IV**. Verss. mit Caseinverdauung durch *Trypsin* ergaben, daß **I** ein *Phenylalanylpeptid* aus *Leucin* (oder *Isoleucin*), *Phenylalanin, Valin, Prolin, Threonin, Alanin, Glycin* u. *Lysin* ist. — An Vitaminen braucht Lactobacillus saké *Riboflavin, Pantothensäure, Adenin* u. *Nicotinsäure.* F. Mossner. 4210

**Untersuchungen über racemische-Milchsäure-bildende Milchsäurebakterien. 3. Mitt. Die Aporacemasebildung von Lactobacillus saké.** Akira Ōbayashi und Kakuo Kitahara. (J. agric. chem. Soc. Japan [Nippon Nōgei-Kagaku Kaishi] **33.** 835—39. 15/10. 1959.) (Jap.) — 2. vgl. vorst. Referat.

Die *Racemase* (**I**)-Bldg. von *Lactobacillus saké* wird durch Zusatz von Salzen (Na-Acetat, Na-Citrat, NaCl) zum Glucosenährboden mit 1% Pepton u. 0,5% pulverisiertem Hefeextrakt gehemmt. Ähnlich wirken Zusätze von *Na-Azid, Na-Arsenat, 2.4-Dinitrophenol* u. $NH_4$*-Oxalat*. Bei Zugabe von Milchsäuren steigert L-*Milchsäure* die **I**-Bldg., während Zugabe von DL- u. D-Milchsäure sie hemmt. F. Mossner. 4210

**Hyaluronidase und antidiuretische Aktivität im Harn des Menschen.** S. E. Dicker und M. Grace Eggleton. (J. Physiology **154.** 378—84. Dez. 1960. London, Univ., Coll., Dep. of Pharmacol. and Physiol.) (Engl.)

Vff. stellen fest, daß nach dem Trinken von W. oder A./W. die antidiuret. Aktivität (a.A.) u. *Hyaluronidase* (**I**)-Konz. im Harn im Höhepunkt der Diurese absinkt u. daß a.A. u. **I** bei normaler Harnabscheidung wieder hergestellt waren. Die Gesamtexkretion von **I** verhielt sich gleich. Eine Injektion von Vasopressin an 2 Patienten mit nephrogenem Diabetes insipidus hatte keine **I**-Exkretion im Gegensatz zu 3 normalen Personen u. 1 Patienten mit Diabetes insipidus zur Folge; bei den letztgenannten Fällen beobachteten Vff. eine große **I**-Exkretion. Die Patienten mit nephrogenem Diabetes insipidus schieden 50—80% der injizierten a.A., die normalen Personen 5—15% wieder aus. Die Harne von 8 Neugeborenen enthielten beträchtliche Mengen an a.A. u. an **I**. Vff. schließen hieraus, daß das antidiuret. Hormon auf die Nieren durch Freisetzung von **I** reagiert u. daß die hieraus resultierende Abnahme im ausgeschiedenen Harn wahrscheinlich auf eine verstärkte Permeabilität der Tubuli zurückzuführen ist. G. Bratfisch. 4210□

**Einflüsse von Alter und Ernährung auf die Sekretion prägastrischer Esterase beim Kalb.** J. W. Young, H. A. Ramsey und G. H. Wise. (J. Dairy Sci. **43.** 1068—75. Aug. 1960. Raleigh, N.C., North Carolina State Coll., Dep. of Animal Ind., Animal Nutrit. Sect.) (Engl.)

Kälbern wurden Magenfisteln angelegt. 2 Gruppen Kälber wurden dann mit Milch bzw. Heu u. Korn gefüttert u. in der der Fistel entnommenen Milch bzw. dem Speichel die *Esterase* (**I**) bestimmt. Als Substrat für das Enzym diente Milchfett evaporierter Milch. Die **I**-Aktivität wurde als $\mu$m freigesetzte Fettsäure nach Säulenchromatographie an Kieselsäure in 10%ig. n-Butanol in Hexan titrimetr. ermittelt. Die **I**-Exkretion blieb über die Vers.-Zeit von 180 Tagen (2 Kälber bis zu 1 Jahr) unverändert u. unabhängig vom Futter. Saugen der Milch stimulierte jedoch die Ausschüttung von **I**. Zwischen Speichelmenge u. **I**-Ausschüttung bestand keine Korrelation.
W. Schönborn. 4210□

**Einflüsse kontinuierlichen Saugens, der Länge der Saugzeit und der Geschwindigkeit der Milchaufnahme auf die Sekretion der prägastrischen Esterase des Kalbes.** H. A. Ramsey, J. W. Young und G. H. Wise. (J. Dairy Sci. **43.** 1076—83. Aug. 1960. Raleigh, N.C., North Carolina State Coll., Dep. of Animal Ind., Animal Nutrit. Sect.) (Engl.) — Vgl. vorst. Referat.

Weitere Unterss. an mit Magenfisteln versehenen Kälbern zeigen, daß bei kontinuierlicher Milchgabe durch Saugen die je Milcheinheit sekretierte *Esterase* (**I**)-Menge abnimmt. Wird für dieselbe Mischmenge eine längere Saugzeit benötigt, so ist der I-Geh. in der Milch größer. Durch schnelleres Trinken bei gleicher Milchmenge wird mehr I ausgeschwemmt. Die bei morgendlichen Verss. ausgeschiedene I-Menge war größer als die in Nachmittags-Vers., da dann mehr Zeit zur Bldg. neuer I zur Verfügung stand. Die photometr. Best. der I-Aktivität mit 2-Naphthyllaurat als Substrat war genauer als die titrimetr. Best. der Milchfettspaltung. W. SCHÖNBORN. 4210□

**Untersuchungen über den Cholinesterasegehalt der Skelettmuskel-Sehnenverbindung.** H. G. Schwarzacher. (Arch. int. Pharmacodynam. Thérap. **128.** 330—42. 1/11. 1960. Basel, Univ., Anatom. Inst.; Chicago, Ill., Univ. of Illinois, Coll. of Med., Dep. of Pharmacol.) (Dt.)

*Acetylcholinesterase* (I) kommt an Muskel–Sehnen-Verbindungen von Frosch-, Mäuse-, Ratten- u. Katzenskelettmuskeln entlang der Oberflächenmembran der Muskelfaserenden vor; es ist nur I u. keine *unspezif. Cholinesterase* vorhanden; die Muskelfaser–Sehnen-Verbindung enthält 3—5mal weniger I als die betreffende motor. Endplatte; I der Muskel–Sehnen-Verbindung steht in keinem Zusammenhang mit Nervenendigungen. U. TAUSENDFREUND. 4210□

**Experimentelle Untersuchungen über die β-Mercaptobrenztraubensäure-Transsulfurase.** G. Weber und R. Wunderlich. (Arch. klin. exp. Dermatol. **212.** 148—52. 1961. Mainz, Johannes-Gutenberg-Univ., Hautklinik.) (Dt.)

Da beim Verhornungsprozeß SH-Gruppen tragende Substanzen angereichert werden, wurden Schuppen, Blasendecken sowie Hautblasen- u. Blutserum vom Menschen auf einen Geh. an *β-Mercaptobrenztraubensäure-Transsulfurase* (I), ein SH-Gruppen übertragendes Ferment, untersucht. I konnte nicht nachgewiesen werden. Durch das Fehlen von I ist die Frage nach dem Entstehungsmechanismus der SH-Verbb. auch weiterhin noch nicht zu beantworten. K. BÖHM. 4210□

**Die enzymatische Bildung von Sulfoxyden. Die Oxydation von Chlorpromazin und von 4.4′-Diaminodiphenylsulfid durch Mikrosomen der Meerschweinchenleber.** James R. Gillette und Jerome J. Kamm. (J. Pharmacol. exp. Therapeut. **130.** 262—67. Nov. 1960. Bethesda, Md., Nat. Inst. of Health, Nat. Heart Inst., Labor. of Chem. Pharmacol.) (Engl.)

*Chlorpromazin* u. *4.4′-Diaminophenylsulfid* werden durch ein *Enzym* (I)-Syst. in den Homogenaten von Meerschweinchenleber zu den Sulfoxyd-Derivv. oxydiert. I ist in den Mikrosomen lokalisiert; zur I-Wrkg. sind reduziertes Triphosphopyridinnucleotid u. $O_2$ nötig. Bei I handelt es sich nicht um eine Peroxydase. A. HESSE. 4210□

**Enzymatische Untersuchungen über den Pyridoxinstoffwechsel.** 2. Mitt. **Ein Pyridoxin-oxydierendes Enzymsystem.** Yoshimasa Morino, Hiroshi Wada, Teiichi Morisue, Yukiya Sakamoto und Katashi Ichihara. (J. Biochemistry [Tokyo] **48.** 18—27. Juli 1960. Osaka, Univ., Med. School, Biochem. Dep.) (Engl.) — 1. vgl. Proc. Japan Acad. **35.** [1959.] 299.

Aus Kaninchenleberextrakten wurde das Enzym-Syst. (I; Fraktion PO), das die *Pyridoxin* (II)-Oxydation zu *Pyridoxinsäure* (II a) in Ggw. eines *Aldehydoxydase-Präp.* (III) katalysiert, durch Säurebehandlung des Überstands (pH 5,0), A.-Fraktionierung (0—30%) u. $Ca_3(PO_4)_2$-Gel-Behandlung gereinigt. I zeigte bei pH 5,7—5,9 ein Aktivitätsmaximum. Die Fähigkeit von I zur II-Oxydation war von der Ggw. eines III aus Kaninchenleber abhängig. Fe(II)- u. Mn-Ionen sowie einige aliphat. Alkohole (A., n-Propanol, n-Butanol, schwächer Glycerin) erhöhten in Rohextrakten das II-Oxydationsvermögen, während bei einem gereinigten Präp. die aktivierende Wrkg. dieser Metallionen fehlte. Von II-ähnlichen Verbb., wie Nicotinamid, Nicotinsäure, Toxopyrimidin, Pyridin u. 4-Desoxypyridin (IV), zeigten die beiden letzten deutliche Hemmwrkg. auf die II → II a-Oxydation. IV hemmte kompetitiv. Im Leber-I war kein Elektronenacceptor feststellbar, während das Hefeenzym bei der II → II a-Umwandlung reduziertes Triphosphopyridinnucleotid benötigte. Die I-Verteilung in verschiedenen Säugergeweben wurde bestimmt. K. MAIER. 4210□

**Enzymatische Untersuchungen über den Pyridoxinstoffwechsel.** 3. Mitt. **Pyridoxinphosphatoxydase.** Teiichi Morisue, Yoshimasa Morino, Yukiya Sakamoto und Katashi Ichihara. (J. Biochemistry [Tokyo] **48.** 28—36. Juli 1960.) (Engl.) — 2. vgl. vorst. Referat.

*Pyridoxinphosphatoxydase* (I), die die Umwandlung von *Pyridoxinphosphat* (II) in *Pyridoxalphosphat* (III) katalysiert, wurde aus Kaninchenleberextrakt-pH 5-Überstand durch $(NH_4)_2SO_4$- u. A.-Fraktionierung, sowie Adsorption an $Ca_3(PO_4)_2$-Gel u. $Al_2O_3$-Cγ-Gel gereinigt; pH-Optimum 8,0—9,0. Die II-Oxydation wurde durch 4-Desoxypyridoxinphosphat kompetitiv gehemmt. Die prosthet. Gruppe, die mit saurem $(NH_4)_2SO_4$ abspaltbar ist, von I ist eher Flavinmononucleotid als Flavinadenindinucleotid, da die

Apooxydase größere Affinität zu ersterem zeigt. Die stöchiometr. Unters. der Rk. in einem Ultraschallextrakt aus *Pseudomonas aeruginosa* spricht für den Mechanismus: II + $O_2$ → III + $H_2O$. Das I-Vork. wurde in verschiedenen Säugergeweben u. *Streptococcus faecalis* untersucht. Bei letzterem fehlt I offenbar. K. Maier. 4210□

**Umwandlung von Pteroylglutaminsäure in den Citrovorumfaktor mittels Rattenleberenzymen in vitro.** J. M. Noronha und A. Sreenivasan. (Biochim. biophysica Acta [Amsterdam] **44.** 64—71. 21/10. 1960. Mysore, Indien, Central Food Technol. Res. Inst.) (Engl.)

Die Enzyme des Rattenleberhomogenats, welche *Pteroylglutaminsäure* (I) in den *Citrovorumfaktor* (II) umwandeln, befinden sich in den Mitochondrien; sie können durch Zentrifugieren in isoton. Salz-Lsg. in 2 Fraktionen aufgespalten werden: in das Überstehende ($> 5000 \cdot g$; III a), welches die anfängliche Red. von I zu *Dihydropteroylglutaminsäure* bewirkt, u. die bei $700 \cdot g$ erhaltene Teilchenfraktion (III b), welche die endgültige Red. zu *Tetrahydropteroylglutaminsäure* sowie die nachfolgende Formylierung zu II-akt. Derivv. katalysiert. Kombination von III a u. III b führt wieder zur Gesamtwrkg. des Homogenats. Nach Hitzedenaturierung beider Fraktionen oder Ersatz der III a durch Cofaktoren (Adenosintriphosphat [ATP], Triphosphopyridinnucleotid [TPN] u. $Mg^{2+}$) erfolgt keine Synth. von II; dies zeigt, daß beide Fraktionen zur Wrkg. erforderlich sind. — III b enthält 70% der gesamten *Succinoxydase*-Aktivität. — Der III a–III b-Komplex kann nach Löslichmachen in 0,05%ig. Desoxycholat-Lsg. durch Fällen mit 30—50% $(NH_4)_2SO_4$ gereinigt werden. — Reduzierende Substanzen wirken als unspezif. Stabilisatoren; $N_2$-Atmosphäre wirkt bei II-Synth. besser als Zusatz von Ascorbinsäure. — ATP, TPNH, $Mg^{2+}$, Homocystein oder Pyridoxalphosphat sind für optimale Wrkg. ausschlaggebend. A. Hesse. 4210□

**Die enzymatische Grundlage der Aureomycinresistenz. 3. Mitt. Die Hemmung des eiweißstimulierten Elektronentransports bei Escherichia coli durch Aureomycin.** Arthur K. Saz und L. Marina Martinez. (J. Bacteriol. **79.** 527—31. April 1960. Bethesda, Md., Nat. Inst. of Allergy and Infect. Dis., Labor. of Infect. Dis.) (Engl.) — 2. vgl. C. **1959.** 6185.

Rinderserumalbumin u. einige andere Proteine aktivieren die Geschw. der 2.6-Dichlorphenolindophenol-Red. durch hochgereinigte Extrakte *Aureomycin* (I)-empfindlicher u. -resistenter *E. coli*-Extrakte bis zu 2000%. Nichtaktivierte Redd. in Extrakten aus empfindlichen Zellen sind I-empfindlich, solche in Extrakten resistenter Zellen I-resistent. Bei den aktivierten Redd. fehlt diese Parallelität, da Extrakte aus beiden Zelltypen I-empfindlich sind. Die Aktivierung ist stark pH-abhängig (maximal bei pH 8,0) u. wird nur durch bestimmte metallbindende „Agentien" (I, KCN, Cyclohexandiamintetraessigsäure) gehemmt. K. Maier. 4210□

## E₃. Mikrobiologie. Bakteriologie. Immunologie

**Mikrobielle Inkubationsversuche mit den Augenpterinen von Drosophila melanogaster.** Helene A. Nathan und Irmgard Ziegler. (Z. Naturforsch. **16b.** 262—64. April 1961. Darmstadt, TH, Bot. Inst.) (Engl.)

Bei Inkubation der Augenpterine von *D. melanogaster* mit dem Protozoon *Crithidia fasciculata* werden das als Wuchsstoff dienende *Drosopterin, Neodrosopterin* u. das gelbe Pterin von der Zelle aufgenommen, das wuchsstoffinakt. *Isodrosopterin* dagegen nicht. Ein durch Züchtung auf Leukovarin als einziger C- u. N-Quelle isolierter Bakterienstamm (IL) wandelte das aus den Augen isolierte *Tetrahydrobiopterin*-Deriv. (Ribosid?) in das gelbe Pterin (Dihydroderiv.?) um. K. Maier. 4310□

**Wechselwirkung von Hitze, Glucose, L-Alanin und Kaliumnitrat bei der Sporenkeimung von Bacillus megaterium.** Mildred T. Hyatt und Hillel S. Levinson. (J. Bacteriol. **81.** 204—11. Febr. 1961. Natick, Mass., Quartermaster Res. and Engng. Center, Pioneering Res. Div.) (Engl.)

Die Keimung von in Puffer-Lsg. pH 7,2 suspendierten Sporen von *Bacillus megaterium* wird durch die Ggw. von *Glucose* (I) oder *L-Alamin* (II) unterstützt; von II werden im Vgl. zu I höhere molare Konzz. für eine gleiche Förderung benötigt. Die Geschw. der Keimung ist am Anfang in Ggw. von I größer als in Ggw. von II, noch größer ist sie bei Kombination von I u. II oder durch Zusatz von $KNO_3$ zu I oder II. Durch vorheriges Erhitzen der Sporensuspensionen (10 Min. 60°) reduzieren sich die für die Keimung erforderlichen Konzz. von I oder II; es werden sowohl die Keimungs-Geschw. als auch die Keimungsrate günstig beeinflußt. Für die Förderung der Keimung der Sporen durch $KNO_3$ allein ist vorheriges Erhitzen erforderlich. W. Knöbel. 4310□

**Die Verwertung von 1.2-Propylenglykol durch Mikroorganismen.** Makoto Ishii, Tokuya Harada und Zirō Nikuni. (J. agric. chem. Soc. Japan [Nippon Nōgei-Kagaku Kaishi] **33.** 889–93. 15/10. 1959. Ōsaka Daigaku Sangyō Kagaku-Kenkyūsho.) (Jap.)

50 $cm^3$ des folgenden Nährbodens eignen sich bes. gut zur Isolierung (24–48 std. Schüttelkulturen bei 30°) von Hefebakterien aus Erde: *Propylenglykol* 10 g/Liter, $(NH_4)_2HPO_4$ 3 g/Liter, $KH_2PO_4$ 0,5 g/Liter, $K_2HPO_4$ 0,5 g/Liter, $MgSO_4 \cdot 7\,H_2O$ 0,01 g/Liter, $MnSO_4 \cdot 7\,H_2O$, 0,01 g/Liter, $FeSO_4 \cdot 7\,H_2O$ 0,01 g/Liter u. NaCl 0,01 g/Liter; pH 6,4–6,6. F. MOSSNER. 4310

**Untersuchungen über Ernährung und Physiologie von Pasteurella pestis.** 5. Mitt. **Die Hemmung des Wachstums durch D-Serin und deren Aufhebung durch verschiedene Verbindungen.** James L. Smith und Kiyoshi Higuchi. (J. Bacteriol. **79.** 539–43. April 1960. Frederick, Fort Detrick, Md., U.S. Army Chem. Corp.) (Engl.) — 4. vgl. J. Bacteriol. **77.** [1959.] 604.

*Glycin* (**I**) war in der Aufhebung der Wachstumshemmung von *P. pestis* (Alexander-Stamm) durch *D-Serin* (**II**) ca. 4 bzw. 10fach wirksamer als *L-Alanin* (**IV**) u. *L-Serin* (**V**) (bezogen auf Molgew.). *Glyoxylat* (**VI**) enthemmte nur, wenn es im Nährmedium autoklaviert wurde (nichtenzymat. Umwandlung in **I**). Xanthin u. Adenosin bewirkten nur teilweise Enthemmung; andere *Purine* (**III**) u. **III**-Derivv. waren wirkungslos. *Glykolat, Thioglykolat* u. *D-Glucosamin* zeigten auch in hohen Konzz. nur schwache Wirkung. Die Enthemmung durch **I, IV, V** u. **VI** erfolgte kompetitiv, die durch Nucleinsäure-Derivv. nichtkompetitiv. D-**II** hemmt das Wachstum vermutlich durch Blockierung des **I**-Eintritts in **III** u. andere Verbindungen. K. MAIER. 4310□

**Untersuchungen über die Chemie des Wachses D von BCG.** 1. Mitt. **Fraktionierung von Wachs D aus BCG: Isolierung von Cordfaktor und Oligomannoinositiden.** Shoshichi Nojima. (J. Biochemistry [Tokyo] **46.** 499–506. April 1959. Tokyo, Nat. Inst. of Health, Dep. of Chem.) (Engl.)

*Wachs D* (**I**) aus *BCG*-Bakterien wurde durch Kieselsäuregel-Verteilungschromatographie in 2 Fraktionen zerlegt u. aus der einen *Cordfaktor*, $C_{186}H_{366}O_{17}$, F. 43°, 26% Ausbeute (bezogen auf **I**) isoliert, der bei Hydrolyse mit methanol.-benzol. KOH *Mycolsäure*, $C_{87}H_{174}O_4$, F. 53–55°, u. Glucose lieferte. Aus der 2. Fraktion wurden *Oligomannose* enthaltende Phosphoinositide, „*Oligomannoinositide*“, erhalten. K. MAIER. 4315□

**Extracelluläres Glucose-1-phosphat in Acetobacter xylinum und seine Rolle bei der Cellulosesynthese.** J. Ross Colvin, S. M. Martin und G. G. Dearing. (Canad. J. Biochem. Physiol. **39.** 493–97. März 1961. Ottawa, Canada, Nat. Res. Council, Div. of Appl. Biol.) (Engl.)

Aus einer Suspension von lebenstüchtigen gewaschenen Zellen von *Acetobacter xylinum* wird extracelluläres *Glucose-1-phosphat* (**I**) isoliert. **I** wird mit dem akt. Glucosestoffwechsel in Beziehung gebracht, ist aber kein Zwischenprod. der Bakteriencellulose. **I** stammt auch nicht aus dem Abbau von Uridindiphosphatglucose, andererseits könnte es aus einem größeren Mol.-Komplex hervorgegangen sein. Die Art des Transports des **I** durch die Zellmembran wird diskutiert. H. STRUCK. 4315□

**Untersuchungen an Sarcina ventriculi.** 3. Mitt. **Lokalisierung von Cellulose.** E. Canale-Parola, R. Borasky und R. S. Wolfe. (J. Bacteriol. **81.** 311–18. Febr. 1961. Urbana, Ill., Univ. of Illinois, Dep. of Microbiol. and Electron Microscope Labor.) (Engl.) — 2. vgl. C. **1961.** 12887.

Es wurde bewiesen, daß *Sarcina ventriculi Cellulose* (**I**) erzeugt. Diese wird aber nicht in den Zellwänden abgelagert. Elektronenmkr. Beobachtungen ergaben in Verbindung mit chem. Meth., daß **I** entweder allein oder überwiegend die Kittmasse für das Zusammenhalten der Einzelzellen von S. ventriculi zu großen Zellpaketen ausmacht. W. KNÖBEL. 4315□

**Einbau von Acetat und Saccharose durch Torulopsis utilis.** William T. Jackson und Marvin J. Johnson. (J. Bacteriol. **81.** 178–81. Febr. 1961. Madison, Wis., Univ. of Wisconsin, Dep. of Biochem.) (Engl.)

Verwertung u. Assimilation von *Saccharose* (**I**) u. $^{14}C_{(2)}$-*Acetat* (**II**) in einem N-freien Nährmedium durch *Torulopsis utilis* wurden untersucht. Bei Ggw. von **I** u. **II** verwendete die Hefe beide Substrate gleichzeitig. Nach unvollständiger Analyse schien ein größerer Teil des assimilierten Substrats zu neutralem Fett u. leicht hydrolysierbarem Kohlenhydrat umgewandelt zu werden. Aus dem assimilierten **II** gingen Bestandteile hervor, die nicht weitgehend mit Zwischenstufen der Saccharoseoxydation im Gleichgewicht standen. Der günstigste pH-Bereich für die Verwertung von **I** lag zwischen 3 u. 8, für die Verwertung von **II** zwischen 5 u. 6. W. KNÖBEL. 4320□

**Weg der Saccharose-Oxydation bei Torulopsis utilis.** William T. Jackson und Marvin J. Johnson. (J. Bacteriol. **81.** 182—88. Febr. 1961. Madison, Wis., Univ. of Wisconsin, Dep. of Biochem.) (Engl.) — Vgl. vorst. Referat.

Der Mechanismus der *Saccharose* (I)-Oxydation bei *Torulopsis utilis* unter Bedingungen, unter denen kein A. gebildet wird, wurde durch Inkubation der Hefe mit nicht-radioakt. I u. gleichförmig markiertem Acetat untersucht. Dazu verglichen Vff. die beobachteten spezif. Aktivitäten der Zwischenstufen des intracellulären Citronensäure-Cyclus mit den spezif. Aktivitäten, die erwartet wurden, wenn das gesamte I u. wenn nichts von I auf dem Weg über den Cyclus oxydiert worden war. Die erhaltenen Angaben besagen, daß die Oxydation von I vorwiegend auf dem Wege des Cyclus erfolgt; eine genaue quant. Best. erwies sich als unmöglich. W. KNÖBEL. 4320□

**Über ein bakterielles Dehydrierungsprodukt der Fructose (6-Aldo-D-fructose).** Rudolf Weidenhagen und Gerhard Bernsee. (Chem. Ber. **93.** 2924—28. 2/12. 1960. Neuoffstein, Zentrallabor. der Süddeutschen Zucker-A.G.) (Dt.)

Durch Inkubation von *Fructose* (I) mit *Acetobacter suboxydans* wurde ein Ketozucker erhalten, der als *6-Aldo-D-fructose* (II) identifiziert werden konnte. II ist durch Bäcker- oder Bierhefe nicht vergärbar. Durch partielle Red. wurde II in I zurückverwandelt. Ein genauer Rk.-Verlauf konnte noch nicht ermittelt werden. Wahrscheinlich findet die Dehydrierung in 1- oder 6-Stellung statt. Das Ferment ist noch nicht bekannt.

Versuche: *6-Aldo-D-fructose* (II), $C_6H_{10}O_6$, F. 157—158° (W.-A.), aus einer 10%ig. I-Lsg. durch 4wöchige Inkubation bei 20—25° mit *A. suboxydans*, Einstellen der Lsg. mit $CaCO_3$ auf pH 6 u. Kristallisation der eingeengten Lsg.; $[\alpha]_D^{20}$ —86,8° (c = 1; W.); bis zu 30% Ausbeute; *Bisphenylhydrazon*, $C_{18}H_{22}N_4O_4$, F. 123—124° (verd. A.); $[\alpha]_D^{20}$ —138,5° (c = 0,25; Pyridin); *Bis-p-nitrophenylhydrazon*, $C_{18}H_{20}N_6O_8$, F. 173—174°.
J. BOELTER. 4320□

**Die proteolytischen und Stärke verflüssigenden Eigenschaften von Schimmelkulturen.** Y. Pomeranz. (Bull. Res. Council Israel, Sect. C **6C.** 53—58. Nov. 1957. Haifa, Ministry of Trade and Ind., Food Testing Labor.) (Engl.)

Unterss. über die Einw. von Weizenschimmel auf die Mehl- u. Brotbeschaffenheit zeigen, daß *Aspergillus ochraceus* u. *Asp. flavus* durch proteolyt. u. Stärke verflüssigende Eigg. gek. sind. *Penicillium chrysogenum* zeigt starke *α-Amylase* (I)-Aktivität. *A. niger* u. *Alternaria tenuis* weisen ein niedriges Verhältnis *Proteinase*: I auf. *Asp. candidus* u. *Asp. amstelodani* haben ähnliche Eigg. wie Asp. ochraccus u. Asp. flavus.
W. WESLY. 4320□

**Über die Bildung von L-Glutaminsäure aus Fumarsäure durch Bakterien.** 1. Mitt. **Über Isolation und Identifikation der Bakterien.** Ryōhei Aoki, Yasuhiro Kondō, Toshinao Tsunoda und Tetsuo Ogawa. (J. agric. chem. Soc. Japan [Nippon Nōgei-Kagaku Kaishi] **33.** 843—44. 15/10. 1959. Aji-no-moto, Chūō-Kenkyūsho.) (Jap.) — 2. vgl. C. **1961.** 15802.

*Bacillus pumilus*, gezüchtet in einem Medium mit 4 g *Fumarsäure*/100 cm³, 3 g Glucose/100 cm³, 0,1 g $KH_2PO_4$, 0,02 g $MgSO_4 \cdot 7\,H_2O$, 0,008 g Protein hydrolysierende Lsg. u. äquimol. Mengen $NH_3$ u. KOH (pH 7), bildet 2,94 g *L-Glutaminsäure*/100 cm³. Ein ähnlich guter I-Bildner ist *Bacillus subtilis*. F. MOSSNER. 4320□

**Untersuchungen über Vitaminsynthese, Vitaminverbrauch und Vitaminabgabe bei E. coli unter verschiedenen Bedingungen.** H. Haenel. (Ernährungsforschung **6.** 257—64. 1961. Potsdam-Rehbrücke, Inst. für Ernährung.) (Dt.)

Unterss. an Coli-Stämmen ergaben, daß Coli-Rassen verschiedener ökolog. Herkunft von Mensch oder Tier zur Synth. der Vitamine *Biotin, Folsäure, Vitamin $B_6$, Pantothensäure, Nicotinsäure* u. *Riboflavin* u. zu deren Abgabe an die Nährlsg. in bestimmten Relationen befähigt sind. Thiamin ließ sich dagegen im zellfreien Kulturfiltrat nicht nachweisen. In vitaminhaltiger Nährlsg. verbrauchte E. coli nach 18std. Bebrütung ca. 80% der vorgelegten Vitamine Nicotinsäure, Biotin, Vitamin $B_6$ u. $B_{12}$ u. ca. 50% des vorgelegten Thiamins. Der Geh. an Pantothensäure, Folsäure u. Inosit war dagegen nicht oder nur geringfügig verändert. Dementsprechend enthielten Coli-Zellen nach Züchtung in vitaminhaltiger Nährlsg. mehr Vitamine als nach Züchtung in vitaminfreier Lösung. M. ULMANN. 4320□

**Einfluß der Wachstumsgeschwindigkeit auf die Bildung von Vitamin-$B_{12}$-aktiven Substanzen durch Bodenbakterien. Experimente mit einem Pseudomonas-Stamm.** Helge Gyllenberg und Robin Hackmann. (Acta Agric. scand. **10.** 177—84. 1960. Helsinki, Univ., Dep. of Microbiol.) (Engl.)

*Pseudomonas $K_4$* wird in synthet. Medium kontinuierlich unter Durchleiten von steriler Luft bei 22° kultiviert. In Abständen werden Zellsuspensionen entnommen u.

auf ihren Geh. an *Vitamin-$B_{12}$* (I)-akt. Verbb. mit Hilfe der I-bedürftigen Mutante *Escherichia coli 113–3* untersucht. Mit zunehmender Wachstums-Geschw. nimmt auch die I-Menge in den Zellen zu. Im synthet. Medium ist die Wachstums-Geschw. geringer als in Bodenextrakten als Medium, was auf das Vork. von organ. gebundenem *Co* im Bodenextrakt zurückgeführt wird. Bei verschiedenen Wachstums-Geschw. ändert sich die Gestalt der Zellen, bei kleinerer werden die Zellen kurz u. treten einzeln auf, bei größerer strecken sich die Zellen zu Stäbchen, die sich aneinander reihen. Die kurzen Zellen, die auch unter minimalen Wuchsstoffbedingungen gebildet werden, haben in beträchtlicher Anzahl ihre Lebensfähigkeit verloren, d. h. nach Überimpfung in neues synthet. Medium erfolgt kein erkennbares Wachstum. L. Träger. 4320 □

**Untersuchungen über die Biosynthese von Pilzmetaboliten. 2. Mitt. Die Biosynthese von Alternariol und seine Beziehung zu anderen Pilzphenolen.** R. Thomas. (Biochem. J. **78.** 748—58. April 1961. London, Univ., London School of Hygiene and Tropical Med., Dep. of Biochem.) (Engl.) — 1. vgl. C. **1961.** 7265.

Oberflächenkulturen eines Stamms von *Alternaria tenuis* (L.S.H.T.M-Katalog Nr. 108) liefern bei 24° auf Czapek-Dox-Medium nach ca. 49 Tagen eine maximale Ausbeute von 13% des Trockengew. an *Alternariol* (I) u. I-*Methyläther*. Bei Zusatz von

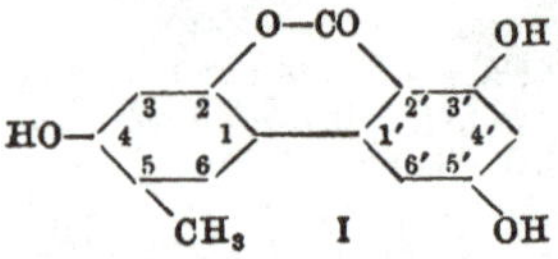

I

Na-$^{14}C_{(1)}$-Acetat am 19. Tage u. Aufarbeitung des Mycels am 29. Tage wird $^{14}C$-I (Einbaurate ca. 6%) im Gemisch mit $^{14}C$-I-*Methyläther* erhalten, aus dem durch Entmethylieren (sd. HJ) $^{14}C$-I dargestellt wird. Das abgespaltene $CH_3J$ gibt inakt. *Phenyltrimethylammoniumjodid* (F. 218°). Das $^{14}C$-I wird mit Dimethylsulfat/$K_2CO_3$ in sd. Aceton in den $^{14}C$-I-*Trimethyläther* [II; $C_{17}H_{16}O_5$, F. 161° (Aceton)] übergeführt, der mit II verd. (460 $\mu$c/Mol) u. abgebaut wird. Oxydation nach Kuhn-Roth gibt $^{14}C_{(1)}$-*Essigsäure* (*p-Bromphenacylester*, F. 84—85°, nach Vakuumsublimation Nadeln) 59,1 $\mu$c/Mol), deren Li-Salz bei der Pyrolyse in *Aceton* u. dieses über $CHJ_3$ in inakt. $CO_2$ übergeführt wird. Rk. von 1,036 g $^{14}C$-II mit Dimethylsulfat in sd. nNaOH gibt 1,66 g $^{14}C$-*2.3'.4.5'-Tetramethoxy-6-methyldiphenyl-2'-carbonsäuremethylester* (F. 124°; 454 $\mu$c/Mol), von dem 0,499 g mit rotem P/HJ (140°; 2 Std.) in $^{14}CO_2$ ($Ba^{14}CO_3$ 74,7$\mu$c/Mol $CH_3J$ u. $^{14}C$-*2.3'.4.5'-Tetrahydroxy-6-methyldiphenyl* (F. 246—248°; 0,271 g; 385 $\mu$c/Mol) gespalten wird. Letzteres (0,59 g) wird mit konz. $H_2SO_4$ auf 100° erhitzt ($^1/_2$ Std.), bei $<5°$ konz. $HNO_3$ zugefügt, auf 70° erhitzt u. das gebildete Prod. durch Zugabe von W. abgeschieden; das aus 0,1n HCl krist. *δ-Sulton der 2.3'.4.5'-Tetrahydroxy-6-methyl-3.4'.5.6'-tetranitrodiphenyl-2'-sulfonsäure* [$C_{13}H_6N_4O_{14}S$, F. 246° (Zers.); 0,765 g] wird in $^{14}CBr_3NO_2$ übergeführt u. dieses nach van Slyke-Foch zu $CO_2$ verbrannt. $KMnO_4$-Oxydation von 3,90 g $^{14}C$-II gibt 0,558 g $^{14}C$-*3.5-Dimethoxyphthalsäure* (F. 153—156°; *Anhydrid*, F. 148—149°, nach Vakuumsublimation Nadeln; 259 $\mu$c/Mol) u. 2,089 g *4.6-Dimethoxyphthalonsäure* [*Monohydrat*, $C_{11}H_{10}O_7 \cdot H_2O$, F. 173° (Zers.; W.); 328 $\mu$c/Mol], von welcher 0,473 g mit rotem P/HJ (140°; 8 Std.) in $^{14}CO_2$ ($Ba^{14}CO_3$ 74,7$\mu$c/Mol), $CH_3J$ u. 0,231 g $^{14}C$-*3.5-Dihydroxyphenylessigsäure* (III; F. 130° nach Vakuumsublimation; 247 $\mu$c/Mol) reduktiv gespalten wird. Decarboxylierung von 0,165 g III gibt $^{14}CO_2$ ($Ba^{14}CO_3$ 0,130 g; 69,1 $\mu$c/Mol) u. 0,091 g *Orcin* (F. 107—108° nach Vakuumsublimation; 184 $\mu$c/Mol), das zu $^{14}C_{(1)}$-*Essigsäure* (*p-Bromphenacylester* 59,4 $\mu$c/Mol) oxydiert wird; deren Li-Salz wird über $^{14}C$-*Aceton* u. $CHJ_3$ zu $CO_2$ abgebaut. Die Vers.-Ergebnisse beweisen eindeutig die Verteilung der $^{14}C$-Atome in den Positionen 2.4.6.1'.3'.5' u. der CO-Gruppe der Lactonbrücke u. damit die vollständige Biosynth. von I aus Acetat-Einheiten. Zur Feststellung eines möglichen Einbaus von Orsellinsäure (IV) wird $^{14}C$-*Orsellinaldehyd* (F. 181°) nach Adams u. Levine [1923] unter Zusatz von $Na^{14}CN$ synthetisiert, dessen *Bis-äthoxycarbonyl-Deriv.* (F. 58°) mit $KMnO_4$/Aceton zu *Bis-äthoxycarbonylorsellinsäure* (F. 115°) oxydiert u. daraus mit verd. NaOH $^{14}C_{(COOH)}$-IV (F. 184 bis 185°, nach Vakuumsublimation Nadeln; 72 $\mu$c/g) erhalten. Mit $CH_2N_2$ bzw. Diazoäthan werden $^{14}C$-IV-*Methylester* (F. 137°) bzw. -*Äthylester* (F. 130°) erhalten. Bei Zugabe von $^{14}C$-IV oder $^{14}C$-IV-Äthylester zu Alternaria-Kulturen wird nur sehr schwach akt. I gebildet. Die möglichen biogenet. Beziehungen von I zu anderen Pilzmetaboliten werden ausführlich diskutiert. F. Heller. 4320 □

**Untersuchungen über die Biosynthese von Pilzmetaboliten.** 3. Mitt. **Die Biosynthese von Pilz-Perinaphthenonen.** R. Thomas. (Biochem. J. **78.** 807—13. April 1961.) (Engl.) — 2. vgl. vorst. Referat.

Nach Zugabe von $^{14}C_{(1)}$-Na-Acetat zu Oberflächenkulturen von Penicillium herquei auf Raulin-Thom-Medium erhaltenes $^{14}C$-*Norherqueinon* (**Ia**; Einbaurate 1,8%) wird mit inakt. Verb. verd., gereinigt [$C_{19}H_{18}O_7$, F. 279° (Zers.), aus Eisessig rote Nadeln; 1186 $\mu$c/Mol] u. 0,493 g mit 2n $H_2SO_4$ in sd. Eisessig hydrolysiert. Dabei werden *Nor-*

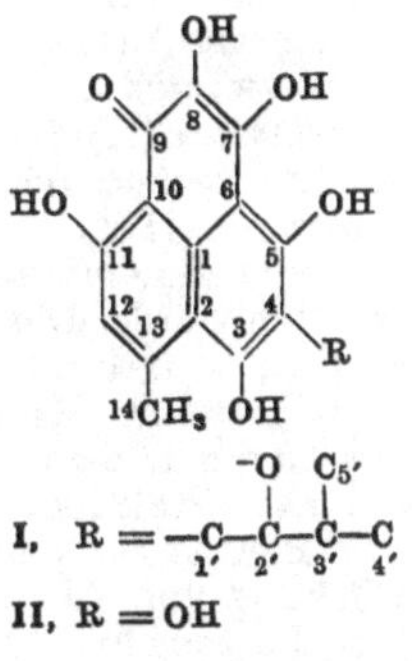

*xanthoherquein* [II; F. > 360°, nach Vakuumsublimation gelborangefarbene Kristalle; 0,353 g (Ausbeute); 908 μc/Mol] u. *Methylisopropylketon* (III; *2.4-Dinitrophenylhydrazon*, F. 123°, aus A. orangefarbene Nadeln; 0,219 g; 276 μc/Mol). In einem zweiten Ansatz aus 2,20 g **I a** erhaltenes III wird in $CH_3J$ (0,60 g) übergeführt u. 300 mg davon nach VAN SLYKE-FOCH zu $^{14}CO_2$ ($Ba^{14}CO_3$, 141 mg; 128 μc/Mol) oxydiert. Oxydation von II liefert nach KUHN-ROTH $^{14}CO_2$ ($Ba^{14}CO_3$, 64 μc/Mol) u. $^{14}C_{(1)}$-*Essigsäure* (0,88 Mol *p-Bromphenacylester*, F. 84,5—85,5°; 129 μc/Mol), deren $^{14}$C-Verteilung durch Pyrolyse des Li-Salzes zu $^{14}$*C-Aceton*, dessen Rk. mit $J_2$/KJ zu $CH_3J$ u. Oxydation zu $CO_2$ ermittelt wird. Nach Zugabe von DL-$^{14}C_{(2)}$-Mevalonsäurelacton zum Kulturmedium isoliertes $^{14}$*C*-I (**I b**; Einbaurate 0,75%) wird mit I verd. u. 0,500 g davon (116 μc/Mol) zu 0,256 g inakt. II u. III (*2.4-Dinitrophenylhydrazon*, 0,175 g; 114 μc/Mol) hydrolysiert. Die Vers.-Ergebnisse beweisen die $^{14}$C-Verteilung in den Positionen 1, 3, 5, 7, 9, 11, 13, 1′ u. 3′ u. damit den Aufbau des Perinaphthenon-Skeletts in I u. den verwandten Verbb. Atrovenetin u. Herqueinon aus Acetateinheiten; die isoprenoide Seitenkette kann aus Acetat oder Mevalonat entstanden sein. Für die Biosynth. von Hämocorin wird ein einfacher Ringschluß des aus Zimtsäure u. 3.4-Dihydroxyphenylbrenztraubensäure entstandenen Cinnamoylferuloylmethans angenommen. F. HELLER. 4320□

**Erholung UV-bestrahlter Escherichia coli.** Fumio Sawada und Kenshi Suzuki. (J. Bacteriol. **81.** 288—97. Febr. 1961. Chiba City, Japan, Nat. Inst. of Radiolog. Sci., Labor. of Biochem.) (Engl.)

*Escherichia coli*-Stamm B (H) wurde nach UV-Bestrahlung 4 Std. in *Tris-[hydroxymethyl]-aminomethan-Glucose* (I)-Nähr-Lsg. bebrütet u. die Überlebensrate auf Nähragar geprüft. Bei einem Anteil an Überlebenden von $10^{-2}$ bis $10^{-3}$ stieg deren Anzahl plötzlich während der 1. Std. der Bebrütung u. ein 2. Mal nach 2 Std. an, Ursache: Erholung toter Zellen. Keine Hemmung der Erholung verursachte Zusatz von *5-Hydroxyuridin* oder *8-Azaguanin* zur I-Nährlösung. Nur der 2. Erholungsabschnitt wurde gehemmt durch Ergänzung der I-Nähr-Lsg. mit KCN oder 2.4-Dinitrophenol oder bei Fehlen der N-, C-, P- oder S-Quelle in der I-Nährlösung. Nur der 1. Erholungsabschnitt wurde gehemmt durch *Chloramphenicol* oder *p-Fluorphenylalanin*. Für den 1. Erholungsabschnitt scheint die Synth. einer geringen Menge Protein erforderlich zu sein. Die Frage der Beteiligung von Nucleinsäuren an der Erholung bestrahlter Bakterien blieb ungeklärt. W. KNÖBEL. 4330□

**Mechanismus der Wachstumshemmung von Escherichia coli durch 3-Amino-1.2.4-triazol.** T. J. Bond und Jerry Akers. (J. Bacteriol. **81.** 327—28. Febr. 1961. Waco, Tex., Baylor Univ., Dep. of Chem.) (Engl.)

*3-Amino-1.2.4-triazol* (I) hemmte in den verwendeten Nähr-Lsgg. maximal zu 50% das Wachstum von *E. coli*. Die Hemmwrkg. von I wurde z. T. durch *Adenin* (II) oder *L-Histidin* (III) u. verstärkt durch eine Kombination von II u. III rückgängig gemacht. Aminoimidazolcarbonsäureamid u. I verhalten sich kompetitiv. W. KNÖBEL. 4330□

**Über Keime, die die baktericide Wirkung von Penicillin überleben.** R. Linz und E. Lecocq. (C. R. Séances Soc. Biol. Filiales **152.** 1839—41. 1958, herausgeg. 31/3. 1959. Bruxelles, Univ., Labor. de Bactériol et Hôpital Univ. Saint-Pierre, Labor. de Biol. Clin.) (Franz.)

An *Staphylococcus pyogenes* (Stamm Oxford) u. *Escherichia coli B.* wird gezeigt, daß die Zahl der überlebenden Keime bei 16 Tage alten Kulturen nach Einw. von 1 bzw. 1000 Oxfordeinheiten *Penicillin* je ml größer ist als bei nur 1 Tag alten Kulturen. F. RADLER. 4340□

**Eine Beziehung zwischen der Konstitution von Neomycin B und dessen Wirkung auf Bakterien.** Oldrich K. Sebek. (J. Bacteriol. **75.** 199—204. Febr. 1958. Kalamazoo, Mich., Upjohn Comp., Res. Labor.)

Die unterschiedliche wachstumshemmende Wrkg. von *Neomycin B* (I), *Neomycin C* (II) u. *Neamin* (III) auf 24 Bakterienspecies war bes. bei *Corynebacterium* sp. (Hemmung durch ca. 250 γ II oder III/cm³ u. 0,4—1,6 γ I/cm³) u. *Sarcina lutea* auffallend. Die Hemmkonzz. von I blieben bei Zusatz von II u. III unverändert. Das *Corynebacterium* erlangte rasch große Resistenz u. Kreuzresistenz gegenüber II u. III, aber nur geringe gegenüber I. Für die spezif. Hemmwrkg. von I ist die Diaminohexosekomponente des Mol. verantwortlich. K. MAIER. 4340□

**Ribonucleinsäure-Zunahme im Bakterien-Chromatinkörper während Chloramphenicol-Behandlung.** David H. Ezekiel. (J. Bacteriol. **81.** 319—26. Febr. 1961. Houston, Tex., Univ. of Texas, M. D. Anderson Hosp. and Tumor Inst., Biol. Div., Sect. of Genetics.) (Engl.)

Ggw. von *Chloramphenicol* (I) führte zu einer beträchtlichen Steigerung der *Ribonucleinsäure* (II)-Synth. in Zellen oder Protoplasten von *Bacillus megatherium* u. zu einer starken Veränderung der Zus. der untersuchten Zellfraktionen. Der größte Teil des neu gebildeten II ist in den durch Lipasebehandlung gewonnenen Chromatinkörpern oder in der Zellmembran–Chromatinkörper-Fraktion lokalisiert, die durch osmot. Angriff erhalten wurde. Die Verbindung der in Ggw. von I neu gebildeten II mit den Chromatinkörpern wird durch Entfernung der Desoxyribonucleinsäure mittels Desoxyribonuclease nicht getrennt. Markierungs-Verss. bestätigen stimuliertes Erscheinen von neuer II in den Chromatinkörperfraktionen u. gehemmtes Erscheinen von neuer II in der cytoplasmat. Fraktion. W. Knöbel. 4340□

**Beitrag zur Untersuchung der Wirkung von Antibioticis auf die Immunität. Die Wirkung von Tetracyclin auf die Antigene von Salmonella typhi.** J. Tanner. (Ann. Inst. Pasteur **98.** 772—74. Mai 1960. Paris, Inst. Pasteur, Serv. de Chim. Thérapeut. B.) (Franz.)

*Tetracyclin* (I), einer *S. typhi* (Stamm Ty 2)-Kultur während der logarithm. Wachstumsphase zugesetzt, modifiziert wie Chloramphenicol die Antigenstruktur des Stammes. Nach dieser Behandlung ist die Kultur ärmer an Vi-Antigen u. zeigt O-Hyperagglutinierbarkeit. Bei Übertragung derart modifizierter Keime in normale, I-freie Bouillon erlangen diese wieder die normale Empfindlichkeit gegen Standard-Anti-Vi-Serum u. sind prakt. nicht mehr durch Anti-O-Serum agglutinierbar. K. Maier. 4340□

**Ein Triplett–Triplett-Übergang als Mechanismus einer photodynamischen Reaktion.** J. Posthuma und W. Berends. (Biochim. biophysica Acta [Amsterdam] **41.** 538—41. 15/7. 1960. Delft, Technol. Univ., Biochem. Labor.) (Engl.)

Als Mechanismus der photodynam. Zerstörung des antibiot. akt. Tetraens *Pimaricin* (I) in Ggw. von *Riboflavin* (II) wird ein Triplett–Triplett-Übergang vorgeschlagen: $II + h\nu \rightarrow II^*$ (Singlett) $\rightarrow II^*$ (Triplett) $II^*$ (Triplett) $+ I \rightarrow II + I^*$ (Triplett). Die Hemmwrkg. zugesetzter Substanzen auf diese Zers. geht der Löschung der II-Phosphorescenz durch diese Verbb. völlig parallel. K. Maier. 4340□

**Die Immunelektrophorese der extrazellulären Diphtherie-Proteine.** Bertold J. Radola. (Bull. Acad. polon. Sci., Sér. Sci. biol. **8.** 493—98. 1960. Warszawa, PZH, Dep. bakteriologii.) (Engl.)

Bei der immunelektrophoret. Analyse eines Diphtherie-Toxins treten viele Präzipitationlinien auf, deren Zahl von den Flockungseinheiten (Lf) pro ml abhängt. Bei 100 Lf sind es 10—12, von diesen ist mit der Flockungs-Eig. vorwiegend die größte als $D_1$ bezeichnete Fraktion identisch. E. Fischoeder. 4370□

**Immunelektrophoretische Untersuchungen über präzipitierende Antikörper in Diphtherie-Antitoxinen.** Bertold J. Radola. (Bull. Acad. polon. Sci., Ser. Sci. biol. **8.** 499—503. 1960. Warszawa, PZH, Dep. Bakteriologii.) (Engl.) — Vgl. vorst. Referat.

Der größte Teil der präzipitierenden Antikörper liegt im Bereich der $D_1$-Fraktion, daneben treten sie auch in anderen Fraktionen auf, deren Vork. u. Stärke bei den einzelnen Seren u. bei verschiedenen Toxinmustern schwankt. E. Fischoeder. 4370□

**Die Toxinbildung durch Bacillus anthracis in vitro und dessen Aufteilung in zwei Komponenten.** Curtis B. Thorne, Dorothy M. Molnar und Richard E. Strange. (J. Bacteriol. **79.** 450—55. März 1960. Frederick, Md., Fort Detrick.) (Engl.)

*B. anthracis* bildet in einem Aminosäuren-Nährboden ohne Serumzusatz Toxin. Einen Ganzglasfilter passiert das „schützende Antigen", das im Agargeldiffusions-Verf. gegen ein Antiserum nachgewiesen werden kann. Eine zweite Toxinkomponente wird im Filter zurückgehalten, aus dem sie mit Puffer-Lsg. pH 9,7 eluiert werden kann. Einzeln sind beide Komponenten nicht tox., vereinigt haben sie letale Wrkg. bei Mäusen. E. Fischoeder. 4370□

**Herstellung eines weitgehend gereinigten kohlenhydratfreien Proteins aus M. johnei.** E. Annau. (Nature [London] **184.** 1642—43. 21/11. 1959. Hull, Quebec, Dep. of Agric., Health of Animals Div., Animal Diseases Res. Inst.) (Engl.)

Aus phenolabgetöteten Stämmen von *Mycobacterium johnei* wurde ein kohlenhydratfreies *Proteinantigen* (I; Acetonentfettung, Extraktion mit 6m bicarbonatalkal. Harnstoff-Lsg., Trichloressigsäurefällung des Überstands, Dialyse der wss. Lsg. des Nd. bei pH 7,2—7,5, Säurefällung, Abtrennung von Nucleinsäureverunreinigung durch Trichloressigsäurefällung) erhalten, dessen intradermale Prüfung bei sensibilisierten Meerschweinchen höhere Wirksamkeit besaß als ein nach üblichen Meth. hergestelltes Protein. I war frei von serolog. akt. Kohlenhydraten u. Nucleinsäuren u. rief bei 5maliger intradermaler Injektion keine Sensibilisierung von Meerschweinchen hervor. K. Maier. 4370□

**Gewebekulturversuche über die bakterielle Allergie bei experimenteller Brucellose.** 2. Mitt. **Die Zelltoxizität der Nucleoproteinfraktionen der Brucellen.** Dorothy H. Heilman, Elmer Rice, Dexter H. Howard, Henry E. Weimer und Charles M. Carpenter. (J. Immunology **85.** 258—67. Sept. 1960. Los Angeles, Univ. of California, School of Med., Dep. of Inf. Diseases; Long Beach, Calif., Veterans Admin. Hosp., Dep. of Pathol.) (Engl.)

Zur Darst. der *Nucleoproteine* (*NP*) wurden die mit Phenol abgetöteten u. lyophilisierten Brucellen (suis, melit., abortus) tagelang in der Kugelmühle zerrieben u. nach Aufnahme in dest. W. 4 Std. geschüttelt. Der durch Zentrifugieren gewonnene überstehende Rohextrakt wurde mit 8,7n $CH_3COOH$ auf pH 3,9 eingestellt. Der über Nacht entstandene Nd. wurde in W. aufgenommen u. bei pH 6,9 gelöst. Der Arbeitsgang wurde einmal wiederholt, der Nd. wurde 1%ig gelöst. Die Gewebekulturen waren Zellen von Milzen, die von gesunden oder mit Tuberkelbazillen infizierten (Tbc) oder mit einem der 3 Brucellentypen infizierten (Br.) Meerschweinchen stammten. Kriterium für die Zelltoxizität der NP war die Immobilisierung u. die Wachstumshemmung der Makrophagen, Leukocyten u. Fibroblasten sowie die mkr. feststellbaren Veränderungen der Zellen. Die Br.NP waren nur für solche Zellen tox., die von Br.-Tieren stammten, wenn auch in hoher Konz. normale Zellen geschädigt wurden. Die Tbc-NP-Fraktion PPD-S war nur für Zellen von Tbc-Meerschweinchen toxisch. E. Fischoeder. 4370□

**Untersuchungen in teilweise aufgespaltenen Phage–Wirt-Systemen.** 6. Mitt. **Die Rolle der Ribonucleinsäure bei verschiedenen Aspekten der Reproduktion des Bakteriophagen T2.** Austin Shug, H. R. Mahler und Dean Fraser. (Biochim. biophysica Acta [Amsterdam] **42.** 255. 12/8. 1960. Bloomington, Ind., Indiana Univ., Dep. of Chem. and Bacteriol.) (Engl.) 5. vgl. C. **1960.** 15790.

Im Syst. Phage T2–Escherichia coli wurden Unterss. über Zusammenhänge der Synth. von *Ribonucleinsäure, Desoxyribonucleinsäure* u. *Protein* auf den verschiedenen Stufen der Phagenreproduktion angestellt. An Hand der Messung der Phagenausbeute u. des Einbaus von $^{35}S$ u. $^{32}P$ wurde der Einfl. verschiedener Hemmsubstanzen auf die Replikation von T2-Bakteriophagen im Protoplasma von Escherichia coli B verfolgt. Ribonuclease gibt einen maximalen Effekt, wenn sie 5—10 Min. nach der Infektion zugegeben wird. p-Chlormercuriebenzoesäure zeigt ein scharfes Maximum, wenn man es 15—20 Min. nach der Infektion zusetzt. Die eindrucksvollsten Hemmeffekte beobachtet man bei Anwendung von Purin- u. Pyrimidinantagonisten, 5-Fluoruridin u. 2'-Desoxy-5-fluoruridin. St. Tanneberger. 4374□

**Infrarotuntersuchungen der Struktur des Tabakmosaikvirus.** M. Beer. (Biochim. biophysica Acta [Amsterdam] **29.** 423. Aug. 1958. Ottawa, Nat. Res. Council, Div. of appl. Biol.) (Engl.)

Bei der Unters. eines Gels von *Tabakmosaikvirus* (**I**) mit polarisiertem IR-Licht wurde für die breite Bande bei ca. 700 $cm^{-1}$ paralleler Dichroismus mit einem Quotienten von ca. 1,2 festgestellt. Dies deutet darauf hin, daß Proteinketten des **I** die Struktur von $\alpha$-Helices besitzen, deren Achse senkrecht zur Achse der **I**-Partikel stehen. Da aber der beobachtete Dichroismus nur gering ist, stehen die $\alpha$-Helices entweder nicht genau senkrecht zur Virusachse (bei Voraussetzung gut orientierter **I**-Teilchen) oder der Anteil des Proteins mit $\alpha$-Helixstruktur ist überhaupt nur gering. E. Uhlein. 4374□

**Untersuchungen über die N-endständige Sequenz des Tabakmosaikvirusproteins.** A. Tsugita. (Biochim. biophysica Acta [Amsterdam] **38.** 145—46. Berkeley, Calif., Univ. of California, Virus Labor.)

Aus einem chymotrypt. Digestat von *Tabakmosaikvirusprotein* (**I**), von synthet. *N-Acetylseryltyrosin* (**II**) u. von *unlösl. Peptid* [unlösl. Peptid (**III**), erhalten als Nd. nach trypt. **I**-Spaltung bei pH 4,5—4,7, bestehend aus ca. 40 Aminosäureresten, frei von Lysin (**IV**), enthält keine mit Dinitrofluorbenzol reagierende Aminoendgruppe] wurden durch Chromatographie an Dowex 50-X 2 ($H^+$-Form) vergleichbare Mengen **II** isoliert (Ausbeute 77,6—81,1). Da **III IV**-frei ist, steht das Acetylpeptid **II** in N-terminaler Stellung von **III**, wodurch die Möglichkeit einer Verzweigung an einer **IV**-$\varepsilon$-$NH_2$-Gruppe ausgeschlossen ist. **II** steht somit in N-terminaler Stellung von **I**. K. Maier. 4374□

**Die Nucleinsäurefaser der Tabakmosaikvirusteilchen.** Roger G. Hart. (Biochim. biophysica Acta [Amsterdam] **28.** 457—64. Juni 1958. Cambridge, Univ., Cavendish Labor., Med. Res. Council Unit for Mol. Biol.) (Engl.)

Elektronenmkr. Unterss. an Teilchen von *Tabakmosaikvirus* (**I**), die 15, 40 oder 60 Sek. lang bei 85° mit einer die Proteinkomponente auflösenden Detergens-Lsg. behandelt u. nach Abzentrifugieren bei ca. 150000·g in W. oder Acetatpuffer (pH 7) suspendiert worden waren, ergaben, daß der Kern des Virus aus einem einzigen faserförmigen Mol. der *Ribonucleinsäure* (**II**) besteht. Aus diesem Befund wird geschlossen, daß für die II 3 verschiedene Anordnungen innerhalb des Proteinmantels des I (95% der I-Masse) möglich sind, wobei sie stets eine Helix vom Radius 40 Å bilden, bei der 3 oder 4 Nucleotidreste auf eine Proteinuntereinheit des Mantels treffen; von der Anzahl hängt der Gang der Spirale u. damit die Art der Anordnung ab.

E. ÜHLEIN. 4374□

**Die Reinigung des Virus der Maul- und Klauenseuche durch Fluorkohlenstoffbehandlung und dessen Abtrennung vom neutralisierenden Antikörper.** F. Brown und B. Cartwright. (J. Immunology 85. 309—13. Sept. 1960. Pirbright, Surrey, Res. Inst. [Animal Virus Diseases].) (Engl.)

Behandlung von Suspensionen des Maul- u. Klauenseuchevirus [Stamm 1 (Vallée-Typ 0) u. 997 (Waldmann Typ C)] mit Arcton 113, einem Fluorkohlenstoff, allein oder in Mischung mit n-Heptan, entfernt die 7 mμ-Komponente oder Verminderung des Infektiositätstiters. Die immunisierende Wrkg. aus Virussuspensionen u. Aceton-behandelten Suspensionen ist gleich, d. h. es findet kein Verlust an infektiöser 20 mμ-Komponente statt. Aus „neutralen" Gemischen von Virus u. Antiserum kann durch Arctonbehandlung mit ausgezeichneter Ausbeute infektiöser Virus wiedergewonnen werden.

K. MAIER. 4374□

**Die Wirkung der PR-8-Influenzavirusinfektion auf das Reservoir von Chorioallantoismembranen an freien Aminosäuren.** W. A. Shulls und F. L. Rights. (J. Bacteriol. **75**. 175—79. Febr. 1958. Detroit, Mich., Wayne State Univ., Coll. of Med., Dep. of Microbiol.)

Mittels chromatograph. Meth. wurde nachgewiesen, daß eine in vitro-Infektion 14 oder 15 Tage alter Chorioallantoismembranen mit Influenza-A-Virus (Stamm PR-8) nachweisbare Veränderungen die *Peptide* u. freien *Aminosäuren* dieser Gewebe hervorruft. In virusreichen Geweben war der Geh. an *Glutaminsäure* etwas höher.

K. MAIER. 4374□

**Stoffwechsel-Verschiebungen bei synchronem Wachstum von Chlorella pyrenoidosa.** R. R. Schmidt und K. W. King. (Biochim. biophysica Acta [Amsterdam] **47**. 391—92. 18/2. 1961. Blacksburg, Va., Virginia Polytechnic Inst., Dep. of Biochem. and Nutrit.) (Engl.)

Vff. berichten über Synth. makromol. Substanzen in synchron wachsenden Kulturen von *Chlorella pyrenoidosa*. Die Kulturen wurden bei 25° mit einer Lichtintensität von 100—200 foot-candles (ft.cd.) in Luft ohne Bewegung inkubiert. Hiernach erfolgte Unterteilung u. Bestrahlung mit unterschiedlichen Lichtintensitäten (1500 ft.cd./ 9 Std. u. Dunkelheit/9 Std. bei 38,5°, Inkubation in Ggw. einer 5% $CO_2$ enthaltenden Luft unter Bewegung). Das Ergebnis zeigte ein exponentielles Ansteigen der Gesamtzellensubstanz u. des Gesamtzellen-P. Wiederholungs-Verss. bestätigen das Ergebnis. Im Gegensatz hierzu wurden aber im Stoffwechsel von spezif. chem. Verbb., wie anorgan. Polyphosphat, Phosphat lösl. in kalter Trichloressigsäure u. Phospholipoiden markante Abweichungen beobachtet.

S. BRATFISCH. 4380□

## E$_4$. Pflanzenchemie. Pflanzenphysiologie. Pflanzenpathologie

**Die Pflanzenentwicklung durch Licht bei gleichzeitiger Anregung von zwei inconvertiblen Pigmenten. 2. Mitt. Theorie und Regulierung der Anthocyansynthese.** S. B. Hendricks und H. A. Borthwick. (Bot. Gaz. **120**. 187—93. Juni 1959. Beltsville, Md., Plant Industry Stat.) (Engl.) — 1. vgl. Proc. nat. Acad. Sci. USA **45**. [1959.] 344; 3. vgl. C. **1961**. 2677.

Die Anthocyan-Synth. wird bei Äpfeln, Rotkohl u. Rübensämlingen durch Einstrahlung hervorgerufen. Als Strahlungsacceptoren dienen 2 photomorphogenet. Pigmente mit Absorptionsmaxima bei 650 u. 740 mμ. Die Anthocyan-Synth. geschieht nur, wenn beide Pigmente merkbar absorbieren. Für die Menge der gebildeten Anthocyane in Abhängigkeit von der eingefallenen Strahlung wurde eine Formel entwickelt. Die berechneten Mengen zeigen mit den experimentell gefundenen gute Übereinstimmung. Das für die Anthocyan-Synth. verantwortliche Absorptions-Syst. ist das gleiche, das für die Elongation der Bohnenstengel u. Keimung des Salatsamens verantwortlich ist.

W. HILLER. 4404□

**Untersuchungen über den Mineralstoffgehalt im Blatt einiger Birnensorten bei Veredlung auf Unterlagen von Pyrus communis, Pyrus amygdaliformis, Pyrus betulaefolia und Cydonia A.** Wolf-Dietrich Naumann. (Gartenbauwissenschaft **6(24)**. 289—313. 1959. Dresden-Pillnitz, Inst. für Gartenbau der Deutsch. Akad. der Landwirtschaftswiss.) (Dt.)

1956 u. 1957 an 2- u. 3jährigen Birnen der Sorten *Williams, Paris, Trévoux* u. *Gellerts* auf Veredlungsunterlagen von *P. communis, P. amydaliformis, P. betulaefolia* u. *Cydonia A* durchgeführte Blattanalysen ergaben: Birnen reagieren auf die Veredlungsunterlagen durch starke Abweichungen in *K*- u. *Ca*- sowie durch geringere in *P*- u. *N*-Gehalt. Jede geprüfte Sorte wies einen charakterist. Geh. an Mineralstoffen u. einen sortentyp. Jahresgang der Nährstoffspiegel im Blatt auf. Zwischen Sorten- u. Unterlage-Einfl. bestanden deutliche Wechselwirkungen. Die Unterlage verändert den Nährstoff-Geh. der darauf veredelten Sorte, ohne den eigenen Mineralstoffwechsel aufzuzwingen. Rhythmus u. Umfang der Ca-Wanderung im Blatt sind anscheinend sehr unterlagenabhängig. K. MAIER. 4410□

**Über das Vorkommen von cyanogenen Heterosiden und von Zuckeralkoholen in einigen Saxifragaceen: Gegenwart von Allit bei Itea.** Victor Plouvier. (C. R. hebd. Séances Acad. Sci. **249.** 2828—30. 21/12. 1959. Paris, Muséum d'Histoire naturelle, Labor. de Chim. appl. aux corps organisés.) (Franz.)

3 den Saxifragaceen zugehörige Pflanzen *Jamesia americana* (J.a.), *Itea virginica* (I.v.) u. *Itea ilicifolia* (I.i.) werden auf cyanogene Heteroside untersucht. Durch Dest. mit W., Einw. von Emulsin, erneute Dest. wird in den Blättern u. in den Trieben von I.v. während der Vegetation nach der 1. Dest. *Blausäure* aber kein *Benzaldehyd* nachgewiesen. Junge Triebe von J.a. u. Blätter vom September weisen nach der 2. Dest. Blausäure u. Benzaldehyd auf. Aus J.a. wird über einen Extrakt mit A. u. Klärung mit Bleiacetat das Heterosid *Amygdonitrilglucosid* (*Prunazin*), $C_{14}H_{17}NO_6$, F. 148°, $[\alpha]$ —27°, isoliert. Aus weiterem Acetonauszug der Blätter von I.v. u. I.i. wird *Allit*, $C_6H_{14}O_6$, F. 149°, gefunden. Vf. folgert, daß die Pflanzenfamilien der Saxifragaceen u. Rosaceen biochem. ähnlich sind. A. TÄUFEL. 4420□

**Veränderungen des Gehalts an Stärke und an mit Sudan anfärbbaren Stoffen in Pinus caribaea Mor. und Pinus pinaster Sol.** Roger David, Guy Lapraz, Colette Bernard und Régis Demounem. (C. R. hebd. Séances Acad. Sci. **249.** 2820—22. 21/12. 1959.) (Franz.)

In den mindestens 1 cm langen Nadeln von *Pinus caribaea* (P.c.) tritt Stärke im Frühjahr zeitiger auf u. verschwindet im Spätsommer früher als in den Zellen von *Pinus pinaster*. Die Lipide reichern sich im Herbst in den Blättern beider Arten an; die Zellen von P.c. enthalten jedoch eine größere Menge davon, wenn sie weniger Stärke einschließen. A. TÄUFEL. 4420□

**Veränderungen des Tanningehalts von Prothallienzellen in Abhängigkeit von ihrer physiologischen Aktivität.** Suzanne Laurent. (C. R. hebd. Séances Acad. Sci. **249.** 2823—25. 21/12. 1959. Paris, Labor. de Biol. végétale V, P.C.B.) (Franz.)

Wenn als Folge des Versetzens oder durch Bldg. eines jungen Sporophyten eine Unterbrechung des Wachstums eintritt, wird in den Prothallienzellen (Pz) eine Verminderung des *Tannin* (I)-Geh. festgestellt. Proben frischer Kulturen von Pz werden unter gleichen Bedingungen (25°, Sommertageslänge) unmittelbar vor dem Versetzen, dann nach Ablauf von 6, 16, 30 u. 60 Tagen untersucht. Es wird nachgewiesen, daß nach dem Versetzen ein Sinken von I eintritt, dem später ein allmählicher Anstieg folgt. Aus weiteren Verss. an Pz während der Bldg. eines Sporophyten ist zu folgern, daß die Prothallien, die keine Sporophyten tragen, mehr I enthalten als solche mit Sporophyten, da in diesem Falle I als Wuchsstoff benötigt wird. I ist demnach nicht nur als Entgiftungs-Prod. tox. Phenole, sondern auch als Reservestoff anzusehen.
A. TÄUFEL. 4420□

**Untersuchungen über Hydrangenol in Hydrangea macrophylla Ser. 1. Mitt. Isolierung, Identifizierung und Biosynthese aus $^{14}C$-markierten Verbindungen.** Ragai K. Ibrahim und G. H. N. Towers. (Canad. J. Biochem. Physiol. **38.** 627—34. Juli 1960. Montreal, Quebec, McGill Univ., Botany Dep.) (Engl.)

Aus den Blüten von *Hydrangea macrophylla* Ser. wurde *Hydrangenolglucosid* (I) isoliert u. durch Hydrolyse zu *Glucose* u. *Hydrangenol* (II) identifiziert. Aus den sauren Hydrolysaten der Pflanzenteile (100 g Frischgewicht) wurden folgende Mengen I isoliert: Blüten 100 mg, Blätter 40 mg, Wurzeln 250 mg. In Blättern, Wurzeln u. Rinde von H. bretschneideri Dipp., H. arborescens Linn. u. H. cinerea Small wurde dagegen kein II nachgewiesen. Alkalischmelze von II gab *p-Hydroxy-* u. *2-Hydroxy-6-methylbenzoesäure*. Durch Inkubation von Wurzelschnitten mit $^{14}C$-markierten Verbb. wurde festgestellt, daß *$^{14}C_{(2)}$-Na-Cinnamat*, *$^{14}C_9$-L-Phenylalanin* sowie *$^{14}C_{(1)}$*- u. *$^{14}C_{(2)}$-Na-Acetat*, jedoch nicht *$^{14}C_9$-L-Tyrosin* in I eingebaut werden. — UV-Spektren von II vgl. Original.

Versuche: *Hydrangenol* (II), F. 180—181°, a) neben *Glucose* aus I u. 5%ig. HCl auf dem Wasserbad (1 Std.); b) durch Extraktion von 1,5 kg trockenen Blüten mit 80%ig

A., Einengen im Vakuum, Hydrolyse des Rückstands mit 10% ig. HCl auf dem Wasserbad (1 Std.), Extrahieren mit Ae., Waschen der äther. Lsg. mit wss. $Na_2CO_3$-Lsg., Extrahieren mit 10% ig. NaOH u. Ansäuern der alkal. Lsg. mit konz. HCl; aus 20% ig. A. Nadeln; 2,0 g (Ausbeute); $R_F$ 0,77 (Phenol–W.; 8:2), 0,80 (Butanol–Eisessig–W.; 4:1:5), 0,72 (Bzl.–Eisessig–W.; 6:7:3); mit $FeCl_3$ violett. *Diacetyl-Deriv.*, F. 182—183°, aus **II** u. Acetanhydrid/Pyridin unter $N_2$ im Kühlschrank (24 Std.); aus abs. A. Platten; 91%. *Glucosid* (I), F. 190—190,5°, durch Extrahieren von 540 g frischen Blüten mit sd. 85% ig. A., Einengen im Vakuum, Lösen des Rückstands in W., Extraktion mit Äthylacetat; aus W. feine Nadeln; 261 mg; $R_F$ 0,60; 0,47; —; mit $FeCl_3$ rotbraun. — *2-Hydroxy-6-methylbenzoesäure* (*2.6-Kresotinsäure*). Zers. 167—168° (Sintern ab 145°), neben *p-Hydroxybenzoesäure* [$R_F$ —; —; 0,25; 0,75 (Na-Formiat–HCOOH–W.; 10:1:200)] u. wenig einer *Verb. C* ($R_F$ —; —; 0,50; 0,10) aus **II** u. NaOH bei 300—350° (20 Min.), Lösen in W. u. Ansäuern mit HCl; aus W. Nadeln; $R_F$ —; —; 0,83; 0,33.

F. HELLER. 4420□

**Beitrag zur Kenntnis der Anthocyanpigmente der Weintrauben.** Osvaldo Colagrande und Giulia Grandi. (Ann. Sperimentaz. agrar. [N. S.] **14.** 325—37. 1960. Piacenza, Univ. cattolica del S. Cuore, Ist. di Ind. agrar.) (Ital.)

Durch papierchromatograph. Unterss. wurden in 5 roten in der Gegend von Piacenza kultivierten Weinvarietäten (Bonarda, Barbera, Fruttano, Alicante, Isabella) *Delphinidinglucosid* u. *-galaktosid*, *Petunidinfructosid*, *Cyanidinfructosid*, *Malvidin* (I)-*galaktosid*, I-*Glucosid*, *Päonidin* (II)-*fructosid*, II-*Glucosid* sowie Ester aus **I** bzw. **II** u. *Kaffee-*, *p-Cumar-*, *Äpfel-* u. *Weinsäure* nachgewiesen. Die Verteilung der Pigmente ist charakterist. für jede Varietät u. wird ebenso wie die relative Konz. tabellar. zusammengestellt.

F. HELLER. 4420□

**Die Anthocyane der Blätter des Weinstocks.** N. N. Nutzubidse und D. I. Gulbani. (Сообщения Академии Наук Грузинской ССР [Mitt. Akad. Wiss. GrusinSSR] **23.** 671—76. Dez. 1959. Tbilissi, Biochem. Labor., Botan. Inst. der Akad. der Wiss. der GrusinSSR.) (Russ.)

Die Unters. der Blätter von 50 verschiedenen in Grusien kultivierten Weinstocksorten mittels der chromatograph. u. photometr. Meth. ergab qual. u. quant. Unterschiede hinsichtlich der Anthocyan-Zus. in Abhängigkeit von der Sorte u. von den ökolog. Bedingungen. Man findet in den einzelnen Sorten 2—4 Anthocyanpigmente: *Malvidin* (I), *Päonidin* (II), *Delphinidin* (III) u. *Petunidin*, die sich am Ende der Vegetationsperiode in der angegebenen Reihenfolge bilden. Die Summe der Glykoside **I** u. **II** beträgt oft 70—80% des Gesamt-Geh. an Farbstoff. Einige Sorten enthalten sehr viel **III** (10—27%). Anthocyane von Diglykosidnatur finden sich nur ausnahmsweise.

E. RENTZ. 4420□

**Untersuchungen über indische medizinische Pflanzen.** 1. Mitt. **Chemische Untersuchung der Rinde des Stammes von Alangium Lamarckii Thw.** S. K. Roy und S. C. Pakrashi. (Ann. Biochem. exp. Med. [Calcutta] **20.** 103—04. April 1960. Calcutta, Indian Inst. for Biochem. and Exp. Med.) (Engl.)

Aus der Rinde des Stammes von *Alangium Lamarckii* Thw. isolieren Vff. *β-Sitosterin* (F. 137°) u. *Stigmasterin* (F. 169—170°). Darüber hinaus wird eine bisher nicht näher bekannte Verb. (F. 128—129°) u. ein nichtcharakterisiertes Öl erhalten. Die getrocknete, gepulverte Rinde (1,2 kg) wird zuerst mit PAe., dann mit Bzl. jeweils 48 Std. im SOXHLET-App. extrahiert. Die Extrakte werden nach entsprechender Vorbehandlung an einer $Al_2O_3$-Säule chromatograph. getrennt, wobei nacheinander PAe., Bzl., Bzl.–Aceton u. Methanol als Elutionsmittel eingesetzt werden. Aus dem Benzoleluat wird eine feste Substanz vom F. 132—136° isoliert, die positive LIEBERMANN-BURCHARD-Rk. zeigt. Nach Überführung in das Benzoat wird es in zwei verschiedenen Komponenten getrennt vom F. 145° u. $[\alpha]_D$ $-16 \pm 1°$ bzw. F. 160—161° u. $[\alpha]_D$ $-29°$. Die weitere Aufarbeitung der vorgenannten Prodd. führt zu einem nichtidentifizierten Öl, zu β-Sitosterin (Acetat, F. 133—134°), zu Stigmasterin (Acetat, F. 141°) u. zu einem Prod. vom F. 128—129°.

A. TÄUFEL. 4420□

**Die Wanderung von Chlor in Pflanzen.** J. T. Woolley, T. C. Broyer und G. V. Johnson. (Plant Physiol. **33.** 1—7. Jan. 1958. Berkeley, Calif., Univ. of California, Dep. of Soils and Plant Nutrition.)

Nach Einw. von $^{36}Cl$ auf Tomatenblätter u. Zuckerrübenpflanzen über Nacht wurden die Pflanzen 1 u. 8 Tage später geerntet. Radioautographie zeigte, daß sich etwas $^{36}Cl$ in allen Teilen der Pflanze vorfand, bes. nach 8 Tagen. Nach Einw. bekannter — sowohl unzureichender als auch ausreichender — Mengen $^{36}Cl$ auf Wurzeln von Tomatenpflanzen wurden die Pflanzen zu verschiedenen Zeiten geerntet u. der Geh. an $^{36}Cl$ bestimmt. Dabei wurde gefunden, daß einige jüngere Gewebe $^{36}Cl$ auf Kosten der älteren Blätter enthielten. Dies beweist eine „Retranslokation". Nach der angegebenen Definition spricht man bei einer höheren Pflanze von „Retranslokation", wenn eine Substanz von einer gipfelständigen Lage oder einem gipfelständigen Organ, wohin sie vorher von einem anderen Teil der Pflanze wanderte, wieder fortgeführt wird.

H. ALTHOFF. 4450

**Die Verteilung von Humusfraktionen in Pflanzen.** S. Prát. (Biol. Plantarum [Praha] **2.** 308—12. Dez. 1960. Praha, Nat. Sci. Fac., Charles Univ.) (Engl.)

Der in A. u. Ae. lösl. Anteil radioakt. Humusstoffe verbreitet sich in den Blättern hauptsächlich durch die Gefäßbündel. Bei der Anwendung in der Form eines Tropfens oder als Lanolinpasta verbreitet sich der akt. Teil der Humussäure nicht in den Blättern, wogegen die Verbreitung des akt. Anteils der Fulvosäure von der Pflanzenart abhängig ist. Die Verteilung der Substanzen wurde autoradiograph. untersucht.

Z. ŠESTÁK. 4450□

**Veränderungen der Citronen-, Malon-, Bernstein- und Fumarsäuregehalte in der Kartoffelknolle unter dem Einfluß der Behandlung mit Rindite.** Eugène Jolivet. (C. R. hebd. Séances Acad. Sci. **249.** 2826—27. 21/12. 1959. Versailles, Centre Nat. de Rech. agron., Stat. Centrale de Physiol. végétale.) (Franz.)

Bei Behandlung von Kartoffeln (Sorte Bintje, geerntet am 21/10. 1958, 15/9. 1959 u. 20/10. 1959, jeweils 9, 12 bzw. 18 Tage bei Dunkelheit u. Temp. von 12, 12 u. 22° aufbewahrt, anschließend mit sd. A. vorbehandelt) mit einem Gemisch von 9 Teilen Äthylenchlorhydrin, 3 Teilen Dichloräthylen u. 1 Teil Tetrachlorkohlenstoff (Rindite) wird eine Abnahme an *Citronensäure* unter gleichzeitiger Zunahme an *Malon-* u. *Bernsteinsäure* festgestellt. *Bernsteinsäure* kann bis zu 16% der organ. Gesamtsäuren betragen (Probe 1 u. 2), während sich der Geh. an Fumarsäure wenig verändert. Vf. folgert, daß durch Rindite — sie besitzt prim. Einfl. auf die Respiration — einzelne Enzyme des KREBS-Cyclus stärker aktiviert oder gehemmt werden.

A. TÄUFEL. 4460□

**Der Stoffwechsel organischer Säuren in Pflanzen.** David D. Davies. (Biol. Rev. Cambridge philos. Soc. **34.** 407—44. Nov. 1959. London, Univ. of London, King's Coll., Botany Dep.) (Engl.)

Übersichts-Ref. (KREBS-Cyclus; quant. Bedeutung des KREBS-Cyclus bei der Atmung der Pflanzen; Bldg. von $C_4$-Dicarbonsäuren durch $C_2 + C_2$-Kondens.; physiolog. Bedeutung der Dunkelfixierung von $CO_2$; Synth. von Kohlenhydraten aus organ. Säuren im Dunkeln; Stoffwechsel der $C_1$- u. $C_2$-Säuren; Stoffwechsel der $C_3$- u. $C_4$-Säuren; Stoffwechsel der $C_5$-, $C_6$- u. $C_7$-Säuren; Tricarballylsäure, 4-Hydroxy-4-methyl-α-ketoglutarsäure, α-Methyläpfelsäure, Methylfumarsäure u. Shikimisäure). — 231 Literaturangaben.

H. ALTHOFF. 4460

**Die Biosynthese des Kautschuks.** Howard J. Teas und James Bonner. (Rev. gén. Caoutchouc **37.** 1143—48. Sept. 1960. Gainesville, Fla., Univ. of Florida, Agric. Exp. Stat.; Pasadena, Calif., California Inst. of Technol., Biol. Div.) (Franz. u. Engl.)

Übersicht. *Kautschuk* (I)-Bldg. in Pflanzen u. Pflanzenteilen; Stoffwechsel von Acetat u. verwandten organ. Säuren; enzymat. I-Synth.; $^{14}C$-Lokalisierung in I aus $^{14}C$-Acetat. — 44 Literaturangaben.

K. MAIER. 4460□

**Ein Beitrag zur Biosynthese und Physiologie von Coffein und Trigonellin bei Coffea arabica.** H. Wanner und K. Blaim. (Planta **56.** 499—510. 1961. Zürich, Univ., Inst. für Allg. Botanik.) (Dt.)

Bei einjährigen Pflanzen von *Coffea arabica* wurde der Einbau von photosynthet. fixiertem $^{14}CO_2$ in *Glucose* (I), *Trigonellin* (II) u. *Coffein* (III) untersucht. Junge Blätter bauen $^{14}CO_2$ viel reichlicher in I (freie I u. I aus Saccharose) ein als ältere. Das Maximum wird nach 48 Std. erreicht. II wird von jungen u. alten Blättern sehr schnell markiert. Der Einbau von $^{14}CO_2$ in III geschieht sehr langsam u. ist nur in jungen Blättern deutlich nachweisbar. Die Synth. von III scheint im Gegensatz zu II nur während der Entw. der Blätter möglich zu sein.

U. MOTHES. 4460□

**Die Biogenese der Alkaloide.** 23. Mitt. **Die Funktion von Prolin und Ornithin bei der Biogenese des Stachydrins.** A. V. Robertson und Léo Marion. (Canad. J. Chem. **37.** 1197—1200. Juli 1959. Ottawa, Canada, Nat. Res. Council, Div. of Pure Chem.) (Engl.) — 21. vgl. C. **1961.** 3711.

Nach Züchtung von Alfalfa (*Medicago sativa* L.) in $^{14}C_{(CH_3)}$-Methionin (I)-, Pyridoxin (II)- u. Folsäure (III)-haltiger Nähr-Lsg. war das aus der Pflanze nach 22 Tagen isolierte *Stachydrin* (IV) markiert, d. h. IV entsteht anscheinend aus Prolin (V) durch Methylierung, da II die V-Bldg. aus Ornithin (VI) in der Pflanze auslöst. Zufuhr von $^{14}C_{(2)}$-DL-VI; II, III u. I gab kein markiertes IV. $^{14}C_{(CH_3)}$-I + III, $^{14}C_{(CH_3)}$-I + II u. $^{14}C_{(CH_3)}$-I allein bewirkten in jedem Falle Bldg. von $^{14}C$-IV, während *Homostachydrin* (VII) inakt. blieb. $^{14}C_{(COOH)}$-V bewirkte keine Bldg. von $^{14}$C-IV. Offensichtlich wird in 2 bis 3 Wochen altem Alfalfa **IV** neu gebildet, **VII** dagegen nicht. K. MAIER. 4460□

**Die Wirkung von Radiokohlenstoff auf die Geschwindigkeit der Kohlendioxyd-Verwertung während der Photosynthese.** O. Holm-Hansen, V. Moses, C. F. van Sumere und M. Calvin. (Biochim. biophysica Acta [Amsterdam] **28.** 587—91. Juni 1958. Berkeley, Calif., Univ. of California, Radiat. Labor. and Dep. of Chem.) (Engl.)

Unter Verw. steigender Mengen von markiertem $NaH^{14}CO_2$ als $CO_2$-Quelle für die Assimilation durch *Chlorella pyrenoidosa* finden Vff. sowohl hinsichtlich der Geschw. der $CO_2$-Assimilation als auch in der Verteilung des photosynthet. fixierten C keinen merklichen Unterschied gegenüber der Wrkg. von normalem $^{12}CO_2$. Mit einem *Primel-Blatt* (*Primula sp.*) wird bei gleichartigen Verss. dasselbe Ergebnis erhalten. — 16 Literaturhinweise. H. SPOHN. 4460□

**Ein einleitender Bericht über die Rolle des Methans bei der Kohlendioxydfixierung in Reissämlingen.** P. S. Tang, F. C. Wang und C. Liang. (Sci. Rec. [Peking] [N.S.] **3.** Nr. 10. 516—19. Okt. 1959. Peking, Acad. Sinica, Inst. of Plant Physiol.)

Vff. untersuchen den Einfl. des *Methans* (I) auf die Umsetzung von $CO_2$. Es wird angenommen, daß beide Verbb. gemäß der Gleichung $CO_2 + CH_4 = CH_3COOH$ zur Bldg. von Essigsäure führen können. 3 Wochen alte Reissämlinge werden in einer ESPINO-Lsg., bestehend aus jeweils 150 mg/Liter $NaHCO_3$ u. $Na_2CO_3$ mit einer spezif. Radioaktivität von 0,1 $\mu c/cm^3$ an $^{14}$C jeweils einmal mit u. ohne Sättigung mit Methan 30 Std. aufbewahrt, danach die Radioaktivität gemessen u. das Autoradiogramm aufgenommen. Die Verss. werden bei Dunkelheit ausgeführt. Es wird gezeigt, daß die mit I behandelten Sämlinge ca. 40% mehr Kohlenstoff fixieren. In weiteren Verss. unter Heranziehung der Autoradiographie wird festgestellt, daß die $CO_2$-Fixierung in Ggw. von I gegenüber Licht prakt. indifferent ist. A. TÄUFEL. 4460□

**Über die Lage der Chlorophyllmoleküle in den Granula eines Chloroplasten.** T. N. Godnew und N. K. Akulowitsch. (Известия Академии Наук СССР, Серия Физическая [Nachr. Akad. Wiss. UdSSR, physik. Ser.] **23.** 94—96. Jan. 1959.) (Russ.) — Vgl. C. **1959.** 16353.

Beim Erhitzen von verschieden lange belichteten grünen Blättern (Mais, Zwiebel) verschiebt sich das rote Absorptionsmaximum des *Chlorophylls* (I) im Mittel um 4—6 m$\mu$ nach kürzeren Wellen. Diese Verschiebung tritt bei 2 Std. (8 Tage) belichteten Maisblättern bei 47° (53°), bei Zwiebelblättern bei 56° ein. Darin wird ein Beweis für die enge Assoziation der I-Moll. mit den Eiweißstoffen zu einem Komplex gesehen. In allen Fällen liegt der Beginn der spektralen Veränderung im Gebiet der Eiweißdenaturation. Im Anfangsstadium der I-Bldg. sind anscheinend nur monomere I-Moll. mit dem Eiweiß verbunden, bei völlig grün gewordenen Chloroplasten auch unter sich assoziierte. Es wird eine schemat. Abb. der Bindung der I-Moll. an die Unebenheiten der Oberfläche der Chloroplasten gezeigt u. erläutert. R. K. MÜLLER. 4460□

**Über die Anreicherung von Chlorophyll a und b und die Veränderungen von Größe und Zahl der Chloroplasten in den Rübenblättern in Abhängigkeit von der Lichtart.** L. W. Kachnowitsch. (Доклады Академии Наук БССР [Ber. Akad. Wiss. BelorussSSR.] **4.** 263—64. Juni 1960. Beloruss. Lenin-Univ.) (Russ.)

Die Unterss. über die Anreicherung von *Chlorophyll a* u. *b* (**Ia** u. **Ib**) u. *Carotinoiden* (**II**), das Vol. der Chloroplasten u. deren Zahl je Zelle des Parenchyms in Abhängigkeit von der Art der Belichtung des Pflanzen ergaben folgende Werte für **Ia** u. **Ib** (in mg/dm²): Blaulichtluminescenzlampe mit Maximum bei 450 m$\mu$ 1,540 (0,294); Blaulicht mit 480-m$\mu$-Maximum 1,914 (0,286); Gelblicht mit 540-m$\mu$-Maximum 1,812 (0,410); Rotlicht mit Maximum bei 560—620 m$\mu$ 1,983 (0,403); Rotlicht mit 600-m$\mu$-Maximum 1,745 (0,458); Tageslicht mit Maximum bei 500 u. 610 m$\mu$ 1,604 (0,422); weißes Licht mit 610-m$\mu$-Maximum 1,730 (0,377). Der **II**-Gehalt beträgt entsprechend: 0,487; 0,451; 0,426; 0,412; 0,392; 0,344; 0,408. Die Zunahme des Vol. der Chloroplasten ist von einer Abnahme ihrer Zahl begleitet. O. LEBTAG. 4460□

**Über die Anreicherung von Chlorophyll a und b in den Blättern der Gurkenpflanze bei der Belichtung mit verschiedenen Typen von Luminescenzlampen.** L. W. Kachnowitsch. (Доклады Академии Наук БССР [Ber. Akad. Wiss. BelorussSSR] **4.** 355—56. Aug. 1960. Beloruss. Lenin-Univ.) (Russ.) — Vgl. vorst. Referat.

In Gurkenpflanzen, die 18 Std. täglich blauem (Luminescenzlampen L-30 u. L-29), gelbem (L-28), rotem (L-26 u. L-27), Tageslicht (DS-30) u. weißem Licht (BS-30) ausgesetzt wurden, war in allen Fällen der Geh. an *Chlorophyll a* (I) höher als der Geh. an *Chlorophyll b* (II). Das Verhältnis I/II unterlag starken Schwankungen. Mit L-29, L-30, DS-30 u. BS-30 nahm der Geh. an II mit abnehmender Lichtintensität zu. Das gleiche beobachtete man bei roter Belichtung mit dem Unterschied, daß unterhalb 6000 Erg/cm²·s eine geringere Zunahme von I eintrat. Bei gelber Belichtung nahm der II-Geh. mit steigender Lichtintensität zu. Bei gleicher Lichtintensität von 22000 Erg/cm²·s beobachtete man folgendes Verhältnis I/II: 3 mit L-30; 7 mit L-29; 3 mit L-28; 4 mit L-27; 7 mit DS-30; 4 mit BS-30. O. LEBTAG. 4460□

**Über die Chlorophyllanreicherung in den Blättern der teilweise etiolierten bedecktsamigen Pflanzen.** T. N. Godnew und N. K. Akulowitsch. (Доклады Академии Наук БССР [Ber. Akad. Wiss. BelorussSSR] **3.** 504—06. Dez. 1959.) (Russ.)

In Unterss. an *Canna hybrida* wird gezeigt, daß bei teilweiser Etiolierung in den Blättern noch eine recht erhebliche Menge *Chlorophyll* (I) synthetisiert wird, woraus geschlossen wird, daß Kryptogamen zur Synth. von I im Dunkeln, wenn auch in geringer Menge, befähigt sind, bes. bei Stimulierung durch einen Zustrom der nächsten Vorläufer des I. K. R. MÜLLER. 4460□

**Die Quantenausbeute der Photosynthese bei Porphyridium cruentum und die Rolle des Chlorophyll a bei der Photosynthese der Rotalge.** Marcia Brody und Robert Emerson. (J. gen. Physiol. **43.** 251—64. Nov. 1959. Urbana, Ill., Univ. of Illinois, Bot. Dep.) (Engl.)

Das von der Rotalge *Porphyridium cruentum* vom *Chlorophyll a* (I) absorbierte Licht zeigt dieselbe photosynthet. Wrkg. wie bei Grün- u. Braunalgen. Das durch *Phykoerythrin* (II) absorbierte Licht weist verschiedene Ausbeuten bei verschiedenen Wellenlängen während des Vers. auf. Auch die während der Vorkultur gegebenen verschiedenen Wellenlängen geben im Vers. unterschiedliche Ausbeuten. Die Ausbeute der durch II absorbierten Strahlung ist mit Ausnahme des grünen Bereichs stets geringer als die durch I absorbierte. Grünes Licht im Vers. oder bei der Vorkultur zeigt für II nahezu dieselben Ausbeuten wie für I. W. HILLER. 4460□

**Zur Frage der Atmung der von einer Infektion befallenen Pflanzen.** S. Ja. Sserowa. (Доклады Академии Наук БССР [Ber. Akad. Wiss. BelorussSSR] **4.** 265 bis 269. Juni 1960. Abt. für Physiol. u. Systematik der niederen Pflanzen der Akad. der Wiss. der BelorussSSR.) (Russ.)

Untersucht wurde die Intensität der Atmung der Blätter von *Cirsum arvense L.*, *Berberis vulgaris L.*, *Potentilla alba L.*, *Winterroggen*, *Rhamnus sp.*, *Pinus silvestris*, *Salix sp.*, *Conium maculatum* u. *Hafer* sowie des Stengels von Lolium perenne L. bei der Infektion durch Puccinia suaveolens, P. graminis, Phragmidium fragariastri, Peridermium pini, Melampsora sp., P. dispersa, P. conii oder P. coronifera. Ferner wurden *Kartoffelknollen* bei der Infektion durch X-Virus u. *Maiskolben* bei der Infektion durch Ustilago zeae untersucht. Es zeigte sich, daß, mit Ausnahme von Potentilla alba, bei allen Pflanzen die Atmungsenergie durch den Rostpilz erhöht wird. Das Maiskorn zeigt bei der Infektion durch Ustilago zeae einen sprunghaften Anstieg der Atmungsenergie. Auch bei der Kartoffelknolle wird die Atmung nach der Infektion intensiviert. Der Atmungs-Koeff. der kranken u. gesunden Pflanzen bewegt sich um den Wert 1. Als Substrat der Atmung dienen sowohl bei der gesunden als auch bei der kranken Pflanze vorwiegend die Kohlenhydrate. O. LEBTAG. 4462□

**Das Verhältnis des Cäsiums-137 zu Kalium im Boden und in den Pflanzen.** I. W. Guljakin, Je. W. Judinzewa und E. M. Lewina. (Известия Тимирязевской Сельскохозяйственной Академии [Nachr. Landwirtsch. Timirjasew-Akad.] **1960.** Nr. 3. 18—29.) (Russ.; Auszug: Engl.)

Es wurden Topf-Verss. mit Weizen, Erbsen u. Roter Rübe auf lehmigen u. sandigen Böden unter Zugabe von $^{137}$Cs ohne Zusatz von K durchgeführt. Ein schädlicher Einfl. des beigegebenen $^{137}$Cs konnte nicht nachgewiesen werden; der Ertrag lag sogar bei Cs-Gabe etwas höher. Das Cs sammelte sich in den vegetativen Organen (Stroh) stärker an als in den Samen, u. zwar rascher in lehmigen als in sandigen Böden (im Gegensatz zu K). Aus der Berechnung der Cs-Einheiten (Verhältnis Cs/K) folgt, daß das Cs sich langsamer aus dem Boden in die Pflanze u. in der Pflanze bewegt u. daß eine Anhäufung von K die Cs-Einheiten in der Pflanze wenig beeinflußt. A. v. WILPERT. 4470□

**Veränderungen im Gehalt einiger Vitamine der B-Gruppe in Verbindung mit der Reaktion von Tilton-Aprikosen auf 2.4.5-Trichlorphenoxyessigsäure.** P. B. Catlin. (Proc. Amer. Soc. horticult. Sci. **74.** 174—83. Dez. 1959. Davis, Calif., Univ. of California.) (Engl.)

*2.4.5-Trichlorphenoxyessigsäure* (I) fördert das Wachstum u. die Atmung von Aprikosenfrüchten. Der Geh. an Kohlenhydraten steigt. Vf. bestimmte die Konzz. von *Niacin* (II), *Pantothensäure* (III), *Biotin* (IV; im mikrobiolog. Test) u. von *Thiamin* (V; (durch spektrofluorometr. Analyse) nach Auxinbehandlung. Die Bäume wurden mit der

Triäthylsalz-Lsg. von **I** (100 ppm) besprüht. Vom 5. bis ca. 30. Tag nach der Auxinbehandlung steigt der Geh. von **II, III** u. **IV** in den Früchten deutlich an. Die Bldg. von **V** wird durch **I** nicht gefördert; bezogen auf das Gew. der Früchte nimmt **V** sogar ab. Die Beziehungen zwischen erhöhtem Vitaminspiegel, auxininduziertem Wachstum u. gesteigerter Atmung werden diskutiert. U. MOTHES. 4485□

**Veränderungen der Struktur von Sonnenblumensprossen durch Beeinflussung mit Gibberellsäure.** Z. Šesták, J. Čatský und J. Sahulka. (Biol. Plantarum [Praha] **2.** 247—51. Dez. 1960. Praha, Czech. Acad. Sci., Inst. Biol., Dep. Plant Physiol.) (Engl.)

Das Bespritzen von 26tägigen Sonnenblumenpflanzen mit einer *Gibberellsäure*-Lsg. (50 μg/ml) rief ein statist. gesichertes Ansteigen des Längsbreitenindexes der Blätter hervor (von 1,30—1,42 auf 2,03—2,40) u. erhöhte die Blattanzahl am Stengel (um 16,5 bis 19,1%). Das Verhältnis der Trockensubstanzen von Stengeln und Blättern verschiebt sich zugunsten der Stengel (um 43—57,5%). Z. ŠESTÁK. 4485□

**n-Butyl-5-chlor-2-pyrimidoxyacetat, ein Analogon eines Pflanzenwachstumregulators.** Donald G. Crosby und A. J. Vlitos. (Science [Washington] **128.** 480. 29/8. 1958. South Charleston, W. Va., Union Carbide Chem. Co., Res. Dep.; Yonkers, N.Y., Boyce Thompson Inst. for Plant Res.)

Zur Prüfung der Annahme, ob beim Mechanismus der Wuchsstoff-Wrkg. substituierter Phenoxyessigsäuren die zum Äther-O orthoständige Stellung beteiligt ist, wurde *5-Chlorpyrimidoxy-(2)-essigsäure-n-butylester* (**I**) synthetisiert u. im Haferkoleoptilen-, Weizenkoleoptilen-, im Haferinternodium- u. Erbsenkrümmungstest im Vgl. mit *p-Chlorphenoxyessigsäure-n-butylester* (**II**) auf Wachstums-Wrkg. geprüft. **I** ist in Größe, Form, Ringplanarität, Molgew., Halogen- u. Ester-Rk.-Fähigkeit sowie in den physikal. Konst. fast mit **II** ident., erlaubte aber keine nucleophile Rk. in o-Stellung zur O-Brücke. **I** war in jedem Test, im Gegensatz zum hochwirksamen **II**, völlig inaktiv. K. MAIER. 4485□

**Das Kinetin, ein neuer Pflanzenwuchsstoff.** Guy Deysson. (Bull. Soc. bot. France **106.** 369—86. Okt./Nov. 1959.) (Franz.)

Übersicht; behandelt werden: Entdeckung, Gewinnung, Konstit. u. Synth. von *Kinetin*, seine Wrkg. auf das Wachstum u. die Entw. höherer Pflanzen u. auf die Zellteilung sowie auf Mikroorganismen, tier. Organismen, normale u. krebsige Gewebekulturen. — 64 Literaturangaben. A. TÄUFEL. 4485□

**Untersuchungen über Phytoalexine. 1. Mitt. Die Bildung und immunologische Bedeutung von Phytoalexin in Phaseolus vulgaris nach Befall durch Sclerotinia fructicola und Phytophthora infestans.** K. O. Müller. (Austral. J. biol. Sci. **2.** 274—300. Aug. 1958. Canberra, C.S.I.R.O., Div. of Plant Ind.)

34 Literaturangaben. M. METZE. 4490□

**Untersuchungen über Phytoalexine. 2. Mitt. Der Einfluß der Temperatur auf die Widerstandsfähigkeit von Phaseolus vulgaris gegen Sclerotinia fructicola hinsichtlich der Phytoalexin-Bildung.** S. M. R. Jerome und K. O. Müller. (Austral. J. biol. Sci. **2.** 301—14. Aug. 1958. Canberra, C.S.I.R.O., Div. of Plant Ind.) (Engl.) — 1. vgl. vorst. Referat.

Verss. an Bohnenschoten haben ergeben, daß die Bldg. von *Phytoalexin* (**I**) als Immunierungssubstanz gegen *S. fructicola* stark abhängig ist von den Temperaturbedingungen, denen die Schoten vor der Beimpfung ausgesetzt waren, u. daß zwischen dem klin. Verh. der Schoten u. der **I**-Bldg. eine enge Beziehung besteht. Nach 2 std. Lagern bei 44° tritt ein reversibler Verlust der Widerstandsfähigkeit ein, die innerhalb einer 3tägigen Lagerung bei 20° wieder zur Wrkg. kommt. — Zwischen der $O_2$-Aufnahme u. dem klin. Verh. oder der **I**-Bldg. scheint keine direkte Beziehung, jedoch eine deutliche Verbindung zu bestehen. — Auf die Bedeutung der Ergebnisse für das Lagern von Früchten u. Gemüse wird hingewiesen. — 20 Literaturangaben. H. SPOHN. 4490□

---

**M. J. E. Courtois,** Biochimie des glucides. Structure. Spécificité. Paris: C. N. R. S. 1961. (538 S.). 43 NF.
—, Biochemie der Gemüsekulturen. Leningrad-Moskau, Sselchosisdat. 1961. (544 S.) 1 Rbl. 25 Kop. [Russ.]

## $E_5$. Tierchemie. Tierphysiologie. Tierpathologie

**Oxymetrie.** Nils J. Nilsson. (Physiol. Rev. **40.** 1—26. Jan. 1960. Lund, Schweden, Inst. of Physiol.) (Engl.)

Übersicht. Es werden behandelt: Allg. physikal. Prinzipien der *Oxymetrie* (*O*), Entw. der *O*, Oxymetertypen, wichtige Probleme bei der *O*, wie Wellenlängenwahl,

Photozellenwahl, Arterialisierung des Bluts, Inhomogenität des Gewebes, Kompensation, Eichung, Einfl. der Strömung. Es folgen Angaben über die Anwendung der *O*, z. B. an intakten Geweben, an Blutgefäßen, an Blutproben nach Entnahme sowie andere Anwendungszwecke, z. B. zur Zirkulationszeitmessung, Strömungs-Best., Best. des Blutgeh., Unters. der Red.-Prozesse in Geweben. W. SCHELER. 4500 □

**Infrarot-Analyse von Blutserum, Erythrocyten und anderen Körperflüssigkeiten.** Richard D. Stewart, Duncan S. Erley, Norman E. Skelly und Norman Wright. (J. Lab. clin. Med. **54.** 644—657. Okt. 1959. Midland, Mich., Dow. Chem. Co.) (Engl.)

Zusammenstellung der IR-Spektren (6,3—11, $BaF_2$-Küvette mit 0,06 mm Fensterabstand) der wss. Lsgg. oder Aufschwämmungen von Totalblut, Erythrocyten, Blutserum, Serumalbumin u. $\gamma$-Globulin, Harn, Samen-Fl., Cerebrospinal-Fl., Speichel, Magen-Fl. sowie von krankhaft veränderten Körperflüssigkeiten.
C.-O. LAUBSCHAT. 4500 □

**Farbstoffbindung und Mucopolysaccharidgehalt in Bindegewebe.** Endre A. Balazs und John A. Szirmai. (J. Histochem. Cytochem. **6.** 416—24. Nov. 1958. Boston, Mass., Harvard Med. School; Massachusetts Eye and Ear Infirm. Dep. of Ophthalmol., Retina Found.)

In der Mucoid-Schicht des Kammes von Hähnen wurden der *Hyaluronsäure*-Geh., *Hexuronsäure*-Geh. u. *Hexosamin*-Geh. untersucht, die gleichen Substanzen wurden auch im Nasenknorpel von Rindern, neben *Chondroitinschwefelsäure*, bestimmt (jeweils im frischen Gewebe, im Wasserextrakt aus dem Gewebe u. im wasserextrahierten Rückstand). Im Nasenknorpel wurde auch der Protein-N-Geh. unter verschiedenen Bedingungen bestimmt. Die Bindung des kation. Farbstoffs Azur A durch die Gewebe (auch Schnitte von *Testosteron*-behandelten Hähnchen untersucht), die Gewebeextrakte u. die Rückstände wurden mit dem Mucopolysaccharid-Geh. verglichen. Das molare Verhältnis gebundener Farbstoff : anion. Stellen der Mucopolysaccharide schwankt zwischen 1,1 u. 1,8. Im Kammextrakt ist dieses Verhältnis = 1. Daraus folgt, daß — ausgenommen der Extrakt aus Kämmen — auch andere anion. Stellen als die der Mucopolysaccharide für die Farbstoffbindung reaktionsfähig sind.
S. DITTMANN-MITZSCHERLICH. 4520 □

**Beiträge zum Studium der Schleimsubstanzen. Zusammensetzung und Eigenschaften von Ovomucin.** Valeriana Fernández Peláez. (An. Inst. Invest. veterin. **10.** 209—33. 1960. Madrid, Inst. de Quím. fís. „Rocasolano". Radiol. y Secc. de Farmacol. y Toxicol.) (Span.)

Für *Ovomucin* wurde gefunden: Acetylgruppen ca. 3%, Hexosamin ca. 6%. Vorhandensein von $OSO_3^-$-Gruppen. Aminosäuren: Asparaginsäure, Glutaminsäure, Serin, Glykokoll. Threonin (5,25%), Valin, Methionin, Cystin, Lysin ($<$ 1%), Histidin (15,09%), Arginin (12,91%), Alanin, Tyrosin, Phenylalanin, Leucin. Starke Denaturierung bei hoher Temp. u. bei 0 bis —15°, darunter Verzögerung. Löslichkeit in W. bei pH 11,8 ca. 2%. Im UV-Absorptionsspektrum Maxima 216—218 m$\mu$, 282 m$\mu$ u. 289 m$\mu$. Die Papierelektrophorese liefert 1—3 Komponenten. Säurebindungsvermögen 76 Mol $H^+$/100 g, Basenbindungsvermögen 130 Mol $OH^-$/100 g. K. ZINGRAF. 4520 □

**Ein Vergleich der Histone aus Hühnergewebe durch Ionenelektrophorese in Stärkegel.** J. M. Neelin und G. C. Butler. (Canad. J. Biochem. Physiol. **39.** 485—91. März 1961. Toronto, Ontario, Univ., Dep. of Biochem.) (Engl.)

Die *Histone* werden aus den Kernen der Hühnererythrocyten, Milz, Leber u. Testikeln bei pH 1,7 extrahiert. Durch Stärkegelelektrophorese bei pH 5,0 werden die einzelnen Banden miteinander verglichen. Milz- u. Leberhiston ähneln sich u. zeigen ein sehr komplexes Bild (18 Banden). Das Testishiston unterscheidet sich wesentlich von den 3 anderen, es werden nur 7 Banden beobachtet. Das Erythrocytenhiston ähnelt dem von Milz u. Leber. Die Ergebnisse stimmen mit den chromatograph. (IRC-50) erhaltenen überein. H. STRUCK. 4520 □

**Extraktion von Lipoproteinen aus menschlichen atherosklerotischen Aorten.** Martin Hanig, John R. Shainoff und Alexander D. Lowy jun. (Science [Washington] **124.** 176—78. 27/7. 1956. Pittsburgh, Pa., Univ. of Pittsburgh, Dep. of Biophys.) (Engl.)

Es konnte eine Korrelation zwischen dem Vork. atheromatöser Plaques, cardiovasculären Exitus u. der Ggw. von $S_f$ 12–100-*Lipoprotein*-Fraktionen in der Aorta, die eine Ähnlichkeit mit entsprechenden Serumlipoproteinen aufweisen, gefunden werden. Die $S_f$ 0–12-Lipoproteine wurden nicht in den atheromatösen Plaques nachgewiesen.
W. TAUSENDFREUND. 4520 □

**Phenylalkyl- und Phenylalkanolamine im lebenden Organismus.** V. Erspamer. (Farmaco [Pavia], Ediz. sci. **13.** 842—55. Nov. 1958. Parma, Univ., Ist. di Farmacol.) (Ital.)

Übersicht über das Vork. von *Phenylalkyl-* u. *Phenylalkanolaminen* im lebenden Organismus u. die biosynthet. Beziehungen derselben untereinander, sowie über das gleichzeitige Vork. von Phenylalkylaminen u. Indolalkylaminen im gleichen Gewebe u. biosynthet. Analogien zwischen den beiden Gruppen. — 26 Literaturanganben.
K. ZINGRAF. 4520□

**Der Blutfluß durch die Eingeweide und der Sauerstoffverbrauch beim Menschen, bestimmt mit der Bromsulphalein-Methode unter besonderer Berücksichtigung des Einflusses des peripheren Farbspiegels.** H. Castenfors, H. Eliasch und E. Hultman. (Scand. J. clin. Lab. Invest. **12.** 158—71. 1960. Stockholm, Sweden, Sit Eriks sjukhus, 2nd and 3rd Med. Serv. and Central Labor. and Seraphimer Hosp., Dep. of Med.) (Engl.)

Vff. bestimmten den Blutfluß durch die Eingeweide mit der *Bromsulphalein* (I)-Meth. an 16 freiwilligen Personen u. 11 Patienten mit auf Grund von Geschwüren operiertem verkleinerten Magen. Die Infusionstechnik erfolgte nach BRADLEY u. Mitarbeitern (J. clin. Invest. **24.** [1945.] 890) an 9 gesunden Personen u. 11 Patienten. Der Blutfluß im ruhenden Zustand war bei beiden Gruppen ähnlich u. betrug 1253 $\pm$ 69 ml/Minute. Der $O_2$-Verbrauch der Eingeweide war der Oberfläche zugeordnet. Trotz der Veränderungen im Blutfluß extrahierte die Leber einen konst. Betrag an $O_2$. Bei 7 gesunden Personen variierte die arterielle I-Konz. zwischen 0,4 u. 10,4 mg/100 ml. Das Extraktionsverhältnis von I verhielt sich umgekehrt zum arteriellen Farbspiegel. Dieses Verhältnis war bei Spiegeln zwischen 0,4 u. 2,0 mg/100 ml klein. G. BRATFISCH. 4550□

**Das Properdin und Komplement im Lungenstoffwechsel.** G. Schabinski und J. Wilde. (Klin. Wschr. **39.** 477—81. 1/5. 1961. Jena, Friedrich-Schiller-Univ., Hyg.-Inst., Chirurg. Klinik) (Dt.)

Mit Hilfe der *Properdin* (I)-Best. u. der *C'-Faktor*-Analyse wird die Aufgabe der Lungen an der allg. Infektabwehr des Organismus verfolgt. An 47 Personen ergab der I-Geh. im arteriellen Blut im Vgl. zum venösen Blut höhere Mittelwerte (12,5 zu 6,7 Einheiten/ml). Das arterielle u. venöse Gesamtkomplement sowie die C'-Faktoren weisen dagegen mit Ausnahme von $C'_3$ keine wesentlichen Unterschiede in den beiden Strombahnen auf. Die Aktivität der $C'_3$-Komponente liegt im arteriellen Blut niedriger als im venösen u. verhält sich damit umgekehrt wie die I-Werte. Es ist möglich, daß infolge Abwanderung bestimmter Transportproteine in das Lungeninterstitium eine sek. I-Zunahme zustande kommt; es könnten aber auch dem venösen Blut von der Leber oder anderen großen Organen Substanzen mitgegeben werden, die das Komplement-Syst. inaktivieren bzw. eine scheinbare I-Verarmung vortäuschen, aber in der Lunge eliminiert werden, so daß die I-Werte nach dieser Passage wieder ansteigen; schließlich könnte auch das reticuloendotheliale Syst. der Lunge unspezif. Impfstoffe bilden, die dem arteriellen Blut zugefügt werden. U. TAUSENDFREUND. 4551□

**Trypsin, Fibrinolyse und der anaphylaktische Schock des Kaninchens.** J. Lecomte. (C. R. Séances Soc. Biol. Filiales **153.** 1281—84. 24/11. 1959. Liège, Univ., Inst. Léon Fredericq.) (Franz.)

Die Verss. wurden an Kaninchen durchgeführt, die gegen Tiereiweiß (EE) sensibilisiert worden waren. Wiederholte *Trypsin*-Injektionen, die eine Hypotonie auch bei gegen EE wieder densibilisierten Tieren hervorriefen, verhinderten nicht den durch eine Reinjektion von EE ausgelösten Schock. Auch fibrinolyt. Fermente vom Typ der Streptokinase wirkten nicht schockverhütend. *Phenylbutazon* schützt vor dem Schocktod, hat aber auf die durch Trypsin hervorgerufene Hypotonie keinen Einfluß.
E. FISCHOEDER. 4551

**Verwendung der Immunseren vom Typ „Spezifisches Antiserum" zur Untersuchung der zirkulierenden anomalen Proteide. — Isolierung der „spezifischen" Proteide.** S. F. Gomes da Costa, A. Ducla Soares, Ayres Bráulio da Sylva, A. Machado Caetano und J. A. Filipe da Silva. (Clin. chim. Acta [Amsterdam] **6.** 377—87. Mai 1961. Lisbonne, Portugal, Clin. Univ. de Propédeut., Méd. et Serv. de Clin. Méd. de la Fac. de Méd., Labor. de Chim. Physiol.) (Franz.)

Vff. untersuchten Seren von Patienten mit multiplem Myelom, Paramyloidose, Morbus HODGKIN, akuter Leukämie u. disseminiertem Lupus erythematosus mittels der Immunelektrophorese u. beobachteten bei der Verw. spezif. Antiseren der einzelnen Krankheiten (erhalten durch Hyperimmunisierung von Kaninchen) in den Immundiagrammen charakterist. Präcipitationslinien, die bei Verw. von normalem menschlichen Antiserum nicht auftraten. K. ZINGRAF. 4551□

**Untersuchungen über die Wirkung von Trypaflavin auf die Blutgruppenantigene.** A. Májský. (Folia Biol. [Praha] 5. 217—21. 1959. Praha, Inst. of Haematology and Blood Transfusion.) — Vgl. C. **1960.** 7898.

Eine 4‰ig. *Trypaflavin*-Lsg., pH 8, hebt die Agglutinabilität der Erythrocyten mit den Antigenen A, B, H, M, N u. P teilweise auf. Das Antigen D u. z. T. auch C u. E verlieren außerdem ihre Absorptionsfähigkeit. Trypaflavin reagiert wahrscheinlich mit der Lipoproteinfraktion der Antigene. E. FISCHOEDER. 4551

**Experimentelle Untersuchungen über Entstehung und Wachstum von Harnblasensteinen an Ratten und ihre Beeinflussung.** G. Gasser und H. Zimprich. (Z. Urol. **54.** 199—205. April 1961. Wien-Lainz, Krankenh., Urolog. Abt.) (Dt.)

Vff. haben Ratten Gelatineschwämmchen (a) oder Stückchen von Gummikathetern (b) in die Harnblasen gebracht, um die Entstehung von Blasensteinen zu provozieren. Ferner erhielten die Tiere alkal.-erdalkal. Mineralwasser (c), *Chlorothiazol* (I) oder *Salicylamid* (II) u. eine *K*- u. *P*-reiche Nahrung in Form des LEMBECK-Rattenkeks. a führt zu Konkrement-Bldg., b war nur inkrustiert. Beide Bldg. wurden in ihrer Entstehung durch Gaben von c stark u. von I nur schwach gehemmt. II hat auf beides keinen Einfluß. HEINRICH HERMANN. 4552□

**Ein weiterer Fall von Auflösung von Uratsteinen.** W. Schmelz. (Z. Urol. **54.** 231—32. April 1961. Straubing, Krankenhaus der Elisabethinen.) (Dt.)

Vf. bringt den röntgenolog. Nachw. der spontanen Auflösung eines Nierensteins nach lang dauernder Citronentrinkkur. HEINRICH HERMANN. 4552□

**Experimentelle Magengeschwürbildung einschließlich der neurologischen und hormonellen Mechanismen.** K. Martindale, G. F. Somers und C. W. M. Wilson. (J. Physiology **154.** 56P—57P. Dez. 1960. Liverpool, Univ., Dep. of Pharmacol. and Gen. Therapeut. and Distillers Comp., Biochem. Ltd.) (Engl.)

Vff. untersuchten die Bldg. von Magengeschwüren an Ratten, hervorgerufen durch hormonelle oder Nerven-Mechanismen. Vff. fanden hierbei, daß Vagotonie die Geschwür-Bldg. bei Ratten förderte u. Adrenalektomie hemmte. Während hämorrhag. „unterdrückte" Geschwüre durch Adrenalektomie gestärkt wurden, konnte die Geschwür-Bldg. durch Hydrocortison verhindert werden. Die Ergebnisse der Unters. zeigten, daß die durch adrenale u. vagale Mechanismen hervorgerufenen Geschwüre verschiedene Charakteristiken zeigen. G. BRATFISCH. 4552□

**Wirkung von mit der Kost aufgenommenem Prolin und Hydroxyprolin auf die Zugfestigkeit heilender Wundränder.** Erle E. Peacock jun. (Proc. Soc. exp. Biol. Med. **105.** 380—83. Nov. 1960. Chapel Hill, N.C., Univ. of North Carolina, School of Med., Dep. of Surg.) (Engl.)

Weder Zulage von 0,5% synthet. *dl-Hydroxyprolin* (I) oder 1% synthet. *dl-Prolin* zur Kost von Proteinmangelratten noch von 0,5% I zu Ascorbinsäuremangelmeerschweinchen übte einen Einfl. auf die Zugspannung von artifiziell zugefügten Wunden bei den betreffenden Tieren aus. U. TAUSENDFREUND. 4552□

**Hormonale Steuerung.** DeWitt Stetten jun. (Rev. mod. Physics **31.** 563—68. April 1959. Bethesda, Md., Nat. Insts. of Health, Nat. Inst. of Arthritis and Metabolic Diseases.)

Übersicht. — 15 Literaturangaben. K. MAIER. 4558□

**Endokrine Einflüsse auf nicht-veresterte Fettsäure des Serums.** Bernard H. Marks und A. Gorman Hills. (Acta endocrinol. [Copenhagen], Suppl. Nr. **51.** 1335. 1960. Florida, Univ. of Miami, School of Med., Dep. of Med.) (Engl.)

H. HERPER. 4558□

**Vorkommen, Biogenese und Stoffwechsel der Östrogene.** H. Breuer. (Z. Vitamin-, Hormon- u. Fermentforsch. **11.** 182—241. 2/11. 1960. Bonn, Univ., Chirurg. Klin. u. Poliklin., Chem. Abt.) (Dt.)

Übersicht. Vork. der *Östrogene* (I): Harn, Körper-Fl. (Mensch, Tier), Gewebe, Pflanzenreich; Biogenese: aus Acetat, Aromatisierung von $C_{19}$- zu $C_{18}$-Steroiden; Zwischenstoffwechsel von I: Inaktivierung, Hydroxylierungen, Dehydrogenierungen u. Hydrierungen, Epimerisierungen, Konjugat-Bldg., verschiedene Rkk. im Zwischenstoffwechsel; I-Abbau; I u. Mammacarcinom, adrenale I, Vork. 11-substituierter I, I-Stoffwechsel des menschlichen Foeten, I-Verteilung im Organismus. — 285 Literaturangaben. K. MAIER. 4559□

**Konzentration von Östrogenen im Plasma nicht-schwangerer Frauen.** Georg W. Oertel. (Klin. Wschr. **39.** 492—93. 1/5. 1961. Homburg/Saar, Univ. des Saarlandes, Inst. für Hyg. and Mikrobiol.; Salt Lake City, Utah, Univ. of Utah, Coll. of Med., Dep. of Biol. Chem.) (Dt.)

Bei 10 menstruierenden Frauen wurde nach Säurehydrolyse von 25 ml Heparinplasma (A.-Extrakte), Reinigung der Ae.-Extrakte durch Lsgm.-Verteilung zwischen Toluol u. NaOH sowie zwischen einer wss. Lsg. von pH 8,5 u. Ae. die phenol. Fraktion durch Papierchromatographie auf acetyliertem Papier in die einzelnen Komponenten aufgetrennt. Nach Elution, Chromatographie an $Al_2O_3$ (WOELM neutral, Aktivitätsstufe I) u. Photometrie in Mikroküvetten wurden sodann Plasma-Konzz. für *Östron* zwischen 0,5 u. 1,5, für *Östradiol* zwischen 0,3 u. 0,8 u. für *Östriol* zwischen 0,2 u. 0,7 γ/100 ml gefunden. U. TAUSENDFREUND. 4559□

**Stoffwechsel von 2-Hydroxy-17β-östradiol und 2-Methoxy-17β-östradiol in Geweben des Menschen und der Ratte.** R. Knuppen, H. Breuer und Gerta Pangels. (Hoppe-Seyler's Z. physiol. Chem. **324.** 108—17. 30/5. 1961. Bonn, Univ., Chirurg. Klin. u. Poliklin., Chem. Abt.) (Dt.)

Nach Inkubation von *2-Hydroxy-17β-östradiol* (I) mit Rattenleberschnitten in Ggw. von S-Adenosylmethionin wurde *2-Methoxy-17β-östradiol* (II), F. 184—186°, isoliert. Die II-Bldg. aus I wurde auch in Menschenleber, -niere, -placenta u. -milz sowie in Rattenniere, -milz u. -uterus festgestellt. Der Abbau von II u. *17β-Östradiol* zu nichtphenol. Verbb. in der Rattenleber erfolgte mit gleicher Geschwindigkeit. Beschreibung einer papierchromatograph. II-Best. mittels Folin–Ciocalteus-Reagens (Bereich 0,5—15 μg, Fehlerbereich ±2 bis ±4%).

Versuche: *2-Hydroxyöstradiol-17β-monoacetat*, F. 182,5—184,5° (Bzl.–PAe.), aus 800 mg 3-[2-Benzoyl-4-nitrophenyl]-äther des 2-Hydroxyöstradiol-17β-monoacetats durch 1 Std. langes Kochen mit Piperidin unter $N_2$; 350 mg (Ausbeute). — *2-Hydroxy-17β-östradiol*, F. 161,5—162,5°, aus vorst. Verb. mit 5n $H_2SO_4$ in $CH_3OH$ (3 Tage, Raum-Temp.); Nadeln (Essigester–PAe.). *Triacetat*, $C_{24}H_{30}O_6$, F. 166,5—167°, perlmuttartig glänzende Platten (A.). K. MAIER. 4559□

**Vergleich zwischen den Wirkungen von Prolactin und Östradiolbenzoat auf den Ernährungszustand bei der intakten Ratte und anabolische Erscheinungen der Progestation.** Geneviève Bourdel und Christophe Quadjovie. (Arch. Sci. physiol. **14.** 321—36. 1960. Bellevue, Seine-et-Oise, C.N.R.S., Centre de Rech. sur la Nutrit.) (Franz.)

Progestation (Pn) oder *Prolactin* (I)-Gabe bewirkt bei Ratten stärkere Gewichtszunahme u. Steigerung des N-Verbrauchs u. der N-Retention als *Östradiolbenzoat* (II). Pn + I wirken synergist., Pn + II antagonistisch. K. ZINGRAF. 4559□

**Quantitative Bestimmung von Pregnandiol.** Georg W. Oertel und Eberhard Kaiser. (Klin. Wschr. **39.** 492. 1/5. 1961. Homburg/Saar, Univ. des Saarlandes, Inst. für Hyg. u. Mikrobiol.) (Dt.)

Da das von OERTEL u. Mitarbeiter (Arch. Biochemistry **86.** [1959.] 148) statt $NaHSO_3$ als Zusatz zu $H_5SO_4$ bei der quant. Best. von *Pregnandiol* (I; *Pregnan-3α.20α-diol*) empfohlene *Dimethylsulfit* seit einiger Zeit nicht mehr erhältlich ist, wurden Verss. mit *Glykolsulfit* (II; HÜLS AG.) als Zusatz durchgeführt. Zur Routine-Best. von I erscheint *$H_2SO_4$*-II-*Methanol* 3:0,5:0,5(v/v) bes. geeignet, da durch niedrige $H_2SO_4$-Konz. die Möglichkeit einer Bldg. unspezif. Chromogene mit etwa vorhandenen Fremdstoffen geringer sein dürfte. Das Rk.-Gemisch aus I u. dem genannten Reagens wurde 1 Std. lang bei 50° gehalten u. anschließend im Spektralphotometer Zeiß-M4Q photometriert. Die bei 425 mμ beobachtete maximale Extinktion wurde an Hand folgender Formel korr.: $E_{425\,korr.} = 2 \cdot E_{425} - E_{390} - E_{460}$. U. TAUSENDFREUND. 4559□

**Über die Beständigkeit von Besamungs-Reaktionen der männlichen Kröte gegenüber Extra-Hypophysen-Gonadotropinen.** F. X. Wohlzogen. (Acta endocrinol. [Copenhagen], Suppl. Nr. **51.** 1073. 1960. Wien, Univ., Physiol. Inst.) (Engl.)
H. HERPER. 4559□

**Einfluß von Testosteron auf die experimentelle endometriale Hyperplasie.** Mario Alvizouri. (Amer. J. Obstetr. Gynecol. **80.** 459—62. Sept. 1960. Morelia, Michoacán, Mexico, Univ. Michoacana de San Nicolás de Hidalgo, Dep. of Pathol., Escuela de Med.) (Engl.)

Die morpholog. u. histochem. Veränderungen im Endometrium nach täglicher Injektion von 2 mg *β-Östradiol* (I) über 30 Tage bei Kaninchen oder zusätzlich 2 mg oder mehr *Testosteronpropionat* (II) täglich werden beschrieben. Nach I-Injektion entwickelt sich eine endometriale (e.m.) Hyperplasie mit Cysten-Bldg. u. Vermehrung der e.m. Drüsen. Der Durchmesser des Uterus erweitert sich von 6 auf 8—10 mm. Die Hyperplasie geht auch mit hohen gleichzeitigen II-Dosen (bis zu 40 mg täglich) nicht zurück. Werden die I-Injektionen ausgesetzt, so wird die Hyperplasie etwas zurückgedrängt. Der Effekt wird nicht größer, wenn man II allein injiziert. Demnach geht die Hyperplasie lediglich bei Fortfall der Hormone zurück. Unter I-Einfl. wird eine e.m. Sekretion beobachtet, die mit Perjodsäure-SCHIFF angefärbt werden kann u. durch Speichel nicht enzymat. abgebaut wird. Deutliche Veränderungen sind auch im Stroma zu beobachten. In einem Fall bildete sich nach 4 Monaten ein Adenocarcinom. I steigert die enzymat. Aktivitäten von saurer u. alkal. *Phosphatase*. Der Geh. an *Ribonucleinsäure* im Cytoplasma des Epitheliums steigt nach I-Gabe wenig an. L. TRÄGER. 4559□

**Der Thiocyanatgehalt im Urin und Blut bei Fällen von Schwangerschaftstoxikose.** C. Nyström und Bo Sörbo. (Scand. J. clin. Lab. Invest. **9.** 223—25. 1957. Stockholm, Med. Nobel-Inst., Dep. of Biochem., Karolinska Sjukhuset, Dep. of Woman's Diseases.)

In Urin u. Serum wird bei Fällen von Schwangerschaftstoxikose der *Thiocyanat*-Geh. bestimmt. Es wird kein Unterschied gegenüber normalen Schwangeren beobachtet. H. Struck 4559□

**Vergleichende Untersuchungen von Gonadotropinen bei Maus und Ratte.** W. Hohlweg und G. Dörner. (Acta endocrinol. [Copenhagen], Suppl. Nr. **51.** 1079. 1960. Berlin, Charité, Inst. für exp. Endokrinol.) (Dt.) H. HERPER. 4560□

**Klinische Wirkungen von menschlichem postmenopausalem Gonadotropin.** Bruno Lunenfeld, Annette Menzi und Blaise Volet. (Acta endocrinol. [Copenhagen], Suppl. Nr. **51.** 587. 1960. Geneva, Switzerland, Clinique Univ. de Gynécol. et Obstétrique; Tel-Hashomer, Israel, Government Hosp. Clin., Res. Group.) (Engl.) H. HERPER. 4560□

**Histologische Lokalisierung von injizierten mit Fluorescenz-Farbstoff markierten Hypophysenhormonen in Rattengeweben.** R. E. Mancini, O. Vilar, J. M. Dellacha, O. W. Davidson und B. R. Alvarez. (Acta endocrinol. [Copenhagen], Suppl. Nr. **51.** 313. 1960. Buenos Aires, Fac. de Ciencias Méd., Inst. de Anatomía General y Embriología.) (Engl.) — Vgl. C. **1960.** 13740. H. HERPER. 4560□

**Implantierung der Hypophyse mit Yttrium-90 zur Behandlung einiger endokriner Störungen mit Hypophysenpathogenese.** G. M. Molinatti, F. Camanni, A. Pizzini und M. Tedeschi. (Acta endocrinol. [Copenhagen], Suppl. Nr. **51.** 317. 1960. Turin, Italy, Univ., Med. Clin., Dep. of Endrine Surgery.) (Engl.) H. HERPER. 4560□

**Beziehung zwischen der Wirkung von neurohypophysären Hormonen auf den aktiven Natriumtransport und den osmotischen Wasseraustritt durch die Haut verschiedener Amphibien.** J. Maetz. (Acta endocrinol. [Copenhagen], Suppl. Nr. **51.** 133. 1960. Gif-sur-Yvette, Seine-et-Oise, France, Centre d'Études Nucleaires de Saclay, Serv. de Biol.) (Franz.) — Vgl. C. **1961.** 15450. H. HERPER. 4560□

**Einfluß des somatotropen Hypophysenhormons auf die Entwicklung des experimentellen Diabetes bei Ratten und Einschluß des $^{35}$S-Methionins in die Eiweißstoffe.** Ss. M. Leitess, G. T. Pawlow und A. Je. Rabkina. (Архив Патологии [Arch. Pathol.] **22.** Nr. 12. 42—51. 1960. Moskau, Allunions-Inst. für exp. Endokrinol., Abt. für Pathophysiol. u. Morphol.) (Russ.; Auszug: Engl.)

4tägige Einführung von somatotropem Hormon (I) bei an leichtem Alloxandiabetes kranken Ratten (Durchschnittswert des Blutzuckers 179 mg%) bleibt ohne jegliche Wrkg. auf den Zuckerspiegel im Blut. Sie beeinflußt auch nicht die Intensität der Aufnahme von $^{35}$S-Methionin (II) in die Proteine der Leber, der Muskeln bzw. der Nieren. Bei ausgeprägtem Diabetes (Durchschnittszuckerwert im Blut zwischen 360 u. 379 mg%) ruft 4—8tägige Einführung von I eine Verminderung des Zuckerspiegels im Blute hervor. Sie bleibt ohne Wrkg. auf die Aufnahme von II in Organgeweben. Im Inselgewebe der Pankreas treten Erscheinungen der Hyperplasie, der Proliferation u. Regeneration der unbeschädigt gebliebenen $\beta$-Zellen auf. Es wird angenommen, daß sowohl der Rückgang des Zuckerspiegels im Blut wie proliferative regenerator. Prozesse in den $\beta$-Zellen eine Folge der stimulierenden Wrkg. von I u. des hohen Zucker-Geh. im Blut sind. F. DU MANS. 4560□

**Immunochemische Untersuchungen mit Wachstumshormonen und ACTH.** E. E. McGarry, J. Fishman, A. Lesnoff, R. Simpson, J. Lucius, A. Ballantyne und J. C. Beck. (Acta endocrinol. [Copenhagen], Suppl. Nr. **51.** 299. 1960. Montreal, Royal Victoria Hosp., McGill Univ., Clin.) (Engl.) H. HERPER. 4560□

**Chemie und Physiologie des schilddrüsenstimulierenden Hormons.** Martin Sonenberg. (Vitamins and Hormones **16.** 205. 1958. New York, N.Y., Sloan-Kettering Inst. for Cancer Res., Div. of Clin. Invest.) (Engl.)

Übersicht. Ursprung des *schilddrüsenstimulierenden Hormons* (I) in der Hypophyse (Artunterschiede, Ursprungszellen); Chemie: Herst. u. Reinigung, chem. Natur, physikochem. Eigg., chem. Rkk., Best. in Körper-Fll. (Blut, Harn); Best.: Prim. Wrkg. (gravimetr., histol., biochem.), sek. Wrkg. (Zunahme des Grundumsatzes, Kaulquappenmetamorphose); Wrkg.: Schilddrüse (in vivo, in vitro), extrathyreoidal; Stoffwechsel; I-Bldg. u. -Wrkg. beeinflussende Faktoren: Physiolog. (Alter, Geschlecht, Fortpflanzungsaktivität, Hypothalamus u. Hypophyse, Schilddrüse, Geschlechtsdrüsen, Nebennieren),

Milieu (Ernährung, Temp., Jahreszeit, Luftdruck, schädliche Agentien), pharmakolog. ($J_2$, Thioharnstoff-Derivv., Rhodanid, p-Hydroxypropiophenon), I-Antihormon; klin. Funktion. — 585 Literaturangaben. K. MAIER. 4560 □

**Ein Vergleich von frühen Stoffwechselwirkungen von thyreotropem Hormon mit denen von bekannten Schilddrüsenhormonen.** Basil S. Hetzel, John S. Charnock, Brian F. Good und Maurice L. Wellby. (Acta endocrinol. [Copenhagen], Suppl. Nr. **51.** 1185. 1960. Woodville, South Australia, Queen Elizabeth Hosp., Dep. of Med.) (Engl.) H. HERPER. 4560 □

**Isolierung und Struktur von menschlichem Corticotropin (ACTH).** Teh H. Lee, Aaron B. Lerner und Vina Buettner-Janusch. (J. Amer. chem. Soc. **81.** 6084. 20/11. 1959. New Haven, Conn., Yale Univ., School of Med., Dep. of Med., Sect. of Dermatol.)

Aus einem mittels Oxycellulose gereinigten Konzentrat von *ACTH* (I) u. *Melanophorenstimulierungshormon* (II) aus Humanhypophysen–Acetonpulver wurde durch Adsorption an Diäthylaminoäthylcellulose, Gradientelution mit Ammoniumacetatpuffer u. anschließende Fraktionierung der Hauptkomponente an Carboxymethylcellulose ein homogenes I-Präp. mit 26 USP-E. I- u. $4 \cdot 10^4$ E. II-Aktivität erhalten, dessen saure Hydrolyse folgende Aminosäure-Zus. ergab: *$Ala_3$, $Arg_3$, $Asp_2$, $Glu_5$, $Gly_3$, His, Leu, $Lys_4$, Met, $Phe_3$, $Pro_4$, $Ser_3$, $Tyr_2$, $Val_3$, Try.* Die Spaltung von I u. des aus einem trypt. Digestat isolierten C-terminalen Octadecapeptids mit Carboxypeptidase ergab die C-terminale Anordnung *Leu·Glu·Phe.* Als N-Terminale wurde *Ser·Tyr·Ser·Met·Glu* ermittelt. Die trypt. I-Spaltung lieferte 4 größere ($T_1$, $T_2$, $T_3$, $T_{4a}$) u. 3 kleinere Bruchstücke ($T_{4b}$, $T_5$, $T_6$), die ionophoret. (Pyridin–Acetatpuffer, pH 6,5) getrennt u. papierchromatograph. (Butanol–Eisessig–W., 4:1:5; Butanol–Eisessig–Pyridin–W., 30:6:24:

I | ←— $T_2$ —→ Ser. Tyr. Ser. Met. Glu (His, Phe, Arg) | ←— $T_3$ —→ (Try, $Gly_2$, $Lys_2$, Pro, Val) | =

= | ←— $T_{4a}$ —→ ($Lys_2$, $Arp_2$, Pro, Val) | ←— $T_1$ —→ (Val, Tyr, $Pro_2$, $Asp_2$, Ser, Gly, $Glu_3$, $Ala_3$, Phe. Leu. Glu. Phe |

20) gereinigt wurden. Hieraus ließ sich die vorläufige Konst. von I, die der von Corticotropinen anderer Species gleicht, ableiten. K. MAIER. 4560 □

**Eine einfache Testierungsmethode für ACTH-Präparate (NTQ-Test).** W. Hohlweg, E. Daume, U. Laschet und G. Dörner. (Acta endocrinol. [Copenhagen], Suppl. Nr. **51.** 1129. 1960. Berlin, Charité, Inst. für exp. Endokrinol.) (Dt.) H. HERPER. 4560 □

**Der Einfluß von ACTH auf die Regeneration der Nebennierenrinde nach Autotransplantation bei hypophysektomierten Ratten.** Linda Plzak. (Proc. Soc. exp. Biol. Med. **103.** 366—68. Febr. 1960. Chicago, Ill., Univ., BenMay Labor. for Cancer Res.) (Engl.)

Ungefähr 3 Monate alte Ratten werden hypophysektomiert. Die Regeneration der Nebennieren, welche an den Ovarien transplantiert wurden (Autotransplantation), wird durch hohe Gaben *Adrenocorticotropes Hormon* (*ACTH*) stimuliert. Bei nichthypophysektomierten Tieren ist die Regeneration der Autotransplantate geringer.

H. STRUCK. 4561 □

**Corticosteron in der Nebenniere der Maus in Beziehung zum Geschlecht und zur Überpflanzung der Hypophyse an eine andere Stelle.** Franz Halberg und Erhard Haus. (Amer. J. Physiol. **199.** 859—62. Nov. 1960. Minneapolis, Minn., Univ. of Minnesota, Med. School, Dep. of Pathol., Div. of Cancer Biol.; Cambridge, Minn., Cambridge State School and Hosp.) (Engl.)

Zum Zeitpunkt der maximalen physiolog. Sekretion war der *Corticosteron*-Geh. der Nebennieren bei ♀ Mäusen wesentlich höher als bei ♂, er konnte außerdem innerhalb von 64—180 Tagen nach Verpflanzung der Hypophyse auf die Brust noch gesteigert werden. K. ZINGRAF. 4561 □

**Einige Aspekte der Zellchemie der Nebennierenrinde bei der Haustaube.** D. Sinha und A. Ghosh. (Endokrinologie **40.** 270—80. April 1961. Calcutta, India, Univ. of Calcutta, Dep. of Zool., Histophysiol. Labor.) (Engl.)

In histochem. Präpp. der Nebennierenrinde von Tauben wurden sudanophile Lipoide, Phospholipoide, Fettsäuren, Cholesterin (I), „Corticoide“, Ascorbinsäure (II), Perjodsäure–Leukofuchsin-positive Polysaccharide, Nucleinsäuren u. Phosphatasen nachgewiesen. Plasmalogene, Carbonyl-haltige Substanzen u. Glykogen waren nicht nachweisbar. Es ergab sich eine deutliche Zonen-Bldg. in der Verteilung u. Konz. von Neutralfetten, I, II u. alkal. Phosphatase. K. ZINGRAF. 4561 □

**Einfluß von Nebennierenrindensteroiden und Adrenalektomie auf die Dressurleistung von Ratten.** Charles A. Winter und Lars Flataker. (Amer. J. Physiol. **199.** 863—66. Nov. 1960. West Point, Pa., Merck Inst. for Therap. Res.) (Engl.)

Die Arbeitsleistung hungernder Ratten (Hinaufklettern am Seil mit Gewichts-Belastung) wurde durch *Cortison* oder *Hydrocortison* bei intakten oder adrenalektomierten Tieren gesteigert u. durch Nebenniereninsuffizienz verringert.
K. ZINGRAF. 4561 □

**Wirkungen von Prednisolon auf die Spermatogenese von normalen und pathologischen menschlichen Testes.** R. E. Mancini, J. C. Lavieri, D. J. Saraceni, F. E. Müller, J. A. Andrada und P. Urgoiti. (Acta endocrinol. [Copenhagen], Suppl. Nr. **51.** 655. 1960. Buenos Aires, Univ., Fac. de Med., Inst. de Anatomia gen. y Embriol.) (Engl.) H. HERPER. 4561 □

**Einfluß von Prednisolon und Triamcinolon auf das Wachstum der Ratte.** M. Cortesi, E. Rezza und G. Bruni. (Farmaco [Pavia], Ediz. sci. **13.** 790—99. Nov. 1958. Pavia, Univ., Clin. Pediatr.; Casatenova Brianza, Labor. di Ricerche Vister.) (Ital.)

*Prednisolon* u., noch stärker, *Triamcinolon*, Ratten 3 Wochen lang mittels Magensonde verabreicht, hemmten das Wachstum. Nach Absetzen erfolgte eine Wiederaufnahme des Wachstums, so daß die behandelten Tiere die Kontrollen innerhalb von 3 Wochen wieder einholten. K. ZINGRAF. 4561 □

**Das Verhalten der lymphoiden Strukturen bei der protrahierten Gabe von Prednison (experimentelle Untersuchungen beim Kaninchen).** G. Pesavento. (Boll. Soc. ital. Biol. sperim. **36.** 921—23. 15/9. 1960. Padua, Univ., Clin. Otorinolaringoiatr.) (Ital.)

Die Unterss. werden an Thymus, Milz, einigen Lymphdrüsen des Mesenteriums, Gaumenmandeln, Nebennieren u. der Hypophyse von Kaninchen durchgeführt, die täglich 2 mg *Prednison*/kg u. entweder alle 3 Tage 3. E. *ACTH* oder mit ACTH 50000 E. Penicillin + 0,1 g Streptomycin (2mal täglich) erhielten. Die histolog. u. histochem. Unters. zeigt erhebliche Veränderungen aller lymphoiden Strukturen; nur bei der Gaumenmandel sind sie geringfügiger u. progredieren bei längerer Behandlung (30 bzw. 60 Tage) im Gegensatz zu den anderen Drüsen nicht. F. KREN. 4561 □

**Auswertung der Steroidbehandlung bei Asthma seit 1950.** Horace S. Baldwin und Norman J. Isaacs. (J. Allergy **32.** 109—18. März/April 1961. New York, N.Y., Hosp.-Cornell Med. Center, Dep. of Med.) (Engl.)

86 Asthmapatienten wurden dauernd oder intermittierend während 10 Jahren mit *Cortison, Hydrocortison, Prednison, 2-Methylprednisolon, Triamcinolon* u. *Dexamethason* behandelt. Für die Dauerbehandlung betrug der Durchschnitt 4,4 Jahre, die intermittierende Behandlung erstreckte sich von einigen Tagen bis zu 210 Tagen. Es wurden keine ernsteren Stoffwechselnebenwrkg., die auf die *Steroide* (I) zu beziehen wären, beobachtet. Die Behandlung mit I wurde aber auch nur mit den geringsten noch wirksamsten Dosen durchgeführt u. sorgfältig überwacht. Während der 10jährigen Behandlungsperiode starben 6 Patienten, davon einer nach abrupter Absetzung der I-Medikation. Bei den anderen bestand kein klarer Zusammenhang zwischen der I-Therapie u. dem Tod. 8 Patienten reagierten klin. nicht zufriedenstellend auf die I-Therapie, hauptsächlich infolge chron. Infektion der Atemwege u. irreversibler struktureller Veränderungen in den Lungen. Bei Operationen, vor u. nach denen eine I-Ergänzungsmedikation gegeben wurde, kam kein Adrenalinschock vor. Die Zahl der Klinikeinweisungen nahm durch die I-Therapie ab. Wegen der Gefahren der I-Mediaktion sollte die Dosis auf ein Minimum beschränkt u. sorgfältig überwacht u. sobald als möglich durch Hilfsmedikationen ersetzt werden. K. BÖHM. 4561 □

**Aldosteron und Ödem.** J. D. N. Nabarro, J. D. H. Slater und P. Mestitz. (Acta endocrinol. [Copenhagen], Suppl. Nr. **51.** 179—80. 1960. London, Middlesex Hosp.) (Engl.) H. HERPER. 4561 □

**Eine Methode zur Bestimmung von 11-Oxy-17-hydroxycorticosteroiden im Harn.** Nils-Olov Lunell. (Acta obstetr. gynecol. scand. **39.** 698—711. 1960. Stockholm, Karolinska Inst., Sabbatsberg's Sjukhus, Dep. of Obstetr. and Gyn.) (Engl.)

Die vom Vf. empfohlene Best. der *11-oxygenierten-17-Hydroxycorticosteroide* im Harn, die auf enzymat. Hydrolyse ($\beta$-Glucuronidase) von 50 ml Harn, Extraktion mit Methylenchlorid:Chlf. = 2:1, Oxydation mit Hilfe von $CrO_3$, erneuter Extraktion u. Chromatographie an Aluminium beruht, ergibt gute Reproduzierbarkeit u. Wiederauffindungswerte u. kann als empfindlich gelten. Als Normausscheidung ergaben sich 8,5 ± 2,3 mg/24 Stunden. U. TAUSENDFREUND. 4561 □

**Der Brenzcatechinamingehalt des peripheren Plasmas bei Patienten mit völligen transversen Schädigungen des Rückenmarks.** A. F. Munro und R. Robinson. (J. Physiology **154.** 244—53. Dez. 1960. London, King's Coll., Dep. of Physiol.; Aylesbury, Buckinghamshire, National Spinal Injuries Centre, Stoke Mandeville Hosp.) (Engl.)

Vff. untersuchten die peripheren Plasmaspiegel von *Adrenalin* (I) u. *Noradrenalin* (II) an normalen Personen (a), an Patienten mit völligen transversen Schädigungen des Rückenmarks (b) u. an Patienten vor u. nach zweiseitiger Adrenalektomie (c). In b bestimmten Vff. die Zahl der Eosinophilen. In a war der Geh. an II im Sitzen markant höher als in zurückgelehnter Lage. In b bei Patienten mit cervicaler u. hoher Thoraxschädigung lag der Geh. an I u. II deutlich unter dem normalen Wert. Die Ergebnisse deuten auf das Vorhandensein von ton. Aktivität im sympathet. Nerven-Syst. hin. Die I-Aktivität des Marks wird ähnlich beeinflußt. Die Eosinophilenzahlen bei b verhielten sich zu den I-Spiegeln umgekehrt porportional. In c beobachteten Vff. eine deutliche Verminderung des Plasma-I, aber keinen sonderlichen Abfall an Plasma-II. — 25 Literaturangaben. G. BRATFISCH. 4561 □

**Die Potenzierung der Adrenalinwirkung durch Cocain und Pyrogallol.** F. Lembeck und H. Resch. (Naunyn-Schmiedebergs Arch. exp. Pathol. Pharmakol. **240.** 210—17. 1960. Graz, Univ., Pharmakol. Inst.) (Dt.)

Vff. wiesen am Blutdruck der Spinalratte u. der Spinalkatze sowie an der Nickhaut eine Potenzierung der *Adrenalin* (I)-Wrkg. durch *Cocain* (II) u. auch durch *Pyrogallol* (III) nach. Vorangehende Cocainisierung ergibt neben der Verstärkung der I-Wrkg. durch III auch eine wesentliche Wrkg.-Verlängerung. Verabreichung von Dihydroergotamin unterbindet bei nachfolgender II-Injektion die Blutdrucksteigerung. Vff. diskutieren den möglichen Wrkg.-Mechanismus einer Brenzcatechinaminfreisetzung durch II. K. LOHS. 4561 □

**Über den Einfluß von Thyroxin auf die Repolarisationsphase des Aktionspotentials vom Meerschweinchenvorhof.** E. Heeg und H. Lüllmann. (Klin. Wschr. **39.** 470—71. 1/5. 1961. Mainz, Univ., Pharmakol. Inst.) (Dt.)

Mit intracellulären Mikroelektroden werden Aktionspotentiale von Meerschweinchenvorhöfen in vitro abgeleitet. Nach Vorbehandlung der Tiere mit *Thyroxin* (5 Tage lang 1 mg *dl-Thyroxin*/kg) ist die Repolarisationsphase u. damit die Refraktärzeit im Vgl. zu Kontrollen bei gleicher Herzfrequenz verkürzt. U. TAUSENDFREUND. 4562 □

**Stoffwechsel von 3.5.3'-Trijod-L-thyronin, markiert mit $^{131}$J in Leber und Nieren von athyroiden Kindern.** R. Turpin, J. Roche, C. Tritto, R. Michel und J. Cruveiller. (XVIII$^{ème}$. Congr. Assoc. Pédiatres Langue franç., Commun., Genève **1961.** 5—9. 16.—18/5. Paris.) (Franz.)

Durch i.v. Injektion von *3.5.3'-Trijod-L-thyronin* bei Kindern u. anschließende Unters. der Aktivität des Blutes, aus verschiedenen Stellen des Kreislaufs entnommen, u. des Urins wird festgestellt, daß die Verb. teilweise in der Leber gespeichert wird u. nur eine geringe Menge in *Trijodthyroessigsäure* u. *Glyko-* u. *Sulfo-Verbb.* umgewandelt wird, während die Niere die Verb. völlig zurückhält. G. ZIEBARTH. 4562 □

**Plasma-Radiojod bei der Untersuchung der Thyreoidfunktion.** Alberto B. Houssay, Noé Altschuler, Hilda Parisier, Enrique Strajman und Oswaldo Fustinoni. (Acta endocrinol. [Copenhagen], Suppl. Nr. **51.** 1193. 1960. Buenos Aires, Ministerio de Asistencia Social y Salud Pública, Centro de Endocrinol.) (Engl.)
H. HERPER. 4562 □

**Pflanzliche Thioglykoside und das Problem des endemischen Kropfes in Australien.** H. S. Bachelard und V. M. Trikojus. (Nature [London] **185.** 80—82. 9/1. 1960. Melbourne, Univ. of Melbourne, Dep. of Biochem.) (Engl.)

*γ-Methylsulfonylpropylisothiocyanat* (I; *Cheirolin* aus *Cheiranthus cheiri*-Samen oder Geweben von *Rapistrum rugosum*, bei entsprechenden Weidegebieten in ziemlich großen Mengen von Kühen aufgenommen) wirkt bei Ratten kropferzeugend. Aus Vormagen-Fl. läßt sich nach Zugabe von I u. Harnstoff *Dicheirolinthioharnstoff* (II) gewinnen; II entsteht in großen Mengen auch bei Mischung äquimol. Mengen von I u. γ-Methylsulfonylpropylamin-HCl in alkohol. Lsg. in Ggw. von Triäthylamin; II scheint, subkutan verabreicht, nur in geringem Maße kropferzeugend zu sein. Es soll weiter geprüft werden, ob die Umwandlung von Isothiocyanaten in Vormagen-Fl. allg. u. in vivo vor sich geht u. ob das Prod. resorbiert werden kann u. als kropferzeugende Substanz mit der Milch ausgeschieden wird. U. TAUSENDFREUND. 4562 □

**Wirkung von Nebenschilddrüsenextrakt auf den Citratstoffwechsel im Knochen.** Eugene C. Lekan, Daniel M. Laskin und Milton B. Engel. (Amer. J. Physiol. **199.** 856—58. Nov. 1960. Chicago, Ill., Univ. of Illinois, Coll. of Dentistry, Dep. of Oral and Maxillofacial Surg. and Orthodonties.) (Engl.)

In Scheiben aus der Metaphyse der Knochen von normalen Kaninchen u. Tieren mit Knochenresorption infolge Verabreichung von *Nebenschilddrüsenextrakt* (I) wurde die Umwandlung von *$^{14}$C-Na-Pyruvat* in *Citrat* (II) untersucht. Unter Einfl. von I wurde etwa doppelt soviel radioakt. II gefunden wie bei normalen Tieren. II kann dann mit der Knochenmatrix reagieren, mit Ca lösl. Salze bilden u. es den Knochensalzen u. Eiweißkomplexen entziehen. K. ZINGRAF. 4563□

**Elektrophoretische Eigenschaften von zwei Insulinen, aus der Flunder (Pleuronectus flesus) isoliert.** Christian Jørgensen. (Acta endocrinol. [Copenhagen], Suppl. Nr. **51.** 1233. 1960. Copenhagen, NOVO Terapeutisk Labor.) (Engl.)
H. HERPER. 4564□

**Glykogen im Uterus alloxandiabetischer Ratten.** Richard H. Swigart, Lawrence G. Goldberg und William B. Atkinson. (Endocrinology **68.** 643—46. April 1961. Louisville, Ky., Univ. of Louisville, School of Med., Dep. of Anat.) (Engl.)

Bei alloxandiabet. Ratten war der Glykogen-Geh. des Uterus (GGU), nicht aber der Harnblase signifikant erhöht. Bei der mit Östradiolbenzoat (I) behandelten alloxandiabet. Ratten war GGU signifikant höher als nach Behandlung mit Alloxan oder mit I allein. Es scheint eine Korrelation zwischen der Erhöhung von GGU u. dem erhöhten Blutzucker zu bestehen. K. ZINGRAF. 4564□

**Experimentelle Untersuchungen über die depressive Wirkung von Sulfonylharnstoff auf die Zuckerbildung und über seine antiketogene Wirkung.** Michihiro Matsuura. (Folia endocrinol. japon. **36.** 1273—77. 20/10. 1960. Kyoto, Hyogo Prefectural Kakogawa Hosp., Labor.) (Jap.; Auszug: Engl.)

Es wurde die Wrkg. von *BZ55* (*Nadisan*) u. von *Insulin* (I) auf die Zucker-Bldg. aus verschiedenen zuckerbildenden Nichtzuckersubstanzen (*Alanin, Glycerin, Na-Butyrat*) bei normalen u. leicht alloxandiabet. Ratten untersucht. Es wurde bestätigt, daß BZ55 die Zucker-Bldg. aus diesen Substanzen senkt u. daß diese Wrkg. im allg. der von I ähnlich ist. U. TAUSENDFREUND. 4564□

**Wirkungen von Glukagon auf Nebennierenrinde und -mark.** Louis F. Scian, Coenraad D. Westermann, Arthur S. Verdesca und James G. Hilton. (Amer. J. Physiol. **199.** 867—70. Nov. 1960. New York City, N.Y., St. Lukes Hosp., Dep. of Med.) (Engl.)

An der isolierten durchströmten Nebenniere des Hundes stimuliert *Glukagon* die Sekretion von *Adrenalin* u. *Noradrenalin*, nicht aber von *Hydrocortison*.
K. ZINGRAF. 4564□

**Der Einfluß von Muskeltraining und Brenzcatechinaminen auf herzmuskeleigenes Acetylcholin und Cholinesterase.** H. C. Herrlich, W. Raab und W. Gigee. (Arch. int. Pharmacodynam. Thérap. **129.** 201—15. 1/12. 1960. Burlington, Vt., Univ. of Vermont, Coll. of Med., Div. of exp. Med.) (Engl.)

Bei Ratten führt die Injektion von *Brenzcatechinaminen* (I) zu keiner Änderung des *Acetylcholin* (II)-Gesamtgeh. im Herzen oder zu einer Änderung der Vorhof- u. Ventrikel-*Cholinesterase* (III)-Aktivität gegen II, Mecholyl u. Benzoylcholin. Eine mehr verlangsamte Zufuhr von Epinephrin in Öl oder von I-potenzierendem Thyroxim verringert den II-Geh. im Herzen wahrscheinlich infolge einer tox. Myocardschädigung um ca. 50%. Die II-Konz. in der Vorhofsmuskulatur ist 3—6mal größer als in der Ventrikelmuskulatur. Nach längerem Lauftraining kommt es zu einem signifikanten Anstieg des Vorhof-, nicht aber des Ventrikel-II-Gesamtgehalts. Der III-Geh. der Ventrikel bleibt unbeeinflußt durch das Training. Diese letzteren Befunde stimmen überein mit der Auffassung, daß die charakterist. Bradycardie des trainierten Herzens durch eine vermehrte vagale cholinerg. Neurosekretionsaktivität nahe dem Sinusknoten bewirkt wird, während das gleichfalls charakterist. negative inotrope Verh. des trainierten Ventrikels prim. einer Sympathicushemmung zuzuschreiben ist. K. BÖHM. 4569□

**Acetylcholin während der Regenerierung der motorischen Nerven.** J. Diamond und C. A. N. Evans. (J. Physiology **154.** 69P. Dez. 1960. London, Univ. Coll., Dep. of Physiol.) (Engl.)

Die ventralen Wurzeln des lumbosakralen Marks an anästhetisierten Katzen wurden intradural unter asept. Bedingungen abgequetscht. Nach 22 Tagen wurden die regenerierten Wurzeln (3—4½ cm lang) u. normale der gegenüberliegenden Seite in gepufferte physiolog. NaCl-Lsg. gelegt. Die Wurzeln wurden in 5 mm lange Stückchen geschnitten; nach einer üblichen $CCl_3COOH$-Extraktion wurde der Geh. an *Acetylcholin* (I) bestimmt. Der I-Geh./5 mm Länge (120—1150 pMole, äquivalent zu ca. 24 $\mu$g I-Chlorid/g feuchtes Gewebe) war in den normalen u. regenerierten Wurzeln annähernd konstant. $K^+$-reiche Lsgg. (50—100 mm $K^+$) hatten wenig oder keine Wrkg. auf die

spontane Diffusion von I aus normalen ventralen Wurzeln. $K^+$-Lsgg. verursachten aber eine Freisetzung von I aus regenerierten Fasern, deren I-Produktion gering war.
G. BRATFISCH. 4569□

**Hautreaktion auf Histamin beim gegen Protein sensibilisierten Meerschweinchen.** R. St. J. Buxton. (J. Allergy **32.** 102—08. März/April 1961. Bristol, England, Univ., Dep. of Physiol.) (Engl.)

♂ Meerschweinchen wurden mit Pferdeserum sensibilisiert u. die Rk. auf *Histamin* (I) unter Verw. von Pontamin-Himmelblau geprüft. Durch die Sensibilisierung wird die I-Rk. verstärkt. Nach der Sensibilisierung verringert sich die I-Rk. durch $Na^+$-Beladung u. -Erschöpfung, sie verändert sich aber nicht bei normalen Tieren. Durch *Hydrocortison, Ascorbinsäure, Antihyaluronidase* (*Ro 3-0809, Phenylbenzylphosphat*-Deriv.), *Antiserotonin* (*AHT, 8-Chlor-2-methyl-1.3.4.5-tetrahydro-2-pyrid-*[*4.3;b*]*-indolhydrochlorid*) u. *d-Lysergsäurediäthylamidtartrat* wird die I-Rk. bei sensibilisierten Tieren verringert. Die Befunde werden diskutiert.
K. BÖHM. 4569□

**Der Einfluß des pH auf die Beziehung zwischen Histamin und seinen Receptoren im Meerschweinchenileum.** M. Rocha e Silva. (Arch. int. Pharmacodynam. Thérap. **128.** 355—74. 1/11. 1960. São Paulo, Univ. São Paulo, Fac. of Med., Dep. of Pharmacol.) (Engl.)

Die Berechnungen über einen Affinitätsparameter (pKn) des Substanz–Receptor-Gleichgewichts u. Beobachtung des Einfl. des pH-Wertes führen zu der Annahme, daß die *Histamin*-Receptoren in der glatten Muskulatur des Meerschweinchenileums als akt. Zentrum einen *Imidazolring* besitzen.
U. TAUSENDFREUND. 4569□

**Chromatographie darmerregender lipoidlöslicher Säuren an $SiO_2$.** W. Vogt. (Naunyn-Schmiedebergs Arch. exp. Pathol. Pharmakol. **240.** 196—209. 1960. Göttingen, Pharmakolog. Abt. der Med. Forschungsanst. der Max-Planck-Ges.) (Dt.)

Vf. hat Gesamtlipidextrakte aus Darmgewebe an Kieselgel (Mallinckrodt AR, 100 mesh) chromatographiert. Vergleichsweise wurden *Darmstoff*-Präpp., *Irin* u. *Prostaglandin* sowie *saure Lipide* chromatograph. untersucht. Im Gesamtlipidextrakt fanden sich darmerregende Substanzen vorwiegend in den mit Chlf., Chlf.-Methanol (9 + 1 Vol.) u. Chlf.-Methanol (3 + 2 Voll.) eluierten Fraktionen. Das Chlf.-Eluat enthält Fettsäuren u. Lactone, die (9 + 1)-Fraktion stärkere polare Fettsäuren sowie Phosphatidsäuren u. die (3 + 2)-Fraktion polare saure Phospholipide. K. LOHS. 4569□

**Die Physiologie des Sekretins.** Morton I. Grossman. (Vitamins and Hormones **16.** 179—203. 1958. Los Angeles, Calif., Veterans Admin. Center, Gastroenterol. Sect.; Univ. of California, Med. Center, Dep. of Med. and Physiol.) (Engl.)

Übersicht. Gastrointestinale Hormone, Entdeckung des *Sekretins* (I); Existenz-Nachw. von I (humoraler Mechanismus der Pankreassekretion, I-Spezifität); I-Verteilung; physiolog. Aspekte (Stimulierung der I-Abgabe, Einfl. von Nerven, Pharmaca u. a. Faktoren auf I, physiolog. Wrkg., I-Stoffwechsel); klin. Aspekte. — 81 Literaturangaben.
K. MAIER. 4569□

**Die pharmakologische Serotoninwirkung an der menschlichen Haut unter verschiedenen Applikationsformen.** G. Stüttgen und M. Schippel. (Arch. klin. exp. Dermatol. **212.** 180—93. 1961. Düsseldorf, Medizin. Akad., Hautklinik.) (Dt.)

Nach intrakutaner Injektion von 750 $\gamma$ *Serotonin* (I) kommt es zu Quaddel-Bldg. u. lokalem Erythem, wobei dieses u. auch die Entw. eines lividen cyanot. Exanthems von dem Ausmaß der lymphagogen Rk. unabhängig sind. Bei iontophoret. Applikation permeiert I in die Gefäßschichten der Haut u. führt neben Erythem, gelegentlicher Pilo-Rk. u. lymphagoger Rk. zu einer 48 Std. anhaltenden Constriction sowohl normaler Venen als auch kräftig ausgebildeter Varizen. Bei oberflächlichen Teleangiektasien kommt es zu einem Farbwechsel von Blau nach Rot mit Entw. circumscripter diffuser Erytheme. Intensive Iontophorese von I an den Extremitäten führt zu keiner deutlichen Beeinflussung der Durchblutungsgröße der Acren. Aus Salben wird I nur in geringem Grade in die Haut aufgenommen.
K. BÖHM. 4569□

**Der Mangangehalt im Blut von Neugeborenen.** W. A. Leonow und G. G. Gatzko. (Доклады Академии Наук БССР [Ber. Akad. Wiss. BelorussSSR] **4.** 360—62. Aug. 1960. Sektor Gerontolog. der Akad. der Wiss. der BelorussSSR.) (Russ.)

Vff. untersuchten den Mn-Geh. im Blut von 48 neugeborenen Kindern (davon 17 Mädchen), von 2 Frühgeborenen im Alter von 17 u. 26 Wochen u. von 48 Müttern im Alter von 19—25 u. 26—38 Jahren. Danach ist der Mn-Geh. des Blutes unabhängig vom Gew. u. Geschlecht des Neugeborenen. Er zeigt folgende Abhängigkeit vom Alter der Mutter: 23,4 $\pm$ 11,5 ($\gamma$-%) bei 20—25 Jahren; 22,8 $\pm$ 11,8 bei 26—35 Jahren; 16,3 bzw. 27,7 bei 19 bzw. 36—38 Jahren. Bei den 17 bzw. 26 Wochen alten Frühgeborenen ist

der Mn-Geh. des Blutes mit 27,2 bzw. 28,2 γ-% fast der gleiche wie bei den übrigen Neugeborenen. Das Blut der Neugeborenen ist reicher an Mn als das Blut der Mütter.
O. Lebtag. 4572□

**Beitrag zur Kenntnis des Magnesiumgehaltes im Blut beim normalen Kind und bei einigen hämolytischen Affektionen.** E. Bottini. (Boll. Soc. ital. Biol. sperim. **36.** 911—14. 15/9. 1960. Rom, Univ., Ist. di Clin. Pediatr.) (Ital.)

Während in normalem Zustand (Blut von Kindern, aus Nabelschnur u. von Erwachsenen) gleiche Werte von 1,86—1,87 mVal *Mg*/Liter im Blut erhalten werden, ist bei Kindern mit hämolyt. Affektionen (Favismus, Thalassämie usw.) der Mg-Geh., vermutlich infolge Zerstörung der Erythrocyten, konst. erhöht, in einigen Fällen bes. stark (2,74). Die Unterss. werden mit der Titangelb-Meth. durchgeführt. F. Kren. 4572□

**Biosynthese von Uroporphyrin I durch Lysate normaler menschlicher Erythrocyten.** Pierre Fallot, Jean Canivet, Monique Mondet und Janine Poidatz. (C. R. hebd. Séances Acad. Sci. **242.** 2668—70. 28/5. 1956.) (Franz.)

Nach anaerober ($N_2$) Inkubation normalen Humanerythrocytenhämolysats (100 $cm^3$) mit *δ-Aminolävulinsäure* (I; 10 mg) konnte der patholog. Farbstoff *Uroporphyrin I* (II; 200—400 γ) isoliert werden. In Ggw. von $O_2$ sank die Bldg. um ca. 50% ab. Die II-Bldg. aus der Zwischenstufe Porphobilinogen (aus Urin eines Patienten mit akuter Porphyrie) wurde durch 0,01 m Monojodessigsäure vollständig gehemmt, während beim Kontroll-Vers. II isoliert werden konnte. Bei Inkubation von Lysat mit I u. $^{59}Fe$ war unter aeroben Bedingungen die spezif. Aktivität von Fe aus krist. Hämin 2fach größer als anaerob. Bei Verw. von $^{15}N$-I enthielt das krist. Hämin bei anaerober Inkubation signifikant weniger $^{15}N$ als bei aerober. Diese Werte erklären sich aus der verstärkten II-Synth. in Anaerobiose. K. Maier. 4572□

**Störungen des Porphyrinstoffwechsels bei Anämien.** L. Heilmeyer und R. Clotten. (Münchener med. Wschr. **103.** 789—93. 14/4. 1961. Freiburg/Br., Univ., Medizin. Klinik.) (Dt.)

Mitt. von erstmals systemat. durchgeführten Unterss. über Häm-Synth.-Störungen bei Anämien. Bei *Fe*-Mangelanämie staut sich *Protoporphyrin* (I) in Erythrocyten auf, *δ-Aminolävulinsäuredehydrase* ist gehemmt (Verhinderung einer Überschwemmung des Organismus mit Porphyrin). Bei kongenitaler sideroachrest. Anämie ist der Übergang von *Koproporphyrin* zu I erschwert, bei erworbenen Fällen liegt häufig eine Schädigung der *Hämsynthetase* vor. Erhebliche Störungen der Porphyrin-Synth. finden sich auch bei den aplast. Anämien. Auch bei den Infektanämien kommen zu den Fe-Stoffwechselstörungen Störungen der Porphyrin-Synth. hinzu, weshalb Fe-Therapie unwirksam bleibt. U. Tausendfreund. 4572□

**Die Bindung von Häm an Protein in Hämoglobin und Myoglobin.** J. E. Falk, J. N. Phillips und D. D. Perrin. (Nature [London] **184.** 1651—52. 21/11. 1959. Canberra, Commonwealth Sci. and Ind. Res. Organizat., Div. of Plant Ind.; Australian Nat. Univ., Dep. of Med. Chem.) (Engl.)

Die Befunde von O'Hagan (C. **1960.** 9279), wonach Häm-Fe in Hämoglobin u. Myoglobin an das Protein durch andere als Histidinimidazolgruppen gebunden sein soll, werden diskutiert u. als nicht beweiskräftig angesehen. — Erwiderung von J. E. O'Hagan, daß die Befunde eher für eine Bindung von Häm-Fe an COOH- als an Imidazolgruppen sprechen. K. Maier. 4572□

**Kinetik der Reaktionen zweier Schafhämoglobine mit Sauerstoff und Kohlenoxyd.** J. C. Kernohan. (J. physiol. **155.** 580—88. März 1961. Cambridge, Univ., Dep. of Colloid Sci.) (Engl.)

Bei Schafen sind nach Harris u. Warren (C. **1956.** 12896) 2 elektrophoret. unterschiedlich wandernde *Hämoglobine* (I) bekannt, die als I-*A* u. I-*B* bezeichnet wurden. Es wurde nun die Bindung von $O_2$ u. CO an beide I-Typen analysiert. $K_1$ bei pH 9,1 u. 19° betrug für I-*A* im Mittel 0,167, für I-*B* 0,1235 (mm Hg)$^{-1}$. I-*A* besitzt somit eine ca. 30% höhere $O_2$-Affinität als I-*B*. Auch hinsichtlich der Bindung des 4. CO-Mol. besitzt I-*A* eine größere Bindungsneigung als I-*B*, $L_4$ betrug für I-*A* ca. 560, für I-*B* ca. 340 (mm Hg)$^{-1}$. Der Verteilungs-Koeff. M betrug für I-*A* 254,2, für I-*B* 243,2. Hieraus ergibt sich für I-*A* $K_4$ mit 2,2, für I-*B* mit 1,4 (mm Hg)$^{-1}$. Die kinet. Unterss. ergaben für obige Bedingungen $k_4$ beim I-*A* mit 40,6, beim I-*B* mit 57 $s^{-1}$, $l_4$ betrug entsprechend 0,0355 u. 0,0443 $s^{-1}$, $l_1$ 853 bzw. 820 $mm^{-1} \cdot s^{-1}$. Die Unterschiede in der $O_2$- bzw. CO-Affinität beider Hämoglobine sind somit im wesentlichen durch die Differenzen in den Dissoziations-Geschw. bedingt. Die Befunde werden im Zusammenhang mit früheren Unterss. von Roughton u. Gibson, welche die beiden unterschiedlichen I-Komponenten des Schafes unberücksichtigt ließen, diskutiert. W. Scheler. 4572□

**Kinetische Untersuchungen über die Peroxydaseaktivität des Hämoglobin-Haptoglobin-Komplexes.** Jean Moretti und Jeannine Yon. (Biochim. biophysica Acta [Amsterdam] **46.** 545—53. 29/1. 1961. Paris, Fac. des Sci., Inst. de Biol. physicochim., Labor. de Biol. physicochim.) (Franz.)

Die Kinetik der *Peroxydase* (**I**)-Aktivität des *Hämoglobin–Haptoglobin* (**III**)-Komplexes wurde bei 35° u. pH 4,5 mit 2 verschiedenen Substraten: $H_2O_2$ (Verdünnungen vom Typ 19M „Elektro", **IV**) u. *Äthylhydroperoxyd* (**V**) in Ggw. von *Guajacol* (**VI**) als Elektronendonator durch spektrophotometr. Best. der Umwandlung von **VI** in gefärbtes *Tetraguajacochinon* bei 470 mμ untersucht. — **III** wirkte als Enzymaktivator, aber nicht als Protektor. In Ggw. von 0,028m **VI** hatte die MICHAELIS-Konst. folgende Werte: $K_m' = 1{,}6 \cdot 10^{-2}$m für **V** u. $7 \cdot 10^{-2}$m für **IV**. Mit 0,012m **VI** erreichte die Rk.-Geschw. bei beiden Substraten (**IV** u. **V**) ein Maximum. Die Grenz-Konz. der Rk. lag bei 0,01m **VI**. Der Komplex **I** + **VI** hatte die Dissoziations-Konst. $K_a = 1{,}3 \cdot 10^{-3}$m. Bei hohen Konzz. von **VI** ergaben sich für die kompetitive Hemmung folgende Werte: mit **V** $8{,}7 \cdot 10^{-3}$m u. mit **IV** $8{,}2 \cdot 10^{-3}$m. H. CARLS. 4572□

**Die Wirkung proteolytischer Enzyme auf die Oberfläche menschlicher Erythrocyten.** G. Uhlenbruck. (Nature [London] **190.** 181. 8/4. 1961. Köln-Lindenthal, Univ., Physiolog.-chem. Inst.) (Engl.)

Die durch Einw. von *Trypsin* (**I**), *Ficin* (**II**), *Bromelin* (**III**) oder *Papain* (**IV**) aus Erythrocyten des Menschen freigesetzten Mucoide werden auf ihren Geh. an *N-Acetylneuraminsäure* (**V**), *reduzierenden Zuckern* (*Galaktose*) (**VI**) u. *Hexosamin* (**VII**) untersucht. Bei **I**—**IV**-Einw. beträgt der **V**-Geh. 13—19%, der **VII**-Geh. 8,2—18,1%. Der **VI**-Geh. schwankt mit 29,4% bei **I**-, mit 39,9% bei **II**-, mit 73,5% bei **III**- u. mit 47% bei **IV**-Einw. beträchtlich. L. LACHHEIN. 4573□

**Kombinierte Anwendung der Zonenelektrophorese auf Stärke und der Immunelektrophorese bei der Untersuchung der Serumeiweißkörper.** R. Got, G. Levy und R. Bourrillon. (Clin. chim. Acta [Amsterdam] **6.** 407—12. Mai 1961. Paris, Fac. de Méd., Labor. de Chim. Biol.) (Franz.)

Die Proteinfraktionen von Menschen- u. Pferdeserum wurden durch Zonenelektrophorese auf *Stärke* getrennt u. dann mittels Immunelektrophorese untersucht. Dabei konnten *γ-Globulin* u. *Albumin* in reinem Zustand erhalten werden. Auch die Abgrenzung der $\alpha_1$-*Globuline* auf dem ansteigenden Ast des Serumalbumins war möglich.
K. ZINGRAF. 4574□

**Elektrophoretische Untersuchung auf Stärkegel von Seren von Fischen: Cyclostomata, Selachii und Teleostei.** Andrée Drilhon. (C. R. Séances Soc. Biol. Filiales **153.** 1432—35. 1959, herausgeg. 12/2. 1960.) (Franz.)

Elektrophorese auf Stärkegel trennt das Serum von Fischen in eine größere Anzahl von Komponenten auf als andere Methoden. Das Elektropherogramm zeigt deutliche Artspezifität. Darüber hinaus scheint es individuelle Unterschiede zu geben, die sich vererben u. sich in einer größeren Zahl von Eiweißphänotypen äußern. K. BOHLE. 4574□

**Ein praktisches temperaturkompensiertes Handrefraktometer (TS-Meter): seine klinische Verwendung und Anwendung zur Bestimmung der Gesamtserumproteine.** Kevin G. Barry, Angus W. McLaurin und Benjamin L. Parnell. (J. Lab. clin. Med. **55.** 803—08. Mai 1960. Washington, D.C., Walter Reed Army Inst. for Res., Div. of Med., Dep. of Metabol.; Armed Forces Inst. of Pathol., Statistics Sect.) (Engl.)

Das von AMER. OPTICAL Co. herausgebrachte temperaturkompensierte Handrefraktometer führte bei menschlichem Serum u. a. Körper-Fll. (nur 1 Tropfen erforderlich) zu zufriedenstellenden Ergebnissen, auch bzgl. Zeitaufwand u. leichter Durchführbarkeit, bei der Best. des Geh. an festen Stoffen. Es wurde eine Korrelation aufgestellt zwischen den Ablesungen für feste Stoffe u. Gesamtprotein-Geh., die zur Best. letzter geeignet ist. U. TAUSENDFREUND. 4574□

**Einige Bemerkungen über Serum-$\beta_1$-Haptoglobin.** J. Kořínek, E. Psluska und O. Mach. (Clin. chim. Acta [Amsterdam] **6.** 388—92. Mai 1961. Prague, Inst. of Hematol. and Blood Transfus.) (Engl.)

Im Serum von Normalpersonen wurde mittels Immunelektrophorese ein *Hämoglobin*-bindendes $\beta_1$-*Globulin* festgestellt. In 2 Fällen von Hyposiderophilinämie war $\beta_1$-*Haptoglobin* (**I**) nicht nachweisbar. **I** ist in Rivanol lösl. u. krist. aus 64%ig. gesätt. $(NH_4)_2SO_4$ bei pH 3,9 zusammen mit Transferrin aus. K. ZINGRAF. 4574□

**Dysproteinämie nach Injektion von $^{131}$J-Fibrinogen an Hunden.** J. Z. Beer, S. Niewiarowski, O. Rosiek und E. Kowalski. (Bull. Acad. polon. Sci., Sér. Sci. biol. **9.** 109—11. 1961. Warsaw, Inst. of Nucl. Res., Dep. of Health Protect.) (Engl.)

Die Radioaktivität aus injiziertem $^{131}$*J-Fibrinogen* (**I**) wird in zunehmendem Maße in Fraktionen mit elektrophoret. Charakter von α-, β- u. γ-*Globulinen* eingebaut, gleichzeitig nimmt die Aktivität der I-Fraktion ab. Die Abbau-Prodd. aus $^{131}$J-I sind in vivo u. in vitro quant. u. qual. nahezu gleich. U. MOTHES. 4574□

**Veränderungen der Eiweiß-Stickstoff-Substanzen des Blutes bei verschiedenen klinischen Formen der Botkinschen Krankheit.** K. I. Gomelauri. (Сообщения Академии Наук Грузинской ССР [Mitt. Akad. Wiss. GrusinSSR] **24**. 31–35. Jan. 1960. Tbilissi, Inst. für Ärztefortbldg.) (Russ.)

Unterss. an 97 Patienten mit akuter u. 9 mit chron. BOTKINscher Krankheit ergaben einen mittleren *Gesamtprotein*-Geh. des Blutes von 6,06–6,47 bzw. 6,63%. Der abs. Geh. an *Albumin* (I) betrug 2,4–2,79 bzw. 2,48%, an *Globulin* (II) 3,17–3,44 bzw. 3,94%, an $\alpha$-II 0,51–0,58 bzw. 0,55%, an $\beta$-II 1,15–1,42 bzw. 1,59%, an $\gamma$-II 1,37–1,51 bzw. 1,8%, an *Fibrinogen* 0,22–0,27 bzw. 0,26%, der I/II-Koeff. 0,7–0,9 bzw. 0,64. Der *Rest-N*-Geh. zeigte nur in chron. Fällen eine Zunahme (maximal auf 49 mg%) auf Kosten der Abnahme des Harnstoff-N. Der *Polypeptid*-Geh. des Blutes nahm in schweren Fällen bis auf 32,1% u. in leichten u. chron. Fällen auf 18,2% zu. E. RENTZ. 4574□

**Die N- und C-endständigen Gruppen von hochgereinigtem Bence-Jones-Protein.** Antonio Caputo. (Clin. chim. Acta [Amsterdam] **4**. 545–48. Juli 1959. Rome, Italy, Univ., Inst. of Gener. Pathol.) (Engl.)

An einem hochgereinigten BENCE-JONES-*Protein* (Iminoacidosi **7**. [1957.] 1) aus dem Urin eines Patienten mit typ. multiplem Plasmocytom werden die N- u. C-endständigen Gruppen bestimmt. Als N-terminale Gruppe wird mit der Fluordinitrobenzol-Meth. *Asparaginsäure* gefunden. Mit Hilfe der Carboxypeptidase läßt sich am C die Endgruppierung *Leucin–Alanin–Glutaminsäure–Valin* bestimmen. H. STRUCK. 4574□

**Mehrfach ungesättigte Fettsäuren beim Menschen. Serum-, Haut- und Subkutankonzentrationen bei Personen mit normalen und erhöhten Serumlipiden.** Per Björntorp. (Scand. J. clin. Lab. Invest., Suppl. **12**. Nr. 52. 1–147. 1960. Göteborg, Univ., Sahlgrenska Sjukhuset, 1. Med. Serv., Dep. of Clin. Chem.) (Engl.)

Die polyungesätt. *Fettsäuren* (I) von Serum, Cutis u. Subcutis von Patienten mit essentieller Hypercholesterinämie wurden quant. bestimmt u. mit den Werten normaler Personen verglichen. Die Befunde sprechen gegen die Annahme, daß ein Mangel an ungesätt. I mit essentieller Hypocholesterinämie zusammen auftritt. — 178 Literaturangaben. K. MAIER. 4574□

**Über die Wirkung „essentieller" Phospholipide bei der Arteriosklerose.** H. W. Pabst, Ch. Strohm und J. Klemm. (Münchener med. Wschr. **103**. 824–28. 14/4. 1961. München, Univ., Rieder-Inst., Inst. u. Poliklinik für physikal. Therap. u. Röntgenolog.) (Dt.)

Durch Behandlung mit *essentiellen Phospholipiden* gelingt es, bei beginnenden arteriosklerot. Gefäßprozessen die Durchblutung zu verbessern, bei fortgeschrittenen Prozessen gelingt bei gleichzeitiger Behandlung mit *Adenosintriphosphat* eine Besserung mit Wiederauftreten einer Arbeitshyperämie. — In einem Fall einer essentiellen, xanthomatösen Hypercholesterinämie kam es durch essentielle Phospholipide sowohl zu subjektiver Besserung als auch Normalisierung des *Cholesterin*-Spiegels u. des Lipoidpherogramms. U. TAUSENDFREUND. 4574□

**Über die Reaktion der Präcipitation der $\beta$-Lipoproteine des Serums mit synthetisierten Heparinoiden.** O. Rizza, L. Pignataro, G. F. Marinoni und G. Bolognesi. (Boll. Soc. ital. Biol. sperim. **36**. 894–96. 15/9. 1960. Rom, Univ., Ist. di Clin. Med. Gener. e Terap. Med.) (Ital.)

Die Präcipitation der *$\beta$-Lipoproteine* (I) wird nach BURNSTEIN u. SAMAILLE durchgeführt, wobei die Wiederlsg. durch Zusatz von $CaCl_2$ u. Dextransulfat beim Waschen verhindert wird. Die Meth. gestattet eine quant. I-Fällung, die durch die Best. des an die Lipoproteine gebundenen Cholesterins bewiesen wird. Im Überstand wird elektrophoret. eine Verringerung der $\beta$- u. *$\gamma$-Globuline* festgestellt. Aus der N-Best. der Proteine ergibt sich eine ca. 8%ig. Fällung der Proteine mit den Lipiden. F. KREN. 4574□

**Die Amphenon-ähnliche Wirkung von Heparin und einigen Heparinoiden.** C. L. H. Majoor, R. J. A. F. M. Schlatmann, A. P. Jansen, H. Prenen und V. Cejka. (Acta endocrinol. [Copenhagen], Suppl. Nr. **51**. 191–92. 1960. Nijmegen, Holland, St. Radboud Hosp., Univ., Dep. of Med.; Amsterdam, Binnen-Gasthuis, Univ., Dep. of Med.) (Engl.) H. HERPER. 4574□

**Veränderungen des Fibrinogenspiegels nach Infusion von Thrombin und Thromboplastin.** Frank C. Monkhouse und Susan Milojevic. (Amer. J. Physiol. **199**. 1165–68. Dez. 1960. Toronto, Ontario, Canada, Univ. of Toronto, Dep. of Physiol.) (Engl.) — Vgl. C. **1961**. 202.

Die Vers.-Tiere erhielten zur Defibrinierung 1-Std.-Infusionen von *Thrombin* (I)-Lsgg., *Thromboplastin* (II)-Extrakten (aus Kaninchenhirn mit physiolog. NaCl-Lsg.

bei 50°) u. physiolog. NaCl-Lsg. (zur Kontrolle) unter Nembutalanästhesie in die Femoralvene. Nach der Infusion wurden die Veränderungen des *Fibrinogen* (III)-Spiegels 1. durch Best. des in der Verdünnung 1 : 9 von Oxalatplasma mit 12,5%ig. Na-Sulfit-Lsg. in 10 Min. bei 37° fällbaren Proteins u. 2. durch Best. des in 3 Min. bei 54° defibrinierten Plasmas mit 1 E. I koagulierbaren Proteins ermittelt. — Kaninchen (2,5—3 kg) zeigten nach Infusion von 2—3 E. I/Min. (insgesamt 100 E. I) u. Hunde (8—10 kg) nach Infusion von 5 E. I/Min. (insgesamt 200 E. I) signifikante Abnahme des III-Spiegels. 2 Std. nach der Infusion gingen die Plättchenzahlen wieder auf 80% der Normalwerte zurück. Die Plättchen wurden also nur reversibel agglutiniert, aber nicht zerstört. — Die Defibrinierung von Ratten war schwierig. Bei äquivalenten Infusions-Geschw. von I traten erst nach insgesamt 100 E. I leichte Veränderungen im III-Geh. ein. Bes. nach Infusion von II waren die Veränderungen des III-Spiegels nicht statist. signifikant u. zeigten große individuelle Schwankungsbreite. H. CARLS. 4574□

**Blutgerinnung — eine Untersuchung der Homeostase.** David F. Waugh. (Rev. mod. Physics **31.** 557—62. April 1959. Cambridge, Mass., Massachusetts Inst. of Technol., Dep. of Biol.) (Engl.)

Übersicht. — 15 Literaturangaben. K. MAIER. 4574□

**Untersuchungen über die Plasmaproteine in normalem menschlichen Harn.** I. Berggård. (Clin. chim. Acta [Amsterdam] **6.** 413—29. Mai 1961. Uppsala, Sweden, Univ., Inst. of Med. Chem.) (Engl.)

Ausführlicher Bericht über die C. **1961.** 5866 referierte Arbeit. — 41 Literaturangaben. K. ZINGRAF. 4577□

**Wirkung von Chlordioxyd auf den Ligningehalt und die Celluloseverdaulichkeit von Futtermitteln.** J. T. Sullivan und T. V. Hershberger. (Science [Washington] **130.** 1252. 6/11. 1959. University Park, Pa., Agric. Res. Serv., U. S. Dep. of Agric.) (Engl.)

Vff. geben eine Meth. an, unter Verw. von $ClO_2$-Gas *Lignin* in Futtermitteln (I) abzubauen ohne Wertminderung der verdaulichen Stoffe. Es ist bekannt, daß $ClO_2$-haltige Lsgg. zu Verlusten an lösl. Bestandteilen führen. Luft wird durch eine Lsg. von $NaClO_2$, Natriumacetat u. Essigsäureanhydrid geblasen u. 4—24 Std. über das in einem Glasrohr befindliche lufttrockne I (5—10 gm) geleitet. Der festgestellte saure Geruch des Prod. wird durch Verw. von ammoniakhaltiger Luft oder Behandlung im Vakuum entfernt. Anschließend wird auf säureunlösl. Lignin geprüft u. der Verdauungs-Koeff. (VK) der Cellulose bestimmt. Aus den Ergebnissen geht hervor, daß bei Behandlung von Gras u. Stroh mit $ClO_2$-Gas der Geh. an säureunlösl. Lignin abnimmt u. der VK der Cellulose zunimmt. A. TÄUFEL. 4585□

**Nährwert einiger erhitzter Öle.** Roslyn B. Alfin-Slater, Sheila Auerbach und Lilla Aftergood. (J. Amer. Oil Chemists' Soc. **36.** 638—41. Dez. 1959. Los Angeles, Calif., Univ. of Southern California, Dep. of Biochem. and Nutrit., Harry J. Deuel jun. Labor.) (Engl.)

*Sojabohnenöl, Baumwollsaatöl* u. *Schweineschmalz* wurden im Vakuum erhitzt u. an Ratten verfüttert. Es konnten nur bei Verabfolgung eines hochpolymerisierten Sojabohnenöls geringe Schädigungen festgestellt werden, die sich jedoch nach Gabe von α-Tocopherol wieder mindern ließen. H. ZÖLLNER. 4585□

**Serumcholesterin und -phospholipide in Beziehung zum mit der Kost aufgenommenen Magnesium bei Albinoratten.** Nergish N. Sethna und N. G. Magar. (Indian J. med. Res. **48.** 751—55. Nov. 1960. Bombay, Inst. of Sci., Dep. of Biochem.) (Engl.)

Es wurde die Beziehung zwischen *Mg*-Aufnahme mit der Kost u. dem Vork. bestimmter Serumlipoide bei der Ratte geprüft: Vermehrung der Mg-Aufnahme führt in Ggw. von *Cholesterin* (I) in der Kost zu einem geringeren Gew.-Anstieg als ohne I-Gegenwart. Durch Zulage von I zur Grundkost wird außer Anstieg des Serumspiegels an freiem u. Gesamt-I sowie Störung des Gesamt-I/*Phospholipoid*-Quotienten der Serum-Mg-Spiegel vermindert. Durch I-Zulage werden die Phospholipoide im Kreislauf vermindert, gleichzeitige Verabreichung von Mg u. I führt zu leichtem Anstieg der Serumphospholipoide. Mg-Verabreichung hat eine Vermehrung des Phospholipoid-Geh. in Leber u. Herz, einen geringeren Anstieg in Niere u. Gehirn zur Folge. Nach Mg sinkt der Gesamt-I-Geh. in Herz, Hirn, Niere u. bes. Leber. U. TAUSENDFREUND. 4585□

**Unterschiede der alimentären Lipämie nach Genuß verschiedener Pflanzenöle.** J. Jochims. (Klin. Wschr. **38.** 833—38. 1/9. 1960. Lübeck, Städt. Krankenhaus Süd, Kinderklinik.) (Dt.)

Die alimentäre Lipämie beim Säugling unter kuhmilchhaltiger Kost ändert sich (bei konst. zugeführter Fettmenge) mit der Qualität des als Zulage dargebotenen

Pflanzenöls. Nach der Höhe der Lipämie kann eine Reihenfolge *Walnußöl* > *Baumwollsaatöl* ~ *Maiskeimöl* > Butter aufgestellt werden. Ungefähr mit dieser Reihenfolge parallel gehend sind die JZ. der Fette u. die Größe des Anteils an mehrfach ungesätt. Fettsäuren. Der Blutstrom muß vermutlich einen beträchtlichen Teil der Nahrungsfettsäuren ohne Modifikation vom Darm zum Depot transportieren; die Stabilerhaltung des Fettsäuremusters könnte auf rascher Herst. eines Gleichgewichts mit einem großen Pool von Gewebelipoiden beruhen. Über den ernährungsphysiolog. Sinn der alimentären Lipämie bzw. möglichen Nutzen der durch Pflanzenöle verstärkten Lipämie ist noch wenig bekannt. U. Tausendfreund. 4585 □

**Die Dorschleberölgewinnung ohne Hitzeanwendung und die Verwertung der Nebenprodukte für Ernährungszwecke als Vitaminträger.** E. Kraack. (Ernährungsforschung 6. 250—56. 1961. Potsdam-Rehbrücke, Inst. für Ernähr.) (Dt.)

Nach kurzem Eingehen auf die Dorschleberölgewinnung unter Anwendung von Temp. von —15 bis —10° unter $CO_2$ bringt Vf. orientierende Verss. zur Anwendung der beim Gefrierverf. anfallenden, an Vitaminen reichen Nebenprodd. zu Futterzwecken. M. Ulmann. 4587 □

**Über den Einfluß von Vitamin $B_1$ auf den Verlauf der experimentellen Tuberkulose.** W. K. Shgenti, N. I. Kalandadse und Z. W. Gatschetschiladse. (Сообщения Академии Наук Грузинской ССР [Mitt. Akad. Wiss. GrusinSSR] 24. 89—94. Jan. 1960. Tbilissi, Forschungsinst. für Tuberkulose des Gesundheitsmin. der GrusinSSR.) (Russ.)

Verss. an 15 Kaninchen mit experimenteller Tuberkulose ergaben, daß *Vitamin $B_1$* (I; 0,25 mg/kg in Form der 0,05%ig. Lsg. täglich über 2 Wochen lang, beginnend mit dem 2. Tag bzw. der 4. Woche nach der Infektion i.m.) die Entstehung u. Entw. des spezif. Prozesses hemmt bzw. das Fortschreiten eines bereits entstandenen Prozesses verlangsamt. Aus den Verss. wird geschlossen, daß I, indem es die bei der Tuberkulose bestehende I-Hypovitaminose behebt, den funktionellen Zustand des sympathicoadrenalen Syst. bessern hilft. E. Rentz. 4587 □

**Untersuchungen über den in vivo-Stoffwechsel der Liposäure. 1. Mitt. Das Schicksal von $^{35}$S-DL-Liposäure in normalen und Thiamin-Mangelratten.** Emery M. Gal und Dzidra E. Razevska. (Arch. Biochem. Biophysics 89. 253—61. Aug. 1960. Sepulveda, Calif., Veterans Admin. Hosp.; Los Angeles, Calif., Univ., School of Med., Dep. of Pharmacol.) (Engl.)

Nach Gabe von *$^{35}$S-Liposäure* an normale u. Thiaminmangelratten wurde die $^{35}$S-Verteilung in verschiedenen Organen sowie Menge u. Art der Ausscheidung von $^{35}$S im Harn untersucht. H.-G. Floss. 4587 □

**Die Beziehung der chemischen Konstitution zur biologischen Aktivität von Vitamin $B_6$.** Esmond E. Snell. (Vitamins and Hormones 16. 77—125. 1958. Berkeley, Calif., Univ. of California, Dep. of Biochem.) (Engl.)

Übersicht. Wesen u. Funktion von *Vitamin $B_6$* (I); Beziehung zwischen chem. Konst. u. katalyt. Aktivität von *Pyridoxal* (II) u. dessen *Phosphat* (III): Gleichgewichtsformen von I in wss. Lsgg., Imin-Bldg. zwischen II oder III u. Aminosäuren u. Aminen, Rkk. von II u. dessen Iminen mit Metallionen (Bldg. von Pyridoxylidenmetallchelaten), Mechanismus u. strukturelle Voraussetzungen der Transaminierungs-Rk., allg. Mechanismus I-katalysierter Rkk. (Labilisierung des α-H von Aminosäuren, Decarboxylierungs-Rkk., Labilisierung von B (z. B. $R \cdot CH_2OHCHNH_2COOH$) unter reversibler Freisetzung von $R^+$, Kynureninase u. β-Decarboxylase-Rkk.; akt. Zentrum der III-Enzyme; strukturelle Voraussetzungen für Vitamin- u. Coenzymaktivität von II u. verwandten Verbb.: Wrkg. der Konstit. auf die Resorption von II u. verwandten Verbb., Umwandlung von II usw. in III oder dessen Analoge, Aktivierung u. Hemmung I-abhängiger Enzyme durch II oder Analoge. — 138 Literaturangaben. K. Maier. 4587 □

**Über den Einfluß von Nicotinsäure auf die hyperglykämische Wirkung einiger Spurenelemente.** F. Ja. Berenstein, A. G. Kopelowitsch und Ss. W. Wrublewski. (Доклады Академии Наук БССР [Ber. Akad. Wiss. BelorussSSR] 3. 74—76. Febr. 1959.) (Russ.)

In Unterss. an Kaninchen wurde einem Teil der Tiere nur Salz des Spurenelements eingeführt, in anderen Verss. bekamen die Tiere gleichzeitig *Nicotinsäure* (I). Nach subkutaner Injektion von $ZnSO_4$ (5 mg Zn/kg Körper-Gew.) stieg der Blutzucker erheblich an. Bei gleichzeitiger Verabreichung von I blieb dieser Anstieg aus; manchmal wurde sogar ein Absinken des Zuckerspiegels beobachtet. Nach subkutaner Einführung von $CdCl_2$ (2 mg Cd/kg) trat ebenfalls Zuckeranstieg im Blut ein. Auch hier beseitigte I diese Wirkung. Die gleiche Wrkg. wurde auch mit NaF u. NaJ erreicht. Es wurden 5 mg Halogen/kg verabreicht. I beseitigte die hyperglykäm. Wrkg. von $F^-$, blieb aber ohne nennenswerten Einfl. auf die gleiche Wrkg. von $J^-$. Eine Verschiedenheit im Mechanismus der Wrkg. beider Halogene wird angenommen. F. DU MANS. 4587 □

**Über Folsäure-Aktivität während der Blutregeneration.** E. V. Cox, M. J. Meynell, W. T. Cooke und R. Gaddie. (Clin. Sci. **19.** 219—28. Mai 1960. Birmingham, Gen. Hosp.) (Engl.)

Die zeitweilige Zunahme der *Folsäure* (I)-Aktivität während der Regeneration des Blutes bei der Vitamin-$B_{12}$-, I- u. Eisentherapie der perniciösen Anämie u. nach akuten Blutverlusten wurde mit *Streptococcus faecalis* bestätigt. Sie war mit Hämoglobin-Bldg. verbunden. Eine Diätverbesserung hatte keinen Einfluß. H. GUDE. 4587 □

**Die enzymatische Synthese von Vitamin $B_{12}$.** J. Pawelkiewicz und B. Bartosiński. (Bull. Acad. polon. Sci., Sér. Sci. biol. **8.** 5—7. 1960. Posen, Coll. of Agric., Dep. of Biochem.) (Engl.)

1 g acetongetrocknete Zellen von *Propionibacterium shermanii* wird in 15 ml 0,05 m Phosphatpuffer (pH 7,0; 4°) suspendiert u. 44 µMol $MgSO_4$, 3 µMol *Adenosintriphosphat* oder *Guanosintriphosphat* oder *NaF* sowie 3,4 mMol *5.6-Dimethylbenzimidazol* zugesetzt. Die Mischung wird 3—48 Std. bei 30° inkubiert u. die gebildeten Corphyrine elektrophoret. oder chromatograph. isoliert. *Vitamin $B_{12}$* (I) wird unter den vorliegenden Bedingungen aus *Faktor B* synthetisiert, während *Pseudovitamin $B_{12}$* (II), *Faktor A* u. *Faktor Ib* nicht in I umgewandelt werden. Extrakte aus *Propionibacterium arabinosum* vermögen auch II in I umzuwandeln. L. TRÄGER. 4587 □

**Die Wirkung von Skorbut und Pentobarbital auf den in vivo-Gehalt des Meerschweinchengroßhirngewebes an energiereichen Phosphaten und deren Umsatz.** Sping Lin und Harold P. Cohen. (Arch. Biochem. Biophysics **88.** 256—61. Juni 1960. Minneapolis, Minn., Univ. of Minnesota, Med. School, Div. of Neurol.) (Engl.)

Bei Best. des Geh. des Gehirns junger Meerschweinchen an *Ascorbinsäure* (I) u. an energiereichen Phosphaten sowie deren Umsatz zeigte sich, daß durch Behandlung skorbut. Tiere mit *Pentobarbital* (II) deren I-Geh. des Gehirns um das 2fache gesteigert werden konnte. Durch die II-Behandlung kommt es gleichzeitig zu einem Anstieg des in vivo-Geh. des Gehirns an *Kreatinphosphat* (III) u. zu einer Interferenz mit dem Umsatz von III u. Adenosintriphosphat (IV). — Bei Vgl. von kochendem *W.* u. kalter *$HClO_4$* als Extraktionsmittel für die organ. Phosphate führt W. zu einer geringeren III- u. IV-Isolierung, wenn auch die Summe an Gesamtkreatin u. Adeninnucleotiden gleich ist. U. TAUSENDFREUND. 4587 □

**Eine Untersuchung über die Wirkungen von Hormonen und Vitamin A auf Organkultur des Milchausführungsganges des Rindes.** John P. Rapp und Charles G. Rickard. (Cornell Veterinarian **51.** 189—99. April 1961. Ithaca, N.Y., New York State Veter. Coll., Dep. of Pathol. and Bacteriol.) (Engl.)

Von den untersuchten Substanzen *Diäthylstilböstrol, Östradiol, Östron, Progesteron, Testosteron, Cortisonalkohol, Desoxycorticosteronacetat, DL-Thyroxin, USP-Schilddrüsen-Präp., wss. Extrakt des Vorderlappens der Rinderhypophyse, wss. Extrakt der Hypophyse* plus *Östradiol, Östradiol* plus *Testosteron, Östradiol* plus *Progesteron, Vitamin A* mit u. ohne *Östron* übte auf die Organkulturen des Rindermilchausführungsganges nur *Vitamin A* (0,25 µg/ml) eine Wrkg., nämlich Hemmung der Keratinisierung, aus. Vitamin A kann möglicherweise in vivo eine Rolle bei der Entw. der Mastitis spielen, da Keratin des Zitzenkanals als wichtig für den Schutz gegen Infektion betrachtet wird. U. TAUSENDFREUND. 4587 □

**Die Wirkung von Vitamin E, Vitamin A und einigen anderen Bestandteilen der Nahrung auf Ubichinone und Ubichromenole in der Ratte.** J. Green, E. E. Edwin, A. T. Diplock und J. Bunyan. (Biochem. biophysic. Res. Commun. **2.** 388—92. Juni 1960. Tadworth, Surrey, Vitamins Ltd., Walton Oaks Exp. Stat.) (Engl.)

Ratten erhielten 20 verschiedene Diäten. Dadurch wurden die Einfl. von Mangel u. auch Zusatz von *Thiamin, Riboflavin, Pantothensäure, Vitamin A* (I), *Vitamin E* auf den Geh. von *Ubichinonen, Ubichromenolen* (II), teilweise auch I u. *Tocopherolen*, in Herz, Leber, Niere, Skelettmuskel, Milz, Nerven, Gehirn, Nebenniere, Lunge, Fett, Uterus, Hoden, Erythrocyten u. Serum geprüft (nicht bei allen Diäten in jedem Organ untersucht). Einfl. von *Na-Selenit*-Verfütterung auf *Ubichinon*-Geh. in Leber wurde untersucht. Zusätzlich zu der Vitamin-E-Mangeldiät wurden auch *DPPD* (?) bzw. *1.2-Dihydro-6-äthoxy-2.2.4-trimethylchinolin* („*Santoquin*") gegeben. — Die Frage, ob II lediglich Kunst-Prodd. sind, die bei der Aufarbeitung der Gewebe aus Ubichinonen beim Erhitzen mit alkohol. KOH, bes. in Abwesenheit von Pyrogallol, entstehen (DRAPER u. CSALLANY, Biochem. biophys. Res. Commun. 2. [1960.] 307), ist noch nicht geklärt. Vff. haben unter diesen Bedingungen eine Verb. isoliert, die sich papierchromatograph. von II trennen läßt, deren Reinigung jedoch noch nicht gelang. S. DITTMANN-MITZSCHERLICH. 4587 □

**Die hypercalcämische Wirksamkeit von Dihydrotachysterin$_2$ und Dihydrotachysterin$_3$ sowie von Vitamin $D_2$ und $D_3$ nach intravenöser Injektion der wässerigen Präparate. 2. Mitt. Vergleichende Versuche an Ratten.** J. R. Roborgh und Th. J. de Man. (Biochem. Pharmacol. **3.** 277—82. Juli 1960. Weesp, Holland, N. V. Philips-Duphar, Biol. Dep.) (Engl.) — 1. vgl. C. **1961. 914.**

Der Vgl. der hypercalcäm. Wrkg. von *Dihydrotachysterin$_2$* (I), *Dihydrotachysterin$_3$* (II), *Vitamin $D_2$* (III) u. *$D_3$* (IV) 1, 2, 4 u. 7 Tage nach i.v. Einzelinjektion der in wss. Medium suspendierten krist. Verb. ergab mit abnehmender Wirksamkeit die Reihenfolge **II, I, IV, III,** d. h. die gleiche wie bei oraler Zufuhr der öligen Lsgg. der Verbindungen. Der maximale Serum-Ca-Spiegel wurde 2—4 Tage nach der i.v. Injektion erreicht. K. MAIER. 4587 □

**Cholsäure in der Galle des Meerschweinchens.** Ludvik Peric-Golia und Russell S. Jones. (Proc. Soc. exp. Biol. Med. **105.** 337—39. Nov. 1960. Salt Lake City, Utah, Univ. of Utah, Coll. of Med., Dep. of Pathol.) (Engl.)

In der Gallen-Fl. des erwachsenen Meerschweinchens (gewonnen aus der Gallenblase oder durch Gallenfistel) ist *Cholsäure* (*3α.7α.12α-Trihydroxycholansäure*) nachweisbar. In der Gallen-Fl. erwachsener u. auch unreifer Meerschweinchen kommen *Chenodesoxycholsäure* (*3α.7α-Dihydroxycholansäure*) u. *7-Ketolithocholsäure* (*3α-Hydroxy-7-ketocholansäure*) vor. U. TAUSENDFREUND. 4594 □

**Untersuchungen über die Verdauung des Wiederkäuermagens. 14. Mitt. Über die Verdauung von Stärke.** Fumio Kumeno und Makoto Kandatsu. (J. agric. chem. Soc. Japan [Nippon Nōgei-Kagaku Kaishi] **33.** 867—71. 15/10. 1959.) (Jap.) — 13. vgl. C. **1961. 7648.**

Um die Schnelligkeit der *Stärke* (I)-Verdauung im Wiederkäuermagen u. die morpholog. Veränderungen der Stärke kennenzulernen, erhielt ein Schaf eine Probekost mit 200 g I durch eine Fistel im Pansen. In gewissen Zeitabschnitten wurde der Mageninhalt entnommen, zentrifugiert u. die Mikrobenfraktion (a), die lösl. Fraktion (b) u. die unverdaute Fraktion (c) auf ihren Geh. an *Gesamtzucker* (II) u. *Gesamt-N* untersucht. Während in c mit zunehmender Zeit **II** zurückgeht, scheint er in a u. b zuzunehmen. 1 Std. nach der Fütterung (2 Verss. im Abstand von 5 Tagen) befanden sich im Magen 58 bzw. 77% **I,** 8 Std. nach der Fütterung 5 bzw. 18%. F. MOSSNER. 4594

**Zur Methodik von Grundumsatzbestimmungen.** Axel Hendrik. (Z. ges. inn. Med. Grenzgebiete **16.** 319—24. 15/4. 1961. Greifswald, Univ., Med. Klinik u. Poliklinik.) (Dt.)

Bericht über Erfahrungen in der Grundumsatz-Best. mit dem Stoffwechselgerät nach SCHULZE (DOUGLAS-HALDANE-Prinzip); zur Verminderung der Pendelluft wurden Atemventile des VEB JUNKALOR angebracht, zusätzliche Bohrungen an den Sperrhähnen erlauben Atemtraining, Einschaltung eines Rotameters des VEB MESSGERÄTEWERKS MEDINGEN führt zu genauerer Überwachung des Durchfluß-Vol., Atemfrequenz ist zweckmäßigerweise zu beobachten. Spezielle Gestaltung des Meßbürettenhahnes gestattet die Verw. des Gerätes auch zur Alveolarluftanalyse.
U. TAUSENDFREUND. 4595 □

**Körpergröße, Körpertemperatur und Alter im Verhältnis zur Stoffwechselgeschwindigkeit des Schweines in den ersten fünf Wochen nach der Geburt.** L. E. Mount und J. G. Rowell. (J. Physiology **154.** 408—16. Dez. 1960. Babraham, Cambridge A.R.C. Inst. of Animal Physiol. and Univ. of Cambridge, School of Agric. A.R.C. Stastistics Group.) (Engl.)

An 98 Schweinen im Alter von 1 Std. bis zu 37 Tagen führten Vff. Messungen des $O_2$-Verbrauches in einer geschlossenen Kreislauf-App. durch. Die Best. wurden in 3 Gruppen in Abhängigkeit von der umgebenden Temp. u. des Alters des Schweines durchgeführt: 30°, 1. Woche (a), 4°, 1. Woche (b) u. 30°, 1—5 Wochen (c). Die Beziehungen zwischen $O_2$-Verbrauch, Körper-Gew., rectaler Temp. u. Alter wurden mit der multiplen Regressionstechnik untersucht. In den ersten 5 Wochen nach der Geburt hatten Körper-Gew. u. rectale Temp. einen großen Einfl. auf den $O_2$-Verbrauch. Die Wrkg. des Alters hatte in der 1. Woche prakt. keinen Einfluß. Von der 1. bis 5. Woche hatten Stoffwechsel-Geschw. u. Alter keine Beziehungen zueinander. Die Prozente der Abweichung in der Stoffwechsel-Geschw., die durch Veränderungen im Körper-Gew., rectaler Temp. u. Alter in Rechnung gestellt wurden, betrugen bei a 86,4 (%), bei b 94 u. bei c 88,6.
G. BRATFISCH. 4595 □

**Der Gesamt-Stoffwechsel von Ratten während des Hungerns und der Wiederaufnahme von Nahrung.** Mary C. Cumming und S. D. Morrison. (J. Physiology **154.** 219—43. Dez. 1960. Glasgow, Univ., Inst. of Physiol.) (Engl.)

Vff. untersuchten an 5 ausgewachsenen Ratten mit einer hierfür ausgearbeiteten Meth. die Faktoren für den Energie-, N- u. Wasserstoffwechsel. Die Beobachtungen erfolgten über 2 Tage vor dem Hungern, 2 Tage während des Hungerns u. mehrere Tage während der Wiederaufnahme der Nahrung. Der gesamte Kräfteverbrauch der Ratten fiel während der 48 Std. Hungerszeit ab u. stieg bei Wiederaufnahme der Nahrung wieder an. Bei Inbetrachtziehung der Änderung im Körper-Gew. u. Nahrungsaufnahme blieb der Stoffwechsel während der gesamten Vers.-Zeit konstant. Während der Hungerszeit wurden keine nennenswerten Veränderungen des Gewebewassers beobachtet. — 43 Literaturangaben. G. BRATFISCH. 4595□

**Überleben von Mäusen bei Fehlen von inertem Gas.** L. MacHattie und H. Rahn. (Proc. Soc. exp. Biol. Med. **104.** 772—75. Aug./Sept. 1960. Buffalo, N.Y., Univ. of Buffalo, School of Med., Dep. of Physiol.) (Engl.)

Mäuse wurden 51 Tage lang in einer $O_2$-Atmosphäre bei einem Gesamtdruck von 197 mm Hg gehalten. Die Drucke von $CO_2$ u. $N_2$ überstiegen dabei für jedes der Gase 5 mm Hg nicht. Im allg. bot das für die Tiere keine Nachteile. Nur einzelne Tiere starben innerhalb von 48 Std., anscheinend infolge Lungenatelektase; nach dieser Zeit traten keine Todesfälle mehr auf. K. ZINGRAF. 4596□

**Die Wirkung von Natriumlactat bei acidotischer Hyperkaliämie.** S. Hänze. (Klin. Wschr. **38.** 847—51. 1/9. 1960. Mainz, Univ., Med. Poliklinik.) (Dt.)

Bei Elektrolytstoffwechselstörungen, bes. im Sinne acidot. Hyperkaliämie, läßt sich durch Zufuhr von *Na-Lactat* außer Anstieg des Serum-Bicarbonat-Geh. fast regelmäßig Senkung der extracellulären *K*-Konz. erzielen (Transfer von K in den intracellulären Raum), so daß die Bedeutung des Säure-Basen-Haushaltes für die K-Verteilung zwischen extra- u. intracellulären Fll. als gesichert gelten kann. Möglicherweise kommt Na-Lactat noch ein von der Alkalisierung unabhängiger metabol. Effekt auf den K-Transfer in die Zelle zu. Die Beobachtungen können die Bedeutung der Indikationen für Na-Lactattherapie bei renaler Insuffizienz aufzeigen. U. TAUSENDFREUND. 4596□

**Eine Ermittlung des zur Herstellung des Gleichgewichts bei Patienten mit Verbrennungen erforderlichen Kaliumbedarfs.** Elinor Pearson, Harry S. Soroff, Glen K. Arney und Curtis P. Artz. (Surgery, Gynecol. Obstetr. **112.** 263—73. März 1961. Fort Sam Houston, Texas, Brooke Army Med. Center, US. Army Surg. Res. Unit.) (Engl.)

Bei Verbrennungen sinkt der zur Herst. eines Gleichgewichtszustandes erforderliche erhöhte *K*-Bedarf mit fortschreitender Besserung wieder ab u. entspricht zwischen dem 40. u. 50. Tag etwa dem K-Bedarf von normalen Kontrollpersonen. Die beste Ausnutzung von K erfolgt bei einem K/N-Quotienten von 6 mVal/1 g, zwischen dem 40. u. 50. Tag ist wie bei der Norm ein Quotient von 4/1 ausreichend. U. TAUSENDFREUND. 4596□

**Die Wirkung von Kaliuminfusionen in die Nebenniere auf die Kaliumausscheidung mit dem Urin beim Hund.** A. R. Lavender und Theodore N. Pullman. (Proc. Soc. exp. Biol. Med. **104.** 764—67. Aug./Sept. 1960. Chicago, School of Med., Dep. of Med.) (Engl.)

Narkotisierte Hunde erhielten Infusionen mit Na, K, Cl u. Bicarbonat i.v. oder in die Arteria suprarenalis. In Serum u. Urin wurden Na u. K indirekt flammenphotometr. bestimmt. Wie die tabellar. Wiedergabe der Resultate zeigt, beeinflußt die Infusion großer Mengen von K in die Nebenniere weder den Geh. des Serums noch den des Urins an K. HEINRICH HERMANN. 4596□

**Der Heilungsvorgang bei Knochenbrüchen.** 1. Mitt. **Die biochemische Entwicklung des Callus und die Reaktion des Skeletts.** Pierre Cartier, Benedetto de Bernard und Jean Lagrange. (Bull. Soc. Chim. biol. **42.** 427—44. 30/7. 1960. Paris, Fac. de Méd., Lab. d'Étude de l'Os et de la Croissance.) (Franz.)

Die Unters. des Heilungsverlaufs des experimentellen Bruchs der Rattenschenkelknochendiaphyse unter reproduzierbaren Bedingungen zeigte, daß der Callusmineralisation (15.—20. Tag) eine Phosphorylierung der Proteinmatrix vorausgeht. Letztere erhält P in situ durch echten lokalen P-Austausch. Der Bruch ruft bei der Ratte sehr früh eine Mobilisierung des anorgan. Materials des gesamten Skeletts hervor. Die Entmineralisierung verläuft während der ganzen Proteinumwandlung; die Normalisierung geht der Callusmineralisierung parallel. Die $^{32}P$-Markierung zeigte, daß die Beteiligung des Skeletts am Heilungsprozeß auf Kosten der labilen Knochensalzfraktion erfolgt. K. MAIER. 4596□

**Der Heilungsvorgang bei Knochenbrüchen.** 2. Mitt. **Die Phosphor-Calcium-Bilanz während des Heilungsprozesses.** Pierre Cartier, Jacques Picard, Benedetto de Bernard und Jean Lagrange. (Bull. Soc. Chim. biol. **42.** 445—56. 30/7. 1960.) (Franz.) — 1. vgl. vorst. Referat.

Die *P*-*Ca*-Bilanz beim Heilungsvorgang des experimentellen Knochenbruchs (Rattenfemurdiaphyse) zeigt in der 4. Woche (Mineralisierung des Callus) ein positives Maximum. Ratten mit Knochenbruch fixieren zu Beginn der Heilungsperiode relativ mehr *P* als *Ca*. Harn-Ca erreicht etwa am 20. Tag ein Maximum u. normalisiert sich dann während des weiteren Heilungsvorganges. Die *P*-Ausscheidung im Darm ändert sich während der Bruchheilung wenig, die im Harn sinkt allmählich ab. Die *P*-Homoestasie wird durch die Nieren reguliert. Der Bruch mobilisiert die anorgan. „labile" Skelettfraktion.

K. MAIER. 4596☐

**Der Heilungsvorgang bei Knochenbrüchen. 3. Mitt. Der biochemische Verlauf der Heilung eines Knochenbruchs mit Zwischenbruchstück.** Pierre Cartier und Gérald Lord. (Bull. Soc. Chim. biol. **42.** 457—68. 30/7. 1960.) (Franz.) — 2. vgl. vorst. Referat.

Beim Kaninchen mit doppeltem Bruch der Schenkelknochendiaphyse, mit einer von der Blutgefäßversorgung isolierten Knochenzone tritt entfernt vom Bruch keine Entmineralisierung des Skeletts ein. Sie bleibt örtlich auf das gebrochene Glied beschränkt. Wie bei der Ratte sind die Bldg.-Phasen des Callus: Phosphorylierung des Proteincallus in den beiden ersten Wochen u. durch sehr schnelle Ablagerung von $Ca_3(PO_4)_2$ gek. Mineralisierung, deutlich beobachtbar. Die Bruchenden werden allmählich entmineralisiert. Das während der ersten 3 Wochen blutgefäßfreie Zwischenstück zeigt noch schwachen Ionenaustausch. Von der 4. Woche an, mit beginnender Blutgefäßversorgung, nimmt es an der Callusmineralisation teil. Bezogen auf Frischgew. besteht ein enges umgekehrtes Verhältnis zwischen Geh. an W. u. anorgan. Salzen, während der Protein-Geh., unabhängig vom Mineralisationsgrad (Asche 1,2—66%), konstant bleibt (19,9 $\pm$ 1,47%).

K. MAIER. 4596☐

**Glucose-Stoffwechsel bei Kaninchen während Unterkühlung.** A. F. Bickford und R. F. Mottram. (Clin. Sci. **19.** 345—59. Mai 1959. Oxford, Radcliffe Infirmary, Dep. of Regius Prod. of Med.) (Engl.)

Im Zustande längerer Unterkühlung von 17 Kaninchen auf 25—30° wurden bestimmt: Die *Glucose* (I)-Toleranz, die Unterschiede im I-Geh. arteriellen u. venösen Blutes in verschiedenen Muskeln u. die Atmungsquotienten. Das Ausscheiden von I aus dem Blut war verlangsamt, etwas I wurde oxydiert. Die Insulin-Wrkg. war vermindert.

H. GUDE. 4596☐

**Alternierende Wege der p-Hydroxyphenylessigsäure-Bildung in der Ratte.** C. M. Williams und A. A. Babuscio. (Biochim. biophysica Acta [Amsterdam] **47.** 393—94. 18/2. 1961. Pittsburgh, Pa., Veterans Administration Hosp., Radioisotope Serv. and Univ., Med. School, Dep. of Med. and Radiol.) (Engl.)

Vff. bestimmten das Ausmaß der Tyrosinumwandlung in *p-Hydroxyphenylessigsäure* (I) auf 2 Wegen. Hierzu wurden ♀ WISTAR-Ratten 10—15 $\mu c$ DL-$^{14}C_{(2)}$-Tyrosin (II), gelöst in 1—2 ml 0,5n NaCl, intraperitoneal injiziert. Der gesammelte Harn wurde mit Essigester extrahiert, der Extrakt schonend bei 37° eingedampft. Identifizierung der Phenolsäuren durch zweidimensionale Papierchromatographie an WHATMAN-Papier Nr. 3 mittels 100 $\mu g$ Standard von I u. Homovanillinsäure (III) [aufsteigend mit Isopropanol–$NH_3$–W., 8:1:1; absteigend mit Bzl.-Propionsäure–W., 2:2:1]. Anfärbung von I u. III mit diazotierter Sulfanilsäure u. $Na_2CO_3$. Während der folgenden 24 Std. nach der II-Injektion wurde im Durchschnitt 1% der Radioaktivität, authent. mit dem I-Fleck, ausgeschieden. In dem III entsprechenden Punkt wurde keine Radioaktivität gefunden. Zur Hemmung der Monoaminoxydase wurden 4 Tieren 1 Std. vor der II-Injektion 100 mg *1-Benzyl-2-[5-methylisoxazolyl-(3)-carbonyl]-hydrazin* (*Marplan*, HOFFMANN-LA ROCHE)/kg verabreicht. Hierdurch wurde die Bldg. von 3.4-Diphenylessigsäure aus Dopamin fast völlig blockiert. Die Ratten schieden im Durchschnitt 0,68% der injizierten Dosis an II in 24 Std. als I aus. Vff. sind auf Grund der Ergebnisse der Ansicht, daß ca. 68% der gebildeten I über den Weg der p-Hydroxyphenylbrenztraubensäure (IV) u. ca. 32% über den Weg des p-Tyramins (V) erfolgt. G. BRATFISCH. 4596☐

**Nickel und Kupfer in der normalen Menschenhaut.** N. S. Jagowdik. (Доклады Академии Наук БССР [Ber. Akad. Wiss. BelorussSSR] **3.** 77—80. Febr. 1959.) (Russ.)

An Hautstücken von Leichen von durch Trauma oder an Asphyxie gestorbenen Menschen fand man Ni am reichlichsten in der Haut der inneren Oberschenkelfläche (50,2$\gamma$%), am wenigsten in der Bauchhaut (29,2$\gamma$%). Ni war am reichlichsten in den Hautteilen, die bes. reich an Receptoren sind, u. weniger reichlich in den Bezirken mit weniger ausgesprochener Empfindlichkeit. Die Bauchhaut von Frauen enthielt 22,7$\gamma$% Ni, die der Männer 22,1$\gamma$%. Im Alter zwischen 10 u. 30 Jahren bleibt der Ni-Geh. der Haut ungefähr gleich; er steigt bis zu 40 Jahren an u. geht bei höherem Alter wieder zurück. Im Blut von Spendern fand man einen durchschnittlichen Ni-Geh. von 16,1$\gamma$%. Das Blut des gesunden Menschen enthält also weniger Ni als seine Haut. Der Cu-Geh. in der Haut ist ihrer Pigmentierung direkt proportional. Daher fand man die größten Werte, in der Haut um die Mamma herum (ca. 290$\gamma$%). Der Cu-Geh. der Haut an der inneren Grenze der Oberschenkel u. am Bauch war um 50% kleiner. Entsprechend der höheren Pigmentierung enthielt die Haut der ♀ Mamma mehr Cu als die der ♂. Am höchsten ist der Cu-Geh. der Haut im Alter zwischen 10 u. 20 Jahren, dann fällt er bis zum 30. Jahr ab, um dann wieder langsam anzusteigen. F. DU MANS. 4597 □

**Die sauren Mucopolysaccharide der normalen Nasenschleimhaut. Untersuchung über ihre Verteilung in Beziehung zum Alter.** G. Pesavento und G. Gasparini. (Boll. Soc. ital. Biol. sperim. **36.** 919—21. 15/9. 1960. Padua, Univ., Clin. Otorinolaringol.) (Ital.)

Die Unterss. werden an 21 Patienten von 1—80 Jahren mit verschiedenen Entzündungsprozessen durchgeführt. Die PAS-Positivität der einzelnen Präpp., die über den Geh. an *sauren Mucopolysacchariden* (I) Aufschluß gibt, zeigt, daß den I in der Nasenschleimhaut ein für jedes Alter charakterist. u. konst. Wert zukommt. F. KREN. 4597 □

**Die Wirkung von Calcium und Magnesium auf die Muskelfasern von Säugetieren.** D. H. Paul. (J. Physiology **151.** 566—77. Juni 1960. London, King's Coll., Dep. of Physiol., Birmingham, Univ., Dep. of Zool. and Comp. Physiol.) (Engl.)

Am curarinisierten Nerv-Muskel-Präp. (N. phrenicus-Diaphragma) der Ratte nimmt die Kontraktionshöhe der Muskelfasern nach direkter Reizung ab, wenn die Ca- oder Mg-Konz. der Bad-Fl. (KREBS-Lsg.) erhöht wird. Die stärkste Kontraktionshemmung durch Ca beträgt ca. 30%, durch Mg ca. 50%. Die Abnahme der Kontraktionshöhe bei Ca-Überschuß im Bad tritt auch bei indirekter Reizung ein. In KREBS-HENSELEIT-Lsg. mit erhöhtem K-Geh. ruft eine Erhöhung der $Ca^{2+}$-Konz. zuerst eine Erniedrigung, bei weiterer $Ca^{2+}$-Zugabe eine Erhöhung der Kontraktion hervor. Diese gegensinnigen Veränderungen finden sich bei Mg nicht. Erhöhung der Ca-Konz. zeigt weiter eine vergrößerte u. verlängerte posttetan. Aktivität. Eine Erhöhung der Konz. der KREBS-Lsg. führt zu einer Abnahme der K-Konz. des Gewebes bei gleichzeitigem Anstieg der Na-Konz. des Gewebes. R. TIMMLER. 4597 □

**Sedimentierung von Myosin in Harnstofflösungen.** Donald B. Wetlaufer und John T. Edsall. (Biochim. biophysica Acta [Amsterdam] **43.** 132—34. 9/9. 1960. Boston, Mass., Children's Cancer Res. Found.; Cambridge, Mass., Harvard Univ., Biol. Labor.) (Engl.)

Bei Lsg. von Kaninchenskelettmuskel-*Myosin* in 8 m *Harnstoff* u. anschließende Ultrazentrifugenbehandlung konnten drei Gipfel ($\alpha$, $\beta$ u. $\gamma$) festgestellt werden. Der $\gamma$-Gipfel nimmt ca. $^3/_4$ des Gesamtraumes ein, $\alpha$- u. $\beta$-Gipfel benötigen je $^1/_8$ des Raumes. Der Sedimentations-Koeff. kann als $S'_{20w}$ bezeichnet werden (mit Dichte- u. Viscositätskorrektur errechnet). Der $\gamma$-Gipfel zeigt große Konz.-Abhängigkeit, was als Ausdruck einer ausgeprägten mol. Asymmetrie angesehen wird; die $\gamma$-Komponente hat vermutlich dasselbe Molgew. wie das Myosinmolekül. Die Sedimentationsmuster bleiben über die pH-Bereiche von 3,3—10,5 u. bei Erhitzung auf 50° für 1 Std. unverändert; ebenso besteht Unempfindlichkeit gegenüber Jodacetamid- oder p-Chlormercuribenzoatüberschuß. Bei längerer Lagerung (1 Monat) kommt leichte Umwandlung von Teilen der $\gamma$-Fraktion in die $\beta$-Fraktion zustande. Bei Sedimentierung in 5 m *Guanidinhydrochlorid* fanden sich kein $\gamma$-Gipfel, ein großer $\beta$-Gipfel u. ein ca. 10% des Raumes einnehmender $\alpha$-Gipfel.
U. TAUSENDFREUND. 4597 □

**Die Biosynthese einer muskelrelaxierenden Substanz.** F. Norman Briggs und Franklin Fuchs. (Biochim. biophysica Acta [Amsterdam] **42.** 519—27. 26/8. 1960. Boston, Mass., Tufts Univ., School of Med.) (Engl.)

Bei Inkubation von Muskelmikrosomen mit Adenosintriphosphat (ATP) entsteht eine *dialysierbare Substanz*, die die Entw. einer Spannung glycerinbehandelter Muskelfasern hemmen kann. Die Isolierung eines derartigen Agens durch Zentrifugierung läßt daran denken, daß die Mikrosomen im muskelrelaxierenden Syst. nicht direkt zur Relaxation führen, sondern erst durch Bldg. eines relaxierenden Agens; dadurch findet auch die Zeitspanne zwischen Zufügung der Mikrosomen u. dem vollen Hemmeffekt seine Erklärung. Die Dialysierbarkeit deutet auf rasche Eindringungsfähigkeit in die glycerinbehandelte Muskulatur. ATP ist als Substrat für die Bldg. der Substanz anzusehen.
U. TAUSENDFREUND. 4597 □

**Bestimmung der Herzleistung durch externe Messung der Radioaktivität des Aortenblutes ($^{131}$J-Serumalbumin des Menschen).** P. Marquès, J. Géraud, A. Bru und A. Bes. (J. Radiol. Électrol. Méd. nucléaire **41.** 547—55. Okt. 1960. Toulouse, Centre régional anticancéreux.) (Franz.)

Vff. bringen einen eingehenden Bericht über ihre Unterss. zur Best. der Herzleistung u. der Gesamtblutmenge mittels Injektion von 100—150 m$\mu$ $^{131}$J-*Serumalbumin* in die Armvene u. Aktivitätsmessung mit einem kollimierten NaJ(Tl)-Scintillationszähler.

W. REUSSE. 4597 □

**Nierenfunktion und peripherer Venendruck unter Sauerstoffatmung bei cardialer Dekompensation.** Karl Klütsch, August Heidland und Klaus Werner Schneider. (Klin. Wschr. **38**. 842—45. 1/9. 1960. Würzburg, Univ., Med. Klinik.) (Dt.)

Bei 17 cardial dekompensierten Personen wurde der Einfl. von $O_2$-Beatmung auf die Nierenfunktion untersucht, wobei bei fallendem Venendruck die Kreatininclearance u. die Phenolrotausscheidung stiegen u. damit eine verbesserte Nierenleistung angezeigt wurde. Bei 3 von 4 Patienten fiel die akt. Blutmenge ab.

U. TAUSENDFREUND. 4597 □

**Schwankungen des Glykogengehaltes der Leber bei der Ratte nach längerer Kälteeinwirkung.** L. Képinov. (J. de Physiol. **52**. 809—21. Sept./Okt. 1960. Paris, Inst. de Biol. Phys.-Chim.) (Franz.)

Der *Glykogen*-I-Geh. der Rattenleber variiert mit der Umgebungstemperatur. Beträchtliche Zunahme bei 34—35°, fast vollständiges Verschwinden innerhalb von 1 bis 2 Wochen bei —4°. Die Schwankungsbreite von I bei längerer Kälte-Einw. scheint von der Nahrungsmenge im Verdauungstrakt abzuhängen. K. ZINGRAF. 4597 □

**Die Beeinflussung der Harnstoffsynthese in der Leber durch lokale Gewebeschäden beim Kaninchen.** G. Reissland und J. Ruckes. (Klin. Wschr. **39**. 491. 1/5. 1961. Mainz, Univ., Med. Klinik; Pathol. Inst.) (Dt.)

Die *Harnstoff*-Synth. in der Leber (in vitro) von Kaninchen mit Crotonölentzündung oder bakterieller Entzündung des Kniegelenks ist gegenüber Kontrollen deutlich erhöht. Es ist offenbar eine Aktivitätssteigerung der Leberzellen zumindest als Teilfaktor anzusehen. Es lassen sich Beziehungen zu extrarenalen Azotämien, wie sie bei entzündlichen Prozessen beim Menschen zu beobachten sind, aufstellen.

U. TAUSENDFREUND. 4597 □

**Kaliumkonzentration und Potentialdifferenz in einzelnen isolierten „Elektroplax" des Zitteraals.** Ernest Schoffeniels. (Biochim. biophysica Acta [Amsterdam] **27**. 660. März 1958. New York, N.Y., Columbia Univ., Coll. of Physicians and Surgeons, Dep. of Neurol.) (Engl.)

Bei Unterss. an einem isolierten *Elektroplax* des Zitteraals über den Einfl. unterschiedlicher $K^+$-Konzz. auf die Potentialdifferenz (PD) längs der beiden Membranen ergab es sich, daß bei $K^+$-Konzz. von 0,5—50 mm/(Normalwert 5 mm) die Kurve der Abhängigkeit der PD längs der nichtinnervierten Membran vom Logarithmus ihrer $K^+$-Außen-Konz. eine Steigung zwischen 20 u. 40 mV hat. Im Falle der innervierten Membran war dagegen der Konz.-Einfl. der $K^+$ auf die PD nur gering, er betrug ca. 5 mV bei einer Konz.-Änderung um das 10fache. Auf Grund dieser Differenzen wird auf unterschiedliche Permeabilitäts-Eigg. der beiden Membranen geschlossen u. vermutet, daß die Permeabilität der nichtinnervierten Membran für $K^+$ spezifischer ist als die der innervierten. Die Abweichung der PD von der NERNST-Gleichung zeigt, daß diese Membran auch für andere Ionen, wahrscheinlich $Na^+$ u. kleine organ. Ionen, durchlässig sein muß.

E. UHLEIN. 4598 □

**Die Inkorporierung von $^{35}$S-Methionin in die Meningen und in das zentrale Nervensystem der Katze.** E. Klika und Z. Lodin. (Acta histochem. [Jena] **10**. 198—209. 30/12. 1960. Prag, Karls-Univ., Histol. Inst.; Tschechoslovak. Akad. der Wiss., Physiol. Inst.) (Dt.)

Subarachnoidal verabreichtes $^{35}$*S-Methionin* (80 $\gamma$ = 50 $\mu$c) wird bei Katzen nach 5 Min. in die Gefäße der Pia mater eingebaut, nach 15 Min. in die subarachnoidale u. subdurale Auskleidung, nach 30 Min. hat es noch nicht die äußere Oberfläche der Dura mater erreicht. Nach 30 Min. gelangt das Isotop in das Gebiet der harten Hülle des Kleinhirns u. das obere Drittel des Rückenmarks. Nach 15 Min. ist es im chorioidalen Plexus der IV. Kammer, wohin es mit dem Liquor gelangt, nachzuweisen, sowie auch im Kleinhirn, wo der stärkste Einbau in die PURKINJE-Zellen erfolgt. Maximale Inkorporierung wurde in den Kernen der menigealen Auskleidungszellen beobachtet (Meth.: Flächenautohistoradiographie, histolog. Präp. 0,5—1 $\mu$ stark). U. TAUSENDFREUND. 4598 □

**Transistor-Reizgerät für spannungskonstante Reizbedingungen.** Ch. Brehmer und H. Walther. (Acta biol. med. german. [Berlin] **6**. 412—15. Mai 1961. Dresden, Med. Akad. „Carl Gustav Carus", Pharmakol. Inst.) (Dt.)

Ein billiges, netzunabhängiges Transistorreizgerät für Nervenreizungen wird beschrieben. Die Bedingungen für eine spannungs- u. stromkonst. Reizung werden diskutiert.

D. SCHEUCH. 4598 □

**Über den Neuraminsäuregehalt verschiedener Säugetieraugen. 1. Mitt. Die Hornhaut.** J. G. H. Schmidt. (Graefes Arch. Ophthalmol. verein. Arch. Augenheilkunde **162.** 34—47. 1960. Mainz, Univ., Augenklin.) (Dt.)

In der Mucoidfraktion des Hornhautparenchyms u. im Descemet-Endothel-Abschnitt von Rinder-, Pferde- u. Schweineaugen läßt sich nach salzsaurer Methanolyse durch Farb-Rkk. mit dem BIALschen Reagens u. mit p-Dimethylaminobenzaldehyd *Neuraminsäure* nachweisen. Die neuraminsäurehaltige Mucoidfraktion ist durch Essigsäure bei pH 4 fällbar. G. ZIEBARTH. 4598□

**Über den Neuraminsäuregehalt verschiedener Säugetieraugen. 2. Mitt. Das Kammerwasser.** J. G. H. Schmidt. (Graefes Arch. Ophthalmol. verein. Arch. Augenheilkunde **162.** 48—52. 1960.) (Dt.) — 1. vgl. vorst. Referat.

Durch fraktionierte Fällung u. präparative Zonenelektrophorese wird im Kammerwasser von Rind, Pferd u. Schwein ein neuraminsäurehaltiger Teil der $\alpha$-Globulinfraktion isoliert. Die *Neuraminsäure* läßt sich nach salzsaurer Methanolyse mit dem BIALschen Reagens u. mit p-Dimethylaminobenzaldehyd anfärben u. photometr. bestimmen. G. ZIEBARTH. 4598□

**Über den Neuraminsäuregehalt verschiedener Säugetieraugen. 3. Mitt. Der Glaskörper.** J. G. H. Schmidt. (Graefes Arch. Ophthalmol. verein. Arch. Augenheilkunde **163.** 10—18. 1961.) (Dt.) — 2. vgl. vorst. Referat.

Aus der Glaskörper-Fl. von Rind, Pferd, Schwein u. Mensch lassen sich durch Trichloressigsäure zwischen 0 u. 10° neuraminsäurehaltige Verbb. ausfällen. Die *Neuraminsäure* wird nach salzsaurer Methanolyse durch Farb-Rkk. mit dem BIALschen Reagens u. mit p-Dimethylaminobenzaldehyd u. durch Papierchromatographie nachgewiesen. In den Glaskörperfäden ist die Verb. nicht nachzuweisen. G. ZIEBARTH. 4598□

---

**N. A. Judajew**, Chemische Bestimmungsmethoden der Steroidhormone in biologischen Flüssigkeiten. Moskau: Medgis. 1961. (171 S. m. Zeichng.) 65 Kop. [Russ.]

**A. O. Natansson**, Vitamin A und A-Vitaminmangel. Moskau: Medgis. 1961. (278 S.) 1 Rbl. 09 Kop. [Russ.]

## E₆. Pharmakologie. Therapie. Toxikologie. Hygiene

**Beziehungen zwischen chemischer Konstitution und pharmakodynamischen Eigenschaften. Synergismus und Antagonismus der Aktivität.** J.-C. Colleter. (Bull. Soc. Pharmacie Bordeaux **99.** 161—87. 1960.) (Franz.)

Übersicht. Definitionen; Strukturanalogie: Isosterie, „potentielle Cyclen", Molekülverdopplung, partielle Übereinstimmung im Molekülbau; Antagonismus: antibakterielle Chemotherapie, Chemotherapie des Krebses, Antivitamin K, Antihormone, Antiwachstumsfaktoren, Pharmaca des Nerven- oder Muskel-Syst.; Synergismus bei Pflanzen, Mikroorganismen der Insekticide, bei höheren Tieren. — 45 Literaturangaben. K. MAIER. 4600□

**Eine graphische Methode zur Untersuchung der gemeinsamen Wirkung von drei Substanzen.** Graham Chen. (Arch. int. Pharmacodynam. Thérap. **111.** 322—33. 1/8. 1957. Detroit, Mich., Parke, Davis and Comp., Res. Labor.) (Engl.)

Es wird eine graph. Darst. für die gemeinsame Wrkg. dreier Pharmazeutica, die auf dem Dosis-Wrkg.-Charakteristicum beruht, gegeben. An Hand der Kombinationen Pentobarbital + Phenobarbital + Barbital u. Dilantin + Phenobarbital + Desoxyephedrin wird sie näher erläutert. H. STRUCK. 4600□

**Eine Methode zur Bestimmung der Arzneimittelwirkung auf die zentrale Erregbarkeit des Siamesischen Kampffisches.** D. L. Trout. (Arch. int. Pharmacodynam. Thérap. **111.** 334—41. 1/8. 1957. Durham, North Carolina, Duke Univ., Dep. of Physiol. Pharmacol.) (Engl.)

Es wird eine semiquant. Meth. zur Best. der zentralen Erregbarkeit durch Pharmazeutica mitgeteilt. An Hand der Einw. von Chlorpromazin u. Metrazol auf den siames. Kampffisch *Betta spledens* wird die Meth. näher erläutert. H. STRUCK. 4600□

**Über die Absorption der $\gamma$-Strahlen von $^{51}_{24}$Cr in den Geweben.** I. Indovina und M. M. Indovina Addario. (Boll. Soc. ital. Biol. sperim. **36.** 891—94. 15/9. 1960. Palermo, Univ., Ist. di Clin. Med.) (Ital.)

Bei Unterss. der Strahlungsabsorption von $^{51}_{24}$*Cr* an Lungen-, Leber- u. Muskelgewebe ergibt sich folgendes: Bei der Best. in vitro muß der weiche Teil der Strahlung durch Dazwischenlegen eines Cu-Blättchens von 0,9 g/cm² Dicke eliminiert werden; in vivo wird die weiche Strahlung schon durch 1 mm Gewebe aufgehalten; die Verw. von $\gamma$-Strahlung von 320 keV eignet sich diagnost. am besten, wenn zwischen Strahlungsquellen u. Zähler ca. 10 cm Gewebe dazwischenliegen, da sie dann konstanter ist. F. KREN. 4601□

**Die Wirkung der γ-Strahlen auf die serologischen Eigenschaften von Eieralbumin.** 3. Mitt. **Bestrahlte Lösungen.** Charles A. Leone. (J. Immunology **85.** 268–74. Sept. 1960. Lawrence, Kans., Univ. of Kansas, Dep. of Zoology.) (Engl.) — 1. vgl. J. Immunology **85.** [1960.] 107; vgl. auch C. **1950/54.** 3963 S. u. C. **1959.** 1535.

2%ig. Eieralbumin-Lsgg. wurden mit γ-Strahlen (30–1000 eV/Mol) bestrahlt. Die Kurve der serolog. Aktivität gegenüber Antikörpern gegen natives Eieralbumin fällt in exponentieller Form ab, die Kurve der Bldg. isoelektr. koagulablen Proteins in sigmoidaler. Gereinigte Fraktionen des durch Bestrahlung isoelektr. koagulablen Ovalbumins verhalten sich zu 16–25% wie natives Protein, eine isoelektr. koagulable thermolabile Fraktion des bestrahlten Syst. zu 14–19%. Es wird angenommen, daß der Verlust der serolog. Aktivität der bestrahlten Lsgg. die Folge eines kumulativen Effekts indirekter Ionisationen der Protein-Mol. ist. E. FISCHOEDER. 4601□

**Die Aufnahme von Spaltprodukten durch Vögel aus einer Gegend mit niedrigem Gehalt an radioaktiven Abfallprodukten.** William K. Willard. (Science [Washington] **132.** 148–50. 15/7. 1960.) (Engl.)

In der Umgebung von White Oak Lake wurde in Pflanzen, Böden u. Körperteilen von Vögeln der Geh. an $^{90}Sr$–$^{90}Y$ u. $^{137}Cs$ bestimmt u. bzgl. der regionalen u. jahreszeitlichen Schwankungen krit. untersucht. Vers.-Tiere waren Sperlingsvögel, die in ökolog. Beziehung Ähnlichkeit mit den Ernährungsgewohnheiten des Menschen aufweisen. P. LOCH. 4601□

**Das Caesium-137. 1000 Curie-Telecaesiotherapieanlage.** Jean Gest und Gilles Delouche. (J. Radiol. Electrol. Méd. nucléaire **41.** 607–14. Okt. 1960. Saint-Cloud, Centre René Huguenin de Lutte contre le Cancer.) (Franz.)

Zusammenfassende Darst. der radiolog. Eigg. von $^{137}Cs$ u. der Anlagen zur Durchführung der Telecurietherapie mit $^{137}$Cs, bes. der 1000-c-Anlage Gammadyne in Saint-Cloud. Vgl. der therapeut. Möglichkeiten mit der $^{60}$Co-Technik. W. REUSSE. 4601□

**Untersuchungen über die Verwendung von Lävulinsäure.** 2. Mitt. **Förderung der Ausscheidung von radioaktivem Cäsium durch Säureoxime.** Kazuhiko Takamiya. (Arch. Biochem. Biophysics **89.** 325–27. Aug. 1960. Tokyo, Univ. of Tokyo, Fac. of Agric., Dep. of Agric. Chem.) (Engl.) — 1. vgl. C. **1960.** 11695.

Es wurde der Einfl. von *Lävulinsäure-* (I) u. *α-Ketoglutarsäureoxim* (II) auf die Ausscheidung (Harn, Faeces) von markiertem *Cs* bei Ratten untersucht, die im Futter 0,47% K u. 0,30% Na u. intraperitoneal $^{134}Cs$ u. $^{137}Cs$ erhielten. Nach Cs-Injektion verläuft die Ausscheidung im Harn fast exponentiell. I u. II (pH 7) steigerten die Ausscheidung. Ferner wurde der Einfl. von NaCl- u. EDTA (Na-Salz)-Injektionen auf die Cs-Ausscheidung untersucht. K. MAIER. 4601□

**Hämodynamische Veränderungen unter Sauerstoffatmung.** A. Heidland, K. Klütsch und K. W. Schneider. (Klin. Wschr. **38.** 838–42. 1/9. 1960. Würzburg, Univ., Med. Klinik.) (Dt.)

Wenn auch die von Vff. angestellten Einzelunterss. noch nicht zu einer endgültigen Stellungnahme zur $O_2$-Behandlung von Zuständen mit Gefäßinsuffizienz berechtigen, so wird doch auf die Möglichkeit einer Verschlechterung der Hämodynamik durch $O_2$-Beatmung hingewiesen. Bei Unterss. an 11 cardial kompensierten u. 15 plusdekompensierten Patienten kam es unter Einfl. kurzfristiger $O_2$-Behandlung 12 mal zu Abnahmen u. 4 mal (jeweils dekompensiertes Cor pulmonale) zu Anstieg der akt. Blutmenge (bei letztem mit Verschlechterung der Herzleistung). 1 Fall mit bereits verkleinertem Ausgangs-Vol. zeigte unter $O_2$ noch weitere Abnahme. Die Abnahme der Blutmenge bei 6 plusdekompensierten Hypertonikern läßt die $O_2$-Atmung zur Behandlung dieses Leidens allerdings als geeignet erscheinen. U. TAUSENDFREUND. 4606□

**Die Wirkung von Kohlendioxyd auf den Eintritt und die Anreicherung von Arzneimitteln im Zentralnervensystem.** Mark A. Goldberg, Charles F. Barlow und Lloyd J. Roth. (J. Pharmacol. exp. Therapeut. **131.** 308–17. März 1961. Chicago, Ill., Univ. of Chicago, Dep. of Med., Dep. of Pharmacol. and Div. of Neurol.) (Engl.)

Unter Einfl. von 25% $CO_2$ nahm die Konz. von *Phenobarbital*, *Salicylsäure*, *Acetazolamid* u. *Harnstoff* (I) in allen anatom. Bereichen des Katzenhirns (in vorwiegend myelinhaltigen stärker als in der grauen Substanz) zu, durch Hyperventilation wurde sie verringert. Die Konz. von I zeigte keine Korrelation mit dem pH des Blutes in verschiedenen Hirnbereichen. K. ZINGRAF. 4606□

**Elektrophoretische Veränderungen der Proteine bei experimenteller subakuter Chrom-Vergiftung.** Aldo Mele. (Zacchia [Roma] [2] **23 (35).** 488–92. Okt./Dez. 1960. Napoli, Univ., Ist. di Med. Legale e delle Assicuraz.) (Ital.)

Nach intraperitonealer Verabreichung von *Chromsulfat* bei Kaninchen treten im Elektropherogramm eine Abnahme von *Albumin* u. *γ-Globulin* u. eine Zunahme von *α-* u. *β-Globulin* auf. K. ZINGRAF. 4606□

**Beschleunigung der Ausscheidung von Yttrium, Cer und Blei aus dem Organismus mit Hilfe von Äthylendiamintetraessigsäure, Diäthylentriaminpentaessigsäure und Diaminodiäthyltetraacetat.** I. P. Tregubenko, W. G. Jaschunski und D. I. Ssemenow. (Биохимия [Biochemie] **26.** 177–87. Jan./Febr. 1961. Swerdlowsk, Ural-Zweigstelle der Akad. der Wiss. der UdSSR, Inst. für Biol., Labor. für Biophysik; Moskau, Allunions Chem.-Pharm. Forschungsinst.) (Russ.; Auszug: Engl.)

Im Ratten-Vers. wurde die Wrkg. von *Diäthylentriaminopentaessigsäure* (I), *Tetraessigsäurediaminodiäthylester* (II) u. *Äthylendiamintetraessigsäure* (III) auf die Ausscheidung von $^{91}YCl_3$, $^{144}CeCl_3$ u. $^{216}Pb(NO_3)_2$ aus dem Organismus untersucht u. festgestellt, daß I u. II in stärkerem Maße als III die Ausscheidung von Y u. Ce mit dem Harn erhöhen. Gegenüber Pb zeigt II eine stärkere, I eine schwächere Wrkg. als III. Eine Besonderheit von I u. II besteht darin, daß sie auch die Isotopenausscheidung mit den Faeces verstärken u. hinsichtlich Y u. Ce länger wirksam sind. Auf Grund der Ergebnisse nehmen Vff. an, daß II bes. wirksam die Ausscheidung jener Metalle intensiviert, die sich in starkem Maße in der Leber ablagern. Als Kennzahl der Wirksamkeit der Komplexone ist neben der im Tier-Vers. ermittelten Abnahme des Metall-Geh. in den Geweben die „abs." Größe der Metallausscheidung aus dem Organismus anzuwenden: im Labor.-Vers.-% der zugeführten Metallmenge, in der klin. Praxis mg-% oder 24-Std.-Menge des Metalls.

O. LEBTAG. 4607 □

**Der Einfluß lang dauernder Äthylalkoholbelastung auf die Brenzcatechinaminausscheidung im Harn der Ratte.** J. P. von Wartburg, W. Berli und H. Aebi. (Helv. med. Acta 28. 89–98. März 1961. Bern, Univ. Med.-chem. Inst.) (Dt.)

Nach lang dauernder A.-Verabreichung (10 Vol.-%) im Trinkwasser ist bei Ratten die *Adrenalin* (II)- u. *Noradrenalin* (III)-Ausscheidung im Harn erniedrigt. Einmalige A.-Belastung (0,15 ml abs. A./100 g Körper-Gew.) steigert in 24-Std.-Urin die II-Ausscheidung um 200%, die von III um 60%. Bei den lang dauernd mit A. behandelten Tieren ist diese durch die akute A.-Belastung erzielte Mehrausscheidung von II u. III signifikant geringer.

K. BÖHM. 4607 □

**Die L-Ascorbinsäureausscheidung nach Benzylbutenolid- und Benzylbutenolid–Aminophenazon-Applikation bei der Ratte.** S. Nordmann und W. Klinger. (Acta biol. med. german. [Berlin] **6.** 416–19. 1961. Jena, Friedrich-Schiller-Univ., Pharmakol. Inst.) (Dt.)

Diurese u. Ascorbinsäureausscheidung wurden durch einmalige Gabe von *Benzylbutenolid* (I) u. *Aminophenazon-Benzylbutenolid* (II) signifikant gesteigert. Bei II war die Diuresesteigerung nicht so ausgeprägt wie bei I, dagegen war bei II die Ascorbinsäureausscheidung größer als bei I.

D. SCHEUCH. 4607 □

**Die hepatoxische Wirkung von halbsynthetischen Analogen von Pyrrolizidin-Alkaloiden.** R. Schoental und A. R. Mattocks. (Nature [London] **185.** 842–43. 18/3. 1960. Surrey, Carshalton, Med. Res., Council Labor.) (Engl.)

Die gleichen subakuten Leberschäden u. cytol. Abnormitäten wie durch natürliche Pyrrolizidin-Alkaloide wurden ausgelöst durch die oral gegebenen Hydrochloride der Diester des *Retronecins* (I) mit der *Tiglin-*, *Senecio-* u. *Isovaleriansäure* (Dosis 250 bis 500 mg/kg Ratte). Ein ähnliches tox. Bild jedoch ohne cytol. Abnormitäten gaben die I-Diester der *n-Butter-* u. *n-Valeriansäure* selbst bei Dosen von 1300 bzw. 730 mg/kg. Demnach besteht offenbar ein Zusammenhang zwischen Hepatoxizität u. Verzweigung der Säurekette. $^1/_5$ der Oraldosen, interperitoneal gegeben, führte in allen Fällen zu Krämpfen mit Lungenödemen u. rasch eintretendem Tod.

C. O. LAUBSCHAT. 4607 □

**Unterdrückung des zentrifugalen durch den Fasciculus olivo-cochlearis bewirkten Hemmeffektes durch Strychnin.** J. E. Desmedt und P. Monaco. (Arch. int. Pharmacodynam. Thérap. **129.** 244–48. 1/12. 1960. Bruxelles, Univ. Labor. de Pathol. générale.) (Franz.)

Bei der Katze verringern oder unterdrücken nicht convulsiv wirkende Dosen (60–100 γ/kg) von *Strychnin* (I) die zentrifugale Hemmung der Rk. des Nerv. acusticus auf Ticken durch den Fasciculus olivo-cochlearis (RASMUSSEN). Es handelt sich dabei um eine spezif. Wrkg. von I; *Pikrotoxin* u. *Metazol* sind unwirksam. Die zentrifugale olivo-cochleare Hemmung besitzt also neuropharmakolog. Eigg., ähnlich denen der segmental-spinalen Hemmungen. Es könnte also die gleiche chem. (noch unbekannte) Überträgersubstanz im Spiel sein.

K. BÖHM. 4608 □

**Antiphlogistische Wirkungen vom Proteasen-Inhibitor aus Kartoffeln auf verschiedene Typen der experimentellen Entzündungen.** J. Hladovec, Z. Horáková und V. Mansfeld. (Arch. int. Pharmacodynam. Thérap. **128.** 343–54. 1/11. 1960. Praha, Forschungsinst. für Pharmazie u. Biochem.) (Dt.)

Der *Proteasen-Inhibitor* aus Kartoffeln vom Proteintyp (Isolierung nach Fällung des alkal. Kartoffelextraktes beim isoelektr. Punkt durch Fraktionierung mit Ammonsulfat, der Polypeptidtyp des Inhibitors entsteht durch Spaltung u. weitere Reinigung) übt in der ödematösen, infiltrativen Phase von experimentellen Entzündungen (nicht in der proliferativen Phase) eine hohe antiphlogist. Wrkg. aus.

U. TAUSENDFREUND. 4608 □

**Untersuchungen über die Hautblasen-Permeabilität an Hand der Sulfonamidverteilung in Plasma und Blasenflüssigkeit.** G. Stüttgen und Siavouch Granmayeh. (Arch. klin. exp. Dermatol. **212.** 133—39. 1961. Düsseldorf, Med. Akademie, Hautklinik) (Dt.)

Die Sulfonamide (I) *2.4-Dimethoxy-6-sulfanilamido-1.3-diazin* (*Madribon* ROCHE), *2-Sulfanilamido-5-methylpyrimidin* (*Pallidin* MERCK), *Sulfadimethyloxazol* (*Sulfuno* NORDMARK) u. *3-Sulfanilamido-2-phenylpyrazol* (*Orisul* CIBA) wurden als Indicatoren für die Prüfung der Permeabilitätsverhältnisse zwischen Hautblasen (Cantharidenblasen) u. Hautgefäßen verwandt. Es besteht eine verschieden große prozentuale Verteilung zwischen Blasen-Fl. u. Blutplasma, die von dem Zeitpunkt der Medikation u. dem Entwicklungszustand der Blase abhängig ist. Dabei bestimmen die Intensität u. Richtung des Fl.-Stroms den Spiegel von I in der Hautblase. Ist die Blasen-Entw. abgeschlossen, so ist der Einstrom von I stark vermindert. Frühzeitige Medikation ist daher für das Erreichen eines optimalen I-Spiegels im Bereich eines akuten exsudativen Prozesses zu empfehlen. K. BÖHM. 4610 □

**Biochemische Veränderungen an Erythrocyten während einer durch Anilinderivate hervorgerufenen Hämolyse.** C. Larkin Flanagan, Ernest Beutler, Raymond J. Dern und Alf S. Alving. (J. Lab. clin. Med. **46.** 81. Nov. 1955.) (Engl.)

Bei Menschen, die auf Gaben von *Primaquine* (I) mit Hämolyse reagieren, enthalten die Erythrocyten nur 50 mg% *Glutathion* (II) gegenüber 75 mg% bei I-nichtempfindlichen Menschen. Empfindliche Erythrocyten enthalten vor ihrem mittels $^{51}$Cr untersuchten Abbau sogar nur 30 mg% II. Orale Gaben von Cystein, Methionin oder Cholin verhindern bei empfindlichen Erythrocyten den II-Verlust nicht.

HEINRICH HERMANN. 4610

**Biochemie des Isoniazids. 1. Mitt. Isoniazidstoffwechsel.** Ekkehard Krüger-Thiemer. Iber. Tuberkulose-Forsch.-Inst. Borstel. **4.** 299—509. 1956/57.) (Dt.)

Umfassende Monographie mit 39 Seiten Literaturangaben.

C. O. LAUBSCHAT. 4610 □

**Frühzeitiger Nachweis einer durch Pharmaca induzierten Abnahme der Erythropoese.** David Rubin, Austin S. Weisberger und Don R. Clark. (J. Lab. clin. Med. **56.** 453—62. Sept. 1960. Cleveland, Ohio, Western Reserve Univ., University Hospitals and School of Med., Dep. of Med.) (Engl.)

Bei der durch Pharmaca ausgelösten Erythropoeseabnahme geht dem Abfall des Hämatokritwerts längere Zeit eine Zunahme des Plasma-Fe-Geh. u. der Sättigung des Fe-bindenden Globulins voraus, so daß beide Erscheinungen als empfindlicher Index der erythropoetischen Frühschädigung dienen können. Mittels derartiger Best. wurde z. B. die entsprechende Toxizität von *Dextrosulphenidol, threo-2-Dichloracetamido-1-[4-methylsulfonylphenyl]-propandiol-(1.3)* (I), einem Antibioticum mit ähnlicher chem. Konstit. u. ähnlichem antibakteriellen Spektrum wie Chloramphenicol (II), ermittelt. Bei I ist durch Einführung der $CH_3SO$- an Stelle der $NO_2$-Gruppe von II die Hemm-Wrkg. auf die Erythropoese beträchtlich gesteigert. K. MAIER. 4611 □

**Immunologische Reaktionen auf Penicillin.** Jean Harris und John H. Vaughan. (J. Allergy **32.** 119—27. März/April 1961. Rochester, N.Y., Univ. of Rochester School of Med. and Dentistry.) (Engl.)

Bei 541 Patienten wurden Hautteste (HT) u. Hämagglutination (Hag.) ausgeführt u. in 13 Fällen waren letztere positiv. Ein immunolog. Beweis für eine *Penicillin* (I)-Hypersensibilität kann häufig bei Patienten, die Rkk. auf I aufweisen, gefunden werden. Zwischen HT u. Hag. besteht aber keine gute Korrelation. So gibt es Beispiele für I-Hypersensibilität, die auf anderen Immunmechanismen beruht als auf empfindlichen Antikörpern in der Haut, eine Tatsache, die nachdrücklich die Grenzen des Gebrauchs von HT allein für die Diagnose allerg. Zustände betont. Die Hag. hat einen höheren Grad an Spezifität für das Penicillin-I-Mol., da auch synthet. Penicilline (Syncillin) die Rk. hemmen. K. BÖHM. 4611 □

**Substanzwirkungen auf das Zentralnervensystem bei der Maus.** Barbara B. Brown. (Arch. int. Pharmacodynam. Thérap. **128.** 391—414. 1/11. 1960. Northridge, Calif., Riker Labor. Inc.) (Engl.)

Die Maus kann als wichtiges Vers.-Tier zur Prüfung von Substanzen auf das Zentralnerven-Syst. gelten; dabei gestattet Kombination der Beobachtung der allmählichen Abnahme der motor. Rk. in der Isolation u. Best. der spontanen koordinierten Aktivität in der Gruppe die Charakterisierung einer großen Zahl von Substanzen, die auf das Zentralnerven-Syst. wirksam sind. Zur Variation u. Steigerung der Empfindlichkeit der Teste können vorherige Isolierung oder Gruppenaufenthalt, Größenvariation der Gruppe, Dauer des Laboraufenthalts beitragen. Prüfung des Tryptophanstoffwechsels ließ erkennen, daß *l-Tryptophan* u. *5-Hydroxytryptophan* stärker hemmend auf die spontane Aktivität als *5-Hydroxytryptamin* wirken; kurzfristige *Iproniazid*-Verabreichung wirkt depressiv, Dauerverabreichung führt zur Steigerung der motor. Aktivität.

U. TAUSENDFREUND. 4620□

**Mechanismus der Wirkung der Monoaminooxydase-Hemmstoffe (Hydrazide und Hydrazine) auf das Zentralnervensystem: Experimentelle Tatsachen und Hypothesen.** Jeanne Lévy und Estéra Michel-Ber. (J. de Physiol. **52.** 789—808. Sept./Okt. 1960. Paris, Fac. de Méd., Labor. de Pharmacol. Chim.) (Franz.)

*Adrenalin* (I), *Noradrenalin* (II), *Dopamin* (III), *Tryptamin* (IV), *Pyrogallol* (V), *2-Hydrazinooctanhydrogensulfat* (*D 1514*; VI), *3.4-Dihydroxyphenylalanin* (*DOPA*, VII), *5-Hydroxytryptophan* (VIII) u. *Reserpin* (IX) verlängerten die Dauer des durch Chloral (X) bei Mäusen herbeigeführten Schlafes. Nach vorheriger Gabe von **VI** wurde die Wrkg. von **X** durch **I, II, III** u. **IV**, nicht aber durch **V** weiter gesteigert, während **VII, VIII** u. **IX** unter diesen Bedingungen antagonist. gegen **X** wirkten. K. ZINGRAF. 4620□

**Parasympathicolytische Aktivität von Ficus religiosa, Linn.** C. L. Malhotra, P. K. Das und N. S. Dhalla. (Indian J. med. Res. **48.** 734—42. Nov. 1960. New Delhi, Lady Hardinge Med. Coll., Dep. of Pharmacol. and Therap.) (Engl.)

Der *alkohol. Extrakt* (heißer 95% ig. A.) der *Ficus religiosa*-Rinde enthält Glykoside, Harze u. Spuren von Alkaloid. Durch wss. Suspensionen der A.-freien Extraktstoffe in Dosen von 0,1, 0,3, bzw. 1,0 mg/ml kann eine Relaxation des isolierten Rattenuterus, Rattenileum, Meerschweinchenileum u. Kaninchenileum erzielt werden; am Hund bewirken 25—50 mg/kg i.v. in situ eine Ileumerschlaffung. Die Extraktstoffe wirken gegenüber Spasmogenen antagonist., u. zwar gegenüber Acetylcholin (I), Histamin (II), $BaCl_2$ u. Serotonin im Verhältnis 1 : 4,5 : 12 : 21 (im Vgl. dazu beträgt das Verhältnis für Atropin 1 : 2200 : 22400 : 21250). Die cardiovasculären Wrkg. von I werden blockiert; der Extrakt wirkt vagolytisch. Die cardiovasculären Wrkg. von II werden nicht beeinflußt. Der Extrakt übt gegenüber dem durch II u. besonders dem durch I am Meerschweinchen hervorgerufenen Asthma einen Schutz aus. An autonomen Ganglien u. neuromuskulären Übergängen von Skelettmuskeln wird keine Anti-I-Wrkg. ausgeübt. Die $DL_{50}$ beträgt bei Ratten 2,24 g/kg peroral, 0,80 g/kg intravenös.

U. TAUSENDFREUND. 4620□

**Wirkung tranquilierender Stoffe auf die durch Wasser und Salzlösungen hervorgerufene Diurese bei Ratten.** N. M. Tiwari, M. N. Jindal und C. L. Jaiswal. (Arch. int. Pharmacodynam. Thérap. **128.** 383—89. 1/11. 1960. Nagpur, Med. Coll., Dep. of Pharmacol.) (Engl.)

Da *Acetylcholin* (I) als humoraler Überträgerstoff der Freisetzung von antidiuret. Hormon angesehen wird, wurde geprüft, ob die Anti-I-Wrkg. besitzenden Stoffe *Chlorpromazin* (II) u. verwandte Phenothiazine bzw. Tranquilizer eine Wrkg. auf die wasser- u. NaCl-induzierte Diurese bei Ratten haben u. ob eine Beziehung zur Anti-I-Wrkg. besteht. Geprüft wurden *Na-Pentobarbiton*, *Morphinsulfat*, II-*Hydrochlorid*, *10-[3-Dimethylaminopropyl]-phenothiazinhydrochlorid*, *10-[2-Dimethylamino-2-methyläthyl]-2-chlorphenothiazinhydrochlorid*, *10-[2-Dimethylaminoäthyl]-phenothiazinhydrochlorid*, *10-[3-Dimethylaminopropyl]-phenothiazinhydrochlorid*, *10-[3-(Methyl-4-piperazinyl)-propyl]-2-chlorphenothiazinhydrobromid*, *Promethazin*, *10-[3-Aminopropyl]-phenothiazinhydrochlorid*, *10-[2-Dimethylaminoäthyl]-phenothiazinhydrochlorid*, *10-[3-Dimethylaminopropyl]-phenoxazinhydrochlorid*, *1-Phenyl-2-piperidinopropanon-(1)-hydrochlorid*, *Reserpin*. Es ließ sich dabei eine Beziehung zwischen ausgeübter *Anticholinesterase*-Aktivität, Anti-I-Aktivität u. antidiuret. Aktivität, jedoch nur bei Wasserhydrierung (nicht bei NaCl-Hydrierung) finden. U. TAUSENDFREUND. 4620□

**Tachyphylaxie.** 5. Mitt. **Wirkungen von optischen Isomeren sympathicomimetisch wirkender Amine auf Streifen der Kaninchenaorta.** Calvin Hanna. (Arch. int. Pharmacodynam. Thérap. **129.** 191—200. 1/12. 1960. Burlington, Vt., Univ. of Vermont, Coll. of Med. Dep. of Pharmacol.) (Engl.) — 4. vgl. Arch. int. Pharmacodynam. Thérap. **128.** [1960.] 469.

An Hunden in Pentobarbitalnarkose u. an isolierten Streifen der Kaninchenaorta wurden die opt. Isomeren von *Arterenol* (I), *Epinephrine* (II), *Isoproterenol* (III), *Nordefrin* IV), *Phenylephrine* (V), *Hydroxyamphetamine* (VI), *Amphetamine* (VII), *Methoxamine*

**VIII**), *Dihydroxyephedrin* (**IX**) u. *Tyramin* (**X**) getestet. Die biolog. Aktivität der Isomeren von **I**, **II**, **III**, **IV** u. **V** war viel größer bei den *l*-Isomeren. Tachyphylaxie (Ta.) konnte nicht nachgewiesen werden, selbst wenn das *d*-Isomere in hohen Dosen verwendet werden konnte. Die opt. Isomeren von **VI** u. **VII** sind in ihrer biolog. Aktivität sehr ähnlich, u. Ta. konnte leicht erzeugt werden. **X** wirkte am Kaninchenaortenstreifen tachyphylakt., nicht aber auf den Blutdruck des Hundes, bei **VIII** waren die Befunde gerade umgekehrt. Die Amine, die an der Kaninchenaorta tachyphylakt. wirken, bewirken niemals eine Maximal-Rk., verglichen mit den nicht tachyphylakt. wirkenden aber akt. Aminen. Der Einfl. der opt. Konfiguration auf die biolog. Aktivität u. Ta. wird in Form einer Hypothese einer an vielen Punkten ansetzenden Drogen-Receptor-Beziehung diskutiert. K. BÖHM. 4620□

**Elektrische Aktivität der Appetitzentren im Hypothalamus unter dem Einfluß von Reserpin, Rastinom und Preludin.** B. K. Anand, C. L. Malhotra, S. Dua und Baldev Singh. (Indian J. med. Res. **49.** 152—57. Jan. 1961. New Delhi, All-India Inst. of Med. Sci., Dep. of Physiol.) (Engl.)

Gemessen wurde die elektr. Aktivität im „Appetit"- (AZ) u. „Sättigungszentrum" (SZ), sowie in anderen Bereichen des Hypothalamus u. in neocorticalen Bereichen bei Katzen u. Affen. *Serpasil* bewirkte eine Verlangsamung im EEG aller Nervenbereiche, hatte aber keinen bes. Einfl. auf AZ u. SZ. Nach *Rastinon* traten nur dann eine Aktivitätszunahme von AZ u. eine Aktivitätsabnahme von SZ ein, wenn der Blutzucker nach ca. ½ Std. verringert wurde. *Preludin* steigerte die Aktivität von SZ u. hatte keinen Einfl. auf die übrigen Bereiche. K. ZINGRAF. 4620□

**Der therapeutische Index von Hexafluordiäthyläther (Indoklon) und seine Änderungen durch Reserpin, Chlorpromazin und Iproniazid.** Edward B. Truitt jun. und Ethel M. Ebersberger. (Arch. int. Pharmacodynam. Thérap. **129.** 223—35. 1/12. 1960. Baltimore, Md., Univ. of Maryland School of Med., Dep. of Pharmacol.) (Engl.)

Bei Mäusen ist der therapeut. Index (t.I.) von i.v. injiziertem *Hexafluordiäthyläther* (**I**) u. bei Ratten von intraperitoneal gegebenem **I** größer als die entsprechenden Werte für Pentatetrazol. Wenn Mäuse **I** inhalieren u. 30 Sek. nach Beginn von Krämpfen aus dem **I**-Dampf entfernt werden, ist der t.I. noch größer, er ist aber kleiner, wenn die Tiere 10 Min. im **I**-Dampfraum verbleiben müssen. Der Kurvenverlauf der Dosis-Wrkg.-Kurven für Convulsion u. Tod läßt vermuten, daß **I** infolge der Convulsionen tödlich wirkt. *Reserpin* setzt die **I**-Schwelle für myoclon. Zuckungen u. klon. u. ton. Convulsionen herab, vergrößert aber die Zahl der Todesfälle u. verringert den t.I. *Iproniazid* hebt die **I**-Wrkg. teilweise, jedoch nicht völlig auf. *Chlorpromazin* setzt die **I**-Schwelle für klon., aber nicht für ton. Convulsionen herab, *Iproniazid* steigert die klon.-convulsive Schwelle im Vgl. zu den Controllen. Die Signifikanz dieser Wrkg. in Verb. mit den Änderungen im 5-Hydroxytryptamin-Geh. des Gehirns wird diskutiert.
K. BÖHM. 4620□

**Abnahme des Sauerstoffverbrauchs bei der Ratte nach chronischer Iproniazid-Behandlung.** Ivo Setnikar, Walter Murmann und Maria J. Magistretti. (Arch. int. Pharmacodynam. Thérap. **129.** 172—90. 1/12. 1960. Milano, Italy, Recordati S.P.A., Res. Dep.) (Engl.)

Ratten erhielten längere Zeit größere Dosen *Iproniazid* (**I**). Es tritt dann eine beträchtliche Verringerung des $O_2$-Verbrauchs ein, auch das Wachstum ist verzögert, u. es läßt sich bei den Tieren eine gewisse Anorexie u. hypochrome Anämie feststellen. Bei ♀ Ratten tritt gleichzeitig ein Absinken der $^{131}$J-Aufnahme auf, u. histolog. zeigt die Schilddrüse Zeichen von Hypofunktion, die bei ♂ Tieren fehlen. Die durch Methylthiouracil verursachte Schilddrüsenhypertrophie wird durch **I** nicht verringert. Bei ♀ u. ♂ Tieren läßt sich ferner eine Abnahme der hypophysären thyreotropen Aktivität nachweisen. Über die Bedeutung dieser Befunde für eine Erklärung des antianginösen Effektes von **I** wird diskutiert. K. BÖHM. 4620□

**Von den Antihistaminicis zu den Tranquillizern.** A. Lespagnol. (Farmaco [Pavia], Ediz. sci. **14.** 878. Dez. 1959. Lille, Univ.) (Franz.)

Übersicht über die Entw. u. die chem. Struktur der Antihistaminica u. der Tranquillizer. — 42 Literaturangaben. K. ZINGRAF. 4620□

**Verhütung der experimentellen allergischen Encephalomyelitis mit 6-Mercaptopurin.** Leon W. Hoyer, Richard M. Condie und Robert A. Good. (Proc. Soc. exp. Biol. Med. **103.** 205—07. Jan. 1960. Minnesota, Univ. of Minnesota, Var. Club Heart Hosp., Ped. Res. Labor.) (Engl.)

Die experimentelle allerg. Encephalomyelitis beim Kaninchen kann auch durch hohe Dosen von *6-Mercaptopurin* (12 mg/kg/Tag) verhütet werden (wahrscheinlich Folge seiner antimetabol. Eigg. u. nicht Folge der tox. Wrkg.); zu einer Depression der Zahl der Lymphocyten im Blut kam es nicht, die Zahl der neutrophilen Leukocyten war um die Hälfte vermindert. U. TAUSENDFREUND. 4625□

**Die Toxizität einer Histamin freisetzenden Verbindung, Phenylmethoxyäthyldiäthylamin (48/80) bei der normalen und der adrenalektomierten Ratte und die Schutzwirkung von Promethazin.** Bernard N. Halpern und Thérèse Neveu. (C. R. Séances Soc. Biol. Filiales **150.** 105—08. Jan. 1956. Hôpital Broussais, Clin. Méd. Propédeut.; Ass. Claude-Bernard, Centre de Rech. Allergiques, et C.N.R.S.) (Engl.)

*Promethazin* (I), ein Antihistaminicum, schützt die normale Ratte gegen 4 tödliche Dosen von *48/80* (II), einem histaminfreisetzenden synthet. Gemisch Dimerer u. Trimerer von *Phenylmethoxyäthyldiäthylamin.* Bei der adrenalektomierten Ratte ist die II-Toxizität ca. 4fach größer. I-Vorbehandlung (subkutan) bewirkt beim nebennierenlosen Tier die gleiche II-Verträglichkeit, wie sie die intakte Ratte aufweist. I-Vorbehandlung erhöht bei letzter die Schwelle der letalen Histamindosis nicht. K. MAIER. 4625□

**Die biologische Wirkung von cellulären Hemm- und Wirkstoffen.** 1. Mitt. **Die Wirkung von Äthylcarbamat (Urethan) auf endogene Atmung und Geschwindigkeit der Zellteilung in Tetrahymena pyriformis.** John J. Eiler, Joseph Z. Krezanoski und Kwan-Hua Lee. (J. Amer. pharmac. Assoc., sci. Edit. **48.** 290—96. Mai 1959. San Francisco, Calif., Univ. of California, School of Pharmacy.) (Engl.)

Die Wrkg. von *Äthylurethan* (I) auf endogene Atmung u. Geschw. der Zellteilung wurde an *Tetrahymena pyriformis* unter dem Gesichtspunkt untersucht, Einblick in die Wrkg.-Weise von Narkoticis zu erhalten. Es besteht eine enge Beziehung zwischen Atmung u. Zellvermehrung. Zellen von Kulturen, die durch wiederholte Züchtung in Ggw. von I an dieses gewöhnt worden waren, haben bei einer gegebenen I-Konz. stärkere Zellvermehrung als die nicht-gewöhnten Zellen. Dieser Unterschied ist bes. deutlich bei den Zellen, die unter $O_2$-Mangel an I gewöhnt worden waren. Die endogene Atmung ist dagegen bei einer gegebenen I-Konz. unabhängig von der Vorbehandlung der Zellen. S. DITTMANN-MITZSCHERLICH. 4627□

**Hydantoin- und Barbituratblutspiegel bei Epileptikern.** Gabriel L. Plaa und Charles H. Hine. (Arch. int. Pharmacodynam. Thérap. **128.** 375—82. 1/11. 1960. San Francisco, Calif., Univ. of California, School of Med., Dep. of Pharmacol. and Exp. Therap.) (Engl.)

Nach Verabreichung von *Phenobarbital* (I), *Diphenylhydantoin* u. *Na-Methyläthylphenylhydantoin* an erwachsene ♀ u. erwachsene ♂ Epileptiker sowie Kinder konnte eine lineare Beziehung zwischen den Blutspiegeln u. der täglichen Dosis (in mg/kg) nachgewiesen werden; die Blutspiegel der Kinder nach I waren jedoch niedriger als die der Frauen. U. TAUSENDFREUND. 4627□

**Über die klinischen und elektroencephalographischen Veränderungen durch Einführung von Isoamylbarbitursäure (Na-Salz) über die Carotis beim Menschen.** G. Alemà und G. Donini. (Boll. Soc. ital. Biol. sperim. **36.** 900—04. 15/9. 1960. Rom, Univ., Clin. di Malat. Nerv. e Ment.) (Ital.)

Die Unterss. werden an 20 Personen durchgeführt, denen teils in die rechte, teils in die linke Carotis 100 mg *Isoamylbarbitursäure* (*Na-Salz* in 5%ig. Lsg.) injiziert wurden. Allg. gesehen, ergibt sich eine pharmakol. Hemispherektomie, eine funktionelle transitor. Blockierung einer ganzen Hemisphäre mit motor., sensor. u. sensitivem Defizit sowie der symbol. Aktivität, wenn die Injektion an der dominierenden Seite praktiziert wird, welcher Aspekt überhaupt eine große Rolle spielt. F. KREN. 4627□

**Die Beschleunigung der Oxydation von Arzneimitteln während und nach der Behandlung mit Luminal.** H. Remmer, M. Siegert und H. W. Liebenschütz. (Klin. Wschr. **39.** 490—91. 1/5. 1961. Berlin, Freie Univ., Inst. für Pharmakol., Inst. für Veter.-Pharmakol.) (Dt.)

Eine Behandlung mit *Luminal* (I) führt beim Hund zu einer Beschleunigung der Oxydation von Pharmaca. Der verstärkte Abbau hält nach Absetzen von I sehr lange an. U. TAUSENDFREUND. 4627□

**Tierexperimentelle Untersuchungen über die Wirkungen von Barbituratkombinationen.** F. Melson. (Acta biol. med. german. [Berlin] **6.** 407—11. 1961. Jena, Friedrich-Schiller-Univ., Pharmakol. Inst.) (Dt.)

Es wurde die narkot. Wrkg. von Barbituraten (*Brevinarcon, Basinarcon, Kalypnon* u. *Hexobarbital*) in Kombinationen auf Mäuse, Ratten u. Katzen untersucht. Die Kombination Basinarcon–Kalypnon–Hexobarbital zeigte bei günstiger therapeut. Breite eine signifikante Verlängerung der Narkosedauer gegenüber den allein angewandten Komponenten. D. SCHEUCH. 4627□

**Dämpfende Eigenschaften einiger 3.4.5-Trimethoxybenzoylderivate.** 1. Mitt. M. Müller, R. Kiesewetter, J. Gebhard und H. Barth. (Pharmazie **15**. 302—05. Juni 1960. Leipzig, Univ., Inst. für Pharmakol. u. Toxikol.; Radebeul, VEB Chem. Werke, Forschungs- u. Entwicklungsstelle.) (Dt.)

Für *N-Äthyl-N'-3.4.5-trimethoxybenzoylharnstoff* (**I**; *ETBA*), *N-Butyl-N'-3.4.5-trimethoxybenzoylharnstoff* (**II**; *BTBH*) u. *3.4.5-Trimethoxybenzoylbutylamid* (**III**; *BTBA*) ergeben sich bei Albinomäusen folgende akute tox. Wrkg.: **I**: $DL_{50}$ intraperitoneal 1260 ± 122, Seitenlagendosis $SD_{50}$ 760 ± 88; **II**: 900 ± 116, 672 ± 37; **III**: 1980 ± 133, 450 ± 36 (in mg/kg). Die 3 Verbb. bewirkten eine dosisabhängige Hemmung der Motilität bei Mäusen u. verlängern die Hexobarbitalnarkose. Bei trainierten Ratten wurde das psychomotor. Verh. durch die 3 Stoffe vermindert. Sie verlängerten bei Ratten die bedingten Fluchtreflexe. G. KIMMERLE. 4627

**Die Wirkung intravenöser Injektionen von Meperidin und Anileridin auf den Thiopental-Bedarf und die -Erholungsdauer.** Arnold S. Gale. (Anesthesia Analgesia, current Res. **39**. 339—44. Juli/Aug. 1960. Cleveland, Ohio, Mount Sinai Hosp., Dep. of Anesthesiol.) (Engl.)

Durch *Meperidin* (**I**) u. *Anileridin* (**II**) wurde der *Thiopental* (**III**)-Bedarf proportional zur logarithm. Dosis von **III** verringert. **II** war 7,5mal wirksamer als **I**. Eine Verkürzung der Erholungsdauer nach der Narkose konnte durch maximal 0,3 mg **I**/lb. Körper-Gew. oder 0,08 mg **II**/lb. erzielt werden. Dosen von mehr als 0,6 mg **I**/lb. oder 0,16 mg **II**/lb. kommen wegen der durch sie ausgelösten Atemlähmung, Nausea u. Erbrechen für die klin. Anwendung nicht in Frage. K. ZINGRAF. 4627□

**Einfluß von Benactyzin und seiner Derivate auf das durch Apomorphin bewirkte Erbrechen beim Hund und die durch Morphin bewirkte Manie bei der Katze.** Robert W. Begley, W. Ralph Jones und L. C. Weaver. (Arch. int. Pharmacodynam. Thérap. **129**. 236—38. 1/12. 1960. New Augusta, Ind., Pharmacol. Dep. Res. Center, Pitman-Moore Co.) (Engl.)

*Chlorpromazin* (**I**) konnte das durch Apomorphin erzeugte Erbrechen beim Hund verhindern, *Benactyzin* (**II**), *Butoxy-* (**III**), *Hexyloxy-* u. *Propoxybenactyzin* waren unwirksam. Bei der Katze konnten **I**, **II** u. **III** den lokomotor. Anteil der durch Morphin erzeugten Manie unterdrücken. K. BÖHM. 4627□

**Intravenöse Barbiturat-freie nichtnarkotische Analgetica: Vorläufige Untersuchungen.** 1. Mitt. **Cyclohexylamine.** V. J. Collins, C. A. Gorospe und E. A. Rovenstine. (Anesthesia Analgesia, current Res. **39**. 302—06. Mai/Juni 1960. New York, N.Y., New York Univ.-Bellevue Med. Center, Dep. of Anesthesiol.) (Engl.)

Intravenöse Verabreichung von *1-[1-Phenylcyclohexyl]-piperidinhydrochlorid* (*Sernyl, CI 395*) oder *N-Äthyl-1-phenylcyclohexylaminhydrochlorid* (*CI 400*; **I**) bewirkt sensor. Blockierung (S.B.), Aufhebung der geistigen Assoziation u. Katatonie. **I** erhöht den Blutdruck u. die Herzfrequenz. Die Atmung wird vertieft u. etwas beschleunigt. Bei klin. zufriedenstellender S.B. tritt im EEG Schlaf-Rk. ein. Nebenwrkg.: Unruhe, Halluzinationen. K. ZINGRAF. 4627□

**Pharmakologie einiger substituierter 2-Thiohydantoine mit besonderer Berücksichtigung der anticonvulsiven Eigenschaften.** R. M. Gesler, C. E. Lints und E. A. Swinyard. (Toxicol. appl. Pharmacol. **3**. 107—21. Jan. 1961.) (Engl.)

Vff. geben ♂ Mäusen *3-Allyl-5-substituierte* u. *3-substituierte 5-Isobutyl-2-thiohydantoine* in 10%ig. Akaciengummi- bzw. 0,9%ig. NaCl-Lsg. (oral bzw. intraperitoneal) u. bestimmen die Toxizität sowie die anticonvulsiven Eigg. auf die durch Elektroschock (a) u. *Metrazol* (**I**) induzierten Krämpfe. Ferner werden die sedativen Wrkg., die Einw. auf die Thyreoidea u. die Toleranz nach wiederholter Applikation ermittelt. Folgende Verbb. werden intraperitoneal geprüft: *3-Allyl-2-thiohydantoin* [Anticonvulsive Dosis ($ED_{50}$) gegen a: 141 mg/kg; gegen **I**: 60; $DL_{50}$ (24 Std.): 600; $DL_{50}$ (7 Tage): 600; mittlere neurotox. Dosis ($TD_{50}$): 185], *3-Allyl-5-methyl-2-thiohydantoin* (110; 64; 175; 150; 290); *3-Allyl-5-äthyl-* (125; 44; 350; 300; —); *3-Allyl-5-n-propyl-* (59; 43; 350; 300; 142); *3-Allyl-5-isopropyl-* (84; 123; 500; 500; 124); *3-Allyl-5-n-butyl-* (60; 37; 500; 300; 130); *3-Allyl-5-sek.-butyl-* (60; 52; 700; 600; 115); *3-Allyl-5-isobutyl-* (**II**; 55; 11; 301; 294; 60); u. *3-Allyl-n-hexyl-* (138; 71; 700; 600; 218) sowie *5-Isobutyl-2-thiohydantoin* (178; 26; 150; 150; 383), *3-Methyl-5-isobutyl-2-thiohydantoin* (210; 25; 350; 250; 133), *3-Äthyl-* (**III**; 94; 12,5; 210; 205; 106), *3-Allyl-* (**IV**; 55; 11; 301; 294; 60), *3-n-Propyl-* (**V**; 50; 20; 700; 600; 88), *3-n-Butyl-* (110; 34; 600; 600; 100); *3-Isobutyl-* (300; 75; —; —; —) u. *3-n-Hexyl-* (330; 92; >1600; 1400; 380). Die optimalen anticonvulsiven Wrkg. besitzt unter den 5-substituierten Verbb. **II**. Kürzere Alkylketten. die n-Hexylgruppe oder isomere Butylradikale erniedrigen die anticonvulsiven Eigg, nur im **I**-Test, auf den der 5-Substituent einen stärkeren Einfl. ausübt, als auf die durch a induzierten Convulsionen; das umgekehrte wird bei 3-Substitution beobachtet. Die maximale anticonvulsive Wrkg. zeigt in dieser Vers.-Reihe **IV**. Verbb. mit kürzeren Alkylketten sind auf den a-Test weniger stark wirksam als **IV**, während längere Alkylgruppen die anticonvulsiven Eigg. u. Toxizitäten erniedrigen. **II**, **III** u. **IV** erreichen nach oraler Applikation nicht die Wirksamkeiten von *Diphenylhydantoin* (**VI**) oder *Phenobarbital-Na* (**VII**) gegen a bzw. **I**, sind aber im **I**-Test stärker anticonvulsiv als *Trimethadion* (**VIII**). **IV** weist im **I**-Test schwächere sedative Wrkg. auf als **VII** u. **VIII**, zeigt aber im a-Test stärkere sedative Effekte als **VI** u. **VII**. Zwischen dem Logarithmus der $ED_{50}$ für **I** u. der Vorbehandlungszeit mit **IV**, **VII** u. **VIII** besteht eine lineare Beziehung, aus der sich die pharmakolog. Halbwertszeiten vorst. Verbb. mit 8,8; 7,0 u. 9,7 Std. errechnen lassen. Die Funktion der Thyreoidea von Ratten (Aufnahme von $^{131}J$) wird durch **IV** u. **V** leicht gehemmt. Bei der Maus führt wiederholte Zufuhr von **V** zu einer schwachen Toleranz gegen die anticonvulsive Wrkg. u. bei Jungratten zu Wachstumshemmungen. P. FAHRNLAENDER. 4628□

**Der Einfluß von Atropin auf die Kontraktion der Stimmbänder (Plica vocalis). Experimentaluntersuchung an Hunden.** Charles Edward Corbett, Paulo Affonso Pinto Saraiva, Sergio Aranha Pereira und Vicenta Cesar Massola. (Arch. int. Pharmacodynam. Thérap. **129**. 216—22. 1/12. 1960. São Paulo, USP. Brasil, Fac. of Med., Dep. of Pharm.) (Engl.)

An Hunden in Pentobarbitalnarkose konnte die durch Reizung des Recurrensnervs mit Reizen von 3—70/Sek. ausgelöste Kontraktion durch *Atropin* (**I**) nicht verhindert oder unterbrochen werden. Wahrscheinlich beruht der Einfl. von **I** auf den Laryngealspasmus auf der Verhütung einiger Reflexe infolge seiner hemmenden Effekte auf die Sekretion des Respirationstraktes. *Hexamethoniumbromid* ist ebenfalls ohne Wrkg., da sich zwischen dem Ort der Nervenreizung u. den Muskelfasern der Stimmbänder keine ganglionären Synapsen befinden. Curarisierend wirkende Mittel, wie *Gallamintriäthyljodid* (*Flaxedil*), bewirken eine Erschlaffung der Stimmbänder nach Reizung des Recurrens. Der curareähnliche Effekt wird durch Neostigmin aufgehoben. K. BÖHM. 4628□

**Spasmolytische Aktivität von 1-Pyridylpyrrolen.** N. P. Buu-Hoï, Richard Rips und R. Cavier. (J. med. pharmac. Chem. **2**. 335—37. Juni 1960. Paris, Univ., Radium Inst. and Fac. of Pharmacy.) (Engl.)

Mehrere neu synthetisierte *1-Pyridylpyrrole* erwiesen sich bei der Prüfung auf muskulotrope krampfantagonist. Wirksamkeit (M) beim $BaCl_2$-induzierten Spasmus des durchströmten Rattenduodenums als ähnlich wirksam wie Papaverinhydrochlorid (**I**). Die aus gleichem Organ ermittelte neurotrope spasmolyt. Aktivität (N) mit Acetylcholinchlorid als Spasmogen betrug nur mehrere Hundertstel derjenigen von Atropinsulfat (**II**).

Versuche: *1-[Pyridyl-(3)]-2.5-dimethylpyrrol* (**III**), $C_{11}H_{12}N_2$, Kp.$_{13}$ 137°, F. 40°, aus Acetonylaceton u. 3-Aminopyridin (**IV**) unter Rückfluß (6 Std.); Nadeln (wss. $CH_3OH$); 90% (Ausbeute). *Hydrochlorid*, $C_{11}H_{13}ClN_2$, F. 171—172°, Prismen (A.–Ae.). — *1-[Pyridyl-(3)]-2-methyl-5-phenylpyrrol* (**V**), $C_{16}H_{14}N_2$, Kp.$_{17}$ 197—199°, F. 107°, aus Phenacylaceton u. **IV**; seidige Nadeln (Cyclohexan); 83%. *Hydrochlorid*, $C_{16}H_{15}ClN_2$, F. 170°, Nadeln (A.–Ae.). — *1-[Pyridyl-(4)]-2.5-dimethylpyrrol* (**VI**), $C_{11}H_{12}N_2$, Kp.$_{17}$ 150°, F. 101°, aus Acetonylaceton u. 4-Aminopyridin (**VII**); lange Stäbchen (wss. A.); 64%. — *Hydrochlorid*, $C_{11}H_{13}ClN_2$, F. 194°, Prismen (A.–Ae.). — *1-[Pyridyl-(4)]-2-methyl-5-phenylpyrrol* (**VIII**), $C_{16}H_{14}N_2$, Kp.$_{18}$ 265—267°, F. 246°, aus Phenacylaceton u. **VII**; Nädelchen (A.); 71%. *Hydrochlorid*, $C_{16}H_{15}ClN_2$, F. 227°, Prismen (A.–Ae.). — Spasmolyt. Aktivität: **III**, M 1—2 $\mu g$ (1 $\mu g$ **I** äquivalente Menge), N ca. 400 $\mu g$ (1 $\mu g$ **II** äquivalente Menge); **V**, 1, 300—400; **VI**, 2, 500; **VIII**, 1, ca. 400. K. MAIER. 4628□

**Beobachtungen über die Beeinflussung peristaltischer Vorgänge durch die Einwirkung von 5-Hydroxytryptamin.** Edith Bülbring und A. Crema. (Brit. J. Pharmakol. Chemotherapy **13**. 444—57. Dez. 1958. Oxford, Univ., Dep. of Pharmacol.) (Engl.)

Die Verw. von *5-Hydroxytryptamin* beschleunigt den Ablauf der Peristaltik auf zweierlei Arten: Durch Applikation im Lumen des Darmes erfolgt eine Stimulierung der Reizenden in der Darmschleimhaut, während über die seröse Seite der Muskel für Acetylcholin empfindlich gemacht wird. Durch Blockierung der Ganglien wird gleichzeitig die Peristaltik zum Stillstand gebracht. G. MAYER. 4628□

**Rasche Reinigung von Irin und Verwendung des Dickdarms vom Hamster für seine Darstellung.** N. Ambache. (J. Physiology **138**. 6P—7P. 30/9. 1957. London, Inst. of Ophthalmology, Med. Res. Council Ophthalmological Res. Unit.) (Engl.)

*Irin* wird nach einer vom Vf. angegebenen Meth. durch Extraktion mit 0,02%ig. $NaHCO_3$ u. Zugabe von Ae. u. 0,005—0,012 ml n HCl/ml vorgereinigt. Der Ae.-Auszug wird zur Trockne eingedampft u. mit DE-JALON-Lsg. aufgenommen. Wiedergewonnene

Menge: 66—90% bei pH 4,09—2,81. Im Gegensatz zu kurzkettigen Fettsäuren wird Irin durch 10n NaOH bei Zimmer-Temp. zerstört (über 60% in 3—4 Std.). Der Dickdarm des Hamsters ist gegenüber Irin zwar weniger empfindlich als jener der Ratten, dagegen verkürzt sich bei seiner Verw. das Überprüfungsintervall u. die Dauer der Prüfung. G. MAYR. 4628□

**Neuroplegische Wirksamkeit von 2-Alkylcrotonylharnstoffen.** E. Gori und G. Frangipane. (Farmaco [Pavia], Ediz. sci. **14.** 845—53. Dez. 1959. Milano, S.A., Dr. L. Zambeletti, Labor. di Ric. Biol.) (Ital.)

Bei oraler Verabreichung bei der Maus besaßen die Harnstoff-Derivv. *2-Propyl-*, *2-Isopropyl* (**I**)-, *2-Butyl-*, *2-tert.-Butyl-*, *2-Amyl-*, *2-[1-Methylbutyl]-* u. *2-Äthyl-cis-crotonoyl-* eine narkot. Wrkg. u. schützten die Tiere gegen Elektroschock, Cardiazolschock u. Strychninkrämpfe. Am wirksamsten war **I**, es besaß gleichzeitig die größte therapeut. Breite. Bei *2-Methyl-* u. *2-Äthyl-trans-crotonoylharnstoff* war eine erregende Wrkg. zu beobachten, die gleichzeitig mit der neuropleg. Wrkg. auftrat oder sie sogar überlagerte. K. ZINGRAF. 4628□

**Der Einfluß experimenteller Verfahren und der Dosis auf die Darmresorption einer Onium-Verbindung, des Benzomethamins.** Ruth R. Levine und Edward W. Pelikan. (J. Pharmacol. exp. Therapeut. **131.** 319—27. März 1961. Boston, Mass., Boston Univ., School of Med., Dep. of Pharmacol. and Exp. Therap.) (Engl.)

Bei nicht narkotisierten Ratten wurde die Darmresorption von *Benzomethamin* durch vorherige Durchströmung des Darms mit W. gesteigert, durch leichte mechan. Behandlung dagegen nicht beeinflußt. Die Lage der resorbierenden Oberfläche innerhalb des Darms spielte ebenfalls eine Rolle (größte Resorption in den Pylorus-nahen Abschnitten). Die Resorption stellt keine lineare Funktion der Dosis dar. Ggw. von Darmschleim in den Lsgg. von **I** verringerte die Resorption. K. ZINGRAF. 4628□

**Der Einfluß des Milieus im Darmlumen auf die Resorption eines organischen Kations und eines anionischen Wirkstoffs.** Ruth R. Levine. (J. Pharmacol. exp. Therapeut. **131.** 328—33. März 1961. Boston, Mass., Boston Univ., School of Med., Dep. of Pharmacol. and Exp. Therap.) (Engl.) — Vgl. auch vorst. Referat.

Aminosäuren, Galle u. Gallensalze, Hexosesäuren u. Sorbit besaßen keinen Einfl. auf die Resorption von *Benzomethamin* im Darm von Ratten; *Hyaluronsäure*, *Chondroitinsulfat*, *Natriummetaphosphat* u. *$CaCl_2$* verringerten sie, *Essigsäure*, *Propionsäure* u. *Buttersäure* (**I**) erhöhten sie (jedoch nur in Konzz. von 0,2 m u. bei relativ niedrigem pH). Phenolrot wurde zu $7,1 \pm 1,04\%$ resorbiert; seine Resorption wurde durch **I** gesteigert. K. ZINGRAF. 4628□

**Die Wirkung von Bradykinin an isolierten durchströmten Hundelungen-Präparaten.** B. A. Waaler. (J. Physiology **154.** 57P—58P. Dez. 1960. Oxford, Univ., Labor. of Physiol.) (Engl.)

*Bradykinin* (**I**) ist bekannt als eine starke Vasodilatorsubstanz. Nach Injektion von **I** in 7 Fällen in die Pulmonalarterie beobachtete Vf. einen 5—20%ig. Abfall im Pulmonalgefäßwiderstand (Pgw). Die Injektion größerer **I**-Mengen hatte keinen größeren Abfall zur Folge. Die kleinste noch wirksame **I**-Dosis lag im Bereich von 0,5—5 $\mu$g. Wiederholte **I**-Injektionen führten zur allmählichen Red. der Gegenwirkungen. Atropin beeinflußte nicht die pulmonal-vasomotor. Gegenwrkg. zu **I**. Bei einigen Präpp. verursachte **I** eine leichte Bronchodilatation. Bronchoconstrictor-Gegenwrkg. wurden niemals beobachtet. Es ist bekannt, daß Hundespeichel ein **I**-bildendes Enzym enthält. Die Zugabe einer kleinen Menge an Hundespeichel zum Perfusat hatte einen Abfall im Pgw in gleicher Weise wie nach Injektion einer großen **I**-Menge zur Folge. Die Zugabe einer kleinen Menge an menschlichem Speichel jedoch verursachte schwere Bronchoconstriction u. Vasoconstriction. G. BRATFISCH. 4630□

**Eine gefäßerweiternde Substanz in hochgereinigten Angiotensin-Präparaten.** K. A. Halvorsen, J. C. Fasciolo, R. Calvo und I. Chionetti. (C. R. Séances Soc. Biol. Filiales **153.** 496. 30/6. 1959. Mendoza, Argentine, Fac. de Sci. Méd., Dép. de Physiol.) (Franz.)

Ein Angiotensin-Präp. wurde durch Inkubation von ungereinigtem Renin mit Angiotensinogen [aus Rinderplasma mit 1,3—2,2 m $(NH_4)_2SO_4$ ausgefällt] gewonnen. Nach A.-Fällung Konzentrierung im Vakuum, dann folgte, nach Ae.-Extraktion bei pH 1,5, Butanolextraktion in NaCl-Überschuß; Verjagen des Butanols, der Rückstand wurde einer Gegenstromverteilung (Butanol/0,1n HCl) unterworfen; nach Eindampfen Extraktion mit Eisessig; erhalten wurde *PCl-Angiotensin* (**I**) u. mit *Angiotensin I* (**II**) u. *II* (**III**; nach SKEGGS u. KAHN) an Tieren, deren isolierte Extremität mit Blut desselben Tieres durchströmt wurde, verglichen. — Bei Injektion der Angiotensine in die durchströmte Arterie kam es zu Gefäßverengerung, durch **I** zu lokaler Gefäßerweiterung.

Bei Injektion in den Tierkörper (Vena saphena, rechter Ventrikel) hatten III u. I die gleiche hypotensive Wrkg., bei Injektion in die Aorta führte III zur Blutdrucksteigerung um 39 mm Hg, I zur Erniedrigung um 41 mm. — I enthält also eine gefäßerweiternde Verunreinigung, *Substanz V* (nach Vff.). Diese bewirkt, in die Arterie injiziert, Dilatation, welche die Kontraktion durch Angiotensin überdeckt. In der Vene erfolgt rasche Zerstörung der Substanz V, daher nur eine Angiotensinwirkung. Substanz V ist ein Polypeptid vom Bradykinintyp, nicht ident. mit Histamin, Adenosin, Adenylsäure, Acetylcholin u. Angiodactin. K. RINTELEN. 4630□

**Der Sauerstoffverbrauch und der Glykogengehalt der Leber und der linken und rechten Herzkammer von mit Lanatosid C aus Digitalis behandelten Ratten.** M. Magarò, S. Sensi, A. V. Greco und V. Maggi. (Boll. Soc. ital. Biol. sperim. **36.** 885—87. 15/9. 1960. Ferrara, Univ., Ist. di Clin. Med. e Terap. Med.) (Ital.)

Die Unterss. werden an Tieren durchgeführt, die täglich 15 bzw. 28 Tage lang i.m. 0,1 mg *Lanatosid C* aus *Digitalis* erhielten. Während nach 15tägiger Behandlung durch alleinige Abnahme des *Glykogen*-Geh. in der rechten Herzkammer beide Kammern prakt. den gleichen Geh. aufweisen, ist nach 28 Tagen der Ausgangszustand wieder erreicht, da sich nur der Glykogen-Geh. der rechten Kammer erhöht. In der Leber wird die starke Abnahme nach 15 Tagen in den letzten Tagen wieder etwas kompensiert. Das gleiche Verh. zeigt der $O_2$-Verbrauch der Kammern; in der Leber kommt es durch die Digitalisbehandlung zu einer starken Verringerung des $O_2$-Verbrauchs.

F. KREN. 4630□

**Der Sauerstoffverbrauch und der Glykogengehalt der Leber und der rechten und linken Herzkammer von mit Testosteronpropionat und Lanatosid C aus Digitalis behandelten Ratten.** S. Sensi, A. V. Greco, M. Magarò und V. Maggi. (Boll. Soc. ital. Biol. sperim. **36.** 887—91. 15/9. 1960. Ferrara, Univ., Ist. di Clin. Med. e Terap. Med.) (Ital.) — Vgl. vorst. Referat.

Ratten werden i.m. 28 Tage lang mit täglich 0,1 mg *Lanatosid C* (I) aus Digitalis, 1 mg *Testosteronpropionat* (II) sowie I + II behandelt. Es zeigt sich, daß II allein nur auf das Lebergewebe wirkt u. die Atmung u. den Glykogen-Geh. signifikant erhöht. I-Wrkg. s. vorst. Referat. Die I–II-Kombination verringert deutlich die Atmung der linken Kammer, die durch die isolierte I- bzw. II-Gabe ja nicht beeinflußt wird, weniger die der rechten Kammer u. deutlich die des Lebergewebes. I + II hat keinen Einfl. auf den Glykogen-Geh. der Kammern. F. KREN. 4630□

**Klinisches Studium eines Glucosids von Digitalis lanata.** André Jouve und Max Delaage. (Presse méd. **69.** 1423—24. 24/6. 1961.) (Franz.)

Es wird eine Übersicht über die klin. Anwendung von *Digoxin*, eines herzstimulierenden Glucosids von *Digitalis lanata*, gegeben. G. ZIEBARTH. 4630□

**Die Beeinflussung der Atmung durch Theophyllinpräparate und ihre Lösungsvermittler.** M. Schwab, E. Schmehling und P. H. Wagner. (Klin. Wschr. **38.** 851—56. 1/9. 1960. Göttingen, Univ., Med. Klinik.) (Dt.)

Durch 0,48 g *Euphyllin* (I), 0,778 g *Deriphyllin* (II) u. 0,519 g *Unophyllin* kommen bei Vers.-Personen prakt. gleiche Atmungssteigerungen zustande (ca. 70% der Ausgangswerte), während die in den betreffenden Präpp. enthaltenen Lösungsvermittler *Äthylendiamin* (III), *Diäthanolamin* u. *Monoäthanolamin* im Prüfungszeitraum von 30—74 Min. keinerlei Wrkg. zeigten (lediglich III führt in den ersten 15 Min. zu kurz dauernder Atmungssteigerung). Bei erwünschter akuter Wrkg. ist I (mit III als Lösungsvermittler) vorzuziehen, die Dauer-Wrkg. kann bei allen 3 Präpp. als gleich angesehen werden. Bei Lungenemphysem u. alveolärer Hypoventilation führte II zur Steigerung der Atmung mit Abfall des $CO_2$-Drucks u. Anstieg des $O_2$-Drucks.

U. TAUSENDFREUND. 4630□

**Untersuchungen über den Stoffwechsel eines neuen synthetischen Diureticums und über seine Ausscheidung im Harn bei der Ratte.** P. N. Giraldi. (Farmaco [Pavia] Ediz. sci. **14.** 867—77. Dez. 1959. Milano, Ist. Carlo Erba per Ric. terap., Labor. Ric. chim.) (Ital.)

Der Stoffwechsel u. die Ausscheidung im Harn von *2.4-Bis-[methylaminosulfonyl]-5-chloranilin* (I) wurden bei der Ratte mittels Papierchromatographie u. Papierelektrophorese untersucht. Bei einer Dosis von 4 mg wurden innerhalb von 24 Std. 40,5% der verabreichten Menge im Harn u. 8,2% in den Faeces ausgeschieden, bei einer Dosis von 100 mg dagegen 15,6 bzw. 56,0%. Die im Harn ausgeschiedene Menge bestand zu 98% aus unverändertem I. K. ZINGRAF. 4634□

**Renale Wirkungen von Acetazolamid, Chlorothiazid und Chlormerodrin bei experimenteller Niereninsuffizienz. 5. Mitt. Untersuchungen an Ratten mit Aminonucleosidnephrose.** H. Brunner, F. A. Horster, G. Kuschinsky und I. Lönnecke. (Z. ges. exp. Med. **133.** 455—66. 1960. Mainz, Univ., Pharmakol. Inst.) (Dt.) — 4. vgl. Klin. Wschr. **37.** [1959.] 1129—33.

Bei experimenteller Nephrose (durch tägliche Injektion von 15 mg *Aminonucleosid*/kg hervorgerufen) war bei Ratten während kurzer Hunger- u. Durstperioden die Wasser- u. Elektrolytausscheidung vermindert. In längeren Perioden konnten die nephrot. Tiere das Harn-Vol. nicht in gleichem Maße wie normale Tiere einschränken. Ein oraler Wasserstoß wurde stark verzögert ausgeschieden. Die Clearance von Inulin war sehr stark, die von endegenem Kreatinin, p-Aminohippursäure u. Harnstoff in geringerem Maße verringert. Die Blut-Harnstoff-Spiegel waren erhöht. Die relativen Nierengewichte lagen höher, die morpholog. Veränderungen waren gering. Die Wrkg. von *Acetazolamid* (2, 10 oder 50 mg/kg i.v.) u. *Chlorothiazid* (gleiche Dosen) waren bei den nephrot. Tieren geringer als bei der Norm, es kam vorwiegend zu einer *K*-Ausscheidungssteigerung. *Chlormerodrin* (2, 3 oder 4,5 mg Hg/kg i.v.) war wirkungslos.

U. TAUSENDFREUND. 4634□

**Magensäurebindende Stoffe.** E. W. Packman, D. D. Abbott, B. Trabin und J. W. E. Harrisson. (J. Amer. pharmac. Assoc., sci. Edit. **48.** 302. Mai 1959. Philadelphia, Pa., La Wall and Harrisson Res. Labor.) (Engl.)

Fehler in der Arbeit der Vff. (vgl. C. **1960.** 10312) werden berichtigt: Die VPN-Indices sollten sein: *DASC* 8,9; *$CaCO_3$* 4,0; *$NaHCO_3$* 4,1; *Al-Hydroxyd* 0,1.

G. KIMMERLE. 4645

**Ein Beitrag zur Kenntnis der experimentellen Reticulosen, zugleich der chronischen Intoxikation mit salicyl- und phenacetinhaltigen Analgeticis.** V. Uher. (Zbl. allg. Pathol. pathol. Anatom. **102.** 237—45. 31/5. 1961. Brno, J. E. Purkyně-Univ., Inst. für allg. u. exp. Pathol.) (Dt.)

Chron. Verabreichung von *Acetylsalicylsäure* u. *Phenacetin* führt bei Kaninchen zu einer Schädigung u. Sensibilisierung des lymphat. Gewebes. G. ZIEBARTH. 4670□

**Cortisoninaktivierung in der Rattenleber nach Injektion von Butazolidin. 59. Mitt. über Sexualhormone, Steroide und Sterine.** Ludger Lutzmann und Wilhelm Dirscherl. (Acta endocrinol. [Copenhagen] **34.** 77—83. Mai 1960. Bonn, Univ., Physiol.-chem. Inst.) — 57. vgl. C. **1961.** 5130.

Es wurde untersucht, ob die Leber einer mit *Butazolidin* (I) behandelten Ratte *Cortison* in gleichem Umfang abbaut wie die Leber einer unbehandelten Ratte. Nach 2-, 8- u. 10maliger Injektion von täglich 10 bzw. 30 mg I u. Tötung 24 Std. nach der letzten Injektion zeigten die Lebern der behandelten Tiere gegenüber den Kontrolltieren keine unterschiedliche Cortisoninaktivierung. Auch histolog. Schädigungen waren nicht nachweisbar. Die Unterss. haben jedoch gezeigt, daß in vivo wie in vitro ein Effekt nur dann auftritt, solange I in einer bestimmten Konz. vorhanden ist.

R. ILLHARDT. 4670□

**Betrachtungen über die Anwendung eines neuen Antianaemicums.** Carlo Mor und Mario Sforza. (Minerva med. [Torino] **52.** 1272—76. 4/4. 1961. Milano, Univ., Clin. Chir. Generale.) (Ital.)

Das Präp. *Albema* (*α-[Benzimidazolyl]-β-[pyridylcarbonsäureamido]-propanoat*) + *Na-Cobaltithiopropanat* + *Na-Thiolpropanat* ist gut verträglich u. ein wirksames Antianaemicum. K. ZINGRAF. 4670□

**Tranquillizer als Ursprung von Vergiftungen bei Kindern.** Roselyn Payne Epps und Roland B. Scott. (Med. Ann. District Columbia **33.** 317—21. Juni 1961. Howard Univ., Coll. of Med., Dep. of Pediatrics.) (Engl.)

Es wird eine Übersicht über die durch verschiedene *Tranquillizer* hervorgerufenen Störungen bei Kindern gegeben. — 20 Literaturangaben. G. ZIEBARTH. 4675□

**Aspirinvergiftung bei kleinen Kindern.** J. Cathala und G. Martin. (Nourrisson **48.** 49—53. März/April 1960.) (Franz.)

Vff. berichten über die Auswirkung von *Aspirinvergiftung* bei kleinen Kindern.

G. ZIEBARTH. 4675□

**Verwendung von Aminpuffer (THAM) bei der Behandlung der akuten Salicylatvergiftung.** Jose Strauss und Gabriel G. Nahas. (Proc. Soc. exp. Biol. Med. **105.** 348—51. Nov. 1960. New York, N.Y., Presbyterian Hosp., Dep. of Ped. and Anesthesiol., Columbia Univ., Coll. of Phys. and Surg.) (Engl.)

Bei Hunden, die mit 100 mg *Na-Salicylat*/kg vergiftet wurden, konnte die Wirksamkeit von *Tris-[hydroxymethyl]-aminomethan* (I; *THAM*) erprobt werden. Die Tiere erhielten 30 Min. nach Salicylat eine 0,3 m I-Lsg. mit einer Geschw. von 1 ml/kg/min (für 15 Min.) bzw. von 0,5 ml/kg/min (für weitere 15 Min.) in einer Gesamtdosis von 500—800 mg/kg infundiert (dazu Inulin u. p-Aminohippursäure). Es konnte ein starker Abfall des Salicylatspiegels im Plasma u. eine vermehrte Salicylatausscheidung beobachtet werden. Es konnte damit gezeigt werden, daß Anhebung des pH-Wertes der Körper-Fl. u. des Harns zusammen mit starker Diurese, wie sie durch I bewirkt werden, eine maximale Salicylatausscheidung induzieren. U. TAUSENDFREUND. 4675□

**Akute tödliche Meprobamatvergiftung. — Kasuistischer Beitrag.** G. Faraone. (Zacchia [Roma] [2] 23 (35). 413—27. Okt./Dez. 1960. Cagliari, Univ., Ist. di Med. Legale e delle Assicuraz.) (Ital.)

Bericht über tödliche *Meprobamat*-Vergiftung nach Einnahme von 6,8 g. Histolog. Befund: haemorrhag. Stauung in mehreren Organen, bes. in der Lunge, mit Ödem u. Emphysem; trübe Degeneration u. Fragmentation im Myocard, trübe bzw. trübfettige Degeneration in Niere u. Leber. K. ZINGRAF. 4675□

**Pathologische Betrachtungen über einige wenig bekannte Befunde im histopathologischen Bild der akuten Kohlenmonoxydvergiftung.** Francesco Aragona. (Zacchia [Roma] [2] 23 (35). 428—69. Okt./Dez. 1960. Messina, Univ., Ist. di Med. Legale e delle Assicuraz.) (Ital.)

In 3 Fällen akuter *CO*-Vergiftung war die Leber *Glykogen* (I)-reich, in einem Fall I-arm. Deutung dieses Falles: Schnelle Mobilisierung des Leber-I, die nicht auf einer spezif. tox. Wrkg. von CO, sondern auf dem $O_2$-Mangel beruht, der in den Geweben durch Bindung von CO an Hämoglobin hervorgerufen wird. K. ZINGRAF. 4675□

**Isolierung von Triäthylblei-Ion aus Leber nach Einatmung von Tetraäthylblei.** Charles D. Stevens, Charles J. Feldhake und Robert A. Kehoe. (J. Pharmacol. exp. Therapeut. **128.** 90—94. Jan. 1960. Cincinnati, Ohio, Univ. of Cincinnati, Coll. of Med., Dep. of Preventive Med. and Industrial Health, Kettering Labor.) (Engl.)

Nach Einatmung von *Tetraäthylblei* (I) wird im Körper *Triäthylblei* (II)-Ion gebildet. II-Ion wurde 1 Tag nach I-Einatmung aus dem Lebergewebe von Ratten extrahiert (Pentan, in Ggw. von $NH_4Cl$), als *Benzoat* (nach Überführung in das Hydroxyd) isoliert u. durch IR-Spektrum, Pb-Analyse u. F. 118—120° charakterisiert. K. MAIER. 4675□

**Die Veränderung der interoceptiven Reflexe bei Bleiintoxikation.** A. A. Mambejewa. (Известия Академии Наук Казахской ССР, Серия Медицины и Физиологии [Nachr. Akad. Wiss. KasachSSR, Ser. Med. Physiol.] **1960.** Nr. 2. 59—65. (Russ.; Auszug: Kasach.)

Unterss. am Katzendarm in vivo zeigen, daß es bei akuter Bleiintoxikation zuerst zur Erhöhung der interoceptiven Reflexe kommt, die beim Fortschreiten der Vergiftung (1—2 $cm^3$ 3—5%ig. wss. Lsg. von essigsaurem Pb/kg) in Hemmung umschlägt. Es werden hierbei parabiot. oder Übergangsphasen in der Art der WWEDENSKI-PAWLOW-Parabiose beobachtet. I. v. KLOCH-KORNITZ. 4675□

**Die Veränderungen des intramuralen Nervenapparates von Magen und Darm bei der experimentellen Bleiintoxikation.** A. A. Mambejewa. (Известия Академии Наук Казахской ССР, Серия Медицины и Физиологии [Nachr. Akad. Wiss. KasachSSR, Ser. Med. Physiol.] **1960.** Nr. 2. 66—74.) (Russ.; Auszug: Kasach.)

Histolog. Unterss. am Magen- u. Darmtraktus von Hunden u. Katzen zeigen bei akuter (a; 7—10 Tage), subakuter (b; 1,5—2,5 Monate) u. chron. Bleiintoxikation (c; bis zu 20 Monaten), bei Injektionen von 2 $cm^3$ 2,5%- bzw. 5%ig. wss. Pb-Acetat-Lsg./kg morpholog. Veränderungen des intramuralen Nervenapparates. Zellen u. Nervenfasern haben bei a dystroph. Formen, die bei b fortschreiten u. herdförmigen Charakter annehmen; c zeigt atroph. u. reakt. Erscheinungen. I. v. KLOCH-KORNITZ. 4675□

**Augenerkrankungen durch Schwefelwasserstoff.** H. Deutsch. (Zuckererzeugung 3. 41. Febr. 1959. Jarmen, Krs. Greifswald.) (Dt.)

Berichtet wird über ständig zunehmende Augenerkrankungen bei der Rübenwäsche. Die Ursache wurde zuerst in der Chlorung des Schwemm- u. Waschwassers vermutet. Nach Unterlassung der Chlorung stieg die Zahl der Erkrankungen an. Die Augenentzündungen konnten daher nur durch *$H_2S$* ausgelöst worden sein. $H_2S$ konnte sich durch den Faulschlamm aus den Torfstichgruben, begünstigt durch die warme Witterung, bilden. Nach Wiedereinführung reichlicher Chlorung verschwand der $H_2S$-Geruch, u. neue Augenerkrankungen traten nicht mehr auf. Behandlung der Entzündungen mit Penicillinöl. F. O. W. MEYER. 4681□

**Chelatbildende Substanzen in der Prophylaxe und Behandlung von Berufskrankheiten.** Heinrich Brieger. (A. M. A. Arch. environmental Health **1.** 271—77. Sept. 1960. Philadelphia, Pa., Jefferson Med. Coll., Div. of Indust. Med.) (Engl.)

Die Anwendung von *chelatbildenden Mitteln* (Ch.M.), bes. von *BAL* u. *EDTA*, bei Vergiftungen mit *Hg, Pb, Be, Cd, Mn, Te, Ta, Sb, V, As, Ni-Carbonyl,* Silicosis u. radioakt. Elementen wird besprochen. Der Wrkg.-Mechanismus von *BAL* bei der *As*-Vergiftung ist so vollständig geklärt, daß die Ergebnisse der klin. Anwendung mit den theoret. Vorstellungen übereinstimmen. Für die anderen Metalle u. Ch.M.

trifft dies noch nicht zu. Doch bedeutet trotz theoret. Lücken u. prakt. Grenzen die Einführung von *EDTA* für die Behandlung der *Pb*-Vergiftung einen bedeutenden Fortschritt. Auch lokale Anwendung von 1—10%ig. *BAL* bei *As*-Dermatitis u. von *BAL* u. *EDTA* bei *Cr*-Ulcera ist wirksam. Weitere Unterss. u. die Entw. von neuen Ch.M. (*Penicillamine*) versprechen auch auf diesem Gebiet weitere Fortschritte. — 60 Literaturangaben. K. BÖHM. 4681 □

**Resorption von Äthylenglykoldinitrat durch die Haut.** Eberhard Gross, Manfred Kiese und Klaus Resag. (Arch. Toxikol. **18.** 194—99. 1960. Tübingen, Univ., Pharmakolog. Inst.) (Dt.)

Mit einer Anfangs-Geschw. von ca. 10 $mg \cdot cm^{-2} \cdot h^{-1}$ resorbieren Ratten durch die unverletzte enthaarte Haut *Äthylenglykoldinitrat* (I), das in Form einer Gelatine mit 93% I u. 7% Nitrocellulose aufgetragen worden war. Die weitere Resorption erfolgte etwas langsamer, sie fiel jedoch mit ansteigender Menge der aufgetragenen Gelatine langsamer ab. Nach 8 Tagen waren aus 100, 200 u. 300 mg Gelatine prakt. die gesamte I-Menge resorbiert, aus 400, 500 u. 600 mg Gelatine ca. 75—85% der darin enthaltenen I-Menge. Eine größere Anzahl von Tieren starb bei diesen hohen I-Konzz. in den ersten Vers.-Tagen. Die Resorptions-Geschw. von I aus einem Sprengstoffmodell mit 22% I beträgt anfänglich nur ca. 6,5 $mg \cdot cm^{-2} \cdot h^{-1}$, sie lag aber im Vgl. zu der Gelatine prozentual wesentlich höher, als der Konz. im Sprengstoff entsprach. Durch die Haut des menschlichen Unterarmes wurden in 7 Std. nur ca. 25% der I-Menge resorbiert, die Ratten in der gleichen Zeit aus dem Sprengstoff aufgenommen hatten. R. TIMMLER. 4681 □

**Resorption von Äthylenglykoldinitrat durch die Lunge.** Max Frimmer, Eberhard Gross, Manfred Kiese und Klaus Resag. (Arch. Toxikol. **18.** 200—04. 1960. Tübingen, Univ., Pharmakolog. Inst.) (Dt.)

Narkotisierte Ratten wurden bei erhaltener Spontanatmung mittels Trachealkanüle Luft mit einer Gas-Konz. von 133—428 mg *Äthylenglykoldinitrat* (I)/$m^3$ Luft ausgesetzt u. aus der Abnahme der Aktivität im Gasreservoir (markiertes I), dem Atemzug-Vol. der Tiere u. der Atemfrequenz während des Vers. die ventilierte u. die resorbierte I-Menge errechnet. Im Mittel der Verss. betrug der resorbierte Anteil des ventilierten I 0,20. R. TIMMLER. 4681 □

---

**René Fabre** et **René Truhaut**, Précis de toxicologie. 1. Paris: Société d'édition d'enseignement supérieur. 1960. (315 S. m. Abb.) 8°. 25 NF.

**Andres Goth**, Medical pharmacology; principles and concepts. St. Louis: Mosby. 1961. (551 S. m. Abb.) $ 11,—.

**D. E. Grodsenski**, Radiobiologie. (Die biologische Wirkung der ionisierenden Strahlen.) Moskau: Gossatomisdat. 1961. (132 S.) 33 Kop. [Russ.]

**W. N. Kowalenko**, Lehrbuch der Pharmakologie. (Für medizinische Fachschulen) 4. vervollst. u. überarb. Aufl. Leningrad: Medgis. 1961. (327 S.) 55 Kop. [Russ.]

**T. A. Newsorowa**, Das Aminazin in der klinischen und Ambulatoriumspraxis. Moskau: Medgis. 1961. (155 S. m. Abb.) 42 Kop. [Russ.]

—, Annual review of pharmacology. Vol. 1. Palo Alto (California): Annual Reviews. 1961. (479 S. m. Abb.) $ 7,—.

## F. Pharmazeutische Chemie. Desinfektion

**Das Verhalten von Arsenigsäure-Anhydrid in Arzneikapseln.** C. Stainier und Ch. Lapière. (Pharmac. Acta Helvetiae **35.** 578—81. Nov. 1960. Beil. zu: Schweiz. Apotheker-Ztg. Liège, Belgique, Univ., Inst. de Pharmacie.) (Franz.)

Aus Kapseln aus gehärteter Gelatine mit 105 mg $As_2O_3$, 5,3 g $MgSO_4$, 2 g *Istizin*, 10,6 g $CCl_4$, 5,3 g $CS_2$ u. 1,5 g *Ricinusöl* waren innerhalb von 4—6 Monaten 75% des $As_2O_3$ in die Kapselwandung abgewandert. Nach Maßgabe von Modell-Verss. genügen offenbar schon kleine Mengen W. im Kapselinhalt u. in der Kapselwandung, um die Abwanderung auszulösen. C. O. LAUBSCHAT. 4766 □

**Die Gewinnung des anthelminthisch wirksamen Oleum Chenopodii aus zwei in der Tschechoslowakischen Republik wachsenden Sorten des wohlriechenden Gänsefußes.** J. Šimůnek, J. Lebduška, M. Chládek und V. Košová. (Sborník českoslov. Akad. zemědělských Věd, veterin. Med. **29.** 671—82. Sept. 1956. Brno, VŠZ, veter. fak., kat. farmakol. u. farmaceut. fak., kat. farmakogn.; Praha, ČSAZV, výzk. úst. trávopol. soust. odd. léč. rostl. Pohořelice.) (Tschech.)

Das äther. Öl von *Chenopodium ambrosioides L. var. anthelmenthicum Gray* u. *Ch. ambrosioides L.* ist gegen Schweinespulwurm wirksam. — 46 Literaturangaben. E. VEVERA. 4782

**Die Wirksamkeit einiger Pflanzen auf die Schweinespulwürmer in vitro.** L. Lebduška, J. Šimůnek, V. Bálek und J. Hakoš. (Sborník českoslov. Akad. zemědělských Věd, veterin. Med. **29.** 661–70. Sept. 1956. Brno, VŠZ, veter. fak., kat. farmakol.) (Tschech.)

Ausgepreßte Pflanzensäfte mit 0,9%ig. NaCl-Lsg. in verschiedenem Verhältnis verd., wurden in vitro auf ihre Wirksamkeit gegen den Schweinespulwurm geprüft. Der Saft folgender Pflanzen war wirksam: *Chenopodium ambrosioides, Ch. polyspermum, Hypericum perforatum, Tanacetum balsamita.* Ungeeignet waren: *Chenopodium bonus henricus, Ch. album, Tanacetum vulgare, Artemisia vulgaris, Daucus carota, Monarda didyma, Solidago virgaurea, Nepeta tuberosa, Folia Juglandis, Buddleria Davidi.* — 38 Literaturangaben. E. VEVERA. 4782

**Die Wirkung des Allium sativum, Armoracia rusticana und des Chenopodium ambrosioides beim Spulwurmbefall der Schweine.** J. Lebduška, J. Šimůnek und J. Boura. (Sborník českoslov. Akad. zemědělských Věd, veterin. Med. **29.** 683–92. Sept. 1956. Brno, VŠZ, veter. fak., kat. farmakol.) (Tschech.)

Vff. stellen fest, daß *Allium sativum, Armoracia rusticana* u. *Chenopodium ambrosioides* dem Schweinefutter zugemengt, anthelminth. nicht wirksam sind.
E. VEVERA. 4782

**Experimentelle Bestimmung der protrahierten Wirkung.** Earl L. Myers. (Drug Cosmet. Ind. **87.** 622–24. 707–11. Nov. 1960. Washington, D.C., Food and Drug Administr., New Drug Branch.) (Engl.)

Es werden die verschiedenen Meth., die zur Überprüfung der protrahierten Wrkg. einer Zubereitung geeignet sind, ausführlich beschrieben u. diskutiert. — 13 Literaturangaben. H. P. FIEDLER. 4790□

**Bewertung der Wirkstoffabgabegeschwindigkeit bei Zubereitungen mit protrahierter Wirkung.** J. A. Campbell. (Drug. Cosmet. Ind. **87.** 620–21. 701–06. Nov. 1960. Ottawa, Ontario, Canada, Dep. of Nat. Health and Welfare, Food and Drug Labor.) (Engl.)

Die nach verschiedenen Meth. durchgeführte Überprüfung der Wirkstoffabgabe aus Zubereitungen mit behaupteter verzögerter Wirkstoffabgabe ergab, daß diese Behauptung für viele im Handel befindliche Präpp. nicht zutrifft. Dies gilt bes. für *Riboflavin* (I) enthaltende Präpp.; I läßt sich übrigens nur schwer in ein Präp. mit protrahierter Wrkg. einbauen. Die bei in vitro-Verss. erhaltenen Ergebnisse über eine mögliche protrahierte Wrkg. des Präp. müssen in jedem Fall durch in vivo-Verss. bestätigt, u. eine für Routine-Best. vorgesehene in vitro-Meth. muß gegen eine in vivo-Meth. standardisiert werden. H. P. FIEDLER. 4790□

**Methoden zur Bereitung isotonischer Lösungen mit Hilfe graphischer Darstellungen oder Tabellen auf Basis experimentell gefundener isoosmotischer Werte.** E. R. Hammarlund, J. Larsen und K. Pedersen-Bjergaard. (Pharmac. Acta Helvetiae **35.** 593–609. Nov. 1960. Beil. zu: Schweiz. Apotheker-Ztg., Seattle, Wash., Univ., Coll. of Pharm.; Kopenhagen, Royal Dan. School, Dep. of Pharm. u. Valby Apotek.) (Engl.) — Vgl. C. **1960.** 9646.

Die von den Vff. empfohlene, begründete u. wiedergegebene tabellar. Meth. gibt für 353 Substanzen an, wieviel g NaCl zu 100 g Lsg. dieser Substanzen verschiedener Konz. zugegeben werden müssen, damit eine isoton. Lsg. resultiert.
C. O. LAUBSCHAT. 4790□

**Isotonisch-euhydrische Einstellung von Kollyrien.** Z. Rektorík, L. Rybáček und R. Zajíček. (Českoslov. Farmac. **6.** 503–10. Nov. 1957. Praha, Rozv. lék. střed.) (Tschech.)

Isoton.-euhydr. Augenwässer lassen sich durch Zugabe von $H_3BO_3$- u. $H_3PO_4$-Puffer-Lsgg. herstellen. Die erforderliche Menge der Puffer-Lsgg. läßt sich durch die Menge an NaCl errechnen, deren 0,9%ig. Lsg. den Puffer-Lsgg. prakt. osmot. äquivalent ist. Rechenbeispiele sind angegeben. — 16 Literaturangaben. E. VEVERA. 4790

**Wasserstoffperoxydbildung durch Zinkoxyd in Salben.** Hector Antonio Lozada und Earl P. Guth. (Drug Standards **28.** 73–76. Mai/Juni 1960. Columbus, Ohio, Ohio Univ., Coll. of Pharmacy.) (Engl.)

$H_2O_2$ wird in allen Syst. gebildet, die ZnO, W. u. $O_2$ enthalten. Durch UV-Strahlung wird die $H_2O_2$-Bldg. aktiviert. In allen ZnO enthaltenden Salbengrundlagen tritt Peroxyd-Bldg. auf, wenn das Vehikel während der Bestrahlung verflüssigt ist. In wasserhaltigen Polyäthylenglykolsalben mit ZnO tritt bei jeder Temp. Peroxyd-Bldg. auf. Durch den Peroxyd-Geh. wird das *Cholesterin* (I) im Lanolin oder anderen I-haltigen Salben oxydiert. Die genaue chem. Struktur des I-Oxydations-Prod. wurde nicht aufgeklärt. I-haltige Salbengrundlagen sind demnach nicht unter allen Anwendungsbedingungen chem. inert. — 21 Literaturangaben. S. Erbe. 4792□

**Die purgative Wirkung von Properistol.** A. Babulová, V. Ditterová und Fr. V. Selecký. (Farmácia [Bratislava] **25.** 263—69. Sept. 1956. Bratislava, SAV, chem. ust., farmakol. odd., lab. farmaceut. chem. a biochem.) (Tschech.)

Vff. stellen fest, daß sich *Properistol* als Purgativum eignet. Gleichbleibende Dosierung u. Wrkg. ist möglich. — 31 Literaturangaben. E. Vevera. 4806

**Über die Stabilität von Reserpin.** O. Weis-Fogh. (Pharmac. Acta Helvetiae **35.** 442—50. Aug. 1960. Beil. zu: Schweiz. Apotheker Ztg. Kopenhagen, Labor. of Danmarks Apotekerforening.) (Engl.)

Unter gewissen Bedingungen ist *Reserpin* (I) sehr unstabil. Die Zers.-Prodd. u. der Grad der Zers. wird wesentlich durch das Lsgm. u. die Lagerungsbedingungen bestimmt. I-Lsgg. sind vor Licht geschützt herzustellen u. aufzubewahren. Durch Zusatz von $NaHSO_3$ zu I-Lsgg. wird die Stabilität eher verschlechtert als verbessert. Antioxydantien, wie Nordihydroguajaretsäure verhindern zwar nicht die Zers. bei der Sterilisation, erhöhen aber die Stabilität der sterilisierten Lösung. Durch Zusatz von Urethan (II) zu einer I-Lsg. wird die Hitze-Zers. von I auf 1% herabgedrückt, die Lsgg. bleiben im Dunkeln stabil auch ohne Schutzbegasung. Auf die I-Zers. im Licht hat II keinen Einfluß. Der Wrkg.-Mechanismus ist noch nicht bekannt. S. Erbe. 4806□

**Vergleich der bactericiden Wirkung von Movidyn, Mikropur 1000, SAG-1 und Silbernitrat.** Bohumil Polák. (Farmácia [Bratislava] **25.** 269—74. Sept. 1956. Brno, Masaryk univ., farmakol. a hygien. úst.) (Tschech.)

Die Ag-Präpp. *Movidyn, Mikropur 1000, SAG-1* u. $AgNO_3$ sind als bactericide Mittel zur Desinfektion von kleinen Wassergeräten geeignet. E. Vevera. 4832

**Anwendung neuer Methoden zur laufenden praktischen Prüfung der Sterilität injizierbarer Medikamente.** M. Gay. (Pharmac. Acta Helvetiae **35.** 555—74. Nov. 1960. Beilage zu: Schweiz. Apotheker-Ztg., Bâle, F. Hoffmann-La Roche et Cie.) (Franz.)

Beim Vgl. der Sterilitätsprüfung durch die Meth. der direkten Verimpfung u. die Meth. nach vorangegangener Anreicherung durch a) Zentrifugieren u. b) durch Filtration schnitt b) am besten ab. Ausführliche Beschreibung der Meth. u. App. (Abb.).

C. O. Laubschat. 4832□

**Erfahrungen mit den Kontrollmethoden galenischer Präparate nach ČSL 2. Ausgabe.** Z. Alexa, J. Hejlek und J. Sadovská. (Farmácia [Bratislava] **25.** 279—81. Sept. 1956.) (Tschech.)

Krit. Übersicht. E. Vevera. 4880

**Bemerkungen zur Silberbestimmung in nach ČSL 2. Ausgabe hergestellten kolloidalen Lösungen.** Milan Zahradníček. (Farmácia [Bratislava] **25.** 274—76. Sept. 1956. Brno, Masaryk-univ., farmaceut. fak., úst. pro chem.) (Tschech.)

Vergleichende Betrachtung zur 1. Ausgabe des ČSL. E. Vevera. 4880

**Beitrag zur Bewertung von Flos Papaveris rhoeados, Flos Malvae arboreae und Herba Hyperici perforati.** M. Šaršúnová, M. Kandráč und O. Kolečányi. (Farmácia [Bratislava] **25.** 276—79. Sept. 1956. Bratislava, Mediky n. p., krajsk. kontr. lab.) (Tschech.)

Vff. schlagen die Aufnahme einer Aschezahl in das Arzneibuch für folgende Drogen vor: *Flores Papaveris rhoeados, Flores Malvae arboreae* u. *Herba Hyperici perforati.*

E. Vevera. 4880

**Potentiometrische Titrationen von Arzneimitteln mit blockierter aromatischer Aminogruppe. 1. Mitt. Titration von Acetanilid im Gemisch mit anderen Arzneimitteln.** Josef Blažek und Ludek Šafarík. (Českoslov. Farmac. **6.** 524—26. Nov. 1957. Praha, státn. úst. pro kontr. léč.) (Tschech.)

*Acetanilid* (I), das in Arzneigemischen mit Weinsäure, Barbital, Coffein, Codeinphosphat, Coffein–Na-Benzoat, Coffein–Na-Salicylat vorliegt, wird nach Diazotieren mit $NaNO_2$ in HCl potentiometr. bestimmt. Zur Best. werden zu 0,3 g I 30 ml 25%ig. HCl gegeben, 30 Min. unter Rückfluß gekocht u. auf 100 ml aufgefüllt. 30 ml dieser Lsg. werden mit 30 ml 37%ig. HCl bei 15° versetzt u. mit 0,1m $NaNO_2$-Lsg. (II) titriert. Die Beendigung der Titration wird durch Ausschlagen des Galvanometerzeigers erkannt. Bromometr. kann I bestimmt werden, indem nach Hydrolyse, wie oben beschrieben, auf 250 ml aufgefüllt, zu 50 ml dieser Lsg. 0,5 g KBr gegeben u. mit 0,1n $KBrO_3$-Lsg. (III) titriert wird (Galvanometerausschlag). 1 ml II = 13,516 mg I, 1 ml III = 2,253 mg I. Amidopyrin stört die Bestimmung. E. Vevera. 4880

**Potentiometrische Titrationen von Arzneimitteln mit blockierter aromatischer Aminogruppe. 2. Mitt. Bestimmung einiger pharmazeutisch wichtiger Sulfone.** Josef Blážek und Zdeněk Stejskal. (Českoslov. Farmac. **7.** 23—25. Jan. 1958.) (Tschech.) — 1. vgl. vorst. Referat.

Vff. bestimmen *Diaminodiphenylsulfon* (I), *4-Carboxymethylamino-4'-aminodiphenylsulfon* (II) u. *4.4'-Diacetylaminodiphenylsulfon* (III). Zur Best. werden 500 mg I, II, oder III mit 100 ml 12,5%ig. HCl unter Rückfluß 30 Min. lang gekocht, 50 ml rauchende $HNO_3$ zugefügt u. auf 250 ml aufgefüllt; nach Umschütteln werden zu 50 ml dieser Lsg. 25 ml 37%ig. HCl zugefügt u. mit 0,1m $NaNO_2$-Lsg. (**IV**) titriert. Der Äquivalenzpunkt wird durch Ausschlagen des Galvanometers bestimmt. 1 ml **IV** = 12,41 mg I, 16,408 mg II (aus Injektions-Lsgg.), 15,31 mg II (aus Tabletten), 16,62 mg III. Fehlergrenze $\pm 1\%$. Tabletten- u. Injektionsbestandteile stören die Best. nicht

E. VEVERA. 4880

**Identifizierung und Bestimmung stickstoffhaltiger organischer Basen mit Ammoniumreineckat.** Lee Kum-Tatt. (J. Pharmacy Pharmacol. **12.** 666—76. Nov. 1960. Singapore, Government Dep. of Chem.) (Engl.)

Von zahlreichen ein- u. zweibas. N-haltigen organ. Basen werden nach angegebenen Vorschriften *Reineckate* (I) hergestellt, von den zweibas. Verbb. auch die *Monoreineckate*. Nach Reinigung durch Umkristallisation wurden die Molgew., die Löslichkeit in W. u. die UV-Spektren im Bereich von 350—600 mμ bestimmt. Die ermittelten Werte werden in Tabellen wiedergegeben. Die Amine können aus den I zurückgewonnen werden. — 20 Literaturangaben. H. P. FIEDLER. 4880□

**Bestimmung des Phenacetins in Tabletten.** Carlos Martin P. Wirth. (Pharmac. Acta Helvetiae **35.** 575—77. Nov. 1960. Beil. zu: Schweiz. Apotheker-Ztg., Mexico, Labor. de Sydney Ross et Cie.) (Franz.)

*Phenacetin* wird mit HCl zum Phenetidin hydrolysiert, letzteres diazotiert, das Diazotat im alkal. Milieu mit Thymol zu einem gelborangen Farbstoff gekuppelt, dieser bei 500 mμ spektrophotometriert. Variante der Meth. von DEVI u. KHORANA.

C.-O. LAUBSCHAT. 4880□

**Zur Analytik einiger therapeutisch verwendeter Phenothiazinderivate.** 2. Mitt. **Beitrag zur maßanalytischen Bestimmung.** H. Thieme. (Pharmazie **11.** 460—62. Juli 1956. Leipzig, Karl-Marx-Univ., Pharmaz. Inst.) (Dt.) — 1. vgl. C. **1957.** 3613.

Nach einem Überblick über Meth. zur Best. von Phenothiazin-Derivv. wird die maßanalyt. Best. mit 0,05n *Silicowolframsäure*-Lsg. beschrieben. Zur Ermittlung des Faktors dieser Lsg. wird eine 0,200%ig. Thiantan-Lsg. mit Kongorot als Indicator verwendet. Die zu untersuchende Lsg. (30—50 ml) soll nicht mehr als 30 mg Phenothiazin enthalten. Genauigkeit der Best. etwa 1%. E. BOYE. 4880□

**Trennung und Bestimmung der Anthrachinone des offizinellen Rhabarbers durch kontinuierliche Papierelektrophorese und Gegenstromverteilung.** G. M. Nano. (Pharmac. Acta Helvetiae **35.** 451—58. Aug. 1960. Beil. zu: Schweiz. Apotheker-Ztg., Turin, Univ., Inst. de Chimie pharmaceut. et toxicol.) (Franz.)

Die papierelektrophoret. Trennung der *Anthrachinone* (I) gelingt am besten auf Papier WHATMAN No. 1 oder SCHLEICHER & SCHÜLL 2043a mit Na-Borat-Puffer vom pH 9,5 bei einer Stromstärke von 11 mA u. einer Potentialdifferenz von 400 V. Bei der Gegenstromverteilung können die I quant. mittels eines Borat- oder Phosphatpuffers u. Chlf. oder Toluol bei Verw. von 50 Elementen getrennt werden. Mit dem Syst. Äthylacetat/Puffer-Lsg. pH 4 können auch die Glucoside u. Tannine getrennt werden.

S. ERBE. 4880□

**Die colorimetrische Bestimmung von Anthracenderivaten in Sennesblättern.** L. Nihoul-Ghenne. (J. Pharmac. Belgique [N.S.] **15 (42).** 49—59. Jan./Febr. 1960. Liège, Univ., Labor de Pharmacogn. et Pharm. prat.) (Franz.)

Das wss., mit HCl auf pH 3 eingestellte Blattpulverinfus wird mit $H_2SO_4$ in der Hitze hydrolysiert u. mit Ae. extrahiert; die Ae.-Lsg. wird zwecks Klärung zentrifugiert u. mit 1n KOH extrahiert; die KOH-Lsg. wird bei 510 mμ spektrophotometr. gemessen u. hieraus der Total-Geh. an Anthrachinon-Derivv. errechnet. Nach Oxydation der KOH-Lsg. in der Hitze wird ein zweites Mal gemessen u. hieraus der Total-Geh. an Anthracen-Derivv. errechnet. Die Differenz zwischen beiden Werten ergibt den Total-Geh. an Anthranolderivaten. C.-O. LAUBSCHAT. 4880□

**Über eine photometrische Methode zur direkten Bestimmung von freiem Quercetin in Rutin.** S. Knütter und R. Pohloudek-Fabini. (Vitamine u. Hormone **8.** 431—38. 1960. Greifswald, Univ., Pharmazeut.-chem. Inst.) (Dt.)

Die für die quant. Best. von freiem *Quercetin* (I) in *Rutin* (II)-Proben existierenden Verff. sind entweder apparativ zu anspruchsvoll (Spektralphotometer) oder zu ungenau (Papierchromatographie). Das von Vff. vorgeschlagene Verf. beruht auf der Messung der Färbung eines I-Sb-Komplexes in methanol. Lsg. im PULFRICH-Photometer mit Filter S 47. Der II-Sb-Komplex besitzt in diesem Bereich keine meßbare Extinktion. Die neue

Meth. gestattet I von 0—5% in II-Proben zu bestimmen u. wird zur Aufnahme in das DAB VII vorgeschlagen. WINFRIED KRÜGER. 4880□

**Der colorimetrische Nachweis von „Cassia auriculata".** A. Denoël. (J. Pharmac. Belgique [N.S.] **15** (**42**). 60—61. Jan./Febr. 1960. Liège, Univ., Labor. de Pharmacogn.) (Franz.)

Zum Nachw. von nur 2% *Cassia auriculata* (I) in *C. angustifolia*- u. *C. acutifolia*-Pulver wird die Probe mit 94%ig. A. extrahiert, der Extrakt mit Kohle entfärbt u. 20n $H_2SO_4$ zugegeben; fuchsinrote, bei Erwärmung sich verstärkende Färbung zeigt I an. Das Absorptionsmaximum des färbenden, mit A.-Essigester extrahierbaren, chromatograph. isolierbaren Wirkstoffes liegt bei 565 m$\mu$. Statt $H_2SO_4$ können auch HCl, Phosphorsäure u. $SbCl_3$ in Chlf. verwendet werden. C.-O. LAUBSCHAT. 4880□

**Die Anwendung der $\Delta\varepsilon$-Analyse auf Pharmazeutica: Die Bestimmung von Eugenol.** Julius C. Demetrius jun. und Joseph E. Sinsheimer. (J. Amer. pharmac. Assoc., sci. Edit. **49.** 523—25. Aug. 1960. Kingston, Univ. of Rhode Island, Coll. of Pharm.) (Engl.)

$\Delta\varepsilon$-Kurven erhält man allg. durch Subtraktion der Extinktions-Koeff. für zwei verschiedene Zustände (z. B. verschiedenes pH) eines absorbierenden Stoffes. Diese Meth. hat bes. Vorteile, wenn die Absorption eines Chromophors in Ggw. anderer Chromophore selektiv verändert werden kann. Vff. nehmen zwischen 220 u. 320 m$\mu$ das Spektrum des *Eugenols* (I), das durch seine phenol. Hydroxylgruppe ein pH-abhängiges Spektrum aufweist, bei pH 7 u. pH 12,3 auf u. berechnen daraus das $\Delta\varepsilon$-Spektrum. In diesem treten bei 246 u. 296 m$\mu$ Maxima auf, die sich zur quant. Auswertung eignen, auch in Ggw. anderer absorbierender Substanzen, deren Spektrum pH-unabhängig ist. Die Best. von I erfolgte mit guter Genauigkeit in Nelkenöl u. zwei pharmazeut. Zubereitungen. WINFRIED KRÜGER. 4880□

**Photometrische Bestimmung von Pyridoxin in pharmazeutischen Präparaten.** O. Hrdý und L. Urabová. (Českoslov. Farmac. **6.** 510—14. Nov. 1957. Praha, státn. úst. pro kontr. léč.) (Tschech.)

10—200 $\mu$g *Pyridoxin* (I) in 5 ml Lsg. werden mit 2 ml 0,1m Phosphatpuffer-Lsg. vom pH 7, 1 ml frisch bereiteter 0,1%ig. Diäthyl-p-phenylendiamin-Lsg. u. 10 ml Bzl. versetzt; dann wird 1 ml 1%ig. K-Ferricyanid-Lsg. zugefügt, 30 Sek. geschüttelt, die Bzl.-Schicht sofort abgetrennt u. mit $Na_2SO_4$ getrocknet. Die blaue Färbung wird bei 605 m$\mu$ mit Filter S 61 im PULFRICH-Photometer gemessen. Die Best. stören nicht die Vitamine des B-Komplexes, Biotin, Methionin, Cholin u. Betain, dagegen Ascorbinsäure (**II**), Phenol (**III**) u. Salicylsäure (**IV**). Bei der Best. muß die Störung durch **II** durch Zugabe größerer Mengen an K-Ferricyanid-Lsg. verhindert werden. In Ggw. von **III** muß die Bzl.-Schicht nach erfolgter Best. mit 5 ml 5%ig. Borsäure-Lsg. geschüttelt u. erneut die Extinktion gemessen werden. Die Differenz entspricht dann dem I-Gehalt. **IV** muß vor der Best. nach Zugabe von 5 ml 0,2n HCl mit Chlf. ausgeschüttelt werden. Dann werden zur wss. Phase 5 ml 0,2n $Na_2CO_3$-Lsg. zugefügt u. I, wie oben beschrieben, bestimmt. E. VEVERA. 4880

---

Evans Medical Ltd., Liverpool, England (Erfinder: William Anderson und Francis Hargreaves), **Behandlung von Carragheenin** (**I**) für arzneiliche Zwecke. 25 kg I werden mit 75 (Liter) Aceton gemischt, 3 W. u. 75 konz. HCl zugegeben u. bei normaler Temp. u. gelegentlichem Rühren 24 Std. stehengelassen, filtriert, der Rückstand mit Aceton gewaschen, in W. gelöst u. auf einen pH-Wert von 7—8 gebracht. Man erhält ein in W. leichtlösl. Abbau-Prod. mit unveränderterm Sulfatgruppen-Geh. u. mit verbesserter *Antipepsinaktivität*. (**E. P. 840 62?** vom 8/1. 1958, ausg. 6/7. 1960.) K. KOEBKE. 4791

Yunosuke Saito, Kamakura, Japan, **Herstellung eines Arzneimittels,** dad. gek., daß man Tabakblätter u. Schalen von Citrusfrüchten mit einem Wasser-Geh. von 30—40% in einem Destillationsgefäß 30 Min. auf 320—350° erhitzt, die Ölschicht des Destillats abtrennt, vom abgetrennten Öl die bei 240° sd. Anteile abdest. u. den harzartigen Rückstand in einem Lsgm. löst. (**D. A. S. 1 104 117** Kl. 30h vom 17/2. 1959, ausg. 6/4. 1961. Jap. Prior. 18/2. 1958.) K. KOEBKE. 4791

N. V. Organon, Oss, Holland, **Entfärbung von Heparinpräparaten.** Man behandelt ein Heparinkonzentrat nacheinander mit mindestens zwei verschiedenen Oxydationsmitteln, deren Oxydations-Wrkg. nicht auf der Ggw. eines Metalls beruht, z. B. zuerst mit Ozon oder Perphthalsäure u. dann mit N-Bromsuccinimid. Das erhaltene Prod. ist nicht nur farblos, sondern bildet auch farblose wss. Lösungen. (**Holl. P. 96 772** vom 24/12. 1958, ausg. 16/1. 1961. **Zusatz zu Holl. P. 76 326; C. 1950/54. 4142 S.**) F. BÖHM. 4791

Matthew Hoare, The Firs, Clements End, England, **Heilsalbe für Erkrankungen der Haut** bei Mensch und Tier, enthaltend in einer weichen Salbengrundlage, bes. Schweinemagenfett, als akt. Bestandteile ein Gemisch von 3 (Teilen) Schwefelblüte, 1 Borsäure, 2 Festbestandteile der Schweinegalle. (**E. P. 848 333** vom 23/9. 1957, ausg. 14/9. 1960.) K. KOEBKE. 4793

Imperial Chemical Industries Ltd. (Erfinder: George William Driver und Norman Senior), **Äthylthiolverbindungen enthaltende Salben und Pasten.** Als Salbengrundlage werden animal. od. vegetabil. Fette oder Öle oder, wenn der wirksame Bestandteil fl. ist, inerte, unlösl., organ. oder anorgan., für die Haut unschädliche Pulver wie Stärke, Bentonite, Metalloxyde u. -salze verwendet. — Beispiele: 53 (Teile) Ricinusöl, 27 Cetylalkohol werden mit 20 feingemahlenem Diäthyldithiolterephthalat bei 65—70° gemischt u. gekühlt. Gemische aus 25 Mg-Stearat u. 75 Diäthyldithiolcarbonat, aus 55 Bentonit u. 45 Diäthyldithiolcarbonat, aus 25 Ricinusöl, 5 Bienenwachs u. 70 Äthylthiolbenzoat, aus 57 Stärke u. 43 Diäthyldithiolisophthalat. — *Hautpharmazeutica.* (**Aust. P. 221 082** vom 5/6. 1957, ausg. 30/4. 1959. E. Prior. 15/6. 1956.) K. DEMMLER. 4793

Johnson & Johnson (Erfinder: Orman Blake Billings und Leo Brickman), **Verbandmaterial,** bestehend aus einem Gemisch von 5—30 (%) Melamin-Formaldehyd-Harz u. 95—70 Gips, das auf Bandagen aus Baumwolle, Nylon, Rayon u. dgl. aufgebracht wird. — Beispiel: 10 (Gew.-Teile) eines aus 4 (Mol.) $CH_2O$ u. 4 Melamin bestehenden Harzes, 90α-Gips, 0,4 $H_3BO_3$, 0,8 wss. $NH_3$-Lsg. (28%ig.), 1,2 Polyvinylacetat–W.-Emulsion (55%ig.) u. 40 W. werden gemischt; das Gemisch wird in Form einer dünnen Paste (pH ca. 9,5) auf Baumwollgaze aufgebracht u. ca. 2 Min. bei 275° F getrocknet. (**Aust. P. 220 831** vom 10/11. 1955, ausg. 16/4. 1959.) K. DEMMLER. 4795

Johnson & Johnson (Erfinder: William Campbell Skiles, Joseph Nicholas Masci und Henry Frank Maso), **Wundverband.** Verbandstoff (Gaze oder Mull) wird mit 20—200%, bes. 100—160%, Vaseline, pflanzlichen oder tier. Fetten oder Ölen (Erdnuß-, Cocosnuß-, Mais-, Mandel- oder Walfischöl, Wollfett), denen ein öllösl. Emulgiermittel (Sorbitsesquioleat, Partialester von Fettsäuren u. mehrwertigen Alkoholen, wie Glycerinmonostearat, aliphat. Alkohole, Fettsäuren, Fettsäureamide) u. ein wasserlösl. Emulgator (Polyoxyäthylen-Derivv.) zu je 1—2% zugesetzt sind, imprägniert. (**Aust. P. 209 503** vom 6/7. 1956, ausg. 22/8. 1957.) W. GRÄGER. 4795

May & Baker Ltd. (Erfinder: Kenneth Gaimster und Basil Jason Heywood), Dagenham, Essex, England, **Herstellung von Bisquaternären Ammoniumverbindungen,** deren Kation der allg. Formel I entspricht, in der $R_1$, $R_2$ u. $R_3$ für eine Methyl- oder Äthylgruppe stehen u. A einen aliphat. KW-Stoffrest mit 3—8 C-Atomen bedeutet, der mindestens eine ungesätt. Bindung aufweist. Eine Verb. der allg. Formel X–A–X wird mit einer Verb. $R_3Y$ umgesetzt, worin X u. Y für den Säurerest (Cl, Br, J) eines Esters stehen, der zur Bldg. eines quatern. Salzes geeignet ist.

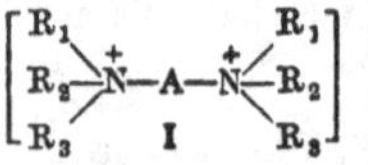

Man erhält so aus 1.4-Dibrombutin-(2) → *Butin-(2)-1.4-bis-[diäthylmethylammoniumbromid]*, F. > 200°; Buten-(2)-diol-(1.4), $Kp._{20}$ 134—135°, → *trans-1.4-Dibrombuten-(2)*, F. 53—54°, → *trans-Buten-(2)-1.4-bis-[diäthylmethylammoniumbromid]*, F. 269—271° (Zers.); cis-1.4-dibrombuten-(2) → *cis-Buten-(2)-1.4-bis-[diäthylmethylammoniumbromid]*, Zers. bei ca. 250°; Hexadiin-(2.4)-1.6-diol → *Hexadiin-(2.4)-1.6-bis-[trimethylammoniumbromid]*, Zers. bei ca. 250°. An die Stelle von Br können auch andere, nichttox. wirkende Säurereste treten, wie der Phosphor-, Methylschwefel-, Wein- oder Citronensäurerest. — *Pharmazeutica.* (**E. P. 750 346** vom 3/9. 1953, ausg. 13/6. 1956.) W. GRÄGER. 4807

N. V. Philips' Gloeilampenfabrieken, Eindhoven, Holland, **Pharmazeutisches Präparat,** enthaltend ein substituiertes Alkylamin der allg. Formel **I** [$R_3$ u. $R_4$ = Alkylengruppen mit 2—6 C-Atomen, $Y_3$ u. $Y_4$ = H oder eine (auch veresterte oder verätherte) OH-Gruppe], insbes. *1-[4'-Hydroxyphenyl]-2-[1'-methyl-2'-phenoxyäthylamino]-propanol-(1)*, in Verb. mit einem Verdünnungsmittel oder einem inerten Trägerstoff. — **I** ist in Mengen von 1—40, bes. 5—20%, vorhanden. Die Herst. von **I** ist bekannt. (**Ind. P. 59 958** vom 29/9. 1955, ausg. 26/5. 1958.)

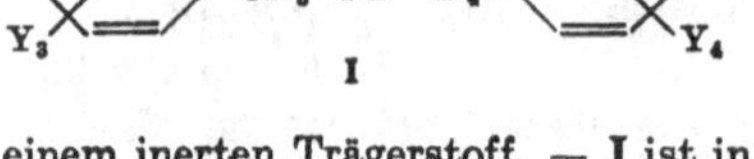

I

H. NEBELSIEK. 4807

J. R. Geigy Akt.-Ges., Basel, Schweiz (Erfinder: Jean Eugène Thuillier, Paris, Frankreich, Franz Litvan und Willy Stoll, Basel, Schweiz), **Eugenolglykolsäure- und Isoeugenolglykolsäureamide** der allg. Formel **I** (R = Allyl, Propenyl-(1); $R_1$ = Alkyl, Alkenyl, Cycloalkyl, ggf. durch Halogen, niedermol. Alkyl oder Alkoxy substituiertes Phenyl oder Benzyl; $R_2$ = Alkyl, Alkenyl; $R_1$ u. $R_2$ können mit dem N unmittelbar oder über ein O-Atom einen heterocycl. Ring bilden). Zu Oe. P. 202 137; C. **1960.** 12431 ist nachzutragen: *Eugenolglykolsäure-N-n-propylanilid*, Kp.$_{0,006}$ 177—178°; *-N-n-butylanilid*, Kp.$_{0,0003}$ 144—147°; *-N-allylanilid*, Kp.$_{0,0005}$ 170—175°; *-N-methallylanilid*, Kp.$_{0,0007}$ 165—170°; *-N-n-propyl-o-toluidid*, Kp.$_{0,0007}$ 167—172°; *-N-äthyl-p-anisidid*, Kp.$_{0,0005}$ 157—163°; *-N-methylcyclohexylamid*, Kp.$_{0,01}$ 169—172°; *-piperidid*, Kp.$_{0,01}$ 162—164; *-morpholid*, Kp.$_{0,005}$ 139—141°. Die Verbb. wirken *schlafmachend*, *beruhigend* u. *anästhesierend*. (**D. A. S. 1 101 405** Kl. 12o vom 11/12. 1957, ausg. 9/3. 1961. **E. P. 837 995** vom 11/12. 1957, ausg. 22/6. 1960. **Zusatz zu E. P. 792 490; C. 1960. 3633.** Beide Schwz. Prior. 12/12. 1956. **Schwz. P. 337 829** vom 12/12. 1956, ausg. 15/6. 1959.) G. Krauss. 4807

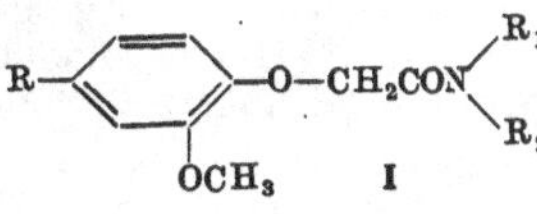
I

Farbwerke Hoechst Akt.-Ges., vormals Meister Lucius & Brüning, Frankfurt/M., **Herstellung von Sulfonylharnstoffen** der allg. Formel R—$SO_2$—NH—CO–NH–$R_1$, in der R für einen Phenylrest, der ein oder zwei Substituenten (Alkyl- u. Alkoxyreste) enthält, wobei der Alkylrest höchstens 8 C-Atome enthält, oder Halogenatome oder einen aliphat. oder cycloaliphat. KW-Stoffrest mit 3—8 C-Atomen steht, u. $R_1$ einen aliphat. oder cycloaliphat. KW-Stoffrest mit 2—8 C-Atomen bedeutet. — Man erhält diese Verbb. z. B. durch Rk. von 50 g n-Butylisocyanat mit einer Suspension von 96 g Na-4-Methylbenzolsulfonamid in Nitrobenzol → *N-4-Methylbenzolsulfonyl-N'-n-butylharnstoff*, F. 125—127°; Analog erhält man: *N-Benzolsulfonyl-N'-n-butylharnstoff*, F. 129—131°; *N-4-Äthylbenzolsulfonyl-N'-n-butylharnstoff*, F. 100—102°; *N-4-Äthyl-benzolsulfonyl-N'-isobutylharnstoff*, F. 144—146°; *N-4-n-Propylbenzolsulfonyl-N'-n-butylharnstoff*, F. 104—105°; *N-4-Isopropylbenzolsulfonyl-N'-n-butylharnstoff*, F. 135—137°; *N-4-Methoxybenzolsulfonyl-N'-n-butylharnstoff*, F. 118—119°. Weitere 40 Beispiele. (**Ind. P. 58 716** vom 23/10. 1956, ausg. 9/7. 1958. E. Prior. 8/5. 1956.) H. Nebelsiek. 4807

Boots Pure Drug Co. Ltd., Nottingham, England, **Herstellung von amöbicid wirksamen Dichloracetanilidderivaten** der allg. Formel **I**, in der R eine Alkylgruppe bedeutet u. der Benzolkern durch eine oder mehrere Nitrogruppen u./oder evtl. alkylierte Aminogruppen u. außerdem evtl. durch eine oder mehrere OH- oder Alkoxygruppen substituiert ist, dad. gek., daß man $CHCl_2COOCl$ (**II**) mit entsprechend substituierten Anilinen umsetzt oder N-substituierte Dichloracetanilide nitriert. — 40 (g) N-Methyl-p-nitroanilin erhitzt man mit 39 **II** in 360 ml Bzl. 2 Std. unter Rückfluß, verd. nach dem Abkühlen die Lsg. mit 350 ml Ae. u. filtriert das auskrist. *Dichloracet-N-methyl-4-nitroanilid*, F. 130°, ab. Aus rauchender $HNO_3$, Eisessig u. Dichloracet-4-hydroxy-N-methylanilid → *Dichloracet-4-hydroxy-N-methyl-3-nitroanilid*, F. 111°. Analog: *Dichloracet-4-diäthylamino-N-methylanilid*, F. 63—65°. (**Ind. P. 56 641** vom 27/2. 1956, ausg. 18/3. 1958. E. Prior. 24/3. 1955.) C. Lüttgen. 4807

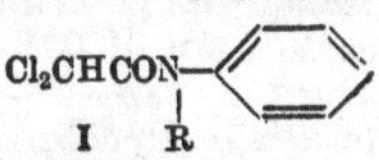
I

Aktiebolaget Astra, Apotekarnes Kemiska Fabriker, Södertälje (Erfinder: K. Ph. Tegner, Stockholm), Schweden, **Herstellung von Acylaniliden** der Formel **I** ($R_1$ = $CH_3$, $C_2H_5$, Halogen; $R_2$ = H, $CH_3$; $R_4$ u. $R_5$ = H, $CH_3$, $C_2H_5$; $R_3$ = aliphat. oder alicycl. KW-Stoffrest mit höchstens 6 C-Atomen; $R_3$ kann zusammen mit $R_4$ oder $R_5$ einen heterocycl. Ring mit höchstens 6 C-Atomen bilden). Man läßt Phosphorazo-Verbb. der Formel **II** mit den Carbonsäuren HOOC·CH·($R_4$)N<($R_5$)($R_3$) reagieren. —

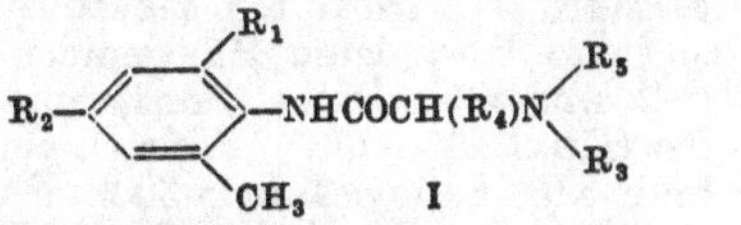
I

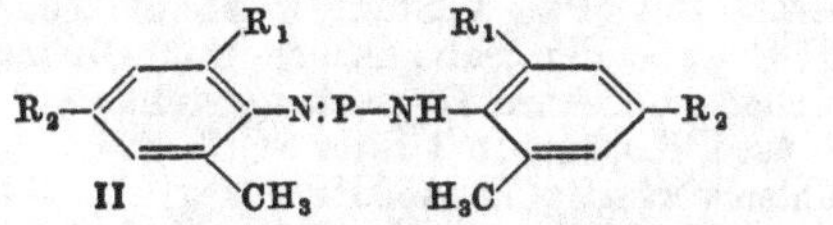
II

*Lokalanästhetica*. — Eine Mischung aus 1 (Mol) 2.6-Xylylphosphoazo-2.6-xylydid u. 2 Diäthylaminoessigsäurehydrochlorid erhitzt man 45 Min. auf 130°, löst kalt in 1,5 Liter W., gibt NaOH zu, äthert die Base aus u. erhält *N-Diäthylaminoacetyl-2.6-dimethylanilin*, F. 66—67°. *Hydrochlorid*, F. 128—129°. — *Diäthylaminoacetyl-2.4.6-trimethylanilin*, F. 46 bis 47°. *Hydrochlorid*, F. 135—137°. — *N-Diäthylaminoacetyl-2.6-dimethylanilinhydrochlorid*, F. 128—129°. — *N-[α-Isopropylaminopropionyl]-2.4.6-trimethylanilin*, F. 96—98°. *Hydrochlorid*, F. 212—214°. — *N-[α-Propylaminopropionyl]-2.6-dimethylanilin*, F. 76 bis 77°. *Hydrochlorid*, F. 200—201°. — *N-[n-Butylaminoacetyl]-2-chlor-6-methylanilinhydrochlorid*, F. 230—232°. — *N-[Methylpiperidyl-(α)-carbonyl]-2.6-dimethylanilinhydrochlorid*, F. 200—201°. (**Jap. A. S. 3314/1959** vom 22/2. 1957, ausg. 4/5. 1959. Schwed. Prior. 22/2. 1956.) M. Pankow. 4807

National Drug Co., Philadelphia, übert. von: Gustav J. Martin, Jay Morton Beiler, Philadelphia, und Souren Avakian, Oreland, Pa., V.St.A., **Therapeutisch wirksame Chalkone** der Formel **I**, in der A = 2 OH-, $CH_3O$-Gruppen oder eine Methylendioxygruppe, X = 2 H, OH- oder $CH_3O$-Gruppen oder eine Methylendioxygruppe ist, werden durch Rk. von entsprechend kernsubstituierten Acetophenonen mit entsprechend kernsubstituierten Benzaldehyden in Ggw. von KOH durch Abspaltung von W. durch die Kondens. der $CH_3$-Gruppe mit dem Aldehydsauerstoff gewonnen. — Aus 3.4-Dihydroxyacetophenon u. 3.4-Dihydroxybenzaldehyd → *3.3'.4.4'-Tetrahydroxychalkon,* F. 230—231°. Aus 3.4-Dihydroxyacetophenon u. Piperonal → *3'.4'-Dihydroxymethylendioxychalkon,* gelbe Kristalle. (**A. P. 2 769 817** vom 7/6. 1951, ausg. 6/11. 1956.) A. DANDL. 4807

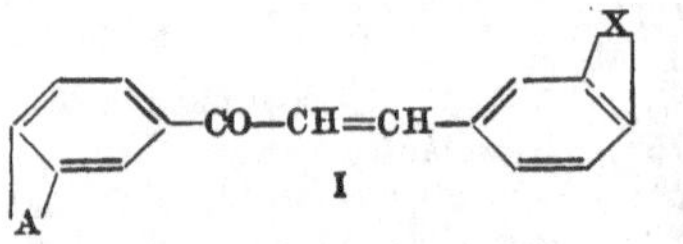

I

Farmaceutici Italia Soc. An., Italien (Erfinder: Carlo G. Alberti, Alberto Vercellone und Domenico Cattapan), **Herstellung von Kaffeesäureestern der Chinasäure,** z. B. *1.4-Dikaffeylchinasäure,* F. 225—227°, $[\alpha]_D^{22}$ —66° (c = 2,0; A.), dad. gek., daß man Carbonylkaffeesäurechlorid mit Chinasäure (**I**), Thionylkaffeesäure (**II**) mit Chinid oder **II**-Chlorid, F. 88—94°, mit **I** umsetzt u. bei 0—30° mit 3%ig. $Ba(OH)_2$ verseift. — *Heilmittel.* Vgl. Aust. P. 212 539; C. **1960. 5251.** (**F. P. 71 319** vom 5/12. 1955, ausg. 22/12. 1959. It. Prior. 28/12. 1954. **Zusatz zu F. P. 1 176 916; C. 1961. 10 672.**) S. BÖTTCHER. 4807

Farmaceutici Italia Soc. An., Italien (Erfinder: Carlo G. Alberti, Alberto Vercellone und Domenico Cattapan), **Herstellung von Kaffeesäureestern der Chinasäure u. ihren Amiden,** dad. gek., daß man ein Kaffeesäure-Deriv. bei 110—180° mit Chinid kondensiert u. das Rk.-Prod. ggf. bei 80—100° mit 30—70%ig. Essigsäure verseift. — *1.4.5-Trikaffeylchinidtricarbonat,* F. 280—285° (Zers.), $[\alpha]_D^{20}$ +189° (c = 1,0; Dioxan), aus Carbonylkaffeesäurechlorid; bei Behandeln mit $NH_4OH$ *1.4.5-Trikaffeylchinidamid,* $[\alpha]_D^{22}$ —255° (c = 2,0; A.); mit Essigsäure *1.4.5-Trikaffeylchinasäure,* F. 218—220° (Zers.), $[\alpha_D^{22}]$ —268° (c = 2,0; A.); daraus *1.4-Dikaffeylchinasäure,* F. 225—227°, $[\alpha]_D^{21}$ —65° (c = 2,0; A.), u. ihr *Amid,* F. 233—235°; $[\alpha]_D^{20}$ +82° (c = 2,0; Pyridin). (**F. P. 71 320** vom 20/12. 1955, ausg. 22/12. 1959. It. Prior. 28/12. 1954. **Zusatz zu F. P. 1 176 916; C. 1961. 10 672.**) S. BÖTTCHER. 4807

UCLAF, Frankreich (Erfinder: Georges Muller, Bruno Vaterlaus und Léon Velluz), **Herstellung von Dibenzocycloheptadienderivaten.** Man behandelt Thiocolchicin mit Na-Methylat in Methanol u. isoliert durch Chromatographie *12.13.14-Trimethoxy-9-methylmercapto-3-amino-4.8-dihydro-4.5; 6.7-dibenzocycloheptadien-8-carbonsäurelactam,* F. 264—265°, $[\alpha]_D^{20}$ 0° (c = 0,5%; Chlf.); dieses wird in Tetrahydrofuran u. A. mit NaOH behandelt unter Bldg. von *12.13.14-Trimethoxy-9-methylmercapto-3-amino-4.5; 6.7-dibenzocycloheptadien-8-carbonsäurelactam,* F. 290°, $[\alpha]_D^{20}$ 0° (c = 0,5%; Chlf.), das man durch Behandeln mit RANEY-Ni u. Pd in A. in *12.13.14-Trimethoxy-3-amino-4.5; 6.7-dibenzocycloheptadien-8-carbonsäurelactam,* F. 215°, $[\alpha]_D^{20}$ 0° (c = 0,5%; Chlf.), überführt. — *Therapeutica.* (**F. P. 71 758** vom 28/6. 1957, ausg. 19/1. 1960. **Zusatz zu F. P. 1 179 965; C. 1961. 11112.**) S. BÖTTCHER. 4807

Vale Chemical Co., Inc., Allentown, übert. von: Robert E. Davis, Pleasant Valley, Pa., V.St.A., **Diphenylacetylsalicylsäure** (**I**) wird durch Veresterung der OH-Gruppe der Salicylsäure mit Diphenylessigsäure bzw. deren Halogeniden durch Kochen in inerten Lsgm. hergestellt. — Man stellt aus 590 g Diphenylessigsäure durch 3—4std. Kochen in 1 Liter $SOCl_2$ das Chlorid her (Kp.$_{16}$ 177—178°), das sich beim Abkühlen verfestigt (Ausbeute: 550 g). Dieses wird mit 325 g Salicylsäure in 500 $cm^3$ trockenem Bzl. 5 Std. gekocht. Man erhält **I**, F. 142—143°. — *Analgeticum.* (**A. P. 2 792 416** vom 12/5. 1954, ausg. 14/5. 1957.) A. DANDL. 4807

Ciba Akt.-Ges., Basel, Schweiz, **1-[β-Diäthylaminoäthyl]-2-[p-halogenbenzyl]-benzimidazole** werden durch Umsetzung von o-[β-Diäthylaminoäthylamino]-anilin (**I**) mit einem reaktionsfähigen Deriv., bes. dem Äthyliminoäther, einer p-Halogenphenylessigsäure gewonnen. — *1-[β-Diäthylaminoäthyl]-2-[p-chlorbenzyl]-benzimidazol,* F. 79 bis 80° (Ae.), aus p-Chlorbenzylcyanid u. A. in Chlf. durch Einleiten von HCl bei —10° u. 14std. Kochen des gebildeten Iminoätherhydrochlorids in Chlf. mit **I**. *Hydrochlorid,* 2 Modifikationen, F. 185—187° u. F. 199—200° (A./Aceton). *Saures Oxalat,* F. 184—186° ($CH_3OH$/Aceton). — *Arzneimittel.* (**Oe. P. 205 973** vom 19/9. 1958, ausg. 26./10. 1959. Schwz. Prior. 20/9. 1957.) EBERHARD RIEDEL. 4807

Ciba Soc. An., Basel, Schweiz, bzw. Ciba Pharmaceutical Products, Inc., Summit, N.J., V.St.A. (Erfinder: Karl Hoffmann, Binningen, und Alfred Hunger, Basel), Schweiz, **Herstellung von Derivaten der Benzimidazolylessigsäure,** dad. gek., daß man α-Benzimidazolyl-(2)-α-phenylacetamide mit einem reaktionsfähigen Ester eines Aminoalkohols umsetzt, o-[tert.-Aminoalkylamino]-aniline mit α-Carbamylphenylessigsäuren cyclisiert oder in 1-[tert.-Aminoalkyl]-2-benzylbenzimidazolen einen an der Benzylgruppe befindlichen Rest in eine Carbamylgruppe überführt. — Aus o-Phenylendiamin u. Phenylcyanessigsäureäthylester stellt man *Benzimidazolyl-(2)-phenylacetonitril* her, F. 199—200°, das man in *α-Benzimidazolyl-(2)-α-phenylacetamid,* F. 218—219°, überführt; dieses wird in Dioxan in Ggw. von $NaNH_2$ mit Diäthylaminoäthylchlorid umgesetzt zu *α-[1-(β-Diäthylaminoäthyl)-benzimidazolyl-(2)]-α-phenylacetamid* (I), F. 136 bis 137°. *Hydrochlorid,* F. 150—160°. — *α-[1-(β-Diäthylaminoäthyl)-benzimidazolyl-(2)]-α-[p-chlorphenyl]-,* F. 189—190° (*Hydrochlorid,* F. 174—176°), u. *-α-[m-methoxyphenyl]-acetamid,* F. 153—154°, (*Hydrochlorid,* F. 162—164°), aus p-Chlorphenyl- bzw. m-Methoxyphenylcyanessigsäureäthylester über *Benzimidazolyl-(2)-p-chlorphenyl-,* F. 204—207°, bzw. *-m-methoxyphenylacetonitril,* F. 137—139°, u. *α-Benzimidazolyl-(2)-α-[p-chlorphenyl]-,* F. 224—232°, u. *-[m-methoxyphenyl]-acetamid,* F. 147—148°. — *α-[1-(β-Diäthylaminoäthyl)-5-nitrobenzimidazolyl-(2)]-α-phenyl-,* F. 133—137° (*Hydrochlorid,* F. 105—115° u. 140—160°), u. *-α-[4'-chlorphenyl]-acetamid,* F. 161—163° (*Hydrochlorid,* F. 150—155°), aus Phenyl- bzw. 4-Chlorphenylmalonsäuremonoamidiminoätherhydrochlorid u. 2-[β-Diäthylaminoäthylamino]-5-nitranilinhydrochlorid. — I auch aus α-[*1*-(β-Diäthylaminoäthyl)-benzimidazolyl-(2)]-α-Phenylessigsäurenitril, F. 106—108°, $Kp._{0,1}$ 190—210°, das man aus Benzimidazolyl-(2)-phenylacetonitril herstellt. — *Therapeutica.* (**F. P. 1 211 441** vom 16/7. 1958, ausg. 16/3. 1960. **D. A. S. 1 081 464** Kl. 12p vom 7/7. 1958, ausg. 12/5. 1960. **A. P. 2 944 062** vom 19/6. 1958, ausg. 5/7. 1960. Alle Schwz. Prior. 17/7. 1957.)
S. BÖTTCHER. 4807

Anne Marie José Charonnat, Solange Charonnat geb. Costes, Paul Lechat, Paris, André Boime, La Varenne, Saint Hilaire, Seine, und Jean Chareton, Vaucresson, Seine-et-Oise, Frankreich, **Salze von 4-Methyl-5-β-halogenäthylthiazolen** (I) werden durch Rk. von I mit der ca. äquivalenten Menge von Methan- oder Äthandisulfonsäure oder deren Salzen oder mit Gemischen dieser Säuren u./oder deren Salzen, ggf. in Aceton oder einem niedermol. aliphat. Alkohol als Lsgm., erhalten. — Eine Lsg. von 21,2 (g) wasserfreier Methandisulfonsäure in wenig Aceton wird zu einer Lsg. von 32,3 4-Methyl-5-β-chloräthylthiazol (II) in ebenfalls wenig Aceton gegeben u. der ausgefallene Nd. abgetrennt → *Methandisulfonat von* II, $C_{13}H_{20}Cl_2N_2O_6S_4$, 90%, weiße Kristalle vom F. 120°. — Analog wird das *Äthan-1.2-disulfonat* von II, $C_{14}H_{22}Cl_2 \cdot N_2O_6S_4$, 90%, F. 124°, erhalten. — *Heilmittel.* (**D. A. S. 1 102 159** Kl. 12p vom 22/2. 1958, ausg. 16/3. 1961. **Belg. P. 565 229** vom 28/2. 1958, ausg. 15/7. 1960. Beide E. Prior. 1/3. 1957. **E. P. 847 520** vom 1/3. 1957, ausg. 7/9. 1960.) H. BRÄUCKER. 4807

Chinoin Gyógyszer és Vegyészeti Termékek Gyára, Ungarn, **Herstellung von Thiadiazolsulfonylhalogeniden und -amiden,** dad. gek., daß man ein 5-Acylmercapto- oder 2-Acylamino-5-acylmercapto-1.3.4-thiadiazol in Ggw. von W. mit Halogen umsetzt u. das Sulfonylhalogenid mit $NH_3$ oder Aminen behandelt. — *2-Acetylamino-1.3.4-thiadiazolsulfonylchlorid,* F. 194°, *-sulfonamid,* F. 248°, u. *-sulfonylpropylamid,* F. 246°, *2-Chlor-1.3.4-thiadiazolsulfonylchlorid,* aus 2-Acetylamino- bzw. 2-Chlor-5-acetylmercapto-1.3.4-thiadiazol. — *Therapeutica.* (**F. P. 1 192 912** vom 5/6. 1956, ausg. 29/10. 1959. Ung. Prior. 15/6. 1955.) S. BÖTTCHER. 4807

Riker Laboratories, Inc., Los Angeles, übert. von: Murle W. Klohs, Northridge, Fred Keller und Robert E. Williams, Los Angeles, Calif., V.St.A., **Methysticine und Dihydromethysticine** der allg. Formel I (R = —CH=CH—; $-CH_2-CH_2-$; R' = niedermol. Alkyl) erhält man durch Kondens. von 3.4-Methylendioxyzimtaldehyd mit einem γ-Halogen-β-alkoxycrotonsäurealkylester in Ggw. von Zn u. eines inerten Lösungsmittels. — Aus 0,33 Mol 3.4-Methylendioxyzimtaldehyd u. 0,33 Mol γ-Brom-β-methoxycrotonsäuremethylester in 1 Liter über $CaH_2$ dest. Tetrahydrofuran in Ggw. von 0,38 Mol Zn u. einer Spur $J_2$ unter Rückfluß → *dl-Methysticin,* $C_{15}H_{14}O_5$, (R = $-CH=CH-$; R' = $OCH_3$), aus heißem Methanol, F. 132—134°; $[\alpha]_D^{25}$ 0° (c = 1% in 95%ig. A.); Ausbeute 38,5%. Aus 25 g davon in 100 ml Tetrahydrofuran u. $H_2$ in Ggw. von 10% Pd auf Kohle bei Raum-Temp. u. 1—2 at → 21 g *dl-Dihydromethysticin,* $C_{15}H_{16}O_5$, aus Isopropanol F. 109—111°. Die d-Derivv. werden aus Wurzeln von *Piper methysticum* L. gewonnen. — *Beruhigungsmittel* u. *Krampflöser.* (**A. P. 2 870 164** vom 19/9. 1956, ausg. 20/1. 1959.)

I

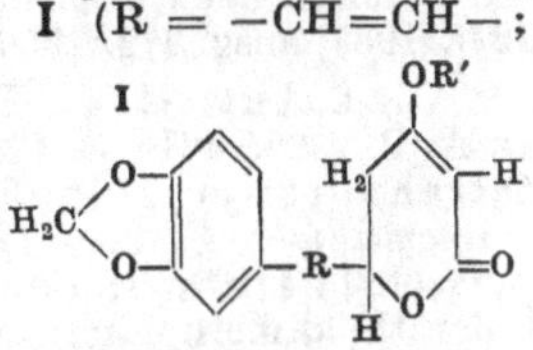


G. KRAUSS. 4807

Aktiebolaget Bofors (Erfinder: Bo Thuresson af Ekenstam, B. P. H. Egnér und B. G. Peterson), Bofors, Schweden, **Herstellung von heterocyclischen N-Alkylalkylmonocarbonsäureamiden.** (Nachtrag zu Oe. P. 197 380; C. **1961.** 9129.) Die Herst. von *N-Methyl-6-methylpiperidin-α-monocarbonsäure-2.6-dimethylanilid* u. *N-[n-Propyl]-4-methylpyrrolidin-α-monocarbonsäure-2-äthylanilid* ist angegeben. (**Jap. A. S. 2469/1959** vom 6/2. 1957, ausg. 15/4. 1959. Schwed. Prior. 22/2. 1956.)

M. PANKOW. 4807

Soc. des Usines Chimiques Rhône-Poulenc (Erfinder: Robert Michel Jacob und Jean Clement Louis Fouche), **Depressionen aufhebende Mittel, auch Potenziermittel bei Narkosen** sind Salze von *Indolen* der Formel **I**, wobei R u. R' = H oder niedere Alkyl- oder Aralkylreste, X = H oder Halogen u. B ein (N-Aralkyl)-piperidylrest ist. Beispiele für **I**: *2-[1-Methylpiperidyl-(2)]-3-äthylindol* (213—215°), *2-[1-Äthylpiperidyl-(2)]-3-äthylindol, 2-[1-Methylpiperidyl-(2)]-3-propylindol* (170—171°), *2-[1-Methylpiperidyl-(4)]-3-äthylindol, 2-[1-Methyl-1.2.5.6-tetrahydropyridyl-(2)]-3-äthylindol* (239—241°), *2-[1-Methylpiperidyl-(2)]-indol, 2-[1-Methylpiperidyl-(2)]-3-methylindol, 2-[1-Äthylpiperidyl-(2)]-3-methylindol* (144°), *2-[1-Methylpiperidyl-(2)]-3-äthyl-6-chlorindol* (248—250°), *2-[1.4-Dimethylpiperidyl-(2)]-3-äthylindol* (228°) u. *2-[1-Methylpiperidyl-(2)]-3-äthyl-6-methoxyindol* (195—196°). Die FF. der *salzsauren* Salze sind in Klammer angegeben. (**Aust. P. 218 760** vom 12/12. 1956, ausg. 18/12. 1958. F. Prior. 16/12. 1955, 18/2., 3/7. u. 5/7. 1956.) H. MÖLLERING. 4807

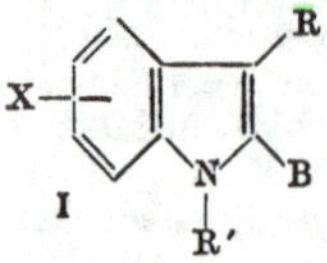

I

Chemische Fabrik Schweizerhall, Basel, Schweiz, **Herstellung von komplexen Kupfer-, Gold- und Eisensalzen von Carbonsäurehydraziden** durch Rk. von Carbonsäurehydraziden mit den entsprechenden Metallsalzen. — Zu einer Lsg. von 14 (g) Pyridincarbonsäurehydrazid in 50 W. gibt man eine wss. Lsg. von 22,5 $CuSO_4$ u. 8,4 $CH_3COONa$ in 100 W. u. trennt den hellgrünen Nd. ab. — *Mittel* gegen *Tuberkulose.* (**Ind. P. 49 084** vom 2/3. 1954, ausg. 21/7. 1955. E. Prior. 3/3. 1952.)

C. LÜTTGEN. 4807

May & Baker Ltd., England (Erfinder: William Robert Wragg und Kenneth Douglas Roland Washbourn), **Herstellung von Phenanthridinverbindungen** der allg. Formel **I**, worin $R_1$ = m-Amidinophenyldiazoamino- oder ein Aminorest; $R_2$ = m-Amidinophenyldiazoamino-, Aminorest oder H; einer der beiden Reste ist ein m-Amidinophenyldiazoaminorest; $R_3$ = ggf. substituierter Arylrest, z. B. Phenyl-, p-Amino-, p-Nitro- oder p-[m-Amidinophenyldiazoamino]-phenylrest; $R_4$ = niedermol. Alkylrest; Y = Anion. — m-Aminobenzamidinmonohydrochloriddihydrat wird diazotiert u. die Diazonium-Lsg. in eine wss. Lsg. von 2.7-Diamino-10-äthyl-9-phenylphenanthridiniumchlorid eingetragen: *7(2)-[m-Amidinophenyldiazoamino]-2(7)-amino-10-äthyl-9-phenylphenanthridiniumchlorid,* F. 258—260° (Zers.). *Hydrobromid,* F. 236—238° (Zers.). *Hydrochlorid,* F. 244—245° (Zers.). — *Hydrobromid* des *Bromids,* F. 245—246° (Zers.). *7(2)-[m-Amidinophenyldiazoamino]-2(7)-amino-10-methyl-9-[p-nitrophenyl]-phenanthridiniumchloridhydrochloridtetrahydrat,* F. 267 (Zers.). *2.7-Di-[m-amidinophenyldiazoamino]-10-äthyl-9-phenylphenanthridiniumchloriddihydrochloridtrihydrat,* F. 245° (Zers.). — Mit Suramin B. P. wird das Gemisch der *Suraminsalze* von 7-[m-*Amidinophenyldiazoamino*]-2-*amino-* u. 2-[m-*Amidinophenyldiazoamino*]-*7-amino-10-äthyl-9-phenylphenanthridin,* F. 290—295° (Zers.), hergestellt. — Mit Embonsäure (2.2'-Dihydroxy-1.1'-dinaphthylmethan-3.3'-dicarbonsäure) entsteht das Gemisch der *Embonate,* F. 245—246° (Zers.). — *Trypanocide.* (**F. P. 1 205 152** vom 12/7. 1957, ausg. 1/2. 1960. E. Prior. 13/7. 1956.) M. F. MÜLLER. 4807

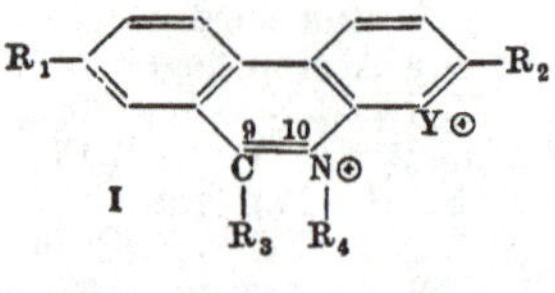

I

Ciba Akt.-Ges., Basel, Schweiz, **Alkylierte Pyrazolo-[3.4:d]-pyrimidine.** Zu D. A. S. 1 065 421; C. **1961.** 6956 sind folgende 5.7-Dimethyl-4.6-dioxo-4.5.6.7-tetrahydropyrazolo-[3.4:d]-pyrimidine nachzutragen: *1-* oder *2-Dimethylaminomethyl-*, F. 126—127° (PAe.), aus 5.7-Dimethyl-4.6-dioxo-4.5.6.7-tetrahydropyrazolo-[3.4:d]-pyrimidin (**I**) durch 1 std. Rühren mit Na in A. u. 10std. Kochen mit Chloräthyldimethylamin. — *1-* oder *2-Diäthylaminoäthyl-*, F. 85—87° (Isopropyläther), analog vorst. Verb. aus **I** u. Chloräthyldiäthylamin. (**Oe. P. 204 557** vom 9/2. 1957, ausg. 25/7. 1959. **F. P. 1 172 592** vom 9/2. 1957, ausg. 12/2. 1959. **Belg. P. 554 880** vom 9/2. 1957, ausg. 12/2. 1960. Alle Schwz. Prior. 10/2., 7/4., 1/6., 16/7. u. 28/9. 1956. **Schwz. P. 347 196** vom 7/4. 1956, ausg. 15/8. 1960.) EBERHARD RIEDEL. 4807

Hoffmann-La Roche, Inc., Nutley, übert. von: John Thomas Plati, Rutherford, und Wilhelm Wenner, Upper Montclair, N. J., V.St.A., **Oktahydropyrido-[4.3:d]-pyrimidine** der allg. Formel **I**, in der $R_1$ u. $R_2$ ggf. kernsubstituierte

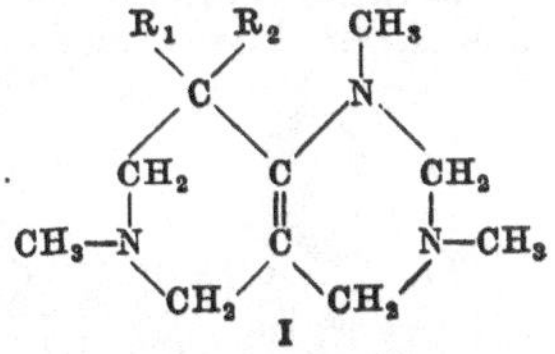

I

Arylgruppen sind, werden durch Rk. eines Diphenylpropanons, dessen eine oder beide Phenylkerne Substituenten tragen, wie Diphenylaceton, mit Methylamin u. Formaldehyd in bas. Medium (z. B. einer organ. Base) in alkohol. Lsgm. (z. B. $CH_3OH$) hergestellt. — Wss. Lsgg. von $CH_2O$ u. Methylamin werden vereinigt, auf 30° gekühlt u. nach Zugabe von Diphenylaceton 16 Std. am Rückfluß gekocht. Nach Einengen im Vakuum, Verd. mit W. u. Ansäuerung mit konz. HCl, Ätherextraktion der neutralen Bestandteile, Alkalisierung der wss. Phase, Ausäthern u. Zusatz von $(COOH)_2$ erhält man *1.3.6-Trimethyl-8.8-diphenyl-1.2.3.4.5.6.7.8-oktahydropyrido-[4.3:d]-pyrimidindioxalat,* F. 171 bis 174°. — Analog werden folgende -1.2.3.4.5.6.7.8-oktahydropyrido-[4.3:d]-pyrimidine bzw. deren Salze hergestellt: *1.3.6-Trimethyl-8.8-diphenyl,* F. 190—192°; *dessen Tartrat,* F. 178—181°; *dessen Dihydrochlorid,* F. 186—187°; *1.3.6-Trimethyl-8.8-bis-[p-chlorphenyl]-,* F. 70—80°; *dessen Dioxalat,* F. 179—181°; *1.3.6-Trimethyl-8.8-bis-[p-methoxyphenyl]-; dessen Dioxalat,* F. 162—164°; *dessen Dihydrochlorid,* F. 197—198°; *1.3.6-Trimethyl-8-phenyl-8-p-chlorphenyl-; dessen Dioxalat,* F. 172—173°; *dessen Dihydrochlorid,* F. 194—196°; *1.3.6-Trimethyl-8-phenyl-8-p-methoxyphenyl-; dessen Dioxalat,* F. 158—160°; *dessen Dihydrochlorid,* F. 173—175°; *1.3.6-Trimethyl-8.8-bis-[p-tolyl]-; dessen Dioxalat,* F. 164—166°; *dessen Dihydrochlorid,* F. 204—205°; *1.3.6-Trimethyl-8-phenyl-8-[p-fluorphenyl]-,* F. 110—112°; *dessen Dioxalat,* F. 179—180°; *dessen Tartrat,* F. 177—179°. — *Mittel gegen Arthritis.* (**A. P. 2 802 826** vom 13/7. 1955, ausg. 13/8. 1957.) A. Dandl. 4807

Soc. des Usines Chimiques Rhône-Poulenc, Paris, Frankreich, **Phenthiazinderivate.** Zu F. P. 1 166 240; C. **1959.** 14506 ist nachzutragen: Es werden ferner folgende *Phenthiazin-Derivv.* hergestellt: *3-Propionyl-10-[3'-(4''-hydroxyäthylpiperazino)-propyl]-, Dimaleat,* F. 192°. — *3-Butyryl-10-[3'-(4''-hydroxyäthylpiperazino)-propyl]-, Dimaleat,* F. 172—174°. — *3-Butyryl-10-[3'-(4''-hydroxypropylpiperazino)-propyl]-, Dihydrochlorid,* F. 160°. — *3-Acetyl-10-[3'-(4''-hydroxypropylpiperazino)-propyl]-, saures Dimaleat,* F. 152°. — *3-Acetyl-10-[3'-(4''-hydroxypropylpiperazino)-propyl]-, Dihydrochlorid,* F. 195°. — *3-Acetyl-[3'-(4''-hydroxyäthoxyäthylpiperazino)-propyl]-, saures Dimaleat,* F. 154—155°. — *3-Propionyl-10-[3'-(4''-hydroxyäthoxyäthylpiperazino)-propyl]-, saures Dimaleat,* F. 164—166°. — *3-Butyryl-10-[3'-(4''-hydroxyäthoxyäthylpiperazino)-propyl]-, Dimaleat,* F. 146°. — *Heilmittel.* (**Belg. P. 564 557** vom 5/2. 1958, ausg. 15/7. 1960. F. Prior. 11/2., 14/2. u. 15/3. 1957.) H. Bräucker. 4807

Soc. des Usines Chimiques Rhône-Poulenc, Frankreich (Erfinder: Robert Michel Jacob und Raymond Jacques Horclois), **Herstellung von Phenthiazinderivaten,** z. B. *3-Chlor-(Hydrochlorid,* F. 210—212°) u. *3-Cyan-10-[3'-(4''-dimethylsulfamidopiperazino)-propyl]-phenthiazin,* F. 114°, dad. gek., daß man 3-Chlor- bzw. 3-Cyan-10-[3'-piperazinopropyl]-phenthiazin mit Dimethylsulfamylchlorid umsetzt. — *Sedativa.* (**F. P. 1 203 542** vom 25/2. 1958, ausg. 19/1. 1960.) S. Böttcher. 4807

Soc. des Usines Chimiques Rhône-Poulenc, Frankreich (Erfinder: Robert Michel Jacob und Jacques Georges Robert), **Herstellung von Phenthiazinderivaten** der allg. Formel **I,** worin X = H, Halogen, Alkyl-, Alkoxy-, Acyl-, Alkoxycarbonyl-, Trifluormethyl-, CN-, Methylmercapto-, Methansulfonyl- oder Dimethylsulfamidogruppe, R = H oder Methylrest u. $R_1$ = Alkylgruppe, dad. gek., daß man ein

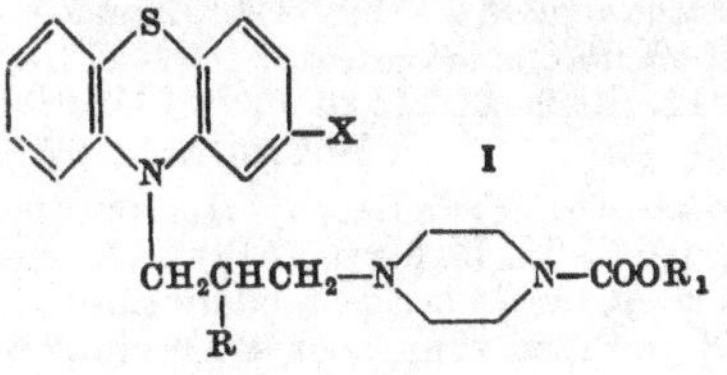

I

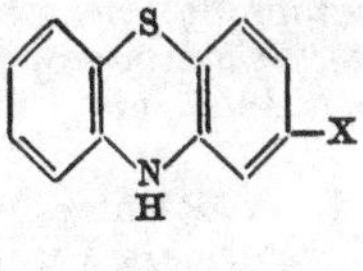

II

III

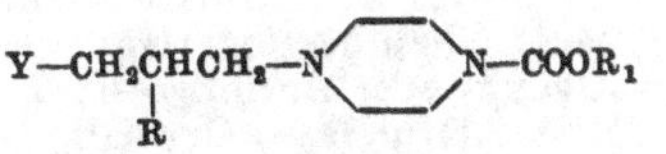

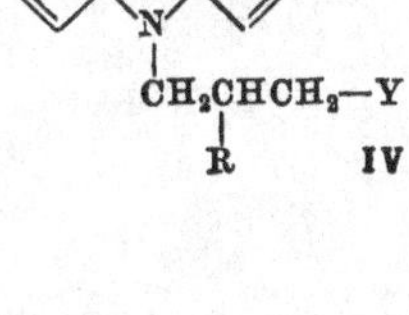

IV



V

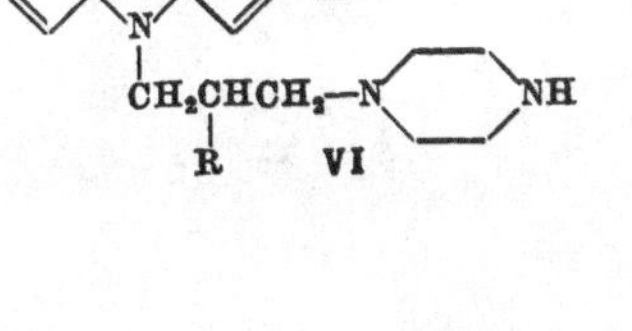

VI

Phenthiazin **II** mit einem Ester **III** (Y = akt. Esterrest), einen Ester **IV** mit einem Piperazin **V**, ein Piperazin **VI** mit einem Alkylhalogenformiat umsetzt oder ein Diphenylsulfid **VII** cyclisiert. — *3-Cyan-10-[3'-(4''-Carbomethoxy-*, F. 107—110°, u. *-(4''-carbäthoxypiperazino)-propyl]-phenthiazin*, F. 83 bis 85°, u. *3-Chlor-10-[3'-(4''-carbäthoxypiperazino)-propyl]-phenthiazin*, F. 100°, aus 3-Cyan- bzw. 3-Chlor-10-[3'-piperazinopropyl]-phenthiazin u. Chlorameisensäuremethyl- bzw. -äthylester in Toluol in Ggw. von Triäthylamin. — *Sedativa, Analgetica, Antiemetica.*

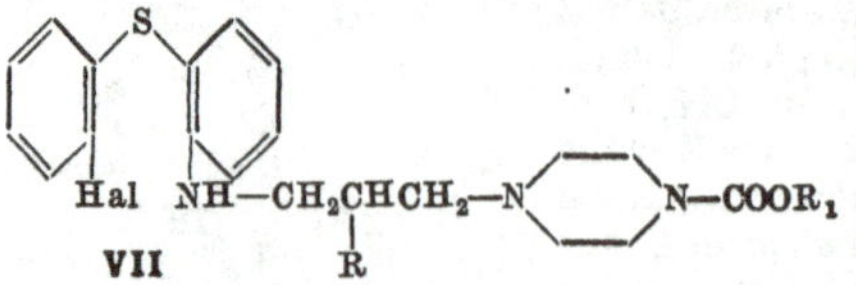

VII

(**F. P. 1 203 590** vom 18/3. 1958, ausg. 20/1. 1960.) S. BÖTTCHER. 4807

Soc. des Usines Chimiques Rhône-Poulenc, Frankreich, **Herstellung N-substituierter Derivate des 3-Dimethylsulfamidophenthiazins** (I) nach dem Verf. des Hauptpatents mit Piperazin-Verbb. als Ausgangs-Prodd.; N-Hydroxyalkylpiperazindimethylsulfamidophenthiazine können zu verschiedenen Derivv. acyliert werden. — Aus **I** u. 3-Tetrahydropyranyloxy-1-chlorpropan stellt man *3-Dimethylsulfamido-10-[3'-tetrahydropyranyloxypropyl]-phenothiazin*, daraus mit Tosylchlorid die *10-[3'-Tosyloxypropyl]-Verb.* u. durch deren Rk. mit 1-[2'-Hydroxyäthyl]-piperazin in Toluol die *10-[3'-(4''-Hydroxyäthylpiperazino)-propyl]-Verb.*, F. 218—219°, her, die man zur *10-[3'-(4''-acetoxyäthylpiperazino)-propyl]-Verb.*, F. 180—182°, acetylieren kann. — Aus **I**-Carbonsäurechlorid (F. 145°) u. 3-[4'-Methylpiperazino]-propanol **I**-*Carbonsäure-3-[4'-methylpiperazino]-propylester* (*Dimaleat*, F. 178—189°), daraus *3-Dimethylsulfamido-10-[3'-(4''-methylpiperazino)-propyl]-phenothiazin*, F. 140°. — *3-Dimethylsulfamido-10-[3'-(4''-äthylpiperazino)-propyl]-phenothiazin*, F. 112°, aus **I** u. 3-[4'-Äthylpiperazino]-1-chlorpropan. (**F. P. 70 926** vom 18/12. 1956, ausg. 30/9. 1959. **Zusatz zu F. P. 1 179 968; C. 1961. 7678.**) S. BÖTTCHER. 4807

Établissements Clin-Byla, Frankreich (Erfinder: Josef Schmitt), **Herstellung von Phenthiazinderivaten,** dad. gek., daß man 3-Acylphenthiazin-N-carbonsäure-tert.-aminoalkylester decarboxyliert u. die entstehenden 3-Acyl-N-[tert.-aminoalkyl]-phenthiazine in Salze überführt. — *3-Propionyl-N-[γ-dimethylaminopropyl]-phenthiazin*, Kp.$_1$ 250—260° (*saures Maleat*, F. 135°; *saures Oxalat*, F. 147—149° [Zers.]; *Oxim*, F. 165—166°; *Jodmethylat*, F. 79—80°), aus 3-Propionylphenthiazin-N-carbonsäure (**I**)-Chlorid (F. 156—157°) u. Dimethylaminopropanol über **I**-γ-Dimethylaminopropylester (Hydrochlorid, F. 207—209° [Zers.]). — *3-Acetyl-N-[β-dimethylaminopropyl]-phenthiazin*, Kp.$_{0,5}$ 230—240° (*saures Maleat*, F. 192—193°; *Oxim*, F. 158—160°; *Jodmethylat*, F. 242—243°), aus 3-Acetylphenthiazin-N-carbonsäure-β-dimethylaminopropylester (Hydrochlorid, F. 202—203° [Zers.]). — *3-Propionyl-N-[β-dimethylaminopropyl]-phenthiazin*, Kp.$_{0,5}$ 230° (*saures Maleat*, F. 160—161°; *Oxim*, F. 173—174°; *Jodmethylat*, F. 240—242°), aus **I**-β-Dimethylaminopropylester, (Hydrochlorid, F. 154—155°). — *3-Butyryl-N-[γ-dimethylaminopropyl]-phenthiazin*, Kp.$_1$ 260—270° (*saures Maleat*, F. 132 bis 133°; *Oxim*, F. 142°), aus 3-Butyrylphenthiazin-N-carbonsäure-γ-dimethylaminopropylester (Hydrochlorid, F. 182° [Zers.]). — *3-Butyryl-N-[γ-diäthylaminopropyl]-phenthiazin*, Kp.$_1$ 250—260° (*saures Maleat*, F. 110—111°), aus 3-Butyrylphenthiazin-N-carbonsäure-γ-diäthylaminopropylester (Hydrochlorid, F. 181°). — *3-Valeryl-N-[γ-dimethylaminopropyl]-phenthiazin*, Kp.$_{0,4}$ 230° (*saures Maleat*, F. 110—111°; *Oxim*, F. 142°), aus 3-Valerylphenthiazin (**II**; F. 199°) über **II**-N-Carbonsäurechlorid (F. 79°) u. **II**-N-Carbonsäure-γ-dimethylaminopropylester (Hydrochlorid, F. 186° [Zers.]). — *3-[β-Morpholinopropionyl]-N-[γ-dimethylaminopropyl]-phenthiazindioxalat*, F. 189—190° (Zers.). — *3-[Diäthylaminopropionyl]-N-[γ-dimethylaminopropyl]-phenthiazindimaleat*, F. 90—91°. — *Therapeutica.* (**F. P. 71 342** vom 6/7. 1956, ausg. 22/12. 1959. **Zusatz zu F. P. 1 176 919; C. 1961. 10673.**) S. BÖTTCHER. 4807

Soc. des Usines Chimiques Rhône-Poulenc, Frankreich, **Herstellung neuer Phenthiazinderivate** der allg. Formeln I u. II (X = H, Halogen, Alkyl-, Aryl-, Alkoxy- oder Aryloxyrest; Y = S, SO oder $SO_2$; A u. B = 2wertige niedere aliphat. Reste; $R_1$ u. $R_2$ = Cycloalkyl- oder zusammen mit N = Piperazino- oder 4-Alkylpiper-

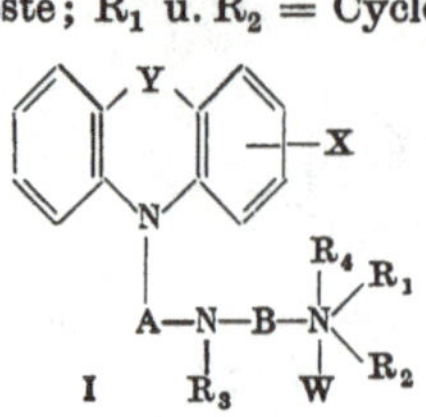

I

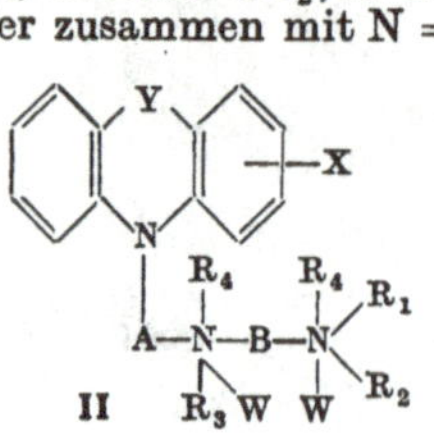

II

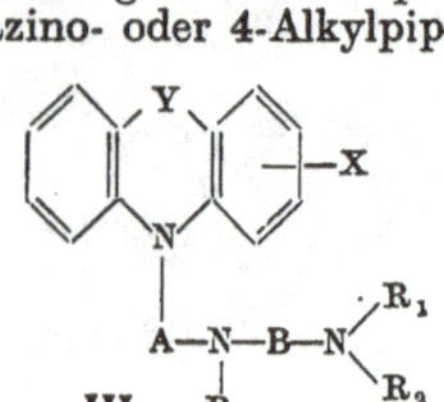

III

azinorest; $R_3$ = Benzylrest, $R_4$ = Alkyl-, Allyl- oder Benzylrest; W = Halogen oder Säurerest), dad. gek., daß man Phenthiazine der allg. Formel **III** mit einem Ester $WR_4$ umsetzt. — Aus Phenthiazin u. 1-[N-(2'-Chloräthyl)-N-äthylamino]-2-diäthylaminoäthandihydrochlorid (F. 170°, aus der N-Hydroxyäthyl-Verb.) erhält man in Xylol in Ggw. von $NaNH_2$ nach 6std. Kochen *1-[Phenthiazinyl-(10')]-3-aza-3-äthyl-5-diäthylaminopentan*, $Kp._{0,2}$ 212—214°. — *1-[3'-Methylphenthiazinyl-(10')]-4-äthyl-4-aza-6-diäthylaminohexan*, $Kp._{0,5}$ 215—218°, aus 1-[N-(3'-Chlorpropyl)-, hergestellt aus 1-[N-(3'-Hydroxypropyl)-N-äthyl]-amino-2-diäthylaminoäthan ($Kp._{0,5}$ 101—105°, dieses aus 1-Äthylamino-2-diäthylaminoäthan u. 3-Chlorpropanol-(1)), u. 3-Methylphenthiazin. — *1-[9'-Dioxyphenthiazinyl-(10')]-4-äthyl-4-aza-6-diäthylaminohexan*, F. 70°, aus 9-Dioxyphenthiazin. — *1-[Phenthiazinyl-(10')]-3-aza-6-pyrrolidinohexan* (*Dimaleat*, F. 164°), aus 1-[3'-(2''-Chloräthylamino)-propyl]-pyrrolidindihydrochlorid, (F. 168°, dieses aus 1-[3'-Chlorpropyl]-pyrrolidin u. Monoäthanolamin über 1-[3'-(2''-Hydroxyäthylamino)-propyl]-pyrrolidin, $Kp._{13}$ 148—150°). — *1-[Phenthiazinyl-(10')]-2-methyl-3-aza-3-äthyl-5-diäthylaminopentan* (*Hydrochlorid*, F. 142°), aus 10-[2'-Hydroxypropyl-(1')]-phenthiazin u. 1-Äthylamino-2-diäthylaminoäthan. — *1-[Phenthiazinyl-(10')]-3-aza-5-[1''-äthylpiperazinyl-(4'')]-pentan* (*Trihydrochlorid*, F. 200°), aus 10-[2'-Chloräthyl]-phenthiazin u. 1-Äthyl-4-[2'-aminoäthyl]-piperazin. — *1-[Phenthiazinyl-(10')]-3-aza-5-piperidinopentan* (*Dimaleat*, F. 215°), aus 10-[2'-(2''-Chloräthylamino)-äthyl]-phenthiazin (Hydrochlorid, F. 160°, saures Maleat, F. 178°, dargestellt aus dem 2''-Hydroxyäthyl-Deriv.). — *1-[Phenthiazinyl-(10')]-2-methyl-3-aza-3-äthyl-5-piperidinopentan* (*Dihydrochlorid*, F. 180°), aus 10-[2'-(N-{2''-Chloräthyl}-N-äthylamino)-propyl-(1')]-phenthiazin u. Piperidin. — *1-[Phenthiazinyl-(10')]-4-benzyl-4-aza-6-morpholinohexan* (*Dihydrochlorid*, F. 150°), aus 10-[3'-(N-{2''-Chloräthyl}-N-benzylamino)-propyl]-phenthiazin u. Morpholin. — *1-[3'-Chlorphenthiazinyl-(10')]-4-methyl-4-aza-6-piperidinohexan* (*Dimaleat*, F. 180°), aus 1-[3'-Chlorphenthiazinyl-(10')]-4-piperidinoacetyl-4-azapentan (Pikrat, F. 110°, hergestellt aus 10-[3'-Methylaminopropyl]-phenthiazin u. Chloracetylchlorid über 1-[3'-Chlorphenthiazinyl-(10')]-4-chloracetyl-4-azapentan). Durch $LiAlH_4$-Reduktion → *1-[3'-Chlorphenthiazinyl-(10')]-4-methyl-4-aza-6-cyclohexylaminohexan* (*Dimaleat*, F. 190°), aus 1-[3'-Chlorphenthiazinyl-(10')]-4-cyclohexylaminoacetyl-4-azapentan. — *1-[Phenthiazinyl-(10')]-3-äthyl-3-aza-5-diäthylaminopentandijodmethylat*, F. 200°, u. *-dijodäthylat*, F. 190°, aus Methyl- bzw. Äthyljodid. — *1-[Phenthiazinyl-(10')]-2-methyl-3.6.6-triäthyl-3-aza-6-azaniumoctanjodid*, F. 163°, aus 1-[Phenthiazinyl-(10')]-2-methyl-3-äthyl-3-aza-5-diäthylaminopentan u. Äthyljodid. — *Pharmazeutica*. (**F. P. 70 907** vom 3/8. 1955, ausg. 30/9. 1959. **Zusatz zu F. P. 1 182 204; C. 1961. 11819.**) S. BÖTTCHER. 4807

Westminster Bank Ltd., London, England, **1-Methyllysergsäure-1'-hydroxy-2'-butylamid und dessen Salze** erhält man durch Rk. von Lysergsäure-1'-hydroxy-2'-butylamid mit Alkaliamid u. Methylieren des entstandenen Alkalisalzes in fl. $NH_3$. — Aus 0,9 g K in 500 ml fl. $NH_3$ u. Oxydation mit $Fe(NO_3)_3$ → $KNH_2$, dann Zusatz von 4,85 g D-Lysergsäure-1'-hydroxy-(+)-2'-butylamid u. 4,1 g $CH_3J$ in 5 ml Ae. bei —60°, Verjagen des $NH_3$, Zusatz von W. u.-Chlf. u. Chromatographieren der Chlf.-Lsg. über $Al_2O_3$ → *1-Methyl-D-lysergsäure-1'-hydroxy-(+)-2'-butylamid*, aus Chlf. Platten, F. 194—196°; $[\alpha]_D^{20}$ —45° (c = 0,5 Pyridin); Rk. nach KELLER ist blau; *Bitartrat*, aus Methanol F. 110°; $[\alpha]_D^{20}$ —50° (W.). — *Heilmittel*, bes. als *Serotonin-Antagonist*. (**E. P. 854 569** vom 4/2. 1959, ausg. 23/11. 1960. Schwz. Prior. 7/3. 1958. **Zusatz zu E. P. 811 964; C. 1960. 14117.**) G. KRAUSS. 4807

Ciba Ltd., Basel, Schweiz, **Herstellung von Reserpinsäurelacton.** Man erhitzt 0,5 g 3-Isoreserpinsäurehydrochlorid 50 Min. in 25 (ml) Essigsäureanhydrid (I), die 2 Tropfen Essigsäure enthalten, in einer $N_2$-Atmosphäre, dest. **I** im Vakuum ab, löst den Rückstand in 100 W. u. 3 HCl, extrahiert mehrmals mit je 20 $CHCl_3$ (**II**), stellt die wss. Lsg. mit $NH_4OH$ bas. (pH 8) u. extrahiert mehrmals mit je 20 **II**. Nach Abdest. von **II** verbleibt Reserpinsäurelacton, F. 310—315°, als Rückstand. (**Ind. P. 57 211** vom 1/5. 1956, ausg. 19/6. 1958.) C. LÜTTGEN. 4807

Laboratoires Français de Chimiothérapie, Frankreich (Erfinder: Léon Velluz und Georges Muller), **Herstellung von *l*-10-Methoxydeserpidin,** F. 171°, $[\alpha]_D^{20}$ —142° (c = 0,5%; Chlf.). d-1β-Carboxymethyl-2β-methoxycarbonyl-3α-methoxy-4β-acetoxy-6β-formylcyclohexan wird methyliert u. in $CH_2Cl_2$ mit 5-Methoxytryptamin zu *18β-Acetoxy-10.17α-dimethoxy-16β-methoxycarbonyl-2.3; 3.4-diseco-$\Delta^{4.21}$-20α-yohimben-3-säuremethylester* umgesetzt, den man mit $KBH_4$ in Methanol zu *d-18β-Hydroxy-10.17α-dimethoxy-16β-methoxycarbonyl-3-oxo-2.3-seco-20α-yohimban*, F. 190°, $[\alpha]_D^{20}$ +31° (c = 0,5%; Pyridin) hydrierend verseift; dieses wird in Pyridin in Ggw. von Triäthylamin mit 3.4.5-Trimethoxybenzoesäureanhydrid verestert zu *l-18β-[3'.4'.5'-Trimethoxybenzoyloxy]-10.17α-dimethoxy-16β-methoxycarbonyl-3-oxo-2.3-seco-20α-yohimban*, F. 240°, $[\alpha]_D^{20}$ —89° (c = 0,5; Pyridin), das mit $POCl_3$ cyclisiert wird u. mit $HClO_4$

*18β-[3'.4'.5'-Trimethoxybenzoyloxy]-10.17α-dimethoxy-16β-methoxycarbonyl-$\Delta^{3,4}$-yohimbenperchlorat* bildet. Letzteres wird mit Zn in saurem Medium reduziert. (**F. P. 1 204 334** vom 13/12. 1957, ausg. 25/1. 1960.) S. BÖTTCHER. 4807

Marvin R. Thompson und Robert E. Thompson, Fairfield County, Conn., V.St.A., **Rausedin (I) und Rauwoxin (II).** 300 g zerkleinerte Rauwolfia serpentina werden mit 300 ml Methanol angefeuchtet u. dann mit Methanol perkoliert; der methanol. Extrakt, 3000 ml, wird bei 25—40° zur Trockne eingedampft u. der Rückstand mit 300 ml W. bei Raum-Temp. verrührt; das Filtrat enthält **II**. **I** erhält man durch Extraktion von Rauwolfia mit W. u. Fällung mit einem Gemisch aus Aceton u. Methanol oder A.; **I** ist unlösl. in Ae., Methanol, A. u. Aceton; leichtlösl. in W.; eine wss. **I**-Lsg. kann bei pH 4—6 2 Std. auf dem Wasserbad ohne Zerstörung der Wrkg. erhitzt werden; es wirkt nicht blutdrucksenkend; **II** kann von **I** durch Behandeln mit Aceton oder Methanol abgetrennt werden. **II** ist lösl. in W., A. u. Aceton. — *Beruhigend wirkende Heilmittel,* bes. bei *psych. Angstzuständen.* — Diagramm. (**A. P. 2 870 140** vom 21/7. 1953, ausg. 20/1. 1959.) G. KRAUSS. 4807

Ciba Ltd., Basel, Schweiz, **Herstellung von Polyäthylenglykoläthern von in 3- oder 4-Stellung substituierten Isochinolinen.** Man löst 0,5 (g) Na unter $N_2$ in 20 Nonaäthylenglykolmonomethyläther unter Erhitzen auf 130°, gibt 4,4 1-Chlor-3-n-butylisochinolin tropfenweise bei 110° zu u. rührt 2 Stunden. Man läßt über Nacht bei 100° stehen, kühlt, gibt 20 (ml) W. u. 50 Bzl. zu, trennt die Bzl.-Schicht ab, wäscht mit 20 1n NaOH u. wäscht die beiden wss. Phasen mit je 25 Bzl., vereinigt die Bzl.-Extrakte, reinigt sie durch Waschen mit HCl u. NaOH. Nach dem Abdest. des Bzl. verbleibt *O-[3-n-Butylisochinolyl-(1)]-nonaäthylenglykolmethyläther,* $Kp._{0,01}$ 215°. Analog: *O-[3-Äthylisochinolyl-(1)]-hexaäthylenglykolmethyläther,* $Kp._{0,01}$ 178°; *O-[3-n-Hexylisochinolyl-(1)]-,* $Kp._{0,01}$ 230°, *O-[4-Cyclohexylisochinolyl-(1)]-* u. *O-[4-n-Butylisochinolyl-(1)]-nonaäthylenglykolmethyläther,* $Kp._{0,01}$ 230°. — *Pharmazeutica.* (**Ind. P. 57 331** vom 14/5. 1956, ausg. 23/7. 1958.) C. LÜTTGEN. 4807

Arthur Jack Sackville Evans, London, England, übert. von: Ciba Ltd., Basel, Schweiz, **Polyäthylenglykolester substituierter p-Aminobenzoesäuren** der allg. Formel (p) $R{-}NH{-}C_6H_4{-}COO{-}(C_2H_4O)_n{-}R'$, in der R = Alkyl, Cycloalkyl oder Oxaalkyl mit 4—7 C-Atomen, R' = H, Alkylrest mit bis 6 C-Atomen, n = 8—12, werden durch Rk. einer Benzoesäure der Formel (p) $R{-}NH{-}C_6H_4{-}COOH$ oder von deren reaktionsfähigem Deriv. mit einem Polyäthylenglykol der Formel $HO(CH_4O)_n{-}R'$, in Ggw. von Katalysatoren, ggf. Lsgm. u. bei erhöhter Temp. hergestellt. — *Lokalanästhetica* u. *Hustenmittel.* — Es werden hergestellt: *Oktaäthylenglykolmonomethyläther-p-hexylaminobenzoat, -p-heptylaminobenzoat, -p-butylaminobenzoat,* ferner *Undekaäthylenglykolmonomethyläther-p-butylaminobenzoat, Oktaäthylenglykolmono-p-butylaminobenzoat, Nonaäthylenglykolmono-p-butylaminobenzoat,* sowie höher kondensierte Produkte. (**E. P. 788 100** vom 4/5. 1954, ausg. 23/12. 1957.) A. DANDL. 4807

Karamchand Premchand (Private) Ltd., Ahmedabad, Indien, **Gewinnung von Vitamin $B_{12}$** durch Fermentieren einer milchsäurehaltigen Nähr-Lsg. mit *Propionibacterium Freudenreichii,* dad. gek., daß der Milchsäuregärung unterworfene Zuckerabfälle oder Melasse an Stelle von Milchsäure verwendet werden. (**Ind. P. 59 133** vom 15/12. 1956, ausg. 9/5. 1958.) C. LÜTTGEN. 4809

F. Hoffmann-La Roche & Co. Akt.-Ges., Basel, Schweiz, **Herstellung von basischen Steroiden** der allg. Formel I (R = H oder ein niederes Alkyl) durch Kondens. von Dehydroisoandrosteron mit Picolyl-(2)-Li. Das erhaltene 17-[2'-Pyridylmethyl]-$\Delta^5$-androsten-3.17-diol wird hydriert u. ggf. alkyliert. — Man suspendiert z. B. 16,8 g Li-Folie in 1200 ml Ae. u. fügt dieser Suspension unter Rühren 188,1 g Brombenzol in 300 ml Ae. langsam zu. Dann fügt man 99 g 2-Picolin langsam zu u. anschließend 86,4 g Dehydroisoandrosteron in 1,2 Liter 2-Picolin → *17-[2'-Pyridylmethyl]-$\Delta^5$-androsten-3β.17β-diolhydrochlorid,* F. 230—243° (Zers.); *freie Base,* F. 179—184°. — *17-[2'-Piperidylmethyl]-androstan-3β.17β-diol,* F. 209—213°, *Hydrochlorid,* zers. sich bei ca. 320°, *Lactat-Halbhydrat,* F. 120—123°, *Maleat,* F. 126—130°, *Sulfat,* F. 315—320°, *Äthansulfonat,* F. 201—204°, *Camphersulfonat,* F. 236—239°. — *17-[1'-Acetyl-2'-piperidylmethyl]-androstan-3β-acetoxy-17β-ol,* F. 193—195°. — *17-[1'-Äthyl-2'-piperidylmethyl]-androstan-3β.17β-diol,* F. 250—261°. — *17-[1'-Methyl-2'-piperidylmethyl]-androstan-3β.17β-diol,* F. 187—193°, *Hydrochlorid,* F. 300° (Sinterung), 315—329° (Zers.), *Methojodid,* F. 296 bis 297° (Zers.). — *Therapeutica.* (**Ind. P. 59 757** vom 26/2. 1957, ausg. 24/2. 1958.)

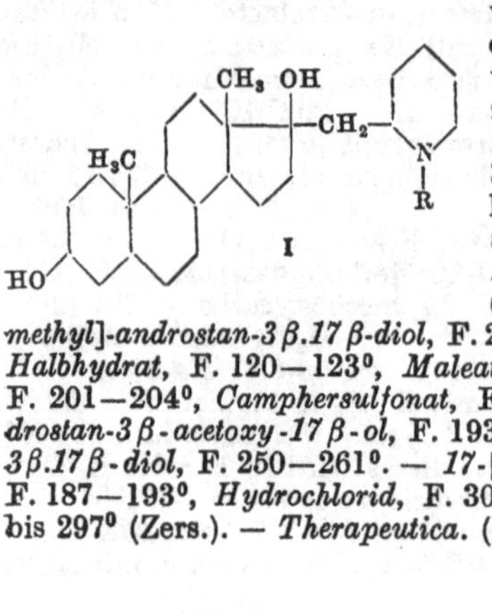


I

H. NEBELSIEK. 4809

American Cyanamid Co., New York, übert. von: Harold Mendelsohn, Nanuet, Leland L. Smith, New City, N.Y., und Victor E. Origoni, Emerson, N. J., V.St.A., **Pregnatetraene.** Man setzt z. B. 21-Acetoxy-$\Delta^{4.9,11.16}$-pregnatrien-3.20-dion in tert.-Butanol mit $SeO_2$ um → *21-Acetoxy-$\Delta^{1.4.9,11.16}$pregnatetraen-3.20-dion,* F. 172—174°; $[\alpha]_D^{25}$ 118°, welches durch oxydative Hydroxylierung mit $OsO_4$ in Bzl. u. Pyridin nach bekannten Meth. übergeführt wird → *16.21-Diacetoxy-17α-hydroxy-$\Delta^{1.4.9,11}$-pregnatrien-3.20-dion,* F. 191—199° (nach Acetylierung). — *Zwischenprodd.* zur Herst. von *Steroidhormonen.* (**A. P. 2 864 834** vom 8/10. 1957, ausg. 16/12. 1958.)
U. SIEVERS. 4809

Schering Akt.-Ges. (Erfinder: P. Eberhard Schulze und Heinrich Pfeiffer), Berlin, **Äthinylsteroide** erhält man durch Rk. der entsprechenden Steroidketone mit Acetylen unter erhöhtem Druck in Ggw. von Alkalialkoholaten von tert. Alkoholen u. zweckmäßig von organ. Lösungsmitteln. — Man setzt z. B. 19-Norandrostendion in K-tert.-Butylat mit $C_2H_2$ bei 4,5 at um u. arbeitet wie üblich auf → *17-Äthinyl-19-nortestosteron,* F. 199—201° (Ausbeute: 94,5% d. Theorie). Analog: *17α-Äthinylöstradiol-3-methyläther.* — *17-Äthinylöstradiol.* — Ferner wurden unter analogen Bedingungen äthinyliert: Dehydroandrosteron u. Androstandion. In allen Fällen wurden > 90%ig. Ausbeuten an Äthinylierungs-Prodd. erhalten. — *Heilmittel* sowie Zwischenprodd. zu deren Herstellung. (**D. A. S. 1 096 354** Kl. 12o vom 1/8. 1959, ausg. 5/1. 1961.)
U. SIEVERS. 4809

Francesco Vismara S. p. A. (Erfinder: Alberto Ercoli, Mailand, und Rinaldo Gardi, Casatenovo), Como, Italien, **Cortison** erhält man durch Rk. von 16α.17α-Oxido-11-epicorticosteron, F. 211—213°; $[\alpha]_D^{20}$ 138°, mit Bernsteinsäureanhydrid in Ggw. von Pyridin → *11α.21-Dihydroxy-3.20-diketo-16α.17α-oxido-$\Delta^4$-pregnen-21-hemisuccinat,* F. 198—200°; $[\alpha]_D^{20}$ 109°, welches anschließend mit $CrO_3$–Essigsäure oxydiert wird → *21-Hydroxy-3.11.20-triketo-16α.17α-oxido-$\Delta^4$-pregnen-21-hemisuccinat,* F. 204 bis 205°; $[\alpha]_D^{20}$ 212,5°; daraus durch Rk. mit HBr in Ggw. von Essigsäure → *17α.21-Dihydroxy-3.11.20-triketo-16β-brom-$\Delta^4$-pregnen-21-hemisuccinat,* F. 182—183° (Zers.), das sich mit RANEY-Ni in üblicher Weise debromieren läßt → *Cortison-21-hemisuccinat,* F. 204 bis 205°; $[\alpha]_D^{20}$ 183°; daraus durch Verseifung mit $NaH_2PO_4$ u. MgO → *Cortison,* F. 221°; $[\alpha]_D^{20}$ 211°. — *Heilmittel.* (**D. A. S. 1 102 149** Kl. 12o vom 10/4. 1959, ausg. 16/3. 1961.)
U. SIEVERS. 4809

Armour & Co., Chicago, Ill., V.St.A., **Aerobes Gärverfahren,** bei dem das Nährmedium einleitend unter Zusatz $O_2$-haltigen W. sterilisiert wird. Man führt dann Katalase u. das Inoculum ein, hält das Medium bei Tempp., die dem Wachstum des Inoculums günstig sind, u. fährt mit dem Zusatz an $O_2$-haltigem W. u. einem sterilen Nährmedium in der Gärgeschw. in einem geschlossenen Syst. angepaßten Maße fort. Als Inoculum kann Hefe dienen. Die Menge des $O_2$-haltigen W. beträgt ca. 0,66 g/Liter/Std. bzw. für das Anfangsstadium 0,2—1,0 Gew.-%. Das Verf. kann zur oxydativen Umbildung von Steroiden verwendet werden, wobei man das Steroid einer Mikrobenkultur zusetzt, die man bei Ggw. von Katalase u. $O_2$-haltigem W. gären läßt. Nach Gärende wird das Oxydations-Prod. abgeschieden. So kann man aus 11-Dehydrocorticosteron durch Oxydation *Cortison* erhalten. — Beispiel: Infizierter *Sacch. cerevisiae* wurde in einem Melasse, $CaHPO_4$, $(NH_4)_2HPO_4$, Harnstoff, $Na_2SO_4$ u. Katalase (Armour A–100 mit 100 Keileinheiten je ml) enthaltenden, sterilen Nährmedium (pH 7), das durch Einführen von 30% $H_2O_2$ eine Endkonz. von 1% $H_2O_2$ aufwies, unter Zusatz von $O_2$-haltigem W. bei 34° 24 Std. gären gelassen. Man erhielt eine 3500% betragende Hefeernte u. konnte 15% der Katalase zurückgewinnen. Aus dem infizierten Hefe-Inoculum ergab sich nach dem erfindungsgemäßen Verf. eine keimfreie Hefe. (**Belg. P. 563 858** vom 10/1. 1958, ausg. 17/6. 1960. A. Prior. 11/1. 1957.) L. MACHER. 4809

Thomas Ludvig Martin Vermehren, Dragør, Dänemark, **Insulinpräparat mit retardierender Wirkung.** Krist. Insulin wird mit *Dextranäthanolaminhydrochlorid* bei pH 7,2 umgesetzt. Das auskrist. Prod. wird abzentrifugiert u. kann nach Auflösen in W. zur Injektion verwendet werden. (**Dän. P. 84 196** vom 21/12. 1955, ausg. 6/1. 1958.)
K. H. KÄHLER. 4809

American Cyanamid Co., New York, übert. von: William Lawrence Williams, New City, Leon Ellenbogen, Spring Valley, N.Y., und Lester Otmar Olsen, Bergenfield, N.J., V.St.A., **Gewinnung des Intrinsic-Faktors,** dad. gek., daß man Magen- oder Darmschleimhaut zunächst mit einer ca. 2%ig. NaCl-Lsg. extrahiert, das pH der Lsg. dann zwecks Zerstörung des Pepsins auf einen pH-Wert von 7—10 bringt, zur Ausfällung der Mucoproteine das pH auf ca. 1—2,5 einstellt, den Nd. abtrennt, das pH der Lsg. auf 3,9—6,1 einstellt u. den Werkstoff durch Fällen mit $(NH_4)_2SO_4$,

$Na_2SO_4$, NaCl, Zn-Acetat + A. oder $FeCl_3$ + A. isoliert. Das Prod. wird durch Dialyse gereinigt u. gefriergetrocknet. (**A. P. 2 848 367** vom 17/1. 1956, ausg. 19/8. 1958.) W. HEYER. 4809

Knud Abildgaard-Elling, Kopenhagen, Dänemark, **Gewinnung hochreiner Urokinase** in konz. Form aus menschlichem Harn. Der Harn wird mit NaOH auf pH 7,5 eingestellt u. der Nd. abgetrennt. Dann schickt man das Filtrat durch eine Kolonne mit Silicagel, die vorher mit wss. HCl- u. NaCl-Lsg. behandelt worden war. Dabei werden ca. 90% der darin enthaltenen Urokinase (I) von dem Gel adsorbiert. Nach dem Auswaschen mit W. eluiert man mit wss. $NH_4OH$-Lsg. u. fällt I mit einem Gemisch aus wss. HCl- u. NaCl-Lsg. bei pH 1,5. Nach dem Abfiltrieren löst man den Nd. in W. u. stellt mit NaOH auf ein pH von ca. 8 ein. Man trennt vom Unlöslichen, bes. $SiO_2$, u. dialysiert über Nacht. Durch Gefriertrocknung erhält man die rohe I. Diese löst man in einer Puffer-Lsg. aus 5,4 g $Na_2HPO_4 \cdot 2\,H_2O$, 8,5 g $NaH_2PO_4$ u. 5,8 g NaCl pro Liter u. schickt die Lsg. durch einen Kationenaustauscher des Amberlite-Typs. Anschließend wäscht man mit Puffer-Lsg. nach u. eluiert die adsorbierte I mit 0,5m NaCl-Lösung. Die verschiedenen Fraktionen werden gesammelt, dialysiert u. gefriergetrocknet. Man erhält so eine hoch konz. I mit 10000 E./mg. (**Ind. P. 57 749** vom 29/6. 1956, ausg. 7/8. 1958.) H. NEBELSIEK. 4809

Takeda Yakuhin Kogyo Kabushiki Kaisha, Osaka (Erfinder: Motoo Shibata, Kenjiro Fujii, Shigehiro Fujii, Kazuo Tanabe, Kinzo Oki, Koichi Ogata, Masaji Igarashi, Koichi Yamamoto, Koichi Nakazawa, Akira Miyake, Michitaka Inoue und Akira Okabori), Japan, **Herstellung von Acylierungsprodukten des Antibioticums Croceomycin,** das aus Kulturen z. B. von Streptomyces arabicus gewonnen wird (F. ca. 325° [Zers.], gelbe Nadeln der Zus. $C_{22} \cdot H_{18}O_6$, in W. fast unlösl., lösl. in organ. Lsgm., schwach sauer, bildet Alkalisalze). — Eine sterile Lsg. von 0,5 (%) Pepton, 1 Traubenzucker u. 1 Sojabohnenmehl wird bei 26° mit Streptomyces arabicus geimpft u. pro Min. mit einer der halben Fl.-Menge entsprechenden Luftmenge 72 Std. gelüftet. Nach Filtrieren extrahiert man 50 g der feuchten Keime 2mal mit 100 $cm^3$ $CH_3OH$ u. erhält eine antibiot. Stärke der Extraktions-Fl. von 1500 Einheiten/$cm^3$. Die Filter-Fl. (80 Liter) extrahiert man 2mal mit 20 Liter Essigester, vereinigt mit dem Extrakt aus den Keimen u. konz. bei Unterdruck: 650 mg. Die Lsg. des Prod. in Chlf. wird mit Tonerde als Adsorptionsmittel chromatographiert. Man erhält *Croceomycin,* das aus Dioxan umkrist. wird. 500 mg des rohen Croceomycins werden in Pyridin-Lsg. mit Essigsäureanhydrid 1 Nacht aufbewahrt, in Eiswasser wird Essigsäureanhydrid zersetzt: *Triacetat,* F. 220°. — *Benzoylcroceomycin,* F. 210° (Zers.; Dioxan). (**Jap. A. S. 6516/1959** vom 16/12. 1954, ausg. 28/7. 1959.) M. PANKOW. 4811

Chas. Pfizer & Co., Inc., Brooklyn, N.Y. (Erfinder: William Stephen Marsh, Ringwood, Aline Lucile Garretson, River Edge, und Koppaka Visveswara Rao, Pine Brook, N.J.), V.St.A., **Herstellung des Antibioticums BA-163** auf üblichem biolog. Wege mittels Streptomyces flocculus, dessen morpholog. u. physiolog. Eigg. näher beschrieben sind, u. Gewinnung durch Lsgm.-Extraktion u. ggf. Überführung in seine Salze oder Ester. Fermentationsbeispiele. *BA-163,* F. 268—270°. Antibakterielles u. IR-Spektren, Tabellen, Kurven. (**D. A. S. 1 089 928** Kl. 30h vom 8/8. 1959, ausg. 29/9. 1960. A. Prior. 8/8. 1958 u. 29/6. 1959.) H. SCHINDLER. 4811

Ciba Ltd., Basel, Schweiz, **Oral zu verabreichende pharmazeutische Zubereitung** mit langer Wirksamkeit, bestehend aus einem Kern aus einer therapeut. wirksamen Substanz u. einem festen Trägerstoff u. einem äußeren Überzug aus einer therapeut. wirksamen Substanz, einem Gleit- u. einem Bindemittel. Anwendung gegen *Asthma, Heufieber, Arthritis* u. dergleichen. — Beispiel: Kern: 650 (g) Tripelennaminhydrochlorid, 655 Carnaubawachs u. 655 Stearylalkohol, Überzug: 330 (g) Tripelennaminhydrochlorid, 132 Carnaubawachs, 1451 Milchzucker, 397 Zucker, 132 Talkum, granuliert mit einem Bindemittel aus 40 (g) Acacia u. 40 Traganth in einer 50%ig. alkohol. Lösung. (**Ind. P. 57 672** vom 19/6. 1956, ausg. 19/5. 1958.) H. NEBELSIEK. 4815

S. B. Penick & Co., New York, übert. von: Ralph Salkin, Jackson Heights, N.Y., V.St.A., **Wasserlösliche Phenolphthaleinderivate** werden durch Rk. von Phenolphthalein in einem inerten chlorierten KW-Stoff als Lsgm. mit einem Überschuß einer Additions-Verb. aus einem tert. Amin u. $SO_3$ durch Erwärmen hergestellt. Man erhält den Disulfatester. Als $SO_3$-Verb. wird Pyridinsulfotrioxyd verwendet. Die Prodd. kommen in Form ihrer Alkali- oder Erdalkalisalze zur *therapeut.* Anwendung. (**A. P. 2 767 196** vom 20/4. 1953, ausg. 16/10. 1956.) A. DANDL. 4815

Walter G. Gibbons, Greenvale, James P. Jones, Flushing, William A. Messner, Bronx, und Marvin Weiss, Jackson Heights, N.Y., V.St.A., **Herstellung von Burow's-Lösung** für therapeut. Zwecke, die haltbar ist u. auch durch Erhitzen keine Ausfällung von bas. Al-Salz zeigt, dad. gek., daß man 3,7 (Teile) dibas.

Al-Acetat [$CH_3COO \cdot Al(OH)_2$] mit 2,1 wasserfreiem Na-Acetat bzw. 2,3 Na-Diacetat u. 1,5 (bzw. 1,4) Essigsäure zusammen mit 10—12% Borsäure, bezogen auf das bas. Al-Acetat, vermischt u. das Gemisch in W. löst. (**A. P. 2 824 042** vom 18/6. 1954, ausg. 18/2. 1958.) W. HEYER. 4815

Rudolf Drux und Hermann Pfanz, Magdeburg, **Herstellung von 2.4.6-Trijod-3-aminobenzoesäure** (**I**) durch Umsetzung von J mit $Cl_2$ in HCl-Lsg. bzw. -Suspension u. Rk. der so erhaltenen $JCl_3$-freien ClJ-Lsg. mit 3-Aminobenzoesäure (**II**). — Einleiten von $Cl_2$ in die Suspension aus 190 g J u. 500 ml konz. HCl bis zur Lsg. des J, Zugabe von 70 g **II**, 8std. Rühren, Waschen des Nd. mit W. u. Behandlung mit $SO_2$ liefert 240 g **I**. — 2 weitere Beispiele. — Die Acetyl-Verb. dient als *Röntgenkontrastmittel*. (**D. P. [DDR] 15 740** Kl. 12q vom 3/2. 1957, ausg. 10/11. 1958 [Wirtschaftspatent].) H.-J. NITZSCHKE. 4825

Kanjiro Kobayashi, Nichinomiya, Japan, **Herstellung von bactericiden Verbindungen.** Man läßt organ. Hg-Verbb. mit Alkyl- oder Arylgruppen, wie Dialkyl- oder Diaryl-Hg oder Salze von Säuren mit Alkyl- oder Arylmercurihydroxyd, mit chlorierten Thiophenolen oder deren Alkalimetallsalzen in W. u./oder organ. Lsgm. reagieren. — 96 (g) Phenyl-Hg-Acetat werden in 400 $cm^3$ heißem $CH_3OH$ mit 42 4-Chlorthiophenol in 100 $cm^3$ warmem $CH_3OH$ gemischt: *Phenyl-Hg-4-Chlorthiophenolat*, $C_6H_5Hg\ S\ C_6H_4Cl$, F. 154,5—155°. — Ähnlich *Phenyl-Hg-2.4.5-Trichlorthiophenolat*, F. 217—219°. — *Äthyl-Hg-2.4.5-Trichlorthiophenolat*, F. 116—118°. (**Jap. A. S. 7926/1959** vom 1/12. 1956, ausg. 8/9. 1959.) M. PANKOW. 4833

Rohm & Haas Co., Philadelphia, Pa., V.St.A., **Herstellung bactericider und fungicider quaternärer Ammoniumverbindungen,** dad. gek., daß man entweder 1 (Mol) Tris-[dimethylaminomethyl]-phenol (**I**) mit 1—3 einer quaternisierenden Verb. der Formel RX oder 2 **I** mit 1 einer Verb. der Formel $R'X_2$ u. 0—4 einer Verb. der Formel RX umsetzt. In den Formeln bedeuten R einen einwertigen quaternisierenden Rest mit 10—21 C-Atomen u. R' einen zweiwertigen quaternisierenden Rest mit 2—18 C-Atomen u. X ein Anion. — Man kocht 8 (Teile) **I**, 19,9 Decylbromid u. 60 Dioxan 16 Std. unter Rückfluß, wäscht nach dem Abkühlen das Rk.-Gemisch mit W. u. $C_7H_{16}$ u. dest. die flüchtigen Bestandteile ab. Der Rückstand besteht aus einer quatern. $NH_4$-Verb. (**II**) aus 3 (Mol) Decylbromid u. 1 **I**. Weitere Beispiele für **II** aus Dodecylmethylbenzylchlorid, Dodecenylchlorid, Propoxydecylchlorid, Bromdodecanamid, Octylbenzylchlorid (**III**). Erhitzt man die **II** aus **I** u. **III** nach Zugabe von Bis-[chloracetamido]-äthan 14 Std. auf 65—72°, so bildet sich eine **II** der Formel V, in der R den Octylbenzylrest u. R' den Rest $-CH_2CONHCH_2CH_2NHCOCH_2-$ bedeutet. (**Ind. PP. 57 263** vom 5/5. 1956, ausg. 16/5. 1957 u. **57 299** vom 9/5. 1956, ausg. 20/3. 1958.)

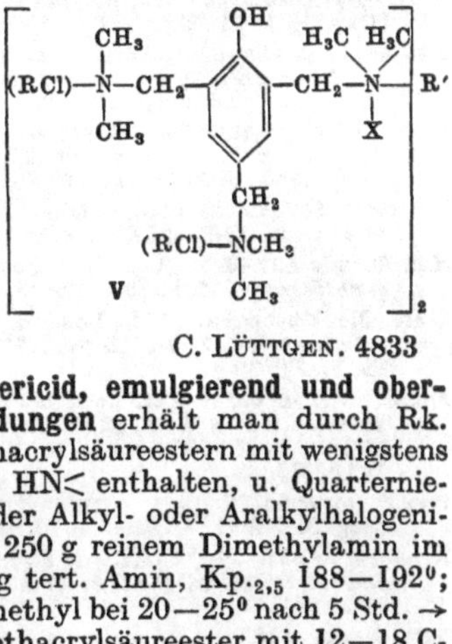

V

C. LÜTTGEN. 4833

Röhm & Haas G. m. b. H., Darmstadt, **Bactericid, emulgierend und oberflächenaktiv wirkende quaternäre Ammoniumverbindungen** erhält man durch Rk. von monomeren, dimeren oder oligomeren Acryl- u. Methacrylsäureestern mit wenigstens 8 C-Atomen im Mol. mit Amino-Verbb., die die Gruppe HN< enthalten, u. Quarternierung der entstandenen tert. Amine mit Dialkylsulfat oder Alkyl- oder Aralkylhalogeniden. — Aus 1 (Mol) Hexandiol-1.6-dimethylacrylat u. 250 g reinem Dimethylamin im Druckgefäß bei normaler Temp. nach 3 Tagen → 245 g tert. Amin, $Kp._{2,5}$ 188—192°; $n_D^{20}$ 1,4495; aus 0,2 davon in 60 g Methanol u. 61 g Jodmethyl bei 20—25° nach 5 Std. → *Jodmethylat*, $C_{20}H_{42}J_2N_2O_4$, zersetzt sich bei 150°. — Methacrylsäureester mit 12—18 C-Atomen im Esterteil + Dimethylamin → tert. Amin, N-Geh. 3,65%, + Dimethylsulfat in Spindelöl → *pastenartige* mit W. verdünnbare *Emulsion*; mit Benzylchlorid → *wachsartige*, in W. lösl. *Masse*. — Methacrylsäuredecylester + Dimethylamin → β-Dimethylaminoisobuttersäuredecylester, $Kp._{1,4}$ 128—133°; $n_D^{20}$ 1,4398, + Methylchlorid → *quaternäre Ammoniumverbindung*. Morpholin → β-Morpholinoisobuttersäuredecylester, $Kp._{0,2}$ 170—171°; $n_D^{20}$ 1,4565; Ausbeute 81% → *Jodmethylat*, F. 90—91°. — Dimerer Methacrylsäuremethylester + Dimethylamin → tert. Amin, $Kp._{1,5}$ 115—117°; $n_D^{20}$ 1,4438; Ausbeute 90%, + Dimethylsulfat → in W. leicht lösl. *wachsartige Masse*. — *Netz-, Emulgier-* u. *sanitäres Reinigungsmittel*. — Vgl. D. A. S. 1 070 591; C. **1960. 14454.** (**E. P. 800 850** vom 24/12. 1956, ausg. 3/9. 1958. D. Prior. 23/12. 1955.) G. KRAUSS. 4833

Darius Molho, Frankreich, **Herstellung neuer Salicylamide,** dad. gek., daß man einen Halogensalicylsäureester (z. B. 5-Bromsalicylsäuremethylester) mit einem aliphat. Amin zum Aminsalz des Halogen-N-alkylsalicylamids umsetzt, das man mit Mineralsäuren behandelt. — 5-Bromsalicylamide: *N-[n-Heptyl]-*, F. 62°. *n-Heptylaminsalz*, F. 87°. — *N-[n-Octyl]-*, F. 78°. *Octylaminsalz*, F. 97°. — *N-Isobutyl-*, F. 100°. *Isobutylaminsalz*, F. 98°. — *N-[n-Decyl]-*, F. 85°. *Decylaminsalz*, F. 103°. — *N-[n-Dodecyl]-*, F. 75°. — 5-Chlorsalicylamide: *N-[n-Hexyl]-*, F. 73—74°. *Hexylaminsalz*, F. 89°. — *N-[n-Heptyl]-*, F. 60°. *Heptylaminsalz*, F. 98°. — *N-[n-Octyl]-*, F. 82°. *Octylaminsalz*, F. 90°. — *3.5-Dichlor-N-[n-hexyl]-* (*Hexylaminsalz*, F. 125°) u. *-[n-heptyl]-salicylamid* [*Na-Salz*, F. >355° (Zers.)]. — *Bactericide*, bes. für *desinfizierende Seifen*. (**F. P. 1 207 956** vom 2/9. 1958, ausg. 19/2. 1960.) S. BÖTTCHER. 4833

---

**Riker Laboratories, Inc.**, Los Angeles, Calif., V.St.A., *Druckzerstäubungspharmazeuticum*. (**Ind. P. 59 634** vom 13/2. 1957, ausg. 3/10. 1958. — C. **1960.** 9309 [Aust. P. 215 565].)

**Løvens Kemiske Fabrik ved A. Kongsted**, Kopenhagen, Dänemark, *Herstellung von 2-substituierten 3-Methyl-2.3-dihydroxyhexenen-(5)*. (**Oe. P. 205 965** vom 9/7. 1958, ausg. 26/10. 1959. E. Prior. 12/7. 1957. — C. **1960.** 15490 [D. A. S. 1 073 477].)

**American Home Products Corp.**, New York, N.Y., V.St.A., *Herstellung von Fettsäureamiden*. (**Ind. P. 59 166** vom 18/12. 1956, ausg. 25/2. 1959. — C. **1959.** 16093 [F. P. 1 165 596].)

**J. R. Geigy Soc. An.**, Schweiz, *Tetraacetylschleimsäurediamide*. (**F. P. 1 198 018** vom 6/2. 1958, ausg. 4/12. 1959. Schwz. Prior. 7/2. 1957. — C. **1960.** 7257 [D. A. S. 1 063 145].)

**F. Hoffmann La Roche & Cie. Soc. An.**, Basel, Schweiz, *Appetitzügler*. (**Belg. P. 566 814** vom 15/4. 1958, ausg. 12/8. 1960. A. Prior. 18/4. 1957. — C. **1960.** 17206 [E. P. 819 129].)

**Farbwerke Hoechst Akt.-Ges., vormals Meister Lucius & Brüning**, Frankfurt/M., *Herstellung von N-Sulfonyl-N'-acylharnstoffen*. (**Oe. P. 205 507** vom 23/5. 1958, ausg. 10/10. 1959. D. Prior. 25/5. 1957. — C. **1959.** 10 338 [D. A. S. 1 046 026].)

**Henri Morren**, Belgien, *Dialkylaminoverbindungen*. (**F. P. 1 197 610** vom 3/6. 1955, ausg. 2/12. 1959. Belg. Prior. 5/6. u. 18/11. 1954. — C. **1958.** 8134 [E. P. 776 705].)

**Kali-Chemie Akt.-Ges.** (Erfinder: **Werner Stuhmer** und **Siegfried Funke**), *Pharmazeutisch wirksame Aminonitrile*. (**Aust. P. 221 787** vom 25/3. 1958, ausg. 18/6. 1959. D. Prior. 11/4. 1957. — C. **1959.** 5572 [D. A. S. 1 036 860].)

**Ciba Soc. An.**, Schweiz (Erfinder: **Anthony C. Shabica**), *N.N-Dimethyläthylendiamin*. (**F. P. 1 192 149** vom 8/10. 1956, ausg. 23/10. 1959. A. Prior. 10/10. 1955. — C. **1959.** 15445 [D. A. S. 1 038 051].)

**F. Hoffmann-La Roche & Co. Akt.-Ges.** (Erfinder: **Balthasar Hegedüs**), Basel, Schweiz, *Herstellung von α-Aminosäurehydraziden*. (**Schwz. P. 334 141** vom 3/12. 1954, ausg. 31/12. 1958. — C. **1958.** 12190 [D. A. S. 1 011 422].)

**Ciba Akt.-Ges.** (Erfinder: **Adrian Marxer**), Basel, Schweiz, *Herstellung substituierter 2.6-Bis-[äthylenimino]-3.5-dihalogen-p-benzochinonen*. (**Schwz. P. 333 731** vom 13/5. 1955 ausg. 15/12. 1958. **A. P. 2 841 581** vom 25/4. 1956 ausg. 1/7. 1958. Schwz. Prior. 13/5. 1955. — C. **1960.** 1601 [Oe. P. 198 745].)

**N. V. Nederlandsche Cocainefabriek**, Amsterdam, Holland, *Herstellung substituierter Aminoacetyl-2.6-xylidine*. **Holl. P. 96 283** vom 12/1. 1956, ausg. 15/12. 1960. Zusatz zu Holl. P. 88 288; C. 1959. 16732. — C. **1960.** 3960 [E. P. 792 791].)

**Wellcome Foundation Ltd.**, London, England, *Herstellung quaternärer Ammoniumverbindungen*. (**Ind. P. 59 896** vom 13/3. 1957, ausg. 12/8. 1958. E. Prior. 29/3. 1956. — C. **1961.** 1652 [Jap. A. S. 7081/1958].)

**Kali-Chemie Akt.-Ges.**, Hannover, *Quaternäre Ammoniumbromide basischer Ester von α-alkylierten Phenylessigsäuren*. (**Ind. P. 59 271** vom 2/1. 1957, ausg. 3/9. 1958. — C. **1958.** 9008 [Oe. P. 192 398].)

**Ward, Blenkinsop & Co. Ltd.**, London, England, *Organische Quecksilberverbindungen mit fungiciden Eigenschaften*. (**Ind. P. 49 125** vom 7/3. 1953, ausg. 22/7. 1955. E. Prior. 10/3. 1952. — C. **1956.** 5914 [E. P. 736 399].)

**Farbenfabriken Bayer Akt.-Ges.**, Leverkusen (Erfinder: **Walter Gauss**, Köln, **Siegfried Petersen**, Leverkusen, **Gerhard Domagk**, Wuppertal-Elberfeld), *Herstellung therapeutisch wirksamer Verbindungen*. (**Schwz. P. 350 295** vom 18/10. 1956, ausg. 14/1. 1961. D. Prior. 19/11. 1955. — C. **1960.** 9983 [Oe. P. 196 389].)

**Max Factor & Co.** (Erfinder: **George Folk Sherrill**), *Therapeutische Mittel*. (**Aust. P. 204 625** vom 7/10. 1955, ausg. 3/1. 1957. A. Prior. 8/10. 1954. — C. **1961.** 2029 [E. P. 809 655].)

**Asta-Werke Akt.-Ges., Chemische Fabrik**, Brackwede, *Herstellung von Salzen basischer Äther von Diphenyläthinylcarbinolen*. (**Ind. P. 59 629** vom 12/2. 1957, ausg. 23/4. 1958. — C. **1959.** 13259 [D. A. S. 1 028 561].)

**Asta-Werke Akt.-Ges., Chemische Fabrik**, Brackwede/Westf., *Herstellung von 2-Dialkylaminoalkyl-[4-chlor-α-methylbenzhydryl]-äthern*. (**Ind. P. 59 386** vom 16/1. 1957, ausg. 6/8. 1958. — C. **1958.** 3112 [D. A. S. 1 011 894].)

**F. Hoffmann-La Roche & Cie. Soc. An.**, Schweiz (Erfinder: **Wilhelm Wenner**), *Hydroxyanthrachinonäther*. (**F. P. 1 197 993** vom 29/1. 1958, ausg. 3/12. 1959. A. Prior. 14/2. 1957. — C. **1960.** 12433 [Oe. P. 202 141].)

**J. R. Geigy Akt.-Ges.**, Basel, Schweiz, *Herstellung von in 4-Stellung substituierten 1.2-Diphenyl-3.5-dioxopyrazolidinen*. (**Ind. P. 59 020** vom 30/11. 1956, ausg. 20/8. 1959. — C. **1960.** 2621 [Oe. P. 197 819].)

**Sandoz Soc. An.**, Schweiz, *3.5-Dioxopyrazolidine*. (**F. P. 1 196 847** vom 2/10. 1957, ausg. 26/11. 1959. Schwz. Prior. 4/10. u. 1/11. 1956, 9/2. u. 30/8. 1957. — C. **1960.** 14114 [Oe. P. 201 059].)

**Ciba Akt.-Ges.**, Basel, Schweiz, *Herstellung von Benzimidazolen*. (**Oe. P. 205 968** vom 27/9. 1957, ausg. 26/10. 1959. **Belg. P. 561 199** vom 28/9. 1957, ausg. 20/5. 1960. Beide Schwz. Prior. 28/9., 6/12. 1956, 28/3. u. 12/7. 1957. — C. **1960.** 17208 [D. A. S. 1 057 123].)

**Imperial Chemical Industries Ltd.**, London, England, *Hydantoin- und Thiohydantoinverbindungen*. (**Ind. P. 59 136** vom 15/12. 1956, ausg. 19/8. 1959. E. Prior. 16/1. 1956. — C. **1960.** 2278 [E. P. 807 678].)

**May & Baker Ltd.**, Dagenham, England, *Thiadiazole*. (**Ind. P. 59 405** vom 18/1. 1957 ausg. 10/7. 1958. E. Prior. 18/1. 1956. — C. **1959.** 1552 [A. P. 2 827 457].)

**American Cyanamid Co.**, New York, N.Y., V.St.A., *2-(N-substituierte)-Acylamino-1.3.4-thiadiazol-5-sulfonamide.* (**Ind. P. 59 879** vom 12/3. 1957, ausg. 20/9. 1959. Can. Prior. 1/2. 1957. — C. **1961.** 5893 [E. P. 844 946].)

**J. R. Geigy Akt.-Ges.**, Basel, Schweiz, *Herstellung von Derivaten des 4-Hydroxycumarins.* (**Ind. P. 59 428** vom 21/1. 1957, ausg. 8/6. 1959. — C. **1959.** 10668 [D. A. S. 1 047 788].)

**Merck & Co., Inc.**, Rahway, N.J., V.St.A., *Substituierte Thiaxanthene.* (**Ind. P. 59 970** vom 21/3. 1957, ausg. 9/9. 1959. — C. **1961.** 1654 [F. P. 1 173 489].)

**Abbott Laboratories**, V.St.A. (Erfinder: **William L. Hartop jun.** und **Edward P. Brandes**), *Stabile Lösungen von Barbitursäurederivaten.* (**F. P. 1 197 602** vom 28/12. 1953, ausg. 2/12. 1959. A. Prior. 29/12. 1952. — C. **1957.** 2016 [E. P. 747 635].)

**Laboratoria Pharmaceutica Dr. C. Janssen N. V.**, Turnhout, Belgien, *Herstellung von Piperazinderivaten.* (**Ind. P. 60 028** vom 26/3. 1957, ausg. 15/9. 1958. — C. **1960.** 13775 [Oe. P. 200 149].)

**Wellcome Foundation Ltd.**, London, England (Erfinder: **Morron Harfenist** und **Ernest G. Magnien**, Tuckahoe, N.Y., V.St.A.), *Diquaternäre Piperaziniumsalze.* (**D. A. S. 1 075 117** Kl. 12p vom 11/6. 1957, ausg. 11/2. 1960. A. Prior. 11/6. 1956. — C. **1960.** 15493 [Aust. P. 217 718].)

**Soc. des Usines Chimiques Rhône-Poulenc**, Frankreich (Erfinder: **Paul Gailliot** und **François Debarre**), *Phenthiazinderivate.* (**F. P. 1 197 660** vom 11/4. 1957, ausg. 2/12. 1959. — C. **1960.** 12777 [D. A. S. 1 071 087].)

**Soc. des Usines Chimiques Rhône-Poulenc**, Paris (Erfinder: **Robert Michel Jacob**, Ablon, und **Raimond Jacques Horclois**, Malakoff), Frankreich, *Herstellung von Phenthiazinderivaten.* (**Oe. P. 205 505** vom 17/1. 1958, ausg. 10/10. 1959. F. Prior. 7/2. 1957. — C. **1960.** 15835 [D. A. S. 1 076 691].)

**Mead Johnson & Co.**, Evansville, Ind., V.St.A., *10-[Pyrrolidyl-(3')-methyl]-phenthiazine.* (**E. P. 799 031** vom 14/9. 1956, ausg. 30/7. 1958. A. Prior. 14/10. 1955. — C. **1961.** 5894 [Belg. P. 559 952].)

**J. R. Geigy Soc. An.**, Schweiz, *Azepinderivate.* (**F. P. 1 196 928** vom 12/11. 1957, ausg. 26/11. 1959. Schwz. Prior. 13/11. 1956. — C. **1960.** 11395 [Oe. P. 200 578].)

**Egyesült Gyógyszer és Tápszergyár**, Budapest, Ungarn (Erfinder: **G. Fodor, I. W. Vinczer, J. Toth, G. Janzso** und **K. Lang**), *3α-Acyloxy-6β-hydroxytropane.* (**Belg. P. 566 314** vom 1/4. 1958, ausg. 29/7. 1960. Ung. Prior. 1/4. 1957. — C. **1961.** 5542 [D. A. S. 1 087 614].)

**Merck & Co., Inc.**, V.St.A. (Erfinder: **Horace Wean Brown**), *Morphinderivate.* (**F. P. 1 197 604** vom 17/5. 1954, ausg. 2/12. 1959. A. Prior. 2/6. 1953. — C. **1960.** 12438 [A. P. 2 821 531].)

**F. Hoffmann-La Roche & Co. Akt.-Ges.**, Basel, Schweiz, *Morphinane.* (**Ind. P. 59 871** vom 11/3. 1957, ausg. 12/3. 1958. — C. **1960.** 16856 [Schwz. P. 341 167].)

**Cilag Akt.-Ges.**, Schaffhausen, Schweiz, *Herstellung von Dihydrolysergsäurederivaten.* (**Oe. P. 205 676** vom 1/12. 1955, ausg. 10/10. 1959. Schwz. Prior. 3/12. 1954. — C. **1959.** 9671 [D. A. S. 1 015 807].)

**Cilag Akt.-Ges.**, Schaffhausen (Erfinder: **Henry Martin**, Zürich, Schweiz, **Maximilian Pöhm**, Wien, Österreich, und **Emil Schäppi**, Zürich, Schweiz), *9.10-Dihydrolysergsäurederivate.* (**Schwz. P. 332 658** vom 3/12. 1954, ausg. 31/10. 1958. — C. **1959.** 9671 [D. A. S. 1 015 807 u. E. P. 791 173].)

**Ciba Akt.-Ges.**, Basel, Schweiz, *Herstellung von Reserpsäurediestern, deren Salzen und quaternären Ammoniumverbindungen.* (**Oe. P. 205 675** vom 5/5. 1954, ausg. 10/10. 1959. A. Prior. 8/5., 10/8., 27/8. 1953 u. 19/2. 1954. — C. **1959.** 13265 [Belg. P. 528 674].)

**S. Siddiqui, R. Deininger** und **M. A Laud Din**, Karachi, Pakistan, *Blutdrucksenkende Arzneimittel.* (**Belg. P. 565 811** vom 18/3. 1958, ausg. 29/7. 1960. A. Prior. 2/7. 1957. — C. **1960.** 13459 [E. P. 816 654].)

**Ciba Ltd.** (Erfinder: **Robert Neher**), *Herstellung von Polyharnstoffen.* (**Aust. P. 204 635** vom 26/8. 1954, ausg. 3/1. 1957. Schwz. Prior. 27/8. 1953 u. 13/7. 1954. — C. **1958.** 1373 [Oe. P. 189 190].)

**Syed Mahdihassan, Mohammad Moinuddin, Syed Maqsood Ali** und **Syed Abdul Haq**, *Gewinnung von Lebertran und Vitamin-A-Konzentrat.* (**Aust. P. 220 215** vom 9/4. 1957, ausg. 12/3. 1959. — C. **1960.** 14117 [E. P. 810 643].)

**Michel Comar**, Casablanca, Marocco, *Extraktion von Ascorbinsäure.* (**Ind. P. 60 373** vom 1/5. 1957, ausg. 26/11. 1958. — C. **1959.** 14198 [F. P. 1 164 525].)

**N. V. Philips' Gloeilampenfabrieken**, Holland, *Tachysterin und Dihydrotachysterin.* (**F. P. 1 192 121** vom 16/12. 1955, ausg. 23/10. 1959. Holl. Prior. 14/6. 1955. — C. **1958.** 11026 [D. A. S. 1 021 365].)

**Ciba Ltd.**, Basel, Schweiz, *Polyhydrophenanthrenverbindungen.* (**Ind. P. 59 592** vom 7/2. 1957, ausg. 27/4. 1959. — C. **1960.** 12779 [D. A. S. 1 072 990].)

**Merck & Co., Inc.**, Rahway, N.J., V.St.A., *Cyclohexylbenzylhydroxymethylketone.* (**Schwed. P. 157 077** vom 16/5. 1952, ausg. 4/12. 1956. A. Prior. 17/5. 1951. — C. **1957.** 5943 [D. B. P. 946 446].)

**American Cyanamid Co.**, New York, N.Y., V.St.A., *Herstellung von Pyrazyl-Verbindungen.* (**It. P. 513 509** vom 22/8. 1946. A. Prior. 15/1. 1946. — C. **1950.** I. 1885 [Schwed. P. 124 933].)

**American Cyanamid Co.**, New York, N.Y., V.St.A., *Herstellung von Steroiden.* (**E. P. 835 557** vom 13/6. 1956, ausg. 25/5. 1960. A. Prior. 30/6. 1955. — C. **1958.** 8711 [A. P. 2 773 058].)

**Upjohn Co.**, Kalamazoo, Mich., V.St.A., *Herstellung von Steroiden.* (**E. P. 836 973** vom 6/2. 1957, ausg. 9/6. 1960. A. Prior. 29/3. 1956. — C. **1960.** 3966 [D. A. S. 1 048 580].)

**Upjohn Co.** (Erfinder: **Milton Edwin Herr**), Kalamazoo, Mich., V.St.A., *Herstellung von Steroiden.* (**Schwz. P. 349 980** vom 28/12. 1955, ausg. 31/12. 1960. A. Prior. 8/8. 1955. — C. **1960.** 4290 [E. P. 806 045].)

**Organon Laboratories Ltd.**, London, England, *Herstellung von biologisch aktiven Steroidverbindungen.* (**Ind. P. 60 045** vom 28/3. 1957, ausg. 24/3. 1958. — C. **1959.** 11353 [Holl. P. 89 818].)

**Farmaceutici Italia Soc. An.** (Erfinder: **Bianca Patelli, Bruno Camerino** und **Alberto Vercellone**), Mailand, Italien, *Herstellung von in 4-Stellung substituierten Steroiden.* (**Oe. P. 212 499** vom 15/10. 1956, ausg. 27/12. 1960. It. Prior. 29/3. 1956. — C. **1959.** 11009 [A. P. 2 842 571].)

**American Cyanamid Co.**, V.St.A. (Erfinder: **Louis Israel Feldman** und **William Shardlow Allen**), *Oxydation von 11-Desoxysteroiden.* (**F. P. 1 217 613** vom 13/6. 1956, ausg. 4/5. 1960. A. Prior. 16/6. 1955. — C. **1958.** 8711 [A. P. 2 789 940].)

**Farmaceutici Italia Soc. An.** (Erfinder: **Bruno Camerino, Alberto Vercellone** und **Bianca Patelli**), Mailand, Italien, *Herstellung von 2α-Hydroxy-3-ketosteroiden.* (**Oe. P. 209 506** vom 24/8. 1956, ausg. 10/6. 1960. It. Prior. 26/8. 1955. — C. **1959.** 7895 [D. A. S. 1 030 340].)

**G. N. R. D. Patent Holdings Ltd.**, übert. von: **Glaxo Laboratories Ltd.**, England, *3-Keto-Δ⁴-steroide.* (**F. P. 1 192 113** vom 7/8. 1954, ausg. 23/10. 1959. E. Prior. 7/8. 1953. — C. **1957.** 8886 [E. P. 750 918].)

**Organon Laboratories Ltd.**, London, England, *Herstellung von 19-Norsteroiden.* (**E. P. 847 713** vom 23/4. 1958, ausg. 14/9. 1960. Holl. Prior. 1/5. u. 5/7. 1957. — C. **1960.** 1608 [D. A. S. 1 058 507].)

**Laboratoires Français de Chimiothérapie**, Frankreich (Erfinder: **Léon Velluz, Bernard Goffinet, Julien Warnant** und **Gaston Amiard**), *19-Norsteroide.* (**F. P. 1 192 187** vom 14/6. 1957, ausg. 23/10. 1959. — C. **1960.** 3318 [D. A. S. 1 052 399].)

**Ciba Akt.-Ges.**, Basel, Schweiz, *Herstellung von Pregnanverbindungen.* (**Oe. P. 211 487** vom 17/2. 1956, ausg. 10/10. 1960. Schwz. Prior. 18/2., 29/4. u. 28/6. 1955. — C. **1959.** 6573 [D. A. S. 1 032 739].)

**Olin Mathieson Chemical Corp.**, V.St.A. (Erfinder: **Josef E. Herz** und **Josef Fried**), *Herstellung von 21-Fluor-9α-halogen-11-keto(oder11β-hydroxy)-steroiden der Pregnanreihe.* (**F. P. 1 220 817** vom 3/5. 1957, ausg. 27/5. 1960. A. Prior. 16/5. 1956. — C. **1960.** 11397 [D. A. S. 1 070 177].)

**Schering Corp.**, Bloomfield, N.J., V.St.A., *Herstellung von Pregnadienen.* (**E. PP. 843 211** vom 3/8. 1955, ausg. 4/8. 1960. A. Prior. 11/8., 5/10., 22/10. u. 1/11. 1954, 11/1., 19/1., 20/1., 26/1., 27/1., 2/2., 3/2. 18/2., 2/5., 4/5. u. 7/6. 1955, **843 213** vom 3/8. 1955, ausg. 4/8. 1960. A. Prior. 1/11. 1954 u. 3/2. 1955, **843 217** vom 3/8. 1955, ausg. 4/8. 1960. A. Prior. 11/8., 22/10. 1954, 11/1., 4/5. u. 7/6. 1955 u. **843 218** [Zusatz-Patente] vom 3/8. 1955, ausg. 4/8. 1960. A. Prior. 27/1., 18/2. u. 2/5. 1955. — C. **1960.** 5580 [D. A. S. 1 059 906].)

**Schering Akt.-Ges.**, Berlin, *Herstellung neuer Carbonsäureester des Δ¹,⁴-Pregnadien-17α-ol-3.20-dions.* (**Oe. P. 208 521** vom 21/5. 1957, ausg. 11/4. 1960. D. Prior. 20/6. 1956. — C. **1958.** 12482 [D. A. S. 1 020 977].)

**Lepetit S. p. A.**, Italien, *Δ⁵,¹⁶-Pregnadien-3β-acetoxy-20-on.* (**F. P. 1 197 611** vom 30/6. 1955, ausg. 2/12. 1959. E. Prior. 8/7. 1954. — C. **1957.** 13753 [E. P. 753 091].)

**Olin Mathieson Chemical Corp.**, V.St.A. (Erfinder: **Josef Fried**), *Herstellung von 12α-halogenierten Steroiden der Androstanreihe.* (**F. P. 1 216 231** vom 2/4. 1957, ausg. 22/4. 1960. A. Prior. 5/4. 1956. — C. **1960.** 17545 [D. A. S. 1 076 126].)

**Ciba Soc. An.**, Schweiz, *Steroidsapogenine.* (**F. P. 1 192 110** vom 30/11. 1953, ausg. 23/10. 1959. Schwz. Prior. 15/12. 1952. — C. **1957.** 2819 [Schwz. P. 313 262].)

**Ciba Soc. An.**, Schweiz, *Pseudosapogenine.* (**F. P. 1 192 902** vom 30/11. 1953, ausg. 29/10. 1959. Schwz. Prior. 15/12. 1952. — C. **1958.** 510 [D. B. P. 946 898].)

**Armour & Co.**, Chicago, Ill., V.St.A., *Reine Desoxycholsäure.* (**Aust. P. 162 902** vom 16/6. 1952, ausg. 2/6. 1955. A. Prior. 19/6. 1951. — C. **1955.** 8680 [A. P. 2 651 643].)

**Bristol Laboratories, Inc.**, East Syracuse, N.Y., V.St.A., *Arzneimittel.* (**Ind. P. 60 311** vom 25/4. 1957, ausg. 6/9. 1958. — C. **1960.** 14794 [Belg. P. 557 758].)

**Farbwerke Hoechst Akt.-Ges., vormals Meister Lucius & Brüning**, Deutschland, *Aminoalkohole.* (**F. P. 1 197 605** vom 29/6. 1954, ausg. 2/12. 1959. D. Prior. 30/6. 1953 u. 17/4. 1954. — C. **1958.** 1656 [Oe. P. 186 632].)

**American Home Products Corp.**, New York, N.Y., übert. von: **Joseph Lester Szabo**, Drexel Hill, und **William F. Bruce**, Havertown, Pa., V.St.A., *Aliphatische Diamine und deren Salze.* (**A. P. 2 868 833** vom 26/8. 1952, ausg. 13/1. 1959. — C. **1957.** 5066 [A. P. 2 739 981].)

**Consortium de Produits Chimiques et de Synthèse**, Frankreich, *Glucuronsäurederivate.* (**F. P. 1 192 108** vom 5/12. 1952, ausg. 23/10. 1959. — C. **1957.** 4778 [Belg. P. 520 204].)

**American Cyanamid Co.**, New York, N.Y., V.St.A., *Gewinnung von Tetracyclin.* (**Ind. P. 59 046** vom 4/12. 1956, ausg. 7/1. 1959. — C. **1960.** 13779 [E. P. 821 310].)

**American Cyanamid Co.**, New York, N.Y., V.St.A., *Gewinnung von Tetracyclin.* (**Ind. P. 59 687** vom 19/2. 1957, ausg. 9/4. 1959. — C. **1959.** 12944 [D. A. S. 1 026 481].)

**Hiroshi Ogawa** und **Shigeharu Inoue**, Tokyo, Japan, *Herstellung von reinen Tetracyclinsalzen.* (**Ind. P. 60 250** vom 18/4. 1957, ausg. 7/1. 1959. — C. **1960.** 1265 [D. A. S. 1 045 398].)

**American Cyanamid Co.**, New York, N.Y., V.St.A., *Herstellung von Tetracyclinverbindungen.* (**Ind. P. 59 045** vom 4/12. 1956, ausg. 26/12. 1958. — C. **1960.** 1265 [D. A. S. 1 045 392].)

**Bristol Laboratories, Inc.**, East Syracuse, N.Y., V.St.A., *Tetracyclinnatriumhexametaphosphat.* (**Ind. P. 60 310** vom 25/4. 1957, ausg. 6/11. 1958. — C. **1960.** 9989 [D. A. S. 1 068 701].)

**Merck & Co., Inc.** (Erfinder: **Karl August Folkers**), *Herstellung von Dihydronovobiocin.* (**Aust. P. 220 918** vom 29/1. 1957, ausg. 23/4. 1959. A. Prior. 9/2. 1956. — C. **1960.** 17213 [Belg. P. 554 829].)

**Chemie Grünenthal G. m. b. H.**, Stolberg, *Herstellung von Salzen von basischen Streptomyces-Antibiotica.* (**Ind. P. 59 697** vom 19/2. 1957, ausg. 13/9. 1958. — C. **1959.** 12638 [D. A. S. 1 041 038].)

**Soc. des Usines Chimiques Rhône-Poulenc**, Frankreich (Erfinder: **Paul Gailliot** und **Jean Baget**), *Dihydrodesoxystreptomycin.* (**F. P. 1 198 042** vom 25/2. 1958, ausg. 4/12. 1959. — C. **1960.** 14794 [D. A. S. 1 077 213].)

**Koninklijke Nederlandsche Gist-en Spiritusfabriek N. V.**, Delft, Holland, *Herstellung des Antibioticums Pimaricin.* (**Ind. P. 59 852** vom 8/3. 1957, ausg. 29/9. 1958. — C. **1958.** 13310 [D. A. S. 1 024 206].)

**Glaxo Laboratories Ltd.**, Middlesex, England, *Abtrennen von praktisch reinem Faktor B aus einem rohen Antibioticum E-129-Komplex.* (**Ind. P. 59 488** vom 28/1. 1957, ausg. 16/2. 1959. E. Prior. 8/2. 1956. — C. **1959.** 4247 [D. A. S. 1 037 070].)

**Milan Bier**, New York, N.Y., V.St.A., *Kontinuierliche Anreicherung bzw. Trennung kolloidaler Komponenten aus ihren Suspensionen mittels Elektrophorese.* (**E. P. 832 202** vom 12/4. 1956, ausg. 6/4. 1960. A. Prior. 15/4. 1955. — C. **1960.** 15523 [D. A. S. 1 082 231].)

**Imperial Chemical Industries Ltd.** (Erfinder: **Philip Alexander Melvin** und **Jean Michel Gustave Pryce**), *Antigene enthaltende Pharmazeutica.* (**Aust. P. 222 086** vom 29/1. 1957, ausg. 9/7. 1959. E. Prior. 6/2. 1956. — C. **1959.** 6234 [D. A. S. 1 041 648].)

**American Cyanamid Co.**, New York, N.Y., V.St.A., *Herstellung einer Poliomyelitisvaccine.* (**Belg. P. 567 668** vom 14/5. 1958, ausg. 12/8. 1960. A. Prior. 29/5. 1957. — C. **1960.** 15497 [D. A. S. 1 081 605].)

**Samuel David Goldberg**, West Hempstead, N. Y., V.St.A., *Arzneimittel.* (**E. P. 805 524** vom 27/9. 1956 ausg. 10/12. 1958. A. Prior. 3/10. 1955. — C. **1960.** 11399 [A. P. 2 838 439].)

**Carter Products, Inc.**, New York, N.Y., übert. von: **Frank M. Berger**, Princeton, N.J., V.St.A., *Schlafmittel*. (**A. P. 2 872 370** vom 22/7. 1953, ausg. 3/2. 1959. — C. **1957.** 5655 [E. P. 758 410].)

**Norwich Pharmacal Co.**, Norwich, N.Y., V.St.A., *1-Amino-2-imidazolidone*. (**Ind. P. 59 893** vom 13/3. 1957, ausg. 24/9. 1959. — C. **1957.** 11387 [A. P. 2 776 979].)

**Metal & Thermit Corp.**, Rahway (Erfinder: **E. L. Weinberg**, Woodbridge), N. J., V.St.A., *Tierarzneimittel*. (**Belg. P. 563 519** vom 24/12. 1957, ausg. 17/6. 1960. A. Prior. 27/12. 1956. — C. **1960.** 16862 [E. P. 815 818].)

**Imperial Chemical Industries Ltd.** (Erfinder: **Walter Hepworth**), *Arzneimittel gegen Geflügelcoccidiose*. (**Aust. P. 220 777** vom 19/12. 1956, ausg. 9/4. 1959. E. Prior. 4/1. 1956. — C. **1960.** 14120 [E. P. 816 856].)

**Colgate Palmolive Co.**, New York, N.Y., V.St.A., *Zahnpflegemittel*. (**Ind. P. 59 568** vom 6/2. 1957, ausg. 21/7. 1958. — C. **1960.** 6595 [E. P. 803 770].)

**Weco Products Co.**, Chicago, Ill., V.St.A., *Selbststerilisierende Zahnbürsten aus Nylonborsten*. (**Ind. P. 57 252** vom 3/5. 1956, ausg. 20/9. 1957. — C. **1960.** 13890 [Holl. P. 92 147].)

**Colgate Palmolive Co.**, Jersey City, N.J., V.St.A., *Chlorophyllpräparate*. (**It. P. 513 640** vom 23/2. 1954. A. Prior. 24/2. 1953. — C. **1956.** 7315 [E. P. 739 936].)

**Schering Akt.-Ges.** (Erfinder: **Paul Diedrich**), *Röntgenstrahlenkontrastmittel*. (**Aust. P. 204 614** vom 20/1. 1955, ausg. 3/1. 1957. D. Prior. 6/2. 1954. — C. **1957.** 2289 [F. P. 1 118 311].)

**Sterling Drug, Inc.**, New York, N.Y., übert. von: **Sydney Archer**, Albany, N.Y., V.St.A., *β-[2.4.6-Trijod-3-hydroxyphenyl]-alkancarbonsäuren*. (**A. P. 2 931 830** vom 20/3. 1952, ausg. 5/4. 1960. — C. **1956.** 11795 [E. P. 726 987].)

**Marino Golinelli**, Bologna, Italien, *Konservierung von Bienenköniginmuttersaft (gelée royale)*. (**E. P. 838 448** vom 26/10. 1956, ausg. 22/6. 1960. It. Prior. 28/10. 1955. — C. **1959.** 5576 [F. P. 1 159 415].)

**Paul Gyorgy**, Villanova. **Richard Kuhn** und **Friedrich Zilliken**, Philadelphia, Pa., V.St.A., *Wachstumfördernder Stoff für Lactobacillus bifidus*. (**Aust. P. 162 962** vom 6/2. 1953, ausg. 2/6. 1955. A. Prior. 22/4. 1952. — C. **1959.** 8257 [Norw. P. 86 852].)

**Orman Blake Billings**, Metuchen, N.J., V.St.A., *Imprägnieren von Gegenständen mit bactericiden Hg-Verbindungen*. (**Ind. P. 59 433** vom 21/1. 1957, ausg. 2/7. 1959. E. Prior. 25/1. 1956. — C. **1959.** 6575 [D. A. S. 1 029 535].)

# G. Analyse. Laboratorium

**Laboratoriumsgeräte aus Niederdruckpolyäthylen.** Joseph I. Dinnin. (Chemist-Analyst **47.** 104. Dez. 1958. Washington, D.C., Geol. Surv.) (Engl.)

Rührer, Schalen für Wasserbäder u. a. Labor.-Geräte können aus Niederdruckpolyäthylen gefertigt werden, das bis 250° widerstandsfähig ist. Polypropylen ist noch geeigneter. G. KRIEN. 5010□

**Kombination von Siedeglocke und Stopfen.** Joseph I. Dinnin. (Chemist-Analyst **47.** 105. Dez. 1958. Washington, D.C., Geol. Surv.) (Engl.)

In Mehrhalskolben läßt sich eine regenerierbare Siedeglocke anordnen, wenn an einen Normalschliffstopfen ein passendes Glasrohr angeschmolzen wird, das eingesetzt an dem Boden des Kolbens endet. G. KRIEN. 5010□

**Entfernung von Kesselstein durch Bariumchlorid.** Frederic E. Holmes. (Chemist-Analyst **47.** 105. Dez. 1958. Cincinnati, Ohio, Christ. Hosp., Clin. Labor.) (Engl.)

Durch Erwärmen auf 80—95° einer 2—5%ig. $BaCl_2$-Lsg. in Cu-Gefäßen (Wasserbäder) läßt sich Kesselstein aus letzteren entfernen. Ca wird durch Ba ersetzt, wobei sich leicht entfernbare Ndd. bilden. G. KRIEN. 5010□

**Beschreibung eines Widerstandskryometers sowie der kryometrischen Methode des beendeten Schmelzens.** Pierre Huyskens, Paul Claes und Jean-Louis Gailliez. (Ann. Soc. sci. Bruxelles, Sér. I **73.** 383—89. 1959. Louvain, Univ., Labor. de Chim. Phys.) (Franz.)

Beschreibung eines auf temperaturabhängiger Widerstandsänderung eines Thermistors beruhenden Kryometers u. Vgl. kinet. Meth. der Kryometrie. Die Messungen wurden an reinstem *Bzl.*, *W.* u. *Cyclohexan* vorgenommen u. brachten folgende Ergebnisse: Werden die Annahmen von NERNST über den Ablauf heterogener Rkk. auf den Schmelzvorgang angewandt, so ist der von der Theorie geforderte exponentiale Verlauf der Temp./Zeit-Kurven am besten erfüllt, wenn die Meth. der Wiedererwärmung der zuvor auskristallisierten Lsg. zur Best. des F. angewandt wird. Damit das Meßergebnis der tatsächlichen Schmelz-Temp. entspricht, müssen folgende Bedingungen erfüllt sein: 1. Die Badtemp. sollte möglichst nahe an der Schmelz-Temp. liegen; 2. das Temp.-Bad soll langsam aufgeheizt werden; 3. es soll intensiv geführt werden; 4. die Gesamtoberfläche aller Kristalle, die ihrerseits eine Funktion des mittleren Kristalldurchmessers u. der Anzahl der Kristalle ist, sollte während der Messung konst. bleiben. Da Punkt 4 beim Wiedererwärmen nicht realisierbar ist, läßt sich die Meth. der Ermittlung des beendeten Schmelzens als Präzisions-Meth. nicht empfehlen. Von DOUCET u. BIZOUARD (C. **1957.** 3352) gefundene Abweichungen der stat. Meth. von der Meth. des beendeten Schmelzens werden von den Vff. z. T. durch Abschmelzen eines um das Meßgefäß gebildeten Eismantels erklärt. J. Kuschel. 5018□

**Wägemethoden.** L. Biétry. (Teknillisen Kemian Aikakauslehti **1960.** 613—20. 31/10. Zürich.) (Dt.)

Vf. diskutiert Fehlermöglichkeiten bei Feder- u. Pendelwaagen u. kommt zu dem Schluß, daß optimale Genauigkeit u. definierte Reproduzierbarkeit nur bei Substitutionswägung erreicht werden. G. Krien. 5022□

**Ein neuer Typ einer Ionisationspumpe.** George Comsa und Geavit Musa. (Studii Cercetări Fizică **8.** 119—33. 1957.) (Rum.; Auszug: Franz.)

Mit der im Arbeitsprinzip u. in der Herst. beschriebenen Ionisationsvakuumpumpe neuen Typs kann ein Druck $< 10^{-8}$ mm Hg erreicht werden. Die Pump-Wrkg. beruht in der Hauptsache auf Adsorption von Ionen am Glas des Kolbens. Die Pumpe enthält nur 2 Elektroden: Glühfaden u. Netz. Durch das Auftreffen von Elektronen auf die Innenfläche des Glaskolbens nimmt der Kolben ein negatives Potential an, ähnlich dem Potential des Glühfadens; damit spielt die Innenfläche des Kolbens die Rolle einer dritten Elektrode (eines Ionenkollektors). Dimensionen u. Potential der Elektroden führen zu einer großen Zahl von Ionen, womit eine hohe Evakuierungs-Geschw. (0,25—0,27 Liter/s) erreicht wird. Gegenüber dem Manometer von Bayard-Alpert bietet die neue Pumpe große Vorteile: Einfachheit, hohe Stabilität u. leichte Entgasung. R. K. Müller. 5026□

**Berechnung periodisch arbeitender Destillieranlagen mit Zuspeisepumpe.** Zsjui-fu Fu. (Журнал Прикладной Химии [J. angew. Chem.] **32.** 543—48. März 1959.) (Russ.) — Vgl. C. **1959.** 14839.

Im Artikel werden Gleichungen für die Berechnung einer Reihe von Kenngrößen für das Arbeiten period. wirkender Destillieranlagen mit Zuspeisung entwickelt. Im allg. Fall lassen sich alle Gleichungen nach dem graph. Verf. integrieren u. können dann für Berechnungen verwendet werden. Um die Berechnung einfacher zu gestalten, kann in einzelnen Fällen eine algebraische Integrierung erfolgen (bes. bei Berechnungen einer Mischung aus vielen Komponenten). H. Treumann. 5038□

**Ein Viscosimeter mit rotierender Scheibe.** V. Mercea, J. Mercea und I. Ursu. (Studii Cercetări Fizică **8.** 135—41. 1957.) (Rum.; Auszug: Franz.)

Für die Messung der Viscosität von Gasen werden 2 Scheiben verwendet, von denen die eine mit konst. Winkel-Geschw. rotiert, während die darüber frei hängende zweite Scheibe durch die viscose Reibung des zwischen den Scheiben befindlichen Gases mitgerissen wird, ihre Drehung gibt also ein Maß für die Viscosität. Messungen in Gemischen von $CH_4$ mit $H_2$, $O_2$, $CO_2$ u. *Luft* ergeben gute Reproduzierbarkeit u. eine Empfindlichkeit von 1—2%. R. K. Müller. 5040□

**Hilfsmittel zur Ablesung von Doppelabsteckungsnomogrammen.** J. G. Roof. (Analytic. Chem. **31.** 961—62. Mai 1959. Houston, Texas, Shell Dev. Co.) (Engl.)

Vf. beschreibt eine Vorr., mit der ein Ableselineal um einen Punkt schwenkbar angeordnet werden kann. Die Auswertung von Beziehungen mit 4 Variablen mittels Nomogrammen mit 2 Skalen-Syst. wird durch das beschriebene Hilfsmittel erleichtert. Die Anwendung bei der Best. von cycl. C in Erdöldestillaten aus Brechungsindex, Dichte u. Molgew. wird erläutert. G. Krien. 5050□

**Innere Elektrolyse mit vibrierenden Elektroden.** Gheorghe Facsko und I. Radoi. (Acta chim. Acad. Sci. hung. **27.** 31—40. 1961. Timişoara, Polytechn. Inst.) (Dt.)

Vff. betrachten die innere Elektrolyse als eine Frage der Lokalelemente, wodurch es möglich wird, Dauer u. Genauigkeit der Best. festzulegen. Einen bes. günstigen Einfl. auf diese beiden Größen hat die Depolarisierung des kathod. Vorganges, was mit schwingender Kathode bei entsprechender Frequenz u. Amplitude erreicht wird. Die bei der kathod. Cu-Abscheidung mit Zn-Anode erhaltenen Ergebnisse stimmen mit theoret. Überlegungen überein u. bilden die Grundlage einer neuen Best.-Meth. durch innere Elektrolyse. W. Hampel. 5054□

**Optische Systeme mit erhöhtem Auflösungsvermögen.** A. I. Kartaschew. (Оптика и Спектроскопия [Optik u. Spektroskopie] **9.** 394—98. Sept. 1960.) (Russ.)

Vf. beschreibt zwei prinzipiell neue Möglichkeiten der opt. Abb., die eine wesentlich höhere Auflösung als die übliche opt. Abb. geben können. Sie beruhen darauf, daß jedem Objektelement nicht nur eine bestimmte Beleuchtungsstärke, sondern auch ein bestimmtes $\lambda$ bzw. ein bestimmter Phasenunterschied ($\varphi$) zugeordnet wird, was durch Einschalten eines dispergierenden oder interferometr. Syst. bei der Beleuchtung des Gegenstandes erreicht werden kann. Ein ebensolches Syst. in der Abb.-Optik ergibt dann die umgekehrte Zuordnung der Koordinaten zu den entsprechenden $\lambda$ u. $\varphi$ u. gestattet, die durch normale opt. Syst. prinzipiell erreichbare Auflösung zumindest in einer Koordinatenrichtung wesentlich zu unterschreiten. R. Gerbatsch. 5056□

**Die Glaspulvermethode von Kofler in der quantitativen Analyse von Zweistoffgemischen.** M. Brandstätter-Kuhnert und A. Martinek. (Mikrochim. Acta [Wien] **1958**. 803—11. Innsbruck, Univ., Pharmakognost. Inst.) (Dt.)

An Hand von Beispielen, u. zwar an den Zweistoffgemischen symm.-Trinitrobenzol + p-Nitrophenol, Azobenzol + β-Naphthochinolin, Pyramidon + Luminal u. Methyläthylketon + 2.4-Dinitrophenylhydrazon zeigen Vff., daß bei Anwendung der von Kofler [1937] entwickelten Glaspulver-Meth. die Temp. der Lichtbrechungsgleichheit einer Mischschmelze zweier Stoffe mit einem Glas von bestimmter Refraktion nur dann eine lineare Funktion der Konz. ist, wenn die Temp.-Koeff. der Lichtbrechung der beiden Komponenten gleich sind, wenn dieselben für den untersuchten Temp.-Bereich konst. sind u. wenn die Lichtbrechung der Gemische bei konst. Temp. eine lineare Funktion der Konz. ist. C. Gottfried. 5063

**Ein neuer Monochromator für die Schumann- und Lyman-Region.** E. Lüscher. (Rev. univ. Mines, Métallurgie, Mécan., Trav. publ., Sci. Arts appl. Ind. [9] **15** (102). 356—57. Mai 1959. Herisau, Metrohm Ltd., Opt. Labor.) (Engl.) — Vgl. C. **1958**. 3116.

Beschreibung eines Monochromators mit konkavem Gitter für das Gebiet 2000 bis 500 Å, unter Verw. einer H- oder Xe- bzw. Ne-Gasentladungslampe, wobei Lichtquellen (Frequenz 11 Hz, Zerhacker) u. Monochromator durch ein LiF-Fenster getrennt sind. Zur Messung der Lichtintensitäten werden bis 1550 Å ein Photovervielfacher mit $Al_2O_3$-Fenster, bis 1200 Å ein solcher mit Fluorescenzschirm verwendet. J. Kuschel. 5063

**Spektralanalyse mittels einer Schüttmethode.** J. Czakow. (Rev. univ. Mines, Métallurgie, Mécan., Trav. publ., Sci. Arts appl. Ind. [9] **15** (**102**). 341—43. Mai 1959. Warszawa, Inst. für Kernforsch. der Poln. Akad. der Wiss., Abt. für analyt. Chem.) (Dt.)

Zur Best. von B in Graphit u. Koks, sowie von U in Erzen, entwickelt Vf. geeignete Ausführungsformen der Spektralanalyse von Pulvern. An techn. Einzelheiten sind zu nennen (die im folgenden verwendete Bezifferung 1. bezieht sich auf die Best. von B, die Bezifferung 2. auf diejenige von U): Verwendet wurden: Hilfselektroden: 1. aus Cu, untere zylindr., obere siebartig, außen Ø 6 mm, innen Ø 4 mm, mit 5 Öffnungen je 1,4 mm Ø, 1 Öffnung zentr., die andere tangential-symmetrisch. 2. wie 1. mit folgenden Abweichungen: untere als Hohlelektrode ausgeführt, dient gleichzeitig der Gaszufuhr (Ar: O = 1:1), obere mit 5 Öffnungen je 0,8 mm Ø. Elektrodenabstand: 1. 2 mm, 2. 4 mm. Funkenerzeuger: 1. Transformator 220/30000 V, primärseitig 25 V, 12 A, Selbstinduktion 1 mH, Kapazität 0,03 μF. Oder: modifizierter Generator nach Swienticki (Trafo 400 statt 30 W). 2. Wechselstrombogen 6 A, 220 V nach Swienticki. Oder: Generator nach Walsh mit Abreißbogen. Oder: Feussner-Funkenerzeuger mit mechan. Unterbrecher. Einwaage: 1. 200 mg, 2. 350 mg pro Belichtung. Innerer Standard: 1. 3% $V_2O_5$, berechnet auf V, 2. 0,125 bzw. 0,5% $MoO_3$, berechnet auf Mo. Spektrograph: 1. ISP 22, Spaltbreite 0,015 mm, 2. ISP 51 mit Kamera UF 84, Spaltbreite 0,01 mm. Analysenpaar: 1. B 2497,73 u. V 2520,30 Å, 2. U 4090,14 u. Mo 4086,025 Å. Opt. Ausrüstung: 1. Zylinder-Quarzlinse Brennweite (f) 160 mm, Entfernung vom Spalt: 200 mm, sphär. Quarzlinse f = 160 mm, Entfernung 500 mm von Zylinderlinse u. 125 mm von den Elektroden. 2. 3-Linsensystem. Spektralplatten: 1. Ilford-Zenith, 2. Agfa Blau Rapid. Belichtungszeit: 1. 185 s, 2. 45 s. Nachw.-Grenze: 1. 0,3 ppm, Reproduzierbarkeit ± 10%, 2. Keine Angaben. Bemerkungen: Bei der Best. von B wird folgende Dosiereinrichtung verwendet: Motor 220 V bewegt einen Dosierteller mit 25 Öffnungen je 3 mm Ø u. 2 mm Tiefe. Gesamtfüllung 200 mg Pulvergemisch. 1 Umdrehung/185 s. Für die U-Best. wird kein Dosierer verwendet. Die pulverförmigen Proben können mit oder ohne Graphitzusatz (Erz: Graphit = 1:3) untersucht werden. Der Graphit muß zuvor getrocknet werden. Auch $SiO_2$-Zusatz wirkt in Spezialfällen günstig. Die Schütt-Meth. läßt sich zur Unters. auch von in Graphitpulver aufgesaugten Lsgg., bes. zum Spuren-Nachw., verwenden. J. Kuschel. 5063□

**Die Glimmentladung in der spektrochemischen Analyse von Lösungen.** 1. Mitt. **Kathoden-Vorgänge.** Z. Sternberg. (Rev. univ. Mines, Métallurgie, Mécan., Trav. publ., Sci. Arts appl. Ind. [9] **15** (**102**). 337—39. Mai 1959. Zagreb, Inst. „Rudjer Boskovic". ) (Engl.)

Vf. bespricht die verschiedenen Faktoren, welche die Genauigkeit von spektrochem. Analysen beeinflussen, die durch Benutzung der Entladung zwischen der Oberfläche einer wss. Lsg. u. einer Metallelektrode bei der quant. Best. von Metallionen in wss. Lsg. erzielt wird. Diese Faktoren sind: Zersprühen der Kathode (wss. Lsg.), elektr. Leitfähigkeit der Lsg., Konz. an Metallionen in der Lsg., Wärme-Entw. unter Strom-Einfl., chem. Vorgänge an der Kathode. Als Ergebnis dieser Überlegungen wird eine vom Vf. entwickelte Spektralquelle beschrieben. Die Analysen-Lsg. wird dabei mit konst., über einen Dosiermotor regulierbarer Geschw. an die Funkenstrecke transportiert. Zum Erreichen günstiger Arbeitsbedingungen wird die Analysen-Lsg. schneller an die Funkenstrecke nachgeliefert als sie verbraucht wird. Dadurch wird die an der Kathode entwickelte Wärme z. T. durch die überschüssige Lsg. abgeführt, die Gleichgewichts-Temp. stellt sich schnell ein, u. die Oberflächen-Temp. der Lsg. kann beträchtlich unterhalb der Siede-Temp. gehalten werden. Durchschnittsgenauigkeit 4,5%. Verbrauch an Analysen-Lsg. 3—20 ml, je nach Konz. der gesuchten Elemente. Um die elektr. Leitfähigkeit bis zu einem gewissen Grade konst. zu halten, werden die Analysen-Lsgg. 0,1n an HCl gemacht. J. KUSCHEL. 5063☐

**Die Glimmentladung in der spektrochemischen Analyse von Lösungen.** 2. Mitt. **Vorgänge in der positiven Kolonne.** Z. Sternberg und M. Kajzer. (Rev. univ. Mines, Métallurgie, Mécan., Trav. publ., Sci. Art sappl. Ind. [9] **15** (**102**). 339—41. Mai 1959.) (Engl.) — 1. vgl. vorst. Referat.

Beschreibung des Erscheinungsbildes u. der allg. Eigg. der Kolonne für den Fall der Verw. wss. Lsgg. als Kathode. Zur Best. der Entladungs-Temp. wurde unter Verw. von 0,2 bzw. 0,5n NaCl-Lsgg. als Kathode die Intensität der Na-Linie bestimmt u. daraus die Entladungs-Temp. berechnet: Für 0,5n NaCl-Lsg. ca. 3700° K, für 0,2n NaCl-Lsg. ca. 3450° K. Aus der Abhängigkeit der Entladungsspannung von der Salz-Konz. ergeben sich Gas-Temp. von ca. 3000° K für 0,5n NaCl-Lsgg. bzw. von ca. 2200° K für 0,2n NaCl-Lösungen. Die Entladungsbedingungen in der Kolonne wurden mit Cu als thermometr. Element bestimmt. Aus dem Verlauf der Kurven relative Intensitäten der Cu-Linien gegen Konz. der Lsg. an Fremdsalzen ergeben sich für Ca, Sr, Li ansteigende Kurven, für Ba u. Na (alle als Chloride) bei bestimmten Konzz. dieser Salze dagegen Maxima, während die Kurve bei Ggw. von HCl stetig ansteigt. Aus den Vers.-Ergebnissen schließen Vff., daß ein enger Zusammenhang zwischen OH- u. H-Population einerseits u. der Cu-Anregung bestehen muß. Für das Verh. der Intensitäten der Cu-Linien geben Vff. folgende Erklärungen: Mit steigender Salz-Konz. steigt die Gas-Temp. ständig, wobei CuH, CuCl u. CuOH dissoziieren. Aus dem hieraus resultierenden Ansteigen der Population an Cu-Atomen u. dem Ansteigen des Plasma-Gas-Temp. ergibt sich eine Zunahme der Intensität der Cu-Resonanzlinien, wodurch sich der Kurvenverlauf für die Fälle der Anwesenheit von Li, Ca, Sr, H erklären läßt. Das Absinken der Cu-Linien-Intensität nach Erreichen eines Maximums bei Anwesenheit steigender Na- u. Ba-Mengen wird mit der gleichzeitig gehemmten Dissoziation des W., die trotz steigender Temp. eintritt, erklärt. Hierdurch stehen weniger OH-, H- u. O-Bruchstücke zur Verfügung, was wiederum zu weniger Zusammenstößen dieser Bruchstücke mit Cu-Atomen führt, die bei diesen Zusammenstößen angeregt werden: Die Intensität der Cu-Linie fällt ab. Es ergibt sich, daß es, um Stör-Einfl. zu vermeiden, notwendig ist, bei Analysen innere Standards zu verwenden. Die Zugabe von HCl zu den Lsgg. erhöht die Empfindlichkeit der Methode. Sie wirkt außerdem bis zu einem gewissen Grade dem Temp.-Wechsel des Plasmas bei wechselnden Salz-Konzz. entgegen. J. KUSCHEL. 5063☐

**Ein einfaches transportables Metallspektroskop.** H. Moritz. (Rev. univ. Mines, Métallurgie, Mécan., Trav. publ., Sci. Arts appl. Ind. [9] **15** (**102**). 323—25. Mai 1959. Leipzig, Zentralinst. für Gießereitechn.) (Dt.) — Vgl. C. **1961.** 12941.

Das beschriebene Gerät ist unter dem Gesichtspunkt größtmöglicher Einfachheit u. Billigkeit entwickelt worden u. für Betriebsaufgaben gedacht derart, daß es eine angenäherte Best. des Geh. der wichtigsten Leg.-Bestandteile gestattet. Mit ausreichender Genauigkeit lassen sich Cr, Cu, Mn, Mo, Ti, V bestimmen. Schlechter sind Al, Nb, Ta bestimmbar. Gerätebeschreibung: Leichtmetallgehäuse mit opt. u. elektr. Einbauten. Lichtquelle: W-Vibrationsgegenelektrode 3 mm Ø, über Transformator in 5 Stufen zwischen 25 u. 40 V, 50 Hz regelbar. Probekörper als andere Elektrode. Spektralbereich ca. 3950—6500 Å. Lineare Dispersion bei 6000 Å 66 Å/Skt., bei 5000 Å 32 Å/Skt., bei 4000 Å 12 Å/Skt. Spaltbreite (konst.) 6 $\mu$. Zusätzliche Halte-Vorr. gestatten es, Probekörper verschiedener Formen zwischen 1—80 mm Ø zu prüfen. J. KUSCHEL. 5063☐

**Spektroskopie mit Zeit-Dehnung unter Verwendung von elektronischen Lichtquellen großer Präzision.** Á. Bardócz. (Rev. univ. Mines, Métallurgie, Mécan., Trav. publ., Sci. Arts appl. Ind. [9] **15** (**102**). 344—50. Mai 1959. Budapest, Hungary, Hungarian Acad. of Sci., Centr. Res. Inst. of Phys., Dep. of Spectroscopy.) (Engl.) — Vgl. C. **1960.** 12096.

Unter Verw. einer kurz beschriebenen Anordnung zur Erzeugung eines nach der Zeit aufgelösten Funkenspektrums mittels einer durch Elektronenröhren u. ein Thyratron gesteuerten Entladung eines Kondensators, werden die an den so erhaltenen Spektren beobachteten Erscheinungen diskutiert. Bes. wird auf die Erscheinung der Wellenlängenänderung sowie auf die Feldstärke u. die Ionen-Konz. u. deren Beziehungen untereinander als Zeitfunktion eingegangen. Außerdem wird die Selbstabsorption von Spektrallinien behandelt. J. KUSCHEL. 5063☐

**Elektronischer Zeitschalter für Spektrometer mit Direktablesung unter Verwendung eines hochohmigen Integriersystems.** A. Strasheim und W. W. Schroeder. (Rev. univ. Mines, Métallurgie, Mécan., Trav. publ., Sci. Arts appl. Ind. [9] **15** (**102**). 331—36. Mai 1959. Pretoria, South Africa, Nat. Phys. Res. Labor., Council for Sci. and Ind. Res.) (Engl.)

Es werden Spektren von Al- u. Pb-Funken zeitabhängig untersucht. Hierzu wird eine Einrichtung zur zeitabhängigen Desensibilisierung der zur Unters. der Spektren verwendeten Photovervielfacher beschrieben. Dabei ergibt sich u. a.: Die Linien des Bogenspektrums sind nicht in Phase mit denen des Funkenspektrums bzw. dem Untergrund. Die Spektren können eine höhere überlagerte Frequenz besitzen, wobei die Überlagerungsfrequenzen bei niedrigen Induktionswerten intensiver sind. Vor dem ersten Verlöschen des Funkens wird relativ intensives Licht ausgestrahlt. Zeitlich aufgelöste Al-Spektren zeigen mehr Einzelheiten als entsprechende Pb-Spektren. Die elektr. Entladungsfrequenz kann aus dem Spektrum berechnet werden. Die Unters. mit dem Drehspiegel ergibt niedrigere Frequenzwerte als diejenige mit Oscilloskop bzw. Wellenmesser. Infolge unterschiedlicher Spannungsbedingungen treten Unterschiede beim Auslösen des Zeitmechanismus auf, wenn man den Feussner-Funken bzw. den Präzisionsfunken als Strahlungsquelle verwendet. J. Kuschel. 5063□

**Servo-Kontrollvorrichtung zur Überwachung der Lage von Spektrallinien als Teil einer Einrichtung zur Direktablesung eines Spektrographen mit photographischer Registrierung.** J. L. Saunderson und W. B. Ferguson. (Rev. univ. Mines, Métallurgie, Mécan., Trav. publ., Sci. Arts appl. Ind. [9] **15** (**102**). 325—28. Mai 1959. Cambridge, Mass.; Amsterdam, Holland, Bairol-Atom., Inc.) (Engl.)

Es werden zwei Zusatzgeräte für Spektrographen beschrieben. Das eine dieser Geräte gestattet es, daß die Lage der Spektrallinien im Verhältnis zum Austrittsspalt innerhalb einiger $\mu$ konst. bleibt, so daß Temp.- u. Druck-Einfl. sowie Vibrationen größtenteils kompensiert werden. Prinzip: Das Licht einer Hg-Lampe wird in den Eintrittsspalt reflektiert. Die Lampe besitzt zwei Brennstrecken, die abwechselnd im Rhythmus der Halbwellen des Netzwechselstromes brennen. Die Linie Hg 2536 Å jeder der Brennstrecken wird auf die Brennkurve gespiegelt, so daß während jeder Halbperiode des Netzwechselstromes ein Teilbild erscheint. Über den Austrittsspalt fallen die Teilbilder auf einen Photovervielfacher. Bei Verschiebungen eines der Teilbilder resultiert eine Wechselstromkomponente im Photostrom, die über einen phasenempfindlichen Verstärker einem Servomotor zugeführt wird. Dieser dreht eine planparallele Quarz-Reflektionsplatte derart, daß die an der Platte reflektierte Hg-Linie wieder in ihre alte Lage gebracht wird. Das zweite beschriebene Gerät gestattet es, mit Direktablesung zu arbeiten. Hierbei können 14 Spektrallinien über 14 Photozellen gleichzeitig untersucht werden, während außerdem je eine Photozelle für das oben beschriebene Stabilisierungsgerät bzw. für die Unters. der als innerer Standard verwendeten Spektrallinie dient.
J. Kuschel. 5063□

**Ein lichtstarker Spektrograph mit Quarzoptik.** Passereau. (Rev. univ. Mines, Métallurgie, Mécan., Trav. publ., Sci. Arts appl. Ind. [9] **15** (**102**). 357—58. Mai 1959. Paris.) (Franz.)

Beschreibung eines lichtstarken UV-Spektrographen mit einer Lichtstärke 1:3,5, 640 mm Brennweite u. 65 mm ∅ des Kollimator-Objektives, 2 Quarzprismen (Seitenlänge 75 mm), Kammerobjektiv-Brennweite 240 mm, bestehend aus 4 Quarzlinsen, deren erste mit 65 mm ∅. Das Gerät liefert ein planes Spektrum von 90 mm Länge zwischen 2100 u. 6500 Å mit Dispersionswerten zwischen 7 Å/mm bei 2150 Å u. 165 Å/mm bei 5000 Å. Die hohe Lichtstärke des Gerätes macht es bes. zur Unters. von Vorgängen, die mit geringer Strahlenintensität ablaufen, geeignet. J. Kuschel. 5063□

**Analytische-chemische Untersuchungen im ultravioletten Bereich der Spektren.** K. P. Stoljarow. (Acta chim. Acad. Sci. hung. **27**. 359—70. 1961. Leningrad, Univ., Inst. für Analyt. Chem.) (Russ.)

Durch eine Farbentransformations-Meth. werden vom Vf. die im UV-Bereich verlaufenden Farb-Rkk. ins Sichtbare übergeführt. Auf dieser Grundlage wird eine neue qual. analyt. Meth. entwickelt, die auch auf photometr. Verff. übertragen werden kann.
W. Hampel. 5063□

**Einige neue Ergebnisse über die spektrochemische Emissionsanalyse im fernen Ultraviolett.** J. Romand, G. Balloffet und B. Vodar. (Rev. univ. Mines, Métallurgie, Mécan., Trav. publ., Sci. Arts appl. Ind. [9] **15** (**102**). 353—56. Mai 1959. Bellevue, Labor. des Hautes Pressions, C.N.R.S.–D.E.F.A.) (Franz.)

Vff. untersuchen den Einfl. der Betriebsbedingungen, bes. der Größe der Kapazitäts- u. Selbstinduktionswerte für die Funkengeneratoren, auf die Intensität der Spektrallinien, wobei Stahl- u. Al-Elektroden verwendet werden. Stahlelektroden: Für die

Darst. der opt. Dichte der untersuchten Linien als Funktion des log der Kapazität ergeben sich bei ca. 0,5 μF optimale Verhältnisse (Intensitätsmaxima). Die Belichtungszeit ist allg. umgekehrt proportional dem Kapazitätswert. Aus den Unterss. über den Einfl. der Selbstinduktion ergibt sich, daß für 20 kV Betriebsspannung u. eine Kapazität von 2 μF ein Intensitätsmaximum bei Selbstinduktionswerten von 40 μH erreicht wird. Für jede Spektrallinie existiert ein optimaler Wert der Selbstinduktion. Es dürfte für eine gegebene Linie ein Energieoptimum existieren, dem ein Emissionsmaximum entspricht, dessen Größe von der minimal notwendigen Anregungsenergie für die betreffende Linie abhängt. Bei Erhöhung der Energie (Erhöhung der Spannung oder der Kapazität, oder Herabsetzen der Selbstinduktion) über diesen Wert hinaus, wird ein viel größerer Anteil der Energie dazu verbraucht, ein kontinuierliches Spektrum auszusenden, was auf Kosten der Intensität des Funkenspektrums geht. Daraus läßt sich folgern, daß es ungünstig ist, bei Verw. von Stahlelektroden eine zu hohe Anregungsenergie anzuwenden. Al-Elektroden: Das kontinuierliche Spektrum ist viel schwächer als bei Stahlelektroden. Die Kurven der Änderung der opt. Dichte der Spektrallinien als Funktion von Kapazität u. Selbstinduktion sind für S, P, N u. S Geraden, die mit steigender Kapazität bzw. sinkender Selbstinduktion ansteigen. Ausnahme: O-Dublett ändert sich wie bei Stahlelektroden beschrieben. Die Erzeugung eines kontinuierlichen Spektrums mit Al-Elektroden erscheint also schwierig. Um günstige Vers.-Bedingungen zu schaffen, verwenden Vff. eine zusätzliche Hilfselektrode zur Zündung des Funkens. Es lassen sich ferner Spuren-Geh. von Nichtmetallen (Vff. untersuchten S, P, C), die im Anodenmaterial vorhanden sind, bestimmen. Ferner deutet das Auftreten von O- u. N-Linien auf die Möglichkeit hin, im Anodenmaterial vorhandene Gase auf diesem Wege zu bestimmen.
J. Kuschel. 5063□

**Eine einfache Glaszelle variabler Schichtdicke für Spektrometrie im Sichtbaren, Ultravioletten und nahen Infrarot.** Ernest J. Breda und Esko V. Kotkas. (Analytic. Chem. **33.** 816. Mai 1961. Gibbstown, N. J., E. I. du Pont de Nemours & Co., Inc., Eastern Labor.) (Engl.)

Vff. beschreiben eine Küvette für variable Schichtdicken, die aus ineinander schiebbaren Rohren mit Quarzfenstern besteht u. die zur exakten Kompensation des Untergrundes bei spektrophotometr. Best. dient, ohne daß die Konz. der Unters.-Lsg. geändert zu werden braucht. G. Krien. 5063□

**Automatischer Probenwechsler für Routineinfrarotanalysen.** J. W. Cassels, E. G. Brame und C. E. Day. (Analytic. Chem. **33.** 813. Mai 1961. Wilmington, Del., E. I. du Pont de Nemours & Co., Polychem. Dep.) (Engl.)

Ein automat. Probenwechsler für Serienanalysen mit dem IR-Spektrophotometer Perkin-Elmer Modell 21 wird beschrieben. — 70 Proben können ohne Bedienung analysiert werden. G. Krien. 5063□

**Der Gebrauch von Infrarot-Bandenkonturen in der angewandten Spektroskopie.** Herman A. Szymanski. (Analytic. Chem. **33.** 815—16. Mai 1961. Buffalo, N.Y., Canisius Coll., Dep. of Chem.) (Engl.)

Vf. untersucht die IR-Banden zwischen 10 u. 15 μ von 32 *Äthylen*-Derivv. u. klassifiziert die Bandenkonturen in deutliche „Typ C"-Banden, Konturen mit noch drei deutlichen Ästen u. Bandenkonturen mit nur einem Maximum. Der Einfl. verschiedener Substituenten auf die Bandenkontur wird diskutiert. G. Krien. 5063□

**Analyse der Reproduzierbarkeit von Infrarotbandenintensitäten.** Herman A. Szymanski und David W. Teloh. (Analytic. Chem. **33.** 814—15. Mai 1961. Buffalo, N.Y., Canisius Coll., Dep. of Chem.) (Engl.)

Vff. untersuchen die Reproduzierbarkeit der Intensität von IR-Banden von $CS_2$ u. $CCl_4$ an verschiedenen Spektrophotometern u. finden, daß man bei Vgl. von Spektren, die mit verschiedenen Instrumenten aufgenommen wurden, einen konst. Instrumentenfaktor beim Beer-Bouguerschen Gesetz berücksichtigen muß. G. Krien. 5063□

**Kaliumbromidscheiben zur Aufnahme von Nujol-Mull-Proben.** Han Tai und A. L. Underwood. (Chemist-Analyst **47.** 104—05. Dez. 1958. Georgia, Atlanta, Emory Univ., Dep. of Chem.) (Engl.)

Vff. beschreiben eine sandwichartige Anordnung von KBr-Tabletten zur Aufnahme von Nujol-Mull, mit der Vergleichsaufnahmen von IR-Spektren möglich sind.
G. Krien. 5063□

**Infrarotspektrophotometrie: Eine Halbmikro-Preßform für rechteckige KBr-Tabletten.** Fredrik Möhl. (Acta chem. scand. **14.** 1221—22. 1960. Uppsala, Univ., Inst. of Med. Chem.; Gothenburg, Univ., Inst. of Med. Biochem.) (Engl.)

Vf. beschreibt Aufbau u. Herst. einer Preßform, mit der aus ca. 1 mg KBr u. 30 bis 40 μg Substanz rechteckige Tabletten von 2,5·0,3 mm² gepreßt werden. Das IR-Spektrum von *2-DL-Methyltetrakosansäure*, aufgenommen als Halbmikrotablette in Verbindung mit einer Mikrobeleuchtungseinrichtung, wird zusammen mit dem einer Tablette von 13 mm Durchmesser mitgeteilt. H. WAGNER. 5063□

**Preiswerte Ordinatenskalendehneinheit für das Infrarotspektrophotometer Perkin-Elmer Model 21.** D. F. Westneat. (Analytic. Chem. **33.** 812—13. Mai 1961. Wilmington, Del., E. I. du Pont de Nemours & Co., Polychem. Dep.) (Engl.)

Das Schaltbild einer Skalendehn-Vorr. wird mitgeteilt, mit der eine 50fache Dehnung des Spektrums des IR-Spektrophotometers PERKIN-ELMER Model 21 erreicht wird. Normales u. gedehntes Spektrum können nebeneinander aufgenommen werden. G. KRIEN. 5063□

**Mitteilung über eine Abwandlung des Beckman-DU-Flammenspektrophotometers.** A. L. Mathieu und N. Burtch. (Canad. J. Soil. Sci. **41.** 134—35. Febr. 1961. Edmonton, Alberta, Res. Council of Alberta; Univ. of Alberta, Electron. Maintenance Dep.) (Engl.)

Um die Genauigkeit der flammenphotometr. Best., bes. von Mg zu erhöhen, werden die Schwankungen des Zeigers am Amperemeter beruhigt. Zu diesem Zweck werden ein elektrolyt. Kondensator (6 V, 2000 $\mu$F) u. ein Schalter am Amperemeter angebracht. W. WESLY. 5063□

**Mitteilung über einen Preßluftrührer für das Beckman-DU-Flammenspektrophotometer.** A. L. Mathieu und J. A. Carson. (Canad. J. Soil Sci. **41.** 136—37. Febr. 1961. Edmonton, Alberta, Res. Council of Alberta; Canada Dep. of Agricult., Soil Surv.) (Engl.)

Zur Erzielung der nötigen Fl.-Homogenität in der Küvette des Flammenphotometers bei Zusatz von Puffer- oder anderen Lsgg. wird ein Preßluftrührer verwendet. W. WESLY. 5063□

**Eine einfache Durchflußzelle zur Anwendung mit dem Unicam-Spektrophotometer SP. 600.** C. J. Keattch und P. W. Wright. (Metallurgia [Manchester] **60.** 118. Sept. 1959. London, H. J. Enthoven and Sons Ltd.) (Engl.)

Beschreibung einer einfachen Spektrophotometer-Durchflußzelle u. ihrer Anwendung. W. WESLY. 5063□

**Die Anwendung von Cadmiumsulfid-Detektoren bei der Filterphotometrie.** G. A. Rost. (Analytic. Chem. **33.** 736—38. Mai 1961. Denver, Colo., Dow Chem. Co., Rocky Flats Plant, Qual. Control. and Analyt. Labor.) (Engl.)

Vf. beschreibt eine CdS-Photozelle u. deren Anwendung für photometr. Messungen. Die Schemazeichnung eines Durchflußfilterphotometers wird mitgeteilt, das bes. für Fernregistrierung u. Signal-Syst. unter Betriebsbedingungen geeignet ist. Als Anwendungsbeispiel wird $Pu^{3+}$ mit einer Genauigkeit von $\pm$ 2% analysiert. G. KRIEN. 5064□

**Bemerkung zur Titration der Gesamtalkalität und des organisch gebundenen Schwefelsäureanhydrids in sulfatierten Ölen.** R. I. Bragdon. (Chemist-Analyst **47.** 105. Dez. 1958. Somerville, Mass., Marden-Wild Corp.) (Engl.)

Bei acidimetr. Titrationen sulfatierter Öle ist der Endpunkt besser zu erkennen, wenn man 10 ml Isopropanol zugibt, um die wss. Schicht zu klären. G. KRIEN. 5066□

**Komplexometrische Titrationen mit Diäthylentriaminpentaessigsäure.** Erkki Wänninen. (Acta Acad. Aboensis, Math. Physica **21.** Nr. 17. 1—110. 1960. Åbo, Åbo Akad., Inst. of Inorg. and Analyt. Chem.) (Engl.)

Es wurden die Eigg. der Diäthylentriaminpentaessigsäure (DTPA) als komplexometr. Agens untersucht. Die pK der Säure u. die Stabilitäts-Konst. einiger ihrer Metallchelate in 0,1 m Lsg. bei 25° wurden bestimmt. DTPA bildet Komplexe mit Ba, Ca, Cd, Cu, Hg II, Li, Mg, Mn, Ni, Sr u. Zn, wobei höhere Werte der Stabilitäts-Konst. gefunden wurden als bei den korrespondierenden Komplexen, die aus den genannten Metallen u. EDTA gebildet wurden. Da das Anion der DTPA 8 Positionen im Koordinationsbereich eines Metallions besetzen kann, werden binucleare Komplexe gebildet, in welchen Metallion u. Reagens im Verhältnis 2:1 vertreten sind, die sich durch eine ungewöhnlich hohe Stabilität auszeichnen. Infolge der Tatsache, daß DTPA eine 5-basige Säure ist, führt die Zunahme der Acidität einer Metallsalz-Lsg. zu einer erheblichen Erniedrigung der „Bedingungs"-Konst. des Metallkomplexes, die für die Berechnung des Ganges u. des Äquivalenzpunktes der Titration benötigt wird. Die Schlußfolgerung ist, daß DTPA schon in schwach saurer Lsg. mit den meisten Metallionen schwächere Komplexe (als Metallionen mit EDTA) bildet. Es wurde eine Theorie der komplexometr. Titration entwickelt, in der die Bldg. binuclearer u. Heterokomplexe im Lauf der Titration berechnet wurde u. die auf dem Gebrauch der „Bedingungs"-Konst. basiert. Ein Nomogramm für die Best. dieser Konst. von Komplexen, die aus Metallionen u. EDTA gebildet wurden, ist angegeben. Mit Hilfe verschiedener Hilfsdiagramme u. diesem Nomogramm können auch die „Bedingungs"-Konst. von Metallkomplexen, die sich mit anderen komplexbildenden Mitteln, z. B. DTPA, bilden, bestimmt werden. Ein weiteres Nomogramm wurde angegeben aus dem man die Metallionen-Konz. am Äquivalenzpunkt u. den Titrationsfehler eines Metallions in Ggw. eines anderen berechnen kann. — Die Verss. zeigten, daß DTPA ein oftmals wirksameres komplexbildendes Reagens bei der Titration in alkal. Lsg. ist als EDTA. DTPA ist bes. geeignet für die Best. von $Ba^{2+}$ bzw. $SO_4^{2-}$ u. für die Titration von $Ce^{3+}$ in schwach saurer Lösung. Für die Titration des $Ce^{3+}$ ist DTPA sogar besser als EDTA. — 116 Literaturstellen. A. WITZMANN. 5066□

**Darstellung von stabilen Standard-Sulfatocerat-Lösungen.** Salvatore Carrano und Albert F. McGuinn. (Chemist-Analyst **47.** 103—04. Dez. 1958. Fairfield, Univ., Dep. of Chem.; Chestnu Hill, Boston Coll., Dep. of Chem.) (Engl.)

Man erhält eine stabile Sulfatocerat-Lsg. für Redoxtitrationen, wenn 290 ml konz. $H_2SO_4$ mit 700 g $(NH_4)_4Ce(SO_4)_4 \cdot 2\,H_2O$ angerührt u. nach 24 Std. Portionen von 250 ml W. bis zum Vol. von 3 Litern zugegeben werden. Nach dem Erwärmen auf 60° bis zur vollständigen Auflösung wird auf 10 Liter aufgefüllt. G. KRIEN. 5070□

**Der analytische Gebrauch von Diarylborsäuren und speziell von Tetraphenyldiboroxyd.** Richard Neu. (Chemist-Analyst **47.** 106—09. Dez. 1958. Karlsruhe-Durlach, Arzneimittelfabrik Dr. W. Schwabe GmbH.) (Engl.)

Zusammenfassung der analyt. Anwendung von Diarylborsäuren mit 24 Literaturzitaten. Die Darst. von *Tetraphenyldiboroxyd* u. von *2-Aminoäthyldiphenylborat* sowie Nachw. von *Hydroxyphenylbenzo-δ-pyronen, Cholin, Onium*-Verbb. u. *oberflächenakt.* Stoffen werden beschrieben, außerdem die gravimetr. Best. von *8-Hydroxychinolin* sowie die photometr. u. fluorometr. Best. von *Flavonen.* G. KRIEN. 5072□

**Calorimeter mit fallendem Kolben.** 1. Mitt. **Prinzip, Konstruktion, Eichung.** D. Leskovšek. (Vestnik Sloven. kem. društva **5.** 81—87. Juli/Dez. 1958. Ljubljana, Univ., Inst. za fiz. kem.) (Slowen.)

Bei dem beschriebenen Differenzcalorimeter wird die Wärme durch die Fallbewegung eines Kolbens im Calorimeterrohr zugeführt. Rohr, Kolben u. Widerstandsthermometer bestehen aus Cu. Die Differenz der potentiellen Energien ($m \cdot g \cdot \Delta h$) wird direkt in Wärme umgesetzt. Die Eichung erfolgt mit 3 Temp.-Fixpunkten: Eispunkt, Umwandlungs-Temp. von $Na_2SO_4 \cdot 10\,H_2O$ (**I**; 32,383°) u. **I** + $NaNO_3$ (13,154°). Die Temp.-Empfindlichkeit beträgt $10^{-3}$ Grad, die calor. Empfindlichkeit 3 Ws, die relative Genauigkeit ±0,2%. R. K. MÜLLER. 5084□

**Calorimeter mit fallendem Kolben.** 2. Mitt. **Messungen der spezifischen Wärmen von Lösungen.** D. Leskovšek. (Vestnik Sloven. kem. društva **5.** 89—91. Juli/Dez. 1958.) (Slowen.) — 1. vgl. vorst. Referat.

Bei der Messung der spezif. Wärme von Lsgg. mit dem Fallkolben-Calorimeter wird in einem Calorimeterrohr die Lsg., im anderen das reine Lsgm. erwärmt. Aus der Temp.-Differenz u. der spezif. Wärme je Vol.-Einheit des Lsgm. wird die spezif. Wärme der Lsg. ermittelt. Als Beispiele werden wss. Lsgg. von $Cu(NO_3)_2$ u. $CuSO_4$ behandelt. R. K. MÜLLER. 5084□

**Einfache Apparatur zur Analyse von Spurenverunreinigungen in Gasen. Bestimmung von Sauerstoff in einem Inertgas und der höheren Stickstoffoxyde in Stickoxydul.** G. Séris, Vernotte, Klein und Clave. (Chim. analytique **42.** 200—02. April 1960. Labor. de Rech. de la Soc. „l'Air Liquide".) (Franz.) — C. **1961.** 4824.

Vff. beschreiben den Aufbau u. die Wirkungsweise einer einfachen Anordnung, in der die Spurenverunreinigungen photocolorimetr. bestimmt werden. Die Best. von $O_2$ geschieht mit einer ammoniakal. Lsg. von β-Anthrachinonsulfonsäure u. die der höheren Stickstoffoxyde (NO, $NO_2$) mit dem GRIESSschen Reagens (essigsaure Lsg. von α-Naphthylamin u. Sulfanilsäure). Untere Nachw.-Grenze 1 ppm. G. GUNZLER. 5086□

**Bestimmung von Wasserstoff in gasförmigen Mischungen durch Gaschromatographie.** P. J. Kipping. (Nature [London] **191.** 270—71. 15/7. 1961. Stevenage, Herts., Warren Spring Labor.) (Engl.)

Vf. weist daraufhin, daß die bei der Gasadsorptionschromatographie übliche Dämpfung des Signals der Katharometerbrücke oft zu verhältnismäßig großen Fehlern (z. B. ca. 0,5%) führt. Es wird vorgeschlagen, die Verkleinerung des Brückensignals durch Anwendung einer genau festgelegten Gegen-EMK durchzuführen. Verwendet man den 15 mV-Bereich für vollen Skalenausschlag eines konventionellen Gerätes für die Registrierung, so wird für ein Gasgemisch mit 40% $H_2$ eine effektive Gegen-EMK von 105 mV benötigt, um eine geeignete Bande auf dem Chromatogramm zu erhalten. Man legt eine EMK von 21 mV an die als Dämpfungsglied wirkende Potentiometerkette gegen das zum Schreiber laufende Signal an. Dieser registriert dann über ein Signal von 10 mV entsprechend einem Ausschlag von 186,4 mm. Ein Fehler von 1 mm führt dann zu einer Ungenauigkeit des Brückensignals von nur 0,05%. P. FRENZEL. 5086□

**Trennung von Wasserstoff, Wasserstoffdeuterid und Deuterium durch Gaschromatographie.** Hilton F. Smith und Paul Hunt. (J. physic. Chem. **64.** 383—84. März 1960. Tennessee, Univ., Chem. Dep.) (Engl.) — Vgl. C. **1960.** 10125.

Kurze Mitt. über die gaschromatograph. Trennung von $H_2$, $HD$ u. $D_2$ an teilweise durch W. deaktivierten $Cr_2O_3$–$Al_2O_3$-Säulen bei 77° K mit *Ne* als Trägergas. Die Mischung dieser Isotope kann quant. mit 0,5—1,0% Standardabweichung getrennt werden. G. Krien. 5086□

**Ein modifiziertes Tritiumgas-Zählverfahren.** J. L. Garnett, W. K. Hannan und S. W. Law. (Analytica chim. Acta [Amsterdam] **25.** 170—75. Aug. 1961. Sydney, Univ. of New South Wales, Dep. of Phys. Chem.) (Engl.)

Die von Wilzbach u. Mitarbeitern angegebene Einstufen-Meth. zur T-Best. (Science [Washington] **118.** [1953.] 522) wurde wegen der auftretenden Schwierigkeit, mit den verfügbaren Katalysatoren einwandfreie Ergebnisse zu erhalten, überprüft. Besondere Berücksichtigung fanden die Faktoren, die die Überführung von organ. gebundenem T in gasförmiges T beeinflussen. Diese Faktoren sind: Die Oberflächengröße des Red.-Mittels, die Zers.-Temp., die Adsorption des entwickelten Gases an der Katalysatoroberfläche, die Temp.-Abhängigkeit der Diffusion des Gases durch die Glaswände des Verbrennungsgefäßes, die Katalysator- u. die Probenmenge. Aus den Ergebnissen der Unterss. ergibt sich als günstigstes Verf. mit einer Reproduzierbarkeit von 0,5%: 0,2 g Zn-Staub u. 0,04 g NiO-Puder pro mg Substanz werden mit 5—10 mg W. als Träger in ein Rk.-Gefäß aus Pyrexglas gegeben, das Gefäß wird evakuiert, abgeschmolzen u. 1 Std. lang auf 640 ± 10° erhitzt. Für *Anthranilsäure, Benzoesäure, Cholesterol, 2.4.6-Tribromanilin, 3.5-Dibromanthranilsäure, 5-Bromanthranilsäure, Myoinosit, Phthalsäure, Octanol* u. *Octylphthalat* ergaben sich mit dieser Meth. gute Tritiumanalysenwerte. W. Hein. 5086□

**Die Mathematik der nur auf einer Verbrennung beruhenden Gasanalyse.** J. H. Robertson. (Analytic. Chem. **32.** 728—29. Mai 1960. Knoxville, Tenn., Univ. of Tennessee, Dep. of Chem.) (Engl.)

Vf. behandelt mathemat. die Verbrennungs-Meth. der Gasanalyse von einfachen KW-stoffen in Abwesenheit von $N_2$ u. in Ggw. von $N_2$ u. N-haltigen Verbb., die nur auf einer Verbrennung ohne nachfolgende Absorption beruht, u. stellt 4 Regeln zur Klassifizierung auf, die einfacher als die von de Voldex u. de Senet [1910] formulierten sind. U. Skurnia. 5086□

**Massenspektren von aromatischen Kohlenwasserstoffen, die aus rauchiger Luft filtriert wurden.** Fred L. Mohler, Paul Bradt und Vernon H. Dibeler. (J. Res. nat. Bur. Standards **60.** 615—18. Juni 1958. Washington, D.C., Dep. of Health, Educat. and Welfare.) (Engl.)

Filterrückstände aus zwei Industrieluftproben werden nach zwei Meth. massenspektroskop. untersucht. Einmal werden die Proben stufenweise bei Temp. von 60 bis 300° in das Spektrometer verdampft. Die Spektren ändern sich entsprechend den Temperaturen. Andererseits wird die gesamte Probe verdampft in den Spektrographen gegeben. Die Spektren der aromat. Fraktionen zeigen scharf definierte Aufteilung, wobei die Mol.-Ionen kondensierter Ring-Syst. dominieren. Es wird versucht, Verbb. mit 3—7 kondensierten Ringen zu identifizieren. Das Spektrum des Reservoirspektrometers wurde mit Ionisationsspannungen von 70 u. 10 V aufgenommen. Unter den nachgewiesenen möglichen KW-Stoffen befinden sich Carcinogene. G. Krien. 5088□

## a) Elemente und anorganische Verbindungen

**Versuche zur fraktionierten Extraktion von Kationen und Anionen.** Ewald Jackwerth und Hermann Specker. (Z. analyt. Chem. **177.** 327—33. 1960. Dortmund-Aplerbeck, Inst. für Spektrochem. u. angewandte Spektroskopie; Münster, Westfäl. Wilhelms-Univ.) (Dt.)

Durch sukzessive Zugabe von Jodid zu einer schwach sauren Lsg. von $Hg^{2+}$, $Bi^{3+}$, $Cd^{2+}$, $In^{3+}$ u. $Zn^{2+}$ ist es möglich, diese Elemente in angegebener Reihenfolge als einfach negativ geladene Jodokomplexe mit Tributylphosphat (I) oder Cyclohexanon fraktioniert zu extrahieren. Die Analyse der einzelnen Phasen kann röntgenfluorescenzspektroskop. erfolgen. Umgekehrt können die Anionen $J^-$, $Br^-$ u. $Cl^-$ mit einer Lsg. von $HgJ_2$ in I fraktioniert ausgeschüttelt werden. Durch konduktometr. Titration lassen sich die Trihalogenomercurate $HgJ_3^-$, $HgJ_2Br^-$ u. $HgJ_2Cl^-$ nacheinander bestimmen. E. Faulhaber. 5106□

**Eine Tüpfelprobe auf Chlorid.** Eugene Phillips. (Chemist-Analyst **47.** 102. Dez. 1958. El Segundo, Calif., Douglas Aircraft Co., Inc.) (Engl.)

Wird mit $AgNO_3$ imprägniertes, noch feuchtes Papier mit einer Cl′- oder Br′-haltigen Lsg. versetzt u. mit UV-Licht bestrahlt, so zeigen sich dunkle Flecken. G. Krien. G 247□

**Bestimmung von elementarem Schwefel in nichtwässerigem Medium.** L. Erdey, O. Gimesi und Gy. Rády. (Acta chim. Acad. Sci. hung. **28.** 179—85. **1961.** Budapest, TU, Inst. für Allg. Chem.) (Dt.)

Es wird ein Verf. zur Best. von S in nichtwss. Medium beschrieben. Der S wird in Bzl./Aceton (4:1) gelöst u. mit 0,1 mol. isopropylalkohol. KCN-Lsg. titriert. Gleichzeitig wird ein neues Verf. zur Cyanid-Best. mit Hilfe einer S-Maß-Lsg. ausgearbeitet. Nach dem letzteren Prinzip gelingt auch die Best. von Se. W. HAMPEL. G 253□

**Die Bestimmung von Schwefelsäure neben anorganischen und organischen Säuren durch potentiometrische Titration in Methanol.** Wolfgang Stuck. (Z. analyt. Chem. **177.** 338—44. 1960. Uerdingen, Farbenfabrik Bayer AG, Analyt. Labor.) (Dt.)

Mittels einer Titer-Lsg. von *Cyclohexylamin* (I) in Methanol (II) ist es möglich, $H_2SO_4$ neben Sulfonsäuren, Carbonsäuren u. anderen Mineralsäuren zu bestimmen. Die Titration erfolgt potentiometr. in reinem **II**, das bis 5% $H_2O$ enthalten darf. Der Endpunkt wird entsprechend den beiden Dissoziationsstufen von $H_2SO_4$ durch 2 Potentialsprünge angezeigt. — Sulfathaltige Salzmischungen werden in wss.-methanol. Lsg. mit Hilfe eines Kationenaustauschers in $H_2SO_4$ übergeführt u. mit **I** titriert. In **II** lösl. Sulfate organ. u. anorgan. Basen lassen sich mit $HClO_4$-Maß-Lsg. potentiometr. bis zur $HSO_4^-$-Stufe titrieren. E. FAULHABER. G 253□

**Oxydation von Polythionaten mit Chloramin-T.** K. Sharada und A. R. Vasudeva Murthy. (Z. analyt. Chem. **177.** 401—03. **1960.** Bangalore, Indian Inst. of Sci., Dep. of Inorgan. and Phys. Chem.) (Engl.)

*S* in Alkalipolythionaten läßt sich in 2n Essigsäure mit einem Überschuß an 0,1n *Chloramin-T* (I)-Lsg. quant. zu $H_2SO_4$ oxydieren. Hepta- u. Octathionate werden erst durch Erwärmen der Lsg. auf 45—50° vollständig oxydiert. Der Überschuß von I wird nach Zusatz von KJ mit 0,1n $Na_2S_2O_3$-Lsg. zurückgemessen.

E. FAULHABER. G 253□

**Radiochemische Bestimmung von Polythionaten.** Nils-Herman Schöön. (Acta chem. scand. **14.** 2009—20. 1960. Göteborg, Chalmers Tekn. Högskola, Dep. of Engng. Chem.) (Engl.) — Vgl. C. **1960.** 3649.

Zur Best. von Polythionaten nach der AgSCN-Meth. mit Hilfe der $SO_3^{2-}$-Rk. versetzt man 10 ml Probe-Lsg. mit 5 ml 0,4m $Na_2SO_3$-Lsg. u. nach 15 Min. Stehen mit 5 ml 0,5m HCOOH. $S_nO_6^{2-} + (n-3)SO_3^{2-} \rightarrow S_3O_6^{2-} + (n-3)S_2O_3^{2-}$. Man schüttelt 10 ml dieser Lsg. nach Zugabe von 10 ml AgSCN-Suspension mit 10—25 mg Ag-haltigem Nd. kräftig 15 Min. lang bei $20 \pm 1°$, filtriert, mißt die Aktivität von 10 ml des Filtrats u. korr. Hintergrundstrahlung u. radioakt. Zerfall. Zur Best. mit Hilfe der $S^{2-}/SO_3^{2-}$-Rk. versetzt man 25 ml der Probe-Lsg. mit 5 ml 0,4m $Na_2SO_3$-Lsg. u. 5 ml 0,25m $Na_2S$-Lsg. u. erwärmt 15 Min. in sd. Wasser. $S_nO_6^{2-} + S^{2-} + (n-3)SO_3^{2-} \rightarrow (n-1) \cdot S_2O_3^{2-}$. Man fällt überschüssiges $S^{2-}$ mit 10 ml 0,35m frisch bereiteter $ZnCO_3$-Suspension, kühlt auf Zimmer-Temp. ab u. filtriert. Nach Zugabe von 10 ml 1m HCOOH verd. man auf 100 ml, versetzt 10 ml dieser Lsg. mit 10 ml einer AgSCN-Suspension u. bestimmt $S_2O_3^{2-}$ wie oben. Die Übereinstimmung beider Meth. ist gut. Zur Best. von Polythionaten nach der $^{35}S$-Meth. versetzt man 10—15 ml Probe-Lsg. mit ca. 5 ml 0,4m $Na_2SO_3$-Lsg. u. läßt 15 Min. lang stehen. Zur Umsetzung des dabei gebildeten $S_3O_6^{2-}$ fügt man 5 ml 0,25 m $Na_2{}^{35}S$-Lsg. hinzu ($^{35}S^{2-} + S_3O_6^{2-} \rightarrow {}^{35}S_2O_3^{2-} + S_2O_3^{2-}$), erwärmt 15 Min. lang im sd. Wasserbad, versetzt mit 10 ml frisch bereiteter 0,35m $ZnCO_3$-Suspension, kühlt u. filtriert. Dann versetzt man das Filtrat mit 5 ml 1m NaOH u. 10 ml 30%ig. $H_2O_2$, erwärmt 20 Min. lang im sd. Wasserbad, versetzt mit 15 ml 1m HCl u. tropfenweise unter Rühren mit einem Überschuß an heißer 0,2m $BaCl_2$-Lsg., kühlt, filtriert, wäscht mit A. u. Ae., trocknet bei 50° u. mißt die Aktivität u. das Gew. des Niederschlags. Man korr. wegen der Hintergrundstrahlung u. wegen des radioakt. Zerfalls durch Vgl. mit einer Standardprobe mit radioakt. $BaSO_4$. H. PLUSKAL. G 253□

**Titration von Calcium mit EDTA in Gegenwart von beschränkten Mengen Fluorid.** J. Mashall und L. Geyer. (Bull. Res. Council Israel, Sect. C **6 C.** 74—75. Nov. 1957. Haifa, Israel Mining Ind.) (Engl.)

Obwohl $F^-$ in höheren Konzz. als Markierungsmittel bei der Titration der Schwermetalle bekannt ist, ist trotzdem eine direkte Ca-Titration mit EDTA möglich, wenn bei 10 mg Ca nicht mehr als 20 mg $F^-$-Ionen bei einem Vol. von minimal 200 ml enthalten sind. Die Titration erfolgt mit einer 0,01m EDTA-Lsg., 0,01m an Zn-Chelat (bessere Endpunktserkennung), gegen Eriochromschwarz T bei pH 10.

G. PRETZSCHNER. G 283□

**Trennung von Quecksilber von anderen Metallen mit Ionenaustauschharzen.** Ivo Ubaldini und Salvatore Cassata. (Ann. Chimica **48.** 205—08. März 1958. Milano, Politecn., Ist. di Chim. ind.) (Ital.)

Man bestimmt das Hg-Kation durch Umwandlung in die Komplexe $HgCl_3^-$ u. $HgCl_4^{2-}$ mit HCl, absorbiert die anderen Metalle an einer mit Amberlite IR-120 beschickten Säule (A), wobei Hg quant. in Lsg. geht u. fällt dann als Sulfid. Durch Elution von A mit 2n HCl werden die anderen Metalle zurückgewonnen. Analyse von $Hg[Co(Cl)_4]$ (I): Man löst 0,5 g I in 10 ml $HNO_3$ (1:1) im Vakuum, verd. mit 70—80 ml W., rührt bis sich keine Stickstoffoxyde mehr entwickeln, oxydiert mit 5%ig. $KMnO_4$ im Überschuß, erhitzt zum Sieden, zerstört überschüssiges $KMnO_4$ mit $H_2O_2$, verd. auf 500 ml, versetzt mit 2—3 ml konz. HCl, führt die Lsg. in A ein u. eluiert mit 150 ml W., wobei Co u. Mn vom Harz absorbiert bleiben. Qual. Verss. mit $Sn^{4+}$, $Al^{3+}$, $Mn^{2+}$, $Ba^{2+}$, $Ca^{2+}$, $Mg^{2+}$, $Na^+$, $K^+$ u. $NH_4^+$ zeigen, daß mit dieser Meth. Hg vollständig von vorst. Ionen abgetrennt u. die Reinheit von Hg u. dessen Salzen ermittelt werden kann.
G. PLATZER. G 290□

**Die Bestimmung des Galliums mit Pyrrolidindithiocarbaminat.** W. Geilmann, H. Bode und E. Kunkel. (Z. analyt. Chem. **148.** 161—76. 1955. Mainz, Chem. Inst., Anorgan.-analyt. Abt.) (Dt.)

Die schwerlösl. Verb. von Ga mit Pyrrolidinthiocarbaminat (PDTC) eignet sich zur Ga-Best.; je nach der vorliegenden Ga-Menge wird das nephelometr. oder gravimetr. Verf. bevorzugt. Obwohl die PDTC-Fällung bzw. -Trübung stark pH-abhängig ist, weil sich unter pH 3 das Reagens zersetzt u. über pH 5 die Ga–PDTC-Verb. lösl. wird, ist die Meth. den sonst üblichen colorimetr. Verff. an Genauigkeit überlegen. Da Al kein Carbaminat bildet, können geringe Mengen Ga in Al bestimmt werden. Für diese speziellen Best., auch für die Ga-Best. in Mineralien, werden ausführliche Arbeitsanweisungen gegeben.
G. PANKOW. G 295□

**Komplexometrische Titration der Elemente der Seltenen Erden. Auflösung des Oxalates der Seltenen Erden in Äthylendiamintetraessigsäure und Rücktitration mit Magnesiumsulfat.** Seizo Misumi und Tomitsugu Taketatsu. (Bull. chem. Soc. Japan **32.** 873—76. Aug. 1959. Fukuoka, Kyushu Univ., Hakozaki, Fac. of Sci., Dep. of Chem.) (Engl.)

Vff. fällen aus saurer Lsg. die Lanthaniden als Oxalate, lösen den Nd. (1—5 mg) bei 60° in 5 ml 0,01m EDTA-Lsg. in Ggw. von 2 ml Puffer (1m $NH_4Cl$ u. 1m $NH_3$) u. titrieren den Überschuß von EDTA mit 0,01m $MgSO_4$-Lsg. gegen Eriochromschwarz T bei pH 10,2—10,5 zurück.
G. KRIEN. G 303□

**Colorimetrische Bestimmung von Cer mit Formaldoxim.** Z. Marczenko. (Acta chim. Acad. Sci. hung. **26.** 347—54. 1961. Varsovie, École Polytechn., Chaire de Chim. Analyt.) (Franz.)

Ce ergibt mit Formaldoxim in alkal. Lsg. gefärbte Komplexe, während die anderen Seltenen Erden, sowie Se, Y u. Th lösl., aber ungefärbte Komplexe ergeben. Der Rk.-Mechanismus von Ce u. Formaldoxim wird gedeutet.
W. HAMPEL. G 304□

**Die quantitative Spektralanalyse von Germanium und Indium in Erzen.** Jeana Buzincu und Maria Petrescu. (Rev. Métallurgie [Bucarest] **3.** Nr. 3. 109—18. 1958.) (Engl.) — Vgl. C. **1961.** 8409.
R. K. MÜLLER. G 326□

**Arsen(III)-oxyd, eine primäre Standardsubstanz für die jodometrische Bestimmung von Blei und Barium.** B. R. Sant. (Z. analyt. Chem. **148.** 176—78. 1955. Banaras, India, Baranas Hindu Univ., Dep. of Chem.) (Engl.)

Gemäß folgenden Rkk. können Pb u. Ba als Chromate gefällt u. anschließend jodometr. bestimmt werden: $4\,PbCrO_4 + 8\,HCl \rightarrow 4\,PbCl_2 + 4\,H_2CrO_4$; $4\,H_2CrO_4 + 12\,KJ + 24\,HCl \rightarrow 4\,CrCl_3 + 12\,KCl + 16\,H_2O + 6\,J_2$; $6\,J_2 + 3\,As_2O_3 \rightarrow 3\,As_2O_5 + 12\,HJ$.
G. PANKOW. G 328□

**Trennungsmöglichkeiten für Arsen, Molybdän und Wolfram durch Ionenaustauscher und Ionenaustauschermembranen.** Klaus Gärtner, Lothar Ebert und Erhard Taubig. (Acta chim. Acad. Sci. hung. **27.** 215—20. 1961. Merseburg, TH für Chem., Inst. für phys. Chem.) (Dt.)

Zur Feinreinigung von $WO_4^{2-}$-Lsgg. eignen sich mit Weinsäure als Komplexbildner beladene Anionenaustauscher, da sie As u. Mo gut zurückhalten. Thioglykolsäure als Komplexbildner erhöht die Bindung von As, gleichzeitig aber auch von W u. Mo. Erfolgreich verlaufene Verss. zur Elektrodialyse mit Kationenaustauschmembranen erlauben den Aufbau eines auch industriell einsetzbaren Trennverf., wenn genügend stabile Membranen verwendet werden.
W. HAMPEL. G 337□

**Trennung von Uran und Seltenen Erden aus Äthylendiamintetraessigsäurelösungen an Ionenaustauschharzen.** Irena Krawczyk. (Acta chim. Acad. Sci. hung. **27.** 269—77. 1961. Warszawa, Polish Acad. of Sci., Inst. of Nucl. Res., Dep. of Analyt. Chem.) (Engl.)

Es wird die Trennung von U u. Lanthaniden aus Äthylendiamintetraessigsäure-Lsg. durch quant. Adsorption des U an Amberlite IRC-50 in $Na^+$-Form beschrieben, da die Lanthanide als stabile Komplexe eluiert werden. W. HAMPEL. G 339□

**Untersuchungen über den Einfluß des Thoriums auf die Uranbestimmung mit Morin.** Sándor Orsós. (Nehézvegyipari Kutató Intézet Közleményei [Mitt. Forsch.-Inst. chem. Schwerind.] **1.** 321—24. Juni 1959. Veszprém, Nehézvegyipari Kut. Int.) (Ung.)

Die colorimetr. Best. von U mit Morin wird durch Th-Konzz. bis 100 μg/25 ml nicht gestört. Oberhalb dieser Konz. wirkt Th störend, da es nicht als lösl. Komplex maskierbar ist, sondern als koll. $Th(OH)_4$ ausfällt. N. SEILER. G 339□

**Über die polarographische Bestimmung des Urans in der Ascorbinsäuregrundlösung.** Jerzy Minczewski und Aleksandra Sobkowska. (Acta chim. Acad. Sci. hung. **27.** 143—53. 1961. Warschau, Poln. Akad. der Wiss., Inst. für Kernforsch.) (Dt.)

Es wird die polarograph. Welle von $UO_2^{2+}$ u. $VO^{2+}$ in Ascorbinsäure (I) u. $HClO_4$ in verschiedenen pH-Bereichen geprüft. Während die $UO_2^{2+}$-Welle in beiden Lsgg. reversibel ist u. somit die quant. Best. von U gestattet, ist die $VO^{2+}$-Welle in beiden Lsgg. irreversibel. Die $UO_2$-Red.-Welle erhöht sich in Ggw. von $VO^{2+}$-Ionen im pH-Bereich 3—5 in I, weil unter solchen Umständen die $VO^{2+}$-Ionen in der Nähe des $UO_2^{2+}$-Abscheidungspotentials eine kleine Welle bilden. Bei pH ca. 10 können die $UO_2^{2+}$-Ionen auch bei 5fachem Überschuß an $VO^{2+}$ mit 4% Maximalfehler bestimmt werden. W. HAMPEL. G 339□

**Über die Rolle der Dehydroascorbinsäure bei der polarographischen Bestimmung von Uran(VI) in einer l-ascorbinsauren Grundlösung.** Ervin Pálfi und Béla Hadobás. (Acta chim. Acad. Sci. hung. **27.** 155—62. 1961. Pécs.) (Dt.)

Vff. untersuchen den Einfl. von Dehydroascorbinsäure (I) bei der polarograph. Best. von U(VI) in *l*-ascorbinsauren Grundlösungen. Bei Ggw. von I, die durch reduzierende Kationen gebildet wird, entsteht bei der Auswertung ein negativer Fehler, der durch Zugabe eines großen Fe(III)-Überschusses kompensiert werden kann. W. HAMPEL. G 339□

**Anwendung der Rechteckwellenpolarographie zur Überwachung des Urangehaltes von Lösungen in Urananlagen.** E. Goldblatt. (J. South African Inst. Mining Metallurgy **60.** 292—95. Jan. 1960.) (Engl.)

Diskussion zu der C. **1960.** 14131 referierten Arbeit. W. WESLY. G 339□

**Titrimetrische Bestimmung von Mangan nach Oxydation mit Salpetersäure in Gegenwart von Pyrophosphat.** C. Oliver Ingamells. (Talanta [London] **2.** 171—75. März 1959.) (Engl.)

Die *Mn(II)*-haltige Lsg. wird mit 85%ig. $H_3PO_4$ u. $HNO_3$ versetzt u. ohne erkennbares Sieden bis auf etwa das Vol. der zugesetzten $H_3PO_4$ eingedampft. Dann wird noch Na-Pyrophosphat zugesetzt u. so lange weiter erhitzt, bis keine $HNO_3$ mehr entweicht. Dann wird erneut konz. $HNO_3$ zugesetzt u. erhitzt. Die gekühlte, verd. Lsg. wird mit Fe(II)-Salz-Lsg. unter Verw. von Diphenylamin oder Diphenylaminsulfonat titriert. Der Indicator wird am besten erst zugesetzt, wenn die schwach rosa Farbe der Mn(III)-Lsg. fast verschwunden ist. Die Meth. ist für viele Stoffe (Stahl, Erze, Silicate) anwendbar. J. LANGER. G 350□

**Photometrische Bestimmung von Mangan in Stahl und Gußeisen.** J. E. Bolzan. (Chemist-Analyst **47.** 95—96. Dez. 1958. Remedios de Escalada, Argentina, Ferrocarril General Roca, Labor. Quím. Metalurg.) (Engl.)

Nach Lösen von 50 mg einer Stahl- oder Gußeisenprobe in 5 ml Mischsäure (300 ml konz. $H_2SO_4$ u. konz. $H_3PO_4$ 1:1 in 700 ml W.) wird die mit $HNO_3$ oxydierte Lsg. mit 2 ml 1%ig. $AgNO_3$- u. 2 ml gesätt. $(NH_4)_2S_2O_8$-Lsg. versetzt u. das gebildete $MnO_4^-$ mit einem Grünfilter colorimetriert. Nach Zusatz von 2 Tropfen $H_2O_2$ wird die Absorption der $MnO_4^-$-freien Lsg. als Blindwert gemessen. G. KRIEN. G 350□

**Polarographische Bestimmung von Nickel, Zink, Mangan und Eisen in Ferriten.** Wiktor Kemula und Stanislaw Rubel. (Acta chim. Acad. Sci. hung. **27.** 133—36. 1961. Warschau, Univ., Lehrstuhl für Anorg. Chem.) (Dt.)

Zur polarograph. Best. von Ni, Zn, Mn u. ggf. Fe in Ferriten wird eine schnelle u. genügend genaue Meth. empfohlen, die zur Produktionskontrolle Anwendung finden kann. Die Meth. benutzt KCNS- bzw. Triäthanolamin-Lsgg. als Grund-Lsg. für die Best. von Ni u. Zn bzw. von Mn u. Fe. W. HAMPEL. G 356□

**Quantitative Analyse von in geringsten Konzentrationen vorkommenden Elementen. 1. Mitt. Bestimmung von Nickel und Kobalt in Böden.** A. Camuñas, E. Mingarro und A. Brú. (An. Real Soc. espan. Física Quím., Ser. A **56.** 121—24. Mai/Juni 1960. Madrid, Inst. de Optica „Daza de Valdés", Junta de Energ. nuclear, Labor. de Mineral.) (Span.)

Bei der geochem. Prospektierung auf Ni u. Co, die nach Unterss. in den Böden von Monasterio (Badajoz) zu 0,1—100 ppm metallogenet. zusammen mit U vorzukommen scheinen, genügt die Empfindlichkeit der spektrochem. Analyse infolge des allg. >1% gehenden Fe-Geh. der Böden, weil Fe die Emission der Ni-Linie 2416,1 stark herabdrückt, nicht außer für Ni- u. Co-Geh. $\geqq 20\,\gamma$/ml. Da es sich nicht um die Kenntnis des absol. Geh., sondern nur um dessen Schwankungen handelt, wird 1 g Bodenprobe bei 80° mit 2 ml 2n $HNO_3$ ausgelaugt, der danach noch 5 ml 2n $HNO_3$ u. später 5 ml HCl zugegeben werden; dabei gehen ca. 80% der Metalle in Lösung. Um 100% Auslaugung zu erreichen, schmilzt man 1 g Probe 2 Min. mit 2 g $NaHSO_4$ u. laugt die Schmelze auf dem Wasserbad mit HCl aus. Man trennt die Metalle durch aufsteigende Chromatographie mit Pyridin + W. (65:35) als beweglicher Phase, wobei andere Kationen ohne, aber die Anionen von starkem Einfl. sind. Am günstigsten ist die Chromatographie der Chloride. Die imprägnierten Papierstreifen werden mit warmer Luft u. $NH_3$-Dampf getrocknet, um der beweglichen Phase das W. möglichst zu entziehen u. die freien Anionen zu neutralisieren. Nach 15 Min. haben Ni u. Co eine Bande gebildet, die bis 1,5 cm über die Extraktionsfront aufgestiegen ist, während Fe mit brauner Farbe an der Front zurückgeblieben ist. Man schneidet die Ni + Co-Bande aus, trocknet u. verascht langsam durch IR-Bestrahlung, nimmt den Rückstand mit 0,05 ml 2n $HNO_3$, die außerdem 20 $\gamma$ Mo/ml enthält, auf u. bestimmt den Geh. spektrograph. nach dem Verf. von Gerlach u. Riedl (Z. anorg. allg. Chem. **221.** [1934.] 103) unter Benutzung von Pt-Elektroden, der Linien NiII 2416,1 u. CoII 2519,8 u. der Bezugslinie Mo 2636,7 u. von Eich-Lsgg. mit 0,001—20 $\gamma$ Ni(Co)/ml, wobei für die geringsten Konzz. die Seidel-Transformation angewandt werden muß. Der quadrat. Fehler liegt für die nichtchromatographierten Eich-Lsgg. zwischen $\pm 0,003$ u. 0,008, für die chromatographierten zwischen $\pm 0,009$ u. 0,02; die Gesamtfehler betragen $\pm 25$ (8)% für Konzz. von 1 (5) $\gamma$ Ni oder Co/$cm^3$ Bodenprobe. W. Metzener. G 356□

**Voltametrische Bestimmung von Kobalt und Nickel in Hartmagnetlegierungen.** R. D. DeMars. (Analytic. Chem. **33.** 342—44. März 1961. Yorktown Heights, N.Y., IBM Res. Center.) (Engl.)

Zur Best. von Co u. Ni wird ein voltametr. Verf. beschrieben. In der ca. 0,2m KCl u. Pyridin enthaltenden Grund-Lsg. wird zwischen einem hängenden Hg-Tropfen u. einer Pt-Blechanode elektrolysiert, wobei zur Aufzeichnung der Strom–Spannungs-Kurve der zwischen den genannten Arbeitselektroden fließende Strom in Abhängigkeit vom Potential zwischen Hg-Elektrode u. einer Kalomelbezugselektrode (gesätt.) gemessen wird. Spitzenpotentiale Ni —0,81 V; Co —1,10 V. E. Moisar. G 356□

**Titrimetrische Analyse von Weißmetallen.** L. J. Ottendorfer. (Chemist-Analyst **47.** 96 u. 101. Dez. 1958. Vienna, Univ. of Techn., Inst. of Inorg. and Analyt. Chem.) (Engl.)

Vf. bestimmt durch bromatometr. u. komplexometr. Titration *Sb, Sn, Pb* u. *Cu* in Weißmetallen. Eine Probe von 0,5 g wird in 10 ml HCl u. 2 ml $HNO_3$ gelöst, mit 25 ml 4%ig. KCl-Lsg. u. 25 ml 0,2m Äthylendiamintetraessigsäure (ETDA) versetzt u. auf 250 ml aufgefüllt. Zur Best. von Sn u. Pb werden 25 ml dieser Lsg. mit gesätt. Thiourea-Lsg. bis zum Verschwinden der Blaufärbung, anschließend mit 15 ml 30%ig. Hexamethylentetramin-Lsg. u. mit einigen Tropfen 2%ig. Xylenolorange-Lsg. versetzt. Mit 0,05m $Pb(NO_3)_2$-Lsg. wird der EDTA-Überschuß zurücktitriert. Nach Zugabe von 2 g NaF wird die frei gemachte EDTA mit der Pb-Lsg. erneut titriert u. so Sn bestimmt. Zur Best. der gesamten Sn-, Pb- u. Cu-Menge werden weitere 25 ml Metall-Lsg. analog ohne Thiourea-Zugabe titriert. Zur Sb-Best. wird eine neue Einwaage in $H_2SO_4$ gelöst u. bromatometr. titriert. G. Krien. G 358□

**Papierchromatographische und papierionophoretische Trennung der Platinelemente und des Goldes.** E. Blasius und M. Fischer. (Z. analyt. Chem. **177.** 412—20. 1960. Berlin, TU, Anorgan.-Chem. Inst.) (Dt.)

Die papierchromatograph. Trennung der 6 Pt-Elemente u. des Au gelingt am besten mit 2 verschiedenen Chromatogrammen. Die Elemente werden als Chlorokomplexe aufgetragen. Auf dem Chromatogramm mit Laufmittel A (70 Vol.-% n-Butanol, 30 Vol.-% 3,5n HCl) u. Papiersorte Schleicher & Schüll 2043a wird mit Thioharnstoff (I) *Ru* u. *Os* ,anschließend mit $SnCl_2$ u. NaJ *Rh, Pd, Pt* u. *Au* angefärbt. Auf dem mit Laufmittel B (25%ig. $NaNO_2$-Lsg.) entwickelten Chromatogramm wird durch Besprühen mit konz. HCl *Ir* nachgewiesen. Os wird mit **I**, Ru mit Ammoniumsulfid u. mit $SnCl_2$ ohne NaJ wird Rh, Pd u. Pt angefärbt. Laufmittel B bewirkt quant. Red. des

Ir, so daß es in einer scharfen Zone erscheint. Außerdem gestattet es wegen schneller Laufzeit eine rache Übersicht. Zum Nachw. geringer Mengen Ru neben viel Rh werden die Chloro- in die Nitritokomplexe übergeführt. Man chromatographiert mit Laufmittel C (60 Vol.-% A., 10 Vol.-% Isopropanol u. 30 Vol.-% 25%ig. $NaNO_2$-Lsg.). In Einzelfällen werden Nitrosochlorokomplexe getrennt. — Bei der papierionophoret. Trennung werden nur die Chlorokomplexe aufgetragen. Als Auftrags-Lsgg. haben sich folgende Elektrolyt-Lsgg. bewährt: 1. 0,29n an NaCl + 0,01n an HCl; pH 2,1; Ionophoresedauer 1 Std. bei 230 V. 2. 0,5n an HCl + 0,5n an Na-Acetat; pH 2,7; Ionophoresedauer 2 Std. bei 140 V. Es werden 2 Elektropherogramme angefertigt, auf denen die Probe-Lsg. an unterschiedlicher Stelle aufgetragen wird. Die Sichtbarmachung der Elemente geschieht ähnlich wie bei der papierchromatograph. Trennung.

E. Faulhaber. G 362□

**Die gravimetrische Bestimmung des Iridiums mit Phosphonium- und Arsoniumsalzen.** 9. Mitt. **Über Beiträge zur analytischen Chemie der Platinmetalle.** Rolf Neeb. (Z. analyt. Chem. **177.** 420—24. 1960. Mainz, Univ., Inst. für anorgan. u. Kernchem., Analyt. Abt.) (Dt.) — 8. vgl. C. **1961.** 12204.

Zur gravimetr. Best. von $Ir^{4+}$ wird *Benzyltriphenylphosphonium-* (I) u. *Tetraphenylarsoniumchlorid* (II) vorgeschlagen. Zur Fällung werden 0,04m Reagens-Lsgg. verwendet. Mit I wird in 0,2—0,5n HCl bei 50°, mit II in 0,5—1n HCl bei Raum-Temp. gefällt. Die Ndd. werden bei 110—130° getrocknet. Die Umrechnungsfaktoren betragen für die Fällung mit I 0,1734, mit II 0,1647. Es stören sämtliche Pt-Elemente.

E. Faulhaber. G 367□

## b) Organische Verbindungen

**Über sehr wirksame Rohrfüllungen zur C—H-Bestimmung.** Gerald Kainz und Heinz Horwatitsch. (Z. analyt. Chem. **177.** 321—27. 1960. Wien, Univ., Analyt. Inst.) (Dt.)

Die Oxydationsleistung von Rohrfüllungen zur C–H-Best. ist abhängig von der Oberfläche u. damit von der Korngröße der Oxydpräparate. Am wirksamsten sind durch Fällung hergestellte Oxyde, da sie auf ihrer Oberfläche einen größeren Teil der höheren Wertigkeitsstufe aufweisen als grobkörnige Präparate. Die Stabilität der höheren Oxydationsstufe wird durch $O_2$ als Spülgas verbessert, während $CO_2$ die Zers. zum niederen Oxyd fördert. Die Mindest-Temp. der gefällten Präpp. betragen bei einer Schichtlänge von 2,5 cm bei $Co_3O_4$ 345°, $MnO_2$ 410° u. CuO 445°. Dadurch ist es möglich, die Verbrennungs-Temp. zu senken u. die Strömungs-Geschw. des Spülgases zu erhöhen.

E. Faulhaber. 5352□

**Über die Oxydationsleistung von Mischpräparaten bei der C—H-Analyse.** Gerald Kainz und Heinz Horwatitsch. (Z. analyt. Chem. **177.** 344—52. 1960. Wien, Univ., Analyt. Inst.) (Dt.) — Vgl. vorst. Referat.

Es wird die Oxydationsleistung (OL) folgender Misch-Präpp. für die C–H-Best. in $O_2$-Atmosphäre untersucht: $Cr_2O_3$ auf grobem CuO, $Co_3O_4$ auf CuO, Ag auf CuO, $Co_3O_4$ auf Asbest u. Ag auf $MnO_2$ als Zers.-Prod. von $AgMnO_4$. Unterhalb 450° setzt sich die OL aus den Leistungen der Einzelkomponenten zusammen. Oberhalb 450° tritt meistens eine Festkörper-Rk. zwischen den einzelnen Komponenten des Mischpräp. ein. Dabei wird durch Bldg. unwirksamer Verbb. die OL stark vermindert, so daß es sich im Gegensatz zur Verbrennung in $CO_2$-Atmosphäre (N-Best.) nicht lohnt, Mischpräpp. bei der Verbrennung im $O_2$-Strom zu verwenden. Nur mit $Co_3O_4$ präpariertem CuO werden sehr gute Resultate erzielt. E. Faulhaber. 5352□

**Analyse von Glykolgemischen durch Ionenaustauschchromatographie.** Roger Sargent und Wm. Rieman III. (Analytica chim. Acta [Amsterdam] **16.** 144—48. Febr. 1957. New Brunswick, N.J., Rutgers Univ., Ralph G. Wright Chem. Labor.) (Engl.)

Vff. berichten über ein Verf. zur Trennung von *Diäthylen-*, *Äthylen-*, *1.2-Propylenglykol*, den meso- u. dl-Isomeren von *2.3-Butylenglykol* sowie von *Glycerin* mit Hilfe der Anionenaustauscherchromatographie. Nach der Trennung des Gemisches durch fraktioniertes Eluieren werden die isolierten Glykole mit $Cr_2O_7^{2-}$-Lsg. oxydiert u. nach Extinktionsmessung bei 610 mμ die Geh. mit Hilfe angegebener Gleichungen berechnet.

Gerhard Schulze. G 570□

**Eine Sprühmethode für den gleichzeitigen Nachweis von Jodid und jodierten Aminosäuren auf Filterpapier-Chromatogrammen.** A. Van Zyl und M. Bhaga. (Nature [London] **191.** 275—76. 15/7. 1961. Cape Town, Univ., Dep. of Physiol.) (Engl.)

Bei der papierchromatograph. Identifizierung von $J^-$ u. jodierten Protein-Derivv. sind oft geringe organ. u. anorgan. gebundene $J^-$-Mengen auf dem gleichen Chromatogramm zu lokalisieren. Zum gleichzeitigen Nachw. kann als Sprühmittel zunächst diazotierte Sulfanilsäure verwendet werden. Die entstehenden gräulichen oder rötlichbraunen (abhängig von der $J^-$-Konz.) Flecken zeigen $J^-$ an. Die Flecken beginnen nach ca. 30 Sek. zu verblassen u. sind nach ca. 2 Min. völlig verschwunden. Dieser Zeitraum reicht aber zur Markierung völlig aus. Solange das Papier noch feucht ist, wird es mit einer 5%ig. $Na_2CO_3$-Lsg. besprüht. Es erscheinen die rosa Flecken der Aminosäuren. Die sich entwickelnden $J_2$-Flecken beruhen auf der Oxydation von $J^-$ zu $J_2$ in Ggw. von $NaNO_2$, da eine Mischung von 1n HCl u. $NaNO_2$ genau wie Sulfanilsäure u. $NaNO_2$ ebenfalls mit $J^-$ eine positive Rk. gibt. Wird die $Na_2CO_3$-Lsg. vor der diazotierten Sulfanilsäure gesprüht, so wird die Säure neutralisiert u. die $J_2$-Flecken entwickeln sich nicht. Mit dieser Meth. können in ein- u. zweidimensionalen Chromatogrammen noch Mengen von 10 $\mu$g $J^-$ einwandfrei nachgewiesen werden. W. HEIN. G 950□

**Bestimmung von Lysin, Arginin und Histidin durch Hochtemperatur-Papierchromatographie.** Stanimir M. Sibalic und Nada V. Radej. (Analytic. Chem. **33.** 1223—24. Aug. 1961. Belgrade, Inst. of Hygiene, Dep. of Biochem.) (Engl.)

Vff. bestimmten die aus Caseinhydrolysaten stammenden bas. Aminosäuren *Lysin, Arginin* u. *Histidin* nach Adsorption an einem Ionenaustauscher u. nachfolgender Elution durch absteigende Papierchromatographie. Ca. 200 mg Casein werden mit 40 ml 6n HCl 20 Std. lang hydrolysiert. Nach dem Abrauchen der Säure wird der Rückstand in 10 ml W. gelöst. 1 ml dieser Lsg. dient zur Best. des N-Gehaltes. Von der verbleibenden Lsg. wird eine Menge abgewogen, die 16 mg N enthält. Sie wird auf 50 ml verd., mit 2n $NH_4OH$ auf pH 7,0 gebracht u. dann auf eine Austauschersäule (Dowex 50-X4, Zeocarb 225 oder Amberlite IR-120; $NH_4^+$-Form) gegeben. Saure u. neutrale Aminosäuren werden mit entionisiertem W. bis zur negativen Rk. mit Ninhydrin ausgewaschen. Danach erfolgt mit 130 ml 3n $NH_4OH$ die Elution der bas. Aminosäuren. Das Eluat wird bei einer Temp. von weniger als 50° eingedunstet u. der Rückstand in 5 ml 10%ig. Isopropylalkohol gelöst. 0,01 ml dieser Lsg. werden 8,5 cm von der Schmalseite des Chromatogrammbogens (WHATMAN Nr. 1, 24 × 30 cm, mit Phosphatpuffer von pH 6,8 vorbehandelt) auf einer Strecke von 4 cm aufgetragen. Eine Standard-Lsg. wird in gleicher Weise im Abstand von 1,6 cm dazu aufgetragen. Der Bogen wird 7 cm von der Kante entfernt, im rechten Winkel gefaltet u. in eine Kammer gehängt, auf deren Boden sich zwei mit Phenolwasser gefüllte Schalen befinden. Die geschlossene Kammer wird ½ Std. lang bei 40° stehengelassen. Dann wird eine Mischung von 30 ml Phenol mit 30 ml Phosphatpuffer-Lsg. (pH 6,8) als Laufmittel in die Kammer gebracht. Bei 40° erfolgt in 3 Std. eine vollständige Trennung. Nach 24std. Trocknen bei Raum-Temp. werden die Bogen durch eine Ninhydrin-Lsg. gezogen u. wieder bei Raum-Temp. in der Dunkelheit 12 Std. lang getrocknet. Die Flecke werden ausgeschnitten, gewogen, in Streifen geschnitten u. in Reagensgläser gebracht. Für Lysin u. Arginin werden 10 ml, für Histidin 5 ml 50%ig. A. zugefügt. Die Gläser werden 30 Min. lang geschüttelt. Nach Filtration wird die Farbintensität der Lsgg. bei 570 m$\mu$ gemessen. Die Extinktion des Hydrolysats ist durch die der Standard-Lsg. zu dividieren u. mit dem Gew. der auf dem Papier aufgetragenen Standard-Aminosäuren zu multiplizieren. Von diesem Wert wird dann der Prozentsatz der einzelnen bas. Aminosäuren in dem Hydrolysat berechnet. Der Standardfehler für Lysin betrug 0,139, für Arginin 0,087 u. für Histidin 0,089. Die gut reproduzierbaren Werte stimmen mit den in der Literatur angegebenen überein.
W. HEIN. G 950□

**Die Theorie und Praxis der Flüssigkeits-Flüssigkeits-Verteilungschromatographie von Phenolen.** D. White und G. A. Vaughan. (Analytica chim. Acta [Amsterdam] **16.** 439—49. Mai 1957. Gomersal, near Leeds, Coal, Tar Res. Assoc.) (Engl.)

Vff. berichten über eine verbesserte Meth. der Fl.–Fl.-Verteilungschromatographie zur vollständigen Trennung der Phenole, die im Eluat durch ein nichtspezif. colorimetr. Verf. bestimmt werden. Als Träger für die stationäre Phase erwies sich Celite 535 am geeignetsten. Bei Verw. von W. als stationäre u. Cyclohexan als bewegliche Phase hatte eine 20 cm lange Säule eine Wirksamkeit von 600 theoret. Böden. Zur Verringerung der Asymmetrie der Elutionskurven wurde die stationäre Phase gepuffert. Zur Abtrennung von Phenol selbst erwies sich $Na_2CO_3$ als beste Puffersubstanz. Verw. von $Na_2HPO_4$- u. Na-Silicat-Lsgg. ergab höhere Werte für die Verteilungs-Koeff. u. die Trennfaktoren, so daß die vollständige Trennung der drei isomeren Kresole möglich war. Die Silicatpuffer sind den Phosphatpuffern überlegen. Für den Bau von Säulen für die Fl.–Fl.-Verteilungschromatographie wird eine Gleichung abgeleitet, die die Verteilungsfaktoren u. die Säulencharakteristik mit der Anzahl der zu gewünschten Trennung erforderlichen theoret. Stufen verbindet. Diese Gleichung sollte für die Trennung von Säuren oder Basen bei Verw. einer gepufferten stationären Phase anwendbar sein, so daß eine rationelle Anwendung dieser Arbeitstechnik gewährleistet ist. Für die Best.

von Phenol in Gemischen von Teersäuren u. von o-, m- u. p-Kresol in den Kresolfraktionen werden Meth. mitgeteilt. GERHARD SCHULZE. G 1060 □

**Chromatographie durch Mitführen mit Dampf.** 2. Mitt. **Apparatur, Anwendung auf die geläufigen Phenole.** Christian Dumazert und Claude Ghiglione. (Bull. Soc. chim. France **1960.** 1770—73. Okt. Marseille, Fac. de Méd. et de Pharm., Labor. de Chim.) (Franz.) — 1. vgl. C. **1960.** 8629.

Vff. beschreiben eine App., die nach der Meth. der Gaschromatographie die Auftrennung mit bei geeigneter Temp. erzeugten Dämpfen als beweglicher Phase u. mit verschiedenen stationären Phasen ohne Anwendung eines Trägergases gestattet. Untersucht wird die Auftrennung der Gemische von *Carvacrol* (**I**), *o-Kresol* (**II**), *p-Kresol* (**III**) u. Phenol (**IV**) bzw. von *Thymol* (**V**), *Guajacol* (**VI**), *Eugenol* (**VII**), *m-Kresol* (**VIII**) u. *2.4-Xylenol* (**IX**) mit Wasserdampf an *Glycerin*-getränkten Zigelkörnern bei 120° (Säulenlänge 3 m), von **VI, II, III, IX** u. **I** bzw. **IV, VIII, VII** u. **V** mit Wasserdampf an *Cholesterin*-getränkten Ziegelkörnern bei 150° (Säulenlänge 3 m) u. von **IV, II, VIII, III, IX, V, I** u. **VII** mit Wasserdampf an *Siliconöl*-getränkten Ziegelkörnern bei 115° (Säulenlänge 6 m); die Spitzen, die aus dem colorimetr. ermittelten Konz.-Verlauf der Gasphase folgen, erscheinen in der angeführten Reihenfolge. Die Verss. zeigen die Wichtigkeit der stationären Phase, da Glycerin gegenüber Cholesterin u. Siliconöl die Reihenfolge der Elution der Phenole umkehrt. Außerdem überschneiden sich mit Cholesterin u. Glycerin die Elutionsgebiete einiger Phenolpaare, während Siliconöl alles scharf trennt. HERBERT MÜLLER. G 1060 □

**Ultraviolettspektrophotometrische Analyse von Lösungen, die Benzonitril und Benzamid enthalten.** Melvin J. Astle und James B. Pierce. (Analytic. Chem. **32.** 1322—24. Sept. 1960. Cleveland, Ohio, Case Inst. of Technol., Dep. of Chem. and Chem. Engng.) (Engl.)

Ein spektrophotometr. Verf. zur Best. von *Benzonitril* u. *Benzamid* nebeneinander in wss. oder alkohol. Lsg. wird beschrieben. Das BEERsche Gesetz wird auf die Verw. von Molenbrüchen statt Konzz. umgerechnet, wodurch eine Messung (bei 277,2 m$\mu$) zur Analyse genügt. Die Meth. eignet sich auch zur direkten Best. von Rk.-Geschw.-Konst. der 1. Ordnung aus einer Extinktionsmessung. HEINZ NESTLER. G 1210 □

**Quantitative Bestimmung heterocyclischer Verbindungen mittels Ionenaustauscherpapier.** A. Lewandowski und H. Wierzbicka. (Z. analyt. Chem. **177.** 334—38. 1960. Poznań, Univ., Inst. für allg. Chem.) (Dt.)

Einfache heterocycl. Verbb. vom Pyridin- u. Chinolintyp können mittels Ionenaustauscherpapier quant. bestimmt werden. $\gamma$-Mengen dieser Verbb. werden als wss. Lsgg. in die Papierstreifen eingesogen. Die entstehenden Zonen werden mit DRAGENDORFFS-Reagens angefärbt u. planimetriert. Der Vgl. mit Standardzonen ermöglicht eine quant. Auswertung. E. FAULHABER. G 3231 □

**Quantitative Analyse durch eine automatische, potentiometrische Reaktionsgeschwindigkeitsmethode. Spezifische enzymatische Bestimmung von Glucose.** H. V. Malmstadt und H. L. Pardue. (Analytic. Chem. **33.** 1040—47. Juli 1961. Urbana, Ill., Univ. of Illinois, Dep. of Chem. and Chem. Engng.) (Engl.)

Vff. beschreiben eine automat. potentiometr. Rk.-Geschw.-Meth. u. zeigen, daß sie empfindlich, schnell u. genau genug arbeitet, um sie zur selektiven Best. von *Glucose* (**I**) anzuwenden. Die Änderung der EMK einer Konz.-Zelle wird automat. registriert. Ein mit W. konst. Temp. umspültes Gefäß dient zur Aufnahme des Bezugs-Syst. der Zelle, in das ein kurzes Rohr taucht, das die Probe-Lsg. enthält. Das Proberohr hat für den elektrolyt. Kontakt einen porösen Boden, der eine Durchmischung verhindert. Je eine auf J ansprechende Pt-Elektrode taucht in das Bezugs-Syst. u. in die Probe-Lsg. ein. I wird selektiv in Ggw. von spezif. Enzymen oxydiert unter Bldg. von $H_2O_2$, das der I-Konz. proportional ist. In Ggw. von Mo-Katalysatoren reagiert $H_2O_2$ mit $J^-$ zu J. Der Änderung der J-Konz. geht eine Änderung der EMK der Zelle parallel. Käufliche Hilfsmittel u. ein Hilfsrelay-Syst. gestatten den Aufbau der Registrierapp., mit der innerhalb 1 Min. die Ergebnisse gewonnen werden. I-Konzz. zwischen 5 u. 500 ppm in 2 ml werden mit einem relativen Fehler von 1% bestimmt. Die Genauigkeit liegt bei ca. $10^{-9}$ g. Die Berechnung der Konz. aus der Rk.-Geschw.-Kurve, Schaltschema des Konz.-Ausgleichskontroll-Syst. u. Blockschema des Instrumenten-Syst. wird mitgeteilt. G. KRIEN. G 3400 □

## d) Medizinische und toxikologische Analyse

**Spektrochemische Bestimmung von Magnesium, Chrom, Nickel, Kupfer und Zink im menschlichen Plasma und roten Zellen.** Leonel M. Paixao und John H. Yoe. (Clin. chim. Acta [Amsterdam] **4.** 507—14. Juli 1959. Charlottesville, Va., Univ., Dep. of Chem., Pratt Trace Analys. Labor. (Engl.)

Es wird eine Meth. zur Best. von *Mg, Cr, Ni, Cu* u. *Zn* in menschlichem Plasma u. roten Zellen mitgeteilt. Nach der Blutentnahme werden Plasma u. Zellen durch Zentrifugieren voneinander getrennt. Anschließend wird verascht u. die Elemente in ihre Chloridsalze umgewandelt. Diese werden spektrograph. bestimmt. Es werden die erhaltenen Normalwerte mit anderen Meth. verglichen. H. Struck. 5727□

**Eine neue Methode zur quantitativen Bestimmung von Serumproteinen durch Papierelektrophorese.** Wanda Mejbaum-Katzenellenbogen und Wanda M. Dobryszycka. (Clin. chim. Acta [Amsterdam] **4.** 515—22. Juli 1959. Wroclaw, Poland, Univ., Dep. of Biochem.) (Engl.) — Vgl. C. **1959.** 11317.

Es wird gezeigt, daß die Ggw. von $HgCl_2$ bei der Anfärbung nach Durrum eine quant. Elution der *Proteine* aus dem Papier verhindert. Es wird eine Meth. mitgeteilt, bei welcher die Proteine auf dem Papier mit Tanninsäure fixiert u. mit Bromphenolblau angefärbt werden. Die anschließende Elution mit 0,1n NaOH verläuft quantitativ. Die Meth. wird an einigen Beispielen erläutert. H. Struck. 5728□

**Die Bestimmung von Serum-α- und -β-Lipoprotein-Cholesterin.** N. Crawford. (Clin. chim. Acta [Amsterdam] **4.** 494—502. Juli 1959. Birmingham, Great Britain, Queen Elizabeth Hosp., Surg. Res. Unit.) (Engl.)

Es wird eine Meth. zur Best. des *Cholesterins* (I) in Serum-α- u. *-β-Lipoprotein* mitgeteilt. Die Trennung der Lipoproteine erfolgt papierelektrophoret. bei pH 8,6. Die Extraktion des I aus dem Papier wird mit einem $CHCl_3$/Methanol-Gemisch (2 : 1) vorgenommen. Anschließend erfolgt die colorimetr. Auswertung durch die Rk. des I mit Ferrichlorid u. $H_2SO_4$ bei 560 mμ. Doppelbest. differieren im Durchschnitt um 3,5%. Im Bereich von 12,5—50 γ I wird eine sehr gute Reproduzierbarkeit erzielt.
H. Struck. 5728□

**pH-induzierte Verschiebungen der Ultraviolettmaxima zur Bestimmung von Isoniazid und Acetylisoniazid in Gemischen.** Q. C. Belles und M. L. Littleman. (Analytic. Chem. **32.** 720—21. Mai 1960. Honolulu, Hawaii, Leahi Hosp., Biochem. Labor.) (Engl.)

Die Absorptionsmaxima von *Isoniazid* (I) u. *Acetylisoniazid* (II) in saurer Lsg. (pH 3) bei 265 mμ verschieben sich in alkal. Medium (pH 12) nach 300 mμ. Diese Verschiebung erfolgt bei II bereits bei pH 10, während das Maximum von I in diesem pH-Bereich noch vollständig bei 265 mμ liegt. Die Verschiebung von letzterem beginnt erst bei pH 11 u. ist bei pH 12 vollständig. Das Verhältnis der Absorption zur Konz. beider Verbb. ist bei Konzz. von 1—20 γ/ml linear. Die verschiedene pH-Abhängigkeit der UV-Absorptionsmaxima kann deshalb zur schnellen Best. u. Unterscheidung dieser Verbb. in Gemischen oder nach chem. Trennungen dienen. Es werden hierzu die UV-Absorptionen der sauren, der mit festem $Na_2CO_3$ auf pH 10 u. der mit gesätt. NaOH auf pH 13 gebrachten Lsgg. gemessen. I u. II ließen sich auf diese Weise in Blut, Serum u. Urin, gesätt. mit $(NH_4)_2SO_4$, nach Extraktion mit Heptan–Äthylendichlorid–Isobutanol (1 : 9 : 10) u. Abtrennung mit 0,1n $H_2SO_4$ bestimmen, ferner nach Abtrennung durch einen starken Kationenaustauscher (Dowex 50-X 8, $H^+$-Form) u. nach papierchromatograph. Trennung. Zur papierchromatograph. Trennung von I u. II auf Filterpapier Whatman Nr. 1, gesätt. mit 0,2m Phosphatpuffer vom pH 6, diente als Lsgm. ein Gemisch aus 78% n-Butanol, 20% 2.4-Lutidin u. 2% *Salicylaldehyd* (III), gesätt. mit Phosphatpuffer (pH 6). Das Chromatogramm wurde durch Besprühen mit 0,1n HCl, die mit III gesätt. war, u. Behandlung mit $NH_3$ entwickelt u. im UV-Licht ausgewertet Folgende $R_F$-Werte wurden ermittelt: I 0,82; II 0,60; m-Sulfobenzaldehydisonicotinoylhydrazon 0,26. Vor der Eluierung mit 0,1n $H_2SO_4$ wird das Papier zur Entfernungvon III erhitzt. P. Scharner. 5732□

**Die Benutzung der ionophoretischen Gleichgewichtsbeweglichkeit bei der Fraktionierung von Gemischen, die Indole enthalten.** George L. Deaver, William E. Crisp und Walter J. Frajola. (Proc. Soc. exp. Biol. Med. **98.** 632—35. Juli 1958. Columbus, Ohio, Ohio State Univ., Dep. of Obstetr. Gynecol., Physiol. Chem., Physiol.) (Engl.)

Es wird eine Meth. zur schnellen Best. der Gleichgewichtsbeweglichkeit (GB) einer Substanz mitgeteilt. Die Faktoren, welche die GB bei der Papierelektrophorese, bes. bei der Analyse von Urin, beeinflussen, werden diskutiert. Als Beispiel wird die Trennung von *5-Hydroxyindolessigsäure, 5-Hydroxytryptophan, 5-Hydroxytryptamin* u. *Harnstoff* gebracht. H. Struck. 5732□

**Methoden zur Corticoidbestimmung im menschlichen Harn. Überblick und vergleichende Untersuchungen.** R. Raftopoulo, Hj. Staudinger und L. Weissbecker (unter Mitarbeit von V. Bauer). (Clin. chim. Acta [Amsterdam] **4.** 463—83.

Juli 1959. Mannheim, Städt. Krankenanst., Zentrallabor.; Karlsruhe, Städt. Krankenanst., II. Medizin. Klinik.) (Dt.)

An zahlreichen Beispielen werden die Meth. von Staudinger, Chen u. Reddy u. Norymberski zur klin. Best. der *Gesamtcorticosteroide* im Harn miteinander verglichen. Letztere, aber auch die von Chen mit der Aufarbeitung nach Staudinger, werden für die klin. Belange am brauchbarsten gefunden. H. Struck. 5732□

---

Yoshihiko Saito, Osaka, und Seiichi Kanda, Kobe, Japan, **Herstellung von hochmolekularen, als Polarisationselemente verwendbaren Koordinationsverbindungen.** Man versetzt eine wss. Lsg. von $CuSO_4$, eine alkohol. Lsg. von Cu-Acetat, eine wss. Lsg. von $NiCl_2$ oder von $CdCl_2$ oder Mischungen der Salz-Lsgg. mit äquimol. Mengen einer alkohol. Lsg. von 2.5-Dihydroxy-p-chinon oder einer wss. Lsg. von 2.5-Dihydroxy-p-chinondi-Na-Salz.

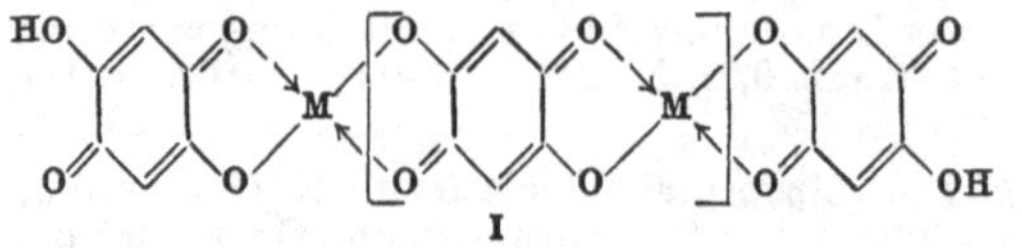

I

— 1,4 g 2.5-Dihydroxy-p-chinon in 20 cm³ A. werden zu einer wss. Lsg. von 2,5 g/Liter $CuSO_4$ gegeben, der Nd. (6 g, Hydrat) wird in 100 cm³ 10%ig. PVA-Lsg. gelöst. Man gießt eine 0,1 mm starke Folie, die um das 5fache gedehnt wird, u. dann starken Dichroismus bei guter Wärmefestigkeit zeigt. Die Koordinations-Verbb. haben die Formel I (M = Cu, Ni oder Cd). (**Jap. A. S. 7241/1959** vom 23/10. 1956, ausg. 20/8. 1959.) M. Pankow. 5063

---

**Miles Laboratories, Inc.**, übert. von: **Walter A. Compton, Dale E. Fonner** und **Galen F. Collins**, Elkhart, Ind., V.St.A., *Prüftablette zum Zuckernachweis in Flüssigkeiten.* (**A. P. 2 858 278** vom 12/1. 1955, ausg. 28/10. 1958. — C. **1960.** 8296 [F. P. 1 136 152].)

---

**Jaroslav Čihalík**, Potenciometrie. Prag: Verl. der Tschechoslowakischen Akademie der Wissenschaften. 1961. (592 S. m. 203 Abb.) 8°. Kčs 76.—.

**Artur Löschen** und **Wilhelm Schütz**, Hrsg., Hochfrequenzspektroskopie. Tagung der Physikalischen Gesellschaft in der DDR vom 31. März—2. April 1960 in Leipzig. Berlin: Akademie-Verl. 1961. (240 S. m. 105 Abb. u. 18 Tab.) 8°. DM 48,—.

**Arnošt Okáč**, Analytické reakce. Prag: Verl. der Tschechoslowakischen Akademie der Wissenschaften. 1961. (324 S. m. 11 Abb.) 8°. Kčs 11.40.

**Vojtěch Rosický** a **Jaroslav Kokta**, Príručka pro určování nerostů. Prag: Verl. der Tschechoslowakischen Akademie der Wissenschaften. 1961. (388 S.) 8°. Kčs 40.50.

**Saidel, Prokofjew** und **Raiski**, Spektraltabellen. Leipzig: Verl. Technik. 1961. (600 S. m. 6 Abb.) 8°. DM 29,—.

**Oswald John Simpson**, Basic chemical calculations for first examinations. London: Edward Arnold. 1961. (VII + 101 S. m. Tab.) 5 s.

**Frederick Pearson Treadwell**, Chimica analitica. 1: Analisi qualitativa. Milano: Vallardi. 1960. (XVI + 558 S. m. Abb.) 8°. sfr 32.—.

**W. O. Wjasemski, I. I. Lomonossow, A. N. Pissarewski, Ch. W. Protopopow, W. A. Rusin** und **Je. D. Teterin**, Die Szintillationsmethode in der Radiometrie. Moskau: Gossatomisdat. 1961. (432 S.) 1 Rbl. 65 Kop. [Russ.]

# H. Angewandte Chemie

## I. Allgemeine chemische Technologie

**Bemerkungen zu den mittleren Verweilzeiten bei stationären Strömungen beliebiger Anordnung.** D. B. Spalding. (Chem. Engng. Sci. **9.** 74—77. Aug. 1958. London, Imp. Coll. of Sci. and Technol.)

An Hand einiger Beispiele wird gezeigt, daß die Verweilzeit eines in eine stationäre Strömung beliebiger Anordnung eingebrachten Indicators gleich ist dem Vol. des Behälters zwischen Ein- u. Austrittsfläche geteilt durch den Vol.-Strom. Das gilt nur, wenn der Indicator nicht stromaufwärts diffundiert; andernfalls ist die mittlere Verweilzeit um den Betrag gleich dem effektiven Längendiffusions-Koeff. im Eintrittsrohr geteilt durch das Quadrat der Strömungs-Geschw. größer. Geschw. u. effektive Diffusions-Koeff. können an verschiedenen Stellen andere Werte annehmen, verändern sich aber niemals mit der Konz. oder der Zeit. H. Strauch. 5800□

**Örtliche Verweilzeiten in kontinuierlichen Strömungssystemen.** P. V. Danckwerts. (Chem. Engng. Sci. **9.** 78—79. Aug. 1958. London, Imp. Coll. of Sci. and Technol.)

Bei der stoßweisen Einbringung eines Indicators in die Einlaßseite eines kontinuierlichen Strömungs-Syst. ist es möglich, die Verdrängungs-Geschw. u. die Aufenthaltsdauer des Stoffes in diesem Punkt quant. durch den Verlauf der nachfolgenden Änderung der Konz. an einem Ort innerhalb des Strömungs-Syst. zu bestimmen. Genaue Berechnungsunterlagen werden gegeben. H. STRAUCH. 5800□

**Chemische Stoßrohr-Forschung.** Victor Kevorkian. (Chem. Engng. **67.** Nr. 20. 107—12. 3/10. 1960. Linden, N.J., Esso Res. and Engng. Co.) (Engl.)

Ein Stoßrohr ist ein einfaches Rohr, in dem gasförmige Rk.-Partner im Zeitraum von $(0,1-6,0)\cdot 10^{-6}$ s durch Stoßwellen auf hohe Temp. (bis 7500° F) erhitzt werden. Durch Einbau von Metallmembranen, die durch die plötzliche Druckänderung (bis 1500 lbs./sq.in.) zerstört werden, ist es möglich, die Rk.-Prodd. sofort abzuschrecken ($1\cdot 10^6$ Grad F/s). Als chem. Beispiel wird die Bldg. von Äthan aus Methan über $CH_2$- u. $CH_3$-Radikale beschrieben. G. GATTOW. 5802□

**Der Plattenerhitzer als kontinuierlicher Strömungs-Reaktor.** John C. Morgan, Ralph A. Troupe, Richard D. Anderson, Thomas Cavanaugh und Arutun Maranci. (Ind. Engng. Chem., int. Edit. **52.** 821—24. Okt. 1960. Boston, Mass., North Eastern Univ.) (Engl.)

Aufbau u. Vorzüge eines Plattenerhitzerreaktors gegenüber anderen Reaktortypen werden mitgeteilt. Als Anwendungsbeispiel wird die Bldg. von Methyllactat aus Milchsäure u. Methanol in Ggw. von $H_2SO_4$ aufgeführt. G. GATTOW. 5802□

**Neuere NE-Werkstoffe für die chemische Technik.** Martin May, Günter Häussler, Wolfgang John und Hans Sabath. (Chem. Techn. **13.** 280—89. Mai 1961. Freiberg/Sa., Forschungsinst. für NE-Metalle.) (Dt.)

Überblick über *Ni* u. Ni-Legg., *Ti* u. Ti-Legg. u. *Ta.* — 30 Literaturangaben. M. GEHLEN-KELLER. 5804□

**Korrosionsbeständigkeit in chemischen Anlagen.** E. Ineson. (Corrosion Technol. [London] **8.** 45—49. 54. Febr. 1961. Sheffield, Brit. Iron and Steel Res. Assoc.) (Engl.)

Es werden Angaben über den Gefügeaufbau nichtrostender Stähle, ihre physikal. u. mechan. Eigg. sowie über ihre Korrosionsbeständigkeit gemacht, u. hieraus wird die Bedeutung ihrer Verw. als Konstruktionswerkstoff für chem. Anlagen an Beispielen erörtert. H. HOCHSTEIN. 5804□

**Wärmeübergang an Gase in Füllkörper- und Kontaktrohren.** R. Schumacher. (Chemie-Ing.-Techn. **32.** 594—97. Sept. 1960. Frankfurt/M., Rütgers-Werke AG.) (Dt.)

Unter Zugrundelegung von in der Literatur mitgeteilten Vers.-Ergebnissen über den Wärmeübergang in Füllkörper- u. Kontaktrohren wird vom Vf. gezeigt, daß ein optimaler Wärmeübergang für alle Strömungsbereiche dann vorliegt, wenn der Durchmesser des Füllmaterials $^1/_8$ des Rohrdurchmessers beträgt. G. GATTOW. 5816□

**Bestimmung des Wärmeübergangs von Kugelschüttungen an durchströmendes Gas mit Hilfe der Stoffübergangs-Analogie.** C. B. von der Decken, H. J. Hantke, J. Binckebanck und K. P. Bachus. (Chemie-Ing.-Techn. **32.** 591—94. Sept. 1960. Düsseldorf, Mannheim, Jülich, Arbeitsgemeinschaft BBC—Krupp.) (Dt.)

In einer ausführlich beschriebenen App. wurden Naphthalinkugeln (Ø 3 cm) in einen Kugelhaufen eingelegt u. der Gew.-Verlust nach Durchströmen von Luft (REYNOLDS-Zahl Re ca. 3000) bestimmt. Der Wärmeübergang Nu wurde mit Hilfe der Analogie Stoffübergang–Wärmeübergang errechnet: $Nu = 0,61\ Re^{0,67}$ (für Randkugeln), $= 0,65\ Re^{0,65}$ (für Innenkugeln), $= 0,47\ Re^{0,54}$ (für die Einzelkugel). Die Ergebnisse stehen in guter Übereinstimmung zu denen anderer Autoren. Die Schwankungen des Wärmeübergangs infolge statist. unterschiedlicher Lage er einzelnen Kugeln wurden ermittelt. G. GATTOW. 5816□

**Die Darstellung der Siebanalyse im Kornverteilungsdiagramm.** Wilhelm Kluge. (Glückauf **97.** 19—25. 4/1. 1961. Essen.) (Dt.)

Korngemische aus Zerkleinerungs- u. Klassierungsvorgängen werden durch das Kornverteilungsdiagramm dargestellt. Wenn es sich um weite Kornspannen oder starke Unterschiede der Grob- u. Feinkornanteile handelt, wählt man eine logarithm. Teilung. Eine logarithm. Rechnung ist bei Verw. von Prüfsieben nach DIN 4187 u. 4188 unnötig. W. WESLY. 5820□

**Statistische Analyse verschiedener Mischungsprobleme.** S. Katz. (Chem. Engng. Sci. **9.** 61—68. Aug. 1958. New York, N.Y., Amer. Cyanamid Co.)

Vom Gesichtspunkt der Wahrscheinlichkeit wird das Glätten auftretender Schwankungen der Konz. beim Durchgang durch Rührkesselkaskaden rechner. dargelegt. Unter Zuhilfenahme der Theorie der Zufallsprozesse werden 1. Rechenmeth., die auf kovarianten Funktionen beruhen u. 2. Spektral-Meth. an Hand von prakt. Beispielen aufgezeigt u. diskutiert. H. STRAUCH. 5822□

**Mikro-Rheologie einer Pigmentdispersion durch „Kugelmahlung" in nichtwässerigen Medien.** Leopold Dintenfass. (Kolloid-Z. **170.** 1—19. Mai 1960. St. Peters, N.S.W., Taubmans Ind. Ltd., Res. Labor.) (Engl.)

Untersucht wurden Oberflächenchemie u. Rheologie bei Mahlung u. Dispersion von Pigmenten (an *Anatas, Rutil*, $BaSO_4$, verschiedenen *Fe-Oxyden, Ruß, Talk, Al-Silicat, Kaolin, Asbest*), in nichtwss. Fll. (organ. Lsgm., Alkydharzen u. Netzmitteln) mittels Viscositäts- u. Sediment-Vol.-Best. sowie Best. von Viscosität u. Flockungsgrad nach Verdünnen der Pigmentsuspensionen mit Harzlösungen. Im einzelnen wurden die Einfl. von Pigmentoberfläche, Harztypen, Lsgm.-Stärke, Vermahlungshilfsmittel, Größe der Kugelmühle u. Mahlzeit ermittelt. Die Adsorptionserscheinungen u. die damit verbundenen Änderungen in der Mol.-Struktur u. den Molgew.-Verteilungen des Mediums wurden zur Wirksamkeit der Mahlung in Beziehung gesetzt. Die resultierenden Suspensionen wurden auf Grund ihrer Gleichgewichts-Fließkurven klassifiziert. Man fand, daß die 3 typ. Formen des Fließens, nämlich Newtonsches, dilatantes u. thixotropes, in sehr enger Beziehung zum koll. Zustand der festen u. fl. Phasen stehen. Festgestellt wurde ein strenger Zusammenhang zwischen der Koll.-Struktur der festen Phase (ausgedrückt durch Adsorption, Flockung, Agglutination, Sediment-Vol. u. dgl.) u. der der fl. Phase (Verknäuelung, Aggregation, Verwicklung u. dgl.) mit den entsprechenden rheolog. Kurven. Es wird geschlossen, daß man bei Verw. von Medien des geeigneten rheolog. Typus, die außerdem polare Gruppen in Anpassung an die akt. Zentren der heterogenen Oberfläche der Pigmente besitzen, eine wirksame Mahlung erreichen u. sehr stabile, gut dispergierte Pigmentsuspensionen erhalten kann. E. Uhlein. 5824□

**Untersuchung der hydrodynamischen Eigenschaften von Ionenaustauschharzen.** W. W. Ratschinskaja und W. W. Ratschinski. (Известия Тимирязевской Сельскохозяйственной Академии [Nachr. landwirtsch. Timirjasew-Akad.] **1960.** Nr. 6. 188—97.) (Russ.; Auszug: Engl.)

Es wurden die hydrodynam. Eigg. der Ionenaustauschharze KU-2 (in der H-Form) u. AN-2 F (in der Salzform; die ionogenen Harzgruppen sind durch Cl ersetzt) u. die Abhängigkeit des Widerstands-Koeff. $\eta$ u. der Reynolds-Zahl Re untersucht, wobei die Harze zunächst mit W. zum völligen Aufquellen gebracht wurden, wonach bei laminarer (Re $\leqslant$ 4) u. turbulenter Durchströmung (Re $\leqslant$ 20) das Verhältnis $\eta$ = A/Re ermittelt wurde. Für Re $\leqslant$ 4 ergab sich aus $\eta$ = A/Re, daß A $\approx$ 5 ist. Bei turbulenter Strömung (Re $\leqslant$ 20) wurde bei Harz AN-2 F die Beziehung n = A/Re + B ermittelt, wobei wiederum A $\approx$ 5 u. B $\approx$ 0,4 erhalten wurden. Die Korngröße des Harzes ist dabei von Bedeutung: Während bei feiner Körnung (0,1—0,25 mm) des Harzes KU-2 die obigen Werte für A erhalten wurden, ergab die mittlere Körnung A $\sim$ 7, grobe (0,5—1 mm) sogar A $\sim$ 20, wohl infolge Körnerzerfall während der Verss., was beim Harz AN-2 F nicht beobachtet wurde. Die Harzsäulen wiesen mit der Zeit einen höheren Widerstand gegen den Durchfluß auf, der bei Verss. mit Quarzsand bes. stark auftrat (unregelmäßige Kornform). Verss. mit Quarzsand, Stahlkugeln u. Harzen ergaben, daß die Harze sich hydrodynam. von anderen schüttbaren Materialien nicht unterscheiden.
A. v. Wilpert. 5826□

**Ausflockung der Pulpe und synthetische Flockungsmittel vom Polyacrylamid-Typus.** I. A. Jakubowitsch. (Атомная Энергия [Atomenergie] **8.** 535—41. Juni 1960.) (Russ.)

Die Ausflockung wss., saurer u. carbonathaltiger hydrometallurg. Pulpen, die U, Li, Zr oder andere Metalle enthalten, mittels CMC u. Agentien vom Polyacrylamidtyp wird untersucht u. deren Einfl. auf die Flockungs-Geschw. bei 20° graph. wiedergegeben. Am wirksamsten waren die Industrie-Prodd. AMF u. Separan 2610 in Mengen von 50—100 g/m³ Pulpe. — Beschreibung der Apparatur. M. Wiedemann. 5828□

**Randwinkelmessungen an Festkörperoberflächen im Rahmen von Untersuchungen zur Flotation.** Herbert Schneider. (Wiss. Z. Techn. Hochschule Chem. Leuna-Merseburg **1.** 199—202. 1958/59. Merseburg, TH für Chem., Inst. für Phys.) (Dt.)

Die beschriebene App. wurde durch Messungen des Randwinkels an frischen (1 0 0)-Spaltflächen von Alkalihalogenideinkristallen in ihren gesätt. Lsgg. in Ggw. von n-Alkylaminionen erprobt. Die Abhängigkeit des Randwinkels vom Adsorptionsgleichgewicht u. von der Konz. der grenzflächenakt. Substanz in der Lsg. wird an einigen Beispielen gezeigt. G. Bauer. 5828□

**Verwendung von Nomogrammen zur Berechnung von Reaktionen in Rühr-Gefäßen.** Stanley M. Walas. (Ind. Engng. Chem. **52.** 831—32. Okt. 1960. Lawrence, Kans., Univ. of Kansas.) (Engl.)

Mit Hilfe von angegebenen Nomogrammen ist es möglich, Rkk. 1., 2. u. 3. Ordnung in fl. Phase schnell graph. zu berechnen, wenn die Rkk. in kontinuierlich arbeitenden Rührgefäßen durchgeführt werden. G. Gattow. 5840□

**Aspekte der Vakuumphysik im Lichte der neueren Entwicklung.** R. Jaeckel. (Schweiz. Arch. angew. Wiss. Techn. **27.** 52—54. Febr. 1961. Bonn, Univ., Physik. Inst.) (Dt.)

Zusammenstellung der Entw.-Tendenzen in der Vakuumphysik vom techn. u. wissenschaftlichen Standpunkt aus. G. GATTOW. 5842□

**Einführung in die Probleme der Erzeugung ultrahoher Vakua.** E. B. Bas. (Schweiz. Arch. angew. Wiss. Techn. **27.** 55—61. Febr. 1961. Zürich, ETH, Inst. für techn. Physik, Abt. für industr. Forsch.) (Dt.)

Im Bereich des Ultrahochvakuums (UHV, $<10^{-8}$ Torr) machen sich bes. die Gasabgabe u. die Gasdurchlässigkeit der Konstruktionselemente des UHV-Syst. bemerkbar. Es werden folgende UHV-Syst. mit ihren grundsätzlichen Problemen beschrieben: Hg-Diffusionspumpe u. Kondens.-Fallen (Endvakuum: $10^{-11}$ Torr), Öl-Diffusionspumpe u. Adsorptions- oder Kondens.-Dampffallen ($10^{-10}$), Getterionenpumpe ($10^{-10}$), Kryopumpen ($10^{-12}$), Molekularpumpen ($10^{-10}$). G. GATTOW. 5842□

**Vakuum-Meßtechnik.** K. G. Müller. (Schweiz. Arch. angew. Wiss. Techn. **27.** 70—78. Febr. 1961. Hanau/Main, W. C. Heraeus GmbH.) (Dt.)

Vf. beschreibt ausführlich die Wirkungsweisen u. Anwendungsbereiche der Fl.-Manometer (M), Wärmeleitungs-M, Reibungs-M, federelast. Vakuummeter (VM), Ionisations-VM u. Radiometer-VM. Es wird auf die Schwierigkeiten bei der Vakuummessung u. auf die Lecksuche hingewiesen u. Anwendungsbeispiele gebracht. G. GATTOW. 5842□

**Überprüfung einer Vakuumeinrichtung und hermetisch abgeschlossene Komponenten für die Leck-Dichtigkeit.** W. Steckelmacher. (Schweiz. Arch. angew. Wiss. Techn. **27.** 79—88. Febr. 1961. Crawley/Sussex, Edwards High Vacuum Ltd., Instrument Res. Div.) (Engl.)

Es werden verschiedene Lecksuch-Meth. (Überdruck- u. Unterdruck-Verf.) beschrieben, die auf Vakuum-App. oder auch auf luftdicht abgeschlossene Behälter anwendbar sind, die Gase, Fll. usw. enthalten. Die Meth. eignen sich z. T. sowohl für kleinste Vol. (z. B. Transistoren) als auch für Groß-App. mit $>1000$ Liter Inhalt. Als Testmaterialien werden $H_2$, He, Ar, Halogene, $CO_2$, $N_2O$ u. radioakt. Isotope verwendet. G. GATTOW. 5842□

**Die Adsorption und die modernen Adsorptionsmittel.** Gabriel Tojo Barreiro. (Ion [Madrid] **21.** 218—27. April 1961. Santiago de Compostela.) (Span.)

Es wird kurz auf die theoret. Grundlagen der Adsorption (A) eingegangen u. ein Überblick über die heutige A-Technik gegeben. Besprochen werden die wichtigsten A-Mittel, einschließlich der Mol.-Siebe, u. A-Verff., die Kinetik der A, die A-Kapazität u. die Regenerierung u. Lebensdauer der wichtigsten A-Mittel. M. HAGEDORN. 5848□

**Untersuchungen über Hochdruckabsorption.** Béla Balla und Gyula Kincses. (Nehézvegyipari Kutató Intézet Közleményei [Mitt. Forsch.-Inst. chem. Schwerind.] **1.** 207—12. Juni 1959. Veszprém, Nehézvegyipari Kut. Int.) (Ung.)

Es wird eine Vers.-Anordnung zur Best. der Löslichkeit von Gasen in Fll. bei hohem Druck beschrieben. Die Löslichkeit von $N_2$ u. $H_2$ in W. wurde bis zu einemDruck von 50 at, die Absorption von CO, $N_2$ u. $H_2$ in ammoniakal. $[Cu(NH_3)_4]_2CO_3$ u. $[Cu\cdot(NH_3)_4]OOCH$ in den der $NH_3$-Synth. entsprechenden Druckgrenzen bestimmt. Für alle 3 Gase ist die Löslichkeit in der Cu(I)-Formiat-Lsg. größer als in der Carbonat-Lsg.; mit steigendem $NH_3$-Geh. der Lsgg. nahm die Löslichkeit von CO zu. Es werden Angaben über die in den $CO_2$-Waschtürmen der $NH_3$-Synth. sich abspielenden Vorgänge gemacht. N. SEILER. 5848□

**Methode zur Untersuchung von Ionenaustauschern und Adsorbentien auf ihre Fähigkeit, Radioisotope zu binden.** Andor Almásy. (Nehézvegyipari Kutató Intézet Közleményei [Mitt. Forsch.-Inst. chem. Schwerind.] **1.** 317—20. Juni 1959. Veszprém, Nehézvegyipari Kut. Int.) (Ung.)

Es wird eine Meth. zur Prüfung des Sorptionsvermögens sowie der Kapazität von Adsorbentien u. Ionenaustauschern für in W. gelöste Radioisotope beschrieben. N. SEILER. 5848□

**Luftreinigung.** R. S. Ash. (J. Instn. Heating Ventilating Engr. **28.** 147—49. Juli 1960.) (Engl.)

Kurze Beschreibung der Luftreinigung (Desinfektion, Sterilisation, Ionisation) u. Unters. der Wirksamkeit u. Anwendbarkeit der einzelnen Methoden. — 34 Literaturangaben. H. OPPERMANN. 5850□

**Feinstfilterung der Luft für höchste Ansprüche.** Horst Schütz. (Kälte **14.** 121—24. März 1961. Dortmund.) (Dt.)

Übersicht über die Verw. von Feinststaubfiltern in der Lüftungs- u. Klimatechnik (Filtermedien, Einsatz der Feinstfilter, Filter-Wrkg., elektrostat. Filterung). W. WESLY. 5850□

**Übersicht über nasse Methoden der Beseitigung von Schwefelwasserstoff aus dem Gas.** Hanna Regulska. (Gaz, Woda Techn. sanit. **34.** 458—62. Dez. 1960. Warszawa, Centr. Labor. Gazown.) (Pol.) F. URBAN. 5850□

**Modifizierte Van-Slyke-Gaswäscher.** Lajos Samu. (Magyar Kémikusok Lapja [Z. Ver. ung. Chemiker] **15.** 428. Sept. 1960. Szeged, Tudományegyetem Üvegtechnikai Mühely.) (Ung.)

Beschreibung u. Skizze eines modifizierten VAN-SLYKE-Gaswäschers.

G. HALMI. 5852□

**Verunreinigungskontrolle in Luftzerlegungsanlagen.** F. G. Kerry und J. T. Hugill. (Chem. Engng. Progr. **57.** Nr. 4. 37—40. April 1961. Amer. Air Liquide, Inc. and Air Reduction Sales Co.) (Engl.)

Neben dem Trennungsprozeß müssen gefährliche Konzz. an KW-Stoffen mittels Adsorptionsfilter u. katalyt. Oxydationsanlagen überprüft werden. Für Verunreinigungs-Konzz. $<1$ ppm $C_2H_2$ werden Flüssig–Silicagel-Adsorber, für andere KW-Stoffe u. Stickoxyde Dampfphasenadsorber empfohlen. Die Reaktivierung geschieht durch $N_2$ oder Luft, wobei letztere Filter keine Fl. u. niedrigere Temp. erfordern u. für Luftzerlegungsanlagen, die bei mittleren u. hohen Drücken arbeiten u. ölgeschmierte Kolbenverdichter verwenden, benutzt werden können. Flüssig-$O_2$-Adsorber finden nur beim Einsatz von Spezialverdampfern Anwendung u. sind aus Mangel an analyt. Prüfgeräten noch nicht erprobt. Zur Entfernung großer $C_2H_2$-Konzz. werden Verss. mit einem Katalysator vom Hopcalit-Typ durchgeführt, der die Oxydation der KW-Stoffe unter bestimmten Temp.-Bedingungen begünstigt u. sich vor oder hinter dem Luftverdichter befindet, wobei wegen Ölfreiheit ein Schleuderkompressor oder eine Ölentfernungs-Vorr. installiert werden muß. J. EGGERT. 5856□

**Verwendung eines Kühlcyclus für die Extraktion von Öl und Fett in der chemischen Industrie. 1. Mitt. Berechnung des theoretischen Cyclus und Bestätigung, daß der „Leistungskoeffizient des Cyclus fast unabhängig von der Arbeitssubstanz" ist.** Tadasu Maki und Takao Morimoto. (Trans. Japan Soc. mechan. Engr. **26.** 1635—40. Nov. 1960.) (Jap.; Auszug: Engl.)

Wenn thermodynam. u. chem. geeignete Lsgm. vorhanden sind, dann ist es möglich, aus öligen u. fettigen Substanzen durch Expansion u. Kompression des Lsgm. über cycl. Phasenänderungen das Öl u. Fett zu extrahieren. Die Charakteristiken des Arbeitsganges werden diskutiert. Es wird gezeigt, daß der beschriebene Cyclus wirtschaftlicher ist als die bekannten Verff. (cycl. Phasenänderung des Lsgm. durch Erhitzen u. Abkühlen) u. daß der Leistungs-Koeff. des Cyclus fast unabhängig von der Art des Lsgm. (= Arbeitssubstanz) ist. G. GATTOW. 5862□

**Das Ausströmen von Flüssigkeiten in ungleichförmige, dem Zentrifugieren unterworfene Füllungen und der Einfluß von Beschleunigungen auf den Wirkungsgrad von Destillierkolonnen.** Francisc Gotthard. (Bul. ştiinţ., Secţ. Ştiinţe mat. fizice **7.** 477—85. April/Juni 1955.) (Rum.; Auszug: Franz.)

Die von der Beschleunigung abhängigen lokalen Werte des Druckabfalls u. der Bedingungen der Einführung von Fll. in ungleichförmige zentrifugierte Füllungen werden in Gleichungen wiedergegeben. Für die Zahl $N_t$ der zur Trennung eines gegebenen Gemisches zwischen den Konzz. $j_1$ u. $j_2$ der flüchtigen Komponente wird die Änderung mit der Beschleunigung im Maximum der Verdampfung untersucht. Durch die zentrifugale Beschleunigung der Füllung wird es möglich, kleinere Füllungen u. große Verdampfungsdurchsätze zu verwenden u. dabei größere Leistungen zu erzielen.

R. K. MÜLLER. 5864□

**Die Bildung einer Calciumsulfatkruste auf verschiedenen Materialien beim Arbeiten eines Destillierapparates.** L. N. Matussewitsch. (Журнал Прикладной Химии [J. angew. Chem.] **33.** 796—802. April 1960. Uraler Polytechn. Inst.) (Russ.)

Bei Unters. von nichtrostendem Stahl 1Ch18N9T, Gußeisen, Kautschuk, Fluoroplast, Eskapon-, Perchlorvinyl- u. Bakelitelacken auf ihre Widerstandsfähigkeit gegen eine Verkrustung durch $CaSO_4 \cdot 2\,H_2O$ erwies es sich, daß alle untersuchten Werkstoffe bei äußerer Betrachtung in der Dest.-Fl. gleichmäßig verkrusten. Die Adhäsion des Nd. an der Oberfläche hängt jedoch vom Werkstoff u. seiner mechan. Bearbeitung ab. Je korrosionsfester das Material u. je glatter die Oberfläche sind, desto geringer ist die Adhäsion. Chem. beständig sind in einer Dest.-Fl. Eskaponauflagen, Fluoroplast u. wärmebeständiger Kautschuk, von den Metallen nichtrostender Stahl. Bei den erwähnten Stoffen ist auch die Adhäsion am geringsten. Am beständigsten ist die Verkrustung von Grauguß, unabhängig vom Charakter seiner mechan. Oberflächenbearbeitung. — 28 Literaturhinweise. H. TREUMANN. 5864□

**Über hochfrequente Stoffbehandlung.** Otto Fuchs. (Chemiker-Ztg. — Chem. Apparatur **84**. 809—14. 20/12. 1960. Konstanz.) (Dt.)

Vf. gibt eine allg. Übersicht über verschiedene Arten von Hochfrequenzgeneratoren im Ultraschallbereich (> 15 kHz) u. über ihre techn. Anwendung. G. GATTOW. 5878□

**Eigenschaften von Hydraulikölen und feuerresistenten Hydraulikmedien.** Wilhelm Schmidt. (Mineraloel-Techn. **6**. Nr. 1/2. 1—38. Jan. 1961. Hildesheim.) (Dt.)

Verschiedene Brandunglücke, deren Ursache das immer größere Verbreitung findende Hydrauliköl war, machen die feuerresistenten Hydrauliköle bedeutsam. Übersicht über die Eigg. normaler u. feuerresistenter Hydrauliköle, wie Alterungsbeständigkeit, Schmierwert, Verh. gegenüber Dichtungen, Kompressibilität, Druckviscosität, Schaum-Verh., Emulgierbarkeit, Korrosionsschutz, Viscositäts–Temp. (VT)-Verhalten. Nach ähnlichen wertbestimmenden Eigg. werden feuerresistente Hydraulikmedien besprochen, wie Emulsionen, höhermol. mehrwertige Alkohole, Ester u. chlorierte KW-Stoffe, anorgan. Ester, Polykieselsäureester oder Siliconöle u. chlorierte KW-Stoffe. Es wird gezeigt, worauf es bei der Herst. u. Verw. von Hydraulikmedien tatsächlich ankommt u. welche Eigg. beeinflußbar sind u. welche nicht. F. O. W. MEYER. 5892□

**Keramische Werkstoffe für den Bau von Atomreaktoren.** Márta Déri. (Epitöanyag [Baumaterial] **13**. 121—34. April 1961.) (Ung.)

Übersicht auf Grund der Vorträge der Internationalen Konferenzen über die friedliche Verw. der Atomenergie. G. BIDLÓ. 5894

**Statistische Methoden in der Fermentierungsentwicklung.** Jerome S. Schultz, Donald Reihard und Elmer Lind. (Ind. Engng. Chem., int. Edit. **52**. 827—30. Okt. 1960. Pearl River, N.Y., Amer. Cyanamid Co., Lederle Labor.) (Engl.)

Vff. wenden statist. Meth. auf Fermentierungsprozesse an. G. GATTOW. 5896□

**Ein neuer Sonnenofen. Konstruktion und Anwendung.** Rudolph J. Marcus und Henry C. Wohlers. (Ind. Engng. Chem., **52**. 825—26. Okt. 1960. Menlo Park, Calif., Stanford Res. Inst., Chem. Dep.) (Engl.) — Vgl. C. **1961**. 6784.

Der Sonnenofen besteht aus einem Parabolspiegel (Ø 24 in.) aus Stellit-Metall (Co–Cr–W-Leg.); das Reflexionsvermögen beträgt 60—70% im Bereich von 3000 bis 8000 Å. — Es wurde die photochem. Red. von wss. $Ce^{4+}$-Lsgg. in Ggw. von $HClO_4$ (1,5—6m) untersucht. Die Rk.-Prodd. wurden im Massenspektrometer analysiert. Die Rk. verläuft nach: $Ce^{4+} + □ H_2O \rightarrow Ce^{3+} + H^+ + {}^1/_4 O_2$. G. GATTOW. 5902□

---

Otto Heinrich Dräger, Lübeck, **Luft- und Gasfilter** aus feinmaschigem Metalldrahtgewebe, dessen Oberfläche oxydiert ist oder eine Schicht trägt, die aus dem Oxyd des Metalldrahtes besteht. (**E. P. 806 150** vom 10/1. 1956, ausg. 17/12. 1958. D. Prior. 17/2. 1955.) E. HEINSEN. 5831

Robert Bosch G. m. b. H., Stuttgart (Erfinder: Bernd Mirlieb, Fellbach), **Filtrieren über ringförmige Filterscheiben (I)**. Um Filtrationsleistung der **I** zu erhöhen u. auch einen starken Filtrationsdruck aufzufangen, sind innerhalb der **I** U-förmige Stützkörper vorgesehen, die sich vom Scheibeninnenrand zum Außenrand verjüngen. — Abbildungen. (**D. A. S. 1 096 331** Kl. 12d vom 1/4. 1953, ausg. 5/1. 1961. **Schwz. P. 320 295** vom 26/3. 1954, ausg. 15/5. 1957. D. Prior. 1/4. 1953.) H. BLACHETZKI. 5831

Bran & Lübbe, Hamburg (Erfinder: Rolf Freier, Wolfsburg), **Loses Filtermaterial aus Schaumgummistückchen,** dad. gek., daß es die Form kleiner Kugeln aufweist, im W. nicht schwimmt u. unter dem Filtrationsdruck auf $^3/_4$ bis zur Hälfte seines ursprünglichen Vol. zusammendrückbar ist. (**D. A. S. 1 054 070** Kl. 12d vom 7/12. 1955, ausg. 2/4. 1959.) H. BLACHETZKI. 5831

Esso Research and Engineering Co., V.St.A. (Erfinder: Elray Merle Gladrow, Eduard Vincent Ruhnke und Charles Newton Kimberlin jun.), **Herstellung von Absorptionsmitteln hoher mechanischer Festigkeit,** bes. von *Zeolithen* nach Art der *Mol.-Siebe.* Man setzt in wss. Lsg. Na-Aluminat u. Na-Silicat im Mischungsverhältnis $Na_2O/SiO_2 \leqq 0{,}8/1$ bei 71—102°, bes. 82—100°, um, wäscht die ausgeschiedenen Na–Al-Silicat-Kristalle mit verd. Na-Silicat-Lsg., trocknet u. calciniert. Bei Verw von Na-Metasilicat soll das Verhältnis $SiO_2/Al_2O_3$ zwischen 1/1 u. 2,5/1 liegen. Das getrocknete Prod. wird zur Erhöhung seiner Abriebfestigkeit mit wss. Erdalkalisalz-Lsgg., z. B. Ca-Salzen, besprüht u. dann calciniert. — Geeignet zur *Trennung von Paraffin-* u. *Olefin-KW-Stoffen.* — Schema der Anlage. (**F. P. 1 177 844** vom 13/6. 1957, ausg. 29/4. 1959. A. Prior. 29/6. 1956.) W. WITTHOLZ. 5849

Badische Anilin- & Soda-Fabrik Akt.-Ges., Ludwigshafen/Rh. (Erfinder: Paul Feiler, Clemens Peters, Ludwigshafen/Rh., und Hans Häuber, Heidelberg), **Abtrennen von S-Verbindungen aus Gasen und Flüssigkeiten,** mit akt. Kohlen, dad. gek., daß man zunächst in einer ersten Stufe mit einer A-Kohle arbeitet, in der das Verhältnis von Mikroporen-Vol. (I) zu Makroporen-Vol. (II) annähernd gleich ist u. der mittlere Porendurchmesser (III) über ca. 60 Å liegt, u. dann in der zweiten Stufe eine A-Kohle verwendet, bei der das I ein Vielfaches des II beträgt u. der III unter 60 Å liegt. (**D. A. S. 1 054 071** Kl. 12e vom 21/8. 1956, ausg. 2/4. 1959.) A. HEINSEN. 5851

Gesellschaft für Linde's Eismaschinen Akt.-Ges., Höllriegelskreuth (Erfinder: Friedrich Rottmayr, Pullach, Heinrich Schayen, Dinslaken, und Heinrich Sprünken, Oberhausen), **Vermeidung von stickoxydhaltigen Ablagerungen in Gaszerlegungsanlagen,** bes. *Koksgaszerlegungsanlagen,* bei der von den vorgereinigten, nur noch tiefsd. Bestandteile, wie aliphat. KW-Stoffe u. CO, enthaltenden Gasen diese Bestandteile durch Kondens. in mindestens zwei hintereinandergeschalteten, auf verschieden tiefen Temp. befindlichen Wärmeaustasuchern abgetrennt werden. Aus jedem Wärmeaustauscher werden die abgeschiedenen Fll. getrennt aufgefangen u. getrennt weiterbehandelt, vorzugsweise verdampft. — Vorr., Zeichnung. (**D. A. S. 1 106 785** Kl. 17g vom 5/12. 1959, ausg. 18/5. 1961.) H. JASS. 5857

C. A. Parsons & Co. Ltd., Newcastle-upon-Tyne (Erfinder: Harry Chilton, Didcot), England, **Kernreaktor** mit fl. metall. Kernbrennstoff. Zum Entfernen gasförmiger Spalt-Prodd. wird ein Teil des Brennstoffs vom Reaktorkern her in Richtung auf eine freie Oberfläche des Brennstoffs hin in Umlauf versetzt, u. zwar so langsam, daß er innerhalb des Kerns auf eine vorbestimmte hohe Temp. gebracht wird. Der stat. Druck der Brennstoffteilmenge wird bei deren Annäherung an die freie Oberfläche so weit verringert, daß die Brennstoffteilmenge sd. u. die gasförmigen Spalt-Prodd. aus der Fl. an ihrer freien Oberfläche austreten. (**D. A. S. 1 093 499** Kl. 21g vom 29/11. 1957, ausg. 24/11. 1960. E. Prior. 30/11. 1956. **E. P. 821 289** vom 30/11. 1956, ausg. 7/10. 1959.) H. KESSEL. 5895

Forschungslaboratorium Prof. Dr.-Ing. W. Heimann (Erfinder: Walter Heimann), Wiesbaden, **Messung und Regelung der Temperatur von Kernreaktoren.** Die Temp.-Strahlung der einzelnen betriebswichtigen Reaktorteile, z. B. der Brennstoffelemente, Moderatoren, Reflektoren u. Kühlmittel, wird mittels wärmestrahlungsempfindlicher Bildaufnahmeröhren elektron. abgebildet. Die so gewonnenen Bilder werden mit den bekannten Mitteln der Fernsehaufnahmetechnik übertragen, in den opt. sichtbaren Bereich transformiert, gespeichert u. meß- oder regeltechn. ausgewertet. (**D. A. S. 1 093 501** Kl. 21g vom 28/3. 1959, ausg. 24/11. 1960.) H. KESSEL. 5895

Clarence F. Hiskey, Chicago, Ill., V.St.A., **Behandlung leicht oxydierbarer Metallkatalysatoren,** z. B. Ni. Die inerte Atmosphäre, in der sich das Metall befindet, wird mit kleinen Mengen $O_2$ (0,2%) versetzt, die durch die partielle Oxydation entstehende Rk.-Wärme durch Kühlung abgeführt u. diese Vorgänge so lange wiederholt, bis der $O_2$-Geh. des Inertgases ca. 1% beträgt. Der Oxyd-Geh. des Katalysators liegt bei ca. 30%. Jetzt kann der $O_2$-Geh. der Gasphase ohne weitere Oxydation des Metalls rasch bis auf 20% gebracht werden. (**E. P. 796 921** vom 17/1. 1944, ausg. 25/6. 1958. A. Prior. 22/1. 1943.) H. KOBS. 5905

Shell Development Co., New York, N.Y., V.St.A., übert. von: Kornelis Rietema, Amsterdam, Holland, **Trennung von Feststoffteilchen verschiedener Porosität.** Die Poren von Feststoffteilchen, bes. Katalysatoren, gleicher „Gerüstdichte" $d_s$ (in g/cm$^3$), aber von verschiedenem Poren-Vol. ($V_p$, in cm$^3$/g), welche beiden Größen mit der „scheinbaren Dichte" $d_A$ durch die Gleichung: $d_A = (1 = V_p \cdot d_M)$: $(1/d_s + V_p)$ verbunden sind, wobei $d_M$ die Dichte des porenfüllenden Mediums ist, werden unter Druck (1—5 at) mit einem Gas gefüllt u. die Teilchen mit einer Trenn-Fl. (z. B. Barytsuspension oder $CCl_4 + C_2H_4Br_2$) während <1 Sek. in einem Zentrifugalabscheider behandelt. Man kann so einen aktiveren Katalysatoranteil von einem weniger akt. trennen. (**A. P. 2 832 470** vom 17/5. 1955, ausg. 29/4. 1958. Holl. Prior. 30/6. 1954.) H. KOBS. 5905

---

**S. p. A. „Vetrocoke"**, Turin, Italien, *Entfernen von Schwefelwasserstoff allein oder in Verbindung mit Kohlensäure aus Gasgemischen.* (**Ind. P. 57 721** vom 25/6. 1956, ausg. 27/4. 1958. — C. **1960.** 2646 [D. P. [DDR] 16 565].)

**Commissariat à l'Énergie Atomique** (Erfinder: **Jean Savouyaud** und **Jean Vertut**), Paris, Frankreich, *Aufbewahrungs- und Transporteinrichtung für radioaktive Flüssigkeiten.* (**Schwz. P. 349 008** vom 4/7. 1958, ausg. 15/11. 1960. F. Prior. 11/7. 1957. — C. **1960.** 13149 [D. A. S. 1 075 233].)

---

**John Henry Bowen** und **Edward Frederick Osterloh Masters,** Steuerung und Instrumentierung von Reaktoren. Braunschweig: Vieweg. 1961. (VIII + 104 S. m. 25 Abb.) 8° = Kerntechnik in Einzeldarstellungen. Bd. 5. DM 10,80.

**Heinrich Gröber** und **Siegmund Erk**, Die Grundgesetze der Wärmeübertragung. 3. völlig neubearb. Aufl. 2. verb. Neudruck. Berlin, Göttingen, Heidelberg: Springer. 1961. (VIII + 430 S. m. 190 Abb.) 8°. DM 37,50.

**Ju. M. Schechtman**, Filtration niedrig konzentrierter Suspensionen. Moskau: Verl. der Akad. der Wiss. der UdSSR. 1961. (211 S. m. Abb.) 77 Kop. [Russ.]

## II. Betriebsschutz. Feuerschutz

**Bestimmungen der Radioaktivität in Boden, Wasser und Luft.** 1. Mitt. H. Israël. (Arch. techn. Messen ind. Meßtechn. **1959.** 27—30. Febr. 69—72. April. Aachen, Meteorol. Observatorium.) (Dt.)

Nach einleitenden Bemerkungen über Strahlungs-Eigg., Meßprinzipien u. Meßzahlen werden die verschiedenen Meß-Verff., wie Ionisationsmessungen, Emanometrie (Absolutmessung, Relativmessung, Anreicherungs-Verff. u. Strömungs-Verff.) erörtert. G. Bauer. 5932□

**Aktuelle wissenschaftliche Probleme des sanitären Schutzes der atmosphärischen Luft.** Jan Just. (Gaz, Woda Techn. sanit. **35.** 21—22. Jan. 1961. Warszawa, Państw. Zakł. Hig.) (Pol.)

Übersicht über Probleme der Charakterisierung, Best. u. Festlegung der Grenz-Konzz. schädlicher Substanzen in der Luft. F. Urban. 5948□

**Überblick über Probleme der Staubniederschlagsmessung.** E. Ratzki. (Gas- u. Wasserfach, Ausg. Gas **101.** 994—95. 23/9. 1960.) (Dt.) — C. **1961.** 11839. F. Rosendahl. 5948□

**Probleme der Staubbekämpfung in der Zellstoff-Papierindustrie.** Henryk Szoka. (Przegląd Papierniczy **17.** 21—24. 1961. Biuro Projektów Przemyslu Papierniczego) (Pol.)

Vf. behandelt Begriff, Verh. u. Best. des Staubes. Es werden Beispiele angegeben für hohe wertmäßige Verluste durch Staub, die Einw. auf den Menschen durch verschiedene Stäube u. zulässige Staubnormen in einigen Staaten. Es werden die Staubquellen in der Zellstoff-Papierindustrie genannt, vom Transport verschiedenster Rohstoffe bis zur Herst. der Fertigware. Bei der Staubbekämpfung (Instandhaltung u. Einführung entsprechender Einrichtungen, ggf. unter Änderung der Technologie, individueller Schutz) werden bes. die Verhältnisse in Polen berücksichtigt. H. Demus. 5948□

## III. Elektrotechnik

**Metallfeinbearbeitung für die elektronische Industrie.** J. Dawson. (Metal Ind. **98.** 331—34. 28/4. 359—60. 5/5. 1961.) (Engl.)

Überblick. M. Gehlen-Keller. 5950□

**Das Aufdampfen im Vakuum.** D. Hacman. (Schweiz. Arch. angew. Wiss. Techn. **27.** 62—66. Febr. 1961. Balzers, Liechtenstein, Balzers AG für Hochvakuumtechn. u. dünne Schichten.) (Dt.)

Zusammenfassende Übersicht (ohne Literaturzitate) über den Aufbau u. die Funktionsweise von Hochvakuumaufdampfanlagen, über die wichtigsten, zur Vakuumbedampfung verwendeten Substanzen u. über die industrielle Anwendung auf dem Gebiet der Optik, Elektrotechnik, Elektronik u. als Halbleiter. G. Gattow. 5950□

**Eine Untersuchung des Niob als Elektrolytkondensatormetall.** A. Shtasel und H. T. Knight. (J. electrochem. Soc. **108.** 343—47. April 1961. North Chicago, Ill., Fansteel Metallurg. Corp., Res. Dep.) (Engl.)

Vff. untersuchen die elektr. Eigg. von Nb verschiedener Herkunft u. Reinheit als Kondensatormetall. Die Proben (Elektrolytpulver bestimmter mesh-Zahl, 1 Std. bei 2000° gesintert; verschiedene Folien, die unterschiedlich mechan. bearbeitet wurden) anodisiert man bei konst. Spannung bei 100° in einer Mischung von 100 g $NH_4$-Borat, 200 ml W. u. 300 ml Äthylenglykol bis zum Erreichen eines willkürlich festgelegten niedrigen Stromwertes. Die Kapazität bestimmt man bei Raum-Temp. in 21%ig. $H_2SO_4$-Lsg. bei 120 Hz. Nach Spülen wird erneut bei höherer Spannung anodisiert. Die Anodisierung wird mehrmals wiederholt, bis der Strom nicht mehr auf den Ausgangswert zurückgeht. Die Kapazität anodisierter Folien, bezogen auf die Fläche 1, ist für Ta u. Nb angenähert gleich, die von gesinterten Anoden aus Nb, bezogen auf das Gew. 1, doppelt so groß wie von Ta-Sinteranoden. Die Betriebsspannung von Elektrolyt-Kondensatoren aus gesintertem Nb beträgt nur ca. $^1/_3$ des Wertes von Ta-Kondensatoren, während die Gleichstromverluste der besten Nb-Kondensatoren doppelt so groß wie bei Ta-Kondensatoren entsprechender Leistung sind. Die Werte des Verlustfaktors sind für beide Metalle ähnlich. Da bei der Bestrahlung von Elektrolytkondensatoren aus festem Nb mit schnellen Neutronen keine wesentliche Veränderung der elektr. Eigg. sowie nur geringe Aktivität des Nb u. das Auftreten nur kurzlebiger Isotope festgestellt wurde, scheinen Nb-Kondensatoren für die Verw. in der Kerntechnik den Ta-Kondensatoren überlegen zu sein. P. FRENZEL. 5982□

**Einfluß von Fremdionen auf die Qualität der titandioxydhaltigen Kondensatoren.** Ferenc Tamás. (Építöanyag [Baumaterial] 12. 319—23. Sept. 1960.) (Ung.)

Von den Verunreinigungen des $TiO_2$ sind einige indifferent, andere vermindern bzw. erhöhen den Halbleitereffekt der keram. Kondensatoren. Es wurde angenommen, daß Wertigkeit u. Radius der Fremdionen (**I**) von größtem Einfl. sind, da von diesen der Einbau in das Kristallgitter abhängig ist. Verss. mit zu 0,1—5 Mol-% verunreinigtem $TiO_2$ bestätigten die Annahme. Am schädlichsten sind 5wertige **I** mit einem dem Ti ähnlichen Ionenradius. Mehrere anwesende Ionen beeinflussen sich gegenseitig. J. PLANK. 5982

**Einfluß der Turbulenz auf den Grenzstrom in Elektrodialysezellen.** Donald A. Cowan und Jerry H. Brown. (Ind. Engng. Chem., int. Edit. **51.** 1445—48. Dez. 1959. Fort Worth, Tex., Texas Electric Service Co.) (Engl.)

Für die drei krit. Werte für die Stromdichte in Elektrodialysezellen, den Grenzstrom, den pH-Wechsel u. die Aufladung an den Membranoberflächen werden empir. Gleichungen abgeleitet, wobei als Grenzstrom der durch Diffusion begrenzte Strom bezeichnet wird. Messungen mit wss. $Na_2SO_4$-Lsg. zeigen, daß die Grenzstromdichte mit steigender Strömungs-Geschw. zunimmt u. der Grenzstrom in einer Zelle mit turbulent strömendem Medium umgekehrt proportional der Dicke der laminaren Grenzschicht ist. J. MARTINS. 5992□

---

Phillips Petroleum Co., Bartlesville, Okla., V.St.A., **Behandlung thermoplastischer Polyolefine.** Um Riß-Bldg. beim Erhitzen zu vermeiden, werden die Polymeren, z. B. als *Drahtisolierung*, oberflächlich über ihren F., aber unter die Temp., bei der die Oberfläche fl. wird, erhitzt u. die Oberfläche unter ihren F. abgeschreckt; so erhitzt man Polyäthylen vom Erweichungspunkt u. F. 260° F u. einer Verflüssigungs-Temp. von 270° F 2—3 Sek. oberflächlich auf 255—265° F u. kühlt innerhalb 2 Sek. auf 240° F ab. (**Jap. A. S. 3789/1959** vom 27/8. 1957, ausg. 20/5. 1959. A. Prior. 27/8. 1956.) M. PANKOW. 5957

Burndept Ltd., London, England, **Galvanisches Primärelement,** welches durch Eintauchen in Seewasser aktiviert wird, z. B. für Notlampen. Es werden bipolare Elektroden verwendet, die von einem Kunststoffrahmen umgeben sind. Durch Aneinanderreihen u. Verkleben der Rahmen wird eine Batterie mit beliebiger Spannung erhalten. Die Elektroden bestehen aus Mg-Blech, auf welches ein mit einer aufgegossenen Schicht von AgCl versehenes Ag-Blech aufgebracht ist. Oder: Auf das Mg-Blech wird eine Schale aus Cu-Blech aufgebracht, in welche CuCl in Pulverform, welches mit Graphit, Cu-Pulver oder kleinen Abschnitten von feinem Cu-Draht vermischt ist, eingepreßt wird. Das Gehäuse weist im unteren Teil ein größeres, in Form eines ungekehrten U gehaltenes Einlaßventil für das W. u. im oberen Teil ein kleines Ventil (**I**) auf, aus dem die im Gehäuse befindliche Luft entweicht. **I** ist durch ein Diphragma verschlossen, welches im trockenen Zustand gasdurchlässig u. im nassen Zustand gasundurchlässig ist, z. B. aus Filtrierpapier. Um das Befeuchten des Diaphragmas durch W., welches durch die Öffnung von **I** eindringen könnte, zu verhindern, wird dem Diaphragma ein Netz vorgeschaltet, welches z. B. aus einem feinen Textilgewebe besteht, das mit einem Silicon so imprägniert ist, daß die feinen Öffnungen nicht verstopft sind, die Fasern aber wasserabstoßend werden. — Zeichnungen. (**E. P. 849 659** vom 27/3. 1956, ausg. 28/9. 1960. **Belg. P. 556 072** vom 23/3. 1957, ausg. 26/2. 1960. E. Prior. 27/3. u. 11/9. 1956.) F. LAASS. 5971

Accumulatoren-Fabrik Akt.-Ges., Hagen (Erfinder: Joachim Euler, Frankfurt/M.), **Galvanisches Primärelement** mit alkal. Elektrolyten u. Pb als negativer Lsg.-Elektrode, dad. gek., daß die negative Pb-Elektrode Sn in Mengen von 3—5% enthält. (**D. A. S. 1 108 285** Kl. 21b vom 22/11. 1958, ausg. 8/6. 1961.) F. LAASS. 5971

Armour Research Foundation of Illinois Institute of Technology, Chicago, Ill., V.St.A., **Elektrodenplatten für Akkumulatoren** werden hergestellt aus akt. Masse u. langen Metallfäden, deren Länge das 10—100fache ihres Ø beträgt. Der Ø schwankt zwischen einigen $\mu$ u. 1000 $\mu$. — Zum Beispiel werden gleiche Teile Bleifäden u. der üblichen akt. Masse gemischt, in Formen gegeben u. bei einem Druck von 50 t/sq.in. zur Platte gepreßt. Um die Metall-Metall-Bindung der Fäden zu verbessern, kann gleich-

zeitig bei 200—400° F gesintert werden, oder es wird ein elektr. Strom durch die Fäden geschickt, um ein Verschweißen an den Berührungsstellen zu erreichen. — Um Nickelplatten herzustellen, läßt man Ni-Fäden aus einer Glycerinsuspension auf einem Filter absetzen, preßt die gebildete Masse zusammen u. imprägniert diese in bekannter Weise mit Ni-Salzen. (**E. P. 844 937** vom 4/1. 1957, ausg. 17/8. 1960. A. Prior. 17/1. 1956.)
F. LAASS. 5971

Bell Thelephone Laboratories, Inc., New York, N.Y., übert. von: Edward J. Becker, North Plainfield, Hugh M. Cleveland, Chatham, Pat R. Pondy, Watchung, und Harold J. Robinson, South Plainfield, N.J., V.St.A., **Kathoden für Elektronenröhren.** Ein Pulvergemisch aus 5—15% einer *Erdalkali-Verb.*, die durch therm. Zers. in das entsprechende Oxyd übergeht, Rest *Mo* oder *W*, wird unter einem Druck von mehreren t/sq.in. gepreßt, mindestens 15 Min. bei 700—750° in reduzierender Atmosphäre u. ebenso lange in inerter Atmosphäre bei mindestens 1300° erhitzt. (**A. P. 2 914 402** vom 26/2. 1957, ausg. 24/11. 1959.) C. GÖTZE. 5975

Centre National de la Recherche Scientifique, Paris (Erfinder: Jean Claude Roucayrol, Paris, Frankreich, Erich Oberhausen, Frankfurt/M., und Richard Schussler, Völklingen/Saar), **Messung der Radioaktivität von Substanzen auf einem Träger aus Filtrierpapier.** Der mit den radioakt. Substanzen imprägnierte Teil des Trägers wird mit einer Scintillations-Fl. (z. B. einem Gemisch aus Toluol u. Phenylbiphenyloxadiazol) getränkt, mit einer viscosen Fl. (z. B. einer Lsg. von Polymethylmethacrylat) fixiert u. einem Sekundärelektronenvervielfacher zugeführt. (**D. A. S. 1 079 748** Kl. 21g vom 27/6. 1958, ausg. 14/4. 1960. F. Prior. 28/6. 1957. **F. P. 1 177 603** vom 28/6. 1957, ausg. 28/4. 1959.) H. KESSEL. 5975

Bengt Allan Bergstedt, Solna, Schweden, **Messung der Radioaktivität einer Flüssigkeit.** Ein in einer Heiz-Vorr. erhitzter Gasstrom wird in eine Sprühkammer geleitet, in die durch Düsen die zu untersuchende Fl. eingesprüht u. unter Aerosol-Bldg. verdunstet wird. Durch den heißen Gasstrom werden die gebildeten festen Teile zu einem elektrostat. Filter geleitet u. durch dieses auf ein Band niedergeschlagen, das an Detektoren zur Messung der Radioaktivität vorbeigeführt wird. Zwischen dem elektrostat. Filter u. der Zuführung des Gasstroms zur Heiz-Vorr. liegt eine Rückleitung, in die eine Kühl-Vorr. zum Kondensieren u. Abführen der in der Sprühkammer verdunsteten Fl. eingeschaltet ist. (**D. A. S. 1 090 342** Kl. 21g vom 17/4. 1958, ausg. 6/10. 1960. Schwed. Prior. 23/4. u. 7/8. 1957.) H. KESSEL. 5979

British Dielectric Research Ltd., London, England, **Metallfolie zur Herstellung von Rollkondensatoren.** Ein ca. 6 $\mu$ dickes Metallband, z. B. aus Al, Ag oder Sn, wird durch Tauchen in einen Lack, z. B. aus Polyester-Polyisocyanat, Epoxydharz, Polytetrafluoräthylen oder Polystyrol, mit einer ca. 3—6 $\mu$ starken Isolierschicht überzogen. Nach dem Trocknen werden die Kanten des Bandes abgeschnitten, u. das Band wird fest auf einen Kern gewickelt. Der Wickel mit Kern wird in eine wss. Lsg. von HCl, HF, $HNO_3$, $H_2SO_4$ oder Trichloressigsäure gelegt, um das Metall an den Rändern wegzuätzen. So z. B. löst im Wickel eine 2n HF-Lsg. in 36—90 Std. eine Al-Folie ca. 1 mm tief auf. Nach dem Waschen u. Trocknen wird die Metallfolie zur Herst. der Kondensatoren verwendet. (**Ind. P. 57 701** vom 21/6. 1956, ausg. 7/8. 1958. E. Prior. 28/6. 1955.)
F. LAASS. 5983

---

**N. V. de Bataafsche Petroleum Mij.** (Erfinder: **Jack William Armstrong** und **Charles Edwin Francis**), *Überzugsöl für Luftfilter.* (**Aust. P. 221 083** vom 18/6. 1957, ausg. 30/4. 1959. A. Prior. 18/6. 1956. — C. **1958.** 12794 [D. A. S. 1 026 921].)

**Philco Corp.**, Philadelphia, übert. von: **William E. Bradley**, New Hope, Pa., V.St.A., *Formgebung von Halbleitern.* (**A. P. 2 846 346** vom 26/3. 1954, ausg. 5/8. 1958. — C. **1960.** 15522 [E. P. 810 946].)

**Bendix Aviation Corp.** (Erfinder: **Edwin Joyce Rogers** und **Ralston Russell jun.**), *Herstellung von keramischen Körpern.* (**Aust. P. 209 541** vom 3/5. 1956, ausg. 22/8. 1957. A. Prior. 13/5. 1955. — C. **1960.** 15173 [E. P. 805 337].)

**N. V. Philips' Gloeilampenfabrieken**, Eindhoven, Holland, *Ferromagnetisches Material.* (**Ind. P. 57 985** vom 25/7. 1956, ausg. 20/9. 1957. — C. **1959.** 11690 [Holl. P. 88 300].)

**N. V. Philips' Gloeilampenfabrieken** (Erfinder: **Evert Willem Gorter**, Eindhoven, **Frederik Karel Lotgering**, Aalst, und **Hugo Gerrit Beljers**, Eindhoven), Holland, *Herstellung eines ferromagnetischen Materials.* (**Holl. P. 95 813** vom 21/10. 1957, ausg. 15/11. 1960. — C. **1961.** 6272 [D. A. S. 1 087 962].)

**N. V. Philips' Gloeilampenfabrieken**, Eindhoven, Holland, *Herstellung von kubischem Mangan-Zinkferrit.* (**Ind. P. 59 218** vom 26/12. 1956, ausg. 26/2. 1958. — C. **1960.** 3339 [D. A. S. 1 056 035].)

**Dow Chemical Co.**, Midland, Mich., V.St.A., *Galvanisches Primärelement.* (**Ind. P. 59 777** vom 1/3. 1957, ausg. 24/9. 1959. — C. **1961.** 6629 [D. A. S. 1 057 185].)

**Accumulatoren-Fabrik Akt.-Ges.**, Hagen/Westf., *Gasdichter Stromsammler.* (**It. P. 514 721** vom 13/2. 1954. D. Prior. 6/3. 1953. — C. **1956.** 10573 [F. P. 1 092 903].)

**Yardney International Corp.**, New York, N.Y., V.St.A., *Silber-Zink-Akkumulator.* (**Aust. P. 161 003** vom 29/3. 1951, ausg. 24/2. 1955. A. Prior. 4/4. 1950. — C. **1954.** 3539 [A. P. 2 610 219].)

**United States Rubber Co.**, New York, N.Y. (Erfinder: **Frank S. Martin**, Cranston, R. I., und **Edward L. Sillcox**, Cedar Grove, N.J.), V.St.A., *Mikroporöse Scheider für Akkumulatoren.* (**Schwz. P. 350 022** vom 13/6. 1956, ausg. 31/12. 1960. A. Prior. 14/6. 1955. — C. **1961.** 2744 [D. A. S. 1 074 685].)

**National Lead Co.** (Erfinder: **Reginald Henry Greenburgh** und **Joseph Anthony Orsino**), *Elektrode für Bleiakkumulatoren.* (**Aust. P. 208 799** vom 12/5. 1955, ausg. 18/7. 1957. A. Prior. 19/5. 1954. — C. **1959.** 16120 [A. P. 2 759 036].)

**Ions Exchange & Chemical Corp.** (Erfinder: **Meyer Mendelsohn**), *Membran für alkalische Elektrolytsysteme.* (**Aust. P. 209 501** vom 7/7. 1955, ausg. 22/8. 1957. — C. **1959.** 4269 [D. A. S. 1 039 112].)

**Robert Bernas**, Paris, Frankreich, *Einrichtung zur industriellen Bestrahlung mit γ-Strahlen.* (**D. A. S. 1 100 190** Kl. 21g vom 20/3. 1957, ausg. 23/2. 1961. **Schwz. P. 345 696** vom 21/3. 1957, ausg. 31/5. 1960. Beide F. Prior. 21/3. 1956. — C. **1960.** 10014 [Oe. P. 202 658].)

**N. V. Philips' Gloeilampenfabrieken** (Erfinder: **Alewijn Verboon**), Eindhoven, Holland, *Radioaktive Bestrahlungseinrichtung.* (**Schwz. P. 351 038** vom 14/3. 1957, ausg. 15/2. 1961. Holl. Prior. 17/3. 1956. — C. **1960.** 10070 [D. A. S. 1 027 810].)

**Deutsche Edelstahlwerke Akt.-Ges.** (Erfinder: **Erich Zipse**), *Radioaktive Bestrahlungseinrichtung.* (**F. P. 1 206 938** vom 23/5. 1958, ausg. 12/2. 1960. D. Prior. 25/5. 1957. — C. **1959.** 9351 [D. A. S. 1 039 656].)

**Sylvania Electric Products, Inc.** (Erfinder: **Donald Russel Kerstetter** und **Ernest Steven Wennin**), *Folien zum Überziehen von Kathoden.* (**Aust. P. 204 986** vom 31/8. 1955, ausg. 24/1. 1957. A. Prior. 31/8. 1954. — C. **1959.** 1906 [D. A. S. 1 012 700].)

**General Electric Co.**, New York, N.Y., V.St.A., *Elektrolytkondensator.* (**Schwed. P. 156 894** vom 27/12. 1954, ausg. 13/11. 1956. A. Prior. 28/12. 1953. — C. **1957.** 14095 [E. P. 761 647].)

**Farbenfabriken Bayer Akt.-Ges.**, Leverkusen, *Depolarisator.* (**Schwed. P. 157 364** vom 15/1. 1951, ausg. 2/1. 1957. D. Prior. 16/1. 1950. — C. **1956.** 1126 [F. P. 1 030 972].)

## IV. Wasser. Abwasser

**Technische Anwendungen der Hydrologie.** Giuseppe Bragagnolo. (Rassegna Chim. **10.** Nr. 1. 21—24. Jan./Febr. 1958.)

Zusammenfassender Vortrag über die Gewinnung techn. verwertbarer Prodd., bes. $J_2$ (J-Salzen) u. Fango, aus natürlichen Wässern. R. K. MÜLLER. 6010□

**Fluorid-Adsorptions- und -Resorptionserscheinungen an Natrium-Aluminium-Silicat-Zeolithen.** 1. Mitt. R. L. Morris, Josephine Cerny und D. W. Ebert. (Water Sewage Works **107.** 345—47. Sept. 1960. Iowa City, Iowa, State Hygieny Labor.) (Engl.)

Überraschende Befunde, denen zufolge fluoriertes Trinkwasser innerhalb des Verteilungsnetzes höheren F-Geh. aufwies als unmittelbar beim Verlassen des Wasserwerks, veranlaßten Vff. zu Unterss. über den Einfl. häuslicher Enthärtungsanlagen auf den F-Gehalt. Sie fanden diesen Einfl. abhängig vom Austauschermaterial, von der Wasser-Temp., der Anordnung u. Arbeitsweise des Austauschers u. der Regeneration. Adsorption u. Resorption wurden beobachtet bei mineral. Zeolithen, bei vornehmlich Heißwasserenthärtung, bei Reihenschaltung der Austauscher, chargenweisem Betrieb u. Regeneration in Reihenschaltung. Einzelregeneration mit konz. Salz-Lsgg. entfernt das adsorbierte F vollständig. Verd. Salz-Lsgg. beseitigen den F-Film nur unvollständig, u. der Austauscher kann F an das durchlaufende W. wieder abgeben; die Resorptionsphase beträgt normalerweise 10—15% des gesamten Austauschercyclus. Zur Aufklärung des Mechanismus dieser Erscheinungen sind Unterss. noch im Gange.
M. GREMMINGER. 6018□

**Erscheinungsbild und Ursachen der Korrosion in Wasserkreisläufen von Klimaanlagen.** Sidney Sussman und Irving L. Portnoy. (Heating, Piping Air Condit. **33.** 134—40. Juni 1961. Water Serv. Labor., Inc.) (Engl.)

Übersicht über die Ursachen der Wrkg. der in belüfteten Wasserkreisläufen von Klimaanlagen verwendeten Metalle mit prakt. Beispielen. — 14 Schrifttumshinweise.
W. WESLY. 6030□

**Zusammenhang zwischen der Wirkung des zwecks Herabsetzung der Kesselkorrosion zugesetzten Hydrazins und dem pH-Wert des Speisewassers.** Klára Kovács. (Nehézvegyipari Kutató Intézet Közleményei [Mitt. Forsch.-Inst. chem. Schwerind.] **1.** 337—41. Juni 1959. Veszprém, Nehézvegyipari Kut. Int.) (Ung.)

Es werden Labor.- u. Betriebserfahrungen über die korrosionsverhütende Wrkg. von $N_2H_4$ in Abhängigkeit vom pH-Wert mitgeteilt. Optimaler Schutz bei 80°, bei pH 8,7—10. Bei pH $<$8,5 reagiert $N_2H_4$ mit dem in erster Stufe der Ketten-Rk. entstehenden $H_2O_2$ nicht mehr genügend rasch, so daß beschleunigte Korrosion eintritt.
N. SEILER. 6030□

**Amerikanische Rückschau auf die Abwasserliteratur des Jahres 1958.** Friedrich Sierp. (Vom Wasser **26.** 273—414. 1919, herausgeg. Mai 1960. Essen.) (Dt.)

Übersicht mit 734 Literaturzitaten (LZ), gegliedert in 4 Abschnitte: 1. Unters.-Meth. (biochem. O-Bedarf, chem. O-Bedarf, gelöster O, N-Verbb., Halogen-Verbb., P-Verbb., CN-Verbb., organ. Verbb., Metallionen), 41 LZ; 2. häusliches Abwasser (physikal. u. chem. Meth., Tropfkörper, Belebtschlamm, Desinfektion, Schlammausfaulung, Schlammbeseitigung u. -Verw., Detergentien, Abwasserteiche, Abwasser-Wiederverw.), 148 LZ; 3a. industrielle Abwässer (Abwässer der Lebensmittelindustrie, Molkereiabwässer, Schlachthaus- u. Hühnerfleischkonservenabwässer, Brennereiabwässer, chem. u. pharmazeut. Abwässer, Kohlenabwässer, Nebenprodd.-Abwasser von Kokereien, Erdölraffinerieabwässer, Beizerei- u. saure Abwässer, Galvanisierungsanlagen u. cyanhaltige Abwässer, Zellstoff- u. Papierabwässer, Gerbereiabwässer, Textil- u. Wollwaschabwässer), 160 LZ; 3b. radioakt. industrielle Abwässer (umfangreiche Abhandlung sehr spezieller Probleme) 146 LZ; 4. Wasserverschmutzung (Biologie, Mikrobiologie, Schleimwachstum, Chemie, O-Abbau u. Flußselbstreinigung, Fluß-Unterss. u. -Überwachung, Einheitszahlen für Flußwasser, Einfl. auf die Wasserversorgung, Abwasserreinigung u. Kontrolle), 229 Literaturzitate. H. Czech. 6036□

**Versuche zur Entcyanisierung des Kokereiabwassers.** Franz Malz. (Vom Wasser **26.** 217—36. 1959, herausgeg. Mai 1960. Essen.) (Dt.)

Ziel der Arbeit ist es, ein einfaches u. wirtschaftliches Verf. zu finden, das HCN durch Auswaschen mit Luft so weit entfernt, daß der Rest-Geh. im Ablauf 50 mg CN/Liter nicht überschreitet. Detaillierte Unterss. über die Abhängigkeit des Wascheffekts von der Luftmenge, der Temp. u. dem pH-Wert werden angestellt. Der geforderte 95%ig. Wrkg.-Grad wird mit einer halbtechn. Kolonnenanlage durch ein Luft–W.-Verhältnis von 100:1, einer Temp. von 50° u. einem pH-Wert von 6 bei einer Ausgangs-Konz. von 1000 mg CN/Liter erreicht. Diese optimalen Betriebsdaten sind abhängig von CN′-Konz., $NH_4^+$-Geh., pH-Wert des W. u. der Dimension der Glockenbodenkolonne. Gleichzeitig wird bei diesem Verf. $H_2S$ entfernt. Schon bei einem Luft–W.-Verhältnis von 60:1 u. einer Temp. von 25° sind 98% in der Abluft zu finden. 2% des im Zulauf vorhandenen $CN^-$ werden unter den gegebenen Bedingungen in $SCN^-$ umgewandelt. Vf. hält die Meth. zur technolog. Anwendung geeignet. H. Czech. 6040□

**Entfernung der Cyanide aus Abwässern durch Chlorierung. 1. Mitt. Technologische Untersuchungen.** Béla Balla und Tibor Bene. (Nehézvegyipari Kutató Intézet Közleményei [Mitt. Forsch.-Inst. chem. Schwerind.] **1.** 191—97. Juni 1959. Veszprém, Nehézvegyipari Kut. Int.) (Ung.)

Die Oxydation von $CN^-$ durch $Cl_2$ verläuft in alkal. Milieu über mehrere Zwischenstufen. Das zunächst entstehende CNCl hydrolysiert zu $OCN^-$. Dieses ist bei pH 11—12 auch in Ggw. von überschüssigem $Cl_2$ beständig, wird aber mit abfallendem pH zu $CO_2$ u. $N_2$ oxydiert. Betriebstechnolog. scheint die in 2 Stufen erfolgende Oxydation schneller u. zuverlässiger zu sein als ein einstufiges Verfahren. N. Seiler. 6042□

**Entfernung der Cyanide aus Abwässern durch Chlorierung. 2. Mitt. Analytische Methoden.** Béla Balla und Tibor Bene. (Nehézvegyipari Kutató Intézet Közleményei [Mitt. Forsch.-Inst. chem. Schwerind.] **1.** 199—206. Juni 1959. Veszprém, Nehézvegyipari Kut. Int.) (Ung.) — 1. vgl. vorst. Referat.

$CN^-$ in Konzz. über 0,5 mg/Liter wurde durch direkte Titration mit $J_2$-Lsg. („deadstop"-Meth.) bestimmt. Genauigkeit 0,1—1,0%. Zur Best. von noch kleineren $CN^-$-Mengen sowie von CNCl erwies sich die Meth. von Dodge u. Zabban als geeignet. $CNO^-$ (0,4—50 mg/Liter) wurde durch colorimetr. Best. des daraus durch Hydrolyse entstehenden $NH_3$ mit Nesslers Reagens bestimmt. Die Geschw. der $CNO^-$-Hydrolyse wurde in Abhängigkeit vom pH gemessen. Die Best. des akt. Cl erfolgte durch Zugabe von überschüssigem $AsO_3^{3-}$ u. Rücktitration mit $J_2$-Lösung. N. Seiler. 6042□

**Untersuchungen zur Reinigung eines extrem zusammengesetzten Industrie-Abwassers mit dem Belebungsverfahren.** Klaus Mudrack. (Vom Wasser **26.** 203—16. 1959, herausgeg. Mai 1960. Hildesheim.) (Dt.)

Im Labor-Vers. konnte das Abwasser eines Holzverkohlungswerkes unter Verw. eines aus dem Abwasserpilz *Fusarium* bestehenden Belebtschlamms abgebaut werden. Es wurden bis zu 70% $KMnO_4$-Abbau trotz pH 2—3 erreicht. H. Czech. 6044□

**Die Verwertung organischer Substanz durch in Abwässern gezüchtete Chlorella.** Wesley O. Pipes und Harold B. Gotaas. (Appl. Microbiol. **8.** 163—69. Mai 1960. Evanston, Ill., Northwestern Techn. Inst.) (Engl.)

Steriles Abwasser in einer kontinuierlich arbeitenden Algenzucht-App. wurde mit *Chlorella pyrenoides* beimpft. Gelöste organ. Substanz (OS) wurde als Kohlenstoffquelle verwertet. OS wird auch ausgeschieden. Mehr als 3 Tage alte Zellen scheiden mehr OS aus als sie aufnehmen. Da in Abwasserteichen die Verweilzeit mehr als 10 Tage beträgt, ist die Ausscheidung von OS größer als die Aufnahme. Vff. weisen auf die prakt. Bedeutung dieser Feststellung hin. U. Behrens. 6044

**Schlammaufbereitung durch Flockung mit Aluminiumchlorhydrat und Vakuumfiltration.** C. E. Keefer. (Wastes Engng. **31.** 380—83. Juli 1960. Baltimore, Md., Bur. of Sewers.) (Engl.)

In Labor.-Verss. verglich Vf. die Wrkg. von *FeCl₃* (I) u. *Aluminiumchlorhydrat* (II, empir. Formel $Al_2(OH)_4Cl_2$, Lsg. D = 1,25—1,30, pH 2,5) bei der Filtration von ausgefaultem Schlamm. Es zeigte sich, daß II gegenüber I beträchtlich erhöhte Filterkuchen-Vol., bei durchweg etwas höherem Geh. an W. ergab. Die Filtration mußte hierbei nicht wie beim I unmittelbar nach der Flockung erfolgen. Filtration nach 15 u. 30 Min. ergab etwa gleich gute Resultate. Die Verss. wurden mit Flockungsmittelzusätzen von 0,5 bis 5,0% durchgeführt. Bes. vorteilhaft ist, daß II kaum Korrosion bedingt.

HANS THIELE. 6048□

**Beeinflussen radioaktive Stoffe den Schlammabbau?** Werner N. Grune, Chun-Fei Chueh und Roy Peek. (Wastes Engng. **32.** 18—23. Jan. 1961. Georgia Inst. of Technol., School of Civil Engng., Sanitary Engng. Res. Labor.) (Engl.)

Unterss. an Schlämmen, die $^{131}J$ bzw. $^{32}P$ in Konzz. bis zu 600 bzw. 800 mc/Liter enthielten, ergaben im Vgl. zu entsprechenden inakt. Proben: Die Gas-Entw. ist bis 300 mc/Liter die Gleiche, bei 600 mc/Liter ergab sich eine bedeutende Verringerung der Rk.-Geschw.-Konstanten. Während des Abbaus ändert sich die Verteilung des radioakt. J zwischen der festen u. der fl. Phase des Schlamms prakt. nicht. Bei der Steigerung der Aktivität von 1 auf 600 mc/Liter erfolgt wachsende Aufnahme der radioakt. Substanz durch die feste Phase. Die Konz. an flüchtigen Säuren u. der pH-Wert wurden bis 600 mc/Liter nicht nennenswert verändert. Die Gas-Zus. wurde bis 300 mc/Liter nicht beeinflußt; bei 600 mc/Liter wurde das Konz.-Verhältnis $CO_2:CH_4$ verändert, indem die $CO_2$-Konz. größer war als bei inakt. Proben. M. BEHL. 6048□

**Nachweisverfahren für „Urochrom B" im Wasser in Gegenwart von Braunhuminsäuren.** P. G. Sattelmacher und E. Fürstenau. (Gesundheits-Ing. **82.** 16—20. 10/1. 1961. Bundesgesundheitsamt, Inst. für Wasser-, Boden- u. Lufthygiene.) (Dt.)

Die Gewinnung von reinem Urochrom B erfolgt durch Aussalzen des Urochrom B mit $(NH_4)_2SO_4$-Lsg., Maskieren von Fe u. Cu durch $NH_4F$ u. verestern des abzentrifugierten Nd. mit Methanol-HCl. Der Ester wird mit Na-Acetat bis zum Umschlagspunkt von Kongorot abgestumpft u. mit Chlf. ausgeschüttelt. Nach dem Waschen wird das Ester-Chlf.-Gemisch im Vakuum eingeengt u. der Ester durch Ausfällen mit PAe. vorgereinigt. Trennungen des Urochrom B von Huminsäuren mit bas. u. sauren Lsgm. sowie durch Elektrophorese hatten keinen befriedigenden Erfolg. Entscheidend ist, daß höhere Ester der Braunhuminsäuren im Gegensatz zum Urochrom B nur in Spuren gebildet werden. Bei Wasser-Unterss. werden 1—2 Liter W. im Vakuum eingeengt u. gefriergetrocknet. Die Trockensubstanz wird mit Formamid u. wenig Methanol aufgenommen u. mit Diazooctadecan verestert. Eine restlose Trennung gelingt durch Chromatographie in einem Wanderungsgemisch Chlf.:Toluol:Acetonylaceton = 2:2:1. $R_F$ „U.B." beträgt hierbei 0,81, $R_F$ „Braunhuminsäuren" 0,71. — 32 Literaturangaben.

H. SCHUMANN. 6060□

**Eignung der Dichromatmethode zur Bestimmung des Verunreinigungsgrades der Abwässer.** Rudolf Thom. (Gaz, Woda, Techn. sanit. **34.** 477—79. Dez. 1960.) (Pol.)

Der biochem. $O_2$-Bedarf von Molkereiabwässern $BSB_{20}$ entspricht etwa dem chem. $O_2$-Bedarf, bestimmt nach der $K_2Cr_2O_7$-Meth. von ELDRIDGE. Aus dem schnell zu bestimmenden $O_2$-Bedarf läßt sich die notwendige Verdünnung des Abwassers ermitteln.

F. URBAN. 6068□

---

A. P. V. Co. Ltd., London, England, **Entfernen von Phenolen und Formaldehyd aus den Abwässern von Kunstharzfabriken,** dad. gek., daß diese einem Gegenstrom-Verf. mit einem mit W. nicht mischbaren Lsgm., bes. *Butylacetat* oder *Methylisobutylketon*, zur Entfernung der Phenole unterworfen werden, wonach das $CH_2O$ durch Dest. entfernt wird. Enthalten die Abwässer außerdem Säuren, so müssen diese vorher neutralisiert werden. (**Ind. P. 57 064** vom 16/4. 1956, ausg. 5/6. 1958.) C. LÜTTGEN. 6043

Cambridge Instrument Co. Ltd., London, England, **Messen von gelöstem Sauerstoff in Flüssigkeiten,** bes. im *Speisewasser* von *Boilern*, durch Analyse des Spülgases mit Hilfe einer elektrochem. Zelle, in der der Depolarisationsstrom an der Kathode ein Maß für den $O_2$-Geh. ist u. in der die Anode, im wesentlichen aus chem. inertem Material, z. B. aus Pt-Draht, der mit Pt-Schwarz überzogen ist, besteht, dad. gek., daß man als Elektrolyt, durch den der mit dem $O_2$ der Fl. beladene $H_2$-Strom geführt wird, eine mit $H_2$ gesätt. Lsg. verwendet, deren H-Ionen mit Hilfe einer Puffer-Lsg. auf eine solche Konz. gebracht wird, daß das Potential der Kathode in bezug auf die Lsg. zwecks Herst. der Funktionsbereitschaft der Zelle auf einen bestimmten Wert einstellbar ist. (**D. A. S. 1 101 019** Kl. 421 vom 19/6. 1957, ausg. 2/3. 1961. E. Prior. 15/2. 1957.) W. v. HUHN. 6057

## V. Anorganische Industrie

**Die Gewinnung von elementarem Schwefel aus Pyrit und Pyrrhotit.** K. W. Downes und R. W. Bruce. (Canad. Mining metallurg. Bull. **48.** 127—32. 791. Dez. 1955.) (Engl.) — C. **1961. 4485.** W. WESLY. H 253

**Die Adsorptionseigenschaften der verschiedenen Porengruppen der technischen Aktivkohlen.** Gyula Iványi. (Nehézvegyipari Kutató Intézet Közleményei [Mitt. Forsch.-Inst. chem. Schwerind.] **1.** 101—12. Juli 1958. Veszprém, Nehézvegyipari Kut. Int.) (Ung.)

Die Adsorptions-Eigg. der Aktivkohlen werden verschiedenen Porengruppen zugeteilt u. die aufgezählten Eigg. an prakt. Beispielen veranschaulicht. Poren von 1000 Å (Halbmesser) sind für die Adsorption unbedeutend. Die Übergangsporen von 100 bis 1000 Å füllen sich nur bei einem dem Sättigungsdruck nahen relativen Druck mit Kondensat, sie fördern die Diffusion u. entfernen aus Lsgg. Moll. von koll. Dimensionen. Die akt. Poren (5—100 Å) werden unterteilt in Ultraporen (bis 10 Å; Adsorption der Gase u. stark verd. Dämpfe, Kontaktprozesse, Aufnahme von Farbstoffen niedrigmol. Dimensionen), Mikroporen (10—20 Å, Ausscheidung von gelösten Stoffen nichtkoll. Dimension, Kontaktprozesse) u. Makroporen [20—200 Å; irreversible (capillare) Kondens.; Ausscheidung von Koll.]. N. SEILER. H 260□

**Versuche zur Gewinnung technischer Pottasche aus Melasseschlempe unter Verwendung des polnischen Kationits KS 12 im Ammoniumcyclus.** Stanisław Zagrodzki und Helena Zaorska. (Roczniki Technol. Chem. Żywności **5.** 111—19. 1960. Łódź. Politechn., Kat. Cukrown. i. Technol. Środków spoż.) (Pol.)

Melasseschlempe mit 9—18% Trockenmasse wird 30 Min. mit einem Kationenaustauscher mit akt. Methylensulfonsäuregruppen behandelt. Der Austauscher wird mit W. gewaschen u. $K^+$ mit einer 2,5n $(NH_4)_2CO_3$-Lsg. eluiert. Die Lsg. wird eingedampft u. $(NH_4)_2CO_3$ abgeraucht. Der Rückstand besteht aus 95%ig. $K_2CO_3$. Die Ausbeute an K-Sglz beträgt 80%. Die von $K^+$ befreite Schlempe u. das Waschwasser werden mit $Ca(OH)_2$ versetzt, um $NH_3$ wiederzugewinnen. Auf die Möglichkeit der Automatisierung des Austauschprozesses mit Hilfe eines Flammenphotometers als Anzeigegerät wird hingewiesen. F. URBAN. H 275□

---

Monsanto Chemical Co., St. Louis, Mo., übert. von: Robert A. Ruehrwein und Forrest V. Williams, Dayton, Ohio, V.St.A., **Kristallisation von amorphem Borphosphid,** dad. gek., daß dieses in Ggw. von P-Dämpfen auf über 1400° F, bes. auf 1400—2800° F, erhitzt wird. (**A. P. 2 966 424** vom 3/3. 1958, ausg. 27/12. 1960.) A. GRADL. H 258

United States Borax & Chemical Corp., Los Angeles, Calif., V.St.A. (Erfinder: Raymond Thomson und Brian Philip Long), **Wasserfreies Borphosphat** wird dadurch erhalten, daß in konz. wss. $H_3PO_4$ feinteilige $H_3BO_3$ eingetragen wird, wobei bes. äquivalente Mengen angewandt werden, u. die Suspension nach gründlichem Mischen in einem Turbomischer oder in einer Koll.-Mühle bei 1000—1300° entwässert wird. (**E. P. 856 332** vom 1/11. 1957, ausg. 14/12. 1960.) K. WOLK. H 258

Monsanto Chemical Co., St. Louis, Mo., übert. von: Bernard A. Gruber, Dayton, Ohio, V.St.A., **Herstellung von elementarem Phosphor,** dad. gek., daß ein geschmolzenes Bad aus Alkali-, Borphosphaten u. Mischungen von Alkaliphosphaten mit B-Oxyden, $H_3BO_4$, Alkali- u. Erdalkaliboraten, wobei das mol. Verhältnis zwischen den B-Verbb. u. den Phosphat-Verbb. in den Mischungen 0,001—2 beträgt, elektrolysiert wird. (**A. P. 2 965 552** vom 30/12. 1957, ausg. 20/12. 1960.) A. GRADL. H 264

International Minerals & Chemical Corp., Chicago, Ill., V.St.A., **Klären von sauren, anorganischen Phosphatlösungen,** dad. gek., daß den zu klärenden Lsgg. ein Alkalisilicat als anorgan. Klärmittel u. ein organ. Klärmittel (Tallöl, Tallölfraktionen, aliphat. Fettsäuren mit 10—20 C-Atomen u. deren Alkaliseifen) zugesetzt wird. (**E. P. 858 443** vom 4/12. 1958, ausg. 11/1. 1961. A. Prior. 30/12. 1957.) A. GRADL. H 264

Duval Sulphur & Potash Co., Houston, Tex., übert. von: Ira B. Phillips, Carlsbad, N. Mex., V.St.A., **Granulieren von Kaliumchlorid.** Feinteiliges KCl wird mit gesätt. wss. KCl-Lsg. in solchem Verhältnis gemischt, daß das Gemisch 0,1—2% Feuchtigkeit enthält, worauf das Gemisch dann bei zwischen 200 u. 280° F liegenden Temp. zu Platten verpreßt u. die Platten auf die gewünschte Korngröße zerkleinert werden, wobei das beim Zerkleinern anfallende Unterkorn zurückgeführt wird. — Verf.-Schema. (**A. P. 2 935 387** vom 31/5. 1957, ausg. 3/5. 1960.) K. WOLK. H 275

Wintershall Akt.-Ges., Celle (Erfinder: Hans Henne, Kassel, und Kurt Ratsch, Wölfershausen/Werra), **Herstellung von Kaliumsulfat** durch Umsetzen

einer KCl-haltigen Sulfatmutterlauge mit Kieserit (I) oder Bittersalz (II) zu Kalimagnesia (III) u. deren Umsetzung mit KCl-Lsg. erfolgt dadurch, daß die mit der KCl-Lsg. zu $K_2SO_4$ umzusetzende III z. T., bes. zu $^2/_3$, durch Umsetzung von KCl-haltiger Sulfatlauge mit I bzw. II, der Rest durch Umsetzung von Kainit mit W. gewonnen wird, worauf die bei beiden Umsetzungen anfallende III gemeinsam mit KCl-Lsg. zu $K_2SO_4$ umgesetzt wird u. ein Teil der bei dieser Umsetzung anfallenden Sulfatlauge zur Bldg. von III durch Zugabe von I verwendet, während der Rest zum Hochdecken von KCl eingesetzt wird. Die Herst. erfolgt bes. mit einem Kainit, der durch Umsetzung von III-Lauge mit Carnallit u. $MgSO_4$ bei $<60°$, bes. bei 40°, erhalten wurde, wobei aus der bei der Kainitgewinnung anfallenden Mutterlauge durch Verdampfen Carnallit auskristallisiert, der an den Ausgang des Verf. der Kainitgewinnung zurückgeführt wird. — Verf.-Schema. (**D. A. S. 1 106 300** Kl. 12 l vom 14/2. 1959, ausg. 10/5. 1961.)
K. WOLK. H 275

F. L. Smidth & Co. A/S, Kopenhagen, Dänemark (Erfinder: Louis Petersen), **Kühlung von im Drehrohrofen hergestelltem Aluminiumoxyd** in einem um die Peripherie des Drehrohrofens an dessen unterem Ende angeordneten Kühlern. Die den Kühler im Gegenstrom passierende Kühlluft tritt nicht durch die Eintrittsöffnungen des Gutes vom Drehrohr in den Kühler, sondern durch bes. für die Kühlluft vorgesehene Kanäle. — Abbildung. (**E. P. 831 413** vom 16/6. 1958, ausg. 30/3. 1960.)
M. NECKERMANN. H 294

Esso Research and Engineering Co., Elizabeth, N.J., V.St.A., **Herstellung von reinem η-Aluminiumoxyd**, das bes. als Katalysatorträger geeignet ist, durch Rk. eines Olefins, bes. Äthylen, mit einer Verb. der allg. Formel $Al{<}^{R_1}_{R_3}{-}R_2$, in der $R_1$ für einen $C_2$–$C_2$-Alkylrest u. jedes der $R_2$ u. $R_3$ für einen $C_1$—$C_8$-Alkylrest oder H stehen, in einem organ. Lsgm., z. B. Bzl., unter Druck bei 200—240°, bes. 90—115°. Das entstandene Gemisch aus Al-Alkylen mit höherem Molgew. wird oxydiert, u. die Al-Alkoholate werden hydrolysiert u. gealtert zu $\beta$-$Al_2O_3 \cdot 3\,H_2O$. Durch Erhitzen auf 260—800°, bes. 600—700° → $\eta$-$Al_2O_3$. (**E. P. 844 637** vom 20/5. 1957, ausg. 17/8. 1960. A. Prior. 13/6. 1956.)
H. NEBELSIEK. H 294

Fabriques de Produits Chimiques de Thann et de Mulhouse, Frankreich (Erfinder: Robert Mas, Maurice Figuet und André Mischaud), **Gewinnung von flüssigen Metallchloriden** (I), wie *Ti-*, *Sn-* oder Si-Tetrachlorid, aus dem bei der Herst. dieser Chloride anfallenden Schlamm, der noch erhebliche Mengen an I neben festen Metallchloriden (II) u. Verunreinigungen enthält. Dieser Schlamm wird in dem von der Chlorierung kommenden heißen Abgas fein zerstäubt, so daß die I verdampfen, wobei die Temp. des Abgases ca. 20—60° über dem Taupunkt der I liegt. Sinkt die Gas-Temp. unter die Verdampfungs-Temp. der II, bleibt aber oberhalb des Taupunkts der I, so scheiden sich die II ab, während die I zur Kondens. weitergeleitet werden. Der Schlamm kann zweckmäßig mit fl. Rohchlorid verd. werden. — Man kann auch die I durch heiße Inertgase, wie überhitzten Chloriddampf, $N_2$ u. dgl., rasch verdampfen, wobei darauf zu achten ist, daß die End-Temp. des Gases über dem Taupunkt der I, aber wesentlich unterhalb der Verdampfungs-Temp. der II liegt. — Schemat. Zeichnungen. (**F. PP. 1 181 076** u. **1 181 077** vom 12/8. 1957, ausg. 11/6. 1959.)
W. WITTHOLZ. H 327

Commissariat à l'Énergie Atomique, Frankreich (Erfinder: Jean Holder), **Ausfällen von Uran(VI)-Verbindungen** aus Lsgg. durch Vorneutralisation bis pH 3, Zusetzen von $NH_4$-Carbonat als Salz oder Lsg. bis pH 5 u. 30 Min. Erhitzen auf 90—100°. — 120 Liter einer 25 g Uranylnitrat je Liter enthaltenden Lsg. werden mit $NH_3$ bis pH3 vorneutralisiert u. mit einer 200 g $NH_4$-Carbonat je Liter enthaltenden Lsg. bis pH 5 versetzt, dann wird 30 Min. zum Sieden erhitzt u. der Nd. abgeschieden. (**F. P. 1 184 369** vom 15/10. 1957, ausg. 21/7. 1959.)
W. WITTHOLZ. H 339

British Titan Products Co. Ltd., Billingham, Durham, England (Erfinder: Robert William Ancrum und James Dennis Groves), **Gewinnung der Oxyde,** die in den bei der *Gasphasenoxydation* von *Titan-* u. *Siliciumtetrachlorid* sowie *Fe(III)-Chlorid* anfallenden heißen Rk.-Prodd. enthalten sind, erfolgt dadurch, daß die Rk.-Prodd. mit W. in einem Sprühturm so rasch auf $<200°$, bes. $<100°$, abgekühlt werden, daß HCl-Bldg. verhindert wird. Vom Boden des Sprühturms wird die Oxyd-W.-Suspension abgeführt, deren W. z. T. als Kühl-Fl. für den Sprühturm, z. T. zum Auswaschen in einem dem Sprühturm nachgeschaltetem Waschturm, in welchem die

aus dem Sprühturm austretenden Gase vollständig von den Oxyden befreit werden, verwendet wird. — Vorr.-Verf.-Schema. (**E. P. 849 140** vom 29/11. 1957, ausg. 21/9. 1960.)
K. WOLK. H 354

Puriron & Chemicals, Inc., übert. von: Charles B. Francis, Pittsburgh, Pa., V.St.A., **Gewinnung von festem Eisen(II)-sulfat** aus einer $FeCl_2$-Lsg., die man durch Behandlung von Eisenerzen mit HCl erhalten hat. Man dampft die $FeCl_2$-Lsg. ein, so daß sich $FeCl_2$-Kristalle bilden. Diese trägt man in $H_2SO_4$ ein, wobei sich $FeSO_4$-Kristalle bilden, während HCl-Dämpfe entweichen. Durch Zufluß weiterer $H_2SO_4$ schwemmt man die $FeSO_4$-Kristalle ab u. sammelt sie. (**A. P. 2 880 062** vom 16/1. 1957, ausg. 31/3. 1959.)
H. NEBELSIEK. H 354

General Electric Co., Schenectady, N.Y., V.St.A., **Synthese von Diamant.** Kohlenstoff wird einem Druck von $>$75000 at (bes. 80000—110000 at) u. 1200—2000° in Ggw. geeigneter, als Katalysatoren wirkender Metalle (z. B. Pt, Cr, Ta, Mn bzw. deren Verbb., die bei den Rk.-Bedingungen zu den Metallen zersetzt werden), ausgesetzt. (**E. P. 830 743** vom 14/2. 1956, ausg. 16/3. 1960. A. Prior. 14/2. 1955.)
E. MIESSGANG. 6153

---

**Laporte Chemicals Ltd.**, Luton, England, *Regenerieren von Palladium-Katalysatoren für die Hydrierung.* (**Ind. P. 55 920** vom 25/11. 1955, ausg. 28/12. 1956. E. Prior. 9/12. 1954. — **C. 1959.** 1240 [E. P. 787 340].)

**Walter M. Weil**, Shaker Heights, Ohio, V.St.A., *Herstellung von Metallboriden von Ti, Zr, Th, Nb und Ta.* (**Norw. P. 90 111** vom 16/2. 1954, ausg. 7/10. 1957. — **C. 1955.** 5625 [A. P. 2 678 870].)

**Werner Meusel**, Lautawerk/Lausitz, *Entfernung von Natrolithkrusten aus den Heizröhren der Verdampfer der Bayerschen Tonerdeaufbereitungsapparatur.* (**Ung. P. 143 383** vom 4/10. 1954, ausg. 1/10. 1956. — **C. 1956.** 12660 [D. P. [DDR] 8 949].)

**Pechiney Comp. de Produits Chimiques et Électrométallurgiques** (Erfinder: **René Perrieres** und **Raymond Bollack**), *Herstellung von Aluminiumnitrid.* (**Aust. P. 219 256** vom 30/7. 1957, ausg. 22/1. 1959. F. Prior. 31/7. 1956. — **C. 1960.** 14485 [Oe. P. 205 003].)

**Union Carbide Corp.**, New York, N.Y., V.St.A. (Erfinder: **Joseph Harrison Brennan**), *Titancarbid.* (**F. P. 1 177 342** vom 18/6. 1957, ausg. 23/4. 1959. **Belg. P. 558 523** vom 19/6. 1957, ausg. 25/3. 1960. Beide A. Prior. 19/6. 1956. — **C. 1960.** 11429 [Aust. P. 217 520].)

**Laporte Titanium Ltd.**, Luton, Bedfordshire, England (Erfinder: **John Francis Whyte**), *Gewinnung von Titantetrachlorid nach dem Wirbelschichtverfahren.* (**E. P. 827 603** vom 22/2. 1956, ausg. 10/2. 1960. **Belg. P. 555 182** vom 20/2. 1957, ausg. 12/2. 1960. — **C. 1960.** 8644 [Aust. P. 213 146].)

**National Distillers & Chemical Corp.**, New York, N.Y., V.St.A., *Kontinuierliche Herstellung von Titan- oder Zirkoniumsubchloriden.* (**E. P. 834 197** vom 18/9. 1956, ausg. 4/5. 1960. A. Prior. 21/9. 1955. — **C. 1959.** 15806 [D. A. S. 1 054 975].)

**Montecatini Soc. Gen. per l'Industria Mineraria e Chimica** (Erfinder: **J. Dakli** und **L. Corsi**), Mailand, Italien, *Herstellung von Nickelcarbonyl.* (**Belg. P. 553 089** vom 1/12. 1956, ausg. 15/1. 1960. It. Prior. 2/12. 1955. — **C. 1960.** 7293 [E. P. 813 819].)

**Union Carbide Corp.**, New York, N.Y. (Erfinder: **Wilfred Drost**, Williamsville, N.Y., und **Richard William Kebler**, Speedway, Ind.), V.St.A., *Herstellung synthetischer Einkristalle.* (**D. A. S. 1 067 409 Kl. 12c** vom 11/8. 1956, ausg. 22/10. 1959. A. Prior. 12/8. 1955. — **C. 1960.** 7643 [E. P. 809 011].)

---

**M. Je. Posin**, Technologie der Mineralsalze. (Düngemittel, Pesticide, industrielle Salze, Oxyde und Säuren). 2. verb. u. vervollst. Aufl. unter Mitarb. von **L. S. Arssenjewaja** u. a. Leningrad: Gosschimisdat, Leningrader Abt. 1961. (1008 S.) 4 Rbl. 72 Kop. [Russ.]

## VI. Silicatchemie. Baustoffe

**Technische Fortschritte bei Bauglas.** Lawrence Pilkington. (Szkło i Ceram. **11.** 4—7. Jan. 1960. St. Helens, England.)
Geschichtliche Entw. der Herst. von geschliffenem Glas u. Fensterglas.
F. URBAN. 6168□

**Fortschritte in der Verklebung von Gläsern.** A. Foulon. (Sprechsaal Keram., Glas, Email **93.** 69—70. 20/2. 1960.)
Feste u. chem. weitgehend resistente Verklebungen von Glas, auch mit beliebigen anderen Materialien, lassen sich mit handelsüblichen, lösungsmittelfreien Mehrkomponenten-Kunstharzklebstoffen herstellen. E.-M. AMRHEIN. 6168□

**Löslichkeit von Schamotte in optischem Glas.** Jan Chmieleński und Alicja Uszyńska. (Szkło i Ceram. **11.** 9—11. Jan. 1960.)
Je intensiver die Glasmasse gerührt wird, um so mehr Schamotte (I) wird aus der Schmelzwanne herausgelöst. Je größer die Schmelzwanne ist, desto weniger **I** kommt in die Schmelze. Eine Glasur schützt die **I** nicht vor dem Angriff der Schmelze, aber sie verhindert das Eindringen von Luftbläschen aus der Wanne in die Glasmasse. Die Unterss. wurden mit Hilfe spektrograph. Messung des Fe-Geh. in der **I** u. im Glas durchgeführt. F. URBAN. 6174□

**Beitrag zum Laugenangriff auf feuerpolierte Glasoberflächen.** Leo Schumacher und Hans-Ernst Schwiete. (Glastechn. Ber. **33.** 1—7. Jan. 1960). (Dt.)

Gegenstand der Unterss. ist der Angriff von Laugen auf Glasoberflächen. Er wird durch Wägen der Proben zeitlich bestimmt u. durch Beobachtungen am Mikroskop sichtbar gemacht. Das Erscheinungsbild des Laugenangriffs gleicht in starkem Maße dem des $H_2F_2$-Angriffs. Beiden Angriffsarten ist die kraterförmige Zerstörung der Glasoberfläche gemeinsam, die Geschw. des $H_2F_2$-Angriffs beträgt jedoch das 100fache des Laugenangriffs. N. PETERS. 6188□

**Thermische Beständigkeit von Gläsern der ASTM-Thermometer.** Ernest L. Ruh und George E. Conklin. (ASTM Bull. **1958.** Nr. 233. 35—38. Okt.) (Engl.)

An 14 handelsüblichen u. 3 speziell gefertigten Hg-Dest.-Thermometern, 0—400°, wurde geprüft, wie weit die Verw. bei hohen Temp. einen bleibenden Anzeigefehler verursacht. Die Hg-Kugel u. ein Teil des Schaftes wurden maximal 600 Std. bei 370° bzw. 350 Std. bei 400° getempert u. ½—1 Std. nach dem Abkühlen der Eispunkt bestimmt. Nach der gesamten Vers.-Zeit war er bei 370° um maximal +9°, bei 400° um maximal +13° verlagert. Die Spezialthermometer schneiden am besten ab. Für die Konstanz bei therm. Beanspruchung ist die Entspannung des Glases bei der Thermometer-Herst. der krit. Punkt. Auch bei einwandfreier Verarbeitung soll im Dauerbetrieb 370° nicht überschritten werden. E.-M. AMRHEIN. 6200□

**Dichteänderung von Bleiglas durch Wärmebehandlung.** Toru Kishii. (Glastechn. Ber. **33.** 47—52. Febr. 1960.) (Dt.)

Des öfteren wurden die Dichteänderungen von Gläsern bei konst. Temp. innerhalb des Transformationsgebiets untersucht u. die Ergebnisse durch Einführung bestimmter Begriffe (fiktive oder Netzwerks-Temp.) zu deuten versucht. Neueste Ergebnisse stehen jedoch mit den natürlichen Folgerungen aus diesen Theorien in Widerspruch. Beim Studium der Dichteänderung eines *Pb-K-Na*-Glases wurde gefunden, daß beim Erhitzen gegensätzliche Erscheinungen auftreten, die an einem Rk.-Modell erläutert werden. N. PETERS. 6200□

**Die Erschmelzung des $B_2O_3$-haltigen Glases.** C. Bărbulescu. (Ind. uşoară **3.** 335—37. Aug. 1956.) (Rum.)

Für die Herst. des techn. Prod. eignen sich besser geschmolzene Quarz- u. nicht $Al_2O_3$-haltige Blöcke. G. BAUER. 6200□

**Untersuchungen von Relaxationserscheinungen an Alkali-Silicat-Gläsern.** Reinhard Jagdt. (Glastechn. Ber. **33.** 10—19. Jan. 1960.) (Dt.)

Zum Studium von Relaxationserscheinungen an Gläsern eignen sich bes. einfach zusammengesetzte Alkalisilicate. Die Temp.-Abhängigkeit der inneren Reibung u. des E-Moduls von verschieden zusammengesetzten Alkalisilicatgläsern wurde zwischen —180° u. dem Transformationsbereich untersucht. Die Viscosität der Gläser wird innerhalb eines weiten Temp.-Bereichs angegeben, der Einfl. der Kühlung wird genau erörtert. Alle Messungen wurden bei genau definierten u. reproduzierbaren Kühlzuständen ermittelt, hierdurch wird ein Vgl. auf gesicherter Grundlage mit den Messungen anderer Autoren ermöglicht. N. PETERS. 6200□

**Über die Veränderung der dielektrischen Eigenschaften von Alkalisilicat-Glas infolge Druckeinwirkung.** Béla Nádor. (Nehézvegyipari Kutató Intézet Közleményei [Mitt. Forsch.-Inst. chem. Schwerind.] **1.** 325—29. Juni 1959. Veszprém, Nehézvegyipari Kut. Int.) (Ung.)

Die DK u. der dielektr. Verlust von gezogenem Tafelglas ändert sich mit steigendem Druck (Maximalbelastung 2,6 t/cm²) in charakterist. Weise. Die Meßvorr. wird beschrieben. Beide Größen wachsen bis 350—400 kg/cm² an u. fallen dann bei höheren Drücken ab. Unter Zugrundelegung des Modells von ZACHARIASEN kann angenommen werden, daß der Löcherabstand zunächst abnimmt, ohne daß die Potentialverhältnisse im einzelnen Loch geändert werden. Diese ändern sich erst bei > ca. 400 kg/cm². N. SEILER. 6200□

**Ein vielseitiges Meßgerät der Wärmestellen in der keramischen Industrie.** Adolf Weber. (Ziegelindustrie **14.** 3—7. Jan. 1961.) (Dt.)

Das Messen eines unbekannten festen oder veränderlichen Widerstands geschieht mit Hilfe der WHEATSTONEschen Meßbrücke. Die Veränderungen des Widerstandswerts von vorzugsweise Pt u. Ni werden für Messungen der Temp., der Strahlung u. der Gas-Konz. benutzt. N. PETERS. 6206□

**Zur Rheologie von Emailschlickern.** Armin Petzold und Kalrheinz Herdt. (Sprechsaal Keram., Glas, Email **91.** 200—03. 5/5. 1958. Freiberg/Sa., Bergakad., Inst. für Silicathüttenkunde.) (Dt.)

Nach einleitenden Bemerkungen über die Bedeutung der Kenntnis rheolog. Ergg. von Emailschlickern wird auf die Prüfverff. der Schlickerkonsistenz u. andere rheolog. Unterss. eingegangen. G. BAUER. 6212□

**Fehlerhafte Abstimmung zwischen keramischer Masse und Email.** L. Lécrivain. (Ind. ceram. **1961.** Nr. 526. 5—10. Jan.) (Franz.)

Es wird auf die notwendige Abstimmung der Eigg. von Masse u. Email durch Dilatometer- u. Abschreckfestigkeitsprüfung hingewiesen u. ausführlich die nachträgliche Aufblähung durch Hydrat-Bldg. im Scherben behandelt. Die Prüfung im Autoklaven als Kriterium für die Alterungsbeständigkeit wird für verschiedene Massen bes. behandelt, Fayencemassen werden auf Zusammenhang der Eigg. mit Zus. der Masse, Mahlung, Mischung u. Brenntemp. untersucht. L. KÜHNERT. 6212□

**Emails für niedrige Brenntemperaturen.** Rudolf Märker. (Sprechsaal Keram., Glas, Email **93.** 65—69. 20/2.; 89—91. 5/3. 1960. Ankarsrum, Schweden.)

Die Verarbeitung von Emails mit einer Einbrenntemp. von 700° (E 700), sonst aber gleichen Eigg. wie die der höher einzubrennenden, ist aus wirtschaftlich-technol. Gründen anzustreben. Die damit verbundenen Probleme, bzw. sich ergebenden Vorteile, z. B. Verw. von Blechen mit höheren C-Geh. als bisher möglich, für großflächige Emaillierungen, werden aufgezeigt. E 700-Versätze, deren Eigg. u. Einsatzmöglichkeiten sind angegeben. Bei der Verw. von E 700 muß der Blechvorbehandlung, dem Mahlen der Fritte, dem Auftragen u. Trocknen des Schlickers eine erhöhte Aufmerksamkeit geschenkt werden, als für die bisherige Emaillierung notwendig. — 66 Literaturangaben. E.-M. AMRHEIN. 6212□

**Die Abgrenzung glasierter Flächen.** Gebhard Bierbrauer. (Keram. Z. **12.** 429—30. Aug. 1960.) (Dt.)

Zu dekorativen Zwecken verlangt man öfters abgegrenzte glasierte Flächen. Diese Flächen können an unglasierte oder anders glasierte grenzen. Die Abgrenzung erfolgt durch Konturen aus Scherbenmaterial, Glasur oder nicht keram. Material. N. PETERS. 6212□

**Gebrauch von Zirkonium in Hartporzellanglasuren.** Oleg Gulevič. (Sklář a keramik **11.** 32—35. 1961. Karlovy Vary, Průmyslová škola keramická.) (Tschech.)

Es wurde die Verw. von reinem $ZrO_2$ u. Zr-Silicat (I) [65 (%) $ZrO_2$, 34,5 $SiO_2$, 0,1 $Fe_2O_3$ u. 0,1 $TiO_2$] für Hartporzellanglasuren untersucht. In bezug auf Korngröße wurden 4 Sorten von I (0,5—10, 10—20, 20—40 u. 40—60 $\mu$) verwendet. Die Glasuren enthielten 0, 2,5, 5, 7,5 u. 9% von **I**. Bei den Verss. wurden Schmelzbarkeit (als Feuerfestigkeit in SK), Viscosität, Weißtrübung, chem. Widerstandsfähigkeit, Abriebfestigkeit u. Wärmeausdehnung untersucht. Die Feinheit der Glasuren erhöht den Härteeffekt. Aus den Vers.-Ergebnissen geht hervor, daß **I** für die Weißtrübung geeigneter ist als $ZrO_2$, da es in der Glasur leichter lösl. ist. J. SCHNEIDER. 6212□

**Fehler an emailliertem Guß.** A. Thürmer. (Sprechsaal Keram., Glas, Email **91.** 203—04. 5/5. 1958.) (Dt.)

Beschreibung einiger Emailfehler, bes. auf gepudertem Guß, die unter dem Namen Risse, Abplatzen oder Poren zusammengefaßt werden. Unters. der Ursachen u. der Möglichkeiten zur Verminderung u. Ausschaltung der Fehler. G. BAUER. 6212□

**Abriebfestigkeit von Glasemail.** Anonym. (Foundry Trade J. **110.** 269—73. 2/3. 1961. Inst. of Vitreous Enamellers.) (Engl.)

Beschreibung einer Vorr. zur Best. der Abriebfestigkeit von Glasemail. — Diskussion. W. WESLY. 6212□

**Zur Frage der Formgebung der Porzellanerzeugnisse durch Gießen.** P. P. Budnikow. (Sklář a keramik **11.** 40—42. 1961. Moskau, Mendélejew Inst.) (Tschech.)

Überblick über die theoret. Grundlagen der Technologie der Zubereitung u. Bearbeitung von keram. Massen durch Gießen. Es wurden die Faktoren, die die Zubereitung von typ. Porzellanmassen mit gewöhnlichem Ton- u. Kaolin-Geh. beeinflussen, diskutiert. Weiter wurde die Zubereitung u. Bearbeitung von Massen mit $Al_2O_3$, BeO, $ThO_2$, MgO, CaO u. $ZrO_2$ ohne Zugabe oder mit Zugabe von Ae., Oleinsäure, Paraffin, Wachs usw. besprochen u. der notwendige pH-Wert der Masse vor dem Gießen angegeben. J. SCHNEIDER. 6214□

**Konstruktive und brenntechnische Neuerungen beim kontinuierlichen Brennen vom Porzellan.** Bauer. (Euro-Ceramic [Düsseldorf] **10.** 367—68. Dez. 1960. Nürnberg.) (Dt.)

Neueste Konstruktionstypen von Porzellanöfen entbehren Ein- u. Ausgangstüren für den Warendurchgang, indem die Art der Ausbildg. der Tunnelwände u. Ofengewölbe eine aerodynam. Schleuse darstellt. Der Beheizung der Tunnelöfen mit Kohlengeneratorgas u. Ferngas oder durch direkte Ölfeuerung ist die mit Ölgas u. Flüssiggas an die Seite getreten. Trotz erhöhter Anschaffungskosten für die automat. Regelung bei diesen Feuerungen sind die Brennkosten keineswegs höher als die der Generatorgasbeheizung. R. KAISER. 6214□

**Bemerkungen über die Rolle der Kohle im Scherben während des Brennens von Porzellan.** Zbigniew Syska. (Szkło i Ceram. **11.** 14—16. Jan. 1960.)

Bei Brenntemp. $>1000^0$ wird in den Poren des Scherbens beim Sintern CO eingeschlossen. Beim Kühlen zerfällt dieses zunehmend zu C u. $CO_2$. Der Zerfall wird durch Fe-Verbb. katalysiert. Oxydation des im Scherben eingeschlossenen C durch Luft-$O_2$ kann erst dann erfolgen, wenn sich $CO_2$ u. Wasserdampf vollständig verflüchtigt haben. Für die Praxis ist es deshalb wichtig, daß die Temp. im krit. Bereich des Brennens von Porzellan (900—1100$^0$) durch zu starke Luftzufuhr nicht sinkt. F. URBAN. 6214□

**Neue Entwicklungsrichtungen in der keramischen Trockentechnik.** Milan Korger. (Sklář a keramik **11.** 43—45. 1961. Praha, Státní výzkumný ústav tepelné techniky.) (Tschech.)

Vor- u. Nachteile der Zerstäubungstrockenkammer wurden eingehend diskutiert. Bes. wird der Einfl. der aerodynam. Verhältnisse auf die Trocknungsintensität u. auf die Qualität der erzeugten Waren (z. B. Isolatoren) hervorgehoben.
J. SCHNEIDER. 6220□

**Beständigkeit von Siliciumcarbid beim Brennen.** Zdeněk Bašus. (Sklář a keramik **11.** 30—32. 1961. Karlovy Vary — Březová, Výzkumné pracoviště u národního podniku Karlovarský porcelán.) (Tschech.)

Erörterung über Eigg., Qualität, Brennen in $O_2$, Luft, Wasserdampf, CO u. $CO_2$, den Brennvorgang, die Möglichkeiten seiner Beeinflussung auf Grund von Literaturdaten u. eigenen Untersuchungen. J. SCHNEIDER. 6220□

**Gewinnung neuer Arten von Silicatmaterialien durch Vereinigung von siliciumorganischen mit einigen anorganischen Verbindungen.** L. M. Chananaschwili. (Сообщения Академии Наук Грузинской ССР [Mitt. Akad. Wiss. GrusinSSR] **20.** 307—14. März 1958. Tbilissi, Akad. der Wiss. der GrusinSSR, Abt. für techn. Wiss.) (Russ.)

Tetraalkoxysilane u. deren Derivv. wurden mit wss. alkal. Lsgg. von Aluminaten, Plumbiten u. Stannaten zur Rk. gebracht u. dabei nach diesem neuen Verf. künstliche organ. Silicate mit wertvollen techn. Eigg. dargestellt. Tetramethoxy-, Tetraäthoxy-, Methyltriäthoxy- u. Dimethyldiäthoxysilan wurden nach dem früheren Verf. (vgl. C. **1959.** 9197) aus Chlorsilanen sowie Alkyl(Aryl)-chlorsilanen mit Aminen in Aminosilane übergeführt, die dann mit Alkoholen in die entsprechenden Tetraverbb. umgewandelt wurden. Zu eingewogenen Mengen wss. alkal. Lsgg. von Aluminaten, Plumbiten bzw. Stannaten wurden die erforderlichen Mengen an Si-organ. Verbb. gegeben u. unter Umrühren zur Rk. gebracht, wobei nach Dissoziation u. Hydrolyse der Rk.-Stoffe organ. Silicate vom einfachsten Typ $(RO)_3Si-O-Al(O^-)-O-Si(OR)_3 + H_2O$ entstehen. Die Geschw. der Rk. ist sehr unterschiedlich: während Tetramethoxysilan stark endotherm bereits in 1—2 Min. völlig umgewandelt wird, erfordern Tetrapropoxy- u. Tetrabutoxysilane 10std. Einw. bei 65—70$^0$; Tetraäthoxysilan reagiert in wenigen Min. bis 1½ Stunde. Die Röntgenstrukturanalyse nach DEBYE weist bei den Prodd. die Kennzeichen von Hydroalumo- u. Alumosilicaten auf. Die IR-Absorptionsspektroskopie (Pulveranalyse im Bereich 2—15 $\mu$) konnte Absorptionsmaxima nachweisen, die für die Bindungen C—O, Si—O, Na—O, Si—C typ. sind. Auch das für Albit u. Anorthoklas kennzeichnende Maximum bei 10,2 $\mu$ wurde beobachtet. Die techn. Prüfung der erhaltenen Prodd. ergab bei vielen von ihnen eine hohe Wärmestabilität, gute Adhäsion an Glas, Metall, Asbest, Gewebe u. Schleifmaterialien. Allerdings ist die Klebefestigkeit nicht groß, wenn keine Füllstoffe zugegeben werden, da das Haften nur beim Eintrocknen der Klebeschicht, nicht bei dessen Polymerisation erfolgt. Die Prodd. sind in W. leicht lösl. u. eignen sich als wasserabweisende (hydrophobe) Tränkmittel für Gewebe, Papier, Baumaterialien u. andere poröse Stoffe. A. v. WILPERT. 6220□

**Rationelle Entwicklung von Zementspezifikationen.** Hubert Woods. (J. PCA Res. Development Lab. **1.** Nr. 1. 4—11. Jan. 1959. Skokie, Ill., Res. and Devel. Labors, PCA.) (Engl.)

Zementspezifikationen beeinflussen die Verw. verschiedener Baumaterialien u. erfordern bes. Prüfmethoden. Vf. gibt von der ASTM ausgehend eine histor. Übersicht über Festigkeitsproben u. Sicherheitsteste. Hierbei werden Autoklavprobe, Erstarrungszeit, Abhängigkeit von der Korngröße, vom MgO- u. $SO_3$-Geh. sowie chem. Analysen-Meth. erörtert. — 40 Literaturzitate. H. SCHUMANN. 6222□

**Schnell erhärtender Zement.** F. Vavřín und F. Túma. (Stavivo **37.** 76—78. März 1959. Gottwaldov, Výzkumný ústav kraj sdružení n. p. ve stavebnictví.)

Im Anschluß an die Arbeit von KOUPIL (C. **1960.** 10365) untersuchten Vff. folgende weiteren Faktoren: Einfl. der Lagerzeit des schnellhärtenden Zements auf seine Eigg., Einfl. der Größe des Wasser-Zement-Faktors u. des $CaCl_2$-Zusatzes auf die Festigkeit des aus dem Zement hergestellten Betons u. Verw.-Möglichkeiten des Zements zur Herst. von Schlacken- u. Hüttenbimsbeton. E.-L. SCHMELING. 6222

**Beton für Strahlungsschutz.** Thomas Jaeger. (Bauplan. — Bautechn. **10.** 221—33. 257. Juni 1956.) (Dt.)

Allg. Überblick. — 78 Literaturangaben. O. MARTINI. 6224□

**Versuchsergebnisse über Eigenschaften und Haltbarkeit des Flugaschebetons.** Mihály Schütz. (Építöanyag [Baumaterial] **12.** 373—80. Okt. 1960.) (Ung.)

Die Zus. der Flugaschen von Kraftwerken ist dem der Tone ähnlich. Wenn ihr Geh. an $SiO_2$ wenigstens 40 (%) u. $Al_2O_3$ 15, der gesamte CaO- + MgO-Geh. höchstens 12 u. freies CaO + MgO 2 nicht überschreiten, können sie in hydraul. Bindung als Puzzolane verwendet werden. Ihr Liter-Gew. beträgt 445—780 g, spezif. Gew. 2,14—2,63, spezit. Oberfläche 1000—3000 cm²/g. Zur Herst. von Flugaschebeton wird die silicatakt. Asche mit $Ca(OH)_2$, Hochofenschlackenmehl, hydraul. Flugasche u. Gipsstein, oder nur mit hydratisierter hydraul. Flugasche im Kollergang gemischt. Das Formen geschieht durch Pressen, Vibration oder Guß. Nach Dampfbehandlung bei 80—90° wird eine Würfelfestigkeit von 80—120 kg/cm² erreicht. Die Festigkeitsabnahme hört nach 3 Jahren auf u. ist von der Dicke der Erzeugnisse abhängig. Die größte gemessene Schwindung betrug 1,6‰. Der 25—30%ig. Wasser-Geh. bleibt mehrere Jahre unverändert, weil das W. durch starke adsorptive Kräfte gebunden ist, demzufolge verläuft die Verdampfung sehr langsam. Der Wärmeleit-Koeff. ist günstiger als dem Wasser-Geh. entsprechen würde. J. PLANK. 6224

**Biege- und Druckfestigkeitseigenschaften von luftbeladenem Beton mit luftgekühlter Hochofenschlacke.** D. W. Lewis und Fred Hubbard. (Proc. Amer. Soc. Testing Mater. **58.** 1143—65. 1958.) (Engl.)

Prüfung der Biege- u. Druckfestigkeit von Beton bei Verw. luftgekühlter Hochofenschlacke als Zusatzstoff. O. BÄR. 6224□

**Einfluß anderer Feinkorncharakteristika als Korngröße auf Festigkeit und Dauerhaftigkeit von Portlandzementmörtel.** John G. Dempsey. (Proc. Amer. Soc. Testing Mater. **58.** 1121—42. 1958. Bachaquero, Venezuela, Comp. Anonima de Concreto.) (Engl.)

Bei gleichbleibender Korngröße der verschiedenen Sande wird bes. der Einfl. von Oberflächengestalt u. Kornform auf Festigkeit u. Dauerhaftigkeit der verschiedenen Mörtelmischungen untersucht. O. BÄR. 6226□

**Untersuchungen an Plastifizierungsmitteln und Prüfung des Einflusses von Sand auf ihre Wirkungsweise.** V. Moldovan. (Rev. Construcţiilor Mater. Construcţii **11.** 567—73. Nov. 1959. Inst. de Construcţii Bucureşti.) (Rum.)

Die Einw. von luftanziehenden Zuschlagstoffen („Vusal" u. „HS"-Präp.) auf die techn. Eigg. der Zementmörtel u. die Einfl. von Korngröße u. mineralog. Zus. des Sandes, Mischungsverhältnis des Mörtels, (Teil-)Ersatz von Zement durch Traß oder $Al_2O_3$ auf die Eigg. der Netzmittel werden in Diagrammen u. Zahlentafeln wiedergegeben. W. WESLY. 6226□

**Feinsandgewinnung in Kieswerken.** Helmut Grimm. (Betonstein-Ztg. **27.** 233—36. Mai 1961.) (Dt.)

Entsprechend der Stahlbeton-Best. wird für Betonsand zwischen 0 u. 3 mm keine Unterteilung gefordert. Die Güte der Betone wechselt mit den durch den Waschvorgang verlorenen Feinanteilen u. dem unterschiedlichen Kornaufbau. Durch Zugabe von Feinsand mit einer Körnung von 0,1—1 mm läßt sich der Betonzuschlag verbessern. Beschrieben wird eine Anlage zur Gewinnung von Feinsand, die aus Horizontal- u. Kippeindicker sowie aus einem Entwässerungssilo mit Filterrohren besteht.

H. SCHUMANN. 6228□

**Sandkolmation.** E. M. Sergejev. (Tekn. Ukebl. **107.** 829—34. 13/10. 1960.) (Dt.)

Die Kolmation (Verminderung der Porengröße von Sand) wird hinsichtlich Meth., Einfl. der Beimengungen u. Zus. der Sandböden, des W. u. der zur Kolmation verwendeten Massen diskutiert. TH. MARSSON. 6228□

**Material- und Wärmebilanz des Umlauftrockners in der Baukeramikindustrie.** Jerzy Karpacz. (Szkło i Ceram. **11.** 214—20. Juli 1960.) (Pol.)

F. URBAN. 6228□

**Über die lichttechnische Kennzeichnung und Klassifikation von Baustoffen.** Jürgen Krochmann. (Glastechn. Ber. **33.** 20—24. Jan. 1960.) (Dt.)

Es werden die lichttechn. Stoffzahlen, die das lichttechn. Verh. der Baustoffe ausweisen sollen, zusammengestellt u. ihre Zusammenhänge werden klargestellt. Unter Hinweis auf Vorschläge älteren Datums wird eine Klasseneinteilung der Baustoffe nach lichttechn. Gesichtspunkten gegeben. N. PETERS. 6228 □

**Anwendung von Carbonschiefern in der Baukeramik.** Wiesław Sobociński. (Szkło i Ceram. **11.** 22–24. Jan. 1960.)

Voraussetzung für eine Verw. von kohlehaltigem Schiefer zur Herst. von Ziegeln ist eine möglichst feine Vermahlung. Die Korngröße soll $<2$ mm betragen. Die mit Carbonschiefer hergestellte Ziegelmasse ist beim Trocknen weniger empfindlich, sie trocknet schneller u. erfordert weniger Kohle beim Brennen. F. URBAN. 6228 □

**Die Rolle der Zusatzkomponenten in der Masse bei der Herstellung von Produkten der Baukeramik nach der Methode der plastischen Formung.** Jerzy Karpacz. (Szkło i Ceram. **11.** 17–21. Jan. 1960.)

Beschrieben wird die Wrkg. von Magerungsmitteln, Trocknungsmitteln, Hilfsstoffen beim Brennen u Zusätzen zur Verbesserung der Frostbeständigkeit u. zur Neutralisierung der schädlichen Wrkg. von Mergel u. Gips im Ton. F. URBAN. 6228 □

**Pyrochemische Aktivität roter Ziegeltone.** P. G. Ussow. (Известия Сибирского Отделения Академии Наук СССР [Nachr. sibir. Abt. Akad. Wiss. UdSSR] **1958.** Nr. 8. 53–60. Tomsk, Polytechn. Inst.)

Die Ziegeltone wurden an 30 Fundorten untersucht. Bei einem Glühverlust von 24–19% enthielten sie 43–48 (%) $SiO_2$, 20–24 $Al_2O_3$, 7–10 $Fe_2O_3$, 0,3–2,3 CaO, 2–2,9 MgO, 0,1–0,9 $K_2O$, 0,6–1,5 $Na_2O$. Die Zus. des grob- u. feindispersen Anteils ($>5\ \mu$, $<5\ \mu$) der quart. Lehmablagerungen ist die gleiche; die Austauschpartikel enthalten vorwiegend $Ca^{2+}$ u. $Mg^{2+}$. Die grobdispersen Fraktionen bestehen zu 90% aus Feldspatmineralien u. Quarz. Beim Brennen steigt die Festigkeit bei 800° bis 600 kg/cm², bleibt die gleiche bei Steigerung auf 800–1050° u. steigt sehr rasch bei 1050–1100° weiter an. Die Masse deformiert sich jedoch leicht (da die scheinbare Viscosität rasch absinkt): Durch Brennen des Rohlehms ist kein guter Ziegel zu gewinnen. Die pyrochem. Aktivität der Tone (Festigkeitssteigerung unterhalb der Sinterungs-Temp.) tritt bei der plast. Herst. der Proben in Erscheinung, hängt von der Zus. u. dem Zustand der Koll. ab u. geht irreversibel ab 400° verloren. Die Koll. sind sehr säureempfindlich (Auflösung der Mg-Silicate). Die Zus. der Montmorillonite für 23 Fundorte wird angegeben. Wegen der hohen Empfindlichkeit der Koll. gegenüber Säuren ist ein Zusatz von Cl-Salzen bei der Lehmverarbeitung nicht zu empfehlen. Vor der Verw. muß der Lehm einer Verwitterung u. dem Frost ausgesetzt u. danach mit heißem W. angemacht werden. A. v. WILPERT. 6228 □

**Capillare Wasseraufnahme und Austrocknungsverhältnisse von Außenputz.** Helmut Künzel. (Gesundheits-Ing. **82.** 8–12. 10/1. 1961. Stuttgart, Inst. für Phys.) (Dt.)

Vf. führt an Außenputzproben mit u. ohne wasserabweisende Zusätze über die capillare Wasseraufnahme u. Austrocknung unter verschiedenen Bedingungen Verss. durch. Die Wasseraufnahme u. anschließende Trocknung der Putzschichten werden durch die capillaren Eigg. der Außenputze bestimmt. Wasserabweisende Putze bewirken eine Feuchtigkeitsabsonderung, die nur durch Dampfdiffusion möglich ist. Die Trocknung des feuchten Mauerwerks hängt von der Capillarleitung u. Dampfdiffusion der Putze ab. Ohne Zusätze ist der Anteil der Capillarleitung am Feuchtigkeitstransport um ein Vielfaches größer als der Anteil der Diffusion. H. SCHUMANN. 6228 □

**Heißgemischte Tragschichten mit Teer als Bindemittel.** Kurt Raschig. (Straßen- u. Tiefbau **15.** 427–44. Mai 1961.) (Dt.)

An Stelle der früher üblichen Belagsunterlagen aus Schotter u. Kies wirkt die heißgemischte Teertragschicht als stabile Tragschicht mit plattenartiger Druckverteilung. Sie bietet einen hohen Widerstand gegen Formveränderungen u. hat den weiteren Vorteil, daß sie auch ohne Binder- u. Deckschicht u. ohne Oberflächenbehandlung unter Verkehr genommen werden kann, ohne Schaden zu erleiden. Weitere Vorzüge werden eingehend dargelegt. Auch die Vorzüge hochviscoser Teere werden erörtert. Maßgebend für die Tragfähigkeit heißgemischter Teertragschichten sind das zur Verfügung stehende Mineralgemisch, Art u. Menge des Bindemittels u. der ordnungsgemäße Einbau. Zur Herst. des besten Mineralgemisches muß für die Herst. der Tragschicht die „ideale Sieblinie“ ermittelt werden. R. WALCKER. 6230 □

**Untersuchung von Metaphosphat-Glasfasern.** Bhupati Kumar Banerjee. (Glastechn. Ber. **33.** 8–9. Jan. 1960.) (Dt.)

Mit Hilfe der magnet. Anisotropieanalyse wurde das Problem der Identifizierung orientierter Bauelemente u. gezogener $NaPO_3$-Glasfasern behandelt. Diese $NaPO_3$-Faser zeigt eine magnet. Anisotropie, wenn auch nicht so stark wie bei $B_2O_3$-Glasfasern.

Diese Beobachtung wird durch das Vorhandensein orientierter wiederkehrender Bauelemente erklärt, es kann auch eine Kettenstruktur ausschlaggebend sein, die Neigung zur Streckung unter Ausrichtung der Glieder besitzt. Nach längerem Erhitzen — während 24 Std. bei 375° — zeigen die Glasfasern keine Anisotropie mehr. N. PETERS. 6234□

**Die Bestimmung von Natrium und Kalium in Gläsern mit dem Zeiss'schen Filterflammenphotometer.** Friedrich Hegemann und Otto Osterried. (Glastechn. Ber. **33.** 201—06. Juni 1960.) (Dt.)

Für die Unterss. wurde als Brennergas reines Propan verwendet, um Fehler durch Verunreinigungen zu vermeiden u. bei Na mit Interferenzfiltern, bei K mit einer Kombination SCHOTTscher Filtergläser BG 3 u. RG 8 gearbeitet. Messungen wurden mit der Eingabelungs-Meth. durchgeführt u. vor allem der Einfl. störender Fremdionen untersucht. Die zugrundegelegte Arbeitsvorschrift wird angegeben u. die Brauchbarkeit durch Analysenbeispiele dargelegt. Aufschluß der Glasprobe erfolgt durch HF/Perchlorsäure. Eine Reproduzierbarkeit mit ±0,4—0,7 des Geh.-Werts wird angegeben, bes. für den niedrigen K-Geh. von 0,16% im Borosilicatglas mit ±2,5%. 4 Parallel-Best. können in 2 Std. durchgeführt werden. L. KÜHNERT. 6242□

**Verfahren zur Bestimmung der Lösungsgeschwindigkeit von Gläsern mit Hilfe eines hochempfindlichen Flammenphotometers.** Béla Lengyel, Sándor Dobos und Ferenc Till. (Glastechn. Ber. **33.** 206—13. Juni 1960.) (Dt.)

Entgegen der üblichen Pulver-Meth. werden bei dem vorgeschlagenen Verf. Glasstäbchen bei 20—70° in strömendem W. eluiert u. die Zeitabhängigkeit der Lsg.-Geschw. von Gläsern der Zus. 28 $Na_2O$ + $K_2O$, 8 BeO, 64 $SiO_2$ bei verändertem $Na_2O/K_2O$-Verhältnis untersucht. Die Kurven der Lsg.-Geschw. werden mitgeteilt. Das verwendete Flammenphotometer wird beschrieben (Nachw.-Grenzen z. B. 0,0002 mg Na, 0,002 mg K, 0,3 mg Ba), ebenso die Einrichtung für die Eluierung. L. KÜHNERT. 6242□

**Untersuchung eisenhaltiger Gläser mit Röntgenstrahlen.** Bhupati Kumar Banerjee. (Glastechn. Ber. **33.** 45—47. Febr. 1960.) (Dt.)

Zur Unters. gelangten Fe-haltige Alkaliboratgläser u. entglaste Proben. Es konnte mittels Unters. durch Röntgenstrahlen kein Beweis für die Annahme erhalten werden, daß neben vielen anderen Erscheinungsformen des Fe auch koll. $Fe_2O_3$ in den Gläsern vorliegen soll. N. PETERS. 6242□

**Infrarotuntersuchungen an glasigen und kristallinen Proben im System $KNO_3$–$Ca(NO_3)_2$.** O. Borgen, K. Grjotheim und S. Urnes. (Glastechn. Ber. **33.** 52—55. Febr. 1960.) (Dt.)

Vgl. zwischen den IR-Spektren von kristallinem $KNO_3$ u. $Ca(NO_3)_2$ gegenüber dem von glasigem $KNO_3 \cdot Ca(NO_3)_2$ zeigen, daß das Spektrum des Glasgemenges eine Überlagerung der Spektren seiner kristallinen Komponenten ist. Eine Verbreiterung der Banden im Glas konnte nicht festgestellt werden. N. PETERS. 6242□

**Eine schnelle und zerstörungsfreie Methode zur Wasserbestimmung in Steinzeug und Keramik.** F. Oehme. (Keram. Z. **13.** 8—11. Jan. 1961.) (Dt.)

Der Wasser-Geh. wird durch vergleichende Messung des spezif. Widerstands zwischen planparallelen Platten ermittelt. Die rauhe Oberfläche von keram. Rohlingen u. Fertigerzeugnissen wird durch Aufpinseln einer Ag-haltigen Leitpaste in eine gut leitende Meßschicht übergeführt. N. PETERS. 6248□

**Zur Tonuntersuchung: Die Akzessorien als Charakteristikum für Tone.** Hermann Grünling. (Keram. Z. **12.** 428. Aug. 1960.) (Dt.)

Es wird über die Best. charakterist. Ton-Eigg. mit Hilfe der „Akzessorien" berichtet. Unter Akzessorien versteht man alle diejenigen Fremdkörper oder Beimischungen des Tons, die noch mit dem Polarisationsmikroskop bestimmbar sind. N. PETERS. 6248□

**Einfluß der Brenntemperatur auf die Lösungswärme von Tonen.** Alvaro López Ruiz. (ASTM Bull. **1958.** Nr. 233. 51—56. Okt.) (Engl.)

Ziel der Arbeit ist die Best. der optimalen Brennbedingungen für Tone, die mit Kalk + W. zu Puzzolan-Zement verarbeitet werden sollen. Folgende Prüf-Meth. wurde ausgearbeitet: Der Ton wird 1 Std. bei verschiedenen Temp. zwischen 500 u. 1000° gebrannt, rasch abgekühlt u. seine Lsg.-Wärme in 380 ml 2n $HNO_3$ + 20 ml 40% HF calorimetr. bestimmt. Bei der Temp. maximaler Lsg.-Wärme wird nun der Ton verschieden lang getempert, die Lsg.-Wärmen dieser Proben erreichen nach einer gewissen Zeit einen Endwert. Man erhält so die optimale Brenn-Temp. u. -Zeit. Dementsprechend aktivierte Tone + CaO + W. ergeben Prodd. maximaler mechan. Festigkeit.
E.-M. AMRHEIN. 6248□

**Die aufeinanderfolgende flammenphotometrische Bestimmung von Mangan, Natrium und Kalium in Zement.** C. L. Ford. (ASTM Bull. **1958.** Nr. 233. 57—63. Okt.) (Engl.)

Das BECKMAN-Spektralphotometer DU mit Flammenzusatz Nr. 9200 u. Photomultiplikations-Kombination Nr. 4300 erwies sich für die Unterss. gut geeignet. Die Probe-Lsg. erhält man durch Lösen von Zement in HCl u. Abfiltrieren vom Unlöslichen. Die Eichkurven wurden mit einer einzigen Serie von Standard-Lsgg. ermittelt, die alle Mn, Na, K nebeneinander enthielten, zusätzlich 6300 ppm CaO zur Kompensation des Ca-Geh. vom Zement. Flammenphotometr. u. ASTM-Standard-Analyse weichen voneinander um maximal 8% bei Mn, 25% bei Na u. 7% bei K ab, als Proben dienten 10 verschiedene Zemente. Der Analysengang ist eingehend beschrieben.

E.-M. AMRHEIN. 6252 □

**Langzeitige Versuche zur Bestimmung der Dehnung und der Schrumpfeigenschaften von armiertem und nicht armiertem Beton.** G. E. Troxell, J. M. Raphael und R. E. Davis. (Proc. Amer. Soc. Testing Mater. **58.** 1101—20. 1958. Berkeley, Calif., Univ. of California.)

Vff. geben Bericht über Verss., die sich zum Studium obiger Eigg. über 30 Jahre ausdehnten. O. BÄR. 6252 □

**Darstellung der Festigkeit von Zement in Wechselbeziehungskurven.** M. Moraitis-Legaki. (Chim. et Ind. **83.** 76—78. Jan. 1961. Athen, Univ.) (Franz.)

Die Streck- u. Druck-Verss. beziehen sich auf während 7 oder 28 Tagen in W. oder an der Luft aufbewahrte Zementproben. Mittels der Meth. der „kleinsten Quadrate" werden Kurven aufgestellt, welche die wechselseitigen Beziehungen zwischen Zug- u. Druckfestigkeitswerten aufzeigen. Bei Druck wird die Beziehung durch eine Gerade ausgedrückt, im Fall von Streckung durch eine Parabel. G. BAUER. 6252 □

**Prüfung von Werk- und Baustoffen bei extrem starker Wärmestrahlung.** Rudolf Hase. (Tonind.-Ztg. keram. Rdsch. **84.** 479. 10/10. 1960. Hannover.) (Dt.)

Vf. beschreibt ein Gerät zur Prüfung der Entflammbarkeit von Werkstoffen. Das als Prüfstrahler beteichnete Gerät liefert in meßtechn. eindeutiger Weise die folgenden Beziehungen: bei konst. Bestrahlungsstärke die Zeit, nach welcher die Entflammung eintritt sowie das Verh. des Materials bei Selbstzündung u. bei Zündung durch Funken bzw. durch Glühdraht. O. MARTINI. 6256 □

---

Mond Nickel Co. Ltd. (Erfinder: Edwin Clements Rhodes und Peter Edward Gainsbury), **Metallüberzug auf feuerfestem porösen Material,** bes. für *Glaswannenauskleidungen.* Man behandelt das Gut mit der durch Rk. von $H_2PtCl_6$ mit *Diisopropyläther* gewonnenen, durch Eindampfen über die Stufe $[(C_3H_7)_2O]_2 \cdot H_2PtCl_6$ erhaltenen schwarzen Fl., vermutlich der Zus. $(C_3H_7)_2O \cdot PtCl_4$. Die Fl. ist viscos u. sinkt nicht zu tief in die Poren der feuerfesten Masse ein. (**Aust. P. 221 515** vom 25/2. 1958, ausg. 4/6. 1959. E. Prior. 27/2. 1957.) H. MÖLLERING. 6174

Walther Thiele, Blankenstein/Ruhr, **Abbindereguliermittel für Zemente.** Bei der Zementklinkervermahlung wird als Abbindereguliermittel synthet. Gips oder Anhydrit verwendet, der im Gemisch mit Sulfitablauge zu Briketts verpreßt ist. (**D. A. S. 1 108 129** Kl. 80b vom 6/7. 1959, ausg. 31/5. 1961.) HANS HOFFMANN. 6223

Alsen'sche Portland-Cement-Fabriken K. G., Hamburg (Erfinder: Fritz Köberich und Friedrich Quast, Itzehoe), **Herstellung eines schwefelarmen Branntkalkes im Naßdrehofen.** Bei Verw. von Brennstoffen mit üblichem S-Geh. wird eine reduzierende bis neutrale Ofenatmosphäre eingehalten, zu derenUnterstützung dem Brenngut ca. 0,4% Kohlenstaub oder Koksgrieß zugefügt werden können. (**D. A. S. 1 108 603** Kl. 80b vom 22/4. 1960, ausg. 8/6. 1961.)

HANS HOFFMANN. 6227

Burns & Russel Co. of Baltimore City (Erfinder: John A. Sergovic), Baltimore, Md., V.St.A., **Baustein mit Stirnflächenschicht aus Kunstharz und mineralischem Füllstoff.** Ein mechan. fester, glatter u. schmutzabweisender Baustein wird hergestellt aus einem Kunststein, z. B. Schlackenstein, dessen Stirnfläche mit einer Schicht überzogen wird, die aus 10—50 (Gew.-%) des Rk.-Prod. eines ungesätt. Alkydharzes u. eines polymerisierbaren Vinylmonomeren, wie Styrol, mit einer Beimischung von 90—50 eines inerten, feinteiligen, mineral. Füllstoffs, wie Sand von abgestufter Korngröße, besteht. Die Herst. geschieht durch Eintauchen des Kunststeins in die in einer Form befindliche halbflüssige Überzugsmasse u. anschließendes Erhitzen zum Härten der Überzugsschicht. (**D. A. S. 1 091 932** Kl. 80b vom 25/6. 1956, ausg. 27/10. 1960.) G. FRIKELL. 6229

N. V. de Bataafsche Petroleum Mij., Den Haag (Erfinder: Dirk Blankevoort, Bloemendaal, und Hermanus Meijer, Heemstede), Holland, **Herstellung einer Mischung für den Deichbau und dergleichen.** Man mischt 70—95 (Gewichtsteile)

Steinmaterial (I) mit 5—30 feuchtem Füllmittel (II) mit einem Wasser-Geh. von 20 bis 50 (Gew.-%) u. dann bei $<100^0$ in Ggw. eines Haftmittels mit 5—50 (bezogen auf II) eines bituminösen Bindemittels. I kann auch erst zum Schluß der Mischung zugegeben werden. — Beispiel: 80 (Gew.-Teile) I (Ø 3—80 mm), 20 Lehm (Wasser-Geh. 25 Gew.-%), 2 CaOH, 5 W., 5 einer auf 90° erwärmten Mischung aus 75 (Gew.-%) Asphaltbitumen, 15 Kerosin u. Kreosotöl. (**Holl. P. 96 069** vom 23/10. 1957, ausg. 15/11. 1960.)
F. BÖHM. 6229

Algemeene Kunstvezel Mij. N. V., La Haye, Holland, **Bindemittel für Steinwolle.** Man löst wasserlösl. Phenol-Formaldehyd-Harze in wss. $NH_3$ u. setzt bis zur Neutralisation, ggf. auch im Überschuß, $NH_4$-Salze anorgan. oder organ. Säuren zu. (**It. P. 514 321** vom 6/3. 1954.) K. KOEBKE. 6235

Tomohiro Horie, Kyoto City, Japan, **Herstellung poröser Schleifkörper.** Zu einer Schleifmittel (Diamantstaub, SiC, $SiO_2$, $Al_2O_3$) enthaltenden wss. Lsg. von Polyvinylalkohol gibt man einen Schaum, der durch Einrühren von Luft in eine wss. Lsg. eines oberflächenakt. Mittels (Albumin, Gelatine, Eiweiß, Saponin) separat hergestellt wurde, fügt eine starke Säure u. $CH_2O$ zu, gießt nach intensivem Mischen in eine Form u. läßt erhärten. Dem Gemisch kann ferner noch ein hitzehärtbares Phenol- oder Harnstoff-$CH_2O$-Harz zugefügt werden. Auch kann der Schleifkörper mit diesen Harzen oder mit Acrylharzen imprägniert werden. Schließlich wird die Säure ausgewaschen. (**A. P. 2 876 085** vom 10/8. 1953, ausg. 3/3. 1959.) O. SCHÖN. 6239

---

**A/B Kanthal**, Hallstahammar, Schweden, *Feuerfestes, oxydationsbeständiges Material.* (**Schwed. P. 155 836** vom 10/6. 1953, ausg. 28/8. 1956. — **C. 1960.** 14155 [Schwz. P. 333 119].)

**British Dielectric Research Ltd.**, London, England, *Keramisches dielektrisches Material.* (**Ind. P. 57 215** vom 2/5. 1956, ausg. 17/7. 1958. E. Prior. 24/5. 1955. — **C. 1959.** 2589 [E. P. 795 449].)

**Grünzweig & Hartmann Akt.-Ges.**, Ludwigshafen/Rh., *Herstellung von Filzen aus Mineralfasern.* (**It. P. 514 002** vom 5/2. 1953. D. Prior. 20/2. 1952. — **C. 1957.** 3645 [E. P. 736 358].)

---

—, **Durabilité des bétons.** Rapport préliminaire du Colloque International. Prag: Verl. der Tschechoslowakischen Akademie der Wissenschaften. 1961. (296 S.) 8°. Kčs 36.—.

—, **Steine und Erden.** Baustoff-Lexikon. Mit Industrie- und Handelsfirmen-Register Bundesrepublik Deutschland und West-Berlin. Herausgeg. in Zusammenarbeit mit den zuständigen Organisationen der Industrien der Steine und Erden, des Baustoffhandels und der Bautenschutzmittel. 5. vollkommen neubearb. Aufl. 1961/62. Wiesbaden: Krausskopf. 1961. (308 S.) 4°. DM 36,—.

## VII. Agrikulturchemie. Schädlingsbekämpfung

**Die Anwendung von Radioisotopen in der Landwirtschaft.** F. Sandret. (Ind. aliment. agric. **77.** 779—84. Nov. 1960.) (Franz.)

Allg. Ausführungen. M. WINIKER. 6304□

**Salzböden in der Slowakei.** Ladislav Červenka und Jozef Lopatník. (Sborník českoslov. Akad. zemědělských Věd, rostlinná Výroba **6 (33).** 1383—98. Okt. 1960. Bratislava, ČSAPV, výzk. úst. zaval. hosp.) (Slowak.)

Übersicht über geolog. Entstehung, Ausbreitung u. Flora slowak. Salzböden.
E. VEVERA. 6304

**Chlorophyllderivate in Waldböden.** Eville Gorham. (Soil Sci. **87.** 258—61. Mai 1959. Ambleside, Freshwater Biol. Assoc.) (Engl.)

Bisher wurden Chlorophyll-Abbau-Prodd. nur in anaeroben See-Mudden gefunden. Vf. konnte nun auch bei der absorptionsspektrometr. Unters. von Acetonextrakten von saurem Auflagehumus u. neutralem bis schwach saurem Mull unter Mischwald Chlorophyll-Derivv. nachweisen. Die organ. Substanz des Rohhumus enthielt mehr als doppelt soviel „Chlorophyll" wie diejenige des Mulls (1,1 Einheiten/g C). Mit abnehmendem pH-Wert war ein signifikanter Anstieg des „Chlorophyll"-Geh. der organ. Substanz zu verzeichnen. — Eine Unters. des Pflanzenbestands der betreffenden Standorte (Eichenblätter, Koniferennadeln, Bingelkraut usw.) ergaben Chlorophyll-Geh. von 19—120 E./g C.
WILFRIED WERNER. 6304□

**Einfluß der Zugabe organischer Stoffe auf die physikalischen, chemischen und mikrobiologischen Veränderungen des Bodens, unter Berücksichtigung der Humusbildung.** Bohumír Novák und Jitka Nováková. (Sborník českoslov. Akad. zemědělských Věd, rostlinná Výroba **6 (33).** 1399—1420. Okt. 1960. Praha-Ruzyně, ČSAZV, výzk. úst. rostl. výr. odd. mikrobiol.) (Tschech.)

N-Gaben begünstigen die Humus-Bldg. aus organ. Stoffen. — 34 Literaturangaben.
E. VEVERA. 6304

**Eine Infrarotuntersuchung der hochmolekularen, durch verschiedene Reagentien extrahierbaren organischen Substanz eines Podsol-B-Horizontes.** M. Schnitzer, D. A. Shearer und J. R. Wright. (Soil Sci. **87.** 252—57. Mai 1959. Ottawa, Canada Dep. of Agric., Sci. Serv., Chem. Div.) (Engl.)

Bodenproben aus dem $B_{21}$-Horizont eines auf sandigem Lehm entwickelten Podsols wurden mit folgenden Lsgm. extrahiert: 0,06 (m) HCl, 0,74 HF, 0,2 EDTA-$Na_2$, je 0,1 $Na_4P_2O_7 \cdot 10\ H_2O$, $Na_2B_4O_7 \cdot 10\ H_2O$ u. je 0,5 $Na_2CO_3$, NaF u. NaOH. Das IR-Spektrum der hochmol. organ. Substanzen dieser Extrakte zeigte trotz der starken Unterschiede im pH-Wert der Extraktionsmittel (1,4—13,1) keine nennenswerten Verschiedenheiten. Der C-Geh. der Extrakte schwankte zwischen 39 u. 49%, der Geh. an Asche lag noch nach langer Elektrodialyse bei 20—40%, was darauf hindeutet, daß die organ. Substanz noch Tonminerale u. Metalle gebunden enthält. Die IR-Spektren dialysierter HF-Extrakte, denen wieder $Fe^{3+}$ zugefügt worden war, zeigen, daß periphere Hydroxyl- u. Carboxylgruppen vorlagen, von denen letztere mit Metallionen assoziiert sind. — Diese Ergebnisse deuten auf die Möglichkeit hin, daß wasserlösl. hochmol. organ. Verbb. in Podsolböden während der Abwärtsbewegung Metallionen aufnehmen u. sich nach Absättigung in stabilen Zonen akkumulieren (B-Horizont-Bldg.).

WILFRIED WERNER. 6304□

**Untersuchungen über schwarze Huminsäuren als Ton–Humus-Komplex.** 1. Mitt. Tsunetomo Hayashi und Takeo Nagai. (Trans. Tottori Soc. agric. Sci. [Tottori Nôgaku-Kweihô] **12.** 69—76. März 1960. Tottori Univ., Fac. of Agricult., Dep. of Agricult. Chem.) (Jap.; Auszug: Engl.)

Die Extraktion von schwarzen *Huminsäuren* (**I**) mit 0,25n NaOH aus Vulkanascheböden ergibt **I**, die mit viel Ton mit einem hohen $SiO_2 : R_2O_3$-Verhältnis verunreinigt sind. Die extrahierten **I** sind in ≧2%ig. NaOH unlösl., durch Behandlung mit HCl–HF werden ≧60% der organ. Teile in 2%ig. NaOH löslich. Der organ. Bestandteil in schwarzen **I** (Ton–Humus-Komplex) ist in allen Huminstoffen von Humus-Vulkanascheböden eine schwarz getönte Fraktion u. ähnelt der chromatograph. aus **I** des A-Typs abgetrennten III. oder IV.-Fraktion. W. WESLY. 6304□

**Das Wachstum von Futterpflanzen auf Leon-Feinsand unter dem Einfluß von Schwefel- und Rohphosphatdüngung.** J. R. Neller und F. D. Bartlett. (Soil Sci. **88.** 331—335. Dez. 1959. Florida Agric. Exp. Stat.) (Engl.)

Der Mangel an pflanzenverfügbarem *S* auf dem in Florida verbreiteten Leon-Feinsand wurde durch Futterpflanzenanalysen im ersten Jahr nach Düngung ohne Zufuhr von S nachgewiesen. Gips in einer 16 lb. S/acre entsprechenden Menge erbrachte bei jährlicher Anwendung deutliche Mehrerträge. Eine kombinierte Gabe von 300 lb. Rohphosphat u. 128 lb. S/acre erreichte einen höheren P-Geh. der Pflanzen u. höhere Erträge als eine doppelt so hohe P-Düngung ohne S-Zusatz. Mit markierten Phosphaten wurde nachgewiesen, daß wachsende S-Beimischung zum Rohphosphat dessen Pflanzenverfügbarkeit nicht über 5% steigerte. Der gleiche Vers. im Gewächshaus mit höheren S-Beimischungen erbrachte etwas bessere Resultate. Am Vers.-Ende aus einer Tiefe bis 3 in. entnommene Bodenproben wiesen höhere Geh. an lösl. Phosphat auf als Proben aus größeren Tiefen. Weder in ihrer Wrkg. auf die Phosphatlöslichkeit noch auf den pH-Wert unterschieden sich S u. Gips. WILFRIED WERNER. 6304□

**Düngung mit Phosphor und Kalium in Weideversuchen auf Ackerböden mit und ohne Stickstoffzufuhr.** Gunnar Giöbel und Eliel Steen. (Kungl. Lantbrukshögskolan Statens Lantbruksförsök, Statens Jordbruksförsök, Medd. Nr. **102.** 1—29. 1959.) (Schwed.; Auszug: Engl.)

Beim Anbau von Weidegras auf Ackerböden wird ein Teil der Böden mit 124 (kg/ha · Jahr) *N* in Form von 15,5%ig. $Ca(NO_3)_2$-Lsg., ein Teil ohne N untersucht. Als Zusatzdüngung werden 150 *Superphosphat* (**I**), 150 **I** + 75 $K_2O$ (40%ig. Salz) oder 300 **I** + 150 $K_2O$ verwendet. Die Ertragssteigerung beträgt bei 0 N + P 7%, 0 N + P + K 13 bzw. (bei doppelter P–K-Dosis) 17%, bei N + P 7% (Trockensubstanz), bei N + P + K werden schwankende Ergebnisse erzielt. Die botan. Zus. wird durch P + K allein wenig beeinflußt, durch N werden Leguminosen gegenüber Gräsern zurückgedrängt, der Einfl. von N überwiegt gegenüber demjenigen von P u. K. R. K. MÜLLER. 6304□

**Blattdüngung der Tomaten unter den Bedingungen der Niederungszone Armeniens.** A. G. Jegiasarjan. (Консервная и Овощесушильная Промышленность [Konserven- u. Dörrgemüse-Ind.] **14.** Nr. 5. 20—22. Mai 1959. Versuchs- u. Selektions-Stat. für Gemüsebau des Volkswirtschaftsrates der ArmenSSR.) (Russ.)

Ernteerträge von Tomatenkulturen der Araratebene (ArmenSSR), die mit 100 (kg/ha) N, 100 P, 65 K u. 25000 Humus gedüngt wurden, konnten durch Anwendung zusätzlicher Blattdüngung um 12—21% gesteigert werden. Die angewandte Düngung bestand aus 2,5 (kg/ha) $NH_4NO_3$, 2,5 Superphosphat u. 1,5 KCl, die in 500 Liter W. gelöst wurden. S. BARYSCHNIKOW. 6304

**Diffusion und Absorption von dem Boden verabreichten flüssigem Ammoniak.** C. A. I. Goring und R. T. Martin. (Soil Sci. **88.** 336—41. Dez. 1959. Seal Beach, Calif., Dow Chem. Comp., Agric. Res. Labor.) (Engl.)

Zur Unters. des Diffusions-Verh. u. der Absorption im Boden wurde fl. Ammoniak in Zylindern mit Radien von 10 in. Böden mit verschiedenen Geh. an anorgan. u. organ. Sorptionsträgern u. pH-Werten verabreicht. In unterschiedlichen Konzz. punktförmig aufgetragen, breitete sich der Zusatz zylindr. aus, wobei die Schwerkraft Diffusion u. Absorption nicht beeinflußte. Die Diffusion nahm mit sinkendem Hohlraum-Vol. u. sinkender Temp. sowie steigendem Wasser-Geh. ab. Die Sorptionskapazität der Böden für $NH_3$ stieg mit ihrem Ton- u. Humusgehalt. Bei Belegung des Austauschkomplexes mit K, Ca bzw. Al nahm die Sorptionsfähigkeit für Ammoniak in dieser Reihenfolge zu. WILFRIED WERNER. 6304□

**Nickel- und Chromtoxizität in serpentinreichen Böden in Südrhodesien.** B. D. Soane und D. H. Saunder. (Soil Sci. **88.** 322—29. Dez. 1959. Rhodesia, Njassaland, Fed. Min. of Agric., Chem. Branch.) (Engl.)

Sehr hohe *Ni*- (700—4040 ppm lösl. in 21% HCl) u. *Cr*-Geh. (0,055—4,6% im Soda-Pottasche-Aufschluß) einiger Böden mit pH-Werten um 6, die sich auf serpentinreichem Ausgangsmaterial entwickelt hatten, werden für die Ursache der Unfruchtbarkeit dieser Böden gehalten. Die Geh. der Gräser liegen zwischen 9 u. 56 ppm Ni u. 3 u. 26 ppm Cr in der Trockensubstanz. Die Ni-Geh. der Pflanzen zeigen eine enge Korrelation zum Geh. des Bodens an austauschbarem Ni, ermittelt durch Extraktion mit 1n Ammoniumacetat. Zur Best. des pflanzenverfügbaren Cr versagen Extraktions-Meth. mit Neutralsalzen, Hydrochinon u. Äthylendiamintetraessigsäure. Eine hohe Kalkung (z. T. bis pH 8,2) führte auf Böden mit hohen Ni-Geh. zu keiner verminderten Ni-Aufnahme durch die Pflanzen. Die Krankheitssymptome an Tabak, Hafer u. Mais werden in Feld- u. Sandkultur-Verss. verglichen. Cr schädigte die Keimung u. fand sich vorwiegend in den Wurzeln angereichert. WILFRIED WERNER. 6304□

**Die als Herbicide wirkenden Substitutionsprodukte des Harnstoffs.** A. L. Abel. (Chem. and Ind. **1957.** 1106—12. 17/8.) (Engl.)

Vortrag, der einen Überblick über Herst., Eigg., Wirkungsweise u. Einsatzmöglichkeiten von *Fenuron, Monuron, Diuron* u. *Neburon* vermittelt. — 20 Literaturangaben. M. WINIKER. 6312□

**Chemische Entfernung von wildwachsenden Kartoffeln.** K. H. Fernow. (Amer. Potato J. **36.** 407—09. Nov. 1959. Ithaca, N.Y., Cornell Univ.) (Engl.)

In der Folgekultur von Kartoffeln werden sehr oft vereinzelte Kartoffelstauden angetroffen, welche sich aus Knollen entwickelt haben, die bei der Ernte im Boden verblieben sind. Solche Stauden stellen einen Infektionsherd für Virosen dar u. müssen daher entfernt werden. Nach Verss. des Vf. können sowohl die Stauden als auch die neugebildeten Knollen durch Besprühung der Stauden mit *Amitrol* (*3-Amino-1.2.4-triazol*; 9,3 g/Liter) wirksam geschädigt u. entfernt werden. WILFRIED WERNER. 6312□

**Die Wirksamkeit von Apfel-Fungiciden im Jahre 1959.** H. F. Winter. (Proc. annu. Meeting Ohio State horticult. Soc. **113.** 39—48. Febr. 1960. Ohio Agric. Exp. Stat.) (Engl.)

Die Schorfkrankheit der Äpfel wurde im Jahre 1959 mit *Cyprex* (**I**), *Captan* (**II**), *Glyodin* (**III**; fl.), *Panogen* (**IV**) u. *Ortho-L.M.* (**V**; *Phenylquecksilber-Verbb.*) sowie *Glyoxide Dry* (**VI**; ein trockenes Pulver, verwandt dem Glyodin) bekämpft. Mit $^1/_2$—$^3/_4$ lb. **I**, 2 lb. **II** oder 2 pts. **III** pro 100 gallons ließ sich die Schorfkrankheit für längere Zeit wirksam ohne Schädigung der Pflanzen u. Früchte verhindern. Vor, bei oder nach Frösten sollten sie jedoch nicht zur Anwendung kommen. Das neu entwickelte Präp. **VI** (10 oz./100 gallons) erwies sich als ebenso wirksam wie **III**. Die fungicide Wrkg. von 1 pt. **IV** war nur gering, während die von 1 pt. **V** sich als etwas stärker erwies u. kombiniert mit 1 lb. **II** den normalen Anforderungen entsprach. W. KREIPE. 6312□

**Algicidpräparat CA 350 in der Praxis.** M. Štěpánek, J. Chalupa, R. Červenka und L. Mašínová. (Vodní Hospodářství **1959.** 281—83. Juni.) (Tschech.)

Das untersuchte Präp. *CA 350* ist ein Gemisch von $CuSO_4$ u. $AgNO_3$, das an das zu reinigende W. z. B. je Liter 300 $\mu$g Cu u. 50 $\mu$g Ag abgibt. Die chem., biolog. u. bakteriolog. Prüfung ergibt gute Wrkg., bes. gegenüber Aktinomyceten u. Pseudonabaena. Eine tox. Wrkg. gegenüber Fischen ist zu berücksichtigen. R. K. MÜLLER. 6312□

**Die systemisch-insekticiden Eigenschaften einiger Carbamate.** W. A. L. David, R. L. Metcalf und Marianne Winton. (J. econ. Entomol. **53.** 1021—25. Dez. 1960. Riverside, Calif., Univ. of California, Citrus Exp. Stat.) (Engl.)

Gegen Estigmene acrea Drury an Limabohnen wurden geprüft: *Isolan* (**I**), *Sevin* (**II**), *m-Isopropylphenyl-N-methylcarbamat* (**III**), *m-tert.-Butylphenyl-N-methylcarbamat* (**IV**), *m-Dimethylaminophenyl-N-methylcarbamat* (**V**), *o-Äthoxyphenyl-N-methylcarbamat* (**VI**), *m-Äthoxyphenyl-N-methylcarbamat* (**VII**), *3-n-Butoxyphenyl-N-methylcarbamat* (**VIII**) u. *m-sek.-Butoxyphenyl-N-methylcarbamat* (**IX**). Die Reihenfolge ihrer system. Wrkg. war: **III** = **IV** > **II** > **I** = **VI** > **VII** > **V** > **VIII** = **IX**. Die 3 wirkungsvollsten Mittel (**III**, **IV** u. **II**) verursachten keine Pflanzenschäden. In jungen Blättern wurde nach der Behandlung alter keine system. Wrkg. beobachtet. Auch Verbb. mit geringer Wasserlöslichkeit, wie **III**, waren nach Anwendung zu Wurzeln system. wirksam. **III** sammelte sich in Blättern in höherer Konz. als in anderen Pflanzenteilen.

FRITZ MÜLLER/Ludwigshafen. 6312□

**Analogsynergismus verschiedener Carbamatinsekticide.** H. T. Gordon und M. E. Eldefrawi. (J. econ. Entomol. **53.** 1004—09. Dez. 1960. Berkeley, Calif., Univ. of California, Dep. of Entomol. and Parasitol.) (Engl.)

Die Gemische von *Dimetilan* (**I**) + *Sevin* (**II**) oder *Pyrolan* (**III**) erhöhten bei Blattella germanica L. u. Musca domestica L. (**a**) die Sterblichkeit über die erwartete additive Wrkg. hinaus, weil dies Insekten, wie angenommen wird, ein entgiftendes Enzym „Carbamatesterase" besitzen, das die Carbamate zerstört u. von **I** teilweise gehemmt wird. **I** u. *Isolan* (**IV**) werden durch dieses Enzym langsamer angegriffen. **IV** + **II** oder **IV** + **III** zeigten keine Verstärkung bei **a**. Bei Oncopeltus fasciatus Dall. wurde überhaupt kein Synergismus bei den geprüften Carbamaten beobachtet.

FRITZ MÜLLER/Ludwigshafen. 6312□

**Organische Phosphor- und Carbamatinsekticide zur Bodenbehandlung gegen die Augenmücke Hippelates collusor im Laboratorium.** Mir S. Mulla. (J. econ. Entomol. **53.** 1102—07. Dez. 1960. Riverside, Calif., Univ. of California, Citrus Exp. Stat.) (Engl.)

24 als Bodenbehandlungsmittel gegen Hippelates collusor Townsend im Labor. geprüfte organ. Phosphorinsekticide wirkten etwa in folgender absteigender Reihenfolge: *Co-Ral, Bayer 25141, Experimental Nematocide 18133, Bayer 29493, GC-4072, Äthylguthion, Trithion, GC-3582, Ronnel, G-30494, Phorate, Bayer 22408, Methyltrithion, GC-3583, Ethion, Guthion, Disyston, Delnav.* Nur in höheren Gaben waren genügend wirksam: *Parathion, Dimethoate, Am. Cyanamid 18706, Dylox, Phosphamidon* u. *Dicapton. Thiodan* war prakt. unwirksam. — Von Carbamaten wirkte am besten *AC-5727, Sevin* nur in höheren Gaben, *m-tert.-Butylphenyl-N-methylcarbamat* hatte keine bes. Wirkung.

FRITZ MÜLLER/Ludwigshafen. 6312□

**Bekämpfung von Oligonychus pratensis an Winterweizen in Westkansas.** Lester J. DePew. (J. econ. Entomol. **53.** 1061—63. Dez. 1960. Garden City, Kans., Kansas Branch Agric. Exp. Stat.) (Engl.)

Den Befall des Weizens mit dieser Milbe verminderten 1958 *Demeton* (**I**), *Trithion* (**II**), *Parathion* (**III**), *Kelthane* (**IV**), *Guthion, Tedion* (**V**) u. *Malathion* (**VI**) 3 Tage nach der Anwendung, aber in ungenügendem Maße. 14 Tage danach waren alle ungenügend; am besten waren noch **I**, **II** u. **V**, am schlechtesten war **VI**. — 1959 war das Ergebnis nach 4 Tagen ähnlich, aber nur **II**, **III** u. **IV** hatten eine hohe Sofort-Wrkg., **I** wirkte gerade genügend, *Phostex* u. *Delnav* versagten. Nach 14 Tagen waren **II** u. **IV** allen überlegen. **III** (1 lb./acre aus der Luft) wirkte 14 Tage gut u. erhöhte die Erntemenge.

FRITZ MÜLLER/Ludwigshafen. 6312□

**Bienenvergiftung contra Kleelausbekämpfung in Rotkleekulturen zur Samengewinnung.** Carl Johansen. (J. econ. Entomol. **53.** 1012—15. Dez. 1960. Pullman, Wash., Washington State Univ.) (Engl.)

In Verss. wirkten 1958 u. 1959 gegen Anuraphis bakeri Cowen bei gleichzeitiger Unschädlichkeit gegen die Bestäuber u. die Nutzinsekten am besten *Trithion* (**I**), *Phosphamidon* (**II**), *Phorate* u. *Methyl*-**I** + **I**. — Bei den Nutzinsekten bewirkten *Endrin, Phostex, C-140, Guthion,* **II**, *Dibrom,* **I** u. *Methyl*-**I** + **I** 6 Tage nach der Anwendung einen Rückgang von 38—67% gegenüber unbehandelt. *Demeton, Phosdrin, Thiodan, Sevin, Ethion, Dimethoate* u. *Disyston* erwiesen sich als ungeeignet. Der beste Anwendungszeitpunkt ist 4—5 Wochen nach dem Schnitt.

FRITZ MÜLLER/Ludwigshafen. 6312□

**Entwicklung von Widerstandsfähigkeit gegen Chlordan und Malathion bei Blattella germanica.** G. S. Burden, C. S. Lofgren und Caroll N. Smith. (J. econ. Entomol. **53.** 1138—39. Dez. 1960.) (Engl.)

Behandlung von Nymphen von Blattella germanica L. abwechselnd mit *Chlordan* (**I**) u. *Malathion* (**II**) oder mit **I** + **II** verlangsamte zwar die Entw. der Widerstandsfähigkeit der Vollkerfe gegen **I** u. **II** in 14 Generationen leicht, konnte sie aber nicht vollkommen aufhalten. FRITZ MÜLLER/Ludwigshafen. 6312□

**Störung der biologischen Bekämpfung der Wollsackschildlaus durch Insekticide und Versuche zur Wiederherstellung eines günstigen natürlichen Gleichgewichts.** B. R. Bartlett und C. F. Lagace. (J. econ. Entomol. **53.** 1055—58. Dez. 1960. Riverside, Calif., Univ. of California, Citrus Exp. Stat.) (Engl.)

Der natürliche Feind Rodolia cardinalis Muls. (**a**) von Icerya purchasi Mask. (**b**) wurde in den Citruskulturen durch Abdrift bei Flugzeugsprühungen benachbarter Felder mit *Malathion* (**I**), *Parathion* (**II**) oder *DDT* (**III**) u. ihre Beläge schwer geschädigt. Bes. **I** schädigte nur **a**, jedoch nicht **b**. Die Giftigkeit gegen **a** nahm in der Reihenfolge **I** > *Rotenon* > **II** > *BHC* > *Dilan* > *Chlorthion* > *Diazinon* > *Methoxychlor* > *Endrin* > **III** > *Ca-Arsenat* ab. Puppen oder Vollkerfe von **a** konnten lange Zeit bis zu ihrem Einsatz gegen **b** aufbewahrt werden. Andere natürliche Feinde von **b** ließen sich nicht so erfolgreich wie **a** verwenden. FRITZ MÜLLER/Ludwigshafen. 6312□

**Bekämpfung der San-José-Schildlaus an Steinobst mit Insekticiden.** Edward W. Anthon. (J. econ. Entomol. **53.** 1085—87. Dez. 1960. Wenatchee, Wash., Tree Fruit Exp. Stat.) (Engl.)

Zur Bekämpfung von Aspidiotus perniciosus Comst. im Ruhestadium bewährten sich *Volck Supreme Oil* (**I**; Zus. nicht angegeben; 2 gal.) allein oder in Verb. mit *Trithion*, *Parathion*, *Malathion* oder *Diazinon* sowie *Ethion* + *Winteröl*. *Sevin* allein wirkte nicht genügend, war aber gut mit **I** (1 gal.). *Guthion* + *Öl* u. *Dimethoate* wirkten teilweise, aber nicht so wie die anderen Gemische; **I** (1 gal.) allein war ungenügend. Freiland-Verss. 1957—1959 zeigten, daß *Winteröl* bei Steinobst mehr pflanzenschädigend wirkte als **I**, das in geringeren Gaben besser wirkte, jedoch bei starkem Befall mit 1,5 gal. ungenügend war. FRITZ MÜLLER/Ludwigshafen. 6312□

**Der Apfelwickler und DDT.** D. W. Hamilton. (Proc. annu. Meeting Ohio State horticult. Soc. **113.** 58—71. Febr. 1960. Vincennes, Ind., USDA, Agric. Res. Serv., Entomol. Res. Div.) (Engl.)

28 Stämme des Apfelwicklers aus verschiedenen Staaten der USA wurden auf ihre Resistenz gegenüber DDT untersucht. Zunehmende DDT-Resistenz, für den Apfelwickler günstige Wetterbedingungen u. neue Sprüh-App. trugen zu einem verstärkten Auftreten des Schädlings bei. 1 lb. *Parathion* (**I**) u. 2 lb. *Malathion* (**II**) allein oder kombiniert mit DDT erwiesen sich als wirksame Bekämpfungsmittel. Über 1 lb. **I** verursachte Braunfärbung der Früchte, während diese mit **II** nicht zu beobachten war. $1^1/_4$ lb. *Guthion* u. 1 lb. *Sevin* (**III**) vernichteten neben dem Apfelwickler auch zahlreiche andere schädliche Insekten. Bei zu früher Anwendung von **III** wurde jedoch der Fruchtansatz verringert. Mit *Trithion* ließ sich nur das Eistadium des Apfelwicklers wirksam bekämpfen, daneben jedoch zahlreiche Milbenarten. Gelegentlich wurden Blattschädigungen u. Braunfärbungen der Früchte beobachtet. 2 lbs. *Diazinon* (**IV**) vernichteten allein oder in der Kombination 1 lb. **IV** + 1 lb. *DDT* außer dem Apfelwickler auch einige andere Apfelschädlinge, beeinflußten aber die Frucht-Entw. ungünstig. W. KREIPE. 6312□

**Eiablage des Maisährenwurmes und Wirkung von DDT auf die Eierräuber an blühendem Mais.** Floyd P. Harrison. (J. econ. Entomol. **53.** 1088—94. Dez. 1960. College Park, Md., Univ. of Maryland.) (Engl.)

Die Tätigkeit der die Eier von Heliothis zea Boddie vernichtenden Raubinsekten Orius insidiosus Say., Coleomegilla maculata DEGEER u. Chrysopa oculata Say. wurde durch Behandeln des Maises mit *DDT-Öl-Emulsion* stark eingeschränkt, so daß die Menge der Eier nach der Behandlung erheblich anstieg.
FRITZ MÜLLER/Ludwigshafen. 6312□

**Die Biologie und Bekämpfung des Gemeinen Pfirsichbaumbohrers.** Roy W. Rings. (Proc. annu. Meeting Ohio State horticult. Soc. **113.** 71—80. Febr. 1960. Ohio Agric. Exp. Stat., Dep. of Entomol.) (Engl.)

Vork. u. Lebensweise des Gemeinen Pfirsichbaumbohrers werden beschrieben. Da die *DDT*-Resistenz seit mehreren Jahren ständig zunahm, wurden neue Bekämpfungsmittel erprobt. Als bes. wirksam erwiesen sich *Dieldrin*, *Parathion* u. *Endrin*, die 99,6, 98,5 u. 98,2% des Befalls vernichteten. Eine geringere vernichtende Wrkg. besaßen *Guthion* (96,7%), *Thiodan* (91,2%), *BHC* (89,6%) u. *Sevin* (88,3%). Am wenigsten geeignet war *Trithion* (82,0%). Um gesundheitliche Schäden zu vermeiden, dürfen Thiodan u. Endrin nicht angewandt werden u. auch bei der Verw. der übrigen Bekämpfungsmittel sind bestimmte Vorschriften einzuhalten. W. KREIPE. 6312□

**Probleme und Fortschritt bei der Bekämpfung von Insekten und Milben.** C. R. Cutright. (Proc. annu. Meeting Ohio State horticult. Soc. **113.** 48—58. Febr. 1960. Wooster, Ohio, Ohio Agric. Exp. Stat.) (Engl.)

Der Apfelwickler ließ sich erfolgreich mit *DDT* u. bei DDT-Resistenz mit 1 lb. *Sevin* (I) allein oder mit der Kombination $^1/_2$ pt. *Guthion* (II) + $^1/_2$ lb. I bekämpfen. Um einer I-Resistenz vorzubeugen, sollten jedoch in jährlichem Wechsel I oder II zusammen mit einem Miticid angewandt werden. Bei jahreszeitlich bes. frühem Auftreten der Roten Spinne erwiesen sich *Öle* oder bestimmte Ölkombinationen allein sowie kombiniert mit 1 lb. *Diazinon* (III) oder *BHC*, ferner 1 lb. *Mitox*, $1^1/_2$ lbs. *Genite* (IV) oder 1 lb. *Tedion* als wirksame Bekämpfungsmittel. Zur Vernichtung nicht resistenter Milben eigneten sich ½ lb. *Ovex* (V), 1½ pts. II oder 8 oz. *Dimethoate*. Für Sommerspritzungen war 1 lb. *Kelthane* bes. günstig. Keine ausreichend vernichtende Wrkg. ließ sich mit 1½ lbs. III, *Aramite* (VI) u. 6 oz. Endrin erzielen. Zusätze von 6 oz. *TEPP* zu VI, V u. IV erhöhten deren Wirksamkeit nicht. Über das Resistenzproblem werden allg. Betrachtungen angestellt, wobei darauf hingewiesen wird, daß ein häufiger Wechsel der Bekämpfungsmittel weitgehend ein Resistentwerden der Schädlinge verhindert. W. KREIPE. 6312□

**Wirkung von Colchicin auf Schraubwürmer.** W. F. Chamberlain und D. E. Hopkins. (J. econ. Entomol. **53.** 1133—34. Dez. 1960.) (Engl.)

Larven von Callitroga hominivorax Cqrl. wurden mit *Colchicin* (I) gefüttert. Eine Konz. von 0,0005% I verursachte eine 100%ig. Mortalität frisch geschlüpfter Larven innerhalb von 48 Stunden. 0,0001% I töteten keine Larven des 1., 2. u. 3. Stadiums, jedoch schlüpften keine Vollkerfe. Wurden nur Larven des 1. u. 2. Stadiums behandelt, schlüpften ebenso viele Vollkerfe wie bei der Kontrolle. Bei Behandlung von Larven nur des 3. Stadiums starben die meisten Puppen. Behandlung der Larven des 1. u. 2. Stadiums mit 0,0002% I hatte keinen Einfl. auf das Schlüpfen der Vollkerfe. Bei dieser Behandlung wurden keine Unterschiede in der Fruchtbarkeit der ♂ u. ♀, aber mkr. morpholog. Veränderungen festgestellt, woraus sich ein Rückgang der Lebensfähigkeit der Eier ergab. FRITZ MÜLLER/Ludwigshafen. 6312□

**Vorläufige Bewertung tiersystemischer Insekticide.** R. O. Drummond. (J. econ. Entomol. **53.** 1125—27. Dez. 1960.) (Engl.)

Von 17 an Meerschweinchen auf ihre system. Eigg. vorgeprüften Insekticiden hatten an Rindern gute Bekämpfungserfolge gegen Hypodermalarven: *Bayer 29493, Dowco 105* u. *Stauffer R-2371* ohne Schäden an den Tieren; *Am. Cyanamid 18706, Bayer 25141* u. *Dition* waren wirkungslos, die restlichen: *Bayer 23129, Bayer 24498, Bayer 25142, Bayer 25198, Butonate, General Chemicals 4072, Monsanto CP-10502, Monsanto CP-10516, Phosphamidon, Shell SD-3562, Stauffer R-2448* u. *Virginia-Carolina 1—13* [*Phosphorsäure-O.O-diäthyl-O-(2.4-dichlorphenyl)-ester*] wirkten wechselnd oder nur in tierschädigenden Gaben. FRITZ MÜLLER/Ludwigshafen. 6312□

**Physikochemische Untersuchungen über die Anwendung von Insekticiden auf das Schafvlies.** 8. Mitt. **Reaktionen zwischen dem natürlichen Vlies und den anionischen Netzmitteln.** C. C. Addison und C. G. L. Furmidge. (J. Sci. Food Agric. **7.** 552—56. Aug. 1956.) (Engl.) — 7. vgl. C. **1960.** 12477.

An Hand der Ergebnisse von Verss. diskutieren Vff. die durch das natürliche Vlies bedingten Veränderungen der Grenzflächenaktivität von anion. Netzmittel enthaltenden Tauchlösungen. C. GRIMME. 6312

**Physikochemische Untersuchungen über die Anwendung von Insekticiden auf das Schafvlies.** 9. Mitt. **Die Aufnahme der Ölphase von anionischen Emulsionen durch das natürliche Vlies.** C. C. Addison und C. G. L. Furmidge. (J. Sci. Food Agric. **7.** 556—60. Aug. 1956.) (Engl.) — 8. vgl. vorst. Referat.

Bei der Rezeptur der Tauch-Lsgg. von Insekticiden sind anion. Netzmittel insofern von Interesse, als sie bewirken, daß die Aufnahme der Ölphase durch das Vlies regelmäßig u. in zweckentsprechender Größenordnung erfolgt. Allerdings besteht bei derartigen Tauch-Lsgg. der Nachteil, daß die Aufnahme der Ölphase mit der Zeit abnimmt, so daß es schwierig ist, die Menge der auf dem Vlies niedergeschlagenen Insekticide abzuschätzen. C. GRIMME. 6312

**Chemische Bewertung der neutralisierenden Wirksamkeit landwirtschaftlich genutzter Kalke.** W. M. Shaw und Brooks Robinson. (Soil Sci. **87.** 262—72. Mai 1959. Univ. of Tennessee, Agric. Exp. Stat.) (Engl.)

Da die bisher üblichen Meth. zur Bewertung der Neutralisations-Wrkg. von Düngekalken nicht befriedigen (Essigsäure-Meth. geben zu niedrige Werte, Oxalat-Meth. geben allg. überhöhte Werte), arbeiten Vff. ein Verf. zur Best. der Lsg.-Geschw. der Kalke mit 5n $NH_4Cl$ aus, dessen Ergebnisse besser mit der tatsächlichen Rk.-Geschw. im Boden übereinstimmen. Unterss. über die Beziehungen der Gesamtoberfläche der Kalke (Vermahlungsgrad) zu ihrer Neutralisationskapazität ergaben, daß eine Oberflächenmessung allein nicht ausreicht. — In prakt. Hinsicht gibt die mit dem $NH_4Cl$-Verf. erhaltene Wirksamkeit des Kalkes den Prozentsatz der angewandten Kalkmenge an, der innerhalb einer Periode von 3—12 Monaten mit dem Boden reagiert. WILFRIED WERNER. 6322 □

**Fraktionierung der organischen Substanz von Böden nach dem spezifischen Gewicht.** C. Jeanson-Luusinang. (Ann. Inst. nat. Rech. agronom., Sér. A **11.** 481—97. Juli/Aug. 1960. Versailles, Labor. des Sols.) (Franz.)

Beschreibung der Methodik u. ihrer Leistungsfähigkeit. M. WINIKER. 6324 □

**Ein Vergleich der Bestimmung von „Uronsäuren" in Bodenextrakten mit Carbazol und durch Decarboxylierung.** P. Dubach und D. L. Lynch. (Soil Sci. **87.** 273—75. Mai 1959. Univ. of Delaware, Agric. Exp. Stat.) (Engl.)

Da Polysaccharide u. bes. Polyuronsäuren bei der Stabilisierung der Aggregate im Boden von Bedeutung sind, ist eine quant. Best. dieser Verbb. von Interesse. An den Fulvosäurefraktionen unterschiedlicher amerikan. Böden vgl. Vff. die Meth. zur *Uronsäure* (I)-Best. mittels Decarboxylierung u. die colorimetr. I-Best. mit *Carbazol* (II). Durch Decarboxylierung werden wesentlich höhere I-Werte erhalten als mittels II. Die durch Decarboxylierung gefundenen I-Geh. korrelieren gut mit dem C-Geh. der Fulvosäurefraktion, die mit der II-Meth. erhaltenen Werte stimmen gut mit der Höhe der Furfurol-Bldg. u. dem relativen Zucker-Geh. der Fulvosäureextrakte überein. Vff. halten daher die II-Meth. für geeigneter zur I-Best. als das auf Decarboxylierung basierende Verf., zumal andere Forscher fanden, daß neben I auch noch andere organ. Substanzen des Bodens decarboxyliert werden. WILFRIED WERNER. 6324 □

**Der Einfluß der Kationenart auf die Bestimmung der Kationenaustauschkapazität von Böden.** B. L. Sawhney, M. L. Jackson und R. B. Corey. (Soil Sci. **87.** 243—48. Mai 1959. Madison, Wis., Univ. of Wisconsin, Dep. of Soils.) (Engl.)

An den Tonkomponenten von montmorillonit- u. vermiculitreichen Böden wurden Verss. zur Best. der Kationenaustauschkapazität (AK) unter Verw. von $K^+$ oder $Ca^{2+}$ zur Sättigung u. neutraler 1n$NH_4$-Acetat (I)- oder Na-Acetat (II)-Lsgg. zur Extraktion durchgeführt. Bei den Montmorillonitproben wurden bei $K^+$- u. $Ca^{2+}$-Sättigung u. beiden Austausch-Lsgg. annähernd gleiche Werte für die AK erhalten. Demgegenüber war die AK der vermiculitreichen Proben nach K-Sättigung u. Austausch mit I bedeutend niedriger als nach Ca-Sättigung u. Austausch mit I oder II. Die mit Ca gesätt. Proben wiesen nach Austausch mit II signifikant höhere AK auf als bei Verw. von I als Austauschlösung. — Diese Ergebnisse lassen die Schlußfolgerung zu, daß zur Best. der AK von vermiculitreichen Böden weder K- noch $NH_4$-Lsgg. zu Sättigung oder Austausch verwandt werden können, da diese Ionen z. T. fixiert werden, wodurch die für die AK erhaltenen Werte zu niedrig liegen. WILFRIED WERNER. 6324 □

**Anteil des Fehlers bei der Untersuchung im Laboratorium und der Heterogenität des Bodens auf die gesamte Variabilität der Ergebnisse einiger bodenbiologischer Teste.** Miroslav Šrogl und Věra Turková. (Sborník českoslov. Akad. zemědělských Věd, rostlinná Výroba **6** (**33**). 1423—30. Okt. 1960. Brno, ČSAZV, výzk. úst. krmiv.) (Tschech.)

Die Heterogenität der Böden hat auf die biolog. Unters.-Ergebnisse entscheidenden Einfl., während Fehler bei der Unters. im Labor. kaum ins Gew. fallen.

E. VEVERA. 6324

**Wechselbeziehung zwischen enzymologischen und anderen bodenbiologischen Testen auf dem gleichen Standort.** Věra Turková und Miroslav Šrogl. (Sborník českoslov. Akad. zemědělských Věd, rostlinná Výroba **6** (**33**). 1431—38. Okt. 1960. Praha, Karl. univ. biol. fak., odd. pudn. mikrobiol.) (Tschech.)

Die Best. der enzymat. Tätigkeit eines Bodens sagt nichts über dessen biolog. Aktivität aus. — 13 Literaturangaben. E. VEVERA. 6324

**Infrarotbestimmung von Aldrin und Dieldrin in mit Aldrin behandeltem Boden.** R. C. Blinn, F. A. Gunther und M. S. Mulla. (J. econ. Entomol. **53.** 1129—31. Dez. 1960. Riverside, Calif., Univ. of California, Citrus Exp. Stat.) (Engl.)

In mit *Aldrin* (I) behandeltem Boden wurde nach chromatograph. Trennung vom gebildeten *Dieldrin* (II) mit dem IR-Verf. I zu 2,3 (ppm) bzw. 2,0 gegenüber 2,4 bzw. 2,7 beim colorimetr. Verf. u. II zu 0,6 bzw. 0,7 gegenüber 0,3 bzw. 0,4 bestimmt. Die Absorptionsmaxima für I u. II stimmten mit den von gereinigtem I u. II überein.

FRITZ MÜLLER/Ludwigshafen. 6324 □

**Eine isotopische Untersuchung des Rückstands von Äthyl-N.N-di-n-propylthiolcarbamat ($^{35}$S-EPTC) bei verschiedenen Ernteprodukten.** S. C. Fang und Patricia

Theisen. (J. agric. Food Chem. 7. 770—71. Nov. 1959. Corvallis, Ore., Oregon State Coll., Dep. of Agricult. Chem.) (Engl.)

Vff. beschreiben eine Schnell-Meth. zur Isolierung von mit $^{35}S$ markiertem *Äthyl-N.N-di-n-propylthiolcarbamat* (I) aus Ernte-Prodd. u. seine anschließende Best., bei der ein fensterloser Gasströmungszähler Verw. findet. Die Nachweisbarkeitsgrenze beträgt 0,2 $\mu$g I. Mit Hilfe dieser Meth. konnte in Verss. mit verschiedenen Kulturpflanzen (Bohnen, Erbsen, Mais, Kohl, Radieschen, Möhren, Rüben) gezeigt werden, daß das Herbicid bei Applikation vor dem Auflaufen rasch vom Boden aufgenommen u. von den Pflanzen abgebaut wird, so daß keine nennenswerten Rückstände auf den Ernte-Prodd. zu befürchten sind. W. Wesly. 6328□

---

André Jean Meunier, Frankreich, **Mittel zur Pflanzenbehandlung und Bodenverbesserung,** als Wirkstoff organ. oder mineral. gebundenen C zusammen mit Gerbstoffen, wie Tannin, u. Spurenelementen enthaltend. Kräftigere Entw. der Pflanzen u. Fruchtung. (**F. P. 1 181 964** vom 4/9. 1957, ausg. 19/6. 1959.) W. Wittholz. 6297

N. V. de Bataafsche Petroleum Mij., Den Haag (Erfinder: Johannes Thomas Hackmann und Willem Albertus Pel, Amsterdam), Holland, **Behandlung von Pflanzen zwecks Bekämpfung der Erreger von Pilzkrankheiten** durch Verw. von S-Alkylisothioharnstoff-Derivv. (I) der allg. Formel $H_2N-C(:NH)-SR$, in der R einen ggf. substituierten Alkylrest mit 1—9 C-Atomen darstellt u. eines oder mehrere der an die N-Atome gebundenen H-Atome durch eine bzw. mehrere Alkyl-, Aryl-, Aralkyl-, Acyl- oder Aroylgruppen substituiert sind. Die I können auch in Form ihrer Salze, bes. der HCl-, HBr- oder $H_3PO_4$-Salze angewendet werden. — Beispiele: S-Nonyl-N-methylisothioharnstoff, S-Heptyl-N-phenyl-, S-Octyl-N-acetyl-, S-Octyl-N-benzoyl-, S-3.5.5-Trimethylhexyl-N-methyl-N-phenyl-, S-Octyl-N.N'-diacetyl-, S-Heptyl-N.N'-dibenzoyl-, S-Octyl-N.N'-dicarbomethoxy- u. S-Heptyl-N.N'-dicarbophenoxyisothioharnstoff. — Man wendet das Mittel (0,01—1%ig. Lsg.) durch Bespritzen der Pflanzen an bzw. durch Eintauchen des Wurzelwerks in die Lösung. (**D. B. P. 968 105** Kl. 45 l vom 7/11. 1952, ausg. 23/1. 1958. Anmeldung bekanntgemacht 29/3. 1956. **Zusatz zu D. B. P. 947 209; C. 1961. 14074.**) H. Nebelsiek. 6313

Collier Carbon & Chemical Corp., übert. von: Irving D. Webb, Rosemead, und John W. Yale jun., Yorba Linda, Calif., V.St.A., **Orthotrithioameisensäuretrimethylester-Schwefel-Verbindungen** erhält man durch Erhitzen von Orthotrithioameisensäuretrimethylester, $HC(SCH_3)_3$ (I; erhältlich durch Rk. von Methylmercaptan mit Chlf. in Ggw. eines alkal. Kondens.-Mittels oder mit HCOOH in Ggw. eines sauren Katalysators) mit S auf 80—180°, bes. 100—150°. Es werden 1—12 Atome S je Mol I aufgenommen. — Aus 10,4 Teilen S u. 25 Teilen I bei 125°, dann unter Rückfluß bei 185—195° → **I**-*Disulfid*. — **I**-*Hexasulfid*, bei —20° F noch flüssig. — **I**-*Trisulfid*. **I**-*Heptasulfid*. — **I**-*Monosulfid*. — *Fungicide* u. *Nematocide*. (**A. P. 2 841 518** vom 9/1. 1956, ausg. 1/7. 1958.) G. Krauss. 6313

Rohm & Haas Co., übert. von: Peter L. de Benneville und Charles Samuel Hollander, Philadelphia, Pa., V.St.A., **Bis-iminodiacetamidoxime** der allg. Formel $[H_2N-C(=NOH)-CH_2]_2N(CH_2)_nN[CH_2-C(=NOH)-NH_2]_2$ ($n = 2-8$) erhält man durch Rk. eines Hydroxylaminsalzes mit einem Alkylen-bis-iminodiacetonitril bei 0—100° in Ggw. eines Lsgm. (W., Alkanole). — Aus 43 (Teilen) Äthylen-bis-iminodiacetonitril in 80 Methanol u. 56 Hydroxylaminhydrochlorid in 60 W. bei Raum-Temp. durch Zusatz von 42 festem $Na_2CO_3$ nach 1 Std. → *Äthylen-bis-iminodiacetamidoxim*, F. 186—187°. — Hexamethylen-bis-iminodiacetonitril → *Hexamethylen-bis-iminodiacetamidoxim*. — Propylen-bis-iminodiacetonitril (= N.N.N'.N'-Tetrakis-cyanmethyl-1.2-propylendiamin) → *Propylen-bis-iminodiacetamidoxim*. — Weitere Ausgangsstoffe sind: Butylen-, Octylen- u. Cyclohexylen-bis-iminodiacetonitril. — *Fungicide*, bes. gegen *Stemphylium sarcinaeforme* u. *Monilinia fructicola*. *Chelatbildner* für *Fe* u. a. *Schwermetalle*. (**A. P. 2 902 514** vom 23/12. 1957, ausg. 1/9. 1959.) G. Krauss. 6313

Rohm & Haas Co., Philadelphia, übert. von: Richard S. Cook, Rockledge, und W. E. Craig, Philadelphia, Pa., V.St.A., **Aminsalze von N-4-Nitrophenyl-3.4-dichlorbenzolsulfonamid** (I) erhält man durch Rk. von I mit tert.-Alkylaminen mit 8—15 C-Atomen, Caprylamin u. Alkyldimethylaminen mit 16—18 C-Atomen im Alkyl in Ggw. eines Lsgm. (Bzl., Toluol, Naphtha) bei 10—60°. — Aus 34,7 (Teilen) I in 100 Toluol u. 33,7 Stearyldimethylamin bei 20—30° nach Abdest. des Toluols → 69 braunes, viscoses, gummiartiges Salz, Molgew. 684,2. Mit I werden ferner Salze hergestellt mit: Cetyldimethylamin; tert.-Octylamin (= 1.1.3.3-Tetramethylbutylamin), F. 140 bis

144°; Ausbeute 82,4%; tert.-Tridecylamin, leicht braunes, viscoses Öl; Caprylamin, F. 63—66°. — *Insekticide, Miticide, Fungicide*, bes. gegen *Reiskäfer, Rote Spinne, Monilinia fructicola, Stemphylium sarcinaeforme*. Die Salze sind nicht giftiger als das freie I. (**A. P. 2 853 519** vom 20/7. 1956, ausg. 23/9. 1958.) G. KRAUSS. 6313

N. V. Fabriek van Chemische Producten, Schiedam, Holland, **Fungicide quaternäre Ammoniumverbindungen von Dithiocarbaminsäuren.** Sie besitzen die Formel $[R^1(NR\text{-}CSS^-)_m]_p[R^2R^3R^4(N^+)_nR^5]_q$ (n, m, p, q = 1 oder 2; mp = nq; p = q = 1, wenn m = n; R = H oder Alkyl mit 1—3 C-Atomen; $R^1$ = Alkyl mit 1—3 C-Atomen oder Alkylen; $R^2$ = Alkyl mit 12—18 C-Atomen; $R^3$, $R^4$ = Alkyl mit 1—4 C-Atomen; $R^5$ = desgleichen oder Aralkyl oder Alkylen mit 2—6 C-Atomen; $R^3$, $R^4$ u. $R^5$ können auch gemeinsam mit dem quatern. N-Atom einen heterocycl. Ring darstellen). Zur Herst. läßt man z. B. gleichmol. Mengen Cetyltrimethylammoniumbromid (in wss. Lsg.), NaOH, Dimethylamin u. $CS_2$ miteinander reagieren, wobei *Cetyltrimethylammoniumdimethyldithiocarbamat* entsteht. (**Holl. P. 95 722** vom 6/2. 1957, ausg. 15/10. 1960.) F. BÖHM. 6313

Soc. des Usines Chimiques Rhône-Poulenc, Frankreich (Erfinder: Jean Métivier), **Phosphorsäurederivate** der Formel $R_1(R_2)C[-X_1-P(=X_2)\cdot(OR_3)(OR_4)]_2$ ($R_1$ u. $R_2$ = H oder ggf. substituierte KW-Stoffreste; $R_3$ u. $R_4$ = Alkylreste mit 1—4 C-Atomen; $X_1$ u. $X_2$ = O oder S) werden durch Umsetzung von Dihalogen-Verbb. $R_1(R_2)C(Hal)_2$ mit Alkalisalzen $M-X_1-P(=X_2)(OR_3)(OR_4)$ in einem organ. Lsgm., bes. in aliphat. Alkoholen oder Ketonen, wie Aceton, bei 50—100° gewonnen. — *Bis-[diäthyldithiophosphato]-methan*, aus 44,8 g Diäthyldithiophosphorsäure-K-Salz u. 17,4 $CH_2Br_2$ durch 5std. Kochen in Aceton; Öl; Ausbeute 33,5 g. — *Pesticide, bes. Akaricide.* (**F. P. 1 185 452** vom 4/3. 1957, ausg. 31/7. 1959.) EBERHARD RIEDEL. 6313

Farbenfabriken Bayer Akt.-Ges., Deutschland (Erfinder: Walter Lorenz und Gerhard Schrader), **Herstellung von Thiophosphorsäureestern,** z. B. *Methylen-bis-O.O-dimethyl-*, $Kp._{0,01}$ 116°, *-diäthyl-*, $Kp._{0,01}$ 125°, *-di-n-propyl-*, $Kp._{0,01}$ 148°, *-diisopropylthionothiolphosphat*, dad. gek., daß man Methylenbromid in wss. Lsg. mit Dimethyldithiophosphorsäure-Na-Salz bzw. Diäthyl-, Di-n-propyl-, Diisopropyldithiophosphorsäure-$NH_4$-Salz umsetzt. — *Schädlingsbekämpfungsmittel.* (**F. P. 1 198 263** vom 17/6. 1958, ausg. 7/12. 1959. D. Prior. 24/6. 1957.) S. BÖTTCHER. 6313

Farbenfabriken Bayer Akt.-Ges., Deutschland (Erfinder: Hans-Helmut Schlör, Ernst Schegk und Gerhard Schrader), **Herstellung von Thionophosphonsäureestern,** dad. gek., daß man Thionophosphonsäureesterhalogenide in Ggw. säurebindender Mittel mit Mercaptoalkoholen umsetzt. — $C_6H_5P(=S)(OCH_3)-O\cdot CH_2CH_2SC_2H_5$, aus Phenylthionophosphonsäuremethylesterchlorid u. β-Äthylmercaptoäthanol in Chlf. in Ggw. von Pyridin. — $C_6H_5P(=S)(OC_2H_5)OCH_2CH_2SC_2H_5$, aus Phenylthionophosphonsäureäthylesterchlorid ($Kp._{1,5}$ 104—106°). — $p\text{-}ClC_6H_4P(=S)-(OC_2\cdot H_5)OCH_2CH_2SC_2H_5$, aus p-Chlorphenylthionophosphonsäureäthylesterchlorid ($Kp._3$ 130 bis 132°). — $p\text{-}ClC_6H_4P(=S)(OCH_3)OCH_2CH_2SC_2H_5$, aus p-Chlorphenylthionophosphonsäuremethylesterchlorid ($Kp._2$ 125—128°). — $C_2H_5SCH_2CH_2OP(=S)(CH_3)OC_2H_5$, $Kp._{0,01}$ 63°, $D._4^{20}$ 1,114, $n_D^{20}$ 1,5040, aus Methylthionophosphonsäureäthylesterchlorid. — *Schädlingsbekämpfungsmittel.* (**F. P. 1 198 265** vom 17/6. 1958, ausg. 7/12. 1959. D. Prior. 24/6. 1957.) S. BÖTTCHER. 6313

---

**Dano Ingeniørforretning og Maskinfabrik, Ingeniør Kai Petersen's Fond** (Erfinder: **Peter Marius Carlsson** und **Kai Finn Petersen**), *Vergären organischer Abfallprodukte.* (**Aust. P. 204 633** vom 11/8. 1954, ausg. 3/1. 1957. — **C. 1959.** 4947 [D. A. S. 1 033 684].)

**Olin Mathieson Chemical Corp.**, New York, N.Y. (Erfinder: **Robert W. Leeper**, Honolulo, Hawaii, und **Victor C. Fusco**, New Kensington, Pa.), V.St.A., *β-Hydroxyäthyl-N-β-hydroxyäthylcarbazinat.* (**D. A. S. 1 086 691** Kl. 12o vom 24/9. 1958, ausg. 11/8. 1960. A. Prior. 9/10. 1957. — **C. 1960.** 7656 [A. P. 2 876 090].)

**Rohm & Haas Co.**, Philadelphia, Pa., V.St.A., *Herstellung neuer Derivate von Estern aus substituierten Aminoalkoholen mit Acryl- oder Methacrylsäure.* (**Holl. P. 93 143** vom 15/7. 1955, ausg. 15/1. 1960. A. Prior. 20/7. 1954. — **C. 1960.** 11836 [E. P. 786 109].)

**United States Rubber Co.**, New York, N.Y., übert. von: **Charles W. Gates** und **Harry D. Glenn**, Naugatuck, Conn., V.St.A., *Fungicide Stoffe.* (**A. P. 2 929 846** vom 28/1. 1957, ausg. 22/3. 1960. **Belg. P. 564 066** vom 18/1. 1958, ausg. 17/6. 1960. A. Prior. 28/1. 1957. — **C. 1960.** 13498 [E. P. 819 779].)

**N. V. de Bataafsche Petroleum Mij.** (Erfinder: **Johannes Hackmann** und **Nicolaas Dost**), *Isothioharnstoffsalze enthaltende Fungicide.* (**Aust. P. 204 634** vom 16/8. 1954, ausg. 3/1. 1957. Oe. Prior. 21/8. 1953. — **C. 1959.** 7601 [D. B. P. 970 787].)

**Farbenfabriken Bayer Akt.-Ges.**, Leverkusen, *Fungicide.* (**Aust. P. 168 127** vom 24/2. 1954, ausg. 25/10. 1956. D. Prior. 25/2. 1953. — **C. 1957.** 7477 [D. A. S. 1 001 854].)

**Soc. des Usines Chimiques Rhône-Poulenc**, Paris, Frankreich, *Herstellung von Pyronderivaten.* (**E. P. 826 814** vom 11/2. 1958, ausg. 20/1. 1960. **Belg. P. 565 185** vom 26/2. 1958, ausg. 15/7. 1960. Beide F. Prior. 4/3. 1957. — **C. 1960.** 13499 [A. P. 2 905 700].)

**United States Rubber Co.**, New York, N.Y., V.St.A., *Alkylarylsulfite.* (**E. P. 797 865** vom 31/8. 1956, ausg. 9/7. 1958. A. Prior. 21/11. 1955. — C. **1960.** 12138 [F. P. 1 158 253].)

**Monsanto Chemical Co.**, St. Louis, Mo., V.St.A., *Naphthalin-1.3-dione.* (**Aust. P. 168 165** vom 11/1. 1954, ausg. 29/11. 1956. — C. **1957.** 4231 [E. P. 748 927].)

**Union Carbide Corp.**, New York (Erfinder: **Herbert Hughes Moorefield**, Ardsley), N.Y., V.St.A., *Insekticides Mittel.* (**D. A. S. 1 086 484** Kl. 451 vom 20/1. 1959, ausg. 4/8. 1960. A. Prior. 20/1. 1958. — C. **1960.** 10376 [A. PP. 2 904 463, 2 904 464 u. 2 904 465].)

**Standard Oil Development Co.**, Elizabeth, N.J., V.St.A., *Parasiticide Mittel.* (**Aust. P. 168 159** vom 17/3. 1954, ausg. 22/11. 1956. A. Prior. 24/3. 1953. — C. **1958.** 10190 [E. P. 774 392].)

**N. V. Philips' Gloeilampenfabrieken**, Eindhoven, Holland (Erfinder: **Hendrik Michael Filk**), *Mittel zur Bekämpfung der Roten Spinne.* (**E. P. 813 871** vom 15/2. 1957, ausg. 27/5. 1959. **Aust. P. 218 082** vom 18/2. 1957, ausg. 20/11. 1958. Beide Holl. Prior. 20/2. 1956. — C. **1960.** 12138 [Oe. P. 200 389].)

---

**André Gros**, Engrais, guide pratique de la fertilisation. 2e édit. Paris. La Maison rustique. 1960. (407 S. m. Abb.) 8°. 9,90 NF.

**Jacob Kortleven**, De stikstofvoeding van de aardappel door middel van stalmest en van kunstmest. 4. Wageningen: Centrum voor Landbouwpublikaties en Landbouwdocumentatie. 1959. (82 S. m. Abb.) 8° = Verslagen van landbouwkundige onderzoekingen. No. 65, 19. hfl. 4,—.

**Walter Reuther**, ed., Plant analysis and fertilizer problems. Washington: American Institute of Biological Science. 1961. (XV + 454 S. m. Abb.) $ 8.—.

**Edmund Ruffin**, An essay on calcareous manures. Cambridge (Massachusetts Harvard U. P.; London: Oxford U. P. 1961. (XXXV + 201 S. m. Tab. u. Diagr.) 34 s.

## VIII. Metallurgie. Korrosion

**Tonfrequenzmagnetische Messungen aus der Luft. Theorie, Ausrüstung und Arbeitsweise in den westlichen Vereinigten Staaten.** William Crowe Kellogg. (Mines Mag. **51.** 15—18. Mai 1961. Fairchild Aerial Survey, Inc.) (Engl.)

Übersicht über Grundzüge, Zubehör u. Ausführung des AFMAG (audio frequency magnetics)-Verf., einer Variation der elektromagnet. Prospektierverfahren.
W. WESLY. 6354 □

**Die Entdeckung des Questa-Molybdän-Vorkommens.** John B. Carman und Robert H. Carpenter. (Mines Mag. **51.** 12—14. 26. Mai 1961. Questa, N.Mex., Molybdenum Corp. of America.) (Engl.)

Beschreibung des Mo-Vork. von Questa, des bedeutendsten Mo-Fundes der letzten 20 Jahre. W. WESLY. 6354 □

**Der Kalkzusatz und die Konsistenz der Aufschlämmung bei der Zerkleinerung von Golderz.** G. Chad Norris. (Bull. Instn. Mining Metallurgy Nr. **610.** Trans. **66.** 597—611. Sept. 1957. Diskussion Nr. **615.** Trans **67.** 209—14. Febr. Nr. **622.** Trans. **67.** 639—42. Sept. 1958.) (Engl.)

Ein intermittierender Zusatz des größten Teils des zur Aufbereitung von Au-Erzen erforderlichen CaO-Bedarfes vor den Mahlmühlen ist nicht ratsam. Große CaO-Mengen steigern die Konsistenz der Aufschlämmung u. vermindern dadurch die Wirksamkeit der Mühlen u. Klassierer, die bei pH $<9$ des Mahlwassers verbessert wird. Es empfiehlt sich, das CaO in Form von Kalkmilch an mehreren Stellen der Anlage zuzusetzen.
W. WESLY. 6360 □

**Anwendung von radioaktiven Isotopen zur Untersuchung der Kinetik des Stückschmelzens und der Schlackenbildung beim Stückerzprozeß.** A. I. Osipov, L. A. Shvartsman, V. I. Alekseev, V. F. Surov, M. L. Sazonov, M. T. Bul'skii, S. A. Telesov, A. M. Skrebtsov, A. M. Ofengenden, L. G. Goldshtein und F. F. Sviridenko. (Int. J. appl. Radiat. Isotopes **4.** 270—72. Jan. 1959.) (Engl.) — C. **1959.** 4068. W. BETCKE. 6360 □

**Flotation von Wolframit und wertvollen Begleitstoffen aus komplexen Wolframerzen des Transbaikalgebietes.** F. N. Belasch und O. W. Pugina. (Известия Сибирского Отделения Академии Наук СССР [Nachr. sibir. Abt. Akad. Wiss. UdSSR] **1958.** Nr. 8. 61—70. Kola-Zweigstelle der Akad. der Wiss. der UdSSR.) (Russ.)

Das komplexe Wolframiterz enthielt neben 0,85 (%) $WO_3$ noch 79 $SiO_2$ (vorwiegend Quarz), 10 $Al_2O_3$, 4 *Fe*, 2 *Ca*, 1,5 *F*, 0,3 *S* u. je $>0,1$% *Bi*, *Mo*, *As*, *Pb* u. *P*. Im Herdkonzentrat beträgt die Ausbringung von *Mo* nur 11—32 (%), die von *Bi* 45—61. Mit dem Schlamm gehen 6,0—8,5 *W* verloren. Durch Flotation der Abgänge können weitere 39% Bi u. 39,5% Mo (vom Ausgangs-Geh. im Erz) gewonnen werden. Durch magnet. Scheidung des Molybdänites u. Bismutins des Herdkonzentrates können Konzentrate erhalten werden, die 53 Mo, 12,2 Bi u. 37,04 $WO_3$ bei einer Ausbringung von 90,6 bzw. 93,6 bzw. 67,6% enthalten. Mit Petroleum u. Fichtenöl wird Bismutin zu 85% zusammen mit Molybdänit flotiert. A. v. WILPERT. 6362 □

**Entwicklung der Hochofentechnik.** J. Michard. (Ann. des Mines **1961.** **355—72.** Juni. Inst. de Rech. de la Sidérurgie.) (Franz.)

Überblick. — 14 Literaturangaben. M. GEHLEN-KELLER. 6370 □

**Verwendung von Heizgas durch Einspritzen durch Hochofen-Windformen.** Eugene R. Dean. (Blast Furnace Steel Plant **49.** 417—23. Mai 1961. Pittsburgh Coke and Chemical Co.) (Engl.)

Durch einen einjährigen Betriebs-Vers. wird nachgewiesen, daß Koksofen- u. Erdgas zur Verringerung des Kokssatzes bei der Erzeugung von Roh- oder Spiegeleisen im Hochofen verwendet werden kann. Die Einsparungen an Koks sind bei Verw. von Erdgas größer als bei der von Koksofengas. Die Verw. von Heizgas wird bes. bei der Verhüttung von minderwertigen oder feinkörnigen Rohstoffen empfohlen. H. HOCHSTEIN. 6370☐

**Einige Aussichten der Voraussage des Hochofenverhaltens.** A. L. Hodge. (Iron and Steel **34.** 232—38. 19/5. 1961.) (Engl.)

Ein dynam. Modell des Hochofenprozesses, das aus empir. u. thermochem. Beziehungen entwickelt u. auf eine elektron. Rechenmaschine übertragen wurde, ermöglicht eine Analyse u. Voraussage des Hochofenbetriebes über weite Gebiete in guter Übereinstimmung mit der Praxis. Es werden noch bessere Informationen über die tatsächliche Wärmeübertragung, die Feststoff-Gas-Red., die Bewegungen im Ofen sowie Rkk. zwischen den Gasen im Hochofen für erforderlich gehalten, die durch genaue chem. u. physikal. Messungen des Gases einschließlich der Feuchtigkeit u. der Feststoffe in verschiedenen Ofenhöhen erhalten werden können, um eine Brücke über die Lücke zwischen der physiko-chem. Theorie u. dem tatsächlichen Ofenbetrieb schlagen zu können.

H. HOCHSTEIN. 6370☐

**Gichthöhenmessung am Kupolofen mittels radioaktiver Isotopen.** A. Rexroth, I. Stadtler und F. Stadtler. (Fraunhofer-Ges. Förder. angew. Forsch. e. V., Beispiele angew. Forsch. **1957.** 41—44. Juni 1957.)

Zur Kontrolle der Gichthöhe wird ein $^{60}$Co-Präp. von 50 mC in das Futter des Kupolofens eingesetzt. Über ein an der gegenüberliegenden Außenwand befindliches GM-Zählrohr wird bei Unterschreitung der geforderten Füllhöhe eine Alarmsignalanlage betätigt. J. MARTINS. 6370☐

**Untersuchung der feuerfesten Eigenschaften von Hochofenschlacken mit Hilfe kugelförmiger Proben.** R. Zoja. (Rev. Métallurgie **58.** 131—36. Febr. 1961. Mailand Politechn. Centre d'Études de la Naz. Cogne Aosta.) (Franz.)

Entwickelt u. beschrieben wird eine Prüftechnik zur Best. der feuerfesten Eigg. von Hochofenschlacken, bei der an Stelle von SEGER-Kegeln Kugeln von 20, 25 u. 40 mm Ø verwendet werden. Die Prüfung mittels dieser kugelförmigen Proben ergibt zuverlässigere Ergebnisse als die bisherigen üblichen Prüfungen sowohl für die feuerfesten Materialien als auch für die Hochofenschlacken. Die Anwendung des Prüf-Verf. auf Schlacken von Hochöfen, die ein an Serpentin reiches *Fe-Erz* verhütten, wird beschrieben.

H. HOCHSTEIN. 6390☐

**Der Einfluß von niederen Titanoxyden und Eisen(II)-oxyd auf die Eigenschaften titanreicher Schlacken.** I. P. Bardin, I. A. Karjasin und W. A. Resnitschenko. (Известия Академии Наук СССР, Отделение Технических Наук, Металлургия и Топливо [Nachr. Akad. Wiss. UdSSR, Abt. techn. Wiss., Metallurg. Brennstoffe] **1959.** Nr. 5. 35—41. Sept./Okt.) (Russ.)

Die niederen Ti-Oxyde können in Abhängigkeit vom $Ti_2O_3/TiO_2$-Verhältnis die Schlackenviscosität verschieden beeinflussen: bis zum Verhältnis 0,75 erniedrigen sie die Schmelzbarkeit u. Viscosität der Schlacken; oberhalb dieses Wertes verschlechtern sie die Eigg. der Ti-haltigen Schlacken, indem sie die Schmelzbarkeit u. Viscosität erhöhen. Das $Ti_2O_3/TiO_2$-Verhältnis ist ein wichtiges technolog. Kennzeichen der Ti-Schlacken, wenn der FeO-Geh. in ihnen 10% nicht übersteigt. Bei über 10% FeO in der Schlacke zeigen die niederen Ti-Oxyde keinen bes. Einfl. auf die Schlackeneigenschaften. Bei einem FeO-Geh. in den Schlacken bis zu 5% bildet sich ein Bereich stabiler Ti-haltiger Schlacken, im weiten $Ti_2O_3$-Konz.-Bereich von 0—45%. — 14 Literaturangaben.

H. HOCHSTEIN. 6390☐

**Über die Möglichkeit der Gewinnung von Eisenschwamm aus reinen Eisenerzen bei ihrer Reduktion mit verschiedenen festen Brennstoffen im Koksofen.** 1. Mitt. M. Ss. Kurtschatow. (Доклады Болгарской Академии Наук [C. R. Acad. bulg. Sci.] **10.** Nr. 2. 149—52. März/April 1957. Chem. Inst. der Bulg. Akad. der Wiss.) (Russ.; Auszug: Dt.)

Die Form des durch Kohle red. Fe hängt von der Menge der Kohle, ihrer Form, der Erzform (Zerkleinerung, Verdichtung) u. von der Temp. ab. Den besten Eisenschwamm erhält man durch Red. mit Ruß oder Holzkohle (bei mittleren Temp.), weniger guten mit Graphit, Koks u. Backkohle (bei hohen Temp.); noch schwieriger geht der Prozeß mit Braunkohle u. am schwierigsten mit Anthrazit (bei niedrigeren Temp.), bes. bei festem krist. Erz (Magnetit) vor sich. Mit Ausnahme des letztgenannten Falles erhält man ein brauchbares Zwischen-Prod. aus Eisenschwamm für die Stahlgewinnung. A. v. WILPERT. 6394☐

**Über die Möglichkeit der Gewinnung von Eisenschwamm aus kompakten kristallinen Magnetiterzen bei ihrer Reduktion mit Anthrazit im Koksofen.** 2. Mitt. M. Ss. Kurtschatow. (Доклады Болгарской Академии Наук [C. R. Acad. bulg. Sci.] **10.** Nr. 2. 153—56. März/April 1957.) (Russ.; Auszug: Dt.) — 1. vgl. vorst. Referat.

Bei Red. von Magnetit mit Anthrazit erhält man an Stelle von Eisenschwamm ein Pulver. Will man ein gutes Prod. erhalten, so soll man entweder das Erz bei 800° abbrennen oder es fein zermahlen (bis zum Durchgang durch ein Sieb mit 4900 Maschen/$cm^2$) oder Erz u. Kohle längere Zeit zusammen verreiben. Nach Ausführung einer dieser Operationen erhält man auch aus Magnetit bei Red. mit Anthrazit ein befriedigendes Prod. aus Eisenschwamm. A. v. WILPERT. 6394□

**Die Kinetik von thermisch aktivierten Umwandlungen in einem Gußeisen mit Kugelgraphit.** J. H. Gittus. (Iron and Steel **34.** 124—30. April 1961. Mond Nickel Co. Ltd.) (Engl.)

Die Graphitisierung von eutekt. Carbiden bei 900° wird durch *Mg* beschleunigt u. durch *S* verzögert. Die Graphitisierung von eutektoiden Bestandteilen wird durch eine Kornfeinung erleichtert u. durch Spurenelemente, wie *Sn*, aufgehalten. Die Schlagfestigkeit von ferrit. Gußeisen mit Kugelgraphit kann durch Kornfeinung oder Anlassen bei 350° verbessert werden, wobei dieser Vorgang das Gegenteil von einer bei etwas höheren Temp. auftretenden Anlaßversprödung bewirkt. Die Härte u. Festigkeit von ferrit. Gußeisen mit Kugelgraphit, das *Ni* u. *Al* enthält, können durch ein Halten bei 400—500° u. durch die hierbei auftretende Ausscheidungshärtung erhöht werden. H. HOCHSTEIN. 6404□

**Verbesserung der Bearbeitbarkeit durch Behandlung von flüssigem Gußeisen mit durchperlendem Stickstoff.** Georges Blanc und Nicolas Volianik. (Fonderie **1961.** 3—10. Jan. Centre techn. des Industries de la Fonderie.) (Franz.)

Durch Verss. wird die Verbesserung der spanabhebenden Bearbeitbarkeit von Gußeisen durch Hindurchperlenlassen von $N_2$ durch die Gußeisenschmelze unter Verw. eines Graphitzuführungsrohrs nachgewiesen. Durch diese Schmelzbehandlung erfährt ein sonst grau erstarrendes Gußeisen eine die Bearbeitbarkeit begünstigende Gefügeveränderung (Ausbildung der Graphitlamellen). Dies Verf. wird mit der Behandlung der Schmelze mit Ferrosilicium verglichen. H. HOCHSTEIN. 6404□

**Einige Ergebnisse der metallurgischen Untersuchung des Sauerstoff-Stahl-Verfahrens.** J. E. de Graaf. (Metalen **16.** 76—82. 15/3. 1961.) (Holl.)

Vortrag. Grundzüge u. Ausführung des LINZ-DONAWITZ-Verf. zur Gewinnung von Stahl unter Verw. eines $O_2$-Strahls. W. WESLY. 6408□

**Mit Sauerstoff behandelter Windfrischstahl.** A. A. Mitrofanow. (Металловедение и Термическая Обработка Металлов [Metallkunde therm. Metallbearb.] **1960.** Nr. 12. 18—21. Dez. Zentr. Forsch.-Inst. für Eisenhüttenwesen.) (Russ.)

Der mit $O_2$ im Konverter behandelte unberuhigte Stahl, der durch Aufblasen von $O_2$ mit einer Reinheit von 98—99% erschmolzen ist, enthält S, P, O, N u. H in den gleichen Mengen, wie der unberuhigte SIEMENS-MARTIN-Stahl, entspricht der Anforderung von GOST 380-60 u. besitzt eine erhöhte Plastizität. Hinsichtlich der Kaltbrüchigkeit, Neigung zur mechan. Alterung, Schweißbarkeit u. Korrosionsbeständigkeit unterscheiden sich der unberuhigte Konverter- u. der SIEMENS-MARTIN-Stahl analoger Zus. nicht voneinander. H. HOCHSTEIN. 6408□

**Das Verblasen von Stahleisen mit Sauerstoff und Dampf.** H. Kosmider und A. Weyel. (Blast Furnace Steel Plant **44.** 483—92. 502. Mai 1956. Hagen-Haspe, Klöckner-Werke.) (Engl.)

Stahleisen wurde in einem normalen bas. Konverter mit $O_2$ u. Dampf verblasen. Der erzeugte Stahl hatte einen niedrigen N- u. P-Geh. u. unterschied sich nicht von einem SIEMENS-MARTIN-Stahl. Zu Vgl.-Zwecken wurden Verss. angestellt, den $O_2$ durch die Oberfläche einzublasen, die Stahlgüte war gleich, der FeO-Geh. der Schlacke niedriger, die Schrottmenge, die umgeschmolzen werden konnte, wesentlich höher, die Erzeugung etwas niedriger. Beim Blasen mit $O_2$ entfällt der braune Konverterrauch. K. STEIN. 6408□

**Umwandlungen in Stahl mit perlitischer Struktur beim schnellen Erwärmen.** Stanisław Gorczyca und Józef Drabina. (Hutnik **27.** 209—17. Juni 1960. Kraków, Akad. Górn.-Hutn., Kat. Metalograf. i Obróbki cieplnej.) (Pol.)

Stahl *35 HM* mit perlit. Struktur wurde durch Austenitisierung bei 1250° u. anschließende isotherme Umwandlung bei 700, 650 u. 580° erhalten. Die keilförmigen Proben wurden dabei durch Widerstandsheizung verschieden schnell (30—350°/Sek.) aufgeheizt u. darauf in 10%ig. NaCl-Lsg. gehärtet. Durch chem. Polieren mit dem *Pikrinsäure–Teepol*-Reagens wurde die Mikrostruktur sichtbar gemacht. Die gebildeten austenit. Körner sind im Gefüge um so deutlicher sichtbar, je tiefer die Temp. der isothermen Umwandlung war. Es wird eine Deutung dieser Erscheinung mit Hilfe der Hypothese des „kleinen Winkels" in polykrist. Körnern gegeben. F. Urban. 6408□

**Einfluß der Überhitzung auf die Umwandlungsprodukte von Austenit eines Cr–Ni-Baustahls.** R. Potaszkin und K. Bar-Avi. (Mém. sci. Rev. Métallurgie **58.** 261—75. April 1961. Ind. milit. d'Israël.) (Franz.)

Ein handelsüblicher Cr–Ni-Baustahl mit 0,46% C, 0,72% Cr u. 1,50% Ni wurde entweder bei seiner normalen Härtetemp. von 825° oder bei 1200° austenitisiert u. alle Proben entweder isotherm vollständig umgewandelt oder in Öl abgeschreckt u. anschließend angelassen. Die hierbei erhaltenen verschiedenen Umwandlungsgefüge u. mechan. Eigg. wurden bestimmt u. dabei wurde der Einfl. der durch Überhitzung bewirkten Kornvergröberung auf die verschiedenen Gefügearten u. die entsprechenden Eigg. ermittelt. Hierbei zeigt sich, daß die Unterschiede im Verh. bei den überhitzten Stählen u. den bei normaler Temp. abgeschreckten Stähle von der gleichen Art zu sein scheinen, wie zwischen durch Al geregelten Stählen mit grobem u. mit feinem Korn. — 16 Literaturangaben. H. Hochstein. 6410□

**Der Einfluß des Kohlenstoffgehaltes auf die Zerfallsprodukte des Austenits eines Chrom–Nickel-Stahls.** R. Potaszkin, K. Bar-Avi und D. David. (Mém. sci. Rev. Métallurgie **58.** 285—305. April 1961. Ind. milit. d'Israël.) (Franz.)

Die Wrkg. eines Leg.-Elements auf die mechan. Eigg. von Stählen kann als die Resultierende von zwei verschiedenen Effekten betrachtet werden, nämlich einer Erhöhung der Härtbarkeit u. einer Veränderung der Natur der Gefügebestandteile. Der erstgenannte Einfl. begünstigt die Behandlung von Werkstücken großen Querschnitts, während der andere Faktor einen vom Querschnitt unabhängigen Einfl. ausübt. Unter beabsichtigter Auseinanderhaltung beider Effekte wird der Einfl. des C-Geh. (0,25; 0,46 u. 0,68%) auf die mechan. Eigg. eines Stahls mit 0,7% Co u. 1,5% Ni ermittelt, wobei sich zeigt, daß die bes. Wrkg. des C-Geh. auf die Zugfestigkeit, die Einschnürung u. die Bruchdehnung bes. stark ist. H. Hochstein. 6410□

**Eigenschaften von warmfesten, hochlegierten Gußstücken in Beziehung zu ihrer industriellen Anwendung.** E. A. Schoefer. (Ind. Heating **27.** 2117—18. 2120. 2122. 2124. 2128. 2132. 2136. 2138. Okt. 1960. Garden City, N.Y., Alloy Casting Inst.) (Engl.)

Übersicht über Zus. u. Eigg. von *Fe-Cr-*, *Fe-Cr-Ni-*, *Fe-Ni-Cr*-Guß-Legg., die ihre Verw. beeinflussenden Faktoren u. ihre techn. Anwendung. W. Wesly. 6410□

**Erschmelzen von Silicomangan aus gewaschenem Tschiatura-Manganerz** (Sorte 4) **und seinem Agglomerat.** M. A. Kekelidse. (Сообщения Академии Наук Грузинской ССР [Mitt. Akad. Wiss. GrusinSSR] **20.** 335—38. März 1958. Tbilissi, Akad. der Wiss. der GrusinSSR, Inst. für Metall u. Bergwes.) (Russ.)

Es wurden Verss. durchgeführt, bei denen gewaschenes Tschiatura-Manganerz 4. Sorte u. daraus gewonnenes Agglomerat geschmolzen wurden. Man erhielt in beiden Vers.-Serien dasselbe *Silicomangan* der Marke *CuMn14*, dessen Mn- u. Si-Geh. den Standardanforderungen entsprach. Ein Standard-P-Geh. war nicht zu erreichen, da beim Ansteigen des P-Geh. von 0,003 auf 0,01% im Erz der P-Geh. im Prod. je 1% Mn von $<$0,2 auf 0,9% ansteigt. Die Verss. mit gewaschenem Erz u. Agglomerat ergaben fast dieselben Prodd. mit einem P-Geh. von 0,37—0,41%. A. v. Wilpert. 6418□

**Eigenschaften und Gefüge von Zink–Aluminium-Legierungen. Ein Fortschrittsbericht.** G. A. Yurko, D. A. Whitaker und J. Gordon Parr. (Canad. Mining metallurg. Bull. **53.** 661—67. Sept. 1960. Ottawa, Canada, Dep. of Mines, Techn. Survey, Mines Branch.) (Engl.)

Durch Schmelzen von reinstem *Zn* u. *Al* u. Gießen unter Ar werden zahlreiche Zn-Legg. mit 25—50% Al mit u. ohne *Ni*-Zusatz (0,13—1,07%) hergestellt. Ihre mechan. Eigg. werden beschrieben (Diagramme) u. mit ihrem durch Röntgenstrahlenbeugung u. mkr. Unters. ermittelten Gefüge in Beziehung gebracht. — 13 Literaturangaben. W. Wesly. 6426□

**Die Behandlung von Kupfer und Kupferlegierungen im Schmelzbad.** D. V. Atterton. (Metalen **15.** 326—29. 15/10.; 344—46. 31/10. 1960.) (Holl.)

Übersicht über die Behandlung von geschmolzenen Cu-Legg. u. die ihr zugrunde liegenden physikal. u. chem. Theorien. — 15 Schrifttumshinweise. W. Wesly. 6432□

**Physikalische und mechanische Eigenschaften von elektroraffiniertem Vanadin.** J. D. Ramsdell, W. L. O'Brien, J. S. Winston und D. R. Schuyler. (U. S. Dep. Interior, Bur. Mines, Rep. Invest. **1961.** 1—22. Reno, Nev., Bur. of Mines.) (Engl.)

Untersucht wurden die Bearbeitbarkeit, die Rekristallisation u. die mechan. u. physikal. Eigg. von hochreinem elektroraffiniertem V. Kaltbearbeitung mit Abwalzgraden von 98% ist möglich ohne Zwischenglühung. Kaltverfestigung tritt schnell auf, der Hauptteil der Härtezunahme bereits bei einem Abwalzgrad von 15%. Bei geglühtem V erreicht die Härte ein Maximum, wenn die Glühung bei 200—400° vorgenommen wurde. Mit sinkenden Glüh-Temp. tritt ein scharfer Härteabfall auf. Bei 600—800° tritt eine Anomalie in der Härte/Glüh-Temp.-Kurve auf. Mit steigenden Verunreinigungen wächst Härte, Festigkeit u. elektr. Widerstand, während die Wärmedehnung von den Verunreinigungen unabhängig ist. Rekristallisation tritt bei 600—900° auf bei kaltverformten V mit Abwalzgraden von 35% oder mehr. Bei Abnahmen unter 35% tritt Kornvergröberung auf. Der Wärmeausdehnungs-Koeff. von elektroraffiniertem V bei 20° beträgt $8,84 \cdot 10^{-6}$/Grad, er steigt mit steigenden Temperaturen. Die Eigg. von metall. V werden stark durch kleine Geh. von O, N u. C beeinflußt, wobei O die größte Wrkg. hat. Festigkeit u. Härte des elektroraffiniertem V sind niedriger als die des Ca-red. V, aber höher als die von V aus Jodid. Die Zugfestigkeit trägt bei 35400—53000 lbs./sq.in. Kriechfestigkeit bei 28500 bis 46700 u. die Dehnung bei 22,5—43,2%. F. VIER. 6440□

**Über die thermische Reduktion von Magnesiumoxyd durch ein Gemisch von Ferrosilicium und Calciumcarbid und durch Silicoaluminium.** A. Ju. Taitz. (Журнал Прикладной Химии [J. angew. Chem.] **33.** 1714—18. Aug. 1960.) (Russ.)

Die Red. von MgO durch Ferrosilicium–$CaC_2$-Gemische (1200°, 3 Std.) oder durch Si–Al-Legg. (1200°, 2 Std.) bei der vakuumtherm. Mg-Gewinnung führt zu geringeren Herst.-Kosten als die Red.-Verff. mit CaO-Ferrosilicium-Gemischen oder $CaC_2$. H. JÄGER. 6444□

**Uran–Chrom-Legierung mit 0,1 Gewichtsprozent Chrom.** H. Aubert. (Mém. sci. Rev. Métallurgie **58.** 276—84. April 1961. Centre d'Études Nucléaires de Saclay.) (Franz.)

Ermittelt wird die Wärmebehandlung, welche die günstigsten Eigg. u. das feinste α-Korn in U–Cr-Legg. mit 0,1% Cr ergibt. Es werden ferner die Eigg. dieser Leg. zwischen 20° u. 600° mitgeteilt u. bes. Angaben über die physikal. Eigg., die Festigkeit u. über das Verh. bei einer Bestrahlung im Reaktor gemacht. Die Verss. zeigen, daß die einem isothermen Abschrecken unterworfene U–Cr-Leg. wesentlich bessere Eigg. gegenüber dem unlegierten U besitzt. — Diskussion. H. HOCHSTEIN. 6448□

**Die Metalle der Seltenen Erden. — Vorkommen, Gewinnung und Bedeutung.** Franz Matthes. (Chem. Techn. **13.** 290—92. Mai 1961. Leuna-Merseburg.) (Dt.)

Kurzer Überblick. — 29 Literaturangaben. M. GEHLEN-KELLER. 6448□

**Die Metalle der Seltenen Erden und die Aussichten zu ihrer Verwendung in der Industrie.** Je. M. Ssawitzki. (Вестник Академии Наук СССР [Nachr. Akad. Wiss. UdSSR] **30.** Nr. 6. 81—88. Juni 1960.) (Russ.)

Kurze Übersicht über die Eigg. der Metalle der Seltenen Erden, ihre Wrkg. als Zusätze zu Legg. anderer Metalle sowie ihrer Oxyde. Einige Hinweise auf eigene Labor.-Unterss. (z. B. das Zustandsdiagramm *Ti–Ce*; Zusatz von *Y* zu *V*, von Ce zu *Cu* u. dessen Legg.). A. v. WILPERT. 6448□

**Aktiviertes Sintern von metallkeramischem Eisen.** R. A. Andrijewski und I. M. Fedortschenko. (Металловедение и Термическая Обработка Металлов [Metallkunde therm. Metallbearb.] **1960.** Nr. 12. 36—39. Dez. Inst. für Metallkeramik u. Spezial-Legg. der Akad. der Wiss. der UkrainSSR.) (Russ.) — Vgl. C. **1961.** 6395.

Eine Unters. verschiedener Meth. einer aktivierten Sinterung von metallkeram. Fe ergab, daß am wirkungsvollsten eine Sinterung in einer aus $H_2$ + HCl bestehenden Atmosphäre ist. In diesem Falle ist nämlich die Verbesserung der Eigg. durch eine intensive Entw. der Prozesse der Oberflächenglättung der Poren u. durch eine teilweise Verbesserung der chem. Zus. bedingt. H. HOCHSTEIN. 6474□

**Über die Beeinflussung des Sinterverhaltens von Wolfram.** J. Vacek. (Planseeber. Pulvermetallurgie **7.** 6—17. April 1959. Vestec, Prag, ČSR, Forschungsinst. für Pulvermetallurgie.) (Dt.)

Es wird gezeigt, daß die Sinterfähigkeit von W-Pulver durch Zusätze von *Fe* u. bes. von *Ni* u. *Co* verbessert wird, während andere Metallzusätze wie *Cu, Zn, Ag, Mn, Pb, Sn, Al* u. *Mg* prakt. ohne Einfl. sind. Bei Zusätzen von Ni als Nitrat, mit denen eine Veränderung des Geh. der Glüh- u. Red.-Bedingungen, ferner des Preßdruckes u. der Sinter-Temp. u. -Zeit vorgenommen wurde, wurde die sinterfördernde Wrkg. an Hand der Dichte, Härte, des elektr. Widerstandes u. der Biegebruchfestigkeit ermittelt. Schon mit Ni-Zusätzen von 0,25% erhält man bei einer Sinter-Temp. von 1300° u. einer Sinterzeit von ca. 1 Std. prakt. dichte W-Sinterkörper. Die Wrkg. des Ni wird über die entstehenden Gitterfehlstellen zu erklären versucht. Durch Diffusions-Verss. mit Ni, Co u. Fe in W wird gezeigt, daß Ni am schnellsten, Fe am langsamsten in W. eindiffundiert. — 15 Literaturangaben. H. FAHLENBRACH. 6474□

**Seltene Erden-Hartmetalle.** I. Binder und R. Steinitz. (Planseeber. Pulvermetallurgie **7.** 18—21. April 1959. Yonkers, N.Y., Firth Sterling Inc., American Electro, Metal Div.)

Wegen der Möglichkeit, Seltene Erdmetalle für Kontrollstäbe in Kernenergieanlagen auf Grund ihres hohen Neutroneneinfangquerschnittes einzusetzen, wurden die beiden Hartstoffe $GdB_6$ u. $DySi_2$ näher untersucht. Es wird gezeigt, daß beide Verbb. metall. Charakter besitzen. Durch Messungen der Härte, der Biegefestigkeiten, der Kristallstruktur, der elektr. u. therm. Leitfähigkeit u. ferner der Zunderbeständigkeit wird ein Einblick in diese Verbb. verschafft. Wegen der hohen Preise der Seltenen Erden bleibt der prakt. Einsatz derzeit noch beschränkt. H. FAHLENBRACH. 6476□

**Deutung des Mechanismus des Dehnungsmeßstreifens und seiner wichtigsten Eigenschaften an Hand eines Modells.** Christof Rohrbach und Norbert Czaika. (Materialprüfung **1.** 121—31. 20/4. 1959. Berlin-Dahlem, Bundesanst. für Materialprüfung.) (Dt.) M. GEHLEN-KELLER. 6480□

**Eine Vakuum-Axialermüdungsprüfmaschine zur Verwendung bei erhöhter Temperatur.** Ralph I. Stephens und G. M. Sinclair. (ASTM Bull. **1960.** Nr. 249. 44—48. Okt. Univ. of Illinois.) (Engl.)

Beschreibung einer Maschine zur Prüfung dünnwandiger, schwer schmelzbarer Metallproben unter Daueraxialbelastung bei Temp. bis 2500°F. W. WESLY. 6480□

**Brucheigenschaften von Kerbzugproben von Titan und einer Titanlegierung.** G. W. Geil und N. L. Carwile. (Mater. Res. Standards **1.** 16—21. Jan. 1961. Nat. Bur. of Standards, Therm. Metallurgy Sect.) (Engl.)

Unterss. über den Bruch gekerbter, auf Zug beanspruchter Proben aus reinem Ti u. einer Ti-Leg. mit 4 (%) *Al* u. 4 *Mn*, die Temp. zwischen 100 u. —196° ausgesetzt worden sind, zeigen, daß die Entstehung des Bruches hauptsächlich von der Kerbgeometrie u. in geringem Maße von der Temp. abhängt. Eine Vorspannung der Proben bei 25° hat keinen nennenswerten Einfl. auf das Aussehen der Bruchoberflächen, die man bei weniger dehnbarem Verh. u. allmählicher Ausdehnung bei —196° erhält. W. WESLY. 6480□

**Sichtbarmachung von Blei-Einschlüssen in bleihaltigen Stählen.** Gladys M. Chalfant. (Metal Progr. **78.** Nr. 3. 77—79. Sept. 1960. Monroeville, Pa., United States Steel Corp.) (Engl.)

Durch ein neues metallograph. Verf. wird eine direkte mkr. Beobachtung u. Identifizierung von Pb-Einschlüssen in Pb-haltigen unlegierten u. legierten sowie in rückgeschwefelten Stählen ermöglicht. Diese Meth. besteht in einer Endpolierung der Stahlschliffe mit einer wss. Suspension von $\gamma$-$Al_2O_3$ mit einem pH-Wert von genau 7. H. HOCHSTEIN. 6482□

**Anwendung von Radioisotopen in der metallurgischen Forschung.** H. L. Gibbs, C. H. Schack und J. B. Clemmer. (U. S. Dep. Interior, Bur. Mines, Rep. Invest. **1960.** Nr. 5689. 1—12. The Bureau of Mines.) (Engl.)

Beschreibung eines Isotopen-Labor. für die metallurg. Forschung. Genehmigungs-Verf. (in den USA) Labor.-Ausstattung, Instrumentierung, Aufgabenstellung, Beispiele für die Isotopenanwendung. H. HART. 6484□

**Die Auffindung von Poren in Magnesiumlegierungen mit Hilfe von $^{109}$Pd-haltigem Paraffin.** S. M. Makin. (Int. J. appl. Radiat. Isotopes **4.** 253—55. Jan. 1959. Harwell, Atomic Energy Res. Dep., Isotope Div.) (Engl.)

Die Oberflächenporosität von Mg-Legg. mit einem Geh. von 3,5—5,5% *Zn* u. 0,4 bis 1,0% *Zr* wird autoradiograph. durch Eintauchen der Proben mit polierter Oberfläche in ein Ölbad von 97°, das komplex gebundenes $^{109}$Pd enthält u. anschließende Aufnahme auf Röntgenfilm bestimmt. Als Komplexbildner eignen sich α-*Benzoinoxin*, *Na-Diäthyldithiocarbonat* u. *Salicylaldoxim*, als Lsgm. Paraffin/Bzl.- u. Paraffin–Chlf.-Gemische. Bei den untersuchten Proben wurden Poren von $1{,}5 \cdot 10^{-5}$ cm² Querschnitt innerhalb einer Oberflächenschicht von 0,4 mm Dicke nachgewiesen. Rauhe Oberflächen sind ungeeignet. W. BETCKE. 6484□

**Eigenschaften und Herstellung von Aluminiumdraht.** H. D. Feldmann. (Aluminium **34.** 530—37. Sept. 1958. **35.** 13—20. Jan. 1959. Nürnberg.) (Dt.)

Berichtet wird über den Einfl. der Beimengungen bes. von *Fe* u. *Si* auf Festigkeit u. Gefüge gezogener Al-Drähte, den Einfl. der Warmformgebung beim Walzen u. Pressen des Vordrahtes, die Beeinflussung der Festigkeit durch das Ziehen der Drähte, die chem. u. elektr. Eigg. der Al-Drähte, das Beizen u. Schweißen von Al-Draht u. das Drahtziehen sowie die entsprechenden Vorrichtungen. F. VIER. 6490□

**Die thermischen Behandlungen von Meehanit-Gußeisen.** Alfredo Secciani. (Fonderia [Milano] **7.** 501—09. 511. 513. 515. 517. 519. Nov. 1958.) (Ital.)

Übersicht über die Klassifizierung der therm. Behandlung von Gußeisen-Legg., Definition der therm. Behandlung u. Merkmale des therm. Cyclus, verschiedene Typen des Anlassens; therm. Behandlung 2. Klasse: Tempern im allg., eigentliches u. Oberflächentempern, isotherm. Behandlung u. Beschreibung des TTT-Diagramms; Definition der isotherm. Behandlung: sotherm. u. stufenweises Tempern u. Temperfähigkeit von *Meehanit*-Gußeisen (Abb., Diagramme u. Tabellen). G. PLATZER. 6492□

**Einfluß der cyclischen Wärmebehandlung auf die Veränderung der Dimensionen von Aluminium- und Armcoeisenproben.** G. P. Lasarew. (Известия Академии Наук СССР, Отделение Технических Наук, Металлургия и Топливо [Nachr. Akad. Wiss. UdSSR, Abt. techn. Wiss., Metallurg. Brennstoffe] **1959.** Nr. 5. 57—58. Sept./Okt. Moskau, Inst. für Buntmetalle.) (Russ.)

Der Einfl. der Veränderung der Abmessungen von Proben aus Al u. Armco-Fe, wie sie durch eine Pendelwärmebehandlung erhalten wurde, hängt sowohl von der Art ihres Kristallgitters als auch von dem Länge/Durchmesser-Verhältnis der Proben ab. Bei Behandlung der Proben bei 700—20° u. 600—20° (250 Cyclen) tritt bei geringem Durchmesser Zunahme, bei großem Durchmesser Abnahme der Länge ein. H. HOCHSTEIN. 6492□

**Oberflächenfilme auf geglühten rostfreien Stählen.** J. H. Waxweiler. (Metal Progr. **78.** Nr. 3. 80—83. Sept. 1960. Middletown, Ohio, Armco Steel Corp.) (Engl.)

Beim Blankglühen von rostfreiem Stahl in $H_2$ bildet sich mit steigendem Taupunkt des Gases ein dunkler Oberflächenfilm aus. Unterss. mit dem Spektrophotometer u. mit Röntgenbeugung ergaben, daß die Dunkelfärbung auf steigende Geh. von $Cr_2O_3$ zurückzuführen ist. F. VIER. 6492□

**Aufkohlung und Carbonitrierung in Öfen mit ungeschützten Heizelementen.** C. H. Stevenson. (Ind. Heating **28.** 282—86. 288. 290. 292. Febr. 1961. Chicago, Ill., Lindberg Engng. Co.) (Engl.)

Beschreibung der zur Aufkohlung u. Carbonitrierung dienenenden elektr. Öfen. W. WESLY. 6492□

**Kinetik der Entzunderung in Salpetersäurelösungen.** 2. Mitt. A. I. Matanzew. (Журнал Прикладной Химии [J. angew. Chem.] **33.** 1285—92. Juni 1960.) (Russ.) — 1. vgl. C. **1961.** 11127.

Bei der Unters. der Kinetik der Entzunderung beim Beizen von Blechproben aus dem nichtrostenden austenit. Cr-Ni-Stahl *1 Ch 18 N 9 T* in einer 6,5%ig. $HNO_3$-Lsg. mit Zusatz von 0,5—20,0% NaCl u. mit einer Temp. von 18, 50 u. 70° wird festgestellt, daß die elektrochem. Deutung der hierbei beobachteten Erscheinungen wesentlich erleichtert wird, wenn man die Zus. u. Eigg. des Zunders u. des Stahles, die spezif. oberflächenakt. Eigg. des NaCl sowie dessen Anteil in der Reihenfolge der elektrochem. u. chem. Rkk. berücksichtigt. Die Potential–Zeitkurven sowie die bei der Ätzung der verzunderten Stahlproben erhaltenen anod. u. kathod. Polarisationskurven zeigen, daß in der $HNO_3$-Lsg., die NaCl-Zusätze enthält, der Prozeß der Zunderauflockerung durch Elektroden-Rkk. begrenzt wird. Dies folgt auch aus einer Betrachtung der Temp.-Koeffizienten. Aus der Abhängigkeit des Potentials von der NaCl-Konz. in der $HNO_3$-Lsg. sowie der Abhängigkeit der Größe der Kathodenpolarisation von der NaCl-Konz. bei unveränderten Stromdichten ergibt sich, daß die NaCl-Wrkg. auf einen Adsorptionsmechanismus zurückzuführen ist. Die starke Zunahme der Kathodenpolarisation mit dem NaCl-Zusatz, bes. im Falle der Polarisation von Proben mit Zunder, ist wahrscheinlich eine Folge der Hemmung der Entladung der $NO_3^-$-Ionen. Diese Hemmung wird durch Häutchen-Bldg. adsorbierter chem. Verbb. (Oxyde) sowie durch Bldg. einer Schicht spezif. u. elektrostat. adsorbierte $Cl^-$-Ionen hervorgerufen. Letztere verstärken die Hemmung des Prozesses der elektr. Red. der $NO_3^-$-Ionen. NaCl kann man unter den Unters.-Bedingungen nicht als Ätzregulator betrachten, weil es die Auflockerung des Zunders, bes. bei niedrigen Temp. stark bremst u. eine Korrosion des Metalles hervorruft. H. HOCHSTEIN. 6512□

**Methoden der Verarbeitung von Beizlaugen.** Jerzy Kapczyński. (Hutnik **27.** 229—34. Juni 1960.) (Pol.)

Übersicht über Verarbeitungs-Meth. $FeSO_4$-haltiger Beizlösungen. — 12 Literaturzitate. F. URBAN. 6512□

**Elektrolytisches Glänzen und Polieren von Aluminium und Aluminiumlegierungen in der Kälte.** M. Wrzecian. (Galvano [Paris] **30.** 231—33. April 1961. Caen, Univ.) (Franz.)

Es wird vorgeschlagen, Teile aus Al u. Al-Legg. anod. in einem Elektrolyten, der 350 g *NaOH* auf 1 Liter dest. *W.* enthält, bei Raum-Temp. zu glänzen u. zu polieren. Die Dauer der Behandlung kann 2—50 Min. betragen. F. VIER. 6514□

**Die Verkupferung von Stahl in einem Ammin-Elektrolyten, der Kupfer(I)-Ionen enthält.** W. D. Kamkin und M. L. Perzowski. (Журнал Прикладной Химии [J. angew. Chem.] **33.** 1215—17. Mai 1960.) (Russ.)

Der cyanfreie Elektrolyt enthält 106 (g/Liter) $Cu_2Cl_2$, 132 $NH_4Cl$ u. 52 $NH_3$. Zur Verhinderung der Oxydation von Cu(I) wird der Elektrolyt mit einer 5—6 mm dicken Vaselinölschicht versehen. Bei 25° u. 3 A/cm² Stromdichte an der Kathode werden in 1 Std. Cu-Abscheidungen von 75 μ Stärke erhalten. Zur Erzielung eines besseren Anhaftens des Überzugs ist bei Stahl eine Vorverkupferung in einem *Cuprit*-Bad (anodisch gelöstes Cu in 10—20% NaOH) notwendig. H. JÄGER. 6516□

**Gegenwärtiger Stand des Überziehens mit Messing und einige Anwendungen.** C. B. Hiott. (Galvano [Paris] **30.** 169—72. März 1961.) (Franz.)

Übersicht. W. WESLY. 6516□

**Dekorative und korrosionsbeständige Metallüberzüge der Zinkgußstücke.** (Pál Csokán. (Kohászati Lapok [Ung. Z. Hüttenwes.] **94.** 326—28. Juli **1961.** Budapest, Forsch.-Inst. NE-Metalle.) (Ung.)

Vf. bezeichnet von den im Schrifttum angegebenen Galvanisierungs-Verff. folgende Meth. als beste: Nach Auftragen einer Zwischenschicht aus *Cu* oder *Messing* aus einem alkal. Cyanidbad auf die Zn-Gegenstände ist das Belegen mit *Ni* oder auch *Cr* möglich. Da die tadellose Entw. der Zwischenschicht entscheidend ist, wird eine ausführliche Vorschrift zur Galvanisierung u. ein neues einwandfreies Chromierungs-Verf. mitgeteilt. L. ZOMBORY. 6516

**Die Entwicklung der Anlagentechnik für die Vernicklung.** W. Petzold. (Nickel-Berichte **19.** 151—54. Juni 1961. Bernhausen.) (Dt.)

Lang- u. Rundautomaten, Programmsteueranlagen. M. GEHLEN-KELLER. 6520□

**Elektrolytische Glanzverzinkungen.** Enrique Julve Salvadó. (Ion [Madrid] **21.** 70—85. Febr. 1961.) (Span.)

Fortschrittsbericht. — 64 Literaturhinweise. A. SANDER. 6522□

**Der Einsatz der Metallspritztechnik bei Wasserkraftanlagen in der Schweiz.** L. Werthmüller. (Schweißtechnik **7.** 163—65. April 185—86. Mai 1957. Bern.) (Dt.)

Die Metallspritztechnik, bes. die Spritzverzinkung hat sich als Korrosionsschutz für Stahlbauten in Wasserkraftanlagen bewährt. Die Lebensdauer aufgespritzter Zn-Schichten als Unterwasserrostschutz ist vom Spritzgut-Gew. je Flächeneinheit u. der erreichbaren Mindestschichtdicke abhängig. Zn-Spritzschichten $<1000$ g/m² mit Schichtdicken von 0,2 mm sollen nicht verwendet werden. Die chem. u. biolog. Wasserbeschaffenheit, die Strömungsverhältnisse, die Geh. an erodierenden Bestandteilen u. die Temp.-Schwankungen beeinflussen die Lebensdauer der Spritzschichten, die man durch Schutzüberzüge auf Bitumen- oder Chlorkautschukgrundlage erhöhen kann. W. WESLY. 6522□

**Chemische Umwandlung von Metalloberflächen zur Verbesserung der Korrosionsbeständigkeit.** Robert F. Ayres. (Metal Progr. **78.** Nr. 3. 101—07. Sept. 1960. Dunham Chemical Co.) (Engl.)

Überblick über die physikal.-chem. Grundlagen der Herst. von *Phosphat-*, *Chromat-*, *F*-Komplex- u. *Oxyd*-Überzügen. F. VIER. 6528□

**Architekturfarben durch anodische Aluminiumoxydation.** A. W. Brace und R. E. M. Polfreman. (Light Metals [London] **21.** 20. Jan. 1958. Banbury, Aluminium Labor. Ltd.) (Engl.)

Nach den Erfahrungen langjähriger Korrosions-Unterss. werden wetterfeste Außenfarben auf anod. oxydiertes Al oder Al-Legg. aufgebracht u. anorg. Farbstoffe in den Schichtporen ausgefällt oder organ. Farbstoffe angewendet. W. WESLY. 6534□

**Die Diaerscheinung: Atomarer Wasserstoff als Korrosionsstimulator und Blasenbildungshemmer des lackierten Stahlbleches.** J. A. W. van Laar. (Dtsch. Farben-Z. **14.** 135—44. April 1960. — C. **1961.** 5239. B. SCHEFELE. 6538□

**Atmosphärische Korrosion von Eisen und Stahl. Bedeutung der Luftverunreinigung.** Torkel Berglund. (TVF, tekn.-vet. Forskn. **31.** 325—48. 1960.) (Schwed.)

Vortrag mit Diskussionsbeiträgen. M. GEHLEN-KELLER. 6538□

**Korrosion von Metallen in Bauwerken. Korrosionsbeständigkeit von Nichteisenmetallen in Bauwerken.** F. E. Jones. (Chem. and Ind. **1957.** 1050—63. 3/8. Garston, Watford, Herts. Building Res. Stat.) (Engl.)

Beeinflussung der Metalle in Gebäuden durch korrosive Umgebung, Atmosphäre, Kontakt mit anderen Baustoffen, W. u. Abwasser. Bei Verw. von *Pb* in Bauwerken ist zu beachten, daß es, obwohl beständig in der Atmosphäre unter sauren u. alkal. Bedingungen angegriffen wird. *Cu*, das ebenfalls in der Atmosphäre korrosionsbeständig ist, wird zwar unter alkal. Bedingungen nicht angegriffen, wohl aber ist ein Angriff im schwach sauren Medium möglich. *Zn*, das unter atmosphär. Bedingungen wenig widerstandsfähig ist, kann als Schutzüberzug auf Stahl Verw. finden. Obwohl *Al* unter atmosphär. Bedingungen sehr beständig ist, hat es keine große Beständigkeit gegen die Abwässer von Küche u. Baderaum. F. VIER. 6538□

**Korrosion von Metallen in Bauwerken. Korrosion von Metallen im Kontakt mit Beton.** Philip E. Halstead. (Chem. and Ind. **1957.** 1132—37. 24/8.) (Engl.)
Überblick. — 75 Literaturangaben. F. VIER. 6538□

**Korrosion von Zink in NaCl-Lösungen.** Jerzy Sedzimir und Michalina Gmytryk. (Arch. Hutnictwa **5.** 117—35.) (Pol.) (Werkstoffe u. Korrosion **11.** 410—16. Juli 1960. Krakow, Akad. für Bergbau- u. Hüttenwesen.) (Dt.)

Korrosions-Verss. an Zn in belüfteten NaCl-Lsgg. zeigten, daß die Korrosions-Geschw. mit der Zeit abnimmt. Diese Abhängigkeit folgt im untersuchten Zeitbereich (bis 320 Min.) einer exponentiellen Funktion. In einem Konz.-Bereich von 0—200 g NaCl/Liter nimmt die Korrosions-Geschw. mit der NaCl-Konz. zu. Der Anteil der H-Depolarisation beim untersuchten Vorgang ist ganz gering. Aus dem sich aus der Korrosions-Geschw., dem funktionalen Zusammenhang zwischen Potential der korrodierenden Probe u. der NaCl-Konz. u. aus der Zeit ergebenden hypothet. Verlauf der Polarisationskurven läßt sich schließen, daß die Vergrößerung der Korrosions-Geschw. mit steigender NaCl-Konz. mit der Verminderung der Anodenpolarisation im Zusammenhang steht. Die Ursache dieser Verminderung ist die depolarisierende Wrkg. der Chloridionen. Die Verringerung der Korrosions-Geschw. mit der Zeit ist durch die Vergrößerung der Kathodenpolarisation bedingt. Wie die Vers.-Ergebnisse beweisen, arbeiteten die Korrosionsmikroelemente in dem untersuchten Syst. bei unter der O-Grenzstromstärke liegenden Stromstärken. — 27 Literaturangaben. F. VIER. 6538□

**Über die Stabilität von heterogenen Oberflächenstrukturen bei der Korrosion passivierbarer Metalle.** U. Franck. (Werkstoffe u. Korrosion **11.** 401—10. Juli 1960. Darmstadt.) (Dt.)

Nach einer Erörterung der Variablen von Korrosionszuständen wird auf Grund von Unterss. an *Fe* mit verschiedenen Variablen festgestellt, daß folgende Voraussetzungen für das Auftreten von potentiostat. Lochfraßkorrosion erfüllt sein müssen: Das Metall muß passivierbar sein u. mit dem korrosiven Elektrolyten eine nichtmonotone, N-förmige Spannungskurve haben. Die potentiostat. vorgegebene Spannung muß oberhalb des FLADE-Potentials liegen. Im Elektrolyt muß eine aktivierende Komponente vorhanden sein, die die Passivschicht durchdringen u. Lochkeime bilden kann. In den gebildeten Löchern muß ein Film gebildet werden können mit einer zur Verschiebung der wahren Spannung unter das FLADE-Potential ausreichenden Widerstandspolarisation, so daß das Metall dort ständig akt. bleibt. Die stationäre Korrosionsstromdichte in den Löchern muß größer sein als die Korrosionsstromdichte im Passivzustand. — 14 Literaturangaben. F. VIER. 6538□

**Die Korrosion von Kondensatorrohren.** D. G. Kingerley. (Brit. chem. Engng. **6.** 20—25. Jan. 1961. Derby, Central Electricity Generating Board.) (Engl.)

Übersicht über Nachw., Verlauf u. Verhütung der Korrosion von Nichteisenkondensatorrohren, vor allem durch Überwachung u. Aufbereitung des gesamten Dampf-W.-Systems. — 21 Schrifttumshinweise. W. WESLY. 6538□

**Die Grundlagen der Elektrochemie der Korrosion und des elektrochemischen Korrosionsschutzes.** Heinrich Klas. (Gas- u. Wasserfach, Ausg. Gas **102.** 393—99. 14/4. 1961. Düsseldorf.) (Dt.)

Wenn auch die Ursache jeder Korrosion in dem thermodynam. bedingten unedlen Charakter der Gebrauchsmetalle liegt, so braucht sich das nicht ohne weiteres schädlich auszuwirken. Wichtiger ist die Kenntnis der Kinetik der Korrosionsvorgänge. Die Wegnahme der Elektronen aus dem Metallverband durch Elektronennehmer steuert die Geschw. des Vorganges, während die dabei auftretenden Veränderungen kathod. u. anod. Bereiche ausbilden. Änderungen in den Flächenverhältnissen dieser Bereiche zueinander führen zu unterschiedlichen Angriffs-Geschw. u. zum Lochfraß. Das wichtigste Schutz-Verf. ist das kathod. Schutz-Verf., wobei es darauf ankommt, durch Zufuhr negativer Elektrizität das Potential des zu schützenden Gegenstandes gegen seine Umgebung abzulenken, wobei in den Grenzphasen Oxydations- u. Red.-Vorgänge auftreten. Durch Messungen kann man Polarisationskurven erhalten, die zur Beurteilung des Verf. wichtig sind. Der Schutzstrombedarf hängt ab von der Menge der an der Kathode weggenommenen Elektronen, also in erster Linie von der Diffusion des $O_2$. F. ROSENDAHL. 6538□

**Maßnahmen zur Verhinderung von Innenkorrosionen in Gasleitungen.** Hermann Seebaum. (Gas- u. Wasserfach, Ausg. Gas **102.** 267—72. 17/3. 1961. Essen.) (Dt.)

Nach Darst. der verschiedenen Korrosionsmöglichkeiten im Inneren von Gasleitungen befaßt sich Vf. mit den Maßnahmen zur Bekämpfung der Korrosion. Einen Innenschutz durch *Bitumen* oder dgl. sieht Vf. nicht gegeben, da durch Verschweißen der Rohre dieser Schutz zerstört wird u. durch die Enge der Rohre nicht noch nachträglich wieder angebracht werden kann. Die *Gastrocknung* wird als umfassenster Korrosionsschutz betrachtet u. eingehend dargestellt. Es werden die Vor- u. Nachteile dieses Schutzes aufgeführt u. die verschiedenen Verff. kurz charakterisiert, die zur Gastrocknung angewendet werden, davon bes. die $CaCl_2$- u. LiCl-Verfahren. Auch die Tiefkühlung läßt sich mit Erfolg anwenden. — 32 Schrifttumshinweise. F. ROSENDAHL. 6538□

**Der elektrische Schutz von Rohrleitungen.** O. Hartmann. (Schweiz. Ver. Gas- u. Wasserfachmännern, Monatsbull. **41.** 21—28. Febr. 1961. Kontrollstelle der Korrosionskommission.) (Dt.)

Überblick über den kathod. Schutz von Rohrleitungen u. Tankanlagen. — Diskussion. F. VIER. 6538□

**Innere Korrosion von Gasleitungen und ihr Schutz.** J. Morlet. (Corrosion et Anticorrosion **8.** 303—18. Sept. 1960.) (Franz.)

Die an Gasleitungen unter Betriebsdruck auftretenden Störungen durch innere Korrosion werden untersucht u. hierbei wird nacheinander der Einfl. einer bei der Lagerung u. bei hydraul. Prüfungen, denen die Rohre unterworfen werden, auftretenden atmosphär. Korrosion u. einer Korrosion während des Betriebs entweder durch $O_2$ bei gereinigtem Steinkohlengas oder durch Einw. von $H_2S$ bei nicht völlig gereinigtem Erdgas festgestellt. Ferner wird die Bedeutung von $CO_2$, Wasserdampf u. Gasdruck auf die Korrosion ermittelt. Als Schutzmittel gegen diese Korrosionsangriffe wird eine Wasserentziehung des Gases oder im Falle, wo diese nicht möglich ist, die Auskleidung der Rohre mit geeigneten Futtern oder die Anwendung verschiedener Inhibitoren empfohlen. H. HOCHSTEIN. 6538□

---

Ole Rolfsen, Oslo, Norwegen, **Herstellung von kugelförmigem Agglomerat aus feinkörnigen Erzen.** Die feuchte Masse wird zunächst auf einer Fläche festgepreßt u. durch Abkratzen von dieser zerkrümelt. Die Krümel werden auf einen Pelletisierteller gebracht u. dort abgerollt. — Abbildung. (**E. P. 818 625** vom 8/3. 1957, ausg. 19/8. 1959. Norw. Prior. 8/3. 1956.) M. NECKERMANN. 6377

Nils Johan Davy Nilson und Anders Holmberg, Schweden, **Agglomeration von Erzen und ähnlichen Stoffen** auf Sinterpfannen, die am Umfang eines aufrecht stehenden Rades so angebracht sind, daß sie während der Drehung des Rades immer in waagerechter Lage bleiben u. mit der hohlen Achse des Rades durch Saugrohre verbunden sind. Die Pfannen werden in ihrer höchsten Stellung beschickt u. gezündet, während im Verlauf der weiteren Drehung die Beschickung gesintert, gekühlt u. entleert wird. — Abbildung. (**F. P. 1 216 701** vom 12/2. 1959, ausg. 27/4. 1960.) M. NECKERMANN. 6379

Francisco Lacasa Morena, San Sabestian, Spanien, **Naßmetallurgie.** Das zerkleinerte, zu laugende Material wird in mit Filterböden versehene Behälter gefüllt u. vom Lsgm. von unten nach oben oder in entgegengesetzter Richtung durchströmt. Dabei ist das Vol. des in einem geschlossenen Kreislauf umlaufenden Lsgm. so groß wie das Vol. des von den Materialkörner umschlossenen Hohlraums, der ca. 40% des Gesamt-Vol. der Schüttung ausmacht. — Beispiel: Cyanidlaugung von *Au*-Erzen u. *Cu*-Erzlaugung. (**E. P. 832 072** vom 5/10. 1956, ausg. 6/4. 1960. Span. Prior. 5/10. 1955.) M. NECKERMANN. 6381

Foundry Services Ltd., England, **Behandlung von geschmolzenen Metallen** mit *Hexachloräthan,* das zusammen mit einer Füllmasse, z. B. NaCl, Zirkonsand, Schwermetalloxyd, Cu oder Ferromangan sowie einem Bindemittel in Brikettform in das zu behandelnde Metall getaucht wird. — Beispiel: Entgasung von *Al.* (**F. P. 1 186 345** vom 24/9. 1957, ausg. 20/8. 1959. E. Prior. 24/9., 10/12. 1956 u. 4/1. 1957.) M. NECKERMANN. 6381

Foundry Services Ltd., Birmingham, England, **Behandlung von geschmolzenen Metallen** mittels Briketts, die gasentwickelnde Stoffe, Füllstoffe u. Bindemittel enthalten. Als gasentwickelnder Stoff ist *Hexachloräthan* genannt. *NaCl* kann als Füllstoff, $NaNO_3$ oder $KNO_3$ als Bindemittel verwendet werden. Weitere Füllstoffe können z. B. *Zirkonsand,* Schwermetalloxyd, *Cu* oder *Ferromangan* sein. Beispiele: Entgasung von *Al, Mg, Cu* u. deren Legierungen. — Vgl. E. P. 827 619; C. **1961.** 1720. (**Belg. P. 560 483** vom 2/9. 1957, ausg. 22/4. 1960. E. Prior. 24/9. u. 10/12. 1956 u. 4/1. 1957.) M. NECKERMANN. 6381

Süddeutsche Kalkstickstoffwerke Akt.-Ges., Deutschland, **Durchführung thermischer Reaktionen im Vakuum, insbesondere thermische Magnesiumher-**

**stellung unter Verwendung von Ferrosilicium und Dolomit.** Die Charge wird in Körbe oder Taschen gefüllt u. so in einen evakuierbaren elektr. beheizten Ofen angeordnet, daß sie zwischen den senkrecht im Raume des Ofens angeordneten Heizelementen aus Graphit zu liegen kommen u. in dieser Lage schnell u. gleichmäßig aufgeheizt werden. Die sich entwickelnden Metalldämpfe werden abgesaugt u. außerhalb des Ofens kondensiert. Abbildung. (**F. P. 1 211 251** vom 18/12. 1958, ausg. 15/3. 1960. D. Prior. 11/1. 1958.) M. NECKERMANN. 6381

Quebec Iron & Titanium Corp., Wilmington, Del., V.St.A., übert. von: Gerald G. Hatch, Sorel, Quebec, Canada, **Gießen von Titanschlackenkonzentrat,** das durch Red. von Ilmenit gewonnen wird u. mindestens 60% *$TiO_2$* sowie ca. 2—20% *Fe-Oxyd* (als Fe berechnet) enthält, dad. gek., daß mindestens 1 t fl. Konzentrat bei ca. 1500° in eine Form gegossen u. dabei so abgekühlt wird, daß die Temp. der Oberfläche des erstarrten Gußblocks nicht über 300° ansteigt, um eine Oxydation der red. Ti-Oxyde zu vermeiden. Vgl. auch Aust. P. 205 167; C. **1959.** 10056. (**A. P. 2 749 667** vom 10/6. 1955, ausg. 12/6. 1956.) K. BAYER. 6383

Proler Steel Corp., V.St.A., **Herstellung eines raffinierten Produkts für die Hochofenbeschickung.** Sperriger Schrott, z. B. Autokarosserien, Kühlschränke, wird zerkleinert, daß er durch einen Siebrost von 30 cm Spaltbreite geht u. aus dem zerkleinerten Material die Nichteisenmetalle entfernt werden können. Nach einem Abbrennen bei 570—980° werden die Schrottstücke noch in heißem Zustand plattgewalzt, so daß Stücke von weniger als 30 cm im Durchmesser, einer Stärke von mehr als 0,37 mm u. einer Mindestdichte von 0,8 kg/dm³ entstehen. Abbildung. (**F. P. 1 207 083** vom 4/7. 1958, ausg. 15/2. 1960. A. Prior. 12/8. 1957.) M. NECKERMANN. 6391

Pickands Mather & Co., Cleveland, Ohio, übert. von: Fred D. De Vaney, Duluth, Minn., V.St.A., **Reduzierende magnetisierende Röstung von armen Hämatiterzen** im Schachtofen. Das im wesentlichen kalt aufgegebene Erz wird im oberen Teil des Schachtes durch Feuergase auf ca. 800—1700° F erhitzt u. während des weiteren Niedergangs durch eine am unteren Ende des Schachtes eingeblasene Gasmischung aus $CO_2$, Inertgas u. reduzierenden Gasen, wie $H_2$, CO, red. u. abgekühlt. Einem Teil der den Ofen verlassenden gereinigten Abgase werden reduzierende Gase beigemischt u. die Mischung wieder in den unteren Teil des Schachtes als Red.-Gas eingeführt. Abbildung. (**A. P. 2 931 720** vom 25/9. 1958, ausg. 5/4. 1960.) M. NECKERMANN. 6391

Vanadium-Alloys Steel Co., übert. von: George A. Roberts, Latrobe, Pa., V.St.A., **Durch Warmverformung herstellbarer Schnelldrehstahl mit verbesserter Zerspanbarkeit,** dad. gek., daß er 0,1—1% *PbS* enthält. Bes. besteht der Schnelldrehstahl aus 0,7—1,5 (%) *C*, bis zu 18 *W*, ca. 4 *Cr*, 1—5 *V*, bis zu 8 *Mo*, bis zu ca. 8 *Co*, 0,1—1 *PS*, Rest im wesentlichen *Fe*. Auch kann der Schnelldrehstahl aus 1—2,25 C, ca. 10—14 Cr, ca. 1 Mo, bis zu ca. 2 *Si*, bis zu ca. 2 W, bis zu ca. 2 V, ca. 3,5 Co, 0,1 bis 1 PS, Rest im wesentlichen Fe, bestehen. (**A. P. 2 914 400** vom 8/4. 1954, ausg. 24/11. 1959.) H. HOCHSTEIN. 6411

Allegheny Ludlum Steel Corp., V.St.A., **Herstellung von Siliciumstahl mit starker Kornorientierung,** dad. gek., daß ein Block aus einem Stahl mit 2,5—4% *Si* auf über 1260° erhitzt, von dieser Temp. an zu einem Band von 1,5—2,5 mm Stärke unter Vermeidung einer Temp.-Abnahme unter 870° ohne Zwischenglühung warm ausgewalzt, darauf ein- oder mehrere Mal kaltgewalzt u. schließlich einer Endglühung in trockenem $H_2$ bei 1150—1205° unterworfen wird. Während des Kaltwalzens kann das Band auch bei Temp. zwischen 870 u. 1010° zwischengeglüht werden. Das so hergestellte Band aus Si-Stahl hat sehr gute magnet. Eigenschaften. (**F. P. 1 209 308** vom 28/7. 1958, ausg. 1/3. 1960.) H. HOCHSTEIN. 6411

Westinghouse Electric Corp., East Pittsburgh, übert. von: Dusan Pavlovic und Karl Foster, Pittsburgh, Pa., V.St.A., **Erzielung einer verbesserten Koerzitivkraft, Remanenz und Maximalpermeabilität in einer Fe–Al-Legierung,** dad. gek., daß ein vorzugsweise 5—30 mils (1 mil = $^1/_{1000}$ in.) starkes Blech aus einer Fe-Leg. mit 14—17,5% *Al* in Ggw. von Luft mindestens ½ Std. bei 800—1200° geglüht, dann auf eine Temp. die oberhalb derjenigen liegt, bei der ein Ordnungsvorgang auftreten u. sich die Struktur zu *$Fe_3Al$* ändern würde, abgekühlt u. von dieser Temp. unter Unterdrückung des Ordnungsvorgangs auf Raum-Temp. abgeschreckt wird. Bes. wird das Blech 1—5 Std. bei 800—1000° geglüht, sodann auf ca. 600° abgekühlt u. von dieser Temp. auf Raum-Temp. abgeschreckt. (**A. P. 2 937 115** vom 16/8. 1957, ausg. 17/5. 1960.) H. HOCHSTEIN. 6411

Sherritt Gordon Mines Ltd., Canada, **Behandlung von aus lateritischen Erzen gewonnenen Lösungen.** Die *Ni, Co, Cu* u. *Zn* enthaltende Lsg. wird bei einem pH-Wert von 1—3 mit $H_2S$ behandelt, nachdem gefällte *Metallsulfide* aus einer vorangegangenen Lösungsbehandlung in einer Menge von mindestens 10 g/Liter zugesetzt wurden. Die Fällungs-Temp. liegt zwischen 90 u. 150° u. der $H_2S$-Partialdruck beträgt mehr als 7 at. Die ausgefällten Metallsulfide werden von der Lsg. abgetrennt u. ein Teil davon für die Behandlung neuer Lsg. verwendet. (**F. P. 1 226 788** vom 5/5. 1959, ausg. 16/8. 1960.) M. NECKERMANN. 6421

Sherritt Gordon Mines Ltd., Toronto, Ontario, Canada, **Gewinnung von Nichteisenmetallen** aus Erzen oder Legg., die weniger S enthalten als zur Bldg. von Sulfaten der zu gewinnenden NE-Metalle erforderlich ist. Die Erze bzw. Legg. werden geschwefelt, z. B. mit sulfid Mineralien oder elementarem S, damit das zu behandelnde Prod. mindestens die S-Menge enthält, die zur Gewinnung der NE-Metalle in Sulfatform notwendig ist. Das geschwefelte Prod. wird zerkleinert, in wss. Lsg. dispergiert u. bei Temp. über 90° u. erhöhtem Druck in Ggw. von freiem $O_2$ enthaltenden Gasen behandelt, wobei die NE-Metalle als Sulfate in Lsg. gehen u. vom Rückstand abgetrennt werden können. Beispiele: Behandlung von *Rohkupfer*, *Ni–Co-Erze* u. *Ferronickel*. (**Belg. P. 567 086** vom 24/4. 1958, ausg. 12/8. 1960. A. Prior. 1/3. 1954. Can. Prior. 23/2. 1955. F. Prior. 24/3. 1958.) M. NECKERMANN. 6421

National Smelting Co. Ltd., London, England (Erfinder: Thomas Ronald Albert Davey), **Trennung von Blei und Zink.** Eine Zn-Leg. mit niedrigem Pb-Geh. wird unter Vakuum bei 450—500° erhitzt, wobei ein prakt. Pb-freies *Zn* abdestilliert. Abbildung. (**E. P. 846 152** vom 18/10. 1957, ausg. 24/8. 1960.) M. NECKERMANN. 6427

Wintershall Akt.-Ges., Kassel (Erfinder: Wilhelm Appel, Heringen, Kr. Hersfeld), **Mittel zur Raffination von Magnesium oder Aluminium oder für Magnesium und/oder Aluminium enthaltende Legierungen,** bes. für das Induktionsschmelzen, bestehend aus wasserfreiem *$CaCl_2$* u./oder *$MgCl_2$* oder entwässertem *Carnallit* mit Zusätzen von *Fluoriden*, dad. gek., daß der Fluoridanteil, wie Alkali- oder Erdalkalifluorid, bes. $CaF_2$-Mehl, etwa die gleiche Körnung (ca. 0,1—1,0 mm) wie der Anteil wasserfreier Chloride besitzt. (**D. A. S. 1 090 864** Kl. 40a vom 23/4. 1959, ausg. 13/10. 1960.) K. BAYER. 6443

Ernst Adalbert Pokorny, London, England, **Herstellung von Titan mit hoher Dauerstandfestigkeit,** Duktilität u. Korrosionsbeständigkeit, dad. gek., daß metall. Ti in einem Tiegel geschmolzen wird, der aus *CeS* u./oder *MgS* u./oder *CaS*, *BaS* oder *SrS* besteht oder damit ausgekleidet ist. Da diese Sulfide mit fl. Ti nicht reagieren, wird eine Verunreinigung vermieden. (**E. P. 781 760** vom 6/1. 1954, ausg. 28/8. 1957.) K. BAYER. 6449

Rem-Cru Titanium, Inc., V.St.A. (Erfinder: Richard John Quigg und Milton Bernard Vordahl), **Gegen Wasserstoff empfindliche Titan-Legierungen** zeigen eine verringerte Neigung zur verzögerten Spaltung, wenn sie $\alpha$- oder $\alpha$–$\beta$-Struktur besitzen u. 35—150 ppm H enthalten. (**F. P. 1 198 610** vom 29/1. 1958, ausg. 8/12. 1959. A. Prior. 5/2. 1957.) C. GÖTZE. 6449

Potasse et Engrais Chimiques, Frankreich, **Herstellung von Doppelfluoriden des Urans mit Erdalkalimetall** durch Umsetzen von U-Alkalimetall-Doppelfluoriden in wss. Lsg. bei 90° mit Erdalkalisalz-Lsgg., wie $CaCl_2$, $MgCl_2$, Abtrennen des gebildeten Nd. u. Trocknen bei ca. 120°. Durch Einw. von Ca- oder Mg-Metall auf diese Doppelfluoride kann in der Wärme entsprechend $UF_4 \cdot CaF_2 + 2\,Ca \rightarrow 2\,CaF_2 + U$ (Metall) *Uranmetall* gewonnen werden. (**F. P. 1 189 434** vom 2/1. 1958, ausg. 2/10. 1959.) W. WITTHOLZ. 6449

National-U. S. Radiator Corp., übert. von: William M. Shafer, Johnstown, Pa., V.St.A., **Verhütung des Schrumpfens von Eisensinterkörpern in Wasserstoffatmosphäre,** dad., gek., daß einer Mischung von Fe-Pulver mit 0,25—1 (%) *P* soviel elementarer *C* zugesetzt wird, daß im gesinterten Körper 0,25—1,75 C verbleibt. (**A. P. 2 923 622** vom 26/6. 1956, ausg. 2/2. 1960.) C. GÖTZE. 6475

Soc. de Traitements Électro-Chimiques de l'Ouest, Levallois, Frankreich, **Herstellung von Bleipulver.** Das Pb-Pulver wird unmittelbar nach seiner Herst. in W. gesammelt, um es in Form einer Paste zu stabilisieren. Das Prod. eignet sich für die Herst. von Pb-Akkumulatorplatten. Abbildung. (**Belg. P. 529 929** vom 25/6. 1954, ausg. 2/8. 1957. F. Prior. 23/1. 1954.) M. NECKERMANN. 6475

Sherritt Gordon Mines Ltd. (Erfinder: Vladimir Nicholaus Mackiw, Vasyl Kunda und John Bryan Haworth), **Herstellung von zusammengesetzten Metallpulvern.** Man dispergiert Metallpulverteilchen, z. B. *Fe*-Pulver, in einer ammoniakal. *Cu-*, *Ag-*, *Au-*, *Co-*, *Ni-*, *Zn-*, *Cd-*, *Ti-*, *Ge*-Sulfat- oder -Chlorid-Lsg. u. leitet bei 90—260° u. einem Druck von 7—35 at $H_2$-Gas ein. Es scheiden sich z. B. auf dem Fe-Pulver als Kern eine oder mehrere Schichten aus den entsprechenden Metallsalz-Lsgg. in Form feinster Metalle ab. — Vgl. F. P. 1 172 949; C. **1961.** 3142. (**Aust. P. 220 144** vom

12/2. 1957, ausg. 5/3. 1959. **Oe. P. 209060** vom 25/3. 1957, ausg. 10/5. 1960. Beide Can. Prior. 10/4. 1956.) H. NEBELSIEK. 6475

General Motors Corp. (Erfinder: Alfred Lindley Boegehold), **Gesinterte Lagermetalle** werden durch Sinterung eines Ansatzes aus Al oder *Al-Leg.* u. 0,5 bis 15 (%) *Ni–Ti-Leg.* (15—65% Ti, 35—85% Ni) erhalten. — Dem Metallpulvergemisch kann man bis 2,5 *Zn-Stearat* u. 0,3—4 *Graphit*-Pulver zufügen. (**Aust. P. 221 607** vom 8/8. 1957, ausg. 11/6. 1959. A. Prior. 14/8. 1956.) H. MÖLLERING. 6475

VEB Hartmetallwerk Immelborn, Immelborn (Erfinder: Robert Wehner, Bad Salzungen, und Rudolf Kohlermann, Immelborn), **Titancarbidhaltige Hartmetall–Sinterlegierungen** bestehen aus 82—89,5 (%) *TiC*, 3—5 Carbide eines Metalls der 6. Gruppe des Period. Syst., wie *WC*, 2,5—5 Carbid eines Metalls der 5. Gruppe, wie *VC*, u. 5—8 *Bindemetall* aus einer Leg. aus Metallen der Fe-Gruppe u. Cr. Die Carbide werden in Form von Mischkristallen mit dem Bindemetallpulver gemischt, gepreßt u. bei ca. 1500° im Vakuum oder inerter Atmosphäre gesintert. (**Oe. P. 208 605** vom 31/12. 1955, ausg. 25/4. 1960.) C. GÖTZE. 6477

United States Atomic Energy Commission, übert. von: Samuel Storchheim, Kingston, Pa., V.St.A., **Herstellen einer Bindung zwischen Thorium und Aluminium** im festen Zustand durch Pressen der gereinigten Teile in einer Schutzgasatmosphäre bei 375—575° unter einem Druck von mindestens 10 t/sq.in. (**A. P. 2 914 847** vom 28/3. 1958, ausg. 1/12. 1959.) F. VIER. 6479

Zahnradfabrik Friedrichshafen Akt.-Ges. (Erfinder: Willi Benz und Kurt Ege), Friedrichshafen, **Einsatzschutzmasse, besonders für den stellenweisen Schutz bei Gas- oder Pulveraufkohlung von Stahl,** bestehend aus einem Gemisch von $H_3BO_3$ u./oder $B_2O_3$ u. wasserfreien Binde- u. Füllmitteln, wie Kunstharzlack bzw. Tonerde. (**D. A. S. 1 081 487** Kl. 18c vom 22/11. 1958, ausg. 12/5. 1960.) H. HOCHSTEIN. 6493

Alfred Teves Maschinen- und Armaturenfabrik K. G., Deutschland, **Herstellung von auf einer Schreckplatte gegossenen Ventilstößeln,** dad. gek., daß die Ventilstößel mit ledeburit. Gefüge zwischen 600 u. 900°, bes. zwischen 730 u. 750°, geglüht werden. Hierdurch wird eine Zerstörung der Stößel ohne Veränderung der Härte vermieden. (**F. P. 1 188 384** vom 16/12. 1957, ausg. 22/9. 1959. D. Prior. 16/1. u. 23/10. 1957.) H. HOCHSTEIN. 6493

Sintercast Corp. of America, Yonkers, N.Y., V.St.A., **Herstellung von Überzügen auf hochschmelzenden Metallen.** Das Grundmetall, bestehend aus einem *Carbid, Borid, Nitrid* oder *Silicid* von *Ti, Zr, Cr, Mo, W, V, Nb* oder *Ta*, z. B. *Ti-Carbid*, u. einem hochschm. metall. Bindemittel, z. B. einer *Ni*-Leg. mit 13—15 (%) *Cr* u. 6—7 *Fe*, wird mit einem duktilen hitzebeständigen Metall, z. B. einer *Ni–Cr-Leg.* überzogen, nachdem vorher eine Zwischenschicht aus einer diffusionsfördernden Ni-Leg., z. B. mit bis 20 Mg, bis 5 B, bis 12 P, bis 4 Si, bis 2 Mn u. bis 2 C aufgebracht war. Die Schichten können aufgegossen werden. Nach dem Aufbringen wird bis 120 Min. so hoch erhitzt, daß zwar die niedrigste schm. Phase des Grundstoffes schmilzt, nicht aber die Zwischenschicht, die das Diffundieren von härtenden Bestandteilen in die Außenschicht verhindert. Der hochitzebeständige, schlagfeste Werkstoff ist z. B. zur Herst. von Turbinenschaufeln geeignet. (**E. P. 820 654** vom 16/1. 1956, ausg. 23/9. 1959. A. Prior. 28/1. 1955.) F. VIER. 6493

Solar Aircraft Co., übert. von: John V. Long, San Diego, und John V. Furth, La Jolla, Calif., V.St.A., **Überzug zum Reinigen und zum Schutz von Metallen.** Ein Gemisch von 2—5 (Molen) $B_2O_3$, 0,5—1 *Erdalkalioxyd* u. bis 1 $SiO_2$ oder $CaF_2$ wird bei 2300° F zu einem klaren Fluß geschmolzen u. dann fein gemahlen. Das Pulver dient im Gemisch mit *Bronze-*, *Ag-*, *CrNiB-*, *NiMn-* u. anderen Metallpulvern zur Herst. der entsprechenden Überzüge nach Erwärmung oder in Aufschlämmung mit W. als *Schweiß-* u. *Lötmittel.* (**A. P. 2 889 238** vom 13/7. 1954, ausg. 2/6. 1959.) F. VIER. 6505

United States Steel Corp., Pittsburgh, Pa., V.St.A., **Herstellung von mit Aluminium überzogenen Schweißelektroden.** Der Eisendraht wird in einer nichtoxydierenden Atmosphäre auf 1100—1300° F erhitzt u. sofort in ein Al-Bad von gleicher Temp. getaucht. Die Tauchzeit wird dabei so bemessen, daß der Überzug weniger als 0,4 oz./sq.ft. beträgt. Das Bad kann 2—12,5% *Si* enthalten. (**E. P. 800 044** vom 30/12. 1955, ausg. 20/8. 1958. A. Prior. 11/1. 1955.) W. HAUSWALD. 6507

Othmar Ruthner, Österreich, **Beizen von Stahllegierungen.** Die Stahllegierungen werden zunächst elektrolyt. in der Lsg. eines neutralen Salzes von Mineralsäuren, $Na_2SO_4$ oder $NaNO_3$, behandelt u. dann chem. in $HNO_3$, $H_2SO_4$ oder in einem Gemisch beider oder in $HNO_3$ u. *HF* gebeizt. Der pH-Wert des Elektrolyten soll zwischen 1 u. 7 liegen. Der Elektrolyt regeneriert sich selbst bei der Elektrolyse. Ebenso bildet sich dabei ein *Persulfat*, das das in der Lsg. entstehende $FeSO_4$ zu $Fe_2(SO_4)_3$ oxydiert. Das kathod. entstehende *NaOH* fällt so das Fe als $Fe(OH)_3$ aus. Die Bldg. der Per-Verbb. wird durch Zusatz kleiner Mengen von *Fluoriden, Chloriden, Perchloraten, Chromaten, Nitriten, Sulfiten* oder *Nitraten* zum Elektrolyten begünstigt. (**F. P. 1 226 856** vom 5/6. 1959, ausg. 16/8. 1960. Oe. Prior. 23/12. 1958.) F. MARKHOFF. 6513

Council of Scientific & Industrial Research, Neu-Delhi (Erfinder: Tarapada Banerjee und Daya Sagar Tandon, Jamshedpur), Indien, **Elektroplattieren von Aluminium und Aluminiumlegierungen**, dad. gek., daß man diese vorher mit einem *Fe*-Überzug versieht, indem man sie nach gründlicher Reinigung in eine saure $FeCl_3$-Lsg. eintaucht, die in 100 ($cm^3$) 2—4 HCl (D. 1,18) u. 2—4 g $FeCl_3 \cdot 6\,H_2O$ enthält. Ein weiterer Zusatz von 2—4 g $NiCl_2$ oder $SnCl_2$ erhöht die Haftfestigkeit der Elektroplattierung. (**Ind. P. 58 353** vom 6/9. 1956, ausg. 15/12. 1958. **Zusatz zu Ind. P. 51 524; C. 1961. 2087.**) C. LÜTTGEN. 6515

Udylite Research Corp., Detroit, übert. von: Henry Brown, Huntington Woods, Mich., V.St.A., **Verhindern der Nebelbildung bei elektrolytischen Verfahren unter Verwendung unlöslicher Anoden.** Wird als Elektrolyt eine Lsg., die $H_2SO_4$, $H_3PO_4$ oder Oxalsäure enthält, u. eine Anode aus Al, Mn oder Pb verwendet, wird dem Elektrolyten *Perfluoroalkansulfonsäure* mit 6—10 C-Atomen (0,003—6 g/Liter) zugesetzt, z. B. Perfluoro-n-octylsulfonsäure. (**A. P. 2 913 377** vom 11/6. 1956, ausg. 17/11. 1959.) F. MARKHOFF. 6515

Silvercrown Ltd., England, **Bad zum galvanischen Abscheiden von Metallüberzügen.** Alkal. oder neutralen Metallsalz-Lsgg. werden Li-Verbb. zugesetzt, bes. *LiOH, LiCN*, $LiNO_3$, *Li-Citrat* oder *-Acetat.* So besteht ein cyankal. Cu-Bad aus einer Lsg. von 18,6 (g/Liter) $Cu(CN)_2$, 3,1 LiCN, 6,2 LiOH, 24,8 $LiNO_3$ u. 24,8 Li-Citrat. Der Li-Zusatz bewirkt eine bessere Stromausbeute. Außerdem fällt das beim Arbeiten des Bades gebildete Carbonat aus der Lsg. aus, da $LiCO_3$ nur eine geringe Löslichkeit in W. besitzt. (**F. P. 1 230 289** vom 15/7. 1959, ausg. 14/9. 1960. E. Prior. 15/7. 1958.) F. MARKHOFF. 6517

Bruno Friedrich Schweig, London, England, **Herstellung von Kupferüberzügen auf Metallgegenständen,** z. B. auf Ag-Spiegeln, durch Behandeln mit einer wss. Cu-Salz-Lsg. u. einer Metallpulversuspension, wobei die Cu-Salz-Lsg. oder die Metallpulversuspension einen Zusatz von $H_3PO_4$ u./oder einer organ. Säure, wie Citronensäure, Malonsäure oder Weinsäure enthält. Zum Beispiel wird die Metalloberfläche mit einer Lsg., die 50 (g) $CuSO_4$, 2 *Citronensäure* u. 5 *Mannitol* auf 1 Liter W. enthält, u. einer Suspension von 10 *Zn-Pulver* u. 1 *Na-Methylcellulose* auf 1 Liter W. enthält, behandelt. Der Cu-Salz-Lsg. kann auch *Na-Hypophosphit* zugesetzt werden. (**E. P. 794 261** vom 9/12. 1954, ausg. 30/4. 1958.) F. VIER. 6517

Metal & Thermit Corp., Rahway, N. J., und Frank Passal, Detroit, Mich., V.St.A., **Cyanidisches Bad zum galvanischen Abscheiden von glänzenden Kupferüberzügen,** dad. gek., daß es als Glanzmittel wenigstens ein Dithiocarbamat der allg. Formel (nebenst.), in der R u. R' H u. Alkylgruppen bedeuten, die bis zu 6 C-Atome enthalten können, in einer Menge von ca. 0,001—0,01 g/Liter enthält. Beispiel: 45 (g/Liter) *CuCN*, 72,5 *KCN*, 15 *KOH*, 45 *K-Gluconat*, 0,004 *Selendiäthyldithiocarbamat*, 0,05 *Netzmittel*. — Vgl. A. PP. 2 873 234 u. 2 873 235; C. **1961.** 1362. (**D. A. S. 1 072 449** Kl. 48a vom 18/6. 1958, ausg. 31/12. 1959. **F. P. 1 198 260** vom 16/6. 1958, ausg. 7/12. 1959. **E. P. 836 977** vom 6/6. 1958, ausg. 9/6. 1960. Alle A. Prior. 19/6. 1957.) H. HÄNLE. 6517

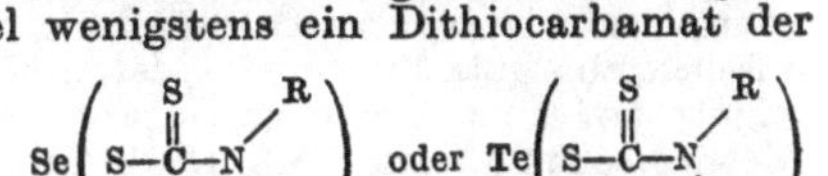

Westinghouse Electric Corp., V.St.A. (Erfinder: Earl K. Hann), **Herstellung von Schutzüberzügen auf Molybdän.** Der zu überziehende Körper wird mit einem Brei aus einer gepulverten Leg. von 71,5 (%) *Ni*, 11,5 *Cr*, 5,2 *Fe*, 4,2 *Si*, 2,5 *B* u. 0,74 *C* u. einer wss. Lsg. von $CaCl_2$ bedeckt u. dann in $H_2$-Atmosphäre 10 Min. auf 1080° erhitzt. Nach Abkühlen in $H_2$ wird ein 2. Überzug durch Schmelzen eines Pulvers aus einer Leg. aus 80 *Ni* u. 20 *Cr* oder durch elektrolyt. Abscheiden von Cr aufgebracht. Schließlich wird das 1. Überzugs-Verf. nochmals wiederholt. Als 1. u. 3. Überzug kann auch eine Leg. aus 16 *Cr*, 69 *Ni*, 6 *Fe*, 5 *Si*, 3 *B* u. 1 *C* verwendet werden. Der Überzug schützt Mo vor Oxydation, ist haft- u. schlagfest. (**F. P. 1 197 894** vom 14/1. 1958, ausg. 3/12. 1959. **E. P. 837 349** vom 7/1. 1958, ausg. 15/6. 1960. Beide A. Prior. 15/1. 1957.) F. VIER. 6517

Sherritt Gordon Mines Ltd., Toronto, Ontario, Canada, **Herstellung von Metallüberzügen auf nichtmetallischen Teilchen,** z. B. aus *Oxyden* oder *Sulfiden* durch Tauchen in eine ammoniakal. Lsg., in der Verbb. von *Os, Rh, Ru, Ir, Au, Pt, Pd, Ag, Cu, As, Sn, Ni* oder *Au* gelöst sind. In die Lsg. wird bei über 200° F ein reduzierendes

Gas eingeleitet, wodurch die metall. Verb. zersetzt u. das Metall auf den Teilchen abgeschieden wird. So behandelte Teilchen aus $Al_2O_3$ sind bes. gegen hohe Temp. beständig. (**E. P. 827 016** vom 6/2. 1957, ausg. 27/1. 1960. Can. Prior. 10/4. 1956.) F. VIER. 6517

D. Napier & Son Ltd., London, England (Erfinder: Frederic Donald Waldron-Trownman und John Kenneth Wilson), **Galvanische Erzeugung von Metallüberzügen auf Titan und seinen Legierungen.** Die Gegenstände werden anod. in einer wasserfreien Lsg. von *HF* u. reinem *Äthylenglykol* geätzt, in *Aceton* oder einem anderen nicht wss. Lsgm. gespült u. dann vernickelt. Der *Ni*-Überzug kann dann noch elektrolyt. mit einer *Cu*- oder einer Cu- u. einer *Ag*-Schicht überzogen werden. (**E. P. 824 253** vom 29/7. 1955, ausg. 25/11. 1959.) F. MARKHOFF. 6517

Mond Nickel Co. Ltd., England (Erfinder: Waclaw Andrew Wesley, Burton Bower Knapp und Robert James McKay), **Korrosionssichere Überzüge auf Metallen** bestehen aus einer elektrolyt. erzeugten *Ni*-Schicht von 2,5—50 $\mu$ Dicke, auf die ebenfalls elektrolyt. Schichten von *Co, Sn, Pd* oder Legg. von Co mit bis zu 20% *W* oder bis zu 90% *Ni* in einer Dicke von 0,25—7,5 $\mu$ aufgebracht sind. Als oberste Schicht dient eine Ni-Schicht. Die Gesamtschichtdicke soll mindestens 6,25 $\mu$ betragen. (**F. P. 1 222 506** vom 2/12. 1958, ausg. 10/6. 1960. A. Prior. 3/12. 1957.) F. MARKHOFF. 6517

Sylvania Electric Products, Inc., Wilmington, Del., übert. von: Arnold D. Arnaut, Syosset, und Edward B. Saubestre, Elmhurst, N.Y., V.St.A., **Elektrolytisches Abscheiden von lötfähigen Zink-Zinn-Legierungen.** Als Elektrolyt dient eine Lsg., die *Zn-*, *Sn-*, *CN-* u. *OH*-Ionen enthält, wobei die Menge der CN-Ionen nicht ausreicht, um den gesamten Zn-Geh. in Form von $Zn(CN)_4$-Ionen zu binden. Als Anode wird eine Leg. mit weniger als 50% Sn verwendet. Diese Anode wird durch Erhöhen der üblichen Stromdichte für eine Zeit, die zur Bldg. einer dünnen Oxydschicht ausreicht, polarisiert, damit das Sn sich als Stannat löst. Nach einiger Zeit muß die Dicke der Oxydschicht auf der Anode, die eine Passivierung bewirkt, durch kathod. Behandlung verringert werden, wonach eine erneute Polarisation erfolgt. (**A. P. 2 907 702** vom 27/4. 1954, ausg. 6/10. 1959.) F. MARKHOFF. 6523

Wheeling Steel Corp., Wheeling, W. Va., V.St.A. (Erfinder: N. E. Cook und S. L. Norteman), **Verzinken von Stahl.** Inhaltlich ident. mit F. P. 1 098 821; C. **1957.** 14130. (**Belg P. 528 081** vom 14/4. 1954, ausg. 18/1. 1957. A. Prior. 31/7. 1953.) F. VIER. 6523

Wheeling Steel Corp., Wheeling, W. Va., V.St.A., **Aufbringen von Zinküberzügen auf Drähten von nichtangelassenem Stahl.** Bei der Wirbelstromerhitzung der Zn-Schmelze, durch die der zu überziehende Draht geleitet wird, kann die Zn-Schmelze so bewegt werden, daß sie auch mit Metallen, die sich sonst mit Zn nicht mischen, eine gute Mischung bildet. Auf diese Weise gelingt es, zu einer Zn–Fe-Zwischenschicht zwischen dem Stahl u. dem Zn-Überzug zu kommen, die nicht brüchig ist. (**Belg. P. 536 087** vom 28/2. 1955, ausg. 2/1. 1959. **Zusatz zu Belg. P. 528 081; s. vorst. Ref.**) F. VIER. 6523

Wheeling Steel Corp., Wheeling, übert. von: William L. Diehl, St. Clairsville, Ohio, und Henry S. Bell, Wheeling, W. Va., V.St.A., **Kontinuierliches Verzinken von Stahlbändern im Schmelzfluß.** Unterhalb der Austragsrollen sind im Zn-Bad zwei gegenüberliegende Anpreßrollen angeordnet, deren Oberflächen von schmelzfl. Zn nicht benetzt werden, z. B. aus rostfreiem Stahl oder mit einem Cr-Überzug. Durch diese Rollen wird die durch Capillar-Wrkg. erhöhte Haftung des schmelzfl. Zn auf dem Band herabgesetzt u. eine höhere Durchlauf-Geschw. ermöglicht. (**A. P. 2 875 096** vom 19/8. 1955, ausg. 24/2. 1959.) F. VIER. 6523

Westinghouse Electric Corp., East Pittsburgh, übert. von: Myron Ceresa, Penn Township, Allegheny County, und John R. Drobne, Munhall, Pa., V.St.A., **Verzinnen von Gegenständen aus Kupfer** durch Tauchen in eine wss. Lsg. eines festen Körpers, der aus 7,7—98,5 (%) einer wasserlösl. Verb. der allg. Formel **A** besteht, wobei R ein H-Rest, ein Acetylrest, ein aliphat. KW-Stoffrest mit 1—2 C im Rest sein kann, u. aus 0,2—64,5 $SnCl_2$ oder $SnBr_2$ oder $SnI_2$ oder $SnSO_4$ u. aus 0,9—90,5 einer festen wasserlösl. organ. Säure, wie *Citronensäure, Weinsäure.* Zum Beispiel kann der Körper bestehen aus 85 *Thioharnstoff,* 3 $SnSO_4$ u. 12 *Maleinsäure.* Bei Tauchen von 5 Min. langer Dauer bei 40° ist auf die Cu-Gegenstände ein glatter Sn-Überzug gebildet. (**A. P. 2 891 871** vom 21/9. 1956, ausg. 23/6. 1959.) F. VIER. 6526

A

Sel-Rex-Corp., Nutley, übert. von: Edwin C. Rinker, Morristown, und Robert Duva, Paramus, N. J., V.St.A., **Galvanisches Glanzgoldbad** besteht aus einer Lsg. von 10—150 (g/Liter) einer schwachen, stabilen, organ. Säure, die teilweise durch Alkali neutralisiert (pH 3—5) ist, 1—15 Au (als AuCN) u. 1—50 von mindestens einem Salz eines Metalls, wie Ni, Zn, In, Co. Beispiel: 80 (g/Liter) *Citronensäure* u. *Na-Citrat*, 8 Au [als $KAu(CN)_2$], 3 Ni (als *Ni-Sulfamat*), 0,5 Zn (als *Zn-Acetat*). 70° F Stromdichte 10 A/sq.ft. (**A. P. 2 905 601** vom 13/8. 1957, ausg. 22/9. 1959.)
F. MARKHOFF. 6527

Mond Nickel Co. Ltd., England (Erfinder: Richard Noble Rhoda und Ann Mari Nadison), **Herstellung von Palladiumüberzügen** durch Tauchen der Gegenstände in eine wss. Lsg., die enthält: 0,001—0,25 (Mol/Liter) 2wertiges *Pd*, 2,5 bis 14 $NH_3$, 0,002—0,005 *Hydrazin* u. 0,01—0,10 *Stabilisierungsmittel*. Der pH-Wert der Lsg. soll bei 9—11 liegen. Das $NH_3$ kann ganz oder teilweise durch *aliphat. prim. Amine* mit bis 5 Atomen C im Mol. ersetzt werden. Das Stabilisierungsmittel kann *Di-Na-äthylendiamintetraacetat* sein. Die Temp. der Lsg. soll 30—80° betragen. Außer auf Metallen können auf diese Weise auch Pd-Überzüge auf *Glas* u. *Keramik* hergestellt werden. (**F. P. 1 221 191** vom 2/3. 1959, ausg. 31/5. 1960. A. Prior. 3/3. 1958.)
F. VIER. 6527

Poor & Co., Chicago, Ill., übert. von: Bruno R. Jeremias, Detroit, Mich., V.St.A., **Herstellung von Schutzschichten auf Zinkoberflächen** durch Behandeln mit einer wss. Lsg., die enthält: 3—90 (g/Liter) *Cr*, von dem mindestens 0,015, aber nicht mehr als 4,4 in 3wertiger Form, der Rest in 6wertiger Form vorliegen, 0,3—0,6 *Essigsäure*, 0,6—1,2 $H_2SO_4$ u. 2,25—4,5 $HNO_3$. Das Gew.-Verhältnis von $H_2SO_4$ zu Essigsäure soll 2:1 u. das von $SO_4^{2-}$ zu $CrO_4^{2-}$ zwischen 1:4 u. 1:16 liegen. Die Temp. der Lsg. soll 70—90° u. die Dauer der Behandlung 5—15 Sek. betragen. Zum Beispiel kann die Lsg. hergestellt sein aus: 401,0 $CrO_3$, 7,5 $Na_2CO_3$, 22,5 $CH_3COOH$, 45,0 $H_2SO_4$, 228,0 $HNO_3$. Auf Zn-Spritzgußteilen wird auf diese Weise ein korrosionsschützender, bronzefarbiger Überzug erhalten. (**A. P. 2 902 394** vom 19/7. 1956, ausg. 1/9. 1959.)
F. VIER. 6529

Schwarzkopf Development Corp., übert. von: William Herz und Egon Pipitz, Yonkers, N.Y., V.St.A., **Schutz von Eisenmetallen gegen geschmolzenes Aluminium.** Die Fe-Oberflächen werden mit einer Metallspritzschicht überzogen, die unter Verw. eines Sinterstabes, der aus 7—50% $Cr_2NiB_4$ u. 93—50% $CrB_2$ besteht u. kein freies Ni enthält, in einer Flamme von über 3000° aufgespritzt ist. (**A. P. 2 874 065** vom 19/4. 1956, ausg. 17/2. 1959.) F. VIER. 6529

United States Atomic Energy Commission, übert. von: Morris L. Perlman, Blue Point, N. Y., und David Lipkin und Sam I. Weissman, St. Louis, Mo., V.St.A., **Herstellung von Überzügen auf hochschmelzenden Metallen,** wie *Nb*, *Mo*, *Ta* u. *W*. Mindestens die innere Oberfläche eines Behälters aus diesen Metallen wird schmelzfl. mit *Th* überzogen, so daß sich keine Leg. mit dem Grundmetall bildet. Dann wird der Überzug aus Th in einer $N_2$-Atmosphäre bei 1750° in das *Nitrid* umgewandelt. In solchen Behältern wird bei der Behandlung von radioakt. Stoffen der Verlust durch Absorption herabgesetzt. (**A. P. 2 895 849** vom 12/4. 1950, ausg. 21/7. 1959.) F. VIER. 6529

Ferdinand Georges Feuillard, Frankreich, **Überziehen von Metalloberflächen mit Kunststoff,** bes. *Polytetrafluoräthylen*. Die aufgerauhte Metalloberfläche wird vor oder nach dem Aufbringen der Kunststoffschicht gepreßt, gewalzt oder geglättet, so daß eine feste Verankerung des Kunststoffes auf der Metalloberfläche gewährleistet ist. — 6 Zeichnungen. (**F. P. 1 180 579** vom 2/8. 1957, ausg. 5/6. 1959.)
W. WITTHOLZ. 6529

National Steel Corp., übert. von: Edwin J. Smith, Steubenville, und John R. Smith, Weirton, W. Va., V.St.A., **Verbessern des Korrosionswiderstandes von Schwarzblech.** Das Blech wird anod. in einer Lsg. von 1—15 oz./gal. $NaH_2PO_4$ oder $KH_2PO_4$ mit einer Stromdichte von 6—60 A/sq.ft. behandelt. Durch Zusatz von $NaNO_3$ oder $KNO_3$ (mindestens 0,1 oz./gal.) wird die Bldg. der schützenden Schicht aus Phosphaten verbessert. (**A. P. 2 920 019** vom 17/5. 1957, ausg. 5/1. 1960.)
F. MARKHOFF. 6533

Walterisation Co. Ltd., übert. von: Royston Fraser Drysdale und Stanley Arthur Charles Burton, Croydon, England, **Herstellung von dünnen Phosphatüberzügen auf Metallen wie Eisen, Zink, Cadmium und ihren Legierungen** mittels einer wss., Nitrationen enthaltenden $Zn(H_2PO_4)_2$-Lsg., die 3—24g/Liter Zn u. 3—30 g/Liter *Nitrat* als $NO_3$ enthält bei 1—8 Punkten freier Säure u. 15—80 Punkten Gesamtsäure. Diese Lsg. enthält durch Wasserabspaltung aus dem $H_3PO_4$-Mol. er-

haltene Säuren u. lösl. Salze dieser Säuren in Mengen von 0,01—1,0 g/Liter Lsg., berechnet als $PO_3$ (*Meta-* oder *Polymetaphosphat*). Die Lsg. kann zusätzlich 0,1—1,0 g/Liter einfacher F-Ionen enthalten. Beispiel: In eine $Zn(H_2PO_4)_2$-Lsg. mit der Punktzahl 20 an Gesamtsäure u. 2,5 an freier Säure (bei 90°), einem Geh. 6 g/Liter Zn u. 7 g/Liter Nitrat ($NO_3$) wurden Bleche aus Stahl getaucht. Ein guter Phosphatüberzug wog durchschnittlich 1,57 mg/cm², nach Zugabe von 0,5 g/Liter Natriumhexametaphosphat nur 0,108 mg/cm². (**A. P. 2 930 723** vom 5/12. 1955, ausg. 29/3. 1960. E. Prior. 7/12. 1954.)
H. BAUR. 6533

United States Steel Corp., N.J., übert. von: Leonard T. Hurat, Cleveland, und Edward P. Presby, Garfield Heights, Ohio, V.St.A., **Färben von Stahldrähten.** Vor dem Ziehen wird der mit einem Ziehmittel, z. B. mit einer wss. Aufschlämmung von gelöschtem Kalk, bedeckte Rundstab mit einem in W. gelösten Farbstoff, z. B. *Eosin J* oder einem *Alizarinfarbstoff* überzogen. Dann wird der Stab getrocknet u. danach auf den gewünschten Durchmesser gezogen. Die so hergestellten Drähte sind gleichmäßig gefärbt. (**A. P. 2 900 710** vom 6/1. 1956, ausg. 25/8. 1959.)
F. VIER. 6535

---

**Union Carbide Corp.**, New York, N.Y., V.St.A., *Stückigmachen von feinkörnigem Material.* (**E. P. 822 837** vom 23/1. 1957, ausg. 4/11. 1959. A. Prior. 6/2. 1956. — C. **1960.** 1286 [D. A. S. 1 045 988].)

**Mond Nickel Co. Ltd.** (Erfinder: **Herbert Klingbeil** und **Viktor Haefeli**), *Einbringen von Stoffen mit niedriger Verdampfungstemperatur in flüssiges Metall.* (**Aust. P. 204 110** vom 28/7. 1954, ausg. 13/12. 1956. D. Prior. 3/8., 19/10. 1953 u. 1/4. 1954. — C. **1958.** 2868 [E. P. 752 976].)

**National Distillers & Chemical Corp.**, übert. von: **Werner C. Muller**, Roslyn, N.Y., V.St.A., *Reduktion von Metallhalogeniden.* (**A. P. 2 910 357** vom 9/2. 1956, ausg. 27/10. 1959. — C. **1960.** 7292 [D. A. S. 1 055 823].)

**R-N Corp.**, New York, N.Y., V.St.A., *Reduktion von Eisenerz.* (**E. P. 824 444** vom 23/7. 1957, ausg. 2/12. 1959. A. Prior. 30/7. 1956. — C. **1960.** 7997 [A. P. 2 877 108].)

**Titan Co. A/S**, Fredrikstad, Norwegen (Erfinder: **O. Möklebust**), *Herstellung von Eisen- und Titankonzentraten aus ilmenithaltigen Erzen.* (**Schwed. P. 155 419** vom 9/2. 1954, ausg. 31/7. 1956. Norw. Prior. 9/2. u. 24/12. 1953. — C. **1958.** 1136 [E. P. 754 453].)

**Union Carbide Corp.**, V.St.A. (Erfinder: **Edward Francis Kurzinski**), *Entschwefelung von Eisenschmelzen durch Einblasen eines mit zerkleinertem $CaC_2$ beladenen Gasstromes.* (**F. P. 1 194 778** vom 16/4. 1958, ausg. 12/11. 1959. **E. P. 838 005** vom 18/4. 1958, ausg. 22/6. 1960. Beide A. Prior. 22/4. 1957. — C. **1960.** 11464 [A. P. 2 863 755].)

**Yawata Iron Steel Co. Ltd.**, Tokyo, übert. von: **Kiyoto Matsuzuka**, Kumamoto-Ken, Japan, *Behandlung von chromhaltigen Eisenerzen.* (**A. P. 2 784 074** vom 5/11. 1953, ausg. 5/3. 1957. Jap. Prior. 14/2. 1953. — C. **1957.** 11147 [E. P. 755 112].)

**National Lead Co.**, New York, N.Y., V.St.A., *Aufschluß von titanhaltigen Eisenerzen.* (**It. P. 512 016** vom 27/8. 1953. A. Prior. 5/9. 1952. — C. **1956.** 2591 [D. B. P. 930 502].)

**Eugenio Lubatti**, Italien, *Gewinnung von Roheisen im Hochofen aus feinen, nicht agglomerierten Erzen.* (**F. P. 1 168 202** vom 18/12. 1956, ausg. 5/12. 1958. Schwz. Prior. 31/3. 1956. — C. **1960.** 7998 [E. P. 814 684].)

**Stora Kopparbergs Bergslags Aktiebolag**, Falun, Schweden, übert. von: **Bo Michael Sture Kalling** und **Folke Karl Evald Johansson**, *Vorfrischen von siliciumhaltigem Roheisen durch Blasen mit einem sauerstoffhaltigen Gas in einem Drehtrommelofen.* (**Belg. P. 564 572** vom 6/2. 1958, ausg. 15/7. 1960. **A. P. 2 930 688** vom 3/2. 1958, ausg. 29/3. 1960. Beide Schwed. Prior. 8/2. 1957. — C. **1960.** 13836 [F. P. 1 191 177].)

**Union Carbide Corp.**, New York, N.Y., V.St.A., *Feinen bzw. Vorfrischen von geschmolzenem Roheisen.* (**Oe. P. 204 578** vom 21/1. 1957, ausg. 25/7. 1959. A. Prior. 8/2. 1956. — C. **1960.** 7670 [F. P. 1 172 234].)

**Soc. d'Électro-Chimie, d'Électro-Métallurgie et des Aciéries Électriques d'Ugine**, Frankreich, *Verminderung des Gehaltes an Silicium und Schwefel im Gußeisen.* (**Aust. P. 168 198** vom 30/4. 1954, ausg. 24/1. 1957. F. Prior. 6/5. 1953. — C. **1959.** 1599 [A. P. 2 767 077].)

**Rheinstahl Eisenwerke Mülheim/Meiderich Akt.-Ges.**, Mülheim/Ruhr (Erfinder: **Max Paschke**, Aachen), *Erschmelzen von hochwertigem Gußeisen bzw. Roheisen im Schachtofen.* (**D. A. S. 1 103 949** Kl. 18b vom 29/8. 1953, ausg. 6/4. 1961. — C. **1959.** 6287 [Belg. P. 529 758].)

**Paul Léon Metz**, Düdelingen, Luxemburg, *Herstellung von Stahl aus phosphorhaltigem Roheisen durch Windfrischen mit einem oxydierenden Gas oder Gasgemisch.* (**E. P. 815 683** vom 30/4. 1957, ausg. 1/7. 1959. Luxemb. Prior. 7/5. 1956 u. 8/4. 1957. — C. **1960.** 6312 [F. P. 1 173 789].)

**Minière et Métallurgique de Rodange Soc. An.**, Rodange, Luxemburg, *Herstellung von hochwertigem Stahl.* (**Belg. P. 549 393** vom 7/7. 1956, ausg. 20/11. 1959. Luxemb. Prior. 28/7. 1955. Zusatz zu Belg. P. 503 730; C. 1950/54. 7151 S. — C. **1960.** 14176 [F. P. 70 382].)

**Röchling'sche Eisen- und Stahlwerke G. m. b. H.** (Erfinder: **Erwin Plöckinger** und **Helmut Klein**), Völklingen/Saar, *Verwendung eines Thomasstahles.* (**D. A. S. 1 066 598** Kl. 18d vom 9/12. 1955, ausg. 8/10. 1959. **Oe. P. 205 058** vom 30/11. 1956, ausg. 10/9. 1959. D. Prior. 9/12. 1955. — C. **1960.** 5967 [F. P. 1 161 917].)

**Schoeller-Bleckmann Stahlwerke Akt.-Ges.**, Wien (Erfinder: **Siegfried Plankensteiner** und **Hugo Juvan**, Ternitz), Österreich, *Stahl für Sägen zur Metallbearbeitung.* (**D. A. S. 1 071 735** Kl. 18d vom 4/7. 1957, ausg. 24/12. 1959. Oe. Prior. 21/12. 1956. — C. **1960.** 13837 [F. P. 1 180 532].)

**Uddeholms Aktiebolag**, Uddeholm, Schweden, *Warmarbeitsstahl mit hoher Warmfestigkeit.* (**F. P. 1 187 949** vom 9/11. 1957, ausg. 17/9. 1959. **Belg. P. 561 718** vom 18/10. 1957, ausg. 20/5. 1960. Beide Schwed. Prior. 9/11. 1956. — C. **1960.** 13518 [E. P. 815 149].)

**Westinghouse Electric Corp.**, Pittsburgh, Pa., V.St.A., *Aushärtbare austenitische Legierung.* (**E. P. 826 712** vom 22/8. 1957, ausg. 20/1. 1960. A. Prior. 18/9. 1956. — C. **1960.** 13517 [F. P. 1 182 970].)

**Union Carbide Corp.**, New York, N.Y., V.St.A., *Entkohlung von Ferrochrom.* (**Oe. P. 203 035** vom 12/12. 1956, ausg. 25/4. 1959. A. Prior. 19/12. 1955. — C. **1960.** 8674 [Aust. P. 213 966].)

**Union Carbide Corp.**, New York (Erfinder: **Joseph Harrison Brennan**, Niagara Falls, und **Cecil George Chadwick**, Lewiston), N.Y., V.St.A., *Entschwefelung von Ferrolegierungen, besonders Ferrochrom, durch Vakuumerhitzung.* (**D. A. S. 1 060 888** Kl. 18b vom 17/8. 1957, ausg. 9/7. 1959. A. Prior. 24/8. 1956. — C. **1960.** 10750 [F. P. 1 181 356].)

**National Smelting Co. Ltd.**, London, England, *Schmelzen von Zink.* (**Aust. P. 168 157** vom 5/1. 1954, ausg. 22/11. 1956. — C. **1956.** 5403 [E. P. 726 530].)

**Metallgesellschaft Akt.-Ges.**, Frankfurt/M., *Schmelzen von Blei.* (**Belg. P. 557 516** vom 14/5. 1957, ausg. 11/3. 1960. D. Prior. 29/6. 1956. Zusatz zu Belg. P. 530 928; C. 1959. 8405. — C. **1960.** 9717 [Oe. P. 198 955].)

**Mond Nickel Co. Ltd.**, London, England (Erfinder: **Paul Edward Hegmegee jun.**, Clifton, N.J., V.St.A.), *Verbesserung von Nickel-Kupfer-Silicium-Gußlegierungen.* (**D. A. S. 1 084 029** Kl. 40b vom 12/10. 1955, ausg. 23/6. 1960. A. Prior. 12/10. 1954. — C. **1960.** 6313 [E. P. 807 957].)

**Mond Nickel Co. Ltd.**, England, *Gegen Säuren, insbesondere gegen Salz-, Schwefel- und Phosphorsäure beständige Legierung.* (**F. P. 1 192 281** vom 15/11. 1957, ausg. 26/10. 1959. E. Prior. 19/11. 1956. — C. **1960.** 10053 [E. P. 810 089].)

**Quebec Metallurgical Industries Ltd.**, Canada, *Gewinnung des Metallinhalts aus lateritischen Nickelerzen.* (**F. P. 1 195 318** vom 16/12. 1957, ausg. 17/11. 1959. A. Prior. 5/11. 1957. — C. **1960.** 15901 [A. P. 2 899 300].)

**Magnesium Electron Ltd.**, Clifton Junction, Manchester, England, *Magnesiumlegierungen.* (**Aust. P. 168 103** vom 8/4. 1954, ausg. 11/10. 1956. E. Prior. 9/4. 1953. — C. **1957.** 10059 [F. P. 1 097 816].)

**Vereinigte Deutsche Metallwerke Akt.-Ges.**, Frankfurt/M., übert. von: **Hans Burkhardt**, Oberursel, *Aluminium-Raffination.* (**A. P. 2 787 592** vom 22/11. 1949, ausg. 2/4. 1957. D. Prior. 1/10. 1948. — C. **1958.** 850 [D. B. P. 906 148].)

**Vereinigte Leichtmetall-Werke G. m. b. H.**, Bonn (Erfinder: **Willi Feldmann**, Hannover-Kirchrode), *Herstellung von Aluminiumlegierungen der Gattung Al-Cu-Mg, die bei mehrfacher spanloser Formgebung und Vergütung feinkörnig bleiben.* (**D. B. P. 973 259** Kl. 40d vom 14/10. 1941, ausg. 31/12. 1959. Anmeldung bekanntgemacht 21/5. 1952. — C. **1945.** II. 180 [F. P. 888 607].)

**United Kingdom Atomic Energy Authority**, London, England (Erfinder: **R. A. U. Huddle, N. J. M. Wilkins** und **C. F. Britton**), *Aluminium-Legierungen.* (**Belg. P. 558 587** vom 21/6. 1957, ausg. 25/3. 1960. E. Prior. 21/6. 1956. — C. **1960.** 16927 [E. P. 812 985].)

**New Jersey Zinc Co.**, V.St.A. (Erfinder: **William Walton Kittelberger**), *Gewinnung von Titan durch Schmelzflußelektrolyse.* (**F. P. 1 149 544** vom 18/4. 1956, ausg. 27/12. 1957. A. Prior. 5/5. 1955. — C. **1961.** 1359 [E. P. 811 862].)

**Peter Spence & Sons Ltd.** (Erfinder: **Peter John Lynskey**), *Stabilisierung von frisch erschmolzenem Titan.* (**Aust. P. 213 982** vom 20/3. 1957, ausg. 17/4. 1958. E. Prior. 20/3. 1956. — C. **1960.** 7672 [F. P. 1 171 615].)

**Österreichische Stickstoffwerke Akt.-Ges.**, übert. von: **Hermann Rudorfer**, Linz, Österreich, *Gewinnung von Platin und Platin-Rhodium-Legierungen aus diese enthaltenden Gasen.* (**A. P. 2 920 953** vom 28/6. 1957, ausg. 12/1. 1960. Aust. Prior. 5/7. 1956. — C. **1960.** 13801 [Oe. P. 201 619].)

**Union Carbide & Carbon Corp.**, bzw. **Union Carbide Corp.**, New York, N.Y., V.St.A. (Erfinder: **Chester Emile Bieniosek**), *Behandlung von Gußeisen mit Kugelgraphit bildenden Mitteln.* (**Aust. P. 214 845** vom 31/1. 1957, ausg. 29/5. 1958. **Oe. P. 201 639** vom 9/2. 1957, ausg. 10/1. 1959. Beide A. Prior. 10/2. 1956. — C. **1960.** 7674 [F. P. 1 166 661].)

**Siemens-Planiawerke Akt.-Ges. für Kohlefabrikate**, Österreich (Erfinder: **Erich Fitzer**), *Herstellen sehr leichter, widerstandsfähiger und flammenfester Gegenstände aus Metallpulver.* (**F. P. 1 183 705** vom 23/7. 1956, ausg. 13/7. 1959. Oe. Prior. 23/7. 1955. — C. **1960.** 14857 [D. A. S. 1 066 754].)

**Siemens Planiawerke Akt.-Ges. für Kohlefabrikate**, Deutschland (Erfinder: **Erich Fitzer**), *Hitzebeständiger, unbrennbarer Sinterkörper.* (**F. P. 1 127 152** vom 1/7. 1955, ausg. 10/12. 1956. Oe. Prior. 1/7. 1954. — C. **1960.** 15533 [E. P. 815 469].)

**Ions Exchange & Chemical Corp.**, New York, N.Y., übert. von: **Kenneth N. Brown**, Teaneck, N.J., V.St.A., *Herstellung von Silberpulver.* (**A. P. 2 810 682** vom 8/6. 1953, ausg. 22/10. 1957. — C. **1960.** 9716 [D. A. S. 1 048 422].)

**General Electric Co. Ltd.** (Erfinder: **Edward Charles Green, David John Jones** und **Wilfred Robarts Pitkin**), *Dichte Sinterlegierungen.* (**Aust. P. 204 184** vom 18/6. 1954, ausg. 13/12. 1956. E. Prior. 19/6. 1953. — C. **1959.** 9726 [Oe. P. 194 619].)

**Metallizing Engineering Co., Inc.**, übert. von: **Sam Tour**, New York, N.Y., V.St.A., *Spritzschweißlegierungen.* (**A. P. 2 875 043** vom 4/4. 1956, ausg. 24/2. 1959. — C. **1960.** 11104 [D. A. S. 1 059 191].)

**Metallizing Engineering Co., Inc.**, New York, N.Y., V.St.A., *Schweißmittel für das Auftragschweißen.* (**E. P. 826 181** vom 13/3. 1957, ausg. 31/12. 1959. A. Prior. 6/4. 1956. — C. **1960.** 16586 [F. P. 1 172 214].)

**Lincoln Electric Co.**, übert. von: **Leonidas K. Stringham**, Shaker Heights, und **Paul E. Jerabek**, Euclid, Ohio, V.St.A., *Flußmittel für das Lichtbogenschweißen.* (**A. P. 2 895 863** vom 30/9. 1955, ausg. 21/7. 1959. — C. **1960.** 6316 [Aust. P. 212 783].)

**Murex Welding Processes Ltd.** (Erfinder: **Aubrey Thomas Roberts**), *Elektroden für Lichtbogenschweißen.* (**Aust. P. 204 147** vom 22/7. 1955, ausg. 13/12. 1956. — C. **1958.** 14444 [E. P. 773 994].)

**North American Philips Co., Inc.**, New York, N.Y., V.St.A., übert. von: **Maurice George Charlton**, Purley, **George Leonard Davis**, Coulsdon, und **Charles Harold Raymond Gentry**, Carshalton, England, *Herstellung von Überzügen aus hochschmelzenden Metallen.* (**A. P. 2 873 208** vom 26/9. 1955, ausg. 10/2. 1959. E. Prior. 27/9. 1954. — C. **1960.** 3372 [D. B. P. 971 563].)

**Sidney Geoffrey Young**, London, England, *Herstellen von vergüteten, mit einer galvanisch aufgebrachten Metallschicht versehenen Federstahlgegenständen.* (**D. A. S. 1 070 469** Kl. 48a vom 24/3. 1956, ausg. 3/12. 1959. — C. **1960.** 6656 [E. P. 797 423].)

**Poor & Co.** (Erfinder: **Allan E. Chester**), *Oxyalkylierte aliphatische Amine und deren Salze.* (**Aust. P. 204 626** vom 10/10. 1955, ausg. 3/1. 1957. — C. **1958.** 6096 [E. P. 772 104].)

**Udylite Research Corp.**, Detroit, übert. von: **Donald H. Becking**, Birmingham, **Richard J. Clauss**, Wyandotte, und **Henry Brown**, Huntington Woods, Mich., V.St.A., *Saures galvanisches Nickelbad.* (**D. A. S. 1 071 439** Kl. 48a vom 23/8. 1958, ausg. 17/12. 1959. A. Prior. 23/9. 1957. — C. **1960.** 16930 [A. P. 2 882 208].)

---

**M. Je. Dritz, S. A. Swiderskaja** und **E. Ss. Kadaner**, Die Autoradiographie in der Metallkunde. Moskau: Metallurgisdat. 1961. (172 S.) 68 Kop. [Russ.]

**M. A. Fischman**, Anreicherung von Buntmetallerzen. Moskau: Gossgortechisdat. 1961. (192 S.) 35 Kop. [Russ.].

**M. A. Fischman** und **D. Ss. Ssobolew**, Praxis der Anreicherung von Bunt- und seltenen Erdmetallerzen. Band 3 (Anreicherung von Nickel- und Kobalterzen). Moskau: Gossgortechisdat. 1961. (158 S.) 80 Kop. [Russ.]

**N. P. Galkin** und **W. B. Tichomirow**, Wichtigste Prozesse und Apparaturen der Technologie des Urans. Moskau: Gossatomisdat. 1961. (219 S.) 1 Rbl. 14 Kop. [Russ.]

**Karl A. Gschneidner**, Rare earth alloys; a critical review of the alloy systems of the rare earth, scandium, and yttrium metals. Princeton (New Jersey): Van Nostrand. 1961. (XIII + 449 S. m. Abb.) $ 12.75.

**M. W. Malzew**, Anwendung der seltenen Erdmetalle in der Metallurgie der Buntmetalle. Moskau: 1961. (144 S. m. Abb.) 3 Rbl. 40 Kop. [Russ.]

**Paul Queneau**, ed., Extractive metallurgy of copper, nickel, and cobalt. New York: Interscience. 1961. (XV + 647 S. m. Abb. u. Diagr.) $ 22.50.

## IX. Organische Industrie

**Orientierung verschiedener, chemischer Reaktionen durch organische Peroxyde.** V. Karnojitzky. (Chim. et Ind. **83.** 882—92. Juni 1960.) (Franz.)

Es wird eine Reihe, durch organ. Peroxyde gelenkter chem. Rkk. zusammengestellt: Halogenierung der Seitenkette aromat. KW-Stoffe; Addition von Halogenwasserstoffsäuren an Äthylen-Derivv., von Alkoholen oder Aldehyden oder halogenhaltigen Verbb. an Äthylen-KW-Stoffe, von Aldehyden an ungesätt. Ester u. Ketone sowie die Addition von Silanen, Aminen u. Mercaptanen an Äthylenverbindungen. Die auf einem Radikalmechanismus beruhende Lenkung durch die organ. Peroxyde wird besprochen.

M. Hagedorn. 6598□

**Äthylenerzeugung.** 1. Mitt. **Rohstoffquellen und Pyrolyseverfahren.** László Szepesy. (Magyar Kémikusok Lapja [Z. Ver. ung. Chemiker] **15.** 485—91. Nov. 1960. Veszprém-Budapest, Magyar Ásványolaj és Földgáz Kisérleti Intézet.) (Ung.)

Literaturüberblick über das Pyrolyse-Verf. zur Äthylenherstellung.

G. Halmi. H 520□

**Noch einmal über ein Schema der kontinuierlichen Rektifizierung von Fettsäuren.** A. Ja. Koldowkin. (Химия и Технология Топлив и Масел [Chem. Technol. Brennstoffe Öle] **4.** Nr. 6. 67—69. Juni 1959.)

Vf. weist an Hand experimenteller Daten die Kritik seiner Arbeiten u. Schlußfolgerungen durch Lewin (vgl. C. **1960.** 3033) zurück. N. Hviid. H 810

**Selektive Hydrierung von Ölsäure zu Oleylalkohol.** C. Boelhouwer, J. van Mourik und H. I. Waterman. (Chim. et Ind. **83.** 875—81. Juni 1960. Delft, Univ., Labor. du Génie chim.) (Franz.)

Unter Erhaltung der Doppelbindungen wird Ölsäure bei 300° mit $H_2$ unter 250 atm Druck in Ggw. eines koll. Cu/Cd-Katalysators (6,1:2,7 Mol-%) selektiv zu Oleylalkohol mit einem Umsatz von mehr als 85% der Säure hydriert. Die Selektivität kann durch $H_2$-Drucksteigerung u. Verschiebung des Cu-Cd-Verhältnisses zugunsten von Cd auf 95% Umsatz der Säure zu Alkohol unter Erhaltung von 90% der Doppelbindungen gesteigert werden. Unterss. über selektive Hydrier-Verff. werden durch graph. Darst. erleichtert. M. Hagedorn. H 810□

**Gleichgewichtsverhältnisse der Reaktionen bei der katalytischen Cyanwasserstoffherstellung nach Andrussow.** Frigyes Henszelmann, János de Jonge und Tibor Blickle. (Veszprémi Vegyipari Egyetem Közleményei [Mitt. Univ. Chem. Ind. Veszprém] **4.** 33—40. 1961. Veszprém, Lehrst. für chem. Technol.) (Ung.)

Physikal.-chem. Betrachtungen über die Gleichgewichtsverhältnisse der im Reaktor verlaufenden vorausgesetzten Rkk. u. die Zus. der Endgase. Da auf die Größe der Gleichgewichts-Konst. die Gas-Geschw., Zus. des Gases u. die Temp.-Änderung von Einfl. sind, wurden aus der Zus. der eingeführten u. der Endgase Stoffbilanzen für N, C, O u. H aufgestellt u. hieraus so viele Zusammenhänge bestimmt, als das Endgas an unbekannten Komponenten enthält. Die Genauigkeit dieses Verf. genügt, um für den Betrieb eines unter ähnlichen Verhältnissen arbeitenden Reaktors brauchbare Berechnungen auszuführen. J. Plank. H 890

**Zersetzungsreaktionen von Alkylbenzolen: Octylbenzol und Octadecylbenzol.** V. Vintu und M. Popescu. (Lucrările Inst. Petrol, Gaze Geol. Bucureşti **5.** 87—107. 1959.) (Rum.)

In Ggw. von $AlCl_3$ u. eines Katalysators zersetzt sich n-Octylbenzol zu einer Mischung von Dioctylbenzolen (I) mit geraden u. verzweigten Ketten. Daneben entsteht $C_{16}H_{34}$. Das Verhältnis zwischen I mit geraden u. I mit verzweigten Ketten kann als Maß für die Geschw. der Isomerisations-Rk. dienen. Octadecylbenzol verhält sich analog. W. WESLY. H 1010□

**Untersuchung über die Verwendbarkeit von Nebenprodukten der Zellstoff-Herstellung. 3. Mitt. Über die Herstellung von Terephthalsäure durch 2stufige Oxydation von p-Cymol mit Salpetersäure.** Hiroshi Sobue und Yoshitami Saito. (J. Soc. Textile Cellulose Ind., Japan [Sen-i Gakkaishi] **14.** 155—57. März 1958. Tokio, Univ., Fac. of Eng.) (Jap.; Auszug: Engl.)

In der 1. Stufe wird die Oxydation von p-Cymol mit 40%ig. $HNO_3$ bei 95—100° (1 Std.) vorgenommen, in der 2. Stufe mit 40%ig. $HNO_3$ unter Druck bis zu 3,2 kg/cm², bei 125° 3 Std.; die Ausbeute an *Terephthalsäure* betrug bis zu 74,7%. Eines der nach der 1. Oxydation erhaltenen Prodd. ist p-Methylacetophenon; von der Menge dieser Verb. hängt die Ausbeute der 2. Stufe ab. A. SEUFFERT. H 1220□

---

Vinyl Products Ltd., England, **Herstellung von Vinylestern von in Wasser schwer löslichen höhermolekularen aliphatischen Säuren** mit wenigstens 6 C-Atomen durch Umesterung eines Vinylesters einer niedermol. aliphat. Säure, z. B. Vinylacetat, mit der höhermol. Säure in Ggw. eines Hg-Katalysators, z. B. Hg-Sulfat oder -p-Toluolsulfonat, u. einer geringen Menge Wasser. Die in dem Gemisch enthaltene niedermol. freie Säure wird mit einem Alkalibicarbonat bei gewöhnlicher Temp. neutralisiert. Nach Abtrennung des gebildeten Alkalisalzes der niedermol. Säure, z. B. Na-Acetat, wird die höhermol. Säure mit einer überschüssigen wss. konz. Alkalicarbonat oder -hydroxyd-Lsg. neutralisiert. Danach wird der gebildete *Vinylester* der höhermol. Säure, z. B. von Kokosölfettsäuren, Behensäure, Adipinsäure oder Sebacinsäure, von der wss. Lsg. des Alkalisalzes der höhermol. Säure getrennt. Zur vollständigen Abtrennung der verwendeten Hg-Katalysatoren werden Red.-Mittel, z. B. unterphosphorige Säure, Na-Hypophosphit oder Na-Hydrogensulfit, zugesetzt u. damit die Hg-Salze zersetzt u. metall. Hg ausgeschieden, oder der zu reinigende Vinylester wird mit einer wss. Zn-Staubsuspension verrührt, wobei sich das Amalgam bildet, welches sich in der wss. Schicht absetzt. (**F. P. 1 198 613** vom 29/1. 1958, ausg. 8/12. 1959. E. Prior. 30/1. 1957.) M. F. MÜLLER. 6573

Helmut Franke und Siegfried Schmidt, Rodleben bei Roßlau/Elbe, **Oxydation von Paraffinkohlenwasserstoffen** mit Luft oder $O_2$ enthaltenden Gasen in Ggw. eines Katalysators, der durch Rk. von $KMnO_4$ oder feinverteiltem, frischem Braunstein in wss. Lsg. mit fl. aliphat. Carbonsäuren bzw. den bei der Oxydation von Paraffin-KW-Stoffen erhältlichen sauren Oxydations-Prodd. gewonnen wurde. — Zugabe von 10 (Gew.-Teilen) $KMnO_4$ in 100—150 W. zu 200 auf 90° erwärmter Stearinsäure, 5std. Erhitzen auf 130°, Addition von 9400 Paraffingemisch (TTH-Paraffin u. FISCHER-Gatsch, 2:1), auf 90—100° erwärmt, zu 720 der Katalysator-Lsg. u. Oxydation mit Luft bei ca. 100° gibt ein Rohoxydat mit SZ. 70, aus dem 2400 *Rohfettsäure* u. 7200 wieder einsetzbares Rückparaffin gewonnen werden. — 2 weitere Beispiele. (**D. P. [DDR] 15 854** Kl. 12o vom 29/6. 1956, ausg. 28/11. 1958 [Wirtschaftspatent].) H.-J. NITZSCHKE. 6583

National Cylinder Gas Co., V.St.A., **Selektive Hydrierung ungesättigter Kohlenwasserstoffe,** bes. von Acetylen in Ggw. von Olefinen, dad. gek., daß man Katalysator verwendet, der auf $Al_2O_3$ oder Portlandzement bzw. Collargel + $Al_2O_3$ als Träger feinverteiltes Co + Mo (2,5—15 Gew.-% des Katalysators) im Verhältnis 1—3:3—1 enthält. (**F. P. 1 206 816** vom 16/5. 1958, ausg. 11/2. 1960.) S. BÖTTCHER. 6585

Ruhrchemie Akt.-Ges., Oberhausen, und Lurgi Gesellschaft für Wärmetechnik m. b. H., Frankfurt/M. (Erfinder: Walter Rottig und Walter Wischermann), **Hydrierung von CO** in Ggw. eines Katalysators. Die Hydrierung erfolgt bei einem Druck $<8$ at abs., wobei die Prodd. mit höherem Molgew. vom Katalysator extrahiert werden. Hierzu wird das Waschöl verwendet, welches anschließend der Rk.-Zone zugeleitet wird. — Zeichnungen. (**E. P. 845 559** vom 15/10. 1956, ausg. 24/8. 1960.) E. KAHLES. 6585

Phillips Petroleum Co., übert. von: Golden A. Moyer, Okmulgee, Okla., V.St.A., **Trennung von Kohlenwasserstoffen,** wobei Überkopf- u. Bodenfraktionen erhalten werden. Die Bodenfraktion wird einer Wärmeaustauschzone zugeführt u. dort auf höhere Temp. erhitzt. Die dabei entstehenden Dämpfe werden in den unteren Teil der Dest.-Kolonne eingeführt. Die Temp. wird kontinuierlich im Wärmeaustauscher gemessen u. je nach der Menge an Dämpfen reguliert. — Zeichnungen. (**A. P. 2 938 865** vom 26/12. 1956, ausg. 31/5. 1960.) E. KAHLES. H 500

Esso Research and Engineering Co., übert. von: Peter J. Lucchesi, Cranford, und Carl E. Heath, Nixon, N. J., V.St.A., **Isomerisieren von Paraffinen.** Paraffine mit 4—8 C-Atomen, die 2—20 Gew.-% Naphthene mit 5—8 C-Atomen enthalten können, werden bei 40—300° F in Ggw. von 2—200 Gew.-% $AlCl_3$ mit radioakt. Strahlen von $10^{-6}$ bzw. $10^{-3}$ bis $10^8$ kWh behandelt. — Zeichnungen. (**A. PP. 2 956 940** u. **2 956 941** vom 29/4. 1957, ausg. 18/10. 1960.) E. KAHLES. H 510

American Cyanamid Co., New York, übert. von: Milon W. Bullock, Pearl River, N.Y., und John J. Hand, New Milford, N.J., V.St.A., **Halogenolefine** der allg. Formel I u. *ungesätt. Ester* der allg. II erhält man durch Pyrolyse von Acyloxyalkylhalogeniden der allg. Formel III bei 250—650, bes. 480—520° in Ggw. eines Katalysators (Carborund, Kaolin); Glaswolle begünstigt die Bldg. von I; Stahlwolle die von II. 2 $R-COOCH_2(CH_2)_nCH_2X$ (III) → $CH_2=CH(CH_2)_nX$ (I) + $CH_2=CH(CH_2)_n \cdot OOC-R$ (II; R = Alkyl, Phenyl, das auch substituiert sein kann; X = Cl, Br, F; n = ganze Zahl). — Aus 11,6 Mol Tetrahydropyran u. 12,7 Mol Acetylchlorid in Ggw. von 5 g wasserfreiem $ZnCl_2$ unter Rückfluß bei 147° → 10,3 Mol 5-Chlor-1-acetoxypentan, $Kp._{7,5}$ 93—97°; $n_D^{20}$ 1,4380; 89% (Ausbeute; aus 9,45 Mol davon in Ggw. von Glaswolle im Glasrohr bei 500—520° → *5-Chlor-1-penten*, $C_5H_9Cl$, Kp. 104—105°; $n_D^{20}$ 1,4300; $D.^{20}$ 0,901; 48,2%; *4-Penten-1-ylacetat*, $C_7H_{12}O_2$, Kp. 147—149°; $n_D^{20}$ 1,4190; 5,7%; erfolgt die Pyrolyse in Ggw. von Stahlwolle in einem Stahlrohr, so entstehen 22,9% I u. 20% II. — Tetrahydrofuran + Eisessig + SOCl + $ZnCl_2$ → 4-Chlorbutylacetat, Kp. 103—105 (mit Acetylchlorid in Ggw. von wasserfreiem $CdCl_2$ entsteht als Nebenprod. 4-[4-Chlorbutoxy]-butylacetat, $C_{10}H_{19}ClO_3$, $Kp._{10}$ 142°; $n_D^{20}$ 1,4450), → *4-Chlor-1-buten*, Kp. 73—75°; $n_D^{20}$ 1,4230; $D.^{20}$ 0,921; 58%. — 4-Chlorcyclohexylacetat → *4-Chlorcyclohexen*. — 2-Acetoxy-(4-chlorphenyl)-propan → *3-(4-Chlorphenyl)-2-propen*. — 4-Chlor-3-methylbutylacetat → *4-Chlor-3-methyl-1-buten*. — *3-Butenylacetat*. — Zwischenprodd. zur Herst. von 6.8-Dihydroxyoctansäure u. 6.8-Dithiooctansäure. (**A. P. 2 901 506** vom 6/12. 1956, ausg. 25/8. 1959.) G. KRAUSS. H 520

Gesellschaft für Linde's Eismaschinen Akt.-Ges., Zweigniederlassung Höllriegelskreuth, Höllriegelskreuth bei München (Erfinder: Hermann Linde, München), **Behebung eines im Tieftemperaturteil einer mit Druck und Kälte arbeitenden Äthylengewinnungsanlage zeitweise auftretenden Kältemangels** erfolgt dadurch, daß ein an KW-Stoffen mit 2 C-Atomen reicher Teil des zu zerlegenden, vorgekühlten Gasgemisches mit der dem Vorkühlungskreislauf entnommenen Kältemenge mindestens teilweise verflüssigt u. die entstandene Fl. der Zerlegungs-Vorr., regelbar zugeführt wird. Man kann auch das bereits vorgekühlte u. von KW-Stoffen mit 3 C-Atomen befreite Gasgemisch vor seinem Eintritt in den Tieftemp.-Teil der Vorr. durch indirekten Wärmeaustausch mit einer entspannten, hauptsächlich aus KW-Stoffen mit 2 u. mehr C-Atomen bestehenden vorgekühlten Fl. weiter abkühlen u. mindestens teilweise verflüssigen. — Vorr., Zeichnungen. (**D. A. S. 1 101 396** Kl. 12o vom 21/8. 1959, ausg. 9/3. 1961.) G. KRAUSS. H 520

Knapsack-Griesheim Akt.-Ges., Knapsack (Erfinder: Wilhelm Vogt, Knapsack bei Köln, und Klaus Gehrmann, Bonn), **Herstellung von 1.2-Dichlor-1-nitroäthylen und einem dimeren Monochlornitroäthylen,** dad. gek., daß man $NO_2$ bei —20 bis +90° in 1.2-Dichloräthylen, bes. im Gegenstrom u. kontinuierlich, einleitet, wobei unter Druck von 0,1—2 ata gearbeitet wird, anschließend, ggf. nach Kühlung auf 0°, die als Nebenprod. anfallende Oxalsäure abtrennt u. nichtumgesetztes 1.2-Dichloräthylen abdest. u. zur Rk. zurückleitet. Zweckmäßig leitet man $NO_2$ nur in solchen Mengen ein, die seiner Lsg. bzw. Rk. entsprechen, wobei die Rk. nicht zu Ende geführt, sondern bei einem Umsetzungsgrad von < ca. 50% abgebrochen wird. Das erhaltene 1.2-Dichlor-1-nitroäthylen ist eine gelbliche, tränenreizende Fl. mit $Kp._{25}$ 57—58°, in welcher das dimere Monochlornitroäthylen gelöst ist, welches nach Abdestillieren des Lsgm. farblose Kristalle mit F. 120° bildet. — Die Nitro-Verbb. kommen in Frage als Stabilisatoren u. Farbstoffkomponenten. (**D. A. S. 1 103 917** Kl. 12o vom 16/1. 1959, ausg. 6/4. 1961.) W. GRÄGER. H 520

VEB Chemische Werke Buna, Schkopau über Merseburg (Erfinder: Friedrich John, Heinz Scharf, Schkopau über Merseburg, Günter Berger und Werner Preukschas, Halle/Saale), **Butadien (I)** erhält man durch Wasserabspaltung aus Butylenglykol (**II**) in Ggw. von W. oder Wasserdampf u. eines Phosphat–Phosphorsäure-Katalysators bei 270—280°. Dem **II** werden 1—20% des bei der **I**-Herst. als Nebenprod. entstandenen Allylcarbinols, Propylen oder des ebenfalls als Nebenprod. entstandenen zwischen 80 u. 100° sd. Öls („Z-Fraktion") oder deren Mischungen zugesetzt, wodurch die Ausbeute erhöht wird, z. B. von 80,6 auf 82,6%. (**D. A. S. 1 104 942** Kl. 12o vom 22/8. 1958, ausg. 20/4. 1961.) G. Krauss. H 520

Esso Research and Engineering Co., Del., übert. von: Samuel Winfield Wilson und Walter Henry Silver, Baton Rouge, La., V.St.A., **Alkohole.** Bei der Herst. von A. aus $C_2H_4$ u. $H_2SO_4$ lagern sich in der Abtreibkolonne C-haltige Stoffe ab, die nach einiger Zeit mittels 10—20%ig. wss. A. durchgespült werden müssen. In dem wss. A. lösen sich die Ablagerungen auf. Man kann auch wss. Lsgg. von Isopropylalkohol oder Butylalkohol anwenden. — Skizze. (**A. P. 2 872 491** vom 19/6. 1957, ausg. 3/2. 1959.) G. König. H 560

W. I. Ljubomilow und A. I. Kuzenko, **Kontinuierliche Kondensation von Alkoholen** in Ggw. von Alkalimetallhydroxyden mit Ni (auf $Cr_2O_3$ oder $Al_2O_3$) als Katalysator. — Man gibt 740 (g) Butanol (**I**), 25 NaOH u. 75 Ni/$Cr_2O_3$ in einen Rührkessel u. erwärmt bis auf 135°, der Umwandlungs-Temp. von **I** in *2-Äthylhexanol-(1)* (**II**) worauf man kontinuierlich mit einer Geschw. von 123 g/Std. 3%ig. NaOH-**I**-Lsg. eintropfen läßt. Gleichzeitig wird das Rk.-Prod. u. gebildeter $H_2$ abgezogen, so daß stationäre Verhältnisse herrschen. Nach 36 Std. sind aus 3716 **I** u. 120 NaOH 1790 **II**, 182 höhere Alkohole u. 204 organ. Säuren entstanden. (**UdSSR. P. 117 368** vom 24/5. 1954.) B. Pankow. H 560

General Electric Co., Schenectady, N.Y., V.St.A., **Ungesättigte Ester mehrwertiger Alkohole** erhält man durch Umestern von ungesätt. Carbonsäurealkylestern mit 1—10 C-Atomen im Alkyl mit mehrwertigen Alkoholen in Ggw. eines bas. Katalysators ($Na_2CO_3$, Na, NaH, Na-Methylat, Mischungen aus diesen beiden letzten, K-tert.-Butylat, KOH) u. eines KW-Stoffs als Lsgm. (Heptan, Octan, Isooctan, Toluol, Xylol, Mesitylen), bes. bei 70—125° unter Durchleiten von 400—2000 $cm^3$ Luft je Min. je 200—300 g Rk.-Mischung. — Aus 100 (Teilen) Methacrylsäuremethylester in 100 thiophenfreiem Bzl. u. 59,5 Tetraäthylenglykol unter Durchleiten von 400—500 $cm^3$ Luft/min u. Zusatz von 1,3 NaH → *Tetraäthylenglykoldimethacrylat*, $C_{16}H_{20}O_7$, $n_D^{20}$ 1,4631; $D._{20}^{20}$ 1,087; Mol.-Refr. 83,4; VZ. 166; Ausbeute 77%. — *Tetraäthylenglykoldiacrylat*, $C_{14}H_{22}O_7$, $n_D^{20}$ 1,4658. — Tripropylenglykol → Mischung aus *Tripropylenglykolmono-* u. *-dimethacrylat.* — Glycerin → Mischung aus *Glycerinmono-* u. *-dimethacrylat.* — Ferner können umgeestert werden: Äthyl- u. Propylester von Acryl-, Methacryl-, Croton-, Isocroton-, α-Methacryl-, β-Äthylacryl-, β.β-Dimethylacryl-, Allylessig-, Angelica-, Tiglin- u. Hydrosorbinsäure mit Diäthylen-, Triäthylen-, Tetraäthylen-Dipropylen-, Tripropylen-, Tetrapropylen-, Dipentamethylenglykol, Glycerin, Diglycerin, Sorbit u. Pentaerythrit. Bes. verwendet man 0,5—3 Mol Ester je Mol mehrwertigen Alkohol. — *Zwischenprodd.*, bes. zur Herst. von *Polymeren.* (**E. P. 793 047** vom 7/3. 1955, ausg. 9/4. 1958. A. Prior. 24/3. 1954.) G. Krauss. H 580

Chemstrand Corp., übert. von: Jack Preston und Howard G. Clark III, Decatur, Ala., V.St.A., **Verestern von Sulfon- und Phosphonsäuren** erfolgt durch deren Behandeln mit Trialkylorthoestern einer Monocarbonsäure mit 1—5 C-Atomen (Alkyl enthält 1—6 C-Atome) bei 0—200°. — Aus 0,09 Mol Orthoameisensäuretriäthylester u. 0,1 Mol Äthylensulfonsäure unter Kühlen mit Eiswasser, dann nach Auftreten einer tiefroten Farbe der Lsg., Abdestillieren von Methylformiat u. A. bei 55°, dann Eingießen in W. u. Extraktion mit Ae. → *Äthyläthylensulfonat*, Kp. 73,5—74°; 40% (Ausbeute). — Orthoameisensäuretriäthylester + Benzolphosphonsäure → *Ähtylbenzolphosphonat*, $Kp._{0,1}$ 80—84°; $D.^{25}$ 1,4937; 83%. — $H_3PO_3$ → *Diäthylhydrogenphosphit*, $Kp._{6,5}$ 55°; $n_D^{20}$ 1,4039; 76%. — p-Toluolsulfonsäure → *Äthyl-p-toluolsulfonat*, F. 30 bis 31°; 98%. — Methansulfonsäure → *Äthylmethansulfonat*, $Kp._8$ 80—81°; 25%. — Orthopropionsäuretrimethylester → *Methyl-p-toluolsulfonat*, aus Ae.–Ligroin F. 27—28°; 88%. — p-Phenolsulfonsäure → *Äthyl-p-phenolsulfonat*, 30%, + Benzoylchlorid nach Schotten-Baumann → Äthyl-O-benzoyl-p-phenolsulfonat, aus Ae.–Ligroin in F. 61 bis 61,5°. — Ferner können alkyliert werden: 2-Propen-1-, 2-Halogenäthan-, 1.2-Äthandi-, β-Styrol-, Äthan-, Propan-, Butan-, 3.3-Dimethylbutan-, Benzol-, p-Chlorbenzol-, Cyclohexan-, α-Toluol-, Cyclopentan-, 1-Octansulfonsäure, -phosphonsäure, Isäthionsäure, 2-Propen-1-, 1-Hydroxyäthan-, 1-Hydroxy-1-methyläthan-, 1-Hydroxy-1-phenylmethan-, 3-Nitrobenzolphosphonsäure mit Orthoameisensäure-, Orthopropionsäure-, Orthoessigsäure-, Orthobuttersäure- u. Orthovaleriansäuretrimethyl-, -triäthyl-, -tri-n-propyl-, -triisopropyl-, -tri-n-butyl-, -triisobutyl-, -tri-n-amyl-, -triisoamyl-, -tri-n-hexyl-, -tricyclohexylester. — Weichmacher für Kunstharze; die ungesätt. Verbb. lassen sich polymerisieren; ein Teil der Verbb. sind oberflächenakt. Mittel. (**A. P. 2 928 859** vom 23/6. 1958, ausg. 15/3. 1960.) G. Krauss. H 600

E. I. du Pont de Nemours & Co., V.St.A. (Erfinder: John Oliver Punderson), **Dehydrierung von Alkoholen zu Aldehyden,** bes. von Methanol zu *HCHO*, dad. gek., daß man bei 550—750° in Ggw. eines Katalysators arbeitet, der aus einer Ag–Cu-Leg. mit 0,2—10 Gew.-% Cu u. 0,4% Si besteht u. durch Behandlung mit Luft oder $O_2$ bei Rk.-Temp. reaktiviert werden kann. (**F. P. 1 192 494** vom 30/12. 1957, ausg. 27/10. 1959. A. Prior. 25/2. 1957.) S. BÖTTCHER. H 670

Farbwerke Hoechst Akt.-Ges., vormals Meister Lucius & Brüning, Deutschland, **Katalysatoren für die Hydrierung von Crotonaldehyd.** Auf einen Trägerstoff, wie Bimsstein, eine keram. Substanz, Infusorienerde oder Silicagel, wird Ni-Oxyd durch Fällen aus wss. $NiNO_3$-Lsg. mit $Na_2CO_3$ oder durch Rösten von $NiNO_3$ aufgetragen, mit 0,5—5% $CuSO_4$ vermischt u. einer partiellen Red. bei 160—250°, bes. 180—200°, unterworfen. — Zum Beispiel werden hergestellt: Ein Bimssteinträger mit 15 (%) Ni-Oxyd-, 2 $Cu^{2+}$-Ionen- u. 3 $SO_4^{2-}$-Ionen-Geh. oder eine Infusorienerde mit 30 Ni-Oxyd-, 2 $Cu^{2+}$- u. 3,3 $SO_4^{2-}$-Geh., die jeweils mit $H_2$ bei 190° red. werden. Die Hydrierung von Crotonaldehyd in Ggw. der genannten Katalysatoren zu *Butyraldehyd* erfolgt kontinuierlich bei normalem Druck mit durch $N_2$, $CH_4$ oder andere KW-Stoffe verd. $H_2$ in äquimol. Menge bei 160—250° quantitativ. (**F. P. 1 181 282** vom 16/8. 1957, ausg. 12/6. 1959.) EBERHARD RIEDEL. H 670

Rheinpreussen Akt.-Ges. für Bergbau und Chemie, Homberg (Erfinder: Helmut Schwarzhans, Moers), **Kontinuierliche Herstellung von niedrigmolekularen, nicht harzartigen Kondensationsprodukten aus Carbonylverbindungen** in Ggw. von Kondens.-Mitteln, dad. gek., daß man einen, mehrere oder alle Rk.-Partner aufheizt, in einer Mischdüse mischt, kurzzeitig durch einen Rk.-Raum leitet u. ggf. anschließend das Kondens.-Mittel durch Zudosieren eines Abpufferungsmittels abpuffert. Man kann auch unter Druck arbeiten. — Methyläthylketon wird auf 123—124° aufgeheizt u. bei ca. 16 at mit 30%ig. $CH_2O$ gemischt. $CH_2O$ enthält 2,5 $cm^3$ 10%ig. NaOH-Lauge. Man erhält *Methylisopropylketon.* — Es werden ferner hergestellt: *2-Methylcyclohexanon*; *2-Äthyl-2-butylpropandiol-(1.3)*; *3-Benzyliden-2-butanon* u. *1.5-Diphenyl-2-methyl-1.4-pentadienon-(3)*. (**D. A. S. 1 100 013** Kl. 12o vom 16/9. 1958, ausg. 23/2. 1961.) G. KÖNIG. H 700

Petrochemicals Ltd., London, England (Erfinder: Stephen Donald Holland und Thomas Albert Joyce), **Herstellung von Estern** mit einem Kp. > dem der diesen zugrunde liegenden Alkoholen erfolgt in einem Kreisprozeß in Ggw. eines Katalysators, bes. p-$CH_3$—$C_6H_4$—$SO_3H$, u. eines Wasserschleppmittels, bes. Toluol, wobei man aus dem Rk.-Gemisch, das einen Alkohol (**II**)-Überschuß enthält, zuerst **II** u. Wasserschleppmittel (**IV**) u. anschließend Ester (**I**) abdest., in dem katalysatorhaltigen Dest.-Rückstand (**III**) die erste Fraktion, bestehend aus **II** u. **IV**, wieder zurückführt, diesem Gemisch einen **II**-Überschuß, neue Carbonsäure u. Katalysator zusetzt u. das Verf. sooft wiederholt, bis **III** unwirksam geworden ist. Das Verf. eignet sich bes. zur Veresterung von Mono- oder Polyglykoläthern mit aliphat. Carbonsäuren. Beispiele zur Herst. von *Äthylenglykolmonoäthylätheracetat* u. Zeichnungen. (**E. P. 815 214** vom 25/9. 1957, ausg. 17/6. 1959.) O. MÜLLER-MEININGEN. H 800

Lonza Elektrizitätswerke und Chemische Fabriken Akt.-Ges. (Gampel), Basel (Erfinder: August Guyer sen., Pio Guyer, Zürich, und Paul Walther, Bottmingen), Schweiz, **Herstellung von Nitrilen** durch Dehydratisierung von carbonsauren $NH_4$-Salzen an Phosphatkatalysatoren, z. B. B-Phosphat, dad. gek., daß man diese Katalysatoren mit 0,5—8, bes. 1—3 Gew.-% $H_3PO_4$ aktiviert. (**Schwz. P. 351 263** vom 30/6. 1956, ausg. 28/2. 1961.) O. MÜLLER-MEININGEN. H 800

Max Schmidt (Erfinder: Max Schmidt und Karl Pichl), München, **Herstellung von niedermolekularen gesättigten Fettsäurechloriden,** dad. gek., daß man das entsprechende Fettsäureanhydrid bei normaler Temp. mit $ClSO_3H$ umsetzt u. das Säurechlorid aus dem Rk.-Gemisch bei normalem Druck oder im Vakuum, bes. nach Maßgabe der Zugabe-Geschw. von $ClSO_3H$, abdestilliert. Beispiele der Herst. von *Acetylchlorid, Propionylchlorid* (Kp. 80°) u. *Butyrylchlorid,* Kp. 102°. (**D. A. S. 1 103 913** Kl. 12o vom 7/11. 1958, ausg. 6/4. 1961.) O. MÜLLER-MEININGEN. H 810

Henkel & Cie. G.m.b.H. (Erfinder: Wilhelm Jakob Kaiser), Düsseldorf, **Aliphatische α-Halogencarbonsäureamide** erhält man durch Rk. von aliphat. α-Halogencarbonsäuren mit prim. oder sek., aliphat. oder cycloaliphat. Aminen in Ggw. von < ½ Mol $POCl_3$, bes. ⅓ Mol, je Mol Carbonsäure, ggf. in Ggw. eines Lsgm. ($CCl_4$, Chlf., Bzl., Chlorbenzol), bes. bei 60—80°. — Aus 95 (Teilen) Monochloressigsäure u. 51 $POCl_3$ in 800 $CCl_4$ u. Zusatz von 185 Dodecylamin in 300 $CCl_4$ bei 20—25°, dann bei 70°, Entfernen des Lsgm. im Vakuum → *Chloressigsäuredodecylamid,* F. 63°; 96% (Ausbeute). —

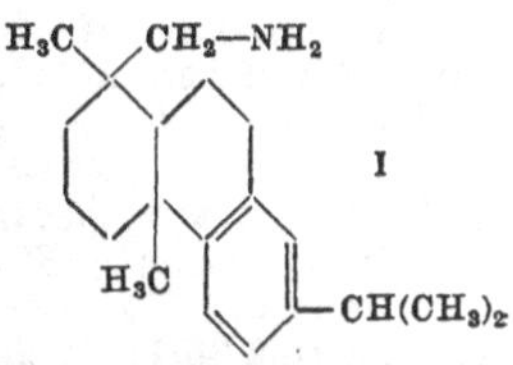

I

Didecylamin → *Chloressigsäuredidecylamid,* schwach gelbliche' Flüssigkeit. — Monooctylamin → *Chloressigsäureoctylamid,* F. 39—41°; 70%. — Harzamin (I) → *Chloressigsäureharzamid,* F. ca. 120°. — β-(Methylcyclohexanoxy)-propyl-1-amin → *β-(Methylcyclohexanoxy)-propylamid,* gelbes Öl. — Talgfettamin → *Chloressigsäuretalgfettamid,* F. ca. 60°; 83%. — Cyclohexylamin → *Chloressigsäurecyclohexylamid,* F. 106°. — Ferner können umgesetzt werden: Bromessig-, Chlorpropion-, Brombutter-, Bromlaurin-, Brom- oder Chlorstearinsäure mit Äthyl-, Isopropyl-, Butyl-, Octadecyl-, 2-Äthylhexyl-, tert.-Butyl-, Diäthyl-, Dioctyl-, Phenyläthyl-, Furfuryl-, Tetrahydrofurfuryl-, Cycloalkylamin, 1-Phenyl-3-methylaminobutan u. 1-Furfuryl-2-aminopropan. — Zwischenprodukte. (**D. A. S. 1 103 321** Kl. 12o vom 27/4. 1954, ausg. 30/3. 1961.) G. KRAUSS. H 810

Ethyl Corp., New York, N.Y. (Erfinder: David Otte DePree, Baton Rouge, La., und Rex Dewayne Closson, Northville, Mich.), V.St.A., **Herstellung von in α-Stellung metallsubstituierten Metallsalzen von Carbonsäuren,** dad. gek., daß man ein Alkali- oder Erdalkalimetallsalz einer Carbonsäure mit mindestens einem H-Atom in α-Stellung zur COOH-Gruppe mit einem Alkali- oder Erdalkalimetall oder dessen Hydrid bei erhöhter Temp., jedoch unterhalb der Zers.-Temp. des zu erzeugenden Prod., umsetzt, wobei die Rk. bei Verw. der Alkali- oder Erdalkalimetalle in Ggw. eines ggf. substituierten Amids oder eines Hydrids des angewendeten Metalls durchgeführt wird. — 113 (Teile) $CH_3COONa$ werden unter $N_2$ 1 Std. auf 269—274° erhitzt u. mit 30 Na u. 1,4 $NaNH_2$ versetzt. Nach $3^3/_4$std. Rk. erhält man ein Prod., das *α-Natriumnatriumacetat* enthält. — Zwischenprodd. zur Herst. von Carbonsäuren, Estern u. Thiosäuren. (**D. A. S. 1 106 323** Kl. 12o vom 11/3. 1958, ausg. 10/5. 1961. A. Prior. 6/2. u. 7/2. 1958.) J. MÜHLEISEN. H 810

National Distillers Products Corp., New York, N.Y., V.St.A. (Erfinder: Christian William Johnston und Robert Anthony Meara), **$C_{10}$-Dicarbonsäureester,** die als *Weichmacher für PVC,* als *Schmierstoffe, hydraul. Fll.* u. Zwischenprodd. zur Herst. von Polyestern u. -amiden dienen, erhält man durch Veresterung von 1 (Mol) einen $C_{10}$-Dicarbonsäure–Isomeren-Gemisches, das aus α-Äthylkork-, α.α'-Diäthyladipin- u. Sebacinsäure besteht, mit 2—2,5 eines Alkanols $C_4$—$C_{12}$, bes. $C_4$—$C_8$, z. B. Butanol, Capryl-, n-Octyl-, 2-Äthylhexyl-, Isooctylalkohol oder deren Gemischen. (**E. P. 840 893** vom 30/7. 1956, ausg. 13/7. 1960.) O. MÜLLER-MEININGEN. H 820

Établissements Émile Degremont, Frankreich (Erfinder: Paul Reibell), **Extraktion von Weinsäure,** dad. gek., daß man Tartrat-Lsgg. mit HCl oder $H_2SO_4$ behandelt u. diese Lsgg. über einen Kationenaustauscher (sulfoniertes Divinylbenzol–Styrol-Harz) leitet. (**F. P. 1 202 144** vom 4/2. 1958, ausg. 7/1. 1960.) S. BÖTTCHER. H 850

Lonza Usines Électriques et Chimiques Soc. An., Schweiz, **Konzentrierung von Acetylessigsäureamidlösungen,** dad. gek., daß man 10—85%ig. wss.-ammoniakal. Lsgg. bei 25—80°, 5—100 mm u. pH 8—10 eindampft. (**F. P. 1 202 759** vom 26/9. 1958, ausg. 13/1. 1960. Schwz. Prior. 3/10. 1957.) S. BÖTTCHER. H 870

Knapsack-Griesheim Akt.-Ges., Knapsack (Erfinder: Kurt Sennewald, Knapsack, Günther Dobek und Herbert Joest, Köln), **Herstellung von Cyanwasserstoff.** Um C-Abscheidungen an erkalteten oder inakt. Kontaktstellen bei der HCN-Herst. aus $NH_3$ u. $CH_4$ u. $O_2$ oder Luft enthaltenden Gasgemischen durch Verbrennung bei 900—1250° an Pt-Netzen zu vermeiden, hält man die Kontaktrückseite durch Rückstrahlung der dem abströmenden Rk.-Gas noch innewohnenden Hitze gleichmäßig heiß, bes. auf Temp. von 980—1100°. — Vorr., Zeichnung. (**D. A. S. 1 107 209** Kl. 12k vom 22/2. 1958, ausg. 25/5. 1961.) H. NEBELSIEK. H 890

Olin Mathieson Chemical Corp., V.St.A., **Herstellung von Pb-Salzen substituierter Propionsäuren** der allg. Formel $[R_1R_2N-CH_2CH_2-COO]_2Pb$, worin $R_1$ u. $R_2$ = Alkylgruppen mit 12—24 C-Atomen, z. B. *Pb-N.N-Di-[2-äthylhexyl]-β-aminopropionat,* dad. gek., daß man den aus Di-[2-äthylhexyl]-amin u. Methylacrylat hergestellten N.N-Di-[äthylhexyl]-β-aminopropionsäuremethylester mit NaH verseift u. das Na-Salz der Säure in wss. Methanol mit $Pb(NO_3)_2$ umsetzt. — *Schmierölzusätze, Siccative, Zusätze* zu *Sprengmitteln.* (**F. P. 1 186 800** vom 28/11. 1957, ausg. 1/9. 1959.) S. BÖTTCHER. H 950

Hans Geipel, Berlin-Adlershof, **Herstellung von α-Brom-ε-benzoylaminocapronsäure,** dad. gek., daß man ε-Benzoylaminocapronsäure mit $PBr_3$ versetzt u. $Br_2$ zutropfen läßt. (**D. P. [DDR] 16 197** Kl. 12q vom 6/6. 1956, ausg. 5/1. 1959 [Wirtschaftspatent].) S. BÖTTCHER. H 950

Hans-Jürgen Maecker, Berlin-Baumschulenweg, **Herstellung von Asparaginsäure (I)** durch katalyt. Hydrierung der N-Benzyl-Verb. in $CH_3OH$ bei 40—45° in Ggw. einer der Menge der Benzyl-Verb. äquivalenten Menge wss. Säure (5n HCl) u. Zugabe der äquivalenten Menge Alkalihydroxyd nach Filtration. — Erhitzen von 3,25 kg N-Benzylasparaginsäure, 2,7 Liter 5n HCl, 300 g Pd-$BaSO_4$ (10% Pd) u. 40 Liter $CH_3OH$ auf 40—45°, Einleiten von $H_2$ bis zur Aufnahme der theoret. Menge, Abfiltrieren u. Zugabe von 5,4 Liter 2,5n NaOH liefert I in 89%ig. Ausbeute. (**D. P. [DDR] 15 880** Kl. 12q vom 30/11. 1956, ausg. 1/12. 1958 [Wirtschaftspatent].) H.-J. Nitzschke. H 950

Kyowa Hakko Kogyo Co. Ltd. (Erfinder: Shukuo Kinoshita, Masao Tanaka, Yuji Nagano und Teruo Kishi), Tokyo, Japan, **L-Glutaminsäure** aus rac.-Glutaminsäure wird mit Hilfe von Mikroorganismen gewonnen, indem man die im Racemgemisch enthaltene L-Komponente mit Hilfe eines Enzyms aus einer Pseudomonas cruciviae-Rasse in *L-2-Pyrrolidon-5-carbonsäure* (I) umwandelt, die I abtrennt u. zu L-Glutaminsäure hydrolysiert. (**D. A. S. 1 103 345** Kl. 12q vom 13/11. 1959, ausg. 30/3. 1961. Jap. Prior. 14/11. 1958.) A. Dandl. H 950

Callery Chemical Co., Pittsburgh, Pa. (Erfinder: Jack D. Bush, South Bend, Ind.), V.St.A., **Abtrennung von Trimethylborat** aus seinem Azeotrop mit Methanol durch extraktive Dest., dad. gek., daß als Lsgm. 2-Methylpentan, 3-Methylpentan, 2.3-Dimethylbutan, 2.2-Dimethylbutan oder 3-Methyl-1-penten verwendet wird, wobei mit Methanol ein niedrigsd. Azeotrop entsteht. Man kann auch Mischungen der KW-Stoffe anwenden. Das azeotrop. Gemisch wird mit 1—2 Gew.-% W. versetzt u. durch Phasentrennung geschieden. (**D. A. S. 1 094 724** Kl. 12o vom 2/3. 1959, ausg. 15/12. 1960. **A. P. 2 880 144** vom 16/9. 1954, ausg. 31/3. 1959.) G. König. H 980

Th. Goldschmidt Akt.-Ges., Essen (Erfinder: Gerd Rossmy, Altendorf/Ruhr), **Herstellung von Alkylsilylsulfaten,** dad. gek., daß man auf Alkylsiloxane mit Struktureinheiten der Formel $R_nSiO_{2-1/2n}$, worin R gleiche oder verschiedene Alkylreste darstellt u. n = 1, 2 oder 3 ist, Chlorsulfonsäure (I) einwirken läßt. — 1 (Mol) Hexamethyldisiloxan wird bei 30—40° mit 1 I versetzt u. das entstandene $(CH_3)_3SiCl$ kondensiert u. zurückgeführt. Bei der Dest. erhält man fast quant. *Trimethylsilylsulfat,* $Kp._9$ 95—97°, F. 45°. Bei der Rk. von Dimethylsiloxanöl mit I erhält man eine viscose Fl., die cycl. u. lineare Dimethylsilylsulfate mit den Struktureinheiten $(CH_3)_2SiSO_2$ enthält. (**D. A. S. 1 106 324** Kl. 12o vom 10/6. 1959, ausg. 10/5. 1961.) J. Mühleisen. H 980

American Cyanamid Co., New York, N.Y. (Erfinder: Michael McKay Rauhut, Stamford, Conn., Ingenuin Hechenbleikner, Clarksburg, Mass., und Helen Alyce Currier, Greenwich, Conn.), V.St.A., **Herstellung von gegebenenfalls substituierten Dialkylphosphinoxyden,** dad. gek., daß man ein ggf. substituiertes Dialkylphosphin bei 0—100° in An- u. Abwesenheit eines Lösungs- oder Verdünnungsmittels mit Luft oxydiert u. das entstandene Phosphinoxyd in bekannter Weise, bes. durch Dest. oder Kristallisation, abtrennt. — Durch eine auf 60° erwärmte Mischung von 200 g Bis-(2-cyanäthyl)-phosphin u. 500 $cm^3$ Isopropanol (I) wird 5 Std. trockene Luft geleitet. Nach Abkühlen wird der Nd. abfiltriert, wobei man 200 g *Bis-(2-cyanäthyl)-phosphinoxyd,* F. 98—99° (aus I), erhält. Analog erhält man weitere Verbb. (II = „phosphinoxyd"): *Dioctyl*-II, F. 86° (aus Hexan); *Di-n-dodecyl*-II, F. 98—100° (aus PAe.); *Octyl-2-carbäthoxyäthyl*-II, F. 50—52° (aus PAe.); *Bis-(2-phenyläthyl)*-II, F. 69—71° (aus Heptan); *Octyl-2-cyanäthyl*-II, F. 68—69° (aus Bzl. u. PAe. 1:1). — Weichmacher, Antiklopfmittel u. Zusätze zu Schmierölen. (**D. A. S. 1 104 957** Kl. 12o vom 30/7. 1959, ausg. 20/4. 1961. A. Prior. 31/7. 1958.) J. Mühleisen. H 980

Standard Oil Co., Chicago, Ill., übert. von: Edward A. Swakon, Hammond, und Richard E. Van Strien, Griffith, Ind., V.St.A., **Herstellung von Tetrachlor-p-xylol (I).** Man chloriert bei 40—150° p-Xylol oder ein niederes Chlorierungs-Prod. davon in Ggw. eines fl., mindestens 1 Cl-Atom enthaltenden aliphat. KW-Stoffs (II), der 1—4 C-Atome enthält, wobei man I u. ein Gemisch von Monochlor-, Dichlor- u. Trichlor-p-xylol erhält, kühlt die Lsg. ab, so daß sich lediglich Kristalle von I bilden, die von der Lsg., die einen verminderten Geh. an I aufweist, abgetrennt werden. II ist bes. $CCl_4$, $C_2Cl_4$ u. $C_2H_2Cl_4$. — Zeichnung. (**A. P. 2 954 409** vom 29/8. 1958, ausg. 27/9. 1960.) J. Mühleisen. 1010

Werner Gey, Großsteinberg, **Entfernung von Neutralölen aus Phenolen** durch scharfe Fraktionierung, Lösen der einzelnen neutralölhaltigen Phenolhomologen, z. B. in Bzn., oberhalb des F., langsames Abkühlen, Zentrifugieren oder Filtrieren u. Entfernen des anhaftenden Lsgm. durch Destillation. — Beispiel. (**D. P. [DDR] 16 345** Kl. 12q vom 13/3. 1957, ausg. 6/2. 1959 [Wirtschaftspatent].) H.-J. Nitzschke. H 1060

Stauffer Chemical Co., V.St.A., **Herstellung von Arylthioäthern Aryl—S—$CH_2X$ (X = Cl, Br)**, dad. gek., daß man ein Gemisch aus HCHO u. HCl oder HBr (1,1:1) bei 40—60° mit einem Thiophenol umsetzt, wobei das Mol-Verhältnis zwischen Säure u. Phenol ca. 7:1 betragen soll. — *[p-Chlorphenyl]-chlormethyl-*, $n_D^{30}$ 1,6014, *[p-Bromphenyl]-chlormethyl-*, $n_D^{25}$ 1,6228, *[o-Methylphenyl]-chlormethyl-*, $n_D^{26}$ 1,5853, *[p-Methoxyphenyl]-chlormethyl-*, $n_D^{30}$ 1,5829, *[3-Chlor-4-methylphenyl]-chlormethyl-*, $n_D^{30}$ 1,5949, *[p-Chlorphenyl]-brommethyl-*, $n_D^{30}$ 1,6278, *[2.5-Dichlorphenyl]-chlormethylthioäther*, $n_D^{30}$ 1,6108, aus p-Chlor-, p-Brom-, p-Methoxy-, 3-Chlor-4-methyl-, 2.5-Dimethylthiophenol bzw. o-Toluolthiol. — Analog weitere Verbb. der Formel R—$SCH_2X$, worin = Cl oder Br u. R = *Phenyl-, o-Chlorphenyl-, m-Chlorphenyl-, p-Brom-phenyl-, m-Methylphenyl-, p-Methylphenyl-, p-Äthoxyphenyl-, 2.4-Dichlorphenyl-, 2.5-Dimethoxyphenyl-, 2.4-Dimethylphenyl-, 2.4.5-Trichlorphenyl-* u. *β-Naphthylrest*. (**F. P. 1 191 637** vom 17/2. 1958, ausg. 21/10. 1959.) S. BÖTTCHER. H 1090

Imperial Chemical Industries Ltd., London (Erfinder: Robert Alexander Edington und Isaac Goodman, Harrogate), England, **Alkalisalze der Benzol-1.4-disulfonsäure, Naphthalin-2.6-disulfonsäure und Diphenyl-4.4′-disulfonsäure** erhält man durch Erhitzen der Alkalisalze der Benzol-, Naphthalin- u. Diphenylmonosulfonsäure in Abwesenheit eines Katalysators auf mindestens 425° oder in Ggw. eines Schwermetallkatalysators (Cr, Hg, V, Ag) auf mindestens 250° bis höchstens 600° bei normalem, bes. erhöhtem Druck, bes. unter Ausschluß von Luft u. ggf. in Ggw. eines inerten Gases ($CO_2$, Ar). — Nach dem anderen Verf. werden die Na- oder K-Salze der Benzol-1.3- oder Naphthalin-2.7-disulfonsäure unter den gleichen vorst. Bedingungen bei mindestens 375° oder in Ggw. eines Schwermetallkatalysators (Hg, Cr) bei mindestens 250 bis höchstens 600° isomerisiert. Die freien Säuren können mit $PCl_5$ oder $SOCl_2$ in die entsprechenden *Säurechloride* oder mit $NH_3$ oder Aminen in die *Sulfonamide* übergeführt werden. — Aus 392 Teilen K-Benzolsulfonat in Ggw. von 41 Teilen Pb-Feilspänen bei 375° u. 4 at $CO_2$, Extraktion der Masse mit heißem W. u. Behandeln mit einem sauren Kationenaustauscher → *Benzol-1.4-disulfonsäure*; daraus nach Neutralisieren u. Zusatz von S-Benzylthiuroniumchlorid → *Di-(S-benzylthiuronium)-benzol-p-disulfonat*, F. 247°. — *Na-Naphthalin-α-* oder *-β*-sulfonat in Ggw. von Cd-Staub bzw. in dessen Abwesenheit unter 4 at $CO_2$ → *Naphthalin-2.6-disulfonsäure* → *Bis-(S-benzylthiuronium)-naphthalin-2.6-disulfonat*, F. 274°; Ausbeute 48 bzw. 22%. — Na-Diphenyl-4-sulfonat → *Di-Na-Diphenyl-4.4′-disulfonat* → *Disulfonylchlorid*, F. 200°, bzw. *Bis-(S-benzylthiuronium)-salz*, F. 256°. Die Disulfonsäuren lassen sich in üblicher Weise in *Polymere*, *Terephthalsäure* oder *Terephthalsäurenitril* überführen. — Di-Na-benzol-1.3-disulfonat in Ggw. von HgO u. 4 at $CO_2$ bei 425° → 1.4-Disulfonsäure, Ausbeute 52%, → *Benzol-p-disulfonylchlorid* + $NH_3$ → *Benzol-p-disulfonamid*, F. 291°; als Nebenprodd. entstehen z. B. 5% Di-Na-benzol-m-disulfonat, ca. 20% Tri-Na-benzol-1.3.5-trisulfonat u. ca. 1—3% $Na_2SO_4$. (**D. A. SS. 1 083 258** Kl. 12o vom 17/7. 1957, ausg. 15/6. 1960 u. **1 081 452** Kl. 12o vom 17/7. 1957, ausg. 12/5. 1960. **Belg. PP. 559 447** u. **559 448** vom 23/7. 1957, ausg. 8/4. 1960. Alle E. Prior. 23/7. u. 5/11. 1956 u. 15/7. 1957. **E. PP. 834 250** u. **834 251** vom 23/7. 1956, ausg. 4/5. 1960.) G. KRAUSS. H 1090

Imperial Chemical Industries Ltd., London, England (Erfinder: Gordon Howard Whitfield, Arthur William Charles Taylor, Fred Dean und Edward Kemp), **Phthalsäuren** erhält man durch Oxydation von Xylol, Xylylchlorid, Methylbenzylalkohol, Methylbenzaldehyd, Toluylsäure oder p-Brommethyltoluol mit $O_2$ oder $O_3$ in fl. Phase, z. B. in sd. wasserfreier Propionsäure oder in geschmolzener Benzoesäure, bei 50—300°, bes. bei erhöhtem Druck (bis zu 200 atü) in Ggw. eines Halogenids eines mehrwertigen Metalls, z. B. $MnBr_2$ oder $CoBr_2$, bes. deren Mischung in kontinuierlichem oder diskontinuierlichem Verfahren. Die Isolierung von o-Phthalsäure erfolgt über das Anhydrid nach E. P. 837 007; C. **1961.** 5254. (**E. P. 837 006** vom 20/8. 1956, ausg. 9/6. 1960. **Belg. P. 560 192** vom 20/8. 1957, ausg. 22/4. 1960. E. Prior. 20/8., 5/12. 1956 u. 21/6. 1957.) L. STADELMANN. H 1220

Bergwerksverband G.m.b.H., Essen (Erfinder: Otto Grosskinsky, Dortmund, Anton Benning und Heinrich Frühbuss, Essen), **Herstellung von Carbonsäuren.** Um bei der *Herst. von Terephthalsäure* (**I**) durch Oxydation von p-Chlormethyltoluol mit $HNO_3$ in 2 Stufen gemäß F. P. 1 122 080; C. **1958.** 8191 die Bldg. von Spuren an im Kern chlorierter **I** zu vermeiden, führt man die 1. Stufe bei höchstens 100°, also unter dem Kp. der Mischung durch. (**Holl. P. 96 128** vom 22/12. 1958, ausg. 15/11. 1960.) F. BÖHM. H 1220

Ernst Littmann, Walter Langer und Hellmut Ramm, Rudolstadt, **Herstellung von Terephthalsäuredimethylester,** F. 141°, dad. gek., daß Polyäthylenterephthalat mit der 1½fachen Menge Methanol im Autoklaven >3 Std. lang auf 180° erwärmt, das Rk.-Prod. im Vakuum dest. u. auf einer gekühlten rotierenden Walze zum Erstarren gebracht wird. (**D. P.** [**DDR**] **16 896** Kl. 12o vom 29/1. 1957, ausg. 11/5. 1959 [Wirtschaftspatent].) S. BÖTTCHER. H 1220

E. I. du Pont de Nemours & Co., Wilmington, Del., übert. von: Walter B. Hoffman, Woodbury, N.J., V.St.A., **Pyromellithsäuredianhydrid** erhält man durch Erhitzen von Pyromellithsäure, die zweckmäßig durch Behandeln mit Aktivkohle u. Kationenaustauscherharz von organ. Verunreinigungen u. Metallspuren befreit ist, auf 170—265° unter Entfernung von Wasserdampf aus der Rk.-Zone bei normalem oder vermindertem Druck in 98%ig. Ausbeute u. ca. 99,5%ig. Reinheit. (**A. P. 2 937 189** vom 12/11. 1957, ausg. 17/5. 1960.) L. STADELMANN. H 1240

Dainippon Seiyaku Kabushiki Kaisha, Osaka (Erfinder: Shinsuke Ose, Takarazuka, und Yoshio Yoshimura, Nishinomiya), Japan, **Herstellung optisch-aktiver Hydroxysäuren** u. deren *Estern*. Man läßt aliphat. oder aromat. in Ggw. α-Ketoaldehyde mit W. oder Alkoholen opt.-akt. 1-Mercapto-1-phenyl-2-dimethylaminoäthan (I) oder -propan reagieren. — Zu 10 g Phenylglyoxal in 150 cm³ abs. $CH_3OH$ gibt man 2 g d-I, läßt über Nacht stehen, entfernt $CH_3OH$, löst den Rückstand in Ae., wäscht mit verd. $H_2SO_4$, trocknet die Ae.-Schicht, entfernt Ae. u. erhält *l-Mandelsäuremethylester*, $Kp._{6-7}$ 140°; $[\alpha]_D^{24}$ —11,6° (Chlf.). — Weiter ist die Herst. des *d-Mandelsäuremethylesters* u. des *l-Mandelsäureäthylesters* u. *Milchsäuremethylesters* angegeben. (**Jap. A. S. 6264/1959** vom 14/6. 1956, ausg. 18/7. 1959.) M. PANKOW. H 1250

Werner Hackbart, Erfurt, **Herstellung von Mandelsäurebenzylester,** F. 94°, durch Heißextraktion von Rohmandelsäure-$NH_4Cl$-Gemisch mit der doppeltmol. Menge Benzylalkohol (I) u. Erhitzen auf 180—200°. — Erhitzen von 585 g ca. 70% Mandelsäure enthaltendem Rohgemisch mit 450 g I auf 90°, Absaugen in der Hitze oder Zentrifugieren, Erhitzen des Filtrats auf 180—200° unter Abdestillieren des W. u. Kristallisation liefert ca. 70% des Esters. (**D. P.** [**DDR**] **16 639** Kl. 12o vom 9/2. 1957, ausg. 23/3. 1959 [Wirtschaftspatent].) H.-J. NITZSCHKE. H 1250

Rohm & Haas Co., V.St.A. (Erfinder: Earl William Lane), **Herstellung halogenierter Phenoxyalkylamine,** dad. gek., daß man ein polyhalogeniertes Bzl. (o- u. p-Dichlor-, 1.2.3- u. 1.2.4-Trichlor-, 1.2.4.5-Tetrachlor-, p-Dibrom- oder 1.2.4-Tribrombenzol) in Ggw. von Na- oder K-Hydrid oder -Hydroxyd mit einem Hydroxyalkylamin (Anilinoäthanol, Diäthanolamin, 1-Diäthanolaminopropanol-(2), Monoäthanolamin, Monoisopropanolamin, 3-Aminopropanol, Aminoäthyläthanolamin, Polyglykolamin, 2-Amino-2-methylpropanol-(1), 1.3-Diaminopropanol-(2), Dimethylaminoäthanol, Dimethylisopropanolamin, Hydroxyäthylmorpholin, N-Methylmonoäthanolamin, tert.-Dodecylaminoäthanol) umsetzt. — *N-[Dichlorphenoxyäthyl]-N.N-dimethylamin*, $Kp._{15}$ 151—163°, $n_D^{25}$ 1,5340. *-tert.-dodecylamin*, *-morpholin*, $Kp._{0,5}$ 156—169°, $n_D^{25}$ 1,5482, *-methylamin*, $Kp._{1,5}$ 140—145°, *-anilin*, *-N-hydroxyäthylamin*, $Kp._{0,6}$ 170 bis 190°, u. *-äthylamin*, $n_D^{25}$ 1,5630, aus techn. Trichlorbenzol. — *p-Chlorphenoxyäthylamin*, $Kp._{29}$ 157—164°, $n_D^{25}$ 1,5483. — *Dibromphenoxyäthylamin* u. *N.N-Dimethyl-2-[dichlorphenoxy]-propylamin*, $Kp._{10}$ 138—147°. — *Schädlingsbekämpfungsmittel*; *Schmierölzusätze*. (**F. P. 1 192 408** vom 17/12. 1957, ausg. 26/10. 1959. A. Prior. 24/12. 1956.) S. BÖTTCHER. H 1320

Badische Anilin- & Soda-Fabrik Akt.-Ges. (Erfinder: Alfred Schuhmacher und Alfred Erhardt), Ludwigshafen/Rh., **Herstellung aromatischer o-(Cyanamino)-carbonsäuren,** dad. gek., daß man aromat. o-Aminocarbonsäuren in Ggw. von Alkalicarbonaten in wss. Lsg. bei 0—60° mit Halogencyanen umsetzt. — Man löst z. B. 130 (Teile) Anthranilsäure (I) in einer Lsg. von 140 wasserfreiem $Na_2CO_3$ in 1200 W., trägt bei 20—25° 127 BrCN ein u. rührt 10 Std. lang nach, saugt den Nd. ab, wäscht ihn mit W. säurefrei u. trocknet bei 90—100°. Man erhält so 140 *o-(Cyanamino)-benzoesäure*, F. 184—186° (Dimethylformamid). — Weitere Beispiele zur Herst. folgender *2-Cyanaminobenzoesäuren*: *5-Chlor-* (Zers. 292—293°); *4-Trifluormethyl-* (F. 287°); *3.5-Dichlor-* [F. 240—241° (Zers.)]. — *2-(Cyanamino)-naphthalin-3-carbonsäure*, die ab 250° in das entsprechende Chinazolin übergeht, bis bei 350° alles geschmolzen ist. *2-(Cyanamino)-terephthalsäure*, F. >350°. — Zwischenprodd. für Pharmaca u. Farbstoffe, opt. Aufheller. (**D. A. S. 1 107 235** Kl. 12q vom 9/10. 1959, ausg. 25/5. 1961.) O. MÜLLER-MEININGEN. H 1350

N. V. Polak & Schwarz's Essencefabrieken, Holland, **Herstellung von ω-Halogenstyrolen oder ihren Homologen,** bes. von *ω-Bromstyrol*, dad. gek., daß

entsprechende Styrolhalogenhydrine als Rein- oder Rohprodd. mit Borsäure (I: Mol-Verhältnis 1:1) oder Borsäureanhydrid (II; 2:1) in die Borate oder Metaborate übergeführt u. im Vakuum pyrolyt. gespalten werden. — Styrole: *ω-Brom-*, Kp.$_{4-5}$ 79 bis 81°, aus α-Hydroxy-β-bromäthylbenzol u. I (bzw. II) durch 5—7½ std. Dest. bei 18 bis 25 mm u. 130—160° (Innentemp.) in Ggw. von Hydrochinon; $n_D^{20}$ 1,6065; 60% (Ausbeute). — *4-Methyl-ω-brom-*, F. 45,8—46,1° (A.), aus 4-Methyl-1-[α-hydroxy-β-bromäthyl]-benzol u. I wie vorst.; 178 g. — *ω-Chlor-*, Kp.$_{14-14,5}$ 80—81°, aus α-Hydroxy-β-chloräthylbenzol u. I wie vorst.; $n_D^{20}$ 1,5779; 169 g. — *2-Brominden*, F. 38—39° ($CH_3OH$), aus 1-Hydroxy-2-bromhydrinden u. I; 130 g. — Vgl. Holl. P. 92 148; C. **1960.** 11846. (**F. P. 1 174 218** vom 15/4. 1957, ausg. 9/3. 1959. Holl. Prior. 2/5. 1956.)
EBERHARD RIEDEL. H 1410

I. P. Zukerwanik und Ss. G. Melkanowizkaja, **Allylierung von Guajacol oder Anisol** mit Allylchlorid (I), wobei 0,1 g-Atom feinverteiltes Cu als Katalysator auf 1 g-Mol I zugesetzt wird. — 48,5 (g) Guajacol, 10 I u. 0,83 Cu-Pulver werden 8 bis 9 Std. bei 87—120° gehalten. Nach Auswaschen u. Trocknen fraktioniert man an einer Kolonne mit 7 theoret. Böden u. erhält 6,05 Roh-*Eugenol*, woraus man nach nochmaliger Fraktionierung das Reinprod. erhält; Kp.$_{15}$ 127—129°. — Entsprechend erhält man aus Anisol nach nur 1—2 Std. bei 91—101° *Estragol*, Kp.$_{25}$ 105—109°. (**UdSSR. P. 117 492** vom 9/7. 1958.)
B. PANKOW. H 1460

Esso Research and Engineering Co., V.St.A., **Trennung und Reinigung von Cyclodienen** mit 5 u. 6 C-Atomen (z. B. *Cyclopentadien* u. *Methylcyclopentadien*), die mit $C_7$-KW-Stoffen verunreinigt sind, dad. gek., daß man die Gemische fraktioniert, um die Monomeren $C_5$ u. $C_6$ mit $<$1,5 Gewichts-% $C_7$ zu erhalten (58—59°), u. diese nochmals so fraktioniert, daß die Dimeren im Augenblick des Entstehens gecrackt werden. — Schema der Anlage. (**F. P. 1 202 650** vom 19/9. 1958, ausg. 12/1. 1960.)
S. BÖTTCHER. H 1810

Monsanto Chemical Co., V.St.A., **Herstellung einer Schiffschen Base** aus einem N-Aryl-p-phenylendiamin durch Erhitzen mit wenigstens der dreifachen mol. Menge eines alicycl. Ketons, z. B. Cyclohexanon, zweckmäßig unter azeotrop. Dest. bei vermindertem Druck. Die entstehende Verb. wird in Ggw. von RANEY-Ni red. zu *N-Cyclohexyl-N'-phenyl-p-phenylendiamin*, F. 105°. — Andere Ausgangsketone sind Cyclopentanon, o-Methyl- u. p-Methylcyclohexanon, 2.4-Dimethylcyclohexanon, 2.4.5-Trimethylcyclohexanon. — *N-Cyclopentyl-N'-phenyl-p-phenylendiamin*. (**F. P. 1 198 956** vom 20/2. 1958, ausg. 10/12. 1959.)
M. F. MÜLLER. H 2110

Esso Research and Engineering Co., Elizabeth (Erfinder: Herbert K. Wiese, Cranford, Joseph F. Nelson, Westfield, und Charles E. Morrell, Summit), N.J., V.St.A., **Herstellung von Cyclopentadienyltrialkoxy- oder -triaryloxysilanen,** dad. gek., daß Cyclopentadienyltrihalogensilane bzw. deren Alkyl-Derivv. mit Alkoholen oder phenol. Verbb. umgesetzt werden. — 32,5 g (0,163 Mol) Cyclopentadienyltrichlorsilan, gelöst in 100 cm³ Bzl., werden zu einer Lsg. von 39,2 g (0,478 Mol) Na-Isopropylat in 800 cm³ Isopropanol bei 20—25° gegeben. Nach Abfiltrieren von NaCl u. Abdestillieren der Lsgm. wird der Rückstand bei 4 mm Hg dest. wobei *Cyclopentadienyltriisopropoxysilan* bei 80—95° übergeht. — Filmbildner u. Bindemittel für Glasfasern. — Vgl. Schwz. P. 344 059; C. **1960.** 15619. (**D. A. S. 1 097 988** Kl. 12o vom 26/6. 1954, ausg. 26/1. 1961. A. Prior. 13/7. 1953.) J. MÜHLEISEN. H 2180

Siegfried Schwarz, Berlin-Niederschöneweide, und Curt Handritschk, Berlin-Köpenick, **Herstellung von α-Nitroso-β-naphthol,** dad. gek., daß man β-Naphthol in Essigsäure mit $NaNO_2$ umsetzt. (**D. P. [DDR] 16 976** Kl. 12q vom 11/5. 1957, ausg. 22/5. 1959 [Wirtschaftspatent].)
S. BÖTTCHER. H 2700

Chas. Pfizer & Co., Inc., V.St.A. (Erfinder: Jay Selleck Buckley jun. und Rudolph Gerhard Berg), **Herstellung von 1.2.3.4-Tetrahydro-1-naphthoesäure,** F. 79,8—81,2° (*Äthylester*, Kp.$_{4,6-5}$ 128—135°; $n_D^{25}$ 1,5208), dad. gek., daß man Phenylessigsäureäthylester in $N_2$-Atmosphäre in Ggw. von Na-Methoxyd bei ca. 30° mit Acrylsäuremethylester zu *α-Phenylglutarsäure* (I)*-methyläthylester*, Kp. 148—150°, $n_D^{25}$ 1,4944, umsetzt, diesen mit NaOH zu I verseift, I mit konz. $H_2SO_4$ bei 98—100° cyclisiert zu *1.2.3.4-Tetrahydro-4-oxo-1-naphthoesäure*, F. 94—95,5°, die man in A. bei 110—150° u. 35—140 kg/cm² an RANEY-Ni hydriert. (**F. P. 1 197 644** vom 3/10. 1956, ausg. 2/12. 1959. A. Prior. 13/10. 1955.)
S. BÖTTCHER. H 2700

Friedrich Andreas, Helmut Slowak, Leuna, und Horst Berthold, Bad Dürrenberg, **Herstellung von Epichlorhydrin,** dad. gek., daß man in auf 100 bis

130° erhitztes Glycerin HCl (oder HCl u. $SO_2$ enthaltende Abgase) einleitet, das Dichlorhydrin azeotrop. abdest. u. das Destillat mit $Ca(OH)_2$ verseift. — Schema der Anlage. (**D. P. [DDR] 17 452** Kl. 12o vom 14/9. 1956, ausg. 7/9. 1959 [Wirtschaftspatent].) S. BÖTTCHER. H 3030

Farbwerke Hoechst Akt.-Ges., vormals Meister Lucius & Brüning (Erfinder: Klaus Weißermel, Michael Lederer und Hans Scherer), Frankfurt/M., **2,3-Oxydopropylcarbaminsäureester** erhält man durch Rk. von 4-Chlormethyl-1.3-dioxolon-(2) mit fl., wasserfreiem $NH_3$ in Ggw. eines Alkaliamids, wobei das Mol-Verhältnis Alkaliamid: 4-Chlormethyl-1.3-dioxolon-(2) = 1:1 beträgt. $C_4H_7NO_3$, F. 81°; Zers. oberhalb 120—150° unter Entw. von $CO_2$. — Zwischenprodukt. (**D. A. S. 1 102 720** Kl. 12o vom 14/5. 1959, ausg. 23/3. 1961.) A. BRÖSAMLE. H 3030

Olin Mathieson Chemical Corp., New York, N.Y. (Erfinder: William I. Denton, Cheshire, Conn.), V.St.A., **Isomerisieren von $C_3$- bis $C_6$-Alkylenoxyden zu den entsprechenden Alkenolen** in der Dampfphase in Ggw. von $Li_3PO_4$ als Katalysator bei >200°, dad. gek., daß man gasförmiges Alkylenoxyd (bes. Propylenoxyd) bei ca. 250—350°, bes. bei 275—300°, durch ein Katalysatorbett von mit W. ausgelaugtem bas. Li-Phosphat leitet, welches in Ggw. von Alkalihydroxyd (LiOH, KOH, bes. NaOH) ausgefällt worden ist u. aus dem das Alkalihydroxyd bis auf einen Geh. an 0,05—1 Gewichts-%, als Alkalimetall berechnet, ausgelaugt worden ist. Zweckmäßig arbeitet man mit einer Durchsatz-Geschw. von 0,5—2 Raumteilen Alkylenoxyd je Std. je Raumteil Katalysator. — Vorrichtung. (**D. A. S. 1 099 524** Kl. 12o vom 9/7. 1959, ausg. 16/2. 1961. A. Prior. 2/4. 1959.) W. GRÄGER. H 3030

J. R. Geigy Soc. An. (Erfinder: Conrad H. Eugster, Wallisellen, Rolf Denss, Franz Häflinger, Basel, und Emil Girod, Riehen), Schweiz, **Herstellung quaternärer Ammoniumsalze der Dihydrofuranreihe,** dad. gek., daß man z. B. 2-Methyl-, 2-[n-Propyl]- oder 2-Phenyl-3-oxo-5-[dimethylaminomethyl]-2.3-dihydrofuran in Aceton mit Methyljodid quaterniert, wobei im ersten Fall *2-Methyl-3-oxo-5-[trimethylammoniummethyl]-2.3-dihydrofuranjodid,* F. 136—139°, entsteht. Daraus mit AgCl das *Chlorid,* F. 169—170°. (**F. P. 1 208 944** vom 28/11. 1958, ausg. 26/2. 1960. **D. A. S. 1 092 028** Kl. 12q vom 28/11. 1958, ausg. 3/11. 1960. Beide Schwz. Prior. 29/11. 1957.) S. BÖTTCHER. H 3061

J. R. Geigy Soc. An., Schweiz, übert. von: Riedel-de-Haën Akt.-Ges., **Herstellung von 3.5-Dioxopyrazolidinen,** dad. gek., daß man ein Malonsäure-Deriv. in Ggw. eines Hexylalkohols mit einem disubstituierten Hydrazin kondensiert. — *1.2-Diphenyl-3.5-dioxopyrazolidin* (I), F. 178—179°, aus 1.2-Diphenylhydrazin u. Malonsäurediäthylester in A. in Ggw. von Na-Äthylat u. Isohexanol. — *4-[tert.-Butyl]-*, *4-Isopropyl-*, F. 144—145°, *4-Isobutyl-1.2-diphenyl-3.5-dioxopyrazolidin,* F. 124—125°, aus tert.-Butyl-, Isopropyl- bzw. Isobutylmalonsäurediäthylester. (**F. P. 1 192 282** vom 15/11. 1957, ausg. 26/10. 1959. D. Prior. 19/11. 1956.) S. BÖTTCHER. H 3122

Rudolf Wiesner, Dresden, **Herstellung von 4-Hydroxycumarin (II),** F. 206°, durch Kondens. von Acetylsalicylsäurephenylester (I) in Ggw. von Alkaliphenolaten. — Durch 4std. Erhitzen von 116 (Teilen) Na-Phenolat, 256 I u. 600 Phenylacetat auf 230°, Digerieren mit 1500 W., Abtrennen des Öls u. fraktioniertes Fällen wird **II** erhalten; aus viel W. gebliche Nadeln; Ausbeute 46%. (**D. P. [DDR] 16 782** Kl. 12q vom 28/4. 1957, ausg. 9/4. 1959 [Wirtschaftspatent].) H.-J. NITZSCHKE. H 3211

Lonza Usines Électriques et Chimiques Soc. An., Schweiz, **Reinigung von Nicotinsäure (I),** dad. gek., daß man das auf 200—270°, bes. 225—250° erhitzte Rohprod. mit einem vorgewärmten inerten Gasstrom (Luft, $N_2$, $H_2$ oder $CO_2$) durch einen anderen Gasstrom abkühlt, wobei **I** krist. u. ggf. in W. oder Methanol gelöst, abgetrennt werden kann. — 2 schemat. Zeichnungen. (**F. P. 1 192 026** vom 27/2. 1958, ausg. 23/10. 1959. Schwz. Prior. 4/3. 1957.) S. BÖTTCHER. H 3231

---

**Deutsche Gold- und Silber-Scheideanstalt vormals Roessler**, Frankfurt/M., *Hydrierungskatalysator.* (**Belg. P. 562 558** vom 20/11. 1957, ausg. 3/6. 1960. D. Prior. 24/11. 1956. — C. **1960.** 15568 [Oe. P. 204 012].)

**E. I. du Pont de Nemours & Co.**, Wilmington, Del., V.St.A., *Herstellung von Nitrosaminen.* (**Holl. P. 96 269** vom 14/9. 1955, ausg. 15/12. 1960. — C. **1958.** 3447 [D. A. S. 1 011 431].)

**Stamicarbon N. V.**, Heerlen, Holland, *Herstellung von Nitriersäure.* (**Ind. P. 49 352** vom 9/4. 1953, ausg. 14/10. 1954. — C. **1957.** 5412 [A. P. 2 752 225].)

**Farbwerke Hoechst Akt.-Ges., vormals Meister Lucius & Brüning**, Frankfurt/M., *Abscheidung ungesättigter Kohlenwasserstoffe.* (**Holl. P. 96 040** vom 13/5. 1957 ausg. 15/11. 1960. D. Prior. 17/5. 1956. — C. **1959.** 290 [D. A. S. 1 027 658].)

**Soc. d'Électro-Chimie, d'Électro-Métallurgie et des Aciéries Électriques d'Ugine**, Paris, Frankreich, *Halogenierung von Kohlenwasserstoffen.* (**Belg. P. 543 736** vom 17/12. 1955, ausg. 25/9. 1959. F. Prior. 25/1. 1955. Zusatz zu Belg. P. 525 596; C. 1957. 14199. — **C. 1959.** 4624 [E. P. 788 828].)

**Columbia-Southern Chemical Corp.**, Pittsburgh (Erfinder: **Joseph Allen Neubauer**, Pittsburgh, Pa., und **Francis William Theis**, Akron, Ohio), V.St.A., *Herstellung von Acetylen und Natriumbicarbonat.* (**D. A. S. 1 101 683** Kl. 26b vom 19/9. 1956, ausg. 9/3. 1961. A. Prior. 19/9. 1955. — **C. 1959.** 12379 [A. P. 2 845 329].)

**Soc. Belge de l'Azote et des Produits Chimiques du Marly Soc. An.** (Erfinder: **Frederic Francois Albert Braconier** und **Henri Adelin Hannhaert**), *Pyrolytische Gasherstellung.* (**Aust. P. 222 048** vom 21/8. 1957, ausg. 9/7. 1959. Belg. Prior. 25/8. 1956. — **C. 1960.** 16257 [D. A. S. 1 047 195].)

**Lonza Elektrizitätswerke und Chemische Fabriken Akt.-Ges.**, Basel, Schweiz, *Acetylenhaltige Gasgemische.* (**Norw. P. 90 136** vom 5/8. 1955, ausg. 14/10. 1957. Schwz. Prior. 10/8. 1954. — **C. 1959.** 14252 [D. A. S. 1 027 659].)

**Inventa Akt.-Ges. für Forschung und Patentverwertung Luzern**, Luzern (Erfinder: **Giuseppe Bertossa**, Domat-Ems, **Fritz Conradin**, Tamins, und **Johann Giesen**, Haldenstein), Schweiz, *Mehrwertige Alkohole, bes. 1.3-Propylenglykol.* (**Schwz. P. 349 586** vom 28/4. 1956, ausg. 15/12. 1960. Zusatz zu Schwz. P. 342 554; C. 1960. 15910. — **C. 1960.** 4022 [A. P. 2 852 570].)

**Lonza Elektrizitätswerke und Chemische Fabriken Akt.-Ges.**, Basel, Schweiz, *Kontinuierliche Herstellung von Acrylnitril.* (**Holl. P. 95 432** vom 28/3. 1956, ausg. 15/9. 1960. Schwz. Prior. 2/6. 1955. — **C. 1959.** 2284 [F. P. 1 150 898].)

**Esso Research and Engineering Co.**, Elizabeth, N.J., V.St.A., *Gesättigte Fettsäuren durch Umsetzung von Al-Trialkylen mit Kohlensäure.* (**E. P. 837 118** vom 21/5. 1957, ausg. 9/6. 1960. A. Prior. 19/6. 1956. — **C. 1959.** 9732 [A. P. 2 827 458].)

**VEB Filmfabrik Agfa Wolfen**, Wolfen (Erfinder: **Walter Voss** und **Rolf Zimmermann**), *Aliphatische Dicarbonsäuren.* (**E. P. 847 621** vom 25/2. 1957, ausg. 14/9. 1960. — **C. 1959.** 14254 [D. A. S. 1 048 570].)

**Rohm & Haas Co.**, Philadelphia, Pa., V.St.A., *α-Halogenmethyl-α-halogen-α'-methyladipinsäureester.* (**E. P. 825 107** vom 21/6. 1957, ausg. 9/12. 1959. A. Prior. 2/7. 1956. — **C. 1961.** 1731 [D. A. S. 1 086 685].)

**Monsanto Chemicals Ltd.**, London, England, *Gewinnung von Maleinsäureanhydrid.* (**Ind. P. 60 315** vom 26/4. 1957, ausg. 10/8. 1959. E. Prior. 30/4. 1956. — **C. 1960.** 3696 [E. P. 798 456].)

**Henkel & Cie. G. m. b. H.**, Düsseldorf, *Sebacinsäure aus Ricinolsäure oder ihren Derivaten.* (**Belg. P. 550 958** vom 11/9. 1956, ausg. 18/12. 1959. D. Prior. 13/9. 1955. — **C. 1960.** 17279 [Jap. A.S. 5964/1958].)

**Wacker-Chemie G. m. b. H.**, Deutschland, *Monoalkylmalonylchloride.* (**F. P. 1 190 401** vom 23/1. 1958, ausg. 12/10. 1959. D. Prior. 6/2. 1957. — **C. 1959.** 4965 [D. A. S. 1 027 195].)

**Rohm & Haas Co.**, Philadelphia, Pa., V.St.A., *Gesättigte Cyanoxyfettsäuren, deren Ester oder Nitrile.* (**E. P. 837 430** vom 28/6. 1956, ausg. 15/6. 1960. A. Prior. 29/6. 1955. — **C. 1959.** 3644 [A. P. 2 812 338].)

**Farbenfabriken Bayer Akt.-Ges.**, Leverkusen, *Herstellung von Estern der Hydroxycapronsäure.* (**It. P. 513 385** vom 9/2. 1954. D. Prior. 20/2. 1953. — **C. 1959.** 9053 [D. B. P. 965 903].)

**Distillers Co. Ltd.**, England (Erfinder: **William Joseph Fox**), *3-Alkoxypropionsäureester.* (**F. P. 1 195 579** vom 3/5. 1958, ausg. 18/11. 1959. E. Prior. 16/5. u. 19/9. 1957. — **C. 1960.** 13844 [A. P. 2 910 503].)

**American Cyanamid Co.**, New York, N.Y., V.St.A., *ω-3-(1.2-Dithiolanyl)-aliphatische Säure.* (**Schwed. P. 156 341** vom 7/4. 1953, ausg. 2/10. 1956. A. Prior. 24/4. 1952. — **C. 1950/54.** 3571 S [F. P. 1 080 672].)

**Dow Chemical Co.**, Midland, Mich., V.St.A., *Extraktion von Aromaten aus Kohlenwasserstoffgemischen.* (**Aust. P. 167 347** vom 22/5. 1953, ausg. 19/4. 1956. — **C. 1956.** 11563 [F. P. 1 080 165].)

**Monsanto Chemicals Ltd.**, London, England, *Ammoniumpentachlorphenolat.* (**Ind. P. 59 420** vom 19/1. 1957, ausg. 23/9. 1958. E. Prior. 25/1. 1956. — **C. 1959.** 15192 [E. P. 799 338].)

**Union Carbide Corp.** (Erfinder: **Cal Yale Meyers**), *Calciumtrimethylolphenolat.* (**Aust. P. 221 170** vom 21/1. 1958, ausg. 7/5. 1959. A. Prior. 15/2. 1957. — **C. 1960.** 9726 [A. P. 2 889 373].)

**Imperial Chemical Industries Ltd.** (Erfinder: **Duncan James Munro**), *Stabilisieren von Phenolen.* (**Aust. P. 221 729** vom 4/7. 1957, ausg. 18/6. 1959. E. Prior. 6/7. 1956. — **C. 1960.** 11116 [A. P. 2 886 601].)

**Uclaf**, Paris, Frankreich, *2.3.5.6-Tetrachlor-p-xylylendithioessigsäure und deren Derivate.* (**E. P. 851 747** vom 15/10. 1957, ausg. 19/10. 1960. F. Prior. 25/10. 1956. — **C. 1959.** 14563 [F. P. 1 160 091].)

**Vereinigte Glanzstoff-Fabriken Akt.-Ges.**, Wuppertal-Elberfeld (Erfinder: **Wolfgang Jurgeleit**, Obernburg/M.), *Terephthaldialdehyd.* (**Schwz. P. 335 059** vom 29/3. 1955, ausg. 14/2. 1959. D. Prior. 12/4. 1954. — **C. 1957.** 269 [D. B. P. 937 891].)

**Parke, Davis & Co.**, Detroit, Mich., V.St.A., *p-Nitroacetophenon.* (**Schwed. P. 157 352** vom 28/9. 1955, ausg. 2/1. 1957. A. Prior. 1/11. 1954. — **C. 1959.** 2286 [F. P. 1 135 962].)

**Olin Mathieson Chemical Corp.**, East Alton, Ill., V.St.A. (Erfinder: **William F. Brill**), *Herstellen von aromatischen Carbonsäuren.* (**Schwz. P. 350 279** vom 21/7. 1956, ausg. 14/1. 1961. A. Prior. 22/7. 1955. — **C. 1959.** 7295 [E. P. 797 475].)

**Snia-Viscosa Soc. Nazionale Industria Applicazioni Viscosa S. p. A.**, Mailand, Italien, *Herstellung aromatischer Nitrile.* (**Holl. P. 95 653** vom 17/3. 1956, ausg. 15/10. 1960. It. Prior. 18/3. 1955. — **C. 1960.** 8349 [D. A. S. 1 068 241].)

**California Research Corp.**, San Francisco, Calif., V.St.A., *Herstellung von Thioamiden oder Nitrilen.* (**Holl. P. 95 471** vom 22/2. 1957, ausg. 15/9. 1960. A. Prior. 11/7. 1956. — **C. 1960.** 12848 [F. P. 1 172 693].)

**Monsanto Chemical Co.**, St. Louis, Mo., V.St.A., *Reinigen von Salicylsäurederivaten.* (**E. P. 784 277** vom 30/12. 1955, ausg. 9/10. 1957. A. Prior. 30/12. 1954. — **C. 1960.** 11117 [A. P. 2 891 090].)

**American Cyanamid Co.**, New York, N.Y., V.St.A., *Herstellung von 1.5-substituierten Biguanidinen.* (**It. P. 514 602** vom 24/9. 1946. A. Prior. 12/10. 1945. — **C. 1956.** 9034 [Schwed. P. 136 190].)

**American Cyanamid Co.**, New York, N.Y., V.St.A., *Herstellung von 1-substituierten 3-Cyanoguanidinen.* (**It. P. 513 436** vom 10/9. 1946. — **C. 1956.** 9860 [Schwed. P. 137 369].)

**N. V. de Bataafsche Petroleum Mij.**, Den Haag, Holland (Erfinder: **Lloyd Cochrane Petterly**, **David Oliver Collomer** und **Curtis William Smith**, Emeryville, Calif., V.St.A.), *Herstellung aromatischer Diisocyanverbindungen.* (**E. P. 779 806** vom 12/9. 1955, ausg. 24/7. 1957. **D. A. S. 1 057 334** Kl. 39c vom 12/9. 1955, ausg. 14/5. 1959. Beide A. Prior. 14/9. 1954. — **C. 1960.** 4026 [F. P. 1 167 524].)

**Farbwerke Hoechst Akt.-Ges., vormals Meister Lucius & Brüning**, Frankfurt/M., *Kontinuierliche Diazotierung von Aminen*. (**Ind. P. 57 674** vom 19/6. 1956, ausg. 8/1. 1959. E. Prior. 26/8. 1955. — C. **1958.** 265 [D. B. P. 960 205].)

**Imperial Chemical Industries Ltd.**, London, England, *Kontinuierliches Verfahren zur Herstellung alkylierter, aromatischer Amine*. (**Ind. P. 57 825** vom 10/7. 1956, ausg. 25/9. 1958. E. Prior. 4/8. 1955. — C. **1959.** 5299 [D. A. S. 1 032 262].)

**Takashige Tojo**, Japan, *Trennung aromatischer Amine*. (**E. P. 808 425** vom 19/8. 1955, ausg. 4/2. 1959. Jap. Prior. 21/8. 1954. — C. **1959.** 956 [F. P. 1 135 873].)

**Ethyl Corp.**, New York, N.Y., übert. von: **Harold D. Orloff**, Detroit, und **Francis X. Markley**, Ferndale, Mich., V.St.A., *Dimethyl-(monochlortoluyl)-phosphat*. (**A. P. 2 870 186** vom 22/12. 1954, ausg. 20/1. 1959. — C. **1959.** 17480 [E. P. 791 526].)

**F. Hoffmann-La Roche & Cie. Soc. An.**, Basel, Schweiz, *Herstellung von Phosphoranen*. (**Belg. P. 568 944** vom 27/6. 1958, ausg. 2/12. 1960. Schwz. Prior. 12/7. 1957. — C. **1961.** 1375 [A. P. 2 912 467].)

**Soc. des Usines Chimiques Rhône-Poulenc**, Paris, Frankreich, *Herstellung von α-Methylstyrol aus Dimethylphenylcarbinol*. (**Schwed. P. 157 187** vom 20/6. 1955, ausg. 11/12. 1956. F. Prior. 13/7. 1954. — C. **1958.** 4933 [Oe. P. 191 395].)

**Chemische Werke Hüls Akt.-Ges.** (Erfinder: **Franz Broich, Hanns Brunotte** und **Walter Lange**), Marl, Kr. Recklinghausen, *Katalytische Dehydrierung von Kohlenwasserstoffen*. (**D. A. S. 1 059 437** Kl. 12o vom 12/11. 1954, ausg. 18/6. 1959. — C. **1959.** 956 [E. P. 765 025].)

**Ciba Ltd.**, Basel, Schweiz, *α,β-Di-[Benzoxazolyl-(2)]-Äthylene*. (**E. P. 835 898** vom 15/6. 1956, ausg. 25/5. 1960. Schwz. Prior. 17/6. 1955. — C. **1960.** 12506 [Jap. A. S. 3531/1958].)

**Omikron-Gagliardi Soc. di Fatto**, Mailand, Italien, *Herstellung von 2-Amino-5-mercapto-1.3.4-thiadiazol*. (**Holl. P. 96 051** vom 15/6. 1957, ausg. 15/11. 1960. — C. **1960.** 15224 [Belg. P. 558 713].)

**Adolf Christian Josef Opfermann**, Bergisch-Gladbach, *Quaternäre Verbindungen des Pyridinaldehyd-acetals*. (**E. P. 821 161** vom 31/1. 1957, ausg. 30/9. 1959. D. Prior. 23/2. 1956. — C. **1961.** 663 [Aust. P. 216 557].)

**Chemstrand Corp.**, Decatur, Ala., V.St.A., *Stabilisieren von Vinylpyridin*. (**It. P. 514 856** vom 22/3. 1954. A. Prior. 23/3. 1953. — C. **1957.** 13183 [F. P. 1 095 727].)

**Nepera Chemical Co., Inc.**, Yonkers, N.Y., V.St.A., *Herstellung von Cyanopyridinen*. (**It. P. 514 803** vom 19/5. 1952. A. Prior. 25/9. 1951. — C. **1955.** 926 [E. P. 708 156].)

**Ciba Ltd.**, Basel, Schweiz, *Herstellung von Pyridincarbonsäuren*. (**Ind. P. 57 631** vom 15/6. 1956, ausg. 7/3. 1958. — C. **1959.** 4972 [F. P. 1 153 974].)

**Lonza Elektrizitätswerke und Chemische Fabriken Akt.-Ges.**, Basel, Schweiz, *Pyridincarbonsäuren*. (**Norw. P. 90 182** vom 13/7. 1954, ausg. 21/10. 1957. Schwz. Prior. 24/8. 1953 u. 3/3. 1954. — C. **1960.** 9036 [Schwz. P. 327 586].)

**J. R. Geigy Akt.-Ges.**, Basel, Schweiz, *Herstellen von Estern von 5-Acyl-8-Hydroxychinolinen*. (**Ind. P. 57 576** vom 11/6. 1956, ausg. 27/4. 1959. — C. **1960.** 12166 [D. P. [DDR] 14 971].)

**Chemische Werke Albert**, Wiesbaden, *2-Thiono-4-hydroxyhexahydropyrimidine*. (**E. P. 848 399** vom 28/4. 1959, ausg. 14/9. 1960. D. Prior. 10/5. 1958. — C. **1960.** 8015 [D. A. S. 1 065 849].)

**H. Morren**, Forest-Brüssel, Belgien, *Piperazinderivat*. (**Schwed. P. 157 004** vom 15/2. 1952, ausg. 27/11. 1956. Belg. Prior. 15/2., 22/3., 28/4. 1951 u. 12/1. u. 23/1. 1952. — C. **1955.** 1379 [E. P. 705 979].)

**American Home Products Corp.**, New York, N.Y., V.St.A., *Substituierte Azacycloalkane*. (**Ind. P. 49 665** vom 1/6. 1953, ausg. 9/6. 1955. — C. **1955.** 11101 [A. P. 2 666 050].)

**Union Carbide & Carbon Corp.**, New York, N.Y., V.St.A., *ε-Caprolactone*. (**Belg. P. 552 726** vom 19/11. 1956, ausg. 15/1. 1960. A. Prior. 23/11. 1955. — C. **1960.** 3042 [Oe. P. 197 357].)

**Stamicarbon N. V.**, Heerlen, Holland, *Reinigen von Lactamen*. (**Schwed. P. 156 338** vom 11/11. 1953, ausg. 2/10. 1956. Holl. Prior. 15/11. 1952. — C. **1959.** 14883 [E. P. 762 879].)

## X. Färberei. Organische Farbstoffe

**Weitere Beobachtungen beim mikroskopischen Anfärben von Faserquerschnitten mit Procionschwarz HGS.** Koichi Katō. (J. Soc. Textile Cellulose Ind., Japan [Sen-i-Gakkaishi] **16.** 827—31. Okt. 1960. Otsu, Shiga-ken, Japan, Tokyo Rayon Co. Ltd., Central Res. Labor.) (Jap., Auszug: Engl.)

Zur Klärung der Art der Fixierung von *Procionschwarz HGS* an die Faser wurden verschiedene, mit diesem Reaktivfarbstoff gefärbte Fasern mit einer 30%ig. wss. Pyridin-Lsg. gewaschen u. der Querschnitt der so behandelten Fasern mkr. untersucht. Ergebnisse: Während bei Cellulose- u. Vinylonfasern die Färbung durch Procionschwarz HGS nicht durch eine chem. Rk. zwischen Farbstoff u. Faser verursacht wird, ist dies bei Proteinfasern der Fall, u. zwar verläuft hierbei die Rk. unter Mitwrkg. einer $NH_2$-Gruppe. H. SONTAG. 7002 □

**Neue Farbstoffe und Hilfsmittel.** Anonym. (Textil-Rdsch. [St. Gallen] **16.** 278—81. Mai 1961.) (Dt.)

CIBA AG., Basel: *Sapamin PA* wirkt als kationakt. Weichmacher speziell auf Polyacrylnitril-, Modacryl-, Polyamid- u. Acetatfaserstoffe. Das Prod. ist in allen Verarbeitungsstadien einsetzbar u. verleiht dem behandelten Material einen geschmeidigen, vollen Griff, womit die Weiterverarbeitung zu Garnen, Geweben u. Gewirken stark erleichtert wird. — *Silvatol SO* dient zum Entfernen von Verunreinigungen, bes. Öl- u. Fettanschmutzungen. Das sehr wirksame geruchlose Naßdetachier- u. Spezialreini-

gungsmittel zeigt beim Detachieren eine rasche u. gründliche Wrkg. ohne Hofbildung. Bes. für Socken, Strümpfe u. Wirkwaren aus synthet. Faserstoffen bewährt sowie für Strickwaren, Gewebe, Teppiche u. Spitzen. — SANDOZ AG, Basel: *Artisil/Forongelbbraun 2RFL ultradispers* färbt sehr gut lichtechte Kombinationstöne (bes. Grau, Beige u. Braun) auf Acetat, Triacetat, Dacron u. in Pastellfarben, auch auf Orlon. Das Prod. zeichnet sich durch sehr gute Naßechtheiten, Thermofixier- u. Plissier- sowie perfekte Rauchgasechtheiten aus. Der Farbstoff eignet sich auch für den Druck, er kann nach den Thermofixier-, Pad-Roll- u. Pad-Steam-Verf. auf die Faser gebracht werden. Musterkarten Nr. 1298, 1313. — *Artisil/Foronrot FL ultradispers* färbt u. bedruckt Acetat-, Triacetat- u. Polyesterfasern in etwas blaustichigen Dispersionsrottönen. Sehr gute Licht-, gute Naß- u. Sublimier- u. Rauchgasechtheiten. Das Prod. eignet sich auch für HT-Färbungen u. Buntätze. Musterkarten Nr. 1298, 1313. — *Artisilscharlach/Foronscharlach BWFL ultradispers* färbt gleiche Fasern mit gleichen Allgemeinechtheiten in blumigen, leicht blaustichigen Dispersionsscharlachtönen. Musterkarten Nr. 1298, 1313. — *Artisil/Forinrubin GFL ultradispers* weist gleiche Merkmale wie die Vorgänger auf. Die hohe Sättigungsgrenze des Prod. läßt ggf. lebhafte Granat- bis Bordeauxtöne zu. Auch für lichtechte Kombinationsfärbungen mit geeigneten Gelb- u. Blaumarken ist der Farbstoff anwendbar. Musterkarten Nr. 1298, 1313. — *Drimarengelb Z-5 GL* eignet sich bes. zum Bedrucken u. kontinuierlichen Färben von Baumwolle u. Zellwolle nach dem Thermofixier-, Einbaddämpf-, Pad-Roll- u. Kalt-Aufdock-Verfahren. Auf Grund ausgezeichneter Löslichkeit kann man konz. Klotz-Lsgg. von guter Haltbarkeit herstellen. Sehr gute Lichtechtheit, auch unter Knitterfestappreturen, u. beste Waschechtheit. — FARBWERKE HOECHST, Frankfurt/M.-Höchst: Musterkarte Nr. Hoe 2679 bespricht „Saisonfarben für Baumwolle" Modetöne für den Winter 1961/62. — Musterkarte Nr. Hoe 2678, „Saisonfarben für Wolle u. Mischgewebe", Wintersaison 1961/62. — *Appretan THL, Appretan-THL-Löser* dienen zum Steifen von Woll- u. Haarhüten u. von Filzwaren. *Appretan THL* ist eine Kunstharz-Lsg., *Appretan-THL-Löser* ein organ. Lösungsmittel. Hoe 2682. — Indanthren-Farbstoffe „*Colloisol*". Dieses Sortiment umfaßt folgende Marken: *Indanthren-gelb 3 R* („*Colloisol*"), *-gelb 3 RT konz.*, *-goldgelb RK*, *-brillantorange GR*, *-scharlach GG*, *-blau HCGK*, *-blau HCBR*, *-blau HCBG*, *-khaki GG*, *-khaki HS*, *-grau M*, *-grau MG*, *-grau HBR*. Feinverteilung u. Farbstärke entsprechen den bisherigen Supra-Pulver-Marken. Alle Marken sind staubfrei. Hoe 2744. — *Hostapal HL* dient als Detachier- u. Waschmittel für die Woll-, Baumwoll- u. Zellwoll- bzw. Kunstseidenindustrie. Die klare, rotbraune Fl. ist anionakt. u. lagerbeständig. Hoe 2685. — *Hostapal DL* detachiert u. reinigt stark verschmutzte Textilien, bes. Fasergemische, die außer Wolle synthet. Fasern enthalten. Die klare, gelbe Fl. ist nichtionogen, gut lagerbeständig u. beständig gegenüber den üblichen Säure-Konzz. u. Alkalikonzentrationen. Hoe 2684. — *Entpechungsmittel H*, die gut lagerbeständige gelbe, klare Fl. ist eine Kombination anionakt. Körper mit organ. Lösungsmitteln. Hoe 2683.
P. ECKERT. 7018□

**Das Färben bei Temperaturen über 100°.** I. Solomon. (Ind. Textilă **10.** 366—72. Sept. 1959.) (Rum.)

Theoret. Betrachtungen über das Färben bei Temp. > 100°, Beschreibung der dazu dienenden Geräte u. Übersicht über das Verh. der Textilfasern u. verschiedener Farbstoffarten bei dieser Färbeart. — 8 Schrifttumshinweise. W. WESLY. 7020

**Eigentümlichkeiten von Farbstoffen bei der Anwendung in Mischungen.** J. A. Somers. (Textile Recorder **79.** 63—65. Juni 1961.) (Engl.)

Vf. bespricht die Verw. von Mischungen aus 1-Hydroxy-4-phenylamino- u. N-substituierten 1.4-Diaminoanthrachinonen zum Färben von Acetatseide u. hydrophoben Fasern, wie Polyamid- u. Polyesterfasern, sowie die damit verbundenen Schwierigkeiten.
R. BAMBERGER. 7020□

**Das Färben von Kräuselgarnen.** Heinz Dittrich. (Fibre e Colori **11.** 41—45. Febr. 1961.) (Ital.)

Beschreibung eines vereinfachten Verf. zur Herst. gefärbter Kräuselgarne in verbesserter Qualität u. Ausbeute durch Kombination der Kräuselvorr. mit einer kontinuierlich arbeitenden App. für Hochtemp.-Färbung. — 9 Abb. u. Diagramme, 3 Tabellen, 31 Literaturhinweise. A. SANDER. 7020□

**Heutige Vorstellung von den bei der Lederfärbung auftretenden Phänomenen.** G. Otto. (Rev. techn. Ind. Cuir **52.** 164—74. Aug. 1960.) (Franz.)

Vf. untersucht die bei den verschiedenen Phänomenen des Färbeprozesses beteiligten Bindungskräfte sowie die sie positiv u. negativ beeinflussenden Faktoren. Die durch ion. Kräfte des amphoteren Kollagenpeptids u. der deshalb wasserlösl. sauren u. bas. Farben bedingte Affinität ist eine Funktion des pH-Werts u. wird gemessen in mMol Farbe, aufgenommen von 100 g Haut, maximal z. B. 80 (mMol) Metanilgelb bei pH 2 u. 70 Malachitgrün bei pH 11. Die Affinität wird erhöht durch ununterbrochene Syst. konjugierter Doppelbindungen, durch aromat. Kerne u. durch die bes. in ihnen auftretenden, zu Komplex- u. H-Brücken-Bldg. befähigten polaren Elektronenpaare. Die auch im Kollagenpeptid akt. Dipolkräfte unterstützen die Anziehung zwischen Haut- u. Farbmolekül. Die Anhäufung von ion., z. B. dissoziationsstarken Sulfogruppen, im Farbstoff verringert die Affinität, erhöht dagegen die Durchdringung im Leder. Durch die Gerbung wird je nach Gerbstoff u. bei der Cr-Gerbung je nach der ion. Natur des verwendeten Cr-Salzes die Oberflächenladung des Leders u. der pH-Wert u. damit auch die Affinität zur anion. oder kation. Farbe variiert. Getrocknetes Cr-Leder absorbiert saure Farben schlechter, bas. dagegen besser als frisch gegerbtes. Als Richtlinien für die Farbanwendung wird eine Zusammenstellung der den I.P. der Haut (pH 5) nach der sauren oder bas. Seite verschiebenden, bei der Leder-Herst. verwendeten Mittel gegeben. Für eine gleichmäßige Färbung ist ein optimales Verhältnis zwischen Absorption der Farbe u. Durchdringung im Leder nötig; dies kann durch spannungsakt. Hilfsmittel, die evtl. pH-Unterschiede zwischen Leder u. Farbbad ausgleichen, erreicht werden. A. BEUTHER. 7024□

---

Farbwerke Hoechst Akt.-Ges., vormals Meister Lucius & Brüning, Deutschland, **Färben von Polyolefinen** mit niedrigerem Molgew. mit Dispersionsfarbstoffen in wss. Medium mit organ. u./oder Mineralfarbstoffen, wobei man die Farbstoffe auch auf dem zu färbenden Material aus ihren Komponenten entstehen lassen kann. — Man kocht eine 1 mm starke Folie aus Druckpolyäthylen in einem Bad 1 Std. mit 2% des p-Nitranilin → Anilin-Farbstoffs. Durch Zusatz von 4% einer Mischung von je 50 Gew.-Teilen o-Chlortoluol u. einem Dodecylphenol-Äthylenoxyd-Kondens.-Prod. wird die Farbtönung verstärkt. (**F. P. 1 187 431** vom 2/12. 1957, ausg. 10/9. 1959. D. Prior. 1/12. 1956.) M. PANKOW. 7021

General Aniline & Film Corp., New York, N.Y., V.St.A. (Erfinder: Nicholas James Kartinos und William Wilson Williams), **Herstellung von Cyanalkylestern** der Zus. $Y-CH_2-COO-CH(R)-CH(R')-CN$ erfolgt durch Rk. einer Carbonsäure der allg. Formel $Y-CH_2-COOH$ mit einem Cyanhydrin der allg. Zus. $HOCH(R)-CH(R')CN$ in Ggw. eines sauren Katalysators (R u. R' = H, Alkyl $C_1$ bis $C_4$, Hydroxy, Hydroxyalkyl; Y = CN, R″CO, COOR″, wobei R″ = Alkyl, Cyanalkyl, Hydroxyalkyl oder Halogenalkyl). — Man erhitzt z. B. ein Gemisch aus 340 (g) $CH_2CNCOOH$ (I), 355 $CH_2OH-CH_2CN$ (II), 600 Chlf. u. 20 $CH_3SO_3H$ unter Rückfluß u. Abdestillieren des W., kühlt dann auf 50°, entzieht der Chlf.-Lsg. nichtumgesetzte I durch Extrahieren mit verd. NaOH u. erhält nach Trocknen u. Entfernen des Lsgm. *Cyanäthylcyanacetat*, $Kp._{1,7}$ 182—190°. — Malonsäure (V) + II → *Dicyanäthylmalonat*, $CH_2(COO\cdot C_2H_4CN)_2$, $Kp._{2,5}$ 205—220°. — I + 1-Cyan-2-propanol (III) → $CH_2CN-COO-CH(CH_3)-CH_2CN$. — I + 2-Cyanpropanol (IV) → $CH_2CN-COOCH_2-CH\cdot(CH_3)CN$. — V-Monomethylester + IV → $CH_3OOC-CH_2-COO-CH_2-CH(CH_3)CN$. — V-Monoäthylester + 2-Cyan-1-butanol → $C_2H_5OOC-CH_2-COO-CH_2-CH(C_2H_5)CN$. — Acetessigsäuremethylester + II → $CH_3-CO-CH_2-COO-CH_2-CH_2CN$. — V-Cyanäthylmonoester + III → $NC\cdot C_2H_4\cdot OOC-CH_2-COO-CH(CH_3)-CH_2CN$. — *Zwischenprodd.*, bes. *zur Herst. von Methinfarbstoffen.* (**E. P. 817 559** vom 14/12. 1956, ausg. 29/7. 1959.) O. MÜLLER-MEININGEN. 7049

Ciba Akt.-Ges., Basel (Erfinder: Karl Menzi, Fritz Oesterlein, Basel, und Bernhard Rütimeyer, Neuallschwil), Schweiz, **Herstellung metallhaltiger Monoazofarbstoffe.** 2.4.6-Trihalogen-1.3.5-triazin wird einerseits mit metallhaltigen Monoazofarbstoffen mit mindestens zwei sauren wasserlösl. machenden Gruppen u. einer acylierbaren Aminogruppe u. andererseits mit einer Hydroxyl-Verb., mit $NH_3$ oder mit einem organ. Monoamin (höchstens 12 C-Atome), das, falls es aromat., $SO_3H$-Gruppen enthält, umgesetzt. Die Farbstoffe eignen sich zum Färben u. Bedrucken von Zellstoff, regenerierter Cellulose, Viscose, Leinen u. bes. Baumwolle. — 1-Hydroxy-2-aminobenzol-4.6-disulfonsäure → 2-Amino-5-hydroxynaphthalin-7-sulfonsäure. Durch Behandlung mit $CuSO_4$ wird die Cu-Komplex-Verb. hergestellt u. diese mit äquimol. Mengen Cyanurchlorid umgesetzt. Der Ersatz des zweiten Cl im Cyanurrest durch $NH_2$ erfolgt durch Behandlung mit Ammoniak-Lsg. (5%ig). Der Farbstoff färbt Cellulosefasern nach dem Thermofixier-Verf. rubinrot u. sehr gut licht- u. waschecht. 1-Hydroxy-2-amino-6-acetylaminobenzol-4-sulfonsäure → 1-Phenyl-3-methyl-5-pyrazolon-4'-sulfonsäure. Der Farbstoff wird in die (1 : 2) Co-Komplex-Verb. übergeführt u. mit äquimol. Mengen Cyanurchlorid umgesetzt. Ersatz von Cl im Cyanurrest durch $NH_2$ wie oben angegeben. Der Farbstoff färbt Cellulose gelbbraun. — Weitere Ausführungs- u. Tabellenbeispiele.

(**D. A. S. 1 102 317** Kl. 22a vom 30/7. 1957, ausg. 16/3. 1961. **Oe. P. 201 744** vom 9/8. 1957, ausg. 26/1. 1959. **F. P. 1 180 975** vom 8/8. 1957, ausg. 10/6. 1959. **Belg. P. 559 945** vom 9/8. 1957, ausg. 22/4. 1960. Alle Schwz. Prior. 10/8. u. 17/10. 1956 u. 25/1. 1957. **A. P. 2 929 809** vom 5/8. 1957, ausg. 22/3. 1960. Schwz. Prior. 10/8. 1956. **Schwz. P. 353 474** vom 17/10. 1956, ausg. 31/5. 1961.) F. RATH. 7053

Ciba Akt.-Ges. (Erfinder: Fritz Oesterlein), Basel, Schweiz, **Herstellung metallhaltiger Monoazofarbstoffe.** Schwermetallkomplex-Verbb. von Monoazofarbstoffen der allg. Formel HO—R—N=N—A (R—OH = der in α-Stellung an —N=N— gebundene Rest einer $NO_2$-haltigen β-Hydroxynaphthalinsulfonsäure u. A = Rest einer Hydroxyamino-Verb. mit einer wasserlösl. machenden Gruppe u. $-NH_2$- u. —OH-Gruppen in verschiedenen Ringen, falls A polycycl. ist. Der Rest der Hydroxyamino-Verb. ist in Nachbarstellung zu —OH an —N=N— gebunden, seine $NH_2$-Gruppe trägt einen halogenierten 1.3.5-Triazinrest) werden nach bekannten Verff. hergestellt. Die Farbstoffe eignen sich zum Färben u. Bedrucken von Zellstoff, regenerierter Cellulose, Viscose, Leinen u. bes. Baumwolle. — Die *nitrierte* Diazo-Verb. aus *1-Amino-2-hydroxynaphthalin-4-sulfonsäure* wird mit *2-Amino-5-hydroxynaphthalin-7-sulfonsäure* gekuppelt u. mit $CuSO_4$ gekupfert. Durch Rk. mit äquimol. Mengen *Cyanurchlorid* wird der fertige Farbstoff erhalten. Er färbt Baumwolle aus alkal., NaCl-haltigem Bad waschecht violett. Ersatz eines reaktionsfähigen Cl durch 1-Aminobenzol-3-sulfonsäure ändert die Färbeeigg. nicht. — Sieben weitere Beispiele u. Tabellenbeispiele. (**D. A. S. 1 106 896** Kl. 22a vom 19/9. 1958, ausg. 18/5. 1961. **Zusatz D. A. S. 1 106 317; s. vorst. Referat. F. P. 1 211 086** vom 2/10. 1958, ausg. 14/3. 1960. Beide Schwz. Prior. 10/10. 1957 u. 29/8. 1958. **Oe. P. 207 016** vom 9/10. 1958, ausg. 11/1. 1960. **A. P. 2 943 085** vom 6/10. 1958, ausg. 28/6. 1960. Beide Schwz. Prior. 10/10. 1957.) F. RATH. 7053

Imperial Chemical Industries Ltd. (Erfinder: Frank Lodge), London, England, **Anthrachinonfarbstoffe** der allg. Zus. **I** (R = ggf. substituiertes Aryl oder Alkyl, A = ggf. mit Cl, Br, Alkyl oder Alkoxy substituierter Benzolring), die cellulose- u. N-haltige Materialien in sehr gut waschechten rotstichigblauen Tönen färben, erhält man durch Rk. einer 1-Amino-4-(β-hydroxyäthylsulfonylanilino)-anthrachinon-2-sulfonsäure mit einem organ. Sulfonsäurehalogenid. — In 10 (Gew.-Teile) 1-Amino-4-(3'-β-hydroxyäthylsulfonylanilino)-anthrachinon-2-sulfonsäure (**II**) u. 100 Pyridin rührt man bei 0° 4,6 Methansulfonylchlorid (**III**) in 30 Min. ein, rührt 1 Std., trägt in Eiswasser ein, macht mit HCl stark sauer, filtriert, löst wieder in warmem W. unter Zugabe von $Na_2CO_3$ u. salzt mit KCl aus. Der Farbstoff, ein blaues Pulver, ist in konz. $H_2SO_4$ rein blau lösl.; in W. ist er klar rotstichigblau lösl. u. färbt Wolle u. Baumwolle im gleichen Farbton. In ähnlicher Weise erhält man weitere Farbstoffe aus: **II** u. Benzolsulfonylchlorid oder Naphthalin-β-sulfonylchlorid; 1-Amino-4-(2'-methoxy-5'-β-hydroxyäthylsulfonylanilino)-anthrachinon-2-sulfonsäure u. **III**. (**E. P. 852 604** vom 25/7. 1958, ausg. 26/10. 1960.) O. ROICK. 7059

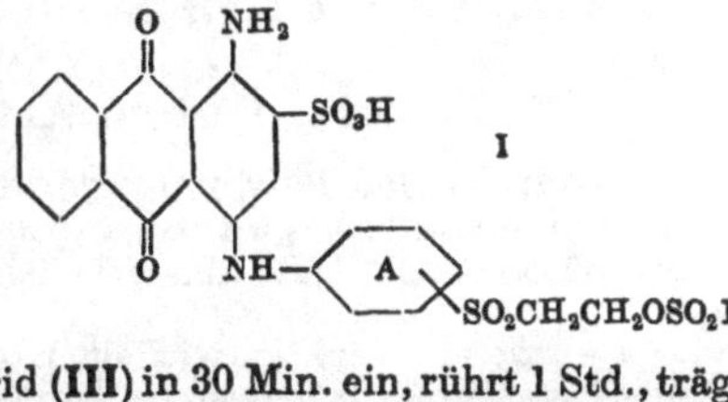


Imperial Chemical Industries Ltd., London (Erfinder: Donald Graham Wilkinson, Manchester), England, **Herstellung neuer Farbstoffe** der allg. Formel **I**, worin R = Alkyl-, Cycloalkyl-, Aralkyl-, Aryl- oder heterocycl. Rest, A u. B = KW-Stoffreste, die auch gemeinsam ein Ring-Syst. bilden können, n = 1, 2 oder 3 u. die Ringe P u. Q substituiert sein können, dad. gek., daß man eine Verb. der allg. Formel **II** (X = NH oder S) mit einem prim. Amin umsetzt. — 1 (Teil) 12-Iminophthaloperin (**III**), 1 p-Phenetidin u. 4 Diphenylamin werden 1 Std. auf 280° erhitzt u. nach Abkühlen auf 100° mit 4 Nitrobenzol versetzt: *12-[p-Äthoxyphenyl]-iminophthaloperin*, F. 264 bis 266°. — Ferner *12-Phenyl-*, F. 237—238°, *12-[p-(6-Methylbenzothiazolyl-(2))-phenyl]-*, *p-Phenylen-bis-*, F. >430°, *1.5-Naphthylen-bis-[12-iminophthaloperin]*, F. >450°. — Andere Farbstoffe werden gebildet aus **III** u. den Hydrochloriden u. Dihydrochloriden folgender Amine: 3-Nitranilin, F. (des Farbstoffs) 275—280°, 4-Nitranilin, F. 266—274°, 1-Naphthylamin, F. 240—250°, 3-Aminopyren, F. 300—305°, 4-Methoxy-3-aminobenzolsulfondiäthylamid, F. 215—220°, 2-Naphthylamin, F. 260—265°, 2-Naphthylamin-6-sulfonamid, F. 290—300° (Zers.), Anilin, p- (**IV**) u. m-Phenylendiamin, Benzidin, Tolidin, F. 400—405°, 1.5-Naphthylendiamin, 2.5-Dichlor-, F. >450°, 2.5-Dimethyl-p-phenylendiamin, F. >400°, 3.3'-Dichlor-4.4'-diaminodiphenyl, F. 378—380°, α.β-Di-

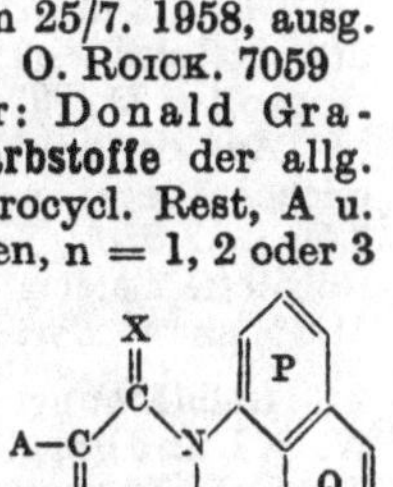

[4-aminophenoxy]-äthan, F. 365—368°, 2-Chlor-p-phenylendiamin, F. 390—393°, 1.4-, F. 390—395°, 1.6-, F. >440°, 1.7-, F. 390—393°, 2.6-, F. >450°, 2.7-Naphthylendiamin, F. 405—415°, 2.2'-Dichlor-4.4'-diaminodiphenyl, F. 390—395°, 2.2'-Dimethyl-4.4'-diaminodiphenyl, F. 400—405°, 2.2'-Dinitro-4.4'-diaminodiphenyl, F. 370—373°, 2.2'-Di-[trifluormethyl]-4.4'-diaminodiphenyl, F. 375—378°, 3.3'-Dimethoxy-4.4'-diaminodiphenyl, F. 397—408°, 4.4'-Diaminodiphenylsulfon, F. >450°, 4.4'-Diaminostilben, F. >450°, 3.8-Diaminopyren, F. >450°, 3.10-Diaminopyren, F. >450°, 2.7-Diaminofluorenon, F. >450°, 3.8-Diaminobenzofuran, F. 424—434°, 2.7-Diaminodiphenylsulfon, F. >440°. — Farbstoffe aus 12-Thiophthaloperin u. **IV**; aus Chlor-12-iminophthaloperin u. **IV**, F. >450° bzw. m-Phenylendiamin, F. 394—397°; Nitro-12-iminophthaloperin u. **IV**, F. >440°; **III** u. 1.3.5-Triaminobenzol, F. >400°; 1.2-Diphenyl-10-iminophthaloperin u. **IV**, F. 360° (Zers.); **III** u. β-Phenyläthylamin, F. 152°. (**F. P 1 165 422** vom 8/10. 1956, ausg. 24/10. 1958. **D. A. S. 1 077 353** Kl. 22e vom 5/10. 1956, ausg. 10/3. 1960. Beide E. Prior. 7/10. 1955 u. 26/9. 1956. **A. P. 2 884 423** vom 5/10. 1956, ausg. 28/4. 1959. E. Prior. 7/10. 1955. **E. P. 830 403** vom 7/10. 1955, ausg. 16/3. 1960.) S. Böttcher. 7063

---

**Dow Chemical Co.**, Midland, Mich., V.St.A. (Erfinder: **George W. Stanton** und **Teddy G. Traylor**), *Verbesserung der Farbstoffaufnahme beim Färben von hydrophoben polymeren Stoffen.* (**F. P. 1 168 212** vom 18/12. 1956, ausg. 5/12. 1958. **Belg. P. 553 541** vom 19/12. 1956, ausg. 15/1. 1960. Beide A. Prior. 19/12. 1955. — C. **1960.** 10777 [E. P. 805 513].)

**J. R. Geigy Akt.-Ges.**, Basel, Schweiz, *Wasserlösliche Farbsalze.* (**Belg. P. 544 769** vom 27/1. 1956, ausg. 25/9. 1959. Schwz. Prior. 28/1. 1955. — C. **1961.** 9608 [F. P. 1 145 753].)

**J. R. Geigy Akt.-Ges.**, Basel (Erfinder: **Werner Bossard**, Riehen, und **Jürg Ammann**, Basel), Schweiz, *Herstellung von metallisierbaren Trisazofarbstoffen.* (**Schwz. P. 331 520** vom 3/12. 1954, ausg. 15/9. 1958. **D. A. S. 1 059 594** Kl. 22a vom 2/12. 1955, ausg. 18/6. 1959. **Belg. P. 543 295** vom 2/12. 1955, ausg. 11/9. 1959. **E. P. 784 665** vom 2/12. 1955, ausg. 16/10. 1957. **A. P. 2 817 658** vom 21/11. 1955, ausg. 24/12. 1957. Alle Schwz. Prior. 3/12. 1954. — C. **1960.** 13203 [Holl. P. 92 713].)

**J. R. Geigy Akt.-Ges.**, Basel, Schweiz, *Herstellung von Tetrakisazofarbstoffen.* (**Holl. P. 94 266** vom 15/5. 1956, ausg. 16/5. 1960. Schwz. Prior. 17/5. 1955. — C. **1960.** 14190 [Schwz. P. 333 929].)

## XIa. Farben. Anstriche. Lacke. Naturharze

**Gewinnung von Natriumhydroxyd und Blanc fixe aus Baryt und Mirabilit.** W. M. Kakabadse und T. A. Iwanowa. (Сообщения Академи Наук Грузинской ССР [Mitt. Akad. Wiss. GrusinSSR] **23.** 401—08. Okt. 1959. Tbilissi, Grusin. Polytechn. Inst.) (Russ.)

Es wurde ein Verf. entwickelt, nach dem durch Rk. von BaS mit Mirabilit $BaSO_4$ u. eine Lsg. von $Na_2S$ gewonnen werden; diese Lsg. ergibt durch Zusammenwirken mit $Mn_2O$ enthaltenden Erzen oder Industrieabfällen (Mn- oder Anodenschlamm) kaust. Soda. Die auf diese Weise gewonnenen Prodd. entsprechen nach ihrer chem. Zus. u. Eigg. den Standardanforderungen. Das Verf. ist wesentlich billiger als das übliche unter Verw. von $BaCl_2$ u. $Ba(OH)_2$. H. Treumann. 7092□

**Reaktionsgleichung zur Darstellung von Ultramarin auf der Basis 3 $SiO_2 \cdot Al_2O_3$ der kieselsäurereichen Ultramarine.** Albin Winterling. (Chemiker-Ztg.-Chem. Apparatur **85.** 230—31. 5/4. 1961. Kronach, Obfr.) (Dt.)

Aus der für die Darst. von Ultramarin (I) auf der Basis 3 $SiO_2 \cdot Al_2O_3$ der $SiO_2$-reichen **I** gegebenen Rk.-Gleichung $4\,(2\,SiO_2 \cdot Al_2O_3 \cdot SiO_2) + 9\,Na_2CO_3 + 11\,S + 5\,C + 6\,O_2 = 2\,Si_6Al_4Na_6O_{20}S_4 + 5\,CO + 9\,CO_2 + 3\,Na_2SO_4$ werden die Einsatz-Gew. der Rohstoffe berechnet. Die Ausbeute beträgt 47,2%, bezogen auf die Rohmischung u. 51,2% unter Berücksichtigung der auftretenden Verluste. W. Wesly. 7092□

**Gelbfärbung von Ölfilmen.** O. S. Privett, M. L. Blank, J. B. Covell und W. O. Lundberg. (J. Amer. Oil Chemists' Soc. **38.** 22—27. Jan. 1961. Austin, Minn., Univ. of Minnesota, Hormel Inst.) (Engl.)

Unterss. an Methyllinolenat, Methyllinolat, Octadecatrien, Leinölmethylestern u. a. Verbb. zeigen, daß Gelbfärbung aus der Rk. farbloser Oxydations-Prodd. untereinander resultiert u. diese Rk. je nach Bedingung u. Zusatz verstärkt u. gehemmt werden kann. Beschleunigend wirken steigende Zahl an Doppelbindungen, Oxydationskatalysatoren (z. B. Cu-Stearat), Aminverbindungen. Niedermol. aliphat. Aldehyde (z. B. n-Butyraldehyd) verhindern Gelbfärbung. Die Inhibitoren bilden dabei farblose Addukte mit den Vorprodukten. Eine quant. Erfassung der gelben Komponenten bzw. von deren Vorläufern war nicht möglich. N. Trzebowski. 7096□

**Test für die Beschleunigung der Gelbfärbung trocknender Öle.** O. S. Privett, M. L. Blank und W. O. Lundberg. (J. Amer. Oil Chemists' Soc. **38.** 27—30. Jan. 1961. Austin, Minn., Univ. of Minnesota, Hormel Inst.) (Engl.) — Vgl. vorst. Referat.

Durch spektrale Beobachtung des an einem Ölfilm auf einer Papierunterlage reflektierten Lichts läßt sich die Gelbfärbung (GF) trocknender Öle reproduzierbar (±2%) verfolgen. Absorptionen bei 520 u. 650 mμ zeigen, daß der Beginn der GF von der Art der vorhandenen polyungesätt. Fettsäuren, der Alterung u. den Behandlungsbedingungen der Öle u. der Temp. abhängt. Die Intensität der GF ist der Konz. an ungesätt. Verbb. proportional. Beginn u. Intensität der GF gestatten eine Voraussage über die Verwendbarkeit trocknender Öle bei der Herst. von Farben u. Firnissen. N. TRZEBOWSKI. 7096□

**Konservendosenlacke und ihre Prüfungen.** H. Arnold. (Blech **3.** Nr. 7. 23—29. Juli 1956.) (Dt.)

Inhaltlich ident. mit der C. **1956.** 12136 referierten Arbeit. L. KEMPF. 7106

**Neue Anwendungsmöglichkeiten für Mehrfarbenlacke im Einschichtenauftrag.** A. Tremain. (Pitture e Vernici **36.** 891—94. Okt. 1960.) (Ital.)

An Hand von Abb. werden Anwendungen der Multicolorlacke im einmal gen Auftrag auf Hausfassaden, Kunststoffteilen usw. aufgezeigt. B. SCHEIFELE. 7106□

**Über die Natur der Harzsäuren und die Eigenschaften des Kolophoniums aus dem Harz von Pinus massoniana.** I. I. Bardyschew, Ch. A. Tschertschess und Sh. F. Kochanskaja. (Журнал Прикладной Химии [J. angew. Chem.] **33.** 884—90. April 1960. Inst. für physikal. u. organ. Chem. der Akad. der Wiss. der BelorussSSR.) (Russ.)

Isoliert u. durch ihre Kennzahlen, Derivv. u. UV-Absorptionsspektren identifiziert wurden nachst. Harzsäuren: *Lävopimarsäure* (22%), *Abietinsäure* (20%), *Neoabietinsäure* u. *Palustrinsäure* (25%), *Dextropimarsäure* (20%) u. *Dehydro-* u. *Dihydroabietinsäure* (3—4%). Außerdem lagen 9—10% Fettsäuren vor. Im Labor.-Maßstab aus dem Harz gewonnenes Kolophonium entsprach besten Sorten aus dem Harz der gemeinen Kiefer. M. ULMANN. 7140□

**Papierchromatographie der Harzsäuren von Kiefer und Tanne.** B. P. Smirnow und W. Ss. Ssidorow. (Журнал Прикладной Химии [J. angew. Chem.] **33.** 1192 bis 1203. Mai 1960. Petrosawodsk, Karel. Filiale der Akad. der Wiss. der UdSSR, Inst. für Biol.) (Russ.)

Die papierchromatograph. Unters. des durch radioakt. Diazomethan methylierten Gemisches der *Harzsäuren* von *Pinus silvestris* u. *Picea excelsa* auf hydrophobem (mit Vaselin behandeltem) Papier mit A.-Aceton als Laufmittel ergab 3 Flecke, was im Gegensatz zu anderen Unterss. der Harzgemische steht, wo bis zu 7 Säuren gefunden wurden. Von den Prodd. der 3 Flecke identifizierten Vff. *Abietinsäure* u. *Lävopimarsäure*, während die weitere Substanz nicht untersucht wurde. M. ULMANN. 7140□

**Einfache Kornfeinheitsermittlung.** H. O. Kölln. (Farbe und Lack **67.** 223. April 1961.) (Dt.)

Beschreibung einer einfachen Meth. zur schnellen Ermittlung der Kornfeinheit von Pigmenten u. Substraten ohne Apparatur. L. KEMPF. 7152

---

L. Ja. Markowskij und N. W. Wekschina, **Herstellen von Luminophoren auf** Basis von $ZnF_2/MgF_2$, wobei als Aktivator Ta eingeführt wird. — ZnO u. MgO werden mit 40%ig. HF behandelt, so daß ein äquimol. Verhältnis $ZnF_2 : MgF_2$ vorliegt. Dabei wird Ta(V)-Fluorid, in HF gelöst, in solcher Menge eingeführt, daß es nach dem Glühen der Masse bei 950° 1 Gew.-% des Luminophors ausmacht. 40% der eingestrahlten Intensität werden wiedergegeben. Die Nachleuchtempfindlichkeit ist nach 6,8 Sek. auf 1% des Anfangswerts abgefallen; Strahlungsmaximum $\lambda_{max}$ 400 mμ. **(UdSSR. P. 117 371** vom 2/6. 1958.) B. PANKOW. 7193

Welsbach Corp., Philadelphia (Erfinder: Victor A. Hann, St. Davids), Pa., V.St.A., **Unterdrückung von Verbrennungsvorgängen bei der Berührung von ozonhaltigem Sauerstoff mit Ozonisationsprodukte der ungesättigten aliphatischen Monocarbonsäuren oder des α-Pinens enthaltenden Filmen** erfolgt dadurch, daß man den $O_2$ mit $CO_2$, Ar oder He bis zu einer $O_2$-Konz. von 20—80% verd., das $O_2$-haltige Gasgemisch in üblicher Weise ozonisiert bis 1—3% $O_3$ entstanden sind u. das $O_3$-haltige Gemisch in die Rk.-Mischung einführt. — Anwendung beim Ozonisieren von Ölsäure, Tallölfettsäure u. Pinen. Vgl. A. P. 2 874 164; C. **1960.** 8357. Der $O_2$ wird vor dem Ozonisieren mit $CO_2$ auf 30—42%, mit He auf 79% u. mit Ar auf 25% verdünnt. (**D. A. S. 1 096 907** Kl. 12o vom 19/8. 1957, ausg. 12/1. 1961. A. Prior. 21/8. 1956.) G. KRAUSS. 7097

Maurice Albert Boucard, Seine, Frankreich, **Abbeizmittel für Anstriche und Lacke,** z. B. der Zus. 0,25 (des Gewichtes) PAe., 0,5 Aceton u. 0,25 Äthylacetat. Als Lsgm. kann man auch denaturierten A., an Stelle von Äthyl- auch Amylacetat nehmen. (**F. P. 1 165 709** vom 29/1. 1957, ausg. 28/10. 1958.) T. OPPERMANN. 7101

Myron P. Laughlin, St.Petersburg, übert. von: Herschel Greer McMorris und Florian H. McCall, Clearwater, Fla., V.St.A., **Überziehen von Aluminium.** Durch Behandeln mit feinem Sand, feingepulvertem Hartmetall oder Carborund wird die Oberfläche von Al mit einem Netzwerk feiner Löcher versehen, ca. 3000/sq.inch. In diese Löcher wird *Anilin-* oder *Mineralfarbe* eingebracht, wodurch eine bes. Farb-Wrkg. hervorgerufen wird. Das Ganze kann durch einen Schutzfilm abgedeckt werden. (**A. P. 2 894 852** vom 17/5. 1954, ausg. 14/7. 1959.) F. VIER. 7107

Farbwerke Hoechst Akt.-Ges., vormals Meister Lucius & Brüning, Frankfurt/M. (Erfinder: Fritz Rochlitz, Frankfurt/M., und Hans Starck, Hofheim/Taunus), **Praktisch wasserfreie Einbrennlacke** auf der Basis von Alkydharzen mit Zusatz von Säuren, dad. gek., daß sie 0,2—25%, bes. 1—5% (bezogen auf Alkydharze), an Perchlorsäure oder eines Phosphorsäure-Perchlorsäure-Gemisches enthalten. (**D. A. S. 1 099 110** Kl. 22h vom 26/5. 1956, ausg. 9/2. 1961.) M. BÖTTCHER. 7107

Rheinpreussen Akt.-Ges. für Bergbau und Chemie, Homberg/Niederrhein, **Ungesättigte Polyester,** die, in ungesätt. Monomeren gelöst, lufttrocknende *Lacke* oder *Überzüge* ergeben, werden hergestellt aus ungesätt. Dicarbonsäuren, ggf. in Mischung mit gesätt. Säuren, u. 2-Methylbutan-1.3-diol oder 5-(α-Hydroxyäthyl)-5-hydroxymethyl-1.3-dioxan. Die Veresterung erfolgt bei 180—200° in Ggw. von 0,01 Gew.-% Hydrochinon unter $N_2$ bis zu einer SZ. von 20. (**E. P. 846 912** vom 14/12. 1956, ausg. 7/9. 1960. D. Prior. 29/9. 1956.) F. KOCH. 7107

British Resin Products Ltd., London, England, **Härtbare Epoxyharzmassen** enthalten Glycidylpolyäther, bes. von mehrwertigen Alkoholen u. Phenolen, u. den Glycidyläther eines einwertigen Phenols mit olefin. ungesätt., 10—28 C-Atome aufweisenden KW-Stoffresten am Benzolkern, wie Geranylphenol oder Cardanol, $C_6H_4(OH)\cdot(CH_2)_6-CH=CH-(CH_2)_5CH_3$, im Verhältnis 1: < 3. Die M. dient bes. als *Einbrennlack* u. wird durch Säuren (Anhydride von mehrbas. Carbonsäuren; $BF_3$), NaOH u. Amine, bes. unter Zusatz von Metall (Co, Mn, Ba, Zn)-Salzen, ausgehärtet. (**E. P. 824 302** vom 13/4. 1956, ausg. 25/11. 1959. A. Prior. 15/4. 1955.) G. TEWES. 7107

Farbenfabriken Bayer Akt.-Ges. (Erfinder: Wilhelm Bunge und Otto Bayer), Leverkusen, **Herstellung von Cyanursäurereste aufweisenden Kunststoffen.** Noch lösl., fl. oder schmelzbare Rk.-Prodd. von Triarylestern der Cyansäure werden mit ggf. harzartigen, mehrere OH-Gruppen aufweisenden Verbb. (ggf. ungesätt. Glykole, Glycerin, Trimethylolpropan, Di- u. Triäthanolamin, Ricinusöl, Polyglykole, Polyester, Polythioäther u. Polyacetale), ggf. unter Zusatz von Polyisocyanaten oder Polyisocyanatabspaltern, in der Wärme unter Formgebung ausgehärtet. — In 431 (Teilen) einer heißen 92,6%ig. Lsg. des Cyanursäuretrikresylesters in Kresol (I) werden 762 Terephthalsäurebisglykolester eingetragen u. bei 200° 134 I abdestilliert. Die 35%ig. Lsg. des springharten Harzes in I ergibt auf Fe-Blech oder Cu-Draht festhaftende *Überzüge.* (**D. A. S. 1 096 031** Kl. 39b vom 4/8. 1958, ausg. 29/12. 1960.) G. TEWES. 7107

Fahlberg-List G. m. b. H., Chemische Fabrik, Wolfenbüttel (Erfinder: Maximilian v. Mildenstein, Braunschweig), **Zweikomponentenlacke,** d. h. Lacke, deren Komponenten kurz vor der Verarbeitung gemischt werden, enthalten als Bindemittel eine Lsg. von cyclisiertem Kautschuk in Monostyrol oder Vinyltoluol, sowie Beschleuniger, wie z. B. Co-Naphthenat, u. organ. Peroxyde als Härter. (**D. A. S. 1 104 094** Kl. 22h vom 17/12. 1959, ausg. 6/4. 1961.) M. BÖTTCHER. 7107

Paul Daumer, Nord, Frankreich, **Anstrichpaste,** dad. gek., daß die Bindemittel Substanzen negativer Polarität (Fettamine, Fettalkohole) enthalten, wodurch die photochem. Zers. der Pigmentfarbstoffe hintangehalten wird. — Zum Beispiel werden 32 (kg) Rutil u. 68 Lithopone mit 28 W. angeteigt. In die Masse wird ein Bindemittel aus 5 Cyclohexanol, 5 Dipenten, 1 Fettamin u. 6 Glycerophthalsäureharz mit 75% veresterter Octadecadien-(9.11)-säure bei mindestens 20° eingearbeitet, schließlich werden 3 Glycerophthalsäureharz u. 3 Terpineol zugegeben. — Vgl. auch Belg. P. 550 779; C. **1961.** 14111. (**F. P. 1 133 601** vom 15/9. 1955, ausg. 29/3. 1957.) H.-J. NITZSCHKE. 7107

British Cellophane Ltd. (Erfinder: Charles Richard Bruce und Trevor Norman Williams), **Verpackungsmaterial.** Auf einer Seite mit einem Gemisch aus *Celluloseäther* bzw. *-ester* u. *Wachs* u. auf der anderen Seite mit *Polyäthylen* überzogene *Cellulosefilme* zeigen ein opaques Aussehen, das durch eine Strahlungserhitzung auf etwa 90° von ca. 1 Sek. beseitigt wird. Das Überzugspolyäthylen hat ein Molgew. von durchschnittlich 28000. Für den abseitigen Überzug ist der Ansatz genannt aus 40

(Teilen) *Nitrocellulose*, 8 Dibutylphthalat, 22 Dicyclohexylphthalat, 14 Dimethylcyclohexylphthalat, 11 mit Glycerylcitrat modifiziertes *Alkydharz*, 3 *Paraffinwachs*, 0,5 Bentonit u. 0,5 Citronensäure. (**Aust. P. 221 858** vom 21/11. 1957, ausg. 25/6. 1959. E. Prior. 10/12. 1956.) H. MÖLLERING. 7107

**E. I. du Pont de Nemours & Co.**, Wilmington, Del., V.St.A., *Tetrahalogenierte Chinacridone* (**F. P. 1 189 155** vom 5/9. 1957, ausg. 30/9. 1959. — C. **1959.** 312 [A. PP. 2 821 529 u. 2 821 530].)

**Farbwerke Hoechst Akt.-Ges., vormals Meister Lucius & Brüning**, Frankfurt/M., *Farbstoff der Perylentetracarbonsäurereihe.* (**E. P. 852 202** vom 1/4. 1957, ausg. 26/10. 1960. D. Prior. 31/3. 1956. Zusatz zu E. P. 837 326; C. 1959. 17496. — C. **1960.** 5012 [D. A. S. 1 067 951].)

**Imperial Chemical Industries Ltd.**, London, England, *Kunstharzmasse für Anstrichmittel.* (**Ind. P. 49 934** vom 20/7. 1953, ausg. 27/10. 1954. E. Prior. 20/8. 1952. — C. **1958.** 9355 [Oe. P. 186 351].)

**Sissons Brothers & Co. Ltd.** (Erfinder: **Alan Dyson Snowden**), Hull, England, *Herstellung von niedrig viscosen, stabilen Harzemulsionen.* (**E. P. 757 351** vom 24/11. 1953, ausg. 19/9. 1956. — C. **1959.** 4639 [Belg. P. 533 562].)

**Pinchin, Johnson & Associates Ltd.**, London, England, *Metallüberzugsmittel.* (**It. P. 514 166** vom 12/3. 1954. — C. **1958.** 9622 [Belg. P. 527 184].)

**Minnesota Mining & Mfg. Co.**, St. Paul, Minn., V.St.A., *Acryl- und Methacrylester von Fluorkohlenstoffsulfonamidalkanolen.* (**Ind. P. 59 441** vom 22/1. 1957, ausg. 20/1. 1959. — C. **1960.** 1687 [A. P. 2 803 615].)

**Distillers Co. Ltd.**, Edinburgh, England, *Herstellung von Polymeren von α-Alkenen.* (**Holl. P. 96 012** vom 31/1. 1957, ausg. 15/11. 1960. E. Prior. 4/2. 1956. — C. **1960.** 11482 [F. P. 1 165 796].)

**Minnesota Mining & Mfg. Co.**, St. Paul, Minn., V.St.A., *Flüssige, reflektierende Überzüge bildende Massen.* (**Belg. P. 558 349** vom 13/6. 1957, ausg. 25/3. 1960. A. Prior. 14/6. 1956. — C. **1959.** 16172 [Oe. P. 200 691].)

**Union Chimique Belge Soc. An.**, Brüssel, übert. von: **René Leclercq**, Woluwe-Saint Pierre, und **René Paquet**, Braine-le-Comte, Belgien, *Harze aus Diisocyanaten.* (**A. P. 2 947 714** vom 4/6. 1957, ausg. 2/8. 1960. Belg. Prior. 22/6. 1956. — C. **1960.** 7696 [F. P. 1 177 442].)

**Pierre Robert Welch**, Dayton, Ohio, V.St.A., *Überzugsmittel in Dispersionsform.* (**E. P. 829 023** vom 20/11. 1956, ausg. 24/2. 1960. — C. **1959.** 13646 [A. P. 2 844 557].)

**Minnesota Mining & Mfg. Co.** (Erfinder: **Alfred Henry Nellessen**), *Flüssiges reflektierendes Anstrichmittel.* (**Aust. P. 219 668** vom 4/6. 1957, ausg. 5/2. 1959. A. Prior. 14/6. 1956. — C. **1959.** 16172 [Oe. P. 200 691].)

## XIb. Plaste (Kunstharze. Plastische Massen)

**Aufbau und Eigenschaften der Kunststoffe.** F. Held. (Bull. schweiz. elektrotechn. Ver. **52.** 1—7. 14/1. 1961. Zürich, ETH, Inst. für techn. Physik.) (Dt.)

Viele Eigg. der Kunststoffe lassen sich leicht aus ihrem chem. Aufbau herleiten. Ein Kunststoff, der aus geradkettigen Makromoll. aufgebaut ist, verhält sich anders als ein verzweigt-kettiger oder ein solcher, dessen Moll. untereinander stark vernetzt sind. Ein hoher Geh. an Dipolgruppen führt zu elektr. Wechselwrkg. zwischen den Moll. u. setzt infolgedessen den F. des Kunststoffs herauf. Stark beeinflußt werden die therm. Eigg. eines Kunststoffs auch von der Fähigkeit seiner Makromoll., krist. Bereiche zu bilden. Schließlich spielt auch die mehr oder weniger gleichmäßige Anordnung der aufeinanderfolgenden Bausteine in einer Mol.-Kette (isotakt. u. atakt. Polymere) eine wesentliche Rolle für die äußeren Eigg. des Kunststoffs. Die dielektr. Eigg. der Kunststoffe lassen sich in ähnlicher Weise aus ihrem chem. Aufbau herleiten.
H. FEUERBERG. 7170 □

**Kunststoffe für die einheimische Schallplattenindustrie.** Károly Schwaner, János Hajas und József Ormai. (Magyar Kémikusok Lapja [Z. Ver. ung. Chemiker] **15.** 505—10. Nov. 1960. Kábel-és Müanyaggyár.) (Ung.)

Überblick über Ausgangsstoffe, Einrichtungen u. Herst.-Technologie der Schallplattenindustrie. G. HALMI. 7170 □

**Zur Kalt- und Warmverformung von Polyäthylen.** R. Kaiser. (Kolloid-Z. **152.** 8—15. Mai 1957. Darmstadt, T.H., Inst. f. techn. Physik.) (Dt.)

Das IR-Spektr. (Banden bei 6,8, 13,7 u. 13,9 $\mu$) von Polyäthylenfolien wurde bei den verschiedenen Verformungsstufen (kalt verformt, ungedehnt bei 20°, ungedehnt bei Verformungs-Temp. 60—80°, gedehnt bei dieser Temp., warmgedehnt bei 20°) untersucht, um die Änderung des Anteils der krist. Bereiche beim Verformungsprozeß u. die Abhängigkeit der Ausrichtung der Kristallite von der Temp. zu klären. Es wurde gefunden, daß nur bei Kaltverformung die Zahl der Kristallite in größerem Umfang abnimmt (zur Deutung der Kristallitzerstörung wird auf die Überlegungen von BUNN u. ALCOCK, Trans. Faraday Soc. **41.** [1945] 317 hingewiesen), während bei Warmverformung, je nach Verformungs-Temp., die Kristallinität konst. bleibt oder zunimmt. Aus den Befunden wird weiter gefolgert, daß die bei Kalt- u. Warmverformung ablaufenden Prozesse verschieden sind. Hierfür wird eine Vorstellung entwickelt. Die Ausrichtung der Kristallite ist in kaltverformten Folien am größten u. nimmt mit steigender Verformungs Temp. ab. R. SCHÄFF. 7172 □

**Verfestigen von Polyäthylenrohren.** Georg Diedrich. (VDI-Z. **103.** 491–92. 11/4. 1961. Frankfurt-Höchst.) (Dt.)

Die Zeitstandfestigkeit von ZIEGLER-Polyäthylenrohren läßt sich durch 2achsiges Recken bei erhöhter Temp. verdoppeln, so daß man mit der halben Wandstärke im Vgl. mit handelsüblichen Rohren auskommt. W. WESLY. 7172□

**Polyvinylchlorid.** R. J. S. Matthews. (Rep. Progr. appl. Chem. **44.** 502–23. 1959. Destillers Co. Ltd.) (Engl.)

Fortschrittsbericht. — 94 Literaturangaben u. zusätzliche Bibliographie sowie 222 Patentangaben. G. TREWENDT. 7172□

**Polyvinylchloridzersetzung und -stabilisierung.** B. Baum. (SPE Journal **17.** Nr. 1. 71–76. Jan. 1961. Union Carbide Corp., Div. Union Carbide Plastics Co.) (Engl.)

Die Diskussion bekannter Vers.-Ergebnisse u. Theorien für die therm. u. oxydative Zers. sowie für die Stabilisierung von PVC führt zu dem Schluß, daß sowohl Ionen- als auch Radikalmechanismen für die Erklärung der Beobachtungen herangezogen werden müssen. R. JUNGE. 7172□

**Die Korrosionsfestigkeit von nicht weichgemachten Polyvinylchloriden.** Břetislav Doležel. (Chem. Průmysl **11** (36). 106–09. Febr. 1961. Praha, Státní výzkumný ústav ochrany materiálu.) (Tschech.)

Die Eigg. von hartem Polyvinylchlorid wurden mit denen von Hostalit Z 720 nach der Einw. des Aggresionsmediums verglichen. Die Verss. dauerten 32 Tage beim 20, 40 u. 60° im Medium von dest. W., 100%ig. Essigsäure, 96%ig. $H_2SO_4$, 40%ig. $HNO_3$ u. 20%ig. NaOH. Die bessere Quellungsfestigkeit bei 60° u. bessere Zähigkeit nach der Einw. der Essigsäure zeigt Hostalit Z 720, dagegen ist die Zähigkeit nach der Einw. von NaOH u. $HNO_3$ höher beim Polyvinylchlorid. Sonst gibt es keine bes. Unterschiede in der Korrosionsfestigkeit zwischen beiden Plasten. J. SCHNEIDER. 7172□

**Beitrag zur Untersuchung der Oxydation des Polycapronamids. 1. Mitt. Ultraviolettspektroskopie des oxydierten Polycapronamids.** Walter Sbrolli, Tarcisio Capaccioli und Elvio Bertotti. (Chim. e Ind. [Milano] **42.** 357–63. April 1960. Colleferro/Roma, Centro studi chim. B.P.D.) (Ital.)

Die UV-Absorptionsspektren, bes. zwischen 2400 u. 3000 Å, von unter kontrollierten Bedingungen oxydiertem *Polycapronamid* (I) werden zu den Oxydationsparametern, wie Temp., Druck u. Kontaktoberfläche u. zum $O_2$-Verbrauch in Beziehung gebracht. Die Messungen werden an filtrierten I-Lsgg. (0,005–0,5 g I/100 ml 50%ig. $H_2SO_4$) durchgeführt. Der UV-Extinktions-Koeff. ist ein empfindliches Maß für den Oxydationsgrad bzw. für den therm. Abbau des I: Die Menge mindestens einer UV-absorbierenden Gruppe im oxydierten I nimmt dem Oxydationsgrad entsprechend proportional zu. Über den Oxydationsmechanismus wird diskutiert. G. PIEKARSKI. 7180□

**Hochbeanspruchte Leichtbauteile aus glasverstärkten Kunststoffen.** Ulrich Hütter. (Kunststoffe **50.** 318–24. Juni 1960. Stuttgart.) (Dt.)

Die Festigkeits-Eigg. glasfaserverstärkter Kunststoffe werden bestimmt u. mit Dural, Titan, Holz u. Stahl verglichen. Die prakt. u. theoret. Grenzen für den Glas-Geh. ergeben sich rein geometr. aus dem Querschnitt der Elementarfäden. Vf. fand ein Verf., um die Krafteinleitung auch in spezif. hochbeanspruchte Bauteile zu beherrschen. Bei Bauteilen mit Schub- u. Längsbelastung empfiehlt sich ein Aufbau aus mehreren überkreuzten Schichten. Nach diesem Verf. hergestellte Luftschrauben für einen Hubschrauber u. Ringfederelemente werden besprochen. I. KALZENDORF. 7204□

**Aluminiumwolle als Füllstoff mit leitfähigkeitserhöhender Wirkung.** Anonym. (Plastics **26.** 116. Febr. 1961.) (Engl.)

Unters. der Erhöhung der Wärmeleitfähigkeit von Polyester- u. Epoxyharzen durch Zusatz von Al-Wolle. Der Vgl. der in einem Diagramm zusammengestellten Ergebnisse mit den durch Zugabe von Al-Pulver u. Stahlwolle erzielten Leitfähigkeitserhöhungen zeigt, daß Aluminiumwolle die Wärmeleitfähigkeit dieser Harze in wesentlich höherem Maß als die beiden anderen Füllstoffe erhöht. Ferner werden auf Grund physikal.-chem. Überlegungen Formeln zur mathemat. Erfassung der Beziehungen zwischen Leitfähigkeiten der Metallwolle (bzw. -pulver)/Harz/Mischungen u. Leitfähigkeiten u. Spezif. Gew. der einzelnen Mischungskomponenten abgeleitet. H. SONTAG. 7204□

**Schmelzindexäquivalent — ein neuer Fließparameter.** R. J. Martinovich, P. J. Boeke und R. A. McCord. (SPE Journal **16.** 1335–38. Dez. 1960. Phillips Chem. Co.) (Engl.)

Weder der Schmelzindex (SI) noch der „Fließindex" (FI, flow index), der die aus der Standardöffnung eines gasbetriebenen Viscosimeters (CANADIAN INDUSTRIES LTD.) bei 1500 psi u. 190° nach 10 Min. ausgetretene Polymerenmenge in g angibt, für sich allein genügen, die Verarbeitungs-Eigg. von Polymeren mit unterschiedlicher Molgew.-

Verteilung zu charakterisieren. Da sich für verschiedene Polyäthylene mit derselben Molgew.-Verteilung (Gewichtsmittel/Zahlenmittel) das Verhältnis SI:FI als konst. erwies, wird das „Schmelzindexäquivalent“ zur Charakterisierung empfohlen. Es gibt auf Grund einer Messung des FI an, welchen SI das Polymere bei einer Molgew.-Verteilung von 10 hätte. Bei bekanntem SI lassen sich dann Schlüsse auf die von der Molgew.-Verteilung abhängigen Eigg. ziehen. R. JUNGE. 7210□

**Prüfung von Schuhabsätzen aus Plasten.** E. E. Joiner, S. P. Szumski und F. J. McGarry. (Materie plast. **26.** 1074—80. Nov. 1960.) (Ital.)

Allg. Erörterung über Schuhabsätze aus Plasten u. Beurteilung bes. durch 3 Prüf-Meth., welche im einzelnen beschrieben werden: Schlagzähigkeit, Nagelprobe u. Biegefestigkeit. G. PIEKARSKI. 7210□

---

N. S. F. Nürnberger Schraubenfabrik und Elektrowerk G. m. b. H., Nürnberg (Erfinder: Erwin Meyer und Hans Spiess, Pommelsbrunn, und Hans Scharf, Nürnberg), **Örtliche Entfernung der metallischen Schichten von mit einer dünnen Metallschicht von 0,01—0,1 μ bedampften Trägerwerkstoffen,** dad. gek., daß bei Verw. von mit Al bedampften Kunststoffolien auf Acetat- oder Polyesterbasis oder lacküberzogenen Metallfolien als assoziierendes Mittel, das die Grenzschichtkräfte zwischen Träger u. Metallisierung aufhebt, eine gegenüber Träger u. Al chem. inerte organ. Fl., u. zwar *Methylalkohol, Pyridin, Trichloräthylen, Anilin,* bes. *Aceton* oder andere *Ketone* oder eine Mischung hiervon, u. daß bei Verw. von mit Al bedampften Folien auf Styroflexbasis als assoziierendes Mittel *Petroläther* zur Anwendung gelangt u. daß in deren Ggw. anschließend die Metallisierung durch örtliche mechan. Einw. entfernt wird. Der Metallbelag kann sehr genau u. mit scharfem Rand entfernt werden. (**D. A. S. 1 093 162** Kl. 48b vom 8/12. 1955, ausg. 17/11. 1960.) F. VIER. 7171

Petrochemicals Ltd., London, England (Erfinder: Wladyslaw Henry Skoroszewski und Edward William Duck), **Polymerisation von Olefinen.** Zwecks Polymerisation von Olefinen, z. B. Äthylen (I), zu hochmol. festen Prodd. nach dem Niederdruck-Verf. verwendet man einen Katalysator, der aus einem Gemisch von 3 Komponenten (II) besteht u. zwar 1. einem reduzierenden Metall der 1., 2. u. 3. Gruppe des Period. Syst., bes. feinen Al-Flittern, 2. einer Verb. eines Metalls der Gruppen IVa, Va, VIa, VIIa oder VIII in seiner höchsten Wertigkeitsstufe (III), z. B. $TiCl_4$, u. 3. einer gesondert hergestellten Verb. der unter 2. genannten Metalle in einer niedrigeren Wertigkeitsstufe, bes. $TiCl_3$, das z. B. durch Vermischen von Al-Diäthylmonochlorid mit $TiCl_4$ in einem inerten Lsgm. hergestellt ist. Die 3 Katalysatorkomponenten werden vorzugsweise in einem Lsgm., wie Pentan oder Bzl., vermischt u. das Gemisch der Alterung überlassen, z. B. ½—1 Std. bei 60°, bevor man in diese Suspension, z. B. unter einem Druck von 50 Atm. u. bei 130—220°, z. B. Äthylen, einleitet. Man erhält z. B. ein Polymeres mit einer inneren Viscosität von 3,46, einer D. von 0,955 u. einem F. von 103 bis 120°. (**E. P. 823 194** vom 13/6. 1958, ausg. 4/11. 1959.) K. SARRE. 7173

Universal Oil Products Co., Des Plaines, übert. von: Louis Schmerling, Riverside, Ill., V.St.A., **Katalysator für Olefinpolymerisation** bei 25—300° u. Überdruck, bestehend aus 5—90(%) Al, 1—80 $TiCl_4$ u. 5—75 eines Mo-Oxyds, z. B. $Mo_2O_3$, $MoO_2$, $MoO_3$ oder deren Oxychloriden oder -bromiden oder Mo-Erzen wie Chillagit ($3\,PbWO_4 \cdot PbMoO_4$), Wulfenit ($PbMoO_4$) oder Ferrimolybdit ($Fe_2O_3 \cdot MoO_3$). Feste Polymerisate von Äthylen oder Propylen. — Mengenbeispiele. (**A. P. 2 938 018** vom 22/11. 1957, ausg. 24/5. 1960.) H. SCHINDLER. 7173

Petro-Tex Chemical Corp., Houston, Tex., übert. von: Robert H. Jones, East Brunswick, Roger M. Nagel, Pennington, und Calvin N. Wolf, Cranbury, N.J., V.St.A., **Polymerisate und Mischpolymerisate olefinisch ungesättigter Kohlenwasserstoffe,** bes. von *α-Olefinen,* mit linearer Struktur u. hohem Geh. an krist., isotakt. Anteilen erhält man mit Katalysatoren aus einer Mischung eines Alkyl-Al-chlorids (I) mit 2—8 C-Atomen u. einem Tetraalkyltitansäureester (II) mit 3—18 C-Atomen im Alkylrest, indem man das Gemisch in Ggw. einer geringen Menge eines α-Olefins mit 2—8 C-Atomen mindestens kurzzeitig auf 50—200°, bes. 75—160° bzw. 90—120°, erhitzt u. die Mischung dann auf $< 75°$ abkühlt. Es werden 3—25 Mol I auf 1 Mol II verwendet. Die Menge des bei der Katalysator-Herst. anwesenden Olefins kann 0,1 bis ca. 15% der gesamten Olefinmenge betragen. Das Olefin kann von dem zu polymerisierenden verschieden sein, auch andere KW-Stoffe, sowie $H_2$ können bei der Polymerisation anwesend sein. Der Anteil der beiden Katalysatorkomponenten beträgt 0,01 bis ca. 2%, bezogen auf die Gesamtbeschickung, oder 0,1—15% des gesamten Olefins. Die aktivierte Katalysatormischung kann gealtert werden. — Als I eignet sich bes. $(C_2H_5)_2$–AlCl, als II Tetra-(2-äthylhexyl)-titanat. Die Polymerisation wird bei

Temp. bis 350°, bes. 25—150°, u. Drücken von 1—60 at, auch in Ggw. von Verdünnungsmitteln, durchgeführt. Das Verhältnis von I:II beeinflußt die erhältliche Menge an isotakt. Polymerisat. Die Anwesenheit von α-Olefin bei der Katalysator-Herst. beschleunigt die Polymerisationsreaktion. Nach Lsgm.-Extraktion erhält man als unlösl. Rückstand u. a. *Polypropylen* mit einem Schmelzindex von 0,58 (= 85% des Gesamtpolymerisats) u. *Poly-1-buten* mit einem Schmelzindex von 0,63 (= 71% des Gesamtpolymerisats). — 18 Beispiele. (**A. P. 2 936 302** vom 12/8. 1957, ausg. 10/5. 1960.)
M. Maierhauser. 7173

Farbwerke Hoechst Akt.-Ges., vormals Meister Lucius & Brüning, Deutschland, **Chlorierung und Sulfochlorierung von Niederdruckpolyolefinen** (aus Propylen, Butylenen, Pentenen, Vinylcyclohexan, -cyclohexenen, jedoch nicht Polyäthylen) durch Behandlung mit $Cl_2$ oder $Cl_2$ u. $SO_2$, wobei man zunächst unter Druck arbeitet. — 50 (Gew.-Teile) einer wenig lösl. Äthylen–Propylen (90:10)-Modifikation werden in 1000 $CCl_4$ bei 110° im Autoklaven mit 40 $Cl_2$ 30 Min. behandelt, u. nach Abkühlen u. Entspannen wird bei 70° $Cl_2$ mit 14 g/Min. bei UV-Bestrahlung 10 Min. eingeführt; 53% Cl-Gehalt. — Verw. für *Folien, Klebschichten* für Holz, Glas, Metall, plast. Massen, *Weichmacher* u. *Flammenschutzmittel* für andere plast. Massen, wie Polyäthylen. (**F. P. 1 173 859** vom 30/4. 1957, ausg. 3/3. 1959. D. Prior. 30/4. 1956.)
M. Pankow. 7173

Ruhrchemie Akt.-Ges., Deutschland (Erfinder: Nikolaus Geiser, Helmut Kolling, Heinz Noeske, Friedrich Rappen und Walter Rottig), **Olefinpolymerisation,** bes. Äthylenpolymerisation, bei < 100 at u. Temp. bis 100° mit Mischungen von Organometall-Verbb. mit Derivv. der Metalle der Untergruppen IV—VI des Period. Syst. ($TiCl_4$) u. Verw. einer Hilfsfl. mit < 0,01 Gew.-% eines Äthers. So nimmt man als Hilfsfl. z. B. aliphat. KW-Stoffe aus der CO-Hydrierung vom Kp. 90—180°, die durch Hydrierung bei 250° über einem Ni-Katalysator u. anschließender Behandlung mit konz. $H_2SO_4$ gereinigt sind. (**F. P. 1 188 314** vom 13/12. 1957, ausg. 22/9. 1959. D. Prior. 22/12. 1956.) M. Pankow. 7173

Odenwald-Chemie G. m. b. H., Deutschland, **Verbesserung der Transparenz von Hoch- oder Niederdruckpolyäthylen.** Um die Bldg. milchig getrübter Polyäthylene zu vermeiden, setzt man sofort nach der Polymerisation oder beim Niederdruck-Verf. nach der Katalysatorentfernung reflektierende Stoffe, wie Al-, Bronze-, Cu-, Chromstahlpulver, Glimmer, Salze, in Mengen von ca. 0,1—0,3% zu den Polymeren. (**F. P. 1 201 152** vom 6/8. 1958, ausg. 29/12. 1959. D. Prior. 7/8. 1957.) M. Pankow. 7173

Soc. Belge du Titane Soc. An., Brüssel, Belgien (Erfinder: D. F. Herman), **Katalysatoren für die Polymerisation von Äthylen** sind Verbb. der allg. Formel $R_nTiX_{(4-n)}$ mit 1—2 Ti—C-Bindungen (R = Alkyl, Aryl, X = Alkoxy; Halogen, wenn R = Aryl; oder Alkoxy, wenn R = Alkyl; n = 1 oder 2). Die Alkylgruppen sollen 1 bis 16 C-Atome aufweisen, die Arylgruppen sind Phenyl oder Naphthyl, die substituiert sein können. (**Belg. P. 559 048** vom 8/7. 1957, ausg. 8/4. 1960. A. Prior. 12/7. 1956.)
A. Dandl. 7173

Asahi Kasei Kogyo Kabushiki Kaisha, Osaka (Erfinder: Yuyi Kobayashi, Shigeru Matsuoka, Teiichi Kaku, Kan Shibata und Kunio Satake, Nabeoka), Japan, **Polymerisieren von Vinylverbindungen** der Formel $CH_2$:CYZ (Y = H, $CH_3$; Z = $C_6H_5$, $COOCH_3$, $COOC_2H_5$, $COOC_3H_7$, $COOC_4H_9$) in Masse oder in Lsg.; man verwendet als Katalysatoren Halogenaryle mit dem Halogenatom am Ring u. Mg, Zn u./oder Fe im Mol-Verhältnis Metall zu Halogenaryl = 1:9—5:1 u. einer Gesamtmenge an Katalysator von 0,1—10 Gew.-% der Monomeren. — Man hält 40 $cm^3$ Methylmethacrylat, 2 g Chlorbenzol, 0,4 g Zn-Pulver u. 40 $cm^3$ Chlf. 5 bzw. 10 Std. bei 70° u. erhält eine 30 bzw. 50%ig. Polymerisation mit einem Durchschnittspolymerisationsgrad von 3000—4000 bzw. 10000—11000. (**Jap. A.S. 9282/1959** vom 26/1. 1957, ausg. 16/10. 1959.) M. Pankow. 7173

Je. L. Gefter und T. A. Ignatowa, **Herstellung von tropenfestem Polyvinylchlorid** durch Zusatz eines Fungicids, dad. gek., daß *Tri-[chloräthyl]-phosphit* in Mengen von 4—5% verwendet wird. Im Gegensatz zu anderen Fungiciden, wie Hg-Salzen, Fluor-Verbb. u. Phenolaten, treten keine gesundheitlichen Schäden oder Verschlechterungen der dielektr. Eigg. ein. — Kabelplastikmasse nach der Industrie-Rezeptur 224: 100 (g) Polyvinylchlorid TU MChP Nr. 2276—50; 30 höhere Phthalsäureester SD-242; 10 Trikresylphosphat; 15 Pb-Silicat; 3 Ca-Stearat; 7,4 g Tri-[β-chloräthyl]-phosphit. Die Masse genügt den Normansprüchen. Spezif. Widerstand $2{,}2 \cdot 10^{13}$ $\Omega$/cm. (**UdSSR. P. 120 912** vom 18/11. 1958.) L. Grossner. 7173

Diamond Alkali Co., Cleveland, Ohio, V.St.A., **Schmierfähige, hitze- und lichtstabile Polymere von Vinylverbindungen,** z. B. Vinylchlorid, Vinylidenchlorid, Vinylestern, Acrylaten, Methacrylaten, Styrolen, Dienen, Amiden, Nitrilen usw. werden durch Polymerisation der Monomeren in wss. Medium in Ggw. von Emulgiermitteln, mindestens einem Metallsalz einer Carbonsäure mit wenigstens 3 C-Atomen u. einem Ester einer Polyhydroxyl-Verb. u. Katalysatoren wie organ. Peroxyden hergestellt. (**E. P. 841 172** vom 7/1. 1958, ausg. 13/7. 1960. A. Prior. 9/1. 1957.) A. DANDL. 7173

Farbwerke Hoechst Akt.-Ges., vormals Meister Lucius & Brüning, Deutschland, **Polymerisieren und Mischpolymerisieren von Vinylchlorid** (**I**) mit Mischungen von Organo-Metall-Verbb. u. Salzen von Elementen der Untergruppen 4—6 des Period. Syst.; zur Mischpolymerisation eignen sich Mischungen von I mit Äthylen, Propylen oder Butylen. Verwendet man bei der Katalysator-Herst. einen großen Überschuß an organ. Al-Verb., so entstehen Polymere, die nach den in der Kautschukindustrie üblichen Verff. vulkanisiert werden können. — Verw. der Polymeren für *Lacke, Folien, Fäden,* die nach Behandlung mit $NH_3$ oder Aminen oder Thioharnstoff gute Affinität für saure Farbstoffe aufweisen u. unlösl. Prodd. geben. — Man gibt unter $N_2$ zu 3 $cm^3$ $TiCl_4$ 1,8 Liter **I**, preßt Äthylen bis 10 at auf, gibt mehrmals eine Lsg. von $10^0$ von 10 $cm^3$ $(C_2H_5)_3Al$ in 500 $cm^3$ **I** zu u. erhält nach 2 Std. (Temp.-Anstieg bis $35^0$) eine *wachsartige Masse.* (**F. P. 1 170 602** vom 3/4. 1957, ausg. 16/1. 1959. D. Prior. 4/4. 1956.) M. PANKOW. 7173

Tatsuo Katsumura, Suita, Japan, **Stabilisiermittel für Vinylchloridharze.** Man verwendet *organ. Sn-Verbb.* der Formel $R_2Sn(OOCR')OOC\cdot CH{:}CH\cdot COOR''$ ($R =$ $C_2H_5$, Propyl, Butyl, Octyl, Phenyl, Benzyl; R'COO- = Fettsäure mit 2—18 C-Atomen, einschließlich Hydroxysäuren, Halogenfettsäuren, ungesätt. Fettsäuren, synthet. Fettsäuren mit ungerader C-Zahl; R'' = Alkyl (oder Aryl), das sich von einem aliphat. Alkohol von A. bis Stearylalkohol u. ferner von Phenol, Benzylalkohol oder Cyclohexanol ableitet), z. B. $(C_4H_9)_2Sn(OOC\cdot C_{11}H_{23})OOC\cdot CH{:}CH\cdot COOC_4H_9$ oder $(C_4H_9)_2Sn(OOC\cdot C_{17}H_{35})OOC\cdot CH{:}CH\cdot COO$–⟨H⟩. Man erhält die Verbb. aus $R_2Sn(OCH_3)_2$ durch Rk. mit R'COOH u. R''OOC·CH:CH·COOH. (**Jap. A. S. 9147/1959** vom 14/12. 1956, ausg. 10/10. 1959.) M. PANKOW. 7173

Farbwerke Hoechst Akt.-Ges., vormals Meister Lucius & Brüning, Deutschland, **Weichmachen von Vinylchloridpolymeren oder -mischpolymeren.** In einer Polyvinylchloriddispersion dispergiert man eine Lsg. von chloriertem oder chloriertem u. sulfochloriertem Polyäthylen oder Polypropylen in einem organ. Lsgm., das dann entfernt wird. — Zu einer wss. Dispersion aus 2000 (Teilen) Polyvinylchloridpulver, 10 Na-Sulfonat-Verb. mit 12 C-Atomen, 5 $Na_2CO_3$ u. 7000 W. gibt man 7000 einer Lsg. von 7,1 Niederdruckpolyäthylen, das bis zu 43% Cl chloriert wurde, in 92,9 $CCl_4$ u. entfernt $CCl_4$. (**F. P. 1 179 723** vom 20/7. 1957, ausg. 27/5. 1959. D. Prior. 21/7. 1956.) M. PANKOW. 7173

Kutoku Tomonari, Takarazuka, Kenichi Shinohara und Ayao Amemiya, Tokyo, und Akibumi Danno, Kamakura, Japan, **Verbesserung der Eigenschaften von Polyvinylalkohol** oder dessen Derivv. oder Mischungen mit anderen Polymeren, auch als Pulver, Film, Fasern u. a. Formkörpern. Man bestrahlt das Polymere mit radioakt. Strahlen in Ggw. von Wasser. — 102 mg Polyvinylalkoholpulver (Polymerisationsgrad 1700) läßt man in W. quellen, bestrahlt mit $\gamma$-Strahlen mit $1{,}5\cdot 10^7$ Röntgen von $^{60}Co$. Danach löst es sich nicht vollständig bei 30 Min. langem Kochen. (**Jap. A. S. 9277/1959** vom 26/2. 1957, ausg. 16/10. 1959.) M. PANKOW. 7173

Sekisui Kagaku Kogyo Kabushiki Kaisha (Erfinder: Iku Inoue, Kanejiro Iwai und Hirozō Takaura), Osaka, Japan, **Herstellung von Polyvinylacetalen.** Man gibt bei verhältnismäßig hoher Temp. zu einer wss. Lsg. von Polyvinylalkohol (**I**) in Ggw. saurer Katalysatoren soviel Carbonyl-Verb., daß sich noch kein Nd. bildet, u. setzt bei niedrigerer Temp. die restliche Carbonyl-Verb. zu, kondensiert u. erhält das Acetal als Fällung. — Zu 1000 g 10%ig. Lsg. von I mittleren Polymerisationsgrades gibt man 65 g konz. HCl u. rührt bei $15^0$ 15 g Butyraldehyd ein, kühlt dann auf $5^0$, rührt 45 g des Aldehyds ein u. erhält 123 g eines feinen Nd. des Butyrals, lösl. in $CH_3OH$, A., Butanol, etwas quellbar in Aceton u. Benzol. (**Jap. A. S. 8836/1959** vom 3/7. 1957, ausg. 1/10. 1959.) M. PANKOW. 7173

Earl C. Chapin, Springfield, und Mary E. Murphy, East Longmeadow, Mass., V.St.A., **Vinyliden-Aldehyd-Mischpolymere mit komplex gebundenen Metallsalzen** erhält man durch Rk. einer Lsg. eines Mischpolymers, das aus 50—90 (Mol-%) eines vinylidenaromat. Monomers u. aus 50—10 eines $\alpha.\beta$-äthylen. ungesätt. Aldehyds gebildet ist, mit Salzen von Cu(II), Fe(II) u. (III), Co(II), Mn(II) u. (IV), Ni(II),

Cr(III), Ce, Zn, Al, La u. Cd bei Temp. bis zu 100°, bis 5—50% des Metallsalzes, berechnet auf das Polymerisat, durch die C(:O)-Gruppen komplex gebunden sind. Man erhält so stabile Metallsalze. — 25 (Teile) eines α-Methylstyrol-Acrolein-Mischpolymerisats (50:50) in 100 Xylol werden mit 25 eine Fe(III)-Salzes von Sojasäuren u. 2 Tropfen Co-Naphthenat versetzt u. 15 Min. bei Zimmer-Temp. geschüttelt. Beim Vergießen erhält man einen klaren Film, der nach 15 Min. langem Erhitzen auf 150° von Bzl., Xylol u. 10%ig., wss. NaOH nicht angegriffen wird. — *Überzugs-*, *Klebe-* u. *Textilbindemittel.* (**A. P. 2 950 264** vom 4/3. 1958, ausg. 23/8. 1960.) J. MÜHLEISEN. 7173

General Aniline & Film Corp., New York, N.Y., übert. von: Frederick Grosser, North Plainfeld, N. J., V.St.A., **Polymerisation von N-Vinyl-α-pyrrolidon** erfolgt bei 40—200°, bes. 150—190°, in Ggw. von (Erd-)Alkalimetallen oder deren Oxyden, Hydroxyden oder Alkoxyden, z. B. NaOH, KOH, Na- oder K-Methylat. Das anfallende weiße Pulver ist weder in W., Säuren, Laugen, noch in organ. Lsgm. löslich. Formkörper daraus besitzen Wärmebeständigkeit >300°. (**A. P. 2 938 017** vom 26/10. 1956, ausg. 24/5. 1960.) H. SCHINDLER. 7173

Mitsubishi Kasei Kogyo Kabushiki Kaisha, Tokyo, Japan, **Erhöhung des Trübungspunktes von wäßrigen Polyvinylmethylätherlösungen** durch Zusatz anion. oberflächenakt. Mittel u. durch Fernhaltung anorgan. Salze. — Man gibt z. B. zu einer 5%ig. wss. Lsg. des Polymeren 5, 10, 20 u. 40% Laurylalkoholsulfonsäure u. erhöht dadurch den Trübungspunkt von 38° auf 45,1°. — *Verdickungs-*, *Suspensions-*, *Imprägnierungs-*, *Anstrichmittel.* (**Jap. A. S. 9278/1959** vom 15/5. 1957, ausg. 16/10. 1959.) M. PANKOW. 7173

Minnesota Mining & Mfg. Co., St. Paul, Minn., übert. von: Elizabeth S. Lo, Elizabeth, N.J., V.St.A., **Mischpolymerisate aus Chloropren und 1.1.3-Trifluorbutadien** (25—75 Mol.-%) erhält man bei 15—75° in Ggw. von $K_2S_2O_8$. Nach den Beispielen wird Chloropren auch noch mit Fluoropren u. 1.1.2-Trifluorbutadien in gleicher Weise mischpolymerisiert. Die Prodd. lassen sich durch Erhitzen unter Druck in dicke Schichten pressen, die nach Zerkleinern auf Diaphragmen, Packmaterial usw. sowie nach Lsg. zu Überzügen usw. verarbeitet werden können. (**A. P. 2 938 888** vom 30/3. 1956, ausg. 31/5. 1960.) H. SCHINDLER. 7173

Asahi Kasei Kogyo Kabushiki Kaisha, Osaka (Erfinder: Yoshio Sumida, Tokyo, Itsuho Aishima und Toshio Ofuka, Nabeoka), Japan, **Polymerisieren von Acrylnitril (I)** oder mindestens 85 Gew.-% I enthaltenden Mischungen in einem Syst., das als Medium die 2—5fache Gew.-Menge W. u. öl- u. wasserlösl. Katalysatoren in dem Medium enthält. — So polymerisiert man unter $N_2$ 80 (g) I in 240 W. mit 0,4 Gew.-% $(NH_4)_2S_2O_8$ u. 1 Gew.-% Benzoylperoxyd 3 Std. bei 40° unter Rühren; Ausbeute 97%. (**Jap. A. S. 8839/1959** vom 18/6. 1957, ausg. 1/10. 1959.) M. PANKOW. 7173

Rikagaku Kenkyujo (Erfinder: Sakae Emoto, Kazuko Namiki und Makoto Ando), Tokyo, Japan, **Herstellung von Kunstharzen mit Carbonsäurehydrazidgruppen.** Man behandelt Acrylsäure-(Methacrylsäure-)-Divinylbenzol-Mischpolymerisate mit Thionylchlorid u. das erhaltene Säurechlorid mit Hydrazin. — 1 (Teil) Acrylsäure–Divinylbenzol-Mischpolymerisat (5% Divinylbenzol-Geh.), 9 Essigsäureanhydrid u. 0,2 Pyridin werden 20 Std. schwach gekocht, das Essigsäureanhydrid wird abdest., das Harz mit Toluol u. Bzl. gewaschen u. 2 Std. mit trockner Luft getrocknet, mit 5 $SOCl_2$ u. 0,1 Pyridin wieder 15 Std. schwach gekocht, dann nichtumgesetztes $SOCl_2$ abdest., mit $CH_2Cl_2$ gewaschen, getrocknet (ca. 32% Cl-Geh.), dann in 7 Hydrazinhydrat bei —5° gegeben, 1 Std. bei 0° gehalten, 48 Std. bei Raum-Temp. gerührt, filtriert, in 2n HCl 1 Tag stehen gelassen u. mit W. gewaschen. (**Jap. A. S. 8344/1959** vom 11/10. 1956, ausg. 17/9. 1959.) M. PANKOW. 7173

Imperial Chemical Industries Ltd., London, England (Erfinder: Dennis Geoffrey Murray Wood), **Polymerisation von Methylmethacrylat** erfolgt in Ggw. von RMgBr, worin R = Alkyl ($C_{1-5}$), Alkenyl, Cycloalkyl, Aryl oder Aralkyl, u. >1 (Mol) W. auf 100 RMgBr. In den Beispielen werden bes. Äthyl-, n-Propyl-, n-Butyl-, n-Amyl- u. Phenyl-MgBr verwendet. Erhöhung der Ausbeute u. Viscosität der Polymerisate. — Tabellen. (**E. P. 841 308** vom 7/8. 1957, ausg. 13/7. 1960.) H. SCHINDLER. 7173

E. I. du Pont de Nemours & Co., übert. von: Blaine C. McKusick, Wilmington, Del., V.St.A., **Initiatoren für Polymerisationen** erhält man durch Bestrahlen fester aliphat. Carbonsäuren mit 2—10 C-Atomen oder deren Derivv., z. B. Bernsteinsäure, Adipinsäure, Aminosäuren, wie Glycin, Hexamethylendicapronamid oder α.α.α'.α'-Tetramethyladipinsäurenitril, mit ionisierenden Strahlen. Die Bestrahlung wird mit mindestens 0,1 MeV u. 0.1—30000 WSek/g bei —180 bis +60° durchgeführt. Als Monomere können Äthylen, Isobutylen, Butadien, Isopren, Styrol, Vinylester, -halogenide,

-äther oder -pyridin, sowie (Meth-)Acryl-Verbb. eingesetzt werden. — Nach einem Beispiel liefert bestrahltes Glycin ein *Polymethylmethacrylat* mit Molgew. von 2500000. (**A. P. 2 940 912** vom 1/10. 1956, ausg. 14/6. 1960.) H. Schindler. 7173

Soc. Belge du Titane Soc. An., Brüssel, Belgien (Erfinder: D. F. Herman), Zur **Polymerisation von Styrol.** Als Katalysator wird eine Verb. der allg. Formel $R_nTiX_{(4-n)}$ mit mindestens 2 Ti—C-Bindungen (R = Alkyl, Aryl, X = Alkoxy oder Halogen, wenn R = Alkyl; oder Halogen, wenn R = Aryl, n = 1, 2) verwendet. Die Alkylgruppen sollen 1—16 C-Atome enthalten; als Arylgruppen dienen Phenyl, Naphthyl, die substituiert sein können. (**Belg. P. 559 047** vom 8/7. 1957, ausg. 8/4. 1960. A. Prior. 12/7. 1956.) A. Dandl. 7173

Peterlite Products Ltd., London, England (Erfinder: Maurice Ross und Lionel John Saxty), **Verbesserte Polymerisation.** Bei der Polymerisation von z. B. Styrol, Methyl- oder Allylmethacrylat, Vinylacetat oder Acrylnitril, mißt man die elektr. Eigg. des zu polymerisierenden Materials, die sich mit dem Grad der Polymerisation verändern, u. zwar von Zeit zu Zeit durch Messen des Leistungsfaktors, der DK oder der Impedanz des Materials. Auf diese Weise kann man die Polymerisation in 3 Stufen zerlegen, u. zwar bei einer bestimmten höheren Temp., z. B. 50°, bis zum Anfang der Gelatinierung, bei einer niedrigeren Temp. bis zum Beginn der Verfestigung u. schließlich die eigentliche Polymerisation wieder bei höherer Temperatur. Zum Beispiel ordnet man das Ausgangsmaterial zwischen den Platten einer Gießform an u. befestigt an den Platten Elektroden für die Messungen. Das Verf. liefert gleichförmige Polymerisate. (**E. P. 818 472** vom 6/6. 1955, ausg. 19/8. 1959.) K. Sarre. 7173

Esso Research and Engineering Co., Del., übert. von: Augustus Bailey Small, Baton Rouge, La., V.St.A., **Herstellung von öligen Polymerisaten** durch Rk. von (alkylsubstituiertem) Cyclopentadien in z. B. Methylchlorid u. in Ggw. von $AlBr_3$ bei —24 bis +20°. Nach dem Beispiel wird Dimethylcyclopentadien mit 5—15% $AlBr_3$ in Kontakt gebracht. Das ölige Polymere trocknet in <1 Std. an der Luft zu biegsamen Filmen. (**A. P. 2 933 538** vom 24/1. 1956, ausg. 19/4. 1960.) H. Schindler. 7173

Sumitomo Kagaku-Kogyo Kabushiki Kaisha, Osaka, Japan, **Herstellung von festen Polyoxymethylenglykolen (I).** Das feste Material läßt man mindestens 5 Std. bei Raum-Temp. altern u. trocknet dann. So stellt man I von 73,5% HCHO-Konz. her, hält es ca. 8 Std. bei 15±3° u. trocknet dann 67 Min. in trocknem $N_2$ bei 17°. (**Jap. A. S. 5662/1959** vom 5/11. 1929, ausg. 30/6. 1959.) M. Pankow. 7177

Gesellschaft für Teerverwertung m. b. H. (Erfinder: Hans Wille und Karl Jellinek), Duisburg, **Härtungsmittel für Diglycidyläther und Glycidylpolyäther,** bes. Epoxyharze, sind Mischpolymerisate von ungesätt. mehrbas., die ungesätt. Reste entweder in der Verzweigung oder in der Seitenkette aufweisenden Carbonsäuren, bzw. deren Anhydriden, u. von Vinylaryl-Verbb., z. B. der Itaconsäure(anhydrid) u. Styrol. — Herst. von Überzügen u. Schichtstoffen. (**D. A. S. 1 099 730** Kl. 39b vom 3/9. 1958, ausg. 16/2. 1961.) G. Tewes. 7177

Chemische Werke Albert, Wiesbaden-Biebrich (Erfinder: Alfred Englisch, Eltville, und Rolf Zimmermann, Wiesbaden), **Polyätheracetale,** die in Ggw. sauer wirkender Katalysatoren aus OH-Gruppen enthaltenden Estern von α.β-ungesätt. Dicarbonsäuren u. Diallylidenpentaerythrit hergestellt sind, u. die eine OH-Zahl <100 haben, werden zusammen mit anpolymerisierbaren, α-substituierten, monomeren ungesätt. Verbb. zu Formkörpern u. Überzügen gehärtet. (**D. A. S. 1 099 163** Kl. 39b vom 11/4. 1959, ausg. 9/2. 1961.) F. Koch. 7177

United States Rubber Co., New York, N. Y., V.St.A., **Herstellung von Polyestern** aus Maleinsäureanhydrid, Cyclohexan-1.2-dicarbonsäureanhydrid u. 1.3-Butylenglykol durch Erhitzen auf 160—170° u. dann auf 190—200°. Nach Zusatz von Hydrochinon wird auf 110° abgekühlt u. nach Zugabe von Styrol u. Methyläthylketonperoxyd verformt. Widerstandsfähig gegen UV u. Sonnenlicht. — Vgl. auch A. P. 2 939 858; C. **1961.** 13023. (**E. P. 831 034** vom 28/4. 1958, ausg. 23/3. 1960. A. Prior. 16/8. 1957. **Zusatz zu E. P. 786 926; C. 1959. 8413.**) H. Schindler. 7177

Shell Oil Co., übert. von: Herbert A. Newey, Lafayette, Calif., V.St.A., **Polyglycidester höhermolekularer ungesättigter Fettsäuren** erhält man durch Rk. der Dimeren oder Trimeren vom Öl-, Linol-, Linolen-, Elaestearin-, Ricinol- u. dgl. Säuren oder deren Gemischen bzw. ihrer Alkalisalze mit Epichlorhydrin bei 85—115°, bes. 95—105°, oder durch Veresterung der polymeren Fettsäuren mit einem ungesätt. Alkohol, z. B. Crotylalkohol, u. anschließende Epoxydierung des erhaltenen Esters mit Peressigsäure bei —20 bis 100°, bes. —10 bis 25°. Die Prodd. dienen zur *Herst. von elast. Kunststoffen.* (**A. P. 2 940 986** vom 17/6. 1957, ausg. 14/6. 1960.) O. Müller-Meiningen. 7177

Celanese Corp. of America, New York, N. Y., V.St.A., **Ungesättigte, flammsichere Polyester** entstehen aus einer ungesätt. Dicarbonsäure (Phthalsäureanhydrid) u. 2.2-Bis-(chlormethyl)-propan-1.3-diol unter $N_2$ als Schutzgas bei 130° u. vermindertem Druck (23 mm Hg). (**E. P. 836 437** vom 1/11. 1956, ausg. 1/6. 1960. A. Prior. 2/11. 1955.) F. KOCH. 7177

General Electric Co., Schenectady, N. Y., V.St.A., bzw. Comp. Française Thomson-Houston, Seine, Frankreich (Erfinder: Daniel Wayne Fox, Pittsfield, Mass., V.St.A.), **Herstellung von Kohlensäureesterharzen.** Man läßt a) Verbb. mit Kohlensäuregruppen u. wenigstens 2 Phenylgruppen (z. B. Diphenylcarbonat) u. b) aromat. Verbb. mit 2 aromat. C-Ringen, die über eine Äthergruppe verbunden sind, u. 2 endständige OH-Gruppen aufweisen, miteinander reagieren. Vertreter der letztgenannten Verbb. sind z. B. p.p'-Dimethoxydiphenyläther, $Kp._{760}$ 340°, F. 103°, p.p'-Dihydroxydiphenyläther (I) F. 164,5°, p.p'-Dimethoxytriphenyläther, $A_3CO \cdot C_6H_4 \cdot O \cdot C_6H_4 \cdot O \cdot C_6H_4 \cdot OCH_3$, F. 144—145°, p.p'-Dihydroxytriphenyläther, F. 195—196°, 4.4'-Bis-[p-methoxyphenoxy]-diphenyl, F. 210—212°, 4.4'-Bis-[p-hydroxyphenoxy]-biphenyl, F. 241—243°. — 1 Mol I u. 2 Mol Diphenylcarbonat werden unter $N_2$ 6 Std. bei 300° gerührt, wobei Phenol abdest., u. nach Rk.-Ende noch 6 Std. bei 300° u. 4 Std. bei 375° u. je bei 5—10 mm gehalten. Das Prod. kann zu streckbaren *Fäden* gesponnen u. zu *Folien* verpreßt oder aus Lsgg. vergossen werden. Der krist. Film von 380 μ Stärke wird bei 225—235° amorph; seine elektr. Durchschlagfestigkeit ist bei 27° 30 kV. — Man kann auch in eine 10%ig. Lsg. von I in wasserfreiem Pyridin unter $N_2$ $COCl_2$ unter 30° einleiten u. die erhaltene viscose Lsg. in n-Hexan fällen. Die Harze sind chem. ziemlich indifferent u. können für Kühlanlagen, Waschmaschinen, sowie für Preßmassen, Fasern u. a. verwendet werden. (**F. P. 1 178 682** vom 8/7. 1957, ausg. 13/5. 1959. **Jap. A. S. 5447/1959** vom 19/7. 1957, ausg. 26/6. 1959. Beide A. Prior. 19/7. 1956.) M. PANKOW. 7177

American Cyanamid Co., New York, N. Y., übert. von: Kenneth A. Kun, Stamford, und Joseph A. Schmidlein, Darien, Conn., V.St.A., **Herstellung von gegebenenfalls alkylierten Methylolaminen.** Man erhitzt unter fortwährendem Rühren Melamin u. Paraformaldehyd im mol. Verhältnis von 1 : 6,5—1 : 20 in Ggw. von 8 bis 20% W., berechnet auf die Rk.-Mischung, bei einem pH zwischen 8 u. 13 u. einer Wasserbad-Temp. von 40—70° so lange, ggf. unter Zusatz eines nicht lösenden KW-Stoffes, wie Bzl. oder Xylol, bis sich ein festes amorphes Rk.-Prod. in körniger Form bildet, das mit wenigstens 20 Mol eines gesätt. Alkohols von 1—4 C-Atomen bei 15—60° u. einem pH $<3$ zur Rk. gebracht werden kann. Es entsteht eine klare Lsg., die bei einem pH von 8—10 im Vakuum konz. wird u. mit *Alkydharzen* verträglich ist, denen sie verbesserte Eigg. verleiht. (**A. P. 2 918 452** vom 11/1. 1956, ausg. 22/12. 1959.) K. SARRE. 7177

Farbwerke Hoechst Akt.-Ges., vormals Meister Lucius & Brüning, Frankfurt/M. (Erfinder: Heinz Schmidt, Frankfurt/M.), **Härtungsbeschleuniger für Polyesterharze,** die Peroxyde, sowie P-haltige, monomere Vinyl- u. Allyl-Verbb. aufweisen, sind Verbb. der Formel $R \cdot (N{=}C{=}O)x$, wobei $x = 1—4$; R = Gruppen, die mit Isocyanaten nicht reagieren. Es sind 0,001—10% notwendig: z. B. Octadecyl-, n-Dodecyl-, Cyclohexyl-, Phenylisocyanat; Hexamethylen-, Naphthylen-, Toluylen- oder Naphthalindi- (bzw. tri-)isocyanat. (**D. A. S. 1 098 709** Kl. 39b vom 20/8. 1958, ausg. 2/2. 1961.) F. KOCH. 7177

Thiokol Chemical Corp., Trenton, N. J., übert. von: Morris B. Berenbaum, Levittown, Pa., V.St.A., **Epoxyharz-Polyestermassen** enthalten Glycidylpolyäther mehrwertiger Phenole oder Alkohole u. Polymischester (I) im Gew.-Verhältnis 2 : 1—1 : 3. Die I sind endständig OH-Gruppen aufweisende Polykondensations-Prodd. aus Diäthylenglykol, Propylenglykol, Adipinsäure u. Phthalsäure(anhydrid) oder Isophthalsäure(anhydrid), wobei das mol. Verhältnis der Glykole (II) 1 : 2—2 : 1, der sauren Komponenten 1 : 2—2 : 1 beträgt u. die Gesamt-II im 3,5—30%ig. Überschuß vorliegen. Das Aushärten erfolgt durch Amine [2.4.6-Tri-(dimethylaminoäthyl)-phenol] bes. bei 70° in 4 Stunden. (**A. P. 2 944 996** vom 7/6. 1956, ausg. 12/7. 1960.) G. TEWES. 7177

Ciba Soc. An., Basel Schweiz, **Epoxyharzmassen** auf Grundlage von Glycidylpolyäthern, bes. des 4.4'-Dihydroxydiphenyldimethylmethans oder Glycerins, mit einer Viscosität von $<$50000 cP/20° enthalten mineral. Füllstoffe (I; Quarzsand, Kaolin u. $TiO_2$) mit einer Korngröße von 0,1—0,3 mm. Als Härtungsmittel dienen bes. aliphat. Polyamine oder Kondensations-Prodd. polymerer Fettsäuren u. Polyalkylenpolyamine, ferner als Weichmacher Phthalsäurediutbylester u. Kresylglycidyläther. — Die I, wie Ton, können auch granuliert sein, wobei deren Geh. an Körnungen in der Größe 0,06 bis 1,5 mm l : x beträgt (x = Zahlen 13—31, dividiert durch den log der Viscosität des

Harzes.) — Herst. von Modellen, Abdrücken, Werkzeugen oder Formen. (**Belg. PP. 566 686** u. **566 687** vom 11/4. 1958, ausg. 29/7. 1960. Schwz. Prior. 12/4. 1957.) G. TEWES. 7177

Devoe & Raynolds Co., Inc., übert. von: Harold G. Cooke jun., Louisville, Ky., V.St.A., **Epoxyharze** werden durch Erhitzen von Triglycidylcyanurat mit 2wertigen Phenolen in Ggw. eines Katalysators u. ggf. Lsgm., welche die Komponenten wie auch die Kondens.-Prodd. lösen, hergestellt. Als Katalysatoren werden organ. Basen, wie tert. Amine oder quatern. Ammoniumbasen, verwendet. Je nach der Menge des Phenols werden lösl. schmelzbare Epoxydharze erhalten oder vernetzte unschmelzbare Produkte. Die Prodd. werden zur Herst. von Filmen, Überzügen, Klebstoffen u. Formkörpern verwendet. (**A. P. 2 893 978** vom 2/5. 1957, ausg. 7/7. 1959. **E. P. 840 181** vom 17/2. 1958, ausg. 6/7. 1960. A. Prior. 2/5. 1957.) A. DANDL. 7177

Phillips Petroleum Co., übert. von: Charles E. Wheelock und John E. Wicklatz, Bartlesville, Okla., V.St.A., **Härtungsmittel für epoxydierte Butadienpolymere,** welche 8—70 (%) Einheiten der Formeln **I** oder **II**, bis zu 82 von Einheiten der Formeln $RO-CH_2-C(OR)H-CH-CH_2-$ u. $-CH_2-C(OR)H-C(OR)H-CH_2-$ ($R = H$ oder $-CO-R_1$; $R_1$ = Alkyl-, Aryl-, Alkaryl- u. Aralkylreste mit 1—20 C-Atomen) u. 10—35 von Einheiten der Formeln **III**, $H_2C=CH-CH-CH_2-$, u. $-CH_2-CH=CH-CH_2-$ aufweisen u. in welchen wenigstens 1 des Gesamt-O

I II III

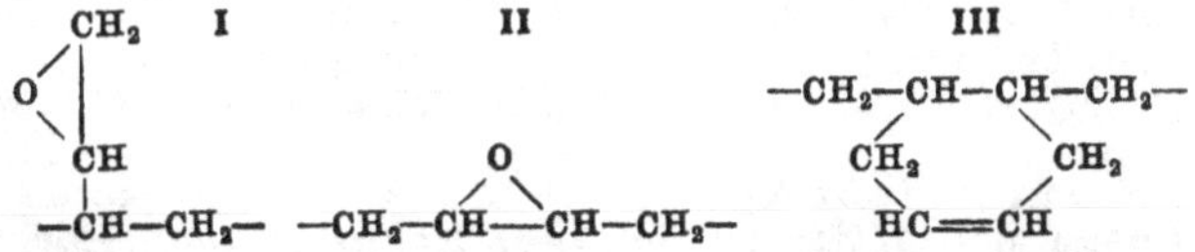

in OH-Gruppen vorliegt, sind 0,1—50 eines neutralen Esters der $Ti(OH)_4$, $B(OH)_3$, $Si(OH)_4$ u. $OS(OH)_2$ u. eines <200° sd. einwertigen Alkohols, z. B. Tetraisobutyltitanat, Tri-n-amylborat oder Tetraäthylorthosilicat. Das Aushärten erfolgt bes. bei 100°. — Form-, Überzugs- u. Klebmasse, bes. für elektrotechn. Zwecke. (**A. P. 2 946 756** vom 13/12. 1957, ausg. 26/7. 1960.) G. TEWES. 7177

Farbenfabriken Bayer Akt.-Ges., Leverkusen (Erfinder: Erwin Windemuth, Leverkusen, und Günther Braun, Köln), **Herstellung von Harzschaum mit Urethangruppen.** Die Umsetzung von Polyhydroxyl-Verbb. (Polyalkohole, Polyester, -esteramide, -äther) mit überschüssigem Polyisocyanat erfolgt in Ggw. geringer Mengen W., Hydroxylamin u./oder Harnstoff-Verbb. mit akt. H-Atomen, wie $\beta.\beta'$-Hydroxyalkylharnstoff. — 500 (Teile) eines Diäthylenglykol-Adipinsäure(6 : 5)-Esters (OH-Zahl 93,5) u. 0,1 Benzoylchlorid werden auf 60° erwärmt, dann 250 Toluol-2.4- u. 2.6-diisocyanat-Mischung (65 : 35) zugemischt, 1 Std. wird auf 100° erhitzt u. dann bei 60° pro 100 g des Zwischen-Prod. 0,2 g Wasserdampf mit $N_2$ eingeführt, wieder 1 Std. bei 100° gehalten u. $CO_2$ bei 20 mm entfernt. Zu 150 des Prod. werden 0,6 Dimethyl-[3-äthoxypropyl]-amin, 3 Emulgator (Carboxylatestergemisch von Polyalkoholen u. öllösl. Sulfonat) u. 3,5 W. gegeben: Schaumbildung. (**F. P. 1 199 462** vom 27/2. 1958, ausg. 14/12. 1959. **E. P. 848 359** vom 27/2. 1958, ausg. 14/9. 1960. Beide D. Prior. 1/3. 1957. **D. A. S. 1 100 272** Kl. 39b vom 1/3. 1957, ausg. 23/2. 1961.) M. PANKOW. 7181

Farbenfabriken Bayer Akt.-Ges. (Erfinder: Erwin Weinbrenner, Heinrich Seibert und Wilhelm Tischbein), Leverkusen, **Tragfähige Leichtstoff-Verbund-Konstruktionen** erhält man durch Verschäumen von Polyurethanschaumstoffe bildenden Massen auf, bzw. zwischen metall. Deckschichten, die mit einem synthet. Elastomeren (Mischpolymerisate aus Butadien u. Acrylnitril mit Defowert <2000), in organ. Lsgm. lösl., in der Wärme härtbaren $CH_2O$-Kondensaten u. Chromaten oder lösl., nicht wärmehärtbaren COOH- u./oder Halogenatome enthaltenden $CH_2O$-Kondensaten (aus o- oder p-Hydroxybenzoesäure oder p-Halogenphenol u. $CH_2O$) vorbehandelt u. auf die dann übliche Klebstoffe (Polyesterurethane) aufgebracht sind. In die Schaummasse kann ein Kern aus Glasfasermatten oder Faservlies eingebracht werden. Die Außenseiten der fertigen Konstruktion lassen sich durch Polyvinylchloridüberzüge schützen. — Bauelemente für Karosserien, Flugzeuge u. Schiffe, Behälter, Türen, Fenster, Wannen, Wandplatten, Waggonschalungen, Kühlschrankteile, Helme u. künstliche Gliedmaßen. (**D. A. S. 1 107 932** Kl. 39b vom 13/8. 1958, ausg. 31/5. 1961.) G. TEWES. 7181

Chemische Werke Albert (Erfinder: Berthold Brähler und Johannes Reese), Wiesbaden, **Herstellen von polyamidartigen Kondensationsprodukten aus Bolekoöl und Aminen,** dad. gek., daß Bolekoöl (I) oder die ihm zugrunde liegenden Fettsäuren oder deren Ester mit ein- oder mehrwertigen aliphat. gesätt. Alkoholen in an sich bekannter Weise bei Tempp. zwischen 100—300° in Abwesenheit von $O_2$ mit

solchen aliphat. Polyaminen umgesetzt wird, die mindestens 2 prim. oder 1 prim. u. 1 sek. Aminogruppe u. ggf. noch Äthergruppen enthalten. — 200 (Gew.-Teile) rohes filtriertes I werden mit 40,8 100%ig. Äthylendiamin vereinigt, das Gemisch unter Rühren, Rückfluß u. $N_2$-Einleitung auf 150° erhitzt u. 5 Std. bei dieser Temp. gehalten. Danach beträgt die Viscosität 97,3 cP. Weiteres 2std. Erhitzen bei 200° ohne Rückfluß läßt die Viscosität auf 307 cP ansteigen; nach weiterem 1std. Halten bei dieser Temp. entsteht ein zähes Harz mit einer Viscosität von 600 cP, einer Aminzahl von 52,8 u. einer SZ. von O. (**D. A. S. 1 107 402** Kl. 39c vom 3/10. 1957, ausg. 25/5. 1961.)
W. SCHLITT. 7181

Dow Chemical Co., übert. von: William R. Nummy, Midland, Mich., V.St.A., **Herstellung von flüssigen Polysulfidpolymeren.** Feste Polysulfidpolymere, die man entweder durch Oxydation, z. B. mittels NaOCl-Lsg., von aliphat. Polythiolen der Formeln $HSR(SH)_x$, $HSCH_2CH_2OCH_2CH_2SH$ u. $HSCH_2CH_2O(C_nH_{2n}O)_mCH_2 \cdot CH_2SH$, in denen R einen Alkylrest mit 2—6 C-Atomen, x 1—3 u. n u. m 1—4 bedeuten, z. B. $HS(CH_2)_6SH$, 2.2'-Oxydiäthanthiol oder 2.2'-Oxybis-(äthylenoxy)-diäthanthiol, oder durch Einw. von aliphat. Dihalogenen, z. B. β-Chloräthylformal, auf Na-Polysulfid erhält, werden durch Rk. mit den genannten Polythiolen im Gew.-Verhältnis von 1 : 0,025—1 bei 20—220°, bes. bis 120°, in fl. Polysulfidpolymere übergeführt, die wiederum durch Oxydationsmittel, wie O, organ. Peroxyde, Metalloxyde usw. unter Zusatz eines Tri- oder Tetrathiols als Vernetzungsmittel in *zähe, kautschukartige Prodd.* übergeführt werden können. (**A. P. 2 919 262** vom 23/4. 1956, ausg. 29/12. 1959.)
K. SARRE. 7185

Farbenfabriken Bayer Akt.-Ges., Leverkusen (Erfinder: Karl Schnurrbusch und Wilfried Kniege, Köln-Mülheim), **Hochpolymere Alkyl- und Arylpolysiloxane** werden aus niederpolymeren Organosiloxanen durch Einw. von 0,1—1% eines Carbonsäurehalogenids (I) hergestellt. Als I finden Verwendung: Acetyl-, Chloracetyl-, 2-Chlorphenoxyacetyl-, Propionyl-, 3-Chlorpropionyl-, Isovaleriansäure-, Stearinsäure-, Ölsäure-, Oxalyl-, Bernsteinsäurechlorid, sowie Acetylbromid. — Man vermischt auf einem Kneter ein Dimethylpolysiloxan der Formel $HO-[Si(CH_3)_2O]_xH$ der Viscosität 18000 cSt mit 0,2% Acetylchlorid bei Raum-Temp. während 5 Std. u. erhält ein Polymerisat der Viscosität 6000000 cSt. (**D. A. S. 1 106 080** Kl. 39c vom 20/3. 1959, ausg. 4/5. 1961.) A. DANDL. 7189

Dow Corning Akt. Ges., Basel, Schweiz (Erfinder: Eric D. Brown und Melvin J. Hunter, Midland, Mich., V.St.A.), **Borhaltige härtbare Organopolysiloxanmassen** werden unter Zusatz katalyt. Mengen von Tristriorganosilylboraten der Formel $(R_3SiO)_3B$ in denen die organ. Substituenten einwertige, ggf. halogenierte Reste sind, z. B. von Tristrimethylsilylborat, hergestellt. (**D. A. S. 1 105 162** Kl. 39b vom 3/6. 1959, ausg. 20/4. 1961. A. Prior. 6/6. 1958.) A. DANDL. 7189

Bataafse Petroleum Mij. N. V., Den Haag, Holland (Erfinder: Klemens Gutweiler, Mainz, und Heinz Niebergall, Frankfurt/M.), **Lineare Phosphorsiliciumpolymere,** welche P, Si u. C in der Kette enthalten, werden durch Rk. von prim. Phosphinen (I) mit Silanen (II), welche 2 äthylen. ungesätt. organ. Gruppen enthalten, in Ggw. eines Initiators (III) bei 10—250°, ggf. in Ggw. von Lsgm. hergestellt. I sind Phosphine der Formel $RPH_2$(R = Alkyl, Cycloalkyl, Alkaryl, Aryl oder Aralkyl), II sind Silane der Formel $SiR_2'R_2''$ (R' = R; R'' = gleiche oder verschiedene äthylen. ungesätt. KW-Stoffgruppen) III = UV-Licht u./oder Azodiisobutyronitril. — 2,12 (g) Phenylphosphin werden unter $CO_2$ mit 2,70 Dimethyldiallylsilan in einem Quarzglas gemischt u. 27 Std. UV-belichtet. Man erhält ein klares, farbloses Öl. — Verw. für hitzebeständige Isolatoren, Textilausrüstung, Anstriche, Schmiermittel, Hydrauliköle, Weichmacher, Stabilisatoren. (**D. A. S. 1 103 590** Kl. 39c vom 23/3. 1959, ausg. 30/3. 1961.) A. DANDL. 7189

American Viscose Corp., Philadelphia, übert. von: John L. Justice, Wallingford, Pa., V.St.A., **Elastische Schichtstoffe** enthalten eine Schicht aus Polyäthylen, Polyvinylchlorid, -vinylidenchlorid bzw. Mischpolymere u. eine Textilschicht (I) aus Kunstseide, wobei Polyalkylenimine, z. B. Polyäthylenimin, als Haftvermittler auf der I verwendet werden. (**A. P. 2 940 889** vom 29/6. 1955, ausg. 14/6. 1960.)
M. BÖTTCHER. 7205

Marcel Fleury, Cannes, Frankreich, **Fortlaufende Herstellung eines aus Schichten bestehenden faserverstärkten Kunststoffrohres** auf einem festen Dorn, von dem das Rohr in dem Maße, in dem seine Bldg. fortschreitet, abgezogen wird, dad. gek., daß eine Faserschicht auf der Oberfläche eines Hohldorns gebildet, in ihrer ganzen Stärke ohne bes. Wärme-Einw. unter teilweiser Druckverminderung mit einem härtbaren u. polymerisierbaren Harz imprägniert u. dieses Harz darauf in bekannter Weise gehärtet wird, wobei ggf. dieselben Arbeitsgänge durch Aufbringen anderer ähnlicher Schichten auf die erste imprägnierte Faserschicht wiederholt werden. (**D. A. S. 1 066 733** Kl. 39a vom 26/1. 1953, ausg. 8/10. 1959. F. Prior. 13/8. 1952.) H. NATHER. 7205

---

**Montecatini Soc. Gen. per l'Industria Mineraria e Chimica**, Mailand, Italien, *Herstellen von kristallinen linearen Diolefinpolymerisaten.* (**E. P. 834 554** vom 7/3. 1956, ausg. 11/5. 1960. It. Prior. 12/3. u. 22/12. 1955. — C. **1958.** 9358 [Oe. P. 193 136].)

**Farbenfabriken Bayer Akt.-Ges.**, Leverkusen, *Herstellung von Mischungen elastomerer und thermoplastischer, synthetischer Polymerer.* (**Ind. P. 58 780** vom 30/10. 1956, ausg. 10/12. 1958. E. Prior. 9/7. 1956. — C. **1960.** 8699 [F. P. 1 154 914].)

**Imperial Chemical Industries Ltd.**, London, England, *Katalysatoren für die Polymerisation von einfach ungesättigten Verbindungen.* (**Ind. P. 60 378** vom 2/5. 1957, ausg. 26/9. 1959. E. Prior. 2/5. 1956. — C. **1960.** 11485 [Aust. P. 217 616].)

**Allied Chemical Corp.**, übert. von: **Everett E. Gilbert** und **Benjamin Veldhuis**, Morris Township, Morris County, N. J., V.St.A., *Öllösliche Sulfonate aus Petroleumharzen mit Molekulargewicht* > 800, *bes.* > 1000. (**A. P. 2 872 437** vom 22/6. 1955, ausg. 3/2. 1959. — C. **1959.** 6648 [E. P. 789 787].)

**Phillips Petroleum Co.**, Bartlesville, Okla., V.St.A., *Katalytische Polymerisation von Alkenen.* (**Holl. P. 96 005** vom 15/12. 1956, ausg. 15/11. 1960. A. Prior. 16/12. 1955. — C. **1959.** 16490 [A. P. 2 832 759].)

**Imperial Chemical Industries Ltd.** (Erfinder: **Hugh Wilma Boulton Reed** und **Herbert George Lawley**), *Polymerisieren von Olefinen.* (**Aust. P. 220 999** vom 9/4. 1957, ausg. 23/4. 1959. E. Prior. 23/4. 1956. — C. **1960.** 6337 [E. P. 813 793].)

**Imperial Chemical Industries Ltd.**, London, England, *Polymerisation von Olefinen.* (**Ind. P. 60 450** vom 12/12. 1955, ausg. 7/4. 1958. E. Prior. 11/8. 1955. — C. **1960.** 11485 [Aust. P. 217 691].)

**Esso Research and Engineering Co.** (Erfinder: **Bruce Robert Tegge**), *Olefinpolymerisation.* (**Aust. P. 221 710** vom 5/10. 1956, ausg. 18/6. 1959. A. Prior. 10/11. 1955. — C. **1959.** 11743 [A. P. 2 846 419].)

**Soc. des Usines Chimiques Rhône-Poulenc** (Erfinder: **Gilbert Bo, André Fournet, Jean Auguste Phelisse** und **Edouard Fichet**), *Herstellung von festem Polyäthylen.* (**Aust. P. 220 219** vom 9/5. 1957, ausg. 12/3. 1959. F. Prior. 28/5. 1956. — C. **1960.** 5991 [F. P. 1 151 025].)

**Montecatini Soc. Gen. per l'Industria Mineraria e Chimica** und **Karl Ziegler** (Erfinder: **Giulio Natta** und **Giovanni Crespi**), *Blockpolymerisate von α-Olefinen.* (**Aust. P. 221 122** vom 2/8. 1958, ausg. 7/5. 1959. It. Prior. 6/8. 1955. — C. **1959.** 11417 [F. P. 1 157 793].)

**Karl Ziegler**, Mülheim/Ruhr, *Herstellung von hochmolekularen Polyäthylenen.* (**Ind. P. 56 288** vom 12/1. 1956, ausg. 20/8. 1958. E. Prior. 21/12. 1955. — C. **1960.** 5015 [Oe. P. 203 206].)

**Dunlop Rubber Co. Ltd.**, London, England, *Plastische Masse aus Vinyl- und Vinylidenchloridpolymerisaten.* (**Ind. P. 49 621** vom 25/5. 1953, ausg. 12/10. 1955. E. Prior. 3/6. 1952. — C. **1956.** 8222 [E. P. 726 667].)

**Monsanto Chemical Co.**, St. Louis, Mo., V.St.A., *Calciumsalze von Stickstoff enthaltenden Polymerisaten und Mischpolymerisaten des Acryl- oder Methacrylnitrils.* (**Aust. P. 160 900** vom 5/8. 1953, ausg. 17/2. 1955. A. Prior. 8/8. 1952. — C. **1957.** 3404 [E. P. 743 606].)

**Karl Ziegler**, Mülheim/Ruhr, *Reinigen von Polyolefinen.* (**Ind. P. 56 305** vom 14/1. 1956, ausg. 16/1. 1958. E. Prior. 21/12. 1955. — C. **1959.** 2299 [Oe. P. 196 126].)

**Peterlite Products Ltd.**, London, England, *Formbare Massen aus polymerisierbaren Monomeren.* (**Ind. P. 55 794** vom 10/11. 1955, ausg. 28/2. 1958. E. Prior. 29/11. 1954. — C. **1961.** 1390 [Holl. P. 93 658].)

**Monsanto Chemical Ltd.**, London (Erfinder: **Robert Roberts**, West Hendred, Wantage), England, *Herstellung von Polyäthylen.* (**D. A. S. 1 099 740** Kl. 39c vom 29/1. 1954, ausg. 16/2. 1961. E. Prior. 30/1., 13/5. u. 31/12. 1953. — C. **1957.** 8080 [F. P. 1 096 745].)

**Farbwerke Hoechst Akt.-Ges., vormals Meister Lucius & Brüning**, Frankfurt/M., *Stabilisierung von Polyäthylen.* (**Holl. P. 95 673** vom 29/6. 1956, ausg. 15/10. 1960. D. Prior. 29/6. u. 2/7. 1955. — C. **1959.** 317 [F. P. 1 154 748].)

**Imperial Chemical Industries Ltd.**, London, England, *Katalytische Polymerisierung von Äthylen.* (**Holl. P. 95 680** vom 27/7. 1956, ausg. 15/10. 1960. E. Prior. 4/8. 1955 u. 2/7. 1956. — C. **1959.** 14892 [E. P. 796 728].)

**Phillips Petroleum Co.**, Bartlesville, Okla., V.St.A., *Katalytische Polymerisation von Alkenen.* (**Holl. P. 95 884** vom 22/1. 1955, ausg. 15/11. 1960. A. Prior. 20/12. 1954. — C. **1960.** 7011 [E. P. 804 641].)

**Consortium für elektrochemische Industrie G. m. b. H.**, München, *Herstellung von teilacyliertem Polyvinylalkohol.* (**E. P. 844 866** vom 24/1. 1957, ausg. 17/8. 1960. D. Prior. 25/1. 1956. — C. **1959.** 7646 [D. A. S. 1 038 281].)

**Union Carbide Corp.**, New York, N.Y., V.St.A. (Erfinder: **Howard Leonard Bender, Alford Galley Farnham** und **John Walter Guyer**), *Herstellung von polymeren Stoffen aus Diglycidylthioäthern.* (**Jap. A. S. 2592/1959** vom 22/4. 1954, ausg. 17/4. 1959. A. Prior. 29/4. 1953. — C. **1958.** 4043 [F. P. 1 103 591].)

**E. I. du Pont de Nemours & Co.**, Wilmington, Del. (Erfinder: **Charles Ernest Berr**, Del., und **Emmette Farr Izard**, N.Y.) V.St.A., *Herstellung linearer Polymerisate.* (**Jap. A. S. 3238/1959** vom 4/2. 1956, ausg. 30/4. 1959. A. Prior. 4/2. 1955. — C. **1960.** 8701 [F. P. 1 145 462].)

**Imperial Chemical Industries Ltd.**, London, England (Erfinder: **Neil Munro** und **Duncan MacLean**), *Herstellung von Polyestern.* (**Jap. A. S. 2594/1959** vom 21/6. 1956, ausg. 17/4. 1959. E. Prior. 29/6. 1955 u. 18/5. 1956. — C. **1959.** 5969 [E. P. 782 036].)

**United Aircraft Corp.**, East Hartford, Conn., V.St.A., *Aldehydmodifiziertes Alkydharz mit Polyisocyanat.* (**Schwed. P. 156 564** vom 29/3. 1951, ausg. 16/10. 1956. A. Prior. 2/12. 1950. — C. **1956.** 876 [A. P. 2 676 157].)

**Wingfoot Corp.**, Akron, Ohio, V.St.A., *Elastomerer isocyanatmodifizierter Polyester.* (**Schwed. P. 156 565** vom 17/1. 1952, ausg. 16/10. 1956. A. Prior. 18/1. 1951. — C. **1956.** 11082 [E. P. 716 135].)

**Wingfoot Corp.**, Akron, Ohio, V.St.A., *Elastomerer isocyanatmodifizierter Polyester.* (**Schwed. P. 156 568** vom 17/1. 1952, ausg. 16/10. 1956. A. Prior. 18/1. 1951. — C. **1956.** 11082 [E. P. 716 135].)

**Ciba Akt.-Ges.** (Erfinder: **Heinz Zumstein**), *Härtbares Kunstharzgemisch.* (**Aust. P. 221 852** vom 1/10. 1957, ausg. 25/6. 1959. Schwz. Prior. 2/10. 1956. — C. **1960.** 2710 [Oe. P. 201 859].)

**Badische Anilin- & Soda-Fabrik Akt.-Ges.**, übert. von: **Otto von Schickh** und **Horst Metzger**, Ludwigshafen/Rh., *Herstellung von flüssigen Cyclooctanonoximhydrochloriden.* (**A. P. 2 945 885** vom 29/8. 1958, ausg. 19/7. 1960. D. Prior. 3/9. 1957. — C. **1961.** 678 [D. A. S. 1 065 411].)

**Farbenfabriken Bayer Akt.-Ges.**, Leverkusen, *Urethangruppen enthaltende Schaumstoffe.* (**D. A. S. 1 099 726** Kl. 39b vom 9/11. 1957, ausg. 16/2. 1961. — C. **1961.** 1749 [F. P. 1 213 181].)

**Farbenfabriken Bayer Akt.-Ges.**, Leverkusen (Erfinder: **G. Scriba** und **W. Graulich**), *Polymerisation von Epoxyverbindungen.* (**Belg. P. 565 675** vom 13/3. 1958, ausg. 15/7. 1960. D. Prior. 14/3. 1957. — C. **1959.** 11420 [D. A. S. 1 049 103].)

**Ciba Ltd.**, Basel, Schweiz, *Trockenpräparate aus Kation-Melaminharzen.* (**E. P. 830 620** vom 10/1. 1957, ausg. 16/3. 1960. Schwz. Prior. 18/1. 1956. — C. **1960.** 9763 [Oe. P. 199 658].)

**Vereinigte Glanzstoff-Fabriken Akt.-Ges.**, Wuppertal, übert. von: **Heinz Indest**, Erlenbach/M., **Heinz Massat** und **Helmut Stoehr**, Obernburg/M., *Herstellung von Polyamiden.* (**A. P. 2 923 699** vom 23/7. 1956, ausg. 2/2. 1960. D. Prior. 23/7. 1955. — C. **1959.** 4644 [Oe. P. 198 520].)

**Ciba Ltd.**, Basel, Schweiz, *Härten von Äthoxylinharzen.* (**Holl. P. 95 628** vom 9/8. 1955, ausg. 15/10. 1960. Schwz. Prior. 10/8. 1954 u. 19/7. 1955. — C. **1958.** 1439 [Oe. P. 190 682].)

**Farbenfabriken Bayer Akt.-Ges.**, Leverkusen (Erfinder: **Walter Noll**, Leverkusen), *Herstellung wäßriger Emulsionen von Organopolysiloxanen.* (**Schwz. P. 349 733** vom 20/7. 1956, ausg. 15/12. 1960. D. Prior. 3/8. 1955 u. 11/4. 1956. — C. **1959.** 322 [Oe. P. 195 895].)

**Farbenfabriken Bayer Akt.-Ges.**, Leverkusen, *Herstellung von Trialkylsiloxyarylsiloxanen.* (**E. P. 848 719** vom 8/8. 1958, ausg. 21/9. 1960. D. Prior. 17/8. u. 20/8. 1957. — C. **1959.** 11421 [D. A. S. 1 046 049].)

**Koninklijke Industrieele Mij. voorheen Noury & van der Lande N. V.**, Deventer, Holland, *Herstellung polymerer basischer Aluminiumsalze organischer Säuren.* (**Holl. P. 96 164** vom 18/2. 1955, ausg. 15/12. 1960. — C. **1958.** 10515 [Oe. P. 193 393].)

**Chemstrand Corp.**, Decatur, Ala., V.St.A., *Polyamid-Formmassen.* (**E. P. 846 907** vom 19/11. 1956, ausg. 31/8. 1960. A. Prior. 5/12. 1955. — C. **1960.** 13863 [Aust. P. 214 033].)

**Phillips Petroleum Co.** (Erfinder: **Rufus Vernon Jones** und **William Bryan Reynolds**), Bartlesville, Okla., V.St.A., *Polyäthylenmischung und ihre Herstellung.* (**Schwz. P. 338 966** vom 9/8. 1954, ausg. 31/7. 1959. A. Prior. 10/8. 1953. — C. **1959.** 4983 [E. P. 790 115].)

**Wingfoot Corp.**, Wilmington, Del., V.St.A., *Herstellung von Alkydharzschaum.* (**Ind. P. 49 531** vom 11/5. 1953, ausg. 17/5. 1955. — C. **1950/54.** 601 S [F. P. 1 075 964].)

**Semtex Ltd.**, London, England, *Herstellung von gemustertem Schichtstoff.* (**Ind. P. 49 703** vom 9/6. 1953, ausg. 3/8. 1955. — C. **1957.** 2343 [E. P. 736 009].)

## XII. Kautschuk

**Mechanische und thermooxydierende Plastizierung von Butadien–Nitril-Kautschuken.** E. Ja. Dewirz und A. Ss. Nowikow. (Каучук и Резина [Kautschuk u. Gummi] **18.** Nr. 7. 21—25. Juli 1959. Forschungsinst. der Gummiind.) (Russ.)

An den *Butadienacrylnitrilkautschuken* (I) SKN-18, 26 u. 40 wird die mechan. u. thermooxydative Plastizierung an Hand der Defowerte u. der Grenzviscosität untersucht. Bei der mechan. Plastizierung erfolgt ein rein destruierender Vorgang, wobei mit steigendem Acrylnitril-Geh. die Plastikations-Geschw. zunimmt. Bei der thermooxydativen Plastizierung wird für SKN-18 u. 26 ein sowohl destruierender als auch strukturierender Effekt beobachtet. In Abhängigkeit von der Zeit durchläuft die Defohärte ein Minimum: je länger die Einw. erfolgt, um so stärker überwiegt die Strukturierung. Für SKN-40 setzt sofort eine Strukturierung ein. Bei der thermooxydativen Plastizierung nimmt die strukturierende Wrkg. mit steigendem Acrylnitril-Geh. zu. Damit ist geklärt, warum **I** gegenüber anderen Synthesekautschuken nicht thermooxydativ abgebaut werden kann. O. KRAMM. 7224□

**Modifikation von Elastomeren des Butadien–Acrylonitril-Typs durch bestimmte thermoplastische Harze, insbesondere durch Vinylharze.** Fernand Chevassus. (Chim. et Ind. **82.** 699—706. Nov. 1959. Ets. Chevassus et Cie.) (Franz.)

Vf. zeigt, daß Butadien–Acrylonitril-Kautschuke mit oder ohne anschließende Vulkanisation durch Substanzen, mit denen sie mischbar sind, wie Butadien–Styrol-Harze, Styrol–Acrylonitril-Harze oder Polyvinylchlorid, modifiziert werden können. Zahlreiche Rezepturen u. die physikal. u. chem. Eigg. der Mischungen wurden untersucht. — 49 Literatur- u. Patentangaben. R. SCHÄFF. 7224□

**Copolymere von Pyridinanalogen des Benzalacetophenons mit Butadien.** C. S. Marvel, L. E. Coleman jun., George P. Scott, W. K. Taft und B. G. Labbe. (Ind. Engng. Chem. **48.** 214—18. Febr. 1956. Urbana, Ill., Univ. u. Akron, Ohio, Univ., Governm. Labor.) (Engl.)

Eine Reihe von *Pyridinanalogen* des *Benzalacetophenons* (*Chalkons*) u. der *Zimtsäure* wurden mit *Butadien* copolymerisiert. Zum Einsatz kamen: (Pyridal = Pyridylmethylen). *Pyridal-(2)-acetophenon* (**I**), *Pyridal-(2)-p-chloroacetophenon*, *Pyridal-(3)-acetophenon* (**II**), *Pyridal-(4)-acetophenon*, *2-Cinnamoylpyridin*, *2-Methyl-5-cinnamoylpyridin* (**III**) u. *2-[Pyridal-(2)-acetyl]-pyridin* (**IV**). Die Polymerisationen wurden bei 30 u. 50° mit *Azobisisobutyronitril* als Initiator durchgeführt. Auf Grund der umfangreichen Unterss. zeigten sich die Copolymeren von **I**, **II** u. **III** als geeignet, wobei bes. **III** gute Eigg. als neuer synthet., kalt vulkanisierbarer Kautschuk zeigt. **IV** ergab mit Butadien kein Copolymeres. H. GIEHRING. 7224□

**Über den Einfluß höherer Temperaturen bei der Herstellung von Mischungen mit Rußen.** S. Reissinger. (Kautschuk u. Gummi **13.** Nr. 7. WT 195—WT 198. Juli 1960. Leverkusen, Farbenfabriken Bayer A.G., Anwend.-techn.-Abt.) (Dt.)

Vf. berichtet über von FROMANDI u. ECKER durchgeführte Verss. mit verschied. Rußen u. Elastomeren hinsichtlich ihres Einfl. auf die Eigg. von Mischungen u. deren Vulkanisate, bespricht die Wrkg. des Heißmischverf. auf Mischungen u. Vulkanisate sowie auf das Beschleuniger-Syst. (speziell Sulfenamidbeschleuniger) u. erörtert kurz das Verh. von Butylkautschukmischungen gegenüber hohen Temperaturen.
R. SCHÄFF. 7226□

**Untersuchung der inneren Drucke bei der Formung und Vulkanisation von Gummi.** I. Ss. Ochrimenko, I. A. Belenki, M. N. Potapenko und I. A. Weinberg. (Каучук и Резина [Kautschuk u. Gummi] **19.** Nr. 7. 39—44. Juli 1960. Leningrad, Technol. Lensowjet-Inst. u. Fabrik „Skorochod".) (Russ.)

Der beim Vulkanisieren verschiedener Gummimischungen in hermet. abgeschlossenen Stempelformpressen auftretende Innendruck wird an einer hierfür bes. entwickelten App. untersucht. Das Vol. der Mischung nimmt beim Erwärmen auf Vulkanisations-Temp. von 130—140° um ca. 20% zu, wobei Drücke auftreten, die das 10—20fache der in der Praxis angewandten betragen. Aus diesen Erkenntnissen heraus wird eine Arbeits-Meth. u. Formkonstruktion entwickelt, die es gestattet, den Austrieb bei der Formvulkanisation zu verringern bzw. die notwendigen Außendrücke genau festzulegen, so daß auch einfache verschließbare Formen (keine Presse) eingesetzt werden können.
O. KRAMM. 7228□

**Die Vulkanisation von Kautschuk mit synthetischen Harzen.** A. G. Schwarz, B. S. Kamenski und I. I. Eitingon. (Каучук и Резина [Kautschuk u. Gummi] **19.** Nr. 8. 5—9. Aug. 1960. Forschungsinst. der Reifenind.) (Russ.)

Die Vulkanisation von *Butyl-*, *Natur* (**I**)-, *ölgestrecktem Butadienstyrol* (SKS-30 AM)- u. *Butadiennitrilkautschuk* (SKN-26) durch das *Harz 101* (**II**), einem Prod. der Alkali-Kondens. von p-tert.-Butylphenol u. Formaldehyd (**III**), im Vgl. zu *Amberol ST 137* (**IV**); Kondens.-Prod. aus p-Octylphenol u. **III**) wird an Mischungen mit verschiedenen Rußtypen untersucht. Als Cl-Donator werden *$ZnCl_2$*, *$SnCl_2$*, *Chlorparaffin* u. *chlorsulfoniertes Polyäthylen* (Hypalon) eingesetzt. Man erhält bei Vulkanisations-Temp. über 180° Vulkanisate, die in den physikal.-mechan. Kennwerten auch den dynam. normalen Vulkanisaten mindestens gleichwertig sind. Die hohe Thermostabilität der Harzvulkanisate auch für die höher ungesätt. Kautschuke wird bestätigt. Das Fließen (creep) eines **I**-Harzvulkanisats bei 130° u. 30 g/mm² Belastung ist gegenüber dem eines S-Vulkanisats geringer. **II** ist als Vulkanisationsmittel **IV** etwas unterlegen. Übersicht über die Entw. der Harzvulkanisation. — 13 Literaturangaben. O. KRAMM. 7228□

**Anwendung der Regressionsmethode bei der Zusammenstellung der Rezeptur für Gummigemische.** P. F. Bertsch. (Каучук и Резина [Kautschuk u. Gummi] **19.** Nr. 11. 58—63. Nov. 1960.) (Russ.)

Übersicht u. Diskussion aller Vers.-Ergebnisse, die die Feststellung einer mathemat. Abhängigkeit zwischen den physikal. Eigg. des Gummi u. der Konz. des Vulkanisators ermöglichen. Zur Beschreibung u. Best. jeder Eig. wurden mathemat. Modelle ausgearbeitet. Auf ihrer Grundlage wurde eine Voraussage der Eigg. von neuen Gummimischungen ermöglicht. Die beschriebene Technik ist bes. zur Best. der Abhängigkeit zwischen verschiedenen Eigg. von *Viton A-HV* (Copolymer von Vinylidenfluorid u. Hexafluorpropylen) u. der Konz. der vulkanisierenden Mittel geeignet. — 8 Literaturangaben. C. KOZÁK. 7230□

**Mischungen mit Mikrozellstruktur.** C. E. Webb. (Rubber J. int. Plastics **140.** 6—10. 7/1. 1961. Street, Somerset, Larkhill Rubber Co., Ltd., Res. Managm.) (Engl.)

Eine neue Meth. zum direkten Verpressen von Kautschukschuhsohlenmaterial mit Mikrozellstruktur auf Schuhoberteile wird kurz beschrieben. R. SCHÄFF. 7230□

**Prüfung von Gummi auf Verschleiß mit einem metallischen Netz.** Ss. B. Ratner und G. Ss. Klitenik. (Заводская Лаборатория [Betriebs-Lab.] **25.** 1375—77. 1959.) (Russ.)

Die Best. der Abriebfestigkeit von Gummi mit Metallnetzen ergibt weit höhere Werte als die Best. mit Schmirgel. Der Verschleiß hängt stark von der Belastung während der Prüfung ab. Harte Gummisorten haben bei geringem Druck geringeren, bei hohem Druck stärkeren Verschleiß als weiche Sorten. Beim Reiben von Gummi auf glatten metall. Flächen steigt der Abrieb mit zunehmendem Druck stark an. Eine bestimmte Korrelation zwischen den Werten mit Schmirgel, Drahtnetz u. glatter Fläche besteht nicht. J. v. SCHROEDER. 7230□

**Über die Reibung von Kautschukreifen auf Eis.** C. D. Niven. (Canad. J. Physics **36.** 599—610. Mai 1958. Ottawa, Canada, Nat. Res. Council, Div. of Appl. Physics.) (Engl.)

Die Reibung von Kautschukreifen mit geringem Luftdruck auf Eis wurde im Labor gemessen. Die Kurve der Beziehung zwischen der Kraft rollender Reibung u. der Belastung ist entweder linear oder schwach nach oben gekrümmt; daraus folgt, daß das Gesetz von THIRION nicht für rollende Reibung gilt. Die Kurve der Beziehung zwischen der Kraft gleitender Reibung u. der Belastung krümmt sich nach unten, wie es dem THIRION-Gesetz entspricht. Der Reibungs-Koeff. kann bei hart aufgepumpten Reifen weniger als 0,01 betragen, wenn die Temp. nahe 0° ist; bei —1° aber ist die rollende Reibung auf trockenem Eis schon beträchtlich (diese Befunde wurden bei sehr geringen Geschw. gemacht). R. SCHÄFF. 7248□

**Die Überlagerung von Antioxydans bei der Bestimmung von Niedermolekularen in SBR-synthetischem Gummi.** Lewis T. Milliken und Frederic J. Linnig. (J. Polymer Sci. **41.** 544—45. Dez. 1959. Washington, D. C., Nat. Bureau of Standards.) (Engl.)

Es wird gezeigt, daß die Meth. von KOLTHOFF, CARR u. CARR (J. Polymer Sci. **2.** [1947.] 637) zur Best. von *niedermol. Anteil* (**I**) in synth. Gummi zu Irrtümern führen kann, wenn **I** klein ist u. Antioxydantien anwesend sind. Zum Beleg wird die Meth. auf Gummi mit wachsenden Mengen Phenyl-β-naphthylamin (**II**) angewendet u. gefunden, daß der scheinbare **I** von 0,1% ohne **II** bis auf 0,4% mit 1,25% **II** linear anwächst. **I**, in Abwesenheit von **II** isoliert, ist weiß, in Ggw. von **II** isoliert, von dunkler Farbe. W. SCHMIEDER. 7248□

---

Farbenfabriken Bayer Akt.-Ges., Leverkusen (Erfinder: Kurt Vohwinkel, Leverkusen, und Paul Stöcklin, Opladen), **Stabilisierung von Dinitrosopentamethylentetramin,** dad. gek., daß man als Stabilisierungsmittel ein Salz aus einem Fettsäureaminoalkylester u. einer organ. Säure verwendet, z. B. die Acetate von Aminoalkylestern der Stearinsäure oder Ölsäure. Herst. der *Ester* vgl. D. R. P. 741 698. — *Treibmittel* für *Elastomere.* (**D. A. S. 1 110 650** Kl. 12p vom 27/8. 1959, ausg. 13/7. 1961.) A. BRÖSAMLE. 7227

UCLAF, Frankreich (Erfinder: Raymond Buret), **Methylen-bis-[thioglykolsäureester].** *Methylen-bis-[thioglykolsäure]* wird durch ½std. Red. von chloressigsaurem Na (**I**) mit Na-Hyposulfit in wss. Lsg. bei 80° u. ca. ½std. Kondens. mit HCHO in Ggw. von $H_2SO_4$ bei ca. 80° gewonnen u. in Cyclohexan mit n-Butanol oder 2-Äthylhexanol unter azeotroper Dest. verestert: *Bis-n-butylester,* gelbe Fl.; aus 20 kg **I** 27 kg (Ausbeute). — *Bis-[2-äthylhexylester]*; 93,5%. — *Weichmacher für Kautschuk.* (**F. P. 1 186 268** vom 2/8. 1957, ausg. 19/8. 1959.) EBERHARD RIEDEL. 7227

Monsanto Chemical Co., St. Louis, Mo., übert. von: John J. D'Amico, Nitro, W.Va., V.St.A., **Vulkanisationsbeschleuniger,** bestehend aus einem Thiazolsulfenamid der Formel X—S—N(R)—$CH_2$—C≡CH, in der X ein Arylthiazolkern ist, dessen Benzolring durch $NO_2$, Cl, Phenyl, Methoxy, Alkoxy oder Alkyl substituiert sein kann, während R = H, Alkyl, Alkenyl, Aralkyl oder Cycloalkyl ist, wobei die Alkylgruppe 1—5 C-Atome enthalten kann. Beispiele: N-Isopropyl-N-(2-propynyl)-2-benzothiazolsulfenamid, halbfeste Masse, dunkelbernsteinfarbig, lösl. in Aceton, Ae., Bzl., Chlf., A., Äthylacetat u. Heptan; 5-Chlor-N-isopropyl-N-(2-propynyl)-2-benzothiazolsulfenamid, gelbbraune Masse, F. 43—45°, gleiche Löslichkeit; N-Isopropyl-4-methyl-N-(2-propynyl)-2-benzothiazolsulfenamid, bernsteinfarbiges Öl, gleiche Löslichkeit; 6-Äthoxy-N-isopropyl-N-(2-propynyl)-2-benzothiazolsulfenamid, cremefarbige feste Masse, F. 90—91°, gleiche Löslichkeit; N-Cyclohexyl-N-(2-propynyl)-2-benzothiazolsulfenamid, halbfeste Masse. (**A. P. 2 943 079** vom 2/9. 1958, ausg. 28/6. 1960.) W. OVERBECK. 7229

Ishikawa Tekko Kabushiki Kaisha (Erfinder: Fumio Takahashi), Tokyo, Japan, **Nicht korrodierendes, gut alterndes Kautschukpräparat,** das mit Metalloberflächen zusammenkommt, z. B. für schwingungsdämpfende Vorrichtungen. Es enthält 0,2—5% Dihexylaminnitrat. (**Jap. A. S. 8132/1959** vom 27/4. 1957, ausg. 11/9. 1959.) M. PANKOW. 7231

Polymer Corp. Ltd., Canada (Erfinder: Jules Borunsky), **Herstellung von Pfropfpolymeren.** Man oxydiert natürliche Polymere u. pfropfpolymerisiert dann mit polymerisierbaren Verbindungen. — Man leitet 79,8 Liter $O_2$ durch 450 (g) Kautschukmilch u. spült mit $N_2$ nach, gibt zu 80 Latex 12 Styrol, 14 Emulgier-Lsg. (11,8 Naccanol NRSF, 11,8 Daxad 11 u. 35,3 Antarox 403 in 530 W.), 0,5 cm³ Modifikator-Lsg. (0,035 tert-Mercaptan in 0,5 cm³ Bzl.), 1,5 cm³ Aktivator-Lsg. (1,140 Na–HCHO-Sulfoxylat, 0,2 $FeSO_4 \cdot 7\,H_2O$, 0,240 Äthylendiamintetraessigsäure, 0,240 50%ig. NaOH-

Lsg.) u. 9 W. u. hält 60 Std. bei 50°. — Statt des oxydierten Kautschuks kann man oxydiertes Casein, oxydierte Gelatine, oxydierte Cellulose oder oxydierte Carboxymethylcellulose anwenden. (**F. P. 1 159 691** vom 10/8. 1956, ausg. 1/7. 1958. Can. Prior. 20/9. 1955.) M. PANKOW. 7231

**Goodyear Tire & Rubber Co.**, Akron, Ohio, V.St.A., *Herstellung eines elastomeren Additionsproduktes.* (**D. A. S. 1 098 209** Kl. 39c vom 23/8. 1956, ausg. 26/1. 1961. A. Prior. 28/10. 1955. — C. **1960.** 8706 [Aust. P. 213 913].)

**Firestone Tire & Rubber Co.**, V.St.A. (Erfinder: **Lynn Burritt Wakefield, Frédérick Calvin Foster** und **Richard S. Stearns**), *Herstellung eines synthetischen kautschukartigen Polyisoprens.* (**F. P. 1 157 468** vom 24/8. 1956, ausg. 29/5. 1958. A. Prior. 24/8. u. 1/9. 1955. — C. **1959.** 13022 [D. A. S. 1 034 364].)

**DEHYDAG Deutsche Hydrierwerke G. m. b. H.**, Düsseldorf (Erfinder: **Rudolf Endres**, Frankfurt/M.), *Weichmacher für Polyvinylchlorid.* (**D. B. P. 974 386** Kl. 39b vom 18/10. 1942, ausg. 8/12. 1960. Anmeldung bekanntgemacht 16/10. 1952. — C. **1953.** 7954 [D. P. [DDR] 400].)

**United Aircraft Corp.** (Erfinder: **Franklyn Schoenberg**), East Hartfort, Conn., V.St.A., *Ozonbeständiger Kautschuk.* (**Schwz. P. 349 788** vom 16/5. 1955, ausg. 15/12. 1960. A. Prior. 17/5. 1954. — C. **1959.** 12713 [Aust. P. 202 571].)

**Farbenfabriken Bayer Akt.-Ges.**, Leverkusen, *Vulkanisationsbeschleuniger.* (**E. P. 835 782** vom 27/2. 1957, ausg. 25/5. 1960. D. Prior. 27/2. 1956. — C. **1960.** 1019 [D. A. S. 1 053 775].)

**Farbenfabriken Bayer Akt.-Ges.**, Leverkusen, *Vulkanisationsbeschleuniger.* (**E. P. 839 667** vom 11/3. 1958, ausg. 29/6. 1960. D. Prior. 12/3. 1957. — C. **1959.** 11424 [D. A. S. 1 051 487].)

**United States Rubber Co.**, New York, N.Y., V.St.A. (Erfinder: **P. Viohl**), *Vulkanisation von Butylkautschuk.* (**Belg. P. 565 220** vom 27/2. 1958, ausg. 15/7. 1960. A. Prior. 11/3. 1957. — C. **1960.** 14540 [E. P. 826 092].)

**United States Rubber Co.**, New York, N.Y., V.St.A., *Vulkanisation von Butylkautschuk.* (**Belg. P. 565 977** vom 22/3. 1958, ausg. 29/7. 1960. F. Prior. 25/6. 1953. — C. **1950/54.** 1314 S [F. P. 1 080 963].)

**United States Rubber Co.**, New York, N.Y. (Erfinder: **James Carroll Conly**, Naugatuck, Conn.), V.St.A., *N-Alkyl- und N-Cycloalkyl-bis-(benzthiazol-2-sulfen)-amide.* (**D. A. S. 1 098 945** Kl. 12p vom 4/2. 1958, ausg. 9/2. 1961. A. Prior. 2/4. 1957. — C. **1960.** 17638 [A. P. 2 860 142].)

**Columbian Carbon Co.**, New York, N.Y., V.St.A., *Herstellen von Kautschukkrümeln.* (**E. P. 840 718** vom 27/6. 1957, ausg. 6/7. 1960. A. Prior. 19/9. 1956. — C. **1960.** 15925 [A. P. 2 915 489].)

**Imperial Chemical Industries Ltd.**, London, England, *Polyisocyanatkunstharze.* (**Schwed. P. 157 134** vom 9/4. 1953, ausg. 4/12. 1956. E. Prior. 10/4., 27/6. u. 13/11. 1952. — C. **1956.** 6258 [E. P. 733 624].)

**Dunlop Rubber Co. Ltd.**, London, England, *Herstellung von vulkanisierbaren Kautschuk und härtbares Kunstharz enthaltende Mischungen.* (**Ind. P. 57 661** vom 19/6. 1956, ausg. 5/2. 1958. E. Prior. 5/7. 1955. — C. **1959.** 6317 [Oe. P. 198 017].)

**United States Rubber Co.**, New York, N.Y. (Erfinder: **Howard McWilliams** und **Joseph Morris**, Detroit, Mich.), V.St.A., *Verbinden von Kautschuk mit Spinnstoffen.* (**D. A. S. 1 093 078** Kl. 39b vom 3/9. 1954, ausg. 17/11. 1960. A. Prior. 29/10. 1953. — C. **1958.** 12569 [E. P. 751 195].)

**B. F. Goodrich Co.**, V.St.A. (Erfinder: **Robert J. Formanek** und **Matthew W. Wilson**), *Verbesserung des Haftens von Kautschuk an Metall.* (**F. P. 1 155 146** vom 20/6. 1956, ausg. 23/4. 1958. A. Prior. 20/6. 1955. — C. **1960.** 7707 [E. P. 806 933].)

## XIII. Ätherische Öle. Parfümerie. Kosmetik

**Ätherisches Öl aus den Früchten von Cupressus sempervirens Linn.** K. K. Baslas. (Perfum. essent. Oil Rec. **50.** 823—27. Okt. 1959. Varanasi, India, Gyanpur, K. N. Gov. Coll.) (Engl.)
Durch Wasserdampf-Dest. werden aus den frischen Früchten 0,5% eines gelbbraunen Öls erhalten. $D.^{25}$ 0,8864, $[\alpha]_D^{25}$ $+21°6'$, $n_D^{25}$ 1,4747, SZ. 3,7, EZ. 47,88. Das Öl wurde bei 10 mm Hg-Druck in 8 Fraktionen zerlegt. Das Öl besteht aus d-$\alpha$- u. -$\beta$-Pinen, d-Camphen, Sabinen, $\Delta^3$-Caren, p-Cymol, Terpinenol-(4), Borneol, Terpenylacetat, Bornylacetat, Verbenon, Cedrol, Cadinen sowie wahrscheinlich aus Citronellal, Cedranon, Isophyllocladen. Weiter wurde das neue bicycl. Sesquiterpen *Cupressusen* ermittelt. E. BOYE. 7262□

**Die Kälte in der Parfüm-Industrie.** J. P. Brouquet. (Rev. prat. Froid **13.** Nr. 177. 47—48. 58. Dez. 1960.) (Franz.)
Schilderung der verschiedenen Gewinnungs-Meth., wie Dest., Enfleurage, Lsgm.-Extraktion, Pressung u. die dabei auftretenden Kühlprobleme. B. T. LASSER. 7276□

**Saccharosefettsäureester in der Kosmetik.** 1. Mitt. Paolo Rovesti. (Riv. ital. Essenze, Profumi, Piante officin., Olii veget., Saponi **43.** 31—39. Jan. 1961. Milano, Inst. di Ricerche sui deriv. vegetali.) (Ital.)
Beschreibung der Herst. u. Eigg. der verschiedenen *Saccharosefettsäureester,* die sich u. a. auch zur Einarbeitung in kosmet. Zubereitungen eignen. H. P. FIEDLER. 7284□

**Hautallergien bei Menschen durch Anwendung kosmetischer Mittel.** C. H. Friederich. (Parfumerie, Cosmét., Savons **3.** 142—46. April 1960.) (Franz.)
Übersicht an Hand von Statistiken. E. LÜCK. 7284□

**Emulsionen in Kosmetika und in Toilettenartikeln.** J. Pickthall. (Perfum. essent. Oil Rec. **51.** 299—303. Juni 1960. England, Polak & Schwarz Ltd., Div. of International Flavours and Fragrances, Inc.) (Engl.)

Allg. Betrachtungen u. einige Grundrezepturen zur Herst. verschiedener Emulsionstypen in der Kosmetik. G. LOSSNER. 7284□

**Eine Kaltdauerwelle auf Thiomilchsäure-Basis.** Anatole Vesterman. (Amer. Perfumer Aromatics **75.** 19—22. Juli 1960.) (Engl.)

Nach Besprechung der Haarstruktur u. des Mechanismus des Haarwellens wird die *Thiomilchsäure* (I) mit der *Thioglykolsäure* (II) in Eigg. u. Leistungsfähigkeit verglichen. Vf. ist der Meinung, daß I die gleiche Toxizität wie II besitzt, allerdings nicht als Enthaarungsmittel benutzt werden kann. I kann gut zur Kaltwelle eingesetzt werden, hinderlich ist der höhere Preis u. die erforderliche längere Einw.-Dauer. — 44 Literaturangaben. G. LOSSNER. 7284□

**Mikroskopische Bestimmungen der Haarfärbungen. (Eine farbentheoretische Betrachtung.)** Siegfried Preisinger. (Amer. Perfumer **75.** 27—31. Juli 1960.) (Engl.)

Mit Hilfe des Mikroskops werden Fragen des Haarfärbeprozesses untersucht. Farbstoffe färben das Haar mit verschiedener Geschw. u. Intensität, in Abhängigkeit von der Vorbehandlung, an. In chem. vorbehandeltes Haar dringt der Farbstoff leicht ein, um schließlich den ganzen Querschnitt auszufüllen. Es wird eine chem. Bindung des Farbstoffs an das Keratin angenommen. Die verschiedene Fähigkeit des Haares, angefärbt zu werden, läßt Aussagen über den Zustand des Keratins zu.
G. LOSSNER. 7284□

**Harnstoffeinschlußverbindungen aus Zibet sowie ätherischen und konkreten Ölen: Eine neue analytische und präparative Methode.** Fritz Wolf. (Riechstoffe u. Aromen **10.** 69—71. März 1960. Miltitz, VEB Chem. Fabrik Miltitz, Analyt. Labor.) (Dt.)

Folgende konkrete u. äther. Öle wurden mit Harnstoff zur Addukt-Bldg. ihrer wachsartigen Anteile umgesetzt: Konkret Cassie, Konkret Rose, äther. Rosenöl, Konkret Iris, Iris Rohöl (24,7 u. 15,5% Iron-Geh.), Konkret Jasmin, Lavendel Konkret u. Zibet. Die tabellar. zusammengestellten Ergebnisse zeigen, daß diese Meth. für Zibet u. vielleicht für Irisöl präparative Bedeutung zur Abtrennung der wachsartigen Bestandteile besitzt u. daß sie als analyt. Hilfsmittel zur Bewertung von konkreten Ölen u. als Meth. zur Best. des Stearopten-Geh. von äther. Rosenöl geeignet ist.
H. SONTAG. 7286□

## XIV. Zucker. Kohlenhydrate. Stärke

**Neue chemische Stoffe aus Zucker.** W. Schweisheimer. (Z. Zuckerind. **10** (85). 202—03. 20/4. 1960. New York, N.Y.) (Dt.)

Aus Saccharose (I), Phenol, NaOH u. Formaldehyd lassen sich Harze gewinnen, die zum Imprägnieren von Papier u. Holz sowie zur Fixierung von Sperrholzschichten u. in der Gießerei verwendbar sind. I-Acetatisobutyrat wird als Weichmacher für Filme u. Kunststoffe verwendet. Monofettsäureester der I werden für die Waschmittelgewinnung u. für Kosmetika verwendet. Derartige Prodd. reizen Augen u. empfindliche Haut nicht. I-Diester können in der Nahrungsmittelzubereitung benutzt werden, so zur Reinigung, Emulgierung u. zur Unterstützung der Verdauung. Weiter wird auf ein aus I u. Leinöl gewonnenes trocknendes Öl, ein mittels einer 2basigen Säure gewonnenes I-Polymer u. auf die Ggw. von Furfurol u. Itaconsäure hingewiesen.
W. WILLENBERG. 7400□

**Beurteilung der Zuckerrübenfeldversuche.** Miroslava Drachovska und Karel Šandera. (Listy Cukrovarnické **73.** 283—85. 15/12. 1957.) (Tschech.)

Die Vereinfachung der Durchführung von Feld-Verss. wird an Hand von Berechnungen diskutiert u. die Zuckerverluste werden mitgeteilt. E. SCHMELING. 7406□

**Vegetation, Schädlinge und Krankheiten der Zuckerrübe in Belgien im Jahre 1959.** L. Ernould und L. Van Steyvoort. (Publ. techn. Inst. belge Amèliorat. Betterave **28.** 3—42. 1960. Tirlemont, Inst. de la Betterave.) (Franz.)

Über den Einfl. des Wetters auf die Entw. der Zuckerrüben wird berichtet. Es kamen Fälle von Schwarzbeinigkeit u. Schäden durch Acidität, Mg-Mangel, Mn-Vergiftung, Rost, Rhizoctonviolett (Helicobasidium purpureum), Rübenfliegen u. Tausendfüßler (Blaniulus guttulatus) sowie in geringerem Maße durch Rübenkäfer, Drahtwürmer, Erdflöhe, Thrips u. Springschwänze vor. Die Schäden durch Nematoden wurden durch die Trockenheit verschlimmert, u. Blattläuse traten in großer Menge auf, während echter Mehltau trotz verstärkten Auftretens nur wenig Schaden anrichtete. Große

Ausfälle wurden durch die Vergilbungskrankheit angerichtet, auch die Mosaikkrankheit nahm zu. Einsatz von system. Insekticiden wirkte sich sehr günstig aus.
W. WILLENBERG. 7406□

**Die Pektine und ihre Rolle bei der Zuckererzeugung.** 2. Mitt. Albert Vigh. (Cukoripar [Zuckerind., Budapest] **14.** 33—37. Febr. 1961.) (Ung.) — 1. vgl. Cukoripar [Zuckerind., Budapest] **13.** [1960.] 324.

Übersicht. — 40 Literaturangaben. J. PLANK. 7406

**Arbeit der progressiven Vorscheideapparate.** Bronisław Nowakowski. (Gaz. Cukrownicza **62.** 272—77. Sept. 1960. Kościan, Cukrownia, Okręgowe Labor.) (Pol.)

Bei Zugabe von Kalkmilch im Gleichstrom zum Dünnsaft ist eine gleichmäßige progressive Steigerung der Alkalität des Saftes nicht erreichbar. In den ersten Kammern werden durch ungenügende Alkalität die Koll. stabilisiert u. erschweren die nachfolgende Filtration des Saturationsschlamms. Bei Gegenstrom-Verf. stellt sich in den einzelnen Kammern ohne Schwierigkeit die notwendige Alkalität ein. F. URBAN. 7412□

**Begleitprozesse beim Absetzen der Säfte in Absetzbottichen.** K. D. Shura. (Сахарная Промышленность [Zucker-Ind.] **34.** Nr. 5. 16—18. Mai 1960.) (Russ.)

Vf. untersucht den Einfl. der Absetzzeit des Saftes der 1. Saturation vor der Filtration auf die Qualität des filtrierten Saftes. Der Filtrations-Koeff. $K_f = V/F$ ($V$ = Vol. des Filtrats nach 1 Min., $F$ = Filteroberfläche) nimmt während der ersten 25 Min. etwas zu u. bleibt dann konstant. Die Filtrations-Geschw. hängt von der Kristallisation des $CaCO_3$ u. von der Veränderung der Koll. des Nd. (Peptisierung) ab. Während des Aufenthaltes des saturierten Saftes in den Absetzbottichen (60 Min. bei 85°) wird eine hauptsächlich durch chem. Prozesse hervorgerufene Farbvertiefung um 75—90% u. eine Abnahme der Alkalität beobachtet. H.-P. PIETSCH. 7412□

**Filtration von Schlammsaft der II. Saturation mit dem AKA-Olier-Filter.** Louis Olier. (Z. Zuckerind. **10** (85). 537—39. 20/10. 1960. Paris.) (Dt.)

Konstruktion u. Arbeitsweise des AKA-OLIER-Filters, eines Metallkerzenfilters, werden beschrieben. Es wurde in der Zuckerfabrik Aulnois-sous-Laon mit Erfolg als Ersatz für die Filterpressen u. Beutelfilter der II. Saturation eingesetzt.
W. WILLENBERG. 7412□

**Untersuchungen über die Demineralisierung der Zuckersäfte durch Elektrodialyse.** Maciej Leszko. (Gaz. Cukrownicza **62.** 141—42. Mai 1960. Kraków, Uniw. Jagielloński, Kat. Chem. ogóln.) (Pol.)

Kation. u. anion. Membranen aus Wofatit F (0,06—0,075 mm Korngröße) u. PVC bzw. aus Amberlite IRA-400 u. Polyamid haben eine hohe spezif. Leitfähigkeit u. eine gute Selektivität bei der Dialyse von Zuckersäften. Der Diffusions-Koeff. für Saccharose in 0,5 ml wss. Lsg. beträgt für die Anionenmembran $2{,}2 \cdot 10^{-10}$ für die Kationenmembran $8{,}5 - 10^{-8}$ [$cm^2\,s^{-1}$]. Der Zuckerverlust ist demnach hoch (7%). F. URBAN. 7412□

**Elektrodialytische Methode der Demineralisierung von Zuckerlösungen.** Maciej Leszko. (Gaz. Cukrownicza **62.** 246—48. Aug. 1960.) (Pol.) — Vgl. vorst. Referat.

Pulverisierter Kationenaustauscher Wofatit F u. Anionenaustauscher Amberlite IRA-400 werden mit 1%ig. Tylose-Lsg., Ammoniak u. mit stabilisiertem Kautschuklatex verrührt. Die Paste wird auf Seidengewebe aufgetragen u. nach Koagulierung des Latex gewaschen u. getrocknet. Die Membranen enthalten 58—60% Gummi, der Rest besteht aus dem Austauscher. Der Kathodenraum wird mit einer kation. Membran, der Anodenraum mit der anion. Membran abgegrenzt. In den Mittelraum wird die Saccharose-Lsg. mit 0,3% NaCl, in den Kathodenraum 0,3%ig. NaCl- u. in den Anodenraum 4,2%ig. $NaHCO_3$-Lsg. eingefüllt. Die optimale Temp. bei der Dialyse ist 50°. Die Entsalzung kann quant. erfolgen, doch ist eine 80%ig. Entsalzung wirtschaftlicher. Der Abstand zwischen den Membranen u. ihr elektr. Widerstand bestimmen die anzulegende Spannung. Der Zuckerverlust durch die Diffusion beträgt nur 0,6%.
F. URBAN. 7412□

**Bestimmung des Kristallisationseffektes der Nachprodukt-Füllmasse.** Kazimierz Wagnerowski, Danuta Dąbrowska und Czesław Dąbrowski. (Gaz. Cukrownicza **62.** 265—72. Sept. 1960.) (Pol.)

Eine ungenügende Eindickung der Füllmasse erfordert eine stärkere Kühlung bei der Kristallisation, um den Zuckerverlust nicht zu erhöhen. Bei konst. Konz. der Füllmasse gehen pro Grad Temp.-Erhöhung bei der Kristallisation 0,5% Zucker mit der Melasse verloren. F. URBAN. 7416□

**Die Feinstruktur von Kartoffelstärke.** Clarence Sterling und Jack Pangborn. (Amer. J. Bot. **47.** 577—82. Juli 1960. Davis, Calif., Univ., Dep. of Food Sci. and Technol. and Electron Microscope Labor.) (Engl.)

Elektronenmkr. Unterss. von Bruchstücken von lintnerisierter *Stärke* (I) wiesen darauf hin, daß der größte Teil der I-Substanz aus radial angeordneten Mikrofibrillen von 220—320 Å Ø besteht, bei einer beträchtlichen Länge von bis zu 4000 Å. Die Fibrillen setzen sich aus parallel gelagerten Micellensträngen von 80—90 Å Ø zusammen. Die Durchmesserdimensionen wurden auf röntgenograph. Wege unter Verw. von feuchter u. getrockneter, normaler u. lintnerisierter I bestätigt. Beide Unters.-Meth. zeigen auch, daß sich zwischen den kristallinen Micellen amorphe Gebiete befinden. M. ULMANN. 7448□

**Die Bedeutung der Stärkeverzuckerungserzeugnisse in der Süßwarenherstellung.** Gerd Graefe. (Süsswaren **4.** 127—29. 1/2. 176—82. 15/2. 1960. Hamburg.) (Dt.)

Allg. Überblick. — 16 Literaturangaben. M. ULMANN. 7448□

**Polarographische Bestimmung der α-Aminosäuren.** István Paulik. (Cukoripar [Zuckerind., Budapest] **14.** 49—52. Febr. 1961.) (Ung.)

Vf. empfiehlt zur Best. des α-Aminosäure-Geh. von Zuckerrüben, Roh-, Dünn-, Dicksaft u. in der Melasse eine rasche u. genügend genaue Meth., welche für Serien-Best. vorteilhaft ist. Man vermischt die entsprechend bereitete bzw. verd. Lsg. mit einer Cu-Phosphatemulsion, filtriert, puffert einen Anteil der Lsg. mittels $NH_4Cl$–Ammoniak, gibt 0,5%ig. Gelatine-Lsg. u. gesätt. $Na_2SO_3$-Lsg. hinzu u. polarographiert zwischen 0 u. —0,8 V. Es wird auf diese Weise das den α-Aminosäuren äquivalente Cu bestimmt, welches aus der Phosphatemulsion in Lsg. ging. J. PLANK. 7470

**Ein Nomogramm für die Untersuchung der Melasse.** K. P. Sacharow. (Сахарная Промышленность [Zucker-Ind.] **34.** Nr. 5. 19—20. Mai 1960.) (Russ.)

Ein Nomogramm wird vorgeschlagen, mit dessen Hilfe der Sättigungs-Koeff. der Melasse sowie der Zucker- u. Trockensubstanz-Geh. von der Melasse ohne mathemat. Berechnung schnell bestimmt werden kann. H.-P. PIETSCH. 7476□

**Die Bestimmung des Gehaltes an Raffinose in der Melasse mit Hilfe der Papierchromatographie.** R. I. Goldfarb und P. L. Danilenko. (Сахарная Промышленность [Zucker-Ind.] **34.** Nr. 5. 21—23. Mai 1960. Ukrain. Forsch.-Inst. der Alkohol-, Likör- u. Branntweinind.) (Russ.)

Zur quant. Best. der *Raffinose* (I) in Melassen wird die Probe nach HERZFELD invertiert u. die durch die hydrolyt. Spaltung von I entstehende Melibiose (II) papierchromatograph. von den übrigen Monosacchariden getrennt. Als Fließmittel kommen Gemische aus n-Butanol, $CH_3COOH$, $H_2O$ (4:1:5) u. n-Propanol, Äthylacetat, $H_2O$ (7:1:2) zur Anwendung. Nach einer Fließzeit von 40—48 Std. werden die Zucker durch Besprühen mit einem Benzidin-Entwickler sichtbar gemacht. Nach Eluierung der II-Flecken mit W. (30—45 Min. bei 40°) erfolgt die quant. Best. von II photocolorimetrisch. H.-P. PIETSCH. 7476□

**Anwendung der Gaschromatographie bei der Untersuchung von Zuckerwaren auf Chloroform und Äther.** Edmond Gloesener. (J. Pharmac. Belgique [N. S.] **13 (40).** 585—88. Nov./Dez. 1958. Liège, Univ., Labor. d'Anal. des Médicaments.) (Franz.)

Es wird ausführlich die Meth. der Best. von Chlf. u. Ae. auf gaschromatograph. Wege dargelegt. Als stationäre Phase wird die Kombination einer Kolonne mit Triäthanolamin u. Silicon verwendet. Als bewegliche Phase dient $H_2$, als Träger-Fl. Isopropanol. E. BOYE. 7488□

## XV. Gärungsindustrie

**Laminarin und Hefedextrane.** H. de Backer. (Fermentatio [Gand] **22.** 132—34. 1960.) (Franz.)

Allg. Betrachtungen zur Isolierung u. Chemie der Hefedextrane u. des in Laminaria (Braunalge) bzw. Fucus vorkommenden Polysaccharids Laminarin. W. KREIPE. 7506□

**Genetische Untersuchungen über die Vergärung von Maltotriose.** S. Windisch und C. C. Emeis. (Mschr. Brauerei **13.** 2—5. Jan. 1960, Beil. zu: Brauerei. Berlin, Inst. für Gärungsgew., Mikrobiol. Abt.) (Dt.)

Es wurden 4 Hefestämme (*Saccharomyces diastaticus*, 2 Kulturhefen, *Saccharomyces carlsbergensis*) zur genet. Unters. der Vergärung von *Maltotriose* (I) herangezogen. Für die Vergärung der I sind 2 Gene verantwortlich, von denen das eine zusätzlich noch den Abbau von Stärke bewirkt. Außerdem ist eine Vergärung von I immer mit einer Vergärung von Maltose verbunden. Die untersuchte untergärige Bierhefe *Saccharomyces carlsbergensis* hat nur ein I-Gen. K.-U. RIEDEL. 7506□

**Die fraktionierte Destillation bei Edelbranntweinen.** G. Hartmann. (Alkohol-Ind. **73.** 391—94. 1/8. 1960.) (Dt.)

Die fraktionierte Dest. mit Hilfe des Birektifikators, der mit einem ständigen Gegenstrom von Fl. u. Dampf arbeitet, u. die damit verbundene Ausgiebigkeitsprobe zur Feststellung der Aroma- u. Geschmacksstärke, der Fruchtigkeit u. Weinigkeit bei Edelbranntweinen werden beschrieben. Man verd. das Ausgangsmaterial langsam mit enthärtetem W. über die unterste Geschmacksschwelle. Als Ausgiebigkeit gilt der Verdünnungsgrad, in dem 1 ml des Originals geruchlich u. geschmacklich noch festgestellt bzw. erfaßt werden kann. Für die einzelnen Destillatfraktionen, von der ersten bis zur achten, ergeben sich in dieser Reihenfolge etwa folgende Flüchtigkeitswerte (°C): 78—79, bis 81, ebenfalls ca. 81, 81—99, 98—99,5, bei 99,5, ca. 99,7, ca. 99,8. Die Durchführung der fraktionierten Dest., die erforderlichen Verdünnungswerte u. die durchschnittlichen Ausgiebigkeitswerte bei der Unters. von Weindestillat, Weinbrand, Originalrum, Arrak, Kirschwasser u. Kornbranntwein werden eingehend erörtert. W. KREIPE. 7536□

**Zur Frage der Neubildung von Beimengungen bei der kontinuierlichen Destillation von Weinmaterialien auf Cognacalkohol.** W. A. Masslow. (Виноделие и Виноградарство СССР [Weinbereit. Weinbau UdSSR] **20.** Nr. 7. 5—9. 1960. Krasnodar, Inst. für Lebensmittelind.) (Russ.)

Die Intensität der Neubldg. von Estern (**I**), Furfurol (**II**) u. Aldehyden (**III**) bei der Dest. von Weinmaterialien auf Cognacalkohol wird erörtert. Im Vgl. mit dem CHARENTE-Dest.-Verf. wurde bei der kontinuierlichen Dest. eine erhöhte Neubldg. von **I** u. **II** u. eine erniedrigte Neubldg. von **III** festgestellt. Die Veränderungen der Konzz. von **I**, **II** u. **III** im A. werden gleichzeitig neben der Intensität der Neubldg. durch die Geschw. der Dämpfe in der Dest.-Kolonne verursacht. S. BARYSCHNIKOW. 7536

**Fehlerhafte Obstbranntweine.** Erich Walter. (Alkohol-Ind. **73.** 511—13. 1/10. 1960.) (Dt.)

Bei der Herst. von Obstbranntwein unter Verw. eiserner Brenngeräte u. der Lagerung in Eisen- oder verzinkten Eisenfässern tritt durch Bldg. von Fe-Oxyd-Verbb. eine gelbliche Färbung des im allg. völlig wasserhellen Obstbranntweins ein, u. die Lsg. von Zn durch die vorhandenen Säuren kann Gesundheitsschäden zur Folge haben. Zur Lagerung werden Glasbehälter empfohlen. Holzfässer, bes. aus Eichenholz, verursachen durch Abgabe von Gerbstoffen ebenfalls Gelbfärbung, nicht jedoch Eschenholzfässer. Zum Herabsetzen auf Trinkstärke ist nur Fe- u. Cl-freies, weitgehend enthärtetes W. zu verwenden, da sonst Aussehen u. Geschmack beeinträchtigt werden. Außerdem lassen sich Verfärbungen u. Geschmacksfehler der verschiedensten Art ohne negative Beeinflussung des Aromas nur schwer beseitigen. W. KREIPE. 7536□

**Über Citrusliköre und ihre Rohstoffe.** E. Benk. (Alkohol-Ind. **73.** 394—96. 1/8. 1960.) (Dt.)

Rohstoffe von Citronenlikören wurden auf ihre Eigg., Kennzahlen u. Bestandteile (g/100 ml) untersucht. Eigene Unters.-Ergebnisse von Bergamotten-, Grapefruit-, Limetten-, Mandarinen-, Orangen-, Pomeranzen-, Citronensaft u. Grapefruitöl werden in Tabellen mitgeteilt. W. KREIPE. 7536□

**Schwimmgerste-Trocknung in Mälzereien.** Václav Vlček. (Kvasný Průmysl **6.** 151—52. Juli 1960. Brno, Starobrněnský pivovar n.p.) (Tschech.)

Eine Vereinfachung des Trocknens ist durch ein schemat. dargestelltes Gerät, das auf dampfbeheizten sowie nach Anpassung auch auf normal beheizten Darren benutzt werden kann, möglich. E. VEVERA. 7540

**Die Bedeutung einiger Spurenmetalle bei der Bierbrauerei.** Aarne Rahiala. (Mallasjuomat **1960.** 105—11.) (Finn.)

Übersicht über den Einfl. der durch Korrosion sowie aus Hopfen u. Malz in das Bier gelangten Spurenmetalle, bes. Fe u. Cu, auf die Eigg. des Bieres, bes. den Geschmack, die Schaum-Bldg. u. die chem. Haltbarkeit. — 15 Literaturangaben. S. BECKMANN. 7550□

**Nähr-, Energie-, Mineral- und Vitaminwert; gesundheitliche und therapeutische Eigenschaften des Bieres.** M. R. Klein. (Fermentatio [Gand] **22.** 173—84. 1960. Saint-Yorre, France, Granger Bouguer Pau & Cie.) (Franz.)

Mit einem Liter Bier werden dem Organismus 400—500 kcal zugeführt. Diese Energiewerte liefern im wesentlichen die leicht verdaulichen Kohlenhydrate u. der Alkohol. Die wichtigsten Mineralbestandteile des Bieres sind (in mg/Liter): S 660, P 160, K 1000, Ca 45, Mg 135, als Spurenelemente Zn 10,3, Cu 0,8, Mn 0,45, Al 0,05. Der mittlere Geh. an Vitaminen beträgt (mg/Liter): Thiamin 0,006—0,039, Riboflavin 0,285—0,495, Nicotinsäure 6,59—8,6, Pantothensäure 0,595—0,695, Pyridoxin 0,695 bis 0,86, Biotin u. Inosit sowie andere Vitamine des B-Komplexes. W. KREIPE. 7550□

**Was ergibt das heiße Spritungsverfahren von zerquetschten Trauben.** A. A. Karajew. (Виноделие и Виноградарство СССР [Weinbereit. Weinbau UdSSR] **20.** Nr. 8. 48. 1960. Akstafa, Weinfabrik des Weintrusts von Aserbaidshan.) (Russ.)

Verss. zeigen, daß das heiße Spriten (statt des kalten) von zerquetschten Trauben die A.-Verluste auf 2,36% erniedrigen kann. S. BARYSCHNIKOW. 7554

**Die Butanol-Aceton-Vergärung des Zuckersaftes aus Zuckerrohr.** Eusebio Viciedo Perdomo. (Inst. Cubano Invest. tecnol., Ser. Estud. Trabajos Invest. Nr. **3.** 9—32. März 1958. Santiago de Cuba, Univ. de Oriente, Inst. de Microbiol. ind.) (Span.)

16 neue Varietäten von *Clostridium acetobutylicum* werden aus verschiedenen Quellen isoliert, die aktivsten aus Zuckerrüben, u. der Einfl. von 86 Zusatzstoffen auf ihre Aktivität untersucht. Bezogen auf die ursprünglich vorhandene Saccharose werden 32% Gärungs-Prodd. (73% Butanol, 19—23% Aceton, 3—4% A.) mit folgendem Gemisch erhalten: 250 ml Zuckersaft (I, aus Zuckerrohr) mit 20° Brix, 1 g Saatwicke (gemahlen), 2,5 g $KH_2PO_4$, 4 g $CaCO_3$, 1 Liter W.; pH der Lsg. 5,6—6,0. Der ungeklärte I wird mit Invertase invertiert, dann werden die anderen Komponenten zugegeben u. das Gemisch 20 Min. unter schwachem Überdruck (15 lbs./sq.in.) sterilisiert. — 34 Literaturhinweise. R. K. MÜLLER. 7578□

**Untersuchung der durch die Bakterien Clostridium acetobutylicum verursachten kontinuierlichen Aceton-Butanolgärung.** W. L. Jarowenko, B. M. Nachmanowitsch, N. P. Schtscheblykin und W. W. Ssenkewitsch. (Микробиология [Mikrobiologie] **29.** 581—86. Juli/Aug. 1960. Moskau, Allunions Inst. für Spirituosenind.) (Russ.; Auszug: Engl.)

Die Gärungen wurden in einer Batterie von 21 Fermentoren mit einem Nutz-Vol. von je 3,5 $m^3$ durchgeführt. Bei einer Belastung der Batterie mit 0,6—1,2 $m^3$/Std. Maische verlief die Gärung ohne Sterilisation 6—11 Tage normal. Später kam es zu Infektionen mit Milchsäurebakterien. Der Betrieb der Anlage wurde durch folgende Werte kontrolliert: Zuckervergärung, Bldg. von Lsgm., Biomasse, pH. Die Kultur-Fl. enthielt zum Schluß 7 g/Liter Aceton u. 0,65% Restzucker. In jedem Fermentator werden konst. Bedingungen geschaffen, die einem bestimmten Stadium der Gärung entsprachen. Bei prophylakt. Sterilisierung der App. konnte die Anlage 28 Tage ohne Infektion betrieben werden. Die größte Infektionsgefahr besteht an den Fettbüchsen der Pumpen, den Rührern u. Absperrschiebern. Es wurden Fettbüchsen für antisept. Fett mit dispergiertem $CuSO_4$ konstruiert. K. SATTLER. 7578□

## XVI. Nahrungs-, Genuß- und Futtermittel

**Die Lagerung von püreeartigen Konserven neuer Art.** R. W. Kudrowa. (Консервная и Овощесушильная Промышленность [Konserven- u. Dörrgemüse-Ind.] **14.** Nr. 5. 10—11. Mai 1959.) (Russ.)

Die Einw. der Lagerung bei verschiedenen Temp. u. der Temp.-Schwankungen auf organolept. Eigg., Gesamtacidität, pH, Viscosität, Sn-, Fe- u. Pb-Geh. für 6 Sorten püreeartiger Konservensorten verschiedener Zus. wird erörtert. Die untersuchten Prodd. hatten eine Lagerungsfähigkeit von 2 Jahren. Der Erhöhung des Sn-Geh. in den Konserven wird spezielle Aufmerksamkeit gewidmet. Lagerung bei niedriger Temp. u. zusätzliche Lackierung der inneren Oberfläche der Konservenbüchsen verlangsamen den Übergang des Sn in das konservierte Produkt. S. BARYSCHNIKOW. 7634

**Die zusammendrückbare Polyäthylentube als Nahrungsmittelverpackung.** J. D. Kemp, R. M. Ballantyne, A. J. Ducker und J. W. Haynes. (Food Technol. **14.** 131—34. März 1960. Toronto, Ontario, Defence Res. Med. Labor.) (Engl.)

Mit Polyvinylchloridharz ausgekleidete u. nichtausgekleidete Polyäthylentuben wurden auf ihre Eignung zur Verpackung von Himbeermarmelade, Weingelee, Honig, Erdnußbutter u. Molkereibutter untersucht. Dabei erwiesen sich die ausgekleideten Tuben als brauchbarer, da sie undurchlässig gegen Öle sind. Die Lagerung der Nahrungsmittel in diesen Tuben wurde mit der in Flaschen u. Büchsen verglichen. Dieser Vgl. fiel etwas zugunsten der Flaschen u. Büchsen aus. A. GABERT. 7634□

**Einige Betrachtungen zum gegenwärtigen Stand der Lebensmittelbestrahlung.** J. J. Macfarlane. (Food Preservat. Quart. **20.** 42—46. Sept. 1960. Homebush, N.S.W., C.S.I.R.O., Div. of Food Preservat. and Transport.) (Engl.) M. WINIKER. 7634□

**Die Anwendung ionisierender Strahlen zur Konservierung von Lebensmitteln.** J. Kuprianoff. (Ind. aliment. agric. **77.** 876—84. Dez. 1960. Karlsruhe.) (Franz.)

Vortrag. M. WINIKER. 7634□

**Untersuchungen über Infrarot-Anwendung bei der Nahrungsmittelherstellung.** E. A. Asselbergs, W. P. Mohr und J. G. Kemp. (Food Technol. **14.** 449—53. Sept. 1960. Ottawa, Ontario, Canada, Dep. of Agricult., Plant Res. Inst. and Engng. Res. Serv.) (Engl.)

Vortrag. Gegenüber dem üblichen Blanchieren durch Dampf oder W. bietet die IR-Bestrahlung (a) von Sellerie, Äpfeln, Erbsen gewisse Vorteile. a hat sich auch bei der Bereitung von Pommes frites u. Büchsenrindfleisch bewährt. H.-U. STEIN. 7642□

**Vitaminisierung von Lebensmittelkonzentraten.** A. T. March, B. W. Sosulewitsch, Ju. G. Skorikowa und N. A. Rasskina. (Консервная и Овощесушильная Промышленность [Konserven- u. Dörrgemüse-Ind.] **16.** Nr. 2. 21—23. Febr. 1961. Odessa, Technol. Inst. für Lebensmittel- u. Kälteindustrie.) (Russ.)

Verff. zur Herst. von 5 Sorten Lebensmittelkonzentraten mit Vitamin C-Zugabe. Zur besseren Konservierung des Vitamins wird dieses mit einer isolierenden Stärke- u. Dextrinschicht bedeckt u. in granulierter Form dem bereiteten Prod. zugefügt.
S. BARYSCHNIKOW. 7642

**Vergleich der Ausbeute an Aminosäuren in Säure- und in enzymatischen Caseinhydrolysaten mit Berücksichtigung ihrer optimalen Zusammensetzung und der Geschmackseigenschaften.** Józef Janicki und Janusz Skupin. (Roczniki Technol. Chem. Żywności **5.** 99—110. 1960. Poznań, WSR, Kat. Technol. Roln.) (Pol.)

Caseinhydrolysate mit maximaler Ausbeute an Aminosäuren u. mit angenehmem Geschmack werden erhalten, wenn die enzymat. Hydrolyse bei 45° mit 10% eines Pankreas-Präp. über 120 Std. durchgeführt wird u. wenn das Casein von organ. P-Verbb. befreit worden ist. Die Aminosäure-Zus. ist in diesem Fall ähnlich der Zus. eines vollständig mit 2n HCl u. Ameisensäure hydrolysierten Caseins. — 33 Literaturangaben.
F. URBAN. 7646□

**Die Auswirkung der Behandlung von Mehlen mit γ-Strahlen auf die Löslichkeit der Kleberproteine.** A. R. Deschreider. (Fermentatio [Gand] **1959.** 347—51.) (Franz.)

γ-Strahlen von 1000—5000 krad beeinflussen die Löslichkeit der Kleberproteine folgendermaßen: die Löslichkeit in A. ist vermindert, sie nimmt zu in 5%ig. $K_2SO_4$ bei geringeren Mehlen. Die Wasserlöslichkeit von Kleber bestrahlter einheim. (belg.) Mehle wird erhöht, während sie bei nicht einheim. u. Gemischen von einheim. u. nicht einheim. Mehlen abnimmt. In ihrem natürlichen Milieu sind die Kleber weniger empfindlich gegenüber dem Einfl. gewisser Lösungsmittel. Ein Mehr an N-haltigen Nichtproteinen kann die Resultate verfälschen. Verss. an durch Aceton u. andere Stoffe fällbaren Proteinen ergaben nach Bestrahlung eine erhöhte Löslichkeit derselben. Bei erhöhten Bestrahlungsintensitäten wird eine Verminderung des extrahierbaren Klebers u. eine Veränderung seiner plast. Eigg. bewirkt. G. HOFER. 7670□

**Abhängigkeit der Roggenmehl-Backfähigkeit von den biochemischen Eigenschaften des Kornes.** Edward Kamiński. (Roczniki Technol. Chem. Żywności **5.** 69—79. 1960. Poznań, WSR, Kat. Technol. Roln.) (Pol.)

Die Backfähigkeit des Roggenmehls wurde mit den biochem. Eigg. des Rogenkornes verglichen. Die Ergebnisse zeigen, daß der Eiweiß-Geh. nicht allein für die Qualität der Backwaren ausschlaggebend ist, u. daß vielmehr der Komplex Kohlenhydrate–Amyloseaktivität u. Eiweiß–proteolyt. Aktivität berücksichtigt werden muß. Das kleine Vol. von Backwaren aus Roggenmehl mit hohem Eiweiß-Geh. wird durch die verstärkte amylolyt. Aktivität bei abgeschwächter proteolyt. Aktivität in solchen Mehlen verursacht. — 26 Literaturangaben. F. URBAN. 7674□

**Über die Untersuchung der Eignung von Weizensorten für die Brotherstellung.** L. M. Kisenko und Ss. M. Ssucholitko. (Хлебопекарная и Кондитерская Промышленность [Brot- u. Konditorei-Ind.] **4.** Nr. 11. 24—27. Nov. 1960. Kiew, Zentr. Chem.-Technolog. Labor. der Verwaltung für Industrie- u. Lebensmittelprodd. beim Stadtsowjet.) (Russ.)

Die Ausgiebigkeit beim Verbacken von 12 sowjet. Weizensorten wurde untersucht. Eine hohe Ausgiebigkeit ist allg. mit einem hohen Kleber-Geh. (bis 36%) verbunden, es besteht jedoch keine direkte Abhängigkeit. Vff. erwähnen Sorten mit hoher Ausgiebigkeit u. einem Kleber-Geh. von nur 28,4 bzw. 29%. S. BARYSCHNIKOW. 7674

**Über die Möglichkeit der Verwendung von Maisöl beim Brotbacken.** T. I. Golubew. (Хлебопекарная и Кондиторская Промышленность [Brot- u. Konditorei-Ind.] **5.** Nr. 2. 9—10. Febr. 1961. Leningrad, Abt. des Zentr. Forsch.-Inst. für Bäckereiwesen.) (Russ.)

Rezepturen von Diätbackwaren (BW) mit Maisöl (I)-Zugaben werden angegeben. Die BW mit $\leqq$10% I hatten gute organolept. Eigenschaften. Durch den Zubereitungsprozeß der BW wurden Färbung, Konsistenz, SZ. u. JZ. des in den BW enthaltenen I nicht verändert. S. BARYSCHNIKOW. 7674

**Verwendung von Fermentpräparat bei der Bereitung von Roggenbrot.** P. T. Trubenkow, R. R. Tokarewa, G. M. Smirnowa und L. A. Jegorowa. (Хлебопекарная и Кондиторская Промышленность [Brot- u. Konditorei-Ind.] **5.** Nr. 2. 1—3. Febr. 1961. Schtschelkowo, Brotkombinat, Zentr. Forsch.-Inst. für Bäckereiwesen.) (Russ.)

Zugabe von Ferment-Präp. aus Aspergillus awamori (0,03% des Mehl-Gew.) intensiviert den Gärungsprozeß des Roggenteiges, verbessert das Aussehen bzw. die organolept. Eigg. des Brotes u. erhöht dessen Geh. an flüchtigen Säuren u. Aldehyden. S. BARYSCHNIKOW. 7674

**Die Brotherstellung in Bulgarien.** Ekaterina Kazarowa Philippowa. (Bäcker u. Konditor **15.** 162—65. Juni 161. Potsdam.) (Dt.) J. LEHMBERG. 7674□

**Das Einfrieren von Brot und Backwaren.** Reinhold Nissen. (Kälte **8.** 393—401. Nov. 1955. **9.** 34—36. Jan. 344—46. Okt. 1956.) (Dt.)

Erfahrungsbericht. M. WINIKER. 7674□

**Konservierung von Roggenbrot in Polyäthylenpackungen durch Ultraviolettstrahlen.** Ju. Je. Wolkow und W. W. Schtscherbatenko. (Консервная и Овощесушильная Промышленность [Konserven- u. Dörrgemüse-Ind.] **16.** Nr. 2. 26—28. Febr. 1961. Zentr. Forsch. Inst. für Bäckereiwesen.) (Russ.)

In *Polyäthylen* (Filmdicke 80 $\mu$) verpacktes, 12 cm von einer Quecksilberquarzlampe (220 W) entferntes, einer UV-Bestrahlung ausgesetztes Roggenbrot von 1 kg, das oberflächlich mit Sporen von Aspergillus oryzae u. Asp. niger infiziert war, konnte bei 18—22° u. äußerer Luftfeuchtigkeit von 60—80% 2 Monate lang aufbewahrt werden. S. BARYSCHNIKOW. 7674

**Prüfung einiger Konservierungsmittel zur Verhütung des Brotschimmels.** A. N. Romanow, W. A. Strelkow, T. P. Owtscharowa und N. M. Masslennikowa. (Хлебопекарная и Кондитерская Промышленность [Brot- u. Konditorei-Ind.] **5.** Nr. 2. 6—9. Febr. 1961. Zentr. Forsch.-Inst. für Konserven- u. Dörrgemüseind.) (Russ.)

Frischgebackenes warmes Weizen- bzw. Roggenbrot, das in neuen Kartonbehältern aufbewahrt wurde, deren Böden mit 50 g Senfpulver/kg Brot bestreut u. mit Filterpapier bedeckt waren, hielt sich bei einer Luft-Temp. von 25° u. einer Luftfeuchtigkeit von 77% 20 Tage schimmelfrei. Die Anwendung von Pulver in Paketen, die zwischen die Brote gelegt werden, ist weniger geeignet. Brote von 8 kg, die in Papier eingewickelt wurden, das mit 20 ml einer 3,5%ig. alkohol. Lsg. von Sorbinsäure getränkt war, konnten 30 Tage schimmelfrei aufbewahrt werden. S. BARYSCHNIKOW. 7674

**Fettbestandteile des schwedischen Knäckebrotes. Für eine bessere Zusammenstellung dieses Nahrungsmittels.** David Karp. (Oléagineux **16.** 29—33. Jan. 1961. Filipstad, Schweden.) (Franz.)

Vortrag. Unter Anführung von 17 Literaturzitaten u. unter Betonung ernährungsphysiolog. Gesichtspunkte wird an Hand von Abb. die Verteilung des stark ungesätt. Fettes in den Cerealien (Keimling, Aleuronschicht) erörtert; das Fett des Mehles aus dem ganzen Korn wird durch die Ggw. von Vitamin E stabilisiert. Angaben über die Wrkg. von verabfolgtem Knäckebrot hinsichtlich des Sauerstoffbedarfes bei sportlichen Leistungen, hinsichtlich des physiolog. Gleichgewichtes zwischen Butter u. dem Getreidefett, hinsichtlich der Senkung des Cholesterinspiegels im Blut. Die in der Literatur vorhandenen Mitt. über Gewinnung u. chem. Charakterisierung des Fettes von Knäckebrot werden tabellar. zusammengestellt; zusammenfassende Ausführungen über die Bedeutung des aus Vollmehl hergestellten Knäckebrotes. K. TÄUFEL. 7674□

**Einfluß der Bearbeitung von Kartoffeln mit Natriumbisulfitlösung auf die Qualität des Trockenproduktes und seine Lagerbeständigkeit.** S. A. Katz. (Консервная и Овощесушильная Промышленность [Konserven- u. Dörrgemüse-Ind.] **16.** Nr. 2. 24—26. Febr. 1961. Zentr. Forsch.-Inst. für Konserven- u. Dörrgemüseindustrie.) (Russ.)

Zerschnittene Kartoffeln werden mit 0,40—0,45%ig. $SO_2$-Lsg. (als $NaHSO_3$ angewandt) behandelt u. bis zum Wasser-Geh. von 6—7% getrocknet. Das Fertig-Prod. mit $\leqq$0,04% $SO_2$ hat eine Lagerfähigkeit von 30 Monaten (unbehandeltes Prod.: 9 bis 12 Monate). S. BARYSCHNIKOW. 7678

**Veränderungen der Kohlenhydrate in Bataten während der Konditionierung und Lagerung.** L. E. Scott und W. A. Matthews. (Proc. Amer. Soc. horticult. Sci. **70.** 407—18. Dez. 1957. College Park, Md., Univ.) (Engl.)

16 Sorten Bataten wurden nach Konditionierung 6 Monate lang bei 85° F gelagert. Während der gesamten Dauer der Lagerung nahm der Geh. der Bataten an Stärke ab. Der Geh. an Zucker nahm während der Konditionierung u. der ersten beiden Monate der Lagerung zu u. sank dann leicht ab. Der Verlust an Reservekohlenhydraten betrug am Ende der Lagerung im Mittel 25% des Werts zur Zeit der Ernte. Bei der Trockenmasse belief sich der Verlust auf ca. 18%. Die erhobenen Befunde waren sortenabhängig. E. WIEHR. 7678□

**Die Wirkung von Konditionierung, Lagerung und Trocknung auf die Mono- und Disaccharide von Bataten.** M. G. Lambou. (Food Technol. **12.** 150—55. März 1958. New Orleans, La., U.S. Dep. of Agric.) (Engl.)

Bataten der Sorte Unit I Porto Rico wurden in rohem Zustand aufbewahrt u. nach 0 u. 14 Tagen, 1, 4 u. 6 Monaten untersucht. Gegenproben wurden nach der angegebenen Zeit der Rohlagerung getrocknet u. auf gleiche Weise untersucht. Die gefundene *Maltose* (I) ist offenbar ein Kunst-Prod. als Folge der Warmbehandlung während der Unters. u. beim Trocknen. Im Gesamtzucker nahm *Saccharose* von 75% nach der Ernte auf 66% nach 6 Monaten Lagerung ab. Bei *Glucose* (II; 7—11%) u. *Fructose* (III; 6—11%) wurden die höheren Werte nach der Lagerung gefunden. Bei den getrockneten Proben wurde mehr I, weniger II u. III gefunden als bei den rohen Bataten gleichen Alters. Von *Inosit* wurden in den frischen Bataten nur Spuren gefunden, nach einem Monat bis zu 8%, nach 6 Monaten aber nur 2%. K. SCHLEICH. 7678□

**Der Einfluß der Dauer der Konditionierung und der Lagertemperatur auf bestimmte Qualitätsmerkmale von Bataten.** C. L. McCombs und D. T. Pope. (Proc. Amer. Soc. horticult. Sci. **72.** 426—34. Dez. 1958. Raleigh, N.C., North Carolina State Coll., Agricult. Exp. Stat.) (Engl.)

*Porto Rico-Bataten* (a) wurden 4 bzw. 10 Tage lang bei 85° F u. 90—92% relativer Luftfeuchtigkeit konditioniert u. anschließend bei 55, 60 u. 65° F gehalten. Eine Konditionierungszeit von 4 Tagen wirkte sich günstiger aus als eine solche von 10 Tagen. Bei den niedrigeren Lager-Temp. blieb der Zucker-Geh. höher u. die Gew.-Verluste der **a** geringer. Der Geh. der **a** an *Dehydroascorbinsäure* (I) erwies sich im Gegensatz zum Geh. an *red. Ascorbinsäure* (II) bei der Lagerung als konstant. Während der ersten Zeit der Lagerung betrug der Geh. an I etwa die Hälfte des Geh. an II, während sich die I u. II-Mengen im Lauf einer längeren Lagerung einander anglichen.
E. LÜCK. 7678□

**Der Einfluß von Konditionierung, Backzeit und Temperaturen auf die Kohlenhydrate in Bataten.** W. F. Jenkins und Marvin Gieger. (Proc. Amer. Soc. horticult. Sci. **70.** 419—24. Dez. 1957. Mississippi, Agricult. Exp. Stat., State Coll.) (Engl.)

Durch eingehende Unterss. wurde festgestellt, daß Bataten (Sorten: Porto Rico u. Allgold) am besten bei einer Ofen-Temp. von 300—350° F gebacken wurden. Hierbei stieg die Temp. innerhalb der Süßkartoffeln nicht über 212° F an. Die Sorte Porto Rico enthielt nach dem Backen je nach der Länge der Backzeit 5—12% Maltose, die Sorte Allgold dagegen nur 0,3—5%. Dextrine wurden nur in Süßkartoffeln gefunden, die 7—14 Tage bei 85° F u. 90% Luftfeuchtigkeit konditioniert worden waren.
E. WIEHR. 7678□

**Die Komponenten der Hemicellulosen von Reis.** Arthur Bevenue und Kenneth T. Williams. (J. agric. Food Chem. **4.** 1014—17. Dez. 1956. Albany, Calif., USDA, Agricult. Res. Serv.) (Engl.)

Im Hinblick auf Probleme der Verarbeitung u. Verw. von Reis wurden die *Hemicellulosen* von Reiskörnern untersucht. Hierbei wurde festgestellt, daß dieselben hauptsächlich aus *Arabinose* u. *Xylose* (im ungefähren Verhältnis 1:1) bestehen. Außerdem enthalten sie kleine Mengen von *Galaktose, Mannose* u. *Uronsäure*.
M. WINIKER. 7686□

**Die Einwirkung einer Nacherntebehandlung mit Wachstumsreglern auf das Reifen von Mangofrüchten.** W. B. Date und P. B. Mathur. (Food. Sci. [India] **9.** 248—49. Juli 1960. Mysore, Centr. Food Technol. Res. Inst., Div. of Storage and Preservation.) (Engl.)

Durch Eintauchen unreifer Mangofrüchte in Lsgg. von *$NH_4$-2.4.5-Trichlorphenoxyacetat* (I) oder *Na-1.2-Dihydropyridazin-3.6-dion* (II; 1000 u. 1500 mg/Liter) unter Zusatz eines Netzmittels wird die Färbung der Schale u. damit das Reifen der Frucht bei 10tägiger Lagerung bei 65—85° F u. 45—85% relativer Feuchtigkeit verzögert. I verzögert das Reifen stärker als II. Die höheren Konzz. der Wachstumsregler vermindern den Verlust an Citronensäure u. erhöhen den Geh. an löslichen, festen Stoffen. II bewirkt im Gegensatz zu 1000 mg/Liter I einen unerwünschten Nachgeschmack.
W. WESLY. 7688□

**Chemische und Farbveränderungen bei Büchsentomatenketchup.** B. S. Luh. (Food Technol. **14.** 173—76. März 1960. Davis, Calif., Univ. of California, Dep. of Food Sci. and Technol.) (Engl.)

Es wurde der Einfl. der Lager-Temp. u. -dauer auf chem. u. Farbveränderungen von Büchsentomatenketchup untersucht. Die Proben wurden bei 20 u. bei 55° 14 Monate gelagert. Lager-Temp. $>20°$ führten schnell zu chem. Veränderungen. Die Serumfarbe wurde dunkler, die titrierbare Acidität nahm zu. Hohe Lager-Temp. führten zu einer Abnahme des Aminostickstoffes u. zu Farbveränderung. Der Serumfarbtest erwies sich als nützlich für die Best. der Lagerbedingungen, die für gute Qualitätserhaltung bei 20° oder darunter liegen. Der Einfl. der Lager-Temp. auf die Stabilität u. die chem. Zus. des Ketchups wird diskutiert. A. GABERT. 7688□

**Chemische Inaktivierung von Enzymen in Vegetabilien vor der Dehydratation.** Rachel U. Makower. (Food Technol. **14.** 160—63. März 1960. Albany, Calif., Western Region. Res. Lab.) (Engl.)

Die Inaktivierung von Katalase, Peroxydase, Acetylesterase, Phosphatase u. Polyphenoloxydase in geschnitzeltem Kohl u. Apfelstücken, Karotten- u. Selleriestücken wurde durch Tränken mit einer Mischung von Mineralsäure (z. B. HCl), A. u. oberflächenakt. Substanz (z. B. Alkylarylsulfonat) erreicht. Die Inaktivierungs-Wrkg. steigt mit fallendem pH der Mischung. M. RINGPFEIL. 7690 □

**Vitamin C-Gehalt in Gemüsekonserven von Usbekistan.** W. Ja. Menkowitsch. (Консервная и Овощесушильная Промышленность [Konserven- u. Dörrgemüse-Ind.] **16.** Nr. 2. 9—10. Febr. 1961. Usbekisches Forsch.-Inst. für Sanitätswesen, Hygiene u. Berufskrankheiten.) (Russ.)

Der *Vitamin C* (I)-Geh. in 9 Sorten von Konserven aus Eierfrüchten, Kürbissen, Tomaten, Mohrrüben u. Paprikaschoten wird erörtert. Veränderungen im I-Geh. nach einer Lagerung von 4—5 Monaten sind angegeben. Vf. vermutet, daß eine Reiszugabe zu den Paprikakonserven eine schützende Wrkg. auf deren I ausüben kann.
S. BARYSCHNIKOW. 7690

**Die Rübenschnitzel als Rohstoff für die Herstellung von gallertbildendem Pektin für Nährzwecke.** G. W. Busina. (Хлебопекарная и Кондитерская Промышленность [Brot- u. Konditorei-Ind.] **4.** Nr. 11. 16—18. Nov. 1960. Allunions Forsch.-Inst. für Konditoreiwesen.) (Russ.)

Allg. Ausführungen über die Herst. von gallertbildendem Pektin für Nährzwecke aus Rübenschnitzeln (RS). Der Pektin-Geh. von RS u. pektinhaltigen Rohstoffen wird erörtert. Die Färbung des Rohprod., sein pH-Wert, der Geh. an W., Gesamt- u. in HCl-lösl. Asche u. an Cellulose werden für 7 RS-Sorten angegeben.
S. BARYSCHNIKOW. 7702

**Der Einfluß der Niederschlagsmenge auf die Geschwindigkeit der Filtration von Fruchtsäften.** A. F. Fan-Jung. (Консервная и Овощесушильная Промышленность [Konserven- u. Dörrgemüse-Ind.] **14.** Nr. 5. 3—6. Mai 1959. Odessa, Technol. Inst. für Lebensmittel- u. Kühlindustrie.) (Russ.)

Vf. untersucht die Abhängigkeit der Filtrations-Geschw. u. der Konst. der allg. Filtrationsgleichung vom Geh. an Bodensatz in den bearbeiteten Säften bei Anwendung verschiedener Filtrations-App., die mit Filterpapier, „Filterpappe T" u. „Faserasbest JaK-3" ausgerüstet waren. S. BARYSCHNIKOW. 7706

**Einfluß des Reifegrades auf organische Säuren im konservierten Tomatensaft.** Fidel Villarreal, B. S. Luh und S. J. Leonard. (Food Technol. **14.** 176—79. März 1960. Davis, Calif., Univ. of California, Dep. of Food Sci. and Technol.) (Engl.)

Tomaten, die visuell u. colorimetr. nach ihrem Reifegrad sortiert worden waren, wurden säulen- u. papierchromatograph. auf ihren Geh. an organ. Säuren untersucht. Im Verlauf des Reifungsprozesses trat eine Abnahme der Säuren ein. 73—80% der gesamten organ. Säuren sind Citronensäure. Die Wichtigkeit des Säure-Geh. bei konservierten Tomaten-Prodd. wird diskutiert. H. THIELEMANN. 7706 □

**Anreicherung einiger Obst-, Beeren- und Gemüsesäfte mit Vitamin C.** W. Ja. Menkowitsch. (Консервная и Овощесушильная Промышленность [Konserven- u. Dörrgemüse-Ind.] **16.** Nr. 1. 10—11. Jan. 1961. Usbek. Forsch.-Inst. für Sanitätswesen, Hyg. u. Berufskrankheiten.) (Russ.)

Apfel- u. Traubensäfte, die nur 2,7—2,8 mg% natürliches *Vitamin C* (I) enthielten, wurden durch Zugabe von 0,025 bzw. 0,050% I vitaminisiert. Nach Sterilisation u. Lagerung bei Zimmer-Temp. von 120 Tagen wurde ein I-Verlust in Apfel- bzw. Traubensaft von 21 u. 13,1 bzw. 17,9 u. 9,5% festgestellt. Der natürliche hohe I-Geh. des Tomatensaftes erniedrigt sich stark im Laufe der Verarbeitung der Früchte. Dementsprechend sollten nur Tomaten mit $\geqq$40 mg% I auf Saft verarbeitet werden.
S. BARYSCHNIKOW. 7706

**Sterilisation von Gewürzen mit Äthylenoxyd.** T. I. Nechotenowa, E. G. Tschinenowa und A. A. Ssubbotin. (Консервная и Овощесушильная Промышленность [Konserven- u. Dörrgemüse-Ind.] **16.** Nr. 1. 23—24. Jan. 1961. Zentr. Forsch.-Inst. für Konserven- u. Dörrgemüseind., Zentr. Forsch.-Inst. für Desinfektion.) (Russ.)

48 bzw. 90 Std. bei Raum-Temp. mit 0,83 (kg/m$^3$) bzw. 1,35 *Äthylenoxyd* behandelte Pfeffersorten u. Kardamome erwiesen sich als steril. Der Geh. an äther. Ölen u. das Aroma der Gewürze blieben dabei prakt. unverändert. S. BARYSCHNIKOW. 7714

**Reibungskoeffizient, Reibungswinkel, spezifisches Gewicht und Schüttgewicht von Kaffeefrüchten und Kaffeebohnen.** Adolfo Eschenwald und Carl W. Hall.

(J. Agric. Univ. Puerto Rico **45.** 19—25. Jan. 1961. Mayaguez, Puerto Rico, Agricult. Exp. Stat., Dep. of Agricult. Engng. u. Michigan State Univ., Agricult. Engng.) (Engl.)

Der Reibungs-Koeff. (RK) zwischen nassen u. (un)gewaschenen Kaffeebohnen u. rostfreiem Stahl (glattem Holz) beträgt 0,65 (1,15). Die trockenen Bohnen (12% Feuchtigkeit) weisen einen RK von 0,34 (0,55) für Stahl (Beton) auf. Das spezif. Gew. grüner (reifer) Früchte beträgt 1,0063—1,1163 (1,0072—1,0884). Die Werte für spezif. Gew., Schütt-Gew. u. Hohlräume von Kaffeebohnen entsprechen den von Zink [1935] für Weizen, Hafer, Buchweizen u. Hirse angegebenen Werten. W. Wesly. 7720□

**Über die Herstellung von löslichem Gerstenkaffee.** B. W. Artemjew und Je. N. Wolkow. (Консервная и Овощесушильная Промышленность [Konserven- u. Dörrgemüse-Ind.] **16.** Nr. 2. 19—21. Febr. 1961. Zentr. Forsch.-Inst. für Konserven- u. Dörrgemüseindustrie.) (Russ.)

Wss. Extrakt aus gerösteter Gerste mit 15—25% Trockensubstanz wird im Zerstäubungstrockner (Luft-Temp. beim Ein- u. Ausgang 175—185 bzw. 90—95°) getrocknet. Das hergestellte Prod. ist in W. lösl. u. hat befriedigende organolept. Eigenschaften. S. Baryschnikow. 7722

**Die Kakaofermentation.** T. Swain. (Chem. and Ind. **1957.** 543—45. 4/5. Univ. of Cambridge, Low Temp. Stat. for Res. in Biochem. and Biophysics.) (Engl.)

Zusammenfassender Überblick über neuere diesbzgl. Arbeiten. — 25 Literaturangaben. M. Winiker. 7726□

**Die Herstellung von Schokolade unter besonderer Berücksichtigung der Kakaobestandteile.** H. B. Brown. (Chem. and Ind. **1957.** 680—85. 1/6. York, Rowntree & Co., Ltd.) (Engl.)

Vortrag. M. Winiker. 7726□

**Die Verwendung von Hormonen bei der Fleischproduktion.** G. E. Lamming. (Agric. Progr. **32.** 31—38. 1957. Sutton Bonington, Loughborough, Leics., Univ. of Nottingham, School of Agric.) (Engl.)

Vortrag. Allg. Ausführungen über die Verw. von Hormonen bei Schafen, Rindern, Schweinen u. Geflügel, ihre Wrkg.-Weise u. die Gefahren bei ihrer Anwendung. — 11 Literaturangaben. F. Rang. 7750□

**Über die Verbesserung der natürlichen Farbe von Fleisch und Fleischerzeugnissen durch Zusatz von Nitrit, Salpeter und Ascorbinsäure.** Heinrich Maaß. (Dtsch. Lebensmittel-Rdsch. **51.** 149—51. Juni 1955.) (Dt.)

Zusammenfassender Überblick. — 28 Literaturangaben. H. Gude. 7750□

**Mikrokokken in Dauerfleischwaren. Klassifikation und Beschreibung von 171 verschiedenen Stämmen.** Matti S. Pohja. (Suomen maataloustieteellisen Seuran Julkaisuja [Acta agral. fenn.] **96.** 1—80. 1960. Hämeenlinna, Farmers' Cooperative Packinghouses, Res. Labor.) (Engl.) J. Lehmberg. 7750□

**Verzögerung des Verderbs von Geflügel durch Behandlung mit Chlortetracyclin.** H. P. Broquist, A. R. Kohler und W. H. Miller. (J. agric. Food Chem. **4.** 1030—32. Dez. 1956. Pearl River, N.Y., Amer. Cyanamid Co., Res. and Fine Chemicals Div.) (Engl.) M. Winiker. 7750□

**Weitere Beobachtungen über die Autoxydierbarkeit des Fettes und den Globulingehalt in der Milch von Kühen der Flachlandrasse mit verschiedener Milchleistung.** Eugeniusz Pijanowski, Sylia Jasińska und Anna Benedykcińska. (Roczniki Technol. Chem. Żywności **5.** 17—35. 1960. Warszawa, SGGW, Kat. Przem. Rolno-Spoż.) (Pol.) — Vgl. C. **1959.** 13966.

Die in den Jahren 1954—1955 durchgeführten Unterss. wurden 1956 wiederholt. Es wurde wiederum gefunden, daß Kühe mit hoher Milchleistung Milch mit höherem Globulin-Geh. geben. Das Milchfett wird bei 110—115° auch leichter autoxydiert als das Milchfett von Kühen mit niedriger Leistung. Der Peroxyd-Geh. im Milchfett, bestimmt nach Lea, stimmt etwa mit dem Thiobarbitursäuretest überein. Bestrahlung der Milch mit UV-Licht über 10 Min. beschleunigt die Autoxydation des Fettes bei späterem Erwärmen auf 115° in allen Fällen. Im Frühsommer während der Futterumstellung gelten die gefundenen Regelmäßigkeiten nicht immer. F. Urban. 7756□

**Viscosität und Ausflockung von erhitzten β-Lactoglobulin-Lösungen. Einfluß von Calciumkonzentration und pH.** C. A. Zittle und E. S. Dellamonica. (J. Dairy Sci. **39.** 514—21. Mai 1956. Philadelphia, Pa., Eastern Regional Res. Labor.) (Engl.)

Es wurde der Einfl. der Ca-Konz., des pH u. der Wärme auf die physikal. Eigg. von wss. *β-Lactoglobulin* (I)-Lsgg. untersucht. Hierbei wurde festgestellt, daß die Ausflockung von I aus Ca enthaltenden wss. I-Lsgg. stark pH-abhängig ist. Je niedriger der pH-Wert ist, um so geringer ist die zur I-Ausflockung erforderliche Ca-Menge. Die Bedeutung dieses Befundes für die Wärmestabilität von *Milch* wird diskutiert. J. Miller. 7756

**Die Hitzegerinnung der Milch.** 2. Mitt. **Änderungen der Empfindlichkeit des Caseins gegenüber Calciumionen.** G. T. Pyne. (J. Dairy Res. **25.** 467—74. Okt. 1958. Cork, Univ. Coll., Dairy Chemistry Dep.) (Engl.) — 1. vgl. C. **1959.** 13343.

Vf. zeigt, daß die Empfindlichkeit des Caseinat-Phosphat-Komplexes gegenüber $Ca^{2+}$ bei Erhitzung der Milch auf 120° relativ schnell zunimmt, ein Maximum erreicht u. dann stetig abfällt, offenbar in Abhängigkeit von der Empfindlichkeit des Caseinatanteils. Die gleichzeitige Entw. eines zusätzlichen Phosphatbindungsvermögens des erhitzten Komplexes scheint in keiner Beziehung zur Änderung der Empfindlichkeit des Caseins zu stehen. Koll. Phosphat ist als wesentlicher Faktor der Hitzekoagulation anzusehen. Der durch Erhitzen bedingte Anstieg der Acidität trägt zur Hitzekoagulation bei, u. zwar im wesentlichen durch Erhöhung der H-Ionen-Konz. u. evtl. in geringerem Maße durch Freisetzen von $Ca^{2+}$ aus unlösl. Verbindungen. Weder die Serumproteine noch Protein–Lactose-Kombinationen sind für die Hitzegerinnung von Bedeutung. Die erhaltenen Befunde werden im Hinblick auf die Hitzekoagulation allg. u. auf gewisse Verff. zur Stabilisierung bei hohen Temp. diskutiert. HANS THIELE. 7756□

**Physikalische Veränderungen in Milch unter der Wirkung von Lab.** 3. Mitt. **Einfluß des Zentrifugierens, Homogenisierens, Pasteurisierens und des schwankenden Calciumgehaltes auf Steifheitsmodul und Viskosität des Bruches.** G. W. Scott Blair und J. Burnett. (J. Dairy Res. **25.** 457—66. Okt. 1958.) (Engl.) — 2. vgl. PHIPPS, C. **1961.** 10399.

Durch orientierende Verss. wurde gezeigt, daß Homogenisieren (dabei Erhitzung), Zentrifugieren u. Pasteurisieren das Einsetzen der Gerinnung verzögern. Sofern die Erstarrung eingesetzt hat, verläuft der Prozeß bei homogenisierter u. zentrifugierter Milch schneller, bei pasteurisierter langsamer als bei Rohmilch. Homogenisieren scheint den Anteil der elast. Erholung des Gels nach Druckanwendung zu erhöhen, während Zentrifugieren vermutlich gegenteiligen Effekt hat. Hierbei stimmen die Torsiometerwerte im allg. gut mit den mit dem U-Rohr Gelometer erhaltenen überein. Zugabe steigender $CaCl_2$-Mengen zu Milch aus Magermilchpulver verringert in zunehmendem Maße das Einsetzen der Erstarrung, ohne jedoch die Erstarrungs-Geschw. zu ändern. Alle Erstarrungskurven folgen der Regel, daß nach Einsetzen der Erstarrung die Erstarrungs-Geschw. dem Geh. an nicht koaguliertem Casein proportional ist. Wenn infolge ausreichender Zugabe an Milchsäure der pH-Wert durch die verschiedenen $CaCl_2$-Mengen nicht merklich verändert wird, zeigen sich in den Erstarrungskurven keine Unterschiede. Relaxationszeiten u. Verzögerungszeiten sowie das Verhältnis beider Werte zueinander sind von der Art der Behandlung der Milch weitgehend unabhängig. Im U-Rohr tritt merkliche Synärese nur bei Belastung des Bruches auf, u. zwar reichen schon sehr geringe Belastungen aus. Der Ort des Auftretens der Synärese hängt von der hydrodynam. Verteilung der größeren Fettpartikel ab. Bei fettfreier oder homogenisierter Milch ist daher keine oder nur schwache Synärese zu verzeichnen.

HANS THIELE. 7756□

**Physikalische Veränderungen in Milch unter der Wirkung von Lab.** 4. Mitt. **Der Einfluß unterschiedlicher Labkonzentrationen und der Temperatur.** G. W. Scott Blair und J. Burnett. (J. Dairy Res. **26.** 58—62. Febr. 1959.) (Engl.) — 3. vgl. vorst. Referat.

Wird die Zeit nach dem Laben verdoppelt, so ändert sich der Anstieg des Gesamtzähigkeitsmoduls des Bruches zur 3. Wurzel aus der Lab-Konz. in umgekehrtem Verhältnis, vorausgesetzt, daß sorgfältige standardisierte Bedingungen eingehalten werden. Die Einschnitte der extrapolierten Absetzkurve auf der Zeitachse u. die beobachteten Koagulationszeiten sind der Konz. gegenläufig. Bei gleicher Lab-Konz. ändern sich einige rheolog. Parameter zunehmend mit einem Temp.-Anstieg von 21 auf 41°, während andere im Bereich von 29—35° ein Maximum oder ein Minimum durchlaufen. Vol.-Verminderung u. -Wiederzunahme des Bruches nach 100 Min. Belastung nehmen mit steigender Temp. (21—41°) zu. Entsprechende Verss. mit einer Belastungs- u. Erholungszeit von 5 Sek. waren in starkem Maße von temperaturabhängigen Festigkeitsunterschieden abhängig u. lassen vorerst keine Schlüsse auf die Temp.-Abhängigkeit zu. Die erzielten Resultate werden mit denen anderer Autoren verglichen.

HANS THIELE. 7756□

**Physikalische Veränderungen in Milch unter der Wirkung von Lab.** 5. Mitt. **Der Einfluß unterschiedlicher Milchpulverkonzentrationen und Vorbehandlung bei niedrigen Temperaturen.** G. W. Scott Blair und J. Burnett. (J. Dairy Res. **26.** 144—50. Juni 1959.) (Engl.) — 4. vgl. vorst. Referat.

Erhöhung der Konz. an Magermilchpulver hat, sofern die anderen Faktoren konst. gehalten werden, ein zunehmendes Ansteigen der elast. u. viscosen Absetzparameter zur Folge, u. zwar in Abhängigkeit von der Konzentration. Die den „Koagulationszeiten" entsprechenden Kurveneinschnitte steigen dagegen nahezu linear der Konz. an. Die Effekte hängen vornehmlich von der Protein-Konz. ab, selbst hohe Lactosezugaben haben keinen wesentlichen Einfluß. Die Neigung der logarithm. Absetzkurven ändert sich ziemlich unabhängig von ihren Einschnitten, so daß also die „Koagulationszeiten" die Geschw. des Absetzens nur unvollkommen wiedergeben. Ein Vgl. der normalen Absetzwerte bei verschiedenen Temp. u. den Werten aus Verss. nach längerer Einw. des Labs in der Nähe des Gefrierpunktes zeigt, daß im letzteren Fall eine Verzögerungsphase zu beobachten ist, bevor das Absetzen nach der normalen Gleichung verläuft. Daraus folgt, daß hohe Temp. dem Absetzprozeß hierbei genau so entgegenwirken wie beim normalen Verfahren. Die allg. Regel der Proportionalität zwischen Absetz-Geschw. u. Geh. an nichtabgesetztem Casein erlangt wesentlich eher Gültigkeit, wenn die Zeit 0 so festgesetzt wird, daß alle beteiligten Prozesse eingeschlossen werden. Bei Abzug einer Induktionsperiode (Lab-Einw. in der Kälte) oder aber, wenn die Zeit 0 mit der Koagulation gleichgesetzt wird, vergeht längere Zeit bis zum geradlinigen Verlauf der Kurven. HANS THIELE. 7756□

**Der Einfluß von Hitzebehandlung und Lagerungstemperatur auf Ausbeute, Qualität und chemische Zusammensetzung von Karish-Käse.** G. M. El-Sadek und L. Abd El Motteleb. (J. Dairy Res. **25.** 480—85. Okt. 1958. Kairo, Kobbak Palace, Fac. of Agric.) (Engl.)

Vier Proben von Weich (Karish)-Käse wurden aus roher u. hitzebehandelter Milch mit 1,7% Fett u. 7% Salz hergestellt, zusammen mit der Molke in Dosen abgefüllt, verschlossen u. nach 1- u. 2-monatiger Lagerung untersucht. Lagerung bei Zimmer-Temp. ergab ständigen Gew.-Verlust, während bei niedrigen Temp. nach 1 Monat Gew.-Zunahme, nach 2 Monaten Gew.-Verlust zu verzeichnen war. Dementsprechend verhielten sich Wasser-Geh. u. Salz-Geh. des Käses. Der Geh. von Fett in der Trockenmasse nahm bei Zimmer-Temp. zu u. bei 4—6° anfänglich ab, dann wieder zu. Pasteurisieren der Milch erhöhte die Käseausbeute, Geschmack u. Gefüge waren besser als bei Käse aus Rohmilch bei gleicher Lagerungstemperatur. Der Einfl. der Lagerung bei niederen Temp. war jedoch größer als der des Pasteurisierens. Der Gesamt-N-Geh. nahm während der Lagerung, bes. bei Zimmer-Temp. ständig ab, u. zwar in geringerem Maße bei Käse aus pasteurisierter Milch, der langsamer reifte. Der Gesamt-N-Geh. der Molke nahm bei Zimmer-Temp. dementsprechend kontinuierlich zu, bei 4—6° nach anfänglicher Zunahme jedoch nach 2 Monaten wieder leicht ab. Die Zunahme war in der Molke des Rohmilchkäses am höchsten, ebenso die Ausgangsacidität sowie der folgende Anstieg.
HANS THIELE. 7760□

**Weitere Untersuchungen über die Verwendung von Candida lipolytica bei der Herstellung von Roquefort-Käse.** I. I. Peters und F. E. Nelson. (Milk Products J. **52.** Nr. 1. 10—11. 13. Jan. 1961. Ames, Iowa, Iowa Agric. Exp. Stat., Dairy Ind. Sect.) (Engl.)

Vff. stellten Roquefortkäse aus roher (**a**), roher, homogenisierter (**b**) u. pasteurisierter, nicht homogenisierter Milch (**c**) her u. untersuchten den Einfl. des Zusatzes eines zellfreien *Lipase* (**I**)-Präp. (aus *Candida lipolytica*) auf die Qualität der Käse nach 4 u. 12 Wochen. Wie bereits bei Unterss. an Käsen aus pasteurisierter homogenisierter Milch (**d**; Dairy Sci. **31.** [1948.] 611) zeigte sich, daß erhöhter Geh. an flüchtigen freien Fettsäuren Geschmacksverbesserung zur Folge hat. Weiterhin wurde festgestellt, daß Homogenisieren stärkere Lipolyse u. damit bes. guten Geschmack gewährleistet. Dementsprechend bedingte **I**-Zugabe bei Käsen aus **b** keine nennenswerte Intensivierung der Lipolyse, da hierbei Milch- u. Pilzlipase bereits optimal wirkten. Jedoch zeigte sich bei Käsen aus **a** (schlechte Angreifbarkeit des Fetts im natürlichen Zustand) u. **c** (zusätzlich Inaktivierung der Milchlipase) eine Qualitätsverbesserung nach **I**-Zugabe. Diese Befunde bestätigen die bereits mit Käsen aus **d** erhaltenen Resultate.
HANS THIELE. 7760□

**Die Stabilität von Vitamin A und Carotin in Futtermitteln, die mit Antioxydantien behandelte tierische Fette enthalten.** A. J. Siedler, Erica Enzer, B. S. Schweigert und R. W. Riemenschneider. (J. agric. Food Chem. **4.** 1023—29. Dez. 1956. Chicago, Ill., Univ. of Chicago, Dep. of Biochem.; Philadelphia, Pa., USDA, Eastern Utilization Res. Branch.) (Engl.)

Die Stabilität von *Vitamin A* u. *Carotin* von tier. Fette enthaltendem Geflügelfutter wurde verbessert, wenn die Fette mit *Santoquin* (*6-Äthoxy-2.2.4-trimethyl-1.2-dihydrochinolin*), *DPPD* (*N.N'-Diphenyl-p-phenylendiamin*), *BHT* (**I**; *2.6-Di-tert.-butyl-o-kresol*) oder *BHA* + **I** vorbehandelt worden waren. Die Wirksamkeit der Antioxydantien, die sich auch auf den Schutz der Futtermittel gegen Ranzigwerden erstreckte, nahm in der vorst. Reihenfolge ab. M. WINIKER. 7786□

**Die Verwendung von tierischen Fetten in Futtermitteln in den Vereinigten Staaten.** Charles Leveck. (Ind. aliment. agric. **77.** 793—96. Nov. 1960.) (Franz.)

Vortrag. M. WINIKER. 7786 □

**Neue Methode der Kupferbestimmung in Lebensmitteln.** W. Ss. Grjuner und L. A. Jewmenowa. (Консервная и Овощесушильная Промышленность [Konserven- u. Dörrgemüse-Ind.] **15.** Nr. 12. 28—29. Dez. 1960. Moskau, Plechanow-Inst. für Volkswirtschaft; Lwow, Handels-Ökonomisches Inst.) (Russ.)

3—10 g Substanz werden nach Veraschung mit 5—10 ml 10%ig. HCl aufgenommen. Die abfiltrierte Lsg. wird im Meßkolben auf 100 bzw. 200 ml mit W. ergänzt. 50—100 ml der Lsg. werden 30—60 Sek. im Scheidetrichter mit 10 ml $CCl_4$ u. 1,5—2 ml 0,005 m wss. Ni-Diäthyldithiophosphat-Lsg. energ. durchgeschüttelt. Die untere gelbe, Cu-Diäthyldithiophosphat enthaltende $CCl_4$-Lsg. wird abgelassen u. photocolorimetr. untersucht (0,0001%ig. Cu-Lsg. zum Vgl.). Die Schwankungen der Analysenwerte betragen —1,3 bis +4,7% Cu. S. BARYSCHNIKOW. 7788

**Die Bestimmung von Kohlendioxyd in gespeichertem Getreide: ein Indicator der Beschaffenheit.** M. Calderon und E. Shaaya. (Trop. Sci. **3.** 25—30. 1961. Israel, Ministry of Agriculture, Dep. of Plant Protection.) (Engl.)

Der in gespeichertem Getreide stattfindende Stoffwechsel verursacht eine Temp.-Steigerung, die von einer $CO_2$-Entw. begleitet ist. Man bestimmt das $CO_2$ mittels eines Gaswärmeleitfähigkeitsgerätes. W. WESLY. 7796 □

**Grundsätzliches zu der Bestimmung von Gesamtfett und Milchfett in fettarmen Backwaren (z. B. Milchbrötchen, Milchteebrot usw.).** E. Hoffmann. (Dtsch. Lebensmittel-Rdsch. **51.** 158—61. Juni 1955. Düsseldorf, Chem. Untersuchungsanst.) (Dt.)

Zur Best. des Geh. fettarmer Backwaren an Fett u. dessen Milchfettanteil ist 100 g lufttrockene Ware mit 1,5—2%ig. HCl 3½ Std. aufzuschließen u. vom Ae.-Extrakt der Refraktionswert festzustellen. Dieser beträgt bei Milchbackware < 53,0 Skalenteile. Geringere Einwaage u. konzentriertere HCl erhöhen die Halbmikrobutter-SZ. u. täuschen Milchfett vor. H. GUDE. 7800 □

**Biologische Methode zur Zuckerbestimmung in Kringelerzeugnissen.** A. G. Jegorowa und N. A. Kowalkowa. (Хлебопекарная и Кондитерская Промышленность [Brot- u. Konditorei-Ind.] **5.** Nr. 2. 23—24. Febr. 1961. Leningrad, Verwalt. für Bäckereiwesen des Stadtsowjets, Zentr. Labor.) (Russ.)

2,5—5,0 g zerkleinerte Kringelerzeugnisse u. 10 g Preßhefe werden mit W. zu 100 ml Suspension ergänzt u. bei 30° vergoren. Aus dem gemessenen $CO_2$-Vol. wird der Zucker (I)-Geh. des Prod. berechnet. Die Meth. ermöglicht es, die I-Best. im Vgl. zur „$KMnO_4$-Meth." (GOST 5672-51) mit einer Zeitersparnis von 25% durchzuführen. Die Fehlergrenze beträgt 0—0,5%. S. BARYSCHNIKOW. 7800

**Weitere Untersuchungen über den Nachweis von Metanilgelb in Hülsenfrüchten.** S. N. Mitra und B. R. Roy. (Sci. and Cult. [Calcutta] **25.** 539—40. März 1960. Calcutta, Central Food Labor.) (Engl.)

Durch Extraktion des Farbstoffes mit A. aus *Cajanus cajanus* wird gegenüber der früher beschriebenen Meth. (vgl. C. **1959.** 7659) erhöhte Empfindlichkeit erzielt. Die grob zerkleinerten Hülsenfrüchte werden durch Schütteln mit 80%ig. A. auf dem Wasserbad 2—3 mal extrahiert u. die vereinigten Auszüge eingeengt. Ein Teil wird zur Wollfärbung mit W. aufgenommen u. der andere auf einem Rundfilterchromatogramm (WHATMAN Nr. 1, 18,5 cm ⌀) mit authent. *Metanilgelb* (I) identifiziert. Konz. HCl gibt mit I eine Violettfärbung. W. SCHENK. 7804 □

**Entwicklung und Bestimmung von objektiven Reifetests für Kalifornische Freestone Pfirsiche.** Paul Rood. (Proc. Amer. Soc. horticult. Sci. **70.** 104—12. Dez. 1957. Fresno, Calif., U.S. Dep. of Agricult.) (Engl.)

Zur objektiven Beurteilung der Reife u. Qualität von Pfirsichen erwiesen sich folgende Meth. (in der Reihenfolge ihrer Eignung) als brauchbar: Best. der Druckfestigkeit, der Fruchtfleischfarbe, der Schalenfarbe, des Geh. an titrierbarer Säure im Saft u. des Geh. an lösl. Feststoffen im Saft. E. WIEHR. 7808 □

**Untersuchungen an einheimischen Datteln.** 1. Mitt. **Methoden zur Bestimmung der Nachdunkelung.** V. P. Maier und Frank H. Schiller. (Food Technol. **14.** 139—42. März 1960. Pasadena, Calif., Fruit and Vegetable Chem. Labor.) (Engl.)

Für die Best. der Verfärbung beim Verderb von Datteln wurden zwei Meth. entwickelt. Nach der einen wird an ganzen oder pürierten Datteln die Reflektion photoelektr. gemessen, nach der anderen werden die Pigmente mit Lsgm. extrahiert u. colorimetr. bestimmt. U. BEHRENS. 7808 □

**Bewertung des Verfahrens von Averell und Norris zur Bestimmung von Parathion in westindischen Kirschen (Malpighia punicifolia, L.)** Gilberto García Monge. (J. Agric. Univ. Puerto Rico **45.** 50—53. Jan. 1961.) (Engl.)

Eine Nachprüfung des von AVERELL u. NORRIS (Analytic Chem. **20.** [1948.] 753) empfohlenen Verf. zur Best. von *Parathion* ergibt, daß bei der Anwendung des Verf. auf westind. Kirschen befriedigende Werte (85% Rückgewinnung) erzielt werden.
W. WESLY. 7808□

**Optische Dichte von Tomatenserum aus Konzentraten als Maß für erhitzungsbedingte Veränderungen in der Korrosivität des Produkts.** H. H. Hernandez und J. F. Feaster. (Food Technol. **14.** 468—71. Sept. 1960. San Francisco, Calif.; Maywood, Ill., American Can Comp., Technical Service Div.) (Engl.)

Vortrag. Zur Beurteilung, inwieweit Tomatenmark beim Aufkonzentrieren hitzegeschädigt worden ist, was sich z. B. in einer Erhöhung der korrodierenden Wrkg. des Tomatenmarks auf Konservenbüchsen äußert, bewährt sich die Best. der opt. Dichte des Serums. Die Lichtdurchlässigkeit der verd. u. mit Celite vorbehandelten Probe wird bei 420 m$\mu$ spektrophotometr. gemessen. H.-U. STEIN. 7808□

**Nachweis von Verfälschungen des echten Bienenhonigs mit Zuckersiruphydrolysat durch Chromatographie.** Maria Wojciechowicz und Antonina Andrelowicz. (Chem. analit. [Warszawa] **4.** 259—64. 1959. Bydgoszcz, Woj. Stacja Sanit.-epidemiolog.) (Pol.)

Die Honigprobe wird auf WHATMAN-Papier Nr. 1 aufgetragen u. mit n-Propanol–Äthylacetat–W. (6:1:3) nach der absteigenden Meth. chromatographiert. Nach 44 Std. Laufzeit werden die Papierstreifen bei 105° getrocknet, mit einer aceton.-wss. $AgNO_3$-Lsg. getränkt, getrocknet, in eine alkohol. NaOH-Lsg. getaucht, wieder getrocknet u. schließlich durch 5n $NH_4OH$ gezogen, mit W. gespült, in 15%ig. $Na_2S_2O_3$-Lsg. getaucht u. nochmals gewaschen u. getrocknet. Neben Fructose, Glucose ($R_G$ 1,02) u. Saccharose (0,85—0,88) ist eine Substanz mit $R_G$ 0,47 bei echtem Honig festzustellen. Die Flecken mit $R_G$ 0,79 u. 0,65 sind für Kunsthonig charakteristisch.
F. URBAN. 7812□

**Die Analyse von nichtalkoholischen Getränken im Lichte der neuen gesetzgebenden Verordnungen.** Armando Canuti und Filiberto Salvadori. (Chim. e Ind. [Milano] **41.** 891—95. Sept. 1959. Frosinone, Labor. Chim. provinciale.) (Ital.)

Nach einem Hinweis auf die neuen gesetzgebenden Verordnungen, die die Herst., den Handel u. Verkauf von nichtalkohol. Getränken in Italien regeln, wird die Frage der analyt. Meth. erörtert. Außer den klass. Meth. zur Best. des Rückstandes, der Dichte, der N-haltigen Substanzen, werden elektrometr. Meth. zur Best. von $Cl^-$, der Acidität u. der „Formol-Z." u. chromatograph. Verff. zur qual. Unters. u. annähernden quant. Best. von Aminosäuren u. Zuckern vorgeschlagen. Es werden zahlreiche Vers.-Daten von Analysen von echten Fruchtsäften, Orangenpasten u. aus dem Handel bezogenen Orangeaden in Tabellen wiedergegeben. — 27 Literaturhinweise.
G. PLATZER. 7818□

**Gesamt- und Restzahl nach Großfeld als Kennzahlen für Kokosfett.** R. Illies. (Zucker- u. Süßwaren-Wirtsch. **9.** 680—83. 5/7. 1956. Köln-Marienburg, Wiss. Forsch.- u. Beratungsstelle des Fachverbandes der Süßwaren-Industrie Detmold.) (Dt.)

Auf Grund von Ergebnissen eigener Unterss. kommt Vf. zu der Feststellung, daß die Gesamt- u. Restzahlen der derzeit üblichen Kokosfette nicht unbeträchtlich von denen abweichen, wie sie früher von GROSSFELD angenommen worden sind. Demzufolge kann eine quant. Best. des Anteils an Cocosfett in einem Gemisch, wenn sie mittels der Formeln von GROSSFELD berechnet wird, nur dann exakt ausfallen, wenn eine Probe des zur Herst. der betreffenden Süßware benutzten Kokosfettes zur Verfügung steht. M. WINIKER. 7832□

**Untersuchungen über die Festlegung von Qualitätskriterien für Suppenkonzentrate mit Buchweizengrütze unter besonderer Berücksichtigung mikrobiologischer Parameter.** Józef Janicki und Stanisław Stawicki. (Roczniki Technol. Chem. Zywności **5.** 37—68. 1960. Poznań, WSR, Kat. Technol. Rolnej.) (Pol.)

Fertigsuppen auf der Basis Buchweizengrütze wurden nach verschieden langer Lagerung bei verschiedenen Temp. u. Luftfeuchtigkeiten organolept., chem. u. mikrobiolog. untersucht. Die Qualität der Konzentrate für den sofortigen Verbrauch wird durch den Wasser-Geh. ($\leqslant$16%), die SZ. des Fettes (10—15 ml 0,1 n/g), die Gesamtzahl der aeroben Bakterien ($\leqslant$500/g) u. Pilzsporen ($\leqslant$1000/g) sowie die Gesamtbakterienzahl ($\leqslant$40000/g) hinreichend charakterisiert. Bei längerer Aufbewahrung müssen diese Werte niedriger sein. Bei Lagerung der Konzentrate bei 10—18° u. 70—75% relativer Luftfeuchtigkeit beträgt die Haltbarkeit 1 Jahr. F. URBAN. 7838□

**Über die Bestimmung flüchtiger, reduzierender Substanzen als Hilfsmittel für die objektive Beurteilung des Frischezustands von Seefischen.** 2. Mitt. **Die Beurteilung der VRS-Werte hinsichtlich beginnender Zersetzung.** H. Wittfogel und R. Gebhardt. (Arch. Lebensmittelhyg. **8.** 270—72. 20/12. 1957.) (Dt.) — 1. vgl. C. **1958.** 9937.

Auf Grund der Ergebnisse eigener Unterss. vertreten Vff. die Auffassung, daß für frische ganze Seefische u. für frische tiefgefrorene Fischfilets die VRS (volatile reducing substances)-Best. ein Verf. darstellt, das für die objektive Beurteilung des Frischezustandes höchste Beachtung verdient. Hingegen ist die VRS-Best. für die Beurteilung der Qualität von Fischwaren nur beschränkt einsetzbar. I. KEINERT. 7852

**Die Bestimmung von Chlortetracyclin in Geweben.** 1. Mitt. **Ein verbesserter Filterscheibentest.** Tetuo Tomiyama, Atsushi Tsuda und Yaysuo Yone. (Food Res. **25.** 97—106. Jan./Febr. 1960. Fukuoka, Kyushu Univ., Fac. of Agricult., Dep. of Fisheries.) (Engl.)

Der Filterscheibentest zur Best. von *Chlortetracyclin* (**I**), z. B. in Fischfleisch, wurde verbessert. Die Empfindlichkeit wurde gesteigert durch Einstellen des Testmediums auf pH 5,6, Zugabe von 3 g $KH_2PO_4$/Liter, Behandlung mit Aktivkohle, Aufbewahrung der fertigen Testscheiben für 1 Std. bei 5° u. Verw. des Testorganismus Bacillus cereus Nr. 213 an Stelle von Bacillus cereus Nr. 5. Bei Verw. eines Gemisches von Kaliumcitrat (pH 5,6) u. Aceton als Extraktionsmittel werden 94—99% des **I** erfaßt. K. SATTLER. 7852□

**Die Bestimmung von Chlortetracyclin in Geweben.** 2. Mitt. **Ein verbesserter Zylindertest.** Tetuo Tomiyama, Atsushi Tsuda und Yasuo Yone. (Food Res. **25.** 106—12. Jan./Febr. 1960.) (Engl.) — 1. vgl. vorst. Referat.

Eine Mischung von Aceton- u. Citratpuffer wurde für die Extraktion von *Chlortetracyclin* (**I**) aus Gewebeproben sowie als Lsgm. für die Standard-Lsg. benutzt. Die Meth. gestattet die Erfassung von 95% des **I** in verschiedenen Arten von Fischfleisch u. besitzt eine Empfindlichkeit von 0,002 mcg/ml. K. SATTLER. 7852□

**Die Prüfung von Butter auf Wasserlässigkeit.** H. Konrad. (Dtsch. Milchwirtsch. **8.** 34—36. Febr. 1961. Oranienburg, Inst. für Milchforschung.) (Dt.)

Vf. beschreibt ein Verf. zur Prüfung der Wasserlässigkeit von Butter mittels eines Prüfpapieres auf Basis *Bromphenolblau* (Hersteller FEINCHEMIE KG, Sebnitz), das für Qualitätsprüfungen u. die Molkereipraxis gut geeignet ist. E. WIEHR. 7858□

---

Griffith Laboratories, Inc., Chicago, Ill., V.St.A., **Herstellung eines Sojaproteinkonzentrates für Nahrungszwecke,** z. B. als Zusatz zu Fleischwaren. Entfettetes Sojabohnenmehl wird in W. von 75—120° F bei einem pH-Wert in der Nähe des isoelektr. Punktes des Sojaproteins, z. B. bei pH 4,2, digeriert. Nach dem Absetzen u. Dekantieren der überstehenden Fl. wird der Rückstand mit W. gewaschen u. entweder getrocknet oder weiterhin mit alkal. Lsg. bei einem pH nicht über 10,5 behandelt. Das gebildete Proteinat wird auf ca. 140° F erwärmt u. sprühgetrocknet. Gegebenenfalls Zusatz von $H_2O_2$ vor dem Trocknen. (**E. P. 852 053** vom 1/4. 1959, ausg. 19/10. 1960.) W. KRANZ. 7647

Glenn E. Findley und William B. Newsome, Dallas, Tex., V.St.A., **Verbesserung der Backfähigkeit von Hefeteigen.** Zunächst wird mit einem Teil des Gesamtmehles ein Vorteig unter Zugabe üblicher Mengen von $KBrO_3$ oder $KIO_3$ angesetzt u. dann nach Ausreifung des Vorteiges der Hauptteig unter weiterer Zugabe von $Ca(BrO_3)_2$ oder $Ca(JO_3)_2$, oder einem Gemisch derselben, sowie zweckmäßig Mono- oder Di-Ca-Phosphat, fertiggestellt. Die Zugabe von $KBrO_3$ oder $KJO_3$ kann auch erst beim Hauptteig erfolgen. Die Höchstmenge an Zusatzsalzen insgesamt beträgt 0,0075 (%), die an Ca-Salzen 0,0002—0,0018, berechnet auf das Mehl. (**A. P. 2 941 887** vom 7/10. 1957, ausg. 21/6. 1960.) W. KRANZ. 7675

Herman J. Keller, Clearwater, Fla., V.St.A., **Färben von Citrusfrüchten.** Ein Annattofarbstoff-Deriv., bes. Bixin, wird in einem organ. Lsgm. unter Zugabe von Ölsäure u. der mindestens gleichen Menge eines Annins gelöst u. nach Zugabe von W. bei einem pH von 7—13 emulgiert. Geeignete Lsgm. sind Dipenten, Orangen-, Baumwollsaat-, Cocosnuß-, Mais-, Sojaöl. (**A. P. 2 943 943** vom 10/7. 1957, ausg. 5/7. 1960.) W. KRANZ. 7689

Gustav & Wilhelm Heller, V.St.A. (Erfinder: Stephan Heller, Charles Heller, Hans Jorg Rutter, Herbert Vogt, Wien, Österreich, und Hans Heller, New York, N. Y., V.St.A.), **Herstellung von krustenlosen Schokoladenbonbons mit flüssiger Füllung.** Zunächst wird eine Hohlform aus eingedampftem Saccharose- u. Glucosesirup mit einem Geh. an Glycerin, Sorbit oder einem Sorbitfettsäureester gebildet u. diese mit einer hydrolysierte Stärke oder Pektin enthaltenden Füllung hoher Viscosität gefüllt, die beim Lagern des anschließend mit Schokolade überzogenen Formkörpers die Zuckerkruste auflöst. (**E. P. 840 390** vom 10/4. 1957, ausg. 6/7. 1960.) W. KRANZ. 7705

General Mills, Inc., Minneapolis, Minn., V.St.A., **In Wasser dispergierbare Pflanzengummenpräparate.** Fein zerkleinertes Pflanzengummi, z. B. Guargummi, Traganth, Karayagummi, Irish-Moos oder Carboxymethylcellulose wird mit einer wss. Lsg. gemischt, die das Gummi bis zur Hälfte hydratisiert u. dann in die Form von Agglomeraten übergeführt. Die wss. Lsg. enthält niedrige Alkohole, z. B. Methylalkohol, A., Isopropylalkohol, oder Äthylenglykol, Propylenglykol, Glycerin, oder Aceton, Methyläthylketon, Isobutylketon, oder eine organ. Säure, z. B. $CH_3COOH$ oder Citronensäure, oder ein wasserlösl. Alkalimetall- oder Alkalierdmetallsalz. — Zum Beispiel werden 10 (Gew.-Teile) Guargummi mit 5 einer wss. Lsg., enthaltend 10% Methylalkohol gemischt, bis das Gummi unter teilweiser Quellung eine leichte flaumige Masse bildet. Das Prod. wird bei 140° innerhalb von 3 Min. getrocknet. (**E. P. 853 378** vom 5/3. 1959, ausg. 9/11. 1960. A. Prior. 12/3. 1958.) W. KRANZ. 7709

Kelco Co., San Diego, übert. von: Austin R. Hunter, La Mesa, und James K. Rocks, San Diego, Del., V.St.A., **Milchpuddingpräparat für Kaltansatz.** Das Präp. besteht aus einer Trockenmischung eines wasserlösl. Alginates, eines als Lsg.-Vermittler wirkenden Phosphates, dessen Ca-Salz in W. unlösl. ist, einer schwachen Säure u. Milchfeststoffen. Zum Beispiel besteht das Prod. aus Na-Alginat, 4—15% $Na_3PO_4$, $Na_2HPO_4$, $Na_4P_2O_7$ oder Na-Tripolyphosphat sowie Fumarsäure, Adipinsäure, Gluco-$\delta$-lacton oder K-Bitartrat. (**A. P. 2 949 366** vom 22/11. 1957, ausg. 16/8. 1960.) W. KRANZ. 7711

Minerals & Chemicals Corp. of America, Menlo Park, übert. von: Walter L. Haden jun., Metuchen, N. J., V.St.A., **Rauchtabak,** gek. durch einen Zusatz von 1—20% an schwefelfreiem $Al_2O_3$, das durch Calcinieren von natürlichen oder synthet. Al-Sulfaten erhalten wurde. Der Zusatz soll die Teerproduktion beim Rauchprozeß vermindern u. den Rauch milder machen. (**A. P. 2 941 906** vom 26/12. 1957, ausg. 21/6. 1960.) K. KOEBKE. 7735

Chas. Pfizer & Co., Inc., Brooklyn, übert. von: Charlton Lewis Wrenshall, Glen Cove, John Raymond McMahan, Freeport, und Robert Crittenden Ottke, Huntington Station, N.Y., V.St.A., **Behandlung von frischem Fleisch.** Man injiziert einem lebenden Tier 0,5—10 mg pro lbs. Lebend-Gew. ein Breitspektrum-Antibioticum, wie Oxytetracyclin, u. schlachtet das Tier innerhalb von ½—24 Std. danach. (**A. P. 2 942 982** vom 2/11. 1956, ausg. 28/6. 1960.) H. MAASS. 7751

Heinrich Matzen Ehlert und Ivar Mikkelsen, Kopenhagen, Dänemark, **Behandlung von ölhaltigem tierischen Material, wie Fisch und Fischabfällen,** indem man das Rohmaterial mittels mechan. Zerkleinerung in eine Pulpe überführt, dann die Pulpe mit Enzymen behandelt u. das Öl von der Pulpe abzentrifugiert, dad. gek., daß man die Behandlung der Pulpe mit Enzymen unter Zusatz eines Substrates einer fermentierten abgetöteten Kultur von Milchsäure erzeugenden Bakterien vom Typ Lactobacillus casei ausführt. (**E. P. 842 817** vom 10/9. 1958, ausg. 27/7. 1960. Dän. Prior. 29/1. 1958.) H. MAASS. 7753

Carter Products, Inc., New York, übert. von: Joseph George Spitzer, Mamaroneck, Leo S. Nasarevich, Jackson Heights, Joseph L. Lange, Farmingdale, und Henry S. Bondi, Elmhurst, N. Y., V.St.A., **Mayonnaiseartiges Nahrungsmittel** mit niedrigem Calorien-Geh. für Diätzwecke. Aus 5,0—30 (%) eines eßbaren Öles, 1,0—7,0 Eigelb, 0,1—1,5 einer Säure, z. B. $CH_3COOH$ oder Citronensaft, 0,5—2,5 eines gelbildenden Gummis, z. B. Agar-Agar, Kelcogummi, Carragheenat oder Karayagummi u./oder Traganth, Guargummi, Methylcellulose, Oxyäthylcellulose, Carboxymethylcellulose oder Stärke-Derivv., wird unter Erwärmen eine Dispersion gebildet, die nach dem Abkühlen u. Gel-Bldg. durch Homogenisieren in eine beständige Emulsion übergeführt wird. (**A. P. 2 944 906** vom 23/12. 1957, ausg. 12/7. 1960.) W. KRANZ. 7755

United States of America, Secretary of Agriculture, übert. von: William H. King und Vevuon L. Frampton, Metaire, La., V.St.A., **Gewinnung von Baumwollsaatmehl** mit geringem Gossypolgehalt. Enthülste Baumwollsaat wird auf einen Wasser-Geh. von 10—15% eingestellt, verflockt, erneut auf einen Wasser-Geh. von 7—15% bei $<130°$ F gebracht u. mit einem Lsgm.-Gemisch extrahiert, das aus 53 (Vol.-Teilen) Aceton, 44 Hexan u. 3 W. besteht. Nach Entfernung des Lsgm. werden die Flocken bei $<150°$ F getrocknet. (**A. P. 2 950 198** vom 29/9. 1959, ausg. 23/8. 1960.) W. KRANZ. 7787

---

**Wasag-Chemie Akt.-Ges.**, Essen, *Gewinnung von Eiweiß aus Fischen.* (**E. P. 835 813** vom 4/9. 1957, ausg. 25/5. 1960. D. Prior. 4/9. 1956. — C. **1960.** 13225 [D. P. [DDR] 16 961].)

**Unilever N. V.**, Rotterdam, Holland (Erfinder: **George Bruce Galliver**, Bromham, und **Alan William Holmes**, Rushden, England), *Erzeugung eines eiweißhaltigen Produktes aus Fisch.* (**Holl. P. 92 828** vom 22/8. 1955, ausg. 15/12. 1959. E. Prior. 26/8. 1954. — C. **1960.** 6360 [Aust. P. 210 329].)

## XVII. Fette. Seifen. Wasch- u. Reinigungsmittel. Wachse. Bohnermassen usw.

**Die Selektivität bei der Hydrierung von Fetten und ihre Bewertung.** Ss. Ju. Jelowitsch. (Маслобойно-Жировая Промышленность [Öl- u. Fett-Ind.] **25.** Nr. 9. 19—23. 1959. Akad. der Wiss. der UdSSR, Inst. für physik. Chem.) (Russ.) — Vgl. C. **1961.** 1763.

Vf. erinnert an den Unterschied zwischen der Selektivität der Rkk. direkt am Katalysator u. der Selektivität des ganzen Prozesses u. zeigt, daß das Verf. von MARKMAN u. ABDURACHIMOW (Узбекский Химический Журнал [Usbek. chem. J.] **1958.** Nr. 4. 45) zur Kennzeichnung der Selektivität nicht immer brauchbar ist. Man kann jedoch durch integrale Berechnung einen „rationalen" Selektivitäts-Kooff. k (= 0,52) für das Hydrieren von Linol- u. Ölsäureresten ermitteln, der einen klaren physikal. Sinn besitzt u. dadurch eine bessere Beschreibung der Selektivität des Hydrierungsprozesses ermöglicht, da man dann auch die Hydrierungskurve berechnen kann. A. v. WILPERT. 7880□

**Fett- und Seifenbleiche.** Joachim Rasch. (Seifen–Öle–Fette–Wachse. **81.** 51—52 2/2. 1955. Rheinfelden.) (Dt.)

Vf. beschäftigt sich mit der Verw. von $NaClO_2$ als Bleichmittel in der Seifen- u. Fettindustrie. Kurze Angaben über die techn. Anwendung. F. ROSENDAHL. 7886□

**Beurteilung einiger Substanzen mit antioxydativen Eigenschaften für die Konservierung von Erdnußöl.** Jan Pasich und Tadeusz Przadka. (Dissertat. pharmac. [Warszawa] **12.** 237—43. 1960. Poznań, Pozn. Zakł. Farmac. „Chirurgofil", Labor. badawcze.) (Pol.)

Erdnußöl mit Zusatz verschiedener Antioxydantien wurde nach SCHAAL-OVEN einer schnellen u. außerdem einer natürlichen Alterung unterworfen u. sein Peroxyd-Geh. laufend untersucht. Die Oxydation wird am besten durch 0,1 (%) $H_3PO_4$, 0,8 Vitamin E + 0,12 Vitamin C + 0,12 Lecithin oder 0,01 Progallin P gehemmt. Weniger gut wirken 0,01 Progallin LA, 0,1 Salicylsäure + 0,1 Vitamin E u. am schwächsten 0,12 Lecithin, 0,052 Vitamin E oder 0,01 $H_3PO_4$. Salicylsäure, Salicylaldehyd u. Morin haben kaum antioxydative Wirkung. F. URBAN. 7894

**Zur Verwendung von Antioxydantien vom Typ BHT zur Konservierung gepreßter Olivenöle.** Giovanni Petruccioli und Ugo Amicucci. (Olii minerali, Grassi Saponi, Colori Vernici **37.** 369—80. Sept. 1960. Spoleto, Ist. Speriment. per l'Olivicolt. e l'Oleificio.) (Ital.)

Gepreßte Olivenöle wurden mit u. ohne Oxydationsschutzmittel (BHT, Butylhydroxytoluol, 2.6-Di-tert.-butyl-4-methylphenol, I) unter verschiedenen Temp.-, Luft- u. Lichtbedingungen über verschieden lange Zeit aufbewahrt. In bestimmten Zeitabständen wurden die für die Qualitätsbeurteilung wichtigsten Konst. ermittelt. Die Ergebnisse werden in zahlreichen Tabellen zusammengestellt. Zusammenfassend wird festgestellt, daß 22,5 mg% I als Antioxydationsschutzmittel für gepreßte Olivenöle geeignet sind. — 70 Literaturangaben. H. P. FIEDLER. 7894□

**Über die physiko-chemischen Eigenschaften des Schweinefettes.** N. Nakonetschny. (Мясная Индустрия СССР [Fleisch-Ind. UdSSR] **32.** Nr. 1. 55. 1961. Nowotscherkask, Veterinärinst.) (Russ.)

F., $n^{40}$ u. JZ. des Schweinefettes aus verschiedenen Körperteilen werden angegeben. S. BARYSCHNIKOW. 7896

**Kontinuierliche Abkühlung erstarrender Fette.** Carsten Eickhof. (Kälte **8.** 276—80. 1955. Reinbeck.) (Dt.)

An Hand von Beispielen wird das Abkühlen von Speisefetten beschrieben. Die einfache Abkühlung von Fetten wird jetzt zu einer Kristallisation geführt, wobei durch Kältemittel-Temp. u. Arbeitsintensität der Kühlflächenschaber die Struktur der Fette weitgehend beeinflußt werden kann. F. ROSENDAHL. 7900□

**Reaktion von Äthylen- oder Propylenoxyd mit langkettigen Fettsäuren. Bildung von Mono- und Diestern.** A. N. Wrigley, F. D. Smith und A. J. Stirton. (Olii minerali, Grassi Saponi, Colori Vernici **36.** 451—53. Nov. 1959.) (Ital.)

Ital. Übersetzung der C. **1959.** 12410 referierten Arbeit. M. WINIKER. 7908□

**Die Verwendung neuer Riechstoffe in der Seifenindustrie.** Robert Costa. (Riechstoffe u. Aromen **8.** 177—78. Juni; 210—13. Juli 1958.)

Es werden die Eigg. verschiedener *Riechstoffe*, die von der Riechstoffindustrie bes. für die Verw. in der Seifenindustrie empfohlen werden, aufgeführt u. erläutert. H. P. FIEDLER. 7910

**Untersuchungen über die metallangreifende Wirkung von Waschmitteln.** A. Bukowiecki. (Schweiz. Arch. angew. Wiss. Techn. **24**. 355—70. Nov. 1958. Zürich, Eidg. Mat.-Prüf. u. Vers.-Anst., Hauptabt. B.) (Dt.)

Vf. teilt eine Reihe von bei der EMPA ausgearbeiteten Vorschriften speziell zur Prüfung der Korrosion von Waschmaschinen-Werkstoffen gegenüber Waschlaugen mit u. berichtet über die Ergebnisse systemat. Unterss. einer Reihe von Waschmitteln u. deren Einzelkomponenten gegenüber verschiedenen Metallen u. Metallkombinationen. Die stärksten Korrosionsangriffe ergeben sich bei den modernen Waschmitteln durch die gleichzeitige Einw. von polymeren Phosphaten u. Na-Perborat, während Seife u. andere Waschmittelkomponenten Metalle teils nur schwach angreifen, teils sogar korrosionshemmende Schutzüberzüge bilden. Von den Werkstoffen erweisen sich verzinkter Stahl u. die Al-Legierung „*Peraluman*" als bes. stark korrosionsanfällig, nichtrostender Cr–Ni-Stahl u. Ni-Überzüge auf Cu-Werkstoffen sind hingegen prakt. waschmittelbeständig. Neben der bekannten Korrosionsverstärkung bei Metallkombinationen wurde auch eine unter Stromeinfluß erfolgende anod. Korrosionshemmung festgestellt. — 17 Literaturangaben. M. SPOHN. 7912 □

**Die Lichtbrechung kristalliner Glyceride.** M. Sachße und G. Sachße. (Fette, Seifen, Anstrichmittel **59**. 1063—66. Dez. 1957. Münster u. Hamburg.) (Dt.)

Vff. diskutieren die zur Charakterisierung plast. Fette von THIEME u. KAUFMANN vorgeschlagene Schmelzrefraktometrie (C. **1957**. **10640**). Die opt. Addition der festen u. fl. Phase („Mischrefraktion") läßt sich nicht mit einachsiger Aufrichtung der Kristalle im Sinne VORLÄNDERS erklären. Zwischen 15 u. 32° an Kakaobutter (I) durchgeführte Verss. zeigen zeitliche Inkonstanz der Doppelbrechung u. Fehlen einer Mischrefraktion beim Auftragen unterkühlter fl. I auf krist. I. Die Grenzen der Totalreflexion an I sind unscharf. R. JUNGE. 7932 □

**Die Lichtbrechung kristalliner Glyceride.** H. P. Kaufmann und J. G. Thieme. (Fette, Seifen, Anstrichmittel **59**. 1066—68. Dez. 1957. Münster/Westf., Deutsches Inst. für Fettforschung.) (Dt.) — Vgl. vorst. Referat.

Die von M. u. G. SACHSSE vertretene Auffassung, daß bei der Schmelzrefraktometrie der Fette keine einachsige Aufrichtung stattfindet, bestätigt die früher geäußerte Ansicht der Verfasser. Der l. c. an Kakaobutter (I) durchgeführte Vers. beweist nicht, daß keine „Mischrefraktion" stattfindet, denn er ist method. falsch gewählt, entspricht nicht der von den Vff. gegebenen Vorschrift u. berücksichtigt nicht die Polymorphie der I-Glyceride. In früheren Arbeiten wurde bei der Angabe der Ablesegenauigkeit die Unschärfe der Trennungslinien berücksichtigt. R. JUNGE. 7932 □

**Vergleich von Methoden zur Bestimmung von polycyclischen aromatischen Kohlenwasserstoffen in Wachsen.** William Lijinsky, C. R. Raha und Joanne Keeling. (Analytic. Chem. **33**. 810—12. Mai 1961. Chicago, Ill., Chicago Med. School, Div. of Oncol.) (Engl.)

Die Meth. von HOFFMANN u. WYNDER (vgl. C. **1960**. **11056**), LIJINSKY (vgl. Analytic. Chem. **32**.[1960.] 684) u. NELSON u. STORMONT (vgl. Chem. and Ind. **1960**. **21**. **561**) wurden zur Trennung u. Identifizierung *polycycl. Aromaten* angewandt. Es erwies sich als günstig, zunächst an MgO-Celite oder feinkörnigem Silicagel zu chromatographieren, dann eine Verteilung zwischen Cyclohexan u. Nitrometahn vorzunehmen u. schließlich 3mal papierchromatograph. aufzutrennen. Die Papierchromatographie erfolgte aufsteigend mit Toluol–Methanol–W. (1 : 10 : 1), absteigend mit Dimethylformamid–Isooctan (stärkste Trennwrkg.) u. absteigend an acetyliertem Papier mit Toluol–Methanol–Wasser. Bestimmt wurden *Benz-*[*e*]*-pyren*, *Chrysen* u. *Triphenylen* nach 4 verschiedenen Methoden. E. DEHMLOW. 7944 □

---

Imperial Chemical Industries Ltd., England, **Herstellung von p-Phenylphenolderivaten,** dad. gek., daß man p-Phenylphenol in 3.5-Dimethylphenol in Ggw. von $H_2SO_4$ bei ca. 150° mit Isobuten umsetzt unter Bldg. von *2-*[*tert.-Butyl*]-, F. 40—42°, $Kp._6$ 185—190°, *2.4-Di-*[*tert.-butyl*]-, F. 120—122°, $Kp._5$ 221—226°, u. *2.4.6-Tri-*[*tert.-butyl*]*-p-phenylphenol*, F. 134°. — Stabilisatoren für *Fette, Öle* u. *Seifen*. (**F. P. 1 198 056** vom 1/3. 1958, ausg. 4/12. 1959. E. Prior. 1/3. 1957 u. 19/2. 1958.) S. BÖTTCHER. 7879

Council of Scientific & Industrial Research, New Delhi, Indien, **Gewinnung von Costuswurzelöl** u. den entsprechenden Lactonen durch Extraktion der getrockneten u. pulverisierten Wurzeln von Saussurea lappa C. B. CLARKE bei normaler Temp. mit PAe., Kp. 40—60°, anschließende Filtration u. Rückgewinnung des Lsgm. im Vakuum bei ca. 40°. Zwecks Isolierung der beiden Lactone „Costanolid" u. „Neo-

Costanolid" versetzt man das Öl mit PAe. u. setzt das Gemisch ca. 20 Std. einer Temp. von −15 bis −20° aus. (**Ind. P. 59 853** vom 9/3. 1957, ausg. 6/11. 1959.) H. NEBELSIEK. 7895

E. F. Drew & Co., Inc., übert. von: George Barsky, New York, N.Y., und Vigen K. Babayan, Livingston, und Guy Knafo, Boonton, N.J., V.St.A., **Genießbares Fettpräparat,** bestehend aus einem randomisierten Gemisch von Palmitin- u. Stearinsäure mit Propylenglykol mit einem Capillar-F. von 35—40°. Das Säureverhältnis beträgt 65—85% Palmitin- u. 35—15% Stearinsäure. (**A. P. 2 924 528** vom 22/8. 1955, ausg. 9/2. 1960.) H. MASS. 7901

Multiforsa Akt.-Ges., Zug, Schweiz (Erfinder: Peter Meyer), **Herstellung eines leicht resorbierbaren Präparates in Trockenform.** Man emulgiert eine Fettsubstanz, wie Rinderfett, u. $\gamma$-Tocopherol in konz. Magermilch u. sprühtrocknet die Emulsion. (**E. P. 838 982** vom 20/8. 1957, ausg. 22/6. 1960.) H. MAASS. 7901

California Research Corp., San Francisco (Erfinder: Irving Englander Levine, Berkeley, Everett Clippinger, San Rafael, und Donald Francis Searle, Napa), Calif., V.St.A., **Stuckförmiges Reinigungsmittel für Toilettezwecke,** bestehend im wesentlichen aus 10—90 (%) wasserlösl. *Salzen prim. Alkansulfonsäure* mit 8—20, durchschnittlich 12—16 C-Atomen, u. 90—10 wasserlösl. Salzen höherer Fettsäuren, wobei der Wasser-Geh. des Prod. 5—20 beträgt. (**D. A. S. 1 108 367** Kl. 23e vom 14/4. 1959, ausg. 8/6. 1961. A. Prior. 14/4. 1958.) C. LÜTTGEN. 7913

Carlo Vanoni, Induno Olona, Varese, Italien, **Fleckentferner-Paste,** bestehend aus 125 (g) Trichloräthylen, 22 A., 22 Bzn., 1 Weintreberöl, 1,2 $SiO_2$, 2,5 Kartoffelstärke. (**It. P. 513 362** vom 29/4. 1954.) K. KOEBKE. 7915

Cristopher George Beard und Rajkunar Prithviraj Urs, Bangalore, Indien, **Reinigungsmittel,** bestehend aus einem Gemisch aus Cyanidschlamm aus der Au-Cyanidlaugerei u. Seifenpulver im Verhältnis $^9/_{10}$ Cyanidschlamm : $^1/_{10}$ Seife. — Man schüttet das Pulvergemisch auf das zu reinigende, feuchte Kleidungsstück u. spült den gelösten Schmutz u. das Fett mit W. weg. (**Ind. P. 59 996** vom 25/5. 1957, ausg. 13/8. 1959.) H. NEBELSIEK. 7917

Johannes Rödger, Berlin, **Desinfizierendes Wasch- und Reinigungsmittel,** bestehend aus wss. Lsgg. oder Pasten, die oberflächenakt., säurebeständige Verbb., an sich kekannte Desinfektionsmittel u. freie Mischsäure (I) bei pH-Einstellungen von 2—5 enthalten. — Beispiel: 20 (%) Alkylsulfonat, 3 Benzylphenol, 7,5 $CH_2O$ (100% ig.), 7,5 I, Rest Wasser. (**D. A. S. 1 105 549** Kl. 23e vom 6/7. 1957, ausg. 27/4. 1961.) C. LÜTTGEN. 7917

---

**A. E. Staley, Mfg. Co.,** Decatur, Ill., V.St. A., *Entschleimen von Pflanzenölen.* (Ind. P. 58 376 vom 10/9. 1956, ausg. 16/12. 1958. — C. 1960. 13227 [D. A. S. 1 058 184].)

**Georgia Tech Research Institute,** Atlanta, Ga., V.St.A., *Gleichzeitige Öl- und Eiweißgewinnung aus Ölsaaten.* (Ind. P. 58 222 vom 22/8. 1956, ausg. 9/7. 1959. — C. 1960. 12540 [Belg. P. 550 948].)

**Colgate-Palmolive Co.,** New York, N.Y., V.St.A., *Flüssiges Reinigungsmittel.* (Ind. P. 58 105 vom 9/8. 1956, ausg. 10/2. 1958. — C. 1960. 1365 [D. A. S. 1 051 440].)

---

**N. M. Emanuel** und **Ju. N. Ljasskowskaja,** Hemmung der Prozesse der Fettoxydation. Moskau: Pischtschepromisdat. 1961. (359 S.; 1. Bl. Abb.) 1 Rbl. 18 Kop. [Russ.]

**Jean-Paul Sisley,** Index des huiles sulfonées et détergents modernes. 3. Paris: Editions Teintex. 1961. (560 S.) 8°. 75 NF.

## XVIIIa. Holz. Cellulose. Zellstoff. Papier. Papierdruck. Celluloid. Linoleum

**Kinetik der Wasserdampfsorption durch Holz.** 1. Mitt. **Einfluß der Probendicke.** G. N. Christensen. (Austral. J. appl. Sci. **11.** 295—304. Juni 1960. Melbourne, C.S.I. R.O., Div. of Forest Prod.) (Engl.)

Es werden 20 $\mu$ bis 3 mm dicke Schnitte von *Eucalyptus regnans F. Muell.* unter Luftabschluß der Einw. von Wasserdampf (WD) in sechs aufeinanderfolgenden Druckstufen ausgesetzt u. die einzelnen Sättigungszeiten gemessen. Bei niedrigen WD-Drucken haben dünne Proben sehr viel kürzere Sorptionszeiten als dicke Proben, als Folge der Auswrkg. der Dicke auf die Diffusions-Geschwindigkeit. Bei höherem WD-Geh. ist die Sorptions-Geschw. für alle Dicken ähnlich. Sie wird dabei anscheinend nicht allein durch die Diffusion sondern auch durch einen anderen Mechanismus gesteuert, vielleicht durch Relaxation von Spannungen, u. der jeweils langsamere der beiden Prozesse bestimmt die Sorptions-Geschwindigkeit. Für eine Wasseraufnahme in zwei Stufen liegt kein Anzeichen vor. Der abs. größere Wasseraufnahmewert für alle 20-$\mu$-Schnitte wird diskutiert, die Auswertung der Ergebnisse der Arbeit für die Praxis besprochen. M. HAGEDORN. 7952 □

**Eine Einführung in die Holzkonservierung.** W. E. Bruce. (Pest Technol. [London] **3.** 16—19. Okt. 1960.) (Engl.)

Es wird auf die verschiedenen Einfll., die Holz schädigen können, eingegangen (Organismen, Feuer, Chemikalien, Witterungs-Einw.). Hierauf werden die einzelnen Arten von Konservierungsmitteln behandelt. A. SEUFFERT. 7952☐

**Metall-Naphthenate.** R. Bulman. (Pest Technol. [London] **3.** 87—92. Jan. 1961.) (Engl.)

Die Bedeutung von Metallnaphthenaten für die Holzkonservierung wird besprochen. Hervorgehoben wird auch die wasserabstoßende u. insekticide sowie fungicide Wirkung. Mehrere Tabellen geben einen Überblick über die Eigenschaften. A. SEUFFERT. 7952☐

**Das Eindringen von Elektrolytlösungen in Cellulosefasern.** Olli Ant-Wuorinen und Asko Visapää. (Paperi ja Puu **42.** 33—42. 29/2. 1960. Helsinki, The State Inst. for Techn. Res.) (Engl.) — Vgl. C. **1960. 3077.**

Vff. legten je 1 Muster aus gebleichten Baumwoll-Linters, gebleichtem Sulfitzellstoff u. Viscosezellwolle sowohl trocken wie nach vorheriger, verschieden lange durchgeführter Einweichung in W. in 0,05n HCl-Lsg. sowie in 0,05n NaCl-Lsg.; diese Muster wurden dann mehrere Male mit dest. W. so lange Cl'-frei gewaschen, bis das letzte W. nicht über 2 $\gamma$/20 ml W. enthielt. Die Cl'-Best. erfolgte mit $Hg(SCN)_2$ als $Fe(SCN)_2$ nach der mikrophotometr. Meth. von IWASAKI, UTSUMI u. OZAWA bei 460 m$\mu$. Die 3 Cellulose-Präpp. verhielten sich gleich, wobei die lufttrockenen Fasern anfangs eine schwächere Salz-Lsg. aufnehmen, als der umgebenden Konz. entspricht. Wenn lufttrockene Fasern in HCl-Lsg. gelegt werden, verhalten sie sich umgekehrt. Nach genügend langer Berührung steigt die Konz. im Faserinneren bis zu einem Gleichgewicht. Vorquellung der Fasern ändert diese Verhältnisse. Vff. bezeichnen diese Erscheinungen als komplizierte kinet. Vorgänge, die bei früheren Unterss. anderer Autoren bisweilen unzutreffend dargestellt wurden. Vff. lehnen den Begriff „Nicht-Lösungswasser" ab. — 4 Tabb., 6 Literaturhinweise. E. BORCHERS. 7954☐

**Einwirkung von Calciumthiocyanat-Lösungen auf Cellulose.** 4.Mitt. **Studien über die Aufschließbarkeit von Cellulose.** Olli Ant-Wuorinen und Asko Visapää. (Paperi ja Puu **41.** 345—49. 15/7. 1959. Valtion tekn. Tutkimuslaitos, Sarja IV [State Inst. techn. Res., Ser. IV] **1959.** Nr. 22. 1—14. Helsinki, The State Inst. for Techn. Res., Chem.-Techn. Labor.) (Engl.) — **3.** vgl. C. **1959. 9763.**

Gebleichte Baumwollinters (BL), gebleichter Sulfitzellstoff (SZ) u. Viscosereyon (VR) werden 1 Std. bei 25° mit 0,01—5,0m $Ca(CNS)_2$-Lsgg. (I) behandelt. Anschließend werden der Carboxyl- u. Carbonylgruppen-Geh. bestimmt u. Röntgenbeugungsaufnahmen gemacht. Im Vgl. mit unbehandeltem Material fallen durch die Behandlung mit 5m I der Carboxyl- (Carbonyl-) Gruppen-Geh. bei BL auf 64,8 (65,4)%, bei SZ auf 60,0 (59,6)% u. bei VR auf 55,6 (55,8)%, u. bei niedrigeren Konzz. entsprechend geringer. Eine Quellung durch I ist bei allen erst von 2m-Lsgg. an festzustellen, die bei 5m I bis zur Bldg. eines durchsichtigen Gels fortschreitet. Die Röntgenbilder zeigen, daß native Holzcellulose SZ durch I aus Cellulose 1 in Cellulose 2 verwandelt wird, native Linterscellulose BL dagegen nicht, was auf den geringeren anfänglichen Kristallisations-Index der Holzcellulose zurückgeführt wird. Dieser sei kein Ausdruck für die prozentuale Verteilung kristalliner u. amorpher Anteile, sondern für den durchschnittlichen Ordnungszustand u. die durchschnittliche Packungsdichte, welche durch Einw. von I verändert werden. Damit werde auch die Zugänglichkeit der Cellulose für Elektrolyte geändert u. der analyt. festgestellte Abfall der Zahl der Carboxyl- u. Carbonylgruppen sei nicht reell. M. HAGEDORN. 7954☐

**Der Aufschluß von Holz zu Zellstoff als topochemische Reaktion.** H. Bucher. (Chimia [Schweiz] **13.** 397—412. 11/12. 1959.) (Dt.)

Krit. Diskussion der Vorgänge bei der Zellstoff-Herst. unter Berücksichtigung topochem. Gesichtspunkte. — 42 Literaturangaben. F. LANG. 7956☐

**Herstellung von Papierzellstoff aus Sorghum und aus diesem Zellstoff herstellbare Produkte.** René Escourrou. (Chim. et Ind. **81.** 695—704. Mai 1959.) (Franz.)

Vf. berichtet über die Eignung von Sorghum für den Kulturanbau als Zellstoffrohmaterial. F. LANG. 7956☐

**Zellstoffherstellung mit hoher Ausbeute aus norwegischer Fichte nach dem Magensiumbisulfit-Aufschlußverfahren.** H. W. Giretz und S. Wennerås. (Norsk Skoginld. **14.** 322—29. Sept. 1960. Trondheim, Techn. Univ. of Norway, Dep. of Cellulose Techno .) (Engl.)

Der Aufschluß von *Picea excelsa L.* mit Magnesiumbisulfit führt mit einer optimalen Ausbeute von ca. 60%, bezogen auf trocknes Holz, zu einem leicht zerfaserbaren Zellstoff. Hierfür werden die Bedingungen ermittelt. Der $SO_2$-Verbrauch liegt dabei mit 10,5%, auf Holz berechnet, um ein geringes höher als beim Natriumbisulfit-Aufschluß. Der ungebleichte Magnesiumbisulfit-Zellstoff (I) liegt in seiner Festigkeit etwa in der Mitte zwischen ungebleichten Zellstoffen nach dem sauren Sulfit- u. dem Sulfat-Aufschluß u. entspricht somit einem Natriumbisulfit-Zellstoff. Die Reißlänge ist ähnlich der eines normalen Sulfat-Zellstoffs (II), die Durchreißfestigkeit liegt wie bei allen Bisulfit-Zellstoffen auch bei I deutlich tiefer als bei II. I ist schneller zu zerfasern; der Weißgrad von I ist gut, wenn auch nicht höher als bei sauren Sulfit-Zellstoffen.

M. HAGEDORN. 7960□

**Besonderheiten der Chlorierung von Sulfitzellstoff.** F. P. Komarow. (Бумажная Промышленность [Papier-Ind.] **36.** Nr. 3. 26—28. März 1961. Allunions-Forsch.-Inst. für Cellulose- u. Papierind.) (Russ.)

Die Erniedrigung der Härte von *Sulfatzellstoff* (I) bei 1stufiger Chlorierung hängt vom $Cl_2$-Verbrauch ab. Sie verläuft nur bis zu einer bestimmten Grenze, die höher liegt als bei *Sulfit-Zellstoff* (II). Bei I ist daher eine 2stufige Bleiche notwendig. Die Chlorierung von I ist im Gegensatz zu II von einer merklichen Erniedrigung der Viscosität der Cellulose begleitet. Empfehlenswert ist es, zwischen den 2 Stufen der Chlorierung eine Alkalibehandlung einzuschalten. Bei Chlorierung von I ist nur anfangs eine Erniedrigung der Härte festzustellen; längere Einw. wirkt sich prakt. auf die Härte nicht aus.

M. ULMANN. 7962□

**Einige einfache Fraktionierungen von konzentrierten Calcium-Sulfitablaugen.** Terje Enkvist und Kerttu Turunen. (Paperi ja Puu **42.** 157—63. April 1960. Helsinki, Univ., Inst. of Chem.) (Engl.)

Zur Prüfung der Gewinnbarkeit konz. Zucker extrahierten Vff. 1 Vol.-Teil einer auf 50 bzw. 75% Trockensubstanz eingedampften techn. Ca-Sulfitablauge (I) mit 2 Vol.-Teilen A. von 95% (Sulfitsprit) bei 80°—90° unter Rühren. Die gleiche Ausgangssubstanz wurde in 2. u. 3. Stufe mit A. von 85% am Rückflußkühler extrahiert. Zur vollständigen Extraktion genügten 15 Min. je Stufe, wobei sich 2 fl. Phasen bildeten. Die obere Schicht enthielt Zucker-Lsgg. mit 73%ig. A., wobei in 1. Stufe 60% der in I enthaltenen Zucker extrahiert wurden. Die untere wss. Schicht enthielt Ca-Ligninsulfonat, woraus durch Zugabe von wss. $H_2SO_4$ Aldon- u. Essigsäure frei gemacht u. eine entsprechende Menge $CaSO_4$ gefällt wird. Bei erneuter Extraktion mit A. kann man die Aldonsäuren vom Ca-Ligninsulfonat trennen. Die Verw. anderer Alkohole, wie $CH_3OH$ u. Isopropanol (II), war ungünstig. Der vom A. durch Dest. befreite Zuckerextrakt wurde mit Mischungen von II u. A. von 99% Geh. gereinigt. Aus dem gereinigten Extrakt wurde mit Ae. 4,2% aromat. Substanz entfernt. Der Zuckerextrakt ist sirupös u. wird durch II teilweise kristallin, wobei die Kristallmasse 84,4% Zucker u. 0,4% Asche enthielt. Vff. halten die Meth. für techn. möglich, wobei der Zuckerextrakt z. B. in konz. Lsg. zu A. u. Hefe verwertet werden kann, u. zwar wirtschaftlicher als bisher in Form von Sulfitablauge. — 9 Tabb., 10 Literaturhinweise. E. BORCHERS. 7962□

**Behandlung von Ablaugen bei der Zellstoff- und Halbzellstoff-Herstellung.** J. G. A. Schmidt und D. Wenzl. (Cellulosa e carta **12.** Nr. 2. 7—16. Febr. 1961.) (Ital.)

Beschrieben werden bekannte Verff. der nassen (Oxydation mit Luft bei 257° u. 56 at) u. trockenen Verbrennung von Ablaugen, gekoppelt mit der Rückgewinnung von 80—90% des eingesetzten Na u. 75—85% des S, sowie biolog. Reinigung der Abwässer von Zellstoff- u. Papierfabriken, bei der der Anteil suspendierter Substanzen um 90% u. der BSB um 75% verringert wird. N. MEDIĆ. 7966□

**Über die Beziehung zwischen der Sulfidierungs- und der Sulfitierungsreaktion des Lignins.** Josef Gierer und Bo Alfredsson. (Svensk Papperstidn. **62.** 434—37. Juni 1959. Stockholm, Schwed. Holzforschungs-Inst.) (Dt.)

Zwei verschiedene Thiolignine werden mit neutralen Sulfit-Lsgg. in Ligninsulfosäuren übergeführt, deren S-Geh. ausschließlich als potentiometr. titrierbare Sulfogruppen (I) vorliegt. Dabei entspricht, wie erwartet, je eine Sulfidgruppierung zwei I in der Ligninsulfosäure. Beim Sulfitieren in saurem Milieu verläuft die Rk. unvollständig. Für den in Benzylstellung vorhandenen Sulfidschwefel konnte der Austausch in I an Modellsubstanzen, wie Divanillylsulfid u. Divanillyldisulfid, veranschaulicht werden. Daß für die I-Bldg. aus Benzylsulfiden auch die Anwesenheit einer Hydroxylgruppe eine Rolle spielt, geht aus der Stabilität von Diveratrylsulfid gegenüber neutralen u. sauren Sulfitierungs-Lsgg. hervor. Die Unters.-Ergebnisse bestärken die Vermutung, daß im Lignin bei allen Sulfidierungs- u. Sulfitierungs-Rkk. die gleichen reaktionsfähigen Gruppen beteiligt sind. M. HAGEDORN. 7966□

**Gewinnung von Acetylcellulose aus Weizenstroh.** Carmen Gloria Rojas Abregu. (An. Fac. Farmac. Bioquím. 8. 536—42. 1957. Estac. exp. agr. La Molina, Labor. de Quím.) (Span.)

Weizenstroh liefert nach Behandlung im Autoklaven unter Zusatz von NaOH, $Na_2S$, $Na_2CO_3$ u. $Na_2SO_4$ einen Zellstoff mit 19 (%) W., 5 Asche, 9,42 α-Cellulose (I), 6,85 Alkalilöslichem, Cu-Zahl 0,64, 92,3% $Ba(OH)_2$-Resistenz, 6 Gummi, 174% Tränkungsgrad u. Viscosität 700 cP. Die daraus hergestellte Acetylcellulose ist mittlerer Qualität. Sie hat 4 W., 0,2 Asche, 49 Acetylierungsgrad, 88 Löslichkeit, 0,05 $H_2SO_4$, F. 200° u. Viscosität $^1/_2$ Sekunde. R. K. MÜLLER. 7970□

**Einfluß der Feinstoffe im Verdünnungswasser auf die Genauigkeit der Stoffdichteregelung.** Matti Halme. (Paperi ja Puu 42. 235—37. April 1960. Helsinki, Wärtsiläkoncernen A/B.) (Finn.)

Mathemat. Behandlung des Einfl. des Feinstoff-Geh. in dem als Verdünnungswasser zur Stoffdichteregelung benutzten Papiermaschinenabwasser. E. BORCHERS. 7978□

**Statische Elektrizität des Papiers.** H. J. Aaltio. (Paperi ja Puu 42. 167—84. April 1960. Tampere, Finland, Haarlan Paperitehdas Oy.) (Engl.)

Ausführliche Erörterung der theoret. Anschauungen über die Bldg. stat. Elektrizität auf Papier, über deren Messung u. über die Verff. zu deren Beseitigung. Vf. hat nach 4 verschiedenen Meth. die stat.-elektr. Aufladung von Papieren aus gebleichtem u. ungebleichtem Sulfitzellstoff gemessen u. erörtert deren Bedeutung für die Betriebspraxis, bes. betreffs der Ursachen u. der Beseitigung. — 16 Abb. u. 24 Literaturhinweise. E. BORCHERS. 7984□

**Beeinflussung der Bedruckbarkeit von Papieren durch Stoffeintrag, Mahlung und Papiermaschinenarbeit.** Ferdinand Wultsch. (Wbl. Papierfabrikat. 89. 436—39. Mai 1961. Graz-Andritz, Österreich, Forsch.-Labor. der Papier-Ind.) (Dt.)

Die Beschaffenheit eines Papiers wird hauptsächlich von den Faserrohstoffen, deren Aufbereitung, von der Blatt-Bldg. u. Ausrüstung beeinflußt. Die Bedruckbarkeit als eine wichtige Eig. eines Papiers läßt sich als die Bereitschaft eines Papiers zur Annahme eines gegebenen Farbangebots definieren. Diese Farbmenge kann durch eine Formel berechnet werden, in der die für die Bedruckbarkeit wichtigen Papiermeßwerte eingebaut sind. In der Praxis wird diese Farbmenge mit Probedruckgeräten gemessen u. in Form von Farbverteilungskurven aufgetragen, aus deren Verlauf die Bedruckbarkeit abgelesen werden kann. Mit dem Fogra-Gerät wurden die Art u. Aufbereitung verschiedener Farbstoffe, der Einfl. der Füllstoffe, der Glätte u. verschiedene Hilfsmittel an Hand dieser Kurven untersucht u. mit anderen Meßwerten der Papiere verglichen. Die so ermittelten Meßwerte geben einen guten Anhaltspunkt über die Eignung zum Bedrucken. Durch entsprechende Änderungen bei der Herst. von Papieren ist die Möglichkeit gegeben, die Bedruckbarkeit im voraus zu beeinflussen u. diesen Wert messend zu verfolgen. H. MEYER. 7984□

**Über die Eigenschaften von Sackpapier.** Erkki A. Aaltio. (Paperi ja Puu 42. 213—18. April 1960. Lohja, Lohja-Kotka Oy and Finland Inst. of Technol.) (Finn.)

Übersicht über die Festigkeits-Eigg. von *Sackpapier* aus Kraftzellstoff u. über die Meth. zu deren Bestimmung. Vf. erörtert weiter die Mikrokreppung von Sackpapier, bes. nach dem CLUPAK-Verf. zur Erhöhung dynam. Festigkeit der Säcke. E. BORCHERS. 7984□

**Mit Kunststoff und Folien überzogene Papiere. Frischhaltende Papiere.** Andor Nemes. (Csomagolástechnika [Verpackungstechnik] 6. 40—45. März/April 1961. Budapest, Forsch. Inst. der Papierind.) (Ungar.)

Übersicht der Packmaterialien, ihre Wasser-, Dampf-, Luft- u. Gasdurchlässigkeit, bes. die Anforderungen der Lebensmittelverpackung u. deren Frischhalten betreffend. J. PLANK. 7984

**Die Grundfaktoren, welche die Stauchdruckfestigkeit der aus Hochausbeutezellstoff hergestellten Papiere beeinflussen.** Milan Šedivý und Jan Kubát. (Papier 15. 232 bis 239. 5/6. 1961.) (Dt.)

Vff. untersuchten die Einfll. von Zellstoffart, Ausbeute, Mahlgrad, Flächen- u. Raum-Gew. auf die Stauchdruckfestigkeit der Welle von Wellpappen. Sie verwendeten Sulfatzellstoffe (54—70% Ausbeute), Na-Bisulfitzellstoffe (56—73%), Sulfitzellstoff (53%), NSSC-Halbzellstoff (75%) u. Altpapier zur Herst. der Welle. Beste Ergebnisse wurden mit Na-Bisulfitzellstoff erhalten. Zwischen Flächen-Gew. u. Ringstauchdruckfestigkeit ergab sich eine lineare Beziehung. F. LANG. 7992□

**Zerstörung bituminöser Dachpappen.** K. G. Martin. (Commonwealth sci. ind. Res. Organizat., Australia, Divis. Building Res., techn. Pap. 1961. Nr. 11. 3—15. Div. Building Res.) (Engl.)

Vf. hat Verss. mit Meltau u. mit vergrabenen Dachpappen durchgeführt u. festgestellt, daß mikrobiolog. Einfl. bei der Zerstörung von Dachpappen keine Rolle spielt. F. ROSENDAHL. 7992□

**Bestimmung von Pentosanen. 5. Mitt. Colorimetrische Bestimmung von Furfurol in Gegenwart von 5-Hydroxymethylfurfurol (HMF).** Per-Olof Bethge und Jürgen H. Eggers. (Svensk Papperstidn. **63.** 745—48. 15/11. 1960. Stockholm, Wood Chemistry Dep., Swedish Forest Prod. Res. Labor. (Engl.) — Vgl. C. **1960. 10444.**

Vergleichsweise wird Furfurol in Ggw. von HMF in TOLLENS-Destillaten colorimetr. nach einer von AESCHLIMANN, BETHGE u. EGGERS angegebenen Meth. mit Anilinacetat (I) u. nach der schwed. Standard-Meth. CCA 24:57 mit Orcin (II) bestimmt. Beide sind in Ggw. von HMF anwendbar, liefern reproduzierbare Werte u. können unterschiedlichen Dest.-Techniken angepaßt werden. Zu ihren Nachteilen gehört u. a. die beiden gemeinsame Zeit von 2 Std. zwischen Reagenszugabe u. Absorptionsmessung. I ist empfindlicher u. bei niedrigen Konzz. oder bei kleinem Konz.-Quotienten von Furfurol/HMF vorzuziehen. II ist stabiler u. für Routine-Best. normaler TOLLENS-Destillate geeigneter. M. HAGEDORN. 8006□

**Die Praxis der Weißgradmessung von Zellstoffen.** Friedrich Baetke. (Das Papier **15.** 287—95. Juli 1961.) (Dt.)

Vgl. der Weißgradmessung von Zellstoffen mittels Elrephogeräts von ZEISS (EZ) u. des GE Brihgtness Tester's (BT). Ein Weg zum Konstanthalten des Weißtonstandards wird angegeben. Es wird auf die verschiedenen Meth., auch der TAPPI u. CCA, zum Vorbereiten des Zellstoffs für die Messung eingegangen u. eine an die TAPPI-Standards sich anlehnende Arbeitsvorschrift bei der Benutzung des EZ mitgeteilt, mit gutem Anschluß auch an die Skala des BT. Zum Schluß wird über vergleichende Weißgradmessungen in verschiedenen Labor. u. über ein prakt. erprobtes Verf., wie man die Anzeigen verschiedener EZ ohne Verw. von Standards vergleichen kann, berichtet. M. HAGEDORN. 8006□

**Die Bestimmung der Fettdichtigkeit von Papier.** Friedrich Werr. (Papier **15.** 222—29. 5/6. 1961.) (Dt.)

Der Vf. stellt fest, daß auch die gebräuchlichen Standardprüf-Meth. wesentliche Mängel aufweisen u. in ihren Anwendungsmöglichkeiten beschränkt sind. Er untersuchte Prüffette, Einfll. der Flächenbelastung bei der Fett-Einw. u. andere Faktoren u. entwickelte eine Meth., die für alle prakt. vorkommenden Arten fettdichter Papiere gut geeignet erscheint. Man läßt hierbei ein standardisiertes Palmkernfett unter abgestuften Bedingungen einwirken u. kann nach den Ergebnissen die Papiere in 4 Fettdichtigkeitsklassen einordnen. F. LANG. 8010□

**Ein neuer Prüfapparat zur Messung der Wolkigkeit von Papier, der zwei Fundamentaleigenschaften des menschlichen Sehens verwendet.** Olle Andersson und Kurt Sundewall. (Svensk Papperstidn. **63.** 167—73. 31/3. 1960. Stockholm, Paper Technol. Dep., Swedish Forest Prod. Res. Labor.) (Engl.)

Die Messung der Wolkigkeit von Papieren ist noch nicht befriedigend gelöst. Unter Berücksichtigung des WEBER-FECHNERschen Gesetzes u. der Erfahrung, daß Reizveränderungen vom Auge um so leichter aufgenommen werden, je schneller sie aufeinander folgen, wird ein neuer Wolkigkeitstester beschrieben. Das Papier wird auf einem Drehteller (500 U/min) längs eines Kreises photoelektr. abgetastet; der austretende Strahl wird nacheinander durch eine logarithmierende u. eine differentierende Vorr. (von einer Analog-Rechenmaschine) geschickt. Der Mittelwert des Differentialquotienten der Photometerkurve wird für verschieden wolkige Papiere ermittelt. Bei erheblichen Wolkigkeitsunterschieden fällt die photoelektr. Bewertung mit u. ohne Differentation gleich aus. Weichen diese beiden Bewertungen eines Papiers aber voneinander ab, so deckt sich die bei eingeschaltetem Differentiationsorgan getroffene Bewertung mit derjenigen, welche visuell-subjektiv ermittelt wurde. M. HAGEDORN. 8010□

**Untersuchungen über den Einfluß von Feuchtigkeit und Wachs auf die Eigenschaften von Spanplatten.** Osmo Liiri. (Paperi ja Puu **42.** 43—56. 29/2. 1960. Helsinki, State Inst. for Technical Research.) (Finn.)

Vf. prüfte an Mustern dreilagiger Spanplatten von 12 u. 18 mm Dicke die Best. der Wasseraufnahme u. der Dickenquellung in Luft verschiedenen Feuchtigkeits-Geh. nach den Meth. DIN, British Standard, NWMA (USA) u. FAO. Dabei wurden ermittelt der Einfl. von Größe u. Lage der Prüfstücke in W., der Einfl. der Leimung mit Carbamidharz u. Paraffin auf obige Daten sowie der Einfl. der Plattenfeuchtigkeit auf die Festigkeitseigenschaften. Bei der Wasseraufnahme schwankten die Ergebnisse nach Art der Prüf-Meth. am gleichen Muster bedeutend, weniger bei der Dickenquellbarkeit in Feuchtluft. — 14 Abb., 6 Literaturhinweise. E. BORCHERS. 8016□

Forestry Enterprises, Inc., Ramsey County, übert. von: Robert F. Nelson, St. Paul, Minn., V.St.A., **Biegsame Holzschutzbandage für Pfähle.** Sie besteht aus einem Papierträger, auf dessen mit einem thermoplast. Überzug, z. B. Polyäthylen, versehene Oberseite die Holzschutzmasse unter Freilassung der äußeren Ränder aufgebracht wird. Über die Schutzmittelschicht wird ein abziehbares feines Gewebe aufgelegt, worauf die Bandage in der Mitte gefaltet u. die übereinanderliegenden Randstreifen, zwischen denen eine dem Aufreißen der geschlossenen Bandage dienende Schnur gelegt wird, therm. miteinander verschweißt werden. — 6 Zeichnungen. (**A. P. 2 955 331** vom 7/3. 1957, ausg. 11/10. 1960.) K. WOLK. 7953

E. I. du Pont de Nemours & Co., Wilmington, Del., übert. von: Walter Herbert Cobbs jun., Grand Island, N.Y., V.St.A., **Verpackungsfolie aus Cellulosehydrat,** gek. durch eine Grundschicht aus Elastomeren, bes. Elastoprenen, z. B. einem 40—80 (Gew.-%) Butadien u. 60—20 Acrylnitril (I) u./oder Styrol enthaltenden Mischpolymeren, u. einer Deckschicht aus Mischpolymeren aus 80—97 Vinylidenchlorid u. 20—3 wenigstens eines anderen monomeren Olefin-Deriv., bes. I oder Alkylacrylat. — Mengenbeispiele, Zeichnung. (**A. P. 2 819 985** vom 9/12. 1954, ausg. 14/1. 1958.) E. WEISS. 7971

Herbert Fleischmann, Niederschlag/Erzgebirge, **Hochsaugfähiges Papier** mit hoher Festigkeit u. guter Aufnahmefähigkeit, bes. für Kunstharze, aus harten Baumwoll-Linters mit 15—20% Kunstfaserabfällen auf Cellulosebasis. (**D. P. [DDR] 20 121** Kl. 55f vom 19/7. 1957, ausg. 19/10. 1960 [Wirtschaftspatent]. **Zusatz zu D. P. [DDR] 16274; C. 1961. 11566.**) M. F. MÜLLER. 7975

Herbert Fleischmann, Niederschlag/Erzgebirge, **Aufbereitung von Kunstfaserabfällen** zur Verw. als Rohstoff bei der *Papier-* u. *Pappenherstellung.* Die Kunstfaserabfälle werden mit Hadern minderwertiger Qualität zu gleichen Teilen gemischt, geschnitten, gemahlen u. nach erfolgter Entwässerung zu im getrennten Arbeitsgang gemahlenem u. gebleichtem Fichtenholzsulfitzellstoff gegeben. Danach wird gut durchgemischt. — Einem Papierstoff werden 40% des Halbstoffes zugesetzt, so daß der Anteil an Kunstfasern 20% beträgt. Daraus wird vollgeleimtes *Packkreppapier* hergestellt. — Das Verf. gestattet bes. Kettstuhlseidenabfälle auf Polyamidgrundlage ohne chem. Vorbehandlung für geringere Papiersorten zu verwenden. (**D. P. [DDR] 20 440** Kl. 55b vom 15/5. 1958, ausg. 10/12. 1960 [Wirtschaftspatent]. **Zusatz zu D. P. [DDR] 16 274; C. 1961. 11566.**) M. F. MÜLLER. 7975□

Fritz Busche Druckerei-G. m. b. H., Dortmund, **Herstellen von polyesterbeschichteten Druckerzeugnissen,** wobei die polyesterhaltige Schutzschicht aus Polyesterharz (I) u. einem Katalysator (II) als eine Komponente u. einem Beschleuniger (III) als weitere Komponente besteht u. die Komponenten nacheinander aufgetragen werden, dad. gek., daß die den III enthaltende Komponente der Schutzschicht mit der Druckfarbe gemischt, dann der Druckträger bedruckt u. anschließend die I u. II enthaltende Komponente aufgebracht u. der Aushärtung ausgesetzt wird. Der Druckträger soll keine die Aushärtung veranlassenden bzw. beschleunigenden Stoffe enthalten u. z. B. aus ungeleimten Baumwoll-Linterspapieren oder aus einem Kunststoffaservlies bestehen. (**D. A. S. 1 102 775** Kl. 15k vom 10/4. 1959, ausg. 23/3. 1961.) K. KITTLER. 7989

Imperial Chemical Industries Ltd., London, England (Erfinder: Henry Brunner, Auguste Louis Lucien Palluel und Derek John Walbridge), **Herstellung von Mischpolymerisaten des p- oder m-Diisopropenylbenzols,** dad. gek., daß man als Polymerisationskomponente eine Kohlenteer- oder Erdöl-KW-Stofffraktion vom Kp. 150—210° u. als Katalysator bes. FRIEDEL-CRAFTS-Verbb. verwendet. Die Rk.-Prodd. haben verbesserte Öllöslichkeit bei erhöhtem F. u. werden bes. als *Belagmassen* verwendet. (**D. A. S. 1 103 588** Kl. 39c vom 25/6. 1959, ausg. 30/3. 1961. E. Prior. 2/7. 1958. **Zusatz zu D. A. S. 1 097 138; C. 1961. 13737.**) L. STADELMANN. 7999

Pneumatiques & Caoutchouc Manufacture Kleber-Colombes Soc. An., Colombes, Seine (Erfinder: René Dioly, Trilport, Seine-et-Marne), Frankreich, **Fußboden- und Wandbelag,** bestehend aus mehreren Schichten (I) u. aus einer Textilverstärkung, wobei letztere mit einer Schaumschicht (II) verbunden ist, dad. gek., daß er aus den 3 folgenden I zusammengesetzt ist a) einer Trag- oder Halteschicht, wie Gewebe, Glasgewebe oder Korkblätter, b) einer Zwischenschicht aus mit Blähmitteln geschäumter II u. c) einer Verschleißschicht aus dem gleichen thermoplast. Material wie unter b, z. B. PVC-Schaum. — 3 Figuren. (**D. A. S. 1 103 285** Kl. 81 vom 19/2. 1958, ausg. 30/3. 1961. F. Prior. 20/2. 1957.) M. BÖTTCHER. 7999

**Kalle & Co. Akt.-Ges.** (Erfinder: **Hans Heiß, Karl Lendle** und **Erich Zorn**), *Verbessern der Adhäsion Drucktinten auf regenerierter Cellulose.* (**Aust. P. 218 179** vom 21/8. 1957, ausg. 20/11. 1958. D. Prior. 18/1. 1957. — C. **1960.** 6667 [Oe. P. 203 029].)

---

**Günter Langendorf**, Handbuch für den Holzschutz. Leipzig: Fachbuchverl. 1961. 330 S. m. 310 Abb.) 8°. DM 22,—.

## XVIIIb. Textilfasern

**Das Entschlichten mit Natriumbromit.** R. Freytag. (Textil-Rdsch. [St. Gallen] **15.** 579—86. Nov. **1960.**) (Dt.) — Vgl. C. **1961.** 12691.

Die Entw.-Geschichte der Bromite, die zu ihrer Anwendung als Entschlichtungsmittel führte, wird kurz geschildert. Die im Labor. durchgeführten Verss. zur Aufstellung von Rezepturen für die Entschlichtung auf dem Jigger u. dem Foulard u. die dabei auftretenden Probleme sowie vier entsprechende Groß-Verss. werden beschrieben. Es wird gefolgert, daß die Bromitentschlichtung ebenso gute Ergebnisse liefert wie eine enzymat. Behandlung u., da sie kalt angewendet wird, gewisse Schwierigkeiten, beispielsweise in der Durchdringung, nicht auftreten. L. JENTGEN. 8030 □

**Die schmutzabweisende Ausrüstung.** Erich P. Frieser. (SVF Fachorgan Textilveredlung **16.** 382—91. Juni 1961. Wien.) (Dt.)

Übersicht über die schmutzabweisende Ausrüstung von Textilien. Besprochen wird der Schmutz, die faser- u. die nicht faserbedingte Abhängigkeit der Verschmutzung, der Mechanismus der Verschmutzung, Verf. zur schmutzabweisenden Ausrüstung u. Best. des Schmutzrückhaltevermögens. — 25 Literaturzitate. H.-A. WANNOW. 8032 □

**Ein Beitrag zum Verhalten von hochveredelten Geweben bei der Chlorbehandlung.** H. A. Wannow. (SVF Fachorgan Textilveredlung **16.** 392—402. Juni 1961. Frankfurt/M.-Fechenheim, Cassella Farbwerke Mainkur AG.) (Dt.)

Textilien, die mit stickstoffhaltigen, härtbaren Harzen oder Prodd. vom Reactant-Typ ausgerüstet worden sind, binden $Cl_2$ unter Bldg. von Chloraminen, die sich beim Erhitzen (Bügeln) unter Abspaltung von HCl u. $O_2$ zersetzen können, was zu Faserschädigungen führt. Die Meth. zur Best. des gebundenen Cl werden besprochen. Experimentell wird nachgewiesen, daß die Faserschädigung nicht nur von der Art des Harzes u. der Anwendung abhängig ist, sondern daß auch der Alkali-Geh. des Gewebes vor der Ausrüstung von Einfl. ist. Je höher der Alkali-Geh. des Gewebes ist, desto größer ist die Faserschädigung durch gebundenes Cl beim Erhitzen. Das im Gewebe enthaltene Alkali hemmt vermutlich die Kondens. des Harzes u. steigert somit das Chlorrückhaltevermögen. H.-A. WANNOW. 8032 □

**Harzhaltige und harzfreie Hochveredlung unter besonderer Berücksichtigung der „wash and wear"-Ausrüstung.** 1. Mitt. G. Pusch. (Melliand Textilber. **42.** 328—34. März 1961. Augsburg, Chem. Fabrik Pfersee „Imprägnol-Werk", Entwicklungslaboratorien.) (Dt.)

Obwohl mit N-haltigen Reactantharzen gute „wash- and wear"-Effekte erreicht worden sind, bestehen wegen der mangelnden $Cl_2$-Beständigkeit u. der Minderung der Reißfestigkeit Wünsche hinsichtlich Neuentwicklungen. Epoxy- u. Acetalharze ergeben gute, aber keine optimalen „wash- and wear"-Effekte, sind aber sehr kochwasch- u. absäuerungsbeständig. Acetalmodifizierte Reactantharze haben eine bessere Kochwaschbeständigkeit als die üblichen N-haltigen Reactantharze. Harzfreie Ausrüstungen mit 1.3-Dichlorhydrin führen zu sehr guten Naßknitterwinkeln mit schlechten „wash- and wear"-Effekten. H. GRIMM. 8032 □

**Über Textilbeschichtung mit Polyurethanen.** O. Glenz und F. Kassack. (Melliand Textilber. **42.** 323—28. März 1961. Leverkusen, Farbenfabriken Bayer AG, Anwendungstechn. Abt.) (Dt.)

Für Beschichtungen von Textilien sind nur vernetzte Polyurethane geeignet, deren Vernetzung jedoch nicht zu stark sein darf. Impranil CH oder CHW sind Polyurethane mit freien Hydroxylgruppen. Die Endvernetzung wird durch Imprafix TH, das eine viscose Lsg. eines Polyisocyanates in Äthylacetat darstellt, erreicht. Polyurethanbeschichtungen sind zweckmäßig, wo mechan. widerstandsfähige Beschichtungen notwendig sind. Polyurethan ist wegen der guten Haftfestigkeit für Nylon geeignet. H. GRIMM. 8032 □

**Untersuchungen über Textilausrüstungsmittel** 18. Mitt. **Wirkung von Zusätzen bei der Polymerisation und Kondensation von N-Methylolacrylamid auf Baumwollstoffe.** Hiroyoshi Kamogawa, Ryoichi Murase und Toshii Sekiya. (J. Soc. Textile Cellulose Ind., Japan [Sen-i-Gakkaishi] **16.** 873—78. Okt. 1960. Yokohama, Sawatari, Kanagawa-ku, Textile Res. Inst. of Japanese Government.) (Jap.; Auszug: Engl.) — Vgl. C. **1959.** 5664.

Unters. der Wirksamkeit folgender Verff., durch die der durch die Ausrüstung mit N-Methylolacrylamid (I) verursachten Verschlechterung der mechan. Festigkeits-Eigg. von Baumwollstoffen entgegengewirkt wird: 1. Hinsichtlich des Zusatzes von Acrylamid (II) u. Hexamethylendiaminhydrochlorid (III) wurden als optimale Zusatzmengen 0,6 Teile II pro Mol. I u. 15% III erkannt. 2. Von den untersuchten Weichmachern erwiesen sich solche niederen Molgew., wie Octadecylenharnstoff sowie sehr weichgestellte Polymeremulsionen als bes. wirksam. 3. Durch Nachbehandlung der mit I ausgerüsteten Stoffe mit Hexamethylendiamin (vor dem Aushärten) oder HCHO (nach dem Aushärten) wurde eine Erhöhung der Festigkeits-Eigg. erzielt. H. SONTAG. 8044□

**Zur Frage der elektronenmikroskopischen Struktur von Kollagen-Fasern.** K. Hess. (Melliand Textilber. **42.** 305—09. März 1961. Hannover, TH.) (Dt.)

An Kollagen-, Cellulose- u. Synth.-Fasern wurden einerseits bei Röntgenkleinwinkelaufnahmen in Richtung der Faserachse große Perioden gefunden, andererseits wurde bei elektronenmkr. Aufnahmen eine Querstreifung entdeckt, deren Hauptperiode mit der der Röntgenreflexe übereinstimmt. Nach dem angegebenen Modell werden die Röntgenreflexe als Interferenzen eines Übergitters gedeutet, das durch eine period. Folge gittergeordneter u. ungeordneter Faserabschnitte entsteht. Durch Vgl.-Unterss. an Perlon u. durch den Nachw. der Einlagerung von Phosphorwolframsäure in Perlon kann wahrscheinlich gemacht werden, daß das Auftreten von Perioden bei Proteidfasern grundsätzlich kaum auf period. Aminosäuresequenzen, sondern auf das Strukturprinzip mit Wechselfolge geordneter u. ungeordneter Abschnitte zurückgeführt werden muß. H. GRIMM. 8060□

**Verminderung der durch Filzen bedingten Krumpfung von Wolle.** Fred H. Steiger. (Amer. Dyestuff Reporter **50.** 37—44. 6/2. 1961. Philadelphia, Pa., Rohm & Haas Co.) (Engl.)

Nach einer Übersicht über die Ursachen der Krumpfung der Wolle, Prüf-Meth., Verff. zur Stabilisierung, wird auf die Anwendung der Acrylpolymeren zur Verminderung der durch Filzen bedingten Krumpfung eingegangen. Hierfür sind Acrylpolymere geeignet, die an der Faseroberfläche chem. gebunden werden. Verss. mit einem Prod. von diesem Typ (Rhoplex HA-1) werden beschrieben. Die Effekte werden mitgeteilt u. mit denen der Chlorierung verglichen. H.-A. WANNOW. 8060□

**Fixierung von Wollfasern durch Färbung.** R. V. Peryman und R. F. Pickup. (J. Soc. Dyers Colourits **77.** 149—54. April 1961. Leeds, Wool Ind. Res. Association.) (Engl.)

Der Fixierungsgrad einzelner gestreckter Wollfasern ist abhängig von der Färbemethode. Nach der Färbung in neutraler oder schwach alkal. Flotte ist sie vollständig, während in saurer Lsg. Superkontraktion auftritt. Cr(III)-Verbb. führen ebenfalls zur Fixierung, Cr(IV)-Verbb. zur Superkontraktion. Auch $CH_2O$ führt zur Superkontraktion. Farbstoffe (außer Beizenfarbstoffen) üben keinen Einfl. auf den Fixierungsgrad aus. G.-D. GOLLNISCH. 8060□

**Untersuchungen an Kaninchenhaaren. 36. Mitt. Experimentelle Untersuchung verschiedener Kräfte bei ihrer Einwirkung auf die um 15% gedehnte Faser zur Bestimmung der Werte der mechanischen Eigenschaften.** Sakio Ikeda. (J. Soc. Textile Cellulose Ind., Japan [Sen-i-Gakkaishi] **16.** 804—09. Okt. 1960. Tokyo, Tokyo Metropolitan University. Fukazawa-Cho, Setagay-ku, Faculty of Technology.) (Jap.; Auszug: Engl.) — 35. vgl. C. **1961.** 17059.

An unbehandelter Wolle sowie an unbehandelten u. rotgefärbten Haaren von Angorakaninchen ausgeführte Unterss. bestätigten die Richtigkeit der auf Grund theoret. Überlegungen gemachten Annahme, daß folgende Kennzahlen der mechan. Eigg. der Fasern einander linear proportional sind: $E \sim f_{E_{15}}$, $R \sim f_{R_{15}}$, $H \sim f_{H_{15}}$ u. $R_S \sim R_{S_{15}}$, worin E die zur Dehnung um 30% nötige Arbeit, R die zur Erholung von der Dehnung um 30% nötige Arbeit, H die Hysterese (E—R), $R_S$ die Elastizität in % (Rx 100/E), $f_{E_{15}}$ die Zugspannung bei 15% Dehnung, $f_{R_{15}}$ Zugspannung bei 15% Erholung nach 30% Dehnung, $f_{H_{15}} = f_{E_{15}} - f_{R_{15}}$ u. $R_{S_{15}} = f_{R_{15}} \cdot 100/f_{E_{15}}$ bedeuten. H. SONTAG. 8066□

**Das Weichmachen von Rohseide durch Behandlung mit chemischen Verbindungen.** Waichiro Tsuji und Masazo Imai. (J. Soc. Textile Cellulose Ind., Japan [Sen-i-Gakkaishi] **16.** 879—99. Okt. 1960. Kyoto, Kyoto Women's Univ.) (Jap.; Auszug: Engl.)

Eine Erhöhung der Weichheit von Rohseide wurde durch Behandlung mit 10%ig. wss. Lsgg. von KSCN, $CaCl_2$, $NH_4Cl$, $NaHCO_3$ u. Triäthanolamin erzielt. Der Steifigkeitsgrad der Proben wurde zahlenmäßig durch Best. der Knickspannung erfaßt u. die Steifigkeit als $P_{max}$-Wert (P = Knickspannung) der EULERschen Gleichung ausgedrückt. Diese Werte nahmen bei den mit den wss. 10%ig. Lsgg. der obigen Verbb. behandelten Proben u. bei nasser Rohseide im Vgl. zu unbehandelter, trockener Rohseide ab. H. SONTAG. 8068□

**Der Einfluß von Eisen auf die Depolymerisation von Alkalicellulose.** Alexandar Horovic und Nadežda Nikić. (Гласник Хемиског Друштва Београд [Ber. chem. Ges. Belgrad] **23/24.** 135—47. 1958/59. Belgrad, Inst. für org.-chem. Technol., Technol. Fakultät.) (Serbo-kroat.; Auszug: Engl.)

Durch Viscositätsmessungen (Nitrat in Äthylacetat) an ungebleichten u. gebleichten Linters sowie Sulfitzellstoff wird festgestellt, daß bei einem Fe-Geh. von 5 mg/100 g Cellulosematerial bereits maximaler Abbau stattfindet. Eine Erhöhung des Fe-Geh. zieht keine wesentliche Steigerung des Abbaues nach sich. R. WITTWER. 8074□

**Untersuchungen über Diffusionserscheinungen beim Naßspinnen von Viscosefasern.** 1. Mitt. **Gemeinsame Diffusion des $H_2SO_4$–NaOH-Systems in Fäden.** 2. Mitt. **Gleichzeitige zylindrische Diffusion.** Akira Takizawa. (J. Soc. Textile Cellulose Ind., Japan [Sen-i-Gakkaishi] **16.** 839. Okt. 1960. Otake, Hiroshima-Ken, Mitsubishi Rayon Co. Ltd., Res. Labor.) (Jap.; Auszug: Engl.)

Eine aus einer Viscose, der eine wss. NaOH-Lsg. u. ein Indicator zugesetzt waren, regenerierte Faser (Radius a) wurde mit einer $H_2SO_4$-Lsg. getränkt u. die Bewegung der durch das Eindringen der $H_2SO_4$-Lsg. gebildeten Grenzlinie (Radius $\xi$) pro Zeiteinheit gemessen. Ergebnisse: die Grenzlinie erreicht den Fasermittelpunkt um so rascher, je höher konz. die $H_2SO_4$-Lsg. ist. Unabhängig vom Durchmesser ergab bei Messungen an verschiedenen Fäden die graph. Darst. der Funktion: $\xi/a \sim t/T$ (T = Zeit bis zum Eintreffen der Grenzlinie am Fasermittelpunkt) die gleiche Kurve. $a^2$ ist direkt proportional T. Der Wert T nimmt mit steigender Temp. des $H_2SO_4$-Bades ab, aber diese Temp. beeinflußt nicht den Verlauf der Kurve: $\xi/a \sim t/T$. Weiterhin werden theoret. Betrachtungen über die Beziehungen zwischen Diffusionszeit u. Lage der Grenzlinien sowie zwischen Verteilungs-Konz. u. Menge der diffundierenden Substanz angestellt. Die Theorie wird durch die Ergebnisse experimenteller Unterss. (1. Mitt.) über das gemeinsame Diffundieren von $H_2SO_4$ u. NaOH in Fäden bestätigt. Auf Grund von Unterss. bei verschiedenen Temp. wird gefolgert, daß die Aktivierungsenergie bei gleichzeitiger Diffusion 1,88 kcal/mol, d. h. ca. $^1/_3$ der Aktivierungsenergie jeder einzelnen dieser beiden Verbb. beträgt. H. SONTAG. 8074□

**Untersuchungen über das Verfahren des Krumpfens unter Druck bei Geweben aus Zellwolle.** Toshiro Owashi und Kazuo Senda. (J. Soc. Textile Cellulose Ind., Japan [Sen-i-Gakkaishi] **16.** 859—65. Okt. 1960. Ohtake City, Hiroshima Prefecture, Mitsubishi Rayon Co. Ltd., Res. Labor.) (Jap.; Auszug: Engl.)

Gewebe aus Baumwolle u. verschiedenen Zellwollen wurden dem genannten Verf. unterzogen u. auf Krumpfechtheit untersucht. Ergebnisse: die Baumwollstoffe waren nach der Behandlung prakt. krumpfecht, während die aus Zellwolle hergestellten Stoffe noch etwas einliefen, wobei sich gradmäßig reguläres u. „Super-Reyon" als weniger krumpfecht erwiesen als baumwollähnliche Zellwolle. Die Ursachen der ungenügenden Wirksamkeit dieses Verf. auf Gewebe aus Zellwolle konnten nicht ermittelt werden. H. SONTAG. 8074□

**Die Eigenschaften konzentrierter Lösungen von bei niedriger Temperatur polymerisiertem Polyvinylchlorid.** Mitsuo Asahina und Seizo Sugata. (J. Soc. Textile Cellulose Ind., Japan [Sen-i-Gakkaishi] **16.** 822—26. Okt. 1960. Tokyo, Kureha Kasei Co. Ltd., Tokyo Labor., Hyakunin-Cho, Shinjuku-Ku.) (Jap.; Auszug: Engl.)

Zwei bei verschiedenen Temp. polymerisierte PVC-Proben wurden mit Hilfe der Fällungs-Meth. zerlegt u. die Viscositäten der konz. Lsgg. dieser Fraktionen bestimmt. Sie waren in beiden Fällen dem Polymerisationsgrad in der 3,4fachen u. der Konz. in der 5fachen Potenz proportional. Die bei niederer Temp. polymerisierte PVC-Probe neigte in Lsg. sehr viel stärker zu Knäuel-Bldg. als die bei höherer Temp. polymerisierte Probe. H. SONTAG. 8080□

**Verstrecken von bei niederer Temperatur polymerisiertem Polyvinylchlorid.** 1. und 2. Mitt. Mitsuo Asahina, Yorio Itō und Akio Andō. (J. Soc. Textile Cellulose Ind., Japan [Sen-i-Gakkaishi] **16.** 813—21. Okt. 1960.) (Jap.; Auszug: Engl.)

Verschiedene, unter Variierung von Polymerisations-Temp. u. Verstreckungsbedingungen hergestellte Fasern wurden Dichte- u. Hitzeschrumpfungs-Best. sowie Röntgenstrahl-Unters. unterzogen. Ergebnisse: Als optimale Dehn-Temp. wurde der Bereich erkannt, der bei der Hitzebehandlung die höchste Dichte ergibt. Innerhalb dieses Bereichs nimmt die Dichte annähernd linear mit dem Dehnungsgrad zu. Bei tieferen Temp. wurde eine Dichtezunahme erst bei Dehnungen über 400% beobachtet, während bei höheren Temp. die maximale Dichte bereits vor Erreichen dieses Dehnungsgrades erreicht war. Die röntgenspektrograph. bestimmte Größe des Kristallits nahm analog der Dichteänderung mit zunehmendem Dehnungsgrad zu, u. zwar wuchsen die Kristallite von bei niederer Temp. polymerisiertem PVC rascher als solche von bei höherer Temp.

polymerisiertem PVC. Vff. untersuchten weiterhin die Temp.-Abhängigkeit der Zugfestigkeit von zwei, bei verschiedenen Temp. polymerisierten PVC-Proben bei verschiedenen Dehngraden. Ergebnisse: Im Bereich geringer Dehnung nahmen Enthropie u. innere Energie zu, u. zwar war dieser Dehnungsbereich für das bei niederer Temp. polymerisierte PVC größer als bei gewöhnlichem PVC. Die Dichte ändert sich in gleicher Weise wie Enthropie u. innere Energie, d. h. sie nimmt beim Verstrecken zunächst ab u. nach Überschreiten des genannten Bereichs geringer Dehnung rasch zu. Vff. folgern, daß beim Verstrecken von PVC die ursprüngliche Struktur zunächst zerstört wird u. sich dann eine neue, stabilere Faserstruktur bildet. H. SONTAG. 8080□

**Untersuchungen über das Naßspinnen von Vinylon. 1. Mitt. Einige Verbesserungen der inneren Struktur und des Querschnitts.** Makoto Arakawa. (J. Soc. Textile Cellulose Ind., Japan [Sen-i-Gakkaishi] **16**. 849—51. Okt. 1960. Miyakojima-ku, Osaka, Japan, Kanegafuchi Spinning Co., Textile Res. Bureau.) (Jap.; Auszug: Engl.)

Vf. stellte fest, daß durch Zusatz geringer Mengen (0,8%) $H_3BO_3$ zu der in alkal. Fällbad zu verspinnenden Polyvinylalkohol-Lsg. der ohne diesen Zusatz hufeisenförmige u. in seinem Innern Mantel- u. Kernfetzen enthaltende Querschnitt dieser Fasern eine stärker gerundete Form von gleichförmiger Innenstruktur erhält u. daß durch Zusatz eines Borats zu dem alkal. Fällbad der Querschnitt der anfallenden Fasern einen gekerbten Rand aufweist. Fasern dieser Art zeichnen sich durch bessere mechan. Eigg. u. höheren Glanz aus. H. SONTAG. 8080□

**Die quantitative Analyse von binären Fasermischungen, die Courtelle (Polyacrylnitril-Faser) enthalten.** W. Armfield. (J. Textile Inst., Proc. **51**. 699—705. Dez. 1960. Droylsden, Courtaulds Ltd.) (Engl.)

Nach Reinigung der Faserproben, die aus Mischungen von Courtelle mit Seide, Baumwolle, Wolle, Nylon 6.6 u. Terylene bestehen können, durch Extraktion im SOXHLET-App. mit PAe. u. dann mit $H_2O$, werden 0,5—1 g eingewogen u. mit 40 ml Dimethylformamid 10 Min. bei 60° gehalten, bei mit metallisierten Farbstoffen gefärbtem Material bei 90°. Nach Abdekantieren wird noch zweimal mit je 30 ml Dimethylformamid behandelt. Der Faserrückstand wird in einer Glasfritte Nr. 1 gesammelt u. mit $H_2O$ gewaschen u. 3 Std. bei 105—110° getrocknet. H. GRIMM. 8100□

---

Courtaulds, Inc., New York, N.Y., übert. von: George Cecil Daul, Mobile, Ala., V.St.A., **Wasserlösliche, stickstoffhaltige härtbare Kunstharze** erhält man durch Rk. von 1 (Mol) Harnstoff, Guanidin, Dicyandiamid, 1.3.5-Aminotriazinen mit wenigstens 2 reaktionsfähigen Aminogruppen u. deren Gemischen mit 2—0,1 eines Epihalogenhydrins (Epichlorhydrin), bes. in wss. Lsg. unter Rückfluß, u. nachfolgender Rk. des Adduktes mit 1,5—5,9 $CH_2O$ u. Paraformaldehyd, bes. in wss. Lsg. in Ggw. von NaOH. — Die Prodd. dienen bes. zum *Wasserfestmachen* von *Fasermaterial* auf Cellulosebasis. (**A. P. 2 960 484** vom 4/6. 1957, ausg. 15/11. 1960.) G. TEWES. 8037

Chemische Werke Hüls Akt.-Ges. (Erfinder: Hans Friedrich), Marl, **Koagulation von Kunststoffdispersionen auf beziehungsweise in Vliesstoffen.** Man setzt der wss. Dispersion eine zur Rk. bei Raumtemp. unzureichende Menge $NH_4$-Salz organ. u./oder anorgan. Säuren zu. Das hiermit imprägnierte Vlies wird auf $>$40, bes. 50—95°, erhitzt. — Zur Imprägnierung von *Baumwollfaservlies* dient eine 30%ig. wss. Dispersion eines (75:25) *Butadienstyrolmischpolymeren* mit Zusatz von 3% *$NH_4$-Formiat.* (**D. A. S. 1 103 883** Kl. 8 k vom 21/1. 1960, ausg. 6/4. 1961.) H. MÖLLERING. 8045

Imperial Chemical Industries Ltd., London (Erfinder: James Albert Moyse und Gerald Williams, Manchester), England, **Waschbeständige Textilavivage.** Man bringt auf das Gut bei pH $>$ 7 übliche, gegen W. empfindliche Finishe zusammen mit nicht selbstkondensierenden u. nicht fluorescierenden *Dihalogen-1.3.5-triazinen* auf u. erhitzt das imprägnierte Gut anschließend. Übliche Finishe enthalten z. B. *Stärke* (**I**), *Polyvinylalkohol, Gelatine, 4-Octadecylanilinsalze, Octadecylbiguanidacetat.* — In 100 sd. W. werden 7,5 Sago-I gelöst, auf 20° gekühlt u. 0,5 Na-Salz von *2-(4.6-Dichlor-1.3.5-triazin-2-yl)-aminonaphthalinsulfonsäure* sowie 0,75 Soda versetzt. Die Lsg. dient *zur Appretur von Baumwollgewebe.* (**E. P. 849 368** vom 24/6. 1957, ausg. 28/9. 1960.) H. MÖLLERING. 8045

Lucien van Iseghem, Ledeberg, Henri van Immerzeel, Anvers, Remi Baert, Alost, und Maurice van der Kelen, Strytem, Belgien, **Aufbereiten von Pflanzenfasern,** wie Hanf oder Ramie. Man behandelt bei $>$100° nacheinander mit 0,5—4%ig. Alkalisulfit-Lsg. mit höchstens 5% $NaHCO_3$, bezogen auf trockene Faser, mit höchstens 5% akt. $Cl_2$ u. stellt in üblicher Weise fertig mit Seife u. Bleichmitteln u. einer mit organ. Säuren angesäuerten $Na_2SO_3$-Lösung. — Vgl. Ind. P. 51 000; C. **1961.** 707. (**It. P. 512 768** vom 18/12. 1953. Belg. Prior. 24/1. 1953.) K. KOEBKE. 8051

Badische Anilin- & Soda-Fabrik Akt.-Ges., Ludwigshafen/Rh. (Erfinder: Theodor Pfirrmann), **Stabile eiweißhaltige Lösungen** werden hergestellt, indem man Eiweißstoffen beim Quellen u. Lösen oder den Lsgg. der Eiweißstoffe am N nichtsubstituierte Säureamide oder Säureimide mit mindestens 2 C-Atomen, die keine Polyamidbildner sind, oder deren wss. Lsg. zugibt u. schwach erwärmt. Außerdem werden Kunststoffdispersionen zugesetzt. (**D. A. S. 1 103 575** Kl. 39b vom 18/3. 1960, ausg. 30/3. 1961.) A. DANDL. 8079

E. I. du Pont de Nemours & Co., Wilmington, Del., V.St.A., **Herstellung von geformten Gebilden, wie Fäden, durch Schmelzspinnen.** Da Polyamide mit viel Aminoendgruppen (I) besser mit sauren Farbstoffen anfärbbar sind, an der Luft jedoch mehr zur Zers. neigen als solche mit wenig I, verspinnt man mittels entsprechender Vorr. gleichzeitig 2 Schmelzen so, daß ein Polyamid mit >50 I-Äquivalenten pro $10^6$ g den Kern u. ein solches mit <50 die Haut des entstehenden Fadens bilden. Für die Haut kann man auch andere, amidgruppenfreie Hochpolymere, wie Polyester, verwenden. (**E. P. 830 442** vom 29/6. 1956, ausg. 16/3. 1960. A. Prior. 30/6. 1955.) F. BÖHM. 8081

E. I. du Pont de Nemours & Co., V.St.A., **Bleichen von Nylongewebe** unter Verw. der wss. Lsg. eines Alkalimonopersulfats u. eines Alkali- oder Erdalkalichlorids. — Beispiel: Man verwendet ein K-Monopersulfat, welches 45% $KHSO_5$, 27% $KHSO_4$ u. 28% $K_2SO_4$ enthält. Davon wird eine Lsg. mit einer akt. $O_2$-Konz. von 50—700 ppm hergestellt; Temp. 49° bis zum Siedepunkt. (**F. P. 1 222 027** vom 17/3. 1959, ausg. 7/6. 1960.) M. F. MÜLLER. 8081

Owens Corning Fiberglas Corp., Toledo, Ohio (Erfinder: Alfred Marzocchi, Pawtucket, und Remus F. Caroselli, Manville, R.I.), V.St.A., **Appretur von Glasfasern und Gewebe daraus.** Auf dem Gut wird eine hochpolymere Hydroxy-Verb. mit einer quatern. N-Verb. umgesetzt, wobei ein Zusatz von WERNER-Komplex-Verbb. den Effekt noch verbessert. — Ansätze: in 93 (Teilen) W. 2,5 Polyvinylalkohol, 4 mit Essigsäure umgesetztes Tetraäthylenpentamin u. 0,4 Stearatchromchlorid. — Ein Glasfaser-Bouclé-Gewebe wird abgebrannt, entspannt u. auf der Paddingmaschine mit dem Ansatz imprägniert. Nach dem Trocknen wird bei 180° vergütet. (**D. A. S. 1 102 092** Kl. 8 k vom 26/9. 1956, ausg. 16/3. 1961. A. Prior. 21/10. 1955.) H. MÖLLERING. 8087

---

**Imperial Chemical Industries Ltd.** (Erfinder: **Wilfred Arthur Stephen White** und **Norman Frederic Crowder**), *Kontinuierliches Bleichen von cellulosehaltigen Textilgeweben.* (**Aust. P. 218 989** vom 11/7. 1957, ausg. 8/1. 1959. E. Prior. 29/10. 1956. — C. **1960.** 13234 [E. P. 812 893].)

**Badische Anilin- & Soda-Fabrik Akt.-Ges.**, Ludwigshafen/Rh., *Verhinderung der Fällung der Wasserhärte in Textilbädern.* (**E. P. 813 929** vom 28/6. 1956, ausg. 27/5. 1959. D. Prior. 30/6. 1955. — C. **1960.** 5687 [F. P. 1 154 045].)

**Ciba Akt.-Ges.**, Basel, übert. von: **Otto Albrecht**, Munchenstein, **Alfred Berger**, Basel, und **Arthur Maeder**, Therwil, Schweiz, *Antistatica für Synthesefasern.* (**A. P. 2 965 517** vom 16/1. 1959, ausg. 20/12. 1960. Schwz. Prior. 21/1. 1958. — C. **1961.** 9253 [D. A. S. 1 097 402].)

**Farbenfabriken Bayer Akt.-Ges.**, Leverkusen, übert. von: **Herbert Bartl**, Köln, und **Herbert Gensel**, Leverkusen, *Schlichten von Textilfäden.* (**A. P. 2 917 478** vom 14/11. 1956, ausg. 15/12. 1959. D. Prior. 18/11. 1955. — C. **1960.** 12547 [D. A. S. 1 077 631].)

**Deutsche Gold- und Silber-Scheideanstalt vormals Roessler**, Frankfurt/M., *Beständige Metalloxyd-Dispersionen zum Füllen von Textilien.* (**E. P. 804 140** vom 13/1. 1955, ausg. 5/11. 1958. D. Prior. 21/7. 1954. — C. **1960.** 8730 [Schwz. P. 338 179].)

**Werner Kunsch**, Berlin, *Vorausrüsten von Faserstoff- und Textilbahnen oder dergleichen vor der Metallisierung im Hochvakuum.* (**Oe. P. 203 464** vom 9/2. 1955, ausg. 25/5. 1959. D. Prior. 11/2. u. 15/2. 1954. — C. **1960.** 6016 [E. P. 800 093].)

**J. R. Geigy Akt.-Ges.**, Basel, Schweiz, *Schutz von organischem Material gegen Schimmeleinwirkung.* (**Holl. P. 95 172** vom 19/7. 1956, ausg. 15/8. 1960. Schwz. Prior. 20/7. 1955. — C. **1958.** 11990 [D. A. S. 1 023 627].)

**Imperial Chemical Industries Ltd.** (Erfinder: **Wilfred Arthur Stephen White** und **Norman Frederic Crowder**), *Kontinuierliches Bleichverfahren für Textilien aus vegetabilischen Fasern.* (**Aust. P. 217 908** vom 25/7. 1956, ausg. 13/11. 1958. E. Prior. 28/7. 1955. — C. **1960.** 6367 [E. P. 803 021].)

**Deutsche Gold- und Silber-Scheideanstalt vormals Roessler**, Frankfurt/M., *Kontinuierliches Bleichen.* (**Oe. P. 186 223** vom 16/3. 1954, ausg. 25/7. 1956. D. Prior. 21/4. 1953. Zusatz zu Oe. P. 183 060; C. 1961. 9645. — C. **1958.** 4065 [D. A. S. 1 008 701].)

**Farbenfabriken Bayer Akt.-Ges.**, übert. von: **Annemarie Wagner** und **Siegfried Petersen**, Leverkusen, *Optische Aufheller.* (**A. P. 2 879 174** vom 8/10. 1956, ausg. 24/3. 1959. D. Prior. 10/10. 1955. — C. **1960.** 15619 [F. P. 1 158 295].)

**Inventa Akt.-Ges. für Forschung und Patentverwertung**, Luzern, Schweiz, *Gleitfeste Polyamidgarne.* (**E. P. 821 266** vom 13/12. 1956, ausg. 7/10. 1959. **Belg. P. 553 285** vom 10/12. 1956, ausg. 15/1. 1960. Beide Schwz. Prior. 21/1. 1956. — C. **1960.** 11156 [Schwz. P. 339 175].)

**Farbenfabriken Bayer Akt.-Ges.** (Erfinder: **Kuno Wagner**, **Richard Schwaebel** und **Wilhelm Graulich**), Leverkusen, *Beflocken und Beschichten von Textilien.* (**Oe. P. 204 997** vom 5/11. 1957, ausg. 25/8. 1959. **F. P. 1 188 638** vom 26/11. 1957, ausg. 24/9. 1959. Beide D. Prior. 30/11. 1956. — C. **1960.** 15618 [D. A. S. 1 073 432].)

**Finishing Prozesses (Textiles) Ltd.**, Loughborough, England (Erfinder: **Kazimierz Antoni Slaski** und **Clarence William Edwards**), *Filz- und krumpffreie (Ware aus) Wolle.* (**E. P. 821 135** vom 2/8. 1955, ausg. 30/9. 1959. **Belg. P. 551 365** vom 28/9. 1956, ausg. 18/12. 1959. E. Prior. 2/8. 1955. — C. **1960.** 14562 [F. P. 1 156 947].)

**Johnson & Johnson**, New Brunswick, N.J., V.St.A., *Verminderung des Vergilbens von regenerierter Cellulose.* (**D. A. S. 1 094 978** Kl. 39b vom 27/3. 1956, ausg. 15/12. 1960. A. Prior. 28/3. 1955. — **C. 1959.** 15221 [F. P. 1 148 947].)

**I. P. Bemberg Akt.-Ges.**, Deutschland, *Herstellung von beizbaren Textilien.* (**F. P. 1 155 448** vom 8/8. 1956, ausg. 28/4. 1958. D. Prior. 8/8. 1956. — **C. 1960.** 15619 [Schwz. P. 345 109].)

**British Industrial Plastics Ltd.**, London (Erfinder: **Alfred Brookes**, Dudley, und **Arthur Raymond Smith**, Birmingham), England, *Fixierung mechanischer Effekte und Finishe auf Textilgeweben aus vornehmlich (Regenerat-)Cellulose.* (**D. A. S. 1 038 519** Kl. 8k vom 6/12. 1955, ausg. 11/9. 1958. A. Prior. 6/12. 1954. — **C. 1960.** 8796 [E. P. 767 789].)

**Courtaulds Ltd.** (Erfinder: **Vera Isabella Furness** und **Albert Walter Bennett**), *Herstellung von Polyacrylnitrilfäden.* (**Aust. P. 219 181** vom 9/9. 1957, ausg. 15/1. 1959. E. Prior. 10/9. 1956. — **C. 1960.** 10105 [D. A. S. 1 068 859].)

**Chemstrand Corp.**, übert. von: **Alfred B. Craig**, Decatur, Ala., V.St.A., *Herstellung pigmentierter Polyacrylnitrilspinnlösungen.* (**Belg. P. 548 451** vom 7/6. 1956, ausg. 20/11. 1959. **E. P. 837 697** vom 23/4. 1956, ausg. 15/6. 1960. Beide A. Prior. 8/6. 1955. **A. P. 2 941 970** vom 8/6. 1955, ausg. 21/6. 1960. — **C. 1960.** 13890 [Aust. P. 214 069].)

**Deutsche Gold- und Silber-Scheideanstalt vormals Roessler**, Frankfurt/M., *Metallisierung von Textilmaterial.* (**Belg. P. 543 360** vom 5/12. 1955, ausg. 11/9. 1959. D. Prior. 10/12. 1954. — **C. 1960.** 11517 [E. P. 809 958].)

**Imperial Chemical Industries Ltd.** (Erfinder: **William Robert Burton** und **Norman Standring**), London, England, *Herstellung von hochmolekularen linearen Polyestern.* (**E. P. 798 187** vom 3/12. 1954, ausg. 16/7. 1958. **Belg. P. 543 309** vom 2/12. 1955, ausg. 11/9. 1959. E. Prior. 3/12. 1954 u. 18/11. 1955. — **C. 1960.** 11130 [F. P. 68 369].)

**Heberlein & Co. Akt.-Ges.**, Wattwil, Schweiz, *Verminderung des unhandlichen Griffes und fettigen Aussehens von Textilien aus Polyesterfasern.* (**E. P. 818 121** vom 9/7. 1957, ausg. 12/8. 1959. Schwz. Prior. 16/7. 1956. — **C. 1960.** 11157 [F. P. 1 178 985].)

**Heberlein & Co. Akt.-Ges.**, Wattwil, Schweiz, *Herstellung einer permanenten Kräuselung von synthetischen Textilfasern.* (**It. P. 513 350** vom 24/2. 1954. Oe. Prior. 26/2. 1953. — **C. 1957.** 8102 [E. P. 744 735].)

**Libbey-Owens-Ford Glass Co.**, V.St.A. (Erfinder: **Theodore James Motter** und **William Lowell Elton**), *Überziehen von Glasfasern mit Vinyl- oder Allylsilanen.* (**F. P. 1 106 077** vom 14/6. 1954, ausg. 12/12. 1955. A. Prior. 12/11. 1953. — **C. 1957.** 12 046 [E. P. 754 158].)

## XIX. Brennstoffe. Erdöl. Mineralöle

**Beitrag zur Erforschung der Kohlenstruktur nach der Methode von van Krevelen.** V. Róna. (Brennstoff-Chem. **40.** 346—54. 25/11. 1959. Veszprém, Ungarn, Forsch.-Inst. Chem. Schwerind.) (Dt.)

Im Hinblick auf die Kohlenstruktur befaßt sich Vf. mit den Atomvol.-Werten u. zeigt deren Additivität auch für den kristallinen Aggregatzustand. Der Zusammenhang zwischen dem Ringdekrement u. dem H/C-Verhältnis sowie die Genauigkeit der graph.-statist. Meth. werden untersucht. Es wird eine Begründung für das durch van Krevelen modifizierte $f_a$-Diagramm gegeben u. die Meth. auf die unmittelbare Best. der aromat. C-Zahl ausgedehnt. F. Rosendahl. 8126□

**Die Abgrenzung der Einwirkung von Inkohlung und Verkokung im Süd-Mecseker Kohlenrevier auf Grund von Kohlenanalysen.** Pál Takács. (Nehézvegyipari Kutató Intézet Közleményei [Mitt. Forsch.-Inst. chem. Schwerind.] **1.** 245—50. Juni 1959. Veszprém, Nehézvegyipari Kut. Int.) (Ung.)

Die statist. Auswertung von Analysenresultaten ergab, daß im Süd-Mecseker Kohlenrevier die charakterist. Merkmale (Flüchtiges, Dilatation, Backzahl, Heizwert) der Flözteile, die keiner Kontakt-Wrkg. ausgesetzt waren, sich in derselben Weise mit dem Inkohlungsgrad ändern wie bei vitrit. Ruhrkohlen. Die Analysen der Flözteile, die Kontakt-Wrkg. erlitten, fallen aus der natürlichen Inkohlungsreihe heraus. Die Intrusion führte bei diesen zu Verkokung, nicht zur Steigerung des Inkohlungsgrades. N. Seiler. 8126□

**Die Formen des in Kohle vorkommenden Schwefels.** Geo. E. Mapstone. (South African ind. Chemist **15.** 51—53. März 1961.) (Engl.)

Übersicht über die heutige Kenntnis der in Kohle vorkommenden S-Verbb. u. die Verff. zu seiner Beseitigung. — 31 Schrifttumshinweise. W. Wesly. 8126□

**Die Selbstoxydation als Methode zur Bestimmung der Neigung zur Selbstentzündung von Kohlen.** Z. Było und M. Rachtan. (Bull. Acad. polon. Sci., Sér. Sci. techn. **9.** 239—45. 1961. Polish Acad. of Sci., Inst. of Fundamental Techn. Problems, Dep. of Metals [Cracow].) (Engl.)

Vff. bestätigen durch Verss., daß die Neigung von Kohlen, mit verd. $HNO_3$ zu reagieren, direkt proportional zu ihrer Selbstentzündungsfähigkeit ist. Kohlen, welche sich nicht selbst entzünden, reagieren auch nicht mit $HNO_3$ u. neigen demzufolge auch nicht zu Selbstoxydation im Temp.-Bereich zwischen 160 u. 240°. Bei gleichbleibender $HNO_3$-Konz. hängt die Selbsterwärmung (Selbstoxydation) vom Grad der Fähigkeit zur Selbstentzündung ab. Der Selbsterwärmungseffekt, wie er im Verlauf der Unterss. an Kohlen mit starker oder mittlerer Neigung zur Selbstentzündung beobachtet wurde, scheint in indirekter Abhängigkeit mit der Ggw. von funktionellen Sulfo- u. Phenolgruppen zu stehen, welche einen entscheidenden Einfl. auf die Selbsterwärmung ausüben. Die Unterss. dienten dem Zweck, wirkungsvolle Meth. auf wissenschaftlicher Basis zu finden, um Kohlenbrände unter Tage zu verhindern bzw. unter Kontrolle zu bringen. H. Schöberl. 8126□

**Über die Bedeutung der Permanganatzahl als Methode der Untersuchung und Klassifizierung von Kohlen.** I. Blum, C. Ionescu-Panaitescu und E. Pol. (Rev. Électrotechn. Énergét. [Bucarest] **4.** 359—76. 1959.) (Russ.)

Nach sehr ausführlichen Unterss., deren Ergebnisse in 17 Tabellen u. 4 graph. Darst. aufgeführt werden, stellen Vff. fest, daß die *Permanganatzahl* als Kriterium für die Klassifizierung von Kohlen gelten kann, wenn sie in einem alkal. Medium nach gründlich ausgearbeiteten Meth. bestimmt wird. Dabei müssen frische Kohlen, die unter gleichen Bedingungen, wie Waschen, Trocknen, Sieben usw., vorbereitet wurden, verwendet u. die vorher festgestellten Kenngrößen berücksichtigt werden. Bei der Klassifizierung muß auch das für jede einzelne Kohlensorte festgestellte Intervall der Permanganatzahl, aber nicht eine einzelne, auf Grund nur einer Analyse ermittelte Zahl in Betracht gezogen werden. — 19 Literaturhinweise. H. Treumann. 8126□

**Verwendung einer Zentrifuge für Schwimm- und Sinkversuche mit Feinkohle.** E. R. Palowitch und T. M. Nasiatka. (U. S. Dep. Interior, Bur. Mines, Rep. Invest. **1961.** Nr. 5741. 1—14.) (Engl.)

Es wurde eine Schwimm- u. Sink-Meth. mittels einer Zentrifuge entwickelt, mit der die für eine gravimetr. Separation von Feinkohle (< 14 Maschen) erforderliche Zeit von 24 Std. auf weniger als 1 Std. verringert werden konnte. Der Zweck der Unters. war ein dreifacher: 1. die Verw. einer Zentrifuge für Reihenschwimm- u. Sink-Verss. einer Feinkohle zu studieren; 2. den Einfl. bestimmter Abhängigkeiten auf die Genauigkeit der Trennung kennenzulernen u. 3. festzustellen, inwieweit sich Salz-Lsgg., die für die übliche Schweretrennung im rührenden Zustand zu viscos sind, für das Zentrifugieren von Feinkohle eignen. Vergleichende Unterss. ergaben, daß die Zentrifugentrennung gut übereinstimmende Ergebnisse mit solchen einer stat. Schwimm- u. Sinkscheidung liefert. Die üblichen Abweichungen vom mittleren Ausbringen u. Asche-Geh. des Schwimmanteils aus der Zentrifugentrennung lagen zwischen 1,31 u. 0,04% bei einem spezif. Gewicht von 1,30 bzw. zwischen 0,21 u. 0,05% bei einem spezif. Gewicht von 1,60. Wie bei der stat. Trennung war auch hier eine Weiterbehandlung der Prodd. erforderlich, die bei geringen spezif. Gewicht abgeschieden worden sind. Die Korngröße scheint die Zentrifugen-Meth. nicht zu beeinflussen. Trennungen in $ZnCl_2$ waren ebenso einwandfrei wie solche in organ. Flüssigkeiten. Kohle < 200 Maschen konnte durch Zentrifugieren innerhalb von 20 Min. vollständig aufbereitet werden.

H. Schöberl. 8134□

**Ein neues Verfahren zum Brikettieren von Kohle ohne Bindemittel.** H. R. Gregory. (J. Inst. Fuel **33.** 447—61. Sept. 1960. Stoke Orchard, Nat. Coal Board, Coal Res. Establish.) (Engl.)

Das vom Vf. entwickelte Verf. zur bindemittellosen Brikettierung verlangt nicht eine sehr fein ausgemahlene Kohle oder die Anwendung eines sehr hohen Druckes. Der benötigte Druck wird dadurch erhalten, daß in der Zeit, in der sich die Kohle in der Presse befindet, starke Scherkräfte in die Masse eingeführt werden. Die Entw. der nötigen Maschinen wird beschrieben. Das Verf. findet nicht nur bei bituminösen Kohlen Anwendung, sondern kann auch auf alle halbplast. Stoffe übertragen werden.

F. Rosendahl. 8136□

**Betriebliche Veränderungen, welche die Tieftemperaturverkokung von Kohlen im Fließbett in einer Versuchsanlage beeinflussen.** K. Mc G. Bowling, H. R. Brown und P. L. Waters. (J. Inst. Fuel **34.** 99—107. März 1961. Chatswood, N.S.W., Australia, P. O. Box 3, Div. of Coal Res.) (Engl.)

Zur Unters. des Verh. austral. Kohlen während der Tieftemp.-Verkokung, bes. des Einfl. veränderlicher Prozeßbedingungen auf die Ausbeute u. die Art der Prodd., wurde eine kontinuierlich arbeitende Vers.-Anlage mit einer Nennbelastung von 50 lb. Kohle/Std. betrieben. Bei Verw. des erzeugten Gases als Trägergas wurde eine maximale Schwelkoks- u. Teerausbeute, jedoch ein minimaler Schwelwasseranfall erzielt. Umgekehrt lieferte Luft als Trägergas bei der Verbrennung eines Teiles von Schwelkoks u. Teer einen Teil der erforderlichen Verkokungswärme. Bei tiefen Temp. (460—500°) verbrennen die aus der Kohle entweichenden flüchtigen Bestandteile rascher als der Schwelkoks, welcher bei diesen Temp. eine geringere Zündfähigkeit besitzt. Bei höheren Temp. (550—600°) findet im Steigrohr eine Teilverbrennung des heißen, im Kreislauf befindlichen Schwelkokses statt, wodurch infolge $O_2$-Mangel die flüchtigen Bestandteile im Fließbett am Verbrennen gehindert werden. Die höchste Teerausbeute für eine bestimmte Bett-Temp. ergibt sich bei einer errechneten mittleren Verweilzeit von ca. 30 Minuten. Unter diesen Bedingungen nimmt der Geh. des Schwelkokses an flüchtigen Bestandteilen einen festen Wert als Funktion der Bett-Temp. an. Für Schwelkoks aus *Wallarah*-Kohle schwankt dieser Wert von 21% bei 460° bis 11,5% bei 600°. Verlängerte Verweilzeiten, entsprechend geringeren Beschickmengen, ergeben eine verstärkte Verbrennung von Teer u. Schwelkoks, vornehmlich des letzteren. Bei geregelten Prozeßbedingungen u. durch Veränderungen an der Vers.-Anlage können die die Verkokung begleitenden Verbrennungs-Rkk. so gesteuert werden, daß optimale Ausbeuten entweder an Schwelkoks oder an Teer erzielt werden, wie es die Umstände erfordern.

H. SCHÖBERL. 8140□

**Abtrennung aromatischer Kohlenwasserstoffe aus Petroleum mit Silicagel.** Tozo Amemiya, Kozo Kurokawa und Hiroshi Kawagishi. (Rep. Resources Res. Inst. [Kawaguchi], B **1957.** Nr. 7 (38). 1—34. 35—36. Jan.) (Jap.; Auszug: Engl.)

Vff. untersuchen den Einfl. der Herst.-Bedingungen eines *Silicagels* (I) auf die Abtrennungsleistung für *aromat. KW-Stoffe* aus Petroleum, Platformaten usw. Durch gleichzeitiges Zutropfen einer Lsg. (D. 1,294) von Wasserglas (II; 10,23% $Na_2O$ u. 21,89% $SiO_2$) u. 10n HCl zu W. (1 Liter/300 g II-Lsg.) unter Rühren u. bei pH ca. 2 (Thymolblau) bis zu einem Geh. von 7—7,7% $SiO_2$ der Mischung wird ein Nd. gebildet, der 3 Wochen an der Luft gealtert u. dann als Pulver $Cl^-$-frei gewaschen wird. Dieses Gel (**III**) wird 2 Tage in 0,2n HCl stehengelassen u. erneut $Cl^-$-frei gewaschen, 24 Std. bei 250° getrocknet u. auf 30—200 Maschensieb Feinheit gebracht. Dieses I zeigt eine Absorptionskapazität (AK) nach FINK von 23,2 ml Toluol/100 g. Bei einem mit einem Ionenaustauscher IR-120 hergestellten III wirkt Behandlung mit 0,2n HCl abträglich auf die AK. Für die Prüfung der Verwendbarkeit des I nach dem „*Arosorb*"-Verf. wird eine Vers.-Absorptionssäule (6 cm Ø, 47 cm Höhe) mit 700 g I in 3 verschiedenen Arbeitsweisen benutzt, deren Auswahl nach den jeweiligen Umständen erfolgt: 1. Ein paraffin. Desorbens (DS) verdrängt die paraffin. KW-Stoffe aus dem Raum zwischen den I-Körnern, u. dann verdrängt ein aromat. KW-Stoff-DS die im I adsorbierten aromat. KW-Stoffe des Petroleums; 2. arbeitet mit der Mischung beider DS u. 3. arbeitet wie 2., wobei jedoch ein kleiner Teil des paraffin. DS in den unteren Teil der Säule in der mittleren Phase der Operationen injiziert wird. Für definierte schwere Fraktionen eines Platformats wird ein paraffin. DS, Kp. 40—55°, als aromat. DS Toluol benutzt, für die leichteren Fraktionen Dekalin bzw. Xylol. Im 1. Fall ist die Trennleistung gut, im 2. Fall ist die Fraktionierung der Eluate schwierig. Mit gleich gutem Erfolg werden schwere Fraktionen von Mittelost-Rohöl u. Kerosenfraktionen von Seria-Rohöl von ihren Aromaten befreit. Die ursprünglich vorhandenen S-Verbb. reichern sich dabei in den aromat. Anteilen der Eluate an, am besten beim Arbeiten mit schweren Rohölfraktionen.

L. SCHULER. 8142□

**Die Auswaschbarkeit von Braunkohlenkoksen.** Conrad Junge. (Freiberger Forsch.-H., Reihe A, Heft **165.** 84—104. Dez. 1960. Freiberg, Deutsches Brennstoffinst.) (Dt.)

Vorst. Unterss. wurden durchgeführt, um das Austausch-Verh. von salzhaltigem Schwelkoks zu untersuchen. Dabei ergab sich: 1. Im Schwelkoks ist das Na zum großen Teil organ. gebunden, jedoch in einer anderen Form als in der Braunkohle. In der Kohle sind diese Bestandteile an Carboxylgruppen, im Koks vorwiegend an phenol. oder phenolähnliche Ankergruppen gebunden. Aus dieser Bindung kann es durch Auswaschen mit W. u. $CO_2$ weitgehend gelöst u. durch H-Ionen ersetzt werden. 2. Der Grad der Auswaschbarkeit ist abhängig von der Höhe der Schweltemperatur. Während Schwelkoks, bei dessen Erzeugung Temp. über 420° vermieden wurden, nahezu vollständig auswaschbar ist, beträgt bei wesentlich höherer Schwel-Temp. die Auswaschbarkeit für $Na_2O$ bei der Auswaschung mit $CO_2$ ca. 75%, mit HCl ca. 85%. In diesem Fall ist die Auswaschbarkeit des Ca nur etwa halb so groß wie die des Na. 3. Vergasungsrückstände lassen sich leichter auswaschen als solche aus der Entgasung. Es wird angenommen, daß dies auch für Salzkohlen zutrifft.

H. SCHÖBERL. 8144□

**Die Porenstruktur von Schwelkoksen und Koksen.** A. Cameron und W. O. Stacy. (Austral J. appl. Sci. **10.** 449—57. Dez. 1959. Chatswood, N.S.W., C.S.I.R.O., Coal Res. Sect.) (Engl.)

Es wurde die Veränderung der Porenstruktur von Braunkohlenschwelkoks während der Verkokung mittels Dichte-, Oberflächen- u. Hg-Penetrationsmessungen ermittelt. Dabei ergab sich, daß diese Kokse 2 bestimmte Poren-Syst., ähnlich denen von Steinkohlenkoksen, besitzen, bei denen Porenöffnungen zwischen 250 u. 40 Å fehlen. Die Mikroporenstruktur ist so wie bei Halbkoksen bei Temp. bis 600°, jedoch oberhalb dieser Temp. ist die verringerte Zugänglichkeit der Mikroporenstruktur, wie sie bei Koksen beobachtet wird, bei Schwelkoksen kaum festzustellen. Die Unters. von feinstgemahlenen Proben (— 10 μ) von Koksen u. Schwelkoksen zeigte das Vorhandensein von Mikroporen mit Flaschenhalsöffnungen. Ferner wurde gefunden, daß Poren, welche ursprünglich für die Adsorption von Moll. unzugänglich sind, durch das Mahlen geöffnet werden. H. Schöberl. 8144□

**Braunkohle als Gasrohstoff.** Stanisław Dorochowicz. (Gaz, Woda Techn. sanit. **35.** 11—15. Jan. 1961.) (Pol.)

Übersicht über die Stoff- u. Wärmebilanz der Braunkohlenvergasung in Allner-Generatoren u. nach der Lurgi-Methode. F. Urban. 8148□

**Die Vergasung von minderwertigen Kohlen des Kohlenreviers Chomutov.** B. Schwarzkopf. (Práce Ústavu Výzkum Paliv **2.** 5—33. 1960.) (Tschech.)

Braunkohle mit 30—40% Wasser-Geh., 20—40% Aschen-Geh. (bezogen auf Trockensubstanz) u. unterem Heizwert 2000—3300 kcal wurde in Drehrostgeneratoren vergast. Kohle mit mittlerem Aschen-Geh. konnte in üblichen Generatoren, leichtschlackende mit hohem Aschen-Geh. u. grober Körnung in Generatoren mit hohem Schacht vergast werden. Einfl. von Sättigungs-Temp., von Höhe der Aschenzone u. der Brennstoffschicht auf den Prozeß wird besprochen. — Tabelle, Diagramme. N. Medić. 8148□

**Hydrierende Vergasung von Kohle.** F. J. Dent. (Coke and Gas **23.** 4—5. Jan. 1961.) (Engl.)

Überblick über den Stand der Bemühungen, durch hydrierende Vergasung von Kohle unter Druck zur Erzeugung eines Brenngases von Stadtgasheizwert ohne Anwendung von Carburiermitteln zu gelangen. F. Schuster. 8148□

**Zur Entgiftung von Stadtgas.** Franz Sabel und Heinrich Hegge. (Gas- u. Wasserfach, Ausg. Gas **102.** 272—74. 17/3. 1961. Unterschondorf u. Meppen.) (Dt.)

Um die Betriebskosten einer Anlage zur Entgiftung von Stadtgas herabzusetzen, wird ein Verf. vorgeschlagen, um Reinäthylen zusätzlich zu gewinnen. Es wird der Nachw. geführt, daß die Reinäthylengewinnung unter Umständen die Kosten der Stadtgasentgiftung ausgleichen kann. Das Verf. wird mit einer Cu-Lauge in der Weise betrieben, daß das Äthylen mit dem CO zusammen bei 0° ausgewaschen wird. Die Lauge wird dann auf 53—54° erhitzt, wodurch $CO_2$, CO u. $C_2H_4$ ausgetrieben werden, aus welchem Gas das $C_2H_4$ in üblicher Weise in reiner Form gewonnen werden kann. F. Rosendahl. 8156□

**Über die Erzeugung von hochwertigem Ölgas in leeren Koksöfen.** Gyula Iványi. (Nehézvegyipari Kutató Intézet Közleményei [Mitt. Forsch.-Inst. chem. Schwerind.] **1.** 251—59. Juni 1959. Veszprém, Nehézvegyipari Kut. Int.) (Ung.)

Einblasen eines Gemisches von Lobauer Gasöl u. Heizöl in eine leere Verkokungskammer bei 650—800° ergab ein Ölgas von einem oberen Heizwert zwischen 4000 u. 10000 kcal/Nm³. N. Seiler. 8160□

**Einige Schwierigkeiten der elektrischen Gasreinigung. Jüngste Fortschritte in der theoretischen Kenntnis der Gegenemission.** M. Pauthenier. (Bull. Soc. franç. Électriciens [8] **1.** 820—32. Dez. 1960. Paris.) (Franz.)

Die elektr. Abscheidung kann schwierig werden, wenn die festen Rauchanteile isolierend wirken. Gegenüber den Koronafäden bildet sich auf der Nd.-Elektrode anstatt eines dichten Nd. ein solcher, der von vielen Poren durchzogen ist, die positive Strahlen aussenden. Diese Erscheinung heißt *Gegenemission.* Dabei wird die Abscheidungs-Geschw. stark erniedrigt. Diese Erscheinung konnte im Labor. realisiert u. berechnet werden. — 21 Literaturzitate. F. Schuster. 8164□

**Betriebsversuche über die Druckentsäuerung der Waschflüssigkeit der Gasentschwefelung mit Ammoniak.** Pál Takács, Guidó Markóczy und Felicián Moticska. (Nehézvegyipari Kutató Intézet Közleményei [Mitt. Forsch.-Inst. chem. Schwerind.] **1.** 261—66. Juni 1959. Veszprém, Nehézvegyipari Kut. Int.) (Ung.)

Betriebs-Verss. mit der Wasch-Lsg. der ammoniakal. Entschwefelung zeigten, daß eine Entsäuerung (Auskochung von $H_2S$ u. $CO_2$) von über 90% bei 4—6 at ohne $NH_3$-Verlust möglich ist. N. Seiler. 8172□

**Anwendung einer Drehscheiben-Extraktionskolonne in der Kohlenaufbereitungsindustrie.** 1. Mitt. László Harmathy und Béla Ráskai. (Magyar Kémikusok Lapja [Z. Ver. ung. Chemiker] **16.** 173—77. April 1961. Veszprém, Forsch.-Inst. chem. Schwerind.) (Ung.)

Zur Extraktion der Phenole aus Gaswasser wurde eine Drehscheiben-Extraktionskolonne mit 50 stehenden u. 49 rotierenden Ringscheiben gebaut. Das Gaswasser tritt oben ein u. bewegt sich nach unten, das Extraktionsmittel — ein Teeröldestillat (Neutralöl) — tritt unten ein u. bewegt sich nach oben u. wird inzwischen in kleine Tröpfchen dispergiert. Die günstigsten Werte der U/min., Strömungs-Geschw. u. des Phenol-W.-Neutralöl-Verhältnisses wurden bestimmt. Freies $NH_3$ verringert die Verteilungskonstante. Es wurde wenigstens dreimal intensivere Berührung als bei Zerstäubungskolonnen erreicht. I. NÁRAY-SZABÓ. 8174□

**Extraktion von Neutralölfraktionen aus Tieftemperaturteeren von Ligniten mit Dipropionitrilen als Lösungsmittel.** Paul L. Campbell und James M. Stuckey. (U. S. Dep. Interior, Bur. Mines, Rep. Invest. **1961**. Nr. 5742. 1—36. Morgantown, Bur. of Mines.) (Engl.)

β.β'-Oxydipropionitril (I) u. β.β'-Imidodipropionitril (II) sind geeignete Lsgm. zur Extraktion von Aromaten (III) aus neutralen Steinkohlenteerfraktionen. Die absatzweise Extraktion ergab, daß die Lsgm. prozentual die gleiche Menge an III aus den Fraktionen zwischen 170 u. 350° extrahieren. Bei ununterbrochenem Betrieb im Gegenstrom werden bei Verw. von I u. II ca. 30—35 bzw. 65—70 Vol.-% der III bei Zimmer-Temp. aufgenommen. Das Verhältnis von Lsgm. zum Öl lag bei 2: bzw. 12:1. Da die Konz. der III in den Fraktionen abnimmt, nimmt auch die Lösefähigkeit der Lsgm. für die restlichen III ab. III wurden aus dem Lsgm. durch Behandlung mit Heptan gewonnen. Verhältnis vom KW-Stoff zum Extrakt wie 2:1. Heptan entfernt die Hauptmenge der III, doch nur einen Teil der polaren Verbb. (III mit O, S oder N). Die in I u. II zurückbleibenden polaren Verbb. störten jedoch nicht bei der weiteren Verw., sondern I u. II mit polaren Verbb. zeigten die gleiche Lösefähigkeit wie die reinen Lösungsmittel. Da die Lsgm. mit der Zeit dunkler werden, können sie dadurch gereinigt werden, daß z. B. I mit W. versetzt wird, wobei sich I im W. löst. I wird aus dem W. mit $CH_2Cl_2$ oder $CH_3COOC_2H_5$ extrahiert. Das noch leicht gefärbte Lsgm. wurde durch Dest. von den anderen Stoffen getrennt. II konnte ähnlich aufgearbeitet werden.
F. ROSENDAHL. 8176□

**Die Abscheidung von Gas und Öl aus Erdölfeldern.** H. Gilmour. (J. Inst. Petroleum **46**. 383—90. Dez. 1960. Birmingham, Univ., Dep. Chem. Engng.) (Engl.)

Bei der Ausbeutung von Erdölfeldern spielt das Austreten von Gas u. Öl aus dem Gestein, bes. bei der ersten Auswertung eine große Rolle. Voraussetzungen zur Ausnutzung der Energie, die durch den Austritt frei wird, sind die geometr. Struktur, ein merkbarer Verschluß u. eine solche Neigung der Struktur, daß eine Gas-Bldg. in der Ölzone möglichst vermieden wird, isotrope Felsenart, so daß in der Hauptsache eine senkrechte Wanderung stattfindet. Wichtig ist auch die genaue Unters. des Ölfeldes, bes. im Hinblick auf die Wahl der Bohrstelle, u. Begrenzung der Druckverhältnisse der Gas- u. Ölphasen der Nachbarschaft. Die Kontrollen erfordern eine allg. Begrenzung der Produktion u. ebenso muß die Produktion in der Nachbarschaft aufgegeben werden, da dadurch die Produktion an den Kontrollstellen beeinflußt werden kann. Vf. gibt einen analyt. Ausdruck für den jeweiligen Stand des Austritts u. die nötige Abwandlung der abweichenden Form der Vol.-Bilanz. F. ROSENDAHL. 8190□

**Die Wirkung der C-Zahl auf das Alkylierungsverhalten eines Schnittes von 150 bis 250° eines Propylenpolymeren.** E. L. Bertrand und N. J. H. Small. (J. Inst. Petroleum **46**. 397—402. Dez. 1960. Pointe-à-Terre, Trinidad, Texaco Trinidad, Inc.) (Engl.)

Aus einem über Phosphorsäure als Beschleuniger erhaltenen Propylenpolymeren wurde die Fraktion von 150—250° abgetrennt u. die C-Zahl bestimmt. Das Verh. der Fraktion bei der Alkylierung von Bzl. wurde durch das erhaltene Prod. erkannt. Ein weiteres Maß war der Verbrauch von $Al_2Cl_6$, wenn unter genau festgelegten Bedingungen gearbeitet wurde. $C_{12}$-Olefine mit einem Kp. von 186—215° ergaben eine gute Ausbeute an Alkylaten mit Kp. 295—315°, $C_{10}$- u. $C_{11}$-Olefine ergaben Alkylate mit einem Kp. von 275—295°. Der Verbrauch an $Al_2Cl_6$ war für $C_{10}$-, $C_{11}$- u. $C_{12}$-Olefine gleich, doch die Polymeren mit einem höheren Kp. als $C_{12}$-Olefine gaben geringe Ausbeuten an Alkylaten u. für den vollständigen Verbrauch des Olefins waren größere Mengen an $Al_2Cl_6$ erforderlich. F. ROSENDAHL. 8200□

**Neue Treibstoffe und Schmiermittel im Flugwesen.** S. A. W. Thompson. (Erdoel-Z. Bohr- u. Fördertechn. **77**. 193—97. Mai 1961. London, Shell Internat. Petroleum Co.) (Dt.)

Vf. gibt einen Überblick über die in Zukunft zu erwartenden Anforderungen an Treibstoffe u. Schmiermittel für Verkehrsflugzeuge mit Überschallgeschwindigkeiten. Die therm. Stabilität von Treibstoffen bei Überschallflügen ist gegeben durch das Zeit/Temp.-Verhältnis; maximal treten unterhalb MACH 1 Kraftstoff-Temp. von ca. 200°, bei MACH 2 von ca. 260° u. bei MACH 3 von ca. 325° auf. Während bei MACH 2 noch der übliche Flugturbinentreibstoff vom Kerosintyp verwendet werden kann, müsssen für den MACH 3-Flug neue Treibstoffqualitäten entwickelt werden, aus denen die Komponenten mit ungünstigem Einfl. auf die Wärmebeständigkeit (z. B. organ. S- u. N-Verbb. u. Cu) entfernt worden sind. Durch Zusätze kann die Wärmebeständigkeit weiter verbessert werden. Auf Grund der Gefahr von Dampfblasen-Bldg. u. größerer Verdunstungsverluste werden für MACH 3-Flugzeuge Treibstoffe (z. B. JP 5) mit geringerer Flüchtigkeit als Kerosintreibstoffe benötigt. Die spezif. Wärme soll groß sein, was durch hohe Paraffinanteile gegeben ist, da der Treibstoff auch als Wärmeübertragungsmedium dient. Dadurch muß der heute zulässige Stockpunkt von $-60^0$ (Kerosintreibstoffe) auf $-35^0$ bei MACH-3-Flugzeugen heraufgesetzt werden. Die Strahlungswärme soll klein sein (Luminometernumber $>90$). Hydride des Li u. B kommen wegen zu hoher Kosten in nächster Zeit als Treibstoffe nicht in Frage. 100 MACH-3-Flugzeuge haben einen Treibstoffverbrauch von ca. 32 Millionen Liter pro Tag (Kostenfrage). Die therm. Stabilität von Schmiermitteln für Überschallflugzeuge wird z. B. bei MACH 2,2 mit $170^0$ u. bei MACH 3 mit $300^0$ angegeben. Es werden die Vor- u. Nachteile folgender Labor.-Prüfmeth. herausgestellt: Oxydations/Korrosions-Test, Cocking-Test, Lager-Tests u. neue Wärmebeständigkeits-Tests von ROLLS-ROYCE u. dem THORNTON RESEARCH CENTRE (Wälzlagertests für höchste Drehzahlen). Höhere Druckaufnahmefähigkeit wird nicht gefordert. Die Viscosität bei $-35^0$ darf 13000 cSt nicht überschreiten. Die wichtigsten Eigg. von 4 synthet. Öltypen werden qual. verglichen (Silicone, Polyphenyläther, aromat. KW-Stoffe, Phosphorsäureester). Es wird versucht, die bewährten Flugturbinenöle auf Diesterbasis mit Zusatz von Oxydationsinhibitoren auch in Überschallflugzeugen einzusetzen. O. HENNING. 8204□

**Gewinnung niedrigschmelzender Paraffine aus dem Grosny-Erdöl.** N. Ss. Lissitzina. (Химия и Технология Топлив и Масел [Chem. Technol. Brennstoffe Öle] **4.** Nr. 6. 61—66. Juni 1959.) (Russ.)

Die aus Grosny-Erdöl gewonnenen Dieselöldestillate, Solaröle, Filtrate u. deren Fraktionen, sowie die breite Fraktion aus der Öl-Dest. u. deren Fraktion $450^0$ enthalten 5,31—10,1% niedrigschm. Paraffine mit F. 17—44,2°. Die Fraktion 325—400° aus Osek-Suat-Erdöl enthielt 48,4% Paraffin vom F. 32,8°, gegenüber 25,3% vom F. 34,5° der analogen Fraktion aus Grosny-Erdöl. Die Oxydation der Paraffinproben zeigte, daß der Zuwachs an Fettsäuren mit der gleichen Geschw. (2,5—2,8%/Std.) wie bei festen Paraffinen erfolgt. Die Qualität der erhaltenen Fettsäuren entspricht der aus synthet. oder Handelsparaffinen erhaltenen. Hervorzuheben ist das Fehlen harziger Abscheidungen. Das Unverseifbare enthält bedeutende Mengen Alkohole. Durch Harze u. andere färbende Bestandteile verfärbte Paraffine müssen durch gelinde $H_2SO_4$-Raffination bzw. durch Al-Silicatadsorbenten gereinigt werden, da hierdurch bei gleicher Zeitdauer der Oxydation die Eigg. des oxydierten Paraffins verbessert werden. Die Ölrückstände der Entparaffinierung mit Carbamid haben Epp. von —20 bis —62°. Sie können als niedrigstockende Heiz- u. Schmieröle oder deren Komponenten Verw. finden.

N. HVIID. 8226

**Beitrag zur Bestimmung des Sauerstoffs im Gas.** I. Kavan und J. Baše. (Práce Ústavu Výzkum Paliva 2. 218—23. 1960.) (Tschech.) — Vgl. C. **1961.** 2729.

Ein neues Absorptionsmittel, bestehend aus 41,5 g $Na_2S_2O_4$, 22,0 g NaOH, 8,5 g Pyrogallol, 4,3 g Na-Anthrachinon-$\beta$-sulfonat u. 250 ml W., wurde hergestellt, das 10mal wirksamer ist als Pyrogallol-Lsg. u. bei starker Erschöpfung kein CO abspaltet.

N. MEDIĆ. 8250□

---

Reginald Percy Fraser O. B. E., Kingston Hill, England, **Herstellen von Brenngasen aus flüssigen Brennstoffen.** Zuerst wird der fl. Brennstoff verdampft u. dann werden in einer Rk.-Zone bei genügend hoher Temp. die Dämpfe vergast. — Vorr., Zeichnung. (**E. P. 848 319** vom 21/11. 1955, ausg. 14/9. 1960.) E. KAHLES. 8163

Pintsch Bamag Akt.-Ges., Berlin (Erfinder: Karl Rogge, Gießen), **Entfernen von Kohlenwasserstoffen und Wasser aus Gasen, besonders Entbenzinierung von Erdgas,** wobei das Gas mit einer Absorptions-Fl. für W. u. mit einem Waschöl als Absorptions-Fl. für die KW-Stoffe behandelt wird, dad. gek., daß die beiden Wasch-Fll. in einem gemeinsamen Waschteil entweder als getrennte Ströme oder gleichzeitig gemischt auf das zu waschende Gas zur Einw. gebracht werden, gemeinsam oder getrennt regeneriert werden u. die regenerierten Fll., bes. mittels gesonderter regulierbarer Pumpen, zum gemeinsamen Waschteil zurückgeführt werden. — Vorr., Zeichnungen. (**D. A. S. 1 104 096** Kl. 23b vom 8/12. 1956, ausg. 6/4. 1961.) E. KAHLES. 8187

American Cyanamid Co., New York, N.Y., V.St.A., **Bekämpfung von Mikroorganismen in Öl- und Wasseremulsionen** durch Zusatz von einem oder mehreren Alkylguanidinen der Formeln $RR_1 \cdot N \cdot C(NH) \cdot NR_2R_3$ u. $[RR_1N \cdot C(NH) \cdot NR_2R_3]_n \cdot x$

in denen R einen aliphat. KW-Stoffrest mit 8—18 C-Atomen, $R_1$, $R_2$ u. $R_3$ Wasserstoff oder R bedeuten, X ist eine salzbildende saure Gruppe u. n ist eine ganze Zahl $< 5$. (**E. P. 851 653** vom 19/12. 1958, ausg. 19/10. 1960. A. Prior. 3/3. 1958.) P. UNGER. 8191

Gulf Research & Development Co., Pittsburgh, übert. von: Harold Beuther und Richard A. Flinn, Penn Hills Township, Pa., V.St.A., **Umwandlung von Rohölen.** Das Rohöl oder die Rückstandsfraktionen, die O, 2—10 Gew.-% S sowie 2—1500 ppm V enthalten u. deren Verhältnis von S: V = 200 beträgt, werden dest., wobei die leichtsd. Fraktionen abgetrennt werden. Der Rückstand dieser Dest. wird bei 1750—4500 lbs./sq.in., 750—815° F, einer Raumströmungs-Geschw. von 0,25—10 u. einem $H_2$-Rückfluß von 1000—20000 cu.ft./bbl. in Ggw. eines S-akt. Hydrierungskatalysators mit $H_2$ behandelt. Das Hydrierungs-Prod. wird nochmals dest., um die Anteile vom Kp. unterhalb dem des Gasöls abzutreiben. Der verbleibende Rückstand wird nochmals dest., u. der Rückstand der 2. Dest. wird anschließend katalyt. gecrackt. — Zeichnung. (**A. P. 2 945 803** vom 14/4. 1958, ausg. 19/7. 1960.) E. KAHLES. 8193

Universal Oil Products Co., Des Plaines, übert. von: Ralph B. Thompson, Hinsdale, Ill., V.St.A., **Stabilisierung von Kohlenwasserstoffölen,** die sich bei der Lagerung zersetzen, durch Zusatz von Alkanoylaminohexahydropyrimidinen u. Alkenoylaminohexahydropyrimidinen, z. B. 1.3-Dicycloalkyl-5-alkyl-5-alkanoylaminohexahydropyrimidinen u. 1.3-Dicycloalkyl-5-alkyl-5-alkenoylaminohexahydropyrimidinen. (**A. P. 2 953 444** vom 29/7. 1955, ausg. 20/9. 1960.) P. UNGER. 8193

Shell Internationale Research Mij. N. V., Den Haag, Holland (Erfinder: Richard Gwynne Dodge, Redondo Beach, und Malcolm Lee Sagenkahn, Torrance, Calif., V.St.A.), **Extraktive Destillation von Kohlenwasserstoffgemischen,** wobei eine Raffinatphase u. eine Extraktphase gebildet wird. Das Raffinat wird rektifiziert, um den Geh. an Lsgm. zu verringern. Das Kondensat wird z. T. zur Rektifizierzone zurückgeleitet u. z. T. der extraktiven Dest.-Zone wieder mit frischem KW-Stoffgemisch gemischt zugeleitet. — Zeichnung. (**E. P. 855 116** vom 15/6. 1959, ausg. 30/11. 1960. **D. A. S. 1 105 086** Kl. 23b vom 15/6. 1959, ausg. 20/4. 1961. Beide A. Prior. 17/6. 1958.) E. KAHLES. 8195

British Petroleum Co. Ltd., London, und Wilfred Samuel Nathan, Sunbury-on-Thames, England, **Thermische Diffusion** zwecks Abtrennung zweier oder mehrerer Fraktionen aus einer fl. Mischung, die einen festen oder sehr viscosen fl. Bestandteil mit hohem „Soret-Koeff." (I) enthält. Man unterwirft die Mischung den Bedingungen einer therm. Diffusion zwischen nichthorizontalen Wänden in Ggw. eines fl. Verdünnungsmittels (II) mit einem kleineren I u. einer größeren Dichte bei allen Temp., die zwischen den Wänden vorherrschen u. das unter diesen Bedingungen nicht siedet. Es muß auch eine Zone schaffen können, in der ein Material, das das II in erhöhter Konz. enthält, bestrebt ist, sich entgegengesetzt zu solchem Material zu bewegen, das den festen oder zähfl. Bestandteil in erhöhter Konz. enthält. II ist ein halogenierter KW-Stoff. (**E. P. 831 821** vom 9/4. 1957, ausg. 30/3. 1960.) P. UNGER. 8195

Standard Oil Co., Chicago, Ill. (Erfinder: Leonard V. Sorg, Kansas City, Mo.), V.St.A., **Süßen von katalytisch gespaltenem Benzin mit $CuCl_2$.** Man bringt in das saure Bzn. eine wirksame Menge eines körnigen, aus $CuCl_2$, W. u. einem Träger bestehenden Katalysators in Ggw. einer zur Umwandlung prakt. aller in dem sauren Bzn. enthaltenen Mercaptane ausreichenden Menge $O_2$ u. hält die Dispersion für die Süßung ausreichend lange aufrecht. Der Wasser-Geh. des Katalysators liegt zwischen 3 u. 5 Gewichts-% u. beträgt vorzugsweise 5 Gewichts-%. Das zu behandelnde Bzn. kann katalyt. gespalten sein. — Zeichnung. (**D. A. S. 1 102 950** Kl. 23b vom 8/10. 1957, ausg. 23/3. 1961. A. Prior. 12/10. 1956.) P. UNGER. 8195

Sun Oil Co., Philadelphia, übert. von: James Van Dyck Fear, Media, Pa., V.St.A., **Katalytische Hydrierung von Kohlenwasserstoffen** zu einem von flüchtigen S-Verbb. freien Prod.; dieses wird in fl. Phase bei 450—650° F kontinuierlich durch eine Waschzone geführt, wobei der KW-Stoffstrom in viele Einzelströme unterteilt u. ein erhöhter Reinigungseffekt erzielt wird. — Zeichnung. (**A. P. 2 928 787** vom 28/11. 1956, ausg. 10/3. 1960.) E. KAHLES. 8195

Phillips Petroleum Co., Del., übert. von: Kenneth A. Harper, Bartlesville, Okla., V.St.A., **Entfernung metallischer Verunreinigungen aus dem Ausgangsmaterial für die katalytische Spaltung.** Man leitet das Öl in fl. Phase bei mindestens 500° F u. nicht über der Zersetzungs-Temp. aufwärts durch eine Behandlungszone (I) im Gegenstrom zu einer sich abwärts bewegenden Säule aus adsorbierenden, festen Behandlungsmitteln, die unter diesen Bedingungen die metall. Verunreinigungen (II) aus dem Öl entfernen. Unterhalb des Einführungspunktes für das mit II verunreinigte Öl leitet man ein Waschöl (III) derart ein, daß das mit II verunreinigte Öl durch das

Bett nach oben bewegt wird. Man entfernt so gereinigtes Öl aus dem oberen Teil der I u. leitet es zusammen mit etwas Waschöl über einen Spaltkatalysator unter Spaltbedingungen u. erhält eine hohe Ausbeute an erwünschten Spalt-Prodd. für längere Zeit u. ohne kohlige Ablagerungen. — Zeichnung. (**A. P. 2 914 458** vom 21/5. 1956, ausg. 24/11. 1959.) P. Unger. 8197

Cities Service Research & Development Co., New York, N.Y., übert. von: Kenneth H. Faulk, Lake Charles, La., V.St.A., **Entfernen von nichtflüchtigen Anteilen aus Einsatzprodukten für das katalytische Cracken.** Der regenerierte Katalysator wird aus einem Regenerator zu einem Sammler geführt u. gelangt von dort in eine auf 1100° F erhitzte Zone. Von hier aus wird er in eine horizontale Kontaktzone geleitet, die auf 900° F gehalten wird. In diese Kontaktzone wird das die nichtflüchtigen Anteile enthaltende Einsatzgemisch eingebracht. Außerdem wird genügend Dampf in diese Zone eingeleitet, um den Partialdruck der KW-Stoffe zu verringern. Die KW-Stoffdämpfe werden mit dem Katalysator höchstens 5 Sek. in Kontakt gebracht. Das Gemisch aus KW-Stoffen u. Katalysator wird in eine 1. Trennzone eingebracht u. dort teilweise voneinander getrennt. Die KW-Stoffdämpfe werden in einer 2. Trennzone vollständig vom Katalysator abgetrennt u. hierauf einer Crackzone zugeleitet. Der Katalysator aus den beiden Trennzonen wird vereinigt u. mit Abstreifdampf behandelt. Die abgestreiften Prodd. werden zur Kontaktzone geführt u. dienen zur Aufwirbelung des Katalysators. — Zeichnung. (**A. P. 2 944 002** vom 9/10. 1957, ausg. 5/7. 1960.) E. Kahles. 8197

Esso Research and Engineering Co., übert. von: Worth William Boisture, Baton Rouge, La., V.St.A., **Umwandlung schwerer Kohlenwasserstofföle.** Das Öl wird mit heißem Feststoffteilchen in einer Überführungszone nur kurze Zeit bei hoher Temp. in Kontakt gebracht, u. die Feststoffe werden nach außen abgezogen, wieder aufgeheizt u. zur Überführungszone zurückgeleitet. Bevor die Feststoffteilchen der Wiederaufheizzone zugeführt werden, wird ihre Temp. kontrolliert u. gleichzeitig ihre Fließ-Geschw. bestimmt. — Zeichnung (**A. P. 2 953 520** vom 26/4. 1957, ausg. 20/9. 1960.) E. Kahles. 8197

Socony Mobil Oil Co., Inc., übert. von: Edward J. Rosinski, Almonesson, N.J., V.St.A., **Kohlenwasserstoffumwandlung.** Das Rücklaufgas u. der KW-Stoff werden bei 300° F u. >500 lbs./sq.in. gemischt, so daß ein Gemisch entsteht, welches aus dem Katalysatorbett mitgerissene Feststoffteilchen, welche durch ein 250-Maschensieb gehen, u. Feststoffteilchen, die einen Durchmesser über 3 in. aufweisen, enthält. Dieses Gemisch wird durch das Katalysatorbett geleitet. Zuvor wird dieses Gemisch in einem Zentrifugalabscheider von den Feststoffteilchen gereinigt. — Vorr., Zeichnung. (**A. P. 2 905 633** vom 12/7. 1956, ausg. 22/9. 1959.) E. Kahles. 8197

Union Oil Co. of California, Los Angeles, übert. von: Robert C. Oliver und Cloyd P. Reeg, Long Beach, Calif., V.St.A., **Katalytische Umwandlung von Kohlenwasserstoffen.** Der körnige Katalysator zirkuliert durch eine Rk.-Zone im Kontakt mit den KW-Stoffen u. eine Regenerierzone im Kontakt mit einem O-haltigen Regeneriergas. Der Katalysator gelangt von der Regenerierzone in eine Red.-Zone. Der Druck in der Regenerierzone u. in der Red.-Zone wird auf gleicher Höhe gehalten. Der größte Teil des verbrauchten Regeneriergases wird in der Nähe des Katalysatorauslasses aus der Regenerierzone abgezogen. Ein H-haltiges Red.-Gas wird in der Nähe des Katalysatoreinlasses in die Red.-Zone eingeführt u. der größte Teil des Red.-Gases nahe dem Katalysatorauslaß aus der Red.-Zone abgezogen. Zwischen dem Auslaß des Regeneriergases u. dem Einlaß des Red.-Gases wird ein Sperrgas, aus dem Rest des Red.-Gases u. dem Rest des Regeneriergases bestehend, abgezogen. Die Menge des abzuziehenden Sperrgases wird dauernd kontrolliert. — Zeichnung. (**A. P. 2 879 225** vom 25/11. 1955, ausg. 24/3. 1959.) E. Kahles. 8197

Esso Research and Engineering Co., übert. von: Isidor Kirshenbaum, Westfield, John A. Hinlicky, Irvington, Erving Arundale, Westfield, und Ralph M. Hill, Mountainside, N.J., V.St.A., **Hydrocracken von Schieferöl.** Das Öl vom Kp. >350° F wird bei 900—1025° F, 200—1000 lbs./sq.in. in Ggw. eines Pt-$\eta$-$Al_2O_3$-Katalysators bei einer Raumströmungs-Geschw. von 0,5—4 u. in Ggw. von 1000 bis 6000 cu.ft. $H_2$ je barrel Schieferöl hydrogecrackt. — Zeichnung. (**A. P. 2 958 652** vom 16/1. 1958, ausg. 1/11. 1960.) E. Kahles. 8197

Badische Anilin- & Soda-Fabrik Akt.-Ges., Ludwigshafen/Rh. (Erfinder: Walter Knobloch, Mannheim, Dietrich Balz und Wilhelm Schultz, Ludwigshafen Rh.), **Spaltung von verdampfbaren und nichtverdampfbaren flüssigen Kohlenwasserstoffen** mit $O_2$ u. endothermen Vergasungsmitteln unter normalem oder erhöhtem Druck, dad. gek., daß die verdampfbaren KW-Stoffe in Dampfform mit dem

gesamten Vergasungsmittel gemischt durch einen oder mehrere Brenner in den leeren oder mit einem inerten oder katalyt. wirksamen Feststoff oder mit einem festen Brennstoff in Form einer Schüttung oder Wirbelschicht gefüllten Rk.-Raum eingeführt u. gleichzeitig die nicht verdampfbaren KW-Stoffe durch eine Düse in denselben Brennern in das Gemisch aus verdampften KW-Stoffen u. Vergasungsmittel hinein zerstäubt werden. — Zeichnung. (**D. A. S. 1 103 508** Kl. 26a vom 16/3. 1960, ausg. 30/3. 1961.)
E. KAHLES. 8197

Esso Research and Engineering Co., übert. von: George Samuel Birchfield, Baton Rouge, La., V.St.A., **Herstellung von Einsatzgut zur katalytischen Crakkung.** Das metallhaltige KW-Stoffgemisch, welches wesentliche Anteile von KW-Stoffen vom Kp. >900° F aufweist, wird fraktioniert. Über der Fraktionierzone werden die mitgerissenen Metallteilchen durch Einbringen eines Waschöles vom Kp. 700 bis 900° F abgeschieden. — Zeichnung. (**A. P. 2 963 423** vom 31/12. 1958, ausg. 6/12. 1960.)
E. KAHLES. 8197

Nalco Chemical Co., übert. von: David G. Braithwaite, Chicago, Ill., V.St.A., **Kohlenwasserstoff-Umwandlung.** Hierzu wird ein Katalysator verwendet, der aus 55—85 (Gew.-%) $SiO_2$, 5—40 $Al_2O_3$ u. 4—30 MgO besteht u. ein Poren-Vol. von 0,5—1 $cm^3/g$ sowie einen Porendurchmesser von 40—100 Å u. eine Oberfläche von 400—550 $m^2/g$ hat. (**A. P. 2 958 648** vom 27/11. 1956, ausg. 1/11. 1960.)
E. KAHLES. 8197

American Oil Co., übert. von: Dennis E. Wade, Texas City, Tex., V.St.A., **Abtrennen von Kohlenwasserstoffölen aus einer Suspension von Kieselsäure-Tonerde-Katalysatorteilchen.** Diese Suspension wird mit einer wss. Lsg. eines nichtdissoziierten oberflächenakt. Mittels gemischt. Es werden 3 Schichten erhalten, nämlich oben die KW-Stoffölschicht, die prakt. frei von Katalysatorteilchen ist, die wss. Schicht u. die Katalysatorteilchenschicht. (**A. P. 2 952 620** vom 1/12. 1958, ausg. 13/9. 1960.)
E. KAHLES. 8197

Standard Oil Co., Chicago, übert. von: Edwin F. Peters, Lansing, und Bernard L. Evering, Chicago, Ill., V.St.A., **Herstellung eines Kohlenwasserstoff-Umwandlungskatalysators.** Ein aus einem geringeren Anteil eines Oxyds der Metalle der 6. Gruppe des Period. Syst., wie $MoO_3$, u. einem inerten Träger bestehendes Material wird mit einer Lsg. von einer Al-Verb. der Formel $AlR_3$, wie Trialkyl-Al, z. B. Triisobutyl-Al, in einem inerten Lsgm. in Kontakt gebracht. Das mol. Verhältnis von Al-Verb.: $MoO_3$ ist mindestens 0,1. (**A. P. 2 963 447** vom 31/10. 1957, ausg. 6/12. 1960.)
E. KAHLES. 8197

Standard Oil Co., Chicago, Ill., übert. von: Waldemar R. Hertwig, Highland, Alan B. Groh, Hammond, William M. Herring, Valparaiso, und William F. Pansing, Highland, Ind., V.St.A., **Regenerieren von Platin-Kohlenwasserstoff-Umwandlungskatalysatoren.** Ein solcher Katalysator wird reaktiviert, indem er mit einem Gas behandelt wird, welches über 1 Mol-% O enthält, wobei ein Druck von 50 bis 1000 lbs./sq.in. angewandt wird. Während in einem Reaktor die Regenerierung durchgeführt wird, werden die andern Reaktoren für die KW-Stoffumwandlung eingesetzt. Der Reaktor wird anschließend mit einem Verbrennungsgas mit einem niedrigeren O-Geh. als 1 Mol-% behandelt, wobei der O-Geh. in dem Reaktor auf 0,1—1 Mol-% gesenkt wird u. der Druck auf unter 50 lbs./sq.in. gebracht wird. Dann wird der Reaktor mit einem O-freien inerten Gas gespült. Dann wird in den Reaktor ein Gas eingeleitet, welches von CO u. O frei ist u. hierauf werden die KW-Stoffe wieder eingeleitet. — Zeichnung. (**A. P. 2 938 859** vom 29/4. 1957, ausg. 31/5. 1960.) E. KAHLES. 8197

British Petroleum Co. Ltd., London, England (Erfinder: Francis Eric Austin Thompson und Frederick Arnold Fidler), **Treibstoffgemisch** für Flugzeugturbinenmotore mit einem Geh. eines von 0,1—1 Vol.-% aliphat. Pentandiols, dessen Hydroxylgruppen an benachbarten C-Atomen sitzen. (**D. A. S. 1 067 635** Kl. 46a[6] vom 6/6. 1956, ausg. 22/10. 1959. E. Prior. 9/6. 1955. **Zusatz zu D. A. S. 1 028 383; C. 1961. 14159. Belg. P. 548 482** vom 8/6. 1956, ausg. 20/11. 1959. E. Prior. 9/6. 1955. **E. P. 833 629** vom 9/6. 1955, ausg. 27/4. 1960.) E. DREWS. 8205

Koppers Co., Inc., übert. von: Edward J. Helm, Pittsburgh, Pa., V.St.A., **Abtrennen von Benzol aus Waschöl.** Bzl. u. seine Homologen werden aus Koksofengasen mittels eines Mineralöls vom Kp. 300—360° ausgewaschen. Aus dieser Lsg. wird das Bzl. mittels Wasserdampf-Dest. abgetrennt. Es wurde festgestellt, daß bei Temp. von 160—200° die benötigte Menge Dampf so weit zurückgeht, daß auf die sonst bei Dest.-Temp. von 115—130° nötige partielle Kondens. der Dämpfe verzichtet werden kann. Die Trennung von W., Bzl. u. den Homologen erfolgt durch Destillation. (**A. P. 2 922 751** vom 31/1. 1957, ausg. 26/1. 1960.) G. FRIKELL. 8203

American Oil Co., übert. von: Manford R. Haxton, Texas City, Walker F. Johnston jun., La Marque, und Karl A. Muller jun., Houston, Tex., V.St.A., **Regeneratives Platformieren von Schwerbenzin,** um Bzn. mit einer Octanzahl von $>95$ (unverbleit) zu erhalten. In Ggw. von rückgeführtem $H_2$ u. einem halogenhaltigen Pt-Trägerkatalysator wird bei 800—1050° F u. $<400$ lbs./sq.in. mit 4 Reaktoren gearbeitet. Hierbei wird mindestens 1 Reaktor täglich mittels $O_2$-haltigen Gasen regeneriert. Das W. wird aus dem Syst. entfernt, so daß der Gesamtwasser-Geh. in den abziehenden Rk.-Prodd. bei $<100$ ppm bleibt. — Zeichnungen. (**A. P. 2 952 611** vom 11/3. 1958, ausg. 13/9. 1960.) E. KAHLES. 8207

Karl Ziegler, Mülheim/Ruhr (Erfinder: Karl Ziegler und Herbert Lehmkuhl), **Herstellung von Pb-Tetraäthyl,** dad. gek., daß man in einem Elektrolysiergefäß, dessen Anodenkammer von der Kathodenkammer durch ein Diaphragma getrennt ist, bei ca. 70° u. 5—10 A/dm² Al-Triäthyl in Ggw. von Elektrolyten an Pb-Anoden elektrolysiert. Die Kathoden-Fl. besteht z. B. aus $NaF \cdot 2\,Al(C_2H_5)_3$, die Anoden-Fl. aus einem Gemisch von 14,85 (kg) $NaAl(C_2H_5)_4$, 13,87 $NaAl(C_2H_5)_3F$, 40,78 $NaF \cdot 2\,Al \cdot (C_2H_5)_3$. Nach Beendigung der Elektrolyse wird die Anoden-Fl. bei 0° mit Isooctan versetzt, wobei $Pb(C_2H_5)_4$ abgeschieden u. der Elektrolyt nochmals in der Zentrifuge extrahiert wird. — 4 Zeichnungen. (**F. P. 1 208 430** vom 11/6. 1958, ausg. 23/2. 1960. **E. P. 848 364** vom 11/6. 1958, ausg. 14/9. 1960. Beide D. Prior. 12/6. 1957.) S. BÖTTCHER. 8209

Gulf Research & Development Co., Pittsburgh, übert. von: Henry A. Ambrose, Penn Township, Pa., V.St.A., **Rückstandsheizöl,** bestehend aus einem größeren Anteil Erdölrückstandsheizöl, welches korrosive, aschebildende V-Verbb. enthält, u. einem Anteil eines öllösl. oder öldispersiblen Mn-Salzes einer organ. Säure, wie Mn-Naphthenat, -Tallat, -Rosinat oder -Linolat. — Zeichnung. (**A. P. 2 943 925** vom 27/8. 1956, ausg. 5/7. 1960.) E. KAHLES. 8217

Esso Research and Engineering Co., Elizabeth, N.J., V.St.A., **Stabilisieren von schwefelhaltigen Verbindungen gegen $H_2S$-Abspaltung** erfolgt durch Zusatz eines alkal. Metallsalzes einer organ. Sulfonsäure oder eines Phenol- oder Thiophenolsulfids oder von deren Mischungen, die überschüssiges Metall enthalten u. beim Neutralisieren auf 50—200° erhitzt wurden. Es werden stabilisiert: geschwefelte oder phosphorgeschwefelte Olefine oder Diolefine oder deren Polymere, z. B. die Rk.-Prodd. von S, $S_2Cl_2$, $P_2S_3$, $P_2S_5$, $P_4S_3$, $P_4S_7$ mit Isobutylen, Amylen, Decen, Dodecen, Ceten, Octadecen, Cerotin, Melen, Butadien, Isopren, Chloropren, 2.3-Dimethylbutadien, Penta-1.3-dien, Hexa-2.4-dien, Terpenen, Acetylenen, Polymeren aus Äthylen, Propylen, Butylen, Isobutylen, Amylenen u. Isoamylenen, Hexenen, deren Mischpolymeren, mit Molgew. 100—50000, bes. 250—20000; Mischpolymeren aus Isobutylen, 2-Methyl-1-buten, 2-Äthyl-1-buten, sek.- u. tert.-Amylenen u. Hexylenen mit konjugierten Diolefinen, wie 1.4-Hexadien (erhalten in Ggw. von $AlCl_3$, $BF_3$, Benzoylperoxyd), mit Molgew. 1000—30000, mit den Salzen von Ca, Ba, Mg, Ni, Co, Sn, Pb, Zn, Cu, Cd, Mn, Fe, Al, Na, K, Li von Alkylbenzol-, -naphthalin-, -anthracen- u. -picensulfonsäure, bes. Didodecylbenzolsulfonsäure, oder von Verbb. der allg. Formel $R-Ar(XH)-Y_n-R'$ (Ar = Phenyl, Biphenyl, Naphthyl, Anthracyl; R = H, Alkyl; X = O, S; Y = S; n = 1—4; R' = Alkyl, Aralkyl, Alkaryl, die noch Halogen, $NO_2$, $NH_2$, OH, Alkoxy-, Aroxy, SH oder COOH enthalten können), wie tert.-Octyl-, 2.4-Di-tert.-amyl-, tert.-Amylphenolsulfid, 2-Hydroxy-3.5-di-tert.-amyl-4'-diäthylaminodiphenylsulfid, Salicylsäuresulfidoctylester, 2-Stearoyl-4-amylphenolsulfid, Bis-(2.4-diamylphenol)-4-amylphenoldithioäther, oder deren Mischungen, z. B. Ba-Diisobutylphenolsulfid + Ba-Petroleumsulfonat. Die Stabilisierwrkg. wird verstärkt, wenn man die zu stabilisierende Verb. mit dem Stabilisierungsmittel ½—4 Std., bes. 2—4 Std., auf 150—450° F erhitzt. — *Schmierölzusatzmittel.* — Vgl. Holl. P. 94 206; C. **1961.** 1785. (**E. P. 788 408** vom 5/7. 1955, ausg. 2/1. 1958. A. Prior. 6/8. 1954.) G. KRAUSS. 8221

Strabag Bau-Akt.-Ges., Köln (Erfinder: Josef Oberbach, Bad Godesberg, und Rudi Ruck, Köln), **Herstellung eines Straßenbelages mit einem an die Reflexion von Pflanzenbewuchsen angepaßten Reflexionsvermögen für Strahlen der Wellenlänge bis 1,5 $\mu$.** Einer aus Gesteinsstoffen bis 0,09 mm Korngröße bestehenden wss. Schlämme wird in warmfl. Zustand ein bituminöses Bindemittel u. anschließend W. in Verbindung mit feinstkörnigem Al-Pulver bis zur Erreichung des gewünschten Fl.-Grads zugesetzt. Zur Erhöhung der Haftfestigkeit des Al-Pulvers an den Feststoffen kann eine Casein-Lsg. sowie zur Aufhellung ein Zusatz von $TiO_2$ verwendet werden. Eine pastenförmige Schlämme dieser Art, die durch Wasserzusatz verflüssigt u. mittels Besen oder dgl. auf den zu tarnenden Straßenbelag aufgetragen werden kann, besteht neben W. aus

18 (Gew.-%) Albinobitumen (Penetration 200), 10 Kalksteinmehl, 10 Schlämmkreide, 2 $TiO_2$, 4 $Cr_2O_3$, 2 Al-Pulver (Korngröße bis 0,06 mm), 0,5 Caseinleim u. 53,5 Feinsand (Korngröße bis 0,2 mm). (**D. A. S. 1 094 652** Kl. 80b vom 10/2. 1956, ausg. 8/12. 1960.)

HANS HOFFMANN. 8237

---

**Bergwerksverband zur Verwertung von Schutzrechten der Kohlentechnik G. m. b. H.**, Deutschland, *Entaschen u. Entwässern von Kohle enthaltendem Rohgut.* (**F. P. 1 091 353** vom 13/1. 1954, ausg. 12/4. 1955. D. Prior. 14/1. 1953. — C. **1957.** 10095 [E. P. 752 099].)

**Esso Research and Engineering Co.**, Elizabeth, N.J. (Erfinder: **John Frederick Moser jun.**), Baton Rouge, La., V.St.A., *Verkokung von Schweröl.* (**F. P. 1 122 774** vom 18/4. 1955, ausg. 12/9. 1956. A. Prior. 11/5. 1954. **A. P. 2 788 312** vom 11/5. 1954, ausg. 9/4. 1957. — C. **1957.** 13222 [E. P. 768 209].)

**Esso Research and Engineering Co.**, V.St.A. (Erfinder: **Francis P. Ford, Joseph F. Nelson** und **Addison W. Hubbard**), *Entschwefelung und Erhöhung der Dichte von Wirbelschichtkoks.* (**F. P. 1 135 997** vom 9/9. 1955, ausg. 7/5. 1957. A. Prior. 13/9. u. 30/11. 1954. — C. **1957.** 13222 [A. P. 2 739 105] u. C. **1959.** 3690 [E. P. 791 093].)

**W. C. Holmes & Co. Ltd.** (Erfinder: **Charles Cooper, James Joshua Priestley** und **George Cyril Marshall**), Huddersfield, Yorkshire, England, *Reinigung von Thiocyanat und Thiosulfat enthaltenden Kokereiabwässern.* (**D. A. S. 1 061 703** Kl. 85c vom 6/5. 1952, ausg. 16/7. 1959. E. Prior. 7/5. 1951. Zusatz zu D. B. P. 972 284; C. 1961. 2398. — C. **1950/54.** 2047. S [E. P. 711 489].)

**Humphreys & Glasgow Ltd.**, England, *Herstellung von Brenngas.* (**F. P. 1 135 188** vom 8/11. 1955, ausg. 25/4. 1957. E. Prior. 16/11. 1954 u. 13/10. 1955. — C. **1959.** 6345 [D. A. S. 1 034 309].)

**Heinrich Koppers G. m. b. H.**, Deutschland, *Herstellung eines Gases von höherem Heizwert.* (**F. P. 1 137 733** vom 26/10. 1955, ausg. 3/6. 1957. D. Prior. 28/10. 1954. — C. **1959.** 3010 [D. B. P. 970 391].)

**United Gas Improvement Co.**, V.St.A. (Erfinder: **Clarence Bailey Glover** und **Charles Gordon Milbourne**), *Herstellung eines an Ölgas reichen brennbaren Gases.* (**F. P. 1 132 408** vom 26/4. 1955, ausg. 11/3. 1957. A. Prior. 30/4. 1954. — C. **1958.** 1742 [E. P. 768 626].)

**Esso Research and Engineering Co.**, Elizabeth, N.J., V.St.A. (Erfinder: **Colin Andrew Charles Haley** und **Harry Longhurst West**), *Herstellen von Heizgasen.* (**F. P. 1 136 588** vom 26/11. 1955, ausg. 15/5. 1957. E. Prior. 26/11. u. 16/12. 1954, 21/10. u. 25/10. 1955. **E. P. 782 190** vom 26/11. 1954, ausg. 4/9. 1957. — C. **1958.** 4365 [D. A. S. 1 011 567].)

**N. V. de Bataafsche Petroleum Mij.**, Den Haag (Erfinder: **Harco Jacob Tadema**, Amsterdam). Holland, *Durchführung einer Verbrennung unter Tage in einer ölführenden Schicht.* (**D. B. P. 973 091** Kl. 26a vom 19/7. 1955, ausg. 3/12. 1959. Anmeldung bekanntgemacht 20/12. 1956. Holl. Prior. 19/7. 1954. — C. **1960.** 9775 [F. P. 1 127 737].)

**Humphreys & Glasgow Ltd.**, London, England (Erfinder: **Norman Henry Williams**), *Herstellung von Brenngas.* (**F. P. 1 121 991** vom 28/1. 1955, ausg. 29/8. 1956. E. Prior. 8/2. 1954 u. 7/1. 1955. **E. PP. 759 784** vom 8/2. 1954, ausg. 24/10. 1956 u. **766 333** vom 8/2. 1954, ausg. 23/1. 1957. — C. **1957.** 12938 [E. P. 759 786].)

**Dr. C. Otto & Co. G. m. b. H., KO-WE Niederschachtofen G. m. b. H.** und **Walter Fuchs**, Deutschland *Reinigung teerhaltiger Gase.* (**F. P. 1 109 758** vom 12/10. 1954, ausg. 1/2. 1956. D. Prior. 16/10. 1953. — C. **1958.** 4969 [D. B. P. 939 828].)

**Ruhrgas Akt.-Ges.**, Deutschland, *Abscheiden kondensierbarer Dämpfe aus Brenngasen für Fernleitungen und Speicher.* (**F. P. 1 111 451** vom 4/11. 1954, ausg. 27/2. 1956. D. Prior. 7/11. 1953. — C. **1959.** 12423 [D. A. S. 1 018 185].)

**Simon-Carves Ltd.**, England, *Behandlung von Koksofengas.* (**F. P. 1 132 748** vom 12/10. 1955, ausg. 14/3. 1957. E. Prior. 14/10. 1954 u. 4/10. 1955. — C. **1959.** 15547 [Aust. P. 205 081].)

**N. V. de Bataafsche Petroleum Mij.** (Erfinder: **Willem Mageikerke** und **Gerrit Meijer**), *Gleichzeitiges Kühlen und Reinigen heißer Gase.* (**Aust. P. 217 957** vom 8/8. 1957, ausg. 13/11. 1958. Holl. Prior. 10/8. 1956. — C. **1960.** 11523 [F. P. 1 181 460].)

**Office National Industriel de l'Azote**, Frankreich (Erfinder: **Samuel Pupko** und **Robert Garlet**), *Entschwefelung von Industriegas.* (**F. P. 65 103** vom 29/12. 1953, ausg. 26/1. 1956. Zusatz zu F. P. 1 075 402; C. 1956. 3459. — C. **1956.** 13292 [E. P. 739 636].)

**Bergwerksverband zur Verwertung von Schutzrechten der Kohlentechnik G. m. b. H.**, Deutschland, *Entfernung von $H_2S$, $NH_3$ und CO aus Koksofengasen.* (**F. P. 1 134 697** vom 8/11. 1955, ausg. 16/4. 1957. D. Prior. 11/12. 1954. — C. **1959.** 10445 [E. P. 797 876].)

**Eschweiler Bergwerks-Verein**, Deutschland, *Verwendung von kohlehaltigem Schlamm und anderen kohlehaltigen mineralischen Stoffen.* (**F. P. 1 134 808** vom 8/7. 1955, ausg. 18/4. 1957. D. Prior. 9/7. 1954. — C. **1959.** 350 [E. P. 783 215].)

**N. V. de Bataafsche Petroleum Mij.**, Holland, *Unterirdische Verbrennung in einer ölführenden Formation zwecks Gewinnung von Erdöl.* (**F. P. 1 136 826** vom 15/9. 1955, ausg. 20/5. 1957. Holl. Prior. 17/9. 1954.— C. **1957.** 8106 [D. B. P. 955 315].)

**Comp. Française de Raffinage**, übert. von: **André Gislon** und **Robert Lucien Putters**, Paris, Frankreich, *Reinigung sulfurierter Petroleumextrakte.* (**A. P. 2 911 413** vom 8/6. 1953, ausg. 3/11. 1959. F. Prior. 5/3. 1953. — C. **1960.** 13240 [D. A. S. 1 044 105].)

**Esso Research and Engineering Co.**, Elizabeth, N.J., V.St.A., *Entfernung oberflächenaktiver Verunreinigungen aus Kohlenwasserstoffölen.* (**E. P. 830 128** vom 7/10. 1958, ausg. 9/3. 1960. A. Prior. 11/12. 1957. — C. **1960.** 10812 [A. P. 2 897 144].)

**Gulf Research & Development Co.**, Pittsburgh, Pa., V.St.A., *Hydrokatalytische Entschwefelung von Erdölkohlenwasserstoffen.* (**E. P. 823 119** vom 3/9. 1957, ausg. 4/11. 1959. A. Prior. 31/10. 1956. — C. **1960.** 11164 [A. P. 2 880 171].)

**British Petroleum Co. Ltd.**, England (Erfinder: **Frederick William Bertram Porter** und **Ernest Carlton Housam**), übert. von: **Anglo-Iranian Oil Co. Ltd.**, *Hydrokatalytische Entschwefelung von Kohlenwasserstoffen.* (**F. P. 1 143 211** vom 5/12. 1955, ausg. 27/9. 1957. E. Prior. 8/12. 1954. — C. **1958.** 12860 [E. P. 785 312].)

**Esso Research and Engineering Co.**, V.St.A. (Erfinder: **John Frederick Moser jun.**), *Spalten von Mineralölen.* (**F. P. 1 135 990** vom 8/9. 1955, ausg. 7/5. 1957. A. Prior. 23/9. 1954. — C. **1958.** 3491 [E. P. 773 121].)

**Esso Research and Engineering Co.**, Elizabeth, N.J., und **W. R. Grace & Co.**, Baltimore, Md., V.St.A., *Herstellung von Kieselsäure-Tonerde-Katalysatoren.* (**D. A. S. 1 076 631** Kl. 12g vom 17/1. 1956, ausg. 3/3. 1960. A. Prior. 19/1. 1955. — **C. 1959.** 6004 [E. P. 788 884].)

**British Petroleum Co. Ltd.** (Erfinder: **Roy Turner** und **Alan Arthur Yeo**), *Herstellung eines Katalysators.* (**Aust. P. 220 141** vom 24/1. 1957, ausg. 5/3. 1959. E. Prior. 3/2. 1956. — **C. 1960.** 12801 [F. P. 1187 652].)

**Esso Research and Engineering Co.**, Elizabeth (Erfinder: **Leon Bleich**, Roselle, **Howard G. Codet** und **Charles E. Hemminger**, Westfield), N.J., V.St.A., *Vergüten von Benzinen.* (**D. A. S. 1 074 793** Kl. 23b vom 31/12. 1957, ausg. 4/2. 1960. A. Prior. 31/12. 1956. — **C. 1960.** 14571 [A. P. 2 909 582].)

**Esso Research and Engineering Co.**, Elizabeth (Erfinder: **Emil H. Lewis**, Union, und **Charles E. Thompson**, Fanwood), N.J., V.St.A., *Veredelung und Entschwefelung leichter Rohbenzine.* (**D. A. S. 1 099 680** Kl. 23b vom 9/11. 1957, ausg. 16/2. 1961. A. Prior. 20/11. 1956. — **C. 1960.** 14571 [E. P. 815 957].)

**British Petroleum Co. Ltd.**, London (Erfinder: **Samuel Richard Pethrick** und **David Tulloch McAllan**, Sunbury-on-Thames, Middlesex), England, *Motorenbenzin.* (**D. A. S. 1 094 038** Kl. 46a[6] vom 7/1. 1959, ausg. 1/12. 1960. A. Prior. 7/1. 1958. — **C. 1960.** 16994 [Oe. P. 207 982].)

**N. V. de Bataafsche Petroleum Mij.**, Den Haag, Holland, *Flüssiger Brennstoff für Gasturbinen und Düsenmotoren.* (**Ind. P. 54 108** vom 23/3. 1955, ausg. 21/5. 1956. — **C. 1960.** 352 [Belg. P. 536 690].)

**Daimler-Benz Akt.-Ges.** (Erfinder: **Reinhold Kamps**, Stuttgart, **Max Eitel**, Esslingen, und **Wilhelm Sibert**), Stuttgart, *Aufbereitung flüssiger Kraftstoffe für die Verbrennung in Brennkraftmaschinen und Verbrennungsanlagen.* (**D. A. S. 1 092 725** Kl. 46a[6] vom 15/5. 1953, ausg. 10/11. 1960. — **C. 1957.** 8109 [F. P. 1 100 551].)

**Eugène Jules Houdry**, V.St.A., *Behandlung von Auspuffgasen.* (**F. P. 1 100 306** vom 25/7. 1950, ausg. 19/9. 1955. A. Prior. 9/8. 1949. — **C. 1955.** 10171 [A. P. 2 664 340].)

**British Petroleum Co. Ltd.**, London, und **Roy Purdy Northcott**, **Ronald Lester** und **John Arthur Edgar Moy**, Sunbury-on-Thames, Middlesex, England, *Schmieröle.* ( **E. P. 818 841** vom 15/4. 1955, ausg. 26/8. 1959. — **C. 1960.** 5047 [D. A. S. 1 062 861].)

**N. V. de Bataafsche Petroleum Mij.**, Holland, *Herstellung von stark basischen Salzen von mehrwertigen Metallen mit organischen Säuren.* (**F. P. 1 143 718** vom 14/12. 1955, ausg. 4/10. 1957. Holl. Prior. 16/12. 1954. — **C. 1961.** 10 040 [Holl. P. 85 842].)

**Standard Oil Development Co.** bzw. **Esso Research and Engineering Co.**, Elizabeth, N.J., V.St.A. (Erfinder: **Roy Trevor Davies**, **Eleanor Ruth Davies**, geb. **Hawkins** und **Alfred Ashby James Sussums**), *Verbesserung eines Schmierölgemisches aus Mineralöl und geschwefeltem Terpen.* (**F. P. 1 098 365** vom 7/4. 1954, ausg. 25/7. 1955. E. Prior. 15/5. 1953 u. 18/3. 1954. **E. P. 750 094** vom 15/5. 1953, ausg. 6/6. 1956. — **C. 1959.** 10774 [D. A. S. 1 010 521].)

**N. V. de Bataafsche Petroleum Mij.**, Den Haag,Holland (Erfinder: **Charles Edwin Francis** und **John J. Weaver**, Martinez, Calif., V.St.A.), *Schmiermittel und hydraulische Flüssigkeit.* (**D. A. S. 1 084 863** Kl. 23c vom 10/7. 1958, ausg. 7/7. 1960. A. Prior. 12/7. 1957. — **C. 1960.** 9084 [Oe. P. 205 635].)

**Esso Standard Soc. An. Française** (Erfinder: **M. Delande** und **R. Tirtiaux**), Frankreich, *Entparaffinieren von synthetischen oder Mineralölen.* (**F. P. 1 129 092** vom 23/6. 1955, ausg. 15/1. 1957. — **C. 1959.** 6346 [D. A. S. 1 042 805].)

**Soc. Chimique et Routière de la Gironde**, Paris, Frankreich, *Herstellung einer kalt einbaufähigen Verschnittbitumen-Emulsion.* (**D. A. S. 1 072 915** Kl. 80b vom 24/5. 1957, ausg. 7/1. 1960. F. Prior. 25/5. 1956. — **C. 1960.** 12219 [A. P. 2 886 458].)

**N. V. de Bataafsche Petroleum Mij.**, Holland, *Vorbehandlungsmittel zur Verbesserung der Klebkraft und des Haftvermögens eines bituminösen oder Kohlenwasserstoffbindemittels.* (**F. P. 69 575** vom 15/5. 1956, ausg. 10/11. 1958. Zusatz zu F. P. 1 060 507; C. 1950/54. 3662 S. — **C. 1960.** 13576 [E. P. 812 847].)

**Dr. Kurt Herberts & Co., vormals Otto Louis Herberts**, Wuppertal-Barmen, *Öl- und treibstoffbeständige Oberflächenüberzüge auf bituminösen Straßenflächen.* (**E. P. 834 147** vom 24/12. 1957, ausg. 4/5. 1960. D. Prior. 27/12. 1956. — **C. 1960.** 9433 [Oe. P. 205 534].)

**Goodyear Tire & Rubber Co.**, Akron, Ohio, übert. von: **Herbert A. Endres**, Silver Lake, Ohio, und **Walter F. Winters**, Winnetka, Ill., V.St.A., *Kautschukhaltige Teermischung für Straßenbauzwecke oder dgl.* (**A. P. 2 921 919** vom 16/11. 1955, ausg. 19/1. 1960. — **C. 1960.** 2400 [Aust. P. 211 004].)

## XX. Schieß- und Sprengstoffe. Zündmittel

**Brennstoffe mit einem hohen Energiegehalt als Treibstoff für Raketen.** C. W. Perry. (Canad. J. chem. Engng. **36.** 247—51. Dez. 1958. Niagara Falls, N.Y., Olin Mathieson Chem. Corp.) (Engl.)

Die Verw. von Treibstoffen mit einem hohen Energie-Geh. für Raketen ist gek. durch die Anwendung von $O_2$ oder oxydierenden Substanzen. Vf. stellt die grundlegenden Gleichungen auf u. beweist hiermit, daß die Entw. einer großen Wärmemenge bei der Verbrennung das Hauptkennzeichen der Treibstoffe ist. Daneben sind von Wichtigkeit die Molgew. der durch die Verbrennung entstehenden Verbb. u. die Verbrennungstemperatur. Außer $H_2$ kommen noch verschiedene andere Stoffe in Betracht, die ebenfalls eine hohe Wärme-Entw. bei der Verbrennung zeigen. Von diesen müssen allerdings die Be-Verbb. ausgeschlossen werden, da sie zu giftig sind. Am vorteilhaftesten haben sich noch die Borhydride u. ihre Alkyl-Derivv. erwiesen. Die Eigg. dieser Verbb. werden kurz beschrieben. F. Rosendahl. 8310□

**Einfluß von Zusätzen auf die Zündverzögerung des Systems hochkonzentrierte Salpetersäure–Terpentinöl.** A. Makovky und A. Salmon. (J. appl. Chem. **8.** 670—72. Okt. 1958. Tel-Aviv, Israel, Sci. Dep., Ministry of Defence.) (Engl.)

Die Zündverzögerung des Syst. *Terpentinöl* (I)-hochkonz. $HNO_3$ (II) wird durch das Mischungsverhältnis I/II nicht beeinflußt. Zusatz steigender Konzz. an *Oleum* zu II vermindert bis zu einer bestimmten Grenze die Zündverzögerung. Desgleichen vermindern Zusätze von $FeCl_3$, $NH_4VO_3$, $CuCl_2$ zu II die Zündverzögerung. Wird I mit Bzn. oder Aceton versetzt, so erhöht sich die Zündverzögerung. R. LAFFERENZ. 8310□

**Pyrolyse als analytische Methode.** R. N. Rogers, S. K. Yasuda und John Zinn. (Analytic. Chem. 32. 672—78. Mai 1960. Los Alamos, N.Mex., Sci. Labor.)

Zur qual. Analyse von Sprengstoffmischungen u. Unters. ihrer Haltbarkeit wurde ein neues Instrument entwickelt. Es ist empfindlicher als Thermogravimetrie oder DTA u. beruht auf der Best. der Pyrolyse-Prodd., die durch ein inertes Gas, z. B. He, aus der Pyrolysekammer entweichen. Durch therm. Leitfähigkeit werden die Pyrolyse-Prodd. bestimmt. Die Pyrolysekurven, die man mit diesem neuen Gerät erhält, entsprechen der ersten Ableitung der thermogravimetr. Pyrolysekurve. Es werden Pyrolysekurven unter verschiedenen Bedingungen von Strömungs- u. Erwärmungs-Geschw., Probengewicht, Empfindlichkeit in Abhängigkeit von therm. Leitfähigkeit, Druck u. Trägergas von $CuSO_4 \cdot 5\,H_2O$, $CaSO_4 \cdot 2\,H_2O$, ($NaHCO_3 + Na_2CO_3 \cdot H_2O$), Oxalsäure. $2\,H_2O$, Hexanitrosobenzol, Nitrocellulose, PETN, RDX, TNT, HMX, Äthylendinitramin, N.N'-Dimethyläthylendinitramin, Tetryl, Pentafluorpropylnitramin, Trichlornitropropanol, Dipentaerythrithexanitrat, KH-Phthalat, reinem Cellulosenitrat u. 2 Treibpulversorten angegeben. Vff. diskutieren den Zusammenhang von Pyrolysedaten u. kinet. Konstanten. H. KNAUER. 8324□

## XXI. Leder. Gerbstoffe

**Untersuchung über ein Bakterium der Clostridiumgruppe, welches die Haut stark schädigt.** Jean J. Tancous. (J. Amer. Leather Chemists Assoc. 56. 106—22. März 1961. Cincinnati, Ohio, Univ. of Cincinnati, Tanners' Council Res. Labor.) (Engl.)

Es wird über die Isolierung anaerober, grampositiver Bakterien der *Clostridium*-Gruppe aus gesalzenen, stark narbengeschädigten Häuten berichtet. Diese Bakterien sind gegenüber 8%ig. NaCl beständig; die Sporen sind auch in festem Salz lebensfähig u. überstehen das Äschern der Häute. — Diskussion. H. G FRÖHLICH. 8334□

**Zusatz von Antibioticis zum Salz bei der Konservierung von Rohhäuten.** Zlatko Bayer, Emil Ludviger und Vera Johanides. (Przegląd Skórzany 15. 123—26. Mai 1960. Zagreb.) (Pol.)

Auf Grund von Labor.- u. techn. Unterss. wird gefolgert, daß ein Zusatz von Antibioticis beim Salzen von Kalbshäuten die physikal.-chem. Eigg. des fertigen Leders verbessert, da die Bakterienzahl vermindert wird. Außerdem kann dadurch die Hälfte des Salzes eingespart werden. F. URBAN. 8334□

**Untersuchungen über die maskierende Wirkung substituierter Essigsäuren.** M. J. Ellis und R. L. Sykes. (J. Soc. Leather Trades' Chemists 45. 55—61. Febr. 1961. Grahamstown, Südafrika, Rhodes Univ., Leather Ind. Res. Inst.) (Engl.)

Die maskierende Wrkg. von $CH_3COOH$ wird mit der der entsprechenden Cl-, $NH_2$- u. Hydroxyessigsäure bei Einw. auf Cr-Chlorid u. Cr-Sulfat verglichen. Die aus Titrationskurven, Lichtabsorptionsmessungen, Gerb-Verss., Cr-Geh. u. Heißwasserbeständigkeit der erhaltenen Leder gewonnenen Ergebnisse zeigen eine enge Relation zwischen der Lichtabsorption der maskierten Cr-Verbb. u. deren Gerbwirkung. Letztere nimmt mit der Beständigkeit des Cr-Komplexes ab. — 14 Literaturangaben. H. G. FRÖHLICH. 8336□

**Entwicklungen in Kombinationsgerbungen. 2. Mitt. Einige Faktoren, die die Lagerstabilität unter normalen Bedingungen beeinflussen.** R. L. Sykes und D. A. Williams-Wynn. (J. Soc. Leather Trades' Chemists 45. 16—26. Jan. 1961. Grahamstown, Südafrika, Rhodes Univ., Leather Ind. Res. Inst.) (Engl.) — 1. vgl. C. **1961.** 12708.

Nachgegerbte Cr-Leder (Quebracho, Mimosa, Sumach, Orotan TV) wurden bei 21° u. 65% Feuchtigkeit bis zu 9 Monate gelagert. Die Ergebnisse zeigen, daß die Verw. von vegetabil. Gerbstoffen zum Nachgerben zu einem deutlichen Festigkeitsverlust des Leders führt, während bei Orotan TV keine Verminderung der Lederfestigkeit gefunden wurde. Die Verw. von Maskierungsmitteln (Formiate, Acetate) bei der Cr-Gerbung verbessert die Lagerbeständigkeit, das gleiche trifft auch beim Nachgerben mit Kombinationen aus vegetabil. u. synthet. Gerbstoffen zu. Der Abfall der Festigkeit des Leders beim Lagern wird auf den Austausch von $H_2SO_4$ in der Cr-Verb. durch die komplexaffineren Gerbstoffe zurückgeführt. — 14 Literaturangaben. H. G. FRÖHLICH. 8336□

**Chemische Verarbeitung der ausgelaugten Lohe.** A. I. Jakadin. (Кожевенно-Обувная Промышленность [Leder- u. Schuhwaren-Ind.] **2.** Nr. 12. 25—26. Dez. 1960.) (Russ.)

Durch Gärung kann aus der ausgelaugten Lohe A., $CO_2$ u. Hefe gewonnen werden, die Ablauge in der Gießerei, Naphthaindustrie, Zementindustrie u. beim Wegebau verwertet werden. Als Nebenprod. erhält man Furfurol, das auch als Hauptprod. bei der Hydrolyse mit HCl oder gespanntem Dampf gewonnen werden kann. Das anfallende Lignin oder auch die Lohe kann zu Holzfaserplatten oder Pappe, bes. im Gemisch mit Makulatur, verarbeitet werden. J. v. SCHROEDER. 8336□

**Der Einfluß von Polyvinylalkohol auf die Eigenschaften von Chevrettes beim Gerben.** W. D. Koslowa und I. P. Strachow. (Кожевенно-Обувная Промышленность [Leder- u. Schuhwaren-Ind.] **2.** Nr. 12. Nr. 11. 9—11. Nov. 1960.) (Russ.)

Der in W. lösl. Polyvinylalkokol kann in 0,5—1,5%ig. Menge den Schafsblössen vor oder während der Gerbung zugeführt werden. Die Leder werden voller u. fester in der Struktur. Bes. tritt dieser Effekt beim Gerben mit kation. Chromkomplexen ein. Die Luft- u. Dampfdurchlässigkeit wird nicht beeinträchtigt. J. v. SCHROEDER. 8336□

**Über die Möglichkeit, die Festigkeitseigenschaften pflanzlich gegerbter Leder durch Vorgerbungen verschiedener Art zu verbessern.** E. Heidemann. (Leder **11.** 294—98. Dez. 1960. Darmstadt, TH, Inst. für Gerbereichem.) (Dt.)

Vf. bringt eine statist. Auswertung von Reißfestigkeitsmessungen an Unterledern, die mit 6 verschiedenen Vorgerbungen (Tanigan extra CU, 1% $Cr_2O_3$, Zevalon, Tanigan extra CM, Drasil V, $CH_2O$) u. 4 verschiedenen Arten der vegetabil. Ausgerbung (Brühen-Konz. 5—15° Bé, Temp. 20 u. 35° C) hergestellt wurden. Hierbei wurde gefunden, daß bei allen bei 20° ausgegerbten Ledern die Vorgerbung nur in vereinzelten Fällen einen statist. gesicherten Einfl. auf die Reißfestigkeit im Sinne einer Verbesserung oder Verschlechterung des Leders ausübt. Dasselbe gilt auch für eine Ausgerbung bei 35° unter Anwendung niedriger Konz. der Ausgerbbrühe, während man bei hoher Konz. der Ausgerbbrühe im Falle der Cr-Vorgerbung eine eindeutige Reißfestigkeitsminderung beobachtet. H. G. FRÖHLICH. 8340□

**Die Herstellung von mit Polyurethanlacken zugerichteten Lackledern.** Speicher. (J. Soc. Leather Trades' Chemists **45.** 104—24. März 1961. Leverkusen, Farbenfabriken Bayer AG, Ledertechn. Abt.) (Engl.)

Nach einer einleitenden Betrachtung über den Chemismus der aus 2 Komponenten (Desmodur/Desmophen) bestehenden Polyurethanlacke wird deren Anwendung zur Herst. schwarzer, weißer u. farbiger Lackleder besprochen. Bes. hervorgehoben werden die ausgezeichneten Eigg. der erhaltenen Lackleder, wie Dehnbarkeit, Knickfestigkeit, Haftfestigkeit, Reibfestigkeit u. hohe Wasserdampfdurchlässigkeit. — 8 Literaturangaben. H. G. FRÖHLICH. 8340□

REDAKTIONSSCHLUSS: 29. September 1961

Herausgeber: Prof. Dr. Heinrich Bertsch, Berlin, u. Prof. Dr. Dr. h. c. Wilhelm Klemm, Münster. Chefredakteure und verantwortlich für den Inhalt: Dr. Willi Barz (komm.), Berlin N 4, Schiffbauerdamm 19, Fernsprecher: 425571, u. Dr. Eugen Klever, Berlin W 30, Geisbergstraße 39, Fernsprecher: 249541.

Verlag: Akademie-Verlag GmbH, Berlin W 8, Leipziger Str. 3—4 (Fernsprecher: 220441, Telex-Nr. 011773, Postscheckkonto Berlin 35021), und Verlag Chemie, GmbH, Weinheim/Bergstr. (Fernsprecher: Weinheim 3635 [Sammelnummer]; Fernschreiber: 0465516 chemieverl wnh; Postscheckkonten: Frankfurt/M. 145314 u. Berlin [West] 7430). Bestellnummer: 1007/132. Das Chemische Zentralblatt erscheint wöchentlich. Preis des Jahrganges einschl. Autoren-, Patent-, Sach- u. Formelregister: DM 960,—; einseitig bedruckte Ausgabe: DM 1050,—. Abgabe der Zeitschrift nur mit sämtlichen Registern. Abbestellungen nur bis spätestens 6 Wochen vor Ablauf des Kalenderjahres.

Satz u. Druck: VEB Leipziger Druckhaus, Leipzig, III/18/203. XI. 61.
Veröffentlicht unter der Lizenznummer ZLN 5002 des Ministeriums für Kultur Hauptverwaltung Verlagswesen.
Printed in Germany.

CAMILLE SANDORFY

# DIE ELEKTRONENSPEKTREN IN DER THEORETISCHEN CHEMIE

ÜBERSETZT UND BEARBEITET
VON
H. V. HIRSCHHAUSEN

1961. X. 208 Seiten mit 118 Abbildungen und 1 Ausklapptafel
Ganzleinen DM 28,–

VORWORT DES VERFASSERS:

Die Elektronen in organischen Molekülen, besonders in solchen mit konjugierten Doppelbindungen, sind Gegenstand einer großen Zahl theoretischer und experimenteller Arbeiten gewesen. Der Grund für das außerordentliche Interesse an diesen Spektren liegt darin, daß sie relativ genauen Messungen und gleichzeitig halbquantitativen Rechnungen der theoretischen Chemie zugänglich sind.

Die theoretische Chemie ist im wesentlichen eine angenäherte Quantenmechanik, angewandt auf die den Chemiker vor allem beschäftigenden mehratomigen Moleküle. Die Probleme betreffen folglich Theoretiker und Experimentatoren gemeinsam.

Es ist nicht mein Ziel, eine umfassende Übersicht der erreichten Ergebnisse zu geben. Auch sollen nicht alle Arbeiten auf diesem Gebiet zusammengestellt werden. Mein Ziel ist es hingegen, die Einarbeitung in die Rechnungen der theoretischen Chemie, die mit den Problemen der Elektronenspektren zusammenhängen, zu erleichtern. Zu diesem Zweck seien die Arbeiten einer Anzahl von Autoren besprochen und mehrere vollständige numerische Beispiele angegeben. Das Fehlen solcher numerischer Rechnungen läßt den Chemikern die Schwierigkeiten der Rechnungen meist größer erscheinen als sie tatsächlich sind. Das Ziel des Buches ist erreicht, wenn es ein leichteres Eindringen in dieses Gebiet ermöglicht.

VERLAG CHEMIE · GMBH
WEINHEIM / BERGSTR.

Kolibri 360 GmbH
Ferdinand-Jühlke-Straße 7
99095 Erfurt, Deutschland
produktsicherheit@kolibri360.de